dtv-Atlas Physik

Hans Breuer 著
Rosemarie Breuer 図作

杉原　亮
青野　修
今西文龍
中村快三
浜　　満　訳

カラー図解
物理学事典

共立出版

dtv-Atlas Physik (2 Volumes)
by Hans Breuer
Graphic art work by Rosemarie Breuer

Volume1: ©1987 Deutscher Taschenbuch Verlag GmbH & Co. KG, Munich/Germany.

Volume2: ©1988 Deutscher Taschenbuch Verlag GmbH & Co. KG, Munich/Germany.

This JAPANESE language translation is published by arrangement through Meike Marx, Yokohama, Japan.

まえがき

　二十世紀後半になると，自然科学の分野で多くの専門分野が生まれたが，どれ一つとして物理学の重要性を否定するものではなかった．

　『カラー図解 物理学事典』は基礎物理学の要約を提供するものである．力学，熱力学，光学，電磁気学，固体物理学，それに現代物理学が含まれている．原子物理学と原子核物理学は取り上げないが，それらは *dtv-Atlas Atomphysik* で取り扱われている．

　ここでは，出来るだけ細分化し，首尾一貫した図式化によって，物理の基礎知識および新しい発展を簡潔に，かつ分かりやすく表現した．

　『カラー図解 物理学事典』は幅広い読者向けである．高校生，中学高校の先生，大学生，種々の分野の技術者などに利用してもらえるだろう．さらに，新しい物理の状況を，簡潔に，分かりやすく知りたいと思う人々の要望にも応えられると思う．読者は『カラー図解 物理学事典』を通読してもいいが，ある分科を個別学習するにも適している．

　使われている記号，単位，専門用語，定数は最新の国際基準に従っている．

　妻ローゼマリーの，まさに文字通りの忍耐強い助けがなければ，この『カラー図解 物理学事典』は陽の目を見なかったであろう．

　Deutscher Taschenbuch Verlagの皆さんと共に仕事が出来ことを嬉しく思う．全体のつながりに常に気を付けていてくれたW. グロス氏には，特に謝意を表したい．

　著者は提案，批判，ヒントを歓迎する．またどのような問い合わせにもお答えする．

　ステーレンボッシュ (Stellenbosch)，1987/1994

ハンス・ブロイアー (Hans Breuer)

第7刷へのまえがき

　第7刷は新しく見直され，加筆され，かつ補足されている．この『カラー図解物理学事典』には，物理の要約が提供されており，それは物理学ハンドブックとなるだけでなく，その上さらに物理学への入門書や参考書として多くの読者の役に立つであろう．

　当然であるが今後も私は個々の問い合わせに答えるつもりである．

　ステーレンボッシュ (Stellenbosch)，2004年6月

　　　　　　　　　　　　　　　　　　　　　　　ハンス・ブロイアー (Hans Breuer)

訳者まえがき

　この本は物理学の入門的な事典であり，その特徴は，偶数頁が全て色付きのイラストで占められていることである．小中学生向けの科学書ではこのような例があるが，大人向けの物理学書では，我が国で初めてであろう．

　さて，本を開くと左側にイラストが拡がり，右側に本文が書かれている．例えば，「摩擦」は38頁に説明図があり，39頁に説明文がある．そしてタイトルの「摩擦」が右上欄外に書かれている．すなわち，二頁で一つの事項を説明している．

　この本は物理学全般を取り上げている．内容は古典物理が中心であるが，終わりの二章で現代物理学にも触れている．カバーする分野が広いので，それぞれの分野を詳述することは不可能であるが，簡にして要を得た説明がなされている．高校の教科書には出てこない事項も多いが，イラストによって初学者の興味が触発されることを期待している．

　物理量の記号と単位の取り扱いは，国際的に推奨されている方針に従っている．

　この事典が科学に興味を持つ多くの人々，高校生から大学生，さらに，中学，高等学校の先生方のお役に立てば幸いである．

　内容に関して，疑問点は原著者にも問い合わせて正確を期した．術語等に誤りのないよう訳出に努めたつもりである．しかしながら，訳者の力不足のためにどのような間違いがあるかもしれない．お知らせいただければ版を重ねる際などに修正などの対応を取らせて頂くつもりである．

　最後になりましたが，共立出版編集部の小山透，大越隆道両氏に一方ならぬお世話になりました．厚くお礼を申し上げます．

2009 年 6 月
訳者一同

目　　次

はじめに ... **2**
　物理学の領域 ... 2
　数学的基礎 ... 4
　物理量, SI 単位と記号 ... 8
　物理量相互の関係の表示 ... 14
　測定と測定誤差 ... 16

力学 ... **18**
　時間と時間測定 ... 18
　長さ, 面積, 体積, 角度 ... 20
　速度と加速度 ... 24
　落下と投射 ... 26
　質量と力 ... 28
　円運動と調和振動 ... 30
　運動量, 仕事, 仕事率 ... 32
　エネルギーとエネルギー保存 ... 34
　重力 ... 36
　摩擦 ... 38
　剛体 ... 40
　釣り合い. こま ... 42
　物質の状態 ... 44
　圧力 ... 46
　気体の体積と圧力 ... 51
　ポンプと圧搾機 ... 54
　表面張力と毛管現象 ... 56
　流れ ... 58
　粘性 ... 60
　層流と乱流 ... 62
　理想流れ ... 64
　流れに対する抵抗 ... 66
　変形 ... 68

振動と波動 ... **70**
　振動 ... 70
　振動の重ね合わせと分解 ... 72
　固有振動と強制振動 ... 74
　波動 ... 76
　波動の重ね合わせ ... 78
　ホイヘンスの原理：反射と屈折. 吸収 ... 80
　ドップラー効果 ... 82
　マッハ円錐 ... 84

音響 ... **86**
　音と音源 ... 86
　音速と音波出力 ... 88
　聴覚, 音の大きさ ... 90
　音のスペクトル, 音の吸収 ... 92

熱力学 ... **94**
　温度目盛と温度定点 ... 94
　温度計と熱膨張. 等分配則 ... 95
　熱容量 ... 96
　物質量. 気体の法則 ... 98
　熱力学第一法則. 比熱の比 ... 100
　断熱方程式. 気体のする仕事 ... 102
　ブラウン運動 ... 104
　マクスウェル分布 ... 106
　諸機関と状態図 ... 108
　冷凍機とヒートポンプ ... 110
　熱輸送 ... 112
　拡散 ... 116
　浸透 ... 118
　エントロピー ... 120
　熱力学第二法則 ... 122
　蒸気と気化. 湿度測定 ... 124
　固体と液体. 三重点 ... 126
　ジュール-トムソン効果. 気体の液化 ... 128

光学と放射 ... **130**
　光の伝播. 反射と鏡 ... 130
　屈折 ... 134
　全反射. 分散 ... 136
　光の吸収と散乱 ... 138
　レンズ ... 140
　光学系. レンズの収差 ... 144
　結像倍率, 倍率と分解能. ルーペと顕微鏡 ... 146
　カメラ. プロジェクター ... 150
　望遠鏡 ... 152

眼 154
光速 156
電子光学 158
電子顕微鏡 160
放射場 162
測光量 164
測光法 166
赤外線と紫外線 168
温度放射．黒体放射 170
放射法則 172
X線 174
X線と物質との相互作用 178
線量測定 180
レーザー 182
光の干渉 184
回折 186
干渉．ホログラフィー 188
スペクトル，分光装置，分光分析 . . 190
光の偏り 192
偏光装置．光学活性 194
波と粒子．不確定性関係 196

電気と磁気　198

電荷．クーロンの法則 198
電場と電気力線 200
電位と電位差 202
電気双極子．電気導体 204
静電誘導．電場のエネルギー . . 206
電気容量 208
誘電体 210
ピエゾ効果．焦電性．強誘電性 . 212
電流 214
電気抵抗 216
オームの法則 218
直流回路 220
電解質中の電気伝導 222
界面動電効果．摩擦電気 224
接触電位差．電圧系列 226
ガルバーニ電池．蓄電池 228
熱電効果 230
静磁気学 232
地球磁場 236
磁場中の電流．ローレンツ力 . . 238
電流と磁場 240
磁束密度と磁場の強さ．磁化 . . 242

特殊磁気効果 246
電磁誘導 248
レンツの法則．渦電流 250
相互誘導と自己誘導 252
直流計器 256
誘導装置．直流発電機 258
直流モーター 262
交流電圧．交流電流．フェーザー表示．264
三相交流．電力 266
交流発電機．三相交流発電機 . . 268
交流回路の抵抗 270
変圧器 276
交流計器と電力計 278
交流モーター 280
直流整流器と交流インバーター . . 282
電気振動回路 284
変位電流．表皮効果 286
マクスウェル方程式 288
電磁波 290
ラジオとテレビジョン 294
自由電子 296
場の中の自由電子 298
電子線オシロスコープ．テレビジョン管．300
電場と磁場の中の荷電粒子 . . 302
電子管 304
半導体素子 308
帰還．インピーダンス整合 . . 312
気体中の電流通過 314
気体放電 316
陰極線と陽極線．プラズマ . . 318

固体物理学　320

固体 320
元素周期表 322
結晶と格子 324
結晶 326
固体中の電気伝導 328
格子振動：フォノン 330
半導体 332

現代物理学　336

空間，時間，相対性 336
相対論的力学 342
一般相対論 344
重力波の検証 346
古典量子論 348

量子力学 350
　　角運動量の量子化 352
　　量子数と原子構造 356
　　素粒子 358

付録　360
　　物理学の重要人物 360
　　物理学の画期的出来事 364
　　ノーベル物理学賞受賞者 366

人名索引　371

事項索引　375

カラー図解
物理学事典

2 はじめに

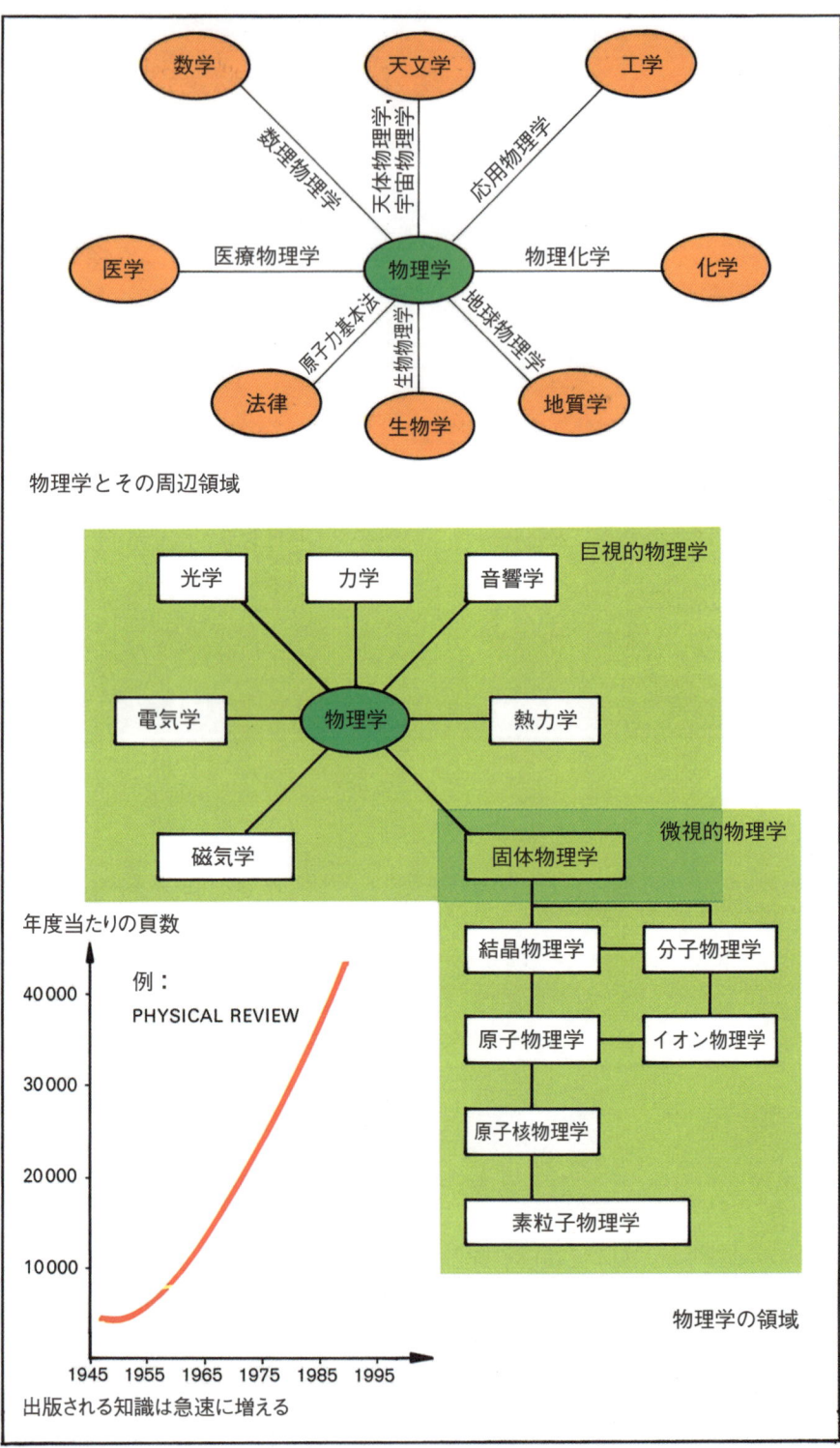

物理学とその周辺領域

物理学の領域

出版される知識は急速に増える

物理学 (physics) は自然を精密に研究する学問のうちの一つである．その名前は，多分，アリストテレス (Aristoteles, 384–322) が，著作『フュシカ (physika)』(自然学) のタイトルから作ったのであろう．ギリシャ・ローマ時代や中世の自然哲学は，「どこから」，「何のために」，「なぜ」を考える学問であったが，現代の物理学は，実際上，そういう自然哲学と直接には何の関係もない．

十八世紀の物理学は今日よりはるかに広い研究領域をその対象としていた．天文学，占星術，生物学，医学，気象学などがその例である．一方，今日では明らかに物理学に属すると考えられている領域，例えば，力学，弾道学，幾何光学は数学に属していた．

物理学は自然界の現象を研究して理解し，新しい解釈を与える学問である．我々は，その際，観察でき，かつ，再現可能な現象だけを取り上げ，そして一連の概念を使ってそれらを理解する．これらの概念，たとえば，長さ，時間，質量，電荷，電磁場，は一義的に定義され，定量的に，すなわち，数字や単位によって表現される．そして，これらの概念とそれらの数学的な結びつきによって，物理学の法則が定式化される．そして精密な物理実験によって，その法則が正確であるかどうかが実証される．このように，正しさが確認された法則によって，物理的な事象を定量的に予測することができるようになる．

物理学の多くの領域で，科学の他の領域との**関わり**が見られる．極微の領域の研究の進歩が宇宙現象の解明に役立ち，あるいは生物学への橋を架ける．関わりの特徴は次のような名前に現れる：生物物理学，物理化学，天体物理学，宇宙物理学．今日では驚くような自然科学の発見がこのような領域でもなされる．

古典物理学は，自然現象を明快に記述し，その法則は「素朴な」論理に従い，「常識」ある人を納得させる．例えば，ニュートン力学，電磁気学のマクスウェル理論，幾何光学，波動光学，熱力学の一部などがそうである．古典物理学では考えている粒子の速さは，光速に比べると常にはるかに小さい．その上，作用とエネルギー（割る振動数）はプランクの作用量子よりはるかに大きい．

現代物理学の誕生は，一般には 1900 年，プランク (M. Planck) が量子論を発表したその年となっているが，しかし明確に言えることではない．さらに，時間と空間の素朴な解釈はもはや通用しなくなった．その現代物理学に明らかに属しているのは次の分野である：量子力学，相対性理論，原子物理学，原子核物理学，素粒子物理学，電子光学，固体物理学．しかし，「古典」と「現代」の区分は明確ではない．というのは古典的領域で現代物理学だけが解くことができる問題があるからである．一方，現代物理学のいくつかの現象は「古典」的にも理解できる．それにもかかわらず次のように言うことができる：古典物理学は現代物理学の特別な場合である．

　例：現代物理学としての相対論的力学は古典力学を含んでいる．古典的なニュートン力学は，光速に比べて非常に小さい速度に対する特例である．

物理学の知識の広がりはとどまるところを知らず，すでに 200 年前，増加する一方の専門分科はこのために分裂した．それでもなおニュートンは全物理学を掌握し，多くの分科で法則を定式化した．これは，今日ではもはや不可能である．今や専門化はあまりにも進み，例えば原子物理学者は熱力学の専門家との接点をほとんど持たない．両者は違った専門用語を話し，当然別の雑誌に発表する．これらの専門分科の内部でさえ特化が進み，それと平行して学術刊行物の数が増加する．

　例：「INIS-Atomindex」誌は，原子物理学，原子核物理学，放射線物理学の領域の原論文の要約と索引を発行している．1976 年，要約の数は年間 26 000 件であったが，1994 年には 90 000 件を越えた．

目下のところ 10 000 以上の雑誌が，数千の実験室や研究機関から出る結果を出版している．個々の刊行物の年度成長率は 4–6% である．出版物の洪水の中で，物理学の特別な問題に関する研究を見つけ出すのは，コンピュータなしではもはや不可能である．

ガリレイ (Galileo Galilei, 1564–1642) は，現代実験物理学の創始者と言われる．

ニュートン (Isaac Newton, 1643–1727) は，数学の力を借りて最初のまとまった物理学の体系を築いた．

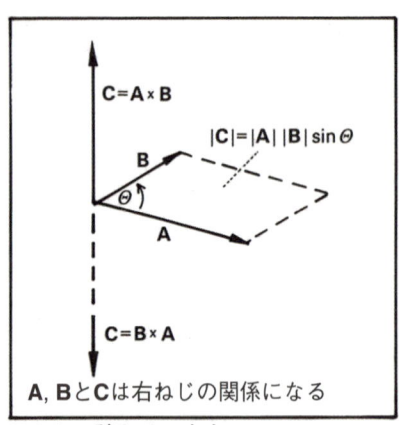
ベクトル積とその方向

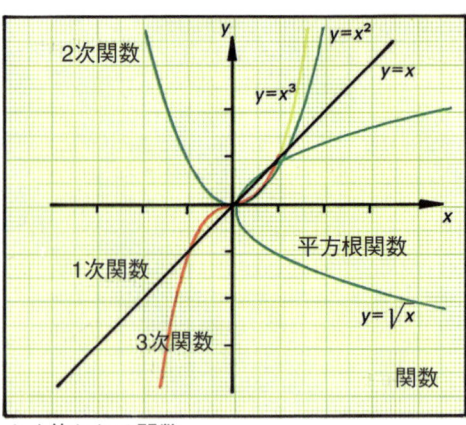
よく使われる関数

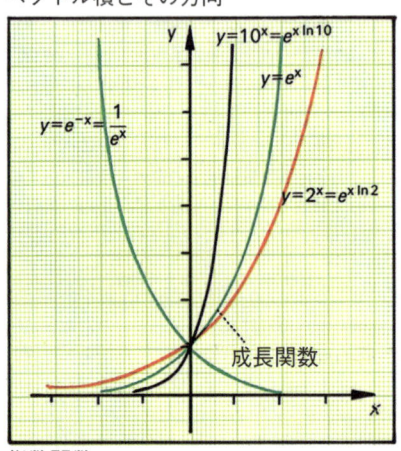
指数関数

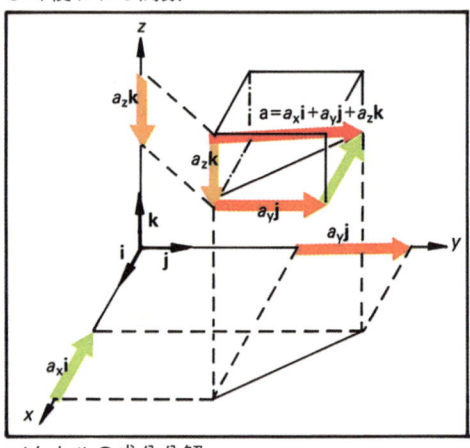
ベクトルの成分分解

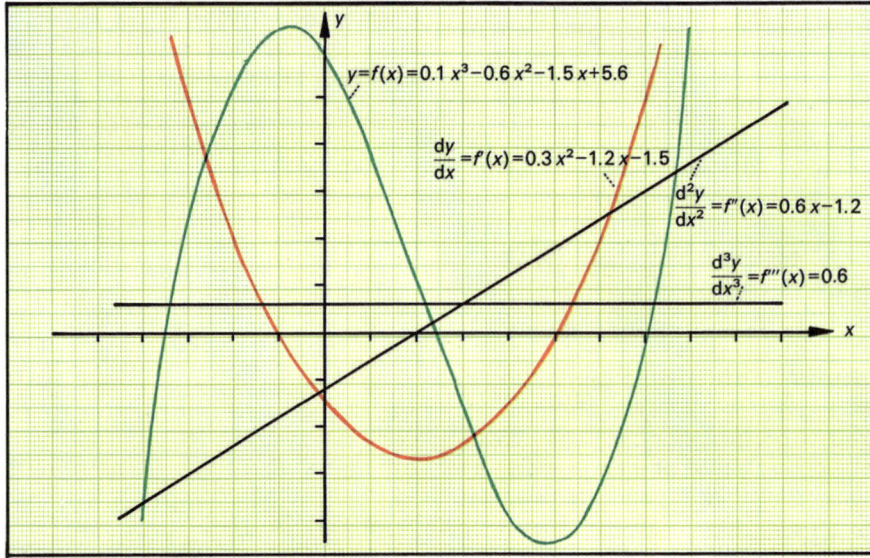
3次関数とその1次, 2次, 3次導関数

以下に，文中で繰り返し現れるいくつかの基礎的数学を紹介する．導出や証明は省略する．

スカラーは方向を持たない量で，数値とそれに伴う単位で書き表される．それらはローマンタイプの文字かあるいはイタリック体で表される．

例：仕事 W，長さ ℓ，仕事量（出力）P．

ベクトルは方向を持つ量であり，スカラー（ベクトルの大きさ）と方向から成る．ベクトルはイタリックボールド（$\boldsymbol{A}$），あるいは上に矢印を付けて（$\vec{A}$）で表される．ベクトル $\boldsymbol{A}$ の絶対値（スカラー）は A，あるいはベクトルの両側に縦線をつけ，$|\boldsymbol{A}|$ で表される．

例：力 $\boldsymbol{F}$，運動量 $\boldsymbol{p}$，電場 $\boldsymbol{E}$．

図で描くとベクトルは矢印で表される．矢印の長さは絶対値に比例し，矢印の先端はベクトルの方向を指し示す．$-\boldsymbol{A}$ は $+\boldsymbol{A}$ と同じ長さの矢印で示されるが，その方向は逆である．

座標の原点から始まるベクトルは**動径ベクトル** $\boldsymbol{r}$ と呼ばれる．

ベクトルはその成分に分解することができる，すなわち，ベクトルを座標系に持ち込んでその座標軸にそれぞれ射影する．3 次元の座標系では，例えば，ベクトル $\boldsymbol{A}$ の 3 成分は次のようになる．

$$\boldsymbol{A} = A_x \boldsymbol{i} + A_y \boldsymbol{j} + A_z \boldsymbol{k} \quad \text{または} \quad \boldsymbol{A} = \begin{pmatrix} A_x \\ A_y \\ A_z \end{pmatrix}$$

$\boldsymbol{i}, \boldsymbol{j}, \boldsymbol{k}$ は 3 方向の単位ベクトルである．

ベクトルの和は対応する成分を加えて作られる：

$$\boldsymbol{A} + \boldsymbol{B} = (A_x + B_x)\boldsymbol{i} + (A_y + B_y)\boldsymbol{j} + (A_z + B_z)\boldsymbol{k}$$

ベクトルの差は，

$$\boldsymbol{A} - \boldsymbol{B} = \boldsymbol{A} + (-\boldsymbol{B})$$

に留意すると簡単である．

図上でベクトル $\boldsymbol{A}$ と $\boldsymbol{B}$ を足し合わせるときは，$\boldsymbol{A}$ の先端に $\boldsymbol{B}$ の始点をつける．合成したベクトル（$\boldsymbol{A} + \boldsymbol{B}$）は，$\boldsymbol{A}$ の始点と $\boldsymbol{B}$ の先端を結んだ一つの矢になる．

ベクトルの積は見慣れたスカラーの積より多彩である：

スカラー，すなわち方向を持たない量との積は単にベクトルの大きさを変えるだけで，方向は保存される．

例：$\boldsymbol{F} = m\boldsymbol{a}$．加速度 $\boldsymbol{a}$ にスカラー量 m（質量）が掛けられる．結果のベクトル $\boldsymbol{F}$（力）は $\boldsymbol{a}$ と同じ方向を指す．

二つのベクトルの**スカラー積**はスカラーである．

$$\boldsymbol{A} \cdot \boldsymbol{B} = |\boldsymbol{A}|\,|\boldsymbol{B}| \cos\theta = AB\cos\theta \quad \text{スカラー積}$$

ここで，θ は，$\boldsymbol{A}$ と $\boldsymbol{B}$ がなす角である．

両ベクトルの間に積を表す点（$\cdot$）は付けねばならない．

成分で表すと

$$\boldsymbol{A} \cdot \boldsymbol{B} = A_x B_x + A_y B_y + A_z B_z$$

例：$\boldsymbol{F} \cdot \boldsymbol{s} = W$．二つのベクトル $\boldsymbol{F}$（力）と $\boldsymbol{s}$（変位）のスカラー積は方向を持たない量 W（仕事）である．

$\boldsymbol{A} \perp \boldsymbol{B}$ に対しては $\boldsymbol{A} \cdot \boldsymbol{B} = 0$ が成り立つ．

二つのベクトルの**ベクトル積**は再びベクトルとなる．

$$\boldsymbol{A} \times \boldsymbol{B} = \boldsymbol{C} \quad\quad\quad \text{ベクトル積}$$

両ベクトルの間に積の記号（$\times$）は付けねばならない．できたベクトル $\boldsymbol{C}$ の大きさ C は

$$C = |\boldsymbol{A}|\,|\boldsymbol{B}| \sin\theta = AB\sin\theta$$

である．$\boldsymbol{A}$ と $\boldsymbol{B}$ がなす角 θ は $\boldsymbol{A}$ から測られる．

親指と人差し指，中指を使って右手系の座標系を構成する．人差し指が $\boldsymbol{A}$ を表し，中指が $\boldsymbol{B}$ を表すとすると，親指が $\boldsymbol{C}$ の方向を示す（右ねじの進む方向）．

ベクトル積では，その順序が重要である．

$\boldsymbol{A} \times \boldsymbol{B} = -\boldsymbol{B} \times \boldsymbol{A}$ が成り立つ．

例：$\boldsymbol{M} = \boldsymbol{r} \times \boldsymbol{F}$；力のモーメント $\boldsymbol{M}$ は位置のベクトル $\boldsymbol{r}$ と力 $\boldsymbol{F}$ とのベクトル積に等しい．$\boldsymbol{M}$ は $\boldsymbol{r}$ と $\boldsymbol{F}$ とが張る平面に垂直である．

$\boldsymbol{A} \parallel \boldsymbol{B}$ に対して $\boldsymbol{A} \times \boldsymbol{B} = 0$ となる．

関数は，二つあるいはいくつかの量の間の関係を数学的に記述する．以下では物理で頻繁に使われる関数だけを簡単に紹介する：

線形の関係は次の関数で表わされる．

$$y = f(x) = m\,x + b \quad\quad\quad \text{線形関数}$$

m と b は定数，x は独立変数である．グラフで描くと $f(x)$ は勾配 m を持つ直線であり，この直線は $y = b$ で y 軸を切る．この直線は，$b = 0$ のとき，原点を通る．

例：温度 t の理想気体の体積 V は（圧力が一定の場合）$V = V_0 \alpha t + V_0$ である．ここで V_0 と α は定数である．

2次の関係は，次の関数で表わされる．

$$y = f(x) = ax^2 + bx + c \qquad \text{2次関数}$$

a と b, c は，この一般的な放物線方程式の定数である．a が正のとき，グラフで書けば $f(x)$ は $x = -b/2a$ のときに頂点を持つ上に開いた放物線である．

　例：投射放物線 $y = -ax^2 + bx \; (a > 0)$ は下方に開き，x 軸を $x_w = b/a$（到達点）で切る．
逆2乗関数 $y = a/x^2 = ax^{-2}$ はよく用いられる関数である．

　例：重力の法則，クーロンの法則

指数関係は，底 e (e = 2.71828...) の累乗関数

$$y = A e^x = A \exp(x) \qquad \text{指数関数}$$

で表される．A は定数，x は指数（負の量であることも多い）である．指数関数はある量の増加，減少がその量に比例しているときに常に現れる．

　例：放射性崩壊は $N = N_0 \exp(-\lambda t)$ で表される．N_0 と λ とは定数である．λ は正で，指数全体は負であり，よってこの式は，t の関数として N がどのくらいの早さで減少するかを示す．

円錐曲線

円は一般に方程式

$$(x-a)^2 + (y-b)^2 = r^2 \qquad \text{円の方程式}$$

で表される．
ここで，a と b：円の中心の座標；r：半径．
放物線は頂点を原点に取ると次式で表される．

$$y^2 = 4px \qquad \text{放物線方程式}$$

ここで，p：原点と焦点との距離（光学と放射参照）．
楕円は原点を中心に取ると次式で表される．

$$\frac{x^2}{a^2} + \frac{y^2}{b^2} = 1 \qquad \text{楕円の方程式}$$

ここで，a：長半径；b：短半径．ただし，$a > b$．

差分と微分

関数 $y = f(x)$ の $x = x_1$ における値 $y_1 = f(x_1)$ と $x = x_2$ における値 $y_2 = f(x_2)$ の**差分** Δy は，間隔 $\Delta x = x_1 - x_2$ における関数 $f(x)$ の変化を表す．
差分商 $\Delta y/\Delta x = (y_1 - y_2)/(x_1 - x_2)$ は，x_1 と x_2 の間における関数の平均勾配に等しい．
関数 $y = f(x)$ の**微分** dy は，間隔 Δx をゼロに近づけて行ったときの関数の変化である．
導関数，または**微分商**，dy/dx は次のように定義される：

$$\frac{dy}{dx} = \lim_{\Delta x \to 0} \frac{\Delta y}{\Delta x} = y' = f'(x)$$

導関数は点 x における関数 $f(x)$ の勾配を表す．
種々の関数の導関数は上記の規則に従って求められる；主なものは：

このとき	こうなる
$y = K = \text{const.}$	$dy/dx = 0$
$y = x$	$dy/dx = 1$
$y = Kx$	$dy/dx = K$
$y = x^n$	$dy/dx = nx^{n-1}$
$y = u(x)v(x)$	$dy/dx = u(dv/dx) + v(du/dx)$
$y = \ln x$	$dy/dx = 1/x$
$y = a^x$	$dy/dx = a^x \ln a$
$y = e^x$	$dy/dx = e^x$
$y = \sin x$	$dy/dx = \cos x$
$y = \cos x$	$dy/dx = -\sin x$

　例：放物線の方程式の一般形 $y = ax^2 + bx + c$ を微分すると，$y' = 2ax + b$ となる．y' は任意の点 x での放物線の勾配であるから，$y' = 0$ は頂点 $x = -b/2a$ を決める．

ある関数 z の**偏微分** ∂z は，その関数が一つ以上の変数に依存しているとき，例えば，$z = f(x, y)$ のときに生じる．偏導関数は一つの変数に関する導関数である．例えば，

$$\frac{\partial z}{\partial x} = \frac{\partial}{\partial x} f(x, y)$$

　例：$z = f(x, y) = x^3 + 7x^2 y - 5y^6$

$$\partial z/\partial x = 3x^2 + 14xy; \; \partial z/\partial y = 7x^2 - 30y^5$$

微分演算子

あるスカラー量 φ の**勾配**（記号 grad）はグラジエント (gradient) とも言われ，

$$\text{grad} \, \varphi = \frac{\partial \varphi}{\partial x} \boldsymbol{i} + \frac{\partial \varphi}{\partial y} \boldsymbol{j} + \frac{\partial \varphi}{\partial z} \boldsymbol{k} \qquad \text{勾配}$$

と定義される．
$\text{grad} \, \varphi$ はベクトルである．その方向は φ の最大傾斜と一致し，その絶対値は φ の最大の変化と等しい．

ベクトル場の**発散**（記号 div）はダイバーゼンス (divergence) とも言われ，

$$\text{div} \, \boldsymbol{F} = \frac{\partial F_x}{\partial x} + \frac{\partial F_y}{\partial y} + \frac{\partial F_z}{\partial z} \qquad \text{発散}$$

と定義される．
$\text{div} \, \boldsymbol{F}$ はスカラー量である．
$\boldsymbol{F}$ の成分が二つだけであれば，それに対応して，

$$\text{div} \, \boldsymbol{F} = \frac{\partial F_x}{\partial x} + \frac{\partial F_y}{\partial y}$$

div $\boldsymbol{F} = 0$ であれば，$\boldsymbol{F}$ は湧き出し無しと呼ばれる．ある点で div $\boldsymbol{F} > 0$ であれば，$\boldsymbol{F}$ は湧き出しをこの点に持っている．もし div $\boldsymbol{F} < 0$ であれば，$\boldsymbol{F}$ に対する吸い込みがこの点にある．

ベクトル場の**回転**（記号 rot）はローテーション (rotation) とも言われ，

$$\text{rot } \boldsymbol{F} = \left(\frac{\partial F_z}{\partial y} - \frac{\partial F_y}{\partial z}\right)\boldsymbol{i} + \left(\frac{\partial F_x}{\partial z} - \frac{\partial F_z}{\partial x}\right)\boldsymbol{j} + \left(\frac{\partial F_y}{\partial x} - \frac{\partial F_x}{\partial y}\right)\boldsymbol{k} \qquad \text{回転}$$

ここで，$\boldsymbol{i}, \boldsymbol{j}, \boldsymbol{k}$ はそれぞれ，x, y, z 方向の単位ベクトルである．回転は渦の力学，電磁波の振る舞いを調べる際に重要な役割を演じる．

積分

ある関数 $y = F(x)$ の導関数 dy/dx が分かっていれば，関数 $F(x)$ がこの導関数 $f(x) = dy/dx$ の**積分**である．

定積分は次のように定義される：

$$\int_a^b f(x)dx = F(x)\Big|_a^b \qquad \text{定積分}$$

ここで，$f(x)$：被積分関数；x：積分変数；$F(x)$：原始関数；a, b：積分の下限と上限．幾何学的に考えると，定積分は，$f(x)$ と x 軸，および 2 直線 $x = a$，$x = b$ で囲まれた面積に等しい．

被積分関数と積分は公式集に出ている．基本的規則：

$$\int_a^b f(x)dx = F(x)\Big|_a^b = F(b) - F(a);$$

$$\int_a^b f(x)dx = -\int_b^a f(x)dx;$$

$$\int_a^c f(x)dx = \int_a^b f(x)dx + \int_b^c f(x)dx;$$

$$\int_a^b (f(x) + g(x))dx = \int_a^b f(x)dx + \int_a^b g(x)dx;$$

$$\int_a^b Kf(x)dx = K\int_a^b f(x)dx \qquad K：\text{定数}$$

不定積分は積分限界を持っていないので，原始関数に常に積分定数 C を加えなければならない．積分する際には，それが微分の逆であるということを出発点にする．原始関数を見出すのに決まった規則はない．公式集に記載されているものもある．

よく現れる不定積分は次のようなものである：

$$\int dx = x + C \qquad C：\text{積分定数}$$

$$\int x^n dx = \frac{x^{n+1}}{n+1} + C \qquad [n \neq -1]$$

$$\int dx/x = \ln|x| + C \qquad \int e^x dx = e^x + C$$

$$\int a^x dx = a^x/\ln a + C \qquad [0 < a \neq 1]$$

$$\int \ln x dx = x\ln x - x + C$$

$$\int \cos x dx = \sin x + C$$

$$\int \sin x dx = -\cos x + C$$

$$\int \sin^2 x dx = (x - \sin x \cos x)/2 + C$$

$$\int \cos^2 x dx = (x + \sin x \cos x)/2 + C$$

$$\int \tan x dx = -\ln \cos x + C$$

$$\int \cot x dx = \ln \sin x + C$$

例：$\int_{-\pi/2}^{\pi/2} \cos x dx = \sin\frac{\pi}{2} - \sin\left(-\frac{\pi}{2}\right) = 2$

$$\int_0^3 4x^2 dx = 4\int_0^3 x^2 dx = 36$$

$$\int x^3 dx = x^4/4 + C$$

微分方程式

常微分方程式は，ある変数 x と関数 y とその導関数の間の関係を示す際に，例えば $F(x, y, y', y'')$ のような形で，現れる．微分方程式を解く際には積分定数（例えば，C, D）が現れ，それらは初期条件から決められる．

以下に，いくつかの常微分方程式と解，その物理での応用を示す：

$dy/dx - K = 0; \quad y = Kx + C \qquad$ 等速運動

$d^2y/dx^2 - K = 0; \quad y = Kx^2/2 + Cx + D$
$\qquad\qquad\qquad\qquad\qquad\qquad$ 自由落下

$dy/dx + Ky = 0; \quad y = Ce^{-Kx} \qquad$ 放射性崩壊

$d^2y/dx^2 + Ky = 0;$
$\quad y = C\sin\sqrt{K}x + D\cos\sqrt{K}x \qquad$ ばね振り子

$d^2y/dx^2 - Ky = 0; \quad y = Ce^{\sqrt{K}x} + De^{-\sqrt{K}x}$
$\qquad\qquad\qquad\qquad\qquad$ 変位と同じ方向への加速度

$d^2y/dx^2 + Jdy/dx - K = 0;$
$\quad y = Kx/J + Ce^{-Jx} + D \qquad$ 抵抗のある落下

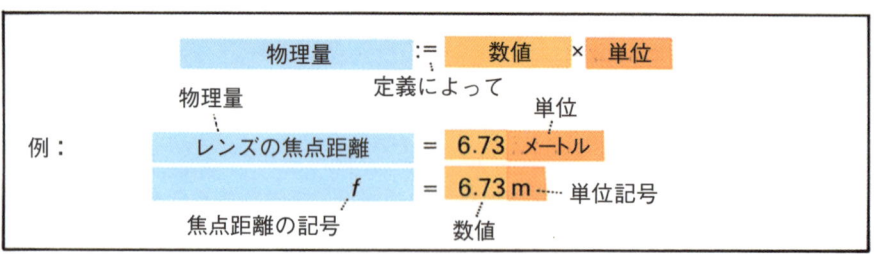

物理量

$$\text{物理量} \underset{\text{定義によって}}{:=} \text{数値} \times \text{単位}$$

例：レンズの焦点距離 = 6.73 メートル

f = 6.73 m ← 単位記号

（物理量 / 焦点距離の記号 / 数値 / 単位）

月の半径 = 1738.3 ± 1.1 km   あるいは

記号 r_M = 1.7383×10^6 m

数値の不確実さ／（3桁の）有効数字

物理量の典型的な表記法

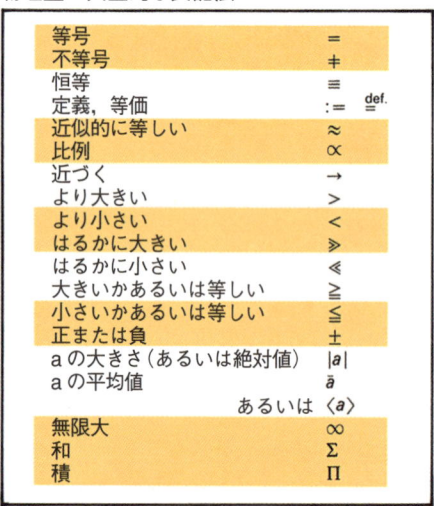

記号	意味
等号	=
不等号	≠
恒等	≡
定義，等価	:= , =def.
近似的に等しい	≈
比例	∝
近づく	→
より大きい	>
より小さい	<
はるかに大きい	≫
はるかに小さい	≪
大きいかあるいは等しい	≥
小さいかあるいは等しい	≤
正または負	±
a の大きさ（あるいは絶対値）	$\|a\|$
a の平均値	$\bar{a}$ あるいは $\langle a \rangle$
無限大	∞
和	Σ
積	Π

重要な数学記号

ギリシャ語のアルファベット

名前	小文字	大文字
アルファ (alpha)	α	A
ベータ (beta)	β	B
ガンマ (gamma)	γ	Γ
デルタ (delta)	δ	Δ
イプシロン (epsilon)	ε	E
ゼータ (zeta)	ζ	Z
イータ (eta)	η	H
シータ (theta)	ϑ	Θ
イオタ (iota)	ι	I
カッパ (kappa)	κ	K
ラムダ (lambda)	λ	Λ
ミュー (mu)	μ	M
ニュー (nu)	ν	N
クシー (xi)	ξ	Ξ
オミクロン (omicron)	o	O
パイ (pi)	π	Π
ロー (rho)	ϱ	P
シグマ (sigma)	σ, ς	Σ
タウ (tau)	τ	T
ウプシロン (upsilon)	υ	Υ
ファイ (phi)	φ	Φ
カイ（キー）(chi)	χ	X
プサイ (psi)	ψ	Ψ
オメガ (omega)	ω	Ω

SI単位に対して国際的に採用されている接頭語；SI接頭語[1]

数値	10の累乗	接頭語	記号
1 000 000 000 000 000 000	10^{18}	エクサ (exa)	E
1 000 000 000 000 000	10^{15}	ペタ (peta)	P
1 000 000 000 000	10^{12}	テラ (tera)	T
1 000 000 000	10^{9}	ギガ (giga)	G
1 000 000	10^{6}	メガ (mega)	M
1 000	10^{3}	キロ (kilo)	k
100	10^{2}	ヘクト (hecto)	h
10	10^{1}	デカ (deca)	da
0.1	10^{-1}	デシ (deci)	d
0.01	10^{-2}	センチ (centi)	c
0.001	10^{-3}	ミリ (milli)	m
0.000 001	10^{-6}	マイクロ (micro)	μ
0.000 000 001	10^{-9}	ナノ (nano)	n
0.000 000 000 001	10^{-12}	ピコ (pico)	p
0.000 000 000 000 001	10^{-15}	フェムト (femto)	f
0.000 000 000 000 000 001	10^{-18}	アト (atto)	a

[1] この本の原本が書かれた後，4個の接頭語が追加された。
Yotta（ヨタ）：Y 10^{24}；Zetta（ゼタ）：Z 10^{21}；Zepto（ゼプト）：z 10^{-21}；Yocto（ヨクト）：y 10^{-24}

物理量は，通常，測定や計算で得られる．それらはいつも**数値**と**単位**の積として与えられる（積の記号は省かれる）：

物理量 = 数値 × 単位

　例：
　　角材の長さ = 17.3 メートル
　　二つの事象の時間的な間隔 = 123.0 秒
　　陽子の静止質量 = 1.6725×10^{-24} グラム
　　真空中の光速 = 2.99792×10^8 メートル/秒

表記法：物理量の記号は通常1個の文字であり，それはイタリック（斜体），あるいはギリシャ文字で表記される（5頁参照）．

　例：l, A, λ, α, I

物理量がベクトルであれば，すなわち，方向を持った量であれば，**太字のイタリック**で記述される．また，上に矢印を付けたアルファベットが使われる．

　例：$\boldsymbol{r, p, L}; \vec{a}, \vec{b}, \vec{c}$.

（この本の図版では，ベクトルは立体のボールド体で表わされることがある）

二つの物理量，たとえば，a と b の積は，

ab　あるいは　$a \cdot b$

のように表示され，商は，

$\dfrac{a}{b}$　あるいは　a/b　あるいは　ab^{-1}

のように表示される．

数は立体であり，**小数点にはピリオドを用いる**．
数値間の積の記号は × である．

　例：2.67×7.8

商は，具体的には次のように，いろいろな形で表される．

　例：$\frac{7}{9}, 2/3, 5 \times (7.32)^{-1}$

非常に大きな数値，または，非常に小さな数値は10の累乗によって表示される．10の累乗は通常，左から最初の数字の後に小数点が来るように選ばれる．

　例：
　　$126\,000\,000 = 1.26 \times 10^8$;
　　$0.000\,000\,750\,3 = 7.503 \times 10^{-7}$;
　　$0.01 = 10^{-2} = 1 \times 10^{-2}$

有効数字（17頁参照）は与えられた数値の精度を暗黙に示している．例えば $c = 2.997924$ と書くとこれは七つの有効数字を持っている．

　暗黙の了解：考えている物理量が，将来，もっと高い精度で定められたとしても，現在の有効数字は変わらない．

いろいろな有効桁の数値を使って演算をする際には，最小の桁数を持つ数値が事象の精度を定める．実際には，しばしば1桁から2桁余分の桁数が与えられる．すなわち，最後の1桁または2桁は有効ではない，すなわち，不確実である．

物理量に対する**単位**は国際単位系（**SI単位系**）である．いくつかの国，例えば，英国，米国は，SI単位系以外に，なお部分的に伝統的な単位系を使っている．（ドイツでは SI 単位系使用規則が DIN 1301 などで定められている．）日本では，SI 単位系が基準であり，JIS Z 8203 にまとめられている．

　単位の名前は大部分が実用的なものである．例えば，メートル，アンペア，ケルビンなど．例外は，例えばカンデラである．

　またよく，センチメートル－グラム－秒 単位系（**CGS単位系**）が使われる．

単位記号は立体記号で表され，複数形は**使われず**，短縮を表す点（ピリオド）も**付けられない**．単位記号は通常小文字であるが，個人名に由来するものは大文字である．

　例：m, mol, kg, s, K (Kelvin 卿にちなむ)，T (Nikola Tesla にちなむ).

SI 単位系は次の七つの**基本量**を使う：

基本量	記号	基本単位	単位記号
長さ	l	メートル	m
質量	m	キログラム	kg
時間	t	秒	s
電流の強さ	I	アンペア	A
熱力学温度	T	ケルビン	K
物質量	n	モル	mol
光度	I	カンデラ	cd

CGS 単位系は基本単位として，センチメートル (cm) = 0.01 m，グラム (g) = 0.001 kg と秒 (s) を使う．

上に選んだ物理的基本量の数は原則的には任意であり，計測技術と実用的見地から定められている．時間は最も厳密に計ることができる．

物理量に対する記号

空間と時間

記号	意味
x, y, z	場所の座標
$\mathbf{r}$	動径ベクトル
l	長さ
b, W	幅
h	高さ
r	半径
d	厚さ
d	直径
L, s	距離
S	面積
V	体積
$\alpha, \beta, \gamma, \varphi$	平面角
ω, Ω	立体角
λ	波長
t	時間, 時刻
T	周期
ν, f	振動数, 周波数
τ	時定数
$\mathbf{u}, \mathbf{v}$	速度
$\mathbf{a}$	加速度
g	重力加速度

力学

記号	意味
m	質量
ϱ	密度
$\mathbf{p}$	運動量
$\mathbf{L}$	角運動量
I, J	慣性モーメント
$\mathbf{F}$	力
$\mathbf{M}$	力のモーメント (トルク)
G	重量
p	圧力
E	ヤング率
K	圧縮率
γ, σ	表面張力
E, W	エネルギー
E_p, V	位置 (ポテンシャル) エネルギー
K	運動エネルギー
W	仕事
P	仕事率, パワー
η	効率

電気と磁気

記号	意味
Q	電荷
V, φ	電位
U, V	電圧
E	起電力
$\mathbf{E}$	電場の強さ
C	電気容量
ε_r	比誘電率
$\mathbf{p}$	電気双極子モーメント
I	電流の強さ
$\mathbf{H}$	磁場の強さ
$\mathbf{B}$	磁束密度
Φ	磁束
μ	透磁率
$\mathbf{M}$	磁化
R	電気抵抗
G	電気のコンダクタンス
γ, σ	電気伝導率
M, L_{12}	相互インダクタンス
δ	損失角
P	仕事率, パワー

音響学

記号	意味
c	音速
c_g	群速度
P	音響パワー
ϱ	音の反射率
L_N	音の大きさのレベル

分子物理学

記号	意味
N	分子数
m	分子量
ℓ	平均自由行程
p	一般化運動量
T	熱力学温度
D	拡散係数
Θ	特性温度
Θ_D	デバイ温度

原子物理学と原子核物理学

記号	意味
A	質量数
Z	原子番号
N	中性子数
e	電気素量
m, m_e	電子質量
m_p	陽子質量
m_n	中性子質量
m_a	原子質量

化学物理学

記号	意味
ν, n	物質量
m	溶液のモル濃度
π	浸透圧
A	親和力
K	平衡定数
I	イオン強度

熱力学

記号	意味
t	セルシウス温度 (摂氏)
T	熱力学温度
S	エントロピー
U	内部エネルギー
F	自由エネルギー
H	エンタルピー
G	自由エンタルピー
κ	圧縮率
α	線膨張率 (係数)
γ	体膨張率
λ	熱伝導率
c_p, c_v	比熱
C_p, C_v	熱容量
Φ	熱流
a	温度拡散率

光学と放射

記号	意味
Q, W	放射エネルギー
I	放射強度
E	放射照度
Q	光量
Φ	光束
I	光度
E	照度
L	輝度
α	吸収率
ϱ	反射率
c	真空中の光速
n	屈折率

SI 基本単位：

(1) メートル

1 メートルは，光が 1/299 792 458 秒の間に走る距離である．

(2) キログラム

キログラムは質量の単位である；それは国際キログラム標準原器の質量と等しい．

(3) 秒

秒は，^{133}Cs 原子の基底状態の二つの超微細構造間の遷移を使って決められる．これは，その遷移に対応する放射の周期の 9 192 631 770 倍の時間である．

最初は（そして 1967 年まで）平均太陽日の 86 400 分の 1 として定められた．

(4) アンペア

アンペアは定常電流の強さである．真空中に，無限に細く無限に長い，円形断面の二本の導線を考える．それらは，平行で真っ直ぐであるとし，この二本に電流を流し，1 メートル離して置く．1 アンペアは，導線 1 メートルにつき 2×10^{-7} ニュートンの力を及ぼし合う一定の電流である．

(5) ケルビン

熱力学温度の単位であるケルビンは，水の 3 重点の熱力学温度の 273.16 分の 1 である．

温度間隔または温度差はケルビンで与えられ，記号は K である．

注意：ケルビンで表される熱力学温度（記号 T）以外に，セルシウス（摂氏）温度（記号 t）が使われる．それは式

$$t[C°] = T[K] - T_0[K]$$

で定義される．定義により $T_0 = 273.15$ K である．

セルシウス温度はセルシウス度（単位記号 °C）で示される．1「セルシウス度」は 1「ケルビン」に等しく，セルシウス温度間隔あるいはセルシウス温度差はセルシウス度で与えてよい．

(6) モル

モルは系の物質量であり，その系は，炭素 ^{12}C の 0.012 キログラムに含まれる原子の数と同じ数の要素粒子（原子または分子など）から成り立っている．

モルを用いるとき，要素粒子は特定されなければならない．要素粒子は，原子，分子，イオン，電子，および，その他の粒子でもよく，また組成が明確にされた粒子の複合体でもよい．

(7) カンデラ

周波数 540×10^{12} Hz の単色放射を放出し，所定の方向におけるその放射強度がステラジアン（立体角）当たり 1/683 ワットである光度．

1979 年までは，厳密に規定された黒体放射の光度として定められていた．

固有の名前と記号を持つ **SI 組立単位** を使うと，物理量の表示が簡単になる．

例：力は，SI 組立単位であるニュートン（単位記号 N）で測られる．$1\,\mathrm{N} = 1\,\mathrm{kg} \cdot \mathrm{m} \cdot \mathrm{s}^{-2}$．
圧力はパスカル（単位記号 Pa）で測られる．$1\,\mathrm{Pa} = 1\,\mathrm{N/m^2} = 1\,\mathrm{kg} \cdot \mathrm{m}^{-1} \cdot \mathrm{s}^{-2}$．

SI 単位は首尾一貫した単位系を形成する．すなわち，それから組み立てられた単位は基本単位の積あるいは商であり，換算する際に数値係数が出てくることはない．

数学的な基本演算の計算則は，単位に対してもまた成り立つ．

二つの単位の積と商は次のように書かれる：

J s　または　J · s,

$\dfrac{\mathrm{m}}{\mathrm{s}}$　または　m/s　または　m · s^{-1}

単位の間の積を表す点は抜かしてはならない．さもないと，場合によっては単位の積と，接頭語を付けて作った単位との区別が付かなくなる．

例：

mN = ミリニュートン（力），
m · N = メートル × ニュートン
　　　　　　　　　　（力のモーメント）．

SI 系以外にも広く行き渡った単位系がある．

例：分，時間，トン，リットル，バール

SI 系以外の単位は限られた分野でのみ用いられている．

例：エレクトロン・ボルト（原子物理学，物性物理学，核物理学），原子質量単位（核物理学），パーセク（天文学），ヘクタール（測量学）

また，センチメートル-グラム-秒 単位系（CGS 単位系）から派生した単位も用いられる．

ドイツ語	英語	日本語	記号
Absorptionsgrad	absorptance	吸収率	α
Absorptionskoeffizient	absorption coefficient	吸収係数	a
Arbeit	work	仕事	W
Beschleunigung	acceleration	加速度	a
Brechzahl	refractive index	屈折率	n
Celsius-Temperatur	Celsius temperature	セルシウス温度	t, ϑ
Dichte	density	密度	ϱ
Dicke	thickness	厚さ	d
Drehimpuls	angular momentum	角運動量	L
Drehmoment	moment of force	力のモーメント	M
Druck	pressure	圧力	p
Dynamische Viskosität	viscosity	粘度	η
Energie	energy	エネルギー	E, W
Enthalpie	enthalpy	エンタルピー	H
Entropie	entropy	エントロピー	S
Fläche	area	面積	S
Freie Energie	Helmholtz function	自由エネルギー，ヘルムホルツ関数	F
Frequenz	frequency	振動数，周波数	ν, f
Höhe	height	高さ	h
Impuls	momentum	運動量	p
Innere Energie	internal energy	内部エネルギー	U
Kinetische Energie	kinetic energy	運動エネルギー	E_K, K
Kraft	force	力	F
Länge	length	長さ	ℓ
Lautstärkepegel	loudness level	音の大きさのレベル	L_N
Leistung	power	パワー，仕事率，出力	P
Leuchtdichte	luminance	輝度	L
Lichtgeschwindigkeit	speed of light	光速	c
Lichtmenge	quantity of light	光量	Q
Lichtstärke	luminous intensity	光度	I
Lichtstrom	luminous flux	光束	ϕ
Masse	mass	質量	m
Mittlere freie Weglänge	mean free path	平均自由行程	ℓ
Ortsvektor	position vector	位置ベクトル	r
Periodendauer	period	周期	T
Potentielle Energie	potential energy	ポテンシャル・エネルギー	E_P, V, ϕ
Radius	radius	半径	r
Raumwinkel	solid angle	立体角	ω, Ω
Reflexionsgrad	reflectance	反射率	ϱ
Schalleistung	sound energy flux	音の強さ	P
Schwächungskoeffizient	linear attenuation coefficient	線形減衰係数	μ
Stoffmenge	amount of substance	物質量	n
Strahldichte	radiance	放射輝度	L
Strahlstärke	radiant intensity	放射強度	I
Strahlungsfluß	radiant flux	放射束	ϕ, P
Strahlungsmenge	radiant energy	放射エネルギー	Q, W
Thermodynamische Temperatur	thermodynamic temperature	熱力学温度	T
Transmissionsgrad	transmittance	透過率	τ
Volumen	volume	体積	V
Wärmemenge	quantity of heat	熱量	Q
Wellenlänge	wave length	波長	λ
Wirkungsgrad	efficiency	効率	η
Zeit, Dauer	time	時間，時刻	t

主要な物理量のドイツ語と英語，日本語表記

単位の何千，何万分の 1，あるいは何千，何万倍は**接頭語**を付けて表す．国際的に採用されている接頭語は 8 頁にまとめてある．

例：
MV ＝メガボルト ＝ 10^6 V ＝100 万ボルト．
ns ＝ナノ秒 ＝ 10^{-9} s ＝10 億分の 1 秒．
μm ＝マイクロメートル ＝ 10^{-6} m
　　＝100 万分の 1 メートル．

二重接頭語は用いてはならない．

このように接頭語と単位の結合は，単位の新しい短縮表示となる．そして，短縮記号の積を累乗で表せば，括弧を使用しなくて済む．

例：
cm^2 は，cm・cm ＝ $(cm)^2$ ＝ $(0.01 m)^2$ ＝ cm の 2 乗，を意味する．

特例：質量に対する接頭語は基本単位 kg に付けられるのではなく，単位 g に付けられる：例えば，マイクログラム (μg) は通常の表記であるが，ナノキログラム (nkg) という**表記はない**．

物理量の**次元**は，基本量の積として表される．基本量の記号はその際，次のように角括弧で閉じられる；長さ $[l]$，時間 $[t]$，質量 $[m]$．

例：速度の次元 $[l \cdot t^{-1}]$，
圧力の次元 $[m \cdot l^{-1} \cdot t^{-2}]$．

物理の式は両辺で次元が一致しなければならない．

例：落下の法則　$s = v \cdot t + g \cdot t^2/2$，すなわち

$[l] = [l \cdot t^{-1} \cdot t] + [l \cdot t^{-2} \cdot t^2]$

ここで，s：距離；g：重力加速度．

(大規模な計算をするとき，結果の次元を点検するのは役に立つ．)

同じ物理量を表す単位は，可能なときは約分される．

例：いくつかの物理法則では，kg/m^3 で測られた密度と m で測られた層の厚みの積が重要になる．この場合単位は $kg \cdot m^{-3} \cdot m = kg/m^2$ で与えられる．

単位の約分の後で全ての単位が消えたとすれば，それは**無次元**の物理量になる；この場合，それは単なる数値になる．

例：光線の屈折率は，媒質 A と媒質 B の光の速度の比 $n = v_A/v_B$ である．どちらの単位も m/s であるので，n は無次元の量である．

元素の記号は立体文字で書かれ，記号の後には点 (ピリオド) **を付けない**．

例：　H　　水素
　　　Na　　ナトリウム
　　　U　　ウラン
　　　Au　　金

粒子は次の記号で記述される (主なもの)．

陽子	p	パイ中間子	
中性子	n	負の〃	π^-
重水素	d	正の〃	π^+
三重水素	t	中性の〃	π^0
α-粒子	α	K-中間子	
電子	e^-	負の〃	K^-
陽電子	e^+	中性の〃	K^0
光子	γ	ニュートリノ	ν

原子と分子は次のように記号を配置して表す：

$$^A_Z \text{元素記号}, \qquad \text{分子記号}_X,$$

ここで，A：核子の数；Z：陽子の数，原子番号；X：分子当たりの原子の数 (X>1)．

例：
$^{65}_{29}$Cu は銅の原子核　$^4_2$He はヘリウムの原子核
O_2 は酸素分子

原子が電荷をもっている場合，その価数を元素記号の右上に付ける．

例：
Ca^{2+}　あるいは　Ca^{++}

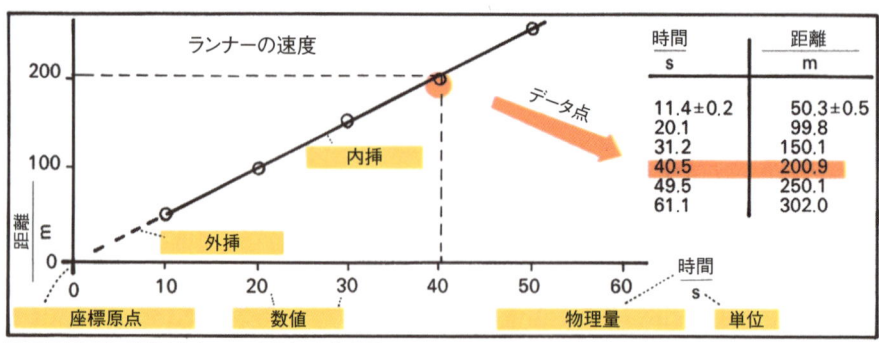

平面直交座標に表示された二つの関連した物理量

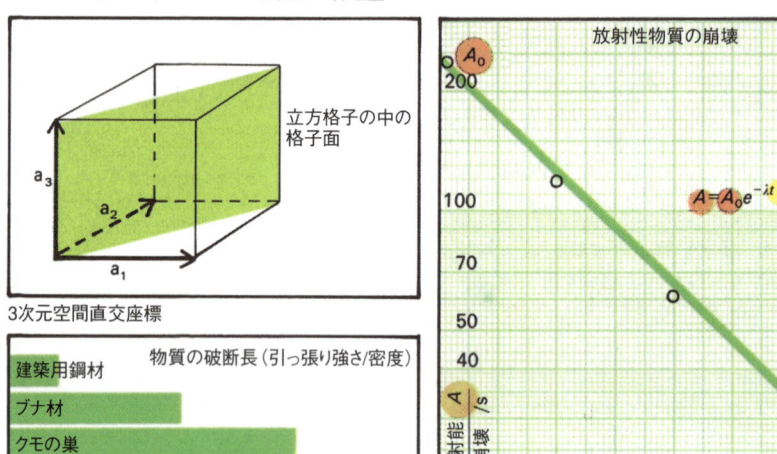

3次元空間直交座標

棒グラフ

片対数座標

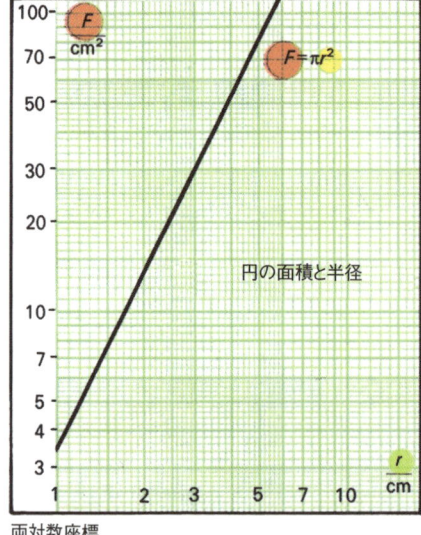

両対数座標

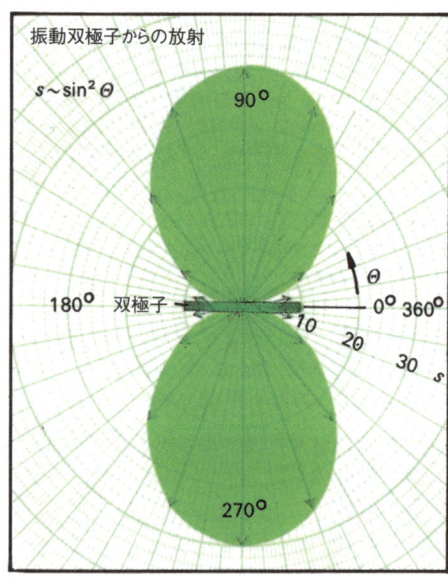

極座標

二つ，またはそれ以上の物理量の間の関係は，通常，データ点として表示されるか，あるいは何らかの公式から導出される．そのように表示する目的は，異なった物理量の間の関係を分析し，相関を見出し，新しい法則性を導出するためである．一連の数値がわかると，いくつかの値の間を**内挿**することができるし，あるいは，データ点のつながりを越えて**外挿**することができる．

グラフ(図)は，座標空間に物理量を表示した図であり，あまり正確ではないが，それぞれのデータ点の間の関係を一目で知ることができる．そして，表示されている物理量を制御している法則性を知ることができる．座標系内のデータ点を結びつけてでき上がった曲線は記憶しやすい．またデータ点が，よく知られた数学曲線で結ばれることがしばしばある．この場合は内挿や外挿が簡単になる．

解析を手軽に行い，結果を明確に見るために，予測される物理法則に合った適切な座標系を選び，それに対応する方眼紙を使うべきである．

座標系

一般に2次元座標を使う．というのは通常，二つの互いに関係している物理量が問題になるからである．

例：速度を解析するには，時間に対する距離を調べる．一つの座標軸に時間 t を取り，もう一つの座標軸に対応する時点の距離 s を取る．

座標系に書き入れられているデータ点は，対になっている二つの物理量に対応している．2, 3の役に立つ規則：

座標軸は，重要なデータ点が全て座標系内に取り入れられるように刻まれていなければならない．

座標軸はすべて正しく指定されていなければならない．すなわち，目盛り，単位，記載すべき物理量の名前が示されていなければならない．

軸の目盛りは，中間値が容易に読み取れるようでなければならない．

それぞれの物理量の値がゼロになる点がある時は記入されるべきである．

計測値は，計測誤差がわかるように表示されるべきである．「計測誤差が与えられていない計測値は価値が低い．」

計測点を直線で結べるように座標軸の目盛りを選ぶと，表示は単純で明快になる．以下は頻繁に使われる表示法(座標系)である．

直交(デカルト)座標系(デカルト(René Descartes, 1596–1650)にちなむ)：両座標軸は均等に目盛りが刻まれ，互いに直角に交わっている．記入されたデータ点を直線で結ぶことができた場合，次が成り立つ．

$$y = mx + b$$

ここで，y：縦軸の値；x：横軸の値；m：直線の勾配；b：直線が y-軸を切る点．

片対数座標系：これは「セミログ」とも呼ばれる．通常，横軸は均等に刻まれ，縦軸が対数的に刻まれる．縦軸では，10のある累乗から次の累乗への距離は累乗に関係なく一定である．二つの量のうち片方の変動が早いとき，この表示が選ばれる．計測点が直線で結ばれたとき，それは**指数関数**になる：

$$y = y_0 \, \mathrm{e}^{\lambda x}$$

ここで，y：y 軸上の物理量；x：x 軸上の物理量；λ：直線の勾配を示す；y_0：直線が y 軸を切る点．対数軸はゼロの値を表示しないことに注意．

両対数座標系：両軸は互いに直角に交わっており，どちらも対数的に刻まれている．計測点が直線で結ばれたとしよう，するとそれは**累乗関数**になる：

$$y = y_0 \, x^n$$

両対数表示では，累乗関数は直線になる．その勾配は累乗指数の数値に等しい．

極座標は1つの固定点(始点，極)と，それから出る1本の半直線または軸で構成される．数値半直線と同じように，その軸上に正の目盛りが刻まれる．これは特に角度依存性を見るのに適している．

3次元座標は図示にはあまり使われない．表示が比較的難しく，分かりにくいからである．また数値を読み取るのも容易ではない．

棒グラフは，基本的には，不連続な関係の物理量の1次元表現である．

例：いろいろな物質の破断長の表示

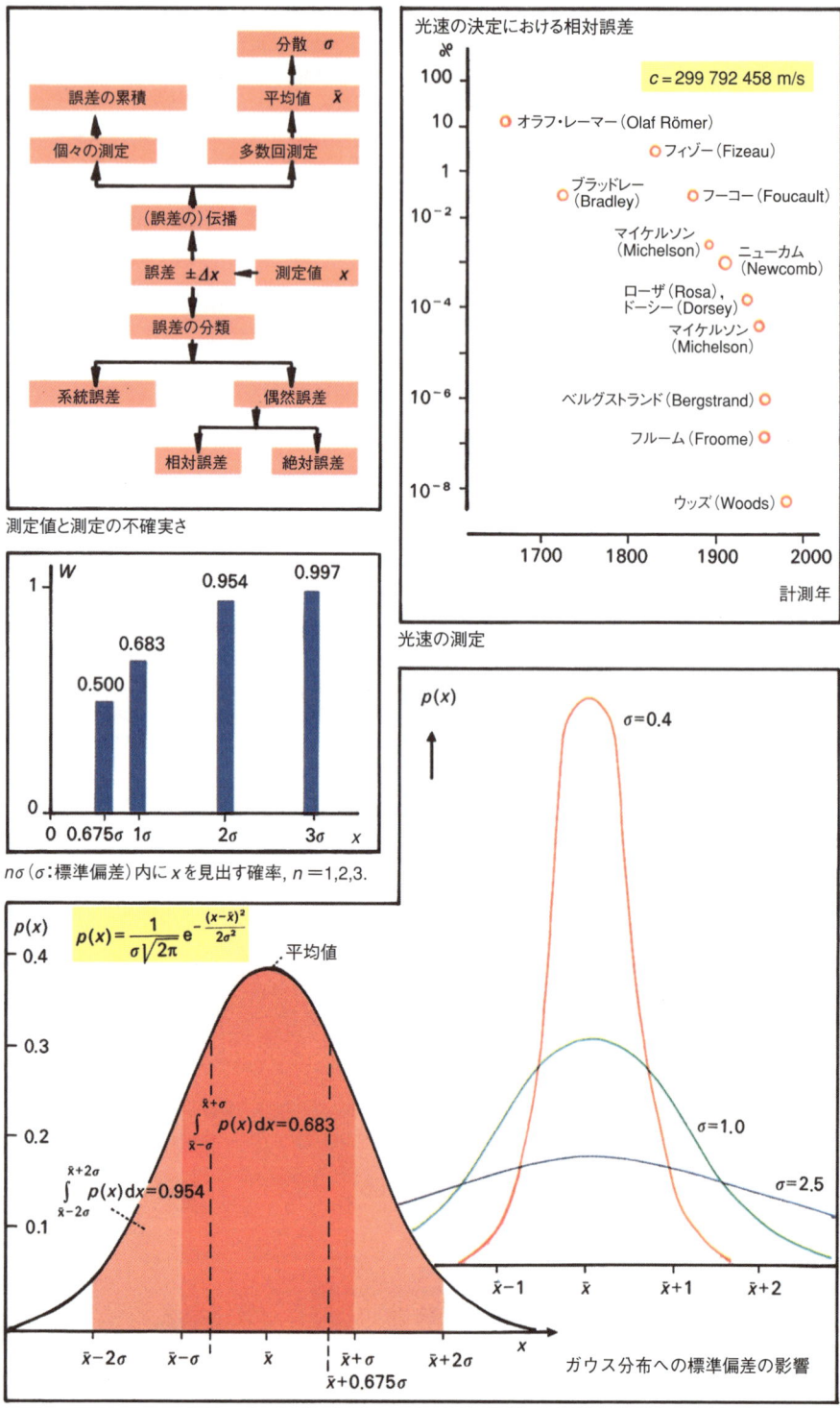

測定値と測定の不確かさ

光速の測定

$n\sigma$ (σ：標準偏差) 内に x を見出す確率, $n=1,2,3$.

ガウス分布への標準偏差の影響

誤差曲線, ガウス分布

物理量の**測定**は，あらかじめわかっている物差し，または測定基準器と直接比較することによって行われる．測定技術の事情でそれができないか，あるいは，費用がかかりすぎる場合は，間接的な測定法を用いる．それは，測定すべき量とよく知られた関係にある簡単に測れる量を測定し，求める量と結び付けることである．

> 例：物理量である温度は水銀の膨張から間接的に測られる．Hg の膨張率は非常に精密に知られているので，温度計の水銀柱の長さの変動は正確に定まり，その変化から間接的に計算された温度もまた正確に求まる．

測定されたどんな物理量も，測定誤差を含むことは避けられない．

測定誤差，あるいは**測定の不正確さ**は，誤りあるいは間違いではない，それは**避けられない**不正確さである．測定誤差は測定方法に直接関係して生じる．測定の不正確さは，「本当の」値（通常は分からないもの）からのずれでは**ない**．

どんな物理量でも，明確に，あるいは間接的にその不正確さを示す**はず**であり，誤差のない記述は価値が低い．一般に系統誤差と偶然誤差を区別し，それらを絶対誤差あるいは相対誤差として記載する．

系統誤差は把握するのが最も難しい．この誤差はしばしばある方向に偏る傾向を示す．別の独立した測定でそれを評価するのが最も適切である．

> 例：時計の動き，環境の影響

偶然誤差は避けられない．測定を繰り返すことによってそれを小さくすることができる．

> 例：二つの目盛の間隔の評価．放射線源の放射能．

絶対誤差は測定された物理量と同じ単位で与えられる．

> 例：$l = (5.38 \pm 0.05)$ m．この長さは 5.33 m $\leq l \leq 5.43$ m の範囲にある．

グラフ上で絶対誤差は測定点に誤差棒として示される．誤差棒が付けられてない場合は，測定点の幅のなかに誤差棒が隠れていることを意味する．

相対誤差は測定値の割合（多くは％で）として与えられる．

> 例：$l = 5.38$ m $\pm 3\%$．この場合，正確な長さは 5.22 m $\leq l \leq 5.54$ m の範囲にある．

どの形式で測定の不確実さを与えるかは任意であるが，読者への影響はそれぞれ異なるはずである．

有効数字は間接的に物理量の測定の不確実性を示している（9 頁参照）．

> 取り決め：物理量の数値的な表示では，最後に書かれた桁が重要である．すなわち，その次の桁は $\pm$ 半桁だけ不確かである．

> 例：物理量の数値が 3.0 と与えられている場合，それは $2.95 \leq$ 物理量 ≤ 3.05 を意味している．さらに有効数字の多い数値，すなわち 3.00 は $2.995 \leq$ 物理量 ≤ 3.005 を意味している．

誤差の伝播は，物理量がいくつかの異なった数値から構成されているときや，再三繰り返して測定されるときに起こる．いくつかの場合を考えよう．

和と差：絶対誤差が加算されると累積誤差となる．

> 例：$y = x_1 + x_2 - x_3$ のとき，
> $\Delta y = \Delta x_1 + \Delta x_2 + \Delta x_3$

負記号で物理量が結び付いているときでも，累積誤差はその和によって決まるというのは明らかである．

積と商：累積誤差は相対誤差の和で求まる．

> 例：$y = x_1 \cdot x_2 / x_3$ のとき，
> $\Delta y / y = \Delta x_1 / x_1 + \Delta x_2 / x_2 + \Delta x_3 / x_3$

いくつかの物理量のうち，一つを特に正確に定めることにはほとんど意味がないことが，この例からすぐに分かる．

累乗：物理量の累積誤差は，絶対誤差あるいは相対誤差と累乗指数との積によって求まる．

> 例：$y = x^n$ のとき，
> $\Delta y / y = n \cdot \Delta x / x$

x の**平均値**（記号 $\bar{x}$）：同じ物理量が何度もくりかえして測られ，n 個の測定が互いに独立，すなわち，偶然誤差だけが関与するのであれば，$\bar{x}$ を計算することができる．この誤差は単独の x_i の誤差より小さくなる．

$$\bar{x} := \frac{1}{n} \sum_{i=1}^{n} x_i$$

誤差分布関数：同じ物理量を測定して同じ値をどれくらい取るか分かるとき（測定を多数回くり返すときだけに意味がある），測定点は釣り鐘型の曲線に乗ることが多い．この曲線は正規分布，あるいはガウス分布と呼ばれている（ガウス，C. F. Gauss, 1777–1855 にちなむ）．

「確率方眼紙」は正規分布を直線で表す．

分散, 標準偏差（記号 σ）：この量は x の測定値の不確実さを与える．一方，$\bar{x}$ の誤差は $\sigma/\sqrt{n}$ である．ここで n は測定回数である．

一般的な表示は

$$y = \bar{x} \pm \sigma$$

説明：新しく x の測定をするときに，y はこの値を間隔 $\bar{x} - \sigma \leq \bar{x} \leq \bar{x} + \sigma$ に見出す確率になり，それは 0.683 になる．すなわち，3 回の測定で 2 回与えられた間隔に見出される．

もっと高い「的中確率」は，例えば標準偏差の 2 倍を指定すると得られる，すなわち，$y = \bar{x} \pm 2\sigma$．この場合の確率は 0.954 である．

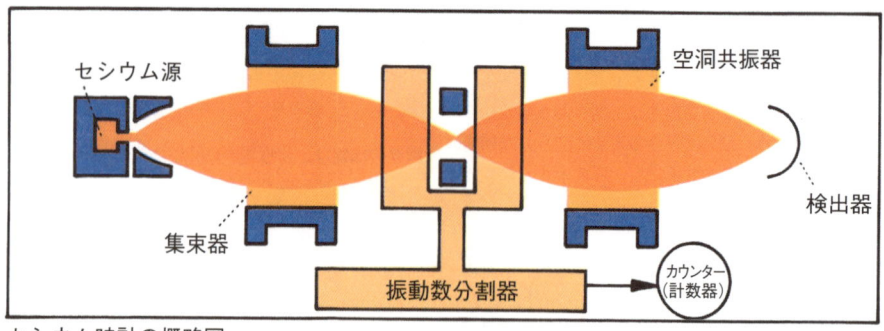
セシウム時計の概略図

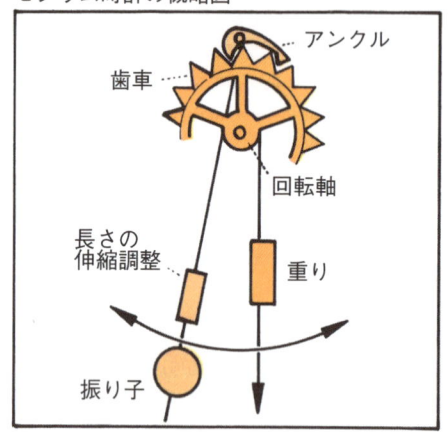
振り子時計の駆動と制御

水晶（クォーツ）時計の原理

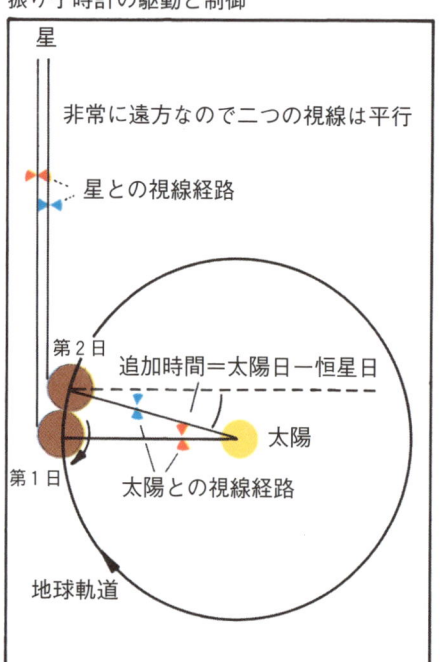
恒星日と太陽日の測定

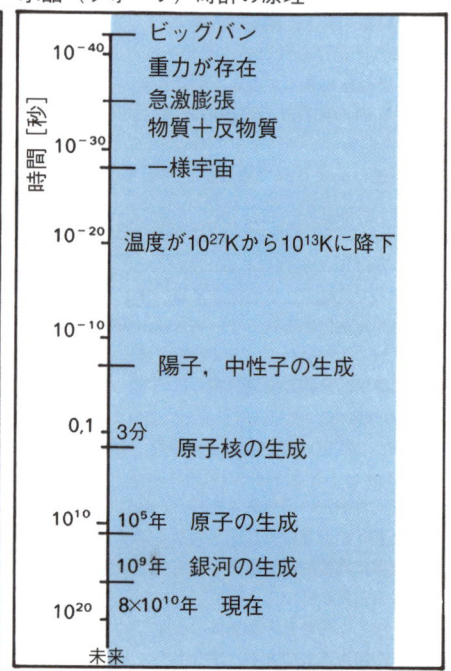
現代の宇宙論のモデルによる時間経過

時間（記号 t）は物理の基本量で，SI 基本単位では秒（単位記号 s）で測られる．

厳密にいえば，時の流れを指定する量としての時刻と，二つの事象の間の時間間隔，すなわち，時間を区別しなければならない．しかし，時刻と時間は同じ単位で測られる．

定義：

1 秒は，^{133}Cs 原子の基底状態にある二つの超微細構造準位間の遷移を使って決められる．すなわち，その遷移に対応する放射の周期の **9 192 631 770 倍である．**

時間は実験的不確定性の範囲内で，新しい定義 (1967) が古いもの (1 s = 1/86 400 平均太陽日) と一致するように選んである．

他の時間単位は：

1 年［平年］(yr) : 365 日 (d) = 8 760 時間
1 日 (d) = 24 時間 (h) = 1 440 分 (min)
 = 86 400 s
1 yr = 3.15×10^7 s

時間測定は時計を使って行う．最も古い時間測定器は，日時計，水時計，砂時計である．

振り子時計は，1657 年，ホイヘンス (Christiaan Huygens, 1629–95) によって発明され，歯車の進行を振り子の振動を使って調整する（71 頁参照）．現代の振り子時計の絶対誤差は一年に約 3 s である．

ゼンマイ時計（71 頁参照）はギア調整にゼンマイの振動を用いる（1695 年，同じくホイヘンスによって発明された）．

クォーツ時計は水晶の厚み振動に基づく．ピエゾ（圧電）効果によって，水晶振動子は正確な時刻で電気信号を発振するので，その信号をカウントする．絶対誤差はおよそ 0.001 s/yr である．しかし，長時間経つと水晶振動子の周波数は一定ではなくなる．

原子時計は最も正確な時間測定装置である．これは事実上不変である分子の固有振動を利用する．セシウム時計が時間標準として利用される．

セシウム時計（原子時計）：Cs 原子の平行ビームがノズルから出る．それが集束器の電場の中にくるとエネルギーの高い原子と低い原子に分離される．エネルギーの高い原子は，内部に定常高周波がかかっている空洞共鳴装置の中に入る．この電場が Cs 原子を安定した周期をもつ固有振動状態に励起する．この高周波振動が取り出され，分周器で低周波にしてカウントされる．

この種の**時刻標準器**でクォーツ時計を補正し，**時刻信号**（例えば，正午の信号）を送る．

放射線年代測定は，^{14}C や ^{238}U のような放射性原子核の崩壊率が，他から影響を受けない自然定数であるという事実を利用している．ある放射性原子の数 n_0 と崩壊定数 λ が時刻基点 t_0 に分かれば，時刻 t に測定される原子の数 n は一義的に決まる．それは

$$n = n_0 e^{-\lambda(t-t_0)}$$

放射性炭素時計は ^{14}C 核の β 崩壊に基づく．この時計の測定領域は 100 年から 50 万年にわたる．説明：植物は同化作用の際に，葉を通じて空気中の CO_2 を吸収し，その組織の中に炭素を組み込む．大気中の炭素同位原子の自然比率 $^{14}C/^{12}C$ は一定であり，したがって，生きている植物の組織の中でも同じである．植物が枯死すると大気から CO_2 が入ってこない．^{14}C 成分は β 崩壊によって指数関数的に減少する．組織中の ^{14}C 残留放射能と ^{14}C の崩壊定数によって，枯死した時点と測定時点の間の時間経過を計算できる．

ウラン時計は ^{238}U の非常に小さい崩壊定数を年代特定に利用する．例えば，10 億年を経た岩石の年代を 0.1% の不確定性で測定できる．

説明：花崗岩マグマが凝固すると，中にジルコン ($ZrSiO_4$) 結晶が形成される．Zr と U の原子半径が一致するので，そこに存在するウランも，形成されたジルコン結晶の中に取り込まれる．その後，ウランは崩壊し，その最終生成物である ^{206}Pb と ^{207}Pb が残る．質量分析器で判るジルコンの中の U と Pb の比率から結晶したときの U の比率を計算できて，これから年代を決定できる．

磁気時計：液状マグマが凝固すると，磁性をもつ溶岩分子は凝固時の地球磁極の方向を指す．地球の磁極は規則的に位置と符号を変えるので，結晶した分子の磁気の方向が時計の針のような役割をする．

生物時計は自然界の周期的事象に基づく．たとえば，樹木は毎年外周を成長させるが，断面にはっきり識別できる年輪を一つ付ける．

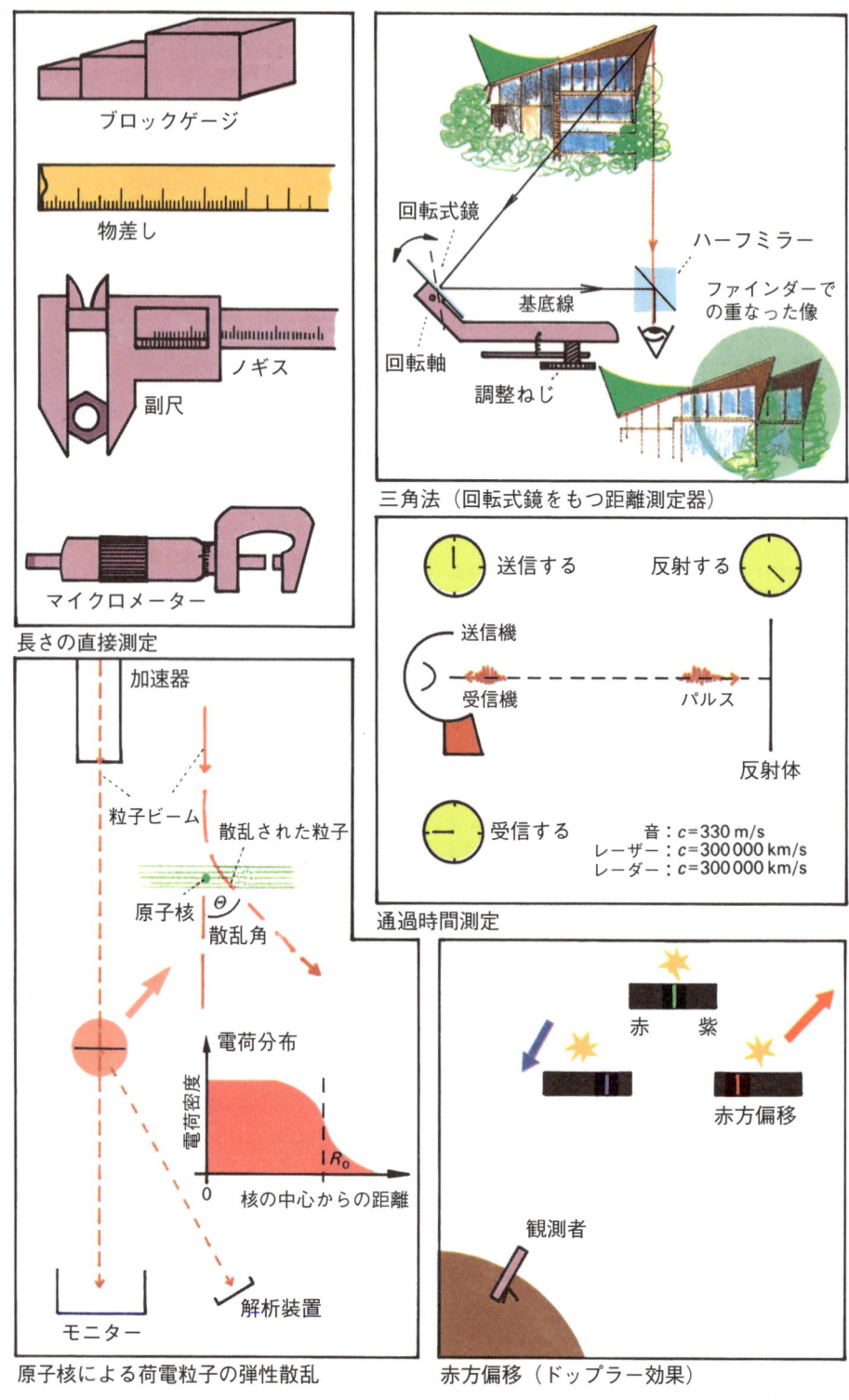

長さ（記号 ℓ, 単位記号 m）は物理の基本量で，SI 基本単位 ではメートルで測られる．

国際統一計量単位系への最初の試みは，1791 年，フランスの委員会がおこなった．彼らは，**メートルをパリを通る地球子午線の 4 千万分の 1 と定めた**．**メートル条約**に入ったすべての国は，メートル原器（白金・イリジウム棒）の非常に正確なコピーを受けとった．メートル原器そのものはパリにある．

短い時間を計るのに非常に高い精度が達成されるようになって，最新の定義（1983 年 10 月）では光速を使うようになった：**1 メートルは光が $1/299792458$ 秒間に通過する距離である**．

1960 年から 1983 年の間は，次の定義が使われた：1 メートルは，他から遮蔽された ^{86}Kr 核の原子が，$5d_5$ 状態から $2p_{10}$ 状態へ遷移する時に真空中へ放射する光線の波長の 1 650 763.73 倍である．

長さの単位オングストローム（単位記号 Å）は分光学などでよく使われる．

$$1\,\text{Å} = 1 \times 10^{-10}\,\text{m}$$

天文学では次の単位も使われる：
天文単位（単位記号 AU），太陽 - 地球間の平均距離．

$$1\,\text{AU} = 149.6 \times 10^9\,\text{m}$$

パーセク（単位記号 pc）は，1 天文単位を弧とし，角度 1 秒の視差を与える距離．

$$1\,\text{pc} = 3.0857 \times 10^{16}\,\text{m} = 206\,265\,\text{AU}$$

基本単位メートルは世界中で採用されている．しかし，英語圏の多くでいくつかの異なる単位が使われている．

光年	l.y.	9.46×10^{15} m
マイル（法定）	mile	1609.344 m
海里	nmi	1852 m
ヤード	yd	0.9144 m
フィート	ft	0.3048 m
インチ	in.	0.0254 m
X 線単位	xu	1.00202×10^{-13} m

長さの測定方法

直接的な測定方法は，測定される対象と物差しを直接に比較することである．定規，物差し，巻尺，ワイヤ尺は対象に直接当てる．長さは，対象の両端の間にある物差しの目盛りの総数である．測定範囲：0.01 m から 1000 m．測定誤差は目盛りの最小の間隔に一致する．

測定対象の例：日常生活にある物体，たとえば，人間，動物，植物．

ブロックゲージは，特別正確に磨かれた，平坦かつ平行な直方体の金属片で，その寸法は数マイクロメートルまでの精度で与えられる．それらをいくつか密着させると，同じ精度の新しい物差しになる．

ノギスとマイクロメーターは，対象を可動な二つの両端金具（ジョー）で挟んで，その大きさを測る器具である．数値は目盛を読み取るか，デジタル表示される．測定領域は 10^{-5} m から 1 m．相対測定誤差は約 0.01% である．

測定対象の例：ワイヤ，ねじ，材料の厚さ，精密機器．

副尺，または，**バーニヤ**（1631 年，Pierre Vernier によって発明された）は，ノギスとマイクロメーターの目盛の 10 分の 1 の数値を読み取る補助尺である．主尺の目盛と副尺の目盛が一致するところで副尺の読みを決める．主尺で測られた目盛に副尺の読みを加算する．

計測顕微鏡は決まった拡大倍率を持ち，焦点面（148 頁参照）に計測目盛がある．これで小さな対象を直接に測ったり，照準十字線にそってずらしたりする．測定値はねじ目盛で読み取られるか，あるいは，視界の中に映される．測定範囲は 10^{-3} m から 10^{-6} m で，相対測定誤差は約 0.01% である．

干渉計は光学器械で，非常に小さい距離を測定するために光の干渉縞を利用する．マイケルソン干渉計（188 頁参照）はその例である．相対測定誤差は約 0.001% である．

間接的距離測定法は，非常に大きな距離の場合や，非常に遠くにあったり，近づけない測定対象の時に使われる．

三角測量法：経緯儀を用いて，対象への視線が基底測量線の両端となす二つの角度を測る．既知の基底線分から対象への角度が決められると，基底 - 対象間の距離が計算できる．測定範囲は 10^2 m から 10^5 m である．相対測定誤差は約 0.01% である．

飛行時間測定：波動（例えば，音波，光，電波）が距離 ℓ を伝幡するために飛行時間 Δt を要したとする．その波動の伝幡速度 c がわかると，長さは $\ell = c\Delta t$ である．実際には非常に短いパルスが発信され，発信者 - 目標 - 発信者の飛行時間が測定される．

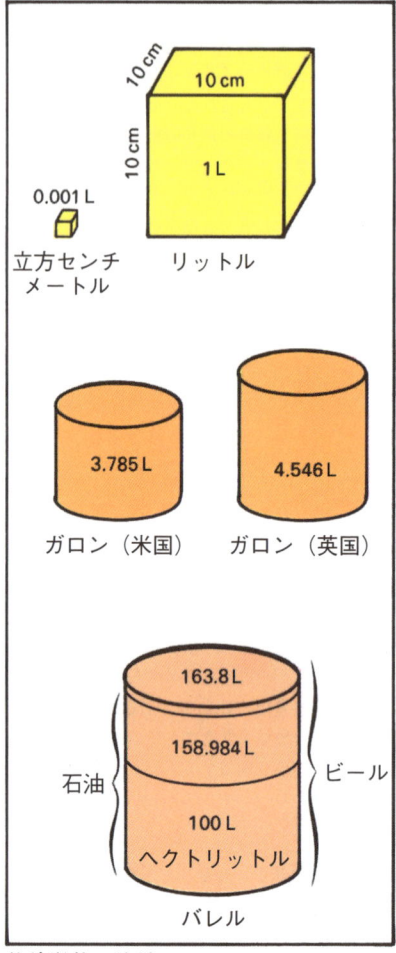

体積単位の比較

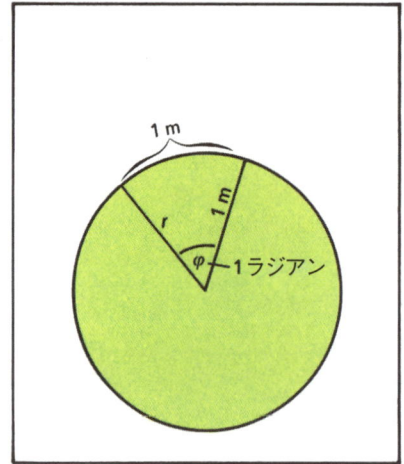

平面角, ラジアンの定義

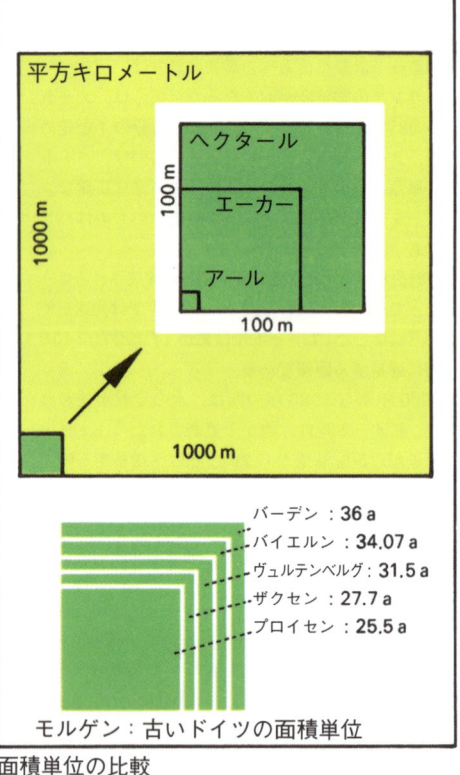

モルゲン：古いドイツの面積単位

面積単位の比較

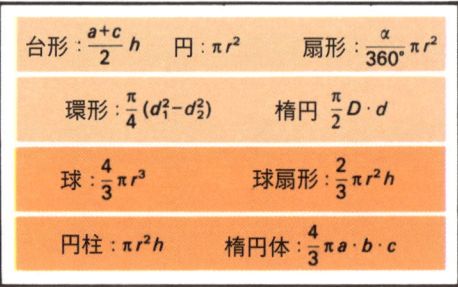

面積と体積に関するいくつかの公式

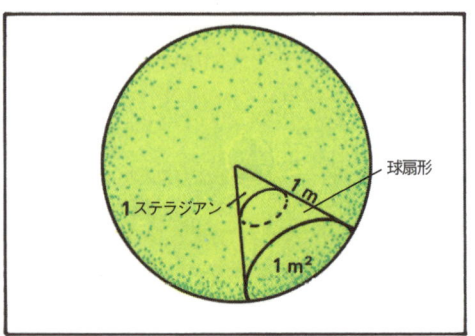

立体角, ステラジアンの定義

例：音響測深器（ソナー）：船底の音波送受信装置が鉛直下方に短い音波のパルスを発信する．それは海底で反射され，同じ装置で受信される．この間に，発信を受信に切り替えられている．海中の音速は既知なので，送信−受信間の時間から海底からの距離が計算され表示される．

レーダー（電波測定装置）とレーザー遠距離測量機は同様の原理で働く．波動として電磁波が使われる．例えば，地球−月の距離は ± 0.015 m まで測られ，その精度は 5×10^{-10}% である．測定範囲は 1 メートルから 10^8 m までであり，相対的測定誤差は 0.001% より小さい（平均で）．

飛行時間測定の変った使い方として，現代宇宙物理でパルサーの直径を算出するのに利用される．1967 年に初めて発見されたこれらの天体は，規則的に非常に短い光と電波のパルスを発信している．放射信号の継続時間は約 100 マイクロ秒程度である．したがって，パルサーから信号を発信している分子は，この時間内で明らかに同期している．この同期の情報は光速以下の速さで伝達される．パルサーは最大で，光が 100 マイクロ秒以内に走る直径をもつと推測される．したがって，$3 \times 10^8 \times 10^{-4}$ m $= 3 \times 10^4$ m $= 30$ km．よって，パルサーの直径の上限は 30 km である．

光：遠方の光源の絶対光度 I_0 を知っていれば，$I = I_0/\ell^2$ であるから，測定された光度 I から距離 ℓ を見積もることができる．

例：ケフェウス座の δ 型変光星の絶対光度は，観測される変光周期から理論的考察に基づいて導くことができる．測定された相対的光度から距離が計算される．それによって，10^6 光年の距離までの星団を測定するのに成功した．

ドップラー効果（赤方偏移，83 頁参照）：光源が観測者との距離を変えると，放射する光の波長の変化が観測される．波長（あるいは，振動数）の変化から，観測者と光源の相対速度を計算することができる．非常に遠い天体系の速度は宇宙論のモデルによって予測できるので，天体の光の赤方偏移をもとに，その天体と地球との距離を計算することができる．10^9 光年程度の距離までこの方法で決められる．

電子散乱：高エネルギー電子が原子核によって散乱されるときのパターンは，原子核の半径によって変わる．この方法で，10^{-15} m のオーダーの長さまで測定される．

面積と体積

二次元と三次元の物体については，通常，それを特定する点を測る．それらの点の間の距離から，解析幾何を使って面積や体積を計算する．

面積（記号 A 又は S）の単位は，平方メートル（単位記号 m^2）である．

$$1 \text{ 平方メートル (m}^2\text{)} = 1\,\text{m} \times 1\,\text{m}$$
$$1\,\text{m}^2 = 10\,000 \text{ 平方センチメートル (cm}^2\text{)}$$

原子物理と核物理では，しばしば，特殊な単位が用いられる：

$$1 \text{ バーン（単位記号 b）} = 10^{-28}\,\text{m}^2$$
$$= 10^{-24}\,\text{cm}^2$$

体積（記号 V）の単位は立方メートル（単位記号 m^3）である．

$$1 \text{ 立方メートル (m}^3\text{)} = 1\,\text{m} \times 1\,\text{m} \times 1\,\text{m}$$
$$1\,\text{m}^3 = 1\,000\,000 \text{ 立方センチメートル (cm}^3\text{)}$$

他の面積単位：

平方キロメートル	km^2	1×10^6 m^2
ヘクタール	ha	10 000 m^2
アール	a	100 m^2
平方フィート	sq.ft	0.09290 m^2
平方インチ	sq.in.	6.45 cm^2

他の体積単位：

バレル（石油）	bbl	0.158984 m^3
ヘクトリットル	hl	0.1000 m^3
ガロン（イギリス）	gal	4546 cm^3
ガロン（アメリカ）	gal	3785 cm^3
リットル	l	1000 cm^3
クォート（イギリス）	qt	1136 cm^3
クォート（アメリカ）	qt	946 cm^3

角度

平面角（記号 $\alpha, \beta, \gamma, \theta, \vartheta$，又は φ）は，物理では，円弧の長さ l を半径 r で割ったものである：$\varphi = l/r$．

平面角度の対応する SI 組立単位はラジアン（単位記号 rad）である．

全周角（360°）は，したがって，2π ラジアン $= 6.28$ rad に等しい．

直角（90°）は $\pi/2$ ラジアン $= 1.57$ rad に等しい．

換算：$1° = 0.01745$ rad，1 rad $= 57.296°$

立体角は，半径 1 の球の中心に頂点を持ち，球面上に底面を持つ錐体の底面積で表される．立体角の対応する SI 補助単位はステラジアン（単位記号 sr）である．

球が囲む立体角（球の中心に立って，全球面を見渡す立体角）は，4π ステラジアン $= 12.57$ sr となる．

24 力学

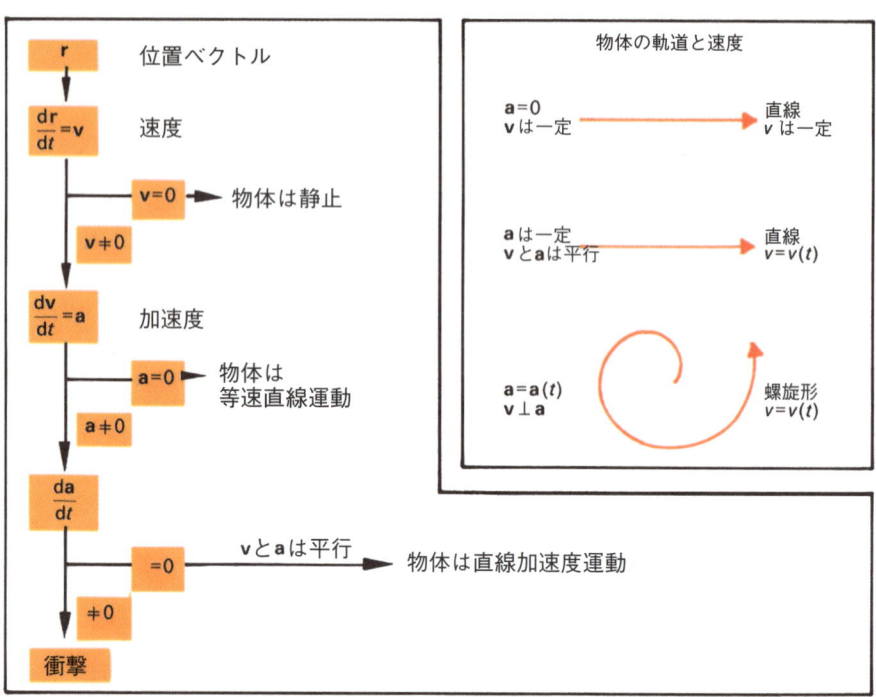

概要

物体の軌道と速度

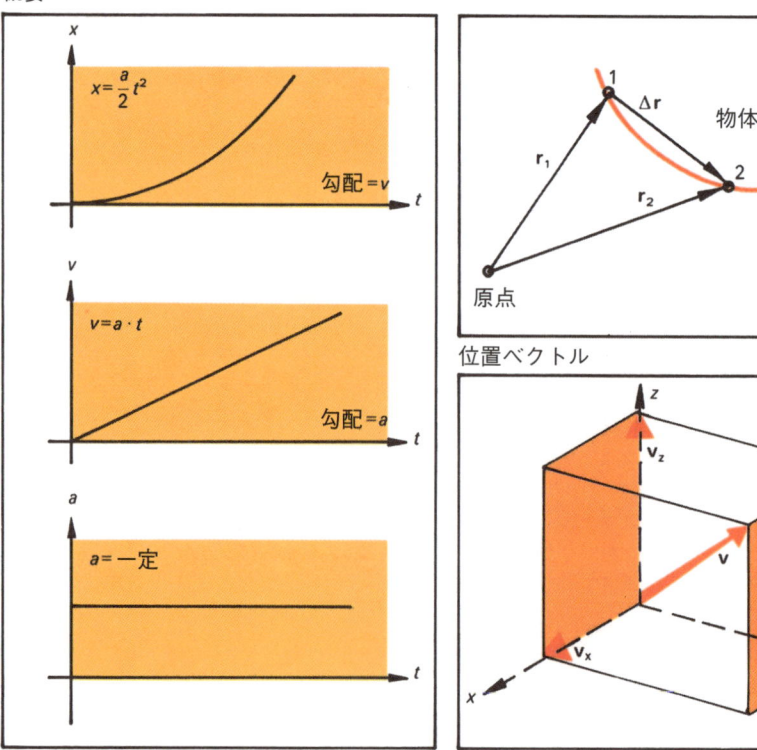

等加速度運動

位置ベクトル

v の成分

座標 x, y, z は，三次元空間内の点の位置を示す．
位置ベクトル（記号 r）はその点と座標の原点を結ぶ．r は点の方向を向く．点が r_1 から r_2 へ動くと，**変位** Δr は

$$\Delta r = r_2 - r_1 \qquad \text{変位}$$

変位は方向をもつ量，ベクトルである．
変位は **並進** と呼ばれることがある．

速度

点が Δr 変位するのに時間 Δt を要したとすると，点の**平均速度**（記号 $\bar{v}$）は，

$$\bar{v} = \Delta r/\Delta t \qquad \text{平均速度}$$

Δr と $\bar{v}$ の方向は一致する．
（瞬間）**速度**（記号 v）は，

$$v = \lim_{\Delta t \to 0}(\Delta r/\Delta t) = dr/dt \qquad \text{速度}$$

v はベクトルであり，変位 Δr の方向を向く．
v の大きさ v は，$v = |v|$．座標軸にそった v の各成分は：

$$v_x = dx/dt \quad v_y = dy/dt \quad v_z = dz/dt$$
$$v = \sqrt{v_x^2 + v_y^2 + v_z^2}$$

ベクトルである v を速度と呼び，速度の大きさ v を速さと呼んで区別する．ドイツ語には区別がなく，速度がベクトルであることを明示するには v に速度の方向を付加しなければならない．英語では velocity（速度）$= v$ と speed（速さ）$= v$ は区別される．
点が x 軸に平行に運動すると，

$$v = dx/dt$$

速さ（記号 v 又は u）はメートル毎秒（記号 m/s）で測られる．
換算：$1\,\text{m/s} = 3.60\,\text{km/h}$
$\qquad\quad\ 1\,\text{km/h} = 0.278\,\text{m/s}$

加速度

速度が時間の関数 $v(t)$ であると，加速度運動となる．
点の**加速度**（記号 a）は，

$$a = dv/dt \qquad \text{加速度}$$

a は瞬間加速度である．
$\bar{v}$（上記参照）に対応して，**平均加速度** $\bar{a}$ も定義できる：$\bar{a} = \Delta v/\Delta t$

a はベクトルであり，v とはある角度をなす．三つの極端な例をあげると，

1) a は v と平行，すなわち二つのベクトルが同じ方向を向く場合，正の加速度となり，v は時間とともに増加する．言葉の意味通り加速である．
2) a は v と反平行，すなわち二つのベクトルが反対方向を向く場合，負の加速度となり，v は時間とともに減少する．運動は減速である．
3) a は v と垂直，すなわち二つのベクトルの成す角度が $90°$ の場合，v は時間によらず一定であるが，v の方向が変わる．例：円運動（31 頁参照）．
言葉では，加速度ベクトル a と加速度の大きさ a を区別しない．加速度のベクトル性を示すには，a に加速度の方向を付加しなければならない．

a の大きさ a は，座標軸にそった a の成分から求められる．

$$a_x = dv_x/dt \quad a_y = dv_y/dt \quad a_z = dv_z/dt$$

点が x 軸に平行に運動する場合，

$$a = dv_x/dt$$

a の大きさ a はメートル毎秒毎秒（単位記号 m/s^2）で測られる．

a が時間の関数，すなわち $a(t)$ の場合，**加加速度**があらわれる．加加速度はロケットの発射の時に重要になる．

a から v と r を計算：
a が大きさも方向も時間によらず一定の場合，時間について積分して速度が得られる．

$$\int_0^t a\,dt' = \int_0^t dv$$

ゆえに，$at = v - v_0$，つまり，$v = v_0 + at$．
ここで，v_0：点の初速度．
v に代入し，もう一度積分して，

$$\int_0^t dr = v_0 \int_0^t dt' + a \int_0^t t'\,dt'$$

結果は $r = r_0 + v_0 t + at^2/2$．
ここで，r_0：変位の初期位置ベクトル．

特殊な場合として，x 軸に沿った変位を考える．初期条件 $x_0 = 0$ と $v_0 = 0$ の場合，

$$v = at$$
$$x = at^2/2$$

26　力学

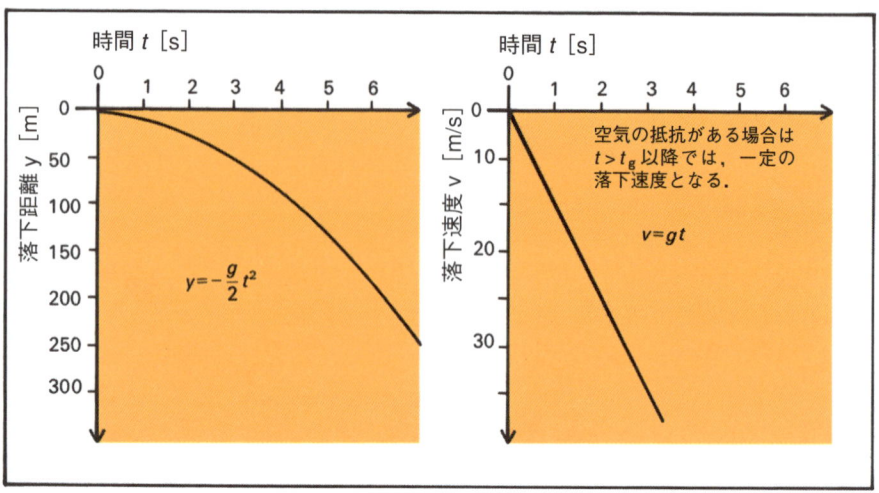

自由落下の場合の落下距離と落下速度

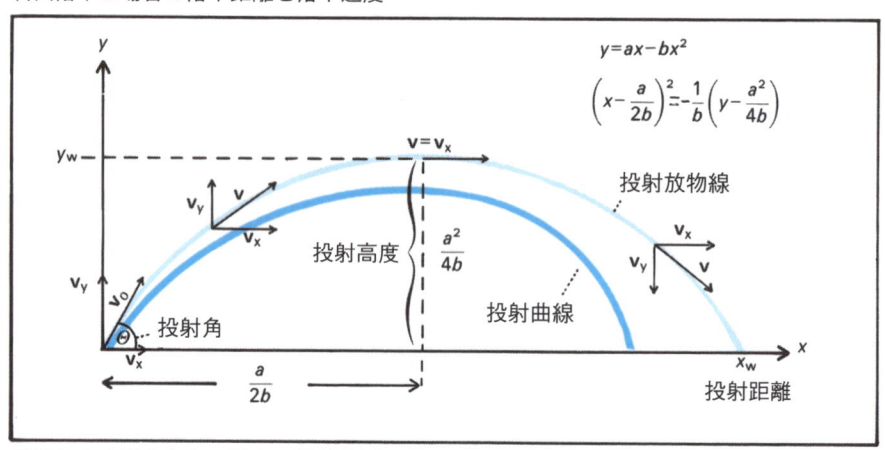

$y = -\dfrac{g}{2}t^2$

$v = gt$

空気の抵抗がある場合は $t > t_g$ 以降では，一定の落下速度となる．

摩擦のある場合とない場合の投射飛跡

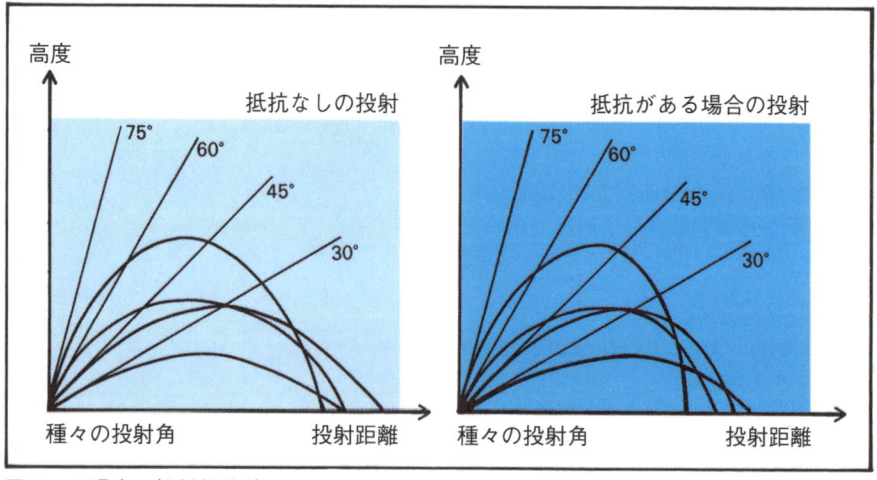

$y = ax - bx^2$

$\left(x - \dfrac{a}{2b}\right)^2 = -\dfrac{1}{b}\left(y - \dfrac{a^2}{4b}\right)$

投射放物線・投射曲線・投射角・投射高度 $\dfrac{a^2}{4b}$・投射距離 $\dfrac{a}{2b}$

同じ v_0 の場合の投射放物線　　　**同じ v_0 の場合の投射曲線**

抵抗なしの投射　　　抵抗がある場合の投射

75°, 60°, 45°, 30°　種々の投射角　投射距離

地上での自由落下

仮定：空気抵抗（摩擦）はない，すなわち，すべての物体は同じ速度で落下する．
物体が y 軸にそって負の方向へ落下するものとする．初期位置を $y = 0$ とすると，

$$y = -gt^2/2 \qquad \text{落下則}$$

ここで，y：落下距離；t：落下時間；g：重力加速度．g は場所に依存するが，通常それは無視してよい．

約束：落下則に現れるマイナス符号は重力加速度が下方を向いている事を示す．

標準重力加速度の値は，

$$g_\text{n} = 9.81 \text{ m/s}^2$$

落下速度 v は落下則を（t で）微分して得られる．

$$dy/dt = v = gt \qquad \text{落下速度}$$

速度は下方を向いていると約束し，マイナス符号は省略する．
距離 h だけ落下したとき次が成り立つ．

$$v = \sqrt{2gh}$$

抵抗（摩擦）のある落下

落下する物体は空気によって抵抗（摩擦）を受ける．そのとき，速度に依存する力が重力加速度 g と逆向きに働く．落下速度＜音速の場合，抵抗は v^2 に比例する．
抵抗は小さい v に対しては小さいが，v が増加してゆくと，抵抗と重力が打ち消しあう時が来る．それ以後，物体は一定の速度 v_g で落下する．そのとき，次が成り立つ．

$$g = c v_\text{g}^2$$

空気中の球の場合，比例定数 c は近似的に，

$$c = \varrho S / 2m$$

ここに，ϱ：空気密度；S：球の断面積；m：質量．したがって，次式が成り立つ，

$$v_\text{g} = \sqrt{2mg/\varrho S} \qquad \text{落下終端速度}$$

v が v_g となる時間を t_g とすると，

$$t_\text{g} \approx v_\text{g}/g = \sqrt{2m/\varrho S g}$$

例：ϱ が標高によらないと仮定して，球（直径 10 cm，$m = 1$ kg）が十分な高度から落下すると，

$$v_\text{g} = 44 \text{ m/s}, \quad t_\text{g} > 4.7 \text{ s}$$

v_g は，音速の 13％程度になる．

投射，抵抗（摩擦）無し

このときは，初速度 $\boldsymbol{v}_0$ と加速度 $\boldsymbol{a}$ を同じ平面で扱えばよい．$\boldsymbol{a}$ の成分の値は，

$$a_x = 0, \qquad a_y = g$$

運動を座標の原点から始める．投射角を β とすると，

$$v_x = v_0 \cos \beta \qquad v_y = v_0 \sin \beta - gt$$

（v_x は一定，なぜなら，$a_x = 0$ で，抵抗は無視されているから．）
投射された小球の座標 x と y は，v_x と v_y を時間で積分して得られる．

$$x = \int_0^t v_x \, dt' = (v_0 \cos \beta) t$$

$$y = \int_0^t v_y \, dt' = (v_0 \sin \beta) t - gt^2/2$$

t を消去すると，**小球の軌道**の方程式が得られる．

$$y = x \tan \beta - gx^2/(2 v_0^2 \cos^2 \beta) \qquad \text{投射放物線}$$

投射軌道は下方に開いた放物線である．
投射高度 y_w は放物線の頂点の y 座標である：

$$y_w = v_0^2 \sin^2 \beta / 2g \qquad \text{投射高度}$$

y_w は $\beta = 90°$ のときに最大となり，それは $y_w = v_0^2/2g$ である．
投射距離 x_w は頂点の x 座標の値の二倍である．

$$x_w = (v_0^2 \sin 2\beta)/g, \quad \beta > 0 \qquad \text{投射距離}$$

最大の投射距離は投射角 $\beta = 45°$ のときに得られる．
小球の**飛行時間**は，x を x_w に等しいとおいて得られる．

$$t_w = (2 v_0 \sin \beta)/g, \quad \beta > 0 \qquad \text{飛行時間}$$

投射，抵抗あり（弾道理論）

空気抵抗（摩擦）は加速度 $\boldsymbol{a}_\text{b}$ をあたえる制動力として作用する．常に，速度 $|\boldsymbol{v}|$ ＜ 初期速度 $|\boldsymbol{v}_0|$．v_x が投射軌道を主として決め，音速以下の範囲では，実験の結果より，$a_\text{b} \propto v^2$ である．水平方向の成分が主として減少させられ，最終的には落下終端速度 v_g になる．
投射放物線の落下曲線が上昇曲線より強く曲げられ，投射距離は短くなる．実際の投射曲線は数学的に定式化できる解がない．しかし，数値的には任意の精度で計算できる．抵抗は v_y も減少させ，この成分は最終的に終端速度となる．大きな投射距離の場合には，投射軌道の終点のあたりで $\boldsymbol{v}$ は $\boldsymbol{v}_0$ に無関係になる．

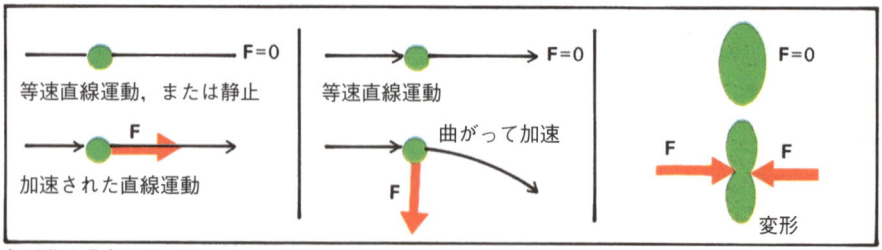

28　力学

力が働く場合のいろいろな運動

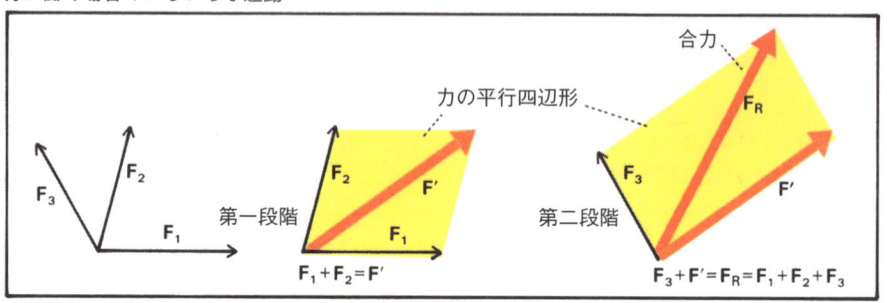

- $F=0$ 等速直線運動，または静止
- F 加速された直線運動
- $F=0$ 等速直線運動
- 曲がって加速
- $F=0$
- F 変形

三つの力の段階的合成

第一段階：力の平行四辺形　$F_1 + F_2 = F'$

第二段階：合力　$F_3 + F' = F_R = F_1 + F_2 + F_3$

種々の密度

	密度 [kg/m³] (0℃, 常圧)
核子	10^{17}
タングステン	19.1×10^3
水銀	13.6×10^3
鉛	11.3×10^3
鋳鉄	7.25×10^3
月(平均)	3.34×10^3
砂糖	1.61×10^3
太陽(平均)	1.41×10^3
アクリル	1.20×10^3
海水	1.03×10^3
水	1.00×10^3
オーク材	0.69×10^3
空気	1.30
宇宙(平均)	10^{-27}

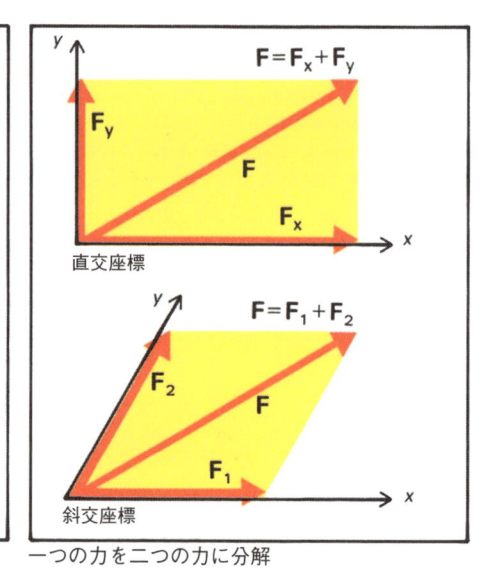

一つの力を二つの力に分解

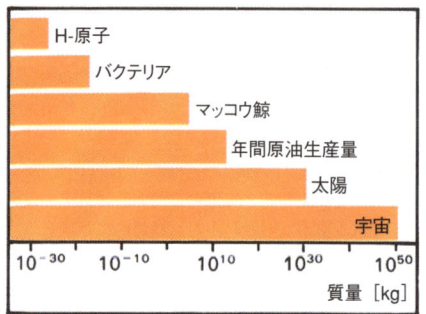

直交座標：$F = F_x + F_y$

斜交座標：$F = F_1 + F_2$

種々の質量

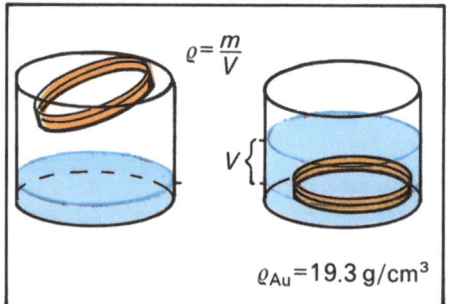

H-原子、バクテリア、マッコウ鯨、年間原油生産量、太陽、宇宙

質量 [kg]　10^{-30}, 10^{-10}, 10^{10}, 10^{30}, 10^{50}

密度の決定

$$\varrho = \frac{m}{V}$$

$\varrho_{Au} = 19.3 \, \text{g/cm}^3$

質量

質量，より正確には**慣性質量**（記号 m）は，物体の固有の性質である．SI 単位系の**基本量**であり，キログラム（単位記号 kg）で測られる：

「キログラムは質量の単位である．1 キログラムは国際キログラム原器の質量に等しい．」

質量と，**重さ**，すなわち**重量**は区別される．物体の重量は，二つの質量の相互の万有引力（重力）によって生じる．等しい慣性質量をもつ二つの物体が異なる重力のもとにあるとき，二つの重量は異なる．

大きい質量単位にトン（単位記号 t）がある：

$$1\,\mathrm{t} = 1\,\mathrm{Mg} = 10^3\,\mathrm{kg}$$

原子物理学，原子核物理学では，原子質量定数（記号 m_u）（以前は：原子質量単位（単位記号 u））が使われる．

$$m_\mathrm{u} = 1\,\mathrm{u} = 10^{-3} N_A^{-1}\,\mathrm{kg \cdot mol}^{-1}$$

ここに，N_A：アボガドロ定数 $= 6.022 \times 10^{23}$ mol^{-1}．

換算：$1\,\mathrm{u} = 1.661 \times 10^{-27}\,\mathrm{kg}$．

質量は既知の質量と比べて測られる．これに用いられる測定器具は**天秤**と呼ばれる．非常に大きな質量や非常に小さい質量は間接的に決められる．

質量は，相対論的効果があらわれる場合，

$$m_r = m/\sqrt{1 - v^2/c^2}$$

を用いると便利なことがある．m は静止質量，c は光速である．$v \ll c$ であるかぎり，m_r の速度依存性は無視してよい．通常，質量と呼ぶのは静止質量のことである．

質量保存則は，**エネルギー保存則**（35 頁参照）の特別な場合として定式化される．

力

力（記号 $\boldsymbol{F}$）が物体に働くと，物体は，加速されるか，変形されるか，あるいは，方向を変える．三つすべてが同時に起こることもありうる．実験によれば，観測される加速度 $\boldsymbol{a}$ は $\boldsymbol{F}$ に比例する．

$$m\boldsymbol{a} = \boldsymbol{F} \qquad \text{ニュートンの運動方程式}$$

m は慣性質量である．

$\boldsymbol{F}$ はベクトルである．力に対応する SI 組立単位はニュートン（単位記号 N）である．ニュートン（Issac Newton, 1643–1727）にちなむ．1 ニュートンは，1 kg の質量を持つ物体に，1 m/s^2 の加速度を与える力に等しい．すなわち，

$$1\,\mathrm{N} = 1\,\mathrm{m \cdot kg \cdot s}^{-2}$$

この他の単位にダイン（単位記号 dyn）がある：

$$1\,\mathrm{dyn} = 1\,\mathrm{g \cdot cm \cdot s}^{-2}$$

換算：$1\,\mathrm{dyn} = 1 \times 10^{-5}\,\mathrm{N}$

古い単位：
1 ポンド（単位記号 p） $= 9.807 \times 10^{-3}\,\mathrm{N}$

力は**力量計**で測られる．その際，測定する力と大きさが同じで方向が逆の力をかけて，測定する力と釣り合わせるようになっている．**力の合成**は，ベクトルの合成則（5 頁参照）にしたがう．
力の分解は力の合成の逆である．

慣性の法則：孤立して運動している物体は，他から力を受けない場合，静止，または，等速直線運動をする．

密度（記号 ϱ）は，**体積あたりの質量**とも言われ，次式で与えられる．

$$\varrho = m/V$$

ここに，m：物体の質量；V：物体の体積．

密度の単位は立方メートルあたりキログラム（単位記号 kg/m^3）．

いまだによく使われている（古い）単位は g/cm^3 である：
$$1\,\mathrm{kg/m}^3 = 1 \times 10^{-3}\,\mathrm{g/cm}^3$$

密度を決めるには，質量と体積を別々に測る．

アルキメデスの原理：アルキメデス（Archimedes, 285–212 BC）にちなむ．物体が気体，または，液体の中に浸っていると，その物体に，**押し上げる力**（**浮力**）が働く．その浮力は**重力**と反対向きである．この浮力の大きさは，

$$F = mg = \varrho V g \qquad \text{浮力}$$

である．ここに，m：浸った物体によって排除された液体の質量；g：重力加速度；ϱ：液体の密度 V：排除された液体の体積．

浮力と物体の重量が等しいと力は働かず，物体は**水中にとどまる**．

物体によって排除された（液体の）重量と浮力から，この浸った物体の密度が決定される．

次の逸話はさらに簡単な密度の決定法を述べている．
アルキメデスはシラクサの王ヒエロン 2 世のために作られた宝冠の金の含有量を，その冠を傷つけることなく決定した：彼はその宝冠を水の中に沈めて，排除した水の量から体積を決定した．質量は天秤で測った．両方の測定値から使われている合金の密度を計算し，高純度の金の密度と比べたのである．

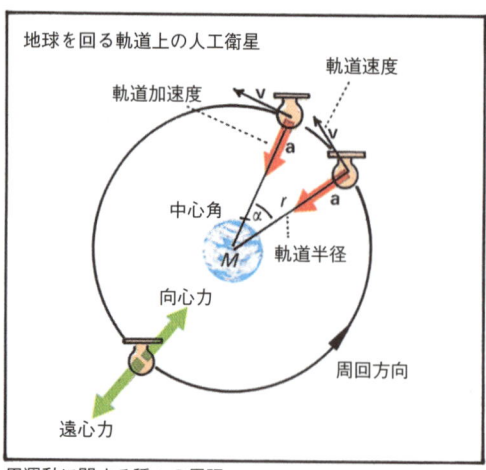

30　力学

円運動に関する種々の用語

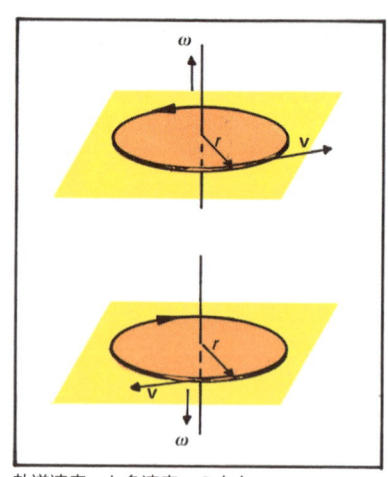

地球を回る軌道上の人工衛星
軌道加速度　軌道速度
中心角　軌道半径
向心力
遠心力
周回方向

軌道速度 v と角速度 ω の方向

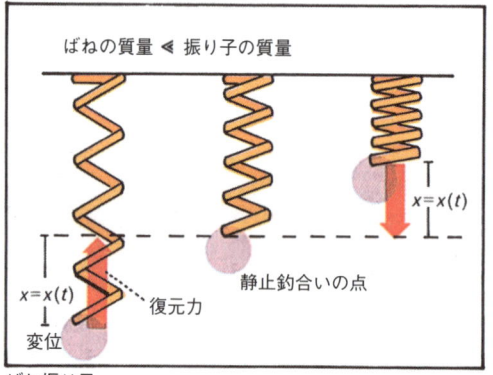

ばね振り子

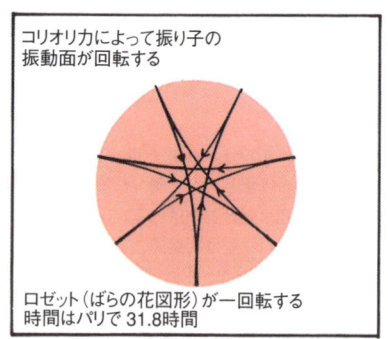

ばねの質量 ≪ 振り子の質量
$x = x(t)$
静止釣合いの点
変位　復元力

フーコー振り子の先端はロゼット形を描く

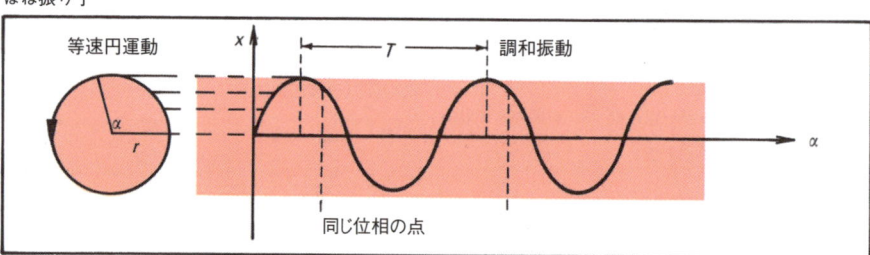

コリオリ力によって振り子の振動面が回転する
ロゼット（ばらの花図形）が一回転する時間はパリで 31.8 時間

等速円運動を射影した調和振動

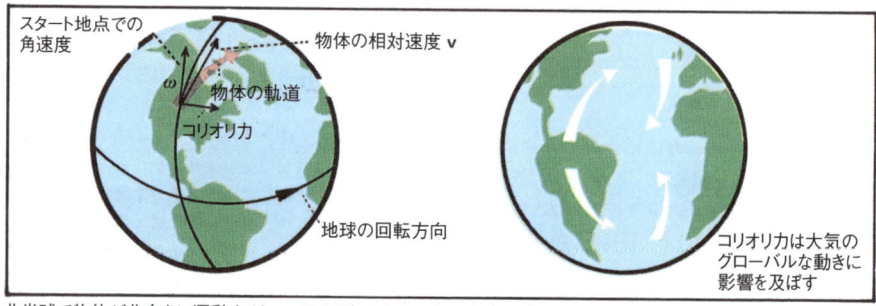

等速円運動　　調和振動
T
同じ位相の点

北半球で物体が北向きに運動すると，コリオリ力のために東の方向へずれる

スタート地点での角速度
物体の相対速度 v
物体の軌道
コリオリ力
地球の回転方向

コリオリ力は大気のグローバルな動きに影響を及ぼす

円形軌道上の物体は円運動をする．**軌道速度** v は軌道半径 r のところで接するベクトルである．二つの軌道半径の挟む角が中心角（記号 α）である．

角速度（記号 ω）は円軌道面に垂直な軸ベクトルである．

ω の大きさは

$$\omega = v/r \qquad \text{角速度}$$

ここに，$v = r\omega$：軌道速度 v の大きさ．

周期（記号 T）は

$$T = 2\pi r/v \qquad \text{周期}$$

円軌道上の物体は**軌道加速度** a を受け，したがって，v は常に方向を変える．a は軌道面にあるベクトルで，円軌道の中心へ向く．その大きさ a は，

$$a = v^2/r \qquad \text{向心加速度}$$

である．

したがって，円軌道の中心へ向く**向心力**（中心力）（記号 F_p）が存在し，F_p は，例えば，重力（惑星運動の場合），あるいは，物体と軌道中心を結ぶ紐の張力である．その大きさは，

$$F_\mathrm{p} = ma = mv^2/r \qquad \text{向心力}$$

となる．

物体が回転している系の中にあると，その物体に遠心力とコリオリ力が作用する．これらは回転座標系をとることによる見かけの力である．遠心力の大きさは向心力（求心力）と同じであり，方向は反対を向く．地表での物体の運動を扱う場合などに回転座標系は有用である．

コリオリ力：コリオリ (Gustave De Coriolis, 1792–1843) にちなんで名づけられた．物体が回転している球の表面を運動していると，その物体に**コリオリ力**（記号 F_c）が作用する．その大きさは，

$$F_\mathrm{c} = 2m\omega v_r \sin\beta \qquad \text{コリオリ力}$$

ここで，ω：回転球の角速度の大きさ；v_r：球表面にある物体の相対的な速度；β：ω と v_r のなす角度．F_c の方向は，ω と v_r が張る平面に垂直である．

地球表面では，コリオリ力は地軸に垂直になる．F_c は（北半球で）自由落下する物体や風の流れを東にずらせるように作用する．

調和振動

点は調和振動をすると，その位置は，

$$x = x_0 \sin\omega t \qquad \text{調和振動}$$

と表される．ここに，x：中心位置からの点の変位；x_0：**振幅**，最大の変位；ωt：振動の位相；t：時間．

調和振動は，平面上の等速円運動の射影として表現することができる．この場合，ωt は回転角 α に，x_0 は半径 r に対応する．

周期（記号 T）は，位相が 2π だけ変わる時間である．T は周回時間（一周する時間，上記参照）に対応する．

振動数（記号 ν）は

$$\nu = 1/T$$

である．ν は対応する SI 組立単位，ヘルツ（単位記号 Hz）で測られる．これはヘルツ (Heinrich Hertz, 1857–1894) にちなんで名づけられた．1 ヘルツは周期 1 秒の事象の振動数である．

$$1\,\mathrm{Hz} = 1\,\mathrm{s}^{-1}$$

角振動数（記号 ω）は

$$\omega = 2\pi\nu = 2\pi/T \qquad \text{角振動数}$$

ω は Hz で測られる．

量 T と ν，ω は，すべての周期的事象に対して使われる．

調和振動をしている物体の速度 v は

$$v = v_0 \cos\omega t$$

ここに，v_0 は ωx_0 で円軌道速度の大きさに対応する．

v は中心位置を通過する時に最大になり，両反転点では $v = 0$ である．

調和振動をしている物体の加速度 a は

$$a = -a_0 \sin\omega t = -\omega^2 x$$

ここに，a_0 は円軌道加速度の大きさに対応する．a は両反転点で最大になり，中心位置を通過する時は，$a = 0$ である．

復元力

次のとき，物体に復元力 F が働く：

$$\boldsymbol{F} = -k\boldsymbol{x} \qquad \text{ばねの力}$$

ここに，x：静止位置からの物体の変位；k：ばね定数．k が大きくなればなるほど，ばねはより「固く」なる．

マイナス符号が付いているので，$\boldsymbol{F}$ と $\boldsymbol{x}$ は反対方向を向く．$\boldsymbol{F}$ の作用で，物体は調和振動をする．このとき，$k = m\omega^2$ となる．

例：**ばね振り子**は $\nu = (1/2\pi)\sqrt{k/m}$ の振動をする．

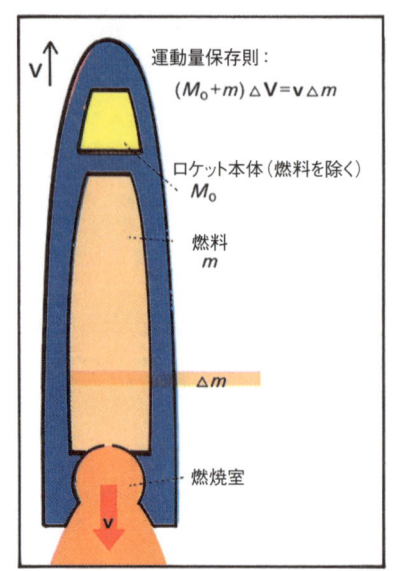

運動量保存則：

$(M_0+m)\Delta V = v\Delta m$

ロケット本体（燃料を除く） M_0

燃料 m

Δm

燃焼室

ロケット推進と運動量保存則（概略）

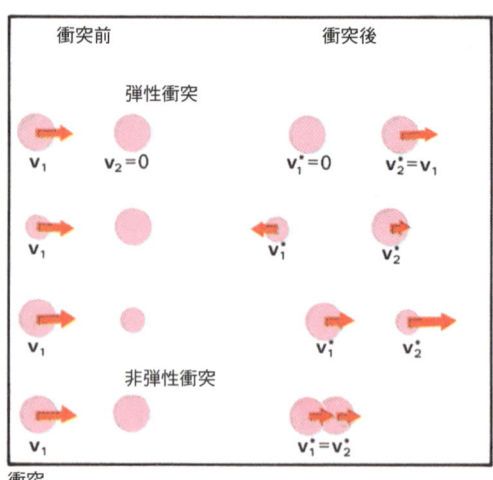

	e
ガラス	0.94
象牙	0.89
鋼	0.56
木材	0.54

$e = \sqrt{\dfrac{h'}{h}}$

反跳の高さ h', h

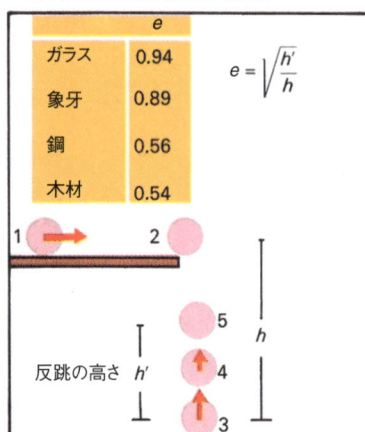

落下高度が小さい場合の反発係数 e

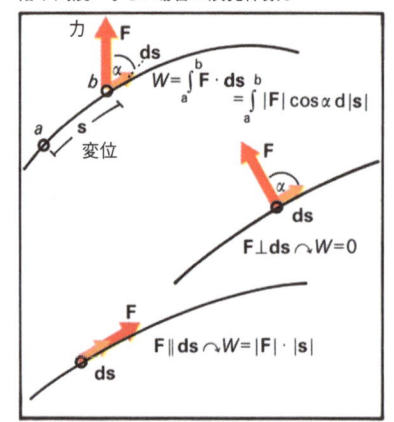

衝突前　　衝突後

弾性衝突

v_1, $v_2=0$　　$v_1^*=0$, $v_2^*=v_1$

v_1　　v_1^*, v_2^*

v_1　　v_1^*, v_2^*

非弾性衝突

v_1　　$v_1^*=v_2^*$

衝突

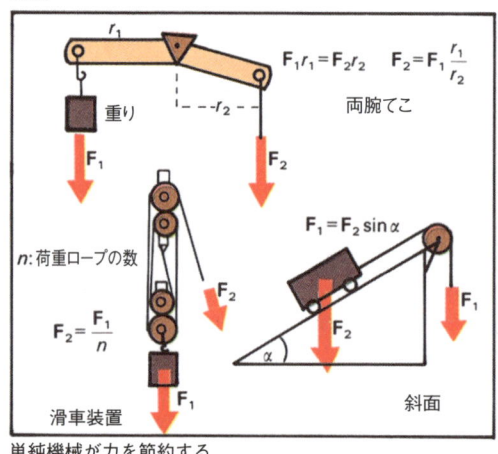

$F_1 r_1 = F_2 r_2 \quad F_2 = F_1 \dfrac{r_1}{r_2}$

重り　F_1　F_2　両腕てこ

n：荷重ロープの数

$F_2 = \dfrac{F_1}{n}$

F_1

滑車装置

$F_1 = F_2 \sin\alpha$

F_2

斜面

単純機械が力を節約する

力

$W = \int_a^b \mathbf{F}\cdot d\mathbf{s} = \int_a^b |\mathbf{F}|\cos\alpha\, d|\mathbf{s}|$

変位 s

$\mathbf{F} \perp d\mathbf{s} \curvearrowright W = 0$

$\mathbf{F} \parallel d\mathbf{s} \curvearrowright W = |\mathbf{F}|\cdot|\mathbf{s}|$

仕事の物理的定義

$W = Fs$

筋力で仕事をする

$W = Fs\cos\alpha$

索道（ロープ）によって仕事がなされる

$W = 0$

$W = |\mathbf{F}|\,|\mathbf{s}|\cos\alpha$

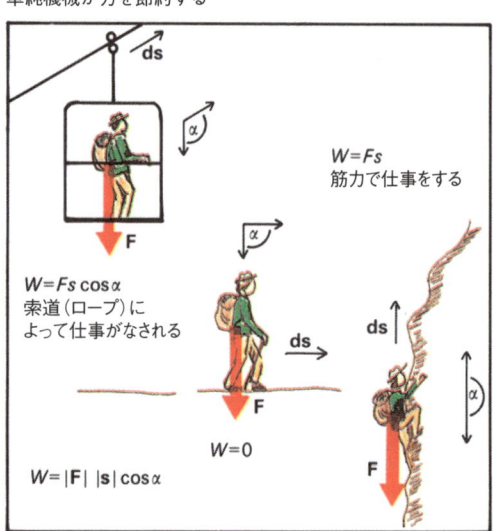

仕事はスカラー積である

運動量（記号 p）は質点の質量を m, 速度を v として,

$$p = mv \qquad \text{運動量}$$

である.
p は v の方向をもつベクトル量である.
外力 F が質点に作用すると, 運動量は変化する:

$$dp/dt = F$$

外力が質点に作用しないと, p は一定で時間に依存しない:

$$p = \text{一定} \qquad \text{運動量保存則}$$

同じ法則は, 質点系についても成り立つ. つまり全運動量 $\sum_i m_i v_i$ は, 外力が作用しない限り一定に保たれる.
運動量保存則は, 自然科学と工学において重要な役割を果たす.
衝突は, 相対的に向かい合って運動してきた二つの物体が短時間にぶつかることである. 運動している物体 (1) が静止している物体 (2) と衝突をする場合, 運動量保存則は,

$$m_1 v_1 = m_1 v_1^* + m_2 v_2^*$$

衝突後の速度には * をつけてある.
完全非弾性衝突の場合, 衝突後の二つの速度は等しく, 次の関係が成り立つ.

$$v_1^* = v_2^* = m_1 v_1 / (m_1 + m_2)$$

反発係数（記号 e）は, 衝突の前と後の速さの比を表す. e は物質による定数で, 落下実験によって定められる.

$$e = (h^*/h)^{1/2}$$

ここに, h^*：反跳の高さ; h：落下の高さ
角運動量（記号 L）は, 質点が速度 v で運動している場合, 次で与えられる:

$$L = r \times p = r \times mv \qquad \text{角運動量}$$

r は質点の位置ベクトルで, 任意の始点をとることができる.
L はベクトル量で, r と p が張る平面に垂直である.
複数の質点からなる系の全角運動量は, それぞれの L のベクトル和である.
外力が作用しない場合, L は一定で, 時間によらない:

$$L = \text{一定} \qquad \text{角運動量保存則}$$

力学的仕事（記号 W）は,

$$W = \int_a^b F \cdot ds \qquad \text{仕事}$$

ここに, F：物体に働く力; s：物体が力 F を受けながら a から b へ動く変位.
仕事は**スカラー量**である.
F と s が共に一定の場合は,

$$W = |F||s| \cos \beta = F \cdot s \cdot \cos \beta$$

ここに, β は F と s がなす角度である.
仕事は, SI 組立単位ジュール（単位記号 J）で測られる. ジュール (James Joule, 1818–1889) にちなんで名づけられた.

$$1 \, \text{J} = 1 \, \text{m}^2 \cdot \text{kg} \cdot \text{s}^{-2} = 1 \, \text{N} \cdot \text{m}$$

仕事は, kWh（下記参照）でも測られる.
換算：$1 \, \text{kWh} = 3.6 \, \text{MJ} = 3.6 \times 10^6 \, \text{J}$

仕事の古い単位にカロリー (cal) がある.
換算：$1 \, \text{cal} = 4.187 \, \text{J}$

p-V 図から, 体積膨張による仕事を求めることができる.

$$W = \int p \, dV \qquad \text{膨張による仕事}$$

ここに, p：圧力; V：体積.
仕事率, または**出力**（記号 P）は,

$$P = W/t \qquad \text{仕事率(出力)}$$

ここに, W：仕事; t：時間.
仕事率の SI 組立単位はワット (W) であり, ワット (James Watt, 1736–1819) にちなんでいる:

$$1 \, \text{W} = 1 \, \text{m}^2 \cdot \text{kg} \cdot \text{s}^{-3} = 1 \, \text{J/s}$$

仕事率の古い単位に馬力がある (HP).
換算：$1 \, \text{HP} = 750 \, \text{W}$

自然界と工学技術におけるいくつかの系の出力 [W]：

神経細胞	10^{-9}	蒸気機関車	3×10^6
ラジオ	5	サターン	
人間 (平均)	100	ロケット	10^8
VW–車	3.7×10^4	超新星	10^{37}
		クェーサー	10^{41}

比出力（比仕事率）は W/kg で測られ, 出力を生成する系の質量で仕事率を割り算したものである.
例：VW–コンビの比出力は約 40 W/kg. 歩行者のそれは, 1.4 W/kg ぐらいである.

出力密度は W/m^3 で測られ, 系の出力を系の体積で割ったものである.
例：原子炉（高速炉）の出力密度は, 反応領域で, 9×10^8 W/m^3 であり, ガスタービンは約 4.4×10^7 W/m^3 である.

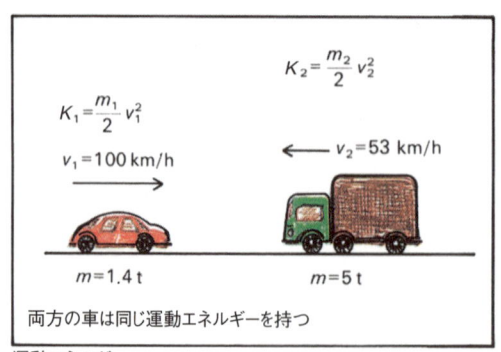

34　力学

$K_1 = \dfrac{m_1}{2} v_1^2$　　　$K_2 = \dfrac{m_2}{2} v_2^2$

$v_1 = 100$ km/h　　$v_2 = 53$ km/h

$m = 1.4$ t　　$m = 5$ t

両方の車は同じ運動エネルギーを持つ

運動エネルギー

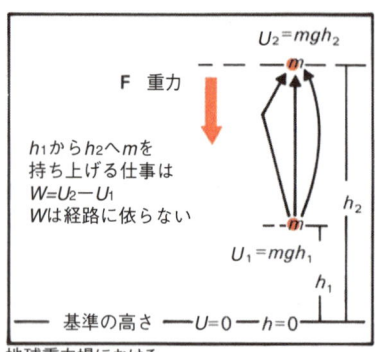

$U_2 = mgh_2$

F　重力

h_1 から h_2 へ m を持ち上げる仕事は
$W = U_2 - U_1$
W は経路に依らない

$U_1 = mgh_1$

基準の高さ　　$U = 0$　$h = 0$

地球重力場におけるポテンシャル・エネルギー

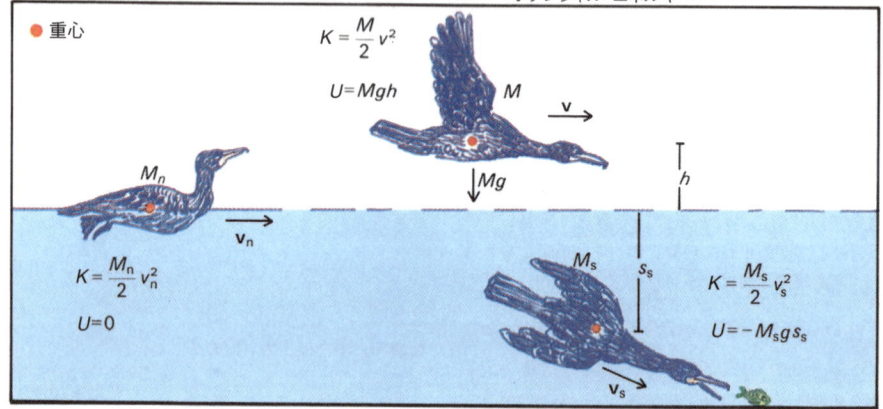

● 重心

$K = \dfrac{M}{2} v^2$

$U = Mgh$

M　$\mathbf{v}$

M_n　　　　Mg

$\mathbf{v}_n$

$K = \dfrac{M_n}{2} v_n^2$
$U = 0$

M_s

s_s

$K = \dfrac{M_s}{2} v_s^2$
$U = -M_s g s_s$

$\mathbf{v}_s$

ポテンシャル・エネルギーと運動エネルギー

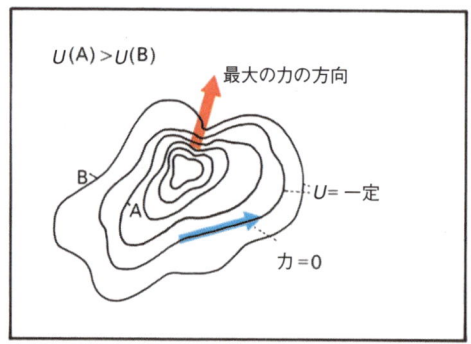

$U(A) > U(B)$

最大の力の方向

B　A　$U = $ 一定

力 = 0

山の等高線は等ポテンシャル線である

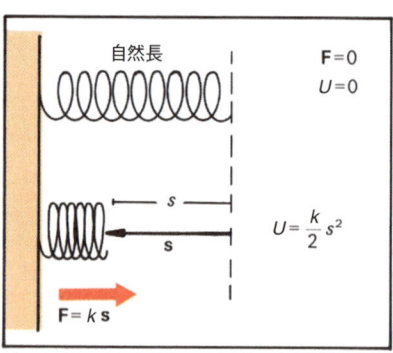

自然長　　$F = 0$　$U = 0$

s

$U = \dfrac{k}{2} s^2$

$\mathbf{F} = k\mathbf{s}$

ばねのポテンシャル・エネルギー

$U = mgh = $ 最大　$K = 0$

$K + U = $ 一定　$\mathbf{v} = 0$

$v = \sqrt{2gh}$

$K = \dfrac{m}{2} v^2 = $ 最大

h

$h = 0$　$U = 0$

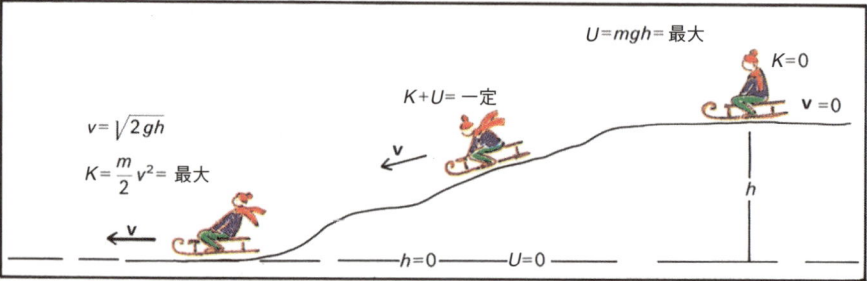

力学的エネルギーの保存

エネルギーは仕事の概念と密接に結びついていて，二つの物理量は同じ単位で測られる．エネルギーはたくわえられた仕事であり，それは再度，仕事として使うことができる．

エネルギーはいろいろな異なる形で現れる．たとえば，力学的エネルギー，熱エネルギー，原子核エネルギー，電気的エネルギーである．

作用はエネルギーと時間の積であり，J・s で測られる．力学では，運動の経過を調べる時に作用が重要になる．すべての作用は，プランクの作用量子 h（プランク定数）の巨大な倍数である．h は非常に小さいので，古典力学ではこのような制約は考慮しなくてよい．

運動エネルギー（記号 K または，E_k）は，運動する物体あるいは系が持つエネルギーを表す：

$$K = mv^2/2 \qquad \text{運動エネルギー}$$

m：物体の質量；v：速度．
K は方向を持たない量，すなわちスカラーであり，常に正である．運動エネルギーは仕事の単位，すなわちジュールで測られる．

原子物理学，原子核物理学では，エネルギーはエレクトロンボルト（記号 eV）で測られる．
換算：$1\,\text{eV} = 1.602 \times 10^{-19}\,\text{J}$
エネルギーの CGS 組立単位はエルグ（単位記号 erg）である．
換算：$1\,\text{erg} = 1 \times 10^{-7}\,\text{J}$

日常生活，とくに車でドライブするとき K が意味を持ち，特に，それが速度の二乗に比例することが重要となる．

例：衝突のときには，K が対抗物に対するエネルギーとなり，損傷を引き起こす．$v = 50\,\text{km/h} = 14\,\text{m/s}$ のとき，$m = 900\,\text{kg}$ の小型車の K は，$(900/2) \times (14)^2\,\text{kg}\cdot\text{m}^2\cdot\text{s}^{-2} = 8.8 \times 10^4\,\text{J}$ となる．
2 倍の速度のときは，$K = 3.5 \times 10^5\,\text{J}$ となり，損傷を起すエネルギーは 4 倍となる．

ポテンシャル・エネルギー（位置エネルギーとも言う）（記号 U，または E_p，または ϕ）は，力（保存力，右記参照）を受けている物体を基準の位置から考えている地点まで動かすのに必要な仕事の量である．物体が二つの位置にあるときのポテンシャル・エネルギーの差は，獲得する仕事，すなわち，位置を変えるために費やす仕事に等しい．地球重力場の中では（地表の近くで）

$$U = mgh \qquad \text{ポテンシャル・エネルギー}$$

である．ここで，m：物体の質量；g：その地点の重力加速度；h：基準点からの物体の高度．
U は方向のない量，スカラーである．ポテンシャル・エネルギーは仕事の単位，ジュールで測られる．運動エネルギーとは対照的に，U は負の値もとりうる．つまり，物体が基準点或いは基準面にあるときゼロにとるので，それより下にある時は負となる．

通例：地上の重力の場合，海面がポテンシャルエネルギーの基準面である．すなわち，そこでは，$U = 0$．
一般に，**保存力** F に対して次式が成り立つ：

$$U = -\int F(s) \cdot ds$$

ばねの力 $F = -ks$ に対しては次式となる：

$$U = ks^2/2$$

ここに，s：平衡な位置からの変位；k：ばね定数．
ポテンシャル・エネルギーが与えられていると，力 F は，

$$F = -\operatorname{grad} U$$

例：高さ h へ持ち上げられた石は，h_0 へ落ちた時，$mg(h - h_0)$ のエネルギーを放出する．これが，運動エネルギーに転化したポテンシャル・エネルギーである．

力学的エネルギー保存則：

$$\text{運動エネルギー} + \text{ポテンシャル・エネルギー} = \text{一定}$$

これは保存力の場合にのみ成り立つ．

力のなす仕事が変位の経路によらない場合，この力は**保存力**である．この場合，出発点までもどると，全体としてなされた仕事はゼロである．例えば，重力やばね力は保存力である．摩擦力は経路に依存するから，摩擦力に対しては，エネルギー保存則はこの形では**成り立たない**．

応用：落下則
摩擦力を無視すると，地上に落下したときの物体の K は，落下前のポテンシャル・エネルギー U に等しい．最初，物体は高さ h にあったとすると，エネルギー保存則より，$mgh = mv^2/2$ となる．落下点の速度 v について解くと $v = \sqrt{2gh}$ を得る．

系の**全エネルギー**は，摩擦-，熱-，電気-，磁気エネルギーなどのすべての形のエネルギーを含む．系が周囲から**孤立している**，すなわち，閉じた系であると，

$$\text{全エネルギー} = \text{一定} \qquad \textbf{エネルギー保存則}$$

が成り立つ．
マイヤー（Robert Mayer, 1814–78）は 1842 年にエネルギー保存則を定式化した．

永久機関（第一種）とは，外からエネルギーの補給無しに，エネルギーを出し続ける機械のことである．エネルギー保存則は，そのような機械の存在を許さない．

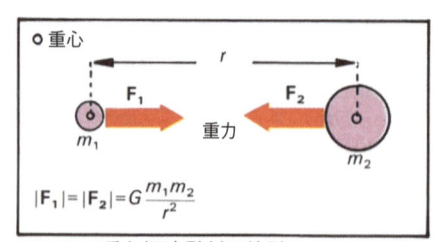

36 力学

ニュートンの重力（万有引力）の法則

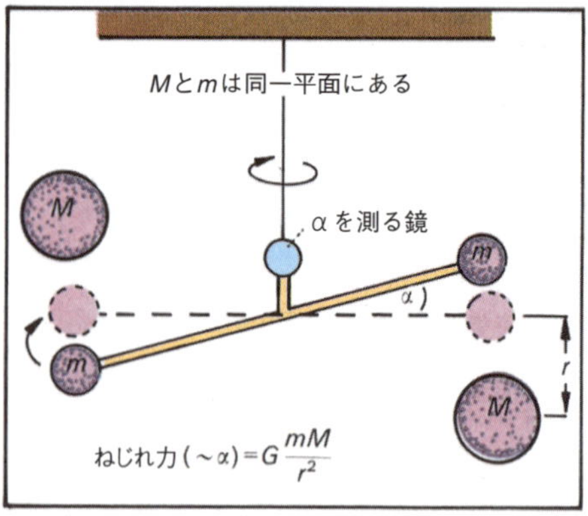

$|F_1| = |F_2| = G\dfrac{m_1 m_2}{r^2}$

重力

ねじれ秤による G の測定

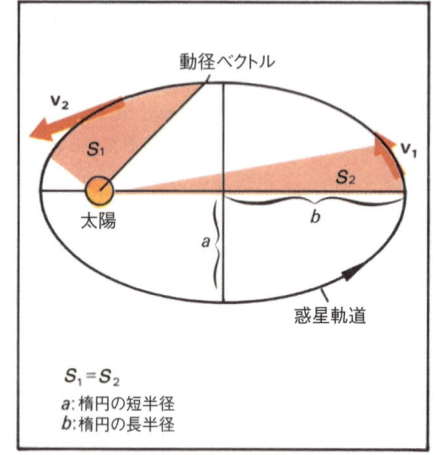

M と m は同一平面にある
α を測る鏡
ねじれ力 $(\sim \alpha) = G\dfrac{mM}{r^2}$

ケプラーの第二法則

動径ベクトル
太陽
惑星軌道
$S_1 = S_2$
a: 楕円の短半径
b: 楕円の長半径

潮の干満の生起

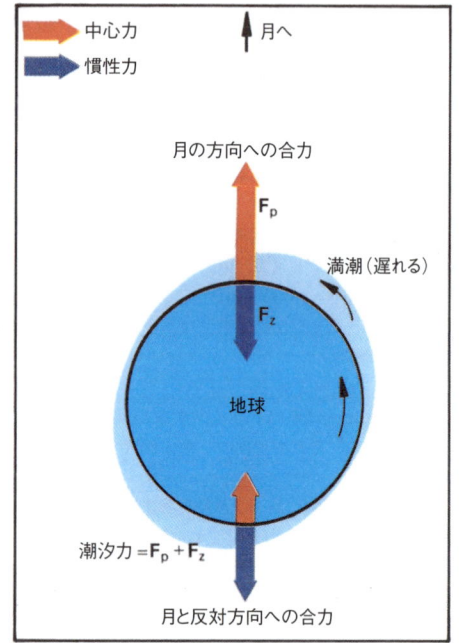

中心力
慣性力
月へ
月の方向への合力
満潮（遅れる）
F_p
F_z
地球
潮汐力 = $F_p + F_z$
月と反対方向への合力

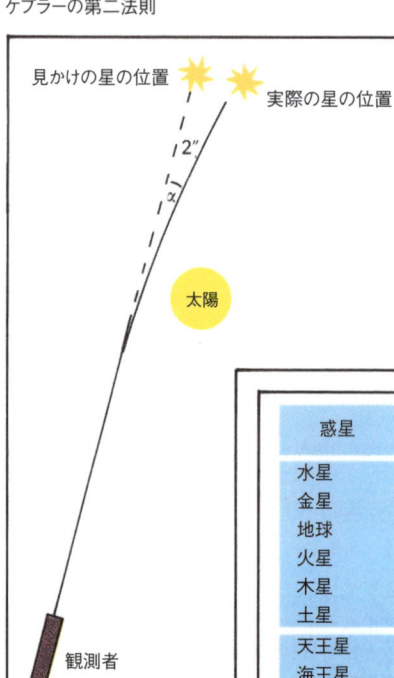

重い物体による光の屈折

見かけの星の位置
実際の星の位置
太陽
観測者

ケプラーの第三法則

惑星	長半径 b	周期 T	T^2/b^3
水星	0.387	0.241	1.000
金星	0.723	0.615	1.000
地球	1.000	1.000	1.000
火星	1.524	1.881	1.001
木星	5.203	11.86	1.001
土星	9.539	29.46	1.000
天王星	19.18	84.02	1.003
海王星	30.06	164.8	1.004
冥王星	39.75	247.7	0.997

すべての質量は互いに引き合う．このことは普遍的になりたつ．質量が引き合う力を**万有引力**という．この力は関与する質量に比例し，距離の二乗に逆比例する．ニュートン (Issac Newton) は1667年，観測結果を一般化して，現在でもそのまま成り立つ**重力の法則**に定式化した：

二つの質量 m_1 と m_2 の間に働く引力の大きさ F_g は，

$$F_g = Gm_1m_2/r^2 \qquad \text{万有引力}$$

である．ここに，G：万有引力定数 $= 6.672 \times 10^{-11}\,\mathrm{N\cdot m^2}$；$r$：$m_1$ と m_2 の間の距離．万有引力の法則はベクトルの形で書くと，

$$\boldsymbol{F}_g = -Gm_1m_2\boldsymbol{r}_0/r^2$$

$\boldsymbol{r}_0$ は m_1 と m_2 を結ぶ方向の単位ベクトルである．この法則は質点を対象としているが，広がりをもつ物体に対しては，それらの重心で置き換えることができる．

一般相対論によれば，$\boldsymbol{F}_g$ は質量の速度にも依存する．その依存性は非常に小さいが，惑星の軌道で測定できる．

万有引力は日常生活のいたるところに存在している．しかし，自然の他の力に比べると非常に小さい．

比較：二つの電子間の万有引力は，クーロン力に対して，1 対 8.4×10^{37} である！

キャベンディッシュ (Henry Cavendish, 1731–1810) は1798年，回転するねじれ秤を使って地球の密度を測定した．後にこの方法で**万有引力定数**が決定された：

糸で棒が水平につるされ，その両端には正確に計量された質量が付いている．次に，同じく重さが正確に分かった非常に大きな質量を近づける．すると，ねじれ秤が動く．その回転角から，G が決められた．

G を知っていると，地球の質量を計算することができる：質量 m の物体は地表で，地球の重心へ引っ張られる．そこでは，

$$mg = GmM/R^2, \text{ これより } M = gR^2/G$$

ここに，M：地球質量；R：地球半径；g：重力加速度．

数値を代入して，$M = 5.97 \times 10^{24}$ kg．

M を地球の体積で割って，地球の平均密度を得る：

$$\varrho = 5.51 \times 10^3\,\mathrm{kg/m^3}$$

重力レンズ効果（345頁参照）は，重い天体の近くを通る光が曲がることであり，一般相対論によって計算される．

ケプラーの法則

ケプラー (Johannes Kepler, 1571–1630) は惑星の観測から三つの法則を見出した．彼はそれによって，**コペルニクス**の**地動説**の段階にあった天体の運動を，数学的に扱えるようにした．はかり知れない重要な業績である．

ケプラーの第一法則：惑星の軌道は楕円であり，その一つの焦点に太陽が位置する．

ケプラーの第二法則：太陽と惑星を結ぶ動径が単位時間に塗りつぶす面積は常に同じである．

惑星は太陽に遠いところを通る時より，太陽に近いところを通る時，より速く通過する．

ケプラーの第三法則：惑星の公転周期 T の二乗は，長半径 b の三乗に比例する，すなわち，$T^2/b^3 =$ 一定である．

第三法則によると，惑星の公転周期を知ることができれば，楕円軌道の中心からの距離を決定できる．

潮の干満

潮汐力は太陽と地球と月の系の万有引力によって起こる．ここでは月による潮汐力についてのみ考察する．従って，地球と月が作る系の重心の運動は，地球と月の間に働く万有引力に影響される事はない．この系は，重心を固定点とする伸縮運動か，あるいはこの重心の周りに回転運動を行う．この回転系から見れば，地球のどの点も同じ回転運動を行っており，従って地表面上のどの点にも同じ方向の（月と反対方向の）遠心力が働く．一方，地球上のどの物質も，月からの万有引力によって月の方向に引っ張られるが，この力は，月に近いほど強い．その為，月の方向を向いている海面では，万有引力が，系の回転による遠心力よりも優勢であり，海面は月の方向に引かれる．そこでは水の山，すなわち**満潮**が生じる．月の反対側の地表面上では，そこの点と月との距離がより大きくなるので月との万有引力が弱くなり，遠心力が優勢となる．結果として再び水の山が生じる．潮の干満の発生箇所は，時々刻々その場所を移動させる．それは，地球の自転によるものである．

異なった半径上の加速度の差は潮汐加速度 a_g をもたらす：

$$a_g = -2Gm_M R/r_M^3$$

ここで，m_M：月の質量；r_M：月–地球の平均距離．潮汐加速度は重力加速度より7桁小さい．

大潮は，太陽と地球，月が一線に並ぶとき（満月あるいは新月）に起こる．**小潮**はその系が直角をなすときに起こる．

38　力学

静止摩擦は表面のざらつき（それと粘着力）の結果である

動摩擦（すべり摩擦）
固体―固体

固体―液体

静止摩擦と動摩擦

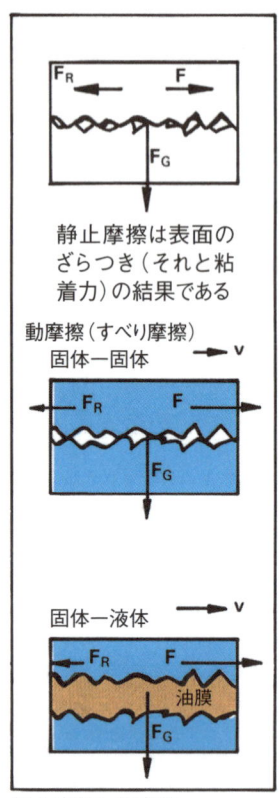

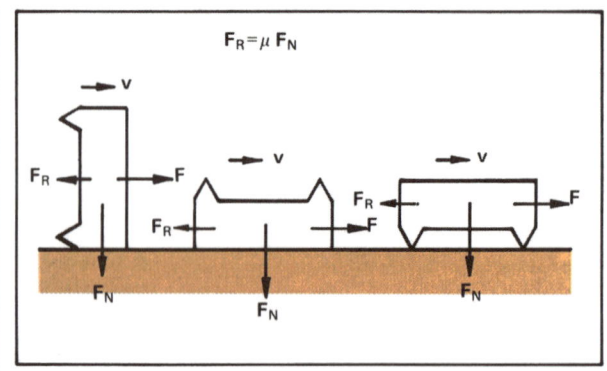

$F_R = \mu F_N$

摩擦力は接触面の面積に依らない

表面	静止摩擦係数 乾燥	動摩擦係数 乾燥	油塗
鋼鉄／鋼鉄	0.74	0.57	0.01
鋼鉄／氷	0.027	0.014	
木材／石	0.7	0.3	
鋼鉄／ブレーキライナー		0.6	0.3
鋼鉄／ガラス	0.6	0.1	
テフロン／テフロン	0.04	0.02	
ゴム／アスファルト	0.8–1.1	0.7–0.9	0.2–0.5

いくつかの摩擦係数（基準値）

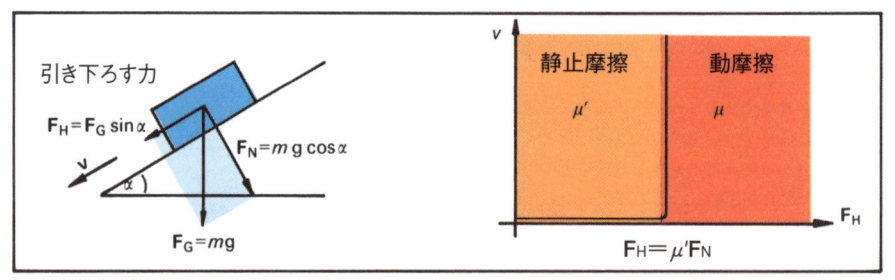

引き下ろす力
$F_H = F_G \sin\alpha$
$F_N = mg\cos\alpha$
$F_G = mg$

$F_H = \mu' F_N$

静止摩擦係数 μ' は斜面の傾斜で測定する

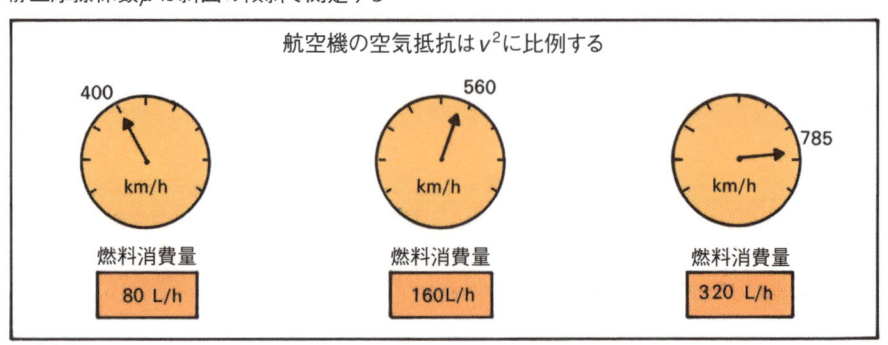

航空機の空気抵抗は v^2 に比例する

400 km/h　燃料消費量 80 L/h
560 km/h　燃料消費量 160 L/h
785 km/h　燃料消費量 320 L/h

圧力抵抗

摩擦力は自然にも人工物にも非常に頻繁に現れる．摩擦のために，ポテンシャル・エネルギーから運動エネルギーへの転換，および，その逆の転換も完全にはできない．

微視的に見ると，分子が互いにくっつくことが摩擦の原因である．二つの物体が互いに擦れて動く場合，それらは小さな凸凹の上を，つまり，ざらざらした表面を滑ることになる．

摩擦は，単にエネルギーを消費する欠点だけではない．摩擦なくしては，車が進むことも，走ることも，車にブレーキをかけることも不可能である．

乾燥摩擦（クーロン摩擦）は，物体が固い床面の上を接触面に潤滑剤なしで動く時にあらわれる．この摩擦力 $\boldsymbol{F}_\mathrm{R}$ は，相対的な速度にも，接触面の大きさにも依存しない．摩擦力 $\boldsymbol{F}_\mathrm{R}$ は速度と反対方向に働く．

$$\boldsymbol{F}_\mathrm{R} = \mu \boldsymbol{F}_\mathrm{N} \qquad 摩擦力$$

ここに，μ：摩擦係数；$\boldsymbol{F}_\mathrm{N}$：垂直抗力，すなわち，両方の面が垂直方向に押し合う力．

μ は実験で得られる値で，両方の表面の性質に依存する．

静止摩擦は，両方の面がまだ相対的に動き出していないときに現れる．物体を動かすときには，静止摩擦以上の力を逆向きに掛けねばならない．

静止摩擦係数 μ' は，傾斜面を使って容易に測ることができる．傾斜角を α とすると，重力による垂直抗力 $mg\cos\alpha$ が斜面に働くから，摩擦力は $\mu' mg\cos\alpha$ である．これが斜面上で下方へ引き下ろす重力成分 $mg\sin\alpha$ より大きいと物体は静止している．滑り出す直前でこの二つは等しくなり釣り合う．この時の角度を α_c とすると，$\mu' = \sin\alpha_c/\cos\alpha_c = \tan\alpha_c$ が成り立つ．

動摩擦は，静止摩擦が克服されるとすぐに起こる．動摩擦力は，静止摩擦力より平均で一桁つねに小さい．

潤滑剤は両面の間に薄い膜のように入り，動摩擦を著しく減らす．

例：エンジンのシリンダー内壁とピストンの間のオイル膜を取り去ると，摩擦係数は急激に上がる．

転がり摩擦は，二つの表面が転がりながら接触するときに生じる．相互の変形力と滑りが原因である．転がり摩擦係数 μ_R は材質に依存し，さらに，回転する物体の半径にも依存する．摩擦係数のうちで μ_R は最も小さく，動摩擦係数より一桁小さい．ベアリングが多用されるのは，この長所のためである．

流体中の抵抗は物体の表面と流体の分子の相互作用によって生じる．

ストークス抵抗（粘性抵抗）は速度が小さい時に出てくる．球の場合，対応する抵抗は，

$$\boldsymbol{F}_\mathrm{R} = 6\pi\eta r \boldsymbol{v} \qquad ストークス抵抗$$

ここに，η：液体の**動粘性係数**（61 頁参照）；r：球の半径；$\boldsymbol{v}$：液体に対する球の相対速度．

圧力抵抗は相対速度が大きい時に生じる．物体の周りの流線が乱れて抵抗が生じる．抵抗の値は，

$$F_\mathrm{N} = c_\mathrm{w} \varrho S v^2/2 \qquad 圧力抵抗$$

ここに，c_w：物体の抵抗係数（球に対して ~ 0.4，流線型の物体に対しては，約 0.04）；ϱ：流体の密度；v：物体の流体に対する相対速度；S：物体の断面積．

応用

落下，抵抗あり：落下する物体には mg と方向が逆の抵抗が作用する．鉛直上向きを正にとると，合成した力は，圧力抵抗を仮定して，

$$ma = -mg + kv^2 \qquad 落下，抵抗あり$$

$k = c_\mathrm{w}\varrho S/2$ は抵抗の数値因子をまとめたものである．右辺の二つの項は，互いに異なる符号を持たねばならない．つまり，二つの力は，互いに反対方向を向いている．最初は抵抗のない自由落下のように落ち，その時点では mg の値が（抵抗より）ずっと大きい．落下速度は近似的に $v = gt$ である（27頁参照）．v が大きくなればなるほど，圧力抵抗が大きく効いてきて，力の和は減少する．$mg = kv^2$ になると，球形の物体は一定速度で落下するようになる．そのとき，

$$v = \sqrt{mg/k} = \sqrt{2mg/c_\mathrm{w}\varrho S}$$

大気の密度は高度による変動が小さいので，この式は物体がどんな高度から落ちる場合でも近似的に成り立つ．$(m/gk)^{1/2}$ より（かなり）大きい終端時間に達すると，それ以後，物体は一定の速度（終端速度）で落下する．

投射，抵抗あり：$v \ll \sqrt{gm/k}$ の場合にのみ投射放物線になる（27頁参照）．投射幅 x_w がほぼ $2m/k$ を越えると，x_w は実質的に初速度に依存しなくなる．

球の場合，最大の飛距離は球の直径のおよそ 10 000 倍である．

40　力学

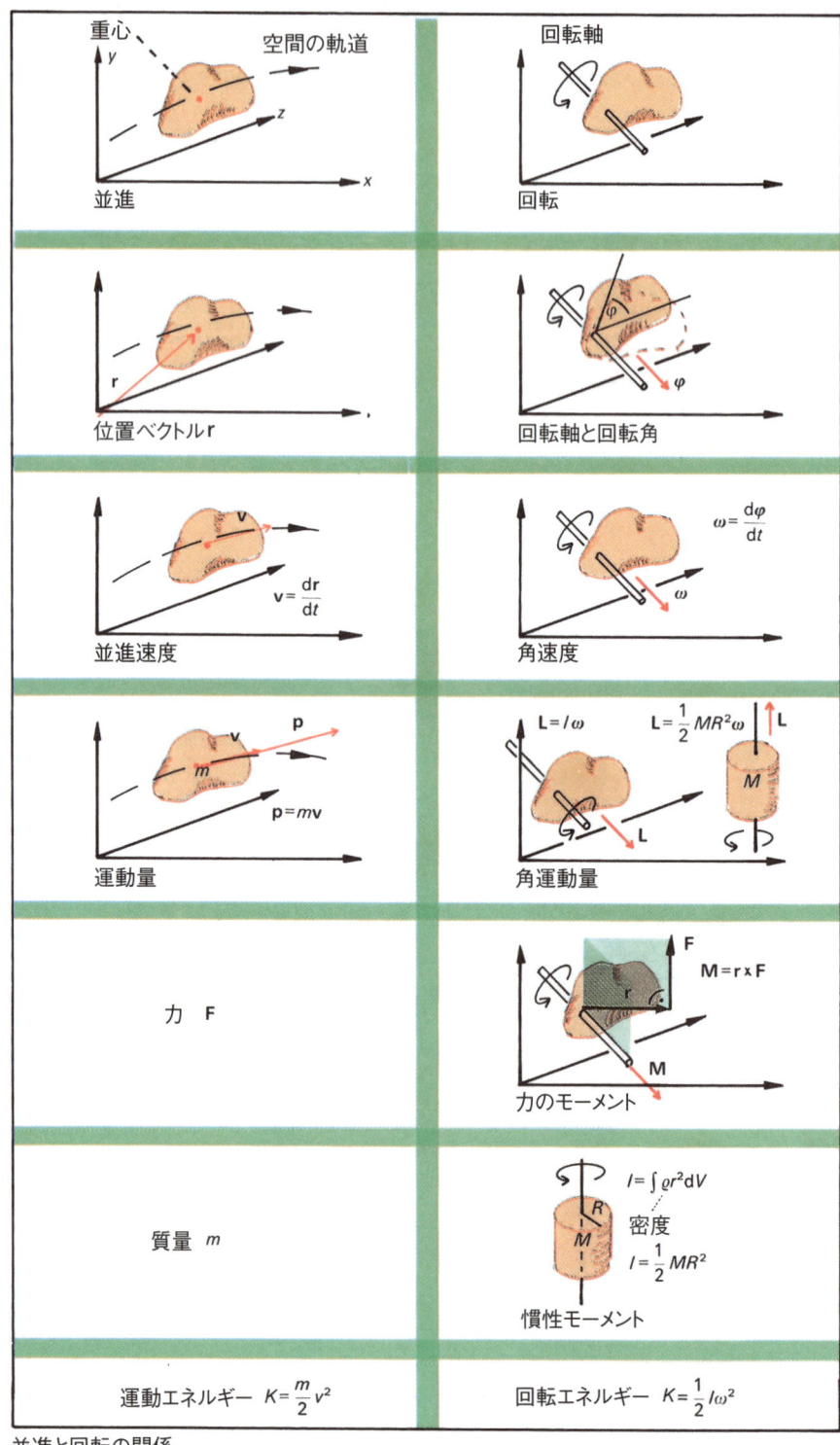

並進	回転
重心／空間の軌道（x, y, z 座標系）**並進**	回転軸 **回転**
位置ベクトル $\mathbf{r}$	回転軸と回転角 φ
並進速度 $\mathbf{v} = \dfrac{d\mathbf{r}}{dt}$	角速度 $\omega = \dfrac{d\varphi}{dt}$
運動量 $\mathbf{p} = m\mathbf{v}$	角運動量 $L = I\omega$, $L = \dfrac{1}{2}MR^2\omega$
力 $\mathbf{F}$	力のモーメント $\mathbf{M} = \mathbf{r} \times \mathbf{F}$
質量 m	慣性モーメント $I = \int \varrho r^2 dV$（密度）, $I = \dfrac{1}{2}MR^2$
運動エネルギー $K = \dfrac{m}{2}v^2$	回転エネルギー $K = \dfrac{1}{2}I\omega^2$

並進と回転の関係

物体の**自由度**は，座標系の中でこの物体がどれほど動けるかを示す．一個の質点は自由度 3 を持ち，x-, y- と z-軸に沿って動くことができる．点は回転できないから回転の自由度は持っていない．N 点から成る系は $3N$ の自由度を持つ．点の間に r 個の堅い結合があれば，自由度の数は $3N - r$ に減る．

  例：堅く結ばれている二つの質点（$r = 1$）は $6 - 1$，すなわち，自由度 5 を持つ．重心の並進を 3 個の自由度が示し，重心の周りの回転を 2 個の自由度が記述する．

剛体は N 個の質点からできており，それらは互いに動くことはできない．剛体の運動は**並進**と**回転**に分けることができる．剛体の自由度は 6 である．したがって運動を完全に記述するためには 6 個の方程式が必要である．重心の空間的な位置を定めるために 3 個を必要とし，互いに垂直な回転軸の周りの回転のために 3 個が要る．

並進は重心の運動で記述される．並進には質点の運動の全ての法則が成り立つ．

固定軸の場合を考える．

回転：剛体の全ての点は回転軸の回りに同心の円を描く．回転軸上の点は変化しない．回転の場合は，力の代わりに**力のモーメント**が現れる（下記参照）．

回転角 φ は回転軸の方向と回転の大きさを示す．取決め：右手の親指の方向に φ があるすると，曲がっている指の方向が回転の向きである（**右ねじの規則**）．

微少な**変位**は，

$$d\boldsymbol{r} = d\boldsymbol{\varphi} \times \boldsymbol{r}$$

$\boldsymbol{r}$ は位置ベクトルであり，変位する点と回転軸とを結ぶ．その方向は回転軸を始点とする．

物体の個々の点の，回転軸に関する**速度**は，

$$d\boldsymbol{r}/dt = (d\boldsymbol{\varphi}/dt) \times \boldsymbol{r} = \boldsymbol{\omega} \times \boldsymbol{r}$$

$\boldsymbol{\omega}$ は**角速度**であり，回転軸の方向のベクトルで，rad/s で測られる．

ある点の**全速度**は，

$$\boldsymbol{v} = \boldsymbol{v}_0 + \boldsymbol{\omega} \times \boldsymbol{r}$$

ここで $\boldsymbol{v}_0$ は $\boldsymbol{r}$ が結びついている始点の並進速度である．

回転している物体の**回転エネルギー**（記号 K）は全ての質点の回転エネルギーの総和である．それはスカラー量で，固定軸の場合は以下のようになる．

$$K = \tfrac{1}{2}\omega^2 \sum_i m_i r'^2_i$$

ここで，m_i：i 番目の点の質量；r'_i：i 番目の点の回転軸からの垂直距離．

この公式の別の形は

$$K = \tfrac{1}{2}\omega^2 \int \varrho\, r'^2 dV \qquad \text{回転エネルギー}$$

であり，ϱ は物体の密度である．

慣性モーメント（記号 I）は次のように定義される．

$$I = \sum_i m_i r'^2_i = \int \varrho\, r'^2 dV \qquad \text{慣性モーメント}$$

I はスカラー量で，物体の回転軸がどこを通るかに依存する．

物体	軸の位置	慣性モーメント
円柱	対称軸	$MR^2/2$
中空円柱	中心対称線	$M(R_1^2 + R_2^2)/2$
球	中心を通る	$2MR^2/5$
球殻	中心を通る	$2MR^2/3$
棒	垂直，中心	$ML^2/12$
棒	垂直，端	$ML^2/3$
立方体	面の中心に垂直	$ML^2/6$

ここで，M：物体の質量；R：半径；L：棒の長さ，立方体の辺の長さ；ϱ：密度（一定と仮定）．

平行軸の定理：もし重心を通る軸に関する慣性モーメントが I' であれば，それに平行な軸に関する慣性モーメントは $I = I' + Ma^2$ である．ここで a は両軸の間の距離である．

力のモーメント，または**トルク**（記号 M）は，

$$\boldsymbol{M} = \boldsymbol{r} \times \boldsymbol{F} \qquad \text{力のモーメント （トルク）}$$

ここで，$\boldsymbol{F}$：物体に働く力；$\boldsymbol{r}$：位置ベクトル．このベクトルは回転軸（あるいは支点）と力の作用点を結ぶ．その方向は回転軸を始点とする．

てこは荷物を上げたり傾けたりする非常に単純な機械である．

二本腕のてこに対する**てこの原理**．$M_1 = M_2$ のとき，すなわち，力とてこの腕の長さの積が両側で等しいときに平衡が成り立つ．応用：平衡状態の竿秤．

剛体の**角運動量**（記号 $\boldsymbol{L}$）は，その質点 m_i の角運動量の総和に等しい．

$$\boldsymbol{L} = \sum_i \boldsymbol{r}_i \times m_i \boldsymbol{v}_i \qquad \text{角運動量}$$

固定軸の場合は $\boldsymbol{L} = I\boldsymbol{\omega}$

次が成り立つ．

$$(d/dt)\boldsymbol{L} = \boldsymbol{M}$$

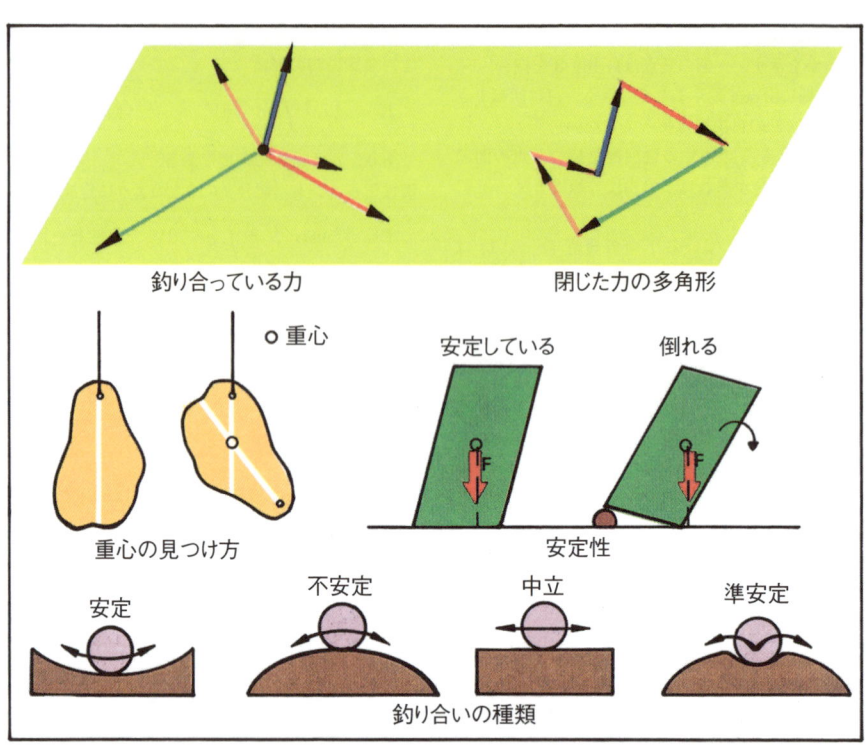

42 力学

釣り合っている力 / **閉じた力の多角形**

重心の見つけ方 ○ 重心

安定性 — 安定している / 倒れる

釣り合いの種類 — 安定 / 不安定 / 中立 / 準安定

力が掛かっていないこま
- L：角運動量の軸・瞬間回転軸
- F：撃力
- G：重心
- こまは歳差運動をしている
- 瞬間回転軸
- 角運動量の軸

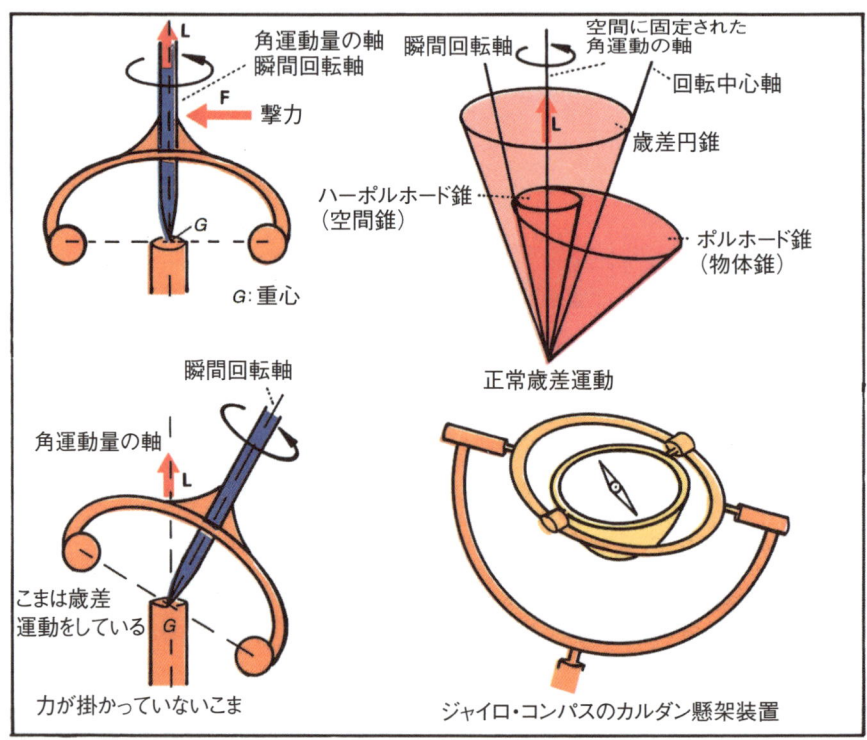

正常歳差運動
- 瞬間回転軸
- 空間に固定された角運動の軸
- 回転中心軸
- 歳差円錐
- ハーポルホード錐（空間錐）
- ポルホード錐（物体錐）

ジャイロ・コンパスのカルダン懸架装置

物体が静止しているか，または等速直線運動をしている場合でも，いくつかの力が働いているかもしれない．しかし**合力は零**である．**力学的なつり合い**では，全ての力の和と力のモーメントの和は零になる．

$$\sum F = 0 \text{ かつ } \sum M = 0 \qquad \text{力学的釣り合い}$$

閉じた**力の多角形**の場合，合力はゼロである．

いくつかの力が1点に働くとき，それぞれのベクトルを一つの**力の多角形**にまとめることができる．ベクトルの始点は前に在るベクトルの先端に触れている．

剛体に重力だけが働くとする．剛体がある点で支えられ，剛体がどんな姿勢を取ろうとも力学的に釣り合うとすれば，その点が**重心**である．重心でその物体を吊ると，力のモーメントは零になる．

一様で点対称な物体では，重心は対称の中心点である．場合によっては，それは物体の外になる．例：輪（リング）．

実験的決定法：物体を二つの異なった支点で釣り上げる．するとそれぞれの垂線が重心で交差する．
重心の鉛直上方の点で支えられている剛体は**安定な平衡状態**にある．その状態のどのような変化に対しても引き戻しの力のモーメントが働く．ポテンシャル・エネルギー U は最小である．

重心の鉛直下方の点で支えられている剛体は**不安定な平衡状態**にある．微小な変動にも力のモーメントが発生して，変動は大きくなる．ポテンシャル・エネルギー U は最大である．

重心で支えられている剛体は**中立の平衡状態**にあり，どの姿勢でも平衡状態である．全ての姿勢で同じ U となる．

準安定な平衡状態は安定な姿勢であるが，少しの変動で，不安定な平衡状態になる．

例：ある物体の重心の鉛直の射影がその底面内にあれば，この物体は**安定している**．そうでなければ倒れる．

竿秤は二本の腕を持つてこであり，平衡状態では両方の腕の M は同じ大きさである．その**感度**は $e = \Delta s / \Delta m$ である．ここで Δs は，質量 Δm によって引き起こされる極くわずかな傾き角である．支点が重心に近づくほど e は大きくなる．

剛体が**安定に回転する**のは，全ての力のモーメントの和，あるいは遠心力の和が零になったときである：

$$F_{\text{rot}} = \sum_i m_i \omega^2 r_i = 0 \qquad \text{安定回転}$$

ここで，r_i：i 番目の質点 m_i の回転軸に垂直な位置ベクトル；ω：角速度．
$F_{\text{rot}} = 0$ のとき，物体は**慣性主軸（自由軸）**の周りを回転する．
どのような剛体も三つの慣性主軸があり，それぞれに関する慣性モーメントを持つ．最大，または最小の慣性モーメントを持つ軸のまわりを回転するとき，その回転は**安定**である．

例：直方体の三つの対称軸は慣性主軸である．長軸と短軸を回転軸とする回転は安定である．中間の軸のまわりに無理に回そうとすると，わずかな擾乱で長軸か短軸を回る回転に移る．

回転軸が慣性主軸の一つであるときは，外力無し回転をすることができる．

こま

こまは一点を中心として回転する剛体で，いろいろな形がある．重心に回転中心があれば，それは**外力無しのこま**である．**対称こま**は対称軸に関して対称である．

外力無し対称こまは対称軸を回転軸として回り，その回転中心は重心にある．実際には，この条件はこまの形を見れば満たされていることがわかる．

また，こまは**カルダン方式**で支えられる．摩擦を無視すると，$F = 0$ と $M = 0$ である．L は一定のままで，したがって回転軸の方向も一定のままである．

こまの歳差運動：瞬間回転軸を横から押すと，コマは角運動量の軸を中心に首振り運動を始める．すなわち，こまは**歳差運動**を始め，**歳差円錐**を描く．対称軸の角速度は**歳差速度**に等しい．

コマに固定された**ポールホード錐**（物体錐）は，瞬間回転軸に接しながら対称軸を中心に回転する．

空間に固定された**ハーポールホード錐**（空間錐）は，角運動量の軸のまわりの瞬間回転軸の軌跡を表す．

外力 F がこまに働くときは，こまは力の働く方向と垂直の方向にずれ，歳差運動をする．歳差運動するこまの開口角は，こまの回転が速ければ速いほど小さい．すなわち，回転が速いほどこまの軸が堅くなるという．

地球はこまである．それは太陽の影響で 25 800 年の周回時間を持つ歳差運動を行う．さらに，月の影響は 19 年の章動をもたらす．

ジャイロ・コンパスは非常に大きな角運動量をもつこまである（大きな質量，速い角速度）．

44　力学

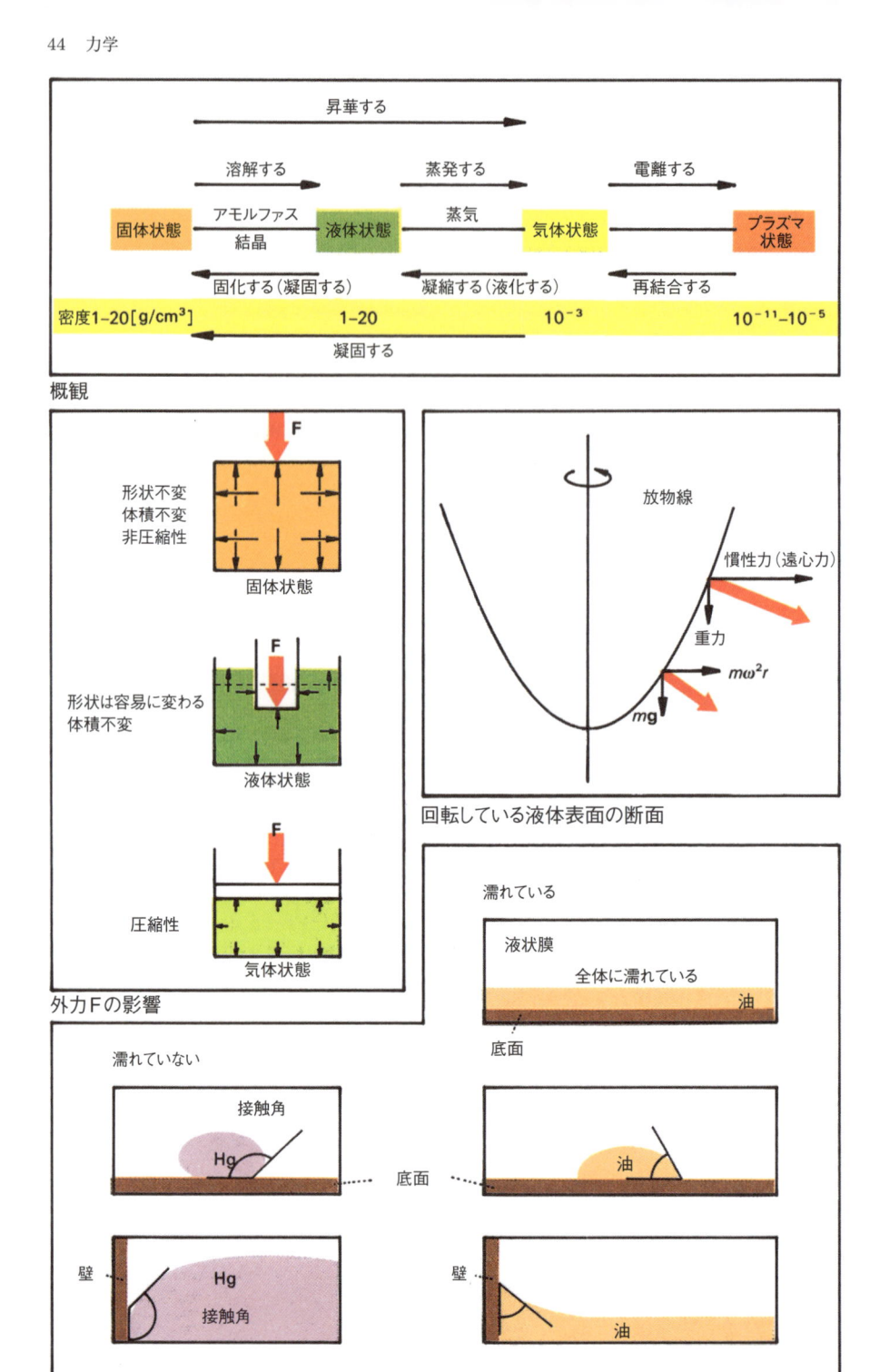

概観

- 昇華する
- 溶解する / 蒸発する / 電離する
- 固体状態 — アモルファス／結晶 — 液体状態 — 蒸気 — 気体状態 — プラズマ状態
- 固化する（凝固する） / 凝縮する（液化する） / 再結合する
- 密度 1–20 [g/cm³] ／ 1–20 ／ 10^{-3} ／ 10^{-11}–10^{-5}
- 凝固する

外力Fの影響

- 形状不変・体積不変・非圧縮性 — 固体状態
- 形状は容易に変わる・体積不変 — 液体状態
- 圧縮性 — 気体状態

回転している液体表面の断面

放物線／慣性力（遠心力）／重力／$m\omega^2 r$／mg

液体と接触角

濡れていない：Hg（接触角）／壁・Hg（接触角）

濡れている：液状膜・全体に濡れている・油／底面／油／壁・油

物体は原子と分子とイオンから成っている．これらの構成要素は，お互いに相互作用を行い力を及ぼす．このような相互作用は「分子間力」という名で一括して呼ばれる．物体の**状態**は構成要素の運動エネルギーと分子間力の強さに依存している．この状態は，**固体，液体，気体，**プラズマの四つに分けられる（最初の三つだけのこともある）．

　この分類は一種の理想化である．というのは，詳細な考察の際には**中間状態**が現れる：例えば，固体と液体の間のガラス状態であるプラスチック（あるいはアモルファス）状態を分類に入れなければならない．

固体状態

固体では，構成要素の平均運動エネルギーは結合エネルギーより小さい．原子，または分子は決まった場所に配置され，それを中心として振動するか回転するだけである．固体は**永続的な形**をとる．すなわち，変形をもたらす外力に強く抵抗する．外力は内部の弾性的な力と釣り合う．外力が消えれば固体は正確に元の形に戻る．すなわち**形状保存性**を持つ．

結晶は理想的な固体であり，その構成要素は強固な空間格子を形成する．通常，結晶の性質は異方性である．すなわち，性質は結晶格子に関係した方向に依存する．

　アモルファス体（例えば，こはく，ガラス）は固体と液体の中間状態である．それらは，常温では非常に高い粘性を持つ液体と考えることができる．

液体状態

液体では，構成要素の平均運動エネルギーは，分子間の結合エネルギーより大きいが，分子の凝集力より小さい．分子は互いに容易にずれる．液体は入れられた容器の形になるが，**体積は一定**である．分子間の平均距離は，実際上一定である．体積が非常に小さいときは表面張力が優勢で，液体は球形になる傾向が強い．

　液体は決して構造がないわけではない．配列が定まっている範囲が非常に狭い短距離秩序と呼ばれる構造を持っている．

液体の密度は固体の密度に近い．外力の作用のもとでは，液体の表面はこの力に垂直になろうとする．

　例：回転している液体の表面は重力と慣性力の影響で回転放物面になる．

濡れる液体（例えば，水）は容器の縁で中心より高くなる（接触角 $< 90°$）．理想的な濡れる液体は底面の上に薄い膜を作る．

濡れない液体（例えば，水銀）は容器の縁で中心より低くなる（接触角 $> 90°$）．理想的な濡れない液体は，少量ならば底面の上で球のようになる．

　液晶は，非常に長い有機物の分子からできていて，局所的に規則正しい配列を取る．それは（光学的に）複屈折を示し，物理的な振舞は固体と液体の中間である．

気体状態

気体では，構成要素の平均運動エネルギーは分子間の結合エネルギーより大きい．分子間力（凝集力）はほとんど無視することができる．構成要素は完全に不規則に動く．気体は形状一定でもなければ体積一定でもない．気体はどんな容器も等しく満たす．構成要素の速度はマクスウェル分布に従う．気体の密度は液体または固体の密度の約 $1/1000$ である．

理想気体は，構成要素の間で相互作用もなく，構成要素の固有の体積もない．その振舞は非常に簡単な法則に従う．希薄な密度の実在気体は，近似的に理想気体と見なすことができる．

実在気体は，自然界にある全ての気体を指す．その構成要素は互いに相互作用をし，非常に小さいが固有の体積（構成分子，または原子の大きさ）を持っている．分子間相互作用を取り入れた近似則が，実在の気体の振舞を記述する．

　蒸気は液化点近くの気体であり，液滴を含んでいる．

プラズマ

気体が超高温のために，電離した状態をプラズマと呼ぶ．前の三つの物質の状態とは対照的に，構成要素の原子や分子はもはやそのままではなく，かなりの部分は自由に動くイオンと電子になる（原子や分子が部分的に電離した状態もプラズマと呼ぶことが多い）（電離気体，319 頁参照）．通常，その密度は固体に比べると非常に薄く，また，非常に複雑な法則に従う．

　存在する場所：稲妻，太陽表面，電離層，蛍光灯内など．

46　力学

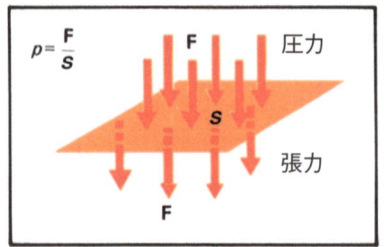

圧力と張力

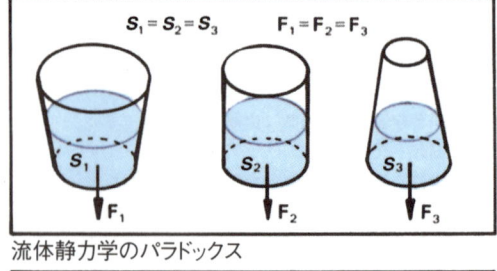

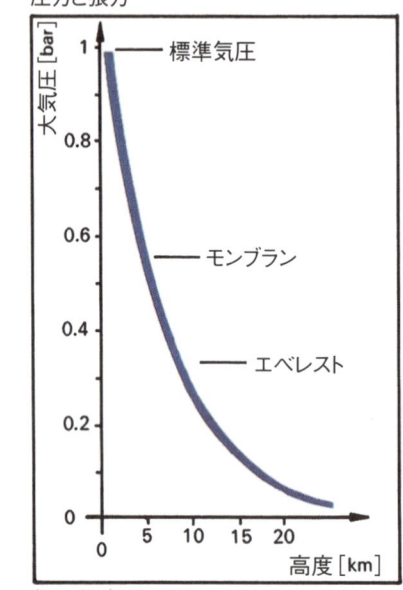

$p = \dfrac{F}{S}$

圧力
張力

流体静力学のパラドックス

$S_1 = S_2 = S_3$　　$F_1 = F_2 = F_3$

気圧曲線

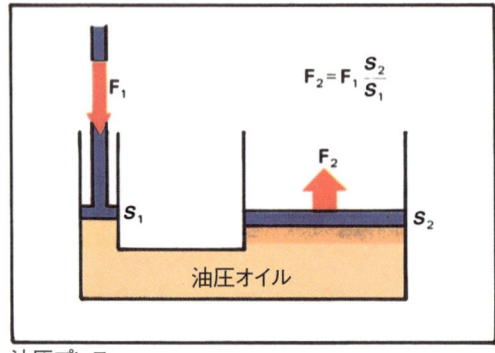

大気圧 [bar]
標準気圧
モンブラン
エベレスト
高度 [km]

油圧プレス

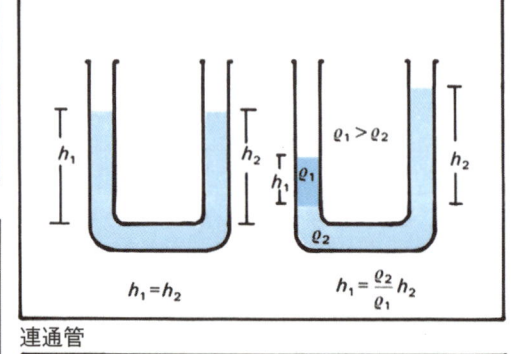

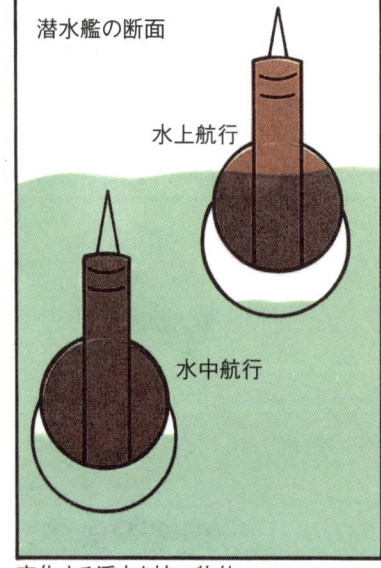

$F_2 = F_1 \dfrac{S_2}{S_1}$

油圧オイル

連通管

$\varrho_1 > \varrho_2$

$h_1 = h_2$　　$h_1 = \dfrac{\varrho_2}{\varrho_1} h_2$

変化する浮力を持つ物体

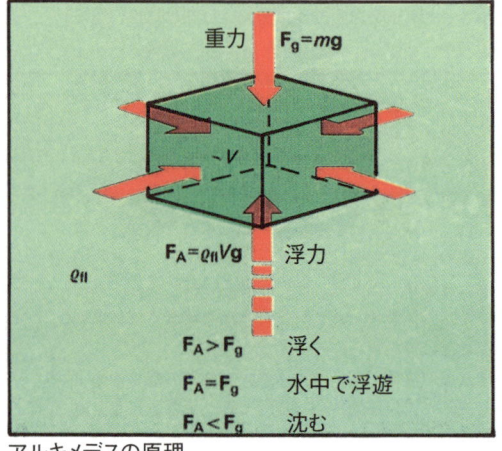

潜水艦の断面
水上航行
水中航行

アルキメデスの原理

重力　$F_g = mg$

$F_A = \varrho_{fl} V g$　浮力

$F_A > F_g$　　浮く
$F_A = F_g$　　水中で浮遊
$F_A < F_g$　　沈む

力 F がある面 S に垂直に押す形で働くとき、それを**圧力**（記号 p）と呼ぶ：

$$p = F/S \qquad \text{圧力}$$

ここで F は力の大きさである。
外部へ引っ張る力 F が面に働くとき、この力学的な応力を**張力**と言う。
圧力の SI 組立単位はパスカル（単位記号 Pa）であり、パスカル (Braise Pascal, 1623–62) にちなむ。

$$1\,\mathrm{Pa} = 1\,\mathrm{N/m^2}$$

他の圧力の単位：

バール	bar	1×10^5 Pa
工業気圧	at	98 066.5 Pa
物理気圧	atm	101 325 Pa
トール	Torr	133.32 Pa
水銀柱		
（ミリメートル）	mmHg	133.32 Pa

外部圧力が、閉じた流体（気体や液体）に働くとき圧力は内部ではどこでも同じで、容器の壁に垂直である (1659, パスカルによる)。
圧力測定器具は**圧力計**（マノメータ）と呼ばれる。
気圧計（バロメータ）は気圧を測る。

圧力測定

通常、圧力差 Δp が測定される。圧力計の測定範囲は約 20 桁の圧力にわたる。

気体圧力の測定

沸騰気圧計は、液体の沸点が液体の表面にかかっている圧力に依存することを利用している。しかしながら、約 100 Pa の圧力変化はわずか 0.04 °C ほどの温度差になるだけなので、温度の測定は非常に精密になされなければならない。

水の沸点は比較的簡単に、そして正確に測ることができるので、初期の学術調査隊と登山家は沸騰気圧計を使っていた。

水の沸点 [°C]	気圧 [hPa (mbar)]
101.035	1050
100.76	1040
100.465	1030
100.19	1020
99.895	1010
99.62	1000
99.34	990
99.07	980
98.795	970

トリチェリ (Evangelista Torricelli, 1608–47) は 1643 年に**水銀気圧計**を発明した。一端を閉じた長さ 1 m 程の細いガラス管に水銀を詰め、開いた端を水銀溜めに垂直に立てる。そうすると、水銀の重さによる圧力が、水銀溜めにかかる気圧と等しくなるまで水銀柱は沈み込む。水銀柱の重さは同じ断面の空気の柱の重さと同じであり、その柱は大気圏の上端にまで達している。水銀柱の上面の空間は水銀蒸気で満たされている。
標準気圧では、二つの水銀面の高さの差は 760 mm である。その際、直立管内部の上に膨らんだ水銀の表面（メニスカス）の最高点まで測定する。
しかし、同じ測定法で水を測定用液体に使うと、水の柱はほぼ 10 m の高さになる。

ゲーリケ (Otto von Guericke, 1602–86) は、1654 年にレーゲンスブルクのドイツ国会でこの実験を公開した。
水銀気圧計の測定範囲は 10^5 Pa–10^2 Pa である。非常に精密に測る際には、毛管下降（57 頁参照）による補正と水銀の温度補正が必要である。

変形の一つが**輪秤り**である。輪状の管が一個所で仕切を入れられ、液体（例えば、Hg）が管を部分的に満している。そして輪の軸の周りに回転できるように配置されている。仕切の両側から高圧と低圧の気体を注入すると、その圧力差が液体をずらし、輪は回転し、その回転角から圧力の差が計測できる。

アネロイド気圧計は、ばねで支えられた弾力のある底を持つ真空の円筒でできている。外部圧力が底を押し込み、てこがこの動きを指針に伝える。計測範囲は 10^7 Pa–10^3 Pa である。

隔膜圧力計：圧力容器は弾力性の膜（ゴム、プラスチック、金属）で二つの空間に分けられている。一つは測定管と接続している。空間の圧力が異なっていれば、低い圧力の方向へ膜は膨らむ。中心のずれは直接に観測されるか、または機械的に指針へ伝えられる。測定範囲は 10^7 Pa–10^3 Pa である。

低い気体圧力、すなわち標準気圧より低い圧力は真空計で測られる。低い気圧は次の区分になっている。

$$(10^5–10^2)\,\mathrm{Pa} \quad 低真空$$
$$(10^2–10^{-1})\,\mathrm{Pa} \quad 中真空$$
$$(10^{-1}–10^{-5})\,\mathrm{Pa} \quad 高真空$$
$$10^{-5}\,\mathrm{Pa}\,以下 \quad 超高真空$$
$$10^{-9}\,\mathrm{Pa}\,以下 \quad 極高真空$$

マクラウド真空計（48 頁の図参照）：測定系につなぎ、中央細管の水銀先端が V_2 細管頂部に等しくなるまで水銀溜中の水銀を押し上げる。V_1 中の残留気体は V_2 まで圧縮され、水銀柱の高さの差 h から気体の圧力 $(V_2/V_1)hg\rho$ が得られる。ここで、V_1：被測定気体の体積；V_2：細管内気体体積；ρ：水銀の密度。計測下限は 10^{-3} Pa。

トリチェリの水銀気圧計

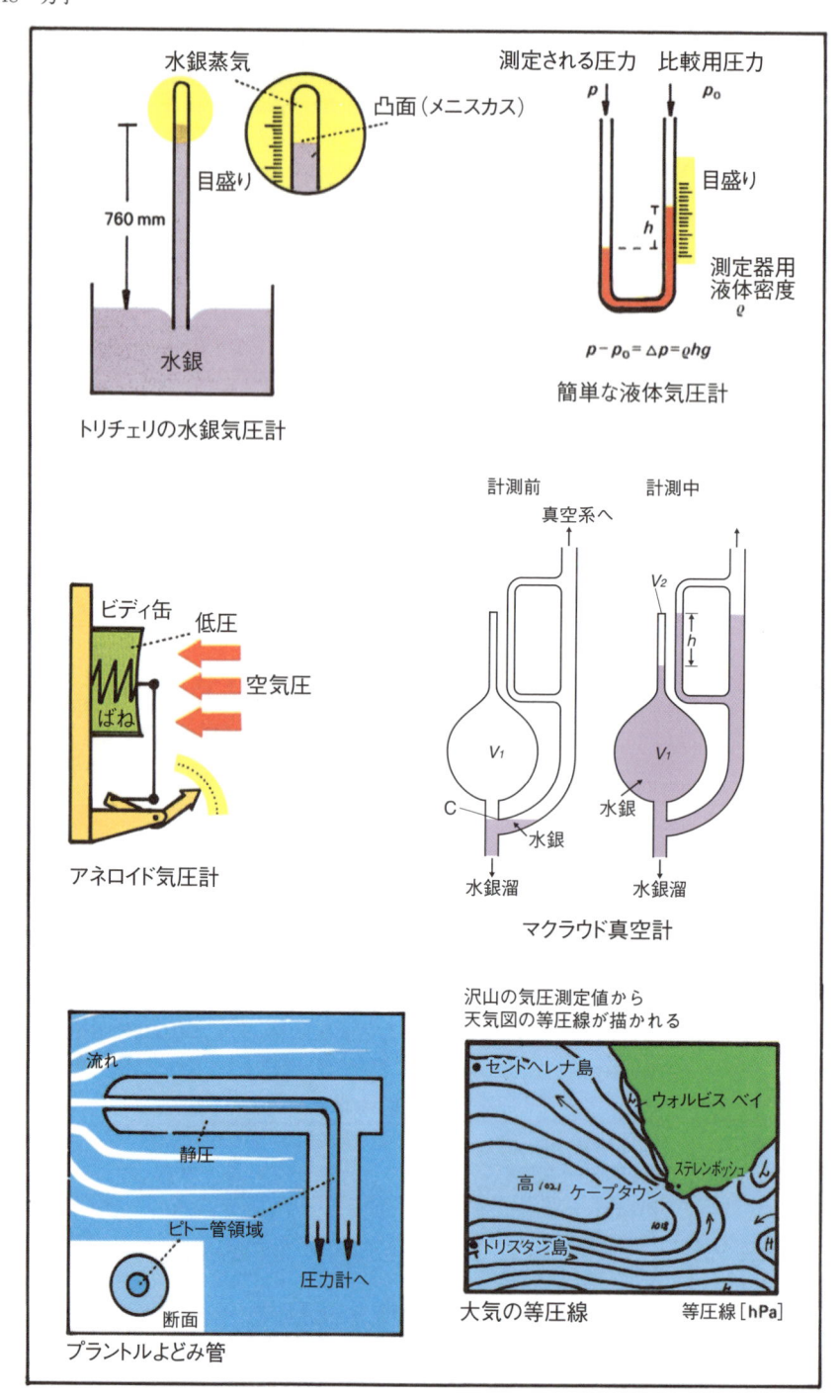

水銀蒸気・凸面（メニスカス）・目盛り・760 mm・水銀

簡単な液体気圧計

測定される圧力 p／比較用圧力 p_0／目盛り／測定器用液体密度 ϱ

$$p - p_0 = \Delta p = \varrho h g$$

アネロイド気圧計

ビディ缶・低圧・空気圧・ばね

マクラウド真空計

計測前／計測中／真空系へ／V_1／V_2／h／C／水銀／水銀溜

プラントルよどみ管

流れ・静圧・ピトー管領域・圧力計へ・断面

大気の等圧線

沢山の気圧測定値から天気図の等圧線が描かれる

セントヘレナ島・ウォルビスベイ・ステレンボッシュ・ケープタウン・トリスタン島

等圧線 [hPa]

ピラニ真空計の作動原理は，測定管の中にある気体の熱伝導に基づく．低圧気体内部に電流で加熱された金属細線を置く．細線は気体分子によって熱を奪われ，その冷却の度合いは気体の圧力（真空度）によるので，細線の温度を測定すれば気体の圧力が分かる．測定は抵抗温度計や熱電対を用いる．測定領域は 0.1 Pa 以下である．

ペニング真空計は，測定管内の残留気体の電離度が圧力に依存することを利用する．常時存在する少数の荷電粒子（電子）は，二つの電極の間の磁場のために測定管の内部を螺旋状に走る．電子はガスの分子と衝突し，さらに電子を発生させ，よって電流を増加させる．こうして，圧力に依存した電離電流を電極で測定する．測定範囲は 0.01 Pa と 10^{-7} Pa の間にある．

電離真空計は，測定管の中に挿入された二つの電極間の正イオン電流の圧力依存性を測る．測定範囲は 10^{-3}–10^{-12} Pa である．

高圧力，すなわち標準気圧をはるかに越える圧力は，すでに述べた圧力計を特別な使い方をして測定するが，特殊な装置もある．

圧縮圧力計は，いくつかの金属（例えば鉛）が圧力を掛けると非可逆的に変形することを利用する．この変形は，測っている間の最大の圧力に比例する．

ピエゾ圧力計（213 頁参照）は，圧力が掛かると電圧が発生するような特別な結晶（例えば水晶）を利用する．この効果は可逆的なので，激しく変動している圧力も測れる．

抵抗圧力計は，いくつかの金属や合金（たとえばマンガニン）が圧力を掛けると電気抵抗を変えることを利用する．

大気圧は，地球に掛かっている大気の重力圧力である．空気の密度は高度と共に減るので，対応して大気圧もまた減少する：

$$p_h = p_0\, e^{-h/H} \qquad \text{気圧公式}$$

ここで，p_h：高度 h での大気圧；p_0：海面での大気圧；$H = 8005$ m；h：m で測った海面からの高さ．

例：大気圧 p が海面の高さで 1 bar ならば，エベレストの頂上で $p = \exp[-(8848/8005)]$ bar $= 0.331$ bar に，すなわち標準気圧の約 1/3 に下がる．

大気圧は約 5500 m 高くなるごとに半分になる．

標準気圧：760 mm Hg = 101 325 Pa

気圧公式を使うと気圧を測って高さを知ることができる．

等しい圧力の線は**等圧線**と呼ばれる．天気図で等圧線は高気圧領域と低気圧領域を取り囲んだ形になる

流体圧力の測定

静止流体は静圧（下記参照）だけを示す．これは原則的に，これまでに記述された圧力計で測定される．しかし，流体の測定には特別な圧力計が存在する．

ピトー管は，ピトー（Henri Pitot, 1695–1771）によって 1732 年に開発された．これは流れに向けられた，前方の開いた管で，圧力計に接続されている．これは気体あるいは液体の圧力（動圧と静圧）の総和を測定する．多くは航空機で使われ，測定された圧力から速度が求まる．

プラントル管はプラントル（Ludwig Prandtl, 1875–1953）にちなんでおり，一種のピトー管である．それは，管の外側に同心の，前が塞がったもう一つの管を持っている．外側の管には輪状の切れ込み，またはいくつかの穴がある．流れは，この切れ込みや穴に接して流れる．外部管の内側で流体の静圧が測られる．

この機器では総圧 p と静圧 p_{st} が同時に測定されるので，差を取ること（内圧引く外圧）によって流体の動圧を得る．

血圧計は静圧を測る．中空のゴムの圧迫帯を上腕に巻き付け，これを膨らませる．圧力計は圧迫帯内部の圧力を示す．圧迫帯の圧力を増やしながら，聴診器付きの測定器で血管が閉じる瞬間を確認する．ひじ関節の内側の動脈を聴診し，再び乱れた血流がどくどくと音を立て始めるまでゆっくり圧迫帯の圧力を減らす．血液が流れ始めた瞬間の圧迫帯の圧力が最高血圧に等しい．

流体の**水圧**, あるいは**静水圧**は, 容器の底面に掛かっている流体の重量によって生じる. 圧力は水深とともに上昇する:

$$p = p_0 + \varrho g h \qquad \text{水圧}$$

ここで, p：水深 h での圧力；p_0：流体の表面の圧力；ϱ：流体の密度.
水圧はこのように水深に対して線形に上昇する.
　例：水面から 30 m 下のスキンダイバーには
$(1 \times 10^5 + 1\,000 \times 9.81 \times 30)\,\mathrm{Pa} = 3.94 \times 10^5\,\mathrm{Pa} = 3.94\,\mathrm{bar}$ の圧力 p が掛かる.
流体静力学のパラドックスは, 底面に働く力が水の深さだけに依存することを明確に示している. 容器の形はその際重要ではない (46 頁参照).

液体, または固体の**圧縮率** (記号 κ) は, 圧力上昇と共にどれだけ体積が減少するかを示す (69 頁と比較).

$$\kappa = -(\Delta V/\Delta p)/V_0 \qquad \text{圧縮率}$$

ここで, V_0：初期体積；ΔV：圧力増加 Δp に対する体積変化. κ は Pa^{-1} で測られる.
κ は, 液体のときは $10^{-9}\,\mathrm{Pa}^{-1}$ 程度であり, 固体のときは $10^{-11}\,\mathrm{Pa}^{-1}$ 程度である. 1 m^3 の固体の立方体の各面に 1 Pa の圧力を掛けたとき, 体積の縮みはわずか 0.01 mm^3 である.
　液体の圧縮率は, ピエゾメーターと呼ばれる毛管が付いた容器で測られる. 毛管につながっている検定済みの容器に測られる流体が取り込まれる. 容器は, それ自体で一つの圧力容器である. Δp だけ圧力を上げると, 毛管内の細い流体で体積減少 ΔV が直接に読み取れる.

液体の圧縮率が非常に小さいということと, 容器に掛かる圧力が内部で一様であるという事実は, **油圧プレス**に利用できる. すなわち, 異なった断面積を持つ二つの筒に液体 (油) を満たし, 細い管で繋ぐ. F_1 の外力が断面積 S_1 のピストンに働くと, ピストン圧 $p_1 = F_1/S_1$ が生じる. 液体内部では圧力はどこでも等しいから, 他方のピストンに力 F_2 が働く.

$$F_2 = F_1(S_2/S_1)$$

油圧プレスはこのように力の増幅器であり, 出口の力は入り口の力と逆向きに働く. 両ピストンのする仕事 (力 × ピストンの行程) は同じ大きさである.

連通管：U 字管の直立の部分に液体を入れると, 両側の液体面の高さは同じになる. またその時断面 S が異なっていれば,

$$p = F/S \qquad \text{なので} \qquad F_2 S_1 = F_1 S_2$$

となる. 直立の部分にそれぞれ密度 ϱ_1 と ϱ_2 の二つの異なった液体があるとすれば,

$$\varrho_1 h_1 = \varrho_2 h_2$$

ここで, h_1, h_2：液体の上昇値.
この方法で混合しにくい液体の密度が比較用液体を使って測定できる.

浮力と浮上：物体を液体中に沈めると, 表面に働く力がそれを押し上げる. その合力, すなわち浮力 $\boldsymbol{F}_S$ (46 頁参照) が底面に働く. $\boldsymbol{F}_S$ の大きさ F_S は押しのけた液体の重さと等しい:

$$F_S = \varrho V g \qquad \text{アルキメデスの原理}$$

ここで, ϱ：液体の密度；V：押しのけられた液体の体積.
$\boldsymbol{F}_S$ は押しのけられた液体の重心に働き, 重力 $\boldsymbol{F}_g$ と逆向きである. 次が成り立つ:

$$F_S > F_g \rightarrow \text{物体は浮かぶ}$$
$$F_S = F_g \rightarrow \text{物体は液体中にとどまる}$$
$$F_S < F_g \rightarrow \text{物体は沈下する}$$

例：沈降していく潜水艦に働く重力は浮力より大きい. 海中を潜航するには, 圧搾空気で水を潜水タンクから排水し, 重力を打ち消すまで浮力を増大させる. タンクの空気がさらに増えて浮力が増すと潜水艦は浮上する. 潜水艦は, その重量が排除された水の重さと等しくなるまで水面から浮き上がる.

安定な水中の姿勢：浮力は排除された液体の重心 G に働き, 重力は浮いている物体の重心 $\mathrm{G_g}$ に働く. $\mathrm{G_g}$ が G の下方にあれば, 水中の姿勢は**安定**である. どんな傾きも次のトルクを生じる:

$$\boldsymbol{M} = \boldsymbol{r} \times \boldsymbol{F}_S$$

ここで, $\boldsymbol{r}$：G と $\mathrm{G_g}$ との間の距離のベクトル.
$\boldsymbol{M}$ は物体を回して, 再び安定な姿勢になるまで引き戻す.

気体圧力の力学的解釈：気体では分子がまったく不規則に飛び回っており，常に衝突を繰り返し，その際互いにエネルギーと運動量をやり取りしている．それらの速度はある平均値の周りに分布している．

例：室温では空気の分子は 1 秒当たり 10^7–10^{10} 回衝突している．速度は $100\,\mathrm{m/s}$ と $3000\,\mathrm{m/s}$ の間である．

気体分子が壁に衝突し運動量を与えることによって気体圧力 p が生じる．

$$p = \frac{\text{壁に与えられた運動量}}{\text{時間} \times \text{壁の面積}}$$

それぞれの分子は衝突の際に運動量 $\boldsymbol{p} = 2m\boldsymbol{v}$ を与える．時間 Δt 内に一つの壁に当たる分子の個数は，$(1/6)nv\Delta t\times$ 壁の面積である．
よって圧力は，

$$p = nm\bar{v^2}/3 \qquad \text{ベルヌーイ方程式}$$

であり，これはベルヌーイ (Daniel Bernoulli, 1700–82) にちなんでいる．
ここで，p：気体圧力；$n = N/V$：分子数密度；N：総分子数；V：気体の体積；$\bar{v^2}$：分子速度の二乗平均．

アボガドロの仮説：アボガドロ (Amedeo Avogadro, 1776–1856) にちなむ：気体 1 モルは常に同じ数の分子を含み，その数は，

$$N_\mathrm{A} = 6.02214199 \times 10^{23}\,\mathrm{mol}^{-1}$$
$$\text{アボガドロ定数}$$

理想気体のモル体積（記号 V_m）：標準状態（$T = 237.15\,\mathrm{K}$; $p = 101\,325\,\mathrm{Pa}$）における 1 モルの理想気体の体積である：

$$V_\mathrm{m} = 22.423996 \times 10^{-3}\,\mathrm{m^3/mol} \quad \text{モル体積}$$

実在気体のモル体積は，下記（単位 $\mathrm{m^3/mol}$）のように理想気体のモル体積からいくらかずれる．

ヘリウム	0.022415
水素	0.022428
酸素	0.022393
窒素	0.022404
炭酸ガス	0.022262
アンモニア	0.022076

さらに，**ロシュミット定数**（記号 n_0）は次のように定められる：

$$n_0 = N_\mathrm{A}/V_\mathrm{m} = 2.6867774 \times 10^{25}\,\mathrm{m}^{-3}$$

温度 T，圧力 p と体積 V の関係が次の式で記述されるとき，その気体は**理想気体**である：

$$pV = \nu RT \qquad \text{ボイル-シャルルの法則}$$

ここで，ν：モルで測られた物質量；$R = 8.314472\,\mathrm{J\cdot mol^{-1}\cdot K^{-1}}$：気体定数；$T$：気体温度．
理想気体では分子間の衝突は稀であり，互いに働く力は限りなく弱い．気体分子の固有の体積は限りなく小さい．これは理想気体の**状態方程式**である．
$\mathrm{H_2}$, He, $\mathrm{N_2}$ は標準状態では理想気体に近い．

蒸気：飽和蒸気は平衡状態で液体と共存しており，理想気体ではない．一方，**非飽和**蒸気は理想気体のように振る舞う．

混合気体ではその圧力 p は，

$$p = p_1 + p_2 + \cdots \qquad \text{ドルトンの法則}$$

である．ドルトン (John Dalton, 1766–1844) にちなむ．
ここで，p：混合気体の全圧力；p_1：気体成分 1 が及ぼす圧力（分圧）；p_2：気体成分 2 の分圧；等々．

気体に対してはまた**体積弾性率**（69 頁と比較）を定義できる：

$$K = -V\Delta p/\Delta V$$

ここで，ΔV は，温度一定のときの微小圧力変化 Δp に対する，体積 V の微小変化である．
K は圧力と共に増大する．
$1/K$ は圧縮率 κ に等しい．

52　力学

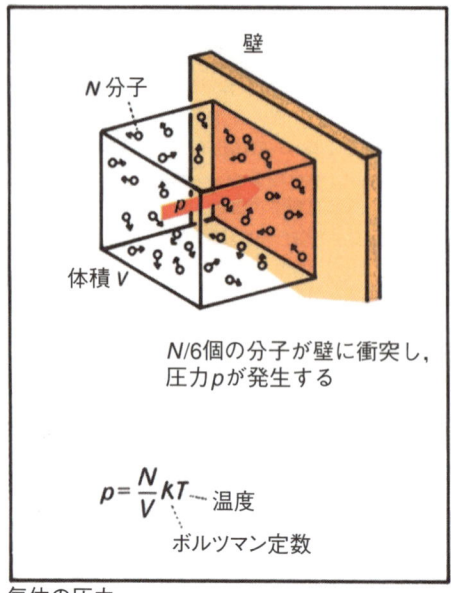

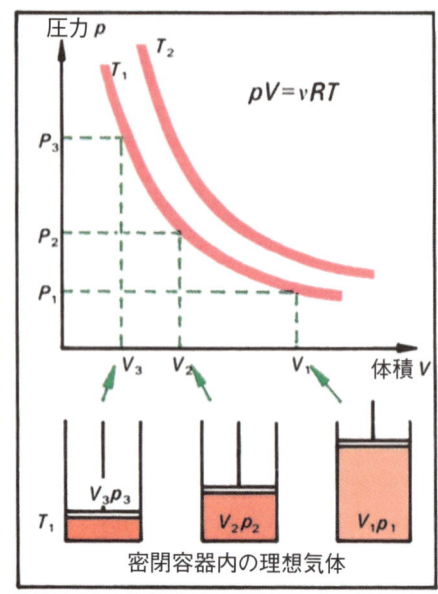

N 分子
壁
体積 V

$N/6$ 個の分子が壁に衝突し、圧力 p が発生する

$$p = \frac{N}{V} kT$$

— 温度
ボルツマン定数

気体の圧力

圧力 p
$pV = \nu RT$

T_1, T_2

p_3, p_2, p_1

V_3, V_2, V_1　体積 V

密閉容器内の理想気体

理想気体の等温線

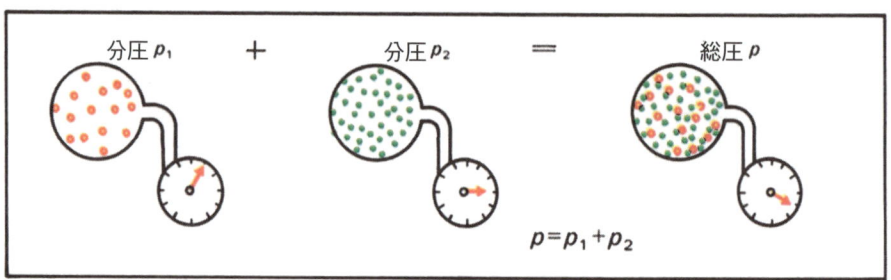

分圧 p_1 ＋ 分圧 p_2 ＝ 総圧 p

$$p = p_1 + p_2$$

ドルトンの法則

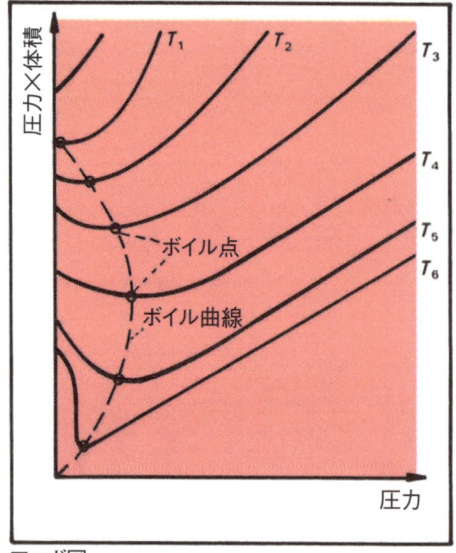

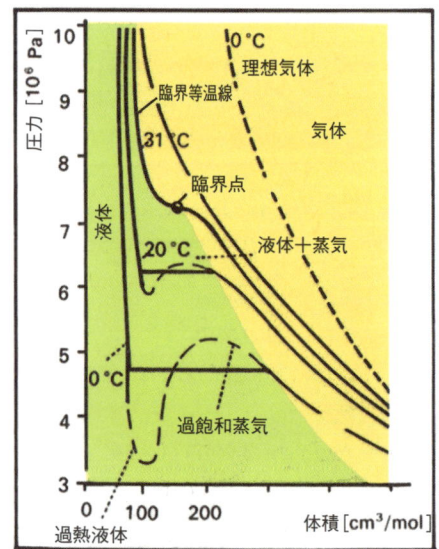

圧力×体積

T_1, T_2, T_3, T_4, T_5, T_6

ボイル点
ボイル曲線

圧力

アマガ図

圧力 [10^6 Pa]

0 ℃
理想気体
臨界等温線
気体
31 ℃
臨界点
液体
20 ℃
液体＋蒸気
0 ℃
過飽和蒸気
過熱液体

体積 [cm³/mol]

実在気体の等温線（CO_2）

気体に大きな圧力を加えると，分子はより密になり，分子の大きさは無視できなくなる．さらに，分子間に働く力，すなわち凝集力のために圧力 p_b が生じる．この圧力と固有体積をボイル-シャルルの法則に取り入れると，**実在気体に対する状態方程式**を得る:

$$(p + p_b) \times (V - b) = nRT$$
ファン・デル・ワールスの状態方程式

これはファン・デル・ワールス (Johannes van der Waals, 1837–1923, ノーベル賞受賞 1910 年) にちなむ．ここで，p: 外圧，p_b: 凝集力による圧力; V: 気体の体積，b: 気体分子の固有体積．

p_b は a/V^2 と書ける．a は気体ごとに異なった値を取る．

b は分子の実際の体積のほぼ 4 倍の大きさである．
例: CO_2 の固有体積は 4.3×10^{-5} m^3/mol である．

実在気体の状態方程式は理にかなっているように見える．というのは，p_b が外圧 p に足し合わされ，気体の体積 V から固有体積 b が差し引かれている．理想気体に近い希薄な実在気体の振舞はこの式に従う．p-V 図では，ボイル-シャルルの法則は双曲線を描く．異なった温度に対しては異なった双曲線を描く．実在気体に対しては p-V 図は複雑である (52 頁の CO_2 に対する等温線図参照)．

初期体積 500 cm^3 を 20 °C 等温線に沿って圧縮してみよう．気体圧力は理想気体の圧力と類似して増加するが，それは $V = 220$ cm^3 までである．さらに圧縮しても，もはや気体圧力は増加せず，一定のままである．すなわち，CO_2 が次々と液化し，容器には気体と液体の両状態が共存している (飽和状態)．気体が全て液体に転化する (ほぼ 100 cm^3/mol のとき) と，液体はほとんど縮まないので，ほんのわずかな圧縮で圧力は急激に上昇する．

ある実験条件では，等温線が飽和状態を示す経路に従わないことがある．このとき**過飽和蒸気**，あるいは**過熱液体**が発生している．その状態は急激に正常な状態に変化するかもしれないので，実際上危険な領域である．

温度を増加させて，対応する等温線の様子を見ると，もはや転移状態を持たない等温線 (CO_2 ではそれは 31 °C である) に達する．その等温線は変曲点を持ち，そこは**臨界点**となる．その点を含む等温線は**臨界等温線**と呼ばれる．

この記述から分かるように，臨界点 (CO_2 では 7.3×10^6 Pa = 73 bar である) より上の温度に対しては，気体の液化無しに任意に圧力を上げることができる．気体は永久に気体の状態である．

臨界点はどの気体にとっても重要な物質定数である．

気体	臨界温度 [K]	臨界圧力 [10^5 Pa]
He	5.3	2.26
O_2	154.4	50.8
N_2	126.1	35
空気	132.5	37.2
CO_2	304.2	72.9
Cl_2	417	76.9
アセチレン	309	62.6

ボイル点: 積 pV は，理想気体では一定であるが，実在気体では p に依存する．温度一定で，p の関数としての pV-p 曲線では極小値が現れ，それはボイル点と呼ばれる．この図は，アマガ (Emile-Hilaire Amagat, 1841–1915) にちなんで**アマガ図**と呼ばれている．ボイル点では，気体は理想気体のように振る舞う．このようにアマガ図は，実在気体の理想気体からのずれを明確に示している．

応用

霧箱 (ウイルソン霧箱) は，1912 年ウイルソン (Charles Wilson, 1868–1959, ノーベル賞 1927 年) によって開発され，長い間，原子物理学や原子核物理学研究の重要な実験装置であった: 純粋な過飽和水蒸気で箱を満たす．すなわち，気体の状態は，実在気体の p-V 図で過飽和蒸気 (上に凸) の領域にある．水滴の形成には凝縮の核が必要なので，純粋な過飽和水蒸気は必ずしも凝縮することはない．このとき，外部からイオン化放射線 (例えば，電子または陽子) を容器に入射すると，放射線に沿ってイオンが発生し，それらが核となって非常に小さな水滴の鎖が現れる．このようにして粒子の軌道が直接に目に見えるようになる．

最適な過飽和水蒸気を得るために，飽和蒸気で満たされた霧箱の初期の体積を，瞬間的に膨張させる．その非常に短い時間に対してのみ霧箱は実験可能になり，その後，水蒸気は箱全体で自然に凝縮する．

泡箱は，グレーザー (Donald Glaser, 1926–, ノーベル賞 1960 年) によって開発された．霧箱と類似の働きをするが，満たすものとして過熱液体，例えば液体水素を使う．箱の液体は，実在気体の p-V 図の凹になっている領域にある．電荷が泡箱に入射されると，走行線に沿って液体状態は気体状態に移る．すなわち，蒸気の小さい泡の軌跡ができる．それらはすぐに液体の中を上昇してしまうので，素早く写真に撮らなければならない．

今日ほとんどの実験では，霧箱の代わりに泡箱を使っている．

54　力学

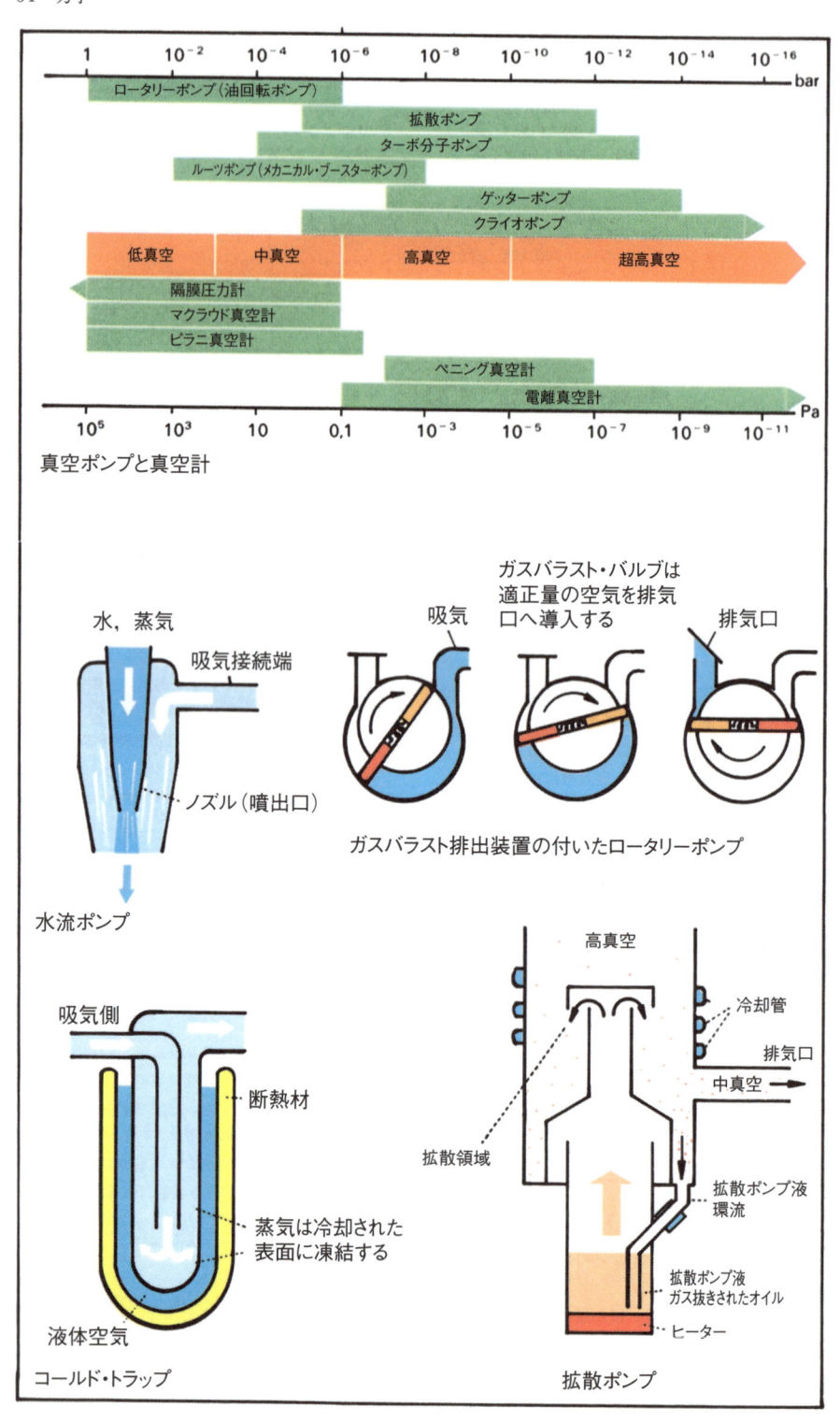

真空ポンプと真空計

- ロータリーポンプ（油回転ポンプ）
- 拡散ポンプ
- ターボ分子ポンプ
- ルーツポンプ（メカニカル・ブースターポンプ）
- ゲッターポンプ
- クライオポンプ

低真空／中真空／高真空／超高真空

- 隔膜圧力計
- マクラウド真空計
- ピラニ真空計
- ペニング真空計
- 電離真空計

水流ポンプ
- 水，蒸気
- 吸気接続端
- ノズル（噴出口）

ガスバラスト排出装置の付いたロータリーポンプ
- 吸気
- ガスバラスト・バルブは適正量の空気を排気口へ導入する
- 排気口

コールド・トラップ
- 吸気側
- 断熱材
- 蒸気は冷却された表面に凍結する
- 液体空気

拡散ポンプ
- 高真空
- 冷却管
- 排気口
- 中真空
- 拡散領域
- 拡散ポンプ液環流
- 拡散ポンプ液　ガス抜きされたオイル
- ヒーター

ポンプは流体（液体あるいは気体）を移動させて，密閉した容器に減圧状態または昇圧状態を作り出す．ポンプは，**排気速度**（単位 L/s（リットル/秒））と，**吸気能力**（単位 kg/s），そして入り口（吸気接続端）で得られる到達圧力で特徴付けられる．

ピストン・ポンプでは，ピストンが容器の口をふさいでいる．吸気の際は外力でピストンを動かして容器の体積を増やす．すると吸気口に負圧が生じ，バルブ（弁）が開いて流体が流入する．終点に到達したら，外力でピストンの方向を逆転させる．シリンダー室の圧力が上昇し，吸気弁が閉じ，同時に排気弁が開いて昇圧した流体が押し出される．

ダイアフラム・ポンプ（隔膜ポンプ）は特別なピストン・ポンプである．ここでは外力が弾力のある膜に働く．

回転ポンプでは，流体はポンプ室に軸に沿って流入し，高速回転する羽根車によって半径方向の加速度を得る．流体は羽根車の外縁に沿って流れ出す．機械的な弁は無い．

真空ポンプ

ロータリーポンプ（油回転ポンプ）では，中心軸がずれ，かつ割れ目の付いたローターが回転する．バネと慣性力がローターの滑り弁を容器の内壁に押しつける．最初に，空気は吸入室に流れ込み，滑り弁が回って逆流をさえぎる．弁はさらに回転して空気を排気口まで移動させる．到達圧力（多段式の装置で）は数 Pa である．

ルーツポンプ（メカニカル・ブースターポンプ）：二つの回転しているまゆ型ローターがガス漏れしないよう互いに内壁に接して滑り，これによってポンプ機能が生じる．この二つのローターをもつポンプの吸気能力は非常に大きい．到達圧力は数 Pa である．

ターボ分子ポンプは到達圧力が 10^{-8} Pa に達する．ポンプ室で回転子が非常な高速で回っている．気体分子の平均自由行程を回転子と固定子との間の隙間より大きくすると，気体分子は回転子との衝突の際に回転方向への速度成分を得る．気体分子の最終速度は回転子の速度よりはるかに大きく，ポンプ室から回転子羽根の接線方向に飛び出していく．吸入口圧が高すぎると，気体分子の速度分布は実質的に熱運動だけから決まる．すなわち，ポンプ室内で回転子と固定子との間の隙間より平均自由行程が小さくなり，ポンプ機能は働かない．かくしてターボポンプは吸入口で圧力がすでに十分低いときにのみ機能する．

拡散ポンプは，ノズルから吹き出す速い流れの油蒸気を拡散ポンプ媒体として使用する．この速い流れが気体分子に下向きの運動量を与えることにより，気体分子は吸気口より排気口へと移送され，排気作用が得られる．蒸気噴流はポンプ側面で冷やされ凝縮して元の油溜めに戻る．引き始めの気圧は数 Pa でなければならない．到達圧力は数 10^{-7} Pa である．

ゲッターポンプ（吸着ポンプ）は，表面層への気体の吸着，たとえば，チタンへの窒素の吸着を利用する．吸着した表面は加熱などによって繰り返し更新される．このポンプは超高真空領域で働く．

吸着は，分子間力による表面への気体や蒸気の結合である．良い吸着物質は，木炭，炭化珪素とゼオライト（沸石）である．

クライオ・ポンプでは，高真空あるいは超高真空の残余気体が，液体水素あるいは液体ヘリウムで冷却した面に接して通過し，凍結する．

コールドトラップは特に簡単なクライオポンプであり，蒸気を凍結する．冷却媒質として液体窒素が使われる．

水流ポンプ（アスピレーター）：水道を使用する水流ポンプは電源が不要で，可動部がないため故障が少なく，かつ安価である．そのため，化学や生物学の実験室で手軽な減圧生成器具として広く用いられている．

圧搾機は静的な高圧を発生する．動的な高圧，すなわち短時間の高圧は通常は衝撃波の結果である．

水圧機（50 頁参照）は作業液体の非圧縮性に基づく．（46 頁に記述してある作動原理は，実際の圧搾機の作動機構を極度に簡単化したものである．）

ねじプレスは，ねじ山を取り付けた圧力ねじをしっかりした雌ねじにはめ込み，回しながら物体を圧縮する．水圧機を共用しながら 2×10^9 Pa まで圧力を上げることができる．

焼きばめするときは，試料を入れた中心の管の周りに熱い金属をかぶせる．冷却の際に，この金属は内部の管を強く圧縮する．すなわち，ぴったりした圧縮用モジュールを持ついくつかの熱い漏斗状金属を，ねじプレスの下に順番に重ね，それらを冷却圧縮することによって 10^{11} Pa の圧力を得る．これによってブリッジマン（Percy Bridgeman, 1882–1961，ノーベル賞 1946 年）は 1955 年初めてダイアモンドを合成した．

衝撃波は，爆発や砲弾の発射の際や衝撃波管内に発生する．これらはパルス的に 10^{12} Pa の圧力を生じる．

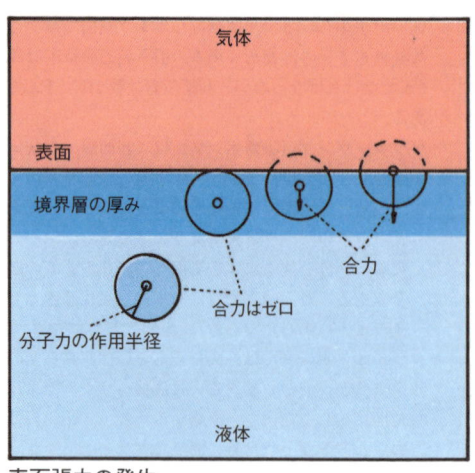

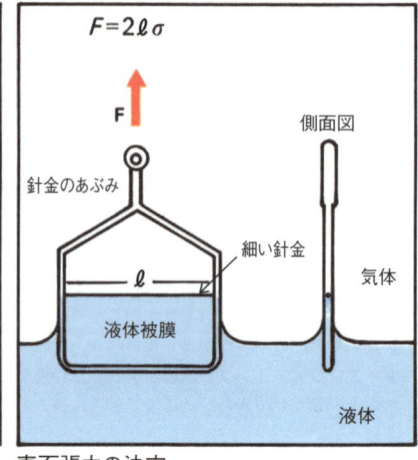

表面張力の発生

- 気体
- 表面
- 境界層の厚み
- 合力
- 合力はゼロ
- 分子力の作用半径
- 液体

表面張力の決定

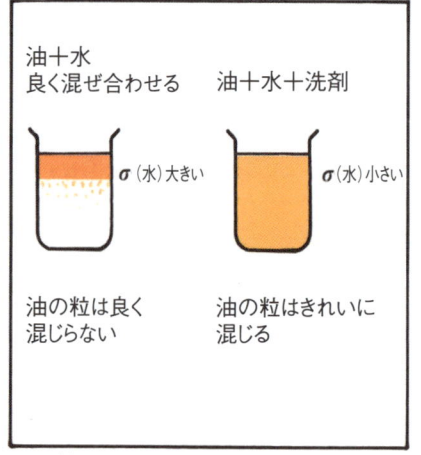

$F = 2\ell\sigma$

- 針金のあぶみ
- 側面図
- 細い針金
- 液体被膜
- 気体
- 液体

表面活性剤

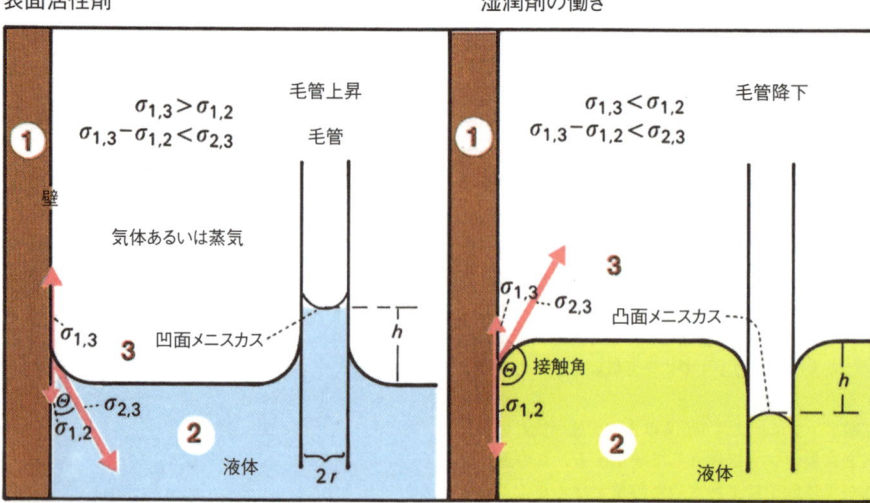

- 空気
- 洗剤粒子が水分子の間に入り込んで表面張力を減少させる
- 疎水性
- 親水性
- 水

湿潤剤の働き

油＋水　良く混ぜ合わせる　　　油＋水＋洗剤

- σ(水)大きい
- σ(水)小さい
- 油の粒は良く混じらない
- 油の粒はきれいに混じる

液体の中の毛管

毛管上昇

$\sigma_{1,3} > \sigma_{1,2}$
$\sigma_{1,3} - \sigma_{1,2} < \sigma_{2,3}$

- ① 壁
- 毛管
- 気体あるいは蒸気
- $\sigma_{1,3}$
- ③
- 凹面メニスカス
- $\sigma_{2,3}$
- $\sigma_{1,2}$
- ② 液体
- h
- $2r$

毛管降下

$\sigma_{1,3} < \sigma_{1,2}$
$\sigma_{1,3} - \sigma_{1,2} < \sigma_{2,3}$

- ①
- $\sigma_{1,3}$
- $\sigma_{2,3}$
- ③
- 凸面メニスカス
- θ 接触角
- $\sigma_{1,2}$
- ② 液体
- h

液体の内部では，個々の分子はその側面を他の分子に囲まれており，働いている力は互いに打ち消されている．したがって分子は自由にずれることができる．液体の境界にできる気体との境界面，固体との境界面，あるいは別の液体との境界面では事情が変わる．例えば，気体との境界面では，液体内部への力が優勢である．**境界層**の内部から分子を境界面に引き出すには仕事が必要である．液体の場合はこの層の厚みはほぼ 10^{-9} m である．境界面は薄膜のように働き，液体に**表面張力**，あるいは**界面張力**（記号 σ あるいは γ，単位 N/m あるいは J/m^2）をもたらす．

$$\sigma = \frac{境界線の両側が及ぼし合う力}{境界線の長さ}$$

18°C の空気に接する境界面の σ[N/m] の例：

水銀	0.471
水 (19°C)	0.0729
水 (50°C)	0.0679
水 (80°C)	0.0626
ベンゼン	0.029
エチルエーテル	0.017
グリセリン	0.0625
オリーブオイル	0.033

σ は温度が上昇すると共に小さくなり，不純物に非常に敏感である．

洗剤は，たとえば，アルコールか脂肪酸のような表面活性剤（湿潤剤）である．それは水の表面張力を減少させ，そして汚れの粒子を強く包み込む．**アメンボ**で水の表面張力を観察することができる．アメンボの体重は，空気/水の境界面を破って落ち込むほど重くはない．それは水上を走り，表面はその体重で変形する．

σ は**あぶみ法**を使って直接に測ることができる．細い針金を張ったあぶみを垂直に水中に沈め，それをゆっくり引き上げる．すると，あぶみの内側に長方形の液体の膜が張る．

$$F = 2\sigma l \quad つまり \quad \sigma = F/2l \qquad 表面張力$$

ここで，F：上方に引っぱる力の大きさ；l：あぶみの幅．

液体の膜を壊さない限度まで高くあぶみを引き出すと，それに関係した力 F から表面張力 σ を計算することができる．

例：幅 1 cm の膜を，壊れるまで水から引き出すには $F = 2\sigma l = 1.458$ mN を必要とする．天秤を使ってこの膜を引き出すと，その重さは $m = F/g = 0.149$ g である．

液体の表面は**最小面積**である．すなわち，そのポテンシャル・エネルギーは最小である．球は体積に対して最小の表面積であるので，外力が働かなければ，液滴は丁度，泡のように球状になる．曲がった表面には曲率半径の中心点に向かう力が働く．液滴（曲率半径 r）の場合は，この力は圧力 $p = 2\sigma/r$ に対応する．

例：表面張力は，半径 3 mm の水銀の玉に $p = 314$ Pa の圧力を及ぼす．

毛管現象

液体が固体と接していると，固体と液体の間に，すなわち，固体-液体-気体の境界線に**接触角**ができる．次が成り立つ：

$$\cos\theta = \frac{\sigma_{1,3} - \sigma_{1,2}}{\sigma_{2,3}} \qquad 毛管現象の法則$$

ここで，θ：接触角；$\sigma_{1,2}$：境界面の張力（固体-液体）；$\sigma_{1,3}$：境界面の張力（固体-気体）；$\sigma_{2,3}$：境界面の張力（液体-気体）．

差 $\sigma_{1,3} - \sigma_{1,2}$ は**付着張力**と呼ばれる．

正の付着張力（「ぬれる」液体）：

$\sigma_{1,3} - \sigma_{1,2} > \sigma_{2,3}$ の場合．

液体が壁を高く這い登る．たとえば，ガラス壁に付いた石油などの場合である（訳注：$\cos\theta > 1$ となるが，これは平衡が成り立たないことを示している）．

$\sigma_{1,3} - \sigma_{1,2} = \sigma_{2,3}$ の場合．

$\theta = 0°$ となる．これは完全な「ぬれ」状態である．

$\sigma_{1,3} - \sigma_{1,2} < \sigma_{2,3}$ の場合．

$\theta < 90°$ となる．これは，たとえば，ガラス壁についた水などの場合である．

負の付着張力（「ぬれない」液体）：

$\sigma_{1,2} > \sigma_{1,3}$ の場合．

$\theta > 90°$ となる．たとえば，ガラス壁についた水銀などの場合である．

毛管現象は表面張力の結果である．たとえば，細い管（毛管）を立てたまま水中に沈めてみる．すると液体の柱が上昇するのが見える．これを**毛管上昇**という．

液柱の**メニスカス**，すなわち，空気/水の境界面は液体面の上方にある．

細い管を水銀の中に沈めてみる．すると毛管のなかで水銀の降下が観測される．これを**毛管下降**という．

「ぬれる」液体のメニスカスは凹面であり，「ぬれない」液体のメニスカスは凸面である．

毛管内液体の最上昇値（メニスカス上面と外部液体面の高さの差）は次のようになる．

$$h = \frac{2\sigma}{r\rho g}\cos\theta \qquad 上昇値$$

ここで，σ：表面張力；h：最大の上昇値；r：毛管の半径；ρ：液体の密度；$g = 9.81$ m/s^2．

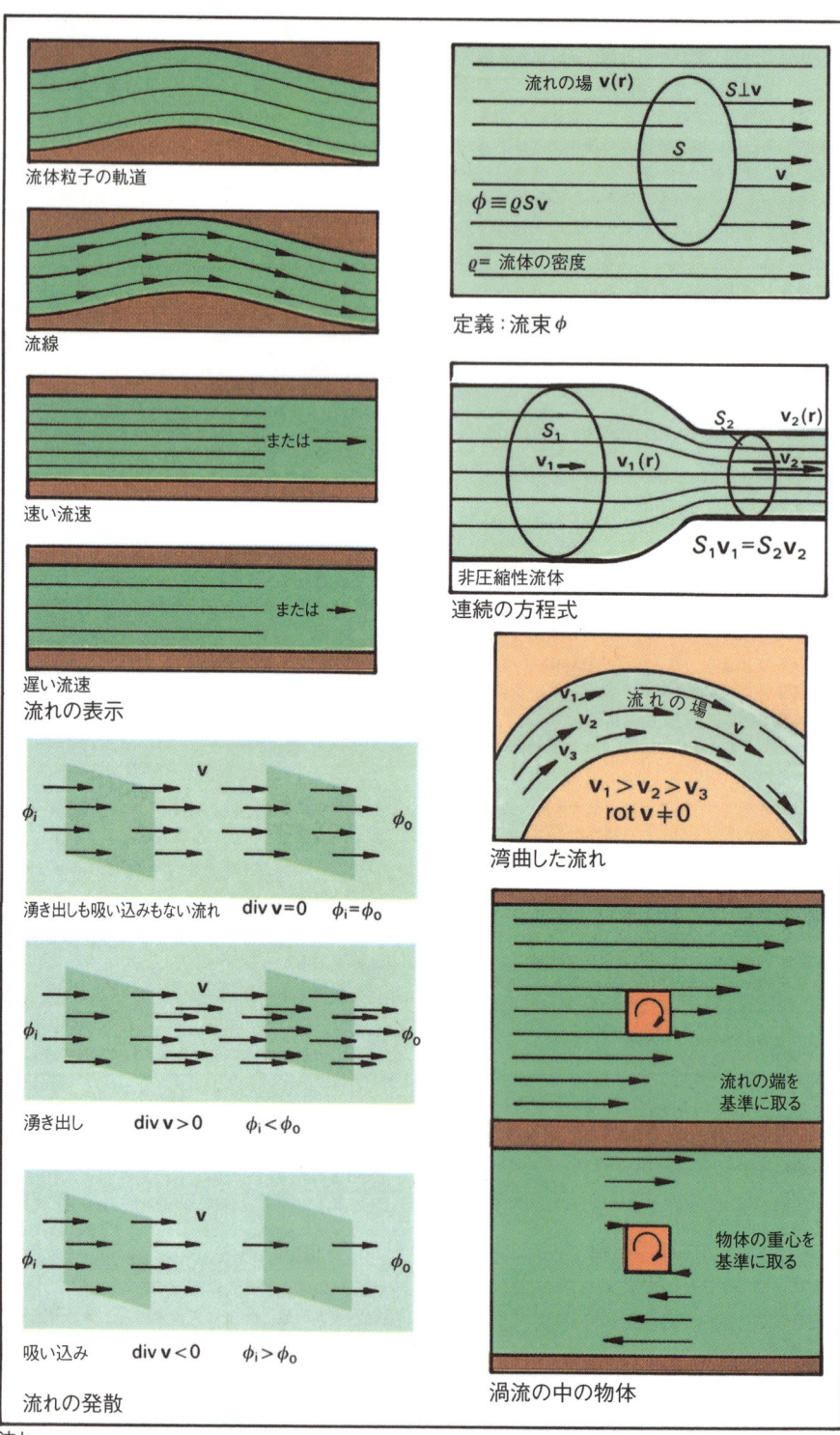

流れ

流体粒子の軌道

流線

速い流速 （または →）

遅い流速 （または →）

流れの表示

定義：流束 ϕ

流れの場 $\mathbf{v}(r)$　$S \perp \mathbf{v}$
$\phi \equiv \varrho S \mathbf{v}$
$\varrho =$ 流体の密度

連続の方程式

$S_1 \mathbf{v}_1 = S_2 \mathbf{v}_2$
非圧縮性流体

湾曲した流れ

流れの場 $\mathbf{v}$
$v_1 > v_2 > v_3$
$\operatorname{rot} \mathbf{v} \neq 0$

流れの発散

湧き出しも吸い込みもない流れ　$\operatorname{div} \mathbf{v} = 0$　$\phi_i = \phi_o$

湧き出し　$\operatorname{div} \mathbf{v} > 0$　$\phi_i < \phi_o$

吸い込み　$\operatorname{div} \mathbf{v} < 0$　$\phi_i > \phi_o$

渦流の中の物体

流れの端を基準に取る

物体の重心を基準に取る

ベクトル場 $v = v(r,t) = v(x,y,z,t)$ は**流れ**を表す．すなわち，それは**流れの場**である．流れの中に，白っぽい小さい粒子を浮かべると，流れの場が見えるようになる．

それぞれの粒子の動きは**軌道**を表す．軌道の各点の接線は**流線**と呼ばれ，その長さはその瞬間の速さを表す．

定常流は時間に依存しない．すなわち，v は単に三次元の空間座標 x と y, z にだけ依存する．定常流では流線と軌道が一致する．

液体では密度は通常一定である．そのとき流れは**非圧縮性**であると言う．

> 気体の流れは決して非圧縮性ではない．速度が音速に近いときは，特に気体の密度が変化する．

流体力学は液体と気体の運動を調べる．

流束（記号 ϕ）は，流れに垂直な面を通して単位時間当たりに流れる流体の質量である．

$$\phi = \rho v S \qquad \text{流束}$$

ここで，ρ：密度；v：速さ；S：通過面の面積．流線が通過面に対して仰角 β を成しているとすると次のようになる．

$$\phi = \rho v S \cos\beta$$

定常流に対しては次が成り立つ．

$$d\phi/dt = 0 \qquad \text{定常流}$$

流れの密度（記号 j）は

$$j = \rho v \qquad \text{流れの密度}$$

であり，j は v 方向のベクトルである．

ある空間領域を通り抜ける流れを考えると，さらに二つの場合が生じる：流れが**湧き出し**を持っているとき，

$$\phi_\circ - \phi_i > 0 \qquad \text{湧き出し}$$

ここで，ϕ_i：空間領域へ流入する流束；$\phi_\circ$：空間領域から流出する流束．

流れが**吸い込み**を持っているとき，

$$\phi_i - \phi_\circ > 0 \qquad \text{吸い込み}$$

この振舞は，$\text{div}\,v$（7 頁参照）を使うとさらに簡潔に表現される：もし $\text{div}\,v \neq 0$ なら，湧き出し，あるいは，吸い込みがある．非圧縮性で，湧き出しも吸い込みもない流れに対しては，

$$\text{div}\,v = 0$$

が成り立つ．このような流れに対しては

$$S_1 v_1 = S_2 v_2 \qquad \text{連続の方程式}$$

が成り立つ．ここで，S は流れの断面積であり，下添字は，同じ流れ場の内部の二つの異なった場所を示す．

ある場所で流れが狭まると，v は増大し，広いところに達すると，v は減少する．流れは同じ断面積を単位時間当たり常に同じ量だけ流れる．

流れの渦

平行な流線を持つ流れで，ある流線の v が隣の流線のそれと異なることがある．たとえば，同じ幅の湾曲した両岸の間の流れがそうである．このような流れの場は**渦場**と呼ばれる．

流線が平行で長さが同じとき，流れは**渦無し**である．そのとき速度場 $v(r)$ は一様である．そうした場合には，（数学的に）スカラーの**速度ポテンシャル** $U = U(r)$ を導入することができ，それに対して

$$v = -\text{grad}\,U \qquad \text{速度場のポテンシャル}$$

が成り立つ．

速度場 v がスカラー・ポテンシャル U で記述されると，それは**ポテンシャル流れ**であり，非圧縮性で，湧き出しも吸い込みもなければ，次式が成り立つ：

$$\text{div}\,v = -\text{div}\,\text{grad}\,U = 0$$

ポテンシャル流れは流体力学で極めて重要な役割を演じる．ポテンシャル流れであれば，計算は簡単化される（等角写像の方法）．

流れのタイプ

十分に発達した流れ：流れに垂直な速度分布，**速度構造**は流れに沿っては変化しない．

平面流：流れの内部の互いに平行な面は同等である．状態量は単に二つの空間座標のみに依存している．

非圧縮性流体：流体物質の密度は圧力によって変化しない．例：水．

圧縮性流体：流体物質の密度は圧力に依存する．例：空気．

層流：流線は，それぞれの流れ面上を滑らかに走り，かつ，その流れ面間で，互いに滑らかに走る．

空間的な流れ：状態量は x, y, z に依存する．

定常流：状態量は時間に依存しない．

乱流：流線が不規則に混ざり合う．

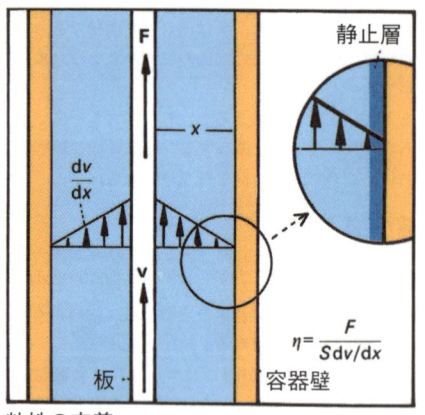

60　力学

$$\eta = \frac{F}{S\,dv/dx}$$

粘性の定義

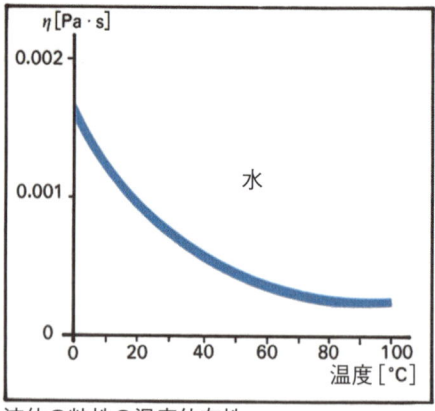

液体の粘性の温度依存性

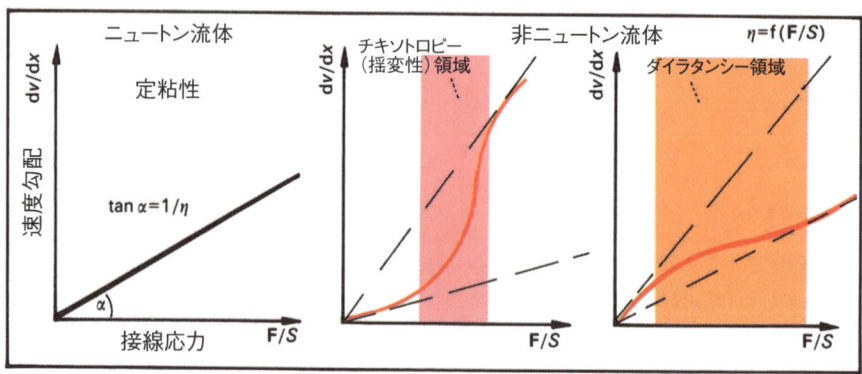

ニュートン流体　定粘性　$\tan\alpha = 1/\eta$

非ニュートン流体　$\eta = f(F/S)$

チキソトロピー（揺変性）領域

ダイラタンシー領域

粘性と接線応力（ずれ応力）

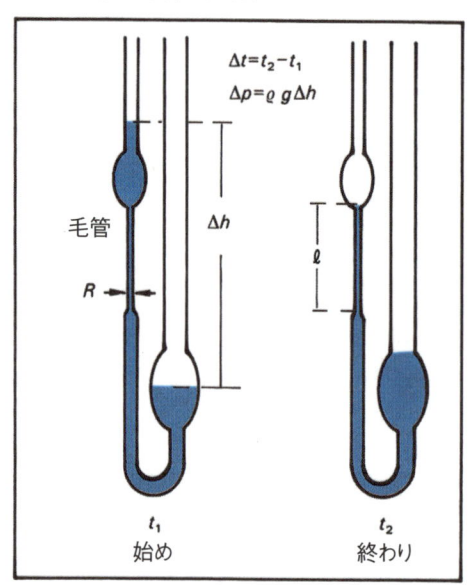

$\Delta t = t_2 - t_1$
$\Delta\rho = \rho\,g\,\Delta h$

毛管粘度計（オストワルト（Ostwald）による）

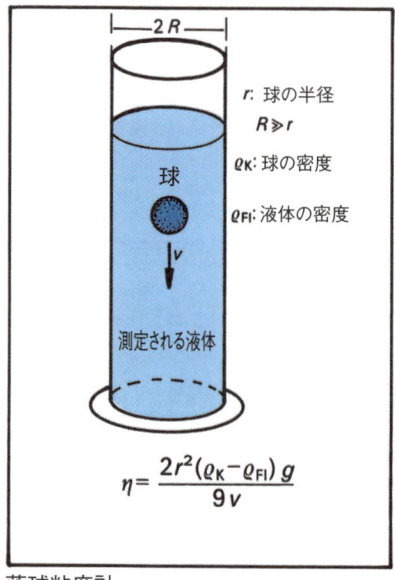

r: 球の半径
$R \gg r$
ρ_K: 球の密度
ρ_{Fl}: 液体の密度

$$\eta = \frac{2r^2(\rho_K - \rho_{Fl})g}{9v}$$

落球粘度計

流体中の原子や分子は互いに相互作用する．流体が流れるとき，それは流体の**内部摩擦**をもたらす．流体を蓄えた平行な壁を持つ容器を考える．その中を，板を等速で走らせると，渦無しの流れに対して次式が成り立つ．

$$\boldsymbol{F} = \eta S (d\boldsymbol{v}/dx) \qquad 摩擦力$$

F：流体の中で板を引っぱる力；S：板の面積；$d\boldsymbol{v}/dx$：壁と板の間の液体の速度勾配；η：流体の**粘度**．

η（**内部摩擦係数**とも呼ばれる）の単位は $\mathrm{Pa\cdot s}$ である．

CGS 組立単位ポアズ（単位記号 P）はポアズイユ (Jean-Louis Poiseuille, 1799–1869) にちなんで名付けられ，非常によく使われる．

換算：$1\,\mathrm{Pa\cdot s} = 10\,\mathrm{P} = 1000\,\mathrm{cP}$（センチポアズ）

動粘度（記号 ν）は，

$$\nu = \eta/\rho$$

である．ここで ρ は密度であり，ν の単位は $\mathrm{m^2/s}$ である．

ν に対する CGS 組立単位はストークス（単位記号 St）と呼ばれ，ストークス (George Stokes, 1819–1903) にちなんで名付けられた．

換算：$1\,\mathrm{St} = 10^{-4}\,\mathrm{m^2/s}$

液体の粘性

液体の粘性は内部摩擦に起因するものである．というのは，壁と板両方の表面を静的な液体層が覆うので，それらの材質は摩擦には影響がない．すなわち，摩擦は液体分子の間だけで生じる．

超流動は極端に低い温度で起こる．この場合 $\eta = 0$ である．

例：$0.003\,\mathrm{K}$ の $^3\mathrm{He}$，$2\,\mathrm{K}$ の $^4\mathrm{He}$．

η が v に依存しない限り，その流体は**ニュートン流体**である．

いくつかの物質の粘度 $\eta\,[\mathrm{Pa\cdot s}]$：

水	0.001025
エチルアルコール	0.000248
アセトン	0.000326
水銀	0.00155
硫酸	0.00254
オリーブオイル	0.084
グリセリン	1.528

液体の粘度は温度の上昇とともに**減少する**．近似的に次がなりたつ．

$$\eta = A e^{b/T}$$

T：液体の温度；A, b：物質定数．

溶液の**比粘度**は，

$$(\eta - \eta_0)/c\eta_0 \qquad 比粘度$$

η：溶液の粘度；η_0：溶媒の粘度；c：溶液の濃度．

気体の粘性

気体分子が固定した壁面と動いている壁面の間で運動しているとき，壁の運動方向の運動量が分子の運動量に加わる．分子はこの追加の運動量をさらに気体の他の分子に渡す．それらの分子は貰った運動量を固定壁に渡す．動いている面はこのようにして運動量を固定面に渡す．

気体の粘度は，

$$\eta = nm\bar{v}\ell/3$$

である．ここで，n：気体の粒子密度；m：気体分子の質量；$\bar{v}$：気体分子の平均速度の大きさ；ℓ：平均自由行程（105 頁参照）．

ℓ が気体分子間の距離より小さい場合，あるいは，容器の寸法より小さい場合には，気体の粘性は気体の圧力に**依存しない**．

$\bar{v}$ は温度の増大と共に増えるので，η は T と共に大きくなる．

気体の粘性は，**ブラウン分子運動**を調べる際に重要となる量である．粘性は変位の 2 乗平均に逆比例し，よってこれを測定することができる．

粘度計は粘度を測る．

毛管粘度計では，同じ体積の液体と検定済みの液体を同じ毛管に流して，それぞれの通過時間間隔が比べられる．これは相対測定である．

ハーゲン－ポアズイユの法則によって次が成り立つ．

$$V = \frac{\pi \Delta p R^4 \Delta t}{8\eta\ell}$$

V：時間 Δt 内に毛管を流れる体積；ℓ：毛管の長さ；R：毛管の半径；$\Delta p = \rho g \Delta h$：圧力差；$\rho$：液体の密度；$\Delta h$：$\Delta t$ の間にできる液体柱の高さの差；$g = 9.81\,\mathrm{m/s^2}$．したがって

$$\eta_1/\eta_2 = (\rho_1 \Delta t_2)/(\rho_2 \Delta t_1)$$

チキソトロピー（**揺変性**）は，たとえば巨大分子溶液やペーストが示す．振動させたり，攪拌するとその粘性は減少し，さらさらとなる．しばらくすると再び粘性が増える，すなわち，η は増加する．

例：現代のペンキ．

巨大分子の溶液は，しばしば**ダイラタンシー**（訳注：急激な外力により，固化し，体積が膨張する現象）と呼ばれる逆の現象を示す．

62 力学

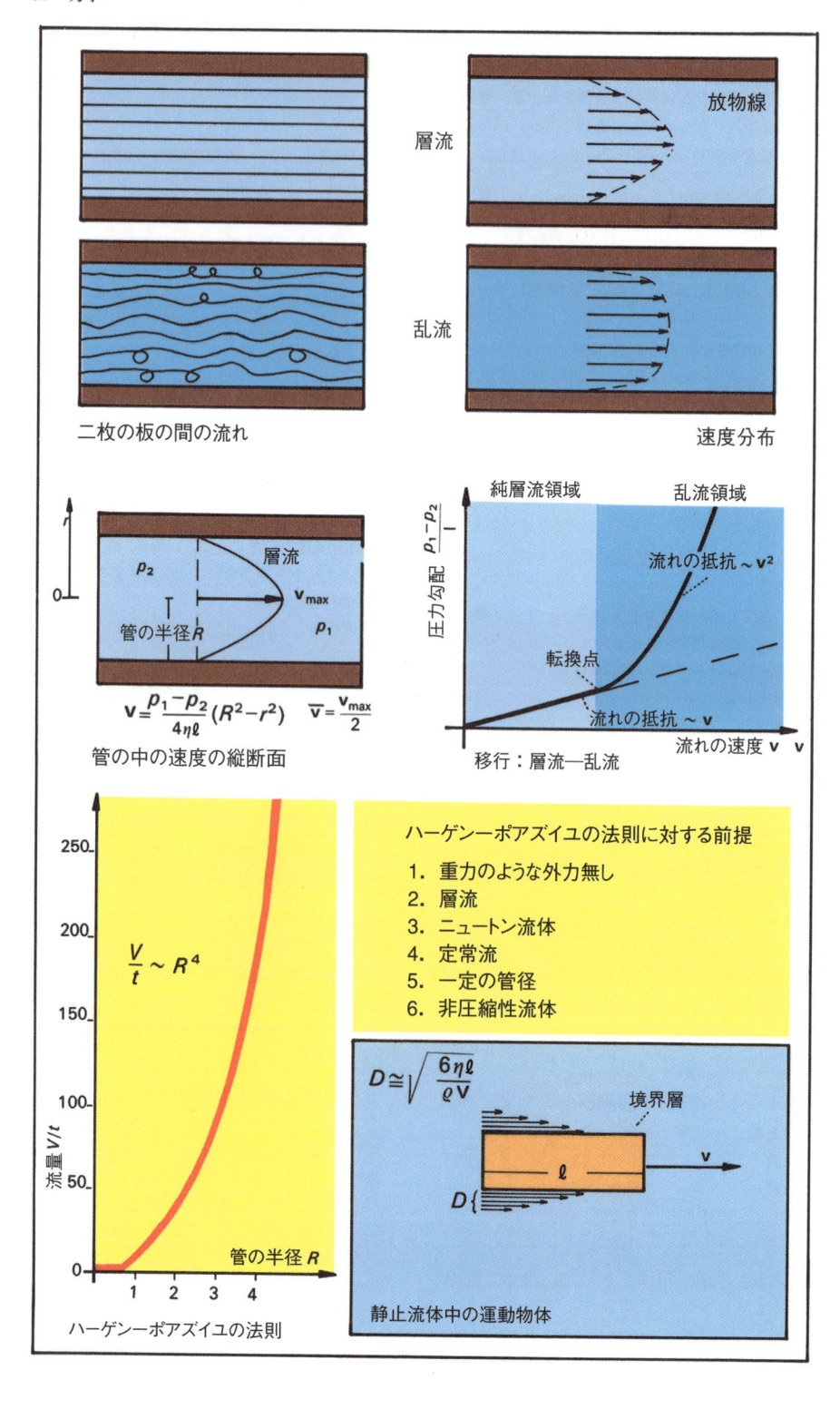

二枚の板の間の流れ

層流

乱流

速度分布

放物線

層流

乱流

管の中の速度の縦断面

層流

管の半径 R

$$v = \frac{p_1 - p_2}{4\eta\ell}(R^2 - r^2) \qquad \overline{v} = \frac{v_{max}}{2}$$

移行：層流—乱流

純層流領域　乱流領域

圧力勾配 $\frac{p_1 - p_2}{\ell}$

流れの抵抗 $\sim v^2$

転換点

流れの抵抗 $\sim v$

流れの速度 v

ハーゲン—ポアズイユの法則

$$\frac{V}{t} \sim R^4$$

流量 V/t

管の半径 R

ハーゲン—ポアズイユの法則に対する前提

1. 重力のような外力無し
2. 層流
3. ニュートン流体
4. 定常流
5. 一定の管径
6. 非圧縮性流体

静止流体中の運動物体

$$D \cong \sqrt{\frac{6\eta\ell}{\rho v}}$$

境界層

以下で考える流れの振舞は，混入された色つきの粒子で実験的に追うことができる．

層流：それぞれの流れの層は，大抵は異なった速さで平行に互いに滑るように流れる．層が混じることは起こらない．内部摩擦がその振舞を決める．

例：ゆっくりした空気の流れ，血液の循環，流線形の物体の周りの流れ．

乱流：全く方向の定まらない流体の運動が流れを形作る．渦の形成によって層が入り混じる．

例：速いゴルフボールの表面の流れ，および橋脚の後ろの流れ．

層流から乱流への移行は突然起こる．

レイノルズ数（記号 Re）は，レイノルズ (Osborne Reynolds, 1842–1912) にちなんで名付けられた流れの無次元量であり，層流から乱流への移行について，判定の基準となる量である：

$$Re = \bar{v}\ell/\nu \qquad \text{レイノルズ数}$$

ここで，$\bar{v}$：流れの平均の速さ；ν：動粘度；ℓ：流れの尺度で，管内の流れ（管流）の場合は管の直径．

例：管流の場合，層流 – 乱流の移行は $Re \approx 1000 \sim 2000$ で起こる．

乱流の抵抗は $\bar{v}^2$ に比例するが，層流の場合は単に $\bar{v}$ に比例する．流れが乱れて乱流になると抵抗が大きくなる．したがって，乱流の場合は，管の中にある液体を押し流すには，より大きな力が必要になる．

例：大動脈の直径は，正常血流に対してほんの少しの乱流も起こらぬように設定されている．動脈の狭窄（狭窄症）がひどくなると渦が発生して，心臓はますますポンプ作用を高めなければならない．暖房装置の配熱管内が乱流になっていれば，壁で冷やされた流体が熱い流体と常時混ぜ合わされて暖房の効率があがる．

流れの相似性：いくつかの流れは，その Re が一致するとき相似的に振る舞う．対応する各点で次の式

$$Re_\text{M} \approx Re_\text{O} \text{ と } p_\text{M}/(\rho_\text{M} v_\text{M}^2) \approx p_\text{O}/(\rho_\text{O} v_\text{O}^2)$$

が成り立つと，縮小モデル，あるいは拡大モデル M は原型 O と流体として一致する．

ここで，p_M：モデル実験での流体の圧力；ρ_M, $v2_\text{M}$：モデル実験での流体の密度と速度．

この両相似式が満たされると，たとえば**風洞**あるいは**流水路水槽**でモデルの振舞を研究し，観察された事象を実在流体に当てはめることができる．

例：タービンの羽根の周りの流れの様子は，流水路水槽で縮小タービン・モデルを使って調べられる．両相似式が満たされる限り，モデルの振舞は実際のタービンの振舞を良く近似する．

プラントル境界層は，プラントル (Rudwig Plandtl, 1875–1953) にちなんで名付けられた．物体が液体中を動いていると，物体表面に**境界層**ができる．境界層内部の速度の落ち方は，その厚さ D が物体の大きさ ℓ に比べて小さい限り，線形である．D は次のようになる．

$$D \approx \sqrt{6\eta\ell/\varrho v} \qquad \text{プラントル境界層}$$

応用

二枚の板の間の層流：板と流体の境界面では $v = 0$ であり，二枚の板の中央で v は最大となる．それは次のようになる：

$$v(x) = \Delta p(d^2 - x^2)/2\eta\ell$$

ここで，$v(x)$：流れに垂直な面上の速度分布；$\Delta p = p_1 - p_2$：距離 ℓ に沿った，流れの方向の圧力差；$2d$：板の間隔；x：板に垂直な座標．

平面流に垂直な**速度分布**は放物線である．

円管の中の層流：管の壁と流体の境目では $v = 0$ であり，中心で v は最大となる．それは次のようになる．

$$v(r) = \Delta p(R^2 - r^2)/4\eta\ell$$

ここで R：管の半径；r：半径方向の座標．

この**立体的な流れの速度分布**は回転放物面である．対称軸 ($r = 0$) 上にある最大速度 v_max は，

$$v_\text{max} = \Delta p R^2/4\eta\ell$$

平均速度 $\bar{v}$ は $v_\text{max}/2$ である．

円管を流れる**流量**：

$$V/\Delta t = \pi \Delta p R^4/8\eta\ell$$

ハーゲン–ポアズイユの法則

これは，ハーゲン (Gotthilf Hagen, 1797–1887) とポアズイユ (Jean–Louis Poiseuille, 1799–1869) にちなんでいる．ここで，$V/\Delta t$：流量 [m^3/s]；ℓ：管の長さ．

R はこのように，液体の流量に対して極めて重要な役割を果たす．R を 2 倍にすれば，流量は 16 倍も大きくなる．

理想流体中の流線

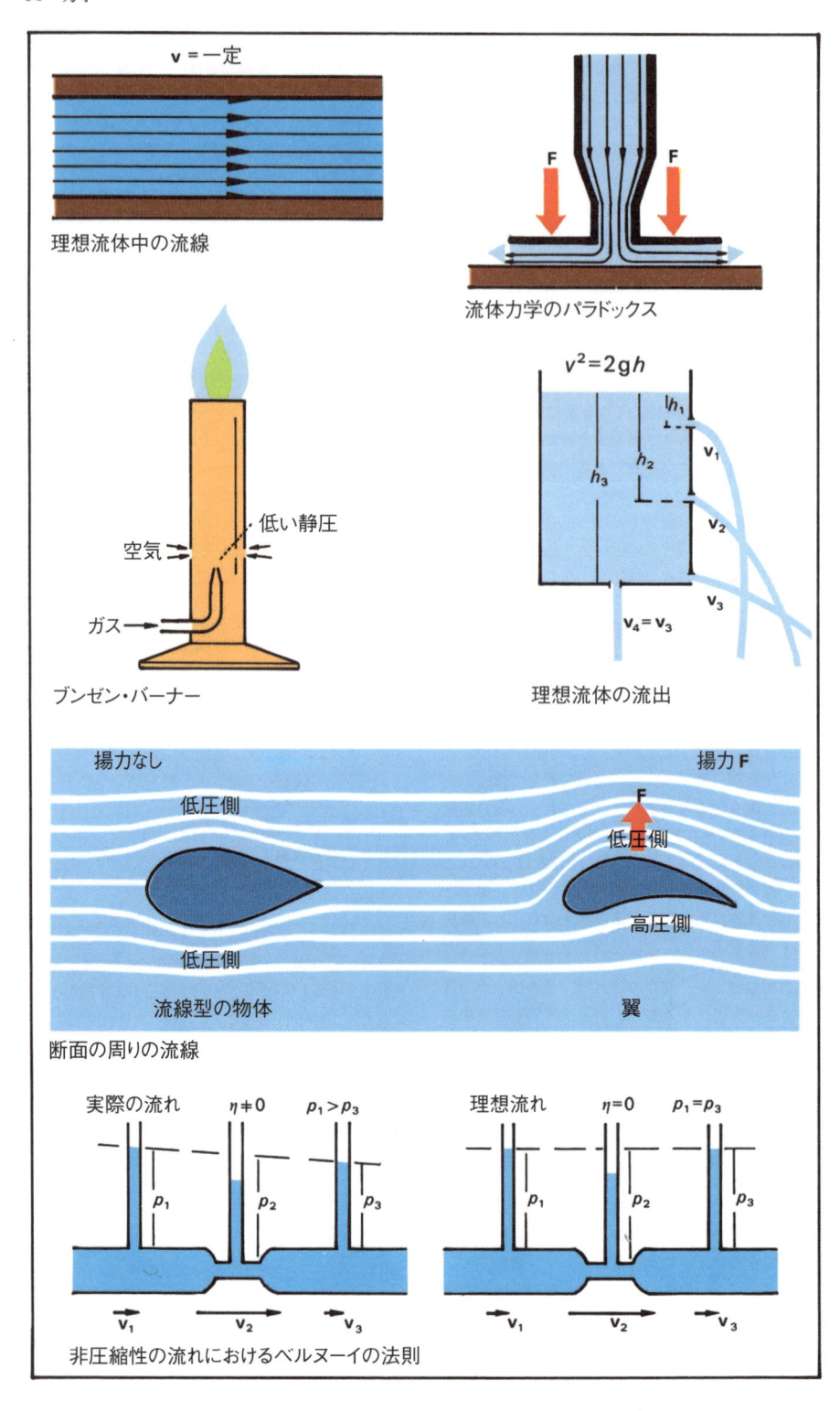

$v =$ 一定

理想流体中の流線

流体力学のパラドックス

F F

流体力学のパラドックス

ブンゼン・バーナー

低い静圧
空気
ガス

ブンゼン・バーナー

理想流体の流出

$v^2 = 2gh$

h_1, h_2, h_3, v_1, v_2, v_3, $v_4 = v_3$

理想流体の流出

断面の周りの流線

揚力なし — 低圧側 / 低圧側 — 流線型の物体

揚力 F — 低圧側 / 高圧側 — 翼

断面の周りの流線

非圧縮性の流れにおけるベルヌーイの法則

実際の流れ　$\eta \neq 0$　$p_1 > p_3$
p_1, p_2, p_3
v_1, v_2, v_3

理想流れ　$\eta = 0$　$p_1 = p_3$
p_1, p_2, p_3
v_1, v_2, v_3

非圧縮性の流れにおけるベルヌーイの法則

摩擦のない，非圧縮性の流体の流れは**理想流れ**と呼ばれる．境界の間の流れの速度分布は一様で，境界層はない．流れの断面が変わると，流線の密度が変わる．狭い場所では流線は圧縮され，広い場所では互いの間隔が広がる．流れの速さは，このように断面に依存する．

理想流れでは，

$$p_1 + \varrho v_1^2/2 = p_2 + \varrho v_2^2/2 = p_0 \qquad \text{ベルヌーイの法則}$$

が成り立つ．これは，1738年にベルヌーイ（Daniel Bernoulli, 1700–82）によって見出された．

ここで，p：静圧；ϱ：流体の密度；v：流れの速さ；p_0：総圧．

分量 $\varrho v^2/2$ は**動圧**と呼ばれる．添字は，一本の流線上の異なった場所を示している．

このように，理想流れでは次のことが成り立つ：

$$\text{静圧} + \text{動圧} = \text{総圧}$$

理想流れの総圧は一定である．

静止流体の場合は動圧はゼロである．よって総圧 = 静圧である．

> 圧力計の測定口に接するように流体が流れるときには**静圧**が測られる．この場合は動圧はゼロである．
>
> 測定口で $v=0$ のときは，**総圧**が示される．これは**ピトー管**（49頁参照）の場合である．
>
> **プラントル管**（49頁参照）は直接に，総圧と静圧の差である**動圧**を測る．

変化する断面をもつ管の中の圧力の振舞い：どの場所も動圧と静圧の和は一定である．狭まった場所で v が増加し，よってまた動圧も増加する．総圧は一定のままであるから，静圧はこのとき減らなければならない．流線が再び互いに離れると，この領域では動圧が減り，静圧が増す．

応用

ブンゼン（Robert Bunsen, 1811–99）によって1885年に発明された**ブンゼン・バーナー**は，直接ベルヌーイの法則を利用している．

> 燃焼ガスは上昇管の狭まったところを通って流れてくる．よってこの場所で静圧は減る．このために，空気は側面にある調整口から吸い込まれ，燃焼のために必要な酸素を供給する．

液体の流出：ある液体が重力の影響だけを受けており，そして容器の側面の穴から流出する場合，ポテンシャル・エネルギーの減少は流出する液体の運動エネルギーに等しい：

$$\varrho \Delta V g h = \varrho \Delta V v^2/2$$

ここで，ΔV：体積の変化；$g = 9.81$ m/s^2；h：流出口に対応する液体の表面の高さ；v：流出する液体の速さ．

これから次式を得る：

$$v = \sqrt{2gh} \qquad \text{流出の速さ}$$

この場合，流出する液体は表面と開口部との間の高低差を自由落下するように見える．

ブンゼン・ガス流出比重計：異なった密度 ϱ_1 と ϱ_2 を持つ二つの気体が，ある圧力の下で容器から吹き出しているとすると，その吹き出しの速さは

$$v_2/v_1 = \sqrt{\varrho_1/\varrho_2},$$

のようになる．すなわち，その密度の平方根に反比例する．二つの別々の気体を真空中に吹き出させ，同じ体積になるのに必要な時間 Δt_1 と Δt_2 を測る．するとこれから，

$$\Delta t_1/\Delta t_2 = \sqrt{\varrho_1/\varrho_2}$$

となり，密度の比が決まる．

流体力学のパラドックス：終端に円形のフランジ（つば）を持った管から流体が流れ出ている．この管を底板に対して垂直に立てると，管は反発を受けず，かえって引きつけられる．

> 説明：底板とフランジが狭い隙間を形成するやいなや，流体は向きが変わり，v は増加し，静圧は減少し，ベルヌーイの法則に従ってフランジは引きつけられる．

吸引力のために管が閉じられることはない．というのは，あまり狭い隙間では流量が落ちるので，吸引力も落ちるからである．

キャビテーション（空洞現象）：非常に速く液体が流れる（たとえば水の場合 $v > 14$ m/s）と，静圧が下がって，蒸気で満たされた空洞が液体内部に形成される．そして流れが減速すると，蒸気の泡が勢いよくつぶれる．その際**衝撃波**が発生し，たとえば，船のスクリューの先端やタービンの羽根などの材料の破損を引き起こしかねない．水道栓を開いたとき，管径が狭まったところで流速が急激に大きくなると，水道管の中でも空洞現象が生じる．水道管はがたがた音をたて，衝撃を受ける．

揚力：ある流体が翼の周りを流れると，上側で流線が密になり，その結果，そこでは圧力が下がる．下側では逆になり，圧力が上がる．よって翼は上向きの力，すなわち**揚力**を受ける．

力学

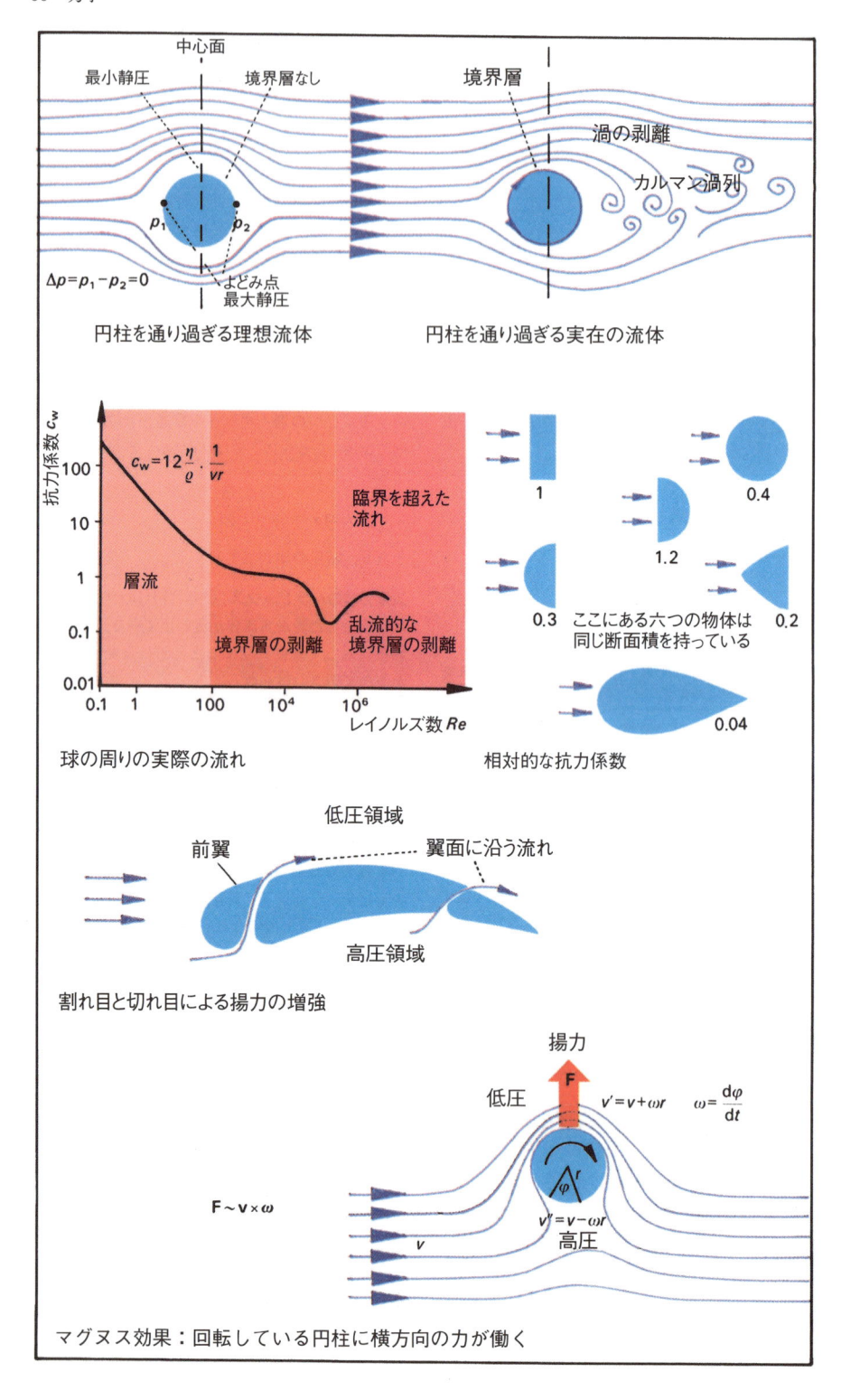

円柱を通り過ぎる理想流体

- 中心面
- 最小静圧
- 境界層なし
- $\Delta p = p_1 - p_2 = 0$
- p_1, p_2
- よどみ点 / 最大静圧

円柱を通り過ぎる実在の流体

- 境界層
- 渦の剥離
- カルマン渦列

球の周りの実際の流れ

抗力係数 c_w

$$c_w = 12 \frac{\eta}{\varrho} \cdot \frac{1}{vr}$$

- 層流
- 境界層の剥離
- 臨界を超えた流れ
- 乱流的な境界層の剥離

レイノルズ数 Re

相対的な抗力係数

ここにある六つの物体は同じ断面積を持っている

- 1
- 0.4
- 1.2
- 0.3
- 0.2
- 0.04

割れ目と切れ目による揚力の増強

- 低圧領域
- 前翼
- 翼面に沿う流れ
- 高圧領域

マグヌス効果：回転している円柱に横方向の力が働く

- 揚力 F
- 低圧
- 高圧
- $v' = v + \omega r$
- $v' = v - \omega r$
- $\omega = \dfrac{d\varphi}{dt}$
- $\mathbf{F} \sim \mathbf{v} \times \boldsymbol{\omega}$

理想流体の中で対称形の物体を引っぱると，その運動は何の抵抗も受けない．物体のよどみ点（極）と中心面との間で流体要素は加速されるが，それらは反対のよどみ点への運動の際に減速される．したがって，全抵抗力の和はゼロである．このことは同様に，前後の圧力差に対しても成り立つ．すなわち，$\Delta p = 0$．

理想流れは物体にずらす力を及ぼさないが，回転させる力は働く．例えば，流れの中に斜めにおいてある板を回す力がその例である．

実在流体では，大きさ F の**抵抗力** $\boldsymbol{F}$ がどのような物体にも働いて，**流れの抵抗**をもたらす．ここで $\boldsymbol{F}$ の大きさは，

$$F = (1/2)c_w \varrho S v^2 \qquad \text{抵抗力}$$

c_w：物体の抗力係数；ϱ：流体密度；S：物体の断面積；$\boldsymbol{v}$：流れの速度．

c_w は主に物体の形，表面の粗さと流れの**レイノルズ数** Re（63 頁参照）に依存する．

物体の後ろに交互に回転する**渦**が発生し，それらは流れの下流で（カルマン（Theodore von Kármán, 1881–1963）にちなんだ）**カルマン渦列**を形成する．流れの抵抗は，渦の中に取り込まれているエネルギーに対応している．

渦では流線は閉じてしまう．渦は**渦の核**と，隣接している外部の**環流**とから成っている．

渦の強さを表す量は，

循環 $= 2\omega S$

である．ここで，ω：角速度；S：渦の断面積．
理想流れでは**循環**は保存される．

例：大気の高気圧領域と低気圧領域は幅広い渦を作り出す．ωS は保存されるので，渦が縮むと ω が増える．この極端な場合が台風である．

物体の**流れの抵抗**に現れる抗力係数 c_w は，主にその形によって決まる．c_w は大抵**流水路水槽**あるいは**風洞**で実験的に決められる．

球，または円柱の周りの流れ：層流の領域，すなわち小さな Re に対しては，ストークス抵抗の式（39 頁参照）が成り立ち，c_w が $1/Re$ に比例する．より大きな Re に対しては，球の後ろの境界層が剥がれ，渦列が発生する．c_w は大体一定に保たれる．$Re > 3 \times 10^5$ に対しては，流れは**超臨界**となり，境界層は発生した乱流のために長くくっついて，剥がれるのはいくぶん遅くなる．よって c_w は再び減少し，渦列の断面は縮小する．v が音速に近づくと，c_w は急速に増加し，新しい効果が現れる．

翼の形状は，あらかじめ計算して決められた**剥離端**で，境界層が翼型から剥がれるように作られている．渦列の断面は非常に小さく，よって抗力係数 c_w は実際には Re に依存しない．

境界層の安定化：翼断面の前方端，または後方端にある切れ目が上側と下側をつなぐと，その圧力差が低圧空間に空気を吸い上げ，上側の境界層を安定化する．この**切れ目のある翼**の揚力は，単純な翼断面より著しく大きい．例：着陸フラップ．

マグヌス効果は，流れの中で回転している円柱（と球）に発生する．これはマグヌス（Heinrich Magnus, 1802–70）にちなんで名付けられた．流れが左方から来るとし，円柱（と球）が時計回りに廻っているとすると，

$$v' = v + \omega r$$

が成り立つ．ここで，v'：上側の流れの速さ；v：流れの速さ；ω：角速度；r：半径．

さらに，

$$v'' = v - \omega r$$

が成り立つ．ここで，v''：下方での流れの速さ．
圧力差 Δp，

$$\Delta p = (1/2)\varrho(v'^2 - v''^2)$$
$$\approx 2\varrho \omega r v \quad (v \gg \omega r \text{ に対して})$$

が発生し，長さ ℓ の円柱に対して**揚力** $\boldsymbol{F}$ が生じる：

$$\boldsymbol{F} \approx \varrho r^2 \ell \boldsymbol{v} \times \boldsymbol{\omega}$$

クッタ－ジューコフスキーの公式

これはクッタ（M. W. Kutta, 1869–1944）とジューコフスキー（N. J. Joukowski, 1847–1921）にちなんでいる．

$\boldsymbol{F}$ は流れの方向と垂直な方向に物体をずらす（5 頁，ベクトル積参照）．

フレットナー・ローターは，フレットナー（Anton Flettner, 1885-1961）によって，船の推力として創作された．薄い鋼板でできているマストの高さの円筒が風の中で回転すると，マグヌス効果によって船を前方へ推進する．

管の中の流れ：長さが半径よりはるかに長く，かつ，粗い壁面を持つ管があり，そこを十分発達した実在の流れが流れているとすると，次式が成り立つ：

$$c_w = 8F/(\pi \varrho \bar{v}^2 \ell d) \qquad \text{管の中の流れ}$$

ここで，F：摩擦力の大きさ；d：直径；ℓ：長さ；$\bar{v}$：流れの平均の速さ．
次が成り立つ：

$$Re = \varrho \bar{v} d / \eta$$

ここで，η は粘度である．

$Re > 2000$ に対して流れは乱流になる．$Re < 2000$ に対しては流れは層流であり，**ハーゲン－ポアズイユの法則**（63 頁参照）が成り立つ．

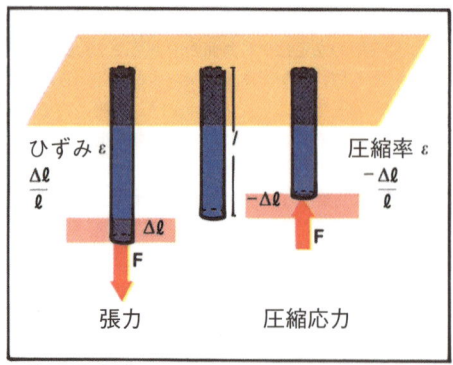

一次元の変形

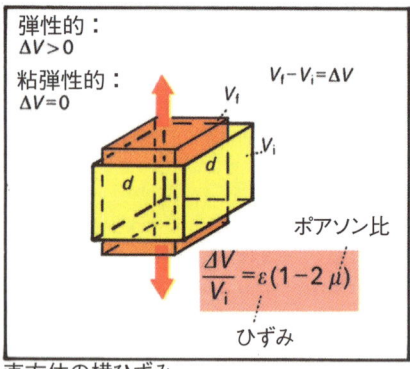

ひずみ ε $\dfrac{\Delta l}{l}$ 圧縮率 ε $\dfrac{-\Delta l}{l}$

張力　圧縮応力

直方体の横ひずみ

弾性的: $\Delta V > 0$
粘弾性的: $\Delta V = 0$

$V_f - V_i = \Delta V$

$$\dfrac{\Delta V}{V_i} = \varepsilon(1 - 2\mu)$$

ポアソン比　ひずみ

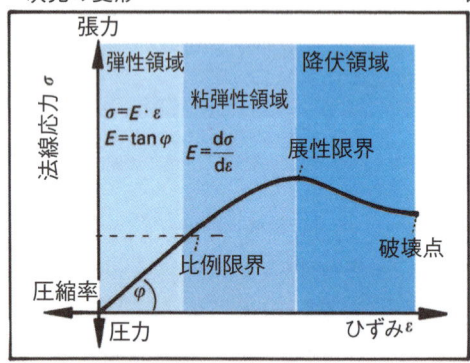

応力―ひずみ図

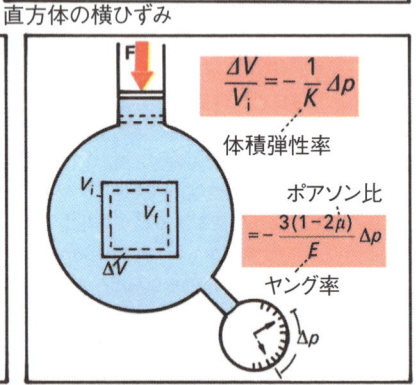

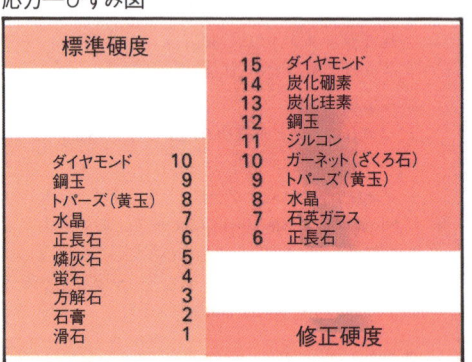

張力　弾性領域　降伏領域
粘弾性領域
$\sigma = E \cdot \varepsilon$
$E = \tan\varphi$　$E = \dfrac{d\sigma}{d\varepsilon}$
展性限界
比例限界　破壊点
法線応力 σ
圧縮率　圧力　ひずみ ε

体積弾性率の測定

$$\dfrac{\Delta V}{V_i} = -\dfrac{1}{K}\Delta p$$

体積弾性率

ポアソン比
$$= -\dfrac{3(1-2\mu)}{E}\Delta p$$

ヤング率

モース硬度

標準硬度
- 10 ダイヤモンド
- 9 鋼玉
- 8 トパーズ（黄玉）
- 7 水晶
- 6 正長石
- 5 燐灰石
- 4 蛍石
- 3 方解石
- 2 石膏
- 1 滑石

修正硬度
- 15 ダイヤモンド
- 14 炭化硼素
- 13 炭化珪素
- 12 鋼玉
- 11 ジルコン
- 10 ガーネット（ざくろ石）
- 9 トパーズ（黄玉）
- 8 水晶
- 7 石英ガラス
- 6 正長石

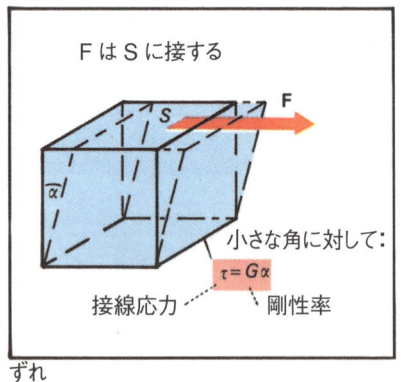

ずれ

F は S に接する
小さな角に対して: $\tau = G\alpha$
接線応力　剛性率

弾性に関する物質定数

	ヤング率	剛性率	体積弾性率	ポアソン比
	$\times 10^9$ N/m²			
純アルミニウム	72	27	75	0.34
ばね鋼	212	80	170	0.28
V2A 鋼	195	80	170	0.28
金	81	28	180	0.42
軟質鋼	120	40	140	0.35
鉛	17	6	44	0.44
石英ガラス	76	33	38	0.17
真鍮	100	36	125	0.38

物体は外力の作用によって変形する.

モース硬度はモース (Friedrich Mohs, 1773–1839) にちなんでいる. 物質2が物質1によって容易に傷をつけられれば, 物質1は物質2より硬い. 段階は10の硬度に分けられ, 滑石から始まり, ダイヤモンドで終わる. 高い硬度をさらに細かく区分するために, 1–15段階の**修正モース硬度**がある.

ブリネル硬度(記号 H) はブリネル (Johan Brinell, 1849–1925) にちなんでいる. 直径5–20 mm の鋼球が平らな物質の面に押しつけられ, 球痕を刻印として残す:

$$H = 2F/(\pi d_1(d_1 - \sqrt{d_1^2 - d_2^2}))$$

F:押し当てた力の大きさ;d_1:硬球の直径;d_2:球痕の直径.

ヌープ硬度 (記号 H_{kn}) はヌープ (Franz Knoop, 1875–1946) にちなんでいる. プレスを使って測る. 等級は 0–8000 (ダイヤモンド) である. ガラスや溶融物, 材料試験で利用する.

ヤング率:ある物体の長さ方向に沿って力が働くと, その物体は伸びるか, または縮む.

用語説明:

ひずみ, あるいは**相対的な長さの変化** (記号 ε) は, 引き延ばされた長さ $\Delta\ell$ を初期の長さ ℓ で割ったものである. これは次元のない量である:

$$\varepsilon = \Delta\ell/\ell \qquad \text{ひずみ}$$

法線応力 (記号 σ) は, 断面積 S に垂直に働く力 $\boldsymbol{F}$ の大きさ F を S で割ったものである:

$$\sigma = F/S \qquad \text{法線応力}$$

物体の大きさに対して小さい変形に対しては, フック (Robert Hooke, 1635–1703) にちなんだ次の式が成り立つ:

$$\varepsilon = \sigma/E \qquad \text{フックの法則}$$

ここで, E:**ヤング率**.

E は物質定数で, 単位は Pa あるいは N/m^2 である. フックの法則は, 等方, 一様の固体に対して成り立つ. すなわち, 応力-ひずみ曲線が直線の場合に成り立つ. **比例限界**より大きな σ に対してはフックの法則は成り立たない.

ある物体に加わる応力が小さくなり, $\sigma=0$ の際もひずみが常に $\varepsilon \neq 0$ である場合は, $\sigma-\varepsilon$ 線は**ヒステリシス曲線**を描く.

物体が**弾性限界**に達すると, それは**永久に**変形したままになる.

応力あるいは張力を加えると, 物体は加えられた力に垂直な断面も変える. この**横ひずみ**に対して次式が成り立つ:

$$\mu = (\Delta d/d)/\varepsilon \qquad \text{ポアソン比}$$

ポアソン (Denis Poisson, 1781–1840) にちなむ. ここで, d:物体の最初の直径;Δd:直径の変化. μ は物質定数で, $0.2 < \mu < 0.5$ である.

$\sigma-\varepsilon$ 曲線の**弾性領域**では, 横ひずみの際は体積が増える.

相対体積変化 $\Delta V/V$ (記号 θ) に対して次が成り立つ,

$$\theta = \Delta V/V = \varepsilon(1-2\mu) = (1-2\mu)\sigma/E$$

$\sigma-\varepsilon$ 曲線の**粘弾性領域**, すなわちフックの領域の外では $\theta = 0$ である.

体積弾性率:全側面から圧力を掛けられたときの体積 V の縮小は, 横ひずみの際の縮小より3倍多い. 等方物体に対して次が成り立つ:

$$\theta = \Delta V/V = -\Delta p/K \qquad \text{圧縮}$$

ここで, Δp:ΔV を引き起こす圧力変動;K:**体積弾性率**. $1/K$ は (等温的) 圧縮率 κ である.

公式の負記号は圧縮の際の体積減少を示している. K は温度および圧力に依存している.

剛性率:物体の面に平行に働く力は**接線応力**あるいは**剪断力**と呼ばれる. これは固体に**ひずみ**を与える. すなわち, 力の働く面に垂直な辺が傾く. 小さな角度に対して,

$$\tau = G\alpha \qquad \text{接線応力}$$

が成り立つ. ここで, τ:接線応力;G:**剛性率**;α:傾き角.

G は, 区間 $(E/2) > G > (E/3)$ での物体の弾性の尺度である.

弾性定数間の関係.

フックの法則が成り立つ領域で次が成り立つ:

$$E/2G = 1 + \mu \quad \text{そして} \quad K = E/3(1-2\mu)$$

非弾性変形

応力-ひずみ図を物体の破壊に到るまで考察すると, **弾性領域**は非常に小さい変形に限られていることが分かる. 隣接する**粘弾性**あるいは**塑性**領域では, 応力の増加よりひずみの増加が大きい. すなわち, 物体内部の構造変化が変形を不可逆にしている. **弾性限界**は両方の領域を分ける. **破断限界**を超えると, くびれが物体の剛性を下げ, すぐに**破壊点**に達する.

種々の振動の比較

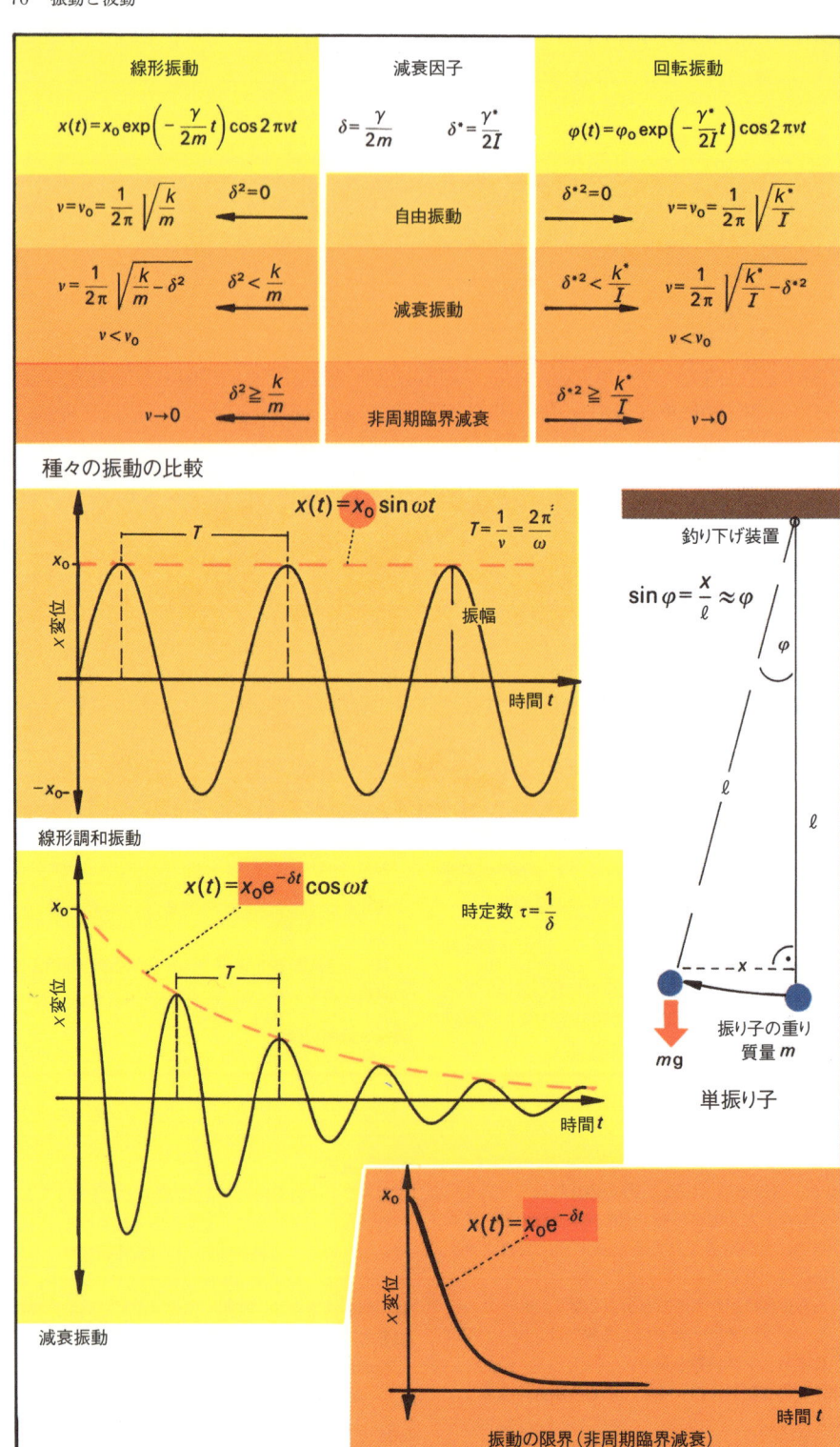

線形振動	減衰因子	回転振動
$x(t) = x_0 \exp\left(-\dfrac{\gamma}{2m} t\right) \cos 2\pi \nu t$	$\delta = \dfrac{\gamma}{2m} \qquad \delta^* = \dfrac{\gamma^*}{2I}$	$\varphi(t) = \varphi_0 \exp\left(-\dfrac{\gamma^*}{2I} t\right) \cos 2\pi \nu t$
$\nu = \nu_0 = \dfrac{1}{2\pi}\sqrt{\dfrac{k}{m}} \quad \xleftarrow{\delta^2 = 0}$ 自由振動		$\xrightarrow{\delta^{*2} = 0} \quad \nu = \nu_0 = \dfrac{1}{2\pi}\sqrt{\dfrac{k^*}{I}}$
$\nu = \dfrac{1}{2\pi}\sqrt{\dfrac{k}{m} - \delta^2} \quad \xleftarrow{\delta^2 < \frac{k}{m}}$ 減衰振動 $\nu < \nu_0$		$\xrightarrow{\delta^{*2} < \frac{k^*}{I}} \quad \nu = \dfrac{1}{2\pi}\sqrt{\dfrac{k^*}{I} - \delta^{*2}}$ $\nu < \nu_0$
$\nu \to 0 \quad \xleftarrow{\delta^2 \geqq \frac{k}{m}}$ 非周期臨界減衰		$\xrightarrow{\delta^{*2} \geqq \frac{k^*}{I}} \quad \nu \to 0$

線形調和振動

$x(t) = x_0 \sin \omega t$

$T = \dfrac{1}{\nu} = \dfrac{2\pi}{\omega}$

振幅

減衰振動

$x(t) = x_0 e^{-\delta t} \cos \omega t$

時定数 $\tau = \dfrac{1}{\delta}$

振動の限界 (非周期臨界減衰)

$x(t) = x_0 e^{-\delta t}$

単振り子

$\sin \varphi = \dfrac{x}{\ell} \approx \varphi$

振り子の重り 質量 m

釣り下げ装置

非減衰振動，自由振動．
物体は，弾性力（引き戻す力，復元力，31頁参照）が作用すると，平衡点のまわりで**調和振動**（31頁参照）をする．平衡点からの変位が線形で，x 軸に沿っていると，

$$F = -kx = md^2x/dt^2$$
$$x = x_0 \sin \omega t \qquad \text{線形調和振動}$$

ここで，F：復元力の大きさ；m：物体の質量；k：ばね定数；x：物体の平衡点からの**変位**；x_0：最大変位，**振幅**と呼ばれる；$\omega = 2\pi\nu$：**角振動数**；ν：**振動数**；t：時間．
物体の速度 v は，

$$v = dx/dt = \omega x_0 \cos \omega t \qquad \text{速度}$$

v は，運動の反転点で $v=0$ となり，$x=0$ のときに最大値をとる．
ポテンシャル・エネルギー U は，

$$U = kx^2/2 \qquad \text{ポテンシャル・エネルギー}$$

U は $x=x_0$ のときに最大となる．
運動エネルギー K は

$$K = mv^2/2 \qquad \text{運動エネルギー}$$
$$\quad = m\omega^2 x_0^2 \cos^2(\omega t)/2$$

K は $x=0$ のときに最大値になる．そこでは $U=0$ である．
物体の全エネルギー E は，

$$E = K + U = \text{一定} \qquad \text{全エネルギー}$$

振動の間，E は一定であるが，ある時は U の最大値であったり，K の最大値であったりする．
調和振動については，次のことが成り立つ：

$$\omega = \sqrt{k/m} \qquad \text{角振動数}$$
$$\nu = (1/2\pi)\sqrt{k/m} \qquad \text{振動数}$$
$$T = 1/\nu = 2\pi\sqrt{m/k} \qquad \text{周期}$$

ばね振り子と単振り子は線形調和振動をする（変位が小さいとき）．
回転振動は直線振動の場合と同様に扱われる．方程式はお互いに共通である．

例：単振り子
質量 m の物体が長さ ℓ の糸でつり下げられている．振り子を動かすと振動を始める．微小振動の場合（$|\phi| \ll 1$），調和振動となる．70頁の図参照．
$\sin \phi \approx \tan \phi \approx \phi$ を用いると，重力と糸の張力によって，物体に働く x 方向（水平方向）の引き戻す力は，$F = -mgx/\ell$ である．したがって，この理想化した単振り子の周期 T については，

$$T = 2\pi\sqrt{\ell/g} \qquad \text{単振り子の公式}$$

が成り立つ．ここで，g：その地点での重力加速度．
秒振り子の場合（T は，ここでは例外的に振動周期の半分と定義する）：

$$T/2 = 1 \text{ s}$$

この糸の平均の長さは，$\ell \approx 0.994$ m となる．（赤道で $\ell \approx 0.991$ m；両極で $\ell \approx 0.996$ m）
通常の振動は**減衰振動**である．このとき，摩擦（抵抗）が常に振動エネルギーの一部を消費している．振動しているあいだ，K と U の間の転換はもはや完全ではなく，振幅は時間とともに減衰してゆく．摩擦力（抵抗力）の大きさを $R = -\gamma dx/dt$（ここで，γ：摩擦係数）とすると，引き戻す力は，

$$F = -kx - \gamma(dx/dt)$$

となり，

$$x = x_0 \exp(-\delta t) \cos \omega t \qquad \text{減衰振動}$$

となる．ここに，$\delta = \gamma/2m$ であり，振動数と対数減衰率は，

$$\nu = \omega/2\pi = (1/2\pi)\sqrt{k/m - \delta^2} \qquad \text{振動数}$$
$$\Lambda = 2\pi\delta/\omega = T\delta \qquad \text{対数減衰率}$$

$(k/m - \delta^2)$ の値によって，自由振動，減衰振動，または，非周期臨界減衰になる．

結論：
a) 振幅は $x_0 \exp(-\delta t)$ で，時間とともに指数関数的に減少する．
b) ν は非減衰振動に比べて小さくなるが，時間には依らない．
c) 全エネルギーとしては，ポテンシャルエネルギーの最大値をとることにする：

$$E = kx^2/2 = kx_0^2 \exp(-2\delta t)/2$$

Q 値（性能指数，記号 Q）は振動系に対して，

$$Q = 2\pi E/(T \text{ の間に失われるエネルギー})$$
$$\approx \sqrt{km}/\gamma$$

（工学的振動系は Q によって特徴づけられる）．
振動を減衰させないためには，摩擦で失われるエネルギーを外から振動系に補給しなければならない．

例：振り子時計の振り子は，そのつど適切な力のモーメントをガンギ車の歯を通してアンクルに与え，落ちた速度をもとに戻すようにしてある．この補給するエネルギーは時計の重りのポテンシャル・エネルギーからくる．

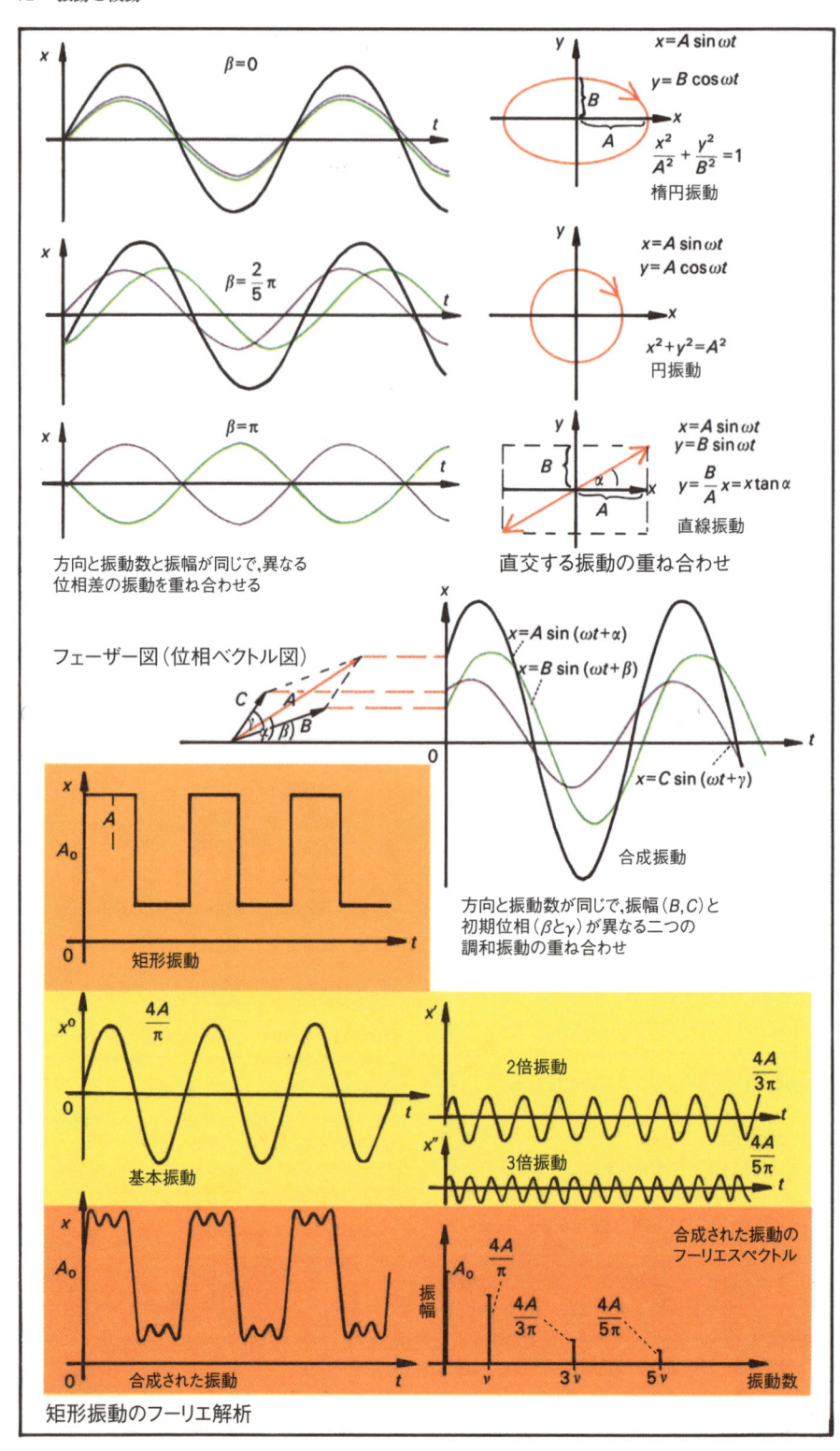

方向と振動数と振幅が同じで、異なる
位相差の振動を重ね合わせる

直交する振動の重ね合わせ

フェーザー図（位相ベクトル図）

方向と振動数が同じで、振幅（B, C）と
初期位相（βとγ）が異なる二つの
調和振動の重ね合わせ

矩形振動

基本振動

2倍振動

3倍振動

合成された振動

合成された振動の
フーリエスペクトル

矩形振動のフーリエ解析

すべての運動は，非周期的であっても，調和振動の重ね合わせと解釈することができる．それに対応する数学的方法は，フーリエ (Jean Fourier, 1768–1830) が発展させた．

振動の合成は**重ね合わせの原理**に基づいている．

「振動を合成する，つまり，重ね合わせると，**合成してできた振動**は，個々の振動の和である．」

同じ振動数，同じ位相，同じ振動方向を持つ二つ以上の調和振動の和は，同じ振動数と同じ方向を持つ新しい振動となる．

例：$x'(t) = A\sin(2\pi\nu t)$ と $x''(t) = B\sin(2\pi\nu t)$ を重ね合わせると，$x(t) = (A+B)\sin(2\pi\nu t)$ となる．振動数は変らない．

差も同様の結果になる．

同じ振動数と同じ振動方向で，**位相差** β があると，合成した振動は調和振動であり，その位相は**フェーザ図**（位相ベクトル図）から得られる．

特別な場合：$\beta = \pi$ のとき，二つの同じ振幅の振動は互いに打ち消し合う．

重ね合わせる二つの振動の振動数が一致していても，振動方向と位相が異なると，たいていは，単純な線形振動ではなくなる．二つの直交した，すなわち，互いに垂直方向の振動を考える：

$$x = A\sin(2\pi\nu t) \text{ と } y = B\sin(2\pi\nu t + \beta)$$

A：x 方向の振幅；B：y 方向の振幅；β：位相差．合成した振動を得るには，x と y を（ベクトル的に）加える．

特別な場合：$\beta = \pi/2$ のとき，$x^2/A^2 + y^2/B^2 = 1$ が成り立つので，**楕円振動**になる．この運動は時計の針の回転方向に廻る．この楕円の主軸は振幅 A と B に等しい．

$A = B$ のとき，和は $x^2 + y^2 = A^2$ となり，**円振動**となる．

$\beta = 0$ のとき，和は $y/x = B/A$ となる．これは**直線振動**となり，方向は $\tan\alpha = B/A$ である．

二つの振動の位相と振動方向は一致しているが，**異なる振動数**の場合，運動は周期的ではあっても，たいていは調和振動でない．

特別な場合：ν_1/ν_2 が整数で，同じ振幅の場合，周期的ではあるが，調和的ではない振動が生じる．それは，

$$x(t) = B\sin(2\pi\frac{\nu_1+\nu_2}{2}t)$$

ここに，$B = 2A\cos(2\pi\frac{\nu_1-\nu_2}{2}t)$ である．

合成した振動は**変調されている**，すなわち，振幅は振動数 $(\nu_1-\nu_2)/2$ で周期的に変わる．音響学では，振幅 B はうなりである．

分解

フーリエ解析（**調和解析**）は任意の振動を調和振動の和に分解するか，あるいは調和振動の積で表す．フーリエ解析は，運動が振動数 ν の基本振動と振動数 $n\nu$, $n = 2, 3, \ldots$, をもつ正数倍振動から組み立てられるとみなす：

$$x(t) = A_0 + \sum_{n=1}^{\infty} A_n \sin(2\pi n\nu t)$$
$$+ \sum_{n=1}^{\infty} B_n \cos(2\pi n\nu t) \qquad \text{フーリエ級数}$$

振幅をそれが対応する振動数に対して表すと，解析された運動の**フーリエ–スペクトル**がでてくる．解析された事象が周期的であると，そのスペクトルは**線スペクトル**，すなわち離散的な振動数のみが現れる．

例：**矩形振動**の調和解析．

$$x(t) = A_0 + \frac{4A}{\pi}(\sin\omega t + \frac{1}{3}\sin 3\omega t + \cdots)$$

A_0：平均値；$(4A/\pi)\sin\omega t$：基本振動；$(4A/3\pi)\times\sin 3\omega t$：3倍振動；等々．

非周期運動の解析

フーリエ級数は連続な振幅関数のフーリエ積分になる：

$$x(t) = \frac{1}{\sqrt{2\pi}}\int A(\omega)\exp(\mathrm{i}\omega t)\,\mathrm{d}\omega$$

ここで，振幅関数は

$$A(\omega) = \frac{1}{\sqrt{2\pi}}\int x(t)\exp(-\mathrm{i}\omega t)\,\mathrm{d}t$$

対応するフーリエ–スペクトルは連続的である．

フーリエ解析の応用

時間に依存するすべての事象は調和振動に分解される．

例：どんな測定器具も多かれ少なかれ振動する．すぐに減衰するとしても測定に影響する．あらかじめ測定器を振動させるか，任意の運動をさせてその反応を記録しておき，測定器の固有振動が測定範囲に入らないようにする．さもないと，共鳴が測定をゆがめる．測定器の固有振動はフーリエ解析を用いて求める．

74　振動と波動

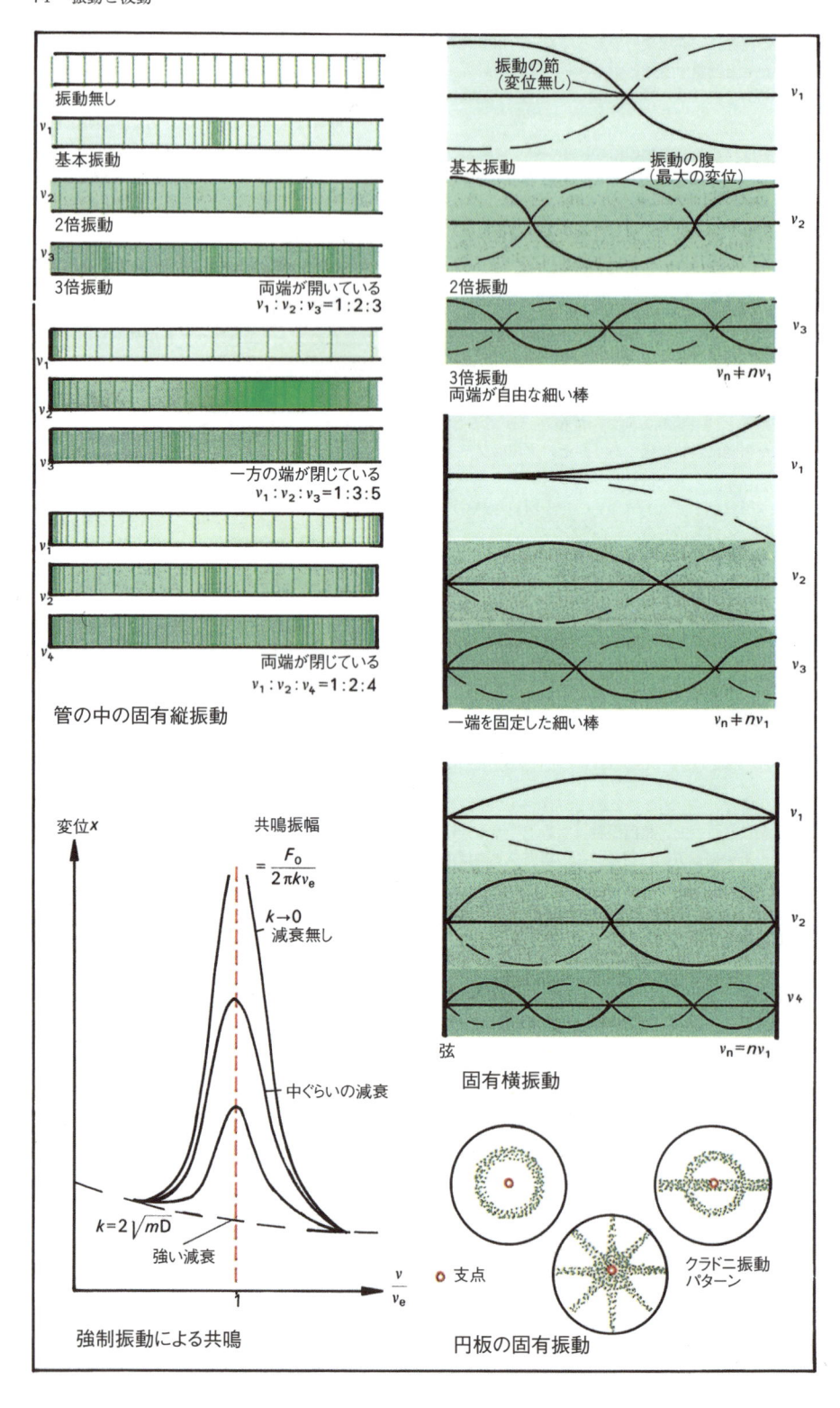

管の中の固有縦振動

振動無し

v_1 基本振動

v_2 2倍振動

v_3 3倍振動

両端が開いている
$v_1 : v_2 : v_3 = 1 : 2 : 3$

v_1

v_2

v_3

一方の端が閉じている
$v_1 : v_2 : v_3 = 1 : 3 : 5$

v_1

v_2

v_4

両端が閉じている
$v_1 : v_2 : v_4 = 1 : 2 : 4$

強制振動による共鳴

変位 x

共鳴振幅 $= \dfrac{F_0}{2\pi k v_e}$

$k \to 0$ 減衰無し

中ぐらいの減衰

$k = 2\sqrt{mD}$ 強い減衰

$\dfrac{v}{v_e}$

固有横振動

振動の節（変位無し）　v_1

基本振動　振動の腹（最大の変位）

v_2 2倍振動

v_3 3倍振動

両端が自由な細い棒　$v_n \neq n v_1$

v_1

v_2

v_3

一端を固定した細い棒　$v_n \neq n v_1$

v_1

v_2

v_4

弦　$v_n = n v_1$

円板の固有振動

○ 支点

クラドニ振動パターン

固有振動

弾性的な物体は，何らかの力が作用すると振動する．この力が短時間だけ作用すると，物体は**固有振動**をする．その**固有振動数**は物体の力学的な性質で決まる．物体は縦方向と横方向に振動する．

縦固有振動では，変位は物体の軸（振動軸）に沿った方向である．変位がゼロのところを**節**と呼び，最も大きい変位が現れるところを**腹**と呼ぶ．

例：基本振動の固有振動数は，**両端自由な棒**の場合，

$$\nu = (1/2\ell)\sqrt{E/\varrho}$$

ν：固有振動数；ℓ：振動軸の長さ；E：ヤング率；ϱ：密度．

一端を固定した棒の場合，

$$\nu = (1/4\ell)\sqrt{E/\varrho}$$

付随する倍振動の固有振動数は，
自由な棒の場合，

$$\nu_n = (n/2\ell)\sqrt{E/\varrho} = n\nu$$
$$n = 2, 3, 4, \ldots$$

一端を固定した棒の場合，

$$\nu_n = (n/4\ell)\sqrt{E/\varrho} = n\nu$$
$$n = 3, 5, 7, \ldots$$

倍振動の振動数が固有振動数の整数倍で現れるとき，その倍振動を音楽用語に従って「ハーモニック」と呼ぶ．

横固有振動では，変位は物体の軸に垂直な方向に起こる．

例：弦の振動の**固有振動数**は

$$\nu_n = (n/2\ell)\sqrt{\theta/\varrho} = n\nu$$
$$n = 1, 2, 3, \ldots$$

ここに，θ は弦の張力である．
$n = 1$ は基本振動を表し，他の振動は倍振動である．

棒の横振動（曲げ振動）の公式は，固有振動が整数比でない点で縦振動の公式と違う．一端を固定した棒の場合，横振動の腹は当然ながら自由端にある．板や膜も，振動させると固有振動数を持つ．横振動の節は**クラドニ振動パターン**（Ernst Chladni, 1756–1827 にちなむ名前）となり，目に見える．

強制振動

振動可能な物体に外部から周期的な力，例えば $F = F_0 \cos \omega t$ が作用すると，**強制振動**が生じる．**立ち上がり時間（応答時間）**以降，物体は外力の振動数，すなわち励起振動数で振動する．

応答時間は，特に楽器の場合に重要である．トランペットの場合は 20 ms，フルートの場合は 300 ms である．この応答時間に音のスペクトルがかなり変動し，個々の楽器を特徴づける．会話の場合でも応答時間はかなり重要な役割を果たす．ばね定数 k が振動する系を特徴づける．定常状態になった，すなわち立ち上がりの振動事象が終わった後では，次式が成り立つ：

$$m(\mathrm{d}^2 x/\mathrm{d}t^2) + \gamma(\mathrm{d}x/\mathrm{d}t) + kx = F_0 \cos \omega t$$

ここに，x：系の横，又は縦変位；k：ばね定数；γ：摩擦（抵抗）係数（71 頁参照）；m：質量．
減衰項が消えた後の解は，

$$x = x_0 \cos(\omega t - \beta)$$

ここに，x_0：最大変位，振幅；β：位相のずれ．
振動は外力に従い，位相は β だけずれる．そして，系には，摩擦（抵抗）によって失われただけのエネルギーが，一周期の間に新しく補給される．

x_0 は，外力の振動数 ν と系の固有振動数 ν_e，および γ, F_0 に依存する．特に，ν と ν_e がどんな比になるかによって決定的な違いが生じる．$\nu/\nu_e \ll 1$ または，$\nu/\nu_e \gg 1$ のとき，x_0 は小さい．しかし，ν が固有振動数 ν_e に近づく，すなわち $\nu/\nu_e \sim 1$ となるやいなや，**共振**が起こる．すなわち系は**共振体**となり，変位の振幅 x_0 は急激に大きくなる．

共振振動数 ν_r は，小さい摩擦（抵抗）の場合，減衰調和振動の固有振動とほぼ等しくなる：

$$\nu_r = (1/2\pi)\sqrt{k/m - \gamma^2/2m^2} \quad \text{共振振動数}$$

系の摩擦（抵抗）が無視できるほど小さくなり，かつ外力の振動数 ν が ν_r に等しくなると，振幅は非常に大きな値に達する．このとき，**共振カタストロフィー**が起こる可能性がある，つまり，系が壊れる恐れがある．

共振現象は工業技術で深刻な影響を与える．例えば，リズミカルな作動をする機械の固有振動数がそのリズムと一致すると破壊に至る．また，「音によってガラスを壊す」のも共振カタストロフィーである．

76 振動と波動

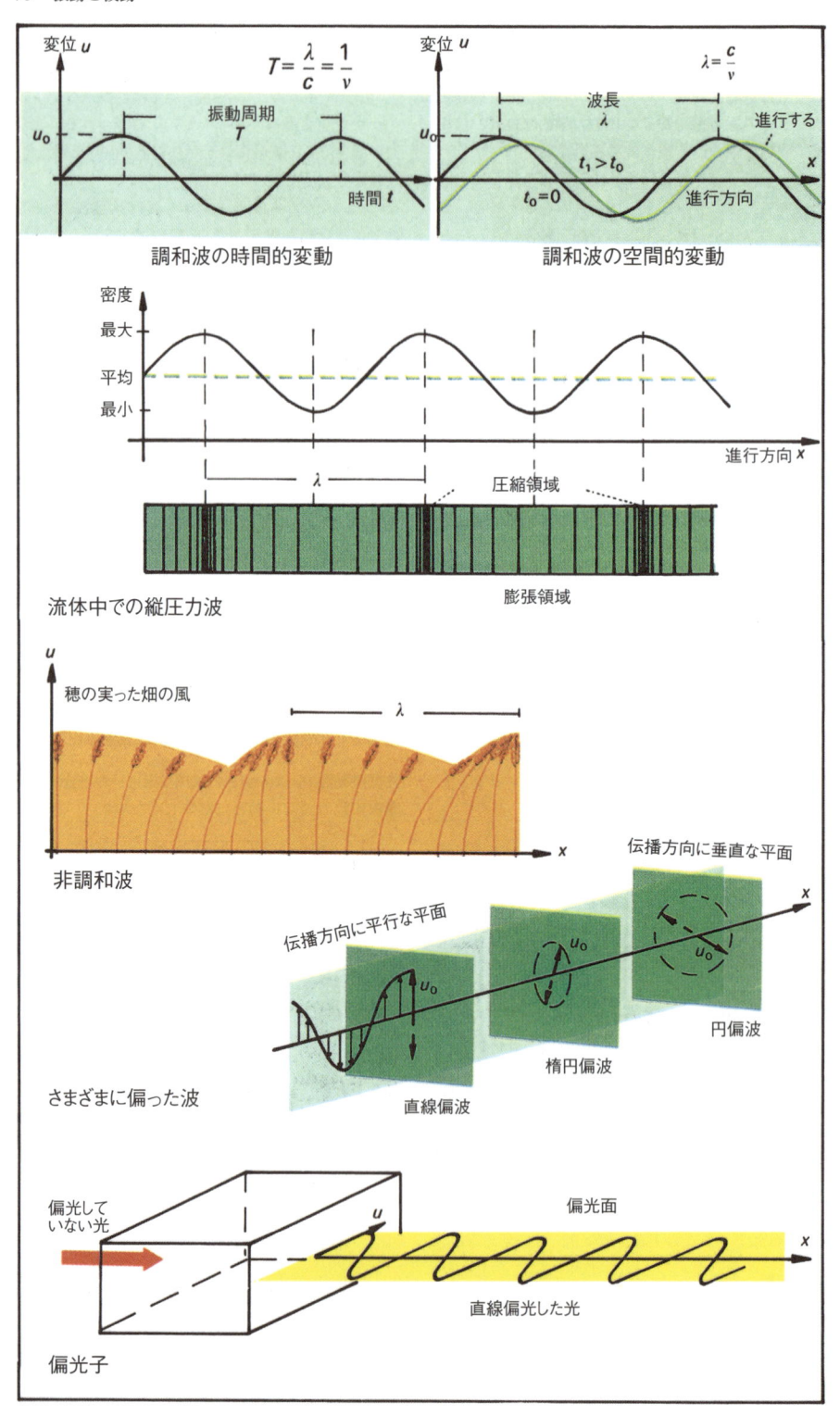

$$T = \frac{\lambda}{c} = \frac{1}{\nu}$$

調和波の時間的変動

$$\lambda = \frac{c}{\nu}$$

調和波の空間的変動

流体中での縦圧力波

圧縮領域／膨張領域

非調和波：穂の実った畑の風

さまざまに偏った波：
- 伝播方向に平行な平面 — 直線偏波
- 楕円偏波
- 伝播方向に垂直な平面 — 円偏波

偏光子：偏光していない光 → 直線偏光した光（偏光面）

全構成要素が静止している媒質を考える．この媒質の中のある場所，例えば，ある粒子が静止の位置からずらされると，その影響は隣の粒子に伝わる．この影響は次々に伝わり波が生じる．**波**は，変動が時間的，かつ，空間的に伝わる振動状態の変化である．波の**位相**は振動状態を表す．同じ位相を持つすべての点は**波頭**あるいは**波面**を構成する．

伝播方向は波面に垂直である．

位相が 2π 違って隣り合う二点の空間的距離が**波長**（記号 λ，単位 m）である．位相が 2π 違って隣接する二点の時間的距離は**周期**（記号 T，単位 s）である．

位相速度（記号 v，単位 m/s）は位相の伝播速度を示す．

　例：棒の縦振動では，$v = \sqrt{E/\varrho}$，
　　　弦の振動では，$v = \sqrt{\theta/\varrho}$．

重要な関係：

$$v = \nu\lambda = \lambda/T \qquad \text{位相速度}$$

ここに，ν は波の振動数である．

波数（記号 σ，単位 m^{-1}）は単位長さ当たりの波の数，$\sigma = 1/\lambda$，である．**角波数**（記号 k，単位 m^{-1}）は $k = 2\pi/\lambda$ で定義される（k を波数と呼ぶことも多い）．**波動方程式**は時間と空間における波の振舞を記述する．直交座標では，

$$\partial^2 u/\partial x^2 + \partial^2 u/\partial y^2 + \partial^2 u/\partial z^2 = (1/v^2)\partial^2 u/\partial t^2 \qquad \text{波動方程式}$$

ここに，u は変位で，時間と空間の関数である．偏微分，例えば，$\partial^2 u/\partial x^2$ が必要なのは，u が空間と時間に依存するからである．つまり，u は $u(x, y, z, t)$ である．

　例：平面波が x 方向に伝わって行く場合，波動方程式は，

$$\partial^2 u/\partial x^2 = (1/v^2)\partial^2 u/\partial t^2$$

伝播媒質が一様で，v がすべての方向に対して等しい場合，球座標を用いると，波動方程式は次のようになる：

$$\partial^2 u/\partial r^2 + 2\partial u/r\partial r = (1/v^2)\partial^2 u/\partial t^2$$

波には二つの種類がある．

縦波では変位が進行方向にある．平面波の場合，例えば，$u(x, t)$ は x 軸方向の変位である．縦波は固体や流体の膨張と圧縮のときに生じる．

横波では変位が進行方向と垂直である．たとえば，横波はひずみ応力を生じる媒質，すなわち，固体や非理想流体の中で発生する．電磁波は，媒質の変動による波ではないが，横波である．

偏り：横波の場合，変位は進行方向に垂直に起こる．偏り方向は $\boldsymbol{u}$ の方向であり，進行方向に垂直である．縦波は偏ることはない．

直線に偏った波（直線偏波）は，すべて同じ方向に振動する．

自然光は偏っていない．しかし，異方性の物質を通過させると，それは二つの（直線）偏光成分に分かれ，偏光方向は互いに垂直である．

円偏波は，その振動方向が回転する．u の大きさは一定で変わらない．

楕円偏波は，その振動方向が回転するが，変位 u の大きさが一定ではなく，楕円になる．

調和波は波動方程式の一つの解である．x 軸の正の方向へ速度 v で進行する振動数 ν の波は，次の解で表される：

$$u = u_0 \sin 2\pi\nu(t - x/v) \qquad \text{調和波}$$

ここに，u_0：波の最大変位，**波の最高値**，**振幅**である．括弧内の引数は，ほかに，位相差 β を持つことができる．

通常，波動方程式の解を複素数の形で表現するのが都合がよく簡単である．x 軸の正の方向へ進行する調和波について，複素数解は，

$$u = u_0 \exp(\mathrm{i}2\pi\nu(t - x/v))$$

平面波の振幅 u_0 は一定であり，x に依存しない．原点から外へ向かう球面波については，その（r と t についての）方程式を解いて次式を得る：

$$u = (u_0/r)\exp(\mathrm{i}2\pi\nu(t - r/v))$$

ここに，r は原点からの距離である．

したがって，平面波と異なり，振幅は $1/r$ で減少する．

波束：無限に続く周期的な波の他に，短いかたまりの波があり，波束と呼ばれる．波束は位相速度とは異なる**群速度**を持つ．

78　振動と波動

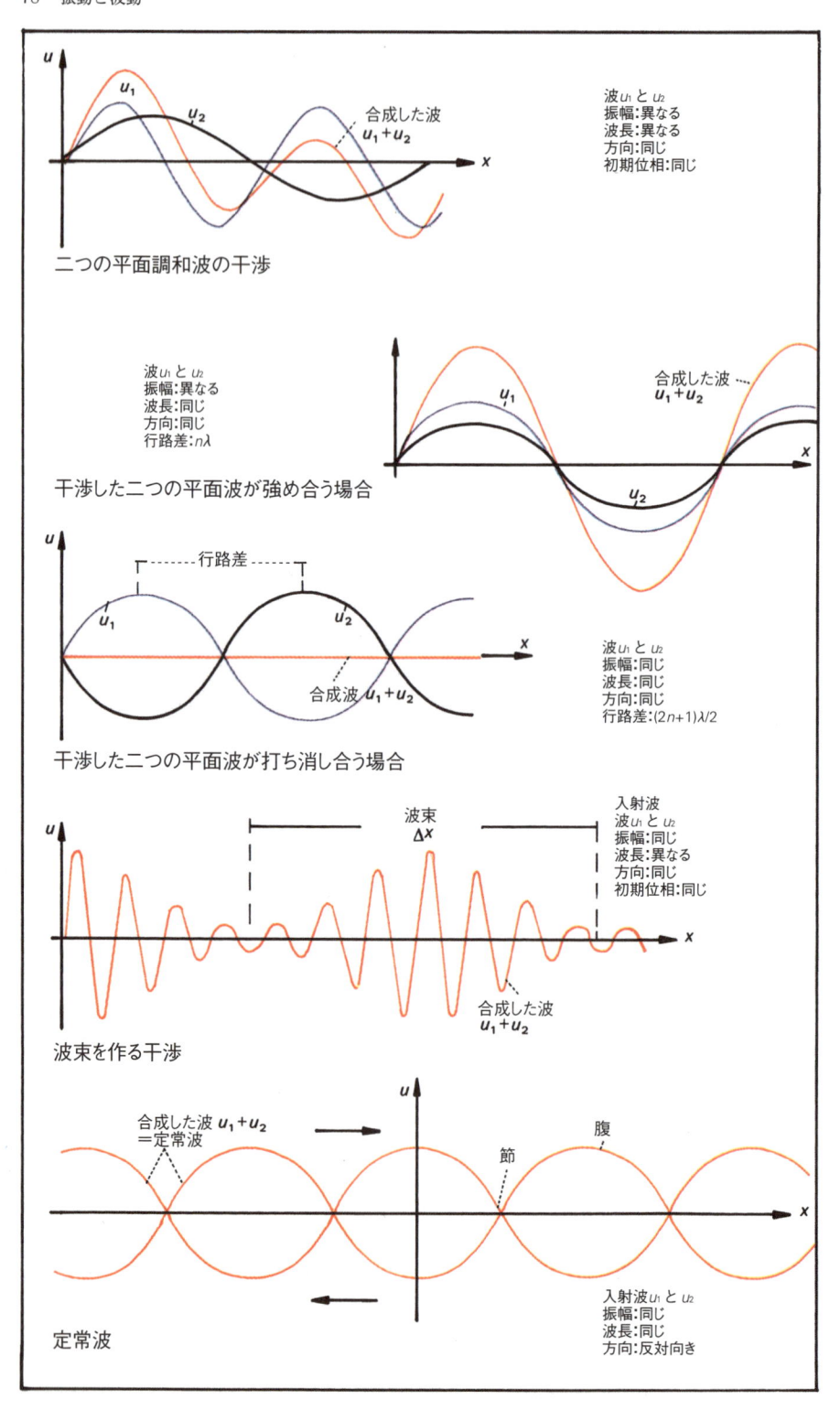

二つの平面調和波の干渉

波 u_1 と u_2
振幅：異なる
波長：異なる
方向：同じ
初期位相：同じ

干渉した二つの平面波が強め合う場合

波 u_1 と u_2
振幅：異なる
波長：同じ
方向：同じ
行路差：$n\lambda$

干渉した二つの平面波が打ち消し合う場合

波 u_1 と u_2
振幅：同じ
波長：同じ
方向：同じ
行路差：$(2n+1)\lambda/2$

波束を作る干渉

入射波
波 u_1 と u_2
振幅：異なる
波長：異なる
方向：同じ
初期位相：同じ

定常波

入射波 u_1 と u_2
振幅：同じ
波長：同じ
方向：反対向き

合成，干渉の場合，波に対して重ね合わせの法則が成り立つ．すなわち，変位 $u_1, u_2, u_3, \ldots$ が足し合わされる：

$$u(x, y, z, t) = u_1(x, y, z, t) + u_2(x, y, z, t) + \cdots$$

x 軸に沿って進む位相速度の等しい二つの調和波が干渉すると，次のようになる：

$$u = A_1 \sin 2\pi\nu_1(t - x/v + \beta_1) + A_2 \sin 2\pi\nu_2(t - x/v + \beta_2)$$

ここに，u：x 方向の変位；A_1, A_2：振幅；$\nu_1 = v/\lambda_1$，$\nu_2 = v/\lambda_2$：振動数；λ_1, λ_2：波長；t：時間；v：位相速度；β_1, β_2：位相．

合成波も周期的な波であるが，ほとんどの場合，調和波ではない．

特別な場合：

1) $A_1 \neq A_2$，他のすべての量は同じ．すると，

$$u = (A_1 + A_2)\sin 2\pi\nu(t - x/v + \beta)$$

結果は調和波で，干渉の前の波と同じである．合成波の振幅は，初めの二つの波の振幅の和である．2) 二つの波が位相差，$\beta_1 \neq \beta_2$，を持ち，振動数が等しいとする．この場合，次のようになる：

一つの波がもう一つの後ろを**行路差** Δx だけ遅れてついて行く．

行路差 $\Delta x, \Delta x + \lambda, \Delta x + 2\lambda, \ldots$ を持つ波は全て等しい．合成波はもとの波長を持つ調和波で，その振幅は，A_1, A_2 と行路差に依存する．その位相は一般にもとの位相からずれる．

2a.) 行路差が $0, \lambda, 2\lambda, 3\lambda, \ldots$ の場合，波は互いに強め合う．

2b.) 行路差が，$\lambda/2, 3\lambda/2, 5\lambda/2, \ldots$ の場合，波は互いに弱め合う．$A_1 = A_2$ のときには，波は打ち消し合って，**消滅**する．

3) 二つの波動が $\nu_1 \neq \nu_2$ で，他の量がすべて等しい場合，

$$u = 2A\sin((\omega_1+\omega_2)/2)\tau \cdot \cos((\omega_1-\omega_2)/2)\tau$$

ここに，$\omega = 2\pi\nu = 2\pi v/\lambda$，$\tau = (t - x/v + \beta)$．この合成波は周期的であるが調和波ではない．

ν_1 と ν_2 の差が小さい場合，すなわち $\omega_1 - \omega_2 = \Delta\omega \ll \omega_1$ であると，$\omega_1 + \omega_2 \approx 2\omega_1$ となり，合成波は，

$$u = 2A\cos((1/2)\Delta\omega\tau)\sin\omega_1\tau$$

合成波の波長はもとの波の波長と同じである．その振幅は，振動数 $\Delta\nu = \Delta\omega/2\pi$ で周期的に変わり，極値 0 と $2A$ の間の値をとる．これは**振幅変調**を表す．合成波は**波束**を形成する．その個々の波束の間には，ごく小さい変位になる領域がある．これらの波束は，**群速度**，

$$v_g = -\lambda(dv/d\lambda) + v$$

で運動する．ここで，v_g：波束の速度；v：合成波の位相速度．群速度と位相速度は，$dv/d\lambda = 0$ の場合にのみ一致する．すなわち，このときは v が λ に依存せず，したがって，分散（137 頁参照）は起こらない．

例：少しだけ振動数の違う二つの音叉が振動する場合，振幅の周期変化が聞こえる．音が周期的に大きくなったり小さくなったりする（唸り）．

振幅変調は **AM** ラジオの場合に重要な役割をもつ（295 頁参照）．すなわち，搬送波が信号と重ね合わさると，搬送波の振幅が信号と同じ形に変化（変調）する．

大気中の放電や雑音防止をしていないモーター，近くにある送信機などは，AM ラジオの搬送波を変調する．一方，搬送波の位相を信号で変調すると，障害が大幅に減少する．

全可聴領域にわたって放送するには，搬送波の ν は非常に大きくなければならない（超短波ラジオ）．さらに雑音のない受信とするために，搬送波の ν を信号で変調する（FM ラジオ）．

まとめ：

振幅変調：

$$u(t) = (A + a(t))\cos\omega_0 t$$

位相変調：

$$u(t) = A\cos(\omega_0 t + a(t))$$

周波数変調：

$$u(t) = A\sin(\omega_0 t + (\omega_0/\omega_s)\sin\omega_s t)$$

ここで，$a(t)$：信号の時間的経過；ω_s：信号の角振動数；ω_0：搬送波の角振動数；A：搬送波の振幅．

定常波は，節と腹の場所が固定した横波または縦波である．これは，振動数と振幅が等しく，方向が正反対の二つの平面波が重なり合って生じる．例として，x-方向に動く二つの波をとると，

$$u = A\sin 2\pi\nu(t - (x/v)) + A\sin 2\pi\nu(t + (x/v))$$

加法定理によって次式になる：

$$u = 2A\cos(2\pi\nu x/v)\sin 2\pi\nu t$$

合成波の振幅は，$x = \lambda/4, 3\lambda/4, 5\lambda/4, \ldots$ で零になる．これらの場所は定常波の**節**となる．$x = \lambda/2, 3\lambda/2, 5\lambda/2, \ldots$ の場所で，定常波の振幅は最大値に達する（定常波の**腹**）．

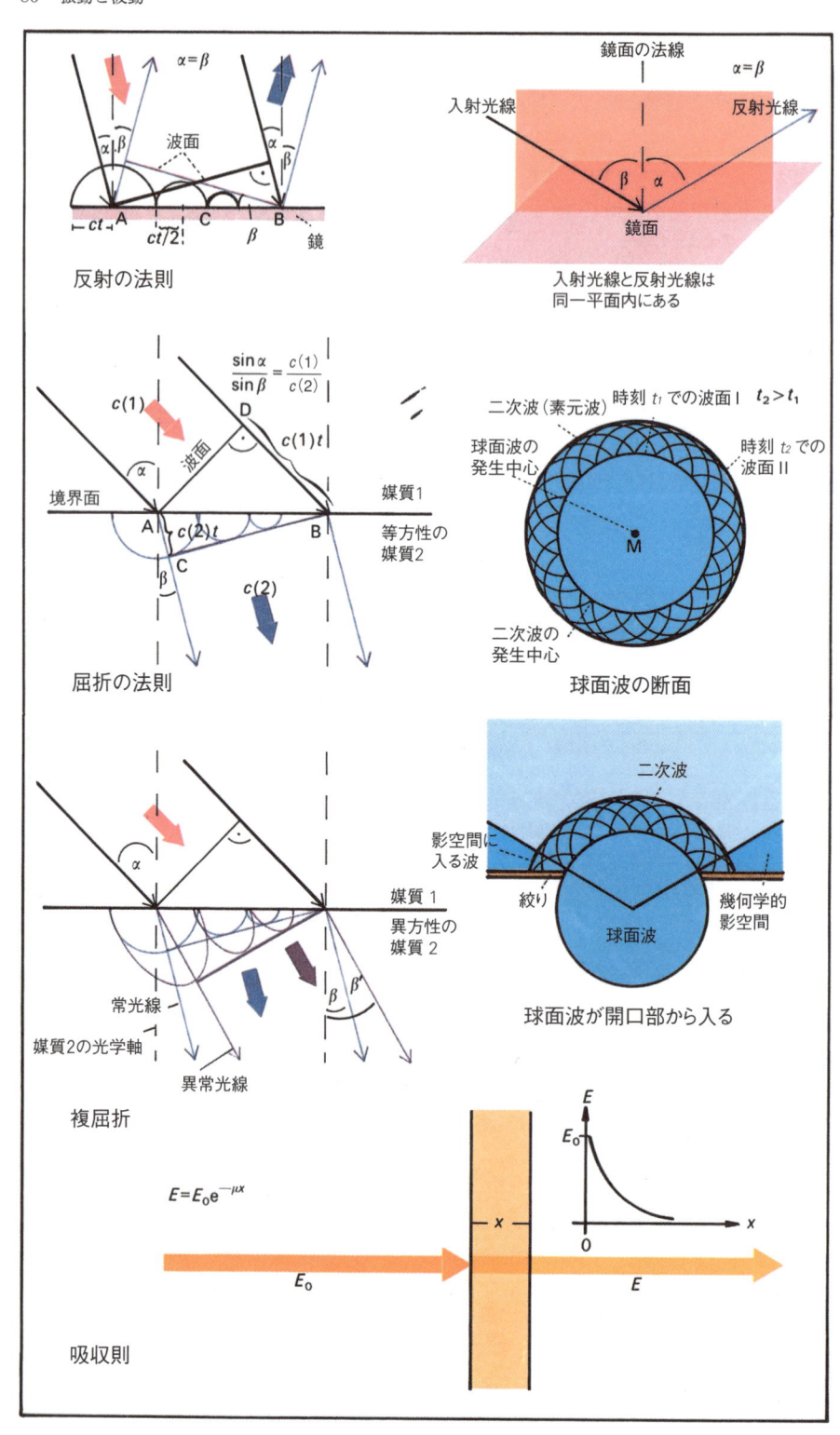

反射の法則

$\alpha = \beta$

波面、鏡

鏡面の法線、入射光線、反射光線、$\alpha = \beta$、鏡面

入射光線と反射光線は同一平面内にある

屈折の法則

$$\frac{\sin\alpha}{\sin\beta} = \frac{c(1)}{c(2)}$$

境界面、波面、媒質1、等方性の媒質2、$c(1)$、$c(1)t$、$c(2)t$、$c(2)$

球面波の断面

二次波（素元波）、時刻 t_1 での波面 I、$t_2 > t_1$、球面波の発生中心、時刻 t_2 での波面 II、M、二次波の発生中心

複屈折

媒質1、異方性の媒質2、常光線、媒質2の光学軸、異常光線、β、β'

球面波が開口部から入る

二次波、影空間に入る波、絞り、球面波、幾何学的影空間

吸収則

$E = E_0 e^{-\mu x}$

E_0、x、E

波は，波面の各点から，新しい球面形の**二次波**（素元波）が出てゆくようなかたちで広がる．すべての二次波の包絡面が次の時刻の波となる．この**ホイヘンスの原理**はホイヘンス (Christiaan Huygens, 1629–95) によって定式化され，横波に対しても縦波に対しても成りたつ．

任意の点における波の変位は，位相の相互関係まで考慮に入った形で，すべての二次波の和である：フレネル (Augustin Fresnel, 1788–1827) による（ホイヘンスの）原理の拡張．

　ホイヘンスの原理によって，例えば，幾何学的には陰になるところに光が入り込む回折現象を，容易に説明することができる．もっとも，遮蔽の後ろではほとんどの二次波は干渉して消える．

ホイヘンスの原理の最も新しい形はキルヒホッフ (Gustav Kirchhoff, 1824–87) による．そこでは二次波の振幅と位相と方向まで考慮されている．

反射の法則は，ホイヘンスの原理から導かれる．いま平面の波面がある角度で鏡に入るとしよう．最初の基点 (A) から二次波が出て，時間 Δt の間に距離 $c\Delta t$ だけ反射して進む（c は二次波の位相速度）．Δt の間に波面のもう一方の端が鏡 (B 点) に到達して，そこから二次波が出る．A と B の間のすべての点は，この間に二次波を出したわけである．特に，C (A と B の中間点) から出た二次波の半径は，$c\Delta t/2$ に等しい．

これらすべての二次波の包絡線は直線であり，波面もそうなって，鏡から角度 β で離れる．簡単な幾何学的考察（図参照）で以下のことがわかる．入射波の方向と鏡の法線とのなす角度（**入射角**）は，反射波の方向と鏡の法線のなす角度（**反射角**）に等しい．

反射の法則

　　反射角 = 入射角

入射光線の方向と境界面の法線と反射光線の方向は同一平面上にある．

屈折の法則もまた，ホイヘンスの原理から導かれる．波が媒質 1 から媒質 2 へ入ると，伝播速度が $c(1)$ から $c(2)$ へ変わり，波動は屈折する．

入射波が斜めに入射して，その波面が A で境界面に接すると，この波面の他方の点 (D) は，時間 Δt かかって，境界面の点 B に到達する（図参照）．$\Delta t =$ 距離 DB/$c(1)$ の間に，A からは二次波が距離 $c(2)\Delta t$ だけ媒質 2 の中へ伝播する．同様の二次波が A と B の間のすべての点から媒質 2 の中へ進む．これらの二次波の包絡面が新しい波面となる．

幾何学的に考察すると：

　DB/AB = $\sin\alpha = c(1)\Delta t/\text{AB}$
　AC/AB = $\sin\beta = c(2)\Delta t/\text{AB}$

したがって，次の**屈折の法則**が得られる：

　$\sin\alpha/\sin\beta = c(1)/c(2) = n(2)/n(1)$

ここに，c：媒質 1 または 2 の中での波の位相速度；n：媒質 1 または 2 の屈折率（135 頁参照）．入射光線の方向と境界面の法線と屈折光線の方向は同一平面にある．

スネル (Snel van Rojen (Snellius)) は 1620 年，光線の実験に基づいて屈折の法則を発見した．

複屈折は，媒質 2 が異方性をもつ場合，すなわち位相速度 $c(2)$ が媒質 2 の中で方向によって異なる場合に，生じる．このような効果は，主として結晶，例えば方解石やその他の異方性を持つ物質（液体にもある）で現れる．

二次波の速度は振動面に依存するようになる，すなわち，二次波はもはや球面波ではなく，回転楕円体波になる．屈折の場合と同様にホイヘンスの原理に基づいて考察すると次のようになる．複屈折をする媒質の中に入った光線は，**常光線**と**異常光線**に分かれる．二つの光線の振動面は互いに垂直になる．したがって，屈折率は常光線と異常光線で（わずかであるが）異なる．例えばニコルのプリズム（195 頁参照）を使うと二つを分離することができる．

波の吸収

波は媒質の中に入ると，その構成要素を静止の位置からずらす．このとき，例えば摩擦（抵抗）によるエネルギー損失は避けられず，波の振幅は減衰する．進行距離に対する相対的なエネルギー損失は一定なので，波の吸収は指数則となる：

$E = E_0 e^{-\mu x}$　　　　　　　　　　　　　**吸収則**

ここに，E：侵入距離 x での波のエネルギー；E_0：媒質へ入る点，つまり，$x=0$ での波のエネルギー；μ：吸収係数．

μ は物質定数で，吸収する媒質と波の種類によって決まる．

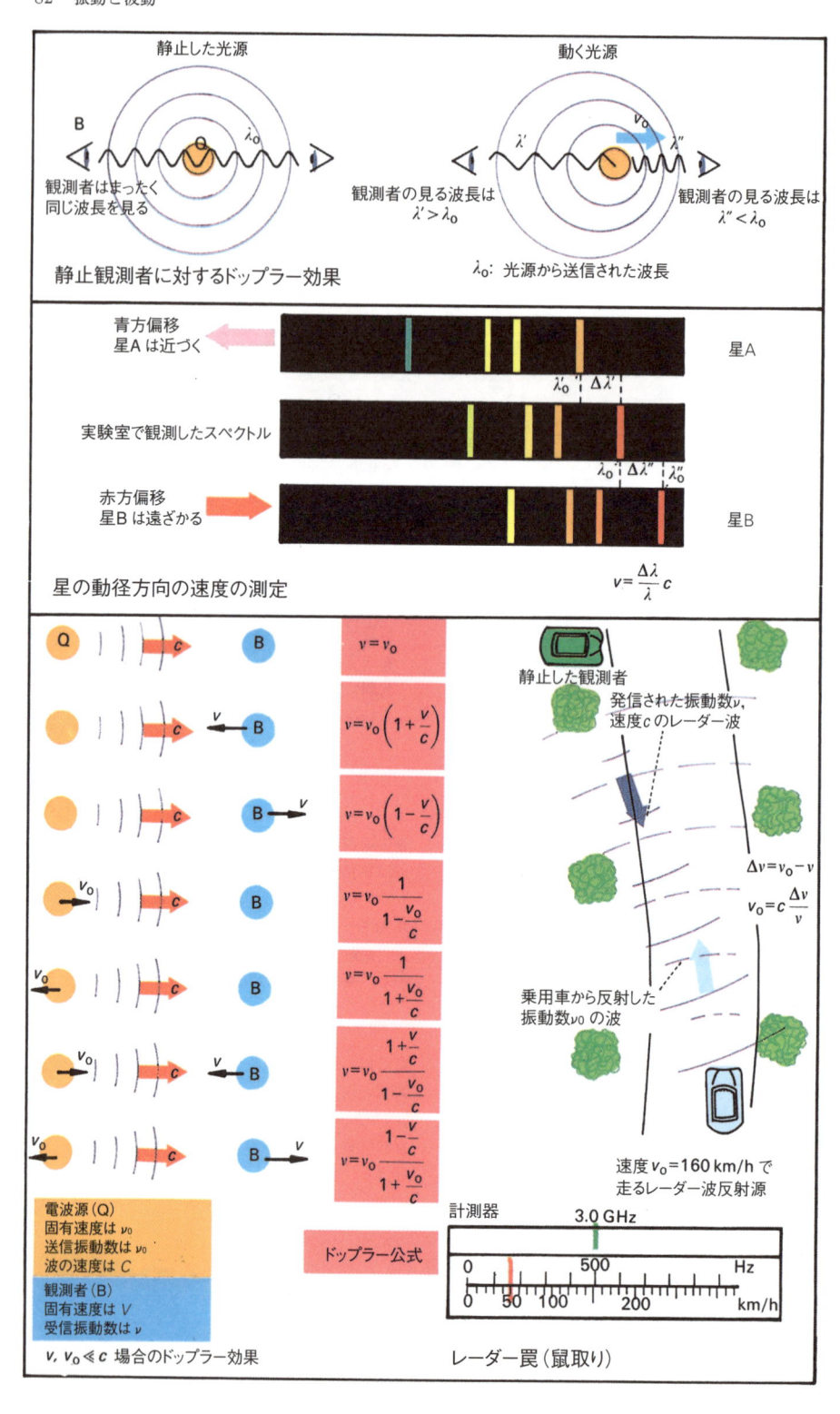

静止観測者に対するドップラー効果

静止した光源
B
λ_0
観測者はまったく同じ波長を見る

動く光源
v_0
λ'　λ''
観測者の見る波長は $\lambda' > \lambda_0$
観測者の見る波長は $\lambda'' < \lambda_0$

λ_0：光源から送信された波長

星の動径方向の速度の測定

青方偏移
星Aは近づく

星A
λ'_0　$\Delta\lambda'$

実験室で観測したスペクトル

λ''_0　$\Delta\lambda''$

赤方偏移
星Bは遠ざかる

星B

$$v = \frac{\Delta\lambda}{\lambda}c$$

$v, v_0 \ll c$ 場合のドップラー効果

図	ドップラー公式
Q →c→ B	$\nu = \nu_0$
→c→ ←v B	$\nu = \nu_0\left(1 + \dfrac{v}{c}\right)$
→c→ B→v	$\nu = \nu_0\left(1 - \dfrac{v}{c}\right)$
v_0→ →c→ B	$\nu = \nu_0 \dfrac{1}{1 - \dfrac{v_0}{c}}$
←v_0 →c→ B	$\nu = \nu_0 \dfrac{1}{1 + \dfrac{v_0}{c}}$
v_0→ →c→ ←v B	$\nu = \nu_0 \dfrac{1 + \dfrac{v}{c}}{1 - \dfrac{v_0}{c}}$
←v_0 →c→ B→v	$\nu = \nu_0 \dfrac{1 - \dfrac{v}{c}}{1 + \dfrac{v_0}{c}}$

電波源（Q）
固有速度は ν_0
送信振動数は ν_0
波の速度は c

観測者（B）
固有速度は V
受信振動数は ν

レーダー罠（鼠取り）

静止した観測者
発信された振動数 ν、速度 c のレーダー波

乗用車から反射した振動数 ν_0 の波

$\Delta\nu = \nu_0 - \nu$
$v_0 = c\dfrac{\Delta\nu}{\nu}$

速度 $v_0 = 160\,\text{km/h}$ で走るレーダー波反射源

計測器　3.0 GHz
0　500　Hz
0　50　100　200　km/h

送信者が振動数 ν_S, あるいは波長 λ_S の波を発信したとする. 観測者がその波を受信し, 振動数が ν, あるいは波長が λ であったとする. 送信者, 受信者共に**静止している**と, $\nu = \nu_S$, $\lambda = \lambda_S$ である. 送信者と受信者の間に相対的な運動があると, $\nu \neq \nu_S$, $\lambda \neq \lambda_S$ となる.

音波の速度は大気に依存する. このように波の伝播速度 u が静止している伝播媒体に依存する場合は, 送信者または受信者, あるいは両方が媒体に対して運動しているかどうかが重要になってくる.

ドップラー (Christian Doppler, 1803–53) がこの効果を発見した. これは, 現在も多方面で応用されている.

1) **静止送信者**, 運動する受信者：

a) 受信者が送信者に向かって動く. すると受信者は, 静止している場合より多くの波を単位時間あたり, 受信し, 受信振動数は増大する. 受信振動数は,

$$\nu = \nu_S + \nu_S(v_E/u) = \nu_S(1 + v_E/u)$$

ここで, ν：受信者が測定した振動数；ν_S：送信者の固有振動数（送信振動数）；v_E：受信者の速度；u：伝播媒体中の波の速度.

b) 受信者が送信者から遠ざかる運動をする. このとき受信者は, 静止している場合より単位時間あたり少ない波を受信し, 受信振動数は減少する. 受信振動数は,

$$\nu = \nu_S - \nu_S(v_E/u) = \nu_S(1 - v_E/u)$$

2) **静止受信者**, 運動する送信者：

a) 送信者が受信者に向かって動く. 周期 $T = 1/\nu_S$ の間に, 送信者は $v_S T = v_S/\nu_S$ だけ受信者の方へ動き, 波はこの時間の間に, λ_S 進む. 受信される波長は小さくなり, その値は,

$$\lambda = \lambda_S - v_S/\nu_S = (u/\nu_S)(1 - v_S/u)$$

受信者の受ける波の振動数は

$$\nu = \nu_S/(1 - v_S/u)$$

ここに, λ, ν：受信者が測定した波長, 振動数；λ_S：送信波の波長；ν_S：送信波の振動数；v_S：送信者の速度.

b) 送信者が受信者から遠ざかる運動をする. 同様に考察すると, 次の受信振動数を得る：

$$\nu = \nu_S/(1 + v_S/u)$$

3) **動く送信者と動く受信者**：

受信者が受ける波の振動数は,

$$\nu = \nu_S(1 + v_E/u)/(1 - v_S/u)$$

あるいは,

$$\nu = \nu_S(1 - (v_E/u))/(1 + v_S/u)$$

ここに, v_E は受信者の速度である.

ここでは, 速度は静止している伝播媒体に相対的に測られている. 運動の方向によっては v_E, あるいは v_S が正, または負になる.

例：警笛を鳴らしながら電車（送信者）が観測者（受信者）に向かって進んでくると, 警笛の音は, 乗客が聞くよりも高い振動数で聞こえる. 電車が観測者を通り過ぎると, 音の振動数は急激に下がる.

星は我々から遠ざかる運動をしているので, スペクトル線の波長変化を観測すると, 波長が長くなるのがわかる：**赤方偏移**, **ハッブル効果**. 赤方偏移をドップラー効果で解釈し, それによって地球と星の相対速度が求まる.

ドップラー・レーダー：レーダー波が対象から反射されると, その振動数が変わる. 振動数変化の正負によって, 対象が受信者の方へ向かっているのか, あるいは遠ざかっているかがわかる. 振動数変化の大きさから相対速度がわかる. 交通レーダーとして応用されている. 多くの運転者には残念なことではあるが.

直感的には変であるが, 振動数の変化 $\Delta \nu = \nu_S - \nu$ は, 静止している受信者に向かって送信者が動くか, 静止している送信者に向かって受信者が動くかによって異なってくる. 理由は, 静止しているとみなす伝播媒体にすべての運動が依存しているからである.

移動速度が波の伝播速度に比して非常に小さいとき, 1) の式と 2) の式は同じになる.

真空中の光は伝播媒体を必要としないので, 振動数変化は発信源と受信者の相対速度のみに依る. したがって, ドップラー変化は送信者-受信者の相対速度だけを知らせるのである.

相対論的ドップラー効果は, $(v/c)^2$ が 1 に対して無視できるほど小さくない場合, つまり, 速度 v が光速 c に比して小さくない場合に現れる.

ドップラー公式には付加的な平方根項が現れる. 例えば,

$$\nu = \nu_S \sqrt{1 - v^2/c^2}/(1 - v/c)$$

古典的（非相対論的）なドップラー効果とは違って, 相対論的ドップラー効果は, 送信者の運動が受信者への方向と垂直になる場合にも観測される（**横方向ドップラー効果**）.

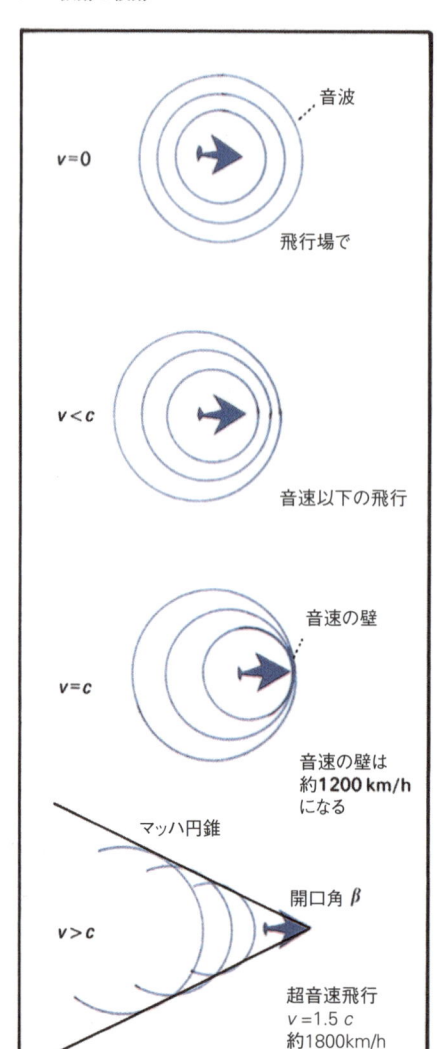

振動と波動

航空機によるマッハ円錐

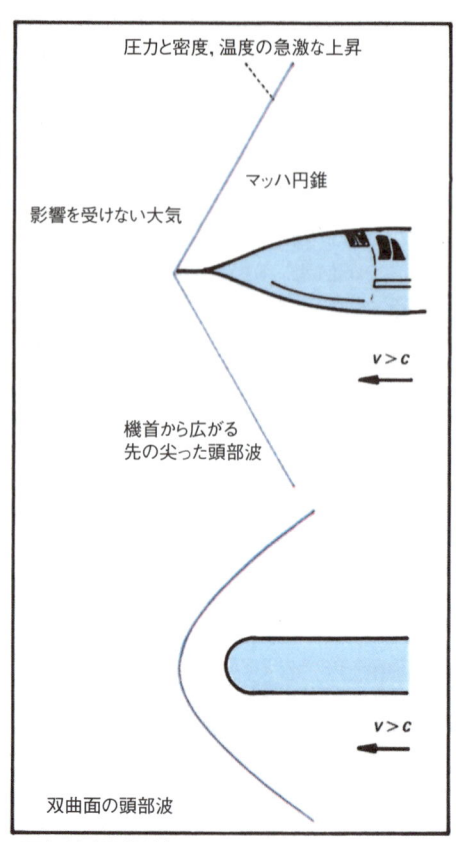

$v=0$ 音波 飛行場で

$v<c$ 音速以下の飛行

$v=c$ 音速の壁 音速の壁は約 1200 km/h になる

$v>c$ マッハ円錐 開口角 β 超音速飛行 $v=1.5\,c$ 約 1800 km/h

頭部波（衝撃波）

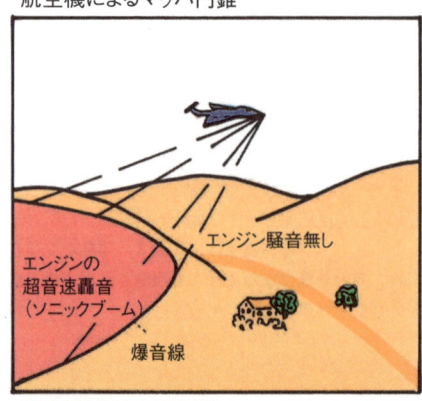

圧力と密度,温度の急激な上昇
マッハ円錐
影響を受けない大気
機首から広がる先の尖った頭部波
$v>c$

双曲面の頭部波
$v>c$

超音速飛行の航空機

エンジンの超音速轟音（ソニックブーム）
エンジン騒音無し
爆音線

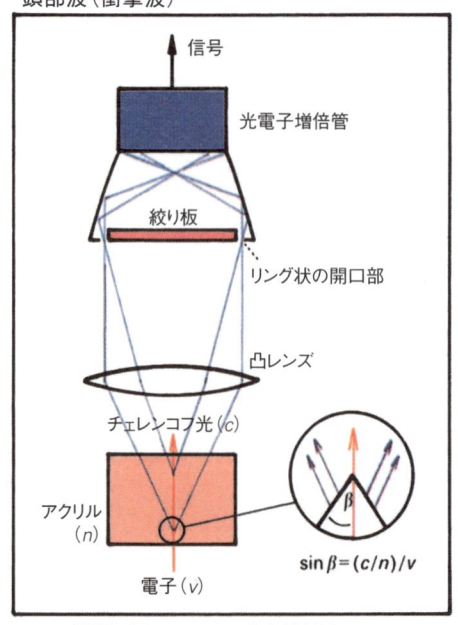

マッハ円錐がチェレンコフ光を放射する

信号
光電子増倍管
絞り板
リング状の開口部
凸レンズ
チェレンコフ光 (c)
アクリル (n)
電子 (v)

$\sin\beta = (c/n)/v$

静止している媒質の中をある物体が速度 v で運動するとしよう．するとそれは擾乱の源となり，擾乱は位相速度 u の波としてすべての方向に広がる．このときドップラー効果によって，媒質中の擾乱の進行と振動数変化がわかる（運動する送信者と運動する発信源）．

物体，すなわち擾乱源の速度が増大すると，物体の前にできる波の山の間隔が詰る．物体の後では波長が長くなる．物体から出る個々の球面波は，$v < u$ であるかぎり交差しない．

物体が波の位相速度と同じ速度で運動するようになる，つまり，$v = u$ になると，物体の前の波の山は一点に詰め込まれ，物体はすべての山の集積に乗る．個々の波の山は足し合わされ振幅は増大する．

$v > u$ になると，擾乱が媒質中を伝播するより速く物体は運動する．波は物体の後に取り残される．こうなると，各々の球面波が交差し，後で物体からできた波が，先にできたものを圧倒する．各々の波は互いに干渉する．そして各球面波の包絡線からなる円錐状の波面が残る．これは**衝撃波**であり，マッハ (Ernst Mach, 1838–1916) にちなんで，**マッハ円錐**と呼ばれる．

この種の波は一般に**頭部波**と呼ばれる．マッハ円錐の開口角は幾何学的に決められ，次式で与えられる：

$$\sin\beta = u/v = 1/M \qquad \text{マッハ円錐}$$

ここに，$M = v/u$：**マッハ数**；β：マッハ円錐の開口角；v：物体の速度；u：擾乱が伝播する局所的位相速度．

$v = u$ のとき，すなわちマッハ数 $= 1$ のとき，頭部波は物体の近くで v に垂直な平面に近くなる．$v > u$ となるとすぐに，マッハ円錐が形成される．マッハ円錐はマッハ数が大きくなるにしたがって，より鋭くなる．

種々の波におけるマッハ円錐：

音波が，大気中を速度 v で動く物体（例えば，航空機，弾丸）から出るとする．擾乱の伝播速度は音速 c である．音源が音より早く運動する，すなわち，超音速に達すると $(v > c)$，開口角 $\sin\beta = c/v$ をもつマッハ円錐が生じる．この**衝撃波**は，大気の分子が十分速く撹乱を伝えることができず，波のエネルギーが一つの波面に集中することに起因している．衝撃波の中では，短時間の間，高密度，高温，高圧が生じ，それらが**超音速轟音**をひき起こす．

$v = c$ の時，マッハ円錐は平面の波頭にまで開く．たとえば，航空機が音速を越えるとき，**音速の壁**を突き抜けねばならない．波頭の中では，物理的に極限的な状況が生じる．実際に，障害物，たとえば壁を突き抜けるのと似ている．

マッハ円錐の先端の正確な形は，航空機の機首の形状に依る．頭部波は針状の機首の場合には尖り，先が丸い機首の場合には双曲型になる．

航空機が音速の壁を突き抜けるやいなや，マッハ円錐の先端を飛行することになり，音波は後に取り残される．この音は地上では**ソニック・ブーム（超音速轟音）**となる．

衝撃波は実験室で**衝撃波管**によって作ることができる．極限の物理的条件のもとでの材質の性質が，この装置で調べられる．

物質中（例えば水中）を高速な荷電粒子（例えば電子）が通過するとき，その物質中での光速を超えると，荷電粒子から特殊な**電磁波**が放射される．これが，1934年，チェレンコフ (Pawell Tscherenkow, 1904–1990) によって発見され，フランク (Ilja Frank, 1908生) とタム (Igor Tamm, 1895–1971) によって理論的に説明された**チェレンコフ放射**（ノーベル賞 1958年，三人共同受賞）である．

媒質の中を電子が高速で走ると，媒質の原子が分極し，その影響が電気的な擾乱として伝わる．この擾乱の伝わる速さは $c_n = c/n$ であり，c は真空中の光速度，n は媒質の屈折率である．この擾乱（波）の速度より高エネルギー電子が速くなると，それはマッハ円錐の先端を走り，その頭部波—主に紫色領域—が放射される．光円錐の開口角を測ると，マッハの関係式から電子の速度を得る．マッハ円錐の頭部波が非常に狭い場合，放射光は非常に短い約 10^{-7} 秒の長さの光パルスになる．

水波は，物体が水を押しのける時に生じる．物体が速度 v の高速ボートであり，それが水波の伝播速度 u より早くなったとしよう．このとき開口角 $\sin\beta = u/v$ のマッハ円錐が舟の先端から生じる．理想的な条件の場合，船首と船尾から二つのマッハ線が舟から水面に出てゆく．

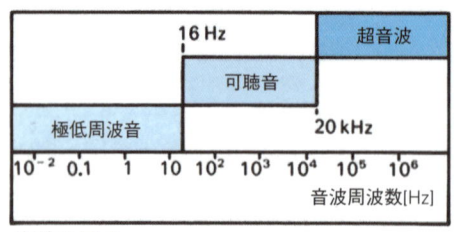

音響

音波の区分

| 極低周波音 | 可聴音 | 超音波 |

16 Hz — 20 kHz

音波周波数 [Hz]: 10^{-2}, 0.1, 1, 10, 10^2, 10^3, 10^4, 10^5, 10^6

弦の振動

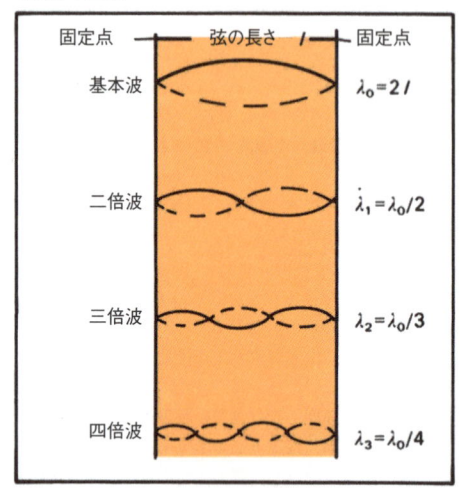

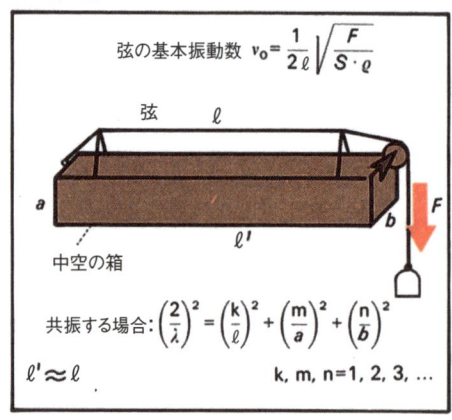

固定点 — 弦の長さ l — 固定点

- 基本波 $\lambda_0 = 2l$
- 二倍波 $\lambda_1 = \lambda_0/2$
- 三倍波 $\lambda_2 = \lambda_0/3$
- 四倍波 $\lambda_3 = \lambda_0/4$

空洞共振器

弦の基本振動数 $v_0 = \dfrac{1}{2l}\sqrt{\dfrac{F}{S \cdot \varrho}}$

弦 l, 中空の箱, l', a, b, F

共振する場合: $\left(\dfrac{2}{\lambda}\right)^2 = \left(\dfrac{k}{l}\right)^2 + \left(\dfrac{m}{a}\right)^2 + \left(\dfrac{n}{b}\right)^2$

$l' \approx l$ $k, m, n = 1, 2, 3, \ldots$

クント管

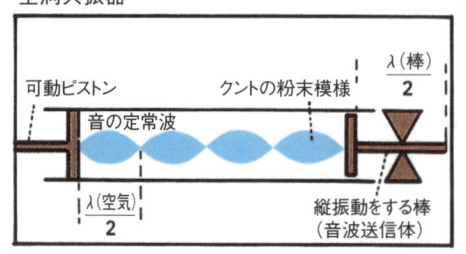

可動ピストン、クントの粉末模様、$\dfrac{\lambda(\text{棒})}{2}$

音の定常波

$\dfrac{\lambda(\text{空気})}{2}$

縦振動をする棒（音波送信体）

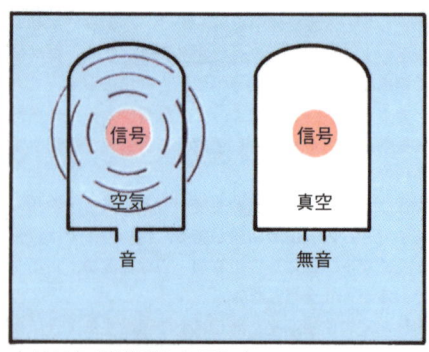

音波は伝播媒質を必要とする

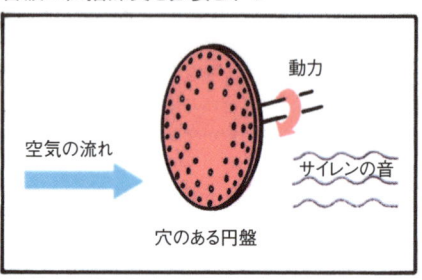

空気 — 音 / 真空 — 無音   信号

サイレンの原理

空気の流れ、穴のある円盤、動力、サイレンの音

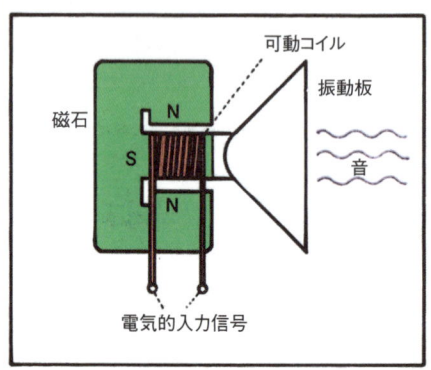

ダイナミックスピーカー

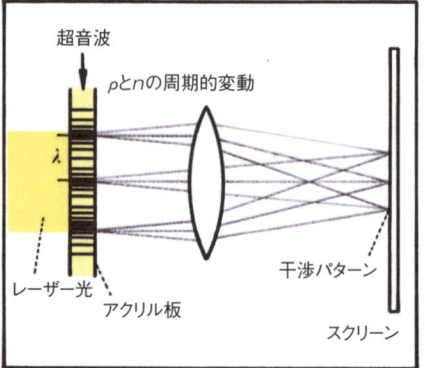

磁石、可動コイル、振動板、音、電気的入力信号

デバイ–シアーズ超音波干渉計

超音波、ρ と n の周期的変動、λ、レーザー光、アクリル板、干渉パターン、スクリーン

空気の弾性的変形を**音波**という．この波の振動数領域が約 16 Hz（ヘルツ）から 20000 Hz の間にあると，我々に聞こえる（**可聴音**）．16 Hz 以下は極低周波音，20 kHz 以上は超音波である．固体の中では弾性的変形によって横波と縦波が生じ，液体と気体の中では縦波のみが現れる．振動の節は圧力変化の最大の位置，即ち，圧力の腹である．逆に，振動の腹と圧力の節の位置は一致する．

音源

媒質の中で振動する物体はどれも音波を発信する．関係式は，

$$\lambda = c/\nu \qquad \text{音波の波長}$$

ここに，λ：波長；c：音速；ν：音波の振動数．

弦と棒は線形音源であり，その固有振動は定常波をつくりだす（75 頁参照）．固定位置には常に振動の節がある．定常波の波長は，

$$\lambda_n = 2\ell/n$$

ここで，λ_n：波長；ℓ：振動物体の長さ；$n = 1, 2, \ldots$．$n = 1$ の場合，固有振動は**基本振動**と言い，$n = 2, 3, \ldots$ の場合は**倍振動**と呼ぶ．
張った弦の基本振動数は，

$$\nu_1 = (1/2\ell)\sqrt{\sigma/\rho} \qquad \text{弦の基本振動数}$$

ここで，$\sigma = F/S$：弦の単位断面積あたりの張力；F：弦を張る力の大きさ；S：断面積；ℓ：弦の長さ；ρ：弦の物質の密度．
$\nu_n \propto \sqrt{F}$ であるので，弦は容易に「調律」することができる．
弦と棒は音の発信体としては性能がよくない．そのため，例えば，バイオリンやギターは共振と増幅のために**共鳴体**を必要とする．この共鳴体は可能な限り振動数に依存しない共鳴音を出さねばならない．また，その形状によって「音色」が決まる．

小さな開口部を持つ空洞は基本振動数で振動し，その振動数は空洞の体積で決まる．この空洞は**音響解析**のために利用された（ヘルムホルツの共鳴箱）．今日では音は電子的に出され，フーリエ解析（73 頁参照）を使って研究される．

膜，板，鐘は二次元の音源である．
笛，管楽器は管口を吹く事によって振動を起こす．他端が開いた管の場合，管の両端に振動の腹ができ，基本振動（固有振動）の波長は $\lambda_1 = 2\ell$，つまり，パイプの長さ ℓ の 2 倍に等しい．

他端の閉じた管（**閉管**）では基本振動の波長 $\lambda_1 = 4\ell$ となる．倍振動数は，$3\nu_1, 5\nu_1, 7\nu_1, \ldots$ である．整数の倍音が欠けているため，閉管はこもった音を出す．

サイレンは，穴をあけた回転円板，あるいはドラムが，吹きつけられた気流を横切って回転することで音を出す．ν_1 は穴の数と回転振動数の積である．
圧電音源は振動する水晶板である．これは特に超音波生成のために用いられる．
スピーカーは電気的に音を出す装置である．

マグネチックスピーカーは，永久磁石の磁場の中にある金属薄板を利用する．交流電流が薄板を強制振動させる．

ダイナミックスピーカーは，コイル（ボイスコイル）に軽い膜（コーン）を取り付けたものを使う．磁場内でのコイルの振動はコーンを強制振動させる．この場合，コイルは磁場の一様な領域にあり，電気的振動が歪みなく音の振動に変えられる．

大気中の音波は目に見えるようにすることができる．**クント管**（August Kundt, 1839–94）は細長い気柱を閉じ込めてある．水平に置かれたガラス管（クント管）の中に粉末コルクの薄い層と空気がある．可動栓が管の一端を閉ざし，もう一方の閉端には棒が取りつけてある．棒を擦ると縦振動が生じ，それを棒が管の中の気柱に伝える．可動端を動かして定常音波をつくると，軽い粉末粒子が腹と節を形成する．空気中の音速 c は既知であるから，粉末の形状から棒の材質中での音速を計算することができる：

$$c(\text{棒}) = c(\text{空気}) \times 2\ell/\lambda(\text{空気})$$

ここに，ℓ：棒の長さ；$\lambda(\text{棒}) = 2\ell$．

$$c(\text{棒}) = \nu_1 \lambda_1 = \sqrt{E/\rho}$$

ここに，ρ：棒の材質の密度；E：ヤング率．これから棒の材質の E を決定することができる．

超音波は干渉計で測られる．

88 音響

物質	c [m/s]
（乾燥した）空気	331.4
アンモニア	415
ヘリウム	965
二酸化炭素	259
メタン	430
酸素	316
水素	1284
クロロホルム（蒸気）	171
メタノール（蒸気）	335
水蒸気（134℃）	494
アセトン	1174
ベンゼン	1295
クロロホルム（液体）	987
グリセリン	1904
水銀	1450
水	1497
海水	1531
アルミニウム	6420
鉛	2160
鉄	5950
金	3240
銅	5010
銀	3650
チタン	6070
クラウンガラス	5100
ネオプレン	1600
アクリル	2680

20℃での音速

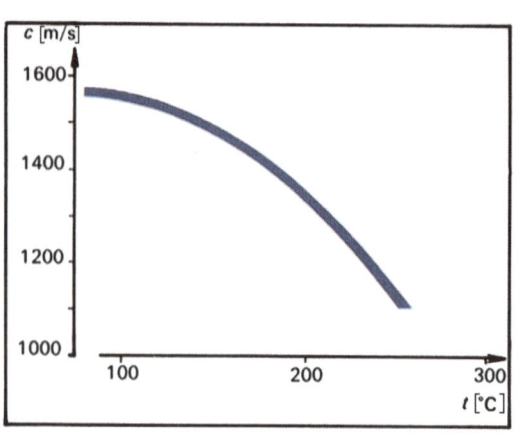

水中の音速

音源	出力 P [W]
警報サイレン	3000
ラウドスピーカー	100
パイプオルガン（最大）	10
フルオーケストラ	5
トランペット（最大）	0.3
グランドピアノ（最大）	0.2
バイオリン（最大）	10^{-3}
会話	10^{-5}

音波出力の参考値

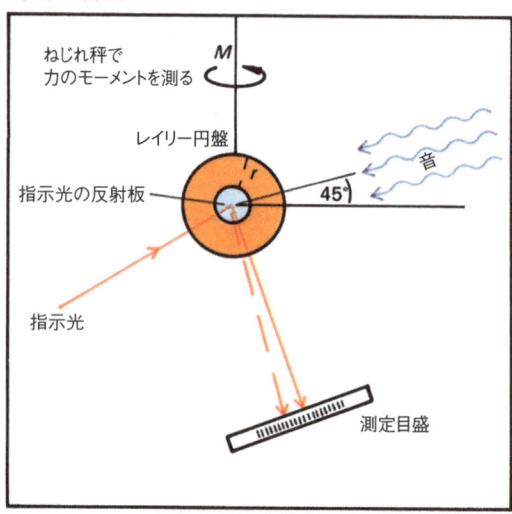

レイリー円盤による音波強度の測定

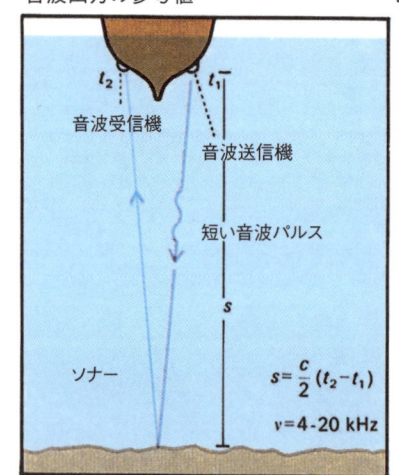

ソナー（音響測深器）

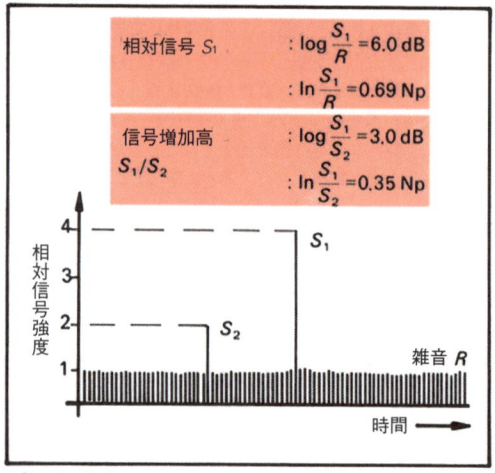

$$s = \frac{c}{2}(t_2 - t_1)$$

$v = 4\text{-}20$ kHz

相対信号 S_1 : $\log \dfrac{S_1}{R} = 6.0$ dB

: $\ln \dfrac{S_1}{R} = 0.69$ Np

信号増加高 S_1/S_2 : $\log \dfrac{S_1}{S_2} = 3.0$ dB

: $\ln \dfrac{S_1}{S_2} = 0.35$ Np

デシベルとネーパ

音速 c は，振動数（周波数）ν がわかっていれば，波長 λ から計算できる：$c = \lambda \nu$．
別の方法は，音響パルスの飛行時間測定である（反響，稲妻，爆発の爆音）．c は伝播媒質の力学的データと熱力学的データからも計算することができる．
気体の中で音速は，

$$c = 1/\sqrt{\kappa \varrho} \qquad \text{音速}$$

ここに，κ：気体の圧縮率；ϱ：気体の密度．
理想気体では次式となる：

$$c = 1/\sqrt{\varrho/p}$$

ここで，p は気体の圧力である．
音は断熱的圧力波であり，節と腹の圧力差が充分早く相殺されないので，実在気体では次式が成り立つ：

$$c = \sqrt{\frac{c_p}{c_v} \cdot \frac{p}{\varrho}} \qquad \text{ラプラスの式}$$

これは，ラプラス (Pierre Laplace 1749–1827) にちなむ．
ここに，c_p：定圧比熱；c_v：定積比熱．
　例：大気について，対応する熱力学的な数値を代入すると，0 °C，標準大気圧のとき，大気中の音速 $c = 331.4\,\mathrm{m/s}$ が得られる．
音波の通過による媒質の局所的温度変化がわずかなときは，次式が成り立つ：

$$c = c_N \sqrt{1 + \alpha t}$$

c_N：0 °C 時の c；$\alpha = 273.2\,°\mathrm{C}^{-1}$；$t$：伝播媒質の温度 (°C)．
液体の中では気体中と違って，c は温度と圧力にほんのわずかに依存するだけである．
固体の中では，c は物体が線状か，あるいは無限に広がっているかに依存する．
　棒と針金に対しては，

$$c = \sqrt{E/\varrho}$$

ここで E はヤング率である．
　無限に広がっている物体に対しては，

$$c = \sqrt{\frac{E}{\varrho} \cdot \frac{(1-\mu)}{(1+\mu)(1-2\mu)}}$$

ここで，μ はポアソン比（69 頁参照）である．
　同じ物質中でも，無限に広がっている物体の c は一次元のそれよりかなり大きい．（例えば，銅の場合，約 25%）．

伝播媒質の分子は動いた位置から静止位置へ戻るために有限の時間を必要とする（緩和現象）．c は，分散段階に達するまで ν/p に比例して数% 大きくなる．そのあと c は一定にとどまる．

音響抵抗は音波が一つの媒質から別の媒質へ入る場合に重要になる量である．
　ここでの抵抗は通常の意味での抵抗ではない．なぜなら，熱への転換は起こらないからである．単にオームの法則（219 頁参照）との類似で有用な概念である．
それは，

$$Z = \varrho c \qquad \text{音響抵抗}$$

ここで Z：音響抵抗 $(\mathrm{kg \cdot m^{-2} \cdot s^{-1}})$．

音の強さ（記号 I，単位 $\mathrm{W/m^2}$．また，伝統的に $\mathrm{W/cm^2}$ も使われる）は，単位時間に単位面積を通る音波のエネルギーである：

$$I = \varrho \omega^2 A^2 c / 2 \qquad \text{音の強さ}$$

ここで，$\omega = 2\pi \nu$；ν：音波振動数；A：伝播媒質の分子の最大変位．
I は，**レイリー円盤**によって**音波放射**圧力 $p = I/c$ を測定して得られる．

音響出力（記号 P，単位 W）は，音源から放出される音の強さの全積分である．

$$P = \int I dS \qquad \text{音響出力}$$

面 S は音源を完全に取り囲む．
音響工学では主として二つの音響出力 P_1 と P_2 の比が問題になる．比の対数 x はベル (Alexander Bell, 1847–1922) にちなみ，Bel（簡略記号 B）で記述される：

$$x = \log(P_1/P_2), \quad \text{(Bel)}$$

実用的には，デシベル (dB)，すなわち Bel/10 を単位として使うことが多い．
二つの量の比を表すもう一つの方法は Neper（簡略記号 Np）で，ネイピア (John Napier, 1550–1617) にちなむ．それは x として次式を用いる：

$$x = 0.5 \ln(P_1/P_2), \quad \text{(Neper)}$$

Bel と Neper は単位ではなく，単に比の対数であるが，単位のように扱われる．Bel と Neper は音響学に限定されるものではない．
B と Np は，二つの出力の比について記述することに注意しなければならない．

耳のデータ

動作の仕方:膜にそって周波数が分散
二つの同じ検出器が22cmの距離にある
外部測定検出器:0.1×0.1×0.1cm
消費量:10^{-6} W以下

平均寿命:$6.2×10^5$ h
信号の遅延時間:0.18 s

動作領域:10^{-3}–5 Pa
しきい値:$2×10^{-5}$ Pa (1kHzのとき)
許容できる短時間過負荷:$2×10^2$ Pa
音響抵抗:$1.5×10^5$ g·cm^{-2}·s^{-1} (可変)

分解能:
強度:8%(平均)
周波数:0.2%
時間:0.055 s(周波数に依存する)
方向:4度

特殊な性能:
組込まれた26デシベル増幅器
完全自動的に強度適応

二つある事による十分な余裕
最適な鼓室による十分な音の抑制
受信部分の伝達連鎖構造と蝸牛の形状

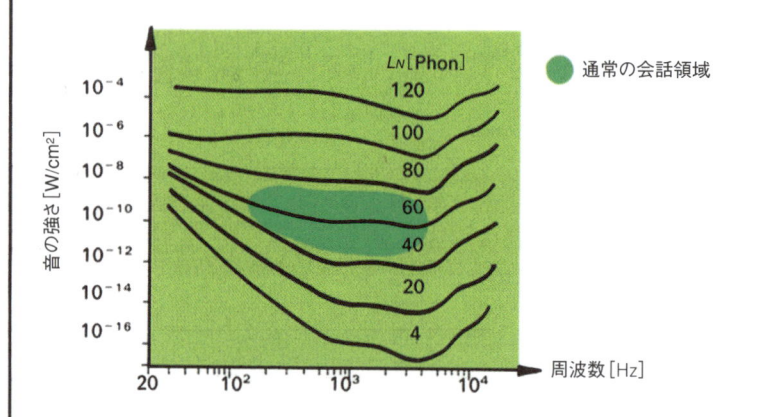

等感曲線(耳に感じる音の大きさが等しい線)

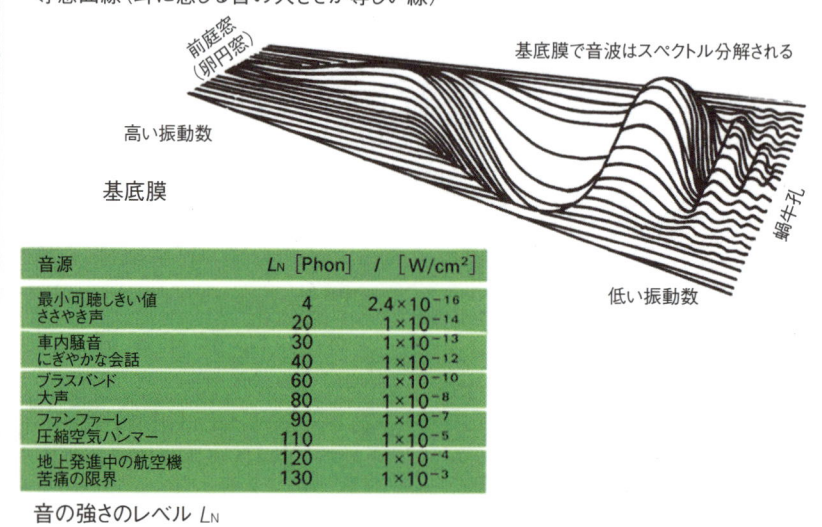

音源	L_N [Phon]	I [W/cm^2]
最小可聴しきい値	4	$2.4×10^{-16}$
ささやき声	20	$1×10^{-14}$
車内騒音	30	$1×10^{-13}$
にぎやかな会話	40	$1×10^{-12}$
ブラスバンド	60	$1×10^{-10}$
大声	80	$1×10^{-8}$
ファンファーレ	90	$1×10^{-7}$
圧縮空気ハンマー	110	$1×10^{-5}$
地上発進中の航空機	120	$1×10^{-4}$
苦痛の限界	130	$1×10^{-3}$

音の強さのレベル L_N

音波は人間の耳に届くと，そこである感覚を引き起こし，我々は聞く．外耳と内耳は本来の受信器官であり，その信号は脳に転送され，そこで整理評価される．個々の過程がつながって全体としての「聞く」という機能が成り立つ：耳に入った音波は**鼓膜**を強制振動させる．三つの連なった**耳小骨**が，これらの振動を**前庭窓**（卵円窓）に伝え，そこで内耳の液体（**リンパ液**）が振動する．

リンパ液は蝸牛の中の管を満たしている．この管は二つの薄い分離膜（**ライスナー膜**と**基底膜**）によって，管に沿う三つ続いた液体柱に分けられている．これらのうち二つの液体柱は，蝸牛の先端部内の**蝸牛孔**で互いに繋がっている．

外耳から来た音波は内耳の中で，いわゆる**進行波**として蝸牛の分離壁を伝播する．すなわち，基底膜がその広がりの方向と垂直に振動する．振動の場所は振動数に依って異なる．このようにして音波は個々の振動数に分解される．それは実際に一種のフーリエ解析である（73 頁参照）．蝸牛の入口ではとりわけ高い振動数の成分が振動する．低い振動数で，かろうじて聞き取れる成分は，蝸牛孔で吸収される．これらの振動の振幅と位置はほぼ 30 000 の神経細胞に順次，電気的刺激によって伝わり，続いて脳の聴神経に届く．

高度な耳の振動数分解能は，神経的刺激を聴覚中枢で精度よく整理することによる．

基底膜は，ゼリー状構造を保つくらいの力学的張力だけに耐えられる．つまり，それはヘルムホルツの共振器につながる類のものではない．リンパ液の中に広がった基底膜の上で三次元的**定常波**が生じる．基底膜は音波検出の根幹である．

感覚的な音の大きさは音の強さ I（89 頁参照）に関係する．音の主観的感覚強度は**音の強さのレベル**（記号 L_N）で測られる．

$$L_N \propto \log I \quad \text{ウェーバーフェヒナーの法則}$$

これはウェーバー（Ernst Weber, 1795–1878）とフェヒナー（Gustav Fechner, 1801–87）にちなむ．

L_N は音波振動数の関数である．したがって，主観的な音の強さのレベルは，同じ音の大きさと思われる 1 kHz の音（**基準音**）を計量音声学的に比較して測られる：

$$L_N = 10 \log (I/I_0) \quad \text{音の強さのレベル}$$

ここで，$I_0 = 1 \times 10^{-12}$ W/m^2（1 kHz の音波が耳にかろうじて聞きとれる大きさのオーダー）．

等感曲線は国際規格 ISO 226:2003 で定められている．L_N は，振動数 1 kHz の比較用音源を取りつけたマイクロホンを用いて測られる．

音の強さのレベルは**フォン**（簡略記号 phon）で表される（89 頁，Bel 参照）．

例えば，$L_N = 30$ フォンは $I/I_0 = 1 \times 10^3$，すなわち $I = 1 \times 10^{-9}$ W/m^2 を意味する．$L_N = 0$ フォンの場合，$I = I_0 = 1 \times 10^{-12}$ W/m^2 である．

例：音の強さのレベルが 10 フォンから 20 フォンに増大すると，音の強さは 10 倍になる．L_N が 30 フォンから 80 フォンにあがると，I は 10^5 倍，つまり 5 桁大きくなる．他方，音の強さが 2 倍になっても，フォン値はわずかしか上がらない．例えば，それぞれ 80 フォンを出す音源を二つ合わせても 83 フォンにしかならない．

耳は 1 フォンの違いをかろうじて聞き分けることができる．

フォンとデシベル（89 頁参照）の数値は，音波周波数 1 kHz の場合に一致する．

音の大きさは主観的−生理学的な量で，音源の主観的比較に用いられる．これは，両耳で聞く場合に使われる量である．同じ音の強さのレベル（つまり，同じフォン数）の二つの音源を同時に聞くとき，主観的な音の大きさの感覚は決して二倍にはならない．フォン尺度のこの欠陥を取り除くのが，音の大きさの聴覚強度尺度である．音の大きさ（loudness）の単位は**ソーン**（簡略記号 sone）という．決まりは：

音の大きさ 2 sone の音は，音の大きさ 1 sone の音（同じ音の高さの場合）より，主観的に 2 倍大きく聞こえる．

それぞれ m sone の音の大きさをもつ音源が n 個集ると音の大きさの総量は $(n \times m)$ sone となる．

定義：1 sone = 40 phon（1 kHz の音の場合）

換算：$\log$ sone = 0.03 (phon − 40)

L_N [phon]	音の大きさ [sone]
0	0.0625
20	0.250
40	1
50	2
60	4
70	8
80	16
90	32
100	64
120	256

92　音響

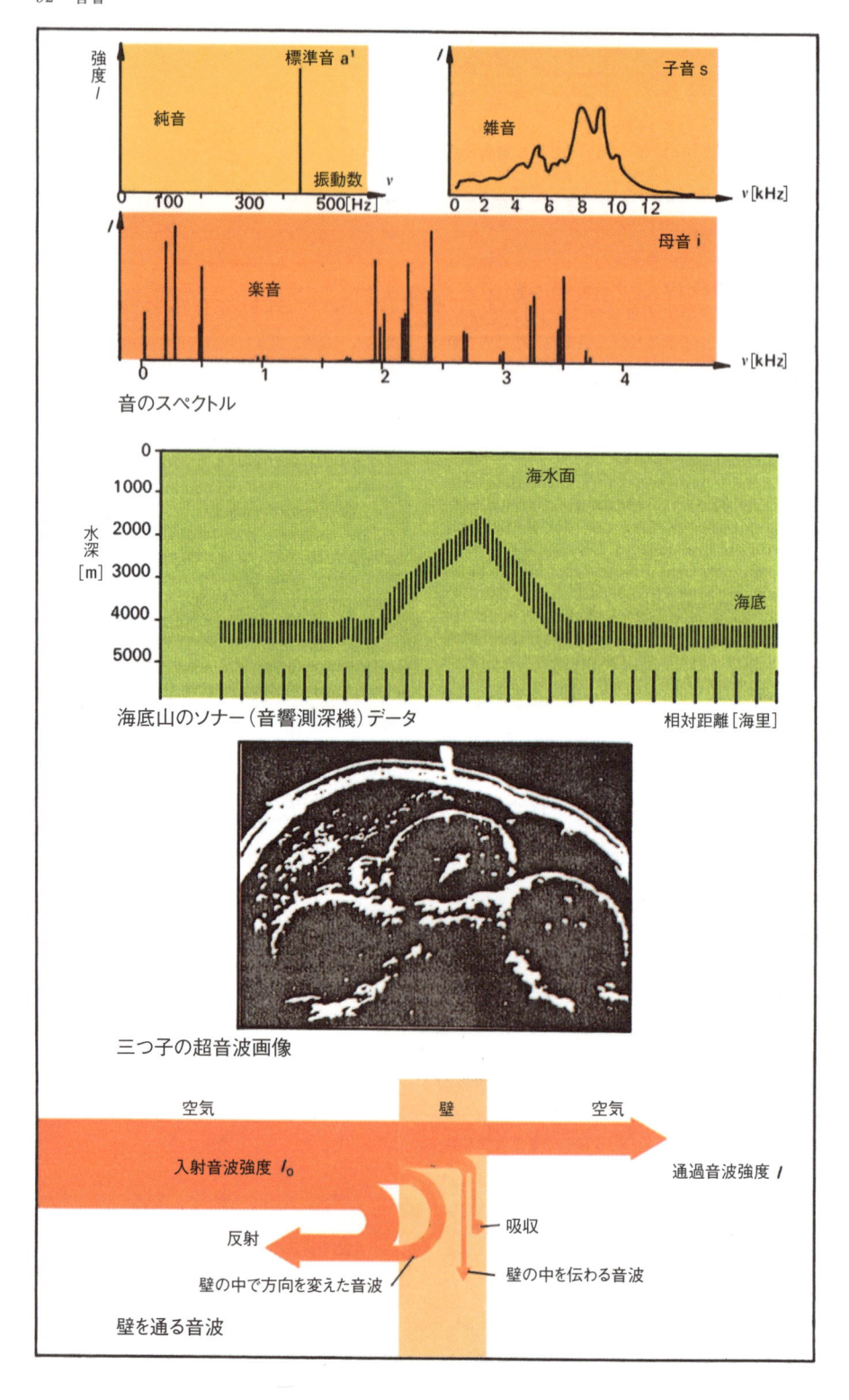

純音　標準音 a¹
強度 I
振動数 ν
0　100　300　500 [Hz]

雑音　子音 s
0　2　4　6　8　10　12　ν [kHz]

楽音　母音 i
0　1　2　3　4　ν [kHz]

音のスペクトル

海水面
海底
水深 [m]
0
1000
2000
3000
4000
5000

海底山のソナー（音響測深機）データ
相対距離 [海里]

三つ子の超音波画像

空気　壁　空気
入射音波強度 I_0　　通過音波強度 I
反射　吸収
壁の中で方向を変えた音波　壁の中を伝わる音波

壁を通る音波

音源は種々の**音スペクトル**を出す.

純音は純粋な調和振動である. 振動数は**音高**と言い, 振幅は音の**強度**と言う. 純音は電子音でつくられる. 楽器は純音を出さない.

楽音は周期的振動である. これは基本音と高倍音に分解できる. 楽音をフーリエ解析すると離散的なスペクトル, すなわち, 線スペクトルが現れる. 楽器は楽音を出す.

楽器の**音色**は基本音と高倍音の振幅の比率で決まる. さらに, 立ち上がりと減衰の過程が楽器の音調に重要な役割を果たす.

雑音(ノイズ)は非周期的な振動が集ったものである. フーリエ解析をすると連続スペクトルを示す. 振動数スペクトルの様相によって, ざわざわ音か, ぱちぱち音か, ごうごう音か, もっと他の雑音が聞こえるかが決まる. 無声の子音は雑音となり, 太鼓, 鈴, カスタネットなどもまったく同様である.

間欠的雑音は会話の破裂音の場合, 例えば, t とか p の場合に出る.

衝撃音は非常に短い時間の雑音で, 連続スペクトルをもつ振動数の振幅は非常に早く静まる.

白色雑音(ホワイト・ノイズ)は, すべての振動数のフーリエ成分が等しい振幅, すなわち等しい音強度を示す場合に現れる.

超音波は可聴音(人に聞こえる音)より上の振動数, すなわち約 20 kHz 以上の振動数を持つ音波である. 超音波の振動数の上限は 10 GHz (10^{10} Hz) と定められ, それ以上は**極超音波**の領域となる. つまり, 振動数の増大によって以下のように区別する:

可聴音 → 超音波 → 極超音波

超音波の発生は, これまで, ガルトン笛によるか, 穿穴サイレン(86頁参照)によってのみ可能であった. 現在では, 逆ピエゾ効果と磁歪によって, より強い音波強度の超音波を作り出すことができるようになった.

超音波は焦点をしぼり, 平行な音波ビームにすることができる. それは, 例えば通過時間測定に利用され, ソナーとして遠隔計測や水面下の位置測定に用いられる.

その他の**応用**:

コンサートホールの音響的性質を, 建築模型と超音波を使って**正確に測る**.

材質検査: 異なる境界面(例えば, 鋳物の中にできた収縮孔)から反射する音波を測定して, 材質を検査する.

非常に細い音波束を用いて点ごとに走査し, その反響の経過時間を解析して, **写像を造る**. この方法で物体内部の断層写真が造られる. 医学的検査では, これは非常に重要な方法である. なぜならば, 超音波はレントゲン線(X線)と違って放射線損傷をひき起さないからである.

他には, 他の方法では混ぜ合わすことができない物質を**混合**すること, 深いところにある物体の層を**加熱**すること, 液体からガス抜きをすること, などがある.

キャビテーション(空洞現象): 超音波が物質の中を進行すると, 伝播媒質分子は強い加速を受ける. 例えば, 水の場合, 0.3 MHz で 10 W/cm^2 の超音波のときに 7×10^5 m/s^2 の加速度を受ける. これは極めて強い引っ張り応力を生みだし, 液体を局所的に引き離すことができる. そのため小さな空洞が生じる. これをキャビテーション(Cavitation)と言う. 空洞は瞬間的に潰れる. この時, 非常に大きな力が生じて, 高分子を分裂させることができる. キャビテーションは液体の中に溶けた気体を取り除く(ガス抜き).

極超音波は, 10^{10} Hz と 10^{13} Hz の間の振動数の音波をいう. この振動数の領域の音波は固体の中に非常に強く吸収される. 約 10^{13} Hz より上では弾性的振動はもはや起こらない. なぜなら, 音波振動が存在するには波長が原子間隔の二倍以上でなくてはならないからである. この条件がもはや満たされなくなる限界の振動数を**デバイ振動数**という.

例: 鉄の場合のデバイ振動数. 音速 $= 5.5 \times 10^5$ m/s, 原子間隔 $= 2.9 \times 10^{-10}$ m, これらと $\nu = c/\lambda$ より, デバイ振動数は約 10^{13} Hz となる.

音の吸収: 音波振動のときに伝播媒質の中で生じる密度変化, 温度変化, 圧力変化は, 完全には元に戻らない. つまり, エネルギーは最終的に熱へ転化する. 次式が成り立つ:

$$I = I_0 e^{-ax} \qquad \text{音波吸収}$$

ここで, I: 深さ x での音波強度; I_0: $x = 0$ のときの I; a: 音波吸収係数.

気体の a は液体と固体の a より 3 桁ぐらい大きい. 音波については, 次式が成り立つ:

$$A = A_0 e^{-\delta x} \sin(\omega t - kx)$$

ここで, A_0: $x = 0$ のときの振幅; δ: 減衰係数(減衰因子); $\omega = 2\pi\nu$; ν: 振動数; $k: 2\pi/\lambda$; λ: 波長.

$I \propto A^2$ であるから, したがって, $a = 2\delta$ である.

熱力学温度（記号 T）は，物体の熱的状態を表す物理量であり，物体の構成要素の平均運動エネルギーに対する尺度である．T は**温度計**（95, 96 頁参照）で測られる．

単原子気体では，温度 T と原子の平均運動エネルギーの間の関係は特に簡単である．次が成り立つ：

$$\bar{E}_k = 3kT/2$$

ここで，$\bar{E}_k$：平均運動エネルギー；$k = 1.38 \times 10^{-23}$ J/K：ボルツマン定数．ボルツマン（Rudwig Boltzmann, 1844–1906）にちなむ．

温度は熱さや冷たさという生理的な感じでもあり，肌での熱感や冷感で察知される．この温度受容体の計測範囲は狭くて，非線形であり，主観的な影響を受けやすく，再現が難しい．

熱力学温度は SI 系の基本物理量の一つである．その単位はケルビン（単位記号 K）であり，SI 系の基本単位の一つである．

ケルビンはケルビン卿（William Thomson, 1824–1907）にちなむ．

「1 ケルビンは，水の三重点の熱力学温度の 273.16 分の 1 である」．

三重点は，圧力-温度の状態図で，物質の 3 つの相（固相，液相，気相）が同時に現れる点である．

温度に対する尺度としてジュール（33 頁参照）を使うことも原則的には可能であるが，そのときは数値が大きすぎて扱いにくいことになるだろう．その上に温度は伝統的にそれ自身の単位が与えられている．

0 K のときは $\bar{E}_k = 0$ であるので，ケルビンで測ると目盛は正の温度だけを示し，正符号を付ける必要はない．

他の温度目盛

T の他に**セルシウス温度**（記号 t）も使われる．それはセルシウス度（摂氏，単位記号 °C）で与えられ，セルシウス（Anders Celsius, 1701–44）にちなむ．

$$t = T - T_0$$

ここで，t：セルシウス温度；T：熱力学温度；$T_0 = 273.15$ K．

1 °C の温度の差は 1 K に等しい．

セルシウス度で測ると目盛には正と負の温度が生じる．取り決め：正の温度には符号は付けない．

水の三重点は 0.0100 °C である．

英語圏では**ファーレンハイト温度**（華氏）（記号 θ）が広く使われている．それはファーレンハイト（Daniel Gabriel Fahrenheit, 1686–1736）にちなみ，ファーレンハイト度（華氏，記号 θ，単位記号 °F）で表される．次の関係がある：

$$\theta = 9t/5 + 32$$
$$t = 5(\theta - 32)/9$$

温度目盛の**定点**は確定された基本点で，温度計の検定に役立つ．それは通常 °C で与えられる．最も重要な定点は次のものである：

氷の融点（0 °C：**氷点**），
水の沸点（100 °C）．

温度の間隔，**温度差**は，熱力学温度目盛とセルシウス温度目盛に対して数値的に等しい．それは K，あるいは，°C で与えられる．

物体が周囲と温度的に平衡になろうとするのは，全ての物体の基本的な特性である．十分長い接触時間によって隣接した物体は同じ温度を示す．これは全ての温度計の測定原理である．

温度目盛の定点（1990 年国際温度目盛（ITS-90））

温度 [°C]	物質	温度定点
−270.15	He	蒸気圧点
−268.15 まで		
−259.3467	H_2	三重点
−256.125	H_2	蒸気圧点
−256.105 まで		(0.329 MPa)
−252.89	H_2	蒸気圧点
−252.87 まで		(1.022 MPa)
−248.5939	Ne	三重点
−218.7916	O_2	三重点
−189.3442	Ar	三重点
−38.8344	Hg	三重点
0.01	H_2O	三重点
29.7646	Ga	融点
156.5985	In	凝固点
231.928	Sn	凝固点
419.527	Zn	凝固点
660.323	Al	凝固点
961.78	Ag	凝固点
1064.18	Au	凝固点
1084.62	Cu	凝固点

温度計は温度を測る．そのために，物質（**温度計物質**）の温度依存特性が利用される．ほとんどの温度計は熱膨張，あるいは電気抵抗の変化を基にしている．
温度計は以下の特性を持っていなければならない：
a) 測定範囲内において温度の感度が十分であること．
b) 温度計物質の質量 ≪ 測ろうとする物体の質量．（そうでなければ温度計が，測ろうとしている物体の温度を著しく変える．）
c) 温度計の反応時間 ≪ 測定する物体の温度の時間変化．

熱膨張：温度が上がると，通常，物体は膨張する．温度が下がると再び収縮する．次が成り立つ：

$$V = V_0(1 + \alpha \Delta T) \qquad \text{体膨張}$$

ここで，V：最終温度 T_f のときの物質の体積；V_0：初期温度 T_i のときの体積；α：K^{-1} あるいは $°\mathrm{C}^{-1}$ で測られた熱的な体膨張率；$\Delta T = T_\mathrm{f} - T_\mathrm{i}$．

多くの温度計は，温度計物質の膨張が容器の形によって線形膨張になるように作られる．たとえば**棒温度計**．このとき，

$$\ell = \ell_0(1 + \alpha_\ell \Delta T) \qquad \text{線膨張}$$

が成り立つ．ここで，ℓ：最終温度 T_f のときの物質の長さ；ℓ_0：初期の長さ；α_ℓ：線膨張率，K^{-1} あるいは $°\mathrm{C}^{-1}$ で測られる．
温度計物質が特定方向に膨張する傾向を示すことがない限り，$\alpha_\ell = \alpha/3$ が成り立つ．
膨張率はそれ自身 T に依存するが，この温度依存性は，Hg の場合のように，通常，非常に小さい．

物質	$100\,°\mathrm{C}$ の $\alpha_\ell\ [10^{-5}\mathrm{K}^{-1}]$
石英ガラス	0.0510
磁器	約 0.03
タングステン	0.43
銅	1.67
食塩	約 4.0
水銀	6.03（20°C で）
エタノール	47.7（20°C で）

α_ℓ は非常に小さいが，実際には常に考慮されねばならない．
例：レールの膨張：$\alpha_\ell = 1.22 \times 10^{-5}\ \mathrm{K}^{-1}$ であるから，$20\,\mathrm{m}$ の長さのレールは，$-30\,°\mathrm{C}$ から $50\,°\mathrm{C}$ への加熱によって $2\,\mathrm{cm}$ だけ膨張する．その際生じる圧力はほぼ $1.3 \times 10^5\ \mathrm{N/m}^2$ になり，頑丈なレールを曲げかねない．鉄の熱伸張を考慮に入れて，「レールの継ぎ目」の幅は決められている．

α は負にも成りうる（たとえば，Fe–Pt 合金）．そのときは加熱により物質は収縮する．インバーは Ni–Fe の合金であり，極めて小さい膨張率を持つ．

バイメタル温度計：二つの異なった細長い金属が貼り合わされている．膨張率が異なっているので，温度の変化につれてこの貼り合わされた金属は反り返る．信頼性の高い熱的スイッチとして利用されている．

液体の熱膨張率は，固体のそれよりも通常はるかに大きい．**気体の熱膨張率**はさらに大きい．それは一定で，広い範囲にわたって温度に依存せず，次が成り立つ：

$$\alpha = 1/273\ °\mathrm{C}^{-1}$$
$$V = V_0(1 + \alpha t)$$

ここで，V：セルシウス温度 t での気体の体積；V_0：$t = 0\,°\mathrm{C}$ に対する V．
この書き方は，セルシウス温度が負になることも考慮に入れている．
気体温度計は非常に正確で，広い測定領域を持っている．

等分配則

熱は分子の不規則な運動である．その際，巨視的なまとまった運動は起こらない．
それぞれの分子は**自由度**（41 頁参照），すなわち，いろいろな運動可能性を持っている．自由分子は，三つの並進の自由度と三つの回転自由度を持っている．固体の内部でも，分子は六つの自由度を持っている．三つの並進自由度が三つの振動の自由度と入れ替わる．
与えられた温度に対して全ての分子の**平均エネルギー**は一定であるが，**個々の分子のエネルギーは異なっている**．

全エネルギー ＝ 並進 ＋ 回転 ＋ 振動エネルギー．

等分配則が成り立つ：
「熱平衡状態では，どの自由度にも同じ平均エネルギーが割り当てられる．すなわち，どの分子にも自由度ごとに $E'_\mathrm{f} = kT/2$ が割り当てられる．」
したがって，f の自由度を持つ分子は平均全エネルギー

$$\bar{E}_\mathrm{f} = fkT/2$$

を持っている．ここで $k = 1.38 \times 10^{-23}\ \mathrm{J \cdot K^{-1}}$：**ボルツマン定数**．

例：平均の**並進エネルギー**，すなわち，気体単原子分子の平均運動エネルギーは $3kT/2$ である．

96　熱力学

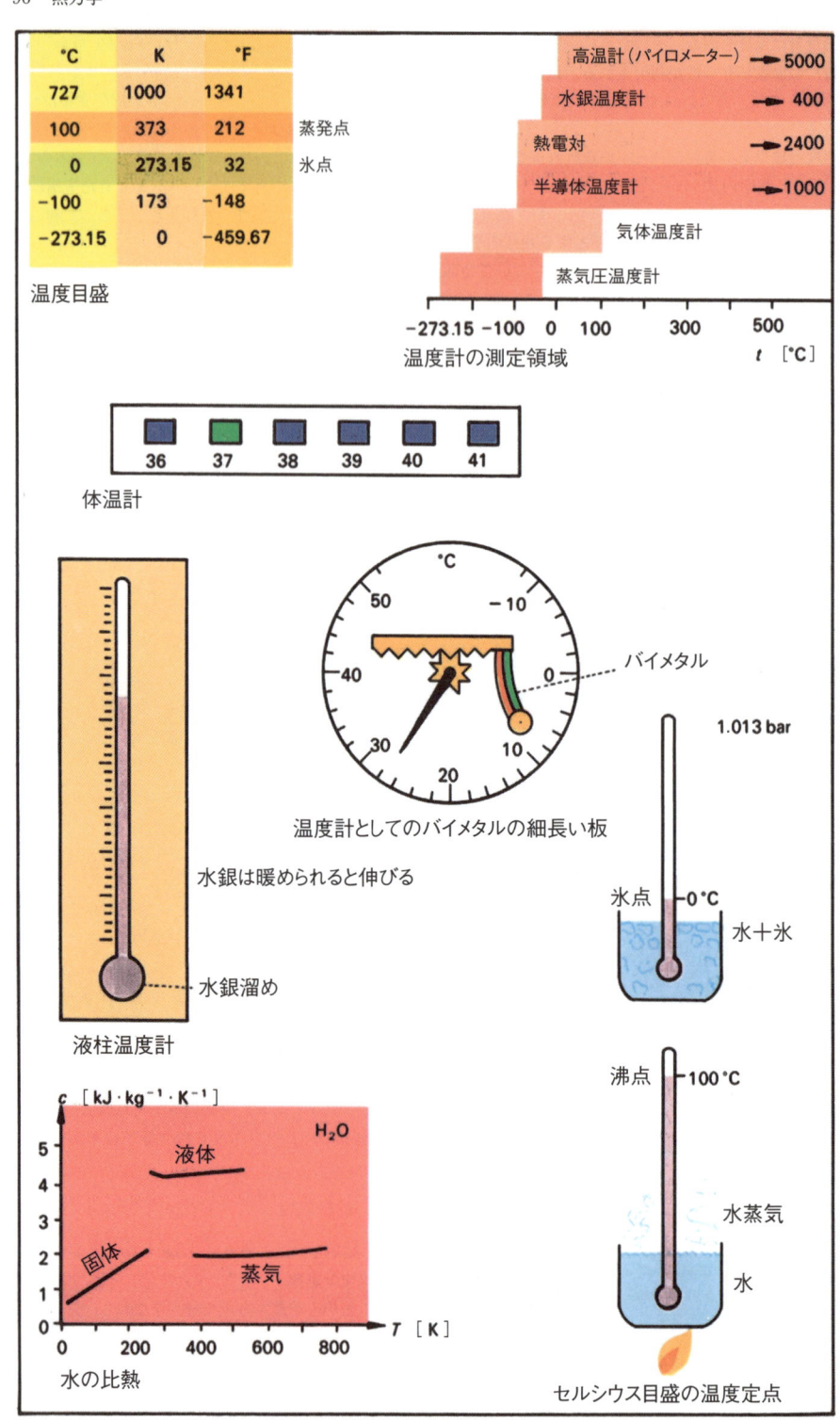

°C	K	°F	
727	1000	1341	
100	373	212	蒸発点
0	273.15	32	氷点
−100	173	−148	
−273.15	0	−459.67	

温度目盛

高温計（パイロメーター） → 5000
水銀温度計 → 400
熱電対 → 2400
半導体温度計 → 1000
気体温度計
蒸気圧温度計

−273.15　−100　0　100　　300　　500　　t [°C]

温度計の測定領域

体温計　36　37　38　39　40　41

液柱温度計
水銀は暖められると伸びる
水銀溜め

温度計としてのバイメタルの細長い板
バイメタル

1.013 bar
氷点 — 0 °C　氷＋水
沸点 — 100 °C　水蒸気　水

セルシウス目盛の温度定点

水の比熱
c [kJ·kg^{-1}·K^{-1}]　H$_2$O
液体
固体
蒸気
T [K]

温度 T_1 の物体を温度 T_2 にするには，エネルギー，ないしは熱の供給を必要とする．$\Delta T = T_2 - T_1$ は熱の量だけでなく物質にも依存する．

比熱（比熱容量）（記号 c，単位 $\mathrm{J \cdot kg^{-1} \cdot K^{-1}}$）は，物質 1 kg を 1 K だけ熱するに必要なエネルギー（熱量）である．c は温度に依存する．

物体の**熱容量**（記号 C，単位 $\mathrm{J \cdot K^{-1}}$）は，その物質を 1 K だけ熱するのに必要なエネルギーである．次が成り立つ：

$$C = cm \qquad \text{熱容量}$$

ここで，C：熱容量；c：比熱；m：物体の質量．

モル比熱（モル熱容量）（記号 C_{mol}，単位 $\mathrm{J \cdot mol^{-1} \cdot K^{-1}}$）は，物質 1 モルを 1 K だけ熱するのに必要なエネルギーである．次が成り立つ：

$$C_{\mathrm{mol}} = cM_{\mathrm{r}} \qquad \text{モル比熱}$$

ここで，M_{r}：モル当たりの質量（例えば，H_2O は 0.018 kg）．

よく知られた自由度の分子から成る均質な物体（気体，固体）に対しては，等分配則（95 頁参照）によって C_{mol} を計算することができる．

固体に対しては，1819 年に定式化されている**デュロン-プティの法則**がある．

$$C_{\mathrm{mol}} = N_A f k / 2 = 24.9 \, \mathrm{J \cdot mol^{-1} \cdot K^{-1}}$$

これは，デュロン（Pierre Dulong, 1785–1838）とプティ（Alexis Petit, 1791–1820）にちなむ．ここで，C_{mol}：モル比熱；$N_A = 6.022 \times 10^{23} \, \mathrm{mol^{-1}}$：アボガドロ定数；$k = 1.38 \times 10^{-23} \, \mathrm{J \cdot K^{-1}}$：ボルツマン定数；$f$：分子当たりの自由度の数．

この法則は重い元素に対してよく成り立つ．軽い元素に対しては，測定値は小さくなる．これは格子振動（331 頁参照）に起因する量子効果による．

水の C_{mol} は異常に大きい．というのは，H_2O 分子の腕が強く曲がっていて（104°），とりわけ多くの自由度を持っているためである．

気体の場合は，定圧の C_{mol}（記号 C_p）と定積の C_{mol}（記号 C_V）とを区別しなければならない．C_p には，気体が熱膨張の際にしなければならない仕事が余分に加わっている．したがって，常に $C_p > C_V$ である．

固体や液体では，相対的に熱膨張が小さいために，この差は無視できるほど小さい．

理想気体に対して次が成り立つ：

$$C_p - C_V = R$$

ここで，R：気体定数 $= 8.314 \, \mathrm{J \cdot mol^{-1} \cdot K^{-1}}$；$C_p = c_p M_{\mathrm{r}}$：定圧モル比熱；$C_V = c_V M_{\mathrm{r}}$：定積モル比熱；$c_p, c_V$ はそれぞれ定圧比熱，定積比熱；M_{r}：モル当たりの質量．

熱量計

比熱は**混合カロリメーター**で測られる：断熱された容器に温度 T_1，質量 m_1 の水が入っている．質量 m_2 の測定物体が温度 T_2 に加熱され，水槽に浸けられる．しばらくすると平衡温度 T_{m} となる．エネルギー保存則によって失われた熱量 Q_2 は，受け取られた熱量 Q_1 に等しい．それらはそれぞれ，

$$Q_2 = c m_2 (T_2 - T_{\mathrm{m}}),$$
$$Q_1 = (c_1 m_1 + C)(T_{\mathrm{m}} - T_1)$$

$Q_2 = Q_1$ より，

$$c = \frac{c_1 m_1 + C}{m_2} \cdot \frac{T_{\mathrm{m}} - T_1}{T_2 - T_{\mathrm{m}}}$$

ここで，c：測定物体の比熱；C：カロリメーターの熱容量；c_1：水の比熱．

比熱（比熱容量）（小数点以下省略）

物質	c（20 °C での値）[$\mathrm{J \cdot kg^{-1} \cdot K^{-1}}$]
鉛	129
水銀	139
銀	234
銅	385
ガラス	840
コンクリート	840
アルミニウム	896
磁器	1100
メチルアルコール	2470
水	4187
空気 (c_p)	1003
空気 (c_V)	715
ヘリウム	5230
水素 (c_p)	14219
水素 (c_V)	10078

熱力学

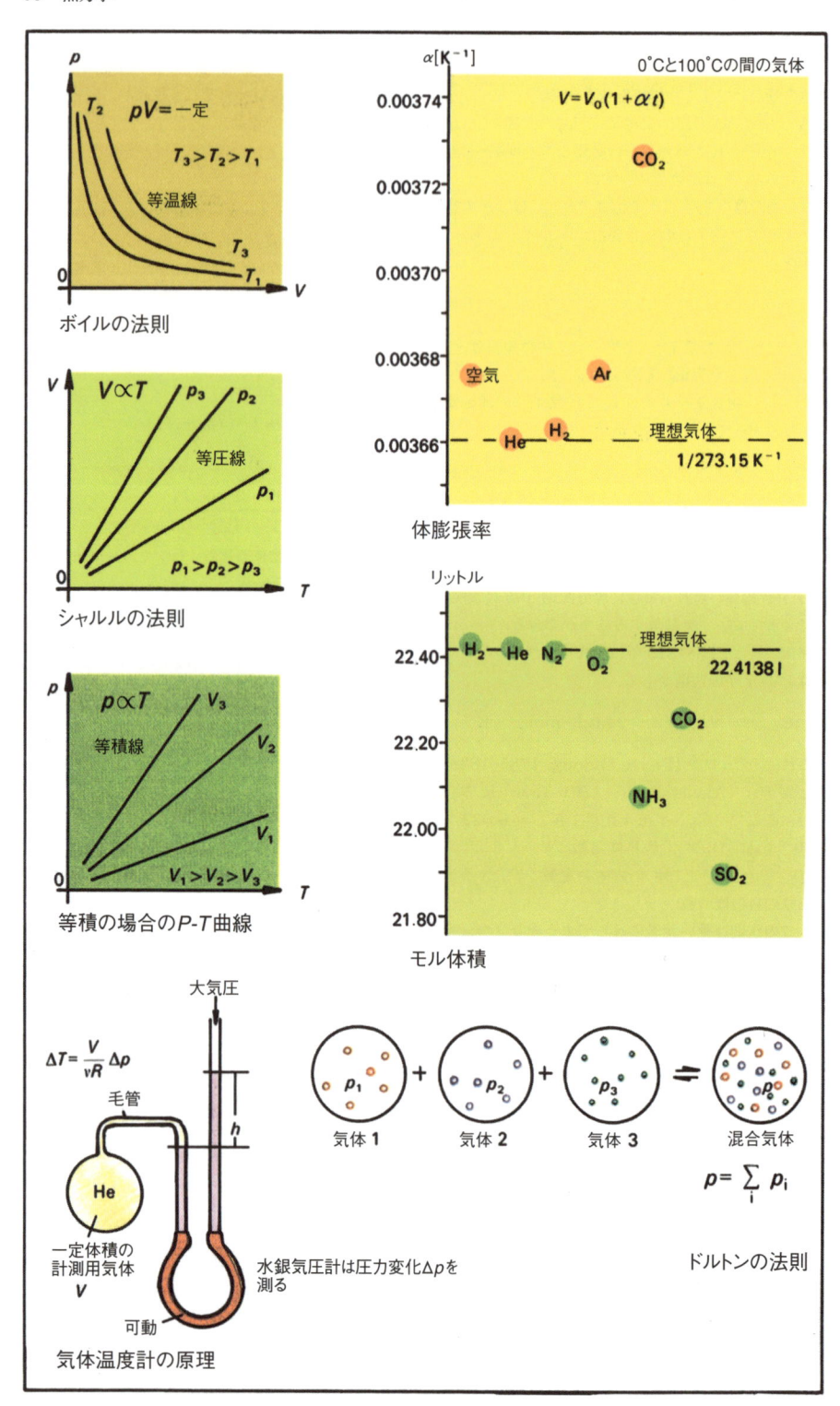

ボイルの法則
$pV = $ 一定
$T_3 > T_2 > T_1$
等温線

シャルルの法則
$V \propto T$
等圧線
$p_1 > p_2 > p_3$

等積の場合のP-T曲線
$p \propto T$
等積線
$V_1 > V_2 > V_3$

体膨張率
α [K^{-1}]
0°Cと100°Cの間の気体
$V = V_0(1 + \alpha t)$
CO$_2$, 空気, Ar, He, H$_2$
理想気体 $1/273.15$ K^{-1}

モル体積
リットル
H$_2$, He, N$_2$, O$_2$ — 理想気体 22.4138 l
CO$_2$, NH$_3$, SO$_2$

気体温度計の原理
$\Delta T = \dfrac{V}{\nu R}\Delta p$
毛管, He, 一定体積の計測用気体 V, 可動
大気圧
水銀気圧計は圧力変化 Δp を測る

ドルトンの法則
気体1 (p_1) + 気体2 (p_2) + 気体3 (p_3) ⇌ 混合気体
$p = \sum_i p_i$

物質量（記号 n あるいは ν）は SI 系の基本量の一つであり，SI 系の基本単位，モル（単位記号 mol）で測られる．

「モルは，0.012 キログラムの炭素 ^{12}C の中に存在する原子の数に等しい数の要素粒子を含む系の物質量であり，単位の記号は mol である．」

「モルを用いるとき，要素粒子は明示されなければならないが，それは原子，分子，イオン，電子，その他の粒子またはこの種の粒子の特定の複合体であってよい．」

例：理想気体はモル当たり，

$$N_A = 6.022 \times 10^{23} / \text{mol} \quad \text{アボガドロ定数}$$

個の分子を含んでいる．これはアボガドロ (Amedeo Avogadro, 1776–1856) にちなむ．

理想気体の 1 モルは，**標準状態**（温度 273.15 K，気圧 101 325 Pa）で次の体積を占める：

$$V_m = 0.02241 \, \text{m}^3 / \text{mol} \quad \text{モル体積}$$

理想気体は標準状態で，1 m^3 当たり，

$$n_0 = 2.687 \times 10^{25} / \text{m}^3 \quad \text{ロシュミット定数}$$

の分子を含む．これはロシュミット (Joseph Loschmidt, 1821–95) にちなむ．

$$n_0 = N_A / V_m$$

気体の法則

三つの**状態量**，すなわち温度と圧力，体積で気体は記述される．

$$pV = \nu RT \quad \textbf{気体の法則}$$
（ボイル-シャルルの法則）

ここで，p：気体の圧力；V：気体の体積；ν：気体のモル数；$R = 8.314 \, \text{J} \cdot \text{K}^{-1} \cdot \text{mol}^{-1}$：気体定数；$T$：熱力学温度．

理想気体の定義：ある気体が正確に気体の法則に従うならば，それは**理想気体**である．そうでなければ，それは**実在気体**である．

上記の気体の法則で，ある状態量を一定に保つと，歴史的以前に定式化されていた関係が導かれる．

$T = $ 一定に対して次が成り立つ：

$$p \propto 1/V \quad \textbf{ボイルの法則}$$

これはボイル (Robert Boyle, 1627–91) にちなむ．p と V のグラフで**等温線**が得られる．それらは双曲線の群になっている．それぞれの双曲線は別々の温度に対応している．

$p = $ 一定に対しては次が成り立つ：

$$V \propto T \quad \textbf{シャルルの法則}$$

これはシャルル (Jacques Charles, 1746–1823) にちなむ．

V と T のグラフで**等圧線**が得られる．それらは異なった勾配を持つ直線である．個々の直線は別々の圧力に対応している．

シャルルの法則に従えば，$T \to 0$ の極限では $V \to 0$ となる．気体分子の大きさは有限であるので，この法則は非常に低い温度の領域では成り立たない．気体の法則で分子の固有体積を取り入れれば，実在気体に対する状態方程式を得る（53 頁参照）．

応用：

気体温度計は気体の膨張に基づいており，V と T との間の線形性のために非常に正確である：

ある容器に温度計物質として気体が保持されている．その気体は水銀柱で封じられている．組み込まれている水銀圧力計の中の水銀柱が動いて，気体の圧力が常に同じになるように調整する．両方の水銀柱の高さの差から気体容器の相対的な温度が読み取られる．

気体が理想気体のように振る舞う限り，計測は気体の種類に依存しない．

$V = $ 一定に対して，

$$p \propto T$$

が成り立つ．

p と T のグラフから**等積線**を得る．それらはいろいろな勾配を持つ直線である．それぞれの直線は別々の体積に対応する．

今考えている事象では時間は無視されている．すなわち，変化は十分ゆっくり起こるものとしている．別の極限は衝撃波のような非常に早い現象である．このような場合は，事象は断熱過程（103 頁参照）になり，別の考え方が必要になる．

混合気体はドルトンの法則に従う．これはドルトン (John Dalton, 1766–1844) にちなむ：

総圧 = 分圧の和
$$p = \sum_i p_i$$

そして，

$$p_i / p = \nu_i / \nu$$

ここで，p：混合気体の圧力；p_i, ν_i：i-種の気体成分の圧力，モルで測られた物質量；ν：総物質量．ある気体成分 i のモル分率あるいは**物質量分率**（記号 κ_i）は次の様に書ける：

$$\kappa_i = \nu_i / \nu \quad \text{モル分率}$$

熱力学系

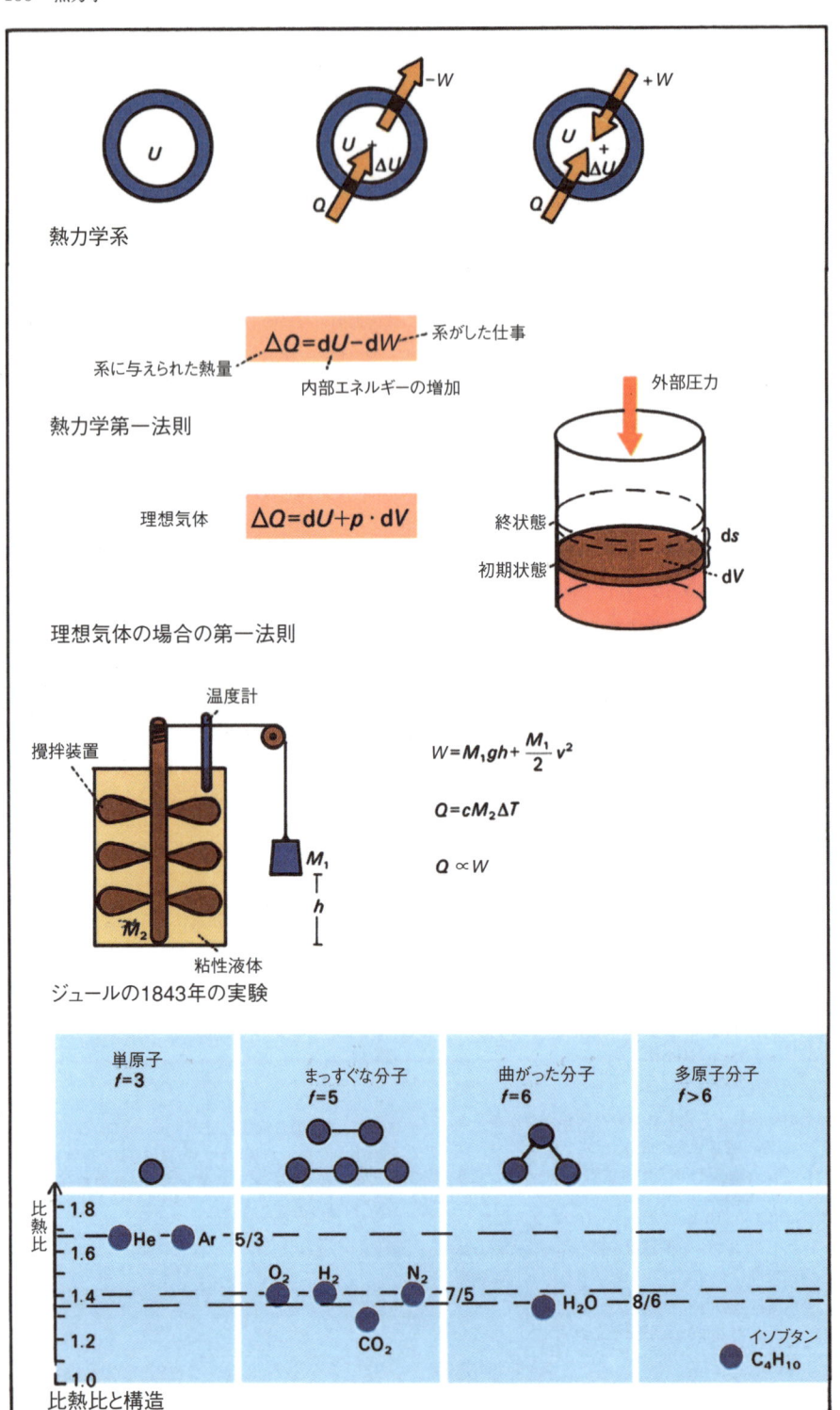

熱力学第一法則

$$\Delta Q = dU - dW$$

- 系に与えられた熱量: ΔQ
- 内部エネルギーの増加: dU
- 系がした仕事: $-dW$

理想気体の場合の第一法則

理想気体
$$\Delta Q = dU + p \cdot dV$$

外部圧力 / 終状態 / 初期状態 / ds / dV

ジュールの1843年の実験

攪拌装置 / 温度計 / M_1 / h / M_2 / 粘性液体

$$W = M_1 g h + \frac{M_1}{2} v^2$$

$$Q = c M_2 \Delta T$$

$$Q \propto W$$

比熱比と構造

| 単原子 $f=3$ | まっすぐな分子 $f=5$ | 曲がった分子 $f=6$ | 多原子分子 $f>6$ |

比熱比: He, Ar — 5/3 ; O_2, H_2, N_2 — 7/5 ; CO_2 ; H_2O — 8/6 ; イソブタン C_4H_{10}

熱的に孤立している系に外部から熱量を供給すれば，系の内部エネルギーは増加する．また，系は外部に仕事をすることができる．次のエネルギー保存則が成り立つ：

$$Q = \Delta U - W \qquad \textbf{熱力学第一法則}$$

ここで，ΔU：内部エネルギーの増大；$-W$：系が外部にした仕事；Q：系が取り入れた熱エネルギー．

取り決め：物理量はそれぞれ系が与えるときは負，系が取り入れるときは正の符号を取るものとする．．

熱力学でよく使われるが，系の変化がごく僅かであるとき，第一法則は微分形で記述できる：

$$\delta Q = dU - \delta W$$

δQ や δW は不完全微分であり，これらは積分するとき，その経路によって値が異なる．

熱力学第一法則は経験則である．

一つの結論：**第一種永久機関**は不可能である．同じ量のエネルギーを取り入れることなしに，永久に仕事を続ける機械は存在しない．

第二種永久機関は，熱源から熱を取り出すだけで，これを全部仕事に変えて外に与える．このような機械は存在しない（123 頁参照）．

系に供給されたエネルギーは完全に系の中に止まることができる．たとえば，物質の状態変化の際の仕事，化学的，電磁気的あるいは原子核物理的な力に抗してなされた仕事で，分子の運動エネルギー（熱）が増加する．

理想気体と第一法則

第一法則における個々の物理量は，理想気体に対して具体的に計算することができる．仕事は体積膨張によって外部に与えられ，収縮の際には外部から取り込む：

$$\delta Q = dU + p\,dV$$

ここで，$-p\,dV$ は体積増大によって外部に与えられた仕事であり，体積収縮の際は $dV < 0$ である．
理想気体の内部エネルギーは熱エネルギーだけである．すなわち，

$$dU = c_V m\,dT$$

したがって，理想気体に対して第一法則は次のようになる：

$$\delta Q = c_V m\,dT + p\,dV$$

ここで，c_V：定積比熱（比熱容量）；m：気体の質量．

熱の仕事当量

熱はエネルギーの一形態である．それは力学的な仕事から発生させることができるし，再度力学的仕事に変えられる．その際 $W \propto Q$ が成り立つ．すなわち，

$$W = jQ$$

がマイヤー（Julius Robert Mayer, 1814–78）によって定式化された．

j は**熱の仕事当量**と呼ばれており，数値 1 である（なぜなら今日では Q と W の単位は同じであるから）．

ジュール（James Joule, 1818–89）は，1843 年，熱の仕事当量を実験的に定めた．

一本の軸に取り付けたいくつかの羽根車が粘性液体の中で回っている．降下する重りは，水車に駆動エネルギーを与える．摩擦は，重りのポテンシャル・エネルギーと運動エネルギーを液体の熱エネルギーに変換する．放出されたエネルギーを液体の温度上昇と比べると熱の仕事当量が得られる：

$$4.187\,\text{N}\cdot\text{m} = 4.187\,\text{J} = 1\,\text{cal}$$

熱の仕事当量

比熱比

圧力を一定にして，気体を dT だけ暖めるには，次の熱量を必要とする．

$$dQ_p = c_p m\,dT$$

体積一定で，他は同じ条件だとすると，

$$dQ_V = c_V m\,dT$$

が必要である．両熱量の比は次のようになる：

$$dQ_p/dQ_V = c_p/c_V$$

この比 c_p/c_V は**比熱比**（記号 γ）と呼ばれ，それぞれの気体分子の自由度の数 f に依存する．

$$\gamma = (f+2)/f$$

比熱は実験的に決めることができ，これから気体分子の構造を推量することができる．

例：$\gamma = 5/3$ を持つ気体は単原子分子（すなわち $f = 3$）であるに違いない．測定値が $\gamma = 7/5$ になったときは 2 原子分子（$f = 5$）であろう．

熱力学

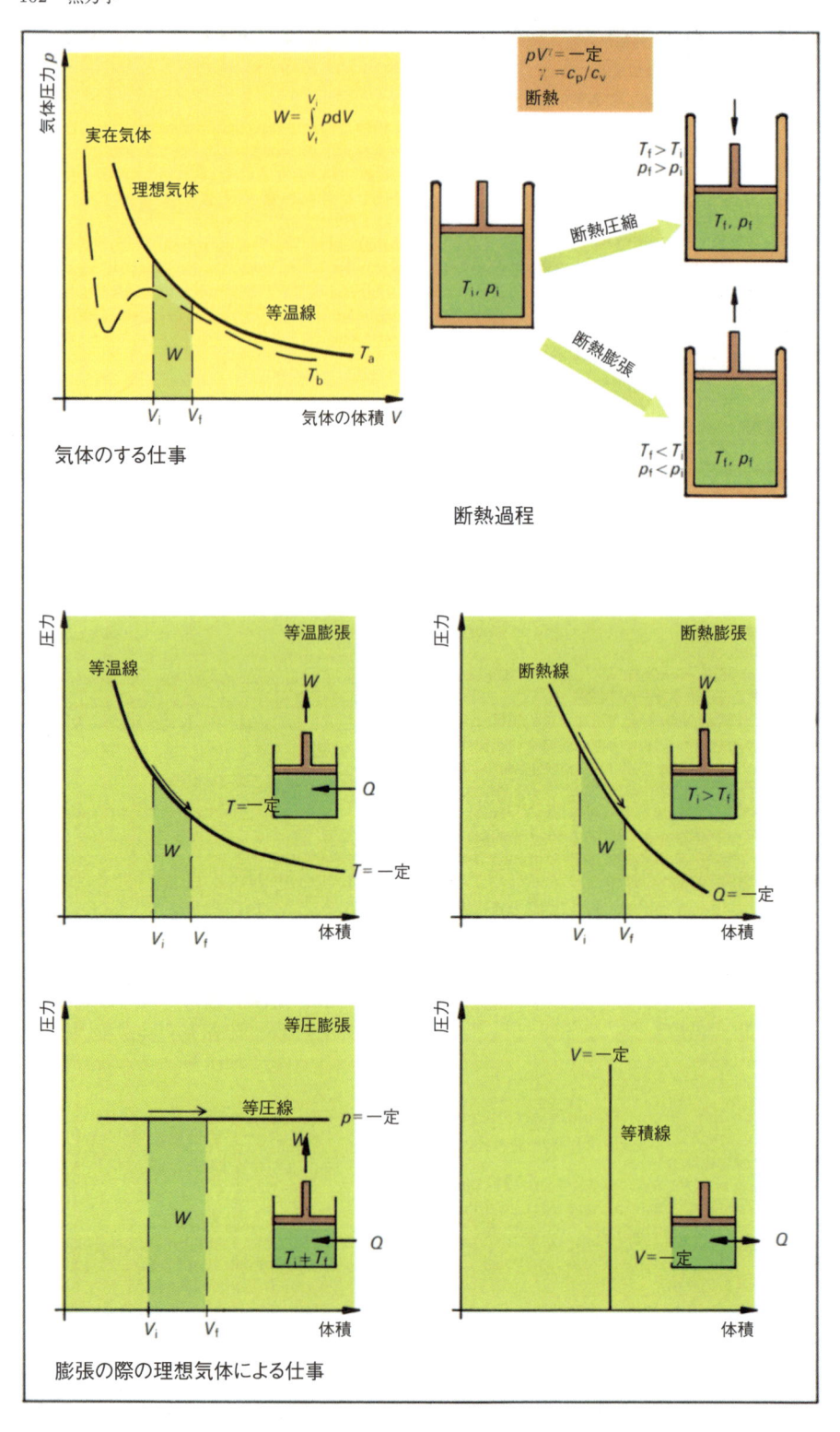

気体のする仕事

$W = \int_{V_i}^{V_f} p\,dV$

実在気体／理想気体／等温線／T_a／T_b／V_i／V_f／気体圧力 p／気体の体積 V／W

断熱過程

$pV^\gamma = $ 一定
$\gamma = c_p/c_v$
断熱

断熱圧縮：$T_f > T_i$, $p_f > p_i$
断熱膨張：$T_f < T_i$, $p_f < p_i$
$T_i, p_i \to T_f, p_f$

膨張の際の理想気体による仕事

等温膨張：等温線／$T =$ 一定／Q／W／V_i／V_f

断熱膨張：断熱線／$T_i > T_f$／$Q =$ 一定／W／V_i／V_f

等圧膨張：等圧線／$p =$ 一定／$T_i \neq T_f$／Q／W／V_i／V_f

$V =$ 一定／等積線／Q

断熱過程は非常に速く起こるので，考えている系と周囲との熱の交換は起こらない．あるいは，別の言葉で言えば次のようになる：断熱過程の間には，いかなる熱量も系を去るか，または系に入ることはない．断熱事象に対して次が成り立つ：

$$\delta Q = 0 \text{ すなわち } Q = \text{一定}$$

例：音波の伝播は断熱事象である．局所的な圧力変化は非常に速く起こるので，つねに $\delta Q = 0$ となる．よって音速に対するラプラス方程式に比熱比 γ（101 頁参照）が入る．すなわち，音速 $c = \sqrt{\gamma p / \varrho}$.

理想気体に対して第一法則から次が出る：

$$c_V m \, dT = -p \, dV$$

以下の**断熱方程式**が成り立つ：

$$TV^{\gamma-1} = \text{一定}$$
$$Tp^{(1-\gamma)/\gamma} = \text{一定}$$
$$pV^{\gamma} = \text{一定}$$

ここで，T：熱力学温度；V：体積；p：圧力；$\gamma = c_p / c_V$：比熱比．
断熱方程式のうちの最後の式は**ポアソンの式**とも呼ばれる．

空気の熱伝導率が小さいこと，および，大きな空気の塊が急速に動くことにより，大気は等温ではなくて，たいていの場合，断熱的に層を成している．そして T は高度が上がるにつれて低下する．例えば，空気密度が半分に落ちる，あるいは体積が 2 倍になると，（$\gamma = 1.4$ として）大気圧は断熱方程式によって $(1/2)^{1.4} \approx 1/3$ に下がる．気圧公式（49 頁参照）は，したがって，近似的にしか成り立たない．

p-V 図で**断熱線**は対応する等温線より勾配が急である．

気体の**断熱圧縮**の際に熱量の移動はない．よって，気体に対する断熱圧縮は，気体の内部エネルギーを増大させ温度を上昇させる：

$$T_f = T_i (V_f / V_i)^{(1-\gamma)}$$

ここで，T_f, V_f：圧縮の後の気体の熱力学温度，および体積；T_i, V_i：圧縮の前の気体の熱力学温度，および体積．

例：圧縮ライター．室温（$T = 293$ K）で，断熱容器の空気を初期の体積の 10 % まで圧縮すると，空気温度は $10^{(\gamma-1)}$ 倍だけ上昇する，すなわち 463 °C へ上昇し，灯心に火が付く．

気体の**断熱膨張**の際には周囲の熱量は気体に移らず，成された仕事に対応する熱量は気体の内部エネルギーが当てられる．よって気体は冷えなければならない．このとき断熱方程式が成り立つ．

例：**ウイルソンの霧箱**：飽和状態の高純度の水蒸気で満たされた断熱容器があり，その体積を急激に膨張させる．すると温度は下がり，水蒸気は過飽和になるが，凝縮の核が不足しているためすぐには凝縮しない．荷電粒子（例えば，陽子，電子）を霧箱に入射すると，それらが凝縮核を作り出し，目に見える水滴の軌跡を後に残す．それを外部から観測する．

気体のする仕事

気体の状態変化をもたらすために加えられる仕事，あるいは取り出される仕事は，状態量の変化に依存する．次が成り立つ：

$$W = \int_{V_f}^{V_i} p \, dV \qquad \text{気体の仕事}$$

ここで，W：仕事；V_i, V_f：初期状態，終状態の体積；p：気体圧力．

W の符号が負ならば，気体は仕事を行い，正符号では仕事をされる．

p-V 図で，W は対応する等温曲線，あるいは断熱曲線下部の面積に等しい．

理想気体に対しては，p は気体の法則（ボイル-シャルルの法則，51 頁，99 頁参照）から求められる．実在気体のときはファン・デル・ワールスの法則（53 頁参照）によって計算される．

いろいろな過程で，加えられたり，取り出されたりした理想気体の仕事 W は次の通りである：

等圧膨張（$p = $ 一定）

$$W = \int p \, dV = \nu R (T_f - T_i)$$

断熱膨張（$\delta Q = 0$, すなわち熱の交換なし）

$$W = c_V m (T_f - T_i)$$

等温膨張（$T = $ 一定，すなわち熱の交換あり）

$$W = \nu R T \ln(V_f / V_i)$$

ここで，ν は mol 単位の物質量である．
（等体積膨張，$V = $ 一定，は存在しない．）

104 熱力学

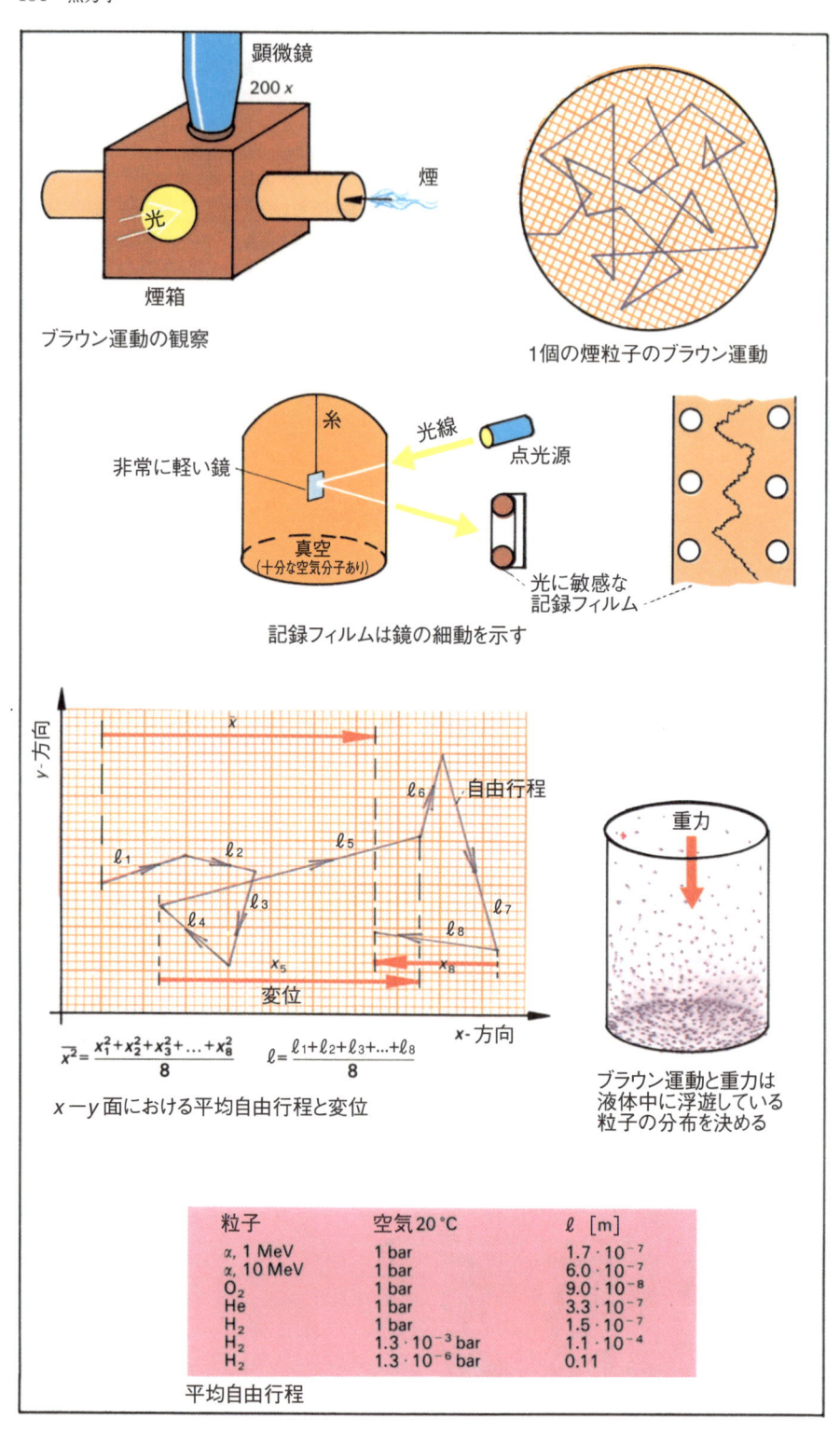

ブラウン運動の観察

顕微鏡 200×

煙箱
光
煙

1個の煙粒子のブラウン運動

糸
非常に軽い鏡
光線
点光源
真空
(十分な空気分子あり)
光に敏感な記録フィルム

記録フィルムは鏡の細動を示す

$x-y$面における平均自由行程と変位

y-方向
$\bar{x}$
自由行程
$\ell_1, \ell_2, \ell_3, \ell_4, \ell_5, \ell_6, \ell_7, \ell_8$
x_5
変位
x_8
x-方向

$$\overline{x^2} = \frac{x_1^2 + x_2^2 + x_3^2 + ... + x_8^2}{8} \qquad \ell = \frac{\ell_1 + \ell_2 + \ell_3 + ... + \ell_8}{8}$$

重力

ブラウン運動と重力は液体中に浮遊している粒子の分布を決める

平均自由行程

粒子	空気 20°C	ℓ [m]
α, 1 MeV	1 bar	$1.7 \cdot 10^{-7}$
α, 10 MeV	1 bar	$6.0 \cdot 10^{-7}$
O_2	1 bar	$9.0 \cdot 10^{-8}$
He	1 bar	$3.3 \cdot 10^{-7}$
H_2	1 bar	$1.5 \cdot 10^{-7}$
H_2	$1.3 \cdot 10^{-3}$ bar	$1.1 \cdot 10^{-4}$
H_2	$1.3 \cdot 10^{-6}$ bar	0.11

植物学者ブラウン (Robert Brown, 1773–1858) は，1827年，水に浸かった花粉から出た微粒子が静かに止まっているのではなく，入り乱れて動くのを観測した．それぞれの花粉の微粒子は，完全に不規則に，並進，回転，振動運動を行う．埃，すす，煙，液滴のような非常に軽い粒子を横から照らして，上から見ると同じ現象が観察される．

この**ブラウン運動**は，物質が非常に小さな粒子から構成されていることの目に見える証拠である．熱エネルギーによって（目に見えない）水の分子が運動し，（目に見える）粒子と衝突し運動エネルギーの一部を渡す．この場合は衝突相手のどちらかの運動だけを見ることができる．

衝突される粒子の質量は小さい（10^{-12} g の程度）ので，その速度は運動が分かる程度に大きい（速度の大きさ：数 mm/s）．粒子のジグザグ運動は，多くの分子の多数回の衝突によって移行する運動量を反映している．

温度の低下に従ってブラウン運動は緩慢になり，0 K で止む．すなわち，並進，回転と振動は**凍結**される．

平均自由行程（記号 ℓ）は，衝突した粒子が次に衝突するまでに進む平均の距離である．衝突と衝突の間は等速直線運動である．気体分子に対して次が成り立つ：

$$\ell \propto 1/p \qquad \text{平均自由行程}$$

ここで，p：気体圧力．

標準気圧かつ室温で，空気分子の ℓ はほぼ 1.5×10^{-7} m である．高真空では ℓ は数 m に伸びる．すなわち，気体分子は容器の壁に衝突するだけで，互いに衝突することはほとんど無い．

平均衝突数（記号 Γ，単位 s^{-1}）は，ある分子が他の分子と1秒間に衝突する回数である．

室温の空気に対して Γ は 10^{10} s^{-1} の大きさの程度である．

分子の平均の速さ $\bar{c}$ は，

$$\bar{c} = \ell \Gamma \qquad \text{平均の速さ}$$

である．

粒子の平均運動エネルギーは $3kT/2$ である．（この場合，回転と振動のエネルギーは無視している．）したがって，

$$\bar{c} = \sqrt{3kT/m}$$

が成り立つ．ここで，m は粒子の質量である．

室温の空気に対して $\bar{c}$ は 10^3 m/s の程度である．

衝突断面積（記号 σ，単位 m^2）は，（正確な定義は別にあるが，単純化した幾何学的モデルの場合）衝突相手同士が相手に対して的となる面積である．

原子物理学と原子核物理学では，σ に対して暫定的に SI と併用が認められている次の単位が使われる：

1 バーン（単位記号 b）= 10^{-28} m^2

r_1, r_2 を衝突する2粒子の半径とすると，両者が距離 $r_1 + r_2$ にまで近づいたときに衝突が起こる．気体分子に対して次が成り立つ：

$$\sigma = \pi(r_1 + r_2)^2 \qquad \text{幾何学的衝突断面積}$$
$$\ell = 1/(n\sigma\sqrt{2})$$

ここで，n は気体の平均粒子数密度である．

衝突された粒子の x 方向への**変位の2乗平均**（記号 $\overline{\Delta x^2}$）に対して次が成り立つ：

$$\overline{\Delta x^2} = \bar{c}\ell\Delta t = kT\Delta t/(3\pi\eta r)$$

k：ボルツマン定数；T：熱力学温度；Δt：変位に要する時間；η：媒質の粘度（61頁参照）；r：粒子半径．

アインシュタイン (Albert Einstein, 1879–1955) とスモルコフスキー (Marian von Smoluchowski, 1872–1917) は，1906年，ブラウン運動の理論を展開した．

$k = R/N_A$ であるので，$\overline{\Delta x^2}$ の測定値からアボガドロ定数 N_A を決定できる．

ブラウン運動の影響

電気的雑音：荷電体のブラウン運動は微弱なパルス的電流抵抗を配線に引き起こす．たとえば，TV 受信機がチャンネルに合わせられていないとき，ブラウン管上に「雪」として直接に観測できる．

熱的雑音：時間的に不規則な空気分子の衝突は，力学的な部分を持つ計測器の感度に制限を与える．例えば，最高感度のガルバノメーター（検流計）の鏡面は「震え」て，感度を $I > 3 \times 10^{-12}$ A に制限する．また，静かな環境で鼓膜の両側の熱的な圧力のゆらぎを，人は**耳の雑音**として気づく．ブラウン運動は大気圏で局所的な密度のゆらぎをもたらす．これは空が青く見える間接的な原因になっている．

空気分子による光の散乱強度は $1/\lambda^4$（レイリー散乱）に比例し，したがって太陽スペクトルの青い部分が散乱されやすい．空気の密度のゆらぎは光の波長と同じ程度であり，散乱光の干渉を弱めている．

拡散と**熱平衡**は共にブラウン運動の直接的な結果である．

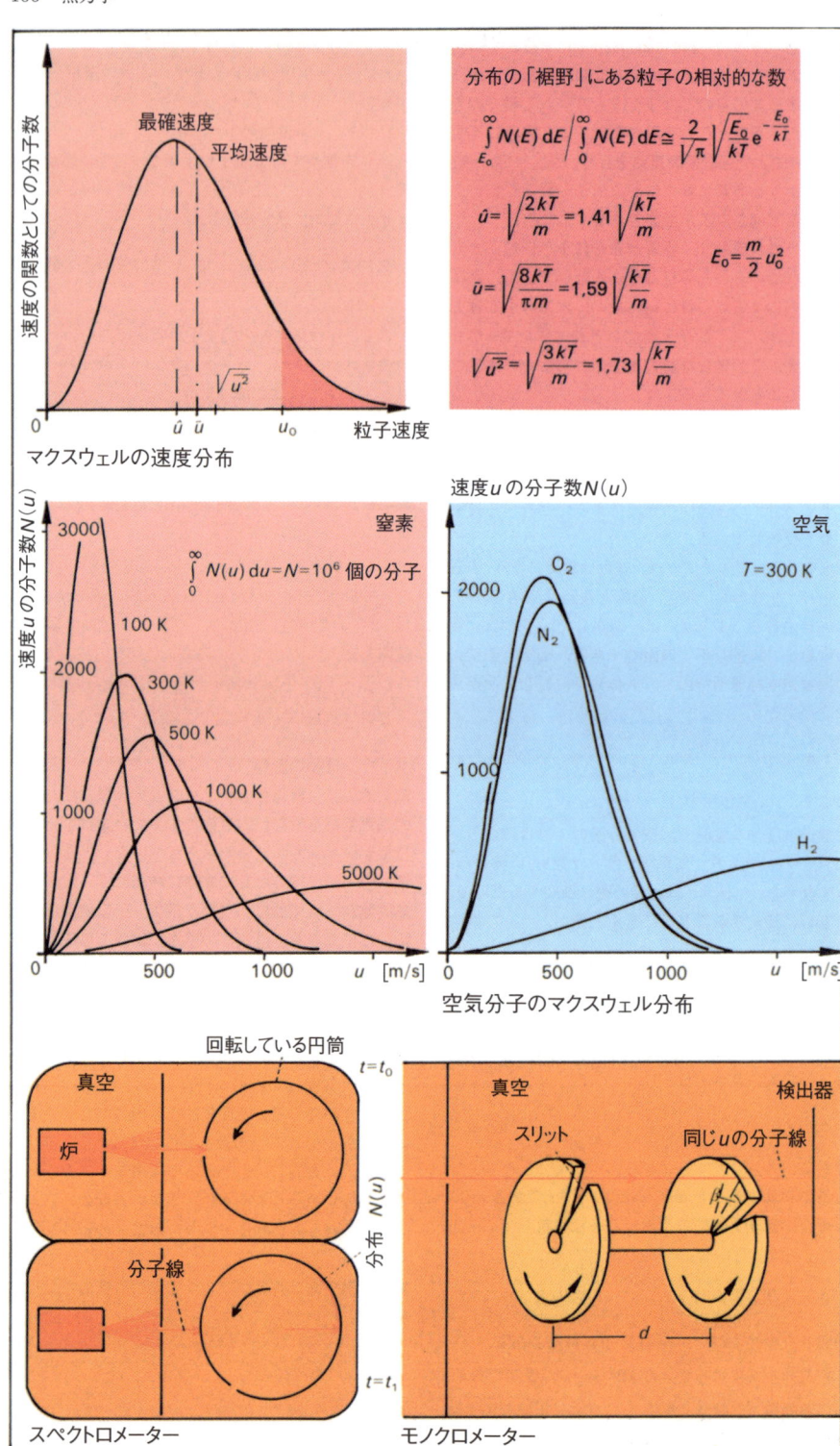

マクスウェルの速度分布

速度の関数としての分子数 / 粒子速度

最確速度, 平均速度, $\hat{u}$, $\bar{u}$, $\sqrt{\overline{u^2}}$, u_0

分布の「裾野」にある粒子の相対的な数

$$\int_{E_0}^{\infty} N(E)\,dE \Big/ \int_0^{\infty} N(E)\,dE \cong \frac{2}{\sqrt{\pi}} \sqrt{\frac{E_0}{kT}}\, e^{-\frac{E_0}{kT}}$$

$$\hat{u} = \sqrt{\frac{2kT}{m}} = 1.41\sqrt{\frac{kT}{m}}$$

$$\bar{u} = \sqrt{\frac{8kT}{\pi m}} = 1.59\sqrt{\frac{kT}{m}}$$

$$\sqrt{\overline{u^2}} = \sqrt{\frac{3kT}{m}} = 1.73\sqrt{\frac{kT}{m}}$$

$$E_0 = \frac{m}{2}u_0^2$$

窒素

速度 u の分子数 $N(u)$

$\int_0^{\infty} N(u)\,du = N = 10^6$ 個の分子

100 K, 300 K, 500 K, 1000 K, 5000 K

空気

速度 u の分子数 $N(u)$ ／ $T = 300\,K$

O_2, N_2, H_2

空気分子のマクスウェル分布

スペクトロメーター

真空／炉／回転している円筒／分子線／分布 $N(u)$／$t = t_0$／$t = t_1$

モノクロメーター

真空／スリット／同じ u の分子線／検出器／d

気体や液体の原子あるいは分子は休み無く動いており，絶え間なく互いに衝突している．衝突過程によって，気体粒子は運動の方向とエネルギーを常に変化させており，これは速度を変化させていることになる．したがって，気体（あるいは液体）の粒子の速度はすべての粒子について等しいのではない．それらは**マクスウェル速度分布**と呼ばれる分布に従う．マクスウェル (James Maxwell, 1831–79) にちなむ．

マクスウェル分布はボルツマン分布の特別な場合であり，従ってマクスウェル–ボルツマン分布と呼ばれることもある．ボルツマン分布は統計力学の一般的な考察から導かれ，気体あるいは液体中の各粒子は原理的に区別できるものとみなす．それで，全ての粒子を合わせた系がエネルギー E_i を持つ状態にある確率 $P_i(E_i)$ は次のようになる：

$$P_i(E_i) = g_i \exp(-E_i/kT)$$

ここで，g_i：エネルギー状態 E_i の統計的重み；k：ボルツマン定数；T：粒子系の熱力学温度．気体分子 N 個が入っている容器で，速度区間 u と $(u+du)$ に $N(u)\mathrm{d}u$ 個の分子があるとする．ここで u は速度の絶対値，すなわち，大きさである．すると次が成り立つ：

$$N(u)\,\mathrm{d}u = 4\pi N \left(\frac{m}{2\pi kT}\right)^{3/2} u^2 \\ \times \exp\left(-\frac{mu^2}{2kT}\right)\mathrm{d}u$$

マクスウェル分布

ここで，$N = \int_0^\infty N(u)\mathrm{d}u$：全分子の数；$m$：1個の分子の質量．

分布 $N(u)$ は対称な形をしていない．それは 0 からある最大値まで増加して，それから指数関数的に減少する．分子の最確速度 $\hat{u}$ と平均速度 $\bar{u}$ は異なっており，$\hat{u} < \bar{u}$ となる．温度が変わると $\hat{u}$ も変わる．温度が高くなればなるほど，分布の最大値は高い速度の方向へずれる．

非常に大きな速度を持つ分子，すなわち分布の「裾野」にある分子の相対的な割合は僅かである．$4\hat{u}$ を超える粒子は 1% にすぎない．温度の増加に従って速度分布関数はますます平らになる．というのは $\hat{u}$ は増えるが，$N(u)$ の下部の面積である N は一定であるからである．

マクスウェル分布は，熱力学，および化学の反応速度論，天文学，素粒子物理学で重要な役割を演じている．

　例：星のスペクトル線の幅は，放射を出している原子の運動エネルギーをマクスウェル分布として決められる．ある場合にはこれから天体の温度を計算することができる．

ある粒子集団で，$E > E_0$ をもつ粒子の割合は

$$\int_{E_0}^\infty N(E)\,\mathrm{d}E \Big/ \int_0^\infty N(E)\,\mathrm{d}E \\ \cong \frac{2}{\sqrt{\pi}} \sqrt{\frac{E_0}{kT}} \exp(-E_0/kT)$$

である．ここで，E：粒子エネルギー；E_0：任意の分割エネルギー；$N(E)$：E に関するマクスウェル分布．

　例：マクスウェル分布は非常に大きな E に対しても有限の値を持っている．したがって，どの液体でも多少の分子は，液体の結合力から逃れるに十分なエネルギーを持つ．そのため液体が沸騰しないのに液体は蒸発する．この抜け出していく粒子は，液体の平均エネルギーを下げるので，外部からエネルギーを注入しなければ温度は下がる．有限時間内に液体は完全に蒸発する．

分子速度の測定

シュテルン (Otto Stern, 1888–1969) は，1920年，通過時間測定法を使って $N(u)$ を調べ，マクスウェルの式を確認した：

気体分子を加熱し，スリットを通して細い分子の流れ（分子線）を作る．分子線の正面，そして進行方向に対して垂直に置かれた中空円筒が回転していて，これは側面にスリットを持つ．分子は，スリットが正対している間の極く短い時間の間だけ円筒内に入ることができる．しかし，分子が円筒内を走っている間にも円筒は動いているので，それらは円筒内部の正反対側の壁には衝突しない．検出器によって衝突する分子の場所的分布を測定する．これから速度分布スペクトルが算出される．

分子線–モノクロメーター（単色計）

扇形の開口を持つ二枚の円盤が共通の軸上で回転し，分子線からある決まった速度領域の分子を選び出す．二つの円板は d だけ離れており，開口は角度 β だけ互いにずれている．最初の開口を通過した分子は，ほぼ全てが第二円板にそのまま達する．その飛行時間が第二開口を通過するのに丁度足りる分子のみが，モノクロメーターを通過する．これらの分子は速度，

$$u = \omega d/\beta$$

を持っている．ここで，d：円盤の間の距離；ω：円盤の角速度；β：両スリット間のずれの角度．

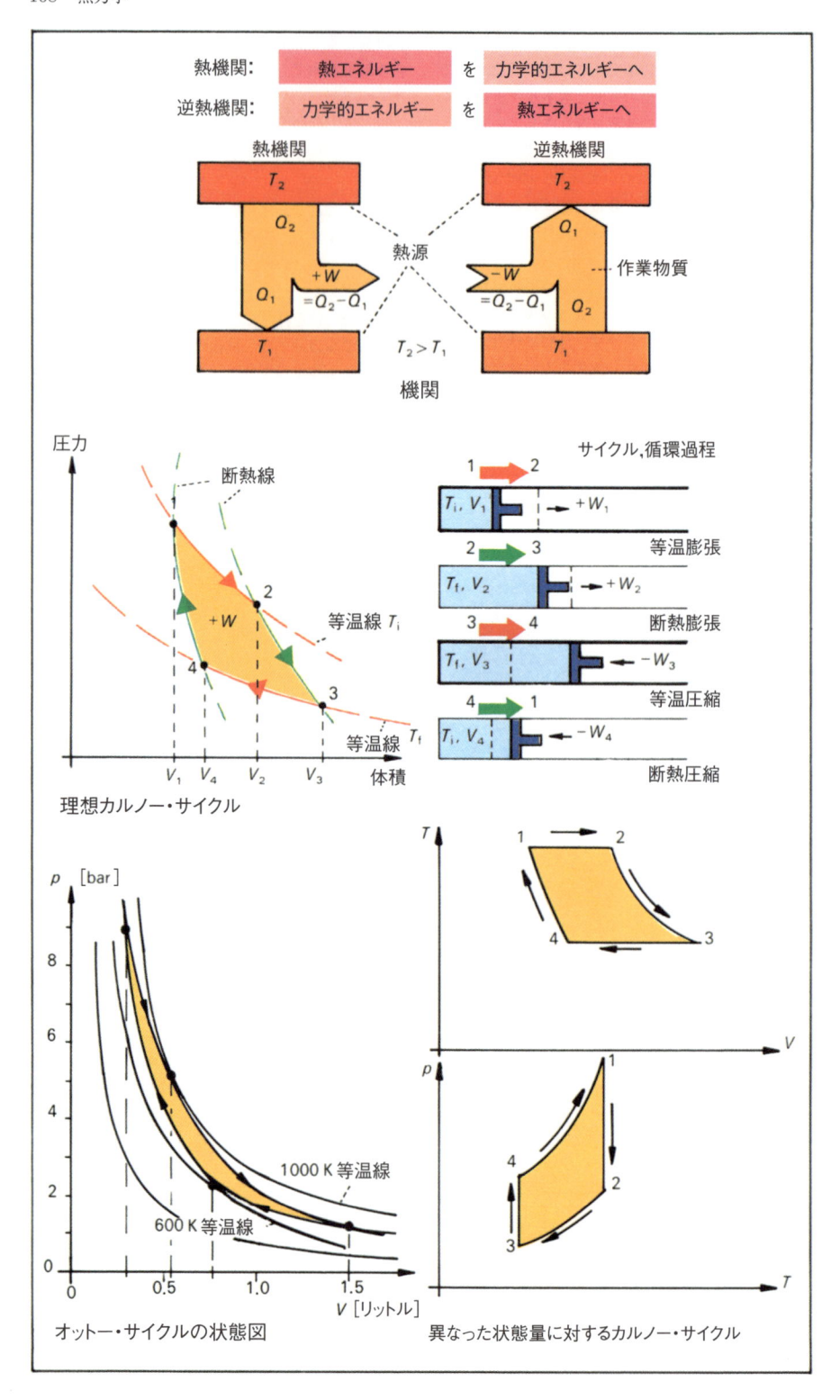

熱機関：	熱エネルギー	を	力学的エネルギーへ
逆熱機関：	力学的エネルギー	を	熱エネルギーへ

熱機関　　　　　　逆熱機関

T_2　　　　　　　　T_2

Q_2　　　　　　　　Q_1

熱源　　　　　　　　作業物質

$+W$　　　　　　　$-W$
$=Q_2-Q_1$　　　　$=Q_2-Q_1$

Q_1　　　　　　　　Q_2

T_1　　　$T_2 > T_1$　　T_1

機関

理想カルノー・サイクル

断熱線
等温線 T_i
等温線 T_f
$+W$
V_1 V_4 V_2 V_3
圧力 / 体積

サイクル, 循環過程

1 → 2	T_i, V_1 → $+W_1$	等温膨張
2 → 3	T_f, V_2 → $+W_2$	断熱膨張
3 → 4	T_f, V_3 ← $-W_3$	等温圧縮
4 → 1	T_i, V_4 ← $-W_4$	断熱圧縮

オットー・サイクルの状態図

p [bar], V [リットル]
1000 K 等温線
600 K 等温線

異なった状態量に対するカルノー・サイクル

単純機械（32 頁参照）は省力装置である．**機械**あるいは**機関**は本来の意味では**変換機**である．それは熱エネルギーを力学的エネルギーへ，あるいは力学的エネルギーを熱エネルギーに変換する．例：モーター，タービン，冷却装置，ヒートポンプなど．
作業物質，たとえば，気体あるいは蒸気は，あるエネルギーの形を他の形に変換する仲介をする．機関は循環的な作業をする．すなわち，1 サイクル仕事をして，その初期状態に戻り，新しい循環運動を始める．

熱機関，たとえば内燃機関，ガスタービン，あるいは蒸気機関は，高温の作業物質から熱を放出させ，その一部を仕事として利用する．その結果低温になった作業物質の温度を，再び化学的，あるいは（原子炉内部の）原子核物理的な過程によって上昇させる．
逆熱機関は，力学的エネルギーを熱エネルギーに変換する．そのとき，仕事を必要とする．その際，作業物質の状態が変る．

二つの機関のタイプは，仕事の向き（熱 → 力，あるいは力 → 熱）だけで区別される．

状態図は作業物質の状態量の変化を示す．通常は圧力-体積図（p-V 図）である．**循環過程**（**サイクル**）の場合は過程が閉じた曲線であり，サイクルの終状態は次のサイクルの始状態である．そのさい次が成り立つ：

$$W = \oint p\, dV \qquad \text{循環過程の正味の仕事}$$

ここで，W：仕事；p：作業物質の圧力；dV：作業物質の体積変化．
状態図は時計回りに描かれ，変換機は仕事をしたり（$+W$），逆に仕事を取り入れたりする（$-W$）．
変換機の効率（記号 η，その値は %，あるいは小数）は，あるエネルギーがどれくらい他のエネルギーに変換されるかを示す．それは常に，

$$\eta < 1$$

理想的な熱エネルギー変換機に対して次が成り立つ：

$$\eta = (T_\mathrm{i} - T_\mathrm{f})/T_\mathrm{i} \qquad \text{理想的な効率}$$
$$T_\mathrm{i} > T_\mathrm{f}$$

T_i：仕事のサイクルの初期温度；T_f：最終温度．
$T_\mathrm{f} = 0$ とすることができれば，効率は 1 になるであろう．しかし，T_f は実際には変換機の周囲の温度である．

例（参考値，効率 [%]）

蒸気タービン	40	筋肉	30
ディーゼル・エンジン	38	石炭火力発電	30
オットー・エンジン	32	太陽電池	12

理想機関は作業物質として理想気体を使う．V_i から V_f へ作業物質が膨張する際に理想変換機は外部に仕事をし，それに続く，V_f から V_i へ収縮する際に仕事を取り込む．正味の仕事は，p-V 図で 4 本の曲線で囲まれた面積として示される．

カルノー機関はカルノー（Nicolas Sadi Carnot, 1796–1832）にちなんでおり，理想化された熱機関である．その効率は作業物質には依存せず，理論的な最適値を取る．それは四つの過程（行程）からなる可逆なサイクルであり，その過程は，等温過程から断熱過程へ，そしてまた等温過程が続き，さらに断熱過程となって 1 サイクルが終わる．このサイクルは**カルノー・サイクル**と呼ばれる．

a) **等温膨張**：一定温度 T_i の作業物質が V_1 から V_2 へ膨張．T_i の熱源から熱量 Q_1 が取り出され，仕事 W_1 が外部へなされる．この過程は T_i 等温線上をたどる．終状態：T_i, V_2．

b) **断熱膨張**：V_2 から V_3 への膨張，同時に T_i から T_f への冷却．仕事 W_2 が外部へなされる．終状態：T_f, V_3．

c) **等温圧縮**：T_f 等温線に沿って V_3 から V_4 へ．作業物質は熱量 Q_3 を熱源に与え，仕事 W_3 が外部からなされる．終状態：T_f, V_4．

d) **断熱圧縮**：V_4 からカルノー・サイクルの初期体積 V_1 へ．仕事 W_4 が外部から作業物質になされ，その温度は T_f から初期温度 T_i へ上昇する．

カルノー・サイクルの**収支**：

$$W = Q_1 - Q_3 = Q_1(T_\mathrm{i} - T_\mathrm{f})/T_\mathrm{i} = \eta Q_1$$

すなわち，

$$W = \text{効率} \times \text{取り出された熱量}$$

Q_1 は完全には仕事に変換されず，変換されなかった部分 $(1 - \eta)Q_1$ は低温の熱源を加熱する．

現実の機関では，摩擦，腐食，物質の破損，不完全な熱絶縁があるために，そのサイクルは等温線や断熱線上を通らない．したがって，それらは不可逆サイクルであり，カルノー機関の効率を達成することはない．
現実のサイクルを最適化するためには $T_\mathrm{i}/T_\mathrm{f} \gg 1$ とすればよい．しかしながら実際にはそれには限界がある．

110　熱力学

圧縮冷凍機

作業物質（冷媒）　　　　膨張弁

p_2, T_f　凝縮器　　$p_2 > p_1$　気化器　p_1, T_i

Q_2　　$W = Q_2 - Q_1$　Q_1

圧縮器（コンプレッサー）　　冷凍室

ヒートポンプ

$$\frac{Q_2}{W} = \eta_w = \frac{T_f}{T_f - T_i}$$

T_f　　　　　　　　　　T_i

Q_2　← ヒートポンプ ← Q_1

取り出される熱エネルギー　　与えられる熱エネルギー

W

加えられる仕事

作業物質　　高熱　　低圧（気体）

凝縮器　　T_f

高圧（蒸気）

圧縮器

低圧（蒸気）

T_i　気化器

排気
地下水
太陽熱

全てのエネルギーは最終的に熱に変わる

蓄えられた（非熱的）エネルギー

時間

力学的エネルギー

変換機

変換された熱

熱汚染

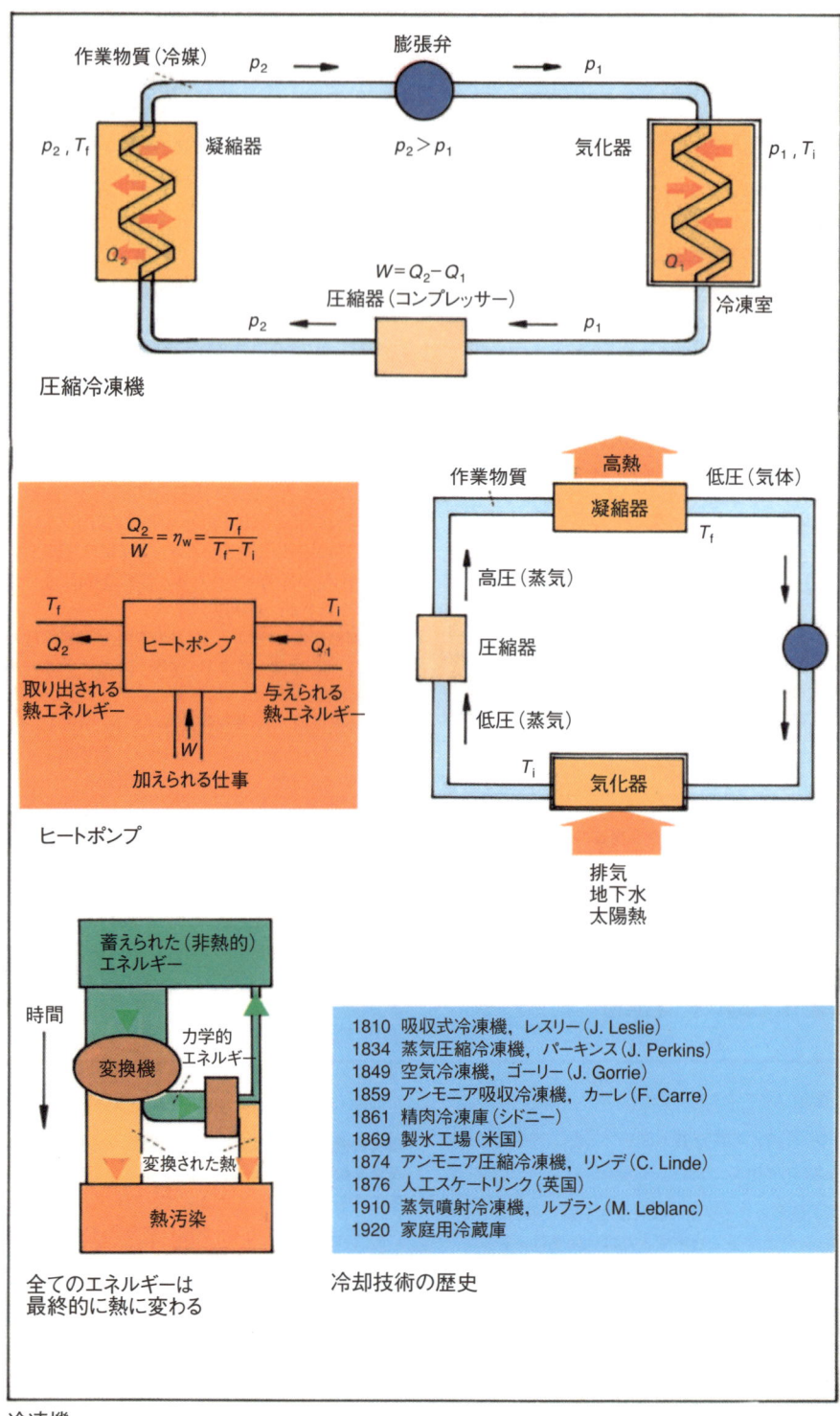

冷却技術の歴史

- 1810　吸収式冷凍機，レスリー（J. Leslie）
- 1834　蒸気圧縮冷凍機，パーキンス（J. Perkins）
- 1849　空気冷凍機，ゴーリー（J. Gorrie）
- 1859　アンモニア吸収冷凍機，カーレ（F. Carre）
- 1861　精肉冷凍庫（シドニー）
- 1869　製氷工場（米国）
- 1874　アンモニア圧縮冷凍機，リンデ（C. Linde）
- 1876　人工スケートリンク（英国）
- 1910　蒸気噴射冷凍機，ルブラン（M. Leblanc）
- 1920　家庭用冷蔵庫

冷凍機

冷凍機とヒートポンプ

逆熱機関の過程はカルノー・サイクル（109頁参照）を逆時計回りに回る．その際，力学的エネルギーを取り入れ，それによって温度差をつくり出す．すなわち，一つの熱源から熱量 Q_1 を取り去り，別の熱源に熱量 Q_2 を供給する．$Q_2 > Q_1$ であるので，投入された仕事は $W = Q_2 - Q_1$ である．

作業物質の初期温度は，サイクルの終わりでは最終温度に低下している．

作業物質（冷媒）は低い沸点の物質，例えば，CO_2，NH_3，フロン R12(CF_2Cl_2) である．

逆熱機関は冷凍機またはヒートポンプとしてはたらく．

冷凍機は連続的に冷気を発生させる．最初の実用的な装置は，1834年パーキンス（Jacob Perkins, 1766-1849）がエーテルを作業物質に使って製作した．

冷凍機の有効性の尺度は**成績係数** η_K である．それは次の通り：

$$\eta_K = Q/W = T_f/(T_i - T_f) \qquad 成績係数$$

ここで，Q：取り去られた熱量；W：投入された仕事；T_f：作業物質の最終熱力学温度；T_i：初期温度．理想的冷凍機では η_K は5から6であるが，実際の機械では2から3である．

圧縮冷凍機：機械的コンプレッサーが低圧の作業物質の蒸気を吸い込み，それをコンプレッサー圧まで圧縮する．凝縮器では圧縮された蒸気が冷えて液化する．それに続く膨張弁は作業物質をより低圧に減圧する．引き続き，気化装置に流れ込み，そこで周囲（冷凍室）から熱を取り去る．

吸収冷凍機：熱的コンプレッサーが機械的コンプレッサーと入れ替わる．作業物質の蒸気が溶媒から吸収器に取り込まれ，そして高い圧力で放出器に再び放出される．蒸気は凝縮器で液化され，膨張弁で圧力を下げられ，―冷凍室から熱を奪いながら―気化器で気化する．注入された力学的エネルギーは溶媒ポンプだけを動かす．

小さな装置はポンプを必要としない．吸収器内の上昇する噴出蒸気が放出器の溶媒を放出器へ押し込む（**熱サイフォン効果**）．よって吸収冷蔵庫は垂直に立てなければならない．

熱電冷却器は**ペルチエ効果**（231頁参照）を利用する．

ヒートポンプは一種の冷凍機であり，凝縮器から取り出された熱を暖房に使う．

この冷凍機の冷却部は通常，冷えた外気と繋がっており，一方，凝縮器は取り出した熱を暖房器に送る．

この場合の熱を取り出す熱源として，周辺の空気，水（川，湖，地下水），工業廃水，土壌，あるいは太陽エネルギーが考慮の対象となる．ポンプでする仕事は与える熱量よりも小さい．

理想ヒートポンプの**成績係数** η_W は，

$$\eta_W = Q/W = T_f/(T_f - T_i) \qquad ヒートポンプの成績係数$$

である．ここで，Q：暖房エネルギーとして取り出される熱量；W ヒートポンプに供給される仕事．

例：外部温度 $T_i = 250$ K のとき，住居の暖房を $T_f = 300$ K にするとする．このとき理想成績係数は6となる．現実のヒートポンプの成績係数は2から3である．

取り出される熱量は，どの場合でもポンプに注ぎ込まれる仕事より大きい．しかしヒートポンプは設備投資が高くなる．

ヒートポンプは熱力学第一法則（101頁参照）とは抵触しない．というのは，汲み取られた熱量はより低い温度を有している大きな熱源から取り入れられたからである．しかしその際，第二法則（123頁参照）に注意を払う必要がある．

現実のヒートポンプは圧縮―，吸収―，あるいは蒸気噴射冷凍装置である．ヒートポンプは，特に加熱と冷却が同時に必要とされる場所，たとえば乳製品製造所では経済的である．家屋ではヒートポンプは，夏には冷房，冬には暖房として使うことができる．

熱汚染

機械の仕事効率は大きくない．すなわち，熱機関はそれに供給されたエネルギーの60-80%を廃熱として環境に放出する．産業密集地帯では，今日すでにその廃熱が水や空気の温度を上昇させている．そして熱源は一般に小さいので，生態系が脅かされかねない．すなわち，水温の上昇は O_2 の可溶性を減少させ，水生生物を滅亡させる．生態系の均衡は破壊され，汚染に強い藻類がこの生活圏（ビオトープ）を支配することになる．

人類のエネルギー需要は恒常的に増加し，その増大する**廃熱量**に対しては手の打ちようがない．ただ局所的な集中を止めさせるだけである．

熱輸送

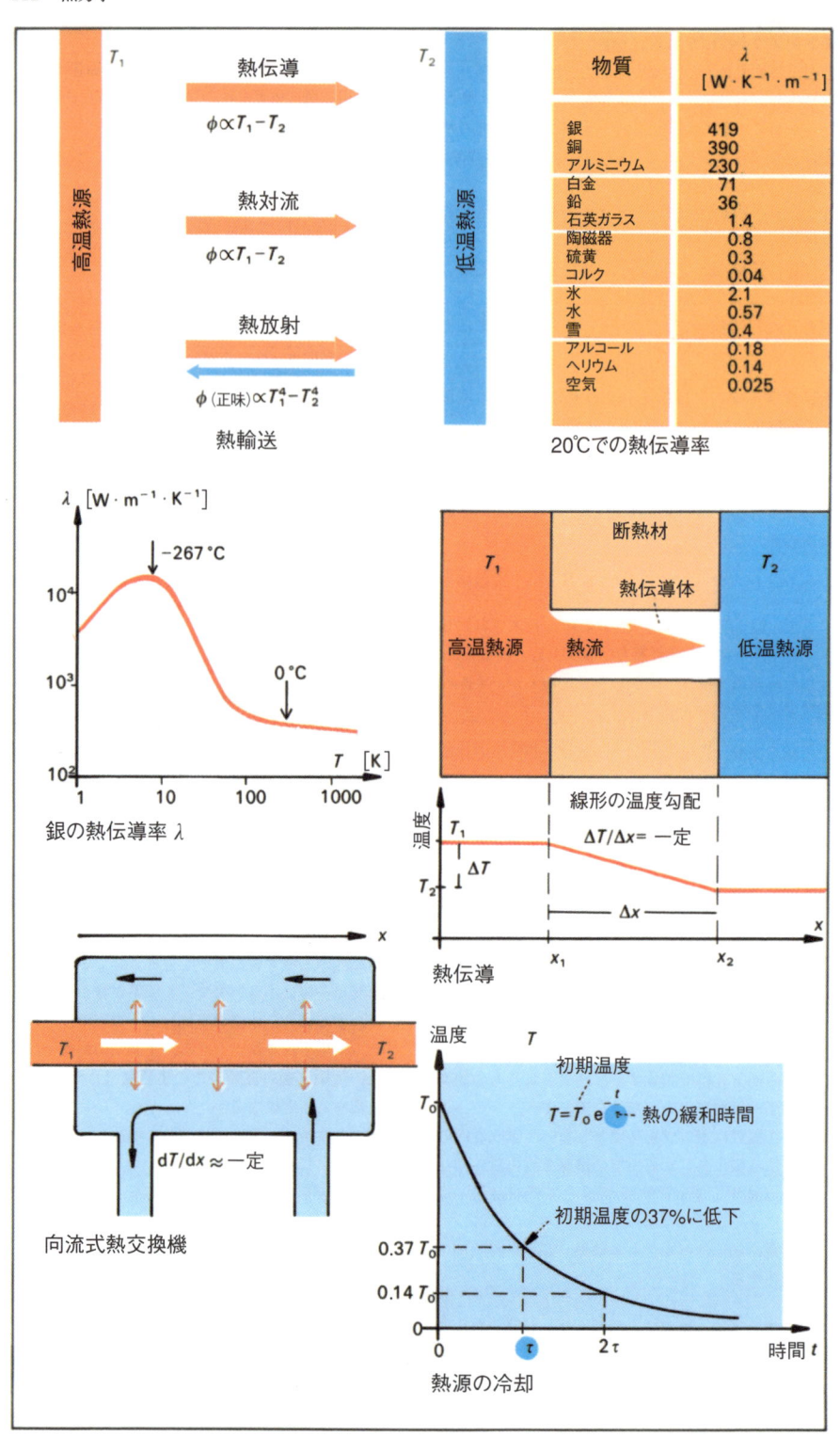

$\phi \propto T_1 - T_2$ 熱伝導

$\phi \propto T_1 - T_2$ 熱対流

$\phi_{(正味)} \propto T_1^4 - T_2^4$ 熱放射

20℃での熱伝導率

物質	λ [W·K^{-1}·m^{-1}]
銀	419
銅	390
アルミニウム	230
白金	71
鉛	36
石英ガラス	1.4
陶磁器	0.8
硫黄	0.3
コルク	0.04
氷	2.1
水	0.57
雪	0.4
アルコール	0.18
ヘリウム	0.14
空気	0.025

銀の熱伝導率 λ

熱伝導 — 線形の温度勾配 $\Delta T/\Delta x = $ 一定

向流式熱交換機 $dT/dx \approx $ 一定

熱源の冷却

$T = T_0 e^{-\frac{t}{\tau}}$ — 熱の緩和時間

初期温度の37%に低下

隣り合う二つの物体が異なった温度を持っていると，温度が等しくなる方向へ熱の輸送が起こる．高い温度の物体はこの輸送の**高温熱源**であり，低い温度の物体は**低温熱源**である．正味の輸送は高温熱源から低温熱源へ向けて起こる．それは $\Delta T = 0$ になると，すなわち，両物体が同じ温度になると終わる．

x 軸に沿った（時間 t に依存しない）平均の（場所的な）**温度勾配**は次で表せる：

$$(T_1 - T_2)/(x_1 - x_2) = \Delta T/\Delta x \qquad \text{温度勾配}$$

ここで，T_1：場所 1 での温度；T_2：場所 2 での温度；ΔT：温度差；Δx：x 軸に沿った距離．

一般には微分型 $\partial T/\partial x$ で表す．温度勾配が三つの空間方向にもあるときは，**温度場** $T(x, y, z)$ を用いて，

$$\operatorname{grad} T = (\partial T/\partial x, \partial T/\partial y, \partial T/\partial z)$$

と表す．T が距離と共に減少するとき，$\Delta T/\Delta x$ は負である．

温度勾配は K/m で測られる．

例：地球半径に沿っての平均温度勾配は，おおよそ -10^{-3} K/m である．

平均の**温度変化率**は，同じ場所の温度の時間変化を表し，K/s あるいは ℃/s で測られる．

$$(T_1 - T_2)/(t_1 - t_2) = \Delta T/\Delta t \qquad \text{温度変化率}$$

ΔT は時間 Δt 内の温度変化である．

一般には微分型 $\partial T/\partial t$ で表す．

三つの事象が熱エネルギーの輸送をもたらす：

熱伝導は，二つの物体が接触すると起こる．熱輸送の際の巨視的な変化は観測されない．

熱の対流は，流体の熱輸送物質によって起こる．

熱放射は，赤外線などの電磁波が熱を運ぶ．したがって，接触がなくても，真空を通して温度変化を起こす．

熱伝導

これは異なった温度を持つ物体の間で起こり，それらの物体は固体，液体あるいは気体物質などの熱伝導物質を中間に置いて結びついている．この熱伝導物質の分子間非弾性衝突によって熱エネルギーが輸送される．

定常（すなわち，時間に依存しない）**熱流**（記号 ϕ，単位 J/s）は，温度勾配と，熱流 ϕ の断面積に比例する．それは一つの方向に関して，

$$\phi = \lambda S \Delta T/\Delta x \qquad \text{熱流}$$

である．ここで，λ：熱伝導体の熱伝導率．単位は W·K^{-1}·m^{-1}；S：高温熱源と低温熱源をつなぐ物体（または熱流）の断面積；ΔT：高温熱源と低温熱源の間の温度差；Δx：高温熱源と低温熱源の距離．

一般に，空間座標（3 次元）に沿っての温度勾配に対して次が成り立つ：

$$\phi = \lambda S \operatorname{grad} T$$

熱伝導率（記号 λ）は物質定数である．λ が相対的に大きければ（例：金属），**熱の良導体**であり，λ が小さければ（例：気体），**熱の不良導体**を扱っていることになる．

λ はしばしばそれ自体が温度依存性を持っている．例えば，金属と結晶は低温で特に良く熱を通し，非晶質物体（アモルファス）では一般に $\lambda \propto 1/T$ である．気体の場合，λ の圧力依存性は小さい（下記参照）．

温度拡散率（記号 a，単位 m^2/s）は次で与えられる：

$$a = \lambda/\varrho c_p \qquad \text{温度拡散率}$$

ϱ：熱伝導体の密度；c_p：定圧比熱（97 頁参照）．

高温熱源と低温熱源間の温度の分布は，ほぼ**熱緩和時間**（記号 τ，単位 s）内で定常に達する．それは次で与えられる：

$$\tau = \ell^2/a \qquad \text{熱緩和時間}$$

ここで，ℓ は高温熱源と低温熱源間の距離である．金属と気体に対して熱伝導率は非常に違うのに，τ は同じような大きさである．

例：Ag と空気の熱伝導率の比は 18 000/1 であるが，温度拡散率の比は 12/1 である．

τ は一般に温度差に依存しない．特に，小さい ΔT に対してはこのことが正確に成り立つことに注意すべきである．

例：1 m のアルミニウムが高温熱源と低温熱源をつないでいるとき，τ は約 100 s である．すなわち，アルミニウム内の温度の熱伝導による定常分布は数 100 秒で達成される．

線形の**熱流密度**（記号 $\boldsymbol{q}$，単位 W/m^2）は温度勾配に比例する．x 方向に沿っての大きさ q は，

$$q = -\lambda \Delta T/\Delta x \qquad \text{フーリエの法則}$$

または

$$\boldsymbol{q} = -\lambda \operatorname{grad} T$$

であり，これはフーリエ（Jean Fourier, 1768–1830）にちなんでいる．

$\boldsymbol{q}$ はベクトル量であり，低温熱源の方向を向く．

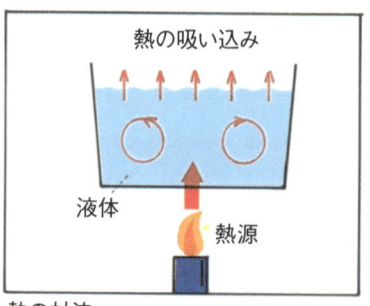

熱の対流

デュアー瓶（魔法瓶）
- ガラス（熱の不良導体）
- 真空（熱対流なし）
- 内面が銀メッキされている（放射による熱輸送が少ない）
- 液体空気

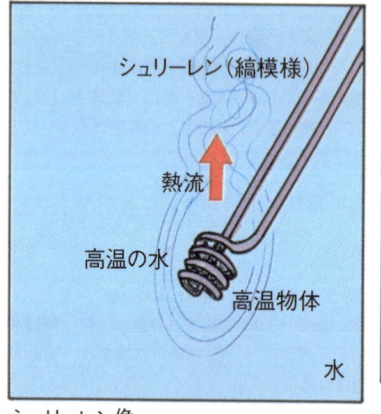

シュリーレン像
- シュリーレン（縞模様）
- 熱流
- 高温の水
- 高温物体
- 水

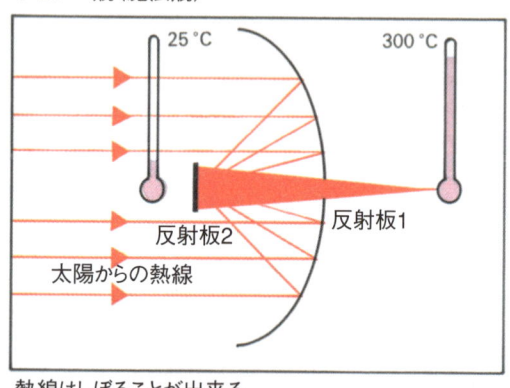

熱線はしぼることが出来る
- 25 ℃／300 ℃
- 反射板2／反射板1
- 太陽からの熱線

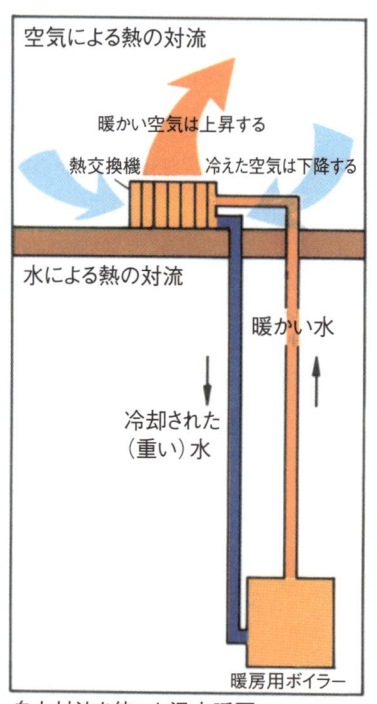

自由対流を使った温水暖房
- 空気による熱の対流
- 暖かい空気は上昇する
- 熱交換機
- 冷えた空気は下降する
- 水による熱の対流
- 暖かい水
- 冷却された（重い）水
- 暖房用ボイラー

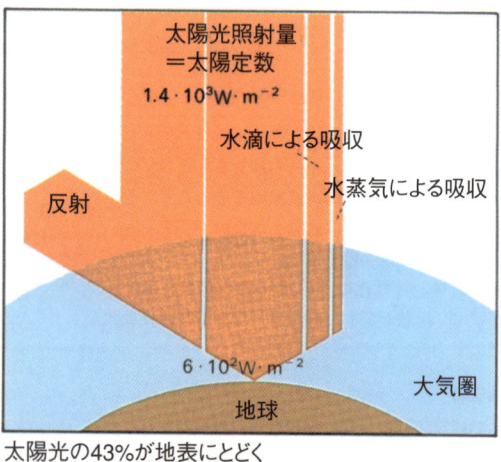

太陽光の43％が地表にとどく
- 太陽光照射量＝太陽定数 $1.4 \cdot 10^3 \, W \cdot m^{-2}$
- 水滴による吸収
- 水蒸気による吸収
- 反射
- $6 \cdot 10^2 \, W \cdot m^{-2}$
- 地球
- 大気圏

熱伝達係数 α（概略値）

金属壁と流体	α [$W \cdot m^{-2} \cdot K^{-1}$]	
空気	3 – 35	自由対流
水	$10^2 - 10^3$	
沸騰水	$10^3 - 10^4$	
空気	10 – 100	強制対流
水	$10^2 - 10^4$	
水蒸気	$10^3 - 10^5$	

熱伝導方程式は，温度の時間的な変化と空間的な温度差の関係を表す．一般に次のように定式化される：

$$\partial T/\partial t = a \operatorname{div}\operatorname{grad} T$$
$$= a\left(\frac{\partial^2 T}{\partial x^2} + \frac{\partial^2 T}{\partial y^2} + \frac{\partial^2 T}{\partial z^2}\right)$$

a：温度拡散率．

熱伝導率 λ と金属に対する電気伝導率 γ（217 頁参照）は互いに密接に関係している．次が成り立つ．

$$\lambda/\gamma \approx 3.3(k/e)^2 T$$

ヴィーデマン–フランツの法則

1853 年，ヴィーデマン（Gustav Wiedemann, 1826–1899）とフランツ（Rudolf Franz, 1827–1902）によって導かれた．

ここで，k：ボルツマン定数；e：電気素量（199 頁参照）．

熱抵抗：次が成り立つ：

$$\phi = \lambda(S/l)\Delta T = G\,\Delta T$$

ここで，S：熱伝導体の断面積；l：高温熱源と低温熱源の距離；G：伝導物質の**熱コンダクタンス**．

$1/G$ は電流回路におけるオーム抵抗に対応する．そして，上の式はオームの法則（219 頁参照）に類似している．

熱伝達は固体の壁と流体（液体または気体）との間の熱の交換である．次が成り立つ：

$$\phi = \alpha S \Delta T$$

α：**熱伝達率**，単位 W/(m^2·K)；S：接触面積．
α は関係している物質とその形状に依存する．α は対流（下記参照）による熱伝導にも使用される．

金属–水の間の熱伝達に対して，α はおおよそ $400\,\mathrm{W\cdot m^{-2}\cdot K^{-1}}$ となる．水が沸騰している場合，α は一桁大きくなる．

気体の熱伝導

熱輸送は自由に動いている分子によって行われる．気体の中の x 方向への熱流密度の大きさは，

$$q = \frac{(n\,k\,f\,\bar{v}\,\ell)}{6}\frac{dT}{dx} = \eta c_V \frac{dT}{dx}$$

である．ここで，n：粒子数密度；f：自由度の数（95 頁参照）；k：ボルツマン定数；$\bar{v}$：分子の平均速度；ℓ：平均自由行程（105 頁参照）；η：粘度；c_V：定積比熱（97 頁参照）．

η と c_V は気体の密度に依存しないので，気体の熱伝導率も気体圧力に依存しない．これは注目すべき結果である．

気体圧力 p が非常に低くて，平均自由行程が高温熱源と低温熱源との距離より大きいかあるいは同じ程度になるとき，$q \sim p$ となる．

応用：残留気体の熱伝導による低圧の測定（ピラニ真空計，49 頁参照）．

熱対流

熱対流は，流動する気体や液体による熱エネルギーの輸送である．この過程は，温度によって引き起こされる場所的な密度差だけによって進行するが，またポンプによっても引き起こされる．次が成り立つ：

$$q \propto v^2$$

ここで，v は流体の流速である．

対流による熱流 ϕ を理論的に把握するのは難しい．対流の際，取り扱いが難しい境界層がしばしば形成される．

熱流に対する経験式では熱伝達率（上記参照）が用いられる．

対流による熱輸送は熱伝導による輸送より通常大きい．

熱放射

この形の熱輸送は媒体を必要とせず，従って真空を通しても起こる．熱は両方向へ流れる．すなわち，高温熱源から低温熱源へ，またその逆へも流れる．正味の熱輸送は両熱流の差である．

二つの非常に大きな，平らな面の間の正味の熱輸送に対して次が成り立つ：

$$q = C_{12}\left[T_1^4 - T_2^4\right]$$

ここで，T_1：高温熱源の熱力学温度；T_2：低温熱源の熱力学温度；C_{12}：両放射面の特性によって決まる**熱放射交換係数**．

有限の大きさの二つの熱源の間の熱伝導と熱対流と同じように，熱放射も熱平衡になる．すなわち，熱平衡では両面が同じ量の熱流を放射あるいは吸収する．

ライデンフロスト現象（ライデンフロスト（J. Leidenfrost, 1715–95）にちなむ）：液体が固体に触れる際に，固体の温度が液体の温度よりはるかに高いと，蒸気膜が分離形成され，固体面が濡れることを妨げる．そして液体は比較的ゆっくりと暖まる．灼熱した石炭を水に投入するときにこの現象が起こる．

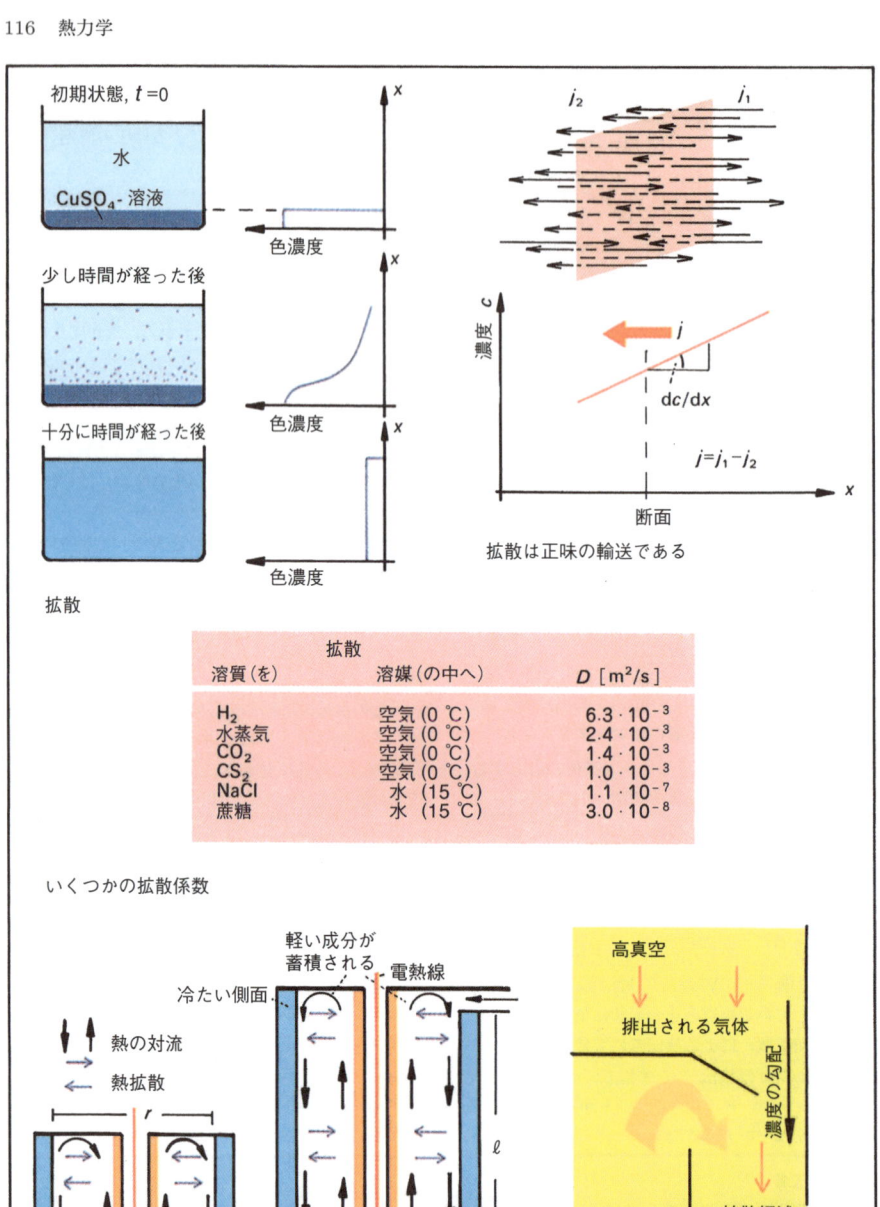

熱力学

初期状態, $t=0$
水
$CuSO_4$-溶液
色濃度

少し時間が経った後
色濃度

十分に時間が経った後
色濃度

拡散

拡散は正味の輸送である
$j = j_1 - j_2$
濃度 c
断面
dc/dx

拡散		
溶質（を）	溶媒（の中へ）	$D\ [m^2/s]$
H_2	空気 (0 ℃)	$6.3 \cdot 10^{-3}$
水蒸気	空気 (0 ℃)	$2.4 \cdot 10^{-3}$
CO_2	空気 (0 ℃)	$1.4 \cdot 10^{-3}$
CS_2	空気 (0 ℃)	$1.0 \cdot 10^{-3}$
NaCl	水 (15 ℃)	$1.1 \cdot 10^{-7}$
蔗糖	水 (15 ℃)	$3.0 \cdot 10^{-8}$

いくつかの拡散係数

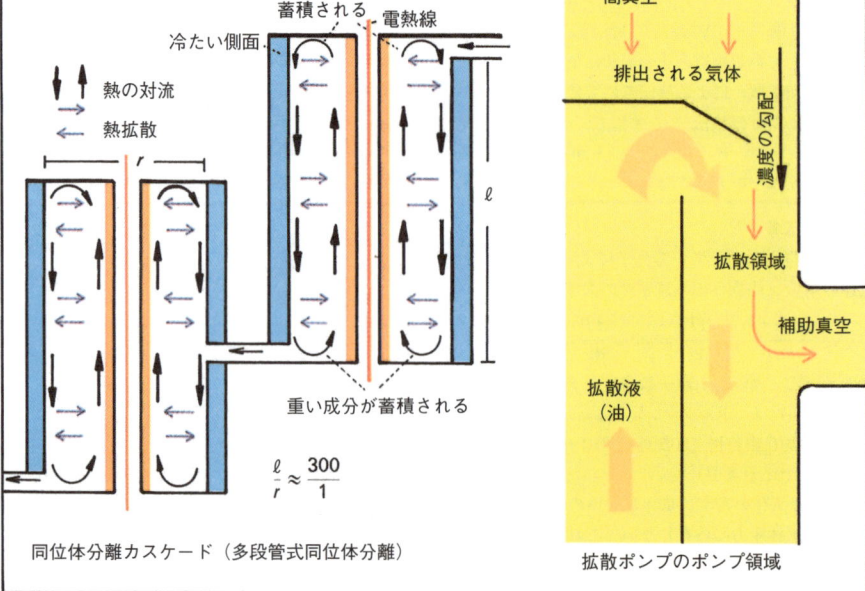

熱の対流
熱拡散
軽い成分が蓄積される
冷たい側面
電熱線
重い成分が蓄積される
$\dfrac{\ell}{r} \approx \dfrac{300}{1}$

同位体分離カスケード（多段管式同位体分離）

高真空
排出される気体
濃度の勾配
拡散領域
補助真空
拡散液（油）

拡散ポンプのポンプ領域

染料溶液の上に澄んだ液体を慎重に流し込むと，最初のくっきりとした境界はゆっくりぼやける．染料は液体の中に**拡散**によって漂い出る．逆に液体分子も染料の中に**拡散**する．気体の場合は数秒もかからないうちに混じり合い，液体はもっと長い時間を必要とするが，一方，固体同士の拡散は地質学的な時間を要する．一般に拡散は，空間的な濃度の勾配が存在するときに起こる．

拡散は一つの物質から他の物質への**受動輸送**である．それは基本的な構成要素の熱運動（すなわちブラウン運動（105頁参照））の結果である．粒子の流れは両方向に起こり，両方向の流れが等しくなった時点で拡散は終わる．

浸透は，半透過性の分離壁を介した物質の拡散である（119頁参照）．

x-軸に沿った拡散に対して，次式が成り立つ：

$$\phi = -DS(dc/dx) \qquad \text{フィックの第一法則}$$

フィック (Adolf Fick, 1829–1901) にちなむ．ここで，ϕ：正味の質量の流れ；S：断面積；D：拡散係数，単位は m^2/s；dc/dx：x-軸に沿った濃度勾配；c：溶質濃度．

一般的な公式：

$$j = -D\,\text{grad}\,n \qquad \text{一般的な拡散公式}$$

ここで，j：粒子流密度の正味の大きさ（拡散流）；$n = N/V$：粒子数密度；N：粒子数；V：体積．

粒子流密度（記号 j）は n の最大減少の方向を示しており，理想気体では気体圧力に依存しない．D は拡散する物質と温度に依存する．

断面を横切って常に二つの対向する粒子流が動く．ブラウン運動から x-軸に沿った正味の流れに対して次が成り立つ：

$$j = j_1 - j_2 = (1/3)\ell\bar{v}(dn/dx)$$

ここで，$\bar{v}$：平均粒子速度；ℓ：平均自由行程．

球形の粒子に対して次が成り立つ：

$$D = kT/(6\pi\eta d)$$

ここで，
d：粒子の直径；k：ボルツマン定数；T：熱力学温度；η：粘度．

拡散は，分子の ℓ が場所によって異なるときに起こる．密度が薄い場所では，粒子の衝突は少なく，よって粒子密度の高い領域よりも粒子は早く広がる．正味の流れが外に向かっているとき，体積内の粒子数密度は減少する．すなわち，

$$\partial n/\partial t = -\text{div}\,j$$

これから次の一般的な**拡散方程式**が出てくる．

$$\partial n/\partial t = D\,\text{div}\,\text{grad}\,n \qquad \text{フィックの第二法則}$$
$$= D(\partial^2 n/\partial x^2 + \partial^2 n/\partial y^2 + \partial^2 n/\partial z^2)$$

応用

最初に，液体を満たした容器の底にある物質の薄い層があると，その層は上方に向けて拡散する．時間 t，距離 x における濃度 c は次の通りである：

$$c(x,t) = \left(C_0/\sqrt{\pi Dt}\right)\exp\left(-x^2/4Dt\right)$$

ここで，C_0 はその物質の初期，すなわち，$t = 0$，$x = 0$ の全モル数である．

平均のずれの二乗

$$\bar{x^2} = Dt$$

は時間 t における粒子層の幅の尺度である．

熱拡散：二つの異なった気体の混合物を温度勾配のある容器に入れると，軽い分子は主に温度の高い方へ拡散し，重い分子は逆の方向へ拡散する．しばらくすると，軽い粒子は高温側にかたより，重い粒子は主として低温側に存在する．

この混合物分離法は，クルシウス (Klaus Clusius, 1903–63) によって発明された**同位体分離**のための**分離管**で利用されている．分離管は，長さ6mの2本の垂直な同軸の管でできており，その上部と下部は閉じられ，内側の管は電熱線で熱せられている．外側の管（冷却ジャケット）は冷やされており，二本の管の間は分離すべき混合気体で満たされる．熱拡散によって軽い成分は内側の管に寄ってくる．（僅かに）成分が変わった混合物は熱対流によって内側の管に沿って上方に昇る．底には同じように僅かに成分が変わった混合物が溜まるが，ここでは重い成分が集まっている．分離効果は僅かであるが，濃縮された混合物を取り出し，次の分離管で再び濃縮する．20個の分離管を持つカスケード式分離機で二つの Ne-同位体は完全に分離される．U-同位体を不純物濃度が数千分の一になるまで分離するためには，数千個の分離管が必要である．

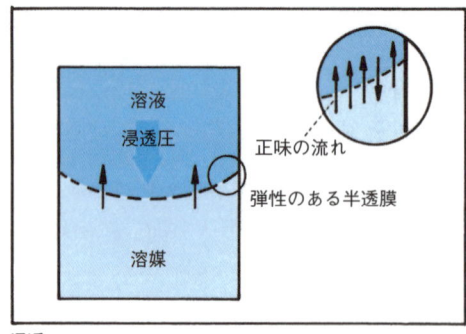

浸透

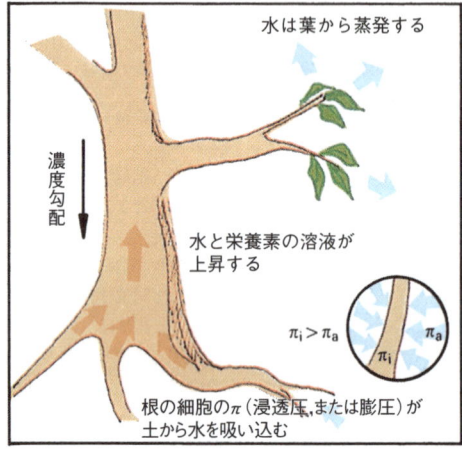

ペッファー瓶 — Cu₂[Fe(CN)₆]半透膜で覆われた多孔質の陶器の壁、浸透圧 π を持つ溶液、溶媒（例，水）

喬木の浸透圧はしばしば大気圧の10倍にまで達する

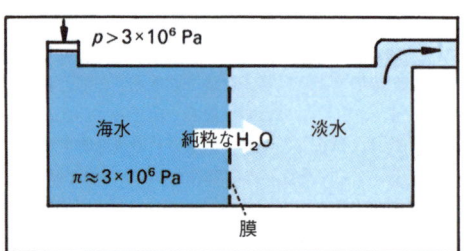

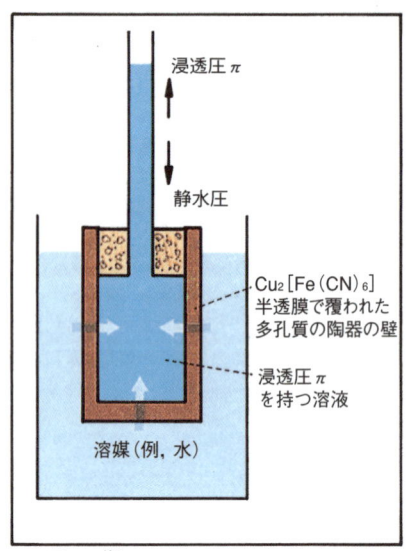

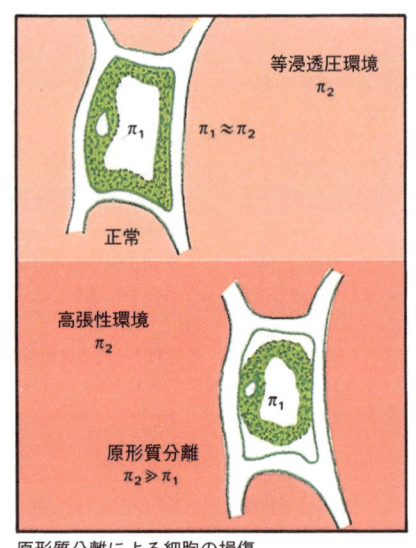

逆浸透による海水の脱塩 — $p > 3 \times 10^6$ Pa、海水 $\pi \approx 3 \times 10^6$ Pa、純粋な H_2O、淡水、膜

原形質分離による細胞の損傷 — 等浸透圧環境 π_2, $\pi_1 \approx \pi_2$, 正常; 高張性環境 π_2, 原形質分離 $\pi_2 \gg \pi_1$

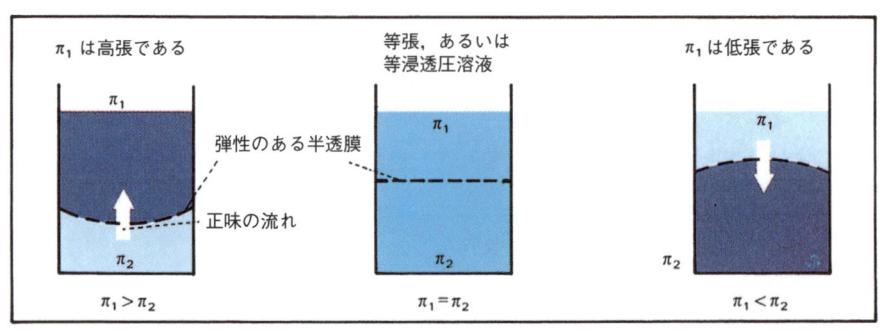

浸透活性溶液の呼び方 — π_1 は高張である ($\pi_1 > \pi_2$); 等張，あるいは等浸透圧溶液 ($\pi_1 = \pi_2$); π_1 は低張である ($\pi_1 < \pi_2$)

浸透は拡散の特別な場合であり，**半透性**（一方通行）の境界（膜）を通る液体の拡散である．溶媒だけがそれを通って拡散でき，溶質は拡散できないので，境界層は半透膜と呼ばれる．

これは理想的な場合であり，実際の膜は溶質をいくらかは通す．

膜は溶液と溶媒を分離するか，あるいは，くっきりとした濃度勾配を保つ．

溶媒は溶解すべき物質（溶質）を取り入れ，そして両成分は完全に混合する（溶液）．

物質量濃度（記号 c）は溶解した物質の物質量を溶液の体積で割ったものである．c は mol/L で測られる．

飽和溶液は最大濃度の溶液であり，それ以上物質を追加すると**沈殿物**が生じる．

浸透は，半透膜による溶媒の**受動輸送**である．溶媒は両方向に拡散するが，しかし正味の流れは溶質の密度の高い方へである．植物や動物の細胞壁は半透膜の例である．その特性は生命現象に対して極めて重要である．

ペッファーの浸透圧計—ペッファー（Wilhelm Pfeffer, 1845–1920）が発明した—は，多孔質の素焼容器で，硫酸銅 $CuSO_4$ の希薄溶液を満たし，この容器をフェロシアン化カリウム溶液中に浸して，素焼き容器の内部にフェロシアン化銅のゼラチン状半透膜を生成させたものである．

例えば，蔗糖液で満たされたペッファー瓶を水中に置くと，水の分子（溶媒）は器の中に拡散してくるが，蔗糖の分子はフェロシアン銅の膜を透過できない．

浸透圧（記号 π，単位 Pa）は，溶液の場合に気体の圧力と同様な役割を果たす．浸透圧は溶解している分子によって起こり，圧力を生じるが，それは同じ粒子数密度と同じ温度の気体がもたらす圧力と同じである．

次が成り立つ（ただし小さい n の値に対して）；

$$\pi = nkT \qquad \textbf{ファント・ホッフの法則}$$

これはファント・ホッフ（Jacobus van't Hoff, 1852–1911）にちなむ．

ここで，n：粒子数密度；k：ボルツマン定数；T：熱力学温度．

π は溶媒の種類には**依存しない**．分解して2種のイオンになる物質は，イオンにならない物質に比べると2倍の浸透圧を示す（例：NaCl）．π は半透膜の境界にだけ存在し，その膜の片側には純粋の溶媒がある．

実際の溶液と大きな n に対しては，ファント・ホッフの法則から著しいずれが生じることがある．

理想溶液に対してボイル-シャルルの法則（51頁参照）と類似の関係が成り立つ；

$$\pi V = \nu RT \qquad \textbf{浸透圧方程式}$$

ここで，V：溶液の体積；ν：溶質のモル数；R：気体定数．

溶液に2種以上の分子があれば，対応してドルトンの分圧の法則（51頁参照）が成り立つ．

π は大きな値を取ることがある．

例：0.3 モルの薄い蔗糖溶液は室温で $\pi = 7.3 \times 10^5$ Pa を生じる．

浸透は生きている木の細胞に水を押し込み，その根の圧力は石を砕くこともできる．

浸透圧計は浸透圧を測る．1本の直立管に測るべき溶液が入っている．管の下方を半透膜で閉じ，溶媒中に立てる．溶媒は膜を透して管に入り込み，静水圧が π と等しくなるまで，溶液の上面は上昇する．このとき浸透圧が引き込むのと全く同じだけの溶媒の分子を，静水圧が追い返す．かくして溶媒の正味の輸送はゼロになる．

膜の上面と下面の圧力比に応じて**高張**，**低張**，そして**等張**，あるいは**等浸透圧溶液**として区別している．

生きている細胞は浸透圧計として役に立つ．というのは，内部と外部の圧力差に応じてそれは膨らんだり，縮んだりする．

通常は π は溶液の濃度から計算される．

応用

相対分子質量の決定：ある物質が質量 m だけ溶け込んでいるとする．π，V と T は計測される．浸透圧方程式（上記参照）から，リットル当たりの溶液に溶解している物質のモル数を得る．よってモル当たりの分子質量は $M_r = m/\nu$ である．

この方法は，特に僅かな量の物質や，気化して分解し，通常のやり方では分析されない物質に適している．

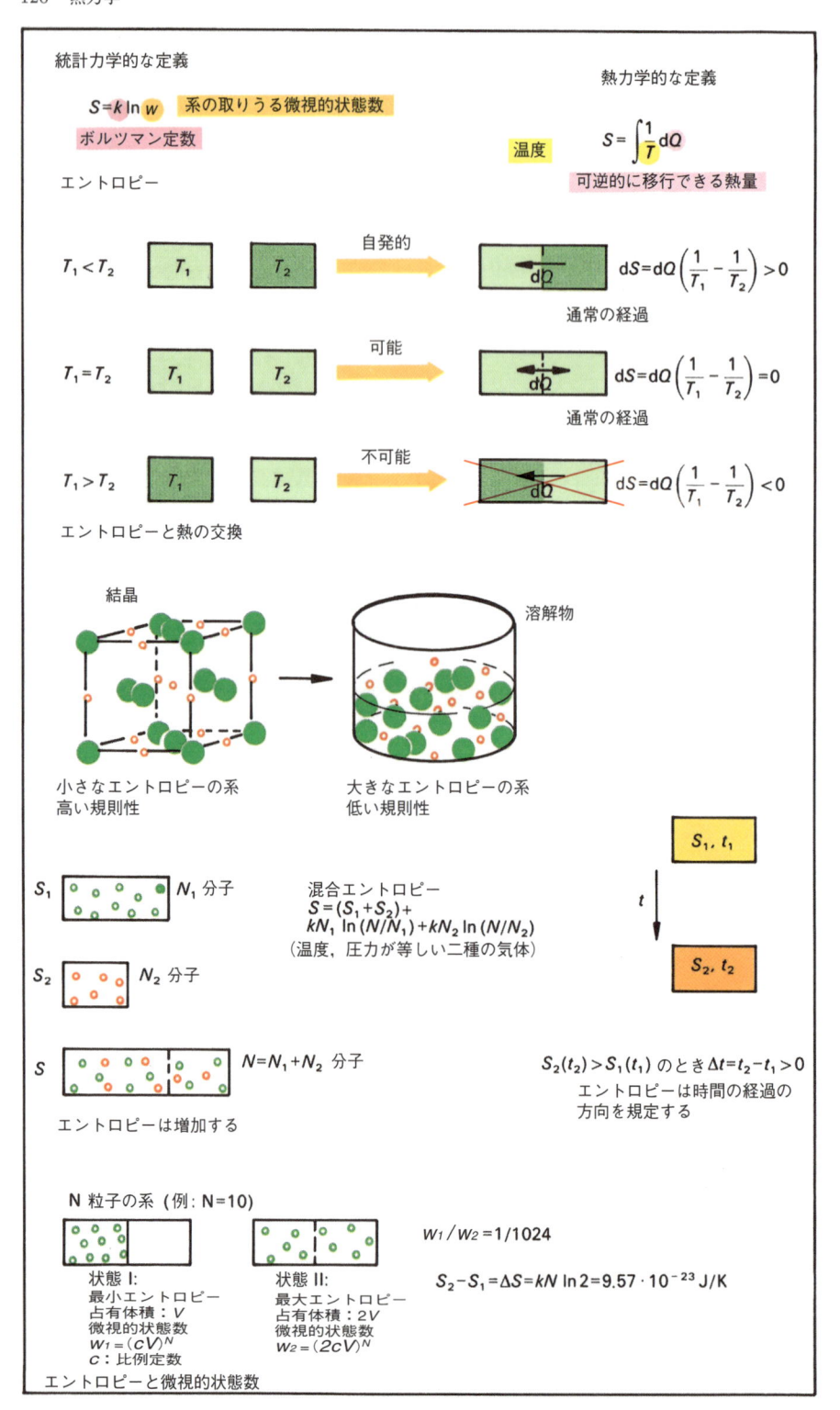

統計力学的な定義

$S = k \ln W$ 系の取りうる微視的状態数
ボルツマン定数

エントロピー

熱力学的な定義

$S = \int \dfrac{1}{T} dQ$
温度　可逆的に移行できる熱量

$T_1 < T_2$　　自発的　→　$dS = dQ\left(\dfrac{1}{T_1} - \dfrac{1}{T_2}\right) > 0$
通常の経過

$T_1 = T_2$　　可能　→　$dS = dQ\left(\dfrac{1}{T_1} - \dfrac{1}{T_2}\right) = 0$
通常の経過

$T_1 > T_2$　　不可能　→　$dS = dQ\left(\dfrac{1}{T_1} - \dfrac{1}{T_2}\right) < 0$

エントロピーと熱の交換

結晶　→　溶解物

小さなエントロピーの系　　大きなエントロピーの系
高い規則性　　　　　　　　低い規則性

S_1 ▢ N_1 分子

混合エントロピー
$S = (S_1 + S_2) + kN_1 \ln(N/N_1) + kN_2 \ln(N/N_2)$
（温度，圧力が等しい二種の気体）

S_2 ▢ N_2 分子

S ▢ $N = N_1 + N_2$ 分子

エントロピーは増加する

S_1, t_1
↓ t
S_2, t_2

$S_2(t_2) > S_1(t_1)$ のとき $\Delta t = t_2 - t_1 > 0$
エントロピーは時間の経過の方向を規定する

N 粒子の系（例：N=10）

状態 I:
最小エントロピー
占有体積：V
微視的状態数
$w_1 = (cV)^N$
c：比例定数

状態 II:
最大エントロピー
占有体積：$2V$
微視的状態数
$w_2 = (2cV)^N$

$w_1/w_2 = 1/1024$
$S_2 - S_1 = \Delta S = kN \ln 2 = 9.57 \cdot 10^{-23}$ J/K

エントロピーと微視的状態数

エントロピー（記号 S，単位 J/K）は熱力学の状態量である．

旧称：クラウジウス（単位記号 Cl）．

換算：1 Cl $=4.19$ J/K

化学では S は，しばしば J・K^{-1}・mol^{-1} で記述される．

S は加算量である．すなわち，二つの系がそれぞれエントロピー S_1 と S_2 を持っていると，合わせた系のエントロピーは $S_1 + S_2$ である．

クラウジウス（Rudolf Clausius, 1822–88）は，熱力学的な過程の可逆性に対する尺度として，1854 年エントロピー（ギリシャ語 エントレペイン（逆転する）から）の概念を導入した．

通常，系の二つの状態のエントロピー差 ΔS が定められ，そして，ある基準の状態を基にしてエントロピーは測られる．

S の絶対的な値は，量子統計ではじめて求めることが可能である．

別々の容器の気体を一緒にすると，それらは完全に混合する．二つの気体が自発的に再び分離することは実際的にはあり得ないことであるが，原理的には可能である．というのは，気体分子は不規則に動いており，もう一度それぞれの初期の容器に集まることは不可能ではないからである．この事象はエネルギー保存則に反しない．エントロピーは，実際上不可逆な過程の進行の方向を記述するために導入された．次が成り立つ．

孤立系（外部とはエネルギー交換も，物質交換も無い系）は，最大確率の状態に達するまで変化する．

物理量エントロピーは，孤立系における過程の，不可逆性の尺度である．

時間の方向を規定するために S を使うことができる．というのは，上記の閉じた系に対しては，どの過程に対しても $dS \geqq 0$ が成り立ち，最適な状態（平衡状態）になると $dS = 0$ となるからである．

エントロピーの**統計力学的定義**：

$$S = k \ln w \qquad \text{エントロピー}$$

k：ボルツマン定数；w：孤立系の微視的状態（取りうる状態）の数．（w は巨視的状態の出現確率に比例する．）

エントロピーの**熱力学的な定義**：

$$dS = \delta Q/T \qquad \text{エントロピー差}$$

dS：ある一つの系で，二つの（熱力学的に）隣接した状態のエントロピー差；δQ：準静的な過程で授受されるこの二つの状態の熱量の差；T：熱力学温度．

$$S = \int \delta Q/T \qquad \text{クラウジウス積分}$$

統計力学的定義と熱力学的定義は同等である．これは次の例で示される：

N 個の分子を持つ気体（理想気体）が初めに容器を半分占めていたとする（状態 I）．状態 II ではそれは全体を均等に満たした．1 個の気体粒子が取りうる状態の数は位相体積に比例し，今の場合温度一定なので体積に比例する．その比例定数を c とすると，状態 I における微視的状態の数は $w_1 = (cV)^N$ である．同様に，状態 II における状態の数は $w_2 = (2cV)^N$ である．エントロピーの増大 $S_{II} - S_I = \Delta S$ は，統計力学的定義に従うと，

$$\Delta S = S_{II} - S_I = kN \ln 2$$

熱力学的には，温度を一定に保ったまま気体を準静的に膨張させればよい．初期の 2 倍の体積になるまでピストンをゆっくり引き戻す．その際生じる温度降下は熱を供給することでおぎなう．2 倍の体積へ膨張するする際に気体がする仕事 W は（103 頁参照），

$$W = -\nu RT \ln(V_1/V_2) = +\nu RT \ln 2$$

ここで，ν は気体のモル数である．

この仕事は供給された熱量に等しいので，I から II への移行の際のエントロピー増大は

$$\Delta S = (\nu RT \ln 2)/T = \nu R \ln 2 = kN \ln 2$$

エントロピーの両定義は同等である．

例：熱交換の際のエントロピー：二つの物体が温度 T_1 と T_2 とを持ち，吸収される熱量を δQ_1, δQ_2 とする．この両者の間で熱量 δQ が交換されると，両者のエントロピー差は次のようになる：

$$dS = (\delta Q_1/T_1 + \delta Q_2/T_2)$$

ある事象が自然に起こるのは S が増加するときのみである．$T_2 > T_1$ のとき，dS が正となるには，$\delta Q_1 = \delta Q$, $\delta Q_2 = -\delta Q$ でなければならず，$T_2 < T_1$ のときは，$\delta Q_1 = -\delta Q$, $\delta Q_2 = \delta Q$ となり，ともに熱は高温物体から低温物体へ流れる．

一般に，体積 V，粒子数 N，温度 T，自由度 f の理想気体のエントロピーは

$$S = Nk(f/2) \ln(T/T_0) \\ + Nk \ln((V/V_0)(N_0/N)) + C$$

ここで，C は N, V, T に関係しない定数である．T_0, V_0, N_0 はある基準状態の温度と体積，粒子数である．

エントロピーと情報

情報理論ではエントロピー（ここでは記号 H）は平均情報量に対する尺度である．

例：n を離散的な記号の数とすると次が成り立つ．

$$H = \log_2 n$$

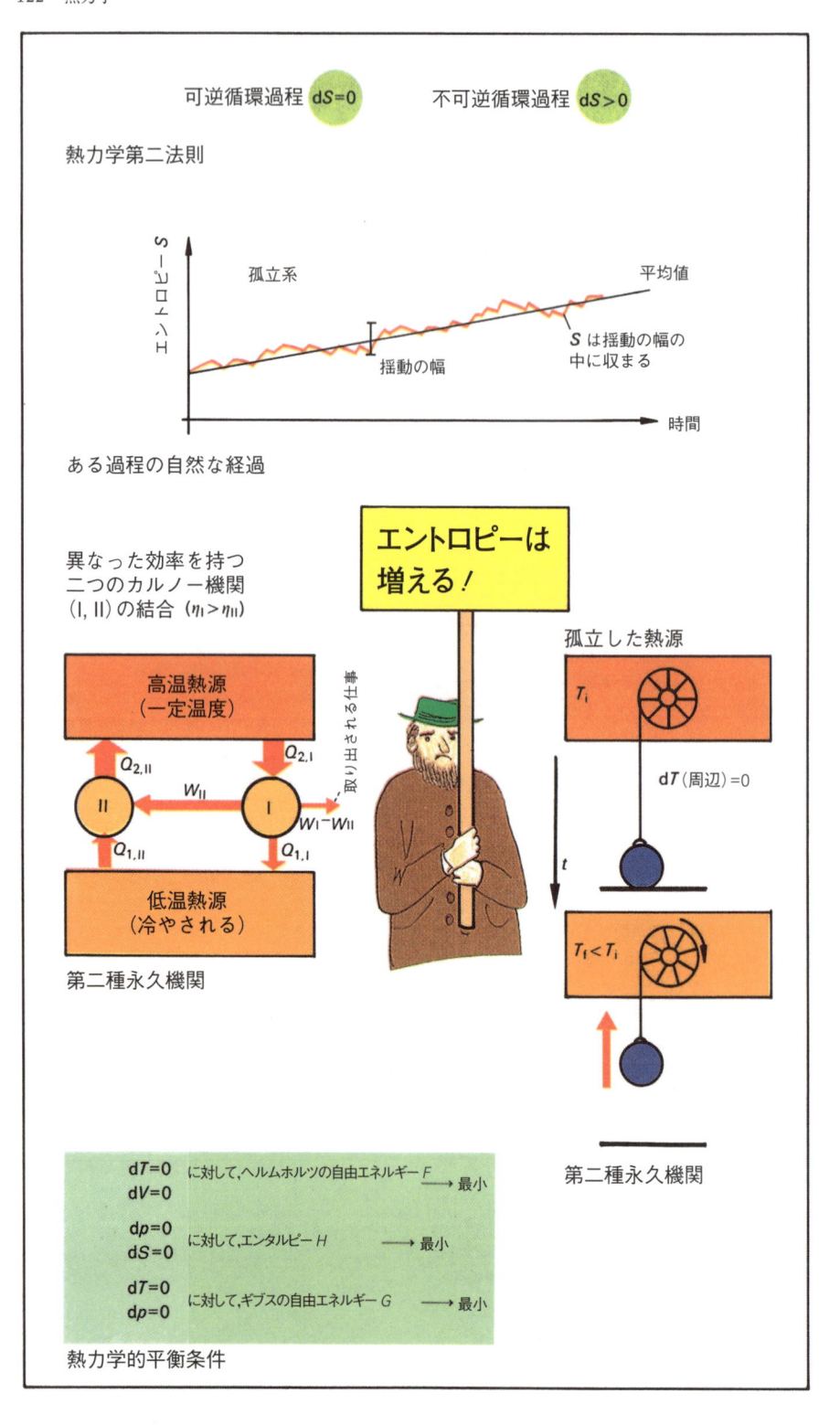

熱力学第二法則

可逆循環過程 $dS=0$　　不可逆循環過程 $dS>0$

ある過程の自然な経過

縦軸: エントロピー S／横軸: 時間
孤立系／平均値／揺動の幅／S は揺動の幅の中に収まる

第二種永久機関

異なった効率を持つ二つのカルノー機関 (I, II) の結合 ($\eta_I > \eta_{II}$)

高温熱源（一定温度）
$Q_{2,II}$　$Q_{2,I}$
II　W_{II}　I　$W_I - W_{II}$（取り出される仕事）
$Q_{1,II}$　$Q_{1,I}$
低温熱源（冷やされる）

エントロピーは増える!

第二種永久機関

孤立した熱源　T_i　dT（周辺）$=0$　t
$T_f < T_i$

熱力学的平衡条件

$dT=0$, $dV=0$ に対して、ヘルムホルツの自由エネルギー F → 最小

$dp=0$, $dS=0$ に対して、エンタルピー H → 最小

$dT=0$, $dp=0$ に対して、ギブスの自由エネルギー G → 最小

熱力学第一法則（101頁参照）は，閉じた系が取りうる過程を定める．第二法則は，この過程がどの方向へ進むかを与える．第二法則の現代的な記述：

系は，著しく確率の低い状態へは決して自然に移行することはない．

すなわち，孤立系のどんな状態変化の際もエントロピーは増大するか，あるいはせいぜい同じに止まる（121頁，エントロピーの統計力学的定義参照）．

しかしながら，瞬間的なエントロピー値の統計的ゆらぎは可能である．それでもボルツマン定数 k，すなわち 10^{-23} J/K の数倍以上になることはほとんどない．

古い記述：
「熱は低い温度の物体から高い温度の物体へ，自然に移行することはできない．」
あるいは：
「第二種永久機関は存在しない．」
　第二種永久機関は周期的な仕事をする機械で，荷物を持ちあげ熱源を冷やす以外のことはしない．例：第二種永久機関を持つ外洋汽船．この船は推進力のエネルギーを海が蓄えた熱エネルギーから引き出すが，その際の変化は，海水が冷やされるだけである．このような汽船は存在しない．

このような機械はエネルギー保存則には抵触しない．熱力学第二法則は（第一法則と同じく）経験則である．

第二法則とエントロピー

孤立系内部の全ての過程は，エントロピーが一定であるか，あるいは増大するように進行する．環境を含めればどんな系も閉じた系と考えることができるので，この主張は自然の全ての事象に対して成り立つ．

すなわち，
$$dS \geq 0$$

可逆循環過程

可逆な**カルノー機関**（109頁参照）を使って循環過程を調べる．熱力学第二法則は，熱エネルギーを仕事へ完全には変換できないと述べている．熱エネルギーの一部は常に低温熱源を暖めるのに使われる．
追記：全てのカルノー機関は同じ仕事効率であり，用いられた作業物質にも依存しない．仕事効率が同じでなければ，二つのカルノー機関を熱力学第二法則に反するようにつなぎ合わせることができる．全ての可逆あるいは非可逆熱機関の中でカルノー機関は最大の仕事効率を持っている．

熱力学的平衡

孤立系が安定な熱力学的平衡になるのは，エントロピーが最大値を取るときである．その系が乱されると内部の機構が働いて，再び最大エントロピーを取る方向に系は移行する．

$$S = 最大 \qquad 平衡条件$$

この関係は力学的平衡に類似している（43頁参照）．極値を取る状態量は，力学ではポテンシャル・エネルギー V である．系の擾乱はこのとき，例えば力 $-dV/dx$ を発生させる．これは乱れた系を再び平衡に引き戻す．（V の値はこの場合も極値であるが，ポテンシャル・エネルギーの定義から最小値である．）

断熱的でない閉じた系（外部との間に物質の出入りがない系）では，一般に，
$$\Delta S \geq \Delta Q/T$$
が成り立つ．あるいは（熱力学第一法則を使って）
$$\Delta S \geq (\Delta U - \Delta W)/T$$
平衡において，
$$\Delta U - \Delta W - T\Delta S = 0 \qquad 平衡条件$$

ここで，U：系の内部エネルギー；W：系になされた仕事；T：熱力学温度．

熱力学的過程の進行方向を簡単に特徴付けるために，さらに別の**熱力学的状態量**がある．

等温，等積の状態変化に対して次が成り立つ：
ヘルムホルツの自由エネルギーあるいは**自由エネルギー**（記号 F，単位 J）
$$F = U - TS$$
ヘルムホルツの自由エネルギーが最小に向かう．

等エントロピー，等圧の状態変化に対して次が成り立つ：
エンタルピー（記号 H，単位 J）
$$H = U + pV \qquad エンタルピー$$
が最小に向かう．

H は特に，流体の作業物質に関する研究に適している．

等温，等圧の状態変化に対して次が成り立つ：
ギブスの自由エネルギーあるいは**自由エンタルピー**（記号 G，単位 J）
$$G = U + pV - TS$$
$$= H - TS \qquad ギブスの自由エネルギー$$
が最小に向かう．

G は特に，融解過程と気化過程の計算の際に役立つ．

気化平衡

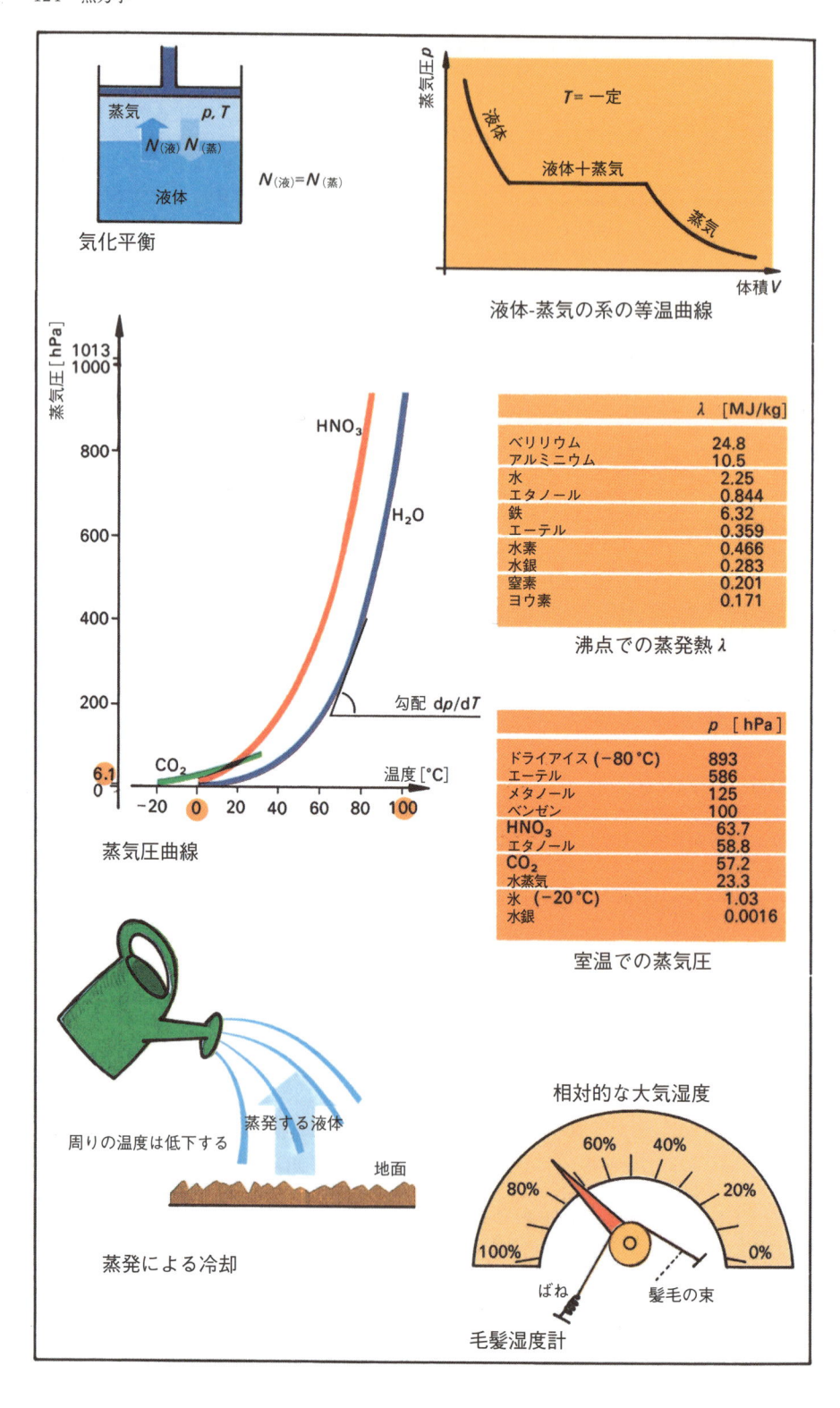

$N_{(液)} = N_{(蒸気)}$

液体-蒸気の系の等温曲線

$T = $ 一定

蒸気圧曲線

勾配 dp/dT

沸点での蒸発熱 λ

	λ [MJ/kg]
ベリリウム	24.8
アルミニウム	10.5
水	2.25
エタノール	0.844
鉄	6.32
エーテル	0.359
水素	0.466
水銀	0.283
窒素	0.201
ヨウ素	0.171

室温での蒸気圧

	p [hPa]
ドライアイス (−80 °C)	893
エーテル	586
メタノール	125
ベンゼン	100
HNO$_3$	63.7
エタノール	58.8
CO$_2$	57.2
水蒸気	23.3
氷 (−20 °C)	1.03
水銀	0.0016

蒸発による冷却

周りの温度は低下する
蒸発する液体
地面

毛髪湿度計

相対的な大気湿度
ばね
髪毛の束

蒸気は物質の気相であり，その物質は同時に液相として同じ環境に存在する．蒸気は**蒸気圧**を生じる．

気化は分子が液体の表面から離れる事象である．

蒸気圧 p は温度 T と共に増加する．p は T だけに依存し，液体の量にも，他の気体の存在にも依存しない．

孤立した容器で，液体の表面から分子が蒸気空間に入り込み，同時に蒸気空間から同じ量の分子が液体に入り込むとき，物質の両相は**気化平衡**にあり，圧力は**飽和蒸気圧**となる．

等温圧縮の際は，大幅な体積変化の間でも p は一定である．というのは，蒸気の一部がそのつど液体に移行するからである．体積を増やすと，逆に分子は蒸気相に戻る．液体が最初に全て気化しているときは，体積を増やすと蒸気圧は減少する．蒸気はそのとき理想気体によく似た振る舞いをする．

沸騰は，液体の蒸気圧が表面に掛かっている外圧を上回ると起こる．蒸気の泡は液体の表面と内部で発生し，上方の蒸気相の中に入っていく．

例：水の沸点は標準圧力（1013 hPa）で 100 °C である．圧力がそれ以上であると沸点は高くなり，それ以下だと低くなる．例えば，モンブランの頂上では水は 84 °C で沸騰する．山の高度を決めるための**測高沸点温度計**では，この依存性が使われている．

凝縮は，液体に掛かっている外圧より蒸気圧が低いときに起こる．このとき，液体に入る蒸気の分子が液体から出る分子よりも多い．

蒸発熱，あるいは**気化熱**は，気化するために液体分子に供給されるエネルギーである．

比蒸発熱（記号 λ，単位 J/kg）は，一定温度で，液体 1 kg を気化させるエネルギーである．

λ は物質量にも関係している．このとき J/mol で測られる（**モル蒸発熱**）．

比蒸発熱は沸点でも測られる．それは水に対しては特に高い値を持つ：2.25×10^6 J/kg あるいは 4.06×10^4 J/mol．

λ は二つの寄与から構成されている：

1) 液体の体積を蒸気の体積に増加させるためのエネルギー．例えば，水にたいして 1 J/kg から 1700 J/kg に．
2) 分子が液体内での分子間力に打ち勝つエネルギー．この寄与ははるかに支配的である．例えば水に対しては，これは λ の 93% である．

蒸気圧曲線の勾配は λ に対する一つの尺度である．λ が大きくなればなるほど曲線の勾配は急になる．次の式が成り立つ．

$$\lambda = T(V_v - V_l)\,dp/dT$$

クラウジウス–クラペイロンの方程式

これはクラウジウス（Rudolf Clausius, 1822–88）とクラペイロン（Benoit Clapeyron, 1977–1864）にちなんでいる．

ここで，dp/dT：蒸気圧曲線の勾配；V_v：蒸気の比体積（単位 m³/kg）；V_l：液体の比体積．

凝縮熱は，蒸気が液相に移行するときに解放される．比凝縮熱と比蒸発熱の値は一致する．

蒸発とは，空気中への液体のゆっくりした気化を言う．蒸発している分子は液体から必要な蒸発熱を奪って行く．

蒸発冷却とは，蒸発によって液体を冷やすことを言う．この過程は，蒸気ができる限り素早く液体表面付近から取り払われるとさらに促進される（風，送風機）．

冷却塔：冷却水が塔の広い表面を流れ過ぎる．そのとき水は蒸発し気化熱を持ち去る．風あるいは対流が蒸気を取り去る．

テラコッタ瓶（かめ）：わずかな水が瓶の壁を通って外へ拡散し，蒸発して瓶と内部を冷やす．

湿度測定

普通，大気は水蒸気で飽和しない．というのは，大気の動きは十分に速いからである．

絶対湿度（大気湿度）は大気中における水蒸気濃度である．単位は g/m³．それは**露点計**で決定される．

露点は，周りの空気から水蒸気の凝縮が始まる温度である．測定：磨き上げた金属の面が結露するまで冷やされる．絶対湿度はこのときの凝縮温度から計算される．

最大湿度は，与えられた温度に対する飽和水蒸気濃度である．それは水に対する蒸気圧曲線から得られ，単位は g/m³ である．

$$相対湿度 = \frac{絶対湿度}{最大湿度}$$

これは % で与えられる．

湿度計は空気の湿度を測る．

126　熱力学

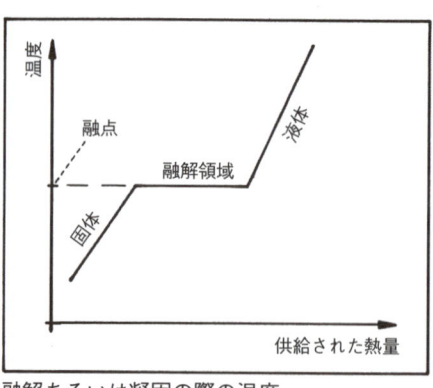

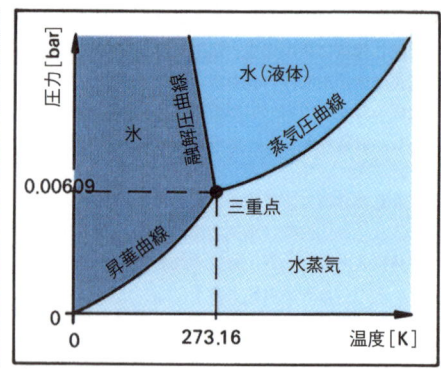

融解あるいは凝固の際の温度

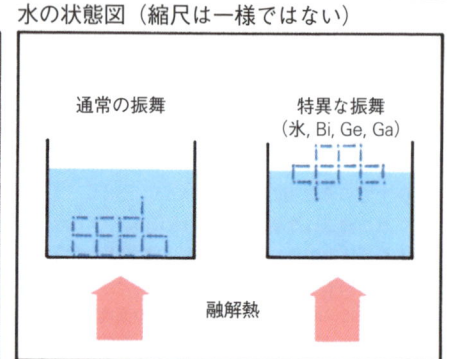

水の状態図（縮尺は一様ではない）

液体の凝固

固体の融解

スケーティング

物質	融点 [K]	凝固点 [K]	比融解熱 [10^5 J/kg]
プラチナ	4573	2042	1.11
鉄	3273	1803	2.70
銀	2223	1234	1.05
水銀	630	234	0.124
水	373.2	273.2	3.52
ベンゼン	353	279	1.40
エタノール	352	159	1.20
メタノール	337	175	1.09
エーテル	308	157	1.08
酸素	90.3	54.7	0.172
窒素	77.4	63.3	0.283
水素	20.4	14.1	0.636
ヘリウム	4.3	0.1	

いろいろな物質の比融解熱

融解とは，ある物質が固相から液相へと移行することを言う．固体に連続的にエネルギーを与えると，その構成要素の熱運動が次第に激しくなり，温度が上昇し，ついには融解が始まる．

融液とは融点近くでの液相の物質をいう．さらにエネルギーを供給しても，固体が共存する限り，温度は一定に保たれる．固体と液体は平衡状態にあり，これは結晶構造にある最後の原子の結合が壊れ，液体になるまで続く．それから改めて温度は上昇する．通常，融解の際には密度は減少する．

重要な例外：氷は水より密度が小さい．温度が下がると湖沼は上から凍る．張りつめた氷は断熱材の役をし，完全な凍結を妨げる．

凝固は融解の逆である．

融点，あるいは**凝固点**は，均質な物体が液相あるいは固相に移行する温度である．結晶だけは，はっきりと際だった融点を示すが，他の物質はある温度間隔の中で，エネルギーを供給するにつれて柔らかくなる．

過冷却：気体が混合していない純粋な液体が，非常に滑らかな壁をもつ入れ物に入っているとする．この液体からエネルギーを取り去っても，そのまま液体の状態を長く保つ．新しい相の形成に要する凝縮の核がほとんどないので，それは準安定な状態（過冷却液相）を保つ．

例：純水は簡単に $-10°\mathrm{C}$ まで過冷却される．

融解圧曲線とは，圧力-体積図に示されている固相から液相への転移曲線を言う．

融解エンタルピー，あるいは**融解熱**は，固体を融解させるために供給されなければならない熱量である．

比融解熱（記号 λ，単位 J/kg）は，温度一定で 1 kg の固体を溶かす熱量である．λ は比蒸発熱よりはるかに小さい．

λ が物質量についての場合は J/mol で測られる（**モル融解熱**）

λ は氷に対して特に高い値を持つ：3.52×10^5 J/kg あるいは 6.30×10^3 J/mol．これは例えば気象にとって重要である．冬季に氷は早い温度変動に対する緩衝材として働く．

融解圧曲線は勾配が急であり，**クラウジウス-クラペイロンの方程式**に従う．

$$\lambda = T(V_\mathrm{f} - V_\mathrm{s}) \mathrm{d}p/\mathrm{d}T$$

ここで，T：融解温度；$\mathrm{d}p/\mathrm{d}T$：融解圧曲線の勾配；V_f：融液の比体積；V_s：固体の比体積．

通常，$V_\mathrm{f} > V_\mathrm{s}$ であり，従って λ は正である．融解点は圧力増加の際に上昇する．水は凝固すると体積が増えるので，融解圧曲線は負の勾配を示す．その結果，氷は圧力が掛かると溶ける．

例：スケート靴の刃の圧力が高く，さらに氷の温度が凝固点に近ければ，氷は溶けてスケーターはほとんど抵抗なく水の膜の上を滑る．（126 頁の図参照．）氷の温度が非常に低いとその圧力では氷を溶かすことはできない．（氷上滑走については，これが今までの通説であるが，下記のような別の説も有力といわれる．）

融点よりごく僅か低い温度では，氷はほんの数分子の厚みの水の被膜を持っている．

例：スケート靴の刃はこの極地に薄い水の膜の上を滑る．刃の圧力は氷を溶かすほど大きくない．

凝固熱は，物質の液相が固相に移行するときに解放される．凝固熱と融解熱は一致する．

三重点は，ある物質の状態図（圧力-温度図）において，融解圧曲線と蒸気圧曲線とが交わる点である．三重点では，固相，液相，蒸気あるいは気相が同時に現れ，それらが平衡になる．

全ての物質が三重点を持つわけではない．

例：He は，圧力 p が 2.5 MPa 以上のときだけ固体になる．

昇華圧曲線は三重点と状態図の原点とを結ぶ．それは固体と気体あるいは蒸気の間の平衡曲線である．物質は，それが固体から蒸気に直接移行するときに昇華する．逆の過程は凝固するという．

昇華熱 ＝ 融解熱 ＋ 蒸発熱

三重点

物質	温度 [K]	圧力 [Pa]
水	273.16	609
CO_2	217	5.1×10^5
硫黄：		
I	369	0.505
II	392	2.34
III	386	1.73
IV	427	1.4×10^8

ル・シャトリエの原理（平衡移動の法則）は ル・シャトリエ (Henri Le Chatelier, 1850–1936) にちなむ．

「平衡にある系に，外部の条件の変化で生じる強制力を加えると，その強制力を弱めるように平衡がずれる．」

応用：氷の融点の近くの圧力上昇は体積の減少をもたらす．すなわち氷は溶ける．氷-水の系は，体積を減らすことで外部の強制力，すなわち圧力を弱める．

融解圧曲線で正の勾配を持つ系は圧力を増しても液化しない．圧力の増大によって，もし固体が液化すれば体積の増大となり，強制力を強めることになるからである．

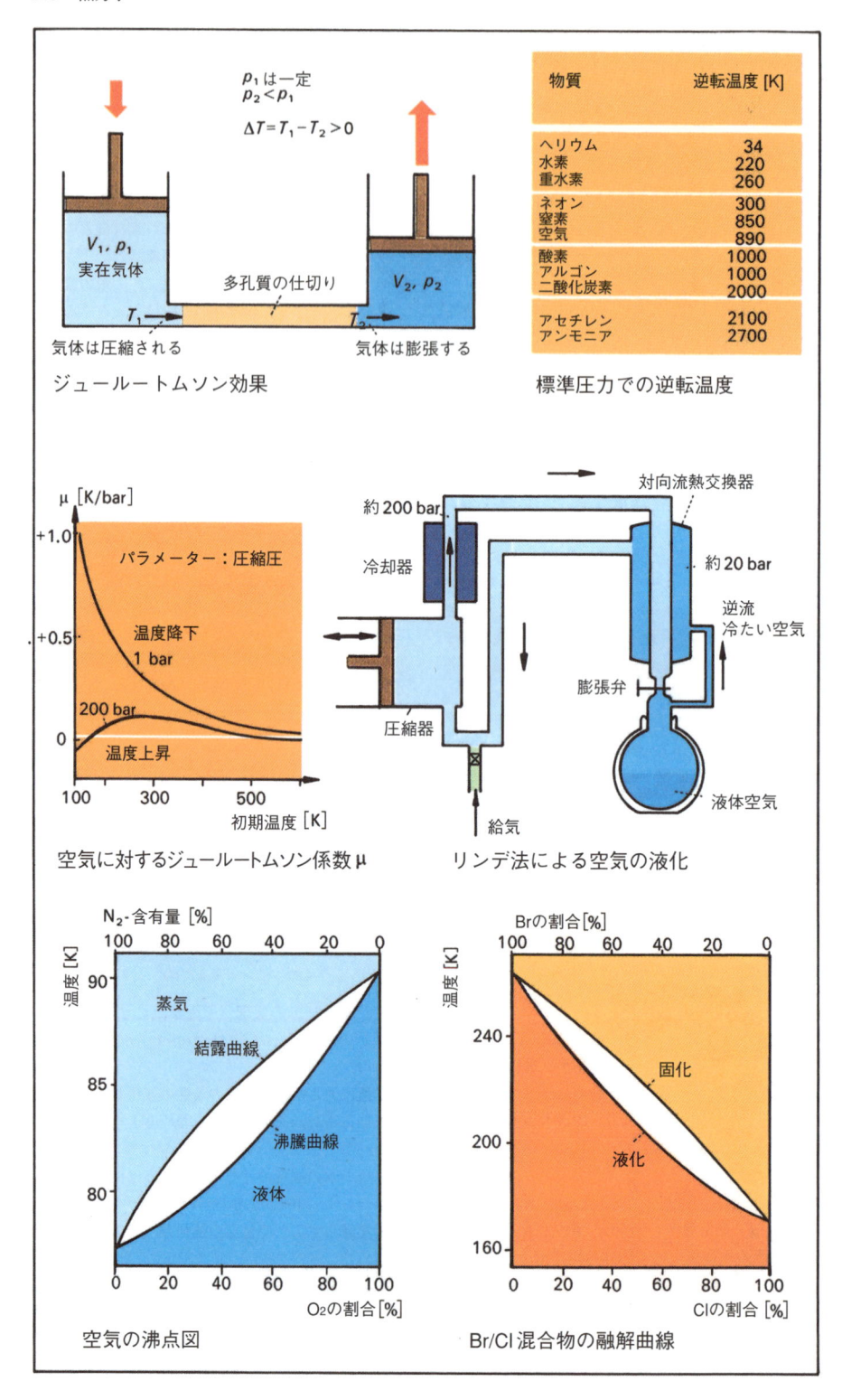

p_1 は一定
$p_2 < p_1$
$\Delta T = T_1 - T_2 > 0$

V_1, p_1 実在気体
多孔質の仕切り
V_2, p_2
T_1 気体は圧縮される
T_2 気体は膨張する

ジュール−トムソン効果

物質	逆転温度 [K]
ヘリウム	34
水素	220
重水素	260
ネオン	300
窒素	850
空気	890
酸素	1000
アルゴン	1000
二酸化炭素	2000
アセチレン	2100
アンモニア	2700

標準圧力での逆転温度

μ [K/bar]
パラメーター：圧縮圧
温度降下
1 bar
200 bar
温度上昇
初期温度 [K]

空気に対するジュール−トムソン係数 μ

約200 bar 対向流熱交換器
冷却器 約20 bar
逆流 冷たい空気
膨張弁
圧縮器
給気
液体空気

リンデ法による空気の液化

N_2-含有量 [%]
蒸気
結露曲線
沸騰曲線
液体
温度 [K]
O_2 の割合 [%]

空気の沸点図

Brの割合 [%]
固化
液化
温度 [K]
Clの割合 [%]

Br/Cl 混合物の融解曲線

実在気体では，断熱的で仕事が伴わなくても，圧力変化があれば内部エネルギーが変わる．これは分子の相互作用の結果である．実在気体の体積が増えると，分子は互いに遠ざかる．その際，互いの引力に抗して仕事をしなければならないので，内部エネルギーが取り去られ，温度は低下する．

理想気体の場合，内部エネルギーは体積には依存しない．この場合，分子は定義に従って，互いにほとんど力を及ぼさないからである．

1854年にジュール (James Joule, 1818–1889) とトムソン (William Thomson, 後のケルビン卿, 1824–1907) は，このジュール–トムソン効果を発見した．

ある気体が V_1 と V_2 の体積を占めている．両方の体積は同じ初期温度であり，全体として断熱されている．初期の圧力を $p_1 > p_2$ として，気体を一定の圧力で V_1 から，多孔質の隔離層（渦を防止する）を通して体積 V_2 へゆっくりと押し出すと，V_1 と V_2 の間に僅かな温度差 ΔT が生じる．この**気体の膨張**は一般に温度降下を引き起こす．

例：室温では，空気は 10^5 Pa の圧力差当たり 0.25 K だけ冷えるが，炭酸ガスの冷却はそれ以上で，$0.75 \text{ K}/10^5$ Pa になる．それに対して水素の場合は温度上昇が観測される．

逆転温度 T_i は，この温度差 ΔT の符号を決める．すなわち，T_i 以上では圧力緩和で気体は暖まり，それ以下では冷える．

次が成り立つ：

$$T_i \approx 6.75\, T_k$$

ここで，T_k は臨界温度（53頁参照）である．

数値 6.75 は，ファン・デル・ワールス方程式（53頁参照）の定数と気体定数 R とから計算される．

ジュール–トムソン係数（記号 μ，単位 $\text{K}/10^5$ Pa）は次で与えられる．

$$\mu = \Delta T / \Delta p$$

ここで，ΔT：与えられた気体の温度差；Δp：ジュール–トムソン効果における両体積の圧力差．

μ は温度に依存するが，あまり大きくない圧力差に対しては Δp に依存しない．

気体の液化は，大がかりな装置でジュール–トムソン過程を繰り返し使って行われる．このためには気体の温度は最初から逆転温度を下回っていなければならず，従って水素やヘリウムは前もって冷却しておかなければならない．

リンデ法は，リンデ (Carl von Linde, 1842–1934) によって1895年に開発された．圧縮機が空気を200バールに濃縮する．続いて膨張弁を通してその空気を約20バールに下げ，その際空気はほぼ $45\,°\text{C}$ だけ冷える．これによって約 $-25\,°\text{C}$ に冷やされた空気は，対向流熱交換器を通って圧縮機に戻される．この熱交換器は高圧気体を予冷し，装置の効率を上げる．多数回これを繰り返すと，膨張弁を通る空気の温度が沸点以下に下がる．空気は液化し貯蔵容器に流れ込む．

最大規模の装置は1時間当たり 10^6 m^3 の空気を処理する．1 kg の空気を液化するのに約 1 kWh を必要とする．

液化気体は**クライオスタット**，あるいは**デュアー**に保存する．これは金属あるいはガラスの二重壁でできている容器で，構造上魔法瓶に似ている．二重壁の間を減圧あるいは断熱材を用いて熱伝導や熱対流を少なくする，あるいは内側容器を銀メッキして熱放射を減らす．

液体空気の**分溜**によって酸素と窒素が分離され，このやりかたで両物質を生成する．

組成に応じて O_2 と N_2 の液化混合物は異なった温度で沸騰する．混合物の割合に応じた沸点をつなぐ**沸騰曲線**が形成される．混合物（液化空気）を暖めると，より低い沸点の液体，すなわち窒素がより多く蒸気相に出てくる．**結露曲線**は，逆に，どの温度のときに混合物が液化するかを与える．

例：40% N_2, 60% O_2 の液化混合物を加熱すると，$-190\,°\text{C}$ で沸騰する．その蒸気は 70% N_2, 30% O_2 の組成を持ち，N_2 が増加している．蒸気は取り出され，液化され，再び沸騰によって分離される．分溜の繰り返しによって，二つの物質の完全な分離がなされる．

融解曲線は，固相–液相間の移行を示す曲線である．

液体ヘリウム (^{4}He) はカマリング・オネス (Kamerlingh Onnes, 1853–1926) によって，1908年，初めて作り出されたが，それは二段階で作られた．液体空気で逆転温度以下に予冷し，リンデ法で 4.2 K まで冷却する（沸点 4.21 K）．液体の上のヘリウム蒸気を排気すると，温度は 0.84 K まで下がる．

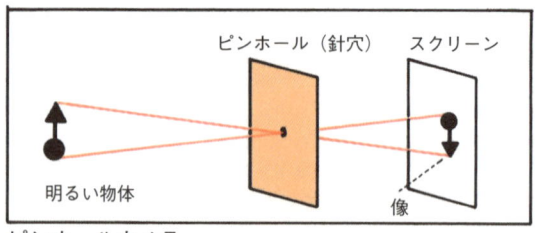

光学と放射

ピンホールカメラ

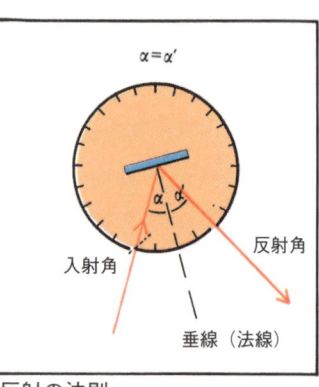

ピンホール（針穴）／スクリーン／明るい物体／像

反射の法則

$\alpha = \alpha'$／入射角／反射角／垂線（法線）

光の直線的伝播

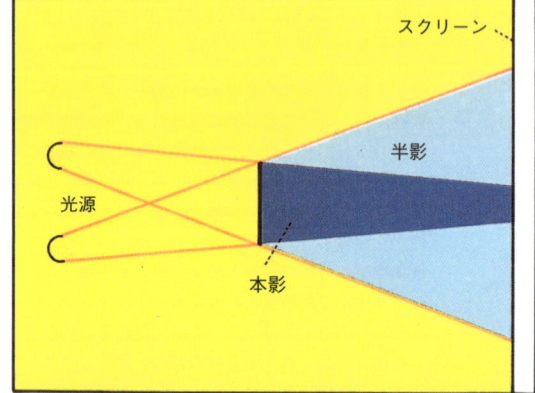

スクリーン／半影／光源／本影

反射

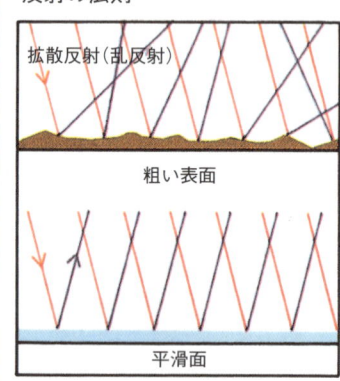

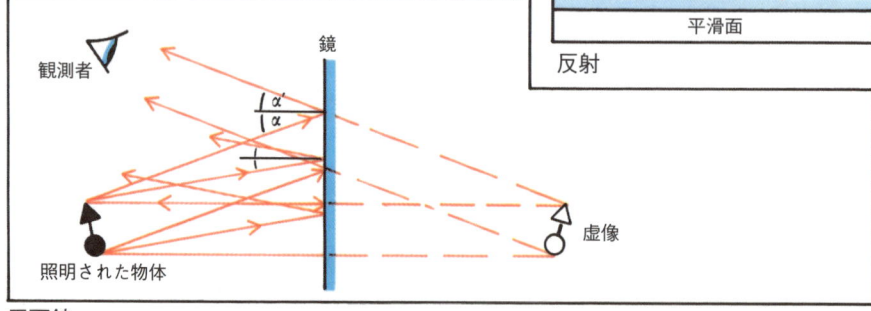

拡散反射（乱反射）／粗い表面／平滑面

平面鏡

観測者／鏡／虚像／照明された物体

球凹面鏡

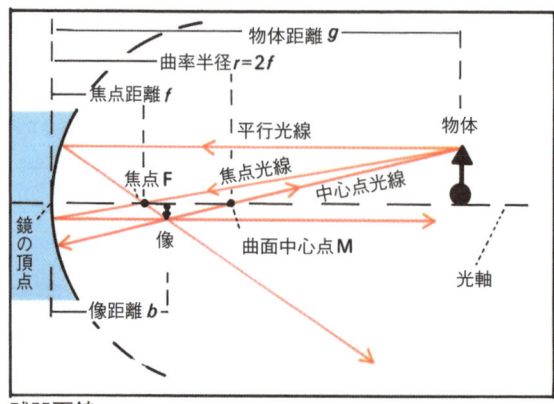

物体距離 g／曲率半径 $r = 2f$／焦点距離 f／平行光線／物体／焦点 F／焦点光線／中心点光線／鏡の頂点／像／曲面中心点 M／光軸／像距離 b

反射率 ϱ

物質	ϱ
酸化マグネシウム	0.98
雪	0.93
銀	0.88
陶磁器	0.76
金	0.75
アルミニウム	0.69
銅	0.63
クロム	0.62
鋼	0.55
黒い紙	0.05

光は電磁放射であり，われわれの目に見える．通常，それは発生地点から球面波として，すべての方向へ直線的に広がって行く．

光線束は球面波の一部である．球の中心を始点として有限の開口角をもつ．

光線は無限に細い光線束である．

中心光線は光線束の中央を通り，境を通る光線を**周縁光線**という．

光線が不透明な障害物に当たるとその後ろの空間は影になる．影は障害物の射影である．

幾何光学，または**光線光学**では，光線束の中に置かれた物体が常に光の波長より大きい（すなわち，物体 $\gg 10^{-6}$ m）という仮定の下で光線の振舞を調べる．この条件の下では光の波動的性質は無視してよい．

この条件が満たされるかぎり，光線光学の法則は，目に見えない電磁波にも，他の波動放射（例えば音波）にも適用できる．

波長が物体と同じ程度か，それより大きいときには，**波動光学**の法則が適用される．

幾何光学は最も古い科学の一つである．昔は魔術にも使われることがたびたびあった．例えば，中国の道教信者による鏡を使ったカムフラージュがそうである．中世初期においてさえ，まだ，人々は，光線は目から出ていって物体の像を持ち帰ってくると想像していた．それにもかかわらず，ユークリッド（Euklid, BC 4–3 世紀）の 58 個の光学定理は正しい，なぜなら，幾何光学における光の走行線は可逆であり，解釈にはよらないからである．プトレマイオス（Claudius Ptolemäus, AD 2 世紀）の教科書の一部は，そのまま，この事典の図として掲載されてもおかしくない．アルキメデス（Archimedes, BC 285–212）は，ローマ艦隊に対するシラクサ防衛戦で凹面鏡を使った時，幾何光学の法則を利用したと言われている（ついでに言うと，成果はなかったが）．一方，中国の唐時代（AD 618–907）の絵画では凹面鏡と凸面鏡の前にいる子供が描かれている．

針穴写真機（ピンホール・カメラ）は光線の直線走行を実際に見せる：光を当てられた物体，あるいは，自分で光る物体を穴を開けた壁（針穴絞り）の前に置く．その後方に置かれたスクリーンに倒立した物体の像が映る．針穴が大きすぎると像はぼやけるが，それは物体の各点から出る光線束の直径が針穴で決まるからである．一方，針穴が小さすぎると光の波長がはっきり関与してくる．回折（187 頁参照）によって像の輪郭がぼやける．

平らな鏡，平面鏡

光線が磨かれた表面にあたると，**反射**される，つまり，全部または一部がはね返される：

$$\alpha = \alpha' \qquad \text{反射の法則}$$

ここで，α：入射角，すなわち，鏡の表面の垂線（法線）と入射光線のなす角度；α'：反射角，垂線と反射光線のなす角度．

反射光線は，垂線と入射光線が張る平面にある．

物体が平面鏡の前にあると，その像は，正立，左右入換え，等大で，鏡の後ろに現れる．それは，**虚像**（仮想的な像）であり，スクリーンに映し出すことはできない．物体の各点から出た光が反射の法則にしたがって走行して作り出した像を人は見ているのである．**物体からの光線が交差すると，そこに実像点**ができる．平面鏡の場合はこうではなく，発散する光線を反対方向へ延長したものが交差するだけである．そこでは，虚像の**仮想像点**ができる．

反射率（記号 ϱ）は，反射面に入った光束（165 頁参照）の反射される割合を与える：

$$\varrho = \phi_\text{r}/\phi_0 \qquad \text{反射率}$$

ここで，ϕ_r：反射光束；ϕ_0：入射光束．

ϱ は表面の材質とその構造，光の波長に依存する．

例：表面銀メッキの鏡は入射光の 92% を反射する．したがって，ϱ は 0.92．水銀で裏塗装された鏡は 71% を反射するのみ，つまり，$\varrho = 0.71$ である．

拡散反射（乱反射）：光線束が不規則な表面に当たると，それぞれの光線は互いに勝手な方向へ反射する．通常，像はできない．

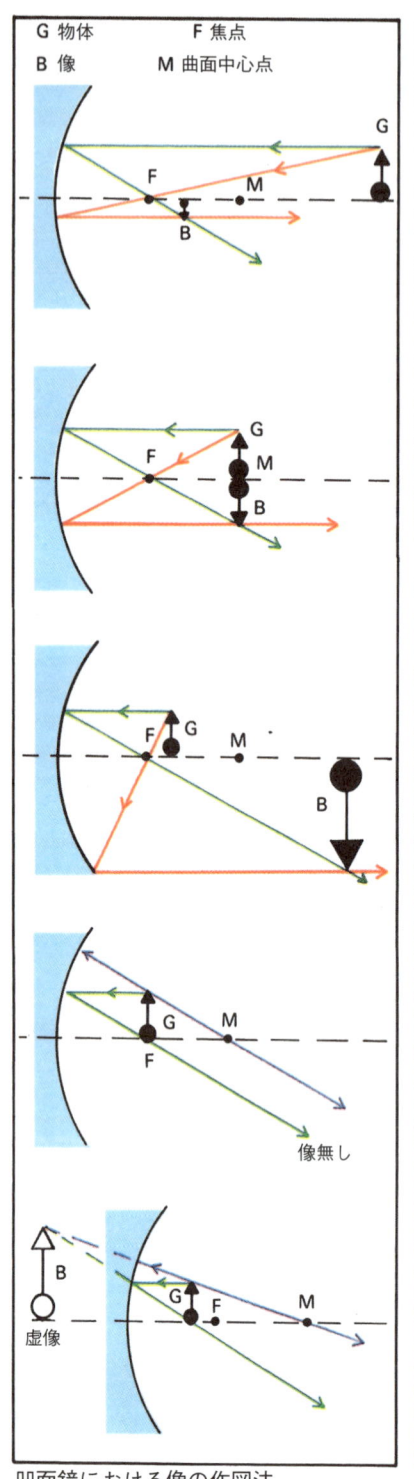

132　光学と放射

G 物体　　F 焦点
B 像　　　M 曲面中心点

凸面鏡，発散鏡

虚焦点

凹面鏡における像の作図法

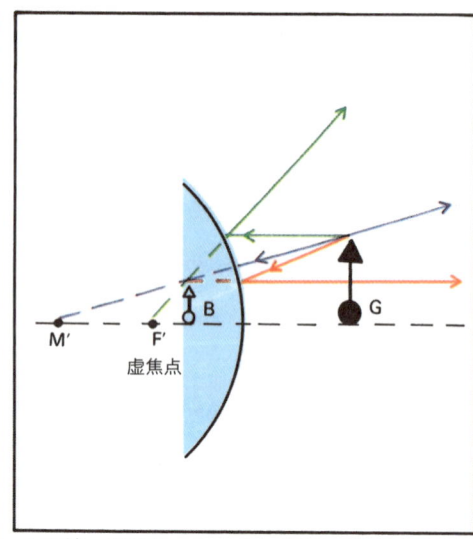

像無し

虚像

球面鏡
$y^2 = r^2 - x^2$

周縁光線

球面収差

F　M

r

放物面鏡
$y^2 = 4px$

F

球面収差無し

p

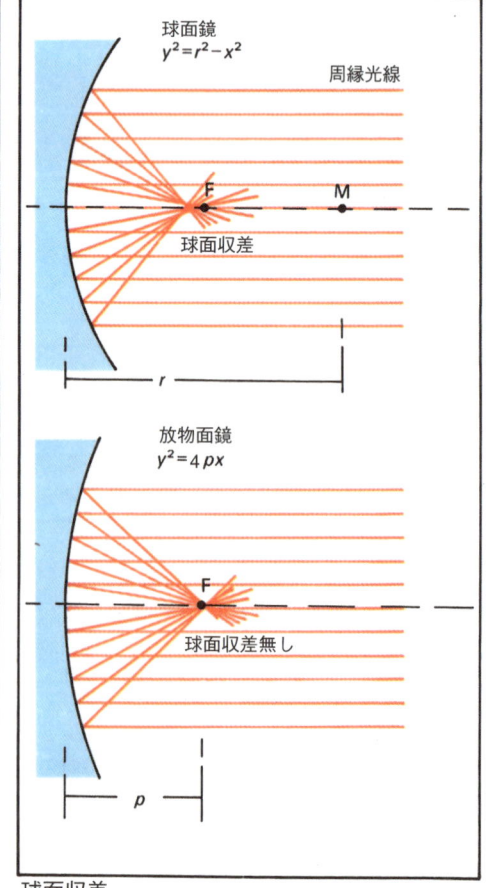

球面収差

球面凹面鏡，あるいは集光鏡

凹面鏡（凹な鏡）は内表面が反射する中空の球の一部分である．

光軸，または，鏡軸は鏡球の頂点と球の中心を結ぶ半径を通る．

軸の近くを通り鏡軸に平行に入射する光線（近軸光線）は反射されて，ある一点，すなわち鏡の焦点（収束点）で交差する．次式が成り立つ：

$$f = r/2 \qquad \text{焦点距離}$$

f：鏡の焦点距離，すなわち，鏡の頂点と焦点との距離；r：凹面鏡の曲率半径．

球面収差は鏡軸に平行な幅の広い光線束の場合に生じる．**周縁光線**は鏡軸上，頂点と焦点までの間で交差する．このことは像のぼけをうむ．光線束の直径が焦点距離にくらべて小さいと，球面収差は無視できる．それは周縁光線を絞ることによって達成できる．放物面鏡（下記参照）は球面収差を示さない．

凹面鏡によってできる物体の像は，各点ごとに反射の法則にしたがって構成される．我々は目の中にとどいたこの光線束によってはじめてその像を「見る」のである．幾何光学における**結像（像形成）**の手法は，次の三つの光線のうち少なくとも二つを使うことによって非常に簡単になる：

平行光線：鏡軸に平行に入り，焦点を通るように反射される．

中心点光線：鏡の曲率中心を通って入り，再び曲率中心を通るように反射される．

焦点光線：焦点を通って入り，鏡軸と平行に反射される．

物体の一点（例えば，矢の頂点）からこれら三つの光線が出ると，それらは，像の対応する点で交差する．これらは**像点**の中の**物点**を形成する．

像のタイプ（虚像か，実像か）と位置（焦点の前か，後ろか，焦点上か）は，物体の焦点に対する位置によって決まる．

応用：ひげ剃り用鏡の場合，物体（顔）は焦点と頂点の間にある．像は虚像で，拡大され，正立し，左右逆である．車のヘッドライトは，焦点に光源がある．絞られた光線束は鏡を経て光学軸と平行に出る．直接，進行方向へ射出される光線束はカバーで遮蔽する．**太陽光オーブン**は，大きな凹面鏡へ平行に入った太陽光線を焦点に集中させ，そこで高温をつくり出す．

物体のすべての位置について，次式が成り立つ：

$$1/g + 1/b = 1/f \qquad \text{結像方程式}$$

あるいは，

$$f = gb/(g+b) = r/2$$

g：物体距離，すなわち，鏡の頂点と物体の距離；b：像距離，すなわち，頂点と像の距離．

もう一つの公式は，**ニュートンの結像方程式**である：

$$b' \times g' = f^2$$

ここで，$b' = b - f$；$g' = g - f$．

結像縮尺（倍率）に対して，次式が成り立つ：

$$\text{像の大きさ}/\text{物体の大きさ} = f/(g - f)$$

球面凸面鏡，あるいは発散鏡

球面の外部表面が反射面になっていると，**凸面鏡**になる．鏡軸は鏡表面に垂直である．軸に沿って鏡軸に平行に入射した光線は，あたかも，鏡頂点の向う側の一点から来たかのように反射される．この**虚焦点**は凸面鏡のうしろ側にある：

$$f' = -r/2 \qquad \text{虚焦点距離}$$

ここで，r は曲率半径である．

像形成は，凹面鏡の場合と同じようにおこなわれる．反射された焦点光線，中心光線，平行光線は発散するが，それらを逆方向へ延長すると虚像点で交わる．物体の位置にはよらず，常に，正立，左右逆，縮小された虚像ができる．凸面鏡の像は，スクリーンに映し出すことができない．結像方程式と結像縮尺は，凹面鏡の場合の公式と一致する（上記参照）．

応用：バックミラー．その像は，縮小され，正立で鏡表面のうしろに現れる．バックミラーは，同じ大きさに映る平面鏡よりも広い視角をもつ．

放物面鏡

放物面の凹面鏡は，放物線 $y^2 = 4px$ を x 軸のまわりに回転させてできる．それは，焦点 $f = p$ を持つ回転放物面である．すべての軸平行な光線は，光軸からの距離によらず，焦点で交わる．球面収差（上記参照）は生じない．

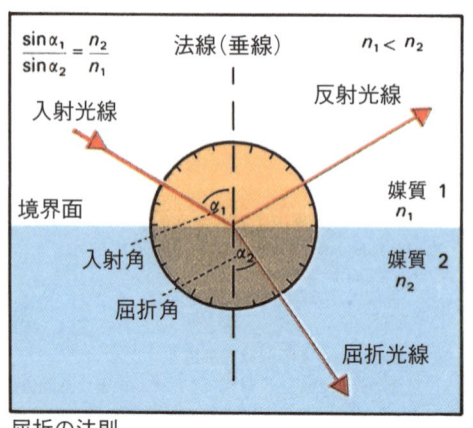

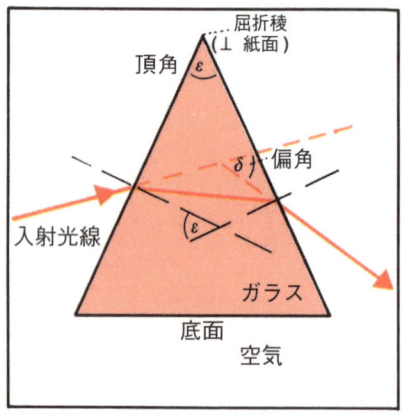

屈折の法則

$$\frac{\sin\alpha_1}{\sin\alpha_2} = \frac{n_2}{n_1}$$

$n_1 < n_2$

入射光線／法線（垂線）／反射光線／境界面／入射角／媒質1 n_1／媒質2 n_2／屈折角／屈折光線

直プリズムを通る光線経路

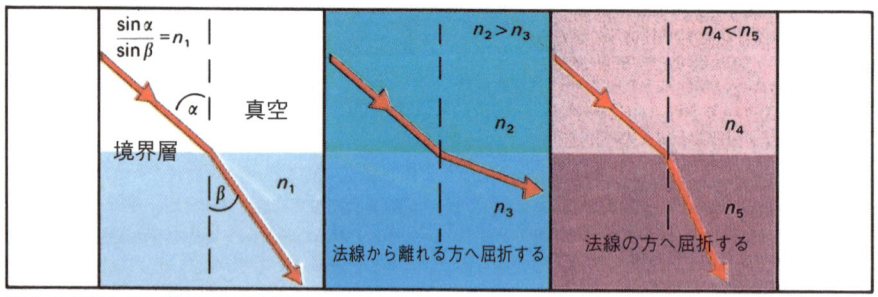

屈折稜（⊥紙面）／頂角／偏角 δ／入射光線／ガラス／底面／空気

異なる屈折率の媒質での屈折

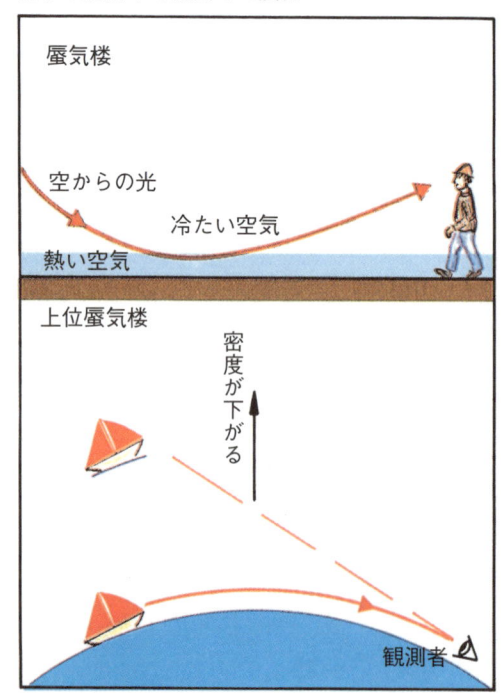

$$\frac{\sin\alpha}{\sin\beta} = n_1$$

真空／境界層／n_1／$n_2 > n_3$／n_2／n_3／法線から離れる方へ屈折する／$n_4 < n_5$／n_4／n_5／法線の方へ屈折する

空気中の連続的屈折

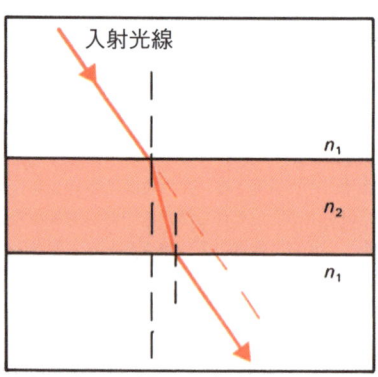

蜃気楼／空からの光／冷たい空気／熱い空気／上位蜃気楼／密度が下がる／観測者

平行平板を通過する光線経路

入射光線／n_1／n_2／n_1

物質	n
真空	1（定義）
空気（標準大気圧）	1.000 27
水	1.333
エチルアルコール	1.361
石英ガラス	1.459
ベンゼン	1.501
クラウンガラス	1.510
フリントガラス	1.613
二硫化炭素	1.628
ダイヤモンド	2.417

20 °C, $\lambda = 589$ nm に対する屈折率

光が境界面にあたると，反射するだけではなく，相手の媒質の中へも侵入する．この時，方向が変わる．この事象を**光の屈折**という．
真空と媒質の境界面が平らな場合，次の**屈折の法則**が成り立つ：

$$\sin\alpha = n\sin\beta \qquad \text{スネルの法則}$$

スネル (Snel van Rojen, 1580–1626) にちなむ．
ここで，α：入射角．入射光線と境界面上の法線（垂線）のなす角度；β：屈折角．屈折した光線と媒質の境界面上の法線のなす角度；n：屈折率．
入射光線と屈折光線と境界面上の法線はすべて同一平面内にある．屈折率（記号 n）は次元のない物理量で，媒質と光の波長に依存する．真空に対しては，$n=1$ である．
光が媒質 1 から 2 へ入ると，屈折の法則は次のように書ける：

$$\sin\alpha_1/\sin\alpha_2 = n_2/n_1 \qquad \text{屈折の法則}$$

添字は対応する媒質を示す．
$n_1 > n_2$ のとき，媒質 1 は媒質 2 より**光学的に密**であるという．
光学的により密な媒質へ移行すると，光線は法線に近づくように屈折し，光学的により薄い媒質に入ると，法線から離れるように屈折する．屈折の原因は，境界面で光の速度が c_1（媒質 1）から c_2（媒質 2）に変わるためである．光の振動数は一定だから波長が変わる．次式が成り立つ：

$$\sin\alpha_1/\sin\alpha_2 = c_1/c_2$$

媒質 1 が真空の場合，c_1 を真空中の光速とし，$n_2 = n$ と書くと次式となる．

$$n = c_1/c_2 \qquad \text{屈折率}$$

どんな媒質の中でも光速は真空中より小さい．したがって，$n \geq 1$ である．
屈折の法則は，もちろん，音波に対しても成り立つ．ほとんどの場合，屈折率 <1 である．なぜなら，空気に対して $n=1$ と定義するので，ほとんどの媒質中での音速は空気中の音速より大きいからである．
　例：空気/水の境界面を挟んで，空気中で $n=1$，水中で $n=0.23$ である．

複屈折（193 頁参照）．

平行平面板での屈折
光が等厚平面ガラス板を通過すると，二回，屈折する．対称性のために全体として光線の方向は変わらず，入射光線と屈折光線は単に互いに平行にずれるだけである．ずれは，板の厚さに比例し，屈折率と入射角に依存する．物体をガラス板の後ろから斜めに透かして観察すると，ずれて見える．
　光が空気から水の中に入ると，水の中にある物体は表面に近づいて見え，水深が過小評価される．

プリズムでの屈折
光が直プリズム（つまり，長方形の側面をもったプリズム）に入ると，プリズムの底面の方へ曲げられる．偏角 δ は n とプリズムの頂角によって決まる．δ は n を通じて光の波長にも依存する．光線の偏角は，入射光と透過光が対称な光線走行のときに最少となる．このとき，**フラウンホーファーの公式**，

$$n = \sin((\delta_{\min} + \varepsilon)/2)/\sin(\varepsilon/2)$$

が成り立つ．フラウンホーファー (Joseph Fraunhofer, 1787–1826) にちなんで名づけられた．
ここに，$\delta_{\min}$：最少偏角；ε：プリズムの頂角．

応用
シュリーレン現象は，不均質な流体の場合，例えば，液体を熱している場合に生じる．この不均質さが光線をさまざまな方向に屈折させるので，光があたると縞模様が目に見える．

上位蜃気楼（遠望）：地平面（海，草原，沙漠）上の静止大気の密度は，上にあがるほど減少する．地平線に沿う光線は，このような大気層の中で，下方に曲げられる．地平線の「下」を見ることができるこのような条件のもとで，遠望領域が存在する．像は正立（場合によっては倒立）して見える．

（下位）蜃気楼：地上近くの大気が，地表の強い温度上昇によって，その上にある大気層より薄くなったときに生じる（気温逆転）．下方ほど空気密度が減少するために，遠望の場合とは逆に，水平に入射した光線は上方へ曲る．われわれの目には空の反射された像が見える．それは，常に存在する空気密度の不均一のため，動く水面に似ている．ずっと遠くにある物体の像は倒立して見える．

フェルマーの原理
反射および屈折の法則は極値原理の二つの特殊な場合であり，フェルマー (Pierre de Fermat, 1601–65) にちなんで名づけられた．
二点間の光の伝播は，その光学距離，すなわち光線の走行距離と媒質の屈折率の積が極値をとるような経路を通る．大抵の場合，光学距離は最小値をとる．

136　光学と放射

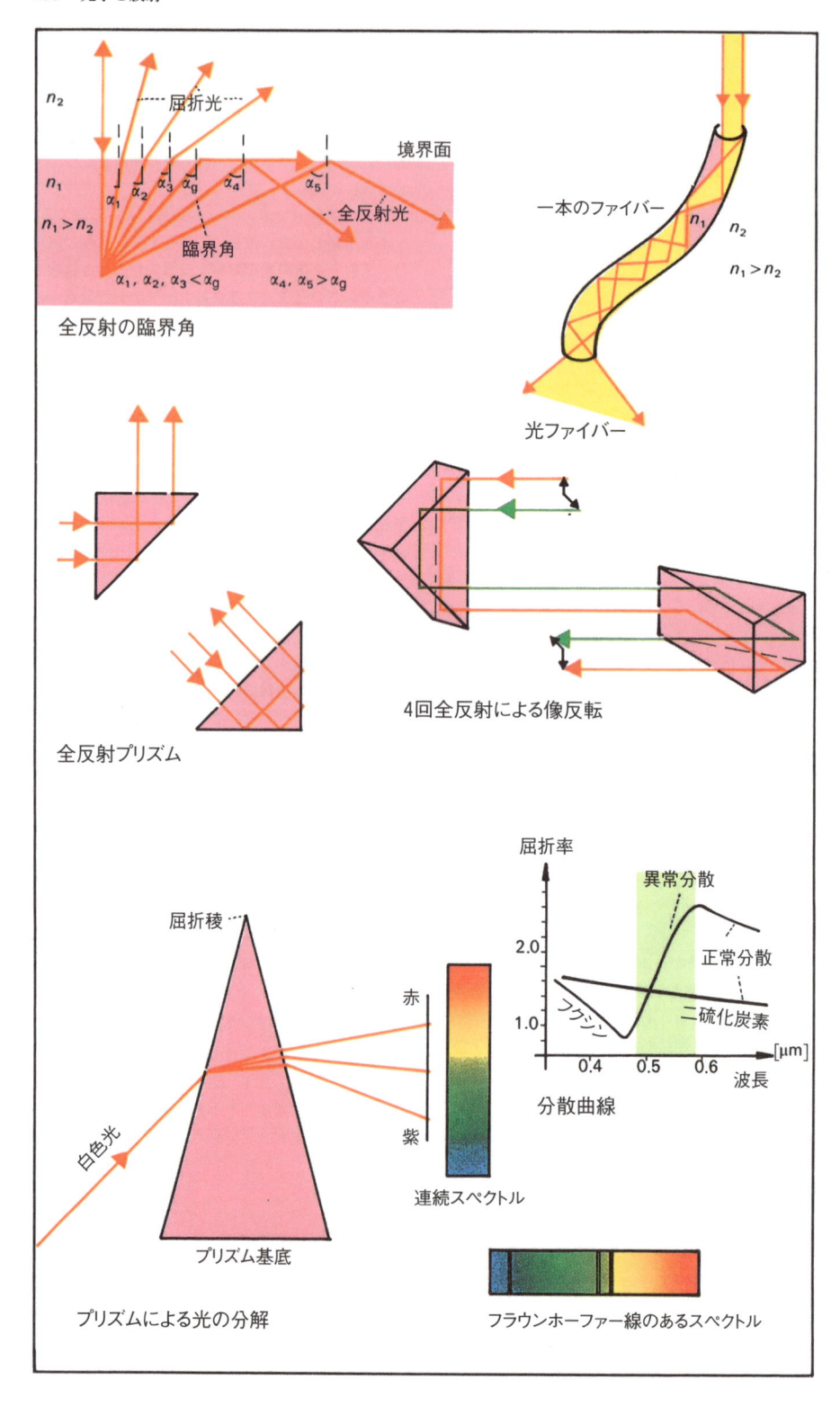

n_2
屈折光
境界面
n_1
$n_1 > n_2$
$\alpha_1, \alpha_2, \alpha_3, \alpha_g, \alpha_4, \alpha_5$
全反射光
臨界角
$\alpha_1, \alpha_2, \alpha_3 < \alpha_g$　　$\alpha_4, \alpha_5 > \alpha_g$

全反射の臨界角

一本のファイバー
n_1
n_2
$n_1 > n_2$

光ファイバー

4回全反射による像反転

全反射プリズム

屈折稜
赤
紫
白色光
プリズム基底

連続スペクトル

プリズムによる光の分解

屈折率
異常分散
2.0
正常分散
フクシン
二硫化炭素
1.0
0.4　0.5　0.6　[μm]
波長

分散曲線

フラウンホーファー線のあるスペクトル

全反射

光線が光学的により密な媒質からより疎な媒質に入射すると，境界面で面法線から離れる方に屈折する．入射角がしだいに大きくなると，出てゆく光線の角度が$90°$に達し，光線が境界面に接して伝播する瞬間が来る．この**臨界角**については，次式が成り立つ：

$$\sin \alpha_c = n_2/n_1 \qquad \text{臨界角}$$

ここで，α_c：臨界角；n_1：光学的に密な媒質の屈折率；n_2：光学的に疎な媒質の屈折率．
$\alpha > \alpha_c$となるすべての入射角に対して，**全反射**が起る，すなわち，入射光線は屈折せず，反射するのみとなる．

　例：光が直角プリズムの直角を挟む側面へ垂直に入ると，屈折しないで通過する．この場合，中にある境界面への入射角は，$45°$であり，屈折率は$n = 1.5$（クラウンガラス）なので，$\alpha_c = 41°$．よって，光は斜の側面を通り抜けることができず，完全に反射されて，直角を挟むもう一つの側面を通ってプリズムを出てゆく．

> 全反射の場合，光線は光学的に疎な媒質の中へ1波長ぐらいの深さまで入り込む．

全反射屈折計では，光線が光学的に非常に密なガラスから測定する媒質（多くは液体）へ入射する．α_cを測定しそれからnを求める．

光路偏向プリズムは，同じく全反射に基づいている：光線束は直角プリズムの斜辺の面へ垂直に上から入る．光は，直角を挟む二つの側面で全反射し，上下を入れ替える．これに対して$90°$回転した二番目のプリズムが，光線束の左右を入れ替える．装置が小型化され，像反転ができるため光学装置に利用される（プリズム双眼鏡）．

光導管は長いグラスファイバーである．光がファイバーの断面にほぼ垂直に入射すると，内部では大きな入射角でガラスと大気の境界面へ当たり，そこで全反射する．多数回全反射（$1\,\text{m}$あたり約20000回）しながら，光はグラスファイバーの中を進む．ファイバー直径$\gg$波長なので，均質な光線束が他端から出る．グラスファイバーは被覆加工で光を洩れないようにして束にし，（断面$1\,\text{mm}^2$あたり約400本のファイバー），光ファイバーとして像を点ごとに伝送することができる．光ファイバーは柔軟で，普通では到達しがたい領域の観察を可能にする（医学における内視鏡）．自然界では，昆虫の複眼でこのような配列が実現している．

分散

物質の屈折率nは波長λに依存することが多い．この性質を**分散**という．λに対するnをグラフにすると，物質の**分散曲線**が得られる．分散は，どんな波動放射の場合にも生じる（音波，電波，光など）．多くの物質の場合，可視領域での分散はわずかである．

正常分散は，長い波長の光が短い波長の光より屈折が小さい場合を言う．したがって，

$$\text{d}n/\text{d}\lambda < 0 \qquad \text{正常分散}$$

nは波長の増大とともに小さくなる．
異常分散は，長い波長の光の屈折が短い波長の光より大きい場合を言う．つまり，

$$\text{d}n/\text{d}\lambda > 0 \qquad \text{異常分散}$$

nは波長の増大とともに大きくなる．異常分散は比較的まれであり，主として，光学的吸収領域でおこる．

白色太陽光の細い光線が，底面に平行にプリズムへ入ると，プリズムの後ろに，連続的な色の縞（**スペクトル**）が観測される．習慣的に，このスペクトル色（虹色）を，赤，橙，黄，緑，青，藍，紫に分ける．白色光はある波長領域を包括しており，それをプリズムに通すと各成分は分散によって異なる屈折をし，スペクトルに分離するのである．ガラスの中では正常分散なので，長波長の光（赤）は最も小さい屈折角となる．この過程は，**スペクトル分解**といわれる．

色消し（色収差補正）プリズム：プリズム（光路偏光など）のスペクトル分解は，フリントガラスとクラウンガラスからできた二つのプリズムを接合すると，補正される．

プリズムのスペクトル**分解能**：

$$\lambda/\Delta\lambda = b(\text{d}n/\text{d}\lambda)$$

b：プリズムの底辺の長さ；$\text{d}n/\text{d}\lambda$：プリズム材料の分散．

分光器：光がスリットを通って入ると，レンズで絞られて光線束になり，それが屈折稜に平行にプリズムへ入る．そこで，底辺のほうへ曲げられ，もう一つのレンズを通ってスクリーンに投射される．色のバンド（帯），すなわち光源のスペクトルが現れる．光にいくつかの波長が欠けていると，スペクトルの対応する位置は暗くなり，暗線が観測される．太陽光線の中のこのような暗い線は**フラウンホーファー線**と呼ばれる．光がある一つの波長のみを含むと，対応する位置に色をもつ輝線，いわゆる**スペクトル線**が観測される．

138　光学と放射

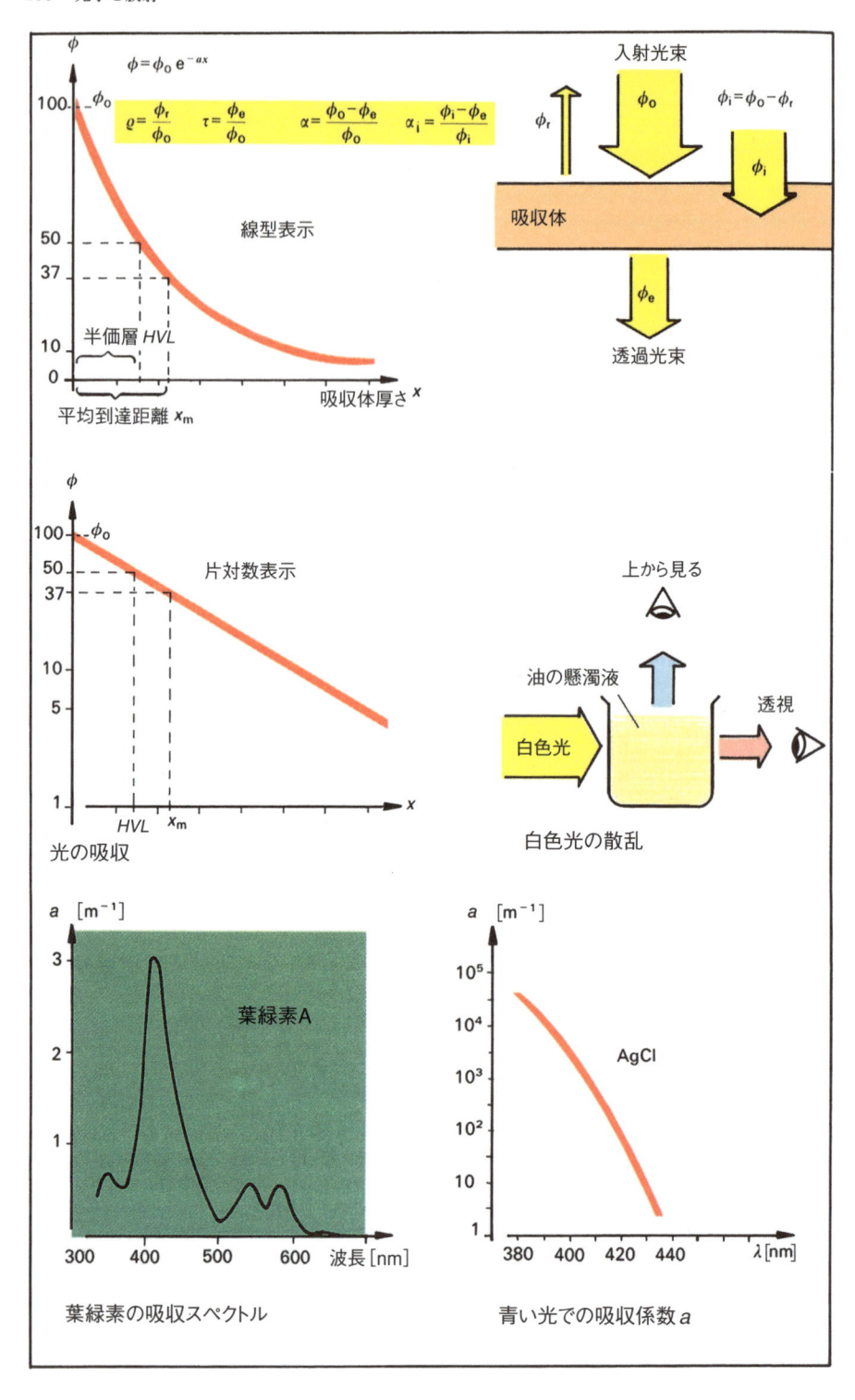

$$\phi = \phi_0 e^{-ax}$$

$$\varrho = \frac{\phi_r}{\phi_0} \qquad \tau = \frac{\phi_e}{\phi_0} \qquad \alpha = \frac{\phi_0 - \phi_e}{\phi_0} \qquad \alpha_i = \frac{\phi_i - \phi_e}{\phi_i}$$

線型表示

半価層 HVL

平均到達距離 x_m

吸収体厚さ x

入射光束　ϕ_0　$\phi_i = \phi_0 - \phi_r$

ϕ_r　　ϕ_i

吸収体

ϕ_e

透過光束

片対数表示

HVL　x_m

光の吸収

上から見る

油の懸濁液

白色光　　透視

白色光の散乱

葉緑素A

葉緑素の吸収スペクトル

波長 [nm]

a [m^{-1}]

AgCl

λ [nm]

青い光での吸収係数 a

光の吸収

光が媒質の中に入ると,光束の一部は媒質によって遮られ,消失する.この事象を**吸収**という.
媒質に吸収された部分は,例えば,熱や電磁エネルギー,化学エネルギーに変わる.このとき,ベール (August Beer, 1825–63) によって定式化された**吸収の法則**が成り立つ:

$$\phi = \phi_0 \mathrm{e}^{-ax} \qquad 吸収の法則$$

ここに,x:媒質中への侵入深さ;ϕ:x だけ入った所での光束;ϕ_0:$x = 0$,すなわち,表面での光束;a:吸収係数.

吸収の法則の導出:各層の厚み $\mathrm{d}x'$ において,同じ割合の光束が吸収される.すなわち,$\mathrm{d}\phi$ は $\mathrm{d}x'$ と ϕ に比例する,したがって,$-\mathrm{d}\phi = a\phi\,\mathrm{d}x'$.$a$ は比例定数.割り算して:$\mathrm{d}\phi/\phi = -a\,\mathrm{d}x'$.層の厚み x まで積分して,

$$\int \mathrm{d}\phi/\phi = -\int a\,\mathrm{d}x$$

結果は,$\ln(\phi/\phi_0) = -ax$.
書き換えると吸収の法則が出る.

吸収係数(記号 a,単位 m^{-1})は,光の波長と吸収媒質に依存する.
波長 λ の関数としての a は,**吸収スペクトル**を決定し,その性質が吸収物質を特徴づける.

光学密度は吸収係数 a と層厚 x によって吸収体を記述する:

光学密度: $\quad \log_{10} \mathrm{e}^{ax}$

吸収率(記号 α)は与えられた層厚の光吸収物質を特徴づける:

$$\alpha = \phi_\mathrm{a}/\phi_0 \qquad 吸収率$$

ここで,ϕ_a は吸収された光束である.
DIN(ドイツ工業規格)1349 による**純粋吸収率**(記号 α_i,%で与えられる)は,入射した全光量が吸収媒質の中に入るのではなく,その一部が表面で反射することを考慮したものである:

$$\alpha_\mathrm{i} = \phi_\mathrm{a}/(\phi_0 - \phi_\mathrm{r}) \qquad 純粋吸収率$$

ここで,ϕ_r は反射した光量である.
反射が無視できると,$\alpha_\mathrm{i} = \alpha$ である.

物質の透過率(記号 τ)は,

$$\tau = \phi/\phi_0 \qquad 透過率$$

次式が成り立つ:

$$\tau = 1 - \alpha_\mathrm{i}$$

すべての吸収体について,

$$\varrho + \alpha + \tau = 1$$

ここに,ϱ は反射率(131頁参照)である.
光の**平均到達距離**(記号 x_m)は,その地点で光量が入射光量の $1/\mathrm{e}$,すなわち 36.8% になる層厚である:

$$x_\mathrm{m} = 1/a \qquad 平均到達距離$$

例:$\lambda = 430\,\mathrm{nm}$ のとき,AgCl 結晶では $x_\mathrm{m} = 0.10\,\mathrm{m}$,つまり,この波長の光は,結晶の中へ深さ 10 cm 入ると,光量は 37% に減少する.光学ガラスでは,$\lambda = 450\,\mathrm{nm}$ のとき $x_\mathrm{m} = 0.20\,\mathrm{m}$ である.

半価層は,光束(あるいは,他の X 線などの放射束)が半分に落ちる層厚である.

半価層 $= 0.693/a$.

透明な溶液中での吸収

濃度が高過ぎない場合,次式が成り立つ:

$$\phi = \phi_0 \mathrm{e}^{-K_\mathrm{c} cx} \qquad \textbf{ランベルト-ベールの法則}$$

ランベルト (Johann Lambert, 1728–77) とベール (August Beer, 1825–63) にちなんで名づけられた.
ここに,K_c:モル吸光係数;c:溶液のモル濃度;x:進入した深さ.
積 $K_\mathrm{c} c$ は溶液の**吸光係数**とよばれる.

光の散乱

光が媒質を通過し,その際,進行方向だけを変える場合,この過程を**散乱**という.光の散乱する確率は,波長の減少とともに急激に増大する:光の散乱は,散乱物体のサイズ $\ll$ 波長であるかぎり,$(1/\lambda^4)$ に比例する.

例:昼の空は黒くない,なぜなら,太陽光線が空気の分子によってすべての方向へ散乱されるからである.空が青く見えるのは,空気の分子によって可視太陽光の短波長(青)の部分が,長波長(赤)の部分より非常に強く散乱されるためである.もしも大気がなければ空は黒いであろう.

日の出や日の入りのときに,太陽の周辺が赤く見えるのは,主として光の青い部分が散乱されて前方向からそれてしまうからである.スペクトルでは,赤の部分が支配的になる.水の中にミルクを数滴混ぜて懸濁させ,透かしてみると赤っぽく見え,上からみると青っぽく見える.ここでは,光が懸濁した脂肪の分子で散乱される.

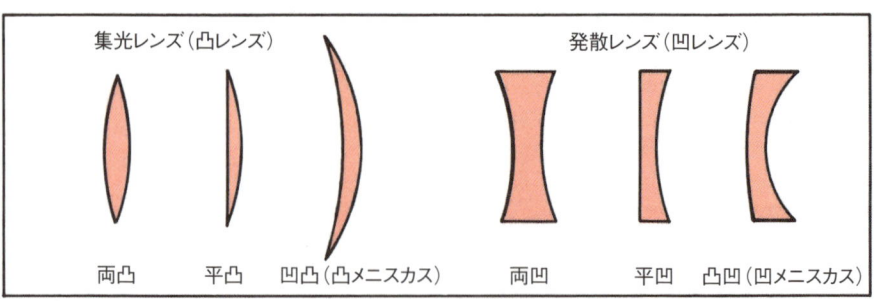

140　光学と放射

レンズ

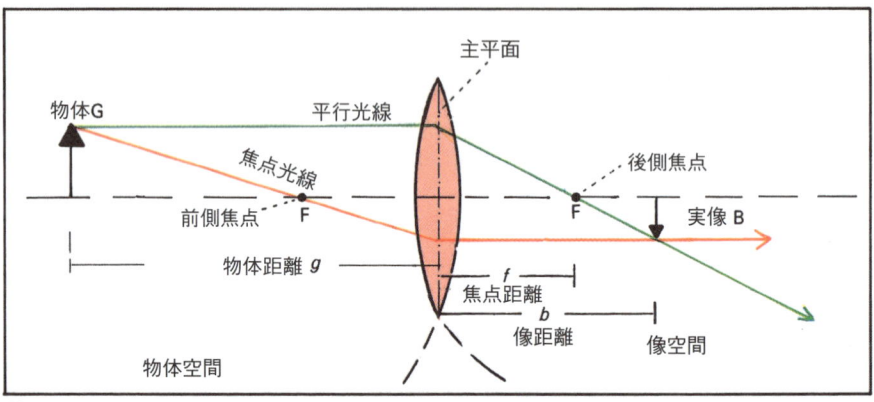

集光レンズ（凸レンズ）　　　　　　発散レンズ（凹レンズ）

両凸　平凸　凹凸（凸メニスカス）　　両凹　平凹　凸凹（凹メニスカス）

薄い凸レンズ

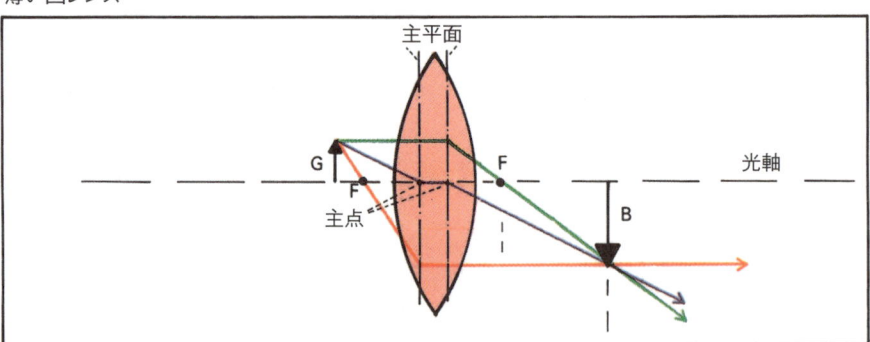

物体G　平行光線　主平面　後側焦点　実像B
焦点光線　前側焦点 F　F　焦点距離 f
物体距離 g　像距離 b
物体空間　像空間

厚い凸レンズ

主平面　光軸
G　F　F　B
主点

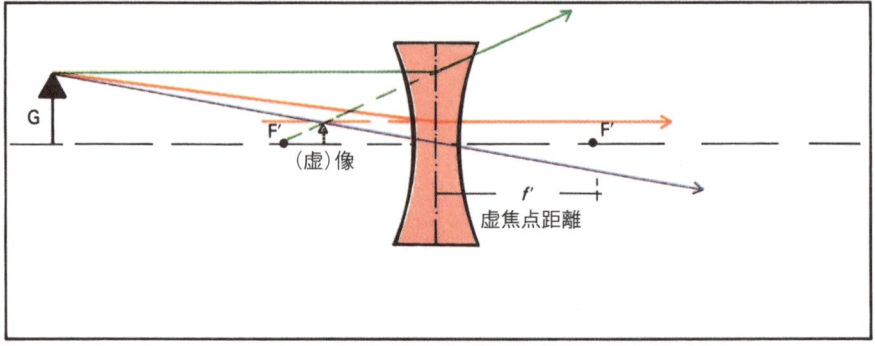

薄い凹レンズ

G　F′　（虚）像　F′　虚焦点距離 f'

レンズは光を通す物体で，少なくとも一方の側は曲った表面になっている．一般には，両側とも球面であり，円筒面や放物面はまれである．レンズの**光軸**は表面に垂直で，対称中心を通る．

集光レンズ，あるいは**凸レンズ**は光軸のところで最も厚い；

発散レンズ，あるいは**凹レンズ**は光軸のところで最も薄い．

球表面での屈折

近軸光線が，媒質1（屈折率 n_1）から球面の境界を通って媒質2（屈折率 n_2）へ入る場合，次式が成り立つ．

$$(n_1/g) + (n_2/b) = (n_2 - n_1)/r$$

ここで，g：**物体距離**，すなわち，境界面の頂点から写像する物体までの距離；b：**像距離**，すなわち，境界面の頂点から像までの距離；r：境界面の曲率半径（凸では正，凹では負）．

これらの関係を用いて，光軸を合わせたいくつかの球境界面を光線が通るときの光路を計算することができる．

> 例：単レンズの場合，今考えている境界面より離れて，もう一つ球境界面をもつ媒質（曲率半径 r_2，屈折率 n_3）が続いている．そうすると，薄いレンズについて次式が成り立つ．
>
> $$n_1/g + n_3/b = (n_2-n_1)/r_1 + (n_3-n_2)/r_2$$
>
> 注意：この二番目の境界面が凹（光線の方向へ張り出している）の場合，凸レンズとなり，r_2 は負である．
>
> $(n_2-n_1)/r_1$, $(n_3-n_2)/r_2$ は対応する面の**屈折力**という．
>
>> 例：眼の角膜は大気と前房の間の境界面である．$r = 31\,\text{mm}$ と房水に対して $n = 1.336$ を用いると，**境界面の屈折力**は以下のようになる．
>>
>> $$(1.336 - 1.0003)/0.031 = 11\,\text{m}^{-1}.$$

薄い凸レンズ

レンズの両境界面での二つの光屈折を，近似的に光軸に垂直な一つの平面（主平面）での屈折とみなせる場合，薄いレンズとなる．光軸に平行にレンズへ入った光は焦点に集まる．光線の方向は逆にもなるので，レンズは両側に焦点を持っている．一つの焦点から出た光はレンズを通って光軸と平行に進む．

レンズの焦点距離（記号 f，単位 m）は主平面と焦点の距離である．

大気中の薄いレンズに対して，次の**レンズメーカーの公式**が成り立つ：

$$1/f = (n-1)(1/r_1 - 1/r_2) = 1/g + 1/b$$

ここで，r_1, r_2：二つの屈折表面の曲率（符号は上記参照）；n：レンズの媒質の屈折率；g：物体距離，すなわち，物体と主平面の距離；b：像距離，すなわち，主平面と像の距離．

> 例：凸レンズの場合は，次式になる：
>
> $$\frac{1}{f} = (n-1) \cdot \left(\frac{1}{r_1} + \frac{1}{r_2}\right)$$
>
> 焦点 f は正である．
>
> 凹レンズの場合（143 頁参照）は次式となる：
>
> $$\frac{1}{f} = -(n-1) \cdot \left(\frac{1}{r_1} + \frac{1}{r_2}\right)$$
>
> f は負である．

単レンズ，あるいは組み合わせレンズの**屈折力**（記号 D．屈折値とも言う，単位 m^{-1}）は，

$$D = \frac{1}{f}$$

ここで，f：レンズの焦点距離，単位 m．

D はジオプトリー単位でも表される．

> 換算：1 ジオプトリー $= 1\,\text{m}^{-1}$

例：人間の眼のレンズは，前方焦点距離 $0.017\,\text{m}$ で，屈折力はだいたい $D = 59\,\text{m}^{-1}$，つまり 59 ジオプトリーである．

厚い凸レンズ

ここで考慮しなければならないのは，屈折が二つの境界面でおこなわれることである．厚いレンズは，それに対応して，光軸に垂直な二つのガウス主平面を用いる．これはガウス (Carl Friedrich Gauss, 1777–1855) にちなんで名付けられた．

142　光学と放射

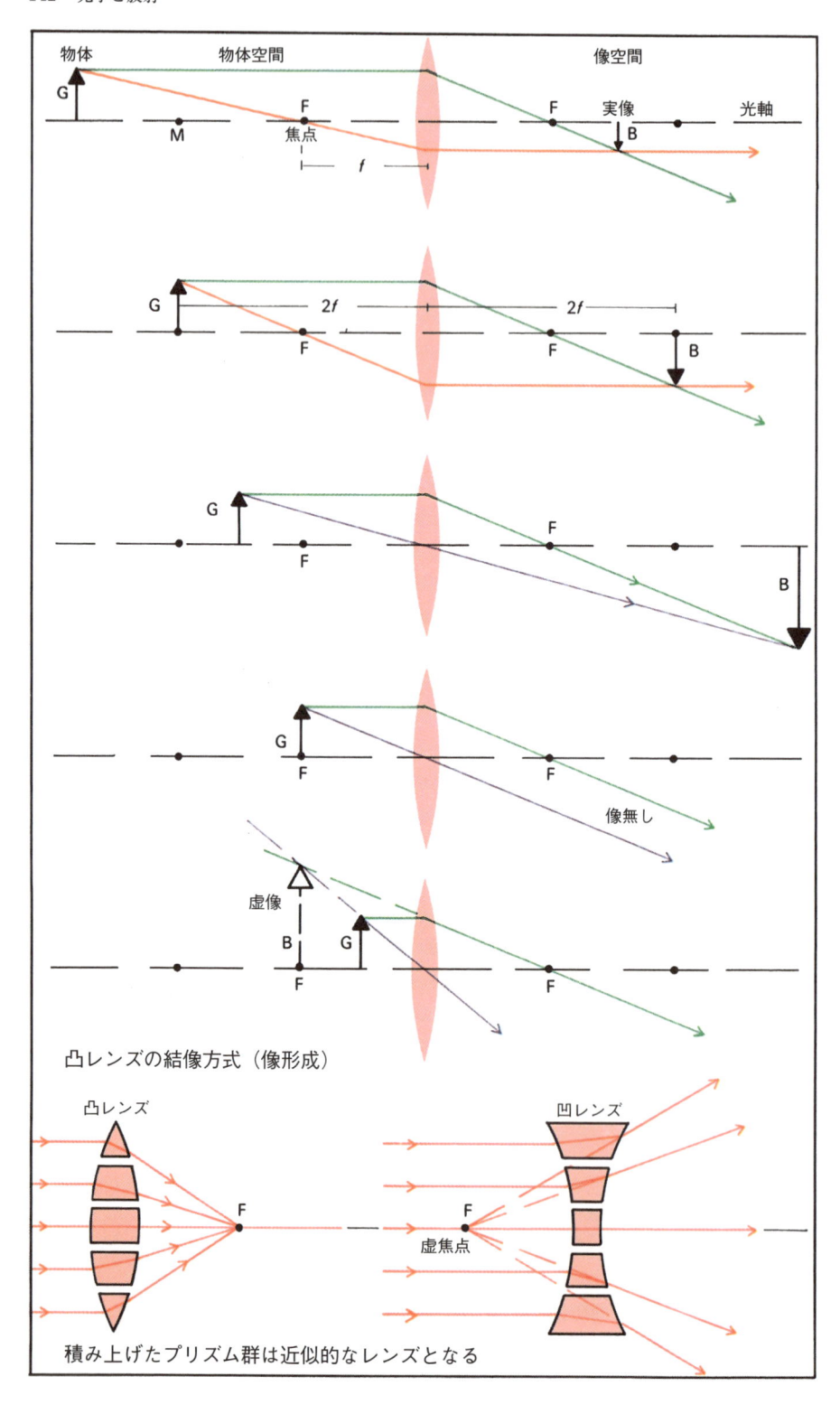

凸レンズの結像方式（像形成）

凸レンズ　　　　　　　　　凹レンズ

積み上げたプリズム群は近似的なレンズとなる

結像（像形成）は，薄いレンズの場合，球面鏡（132頁参照）のときと同じように，次の三つの光線のうち二つを用いることによって簡単になる．

平行光線：光軸に平行にレンズへ入り，主平面で屈折したあと，焦点を通る．

中心点光線：屈折することなくレンズの中心を通過する．

焦点光線：焦点を通って入り，レンズを通過した後，光軸と平行に進む．

物体の一つの点からでた三つの光線は，像の対応する点で交差する，つまり，物体の点が像の点に写像される．像の種類と位置は，焦点に対して物体がどのような位置にいるかによって決まる．

厚いレンズの結像も同様である．屈折は両ガウス主平面でおこる．その間では，光線は平行平面板の場合（134頁参照）のように走り，f と b と g は，その度にいつも，最も近い主平面から測る．

物体がどんな位置にあっても，次式が成り立つ（薄いレンズ）．

$1/g + 1/b = 1/f$　　　　　　　**結像公式**

もう一つの公式は**ニュートンの結像公式**で，ニュートン (Isaac Newton, 1643–1727) にちなんで名づけられた次式である：

$b' \times g' = f^2$

ここで，$b' = b - f$; $g' = g - f$．

凹レンズ

凸レンズについて上に述べたすべての考察は，凹レンズに対しても適用される．

凹レンズには両凹と，平凹，凸凹がある．

光学軸に平行にレンズへ入った光は，薄い凹レンズの主平面で屈折する．屈折した光線は，あたかも物体に近い方の焦点から出たように，レンズから出てゆく．この点は**虚焦点** F' と言い，F' と主平面の距離は**虚焦点距離** f' という．f' を負の量として入れると，**レンズメーカーの公式**（141頁参照）はそのまま成り立つ．凹レンズの**屈折力**は，それゆえ，計算すると負となる．

例：虚焦点距離 $f' = -0.40 \,\text{m}$ の眼鏡レンズは，屈折力 $-2.5 \,\text{m}^{-1}$，すなわち $-2.5 \,\text{dpt}$ である．

結像は，平行光線，焦点光線，または中心光線を用いて，凸レンズの場合と同様におこなう．しかし，凸レンズとは違って，物体の距離に依らずいつも正立で，縮小された**虚像**が現れる．像の距離は負の符号をもつので，結像公式には負値で入る．

$$\frac{1}{f_3} = \frac{1}{f_1} - \frac{1}{f_2} \quad e \ll f_1, f_2$$

組み合わせレンズの焦点

組み合わせレンズの主平面

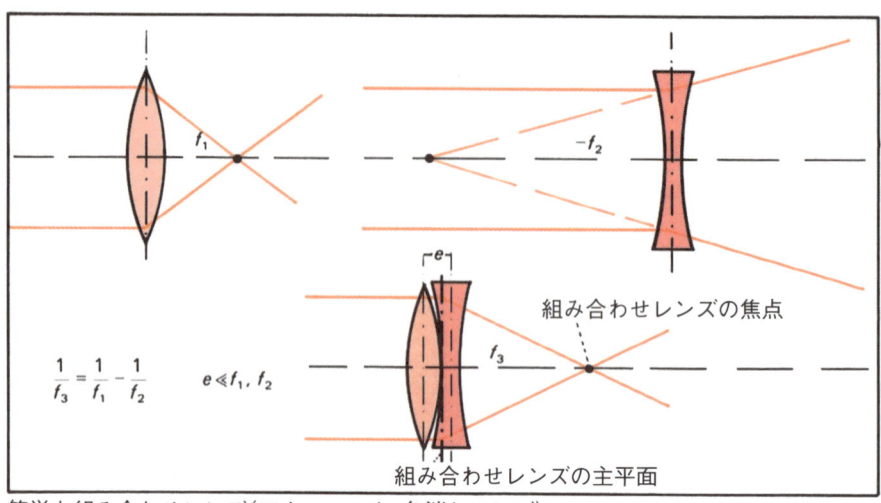

簡単な組み合わせレンズ（アクロマート，色消しレンズ）

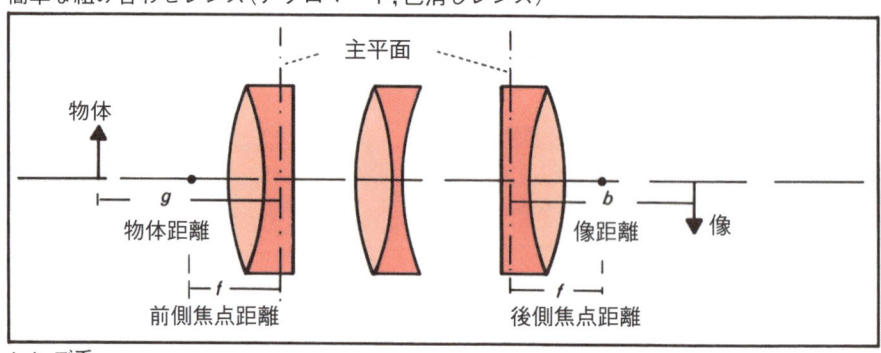

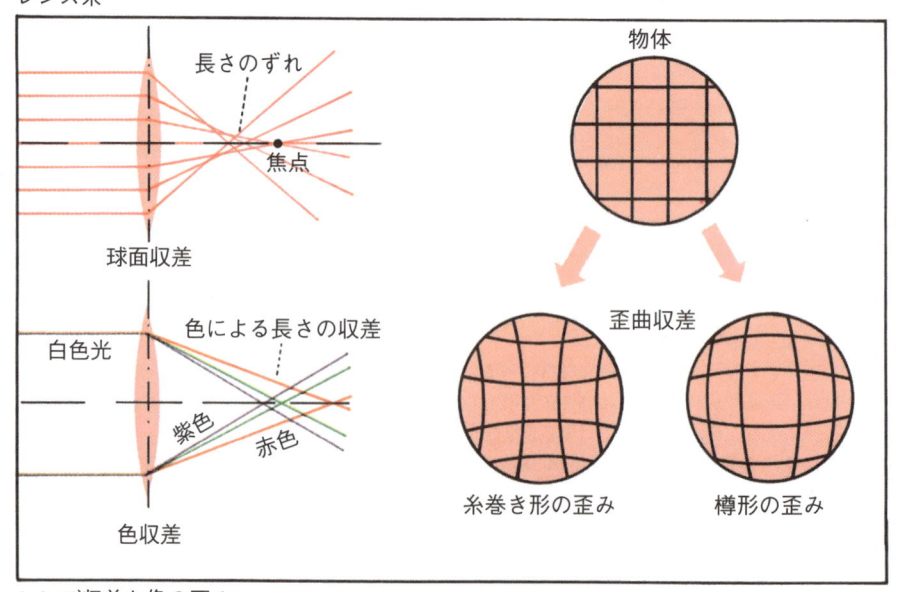

主平面

物体

物体距離　前側焦点距離　後側焦点距離　像距離　像

レンズ系

長さのずれ
焦点
球面収差

白色光
色による長さの収差
紫色
赤色
色収差

物体
歪曲収差
糸巻き形の歪み　樽形の歪み

レンズ収差と像の歪み

光学系

いくつかのレンズの中心軸が共通の光軸に合わせてあると，一つの光学系となる．近軸光線に限ると，光軸に垂直な二つのいわゆる主平面が常にあり，結像を容易にする．焦点距離，物体距離および像距離は，近い方にある主平面から測る．主平面間は，二つの平行な平面間と同じように光線が通過する（135頁参照）．

系が，間隔 e を隔てた二つの薄いレンズ（焦点距離 f_1 および f_2）よりなる場合，全焦点距離の逆数，すなわち屈折力は次式となる：

$$1/f = B = 1/f_1 + 1/f_2 - e/(f_1 f_2)$$

屈折力は，$e \ll$ 各焦点距離である光学系の場合，特に簡単になる．つまり，

全屈折力 ＝ 各屈折力の和．

凸レンズの屈折力は正として計算し，凹レンズでは負とする．

レンズの収差，あるいは像の歪み

近軸に入射する光線と，分散現象のない理想的レンズの場合，**ガウス光学**となる：物体の点は唯一の像点に結像する．しかし実際にはずれが生じて広がり，ゆがんだ像点となる．

球面収差，あるいは開口収差

近軸で，しかも平行に入った光線のみが正確に焦点で交差する．しかし，有限な幅をもつ平行光線束は，**長さのずれ**を示す．すなわち，レンズと焦点の間の光軸と交差する．このことは，凸レンズと同様に，虚焦点である凹レンズでもおこる．その結果，点状の物体が像空間に光のスポット（**錯乱円**）として結像する．

> 補正：一つの凸レンズとそれに合わせた一つの凹レンズ．補正は，あらかじめ定めた距離に対してのみできる．双眼鏡の場合，補正点は無限遠方に選び，顕微鏡の場合は前方焦点のすぐ前におく．

非点収差

球面レンズは，光軸に斜めに入った光線束を像空間で互いに垂直な二つの直線に結像する．両直線は互いに深さが異なる．このような像の欠陥を**非点収差**という．

> 補正は，適当なレンズ研磨，あるいはレンズの組み合わせで行う（**アナスチグマート光学系**という）．

歪曲収差

像の縮尺（147頁参照）は光軸からの距離によって異なる．正方形の像が，樽型あるいは糸巻き型に歪んで見える．

補正は適当なレンズ研磨でおこなう．

色収差

屈折率は波長によって変わる（137頁の分散を参照）．したがって，レンズの焦点距離も波長に依存する．通常の光，つまり広い波長領域を持った光線では，**色による長さの収差**が生じる．青い光線は赤より短い焦点距離となる．その結果，白色光による写像は多彩な縁をもつ像となる．

> 補正：凸レンズと凹レンズの組合せ（**アクロマート：色消しレンズ**）．ここでは，分散の傾向が逆である凸レンズと凹レンズを組み合わせる．しかし，補正は二つの色だけ，多くても三色に対しておこなう．そうでなければ，組み合わせレンズの屈折力が落ちてしまう．

結像倍率 β

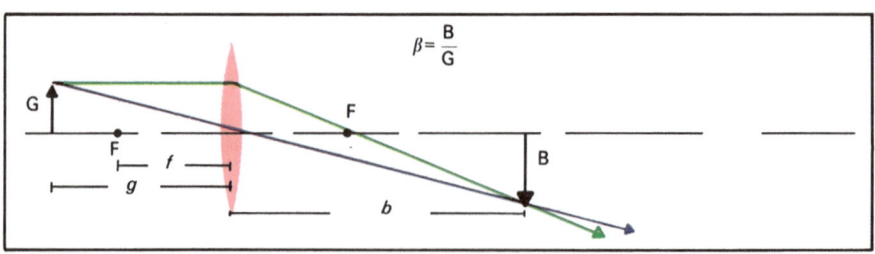

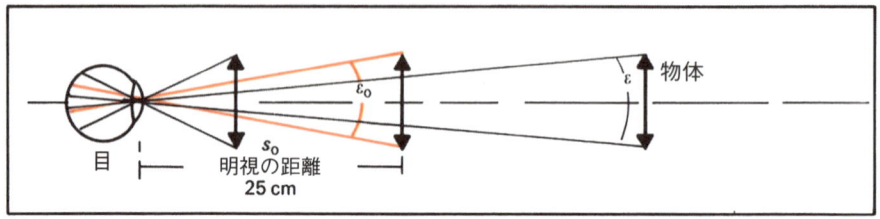

視角

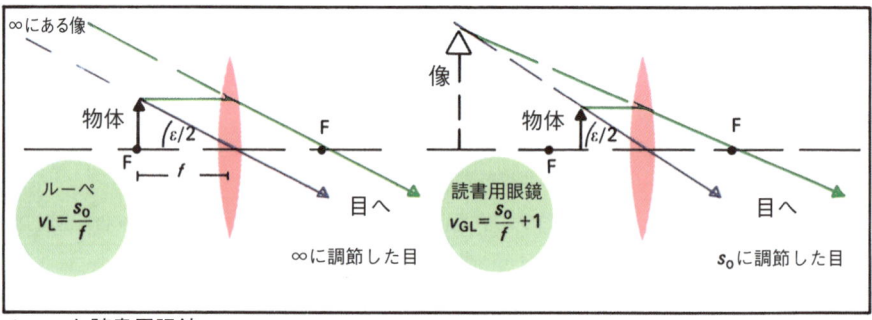

ルーペと読書用眼鏡

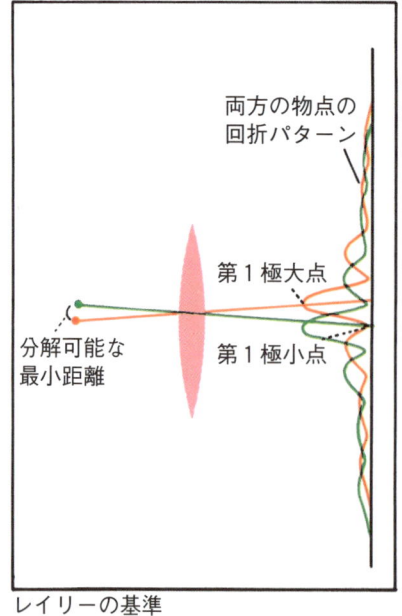

レイリーの基準

顕微鏡の光線経路

眼からの距離が約 10 cm 以内の物体はぼやけてみえるので，視角（下記参照）を広くするために，光学器具（例えば，ルーペ，読書用眼鏡，顕微鏡）を利用する．これらの方法で非常に小さい対象物体も識別できる．光学系の**結像倍率** β は，

$$\beta = B/G \qquad \text{結像倍率}$$

ここで，B：できた実像の大きさ；G：物体の大きさ．
結像公式（143頁参照）から以下の結果となる：

$$\beta = b/g = f/(g-f) = (b-f)/f$$

b：像距離；g：物体距離；f：光学系の焦点距離
　光学系が虚像をつくる場合，上記の倍率は適用できない．

視角が倍率を決定する．

視角とは，その角をはさむ二辺が物体を完全に含み（物体の両端を通り），その頂点が眼に来る角度である．視角は弧度で表される．例えば $90°$ は $\pi/2 = 1.57$ ラジアン（23頁参照）に相当する．

定義は，

$$v = \varepsilon/\varepsilon_0 \qquad \text{倍率}$$

ε：光学器具を用いたときの視角；ε_0 器具なしで，25 cm 前方にある場合の視角．「**25 cm**」は，定義により**明視距離**である．

例外：望遠鏡の倍率 = (望遠鏡を用いた ε)/(望遠鏡なしでの ε).
（訳注：明視距離でない）

分解能

光の波動性やレンズ収差，眼の内部の構造が倍率に限界を与える．
光学機器の**分解能**は，二つの物点を識別できる最小視角の逆数である．
物点の像は，回折（187頁参照）のために，円形のスポット（エアリーディスク：回折円板）として結像し，それを明暗の輪が同心円状に取り囲む．すぐ近くに隣り合って置いた二つの物点のエアリーディスクが，完全に重なるか，あるいは部分的に重なるかによって，空間的な分解能を決定する．どの距離のときに，人が二つの小円板をまだ離れていると識別するのかは主観的である．
光学機器の分解能の客観的な決定法は，レイリー (Lord Rayleigh, 1842–1919) によって定められた．

レイリーの基準：二つの物点が離れている，すなわち分解されていると見えるのは，一つの像点の回折パターン（模様）の最大強度点が，二つ目の像点の最初の極小強度点にくるときである．

したがって，識別しうる最少の視角は，

$$\varepsilon = 1.22\lambda/D \qquad \text{分解能}$$

ここで，D：物体に向けられるレンズ（対物レンズ）の直径；λ：観測に使用された光線の波長．
　天体望遠鏡の対物レンズは，可能な限り大きな直径をもつ．それは入射光の強度をあげて弱い光の対象物をとらえるためと，それとともに，解像力を高めて，例えば二重星を分解するためである．
レイリーの基準から次式がでる：

$$s = 1.22\lambda f/nr \qquad \text{解像力}$$

ここで，s：二つの物点が識別できる最小の距離；n：像とレンズの間の媒質の屈折率；f：焦点距離；r：レンズの半径．
　例：眼の解像力：瞳孔の半径（平均 4 mm）が回折で決まる分解能を制限している．房水の屈折率は 1.33 で，眼の焦点距離は 17 mm である．これから $\lambda = 6 \times 10^{-4}$ mm に対して解像力は $s = 4 \times 10^{-4}$ cm である．これは網膜上にできた二つの物点のエアリーディスクの頂点間の間隔であり，レイリー基準を満たす距離である．これはまた，網膜の中心窩にある二つの隣接する小錐体の距離である．眼は最適に作られている．

感光層の**写真分解能**は，どれだけの細部が再現できるかを表す．それは解像力チャートにおいて，分解できる線の（mm 当たりの）数として与えられる．写真分解能は感光層の粒子の細かさに依存するが，またチャートのコントラストと，使用する光の波長，それに現像過程にも依存する．数千本/mm まで分解される．

ルーペ

物体が凸レンズの前方焦点とレンズの間にあると，このレンズは**ルーペ**あるいは**読書用眼鏡**となる．この場合，眼はレンズの後ろすぐ近くにある．ルーペは物体から拡大した正立の虚像を作る．
物体がレンズの焦点にきたとき倍率が最大になる．この時，像は無限遠にあり，我々は眼のレンズを緊張させないでそれを見ることができる．
ルーペの倍率 v_L は次式となる：

$$v_\mathrm{L} = \varepsilon/\varepsilon_0 = (G/f)/(G/s_0) = s_0/f$$

（v_L は正規倍率ともいう）

$\varepsilon = G/f$：ルーペによる視角；$\varepsilon_0 = G/s_0$：ルーペなしの視角；G：物体の大きさ；f：ルーペの焦点；s_0：明視距離 (25cm)．

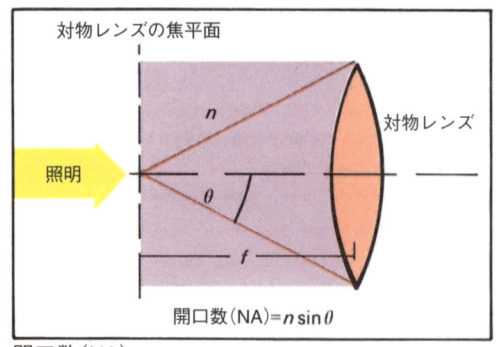

開口数（NA）

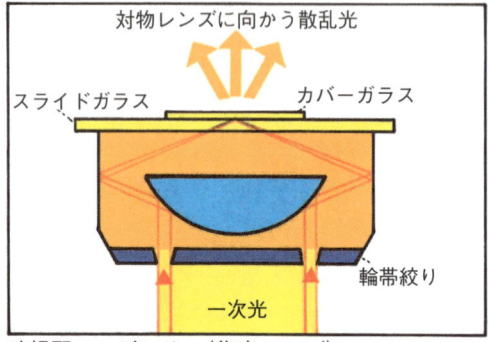

開口数(NA) = $n \sin \theta$

暗視野コンデンサー（集光レンズ）

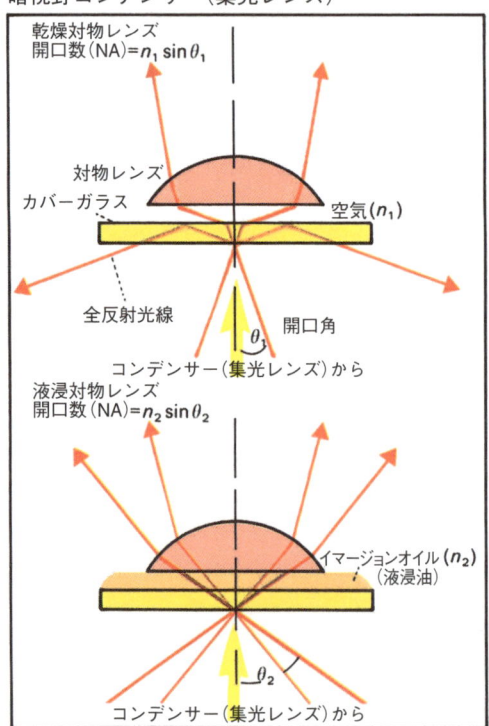

乾燥対物レンズ
開口数(NA) = $n_1 \sin \theta_1$

液浸対物レンズ
開口数(NA) = $n_2 \sin \theta_2$

乾燥および液浸対物レンズ

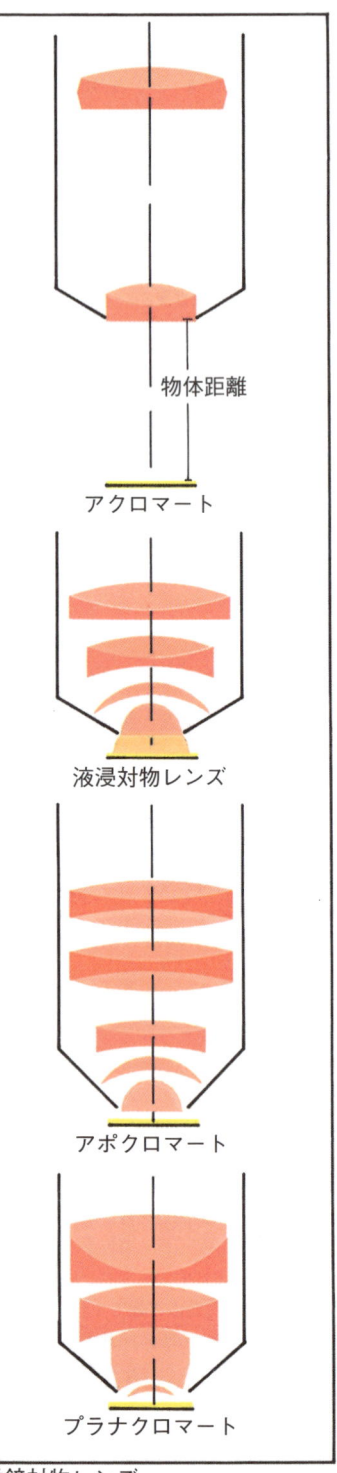

顕微鏡対物レンズ

アクロマート

液浸対物レンズ

アポクロマート

プラナクロマート

ルーペは半径が小さく,倍率も 25 倍ぐらいまでである.

凹面鏡が拡大鏡のように使われるのは,ひげ剃り用鏡の場合である.

顕微鏡

顕微鏡は物体を二段階で拡大する.最終の像は虚像であり,拡大のみが可能で,縮小はできない.
物体に向けられるレンズ(またはレンズ系)は**対物レンズ**という.対物レンズは,拡大された,倒立の実像である中間像をつくる.この中間像が眼の側にあるレンズまたはレンズ系(**接眼レンズ**という)によって,ルーペで見るように拡大される.物体の像はこのように(2 ステップで)拡大され,倒立した虚像である.

物体と対物レンズとの距離は,対物レンズの焦点距離よりごくわずか大きい.中間像と接眼レンズとの距離は,接眼レンズの焦点距離に等しい.

顕微鏡の**総倍率** v_M は,

$$v_M = v_{ob} \times v_{ok}$$ 顕微鏡倍率

v_{ob}:対物レンズの拡大比(通常,対物レンズ倍率という);v_{ok}:接眼レンズのルーペ倍率.v_{ob} と v_{ok} の数値はレンズの枠縁に彫り込んである.

鏡筒長 ℓ,すなわち,接眼レンズ焦平面と対物レンズ焦平面との距離を用いると,次式が成り立つ:

$$v_M = \ell s_0 / (f_{ok} f_{ob})$$

ここで,s_0:明視の距離;f_{ob}:対物レンズの焦点距離;f_{ok}:接眼レンズの焦点距離.

人の目の解像力は限られているので,(光学)顕微鏡の意味のある倍率は,500 倍から 1000 倍の間である.それを越えた倍率は意味がない.

顕微鏡の構造

顕微鏡の主な構成は対物レンズと接眼レンズと照明装置である.対物レンズは 1 mm ぐらいまでの非常に短い焦点距離をもち,高度な補正をしたレンズ系は 10 枚ほどもレンズをもつ.作られる実の中間像の像距離によって顕微鏡の構造長がほぼ決まる.像平面には,多くの場合,刻みのついたガラス板(接眼目盛)が挿入されており,これらを用いて物体を観察することができる.

対物レンズの**開口数**(記号 NA)は,

$$NA = n \sin\theta$$ 開口数

ここで,n:物体と対物レンズの間の媒質の屈折率;θ:光軸と対物レンズの縁を通る光線のなす角(視角の半分).

乾燥系:空気が物体と対物レンズの間にある.対物レンズは,厚さ 0.17 mm のカバーガラス(カバーグラスともいう)の上で調整される.

液浸系:対物レンズと物体の間の空間が高い屈折率の液体(例えば,シダー油)で満たされている.これがカバーガラスでの全反射を減らし,N.A. を増加させて分解能を改良する.

接眼レンズは,通常,二つのレンズからなる.大きい方の視野レンズが対物レンズから来た光線を集光する.眼の側のレンズは実質的にルーペである.初期の頃はホイヘンス(Christiaan Huygens, 1629–95)の接眼レンズが使われた.これは視野が大きく,球面収差と色収差が単純な方法で補正されている.

照明装置(コンデンサー,集光レンズ)は物体を光学的に照らす役目をする.コントラストを高くするために透明な試料は着色され,透過光のもとで観察する.

リーベルキューン鏡は対物レンズの上に同心円状に設置され,下から来た光を反射して不透明な対象物を上から照らす(落射照明).

暗視野コンデンサー(集光レンズ)は物体の横から光をあてて,散乱された光だけを対物レンズがとらえるようにした照明である.物体の構造は暗い背景の上に明るく見える.

顕微鏡の分解能(記号 g, 単位 m^{-1})はアッベ(Ernst Abbe, 1840–1905)によって求められた.

$$g = 開口数 / 大気中の波長$$

二つの物点が $1/g$ 離れていると,その像はかろうじて二つに分かれて識別される.

150　光学と放射

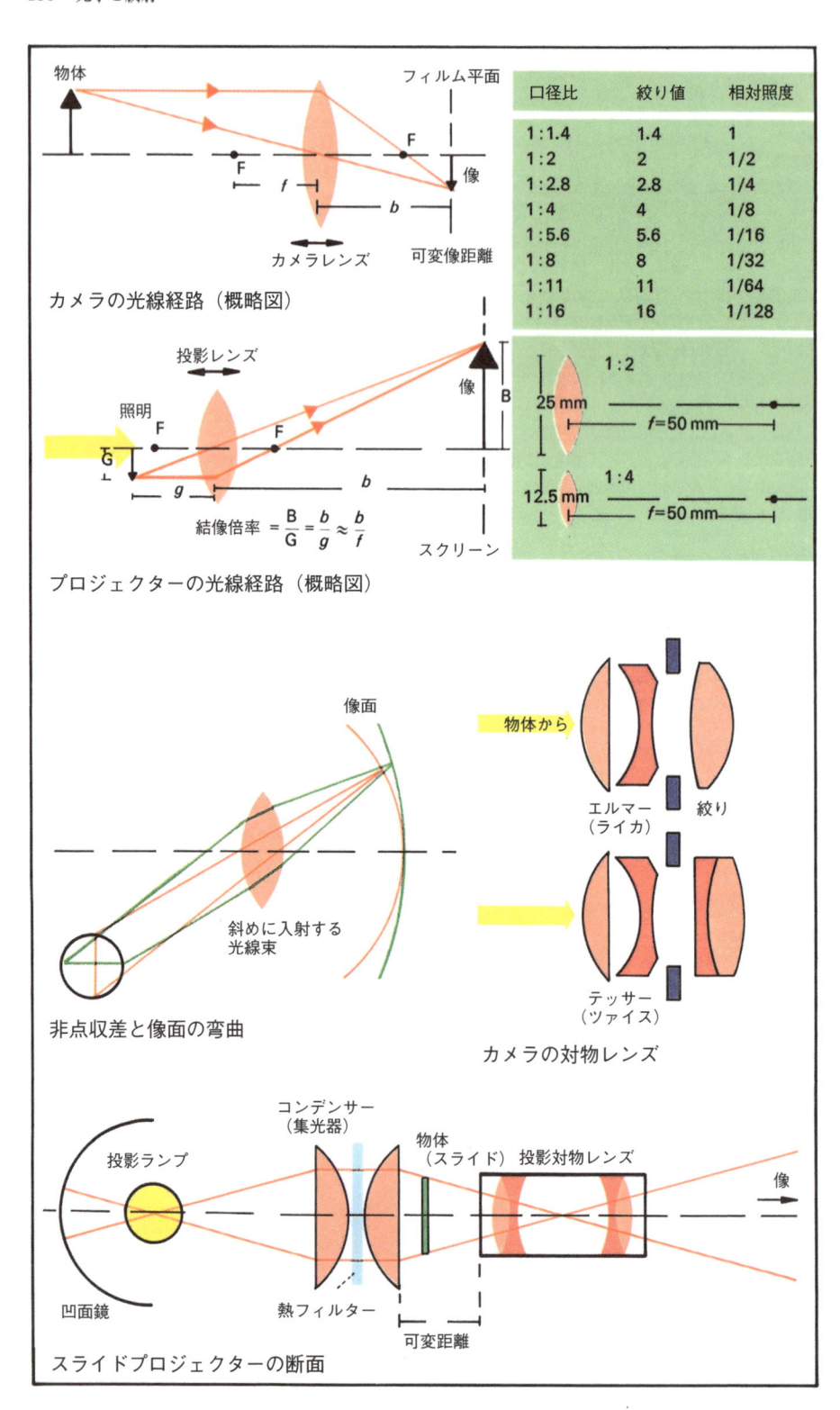

口径比	絞り値	相対照度
1:1.4	1.4	1
1:2	2	1/2
1:2.8	2.8	1/4
1:4	4	1/8
1:5.6	5.6	1/16
1:8	8	1/32
1:11	11	1/64
1:16	16	1/128

カメラの光線経路（概略図）

$$結像倍率 = \frac{B}{G} = \frac{b}{g} \approx \frac{b}{f}$$

プロジェクターの光線経路（概略図）

非点収差と像面の彎曲

カメラの対物レンズ

エルマー（ライカ）

テッサー（ツァイス）

スライドプロジェクターの断面

カメラは物体の縮小した実像をつくる．この像はフィルムに写すことも，直接メモリーに記録することもできる．

レンズのない**カメラ・オブスクラ**（暗い部屋），すなわち一種の針穴カメラは，1000年ごろ，アル－ハイサム (Al-Haitham) によって言及されている．1568年，バルバロ (Daniele Barbaro) は写像レンズを付けた初期のカメラについて記述している．

感光膜の発明（19世紀中頃）の後，ようやく最初の感光写真機，カメラが製作された．

カメラの**対物レンズ**は，凸レンズ（あるいはレンズ系）である．レンズは受像体（写真フィルム，電子的記録板）がある場所に像を結像させる．物体は対物レンズの焦点距離の二倍より外に置かれる．像は像空間にあり，焦点距離の一倍と二倍の間の位置にできる．像の距離は物体の距離に依存するので，対物レンズと受像体の間の距離は調整しなければならない．**結像倍率**が像の大きさを決める：

$$結像倍率 \approx b/f$$

ここで，b：像の距離；f：焦点距離．

像の距離を一定にすると，対物レンズの焦点距離が結像倍率を決定する．

対物レンズの焦点距離 $f = 50\,\text{mm}$ をもつ小型カメラは，眼の結像倍率に対応する．$f > 50\,\text{mm}$ の対物レンズは望遠レンズと言い，$f < 50\,\text{mm}$ のものは広角レンズと言う．

口径比は受像体への光束を決める：

$$口径比 = D/f$$

ここで，D：対物レンズの有効口径；f：対物レンズの焦点距離．

カメラの絞りによって光量を変える．例えば，光量を二倍にしたり半分にしたりする．

受像体が受取る光の総量は，光量×照射時間に等しい．カメラのシャッター速度で照射時間が調整される．

組合せ対物レンズの場合は，入射光線束を制限する開口部である**入射瞳**が対物レンズの有効口径である．**開口絞り**は入射瞳の大きさを定める．

F値（絞り値）は口径比の逆数である：

$$F値 = f/D$$

補正された対物レンズはいくつかのレンズを接合してある（レンズ収差，145頁参照）．

アクロマートレンズ（色消しレンズ）は，凸レンズともう一つ，屈折力が半分で分散が二倍の凹レンズで構成される．**アナスチグマート**（無非点収差）レンズは少なくとも三枚のレンズであり，非点収差を補正する．非点収差とは斜めに入射する光線束の場合，同一物体上の異なる点が深さの異なる（湾曲した）像平面で結像するものである．

可変対物レンズ，あるいは**ズームレンズ**では，個々のレンズあるいはレンズ群を相互に動かすと連続的に焦点距離が変わる．

プロジェクター

プロジェクター，投影機は，実像（物体）を拡大してスクリーン上に像を作る．物体は透過光で照らされる（**スライド投影機**）か，あるいは上からの光で照らされる（**反射投影機**）．両方できるプロジェクターは**透過反射両用投影機**という．

物体は投影対物レンズの焦点距離の一倍と二倍の間にある．投影対物レンズが物体を像平面に写像する．像は拡大された倒立の実像である．像の距離は物体の距離に依存するので，シャープな像を作るために，物体と投影対物レンズ間の距離を変えることができる．

投影倍率（結像倍率）がスクリーン上の像の大きさを決める．物体はほぼ投影対物レンズの焦点にあるので，

$$投影倍率 \approx b/f$$

ここで，b：投影対物レンズとスクリーン間の距離；f：投影対物レンズの焦点距離．

プロジェクターの構造：凹面鏡が反射した光源からの光はすべて光源に集り，光源は自分自身に結像する．つまり，光源は凹面鏡の曲率中心点に置いてある．コンデンサー（集光器）には光線の大きな立体角の部分が入り，光源を投影対物レンズの中に結像する．これによって，物体（例えば，スライド）が一様にむらなく照射される．光線経路に熱フィルターを置いて，物体を光線による損傷から保護する．

反射投影機では投影ランプが物体を直接照らす．対面に向き合って置かれた凹面鏡が集光器の役割を部分的に受け持つ．物体から反射された光は斜めに置かれた鏡で方向を変えられ，投影対物レンズに入る．したがって像の明るさは相対的に低くなる．

投影対物レンズは，レンズ収差の補正のために多数を組合せたレンズであり，物体に対して動かすことができる．このような可変対物レンズは，一定の像距離の場合でも，撮影倍率，すなわち像の大きさを変えることができる．

152　光学と放射

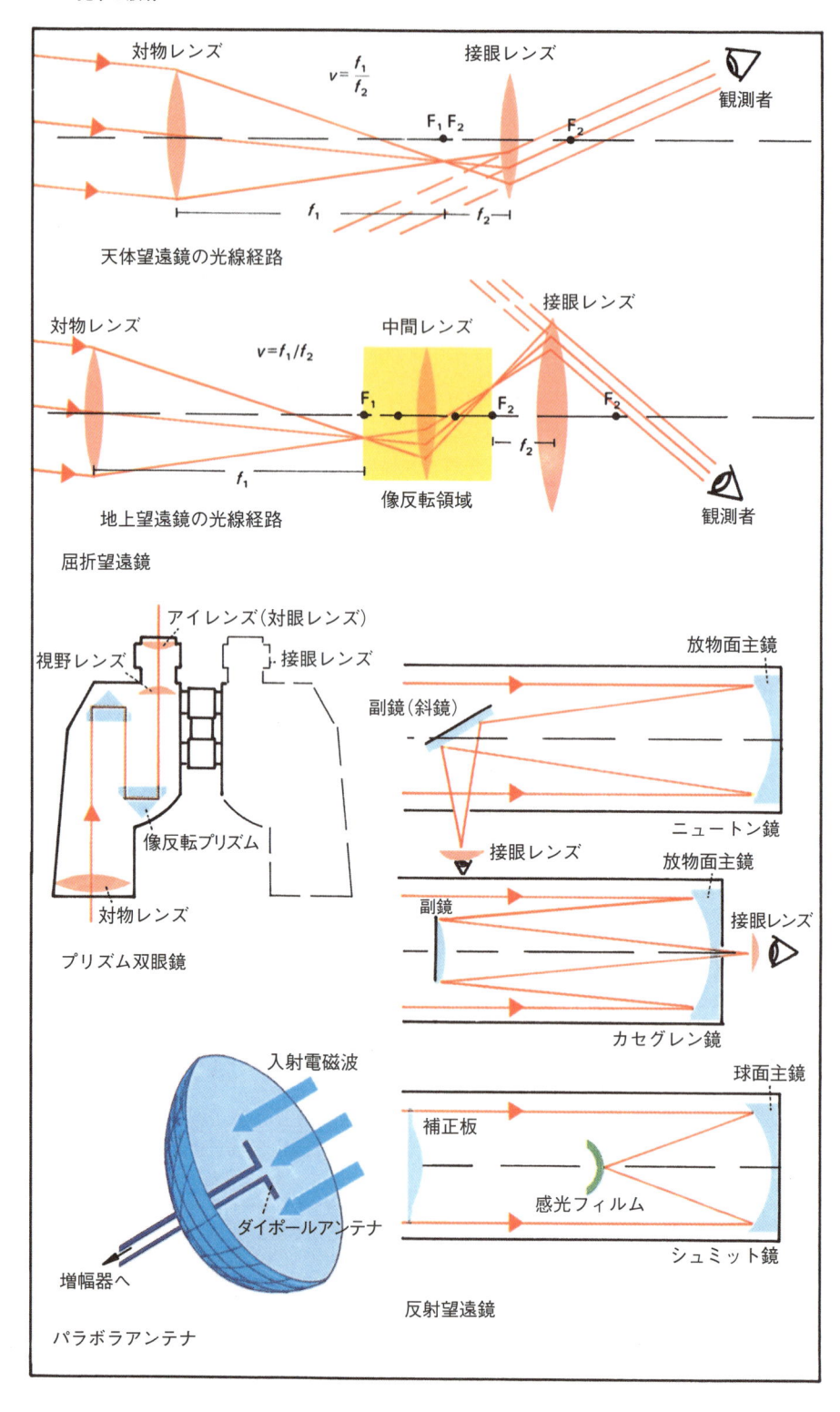

屈折望遠鏡

天体望遠鏡の光線経路
$v = \dfrac{f_1}{f_2}$

対物レンズ／接眼レンズ／観測者／F_1 F_2／F_2／f_1／f_2

地上望遠鏡の光線経路
$v = f_1/f_2$

対物レンズ／中間レンズ／接眼レンズ／像反転領域／観測者／F_1／F_2／F_2／f_1／f_2

プリズム双眼鏡

アイレンズ（対眼レンズ）／視野レンズ／接眼レンズ／像反転プリズム／対物レンズ

反射望遠鏡

ニュートン鏡
放物面主鏡／副鏡（斜鏡）／接眼レンズ

カセグレン鏡
放物面主鏡／副鏡／接眼レンズ

シュミット鏡
球面主鏡／補正板／感光フィルム

パラボラアンテナ

入射電磁波／ダイポールアンテナ／増幅器へ

望遠鏡は，遠く離れた物体を観測する器具で，視角を拡大する．1608 年リッペルスハイ (Jan Lippershey) が発明したと言われている．

おそらく，スペインでは望遠鏡はそれより数十年前にすでによく知られていたようである．しかし，それが航海にとって非常に重要なために対外的には秘密にされていた．

望遠鏡は対物レンズと接眼レンズから成る．**対物レンズ**は物体に向けられ，長い焦点距離を持ち，物体の倒立縮小実像をつくる．**接眼レンズ**は眼に当てられ，ルーペとしての働きをする．観測者の眼は無限遠に合わせられる．

倍率 v は，

$$v = f_{\text{ob}}/f_{\text{ok}}$$

ここで，f_{ob}：対物レンズ焦点距離；f_{ok}：接眼レンズ焦点距離．

特に，天体望遠鏡の場合，倍率よりも光度と口径比と解像力が重要である．

$$\text{光度} = d_{\text{ob}}/v$$

ここで，d_{ob} は対物レンズの直径である．

解像力，あるいは**分解能**は，近接した位置にある二つの星が最良の観測条件下で，どれだけの角距離まで分離して識別できるかを決める．

その角距離は，

$$\phi = 115/d_{\text{ob}}$$

である．ここで，ϕ は角度秒単位の分解能であり，d_{ob} は mm 単位で与えられる．

レンズ望遠鏡，あるいは**屈折望遠鏡**は対物レンズとして長い焦点距離をもつレンズを利用する．接眼レンズは常に大きな像視野を得るように組み立てられる．分解能を決める対物レンズの直径はガラス材料の性質のために最大約 1 m に制限される（訳注：技術の発達によってレンズ直径 8 m の天体望遠鏡が作られるようになった）．収差はレンズの組合わせによって補正される．

ケプラー (Johannes Kepler, 1571–1630) は，1611 年に**天体望遠鏡**，つまり**ケプラー望遠鏡**について書き記している．凸レンズで対物レンズと接眼レンズをつくる．像は倒立虚像である．天文学に利用．

ガリレイ (Galileo Galilei, 1564–1642) は，1609 年に，**ガリレイ望遠鏡**，すなわち**オランダ望遠鏡**を設計し製作した．対物レンズの結像点より前の光路に凹レンズがあり，これが接眼レンズの役目をする．像は虚像で，正立である．構造長は相対的に短く，視野は小さい．簡単なオペラグラスとして現在も利用されている．

地上望遠鏡では，対物レンズによって作られた像を中間レンズが逆転する．観測者は中間像を接眼レンズで見る．最終像は正立像である．この器具はその長い鏡胴で注目を集めた．昔の海洋絵画にでてくる伸長式望遠鏡がそれである．

プリズム双眼鏡はケプラー型望遠鏡である．二つの反射プリズムが光路にあり，像を回転して，正立で左右正しく見えるようにする．一つのプリズムは上下を入れ替え，もう一つが左右を入れ替える．

接眼レンズの枠輪のところに，プリズム双眼鏡の最も重要な二つの仕様値が示されている．すなわち，倍率と対物レンズの直径である．

例：8×32 は以下の意味である：

$$v = 8 \text{ であり，} \quad d_{\text{ob}} = 32 \text{ mm.}$$

薄暮係数 $= \sqrt{v \times d_{\text{ob}}}$ は，暗くなり始めた時の解像力に比例する．

鏡望遠鏡，あるいは**反射望遠鏡**は対物鏡として凹面鏡を使用する．ニュートン (Isaac Newton, 1643–1727) が 1671 年にこの装置を発明した．鏡は色収差を示さず，球面収差は放物面の形にした鏡によって消される．直径には単に財政的な限界があるだけなので，現代の天体望遠鏡のほとんどすべては反射望遠鏡である．多くの構造様式がある，例えば，

ニュートン鏡は，光路の中に，光学軸に対して 45°傾けられた副鏡（捕捉鏡）をもち，これが主凹面鏡からきた光線を接眼レンズへ反射する．

カセグレン鏡は中心に穴があけてある．光路の中にある補助鏡が主凹面鏡からきた光線をこの穴の開口部を通して接眼レンズへ反射する．

シュミット鏡の場合，光は最初に補正プレートを通過し，その後で主凹面鏡に到達する．このプレートがコマ収差による歪みを補正するので，ずっと安価な球面の主凹面鏡を使うことができる．天体写真撮影に使用される．

電波望遠鏡は 1 cm から 20 m 程度の波長領域の電磁波を利用する望遠鏡である．これは反射鏡として作られる．焦点にあるアンテナが信号を増幅器と解析装置へ送る．メッシュ（網の目）が波長に比べて小さいかぎり，反射表面は金網のように作ることができる（こうすると重量が軽減され，風の抵抗が少なくなる）．主反射鏡の大きさは，財政的な制限だけである．光望遠鏡に比べると，電波望遠鏡の分解能は低い．電波望遠鏡は電波天文学の重要な装置である．

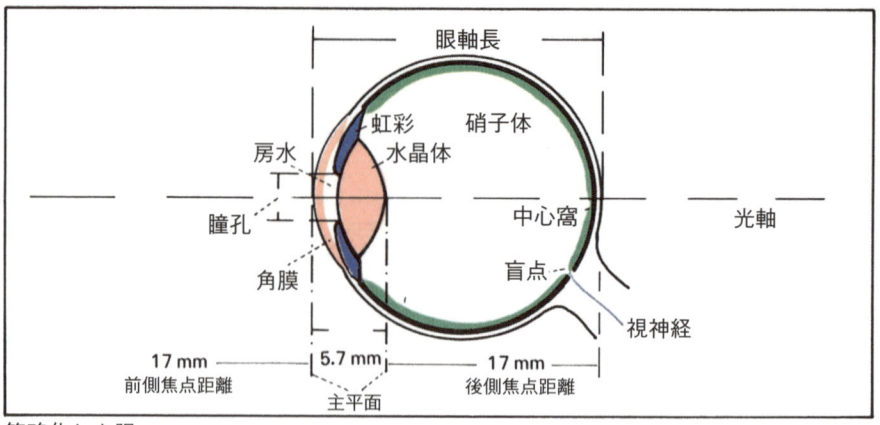

154　光学と放射

簡略化した眼

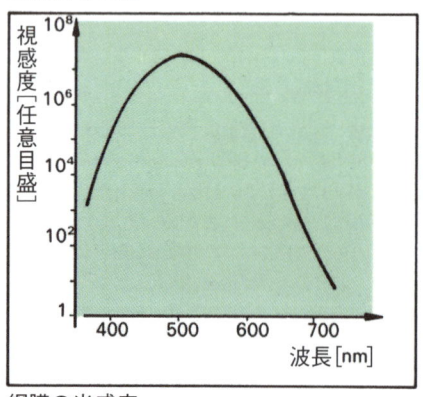

網膜の光感度

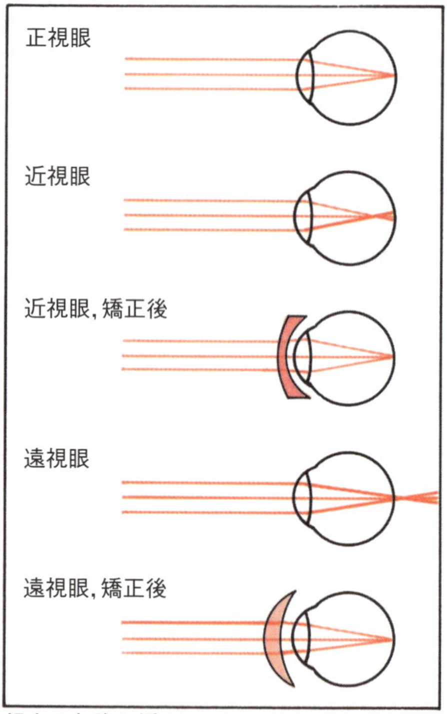

視力の欠陥と矯正
- 正視眼
- 近視眼
- 近視眼, 矯正後
- 遠視眼
- 遠視眼, 矯正後

ランドルト環

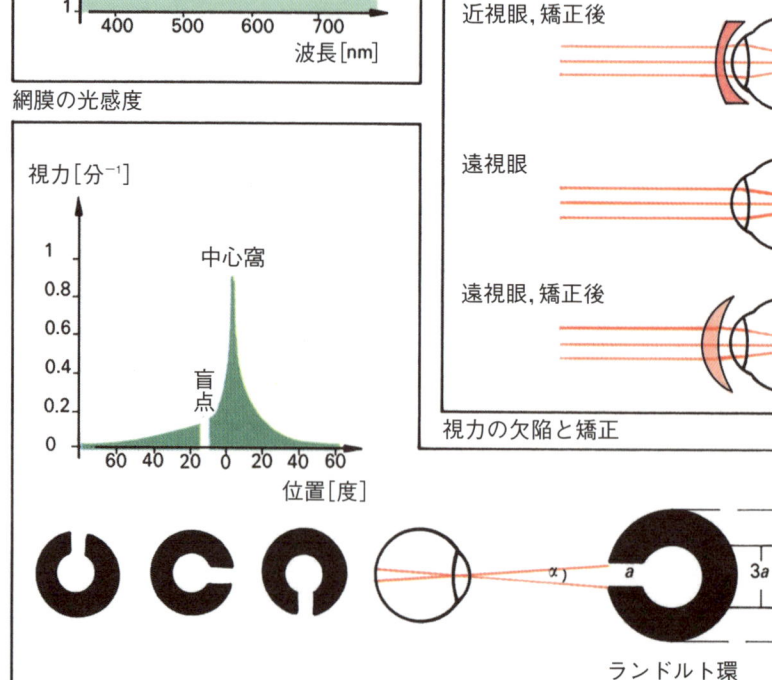

視力

眼の機能は原理的にカメラと同じである．角膜と眼レンズ（水晶体）が物体の縮小された倒立実像をつくる．網膜の感光層がその像を記録する．距離の調節は，像の距離を変えてなされるのではなく，レンズの屈折力を変えて行う．

眼について記述する場合には，焦点距離の代わりに，主として屈折力（ジオプトリー単位 D，Dptr で示される，141 頁参照）を使う．

光学工業の基準で見ると，光学装置としての眼はかなり不完全である（レンズ収差があり，光学エレメントがほとんど中心軸に合っていない，像面の湾曲が一様でない）が，それを神経の像評価機能によって補整している．

眼は二つの主要な構成要素，角膜と水晶体からなる**レンズ系**を持つ．両方の主平面の距離は 3 mm で，これは全体の長さ 24 mm に比べて非常に小さい．**簡略化した眼**はこの距離を無視し，眼を焦点距離 17 mm の一つの厚いレンズをもつ単純な光学系とみなす．全屈折力は 59 D に相当する．

角膜はアクリル様で弾力性があり，屈折率は $n = 1.378$ である．その前方の曲率半径は 7.8 mm である．その屈折力の値は 43 D であり，したがって眼の全屈折力の 75% になる．

房水（$n = 1.336$）は透明液で，その屈折力は無視できる．

瞳孔は水晶体の前にある丸い開口部で，**虹彩**で囲まれている．その直径は照度によって，2 mm から 8 mm の間で変わる．瞳孔は開口絞りである．

水晶体は，二つの異なる曲率半径を持つ両凸レンズである．両曲率半径とも括約筋によって変わる．この事を**遠近調整**という．

眼の屈折力の随意変動（**遠近調整幅** A）は，

$$A = 1/x_N + 1/x_F$$

ここで，x_N：**近点**，単位 m，人が明確に識別できる最小の距離；x_F：**遠点**，単位 m，人が明確に識別できる最大の距離．A は年齢の関数で，14 D から 1 D まで落ちる．

レンズの曲率半径は，近くを見る場合（前方 6 mm，後方 5 mm）は遠くを見る場合（前方 10 mm，後方 6 mm）より小さい．水晶体の屈折力は 15 D で，したがって全屈折力の 25% にすぎない．水晶体は光学的に異なる密度の同心円状の層で構成されている．屈折力は中心で最も大きく，平均では $n = 1.406$ である．

硝子体は，透明なゼラチン状物質でつくられていて，$n = 1.336$ である．

網膜は非常に多くの視覚細胞でできたモザイク状構造で，その光感度は神経でコントロールされる．光感度領域は 10 の 15 乗の広がりをもつ！視覚細胞は個々に反応することも，集団で一緒に反応することもある．光感度は，光軸の外側にある直径 0.3 mm の**中心窩**のところで最大である．**盲点**のところには神経繊維が出ていて，そこには視覚細胞がない．

視力は，物体をはっきり認識できる最小の視角（角度の分で表される）の逆数である（通常，単位は省略される）．視力は異なる大きさのランドルト環を使って測定され，その環の切れ目を識別できる最小の視角の逆数である．

光学系の解像力（147 頁参照）に基づく視力は瞳孔での回折現象によって制限される．しかしながら，物理的な基準が一貫して適用されるわけではない．像を識別する場合に神経的過程も重要になるからである．

視力は網膜中心において最大（ほぼ 1，つまり，角度 1 分）であり，そこから距離が増大するにつれて落ちる．盲点では視力はゼロである．

眼の欠陥と眼鏡

レンズの歪みと眼球の歪みの他に，屈折力と眼軸長が相互に調整できないことが往々にしてある．

近視の場合は光軸に平行に入った光線が，常に，網膜の前方で交差する．屈折力が眼軸長に対して大き過ぎるので，はっきり見える最大の距離である遠点が眼の近い方にずれて，近くにある物体のみがはっきり見える．

調整した凹レンズ（近視眼鏡）で補正する．凹レンズを加えた光学系は，裸眼より小さい屈折力をもつ．

遠視の場合は，平行に入った光線が網膜より後方で交差する．屈折力が眼軸長に対して小さ過ぎるので，遠くの物体が近くの物体より見えやすい．

調整した凸レンズ（遠視眼鏡）で補正する．凸レンズを加えた光学系は裸眼より大きな屈折力をもつ．

眼の遠近調整幅が不足している場合は，**累進レンズ眼鏡**によって部分ごとに補正する．

水晶体の**非点収差**（145 頁参照）は円柱レンズによって修正する．

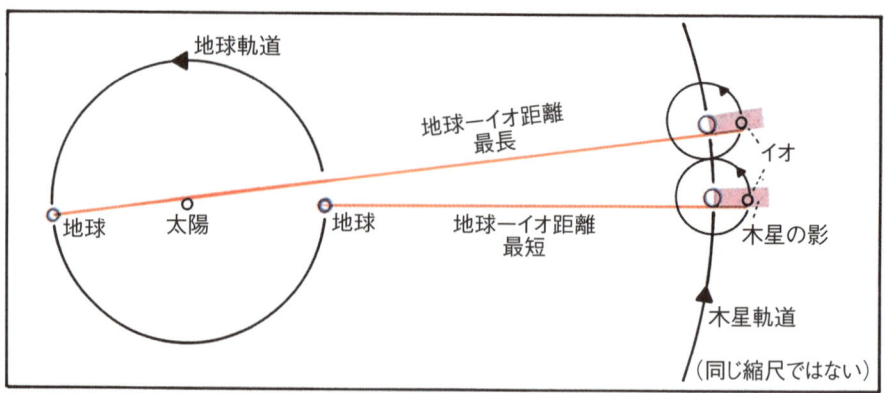

c（光速）測定の天文学的方法

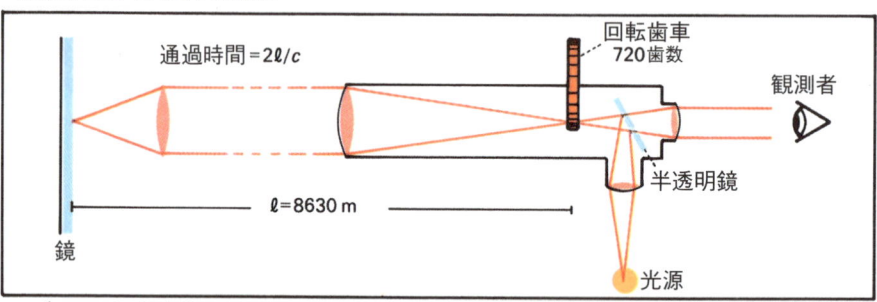

フィゾーの回転歯車法

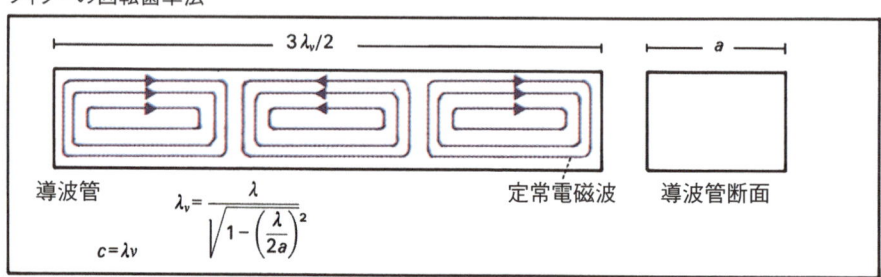

空洞共振器法

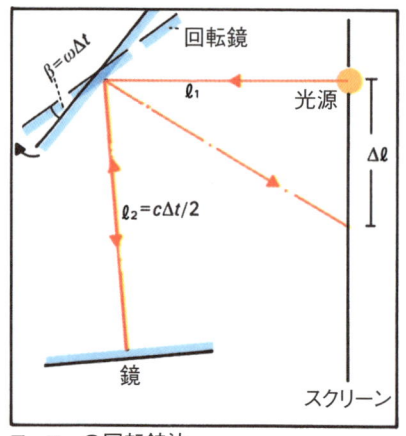

$$\lambda_v = \frac{\lambda}{\sqrt{1-\left(\frac{\lambda}{2a}\right)^2}}$$

$$c = \lambda v$$

フーコーの回転鏡法

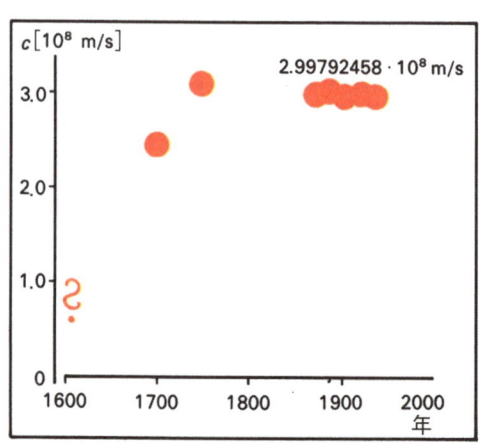

c の歴史的数値

真空中の光速度（記号 c, 単位 m/s）は基礎物理定数の一つである．c は多くの方程式や，長さの SI 基本単位の定義（11 頁参照）に現れる．それは限界速度であり，どんな物体にも追いつかれたり，追い越されたりしない．

1983 年 10 月，国際度量衡総会が**真空中の光速度**の数値を定めた：

$$c = 2.99792458 \times 10^8 \text{m/s}$$

（メートル条約，21 頁参照）．

屈折率 n の媒質中での光速度 c_n は，

$$c_n = c/n \qquad \text{光速度}$$

c を測るには，原理的に二つの方法がある．
1) 既知の距離を走る光の通過時間を測定する．
2) 光の振動数を測定して，関係式 $c = \lambda\nu$ に代入する，ここで λ は光の波長である．

c は 1983 年以来固定されたので（上記），その測定はもはや歴史的意味しかない．初期は通過時間測定に依ったが，現在は振動数測定が最も正確な値を与える．

ガリレイ (Galileo Galilei) は 1600 年頃，初めて c の測定を試みた．

彼は助手に覆いをしたランタンを持たせて近くの丘の上に立たせた．ガリレイが彼自身の光源を見せるやいなや，助手はランタンを開けることにした．この実験からガリレイは，光の走行時間は助手の反応時間よりずっと短いと推定した．

天文学者レーマー (Olaf Roemer, 1644–1710) は，1665 年以来，木星の衛星イオの食の遅れを綿密に観測し，遅れの原因は光の速さが有限であるためと結論した．

地球と木星とイオは同一平面上を回っていて，イオは，1.77 日ごとに，木星の影に入る．木星が太陽とは反対側（太陽から見て地球側）にいるころから観測を始めると，木星−地球間の距離は常に増大してゆき，食の時間は遅れていく．逆に反対側の軌道に近づいて行くと食の時間は早くなる．彼は進みと遅れの最大の差が 22 分であることを明らかにした．ホイヘンスは，この観測値は光が地球の軌道の直径（156 頁の図参照）を進む時間と解釈し，当時得られた地球軌道直径を用いて，初めて有限な光速度の値 (2.2×10^8 m/s) を得た．

フィゾー (Armand Fizeau, 1819–96) は，初めて実験室で c を決定した．

フィゾーの回転歯車法では，光線は高速回転する歯車の隙間を通過し，続いて平面鏡で反射される．反射してきた光が歯車の一つにぴったり当たると，観測者は光源が見えない．回転速度を二倍にすると，今度は光源が見える．光の通過時間はこの場合，$2\ell/c$ であり，光速度は，

$$c = 2\nu\ell z$$

ここで，ν：歯車の一秒間の回転数；ℓ：鏡の距離；z：歯車の数．

現代の測定では，光線の周期的遮断のために，歯車の代わりに，**カー・セル**（195 頁参照）を利用する．周波数がより正確に決定されるからである．

素粒子，例えば，熱中性子の速度はフィゾー法と同様な方法で測られる．

フーコー (Leon Foucault, 1819–68) は，1850 年，回転する鏡を使って光速度を決めた．この**回転鏡法**は相対的に小さい通過距離しか必要とせず，従って大気中や真空中以外の他の物質中の光速度も測ることができる．

光線は回転する鏡で反射されて別の固定鏡へ入り，そこから送り返される．その間に，回転鏡は角度 $\beta = 2\ell_2\omega/c$ だけ回転するので，光線は受光スクリーン上，$\Delta\ell$ だけずれた位置にあたる．

$$c = 4\ell_1\ell_2\omega/\Delta\ell$$

ここで，ℓ_1, ℓ_2：光路の長さ；ω：鏡の角速度；$\Delta\ell$：スクリーン上の光線のずれ．

1940 年代以降，c は実際上**空洞共振器**中の振動数測定でのみ測定されてきた．導波管（中空の導体）は両端を閉じてあり，可変周波数の短波送信機によって共振振動数が決められる．

例：長さ 15.64574 cm の空洞の場合，共振振動数 $\nu = 9.498300 \times 10^9$ Hz であるとする．この場合，共振器の内部の定常波は 4 波長を持つ．つまり，共振波長は空洞の長さの 1/4 倍である．これらの値から，真空中の波長 λ が次の式で与えられる：

$$\text{共振器の長さ}/4 = \lambda/\sqrt{1-(\lambda/2a)^2}$$

ここで，a は導波管の幅であり，ここでは $a = 2.673193$ cm である．したがって，得られた c は，

$$c = \lambda\nu = 2.997925 \times 10^8 \text{ m/s}$$

電子線の屈折

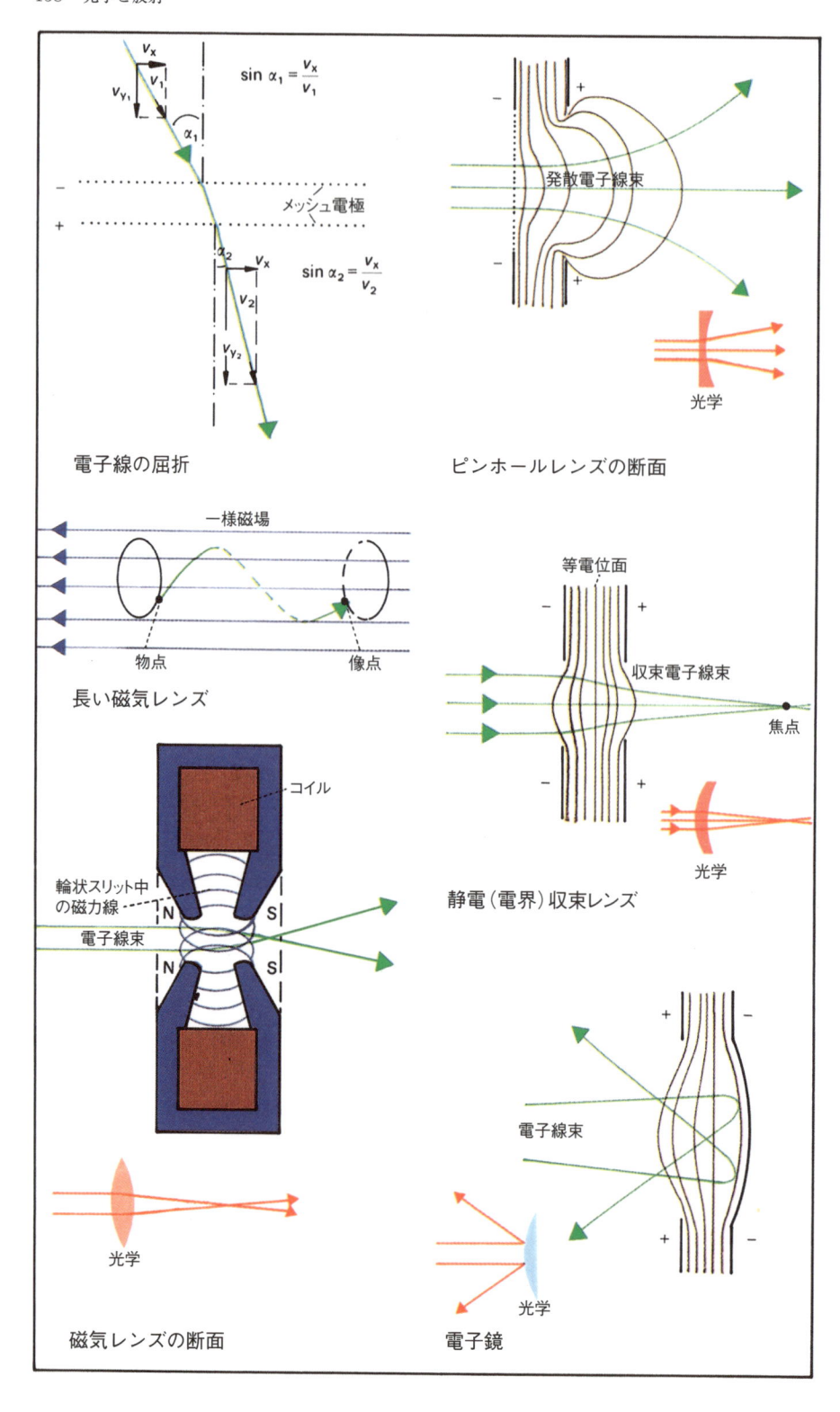

$$\sin\alpha_1 = \frac{v_x}{v_1}$$

$$\sin\alpha_2 = \frac{v_x}{v_2}$$

メッシュ電極

ピンホールレンズの断面
発散電子線束
光学

長い磁気レンズ
一様磁場
物点
像点

静電（電界）収束レンズ
等電位面
収束電子線束
焦点
光学

磁気レンズの断面
コイル
輪状スリット中の磁力線
電子線束
光学

電子鏡
電子線束
光学

ブッシュ (Hans Busch, 1884–1973) は 1926 年，光の代わりに電子，すなわち，負電荷の素粒子を使って像を作ることができる事を示した．その場合，解像力（147 頁参照）が（すくなくとも理論上では）数桁上がる．

線形電子光学は，多くの点で幾何光学と似ている．電場や磁場が電子を屈折させる．電磁場配列を適当につくると電子光学的レンズを構成することができ，それによって，電子線束が収束，あるいは，発散する．すべての装置は真空中に置く．

　例：平行な目の細かい二枚のネットに電位差を与え，電子線を入射すると，電子線は方向を変える．入射電子線の速度の横方向成分は一定のままで，縦方向成分が変わり，したがって，方向が変化する．

ベーテ (Hans Bethe, 1906–2005) は，1928 年，電子光学の屈折の法則を定式化した．

$$\sin\alpha_1 / \sin\alpha_2 = v_2/v_1 \qquad \text{屈折の法則}$$

ここで，α_1：等電位面に垂直な方向から測った入射角；α_2：出て行く角；v_1：偏向場に入る電子の速度；v_2：場を通過後の電子の速度．

　これらはすべてスネルの屈折法則（135 頁参照）と一致する．屈折率 n は同様にして定義される．エネルギー保存則と速度の関係式から次式が出る．

$$\sin\alpha_1 / \sin\alpha_2 = \sqrt{K_2/K_1}$$

ここで，K_1：屈折前の電子の運動エネルギー，eV 単位；K_2：屈折後の運動エネルギー，eV 単位．

　屈折則がこの簡単な形で成り立つのは，偏向電極の間隔が小さい場合だけである．

静電（電界）レンズ
目の細かい二つの金属ネットを球面のような形に作り，電圧をかけると，**静電（電界）レンズ**ができる．その中で電子は加速される．電子の運動エネルギーの変化はネット間の電位差に等しい．
等電位線（203 頁参照）へ垂直に入った電子については，次式が成り立つ．

$$1/f = (\sqrt{K_2/K_1} - 1)(1/r_1 + 1/r_2) \qquad \text{屈折値}$$

ここで，
f：電界レンズの焦点距離；r_1, r_2：金属ネットの曲率．

　電子軌道，すなわちレンズの屈折力を一定にしたまま，レンズの電圧を入射電子のエネルギーと同じ比率で変える．それによって，大幅に異なるエネルギーの電子を持つ対象を簡単に分析できる．
光学の場合のように，つくられる像は倒立である．
電界レンズの焦点距離は，電極間の電位差を変えて調節する．

　電子光学の装置では，レンズは固定して据えつけられ，焦点調整は電位差を変えておこなわれる．実際には，ピンホールを利用し，その向い側に格子電極を置く．この電極は球面形に凸状湾曲した等電位面を発生させる．平行な電子線束はピンホールレンズによって，電極の符号にしたがい集束，あるいは発散する．

電子鏡のような働きをするピンホールレンズを作ることができる．

互いに異なる電位差をもつ金属管を二つあるいは多数，同軸に並べると，同様に電子レンズとしての働きをする．

個々の電子レンズや集積した電子レンズは，同軸に並んだピンホールレンズと円筒でできている．

光学の収差に似た**レンズ収差**が生じる．球面収差（145 頁参照）の修正は難しいので，ピンホールの口径はできるだけ小さくする．主としてレンズ収差が電子光学機器の分解能を制限する．

電子光学用の**磁気レンズ**は電流が通るコイルである．その内側で，電子は磁力線の回りのらせん軌道上を運動する．電界レンズの場合とは違って，コイルの内側で電子の速さは一定である．

長い磁気コイルの場合，次式が成り立つ．

$$1/f \propto eH/mv \qquad \text{屈折値}$$

f：焦点距離；e：電子の電荷；H：磁場の強さ；m：電子の質量；v：電子の速度．
内部での電子軌道の回転角は 360°，物体の像は正立である．

短い磁気コイルの場合は，次式になる．

$$1/f \propto (e/mT)\int_{-\infty}^{+\infty} H^2 dx \qquad \text{屈折値}$$

回転角は $\neq 360°$；そのため，一般に像は物体に正対しない．
磁気レンズは，実用的理由から非常に短く，強い磁場が必要とされる．装置の構造は，鉄のカバーの中に電流が流れるコイルがあって，カバーの内側にリング状の隙間が空いている．

160 光学と放射

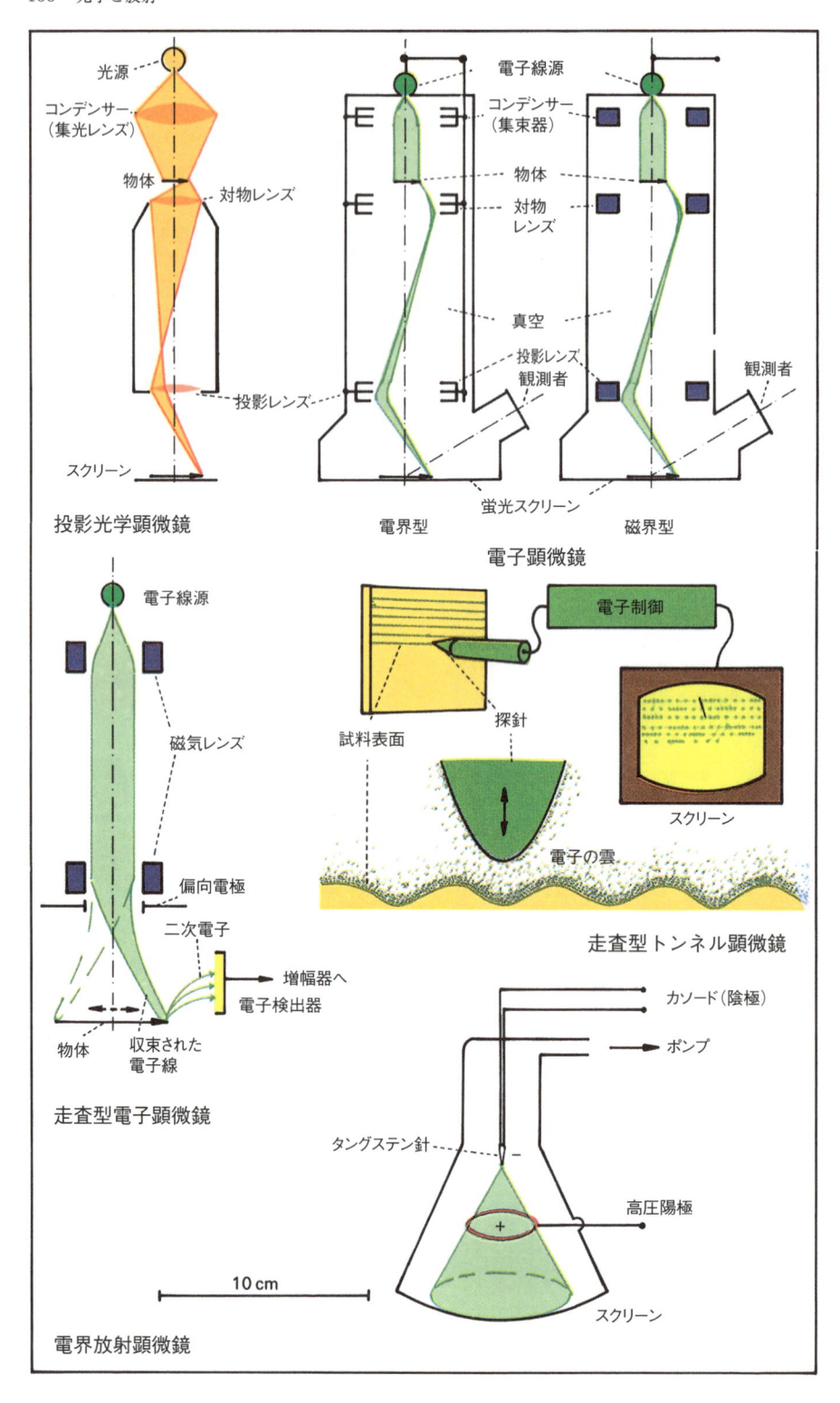

投影光学顕微鏡
- 光源
- コンデンサー（集光レンズ）
- 物体
- 対物レンズ
- 投影レンズ
- スクリーン

電子顕微鏡
- 電子線源
- コンデンサー（集束器）
- 物体
- 対物レンズ
- 真空
- 投影レンズ
- 観測者
- 蛍光スクリーン

電界型　磁界型

走査型電子顕微鏡
- 電子線源
- 磁気レンズ
- 偏向電極
- 二次電子
- 増幅器へ
- 電子検出器
- 物体
- 収束された電子線

走査型トンネル顕微鏡
- 試料表面
- 探針
- 電子制御
- スクリーン
- 電子の雲

電界放射顕微鏡
- カソード（陰極）
- ポンプ
- タングステン針
- 高圧陽極
- スクリーン
- 10 cm

電子顕微鏡は結像のために電子を使用する．電子線は真空中を通る．形式的構造は光学顕微鏡と似ているが，人は電子を直接見ることはできないので，接眼レンズは投影レンズに置き換えられる．

ルスカ (Ernst Ruska, 1906–88, ノーベル賞 1986年) とクノール (Max Knoll) は 1931 年，磁気レンズを用いて，最初の電子顕微鏡を製作した．一方，1938 年，マール (Hans Mahl, 1909 生れ) は静電レンズを同じ役割のために用いた．

構造

点状の**電子線源**が単一エネルギーの電子を射出する．電子は熱陰極から出て，高電圧の陽極へ加速される．そこへ到達する前に，電子は負に帯電したウェーネルト円筒を通過する．この配列によって電子線流の安定な制御が可能になる．

コンデンサー（集束器）は電子を集束して平行電子線束にする．その後で，電子は**物体**，すなわち非常に薄い層状に作られた試料を通過する．この時，試料物体の組成と構造にしたがって散乱される．物体中での電子のエネルギー損失は小さくなくてはならない．さもないと色収差と似たレンズ収差が生じる．

物体の**試料作成**には多様なテクニックと，物によっては非常に費用のかかる方法が必要になる．厚さ 10^{-5} mm の物体に対し，運動エネルギー 50 keV から 100 keV の電子が必要である．物体での電子線エネルギーの損失は高いエネルギーほど小さくなるので，できるだけ高いエネルギーの電子（約 1 MeV まで）を使う．

短い焦点距離の**対物レンズ**が拡大された物体の実の中間像をつくる．

投影レンズはその中間像を拡大し，蛍光板上に，あるいは写真フィルムに像を作る．

電子顕微鏡の**倍率** v は，

$$v = v_{ob} \times v_p \qquad \text{全倍率}$$

ここで，v_{ob}：対物レンズの結像倍率；v_p：投影レンズの結像倍率．v は 500 000 倍にまで達する．

分解能 g（147 頁参照）は，

$$g = \text{NA}/\lambda \qquad \text{分解能}$$

ここで，NA：開口数；λ：電子のド・ブロイ波長．$\lambda \approx \sqrt{150/V}$，ここで，$\lambda$ の単位は 10^{-10} m，V：加速電圧，単位はボルト．

電子レンズの球面収差のために NA は小さい（約 0.01．光学顕微鏡は約 1）．したがって，理論的に可能な分解能は部分的にしか達成されていない．典型的な例：$V = 10^5$ V で NA = 0.01 の場合，解像力（147 頁参照）は $s = 4 \times 10^{-7}$ mm となる．

走査型電子顕微鏡（アルデンヌ (Manfred von Ardenne), 1937 年製作）では，非常に微細な電子線が物体を点ごとに走査する．電子線の位置が像点としてブラウン管の x-y 座標上に記される．検出器が物体から放射された二次電子を測定し，その電子数が対応する像点の光量を変調する．像はコントラストが強く，観測者には立体的に見える．

物体の試料作成は簡単で（例えば，無傷の昆虫を結像して）5×10^{-6} mm までの構造を分解できる．

走査型透過電子顕微鏡．非常に微細な電子線が物体の点から点へと照射される．電子顕微鏡の場合より広く結像できる．この方法では，物体の他の点からのよけいな散乱電子が像点に現れない．結果としてコントラストがより高くなり，したがってより良い分解能が得られる．

電界放射顕微鏡は 1950 年，ミュラー (Erwin Müller, 1911–1977) によって発明された．陰極として非常に微細なタングステン針があり，これに対して輪状の陽極が真空中で向かい合っている．電位差は約 5 keV になる．針の先端部分の非常に強い電場が金属から電子を引き出し，その電子が陽極輪を通過して，湾曲したスクリーンに当たる．タングステン格子の最も上の層にある構造が明暗の斑点として現れる．気体を満たすと，その原子が針の表面に付着し，同様に像がつくられる：

$$倍率 = r_1/r_2$$

ここで，r_2：針の曲率半径；r_1：同心の像スクリーンの曲率半径．

倍率は 10^6 倍にも達する．

走査型トンネル顕微鏡は，電場をかけると，トンネル効果によって原子内電子を物質の表面から取り出せることを利用する．微細な針状電極が物体表面の上を走査する時に，測定される電子の密度が常に一定になるように動かす．この方法によると，針の先端は高い精度で物体表面の電気的な構造にそって動く．その動きを記録することによって，物体表面の三次元的な構造が得られる．解像力は約 10^{-11} m，つまり個々の原子が識別できる．

162 光学と放射

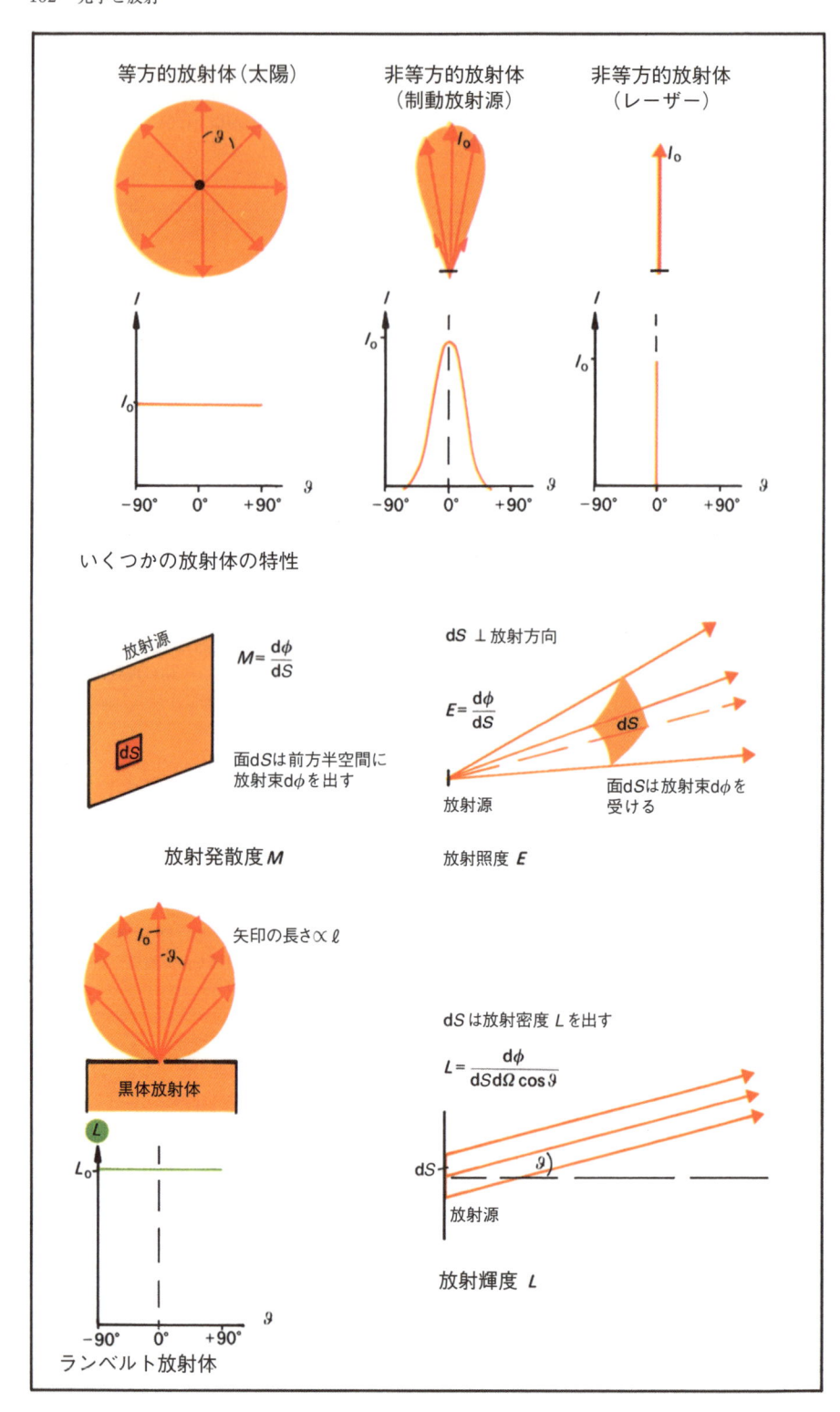

いくつかの放射体の特性

等方的放射体（太陽）

非等方的放射体（制動放射源）

非等方的放射体（レーザー）

放射発散度 M

$$M = \frac{d\phi}{dS}$$

面 dS は前方半空間に放射束 $d\phi$ を出す

放射照度 E

$dS \perp$ 放射方向

$$E = \frac{d\phi}{dS}$$

面 dS は放射束 $d\phi$ を受ける

ランベルト放射体

矢印の長さ $\propto I$

黒体放射体

放射輝度 L

dS は放射密度 L を出す

$$L = \frac{d\phi}{dS\,d\Omega\,\cos\vartheta}$$

放射源

放射源はその回りに放射場をつくる．**等方的放射源**はすべての方向に等しく放射する．**非等方的放射源**は，一つ，あるいはいくつかの優先的に放射する方向をもつ．

放射源を記述する物理量（例えば，放射強度）と，受表面が受ける放射量を記述する物理量（例えば，放射照度）とを区別して議論する．

物理量で**放射体**そのものに関するもの：
放射束（記号 ϕ, 単位 W）は，放射源が全空間へ放出する出力である．

例：平均的な家庭用白熱電球は 60 W を放射する．

放射エネルギー，放射量（記号 Q, 単位 J）は，放射源が放射を出すことによって失なうエネルギー損失である．

例：家庭用電球がその寿命（約 1000 時間）のうちに出す放射エネルギーは，約 2.2×10^8 J である．

次式が成り立つ：

$$Q = \int \phi \, \mathrm{d}t \qquad \text{放射エネルギー}$$

放射強度（記号 I, 単位 W/sr）は，放射源から立体角 $\mathrm{d}\Omega$ へ放出された放射束 $\mathrm{d}\phi$ を使って次式で与えられる：

$$I = \mathrm{d}\phi/\mathrm{d}\Omega \quad \text{であり，} \quad \phi = \int I \, \mathrm{d}\Omega$$

例：平均的家庭用電球の放射強度は 4.77 W/sr である．

等方的放射源の場合，$I =$ 一定であり，非等方的放射源の場合は，I は放射する角度によって異なる．

放射発散度（記号 M, 単位 W/m^2）は，面 $\mathrm{d}S$ から出る放射束を $\mathrm{d}\phi$ として，次式で与えられる：

$$M = \mathrm{d}\phi/\mathrm{d}S \quad \text{であり，} \quad \phi = \int M \, \mathrm{d}S$$

放射発散度は，一つの半空間に対してのみ定義される．例えば，両側の面に放射がある場合，一方だけが考慮される．

例：平均的な家庭用電球（すりガラス，球形，直径 6 cm）の放射発散度は，2.65×10^3 W/m^2 である．

放射率（記号 ε）は次元のない量で，放射源と黒体の放射発散度の比で示す．次式となる：

$$\varepsilon = M/M_\mathrm{B}$$

ここで，M_B は黒体の放射発散度である．

放射輝度（放射密度とも言う）（記号 L, 単位 W·sr^{-1}·m^{-2}），は，面要素 $\mathrm{d}S$ から角度 ϑ で出る放射の部分である．ϑ は $\mathrm{d}S$ に垂直な方向から測る．次式となる：

$$L = \mathrm{d}I/(\mathrm{d}S\cos\vartheta) \quad \text{であり，} \quad I = \int L\cos\vartheta \, \mathrm{d}S$$

等方的な放射体の放射輝度は一定である．

放射を受ける面に関する物理量：
関与する面，つまり放射を受取る面要素 $\mathrm{d}S$ は放射場の中にあり，放射方向と垂直にとる．

放射照度（記号 E, 単位 W/m^2）は，面要素 $\mathrm{d}S$ に入射して受け取られる放射束を $\mathrm{d}\phi$ とすると，次式で与えられる：

$$E = \mathrm{d}\phi/\mathrm{d}S \quad \text{であり，} \quad \phi = \int E \, \mathrm{d}S$$

距離 r にある等方的放射源による場合，E の値は，

$$E = I\Omega/r^2 \qquad \text{距離の二乗の法則}$$

または，

$$E = \phi/4\pi r^2$$

ここで，Ω は I が放射される立体角である．

放射照射量（記号 H_e, 単位 J/m^2）は，放射照度 E_e が時間 $\mathrm{d}t$ 作用したとき，面要素 $\mathrm{d}S$ が受取る放射の総量である．次式で与えられる：

$$H_\mathrm{e} = \int E_\mathrm{e} \, \mathrm{d}t$$

ランベルト放射体はランベルト（Johann Lambert, 1728–77）にちなんで名づけられ，次の特性をもつ放射源である：

$$I = I_0 \cos\vartheta \qquad \text{**ランベルトの法則**}$$

ここで，I：ϑ 方向の放射強度；I_0：$\vartheta = 0°$ のときの放射強度；ϑ：放射源の表面に垂直な方向から測った放射角度．

放射される面に対して $L \propto \cos\vartheta$ が成り立つので，つや消しの白い面は，どんな照射角度でも同じ明るさに見える．

ほとんどの放射源はランベルト放射体ではない．例えば，高エネルギー制動放射（175 頁参照）の場合，I は $\vartheta = 0°$ の所に顕著な最大値を示す．

164　光学と放射

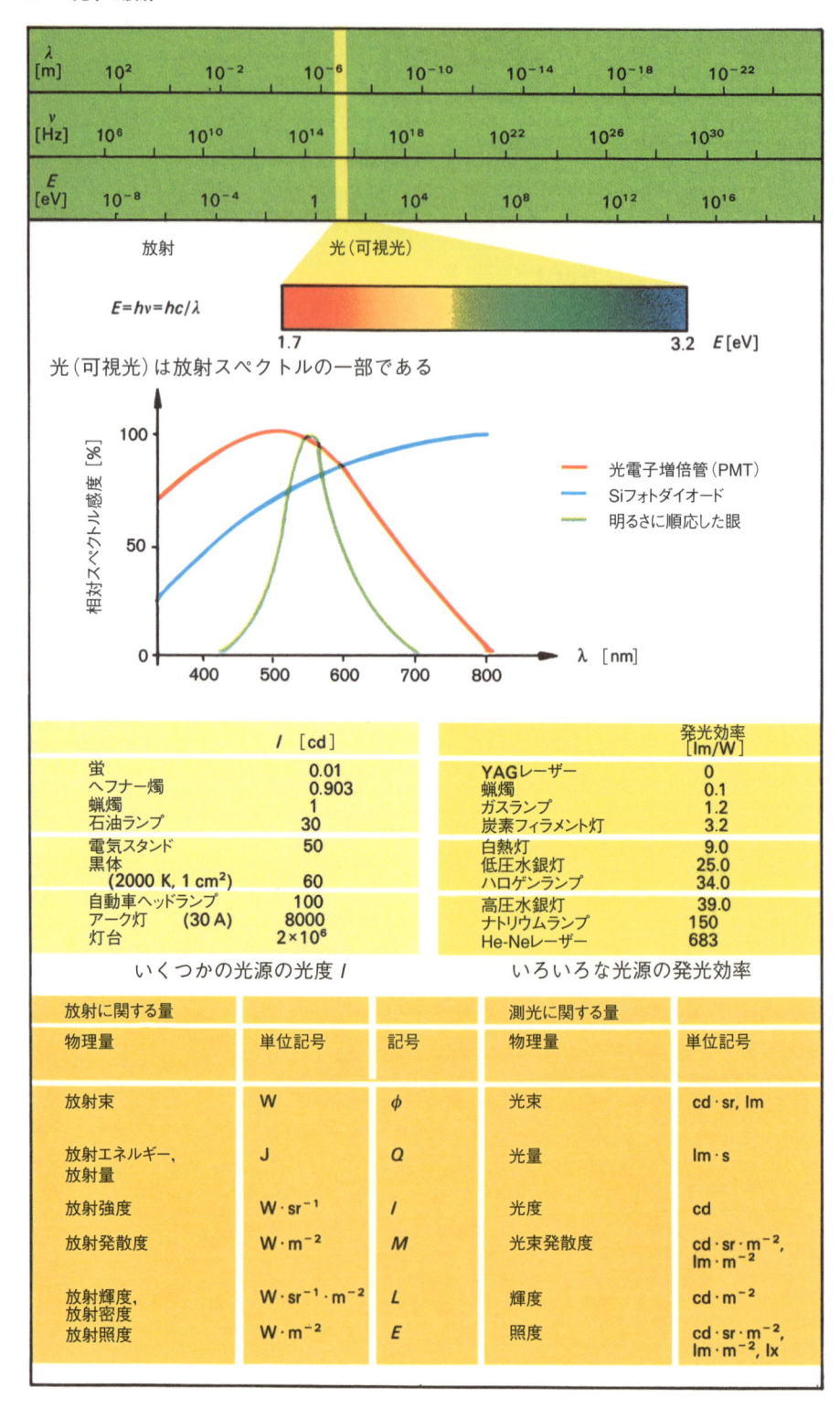

λ [m]	10^2	10^{-2}	10^{-6}	10^{-10}	10^{-14}	10^{-18}	10^{-22}
ν [Hz]	10^6	10^{10}	10^{14}	10^{18}	10^{22}	10^{26}	10^{30}
E [eV]	10^{-8}	10^{-4}	1	10^4	10^8	10^{12}	10^{16}

放射　　　　　　光（可視光）

$E = h\nu = hc/\lambda$

1.7　　　　　　　　　　　　　3.2　E [eV]

光（可視光）は放射スペクトルの一部である

相対スペクトル感度 [%]

― 光電子増倍管（PMT）
― Siフォトダイオード
― 明るさに順応した眼

λ [nm]

	I [cd]
蛍	0.01
ヘフナー燭	0.903
蝋燭	1
石油ランプ	30
電気スタンド	50
黒体 (2000 K, 1 cm²)	60
自動車ヘッドランプ	100
アーク灯　(30 A)	8000
灯台	2×10^6

いくつかの光源の光度 I

	発光効率 [lm/W]
YAGレーザー	0
蝋燭	0.1
ガスランプ	1.2
炭素フィラメント灯	3.2
白熱灯	9.0
低圧水銀灯	25.0
ハロゲンランプ	34.0
高圧水銀灯	39.0
ナトリウムランプ	150
He-Neレーザー	683

いろいろな光源の発光効率

放射に関する量			測光に関する量	
物理量	単位記号	記号	物理量	単位記号
放射束	W	ϕ	光束	cd·sr, lm
放射エネルギー, 放射量	J	Q	光量	lm·s
放射強度	W·sr^{-1}	I	光度	cd
放射発散度	W·m^{-2}	M	光束発散度	cd·sr·m^{-2}, lm·m^{-2}
放射輝度, 放射密度	W·sr^{-1}·m^{-2}	L	輝度	cd·m^{-2}
放射照度	W·m^{-2}	E	照度	cd·sr·m^{-2}, lm·m^{-2}, lx

光は，眼が知覚できる放射のことである．測光量は目に見える放射場を表す．

発光体（光源）そのものに関する測光量：
光度（記号 I）は光源から放射される測光的放射強度である．I の単位はカンデラ（単位記号 cd）で国際単位系（SI）の基本単位の一つである．
「カンデラは，周波数 540×10^{12} ヘルツの単色放射を放出し，所定の方向におけるその放射強度が $1/683$ W/sr である光源の，その方向における光度である．」

> かっては，**ヘフナー燭**（単位記号 HK）（ヘフナー (Friedrich von Hefner-Altenbeck, 1845–1904) にちなむ）が用いられた．ヘフナー燭は，指定された条件の下での酢酸アミル–バーナーの開放炎のことを言う．
> 換算： $1 \text{ cd} = 1.107 \text{ HK}$
> $1 \text{ HK} = 0.903 \text{ cd}$

光束（記号 ϕ，単位 cd·sr）は光度と通過立体角の積である．
光束の SI 組立単位は，

$$1 \text{ ルーメン（単位記号 lm）} = 1 \text{ cd·sr}$$

1 ルーメンは，光度 1 cd の点光源から立体角 1 sr に放射された光束である．
次式が成り立つ：

$$\phi = \int I \, d\Omega \qquad\qquad\qquad\qquad 光束$$

光量，あるいは**光度エネルギー**（記号 Q，単位 lm·s）は光源の光束と放射時間の積である．
光束発散度（記号 M，単位 lm/m^2）は照射面 dS に放射される光束 $d\phi$ である．
次式が成り立つ：

$$M = d\phi/dS \quad であり，\quad \phi = \int M \, dS$$

> 光束発散度は，半空間に対してのみ定義される．例えば，ある面の両側に光が当たる場合，片方のみが考慮される．

輝度（記号 L，単位 cd/m^2）は，光源の表面要素 dS から角度 ϑ で放射される光度である．ϑ は dS に垂直な方向から測る．
次式が成り立つ：

$$L = dI/(dS \cos\vartheta) \quad であり\quad I = \int L \cos\vartheta \, dS$$

対応する輝度の誘導 cgs-単位は：

$$1 \text{ スチルブ（単位記号 sb）} = 1 \text{ cd}/\text{cm}^2$$

換算： $1 \text{ sb} = 10^4 \text{ cd}/\text{m}^2$
輝度の古い単位：

$$1 \text{ アポスチルブ（単位記号 asb）}$$
$$= 1 \text{ sb}/(10\,000\pi)$$

輝度は主観的な光の印象を決める．

光を受ける面に関連する測光量：
照度（記号 E，単位 lm/m^2）は，光束 $d\phi$ を受けるときの面 dS に関するもので，次式で与えられる：

$$E = d\phi/dS \quad であり，\quad \phi = \int E \, dS$$

照度の SI 組立単位は，

$$1 \text{ ルクス（単位記号 lx）} = 1 \text{ lm}/\text{m}^2$$

1 ルーメンの光束が，1 m^2 の平面へ垂直に一様に分布して当たるとき，1 ルクスを受光する：

換算： $1 \text{ lx} = 10^{-4} \text{ sb·sr}$

対応する照度の cgs-単位は，

$$1 \text{ フォト（単位記号 ph）} = 1 \text{ lm}/\text{cm}^2$$

換算： $1 \text{ ph} = 10^4 \text{ lx}$

露光量（記号 H_ν，単位 lx·s）：照度 E がある時間照らした時に，受光する照度の総和である．次式で与えられる：

$$H_\nu = \int E_\nu \, dt$$

発光効率（単位 lm/W）は，光源の電気的出力 1 W 当たりの光量である．

光子の物理量は，光子（173 頁参照），すなわち電磁放射場のエネルギー量子に直接関連する．

光子の物理量	単位
光子放射強度 I_p	$\text{s}^{-1}\!\cdot\!\text{sr}^{-1}$
光子束 ϕ_p	s^{-1}
光子数 N_p	
光子輝度 L_p	$\text{s}^{-1}\!\cdot\!\text{sr}^{-1}\!\cdot\!\text{m}^{-1}$
光子照度 E_p	$\text{s}^{-1}\!\cdot\!\text{m}^{-1}$

166 光学と放射

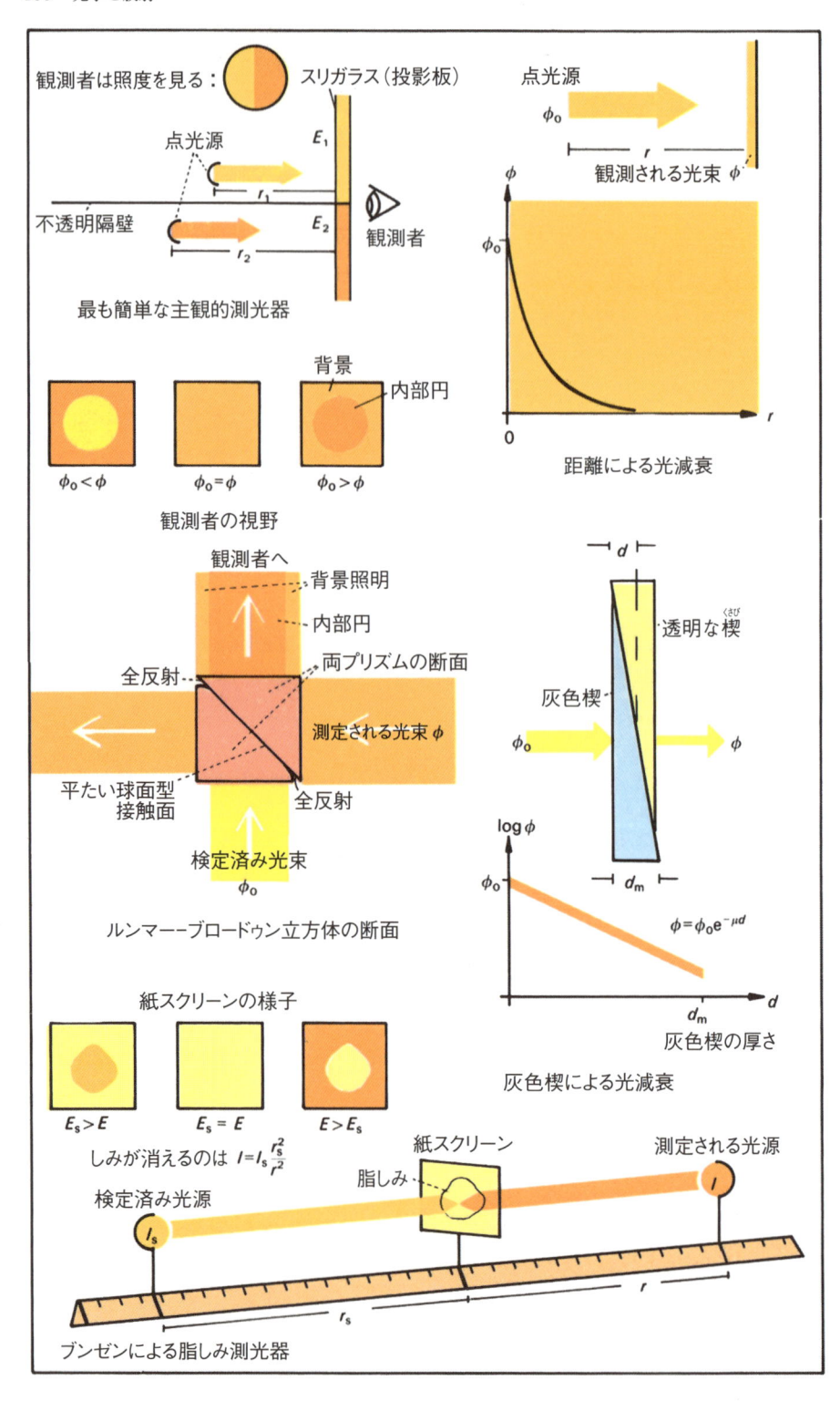

最も簡単な主観的測光器

観測者は照度を見る：
スリガラス（投影板）
点光源
不透明隔壁
E_1, E_2
r_1, r_2
観測者

観測者の視野

$\phi_0 < \phi$ ／ $\phi_0 = \phi$ ／ $\phi_0 > \phi$
背景／内部円

距離による光減衰

点光源 ϕ_0 → r → ϕ
観測される光束
縦軸 ϕ、横軸 r、ϕ_0

ルンマー–ブロードゥン立方体の断面

観測者へ
背景照明
内部円
全反射
両プリズムの断面
測定される光束 ϕ
平たい球面型接触面
全反射
検定済み光束 ϕ_0

灰色楔による光減衰

透明な楔
灰色楔
ϕ_0 → ϕ
d, d_m

$$\phi = \phi_0 e^{-\mu d}$$

縦軸 $\log \phi$、横軸 d、灰色楔の厚さ d_m

ブンゼンによる脂しみ測光器

紙スクリーンの様子
$E_s > E$ ／ $E_s = E$ ／ $E > E_s$

しみが消えるのは $I = I_s \dfrac{r^2}{r_s^2}$

検定済み光源 I_s
紙スクリーン
脂しみ
測定される光源 I
r_s, r

測光計器は，測光的物理量（165 頁参照）である光度と光束を主に測る．光源の光度は二つの方法で測定することができる：
1. **客観的，物理的測光**による：高感度の受光器として，例えば検定済みのシリコン光電素子や光ダイオード，光電子増倍管などが利用できる．しかし，検出器のスペクトル感度を目の感度に換算しなければならない．測光量は光に対して定義されているからである．
2. **主観的，視覚測光**による：測ろうとする光と，（光度の増減により）調節できる比較光を，二分割した視野の中で同じ明るさにする．ここでは，眼が直接に光検出器として利用できるので，換算の必要はない．特に，輝度測定が重要である．比較面が拡散的散乱をする材質でできているので，照度と光度を測定できる．

視覚測光器

比較されるべき照度は，互いに境を接する平面上に写される．次いで，一つの面を照らす既知の光束を二つの面が主観的に同じ明るさになるまで変化させる．
検定済み光源の**減光**は測定できるものでなければならない．下記のいろいろな方法がよく使われる．
距離の法則：光の方向に垂直な平面の照度 E は，光源と平面の距離 r の二乗に反比例する．つまり，

$$E \propto 1/r^2 \qquad \text{距離の法則}$$

前提：$r \gg$ 光源の直径．
フリッカー測光器：光源の光線経路に扇形の切れ込みのある回転円盤があり，次式が成立する：

$$\phi = \phi_0 \beta / 360$$

ϕ_0：扇形円盤の前方の光フラックス；ϕ：扇形円盤の後方の光フラックス；β：扇形角度，単位は度．
円盤の回転周波数（20–60 Hz）を適切に選ぶと，区切られた平面上のちらちらは消え，両方の明るさは等しくなる．
偏光：固定したニコルプリズム（194 頁参照）と，回転可能なものを前後に並べる．すると，両方を通過した光束 ϕ は，

$$\phi = \phi_m \cos^2 \alpha$$

ϕ_m：最大の光束，つまり，両方のニコルが平行な場合の光束；α：最初のニコルに対する二番目のニコルの角度．
楔（くさび）光度計：くさび形の磨いた（減光用）灰色ガラスと，別の透明くさびを合わせて平面板をつくる．減光くさびを測光器の光路に垂直に押しこむと，次式が成り立つ：

$$\phi = \phi_0 e^{-\mu d} \qquad \text{減衰の法則}$$

ϕ_0：くさびの前方での光束；ϕ：くさびの後方での光束；μ：灰色ガラスの減光係数；d：光路の層の厚さ．
灰色ガラスは，色や偏光のような光の性質を変えることなく光束を減らす（いわゆる ND フィルターガラス）．

最初の最も簡単な視覚測光器は，1729 年頃ブーゲ（Pierre Bouguer, 1698–1768）によって製作された：これは薄い垂直な分離壁が一つの投影面を分割している．比較されるべき光源が測定ごとに，半分を照射する．光源と射影面との垂直距離を両半面が観測者から見て同じ明るさに見えるまで変える．そうすると，以下の式が成り立つ：

$$I_1/I_2 = r_2^2 / r_1^2$$

ここで，I：光度；r：射影面からの距離．
脂しみ測光器は，ブンゼン（Robert Bunsen, 1811–99）によって作られた：検定済み光源が，脂しみのついた紙スクリーンの片面を照らし，測定されるべき光束が反対面に当たる．観測者は，脂しみが見えなくなるまで，光源の距離を変えてゆく．そうすると，次式が成り立つ：

$$I_1 = I_2 \, r_2^2 / r_1^2$$

ここで，I_1：測定する光度；I_2：検定済み光源の光度；r：それぞれの脂しみまでの距離．

ルンマーーブロードゥン立方体，測光立方体は，ルンマー（Otto Lummer, 1860–1925）とブロードゥン（Eugen Brodhun, 1860–1038）にちなむ：これは二つの直角プリズムからなり，たがいの斜辺面同士を合わせてある．一つのプリズムの斜辺面はゆるい球面状に磨いてあって，透かしてみると，正方形の中に円いしみがあるように見える．比較されるべき光束が立方体に入ると，一つの光束は内側の円を照らし，もう一つは外側の周辺視野を照らす．二つの光源の立方体への距離を長方形の中の円が見えなくなるまで変える．光度の計算は脂しみ測光器の場合と同様であり，精度は約 0.5% である．

偏光測光器は，直線偏光した光を利用して，測定しようとする光源に照らされる面と，比較用の光源に照らされる面を並べて置いて比較する．この際，両光源は互いに垂直に偏光している．回転できる検光器（アナライザー）の両視野が同じ明るさに見えると，次式が成り立つ．

$$E_2/E_1 = \tan^2 \beta$$

ここで，E：照度；β：回転角．

168　光学と放射

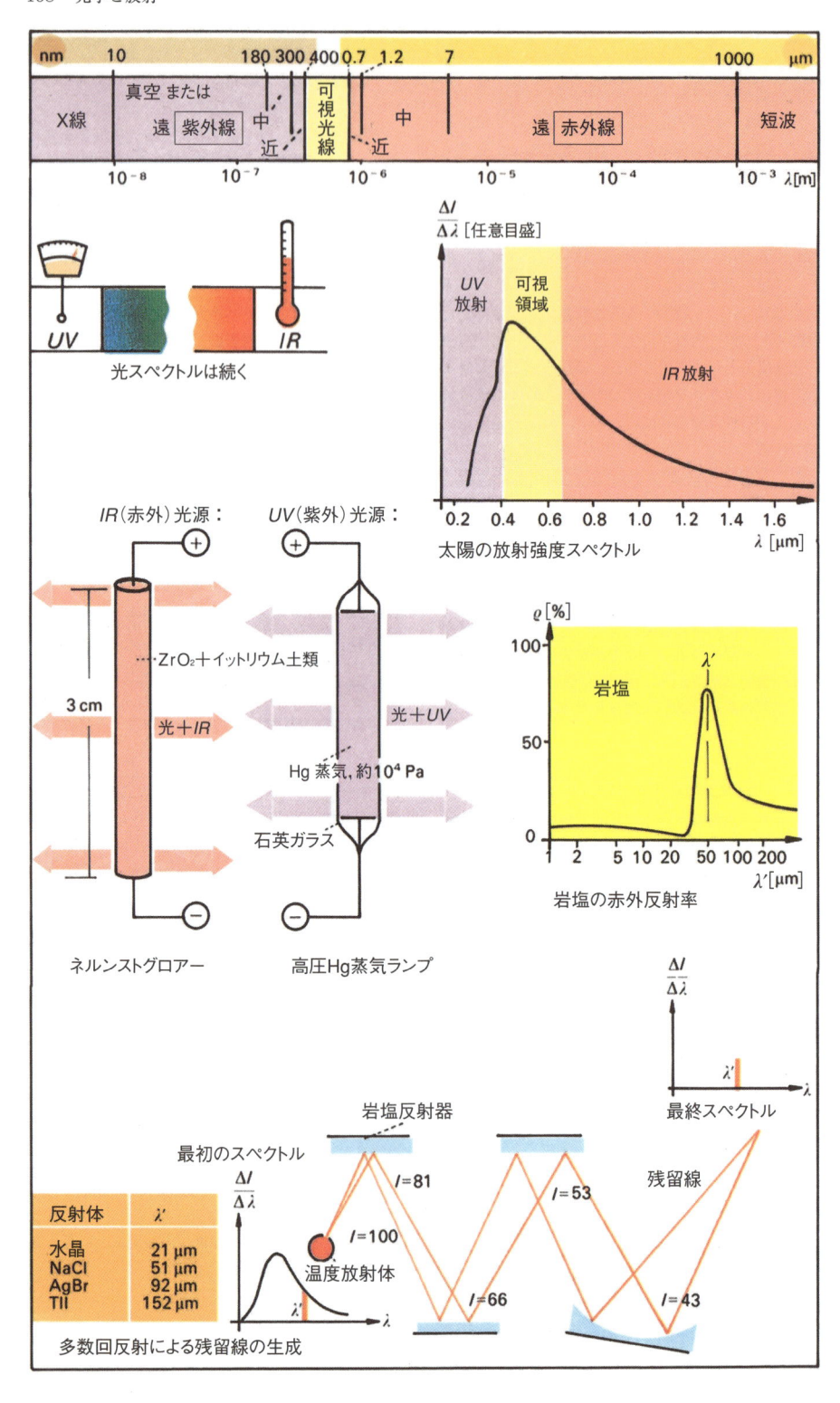

nm	10	180	300	400	0.7	1.2	7	1000	μm

X線	真空 または 遠 紫外線 中 近	可視光線	近 中 遠 赤外線	短波

10^{-8}　　10^{-7}　　10^{-6}　　10^{-5}　　10^{-4}　　10^{-3}　λ [m]

光スペクトルは続く

$\frac{\Delta I}{\Delta \lambda}$ [任意目盛]

UV放射 / 可視領域 / IR放射

太陽の放射強度スペクトル

IR(赤外)光源：
ZrO₂＋イットリウム土類
3 cm
光＋IR
ネルンストグロアー

UV(紫外)光源：
Hg 蒸気, 約 10^4 Pa
石英ガラス
光＋UV
高圧Hg蒸気ランプ

ϱ [%]
岩塩
岩塩の赤外反射率
λ' [μm]

最終スペクトル

多数回反射による残留線の生成

最初のスペクトル
岩塩反射器
温度放射体
$I=100$　$I=81$　$I=66$　$I=53$　$I=43$
残留線

反射体	λ'
水晶	21 μm
NaCl	51 μm
AgBr	92 μm
TlI	152 μm

可視スペクトル（**光学スペクトル**とも言う）の両側の波長領域は，伝統的に特別な名前，赤外と紫外をもつ．一方の境界は眼のスペクトル感度領域によって決められるが，もう一方は便宜的に定められている．

赤外線（よく使われる記号 IR）は，可視光の長波長端（$\lambda = 760$ nm）から，短波（$\lambda = 1$ mm）にまで達する．この領域は，**近赤外**，**中赤外**，**遠赤外**に分けられる．しかし，名称と境界がはっきり定められているわけではない．

ハーシェル（William Herschel, 1738–1822）は，1800 年，光スペクトルの赤色端を温度計を用いて調べていた時に IR を発見した．

IR 源はまず第一に熱放射体である．

例：白熱電球は放射束の約 90％を IR で放出する．**黒体**（171 頁参照）や特殊ランプ，例えばネルンストグローアーは連続した IR スペクトルを放出する．

残留線源：多くの結晶は，ある狭い IR 領域で高い反射率を示す．例えば，岩塩，蛍石．

例：平らな NaCl 結晶の表面は，温度放射体の活動を隣接する反射表面へ反射する．何回かの反射の結果，この**残留線**スペクトルは波長領域 51 μm 近辺の狭いバンドになる．

いくつかのレーザーは強い単一エネルギー IR を放射する源である（183 頁参照），例えば，ネオジム・ヤグ（Nd·YAG）レーザーは $\lambda = 1.07$ μm の IR を放射する．

IR 装置の光学的構成要素（レンズ，プリズム，窓）は水晶でできている．なぜなら，普通のガラスは IR を広範囲に吸収する．他方，いくつかの物質は可視光を吸収し，IR 領域で透明である．例：二硫化炭素（CS_2）中のヨード（I）溶液．

IR の**検出**は，温度計，熱電対，光電セル（297 頁参照），光電子増倍管，結晶検出器，乾板によっておこなわれる．

温度計を用いる検出は最も簡単である：熱容量の小さい温度計を，反射型回折格子か水晶プリズムによってできた光源のスペクトルの中で動かす．そうすると，温度計は赤い光のところで上昇する．その上昇は目に見えないスペクトル領域に続く．

サーモパイルは，直列に接続した多くの熱電対をもっている．その暗い側を光源に向けると反対側は冷却される．

IR 乾板は特殊な層からなり，そこのゼラチンが IR を吸収する．

紫外線（よく使われる記号 UV）は，可視光線の短波長端（$\lambda = 400$ nm）から続いて，軟 X 線にまで達する．その領域は，**近紫外**，**中紫外**，**真空紫外**（又は，**遠紫外**）に分けられる．しかし，この名称と境界ははっきりと定められたものではない．

リッター（Johann Ritter, 1776–1810）は，1801 年，化学反応を用いて UV を発見した．

UV 光源は，第一に，非常に高温の温度放射体，例えば，アーク放電や気体放電である．

アーク放電（1812 年にデイビー（Humphry Davy, 1778–1829）によって発見された）は，電気回路の中で二つの炭素電極，または金属電極が接していて，それを引き離すときに生じる．電流 > 100 A，温度 > 10000 K，輝度 > 10^8 cd/m^2．アーク放電は，真空中や空気，希ガス，金属蒸気（例えば，Hg）の中でも点火する．高温であるために，アーク放電スペクトルは，かなりの UV 部分を持っている．

気体放電ランプでは，気体で満たされた閉じた管の中の二つの電極間を電流が流れる．Hg ガスが充填されていると UV が放射され，低いガス圧の場合は，特に波長 $\lambda = 254$ nm の放射が顕著である．高圧水銀灯（または他のガス充填ランプ）は，非常に大きな UV 部分をもつ連続放射スペクトルを出す．**太陽灯**は高圧水銀灯である．

いくつかのレーザーは強い単一エネルギー UV の放射源である．

UV 装置の中の光学的構成要素（レンズ，プリズム，窓）は，水晶（あるいは，岩塩，又は，蛍石）でできている．なぜなら，通常のガラスは UV を強く吸収する．UV 分光学は，大気中の UV 吸収帯を考慮して真空中でおこなわれる．

大気は，$\lambda < 200$ nm の UV を事実上透過させない．そうでなければ，太陽の強い UV 光のために，地球上に生物は存在できないであろう．上空，20 km から 30 km の間にあるオゾン層は太陽光スペクトルの短波長（$\lambda < 250$ nm）UV 成分を吸収する．この層を，例えば，高度飛行のジェット機の排気ガスや，スプレーの高圧ガス，窒素酸化物ガスによって長期間破壊すれば，破滅的な結果になるだろう．

UV の**検出**は，乾板，光電管，光ダイオード，光電子増倍管，UV で励起する蛍光を用いて行われる．

人間の皮膚は波長領域 295–305 nm の光を吸収し，その結果，色素ができる（日焼け）．

170 光学と放射

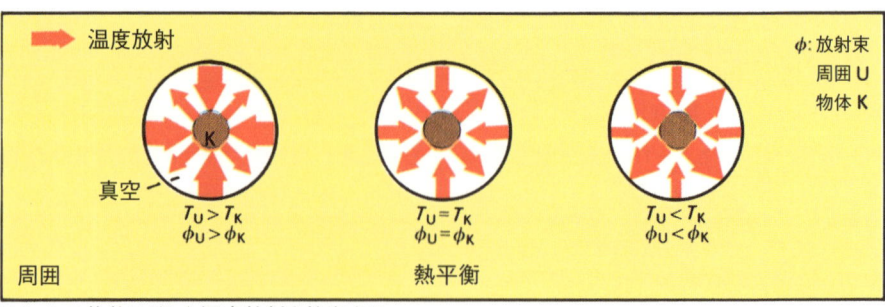

温度放射

ϕ: 放射束
周囲 U
物体 K

真空

$T_U > T_K$
$\phi_U > \phi_K$

$T_U = T_K$
$\phi_U = \phi_K$

$T_U < T_K$
$\phi_U < \phi_K$

周囲　　　　　　　　熱平衡

T > 0 の物体はどれも温度放射を放出する

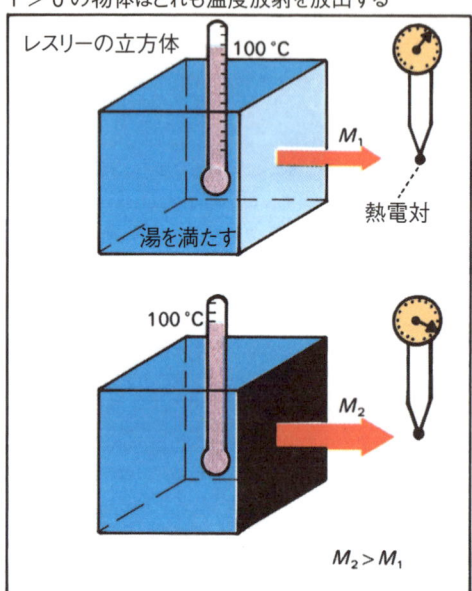

レスリーの立方体
100 ℃
M_1
熱電対
湯を満たす

100 ℃
M_2

$M_2 > M_1$

熱放射は表面の性質に依存する

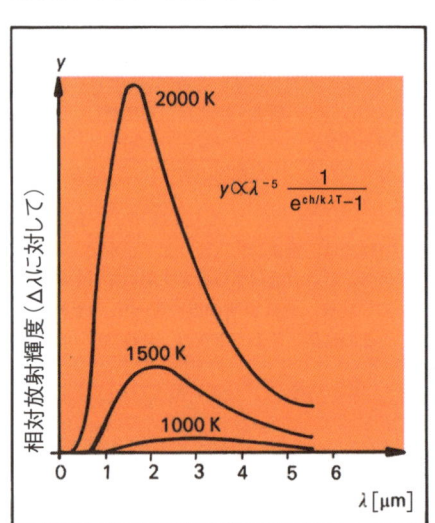

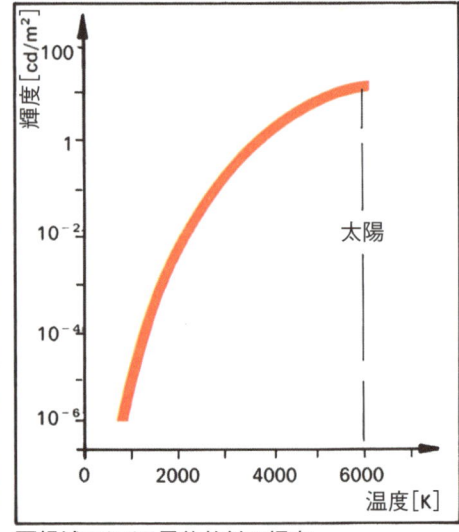

黒体放射, 空洞放射
温度測定
断熱
加熱
黒体放射
開口
温度調節

黒体放射のスペクトル

2000 K

$y \propto \lambda^{-5} \dfrac{1}{e^{ch/k\lambda T}-1}$

1500 K

1000 K

相対放射輝度 ($\Delta\lambda$に対して)

λ [μm]

可視域における黒体放射の輝度

輝度 [cd/m²]

太陽

温度 [K]

温度放射は，物体がその熱によってのみ放出する放射である．それが主として IR（赤外線）を含むか，可視光か，UV（紫外線）かは，単に物体の温度に依存する．

例：白熱電球では，電流がタングステン・フィラメントを加熱する．放射のうち可視光の部分は約 10% であり，残りはほとんど IR として放出される．高温にして発光効率を高くしようとしても，電球のフィラメントが溶けてしまうので不可能である．

温度放射は周囲の温度に無関係で，周囲が物体より高温の場合でも放出される．このときはもちろん，物体は周囲に出すより多くの熱エネルギーを受取る．

物体と周囲との**熱平衡**は，両方の温度差がなくなった時に成り立つ．

物体の**放射発散度**（記号 M，単位 W/m^2）は，

$$M = \phi/S$$

ここで，ϕ：放射束；S：物体の表面積．
M は放射体の温度と表面の性質にのみ依存する．

例：レスリー立方体は薄い金属板で作られ，100°C の熱湯で満たされている．一つの表面はぴかぴかに磨かれ，他の表面は黒く塗られていて，ざらざらである．熱放射検出器の側にぴかぴかの表面を向ける場合と，黒い表面を向ける場合では，後者のときにより高い測定値がでる．どちらの面も同じ温度を示すにもかかわらず，黒い表面の M は明るい表面の M より大きい．

物体の**吸収率**（記号 α）は，

$$\alpha = \frac{\text{吸収された放射束}}{\text{入射した放射束}}$$

このとき，物体によって吸収された放射束は，すべて熱に転換される．

二つのレスリー立方体を用いると，以下のことが立証できる．二つの異なる表面について，

$$M_1/\alpha_1 = M_2/\alpha_2$$

すなわち，

$$M/\alpha = \text{一定}.$$

実験によって，M/α の値は磨かれた面と粗い面で同じであることが示される．

キルヒホッフの放射の法則．キルヒホッフ (Gustav Kirchhoff, 1824–87) に因んで名付けられた：
温度が等しい場合，すべての物体に対して比率 M/α は一定であり，その温度における黒体の放射発散度の値に等しい．

以下の事が言える：
a) M/α は物質にはよらず，温度と波長にのみ依存する．

b) 同じ波長の場合，物体は温度放射をよく吸収すればするほど，よく放出する．つまり，黒い表面は白い表面より多くのエネルギーを放射する．

応用：炎の温度測定．温度を調節できる黒体と分光器の間に炎を配置する．黒体が連続スペクトルで，後ろから炎を「照らす」．炎が黒体より低い温度か，あるいは高い温度かによって，炎の線スペクトルは，暗い背景か，あるいは明るい背景の上に現れる．線が消えるところで，炎は黒体と同じ温度を持つ．

パイロメータ：同様に黒体と比較して温度を測る．
黒い放射体（黒体）では，すべての波長に対して，

$$\alpha = 1$$

が成り立つ．すなわち黒体は，自分に当たるすべての放射を吸収する．同じ温度の全ての物体のうち，黒体が最も大きな放射束を出す．日常生活において黒い表面は必ずしも黒体ではない．なぜなら，いくつかの波長領域を選別的に反射するからである．

絶対的に黒い物体は，黒体を実現したものである：加熱できる空洞物体が小さい開口部と断熱外壁を持つ（**空洞放射体**）．放射が開口部から入ると，内壁で多数回反射あるいは散乱されて，強く吸収され，その結果，実際上，完全に内部に留まる．空洞放射体の開口部から出る温度放射は，同じ温度の黒体放射と一致する．

例：のぞき穴を持つ陶芸家の閉じた窯は黒体に非常に近くなっている．

絶対黒体の放射の**角度分布**は，ランバートの法則にしたがう（163 頁参照）．

グレー（灰色）放射体に対しては，
$\alpha < 1$ であり，すべての波長に対して一定である．

例：白熱電球のタングステン・フィラメント．

黒体のスペクトルのエネルギー分布，すなわち**黒体のスペクトル**は最大値があり，その位置は温度の上昇とともに短波長の方向へ移動する．

太陽の放射スペクトルは $T = 6000$ K の黒体と一致し，その最大値は黄緑のところにある．内部が淡紅色に光る陶芸家の窯は 1700 K の黒体である．

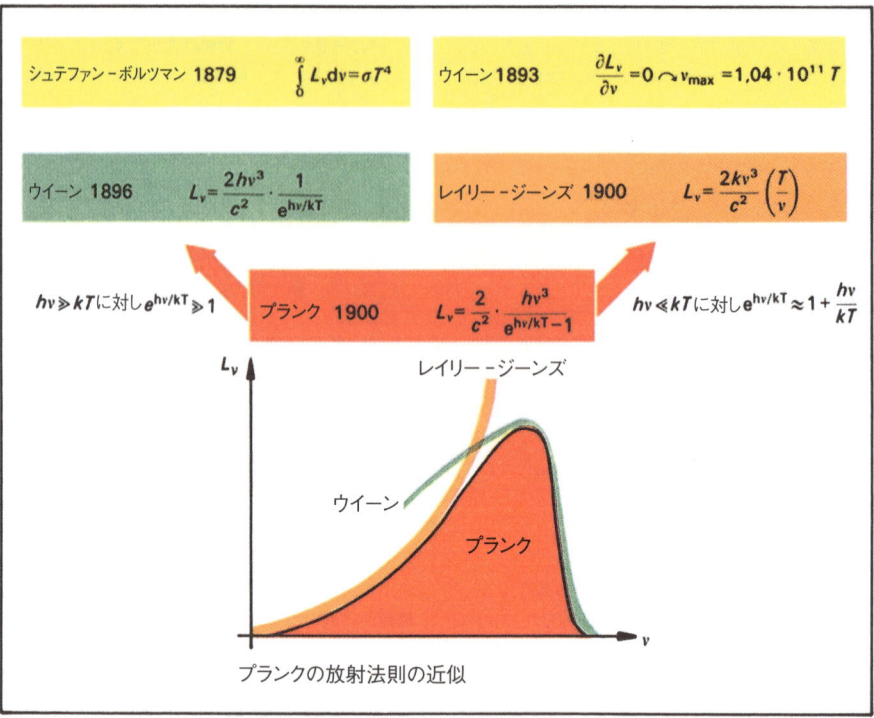

黒体の放射法則

シュテファン-ボルツマン 1879　$\int_0^\infty L_\nu d\nu = \sigma T^4$

ウイーン 1893　$\dfrac{\partial L_\nu}{\partial \nu} = 0 \curvearrowright \nu_{max} = 1.04 \cdot 10^{11} T$

ウイーン 1896　$L_\nu = \dfrac{2h\nu^3}{c^2} \cdot \dfrac{1}{e^{h\nu/kT}}$

レイリー-ジーンズ 1900　$L_\nu = \dfrac{2k\nu^3}{c^2}\left(\dfrac{T}{\nu}\right)$

プランク 1900　$L_\nu = \dfrac{2}{c^2} \cdot \dfrac{h\nu^3}{e^{h\nu/kT}-1}$

$h\nu \gg kT$ に対し $e^{h\nu/kT} \gg 1$

$h\nu \ll kT$ に対し $e^{h\nu/kT} \approx 1 + \dfrac{h\nu}{kT}$

プランクの放射法則の近似

光子の波長とエネルギー

光子	波長 [m]	エネルギー [eV]
マイクロウエーブ	10^{-2}	10^{-4}
レーダー波	10^{-1}	10^{-6}
赤外線	$1 \cdot 10^{-6}$	1.24
光（黄緑）	$4.80 \cdot 10^{-7}$	2.59
紫外線	$3.00 \cdot 10^{-7}$	4.14
軟X線	10^{-10}	10^4
硬X線	10^{-11}	10^5
対消滅放射線	$2.43 \cdot 10^{-12}$	$5.11 \cdot 10^5$
ベータトロン放射	$3.55 \cdot 10^{-14}$	$3.50 \cdot 10^7$
宇宙線	10^{-17}	10^{10}

4. Ueber irreversible Strahlungsvorgänge; von Max Planck.

(Nach den Sitzungsber. d. k. Akad. d. Wissensch. zu Berlin vom 4. Februar 1897, 8. Juli 1997, 16. December 1897, 7. Juli 1898, 18. Mai 1899 und nach einem auf der 71. Naturf.-Vers. in München gehaltenen Vortrage für die Annalen bearbeitet vom Verfasser.)

Die nachfolgende Arbeit enthält eine Darlegung der Hauptergebnisse meiner unter dem obigen Titel veröffentlichten Untersuchungen über die Bedeutung des zweiten Hauptsatzes der Thermodynamik für die Erscheinungen der Wärmestrahlung,

量子論の誕生した日（1900年のプランクの論文の第一頁：4.非可逆放射過程について）

温度放射体のスペクトルは，19世紀の末頃には実験的によく知られていた．しかし，理論的説明は，ウィーン (Wien) とレイリー–ジーンズ (Rayleigh–Jeans) が，限られた波長領域に対して成功しただけであった．

この分野を研究していた科学者達は，ここで何か基本的に新しいことが物理に現れるであろうと感じていた．それに応えてプランクが革命的な仮説を用いてブレークスルーに到達した．

ウィーンの放射則（現代の定式化による）．ウィーン (Wilhelm Wien, 1864–1928) にちなむ．

$$L_\nu = \frac{2h\nu^3}{c^2} \exp\left(-\frac{h\nu}{kT}\right)$$

ここで，L_ν：温度放射の分光放射輝度，放射線の振動数の関数．単位 J·m^{-2}·sr^{-1}；$h = 6.626 \times 10^{-34}$ J·s：プランク定数；ν：放射される放射線の振動数，単位は Hz；c：真空中の光速度；$k = 1.381 \times 10^{-23}$ J·K^{-1}：ボルツマン定数；T：放射体の熱力学温度．

この法則は黒体のスペクトルの短波長部分を正確に再現する．しかし，長波長部分に対してはまったく役に立たない．**ウィーンの変位則**は黒体放射のスペクトルの最大値に対する波長あるいは振動数を与える：

$$\lambda_{\max} = \frac{b}{T}$$

ここで，$\lambda_{\max}$：最大値の波長 (m)；$b = 2.898 \times 10^{-3}$ m·K：ウィーンの定数．

　例：地表における可視太陽光の最大値は，黄緑のところ，約 483 nm のところにある．これに対応するのは，温度 6000 K の黒体である．

　表面温度 2000 °C の融けた鉄は，放射最大値が 1.27 μm，赤外のところにある．この放射は可視領域にはほとんど対応していない．

シュテファン–ボルツマンの法則は，シュテファン (Josef Stefan, 1835–93) とボルツマン (Ludwig Boltzmann, 1844–1906) にちなむ．これは黒体の放射発散度，すなわち，単位表面あたりに放射される放射束を全波長について集めたものを与える：

$$M = \sigma T^4$$

ここで，M：放射発散度 (W/m^2)；$\sigma = 5.670 \times 10^{-8}$ W·m^{-2}·K^{-4}：シュテファン–ボルツマン放射定数．

黒体は周囲の放射を吸収するので，放射する正味の放射発散度は，

$$M = \sigma(T^4 - T_b^4)$$

ここで，T_b は放射体の周囲の熱力学温度である．

例：温度が 30 °C の物体は，室温 (20 °C) では正味約 60 W/m^2 を放射する．

レイリー–ジーンズの放射法則．レイリー卿 (Lord Rayleigh, 1842–1919) とジーンズ (James Jeans, 1877–1946) の提唱による法則：

$$L_\nu = \frac{2k\nu^3}{c^2}\left(\frac{T}{\nu}\right)$$

この法則は，黒体スペクトルの長波長部分については良い近似である．しかし，短波長領域では測定値にくらべて非常に大きくかけ離れた値を与える（紫外部の破綻）．

プランクの放射法則．プランク (Max Planck, 1858–1919，ノーベル賞 1918 年) の提唱による法則：

$$L_\nu = \frac{2h\nu^3}{c^2}\frac{1}{e^{h\nu/kT}-1}$$

あるいは，放射の波長 λ で表すと，

$$L_\lambda = \frac{c_1}{\pi\lambda^5}\frac{1}{e^{c_2/\lambda T}-1}$$

ここで，$c_1 = 3.742 \times 10^{-16}$ W·m^2：第一プランク放射定数；$c_2 = 1.439 \times 10^{-2}$ m·K；第二プランク放射定数．

プランクの放射法則は黒体のスペクトルを正確に記述する．**1900 年 12 月 14 日の彼の発表は，量子論**，すなわち現代物理学の基礎の誕生のときである．というのは，この革命的な理論は，物理的な量の変化は必ずしも連続的に起るのではなく，飛び飛びに起る，ということを初めて明らかにした．温度放射体は，エネルギー $h\nu$ をもつ個々の量子の流れを放出するのである．

量子，光子はすべての放射の基本的構成要素である．最初は，補助的構成要素としてプランクが導入したが，物理的実在と解釈されるようになり，続いて，1905 年には，アインシュタインが光電効果（179 頁参照）を説明するために応用した．

　放射と物質とのエネルギー交換は光子によって行われる．一つの光子の**エネルギー** E は，

$$E = h\nu = hc/\lambda \qquad \text{光子のエネルギー}$$

h：プランク定数 ($6.62606876 \times 10^{-34}$ J·s)；ν：光子の振動数；λ：光子の波長；c：光速度．

光子は質量を持たない．

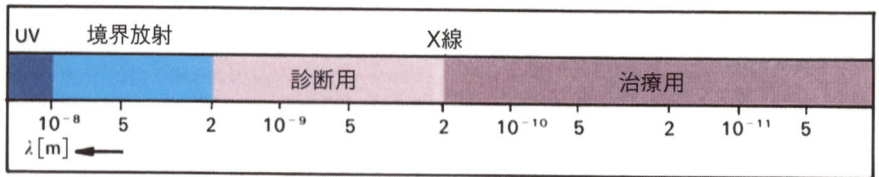

X線の領域

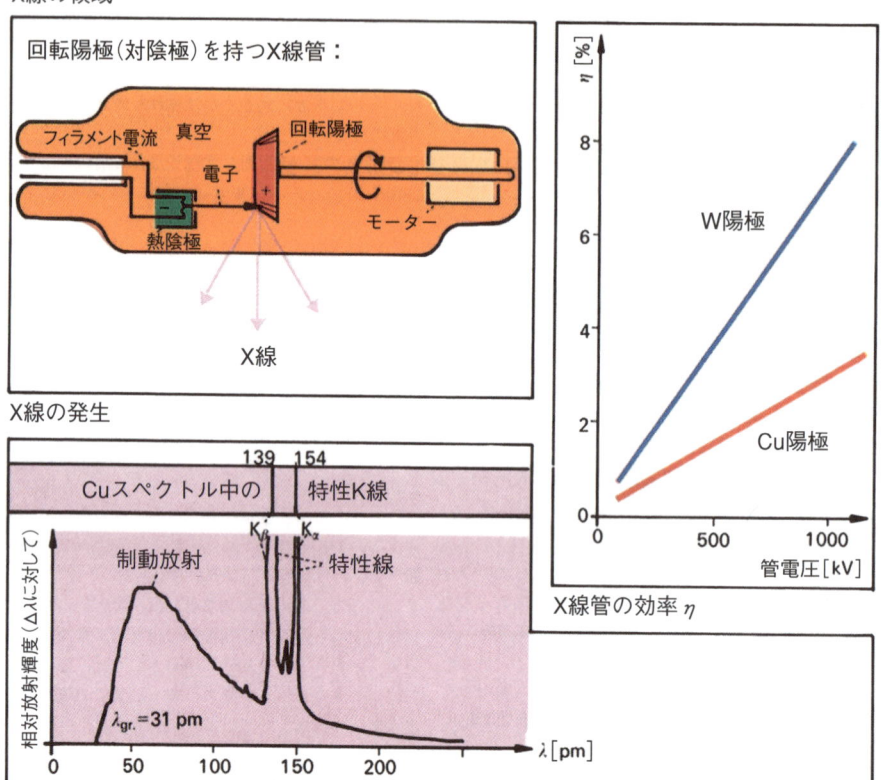

UV	境界放射	X線		
		診断用	治療用	

λ [m]: 10^{-8}, 5, 2, 10^{-9}, 5, 2, 10^{-10}, 5, 2, 10^{-11}, 5

X線の発生

回転陽極(対陰極)を持つX線管：
フィラメント電流／真空／回転陽極／電子／モーター／熱陰極／X線

X線管の効率 η

W陽極、Cu陽極

縦軸: η [%]、横軸: 管電圧 [kV]

Cu陽極50kV X線管のスペクトル

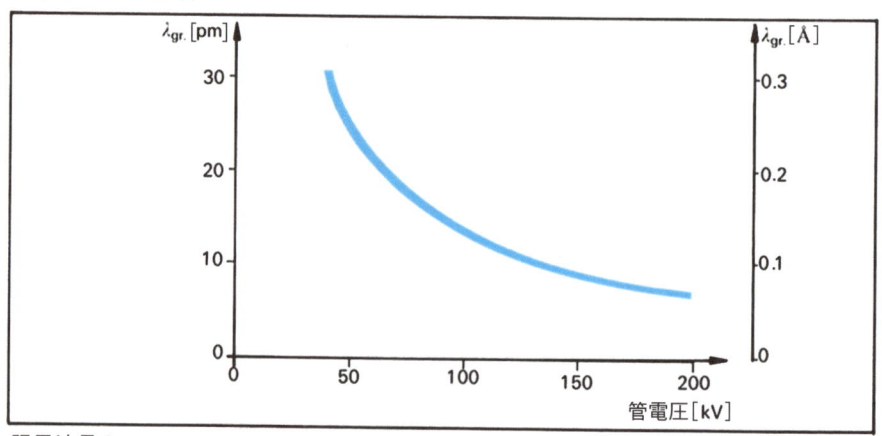

Cuスペクトル中の特性K線

139　154
K_β　K_α

制動放射／特性線
$\lambda_{gr.} = 31$ pm

縦軸: 相対放射輝度 (Δλに対して)、横軸: λ [pm]

限界波長 $\lambda_{gr.}$

縦軸: $\lambda_{gr.}$ [pm] / $\lambda_{gr.}$ [Å]、横軸: 管電圧 [kV]

レントゲン (Wilhelm Röntgen, 1845–1923) は，1895 年，彼にちなんで名づけられた**レントゲン線**を発見した．

ドイツ語圏以外では，**X 線**と呼ばれる．この名称はレントゲン自身が選んだものである．

X 線は非常に短い波長の電磁波である．その領域は，遠紫外から 10^{-12} m 程度にまで広がっている．（比較のために：水素原子の直径は 10^{-10} m である）．X 線は波長が短くなればなるほど，**より硬くなる**，すなわちよく貫通する．

ガンマ線，γ 線は通常，波長が X 線よりさらに短い電磁波を言う．放射性原子核崩壊の生成物は γ 線である．

X 線が電磁波であることの立証は，非常に短い波長のために，1912 年になって初めて，ラウエ (Max von Laue, 1879–1960, ノーベル賞 1914 年) が，結晶格子の回折 (187, 197 頁参照) を使って成功した．

X 線は電子が物質に衝突し，その結果減速するときに出る．電子の運動エネルギーの大部分は熱となり，残りが放射エネルギーの形で現れる．後者の変換は二つの過程に基づく：

制動放射は，運動エネルギーが直接，放射エネルギーへ替わる典型的な過程である．この過程は高い電子エネルギーの場合に支配的におこる．この事から高エネルギーの X 線は，一般に**制動放射**といわれる．

特性 X 線は，原子の励起状態が遷移を起こす場合に現れる．

X 線は荷電粒子が減速する場合，常に生じる．例えば，陽子が物質に衝突した場合にも発生する．しかし，生成確率は荷電粒子の質量の二乗に逆比例する．例えば，陽子は同じエネルギーの電子に比べて $(1/1836)^2$，つまり 3×10^{-7} 小さい制動放射しか生成しない．

X 線管は，エネルギーが約 1 MeV 以下の X 線を作り出す装置のことである．それは高真空にしたガラス容器で，その中には，**陰極と陽極**（対陰極ともいう）が互いに向い合っている．直流高電圧が陰極と陽極の間にかかる．加熱された熱陰極から電子が飛び出し，陽極の方向へ加速される．そこに電子は衝突し，その運動エネルギーを失う．この時，熱の他に，X 線が発生する．水又はオイル冷却で陽極の熱を取りさる．点状の放射線源を得るために（はっきりしたレントゲン像のための前提），電子線は陽極に集束させる．

X 線管の効率は，

$$\eta = CUZ \qquad \text{効率}$$

ここで，η：効率 (%)；U：陰極と陽極の間の電圧 (kV)；Z：陽極の物質の原子番号；$C \approx 1 \times 10^{-4}$ V^{-1}．

例：タングステン陽極と 150 kV の管電圧の場合は，$\eta \sim 1$ %，すなわち供給した電力の約 99 % は熱に変わり，冷却装置によって排出されねばならない．

ベータトロン，マイクロトロン，線形加速器のような**電子加速器**は，数 100 MeV までの電子を作り出す装置である．この高エネルギー電子を X 線発生に使えば η はほとんど 100 % である；陽極（ターゲット）の冷却は必要ない．

X 線の**検出**は写真乾板や，蛍光フィルム，シンチレーション検出器，電離箱でおこなわれる．

感光乳剤：X 線は感光乳剤（エマルジョン）の中で光電子 (179 頁参照) を生成し，その電子がプレートを黒くする．エマルジョンへの添加物によって X 線フィルムの感度が上がる．

蛍光：ある種の分子，例えば U-Ba 化合物は波長変換の働きをする．短波長の光を吸収し，それより長い波長の光を放出する．この種の分子を材料にして作られた **X 線スクリーン**は，X 線の像変換としての働きをする．

シンチレーション検出器：ある種の透明な結晶，例えば Tl（タリウム）を微量含んだ NaI は，短波長の光を受けたとき，可視領域の光を放出する．

電離箱：X 線は気体の中で光電子 (179 頁参照) を作り出す．その時，気体中の二つの電極の間に電流が生じる．この電流は放射束に比例する．

X 線の**角度分布**は，ほぼ，ヘルツ振動子のものに一致する，すなわち，X 線管は，主として電子の進行方向に垂直に X 線を放射する．より高い電子エネルギーの場合，例えば加速器中では，角度分布は前方向に最大値を示す．

例：35 MeV のベータトロンの制動放射では，50 % が電子の進行方向の 5° の円錐の中へ放射される．

X 線のスペクトル：連続的な**制動スペクトル**に線スペクトルが重なる．

制動スペクトルは，電子の運動エネルギーが直接，放射エネルギーに変る時に生じる．それは連続的で，電子が減速する時，（全運動エネルギーまでの）任意のエネルギーを一度に失うことが可能である．

176 光学と放射

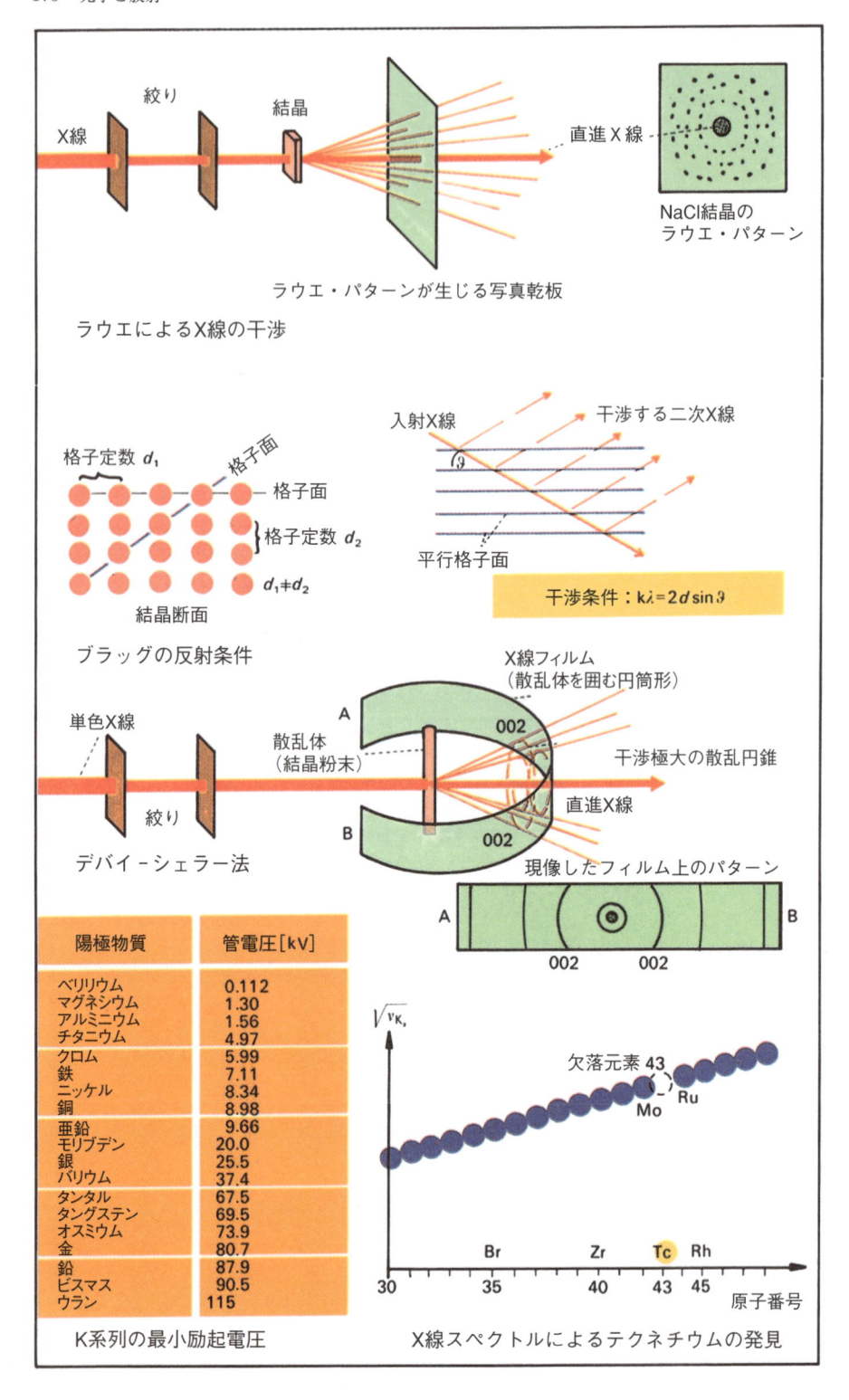

ラウエによるX線の干渉

NaCl結晶のラウエ・パターン

ラウエ・パターンが生じる写真乾板

ブラッグの反射条件

格子定数 d_1、格子面、格子定数 d_2、$d_1 \neq d_2$

結晶断面

入射X線、干渉する二次X線、ϑ、平行格子面

干渉条件：$k\lambda = 2d\sin\vartheta$

デバイ-シェラー法

単色X線、絞り、散乱体（結晶粉末）、X線フィルム（散乱体を囲む円筒形）、干渉極大の散乱円錐、直進X線

現像したフィルム上のパターン

K系列の最小励起電圧

陽極物質	管電圧 [kV]
ベリリウム	0.112
マグネシウム	1.30
アルミニウム	1.56
チタニウム	4.97
クロム	5.99
鉄	7.11
ニッケル	8.34
銅	8.98
亜鉛	9.66
モリブデン	20.0
銀	25.5
バリウム	37.4
タンタル	67.5
タングステン	69.5
オスミウム	73.9
金	80.7
鉛	87.9
ビスマス	90.5
ウラン	115

X線スペクトルによるテクネチウムの発見

$\sqrt{\nu_{K_\alpha}}$、欠落元素43、Mo、Ru、Br、Zr、Tc、Rh、原子番号

限界波長 λ_{gr} はスペクトルの短波長の端である．このエネルギーでは，電子の全エネルギーが一過程で放射に転換される．次式が成り立つ：

$$\lambda_{gr} = 12.4/U \qquad \text{デュエヌ–ハントの法則}$$

デュエヌ (William Duane, 1872–1935) と，ハント (Franklin Hunt, 1883–?) にちなんで名づけられた．

ここで，λ_{gr}：限界波長，単位は Å (10^{-10} m)；U：陽極と陰極の間の電圧（管電圧），単位は kV.

例：管電圧 150 kV のとき，
$\lambda_{gr} = 0.0827$ Å $= 8.27 \times 10^{-12}$ m.

特性スペクトル：それぞれは少数のスペクトル線の集り（系列）からできている．そのエネルギーは陽極の材質のみで決まる．この系列は，習慣として，K, L, M, N, ..., の記号がついている．ここで，K 系列は最も高いエネルギー，つまり最も短い波長を示す．一つの系列の中では，ギリシャ文字の添字で各々の線を指定する．

例：K_α, K_β.

どの系列の特性スペクトルが現れるかは，管電圧に依る．現れた系列のスペクトルは，つねに，全ての線が揃っている．

K 系列の最長波長の線（すなわち，K_α 線）の振動数 ν_{K_α} について次式が成り立つ：

$$\nu_{K_\alpha} = \tfrac{3}{4} R'_\infty (Z-1)^2 \qquad \text{モーズリーの法則}$$

これはモーズリー (Henry Moseley, 1887–1915) にちなんでなづけられた．

ここで，$R'_\infty = 3.2898 \times 10^{15}$ Hz：リュードベリ振動数；Z：陽極の物質の原子番号．

他の線に対しても同様な関係が成り立つ．

応用：Z に対する $\sqrt{\nu_{K_\alpha}}$ のグラフを描くと，各元素に対する点が直線の上に等間隔で乗る．Mo と Ru の間に欠落があったので，1925 年，そこに新しい元素，**テクネチウム**の存在が予測され，1937 年に発見された．

X 線の応用：医学的診断，材質検査，結晶と分子の構造解析．

X 線の干渉

波長が短いため，1912 年になってようやく X 線の干渉が作り出され，それによって波長を決めることができた．

ラウエ (Max von Laue, 1879–1960, ノーベル賞 1914 年) は，結晶中の原子の規則的な配列を空間的な回折格子として利用するという—その当時とてもできないと思われていた—天才的なアイディアを出した．しかし，フリードリッヒ (Walther Friedlich, 1883–1968) とクニッピング (Paul Knipping) が測定を実行した．

細い X 線が，結晶板（例えば，格子面に平行に切断した NaCl 結晶）を通過して写真フィルムに到達する場合，結晶の各原子が空間的十字格子の点としての働きして X 線は干渉し（185 頁参照），点状の模様，**ラウエ・パターン**が生じる．

次式が成り立つ：

$$k\lambda = 2d \sin\vartheta \qquad \text{ブラッグの反射条件}$$

これは，ブラッグ (William Henry Bragg, 1862–1942, ノーベル賞 1916 年) とブラッグ (William Lawrence Bragg, 1890–1971, ノーベル賞 1916 年) にちなんで名付けられた．ここで，d：結晶中の格子面の間隔；ϑ：格子面と X 線のなす角度；λ：波長；k: 1, 2, 3, ...

ラウエ・パターンの各点は，結晶の格子面によって作り出される．点の黒さ，すなわちその位置の放射強度から格子構成要素の空間的配列が計算される．現在では，この非常に複雑な **X 線構造解析**によって，高分子物質の構造が明らかにされている．

1925 年，コンプトン (Arthur Compton, 1892–1962) は人工的に製作した光学用刻線回折格子を X 線の回折のために利用した．彼は X 線を非常に小さい角度（斜入射）で格子に当てた．放射方向に遠近法的な短縮法を用いて，線間隔を十分に縮めることができた．

回転結晶法：X 線はゆっくり回転する結晶に当たる，つまり，入射角度が連続的に変わる．設定した波長の場合，一つの格子面に対して，決まった回転角になったとき，ブラッグ反射条件（上記参照）が満たされる．このようにして，例えば X 線スペクトルを端から端まで測定する．

デバイ–シェラーの方法．デバイ (Peter Debye, 1884–1966) と，シェラー (Paul Scherrer, 1890–1969) にちなんで名付けられた．よくあることだが，これは解析するのに十分な大きさの結晶がないときに適用される．単一エネルギーの X 線が細かい結晶の圧縮された粉末を通り抜ける．微結晶の分布を統計的に考えると，常に格子面がブラッグ条件を満たす結晶が存在する．干渉模様は放射軸の回りの円錐の側面にできて，フィルムの上に**デバイ–シェラー・リング**として現れる．

178 光学と放射

X線の減衰
$I = I_0 e^{-\mu d}$

$\mu = \sigma + a$

- 散乱 σ
  - 弾性散乱
  - 非弾性散乱
    - 励起
    - コンプトン効果 σ_c
- 吸収 a （$a = \sigma_c + \tau + \varkappa$）
  - 光電効果 τ
  - 対生成効果 $\varkappa$

吸収のみ

散乱のみ

減衰＝吸収＋散乱

層厚 d　物質層

X線　I_0　I

減弱係数

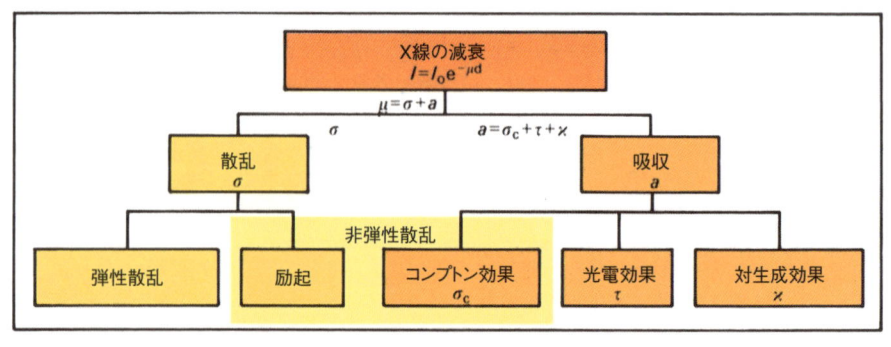

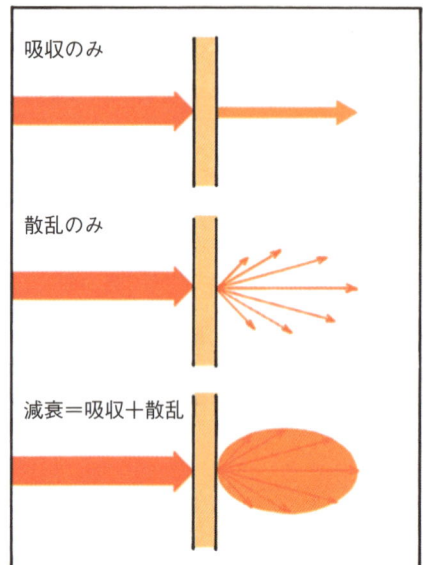

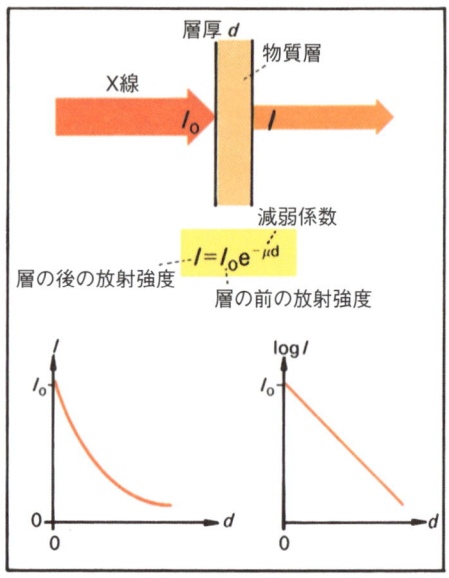

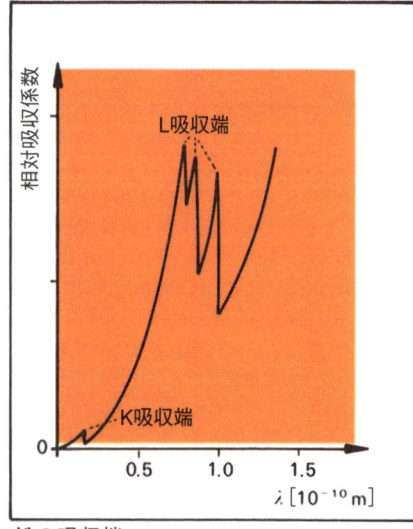

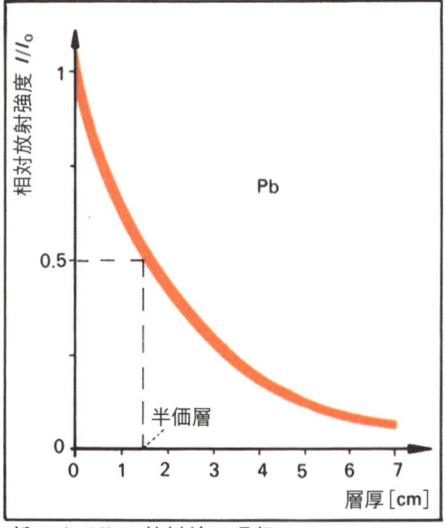

$I = I_0 e^{-\mu d}$

層の前の放射強度　層の後の放射強度

鉛の吸収端

鉛による ^{60}Co 放射線の吸収

半価層

X線が物質に進入すると，放射強度が減る．この過程をX線の減弱という．次式が成り立つ：

$$I = I_0 e^{-\mu d} \qquad \text{減弱の法則}$$

ここで，d：物質の層厚，すなわち放射が入った深さ；I：dでの放射強度；I_0：$d=0$（表面）での放射強度；μ：線形減弱係数．

線形減弱係数（記号 μ，単位 m^{-1}）は波長と物質に依存する．

線形質量減弱係数 μ_m は μ/ρ である．ここで，ρ は放射が進入する物質の密度である．

μ_m の単位は m^2/kg，しかし大抵は cm^2/g で表される．

減弱はX線の吸収と散乱からなる（下記参照）．次式が成り立つ：

$$\mu = a + \sigma \qquad \text{減弱係数}$$

ここで，a：線形吸収係数；σ：線形散乱係数．

半価層は，そこで放射強度が半分に減る層厚のことである．関係式：半価層 $= 0.693/\mu$

半価層の定義は一義的ではない．光の場合は通常，吸収のみが考慮されるが，X線の場合は吸収と散乱が考慮されるのが通例である．

X線の吸収

X線がある物質に吸収されると，その放射強度は減少する．次式が成り立つ：

$$I = I_0 e^{-ad} \qquad \text{吸収法則}$$

線形吸収係数（記号 a，単位 m^{-1}）は，この場合，三つの成分の和になる．

$$a = \tau + \sigma_\mathrm{c} + \kappa \qquad \text{吸収係数}$$

ここで，τ：光電吸収；σ_c：コンプトン吸収；κ：対生成吸収．

三つの吸収係数はすべて，X線エネルギーによって変わる．

線形質量吸収係数は a/ρ に等しい．

1) **光電吸収**，あるいは**光電効果**は，1887年，ヘルツ（Heinrich Hertz, 1857–94）によって発見され，1905年，アインシュタイン（Albert Einstein, 1879–1955, ノーベル賞1921年）によって，定量的に説明された．

X線が原子に吸収されると，原子の中の電子の一つが，一つのX線量子（光子）の**全**エネルギーを受取る．したがって，この光子はX線から完全に消える．次式が成り立つ：

$$E_\mathrm{k} = h\nu - W \qquad \text{光電子}$$

ここで，E_k：光子を吸収した後で飛び出した電子（**光電子**と言う）の運動エネルギー；$h\nu$：吸収された光子のエネルギー；W：原子の中の電子の束縛エネルギー．外殻の電子が飛び出すと，W はイオン化エネルギーに等しい．

外殻の電子に対しては W が非常に小さいので，いくつかの元素からは可視光によっても電子が飛び出す（297頁，自由電子参照）．

光電子はエネルギー E_k を持って原子を離脱する．残された原子は励起状態にあり，特性X線（175頁参照）を出して基底状態に戻る．

光電子は吸収物質の中にたいてい留まるので，光子のエネルギーは最終的には熱に変わる．

内部光電効果の場合，励起された原子のエネルギーが十分にあって，もう一個の電子—**オージェ電子**（Auger-electron）といわれる—を電子殻から放出する．すなわち，この場合，1個のX線量子（光子）が電子を**2個**放出する．

光電効果の場合，次式が成り立つ：

$$I = I_0 e^{-\tau d} \qquad \text{光電吸収}$$

ここで，τ は線形光電吸収係数である．

次式が成り立つ：

$$\tau \propto \lambda^3 Z^3$$

ここで，λ：X線の波長；Z：吸収物質の原子番号，陽子数．

$h\nu$ が大きくなると τ は連続的に減少する．しかし，**吸収端**の所で，τ は飛躍的に増大する，つまり吸収端では，X線がもう一つの電子殻から電子を引き離すのである．各々の電子殻に対して一つの吸収端がある，すなわち，K端，L端，M端などがある．この端は，特性X線の系列端に対応する（177頁参照）．

τ が端のところで急激な上昇をすることは，注目すべき結果につながる．例えば，$\lambda \approx 10^{-10}\,\mathrm{m}$ は Cu に対してその吸収端に近いために，Cu は Pb よりこの波長のX線をよく吸収する．放射線防護に関連して非常に重要である．

核光電効果は，原子核による高エネルギーX線の吸収のことをいう．このとき，光陽子あるいは光中性子が放出される．この過程が起る確率は他の場合に比べると非常に小さい．核子の束縛エネルギーは MeV の領域にあるからである．

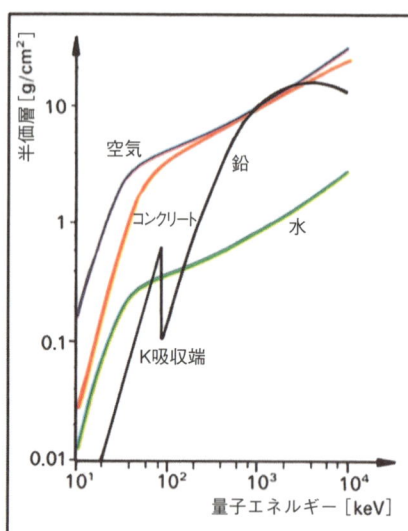

主要な物質の半価層

弾性散乱：

光電効果：

コンプトン効果：

対生成： $h\nu > 1.02$ MeV

物質	イオン化エネルギー W [eV]
Cs	3.89
Na	5.14
Li	5.39
Al	5.98
U	6.08
Pb	7.42
Ag	7.57
Cu	7.72
Fe	7.87
Si	8.15
S	10.4
C	11.3
H	13.6
He	24.5

鉛のX線吸収の相対的割合

物質	X線エネルギー 10 MeV における線形質量吸収係数 [m²/kg]
H	0.00318
Be	0.00159
C	0.00192
O	0.00206
Al	0.00229
Fe	0.00299
Ni	0.00319
Cu	0.00310
Ag	0.00387
W	0.00488
Au	0.00509
Pb	0.00518
U	0.00552

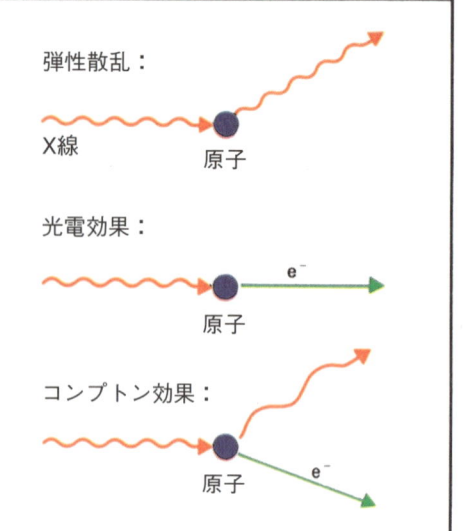

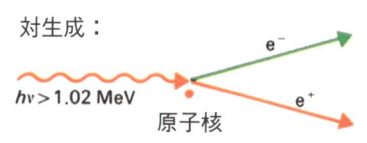

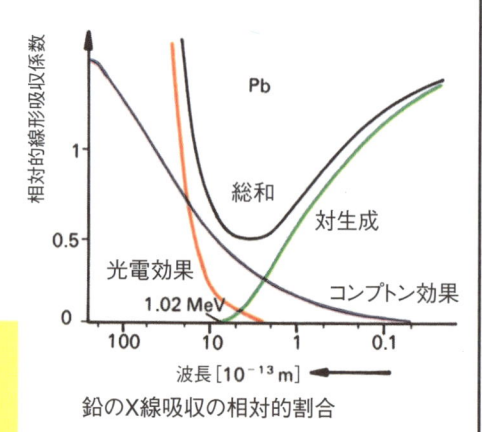

物質	線形質量吸収係数 [m²/kg]	
	$\lambda = 10^{-9}$ m	$\lambda = 10^{-10}$ m
C	106	0.136
O	254	0.313
Al	500	1.41
Ni	454	12.1
Cu	503	13.0
Ag	270	7.3

2) **コンプトン効果**：コンプトン（Arthur Compton, 1892–1962, ノーベル賞 1927 年）にちなんだ名称であり，**非弾性 X 線散乱**とも言われる．この場合，X 線量子（光子）が原子内電子と衝突してそのエネルギーの一部を失い，波長が長くなって原子を離れると同時に，**コンプトン電子**を放出する．次式が成り立つ：

$$\Delta\lambda = \lambda_c(1 - \cos\phi)$$

ここで，$\Delta\lambda$：非弾性散乱をした X 線の波長の変化；$\lambda_c = h/mc = 2.43 \times 10^{-12}$ m：**電子のコンプトン波長**；ϕ：入射方向から測った X 線の散乱角．
コンプトン効果による吸収に対して，次式が成り立つ：

$$I = I_0 e^{-\sigma_c d} \qquad \text{コンプトン吸収}$$

ここで，σ_c は線形コンプトン吸収係数である．

> 例：X 線の波長が $\lambda = 3 \times 10^{-13}$ m, すなわち量子エネルギー $h\nu$ が約 4 MeV の場合，Pb の中の全制動放射吸収のうち，コンプトン効果の割合はほぼ 50% になる．

3) **対生成効果**：1932 年，アンダーソン（Carl Anderson, 1905–1991, ノーベル賞 1936 年）によって発見された．対生成過程によって，X 線量子のエネルギーは原子核の近傍で電子–陽電子対へ完全に転換される．エネルギー保存則によって，量子のエネルギーは少なくとも電子の静止エネルギー mc^2 の二倍より大きくなければならない．つまり，しきい値は次のようになる：

$$E_{\min} = 2mc^2 = 2 \times 0.511\,\text{MeV} = 1.02\,\text{MeV}$$

1.02 MeV を越える X 線量子エネルギーは，電子–陽電子対と原子核の運動エネルギーとなる．
対生成による吸収について次式が成り立つ：

$$I = I_0 e^{-\kappa d} \qquad \text{対生成吸収}$$

ここで，κ は線形対生成吸収係数である．
しきい値 $E_{\min}$ を越えると $\kappa > 0$ となり，減弱に寄与する．

> 例：$\lambda < 3 \times 10^{-14}$ m, つまり X 線量子エネルギー > 40 MeV の場合，Pb の中での放射吸収では対生成の割合は 80% を越える．

X 線の散乱

X 線が物質層に進入した場合，その層から遠い距離の所で測定すると進行方向が変化し，そのために放射強度 I も変わる．この過程を散乱という（139 頁参照）．次式が成り立つ：

$$I = I_0 e^{-\sigma d} \qquad \text{散乱法則}$$

ここで，σ は線形散乱係数（単位 m^{-1}）であり，波長と物質に依存する．
X 線の散乱は原子内電子で起る．弾性散乱と非弾性散乱の区別がある：

弾性散乱，あるいは**コヒーレント散乱**は，X 線の方向が変わるだけで，X 線のエネルギーそのものは一定のままである．放射強度の減衰は X 線の一部が方向を変えることによって生じる．弾性的に散乱された X 線は前方進行方向から消える．

線形弾性質量散乱係数は σ/ρ であり，ρ は物質の密度である．σ/ρ の単位は m^2/kg で，cm^2/g もよく用いられる．平均的な X 線エネルギーの場合，$\sigma/\rho \approx 0.02$ m^2/kg であり，ほとんど散乱物質に依存しない．

非弾性散乱では放射方向と放射エネルギーが同時に変わる．

線量測定

X 線–線量測定は，照射した物質に吸収された X 線に関するものである．**電離放射の吸収線量**（記号 D）は，対応する組立 SI 単位 Gray（単位記号 Gy）で測られ，X 線の吸収エネルギーに対する計量単位である．Gray はグレイ（Louis Gray, 1905–1965）にちなんだ名称である：

$$1\,\text{Gy} = 1\,\text{J/kg}$$

暫定的にまだ用いられている単位にラド（単位記号 rad，または rd）がある．
換算：$1\,\text{Gy} = 100\,\text{rad}$

吸収された線量はイオン線量（下記参照）から計算される．

X 線あるいは γ 線のイオン線量（記号 J）は，X 線が大気中で（電離）生成した正または負，どちらかの符号の電荷量に対する尺度である．暫定的に用いられている単位はレントゲン（単位記号 R）である：

$$1\,\text{R} = 2.58 \times 10^{-4}\,\text{C/kg}$$

電離箱はイオン線量を測る．

> X 線の生物学的作用は，主として光電子によって生物組織に伝達されたエネルギーによって起る．しかしこの吸収されたエネルギーは直接には測ることができない．

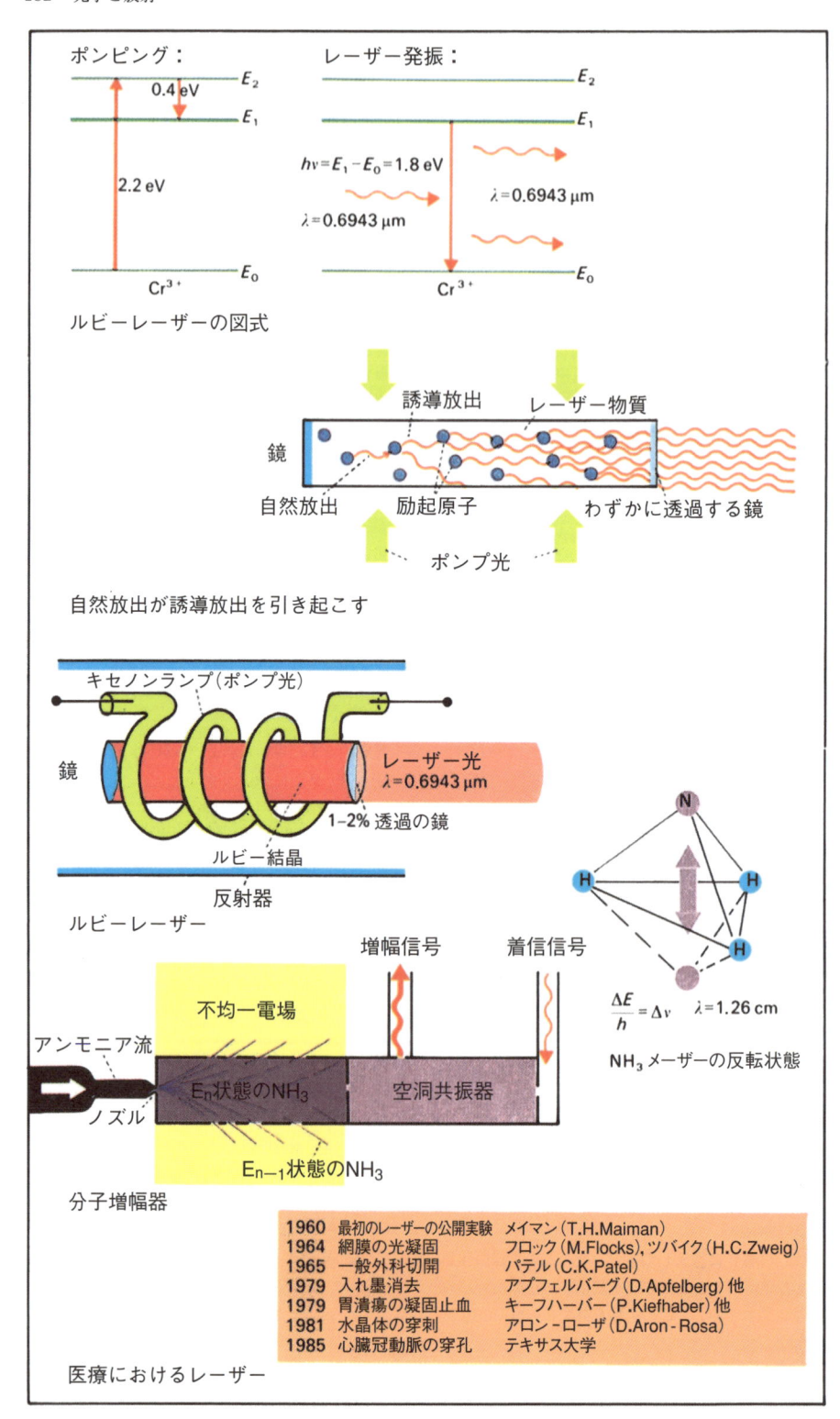

ルビーレーザーの図式

ポンピング:
- E_2
- 0.4 eV
- E_1
- 2.2 eV
- E_0
- Cr^{3+}

レーザー発振:
- E_2
- E_1
- $h\nu = E_1 - E_0 = 1.8$ eV
- $\lambda = 0.6943$ μm
- $\lambda = 0.6943$ μm
- E_0
- Cr^{3+}

自然放出が誘導放出を引き起こす

- 鏡
- 誘導放出
- レーザー物質
- 自然放出
- 励起原子
- わずかに透過する鏡
- ポンプ光

ルビーレーザー

- キセノンランプ(ポンプ光)
- 鏡
- レーザー光 $\lambda = 0.6943$ μm
- 1–2% 透過の鏡
- ルビー結晶
- 反射器

分子増幅器

- 増幅信号
- 着信信号
- 不均一電場
- アンモニア流
- E_n 状態のNH$_3$
- 空洞共振器
- ノズル
- E_{n-1} 状態のNH$_3$

NH$_3$ メーザーの反転状態

$$\frac{\Delta E}{h} = \Delta \nu \qquad \lambda = 1.26 \text{ cm}$$

医療におけるレーザー

1960	最初のレーザーの公開実験	メイマン (T.H.Maiman)
1964	網膜の光凝固	フロック (M.Flocks), ツバイク (H.C.Zweig)
1965	一般外科切開	パテル (C.K.Patel)
1979	入れ墨消去	アプフェルバーグ (D.Apfelberg) 他
1979	胃潰瘍の凝固止血	キーフハーバー (P.Kiefhaber) 他
1981	水晶体の穿刺	アロン-ローザ (D.Aron-Rosa)
1985	心臓冠動脈の穿孔	テキサス大学

原子，分子，あるいはイオン各々のエネルギー E はとびとびの値（**離散的な値**）を取る．通常これらのエネルギー準位はボルツマン分布にしたがって占められる．最小のエネルギー E_0，すなわち基底状態が最も出現しやすい．

放射（光子）が原子に当たると，エネルギーが原子の二つのエネルギー準位の差 ΔE に等しい時にのみ吸収される．

このとき原子は**励起**される．短時間（10^{-7} s 程度）の内に励起原子は吸収したエネルギーを再放出する．この放出は大抵自発的であるが，エネルギー ΔE の光子によっても放出が引き起こされる：**誘導放出**．このとき等しいエネルギーの光子が二つ同時に現れ，放射増幅が観測される．

放射の増幅は，可視，赤外，紫外の波長領域で生じ，レーザー（**LASER**: **L**ight **A**mplification by **S**timulated **E**mission of **R**adiation）になる．

放射増幅はマイクロウェーブ領域でも起き，これがメーザー（**MASER**: **M**icrowave **A**mplification by **S**timulated **E**mission of **R**adiation）である．

最初のメーザーは 1954 年，パーセル（Edward Purcell, 1912–）が開発し，最初のレーザーは 1957 年，グールド（Gordon Gould, 1920–）が構想した．

レーザーは光増幅器である．これは，原子ないし分子が励起状態にあれば，低いエネルギー状態，例えば基底状態へ遷移することに基づく．励起原子は励起エネルギーを放出するが，放出された光子は他の原子の光放出を引き起こすことができる．ある条件のもとで次々と他の原子の励起と光放出が起こる．光の放出は非常に短い時間内に雪崩的に増大する：原子集団はレーザー光パルスを送り出す．

ボルツマン分布が規定する以上に，多くの励起状態の原子を作り出す過程を**ポンピング**と言う．**光ポンピング**では，構成要素のエネルギーを励起状態に上げるような波長の光でレーザー物質を照射する．

ルビーレーザー：ルビーは Al_2O_3 の結晶で，少数の Cr^{3+} イオンが Al^{3+} イオンの格子位置を占めている．結晶の周りに巻いたキセノンガス放電ランプが光り，Cr^{3+} イオンは $E_1 = 2.2$ eV の励起状態へ上げられる．この励起状態は約 10^{-9} s 以内に $E_2 = 1.8$ eV の別の励起状態へ移る．10^{-9} 以内に励起状態は基底状態に落ち込み，その際レーザー光を放射する．このエネルギー差 1.8 eV に相当する波長は $0.6943\,\mu m$（ルビー色）である．

He–Ne レーザーでは，レーザー物質は気体（15% He, 85% Ne）である．気体を満たしたガラス管に高電圧をかけて放電させ，ヘリウムをエネルギーレベル $E = 20.61$ eV に励起する．ヘリウムは衝突によって，励起エネルギーをネオンに渡し，ネオンは $\lambda = 0.632\,\mu m$（とそれに近い波長）のレーザー光を放射する．

レーザー光の特性：

1) 単色：一つまたは非常に少数の離散的な波長の光が発射される．放出されたスペクトル線の幅は桁外れに狭く，相対的な幅（半値幅/波長）は 10^{-10} の程度である．

2) コヒーレント（可干渉）：放射された電磁波は同相で振動する．コヒーレンス長（可干渉長さ，185 頁参照）はほぼパルスの長さ，すなわち数 km に達する．

3) 平行：レーザー光はコヒーレントなので，光学共振器中で定常波を形成し，極めて優れた平行光線を作る．

例：ルビーレーザーの結晶は棒状で，その両端面は正確に平行でよく磨かれている．共振長は，

$$nl = k\lambda/2$$

n：屈折率；λ：波長；l：結晶の長さ；$k = 1, 2, 3, \ldots$．両端面は内側に反射するようにコーティングされているので，光は両端面の間を前後に往復する．一つの鏡面は 1–2% 透過するように作られていて，ここを通ってレーザー光は結晶から出て行く．

レーザー光の発散度は $\approx \lambda/d$ で，d は結晶の直径である．

$d = 1$ cm のルビーレーザーは月面で半径 40 km ほどの円内を照らす．

応用：

非常に小さい空間での**切断**，**穿孔**，**溶接**．レーザー光は 直径 $\approx \lambda$ まで集光できる．エネルギー密度 $> 10^{10}$ W/cm^2 まで達する．

飛行時間法と光の干渉を利用する**距離測定**．

例えば，偏光方向の変調による**情報伝達**．高周波（$\approx 10^{14}$ Hz）は非常に大きな伝達容量を可能にする．

ホログラムの作成（189 頁参照）．

メーザーの応用：

通信用**低雑音増幅器**．低レベル信号（$< 10^{-25}$ W）が受信可能になる．

アンモニア（NH_3）**時計**はアンモニア分子の固有振動を利用する．それによって，メーザーの振動数は 2.3870×10^{10} Hz にまであがり，振動水晶を安定化する．この種の**原子時計**の最大誤差は年間 $< 10^{-6}$ s である．

光学と放射

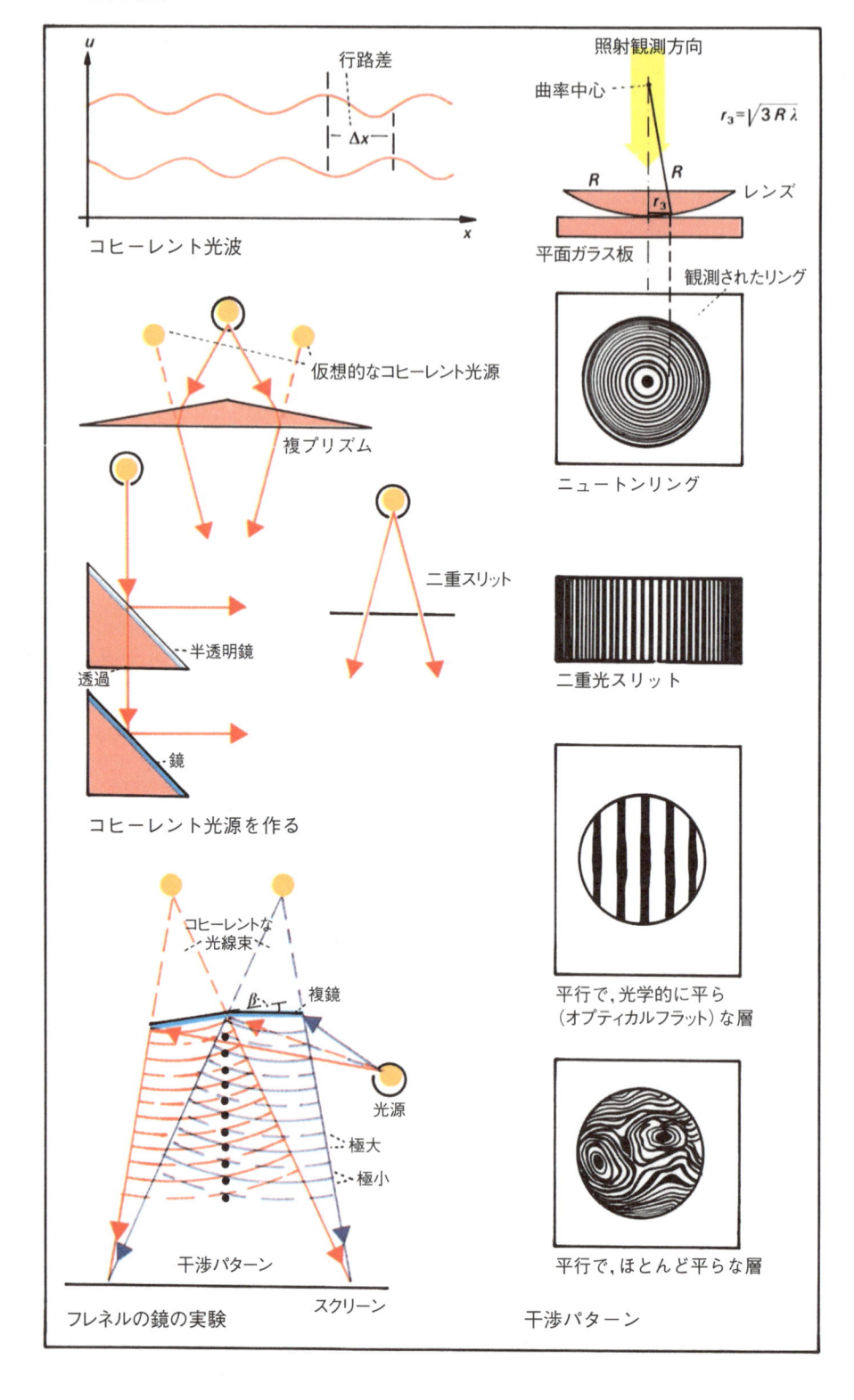

コヒーレント光波

- u, Δx, 行路差, x

仮想的なコヒーレント光源

複プリズム

コヒーレント光源を作る

- 半透明鏡
- 透過
- 鏡

二重スリット

フレネルの鏡の実験

- コヒーレントな光線束
- 複鏡
- 光源
- 極大
- 極小
- 干渉パターン
- スクリーン

ニュートンリング

- 照射観測方向
- 曲率中心
- $r_3 = \sqrt{3R\lambda}$
- R
- レンズ
- 平面ガラス板
- 観測されたリング

二重光スリット

干渉パターン

- 平行で,光学的に平ら(オプティカルフラット)な層
- 平行で,ほとんど平らな層

光の本質は長い間議論されてきた．ホイヘンス (Christiaan Huygens) は 1690 年光を波動現象として解釈し，ニュートン (Isaac Newton) は 1704 年に粒子の流れとして記述した．この光の二重性は実際に，実験によって確かめられる：干渉と回折現象は波動像に疑いを許さない，一方で光電効果やコンプトン効果は粒子描像によってのみ理解できる．現在では量子論によって，光は粒子と波動の二重性を持つ**量子**（光量子，光子）として矛盾なく扱われる．

干渉とは二つまたはそれ以上の波の重なりを言う．コヒーレントで調和的な光波のみが干渉現象を示す．**コヒーレント**とは，二つの光波が同じ振動数あるいは波長を持ち，一定の位相差がある，すなわち振幅が時間的に相互にずれていることである．

 非調和な波もその時間依存性が 1 位相差ぐらいで同じであれば干渉する．

インコヒーレントな光は干渉現象を示さない．波の重なりによって，単に光度が和となるだけである．干渉現象を観測するには，比較的小さな光源の光を分割しなければならない．これは鏡やプリズム，または絞りなどを使うことで可能になる．分割された光束の光路長の違いによって位相差が決まる．

 実験では光路長をあまり長くすることは許されない，放射する原子は有限な長さの波連，**コヒーレント長** L だけの波連を放出するからである．通常の光源では L はほんの数メートルであるが，レーザーでは何 km にもなる．

弱め合いが，二つの干渉する光波で起こるのは次の場合である：

$$\Delta x = (z + 1/2)\lambda$$

ここに，Δx：二つの光波間の光路差；$z = 1, 2, 3, \ldots$；λ：波長．

極大の強め合いが，二つの干渉する光波で生じるのは次の条件下である：

$$\Delta x = z\lambda$$

z を干渉の**次数**という．

フレネルの鏡の実験は 1819 年，フレネル (Augustin Fresnel, 1788–1827) によって行われた．単色の光源が二枚の互いに僅かに傾いた鏡（複鏡）の前に置かれている．これにより二つの仮想的なコヒーレント光源が形成され，それらから来る波が干渉する．相互に打消し合ったり，強め合ったりする位置が干渉パターンを形作り，これをスクリーンで受けることができる（元の光は遮蔽されていて，スクリーンを照らさない）．この干渉パターンは空間に共焦点の回転双曲面を形成する．干渉パターンを鏡面に平行なスクリーン面で受けると，スクリーン上に明暗の縞が観測される．

複鏡からずっと離れたところでは，2 本の明るい縞の間隔は，

$$d = \lambda D / 2\ell \beta \qquad \text{縞の間隔}$$

d：2 本の隣り合う明るい（暗い）縞の間隔；D：スクリーンと複鏡の間隔；ℓ：鏡と光源の距離；β：二枚鏡のなす角度．

 例：$\beta = 10'$，$D = 3\,\text{m}$，$\ell = 1\,\text{m}$．光源として，黄色い Na 線（$\lambda = 589\,\text{nm}$）を用いると，2 本の隣り合う明るい縞の間隔は $d = 3\,\text{mm}$ となる．

この実験で白色光を使うと，スペクトルの各々の波長ごとに固有の縞パターンができ，それらは青から赤へ縞の間隔が増大する．中央の縞は白色である．

干渉現象

ニュートンリングは，（大きい曲率半径の）平凸レンズを平面のガラス板上に置き，上から照射して観測すると見える．単色光では同心円の明暗のリング（輪）が，白色光では色つきのリングが見える．ガラス／空気（レンズ）の境界面と空気／ガラス（ガラス板）の境界面からの光波が干渉する．空気層の厚みが光路差を決める．リング中央は暗く，暗いリングの半径は，

$$r_z = \sqrt{zR\lambda} \qquad \text{リング間隔}$$

r_z：z 番目のリングの半径；R：レンズの半径．

コーティングしたガラス表面．コヒーレントな光波は平行平板の層，例えば，二つのガラス境界面で干渉するが，光が斜めに入射すると，多重干渉パターンが現れる．反射表面に光学厚さ $\lambda/4$ の層を蒸着（コーティング）すると，この波長では波の振幅が等しいと反射波が消失する．いずれにせよ，減衰とそれに伴う反射の減少が起こる．異なる厚みの層を多数蒸着すると，白色光の反射も減少する．

薄層の色は油膜，シャボン玉，ガラスのひび割れ，雲母などで現れる．境界面 (10 から 1000 nm の厚み) 間で白色光が干渉するためである．入射角と膜厚に応じてスペクトルの異なる λ が消え，対象がさまざまな色に輝く．

186 光学と放射

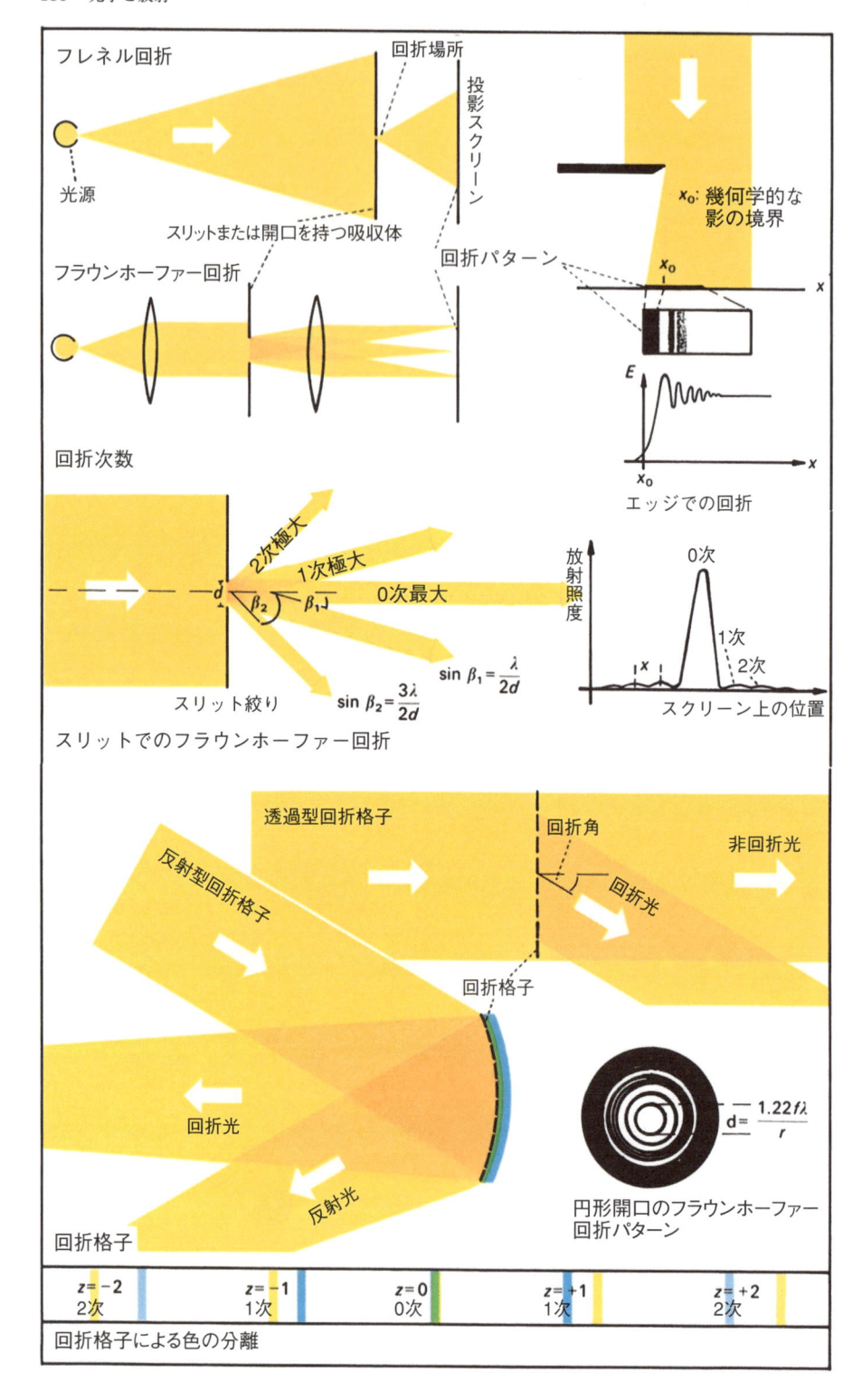

フレネル回折

- 光源
- スリットまたは開口を持つ吸収体
- 回折場所
- 投影スクリーン
- 回折パターン
- x_0: 幾何学的な影の境界

フラウンホーファー回折

エッジでの回折

回折次数

- 2次極大
- 1次極大
- 0次最大
- スリット絞り

$$\sin \beta_1 = \frac{\lambda}{2d}$$

$$\sin \beta_2 = \frac{3\lambda}{2d}$$

放射照度 / スクリーン上の位置

0次 / 1次 / 2次

スリットでのフラウンホーファー回折

- 透過型回折格子
- 反射型回折格子
- 回折角
- 非回折光
- 回折光
- 回折格子
- 回折光
- 反射光

回折格子

円形開口のフラウンホーファー回折パターン

$$d = \frac{1.22 f \lambda}{r}$$

$z=-2$	$z=-1$	$z=0$	$z=+1$	$z=+2$
2次	1次	0次	1次	2次

回折格子による色の分離

影は，詳しく観測すると，幾何学的にくっきりとした境界のあるものではない．同様に，光線束にもはっきりした境界がない．これらに関係した現象を**回折**と言い，干渉に起因するものである（185 頁参照）．

例：音波は障害物を回り込んで届く．長波長電磁波（ラジオ波）もそうである．

回折現象．単色光の場合：
針金の影は中央が明るく，これに平行な縞（**回折縞**）を示す．

エッジ（縁）の幾何学的な影は境目の内側も明るい．小さな円形の遮蔽物を平行光線の中に置くと，影の中心は明るい．

単一スリットでのフラウンホーファー回折はフラウンホーファー (Joseph Fraunhofer, 1787–1826) にちなむ．平行光が狭いスリット絞りを通り，回折される．スリット後方のレンズが回折現象を描き出す．スリットの各位置からホイヘンスの球面波が出て，隣の波と干渉する．スリット端から角度 β で出た光は中央から来た光と $d/2 \sin\beta$ の光路差を示す．弱め合いと強め合いは次の場合に現れる：

$$d\sin\beta = m\lambda \qquad \text{回折条件}$$

ここで，d：スリット幅；λ：波長．
弱め合いは $m = 1, 2, 3, \ldots$ のときに起こる．
強め合いの極大は $m = 0, 1/2, 3/2, 5/2, \ldots$ のときである．

スリットの後ろのスクリーンに明暗の**回折縞**が現れる．光強度は m の増加と共に急激に減少する．隣り合う強度極大間の距離 x は，

$$x = \lambda f/d$$

ここで，f は結像レンズの焦点距離である．

スリットでの回折に**白色光**を使うと，最も内側の二本の縞は黒く，外へ行くほど色つきの縁取りが現れる．

二重スリットでの回折は同じく回折パターンを作る．応用：スリットの間隔が非常に大きい（数 m）と，回折パターンの中で，二つの波の拡がり方向が非常に小さい角度差を持つのを識別できる．近くにある恒星の直径がこのようにして測定される．

回折格子：フラウンホーファー (Joseph Fraunhofer) が 1821 年に初めて作った回折格子は非常に多くの平行なスリットから成り，スリット幅 ≪ スリット間隔である．**格子定数**（記号 g）は二つのスリットの間隔を言い，たいてい mm で表す．格子は $1/g$，即ち，mm あたりのスリットの数で特徴づけることが多い．$1/g = 10^3$ mm^{-1}，あるいはさらに多く，10^5 のスリットを持つ格子がある．

光強度の極大値は，

$$z\lambda/g = \sin\beta \qquad z = 0, \pm 1, \pm 2, \ldots$$

ここで，z：回折極大の次数；β：直進光と z 番目の極大との角．

スリットが多いほど回折パターンは鮮明に明るくなる．回折格子は白色光を分解するので，光学分光器においてプリズムの代わりをすることができる．

プリズムの分散（191 頁参照）とは逆に，格子は短波長光を長波長より小さく回折する．

レイリーの基準（147 頁参照）は**格子の分解能**を次のように決める：

$$\lambda/\Delta\lambda = Nz$$

ここで，$\Delta\lambda$：分解可能な最小波長差；N：格子スリットの数．

例：黄色い Na の二重線（ダブレット，$0.5890\,\mu m$ と $0.5896\,\mu m$），すなわち $\lambda/\Delta\lambda = 0.5893/0.0006$ を分解しようとすると，3 次の極大を観測するとして，少なくとも 327 本/mm の格子を必要とする．

透過型回折格子はガラス板に不透明な平行細線を刻んだものである．

反射型回折格子，あるいは**鏡面格子**は，金属表面に溝を刻んだものである．この格子は材質が光を吸収しないので，特に UV と IR に適している．実際には凹面鏡型に作り，**ローランド円**—ローランド (Henry Rowland, 1848–1901) にちなむ—の形に配置する．

最も小さい格子定数を持つ**空間格子**として結晶が用いられる．回折パターンは平面の線状格子のそれより複雑である．非常に短い波，例えば X 線を回折させることができる．

円形開口での回折：回折極小値の現れる条件は次のとおりである：

$$m\lambda = r\sin\beta$$
$$m = 0.61; 1.16; 1.62; 2.12; \ldots$$

ここに，r は開口半径である．

結像レンズの焦点距離 f のところで，回折パターンの中心に直径 d の回折小円盤が現れる：

$$d = 1.22 f\lambda/r$$

d は光学器械の分解能を決定するが，それは各物点がレンズ枠の回折パターンを作るからである．

例：眼（155 頁参照）

回折円．霧の中を通過してきた光の中では，光源の回りに色のついた円が見える．それは水滴での多重回折である．最も内側の輪では，

$$\sin\varphi = 0.61\lambda/r$$

ここで，φ：観測角；r：水滴の半径．

188　光学と放射

種々の d の視野

$d=0$
$d=\dfrac{\lambda}{4}$
$d=\dfrac{\lambda}{2}$
$d=\lambda$
$d=5\lambda$

可動平面鏡 S1
固定平面鏡 S2
単色光源
ビームスプリッター（背面半透明）
観測者

マイケルソン干渉計（略図）

S1
$\dfrac{\ell_1}{2}$
光源
ビームスプリッター
S2
$\dfrac{\ell_2}{2}$
v
東 — 西

マイケルソン - モーレーの実験

レーザー
カメラ
ホログラム
水面
水中の物体
コヒーレント音響送信機

音響ホログラフィー

構成（多くのバリエーションの一つ）

S1
距離 AS1F ≈ AS2F
参照光
ビームスプリッター A
物体光
物体
レーザー
S2
フィルム F
ホログラム

ホログラフィー

波面の再構成

レーザー
参照光
回折した光線
観測者
ホログラム
回折した光線
虚像
実像

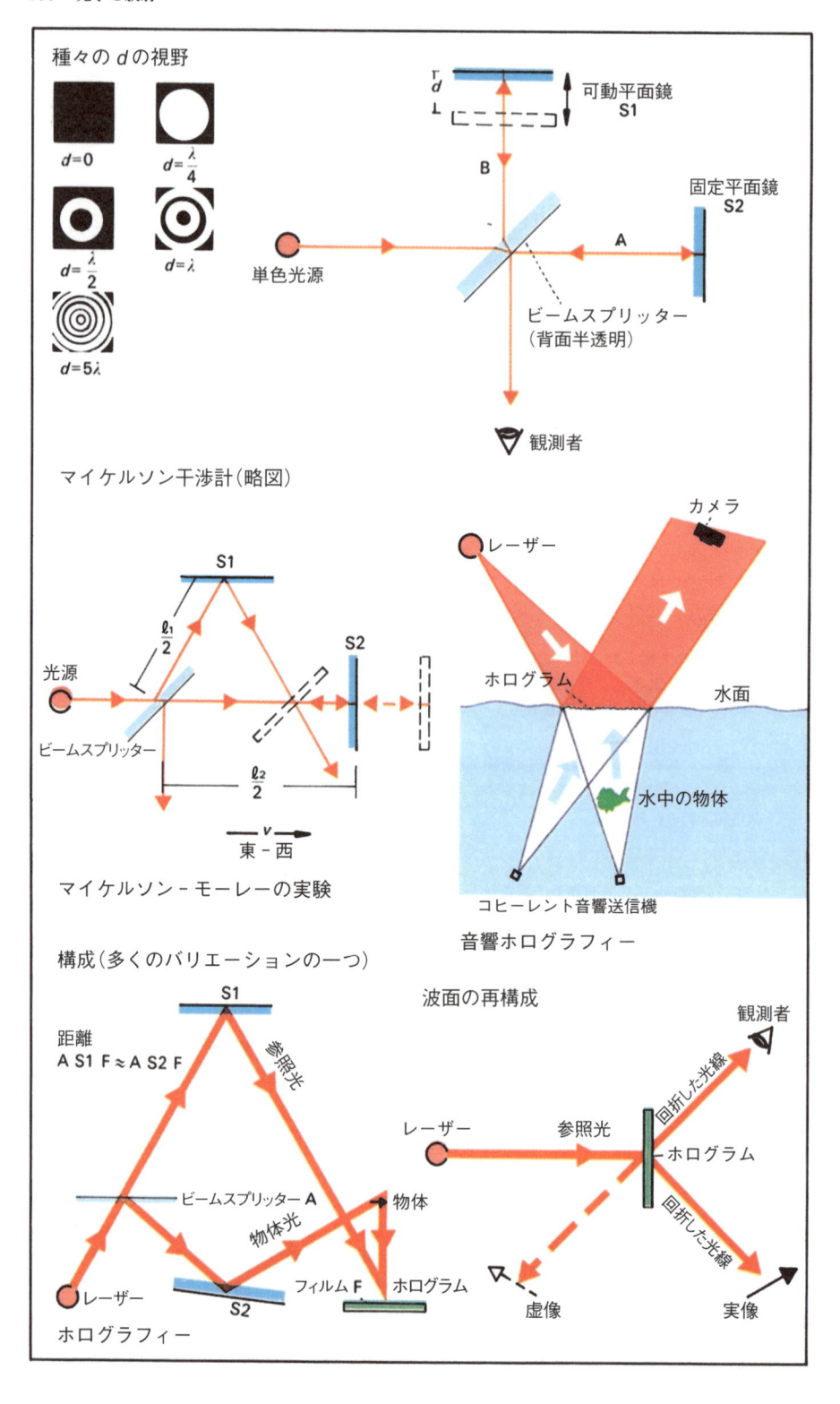

干渉計は電磁波の干渉を用いて，距離あるいは間隔を極めて正確に測定する．

マイケルソン干渉計は，1880 年マイケルソン（Albert Michelson, 1852–1931, ノーベル賞 1907 年）が発明した．単色の光線がビームスプリッターに入射する．光線 A はそのまま直進し，光線 B は 90° 曲げられる．ついで両光線は平面鏡 S2 と S1 で反射され，再びビームスプリッターに到達する．そこで二つの光線は一つに合流し，干渉して，観測者すなわち光電管の方向に進む．S1 は可動であり，マイクロメーターねじで光線方向に移動できる．干渉計を覗くと，S2 の虚像と重なる形で S1 が見える．ビームスプリッターと S1 ないしは S2 の間の光路差が λ の整数倍であれば，視野は一様に暗い（光線 A はビームスプリッターでの反射で 180° の位相変化を受ける）．すなわち次のとき暗い：

$$d = m\lambda \quad m = 0, 1, 2, 3, \ldots$$

ここで，d は光路の差である．

d が $\lambda/2$ の奇数倍であれば視野は明るい．

S1 を移動させるとリングの半径が変わる．中心からは新たなリングが次々と湧き出して来るか，縮んでいく．各々の新しいリングは $\lambda/2$ だけの距離の変化に対応している．現れた（または消失した）リングを数えると，非常に精密な距離の測定ができる．その精度は $\pm 10^{-9}$ m に達する．

マイケルソン–モーレーの実験：1887 年，マイケルソンとモーレー（Edward Morley, 1838–1923）によって行われた．もし静止した**宇宙エーテル**（その中を電磁波が伝播する媒質）が存在すれば，観測される光速 c は，地球の軌道方向（東西）に測るか，それに直角に（南北）に測るかに依って異なる．地球の軌道速度は約 30 km/s であるから，光速 c もそれに応じて変化するはずである．

配置されたマイケルソン干渉計の両方の通過距離が正確に同じ長さであれば，南北方向の光の通過時間は，

$$t_1 = 2\ell_1/c\sqrt{1 - v^2/c^2}$$

t_1：ビームスプリッター–S1–ビームスプリッターの通過時間；ℓ_1：光の通過距離；c：光速；v：地球の軌道速度．

東西方向では，

$$t_2 = 2\ell_2/c(1 - v^2/c^2)$$

実験結果：東西方向と南北方向に伝播する場合の干渉パターンは一致した．

この実験の非常に驚くべき**否定的な結果**，さらに後日，より高精度で繰り返された実験は次のことを立証している：1. 宇宙エーテルは存在しない．2. 光速は光源および観測者の運動に依存しない．

電波干渉計：二つの電波望遠鏡が同時刻に一つの電波星を観測し，信号を一つの共通受信機に導く．信号は干渉する．望遠鏡を結ぶ方向が電波源に垂直であると，干渉の次数は $z = 0$ で信号は最大になる．

応用：天体電波源の方向測定．

ホログラフィー

1948 年ガボール（Dennis Gabor, 1900–79, ノーベル賞 1971 年）が発表した．

3 次元の物体を完全に描写するには，物体の各点より発する波の振幅と位相の情報を必要とする．普通の写真は振幅の情報のみを記録する．

ある物体の**ホログラム**は干渉パターンであり，明るさの関係および位相関係を含んでいる．コヒーレント光はこのパターンから完全な，すなわち物体の 3 次元像を作り出す．

ホログラムの製造：単色でコヒーレントな光源（例えばレーザー）からの光が（ビームスプリッターで）分割される．一方の光線（**物体光**，信号光）は物体を照らし，高分解の写真フィルム（>1000 本/mm）が反射光の一部を受光する．二番目の光線（**参照光**）はフィルムに直接当たり，そこで物体光と干渉する．干渉パターンは露光された写真乳剤に記録される．これを**ホログラム**と言う．それは非常に複雑で，物体の明るさの情報（フィルムの局所的な黒化）と同様に位相関係（干渉パターン）も含んでいる．

ホログラムの製造には結像用の光学素子（例えばレンズ）は必要とされ**ない**．

像の**再生**は製造の逆過程である．現像された写真乳剤，すなわちホログラムをコヒーレントな単色光線で照射する．物体の虚像と実像が空間に出現する．情報が完全なので，像も完全で，3 次元である．ホログラムは各場所で完全であるので，光線がフィルムの断片から完全な像を再生することができる．

応用：

レンズ，鏡その他を使わない**光学的結像**が可能なので，X 線を使っても結像できる．

情報記録装置：単結晶，たとえば $LiNbO_2$ は場所ごとの屈折率変化の形で干渉パターンを記録する．記録密度は 1000 ホログラム/cm^3 までである．

光学と放射

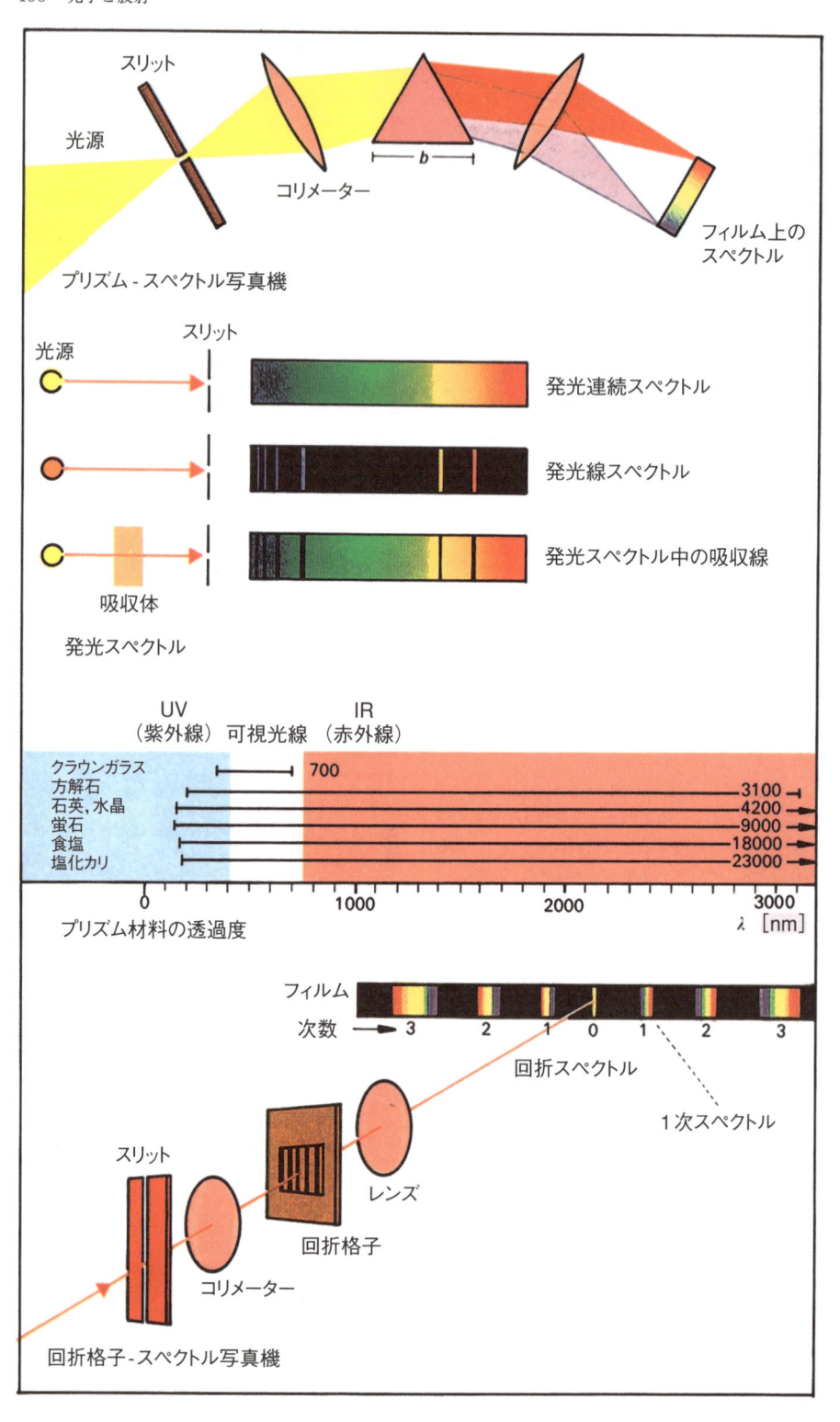

プリズム - スペクトル写真機

- 光源
- スリット
- コリメーター
- b
- フィルム上のスペクトル

発光スペクトル

- 光源
- スリット
- 発光連続スペクトル
- 発光線スペクトル
- 吸収体
- 発光スペクトル中の吸収線

プリズム材料の透過度

UV（紫外線） 可視光線 IR（赤外線）

材料	透過上限 [nm]
クラウンガラス	700
方解石	3100
石英, 水晶	4200
蛍石	9000
食塩	18000
塩化カリ	23000

λ [nm]

回折格子 - スペクトル写真機

- フィルム
- 次数 3 2 1 0 1 2 3
- 回折スペクトル
- 1次スペクトル
- スリット
- コリメーター
- 回折格子
- レンズ

光の分解は，波長に依存する現象，すなわち，分散や，回折，吸収，あるいは反射を利用する**分光装置**でおこなわれる．結果は**スペクトル**として現れる．それは大きな波長領域，例えば全可視光領域を含むことができるし，あるいは可視領域の一部，又は UV（紫外線）や IR（赤外線）を含むこともある．光源が直接に観測されると，**発光スペクトル**が生じる．ある物質 A の**吸収スペクトル**は，A が光源と分光装置の間にあるときに得られる．

分光写真機はスペクトルができた時に記録する．
分光器では観測者がスペクトルを直接観測する．
分光計では波長が測定される．

連続スペクトルは，測定されたスペクトルの全波長を含む．例：高圧下での高温気体，白熱電球のフィラメント．

線スペクトルは，明瞭に分離した個々の**スペクトル線**のみを示す．例：気体放電，低圧での高温気体．

バンド（帯）スペクトルは，狭い領域において連続であるが，部分的には線スペクトルに分解している．例：分子のスペクトル．

分光装置はプリズムか回折格子を用いる．それらは次のように特徴づけられる：

光度はスペクトルの明るさを決めるが，それは開口の二乗に比例する：

$$開口 = \frac{対物レンズの直径}{対物レンズの焦点距離}$$

測定されたスペクトル線の幅は分光装置の光学的特性と温度に依存する．

プリズム分光器は分散（137 頁参照）を利用する．調べようとする光が狭いスリットを照射する．続いて光学機器（コリメータ）が，スリットからの発散する光を集めて平行な光束にし，プリズムの方へ向ける．そのプリズムで，光線はプリズムの基底の方へ屈折する．その**偏角** γ は，長波長に対して小さくなる．対物レンズがプリズムから出てきた光を焦平面に集める．そこでは，各々の波長に対してスリットの像ができる．これが光のスペクトルである．

焦平面に置いたスリットを使って，狭い波長領域に絞り込むことにより分光器が**単色計（モノクロメーター）**になる．

連続的な発光スペクトルは，分光器において虹色の光る帯として現れる．線スペクトル発光の場合，分離して各々の色が付いたスリット像が観測される．吸収スペクトルは，色のついた背景の中に細い隙間，すなわちフラウンホーファー線（137 頁参照）を示す．

太陽表面（光球）は連続な発光スペクトルを放射し，そして多数の波長の光を太陽の外層大気が吸収する．

分解能（137 頁参照）は，

$$\lambda/\Delta\lambda = b\,dn/d\lambda \qquad \text{分解能}$$

ここで，b：プリズムの有効基底長；$dn/d\lambda$：プリズム材質の分散．

例：フリントガラスでできたプリズムの場合，$dn/d\lambda = -120\,\text{mm}^{-1}$．したがって，基底長 b が $b = 10\,\text{mm}$ であるすれば，分解能は 1.2×10^3 となり，Na スペクトルの二本の D 線を分離するのに十分である．

回折格子分光器の場合は，回折格子（187 頁参照）がプリズムの代わりをする．スペクトルの色の順序は逆になる．

多くのスペクトルが，回折角度 0（0 次のスペクトル）を中心に段階をつけて対称的に生じる．それぞれに，スペクトルの紫の端が内側に現れる．スペクトルの明るさは次数が増えると急速に減少する．

分解能は，

$$\lambda/\Delta\lambda = mN \qquad \text{分解能}$$

ここで，$m = 0, 1, 2, \ldots$：スペクトルの次数；N：回折格子刻線の数．

分解能は格子刻線の密度に**依存しない**．実際には，（高価な）光学機器を小さくするために，mm 当たりの刻線を多くするのが優先される．

例：$N = 9600$．$m = 4$ のとき，$\lambda/\Delta\lambda = 3.8 \times 10^4$．波長 500 nm に対して，わずかに 0.013 nm しか離れていない二つの線でも分解される．

回折格子分光器の最高分解能は，本質的にプリズム分光器より高い．しかし，光の強度ははるかに小さい．

分光分析は，1859 年，キルヒホッフ（Gustav Kirchhoff, 1824–87）とブンゼン（Robert Wilhelm Bunsen, 1811–99）によって開発された．スペクトル線の波長と明るさから，光を放射又は吸収する物質とその濃度が決定される．標準値は大部なスペクトル線表に集成されている．

光学と放射

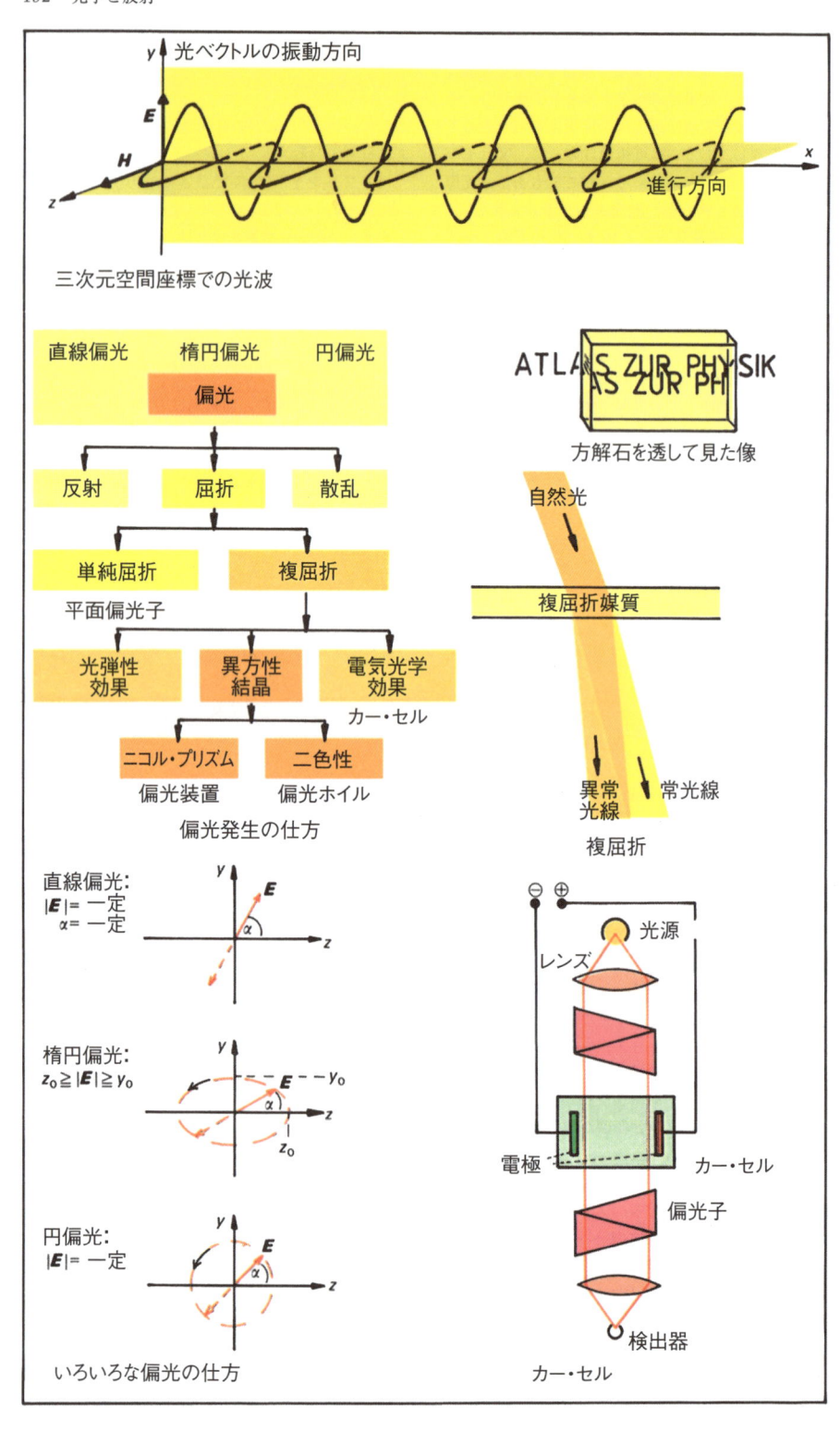

三次元空間座標での光波

- y: 光ベクトルの振動方向
- E
- H
- x: 進行方向
- z

偏光発生の仕方

偏光
- 直線偏光
- 楕円偏光
- 円偏光

→ 反射 / 屈折 / 散乱

屈折 → 単純屈折（平面偏光子） / 複屈折

複屈折 → 光弾性効果 / 異方性結晶 / 電気光学効果（カー・セル）

異方性結晶 → ニコル・プリズム（偏光装置） / 二色性（偏光ホイル）

方解石を透して見た像

ATLAS ZUR PHYSIK
AS ZUR PH

複屈折

自然光 → 複屈折媒質 → 異常光線 / 常光線

いろいろな偏光の仕方

直線偏光:
$|E|=$ 一定
$\alpha=$ 一定

楕円偏光:
$z_0 \geqq |E| \geqq y_0$

円偏光:
$|E|=$ 一定

カー・セル

光源 — レンズ — 偏光子 — カー・セル（電極）— 偏光子 — レンズ — 検出器

光の偏り（偏光）は，1808年，マリュス（Etienne Malus, 1775–1812）によって発見された．

光は横波（77頁参照）の電磁波である．すなわち電場 E と磁場 H は進行方向に垂直に振動する．

E はほとんどの光作用をひき起こすので，まず最初に E が研究の対象となった．それゆえ，E は**光ベクトル**とも呼ばれる．

自然光（例えば電灯，太陽）では，光ベクトルの方向は無秩序であるが，**偏光**では，ある特定の方向に振動する（ただし，常に進行方向とは垂直である）．

光は，完全にあるいは部分的に偏ることがある．
偏光度は，全放射強度に対する偏光部分の放射強度の割合である．数値は，0（自然光）と1（完全偏光）の間にある．

直線偏光：E は常に同一方向に振動する．この方向を**偏光方向**という

楕円偏光：E の振動方向が進行方向の回りに回転する．光ベクトルの頂点は進行方向に垂直な平面上で楕円を描く．

円偏光：E の振動方向が進行方向の回りに回転する．光ベクトルの頂点は進行方向に垂直な平面上で円を描く．

偏光子は偏光を作る．**検光子**は偏光方向を測定する．

人間の眼は自然光と偏光を区別できない．蜜蜂の眼は偏光方向を識別できる．

偏光の発生は自然光の反射や散乱，屈折による．

弱く吸収する物質における自然光の**反射**は，入射平面に垂直な部分的直線偏光を生じさせる．偏光成分の E は反射表面に平行に振動する．

入射角＝偏光角の場合，偏光度＝1である．完全に偏った光の相対的放射強度は小さい（ガラスの場合，約4%）．

ブルースターの法則：ブルースター（David Brewster, 1781–1868）にちなむ．次が成り立つ：

$$\tan \alpha_p = n \qquad \text{偏光角}$$

α_p：偏光角（ブルースター角）；n：反射する物質の屈折率．

例：単色の自然光を 56.5° でガラス板上に入射すると，反射した光は完全に偏光している．この光が最初のガラス板に平行な次のガラス板に当たると，新たに反射される．次に，二番目のガラス板を，最初に反射した光線の方向と平行な軸の回りに回転すると，反射光の放射強度が変わる．回転角が 90° のとき，強度はゼロになり，180° にすると，再び元の値に達する．

n は波長に依存するので，白色光は反射によって完全に偏光させることはできない．

金属表面で反射した光は，部分的な非直線的偏光になる．

波長よりはるかに小さい粒子による自然光の**散乱**．散乱された光は，特定方向に偏光している．

自然光は**屈折**によって部分的に偏光する．例えば，ガラスの中では偏光度は約 0.08 である．多くの平行なガラス層で繰り返し屈折すると，ほぼ完全に偏光する．

応用：写真対物レンズの前の**偏光フィルター**は，反射する表面から来る光，すなわち偏光した光の大部分を吸収する．

複屈折

ある媒質中の光の速度が進行方向によって変わるとき，その媒質は**光学的異方性**をもつと言う；これが複屈折である．例：方解石，水晶，トルマリン（電気石）．

複屈折する物質の中で，自然光は，互いに直交した二つの直線偏光成分に分かれる．**常光線**は屈折率 n_o をもちスネルの法則（135頁参照）に従う．**異常光線**は屈折率 n_e を示す：

$$n_e \neq n_o$$

例：方解石では $n_e/n_o = 1.116$．
物質中は：
　負の複屈折，$n_o > n_e$ の時；
　正の複屈折，$n_e > n_o$ の時；
　単純屈折，$n_o = n_e$ の時．

二色性は，常光線と異常光線が複屈折物質の中で異なる吸収係数を示す場合に生じる

例：1 mm の電気石は常光線をほぼ完全に吸収する．

透明なホイルに二色性の巨大分子を沈積させると透き通った**偏光ホイル**ができる．

光弾性効果：光学的等方性をもつ物質のいくつかは弾性的な応力のもとで異方性を持ち，複屈折を示す．工業材料の検査に応用される．

電気光学効果：1875年，カー（John Kerr, 1824–1907）によって発見された．いくつかの光学的に等方性の気体や液体は，強い電場のもとで異方性を持ち，複屈折を示す．例：ニトロベンゼン．

194　光学と放射

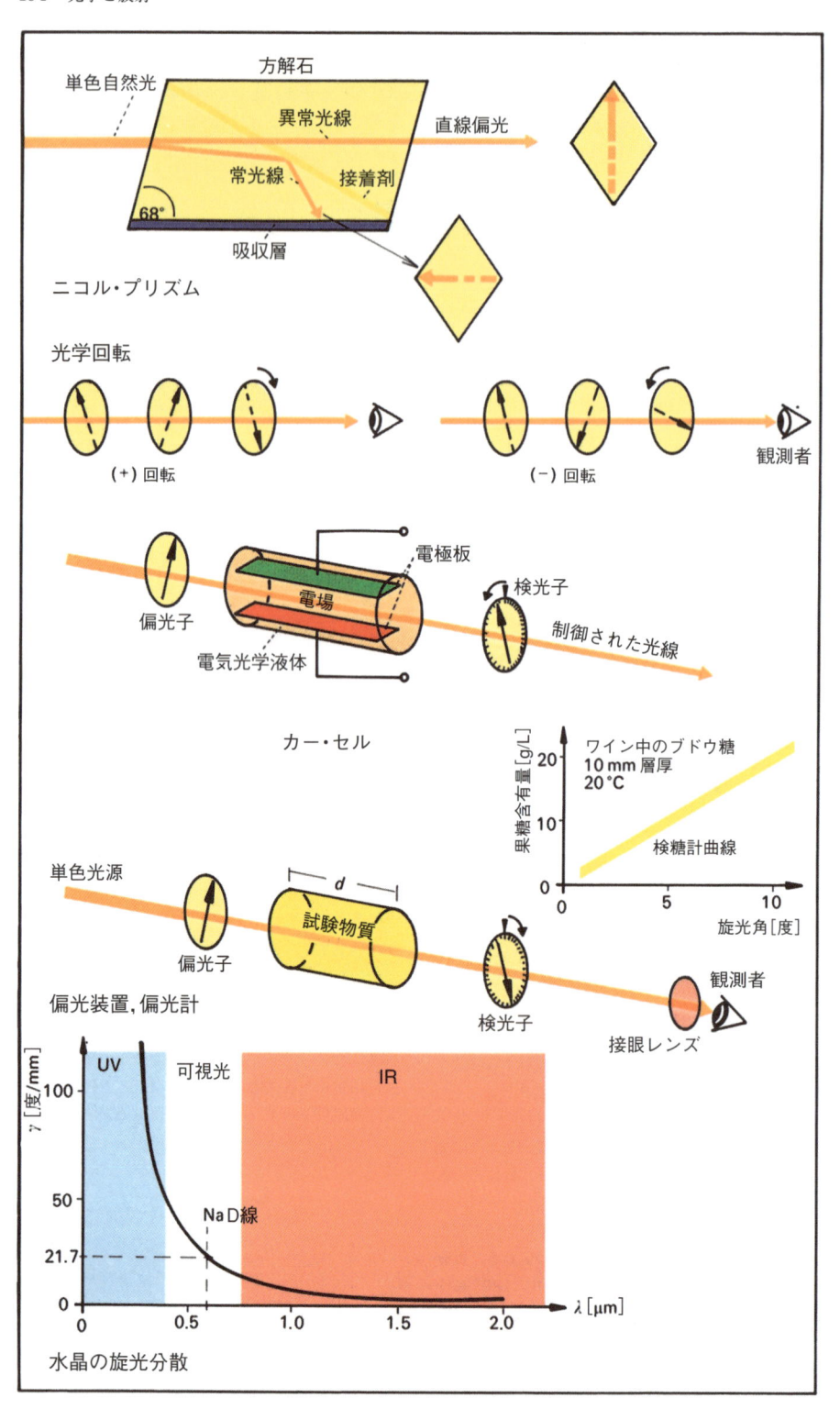

単色自然光　方解石
異常光線　直線偏光
常光線　接着剤
68°　吸収層
ニコル・プリズム

光学回転
(+)回転　　(−)回転　観測者

偏光子　電極板
電場　検光子
電気光学液体　制御された光線
カー・セル

ワイン中のブドウ糖
10 mm 層厚
20 ℃
果糖含有量 [g/L]
検糖計曲線
旋光角 [度]

単色光源　d
偏光子　試験物質　検光子　接眼レンズ　観測者
偏光装置, 偏光計

γ [度/mm]
UV　可視光　IR
NaD線
21.7
λ [μm]
水晶の旋光分散

偏光計は光の偏りの方向，すなわち光の振動平面を測定する．それは，光源と結像用の光学機器のほかに，偏光子と，眼に向いた**検光子（アナライザー）**とから成っている．偏光子と検光子は互いに交換可能で，これらの中間に検査する材料が配置される．検光子は光軸の回りに回転するようになっていて，その回転角が表示される．

偏光子は自然光を直線偏光に変える．最近の機器は偏光子として**偏光フィルター**を利用する；ニコルプリズムもまだ使われている．（訳注：ニコルは回転すると光軸が移動するので，今はほとんど使われず，グラントムソンプリズムなどに置き換わっている．）

偏光フィルターは，二色性（193 頁参照）をもつ巨大分子を透明なプラスチックに塗ったものである．ほぼ 1mm の厚さの電気石（トルマリン）の薄板が偏光フィルターとして役立つが，これは変色しやすい（そして非常に高価である）．

ニコル・プリズムは，1828 年ニコル（William Nicol, 1768–1851）によって開発された．特殊研磨された方解石の菱面体結晶で作られている．その一つの対角線に沿って切り，研磨した後，接着剤で再び接合する．このとき，

$$n \leq n_o$$

ここで，n：接着剤の屈折率；n_o：方解石の常光線に対する屈折率（193 頁参照）．

光線がニコルに当たると，複屈折によって分離する．ある決まった入射角以下であると，常光線は分離面で全反射し，異常光線は最初の方向を保持する．異常光線の進行方向とその振動方向が作る平面を**ニコル・プリズムの振動平面**という．光線は向い合う稜の方向に直線偏光する．

実験方法：偏光子からの直線偏光は検光子を通って観測者に届く．次式が成り立つ：

$$I = I_0 \cos^2 \alpha$$

ここで，I：検光子の後ろでの光束；I_0：検光子の前での光束；α：両振動面のなす角度（偏光角）．

$\alpha = 90°$（交差したニコルないし偏光フィルター）の場合，視野は暗い．回転角を変えると明るくなる．交差したニコルの間に光学的に活性な物質（下記参照）をもってくると，偏光角が変わり，視野は明るくなる．再び暗くなるまで検光子を回転する．この回転角度は物質の偏光角に等しい．

カー・セルは，二つの交差した偏光子の間に電気的に活性な物質（193 頁参照）を満たした容器を置いたものである．光は通らない：光束 = 0．光線と偏光面に垂直な電場（約 10^4 V/cm）がかかると，光が通り楕円偏光になる：光束 > 0．カー・セルは非常に急速に反応する．応答時間は約 10^{-8} s．応用：光の散乱，非常に速いカメラのシャッター．

偏光顕微鏡は，透視と俯瞰による観測に直線偏光を使う．検光子は鏡筒の中にある．光の偏光面の回転が対象物の各点に対して調べられ，その内部の構造を解明できる．とりわけ，鉱物学者と化学者にとって重要である．

光学的活性

光学的活性は，1815 年，ビオ（Jean Biot, 1774–1862）によって発見された．

ある物質が**光学的に活性**というのは，それが直線偏光の振動平面を回転させる，すなわち偏光角を変える場合である．

回転（旋回）方向の約束：人が光源の方向を見て，物質が振動面を時計の針の向きに回転する時，**右旋性**，または（+）旋回となる．逆の場合は，**左旋性**，又は（−）旋回である．

光学的活性な物質は，例えば，水晶，辰砂，塩素酸ナトリウム，酒石酸，シーダ油，テレビン油，砂糖溶液である．次が成り立つ：

$$\alpha = [\gamma]_\lambda^t d \qquad \text{旋光角}$$

α：振動平面の旋光角；γ：温度 t，波長 λ のときの比旋光度；d：光線が通過する物質の層厚．

生理学的な系では，たいてい，一つの旋回方向だけが現れるので，物質濃度は旋光角から決定できる．

例：尿中の糖．

旋光分散というのは，γ の波長依存性のことである．波長が短くなると γ は増大する．γ の数値は，多くの場合，ナトリウム光の D 線（$0.589\,\mu$m）に関するものである．

光学的活性（1 mm の層厚当たりの旋光角 [度]）：

物質，または溶液	$[\gamma]_{0.589\mu m}^{20°C}$
辰砂	+32.5
水晶	+21.7
D 果糖水溶液 (1:100)	− 0.885
シーダ油	+ 0.703
D ブドウ糖水溶液 (1:100)	+ 0.525
乳糖水溶液 (1:100)	+ 0.524
テレビン油	− 0.37
転化糖水溶液 (1:100)	− 0.197

196 光学と放射

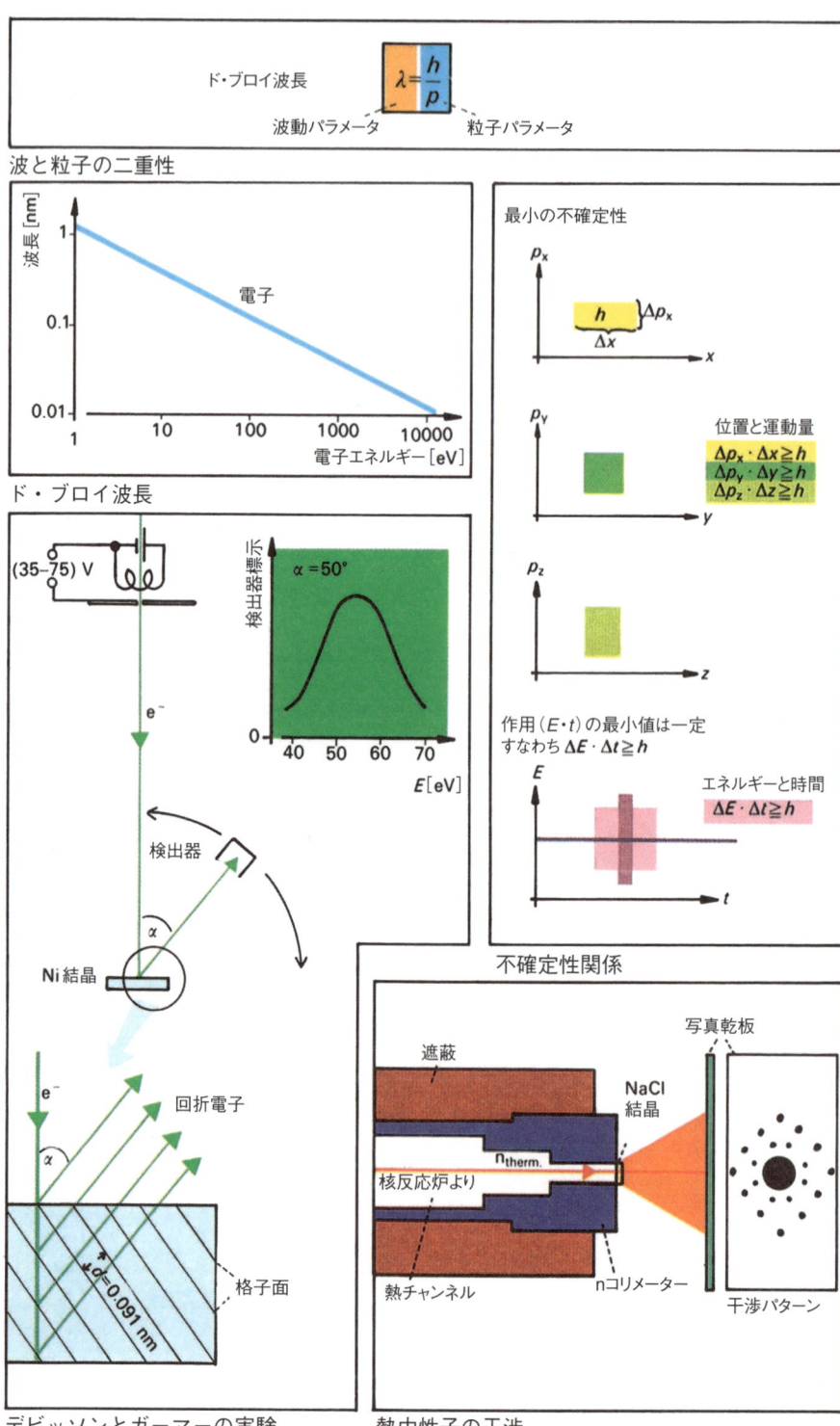

波と粒子の二重性

ド・ブロイ波長 $\lambda = \dfrac{h}{p}$

波動パラメータ　粒子パラメータ

ド・ブロイ波長

(縦軸: 波長 [nm]、横軸: 電子エネルギー [eV])　電子

最小の不確定性

位置と運動量

$\Delta p_x \cdot \Delta x \geqq h$
$\Delta p_y \cdot \Delta y \geqq h$
$\Delta p_z \cdot \Delta z \geqq h$

作用 $(E \cdot t)$ の最小値は一定
すなわち $\Delta E \cdot \Delta t \geqq h$

エネルギーと時間
$\Delta E \cdot \Delta t \geqq h$

不確定性関係

デビッソンとガーマーの実験

(35–75) V
e^-
検出器標示　$\alpha = 50°$
検出器
Ni 結晶
回折電子
$d = 0.091$ nm
格子面

熱中性子の干渉

遮蔽、NaCl 結晶、写真乾板
核反応炉より、$n_{therm.}$、熱チャンネル、n コリメーター、干渉パターン

光は，干渉や回折のような明らかな波動性に加えて，粒子的側面も持つ．光電効果やコンプトン効果は，光が光子の流れからなるとした場合にのみ理解できる．

物理現象は往々にして二面的である．明らかに粒子であるもの，例えば電子を波として記述できないだろうか？

ド・ブロイ（Louis-Victor de Broglie, 1892–1987, ノーベル賞 1929 年）はこの考えを徹底的に追求し，1923 年，**波動と粒子の二重性**を提言した．

プランクの関係式 $E = h\nu$ が一般に成立つと，粒子の波（**物質波，ド・ブロイ波**）に対してその波長が導かれる：

$$\lambda = h/p \qquad \text{ド・ブロイの関係式}$$

ここで，λ：物質波の波長；h：プランクの定数；p：粒子の運動量．

速度 $v \ll c$（光速）の場合，

$$\lambda = h/mv$$

ここで，m：粒子の質量；v：粒子の速度．

運動エネルギー $E = mv^2/2$ を用い，さらに数値を代入すると次のようになる．例えば電子の場合：

$$\lambda = 1.24/\sqrt{E} \qquad \text{電子の波長}$$

中性子の場合：

$$\lambda = 0.0286/\sqrt{E} \qquad \text{中性子の波長}$$

λ は nm で，E は eV で測られた数値である．

例：100 eV の電子は，波長 $\lambda = 1.2 \times 10^{-10}$ m を持つ．これは，結晶の中の原子間距離にほぼ対応する．

$v \approx c$ の場合：

$$\lambda = hc/E$$

ここで，E：粒子のエネルギーである（訳注：343 頁参照；$E = \sqrt{p^2c^2 + m^2c^4}$．$E \gg mc^2$ の場合，$E \approx pc$)．

電子の干渉は 1927 年に初めて，デビッソン（Clinton Davisson, 1881–1958）とガーマー（Lester Germer, 1896–1971）によって，また彼らとは独立に，トムソン（George Thomson, 1892–1975）によって観測された．鋭いエッジでの電子線の回折（光の回折（187 頁参照）と類似のもの）は，1940 年に初めて観測された．

絞りでの電子の回折パターンのため，電子顕微鏡の**分解能**は，原理的に，使用される電子のド・ブロイ波長の大きさ程度に制約される．

中性子回折は重要な構造解析手段である．中性子は解析する結晶と電気的相互作用をしないので，電子より構造解析に適している．

不確定性関係

ハイゼンベルグ（Werner Heisenberg, 1901–76）は，波動と粒子の二重性から，ある種の物理量の積が原理的に不確定性（不定性，不確実性）を示すことを導いた．それは，決して測定誤差によるものではなく，原理的な性質である．この不確定性はミクロの領域においてのみ現れ，我々の普通に経験する世界では認識できない．

位置と運動量の不確定性：

$$\Delta x \, \Delta p_x \geq h$$
$$\Delta y \, \Delta p_y \geq h \qquad \text{不確定性関係}$$
$$\Delta z \, \Delta p_z \geq h$$

ここで，x, y, z：粒子の位置座標；$\Delta x, \Delta y, \Delta z$：座標が測定される精度；$\Delta p_x, \Delta p_y, \Delta p_z$：**座標と同時に測定される粒子の運動量の成分の精度**．

例：電子が x 座標に沿って $v = (600 \pm 0.06)$ m/s，つまり $\Delta v = 0.06$ m/s で走る時，その x 方向の運動量は $p_x = (5.5 \pm 0.00055) \times 10^{-28}$ kg·m·s^{-1} である．したがって，電子の最小の位置不確定さ（すなわち，最大の位置精度）は，

$$\Delta x \geq h/\Delta p_x \geq 1.2 \text{cm}$$

位置をもっと正確に決めることは意味がない．

日常生活の環境にある物体の場合は，まったく違って見える：質量 50 g の弾丸の速度を同じ精度（$\pm 0.01\%$）で決めたとしよう．すると，$v = 600$ m/s の場合，位置不確定値は $\Delta x \geq 2.2 \times 10^{-31}$ m である！

位置と運動量を，**同時に任意の精度で指定することは不可能なのである**．二つの物理量のうち一つを非常に正確に決めると，それに対応してもう一方は不確実になる．

エネルギーと時間の不確定性：

$$\Delta E \, \Delta t \geq h \qquad \text{不確定性関係}$$

ここで，ΔE：粒子のエネルギーを決める精度；Δt：対応する時間間隔の不定性（例えば，観測時間，状態の継続時間，波連の継続時間）．不確定性関係で対になる物理量は**相補的量**という．

ハイゼンベルグの不確定性関係は物理学の重要な事実であり，それは客観的なものである．

その哲学的解釈，例えばこの世を認識することは原理的に不可能である事をそれが意味するのかどうかは主観的なものである．

198　電気と磁気

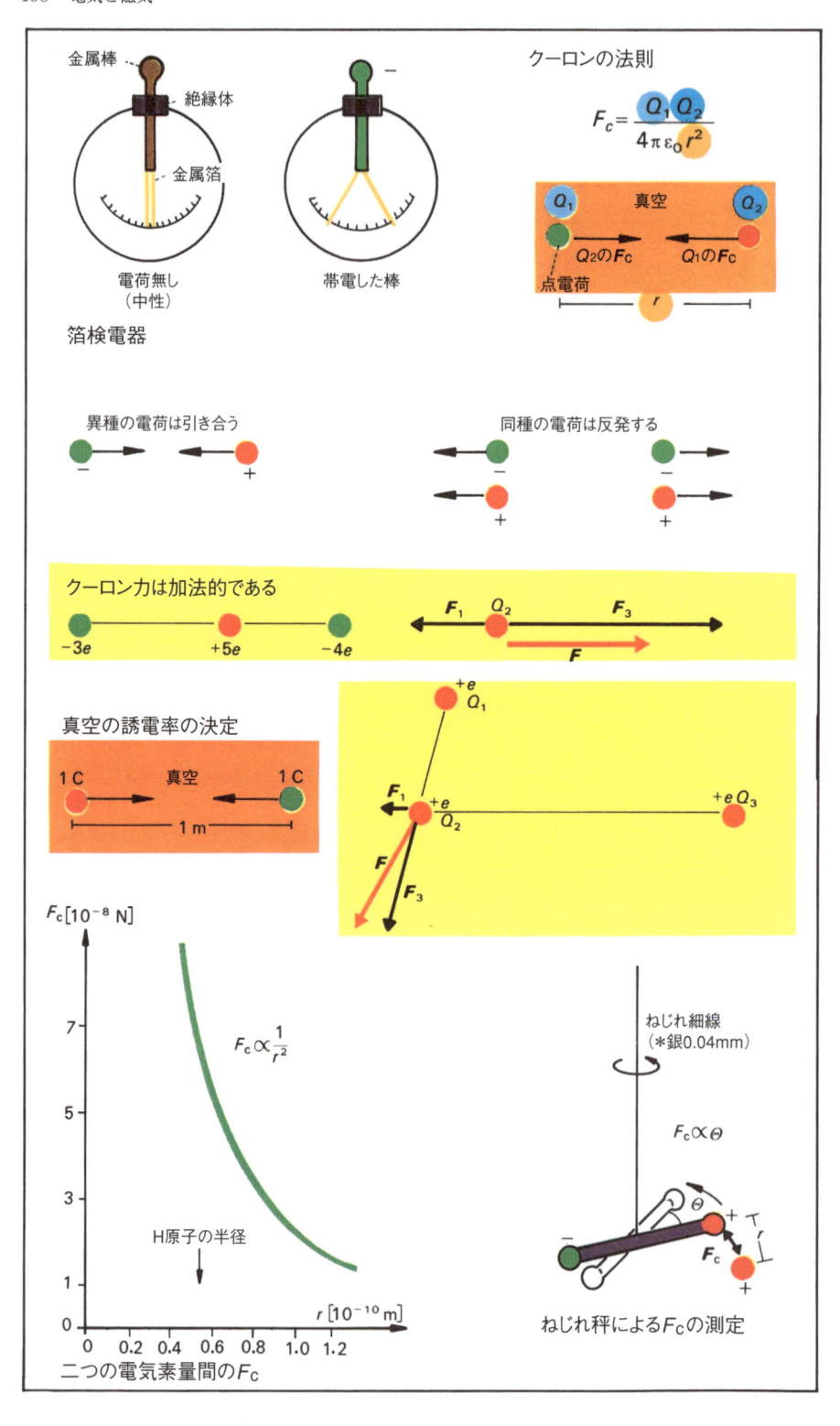

金属棒
絶縁体
金属箔

電荷無し
（中性）

帯電した棒

箔検電器

クーロンの法則

$$F_c = \frac{Q_1 Q_2}{4\pi\varepsilon_0 r^2}$$

真空
Q_1　Q_2
Q_2のF_c　Q_1のF_c
点電荷
r

異種の電荷は引き合う

$-$　$+$

同種の電荷は反発する

$-$　$-$
$+$　$+$

クーロン力は加法的である

$-3e$　$+5e$　$-4e$

F_1　Q_2　F_3
F

真空の誘電率の決定

1 C　真空　1 C
1 m

$+e$ Q_1
F_1　$+e$ Q_2　$+e$ Q_3
F　F_3

$F_c [10^{-8} N]$

$F_c \propto \dfrac{1}{r^2}$

H原子の半径

$r [10^{-10} m]$
0　0.2　0.4　0.6　0.8　1.0　1.2

二つの電気素量間のF_c

ねじれ細線
（*銀0.04mm）

$F_c \propto \theta$

θ　$+$　τ
$-$　F_c　$+$

ねじれ秤によるF_cの測定

電荷．クーロンの法則

正と負の二種類の電荷が存在する．両者は物質中の電荷担体，例えば電子（負）と陽子（正）が固有にもつ．正と負の電荷は互いに中和する．リヒテンベルグ (Georg Christoph Richtenberg) は 1778 年，記号 + と − を採用した．

電荷の間には力が働く．

静電気学は静止している電荷間の力についての学問である．

電気力学は動いている電荷の間の相互作用を研究する．

電荷（記号 Q）の単位は**クーロン**（単位記号 C）である，これはクーロン (Charles–Augustin de Coulomb, 1736–1806) に因む．C は組立単位で，

$$1\,\text{C} = 1\,\text{A} \cdot \text{s}$$

CGS 系では電荷の単位は静電単位（単位記号 esu）を用いる．

換算：$1\,\text{esu} = 3.335641 \times 10^{-10}\,\text{C}$．

各電荷は**電気素量**（**素電荷**）（記号 e）の整数倍である．

素粒子物理学では，$e/3$ や $2e/3$ の電荷を持つ粒子（いわゆる**クォーク**）が存在しうる．しかし，これらの電荷は自由電荷としては現れない．

電気素量は次の数値を有する基礎物理定数である：

$$e = 1.602176 \times 10^{-19}\,\text{C}$$

CGS 系では電気素量の値は $e^* = 4.803204 \times 10^{-10}$ esu である．

電気素量の大きさは正と負の電荷に対して一致する．

電位計は電荷を測定する．

箔検電器：絶縁された金属棒に，二枚の金属箔がぶら下がっている．帯電した物体が棒に触れると，電荷の一部が箔に移動する．両方の箔の電荷は同じ符号を示すので斥力が働き，二枚の箔は広がる．

繊維電位計：非常に細い金属線が電場（201 頁参照）の中に張られている．この線が帯電すると，電荷の大きさに比例して線が曲がる．

クーロンメーター（電気量計）：測定プロセスは電気分解（223 頁参照）に基づく．電気分解により分離した物質の量は，電解液を通して流れた電荷に比例する．

電荷保存の法則

孤立系では全電荷は保存される．即ち，正負の電気素量の総和は一定である．それまで電気的に中性であった物体にある電荷が現れると，それと同時に反対符号の同じ量の電荷が現れる．

例：**イオン化**（181 頁参照）によって中性の原子から正の**イオン**が現れる，例えば，水素 H からは水素イオン H^+ が，また銅 Cu からは（二重帯電）銅イオン Cu^{++} が現れる．それと同時に，負に帯電した一つの粒子（電子），ないし銅においては 2 電子が現れるから電荷は保存している．

電荷は容易に移動することができるので，それらはしばしば分離する．例えば，もともと中性の金属球に外から電荷を近づけると電荷が現れる．この現象を**静電誘導**と言う．球の片面に**誘導**された電荷は反対側の面に現れる逆符号をもつ同じ大きさの電荷と向かいあう．

クーロンの法則

クーロン (Charles Coulomb) は，1784 年にねじれ秤を用いて電荷の間に働く力は電荷の大きさに比例し，電荷の間の距離の二乗に反比例する事を発見した．この力を**クーロン力**と言う．

真空中で，二つの点電荷 Q_1, Q_2 の間に働くクーロン力 $\boldsymbol{F}_\text{C}$ の大きさ F_C は，

$$F_\text{C} = Q_1 Q_2 / (4\pi\varepsilon_0 r^2) \qquad \textbf{Coulomb の法則}$$

ここで，Q_1, Q_2：電荷（単位は C）；r：電荷間の距離（単位は m）；$\varepsilon_0 = 8.8542 \times 10^{-12}\,\text{C}^2\,\text{J}^{-1}\,\text{m}^{-1}$：真空の誘電率．

ε_0 は基礎物理定数である．

クーロンの法則は，ベクトル形式では次のように与えられる：

$$\boldsymbol{F}_\text{C} = Q_1 Q_2 \boldsymbol{r}_0 / (4\pi\varepsilon_0 r^2)$$

$\boldsymbol{r}_0 = \boldsymbol{r}/r$ は Q_1 と Q_2 の間を結ぶ方向の単位ベクトルである．

CGS 系ではクーロンの法則はより簡単に表される：

$$F_\text{C} = Q_1 Q_2 / r^2$$

ここで，F_C はダイン (dyn)，r は cm，Q は esu で測られる．

$\boldsymbol{F}_\text{C}$ の方向は Q_1 から Q_2 へ二つの電荷を結ぶ線分に沿っている．ベクトル加法の法則が成り立つ．$\boldsymbol{F}_\text{C}$ は，Q_1 と Q_2 が異なる符号を持つ時，即ち + と − の時には，引力である．

Q_1 と Q_2 が同じ符合を持つ時，即ち + と +，又は − と − の時には斥力である．

二つの電子間のクーロン力 $\boldsymbol{F}_\text{C}$ は，電子間の万有引力 $\boldsymbol{F}_\text{g}$（37 頁参照）に比べて極めて大きい．

$$F_\text{C}/F_\text{g} \approx 10^{38}$$

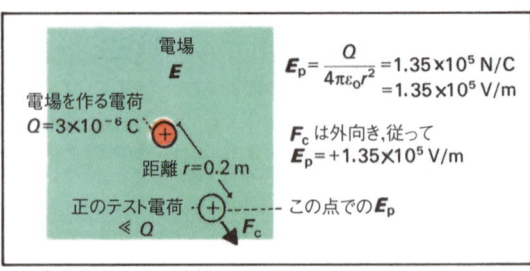

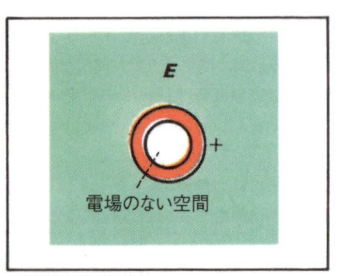

ある点における E の計算

電場 E

電場を作る電荷 $Q = 3 \times 10^{-6}$ C

距離 $r = 0.2$ m

正のテスト電荷 $\ll Q$

この点での E_p

$$E_p = \frac{Q}{4\pi\varepsilon_0 r^2} = 1.35 \times 10^5 \text{ N/C} = 1.35 \times 10^5 \text{ V/m}$$

F_c は外向き，従って $E_p = +1.35 \times 10^5$ V/m

空洞のある導体

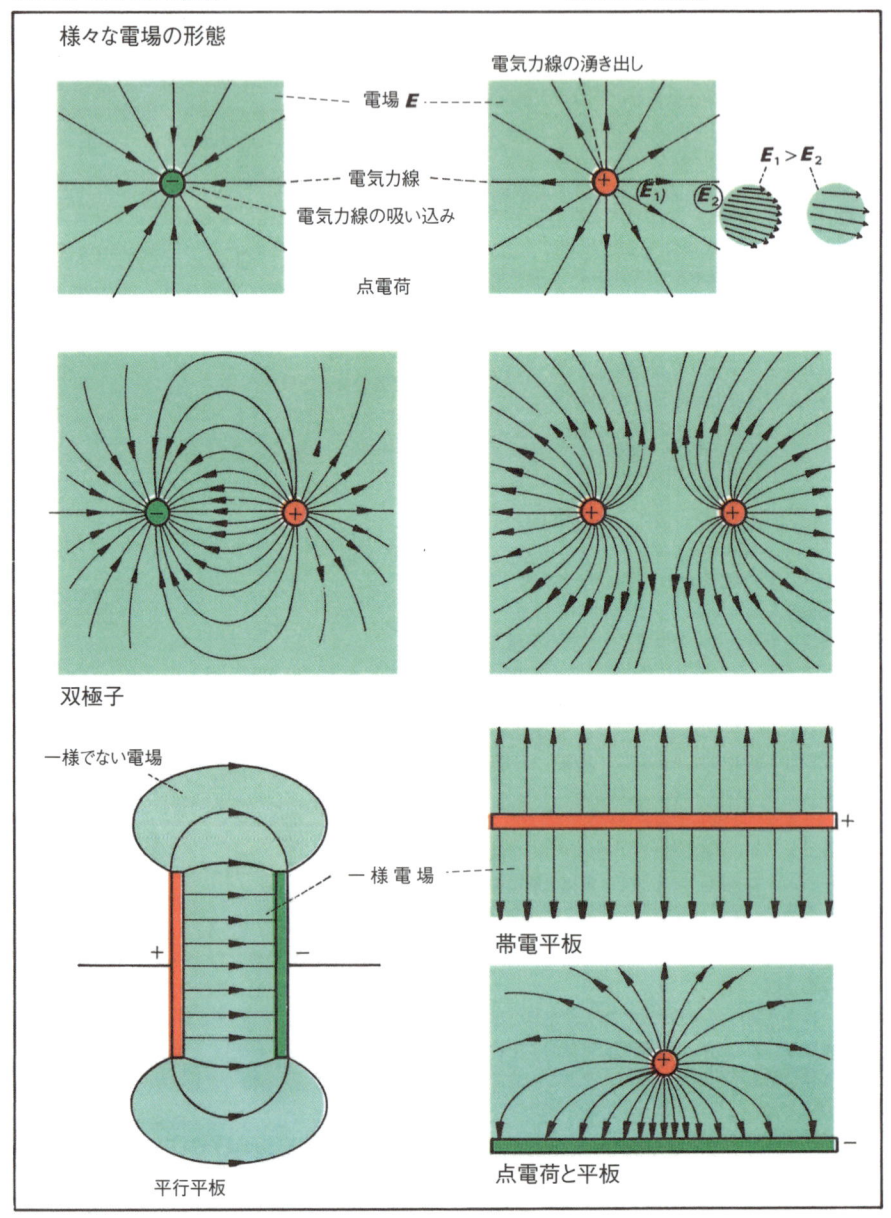

E

電場のない空間

様々な電場の形態

電気力線の湧き出し

電場 E

電気力線

電気力線の吸い込み

点電荷

$E_1 > E_2$

双極子

一様でない電場

一様電場

平行平板

帯電平板

点電荷と平板

電荷は周りに**電場**を作る．それは空間の特性であり伝達物質を要しない．従って，電場は電荷の周りの何もない空間内に存在する．

ファラデー (Michael Faraday, 1791–1867) がこの抽象概念を導入した．マクスウェル (James Clerk Maxwell, 1831–1879) は数学的な手段と場の概念の定式化を発展させた．

電場の中に電荷（例えば電子）が存在すると，その電荷にクーロン力が働く．電荷（いわゆるテスト電荷）を用いれば，電場の有無を確認できる．

テスト電荷に及ぼす力を観測すれば，これが電場の中にいるかどうかがわかる．

電場の強さ（記号 E）．物理量 E はベクトルである．E の方向はテスト電荷に及ぼすクーロン力の方向と一致する．

E の大きさは，E を作り出す電荷の量と分布に依存する．

例：電荷 Q_1 の点に対して次式が成り立つ：

$$E = Q_1/(4\pi\varepsilon_0 r^2)$$

ここで，E：距離 r における電場の大きさ；ε_0：真空の誘電率；r：E をつくる点電荷からの距離．

電場 E の中のテスト電荷 Q に働くクーロン力 F_C は，

$$F_C = EQ$$

この関係式はさまざまな電場に対する E の定義である：

$$E = F_C/Q \qquad\qquad \text{電場の強さ}$$

電場の強さの単位はニュートン毎クーロン（単位記号 N/C）である．

この単位はボルト毎メートル（単位記号 V/m）に相当する．

電場中のある位置で 1 C の電荷に 1 N の力が働けば，1 N/C（1 V/m）の電場の強さが存在する．

CGS 系では電場の強さはダイン/静電単位（単位記号 dyn/esu）である．

既知の電荷を用いると任意の電場における空間の各点の電場の強さを測定できる．しかし，テスト電荷は，それによって引き起こされる E の歪み（テスト電荷も結局それ自身による電場を持つ）が無視できるほど小さくなくてはならない．

点電荷の電場を代入すると，E の一般的な定義から直ちにクーロンの法則（199 頁参照）が得られる：

$$F_C = EQ_1 = (Q/(4\pi\varepsilon_0 r^2))Q_1$$

この力は二つの因子に分解できる．一つ目の因子は場を作る電荷 Q から距離 r の空間の性質（従って場）のみを考慮する．もう一つはテスト電荷 Q_1 を考慮する．

電気力線は，空間における電場の直観的な像を示す．力線の矢印は E の方向を示し，力線の密度は E の大きさに比例する．電気力線の密度が大きい所では，E は相対的に大きな値になる．

力線が平行で，その密度が到るところ等しければ，これは一様な電場を表し，そうでない場合，電場は一様でない．

静電場，即ち時間に依存しない電場では，閉じた電気力線は存在しない．

静電場の力線は，正電荷（いわゆる電場の**湧き出し**）に始まり，負電荷（いわゆる電場の**吸い込み**）で終わる．

電場内の電気双極子（205 頁参照）は力線に平行に整列する．従って，場の中に微少な双極子を持ち込むと，これらは力線上に互いに接して並ぶ．ガラス板上の細かい石膏結晶や，油の中に懸濁させた草の種はこの実験に適している

簡単な電気力線分布の例：

点電荷：力線は正の点電荷から空間的に放射状に湧き出る．負の点電荷は力線の吸い込みである．E は一様でなく，その大きさは電場を作る点電荷からの距離の二乗に反比例する．

平行平板：板の間では，力線は平行で板に垂直である．力線は正の極板より始まり，負の極板に終わる．E は一様で極板間距離に依存しない．

極板周辺には一様でない周縁電場が存在し，その力線は極板の外側にふくれる．

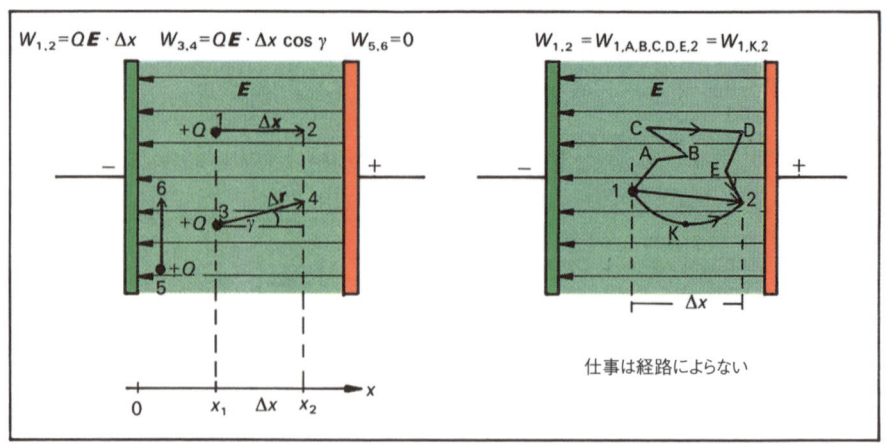

202 電気と磁気

$W_{1,2} = Q\mathbf{E} \cdot \Delta x$　$W_{3,4} = Q\mathbf{E} \cdot \Delta x \cos \gamma$　$W_{5,6} = 0$　　$W_{1,2} = W_{1,A,B,C,D,E,2} = W_{1,K,2}$

仕事は経路によらない

電場に逆らってする仕事

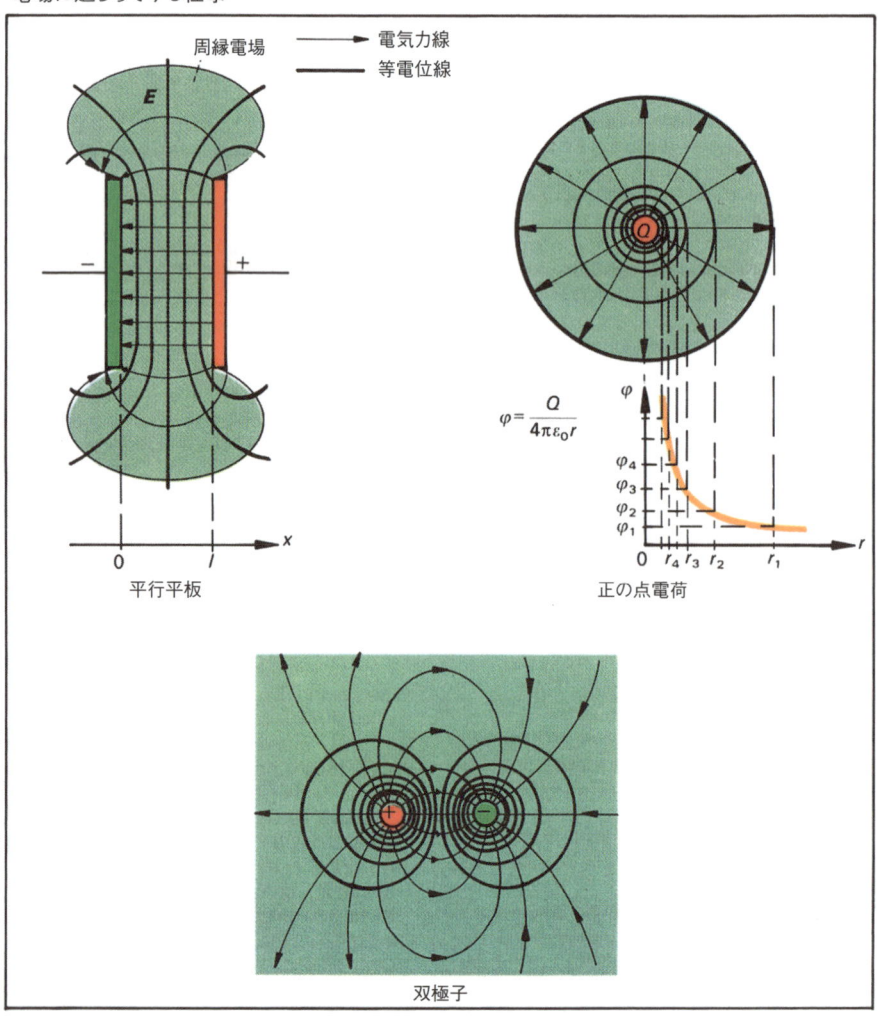

周縁電場　　→ 電気力線
　　　　　　── 等電位線

平行平板

$\varphi = \dfrac{Q}{4\pi\varepsilon_0 r}$

正の点電荷

双極子

等ポテンシャル面の断面

電場の中に一個の電荷 Q が存在する場合，これに次の力 $\boldsymbol{F}$ が働く：

$$\boldsymbol{F} = Q\boldsymbol{E}$$

$\boldsymbol{E}$ は電場の強さ（201 頁参照）である．
$\boldsymbol{E}$ の中で電荷 Q を $\Delta\boldsymbol{x}$ だけ変位させると，仕事の量（33 頁参照）は次のスカラー積である：

$$\begin{aligned}W &= \boldsymbol{F} \cdot \Delta\boldsymbol{x} \\ &= Q\boldsymbol{E} \cdot \Delta\boldsymbol{x}\end{aligned} \qquad \text{仕事}$$

W は変位の際与えるか，もしくは得られる仕事の大きさである．

一般的な定式化：

$$\mathrm{d}W = -\boldsymbol{F} \cdot \mathrm{d}\boldsymbol{r} = -Q\boldsymbol{E} \cdot \mathrm{d}\boldsymbol{r}$$

ここで，$\boldsymbol{r}$ は位置ベクトルである．

取り決め：$\boldsymbol{F}$ と $\mathrm{d}\boldsymbol{r}$ とが同じ向きを指している場合，W は負である．$\boldsymbol{r}_1$ から $\boldsymbol{r}_2$ への変位は，従って，次の仕事を要する．

$$W_{1,2} = -\int_{\boldsymbol{r}_1}^{\boldsymbol{r}_2} \boldsymbol{F} \cdot \mathrm{d}\boldsymbol{r} = -Q\int_{\boldsymbol{r}_1}^{\boldsymbol{r}_2} \boldsymbol{E} \cdot \mathrm{d}\boldsymbol{r}$$

2 点 1 と 2 の間の変位に対する仕事は，**変位経路に依存しない**．したがって，電荷 Q がどの経路を通って 1 から 2 へ到達するかには無関係である．

もしある経路での W が，他の経路の W より大きくなるなら，適当に選んだ循環経路により，絶え間なくエネルギー（仕事）を得ることができる．もしそうであれば，これは第一種の永久機関（101 頁参照）になる．

W は電場における電荷の最初と最後の位置にのみ依存するので，**ポテンシャル**と呼ばれる関数を次の様に定義できる．

$$\begin{aligned}W &= Q(\varphi(\mathrm{A}) - \varphi(\mathrm{B})) \\ &= Q\Delta\varphi\end{aligned}$$

ここで，$\varphi(\mathrm{A})$，$\varphi(\mathrm{B})$：電場内の位置 A と位置 B におけるポテンシャル（電位）の値；$\Delta\varphi$：位置 A および B の間のポテンシャルの差（電位差）．
W は $\Delta\varphi$ にのみ依存する．したがって，二つのポテンシャル値の内の一つは，任意に選びうる，すなわち φ を規格化できる．接地された導体に対しては $\varphi = 0$ とする選択が便利である．ポテンシャルは $\varphi(\text{大地}) = 0$ である．点電荷の場合，電荷から無限に離れた位置で $\varphi = 0$ とするのが都合がよい．

電圧

電場中の二つの位置の間のポテンシャル差（電位差）を，二点間の**電圧**（記号 U または V）と呼ぶ．次式が成り立つ：

電圧 ＝ 仕事 / 電荷

電圧は SI 組立単位，ボルト（単位記号 V）で測る．これはボルタ (Alessandro Volta, 1745–1827) に因んで名付けられた．

定義：1 クーロンの電荷が A から B まで変位して，仕事 $W = 1$ ジュールがなされる場合，電場中の 2 点 A と B との間には 1 ボルトの電圧がかかっている．

1990 年 1 月 1 日以来，ジョセフソン定数 $K_{\mathrm{J}-90} = 483597.9\,\mathrm{GHz/V}$ が，電圧の精密測定の標準として利用されている．

電圧計は電圧を測定する．これは標準電池の電圧との比較により検定される．

ウエストンの標準電池では無負荷状態，かつ 20 °C で両電極間に $U = 1.01830\,\mathrm{V}$ の電圧が生じる．

電圧を用いて電場の強さ（201 頁参照）を容易に測定できる．

$$\begin{aligned}E &= 力 / 電荷 = 仕事 / (電荷 \times 経路長) \\ &= 電圧 / 経路長\end{aligned}$$

単位は V/m である．

等ポテンシャル面，あるいは等電位面

電荷を電気力線に垂直に変位させると，そのための仕事は必要でない，なぜなら，この経路上で φ は一定で，$\Delta\varphi = 0$ になるからである．

一定のポテンシャルを持つ位置は**等ポテンシャル面**上にある．**ポテンシャル等高線**は同じ値のポテンシャルの場所を繋ぐ．電気力線は等ポテンシャル面を垂直に貫く．一つの等ポテンシャル面上にある電荷の変位は仕事を要しない．

地図の等高線は地球の重力ポテンシャル $\varphi_{\mathrm{E}} = $ 一定の面による地形の断面である．その際 $\varphi_{\mathrm{E}} = 0$ は地表にある（訳注：日本では東京湾平均海面）．
例：二枚の帯電した平行な平板の間では，その内部に板に平行な等ポテンシャル面がある．E は一様であり，ポテンシャルの勾配 $\mathrm{d}\varphi/\mathrm{d}x$ は一定である．即ち，

$$E = \Delta\varphi/d$$

$\Delta\varphi$：2 枚の板の間のポテンシャル差；d：二枚の板の間隔．したがって，

$$U = Ed \;\text{そして}\; \mathrm{d}\varphi/\mathrm{d}x = E$$

板の縁で等ポテンシャル面は電気力線に垂直となるように曲がっている．周縁電場は一様でない．

場とポテンシャル

次の関係が成り立つ：

$$\boldsymbol{E} = -\mathrm{grad}\,\varphi$$

（微分演算子 grad は 6 頁参照）
電場はベクトル場 $\boldsymbol{E}(\boldsymbol{r})$ であるが，スカラー場 $\varphi(\boldsymbol{r})$ によっても記述できる．

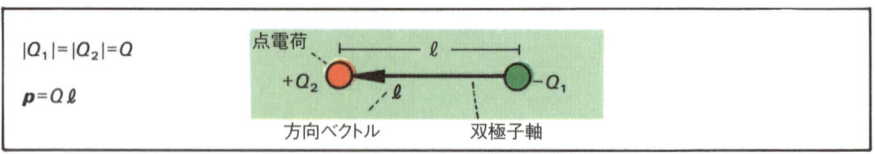

204　電気と磁気

$|Q_1|=|Q_2|=Q$

$p=Q\ell$

双極子と双極子モーメント p

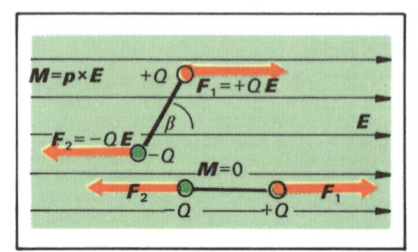

$M=p\times E$

一様な電場中の双極子

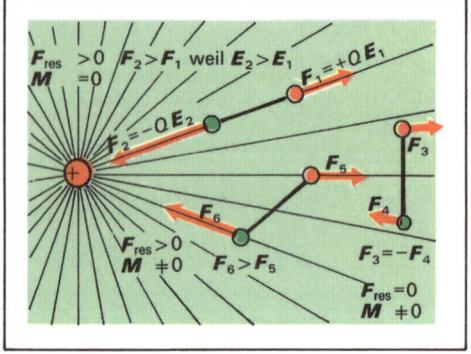

非一様な電場中の双極子

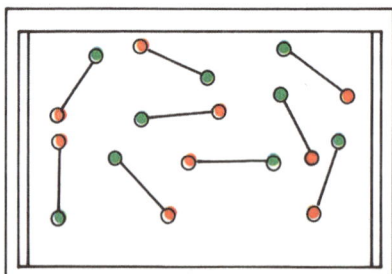

整列していない永久双極子

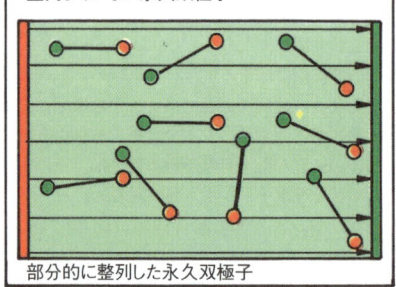

$\varphi_P = \dfrac{Q\ell}{4\pi\varepsilon_0 r^2}\cos\alpha$

ただし $r \gg \ell$

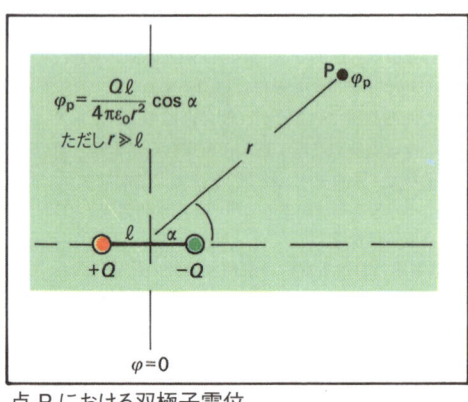

点 P における双極子電位

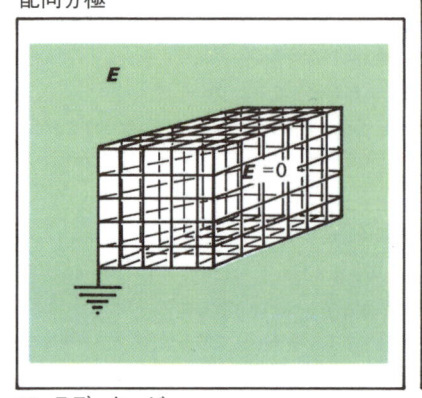

部分的に整列した永久双極子

配向分極

ファラデーケージ

分子	μ [10^{-30} C·m]	μ [D]
CsI	34.0	10.2
KCl	27	8.0
$=C^+=O^-$	27	8.0
$=N^--H^+$	10	3.0
D_2O	6.20	1.86
H_2O	6.17	1.85
SO_2	5.30	1.59
NH_3	4.90	1.47
HCl	3.50	1.05
N_2	0	0
O_2	0	0
Cl_2	0	0
CO_2	0	0
CH_4	0	0
$SiCl_4$	0	0

永久電気双極子モーメント μ

電気**双極子**は，わずかに離れた，等量異符号の二つの点電荷（極）からできている．二つの電荷を結ぶ線を**双極子軸**と呼ぶ．
双極子の電気双極子モーメント（記号 p）は，

$$p = Q\ell \qquad \text{電気双極子モーメント}$$

ここで，Q は点電荷の大きさ（単位 C）である．ℓ は双極子の負と正の極を結ぶベクトルで，方向は負極から正極へ向かう．その大きさ ℓ は点電荷間の距離である．

p の大きさ（記号として μ が使われる）の単位はクーロン・メートル（C·m）である．よく使われる特別な単位がある：

1 Debye （単位記号 D）
$= 3.34 \times 10^{-30}$ C·m

これはデバイ（Peter Debye, 1884–1966）に因んで名付けられた．
1 Debye は，おおよそ原子半径の距離離れた二つの電気素量が作る 電気双極子モーメントの大きさである．

電気双極子は**双極子場**で取り囲まれている．これはいたる所で有限な値を持つ．
電気双極子のポテンシャル φ は二つの点電荷ポテンシャル（203 頁参照）の差である：

$$\varphi = Q\ell \cos\alpha / (4\pi\varepsilon_0 r^2) \qquad \text{双極子ポテンシャル}$$

ここで，ε_0：真空の誘電率（199 頁参照）；α：双極子軸となす角；r：双極子中心からの距離，$r \gg \ell$ が仮定．双極子の対称面上では $\varphi = 0$ であるが，E はそこでも有限値を持つ．

永久電気双極子は固有の電気双極子モーメントを持っている．若干の分子は分離した電荷を持つが，その電気双極子は非常に小さい．例：水，アンモニア，多くの有機分子．

電場中の電気双極子

電気双極子が外場 E 中にあるとき，各電荷には力 $F = QE$ が働く（203 頁参照）．力は**一様電場**中では，大きさは同じで符号が異なる，すなわち逆方向に働く．この結果トルク M（41 頁参照）が生じる：

$$M = p \times E = Q\ell \times E$$

M は ℓ と E が張る平面に垂直であり，その方向はベクトル積の法則（5 頁参照）に従う．トルク M の大きさ M は，

$$M = Q\ell E \sin\beta$$

ここで，β は双極子軸と電気力線の間の角である．電場は，$\beta > 0$ である限り，双極子を回転させよう

とする．$\beta = 0$，すなわち双極子軸が電気力線と平行であればトルクは消える．

一様でない電場の中では，それぞれの場所で電場の強さが異なるために，個々の電荷に異なる大きさの力が働く．

その結果，トルクに加えて，場の強さが増大する方向に双極子を全体として加速する力が働く．

配向分極

永久電気双極子は通常不規則に配列している．すなわち双極子軸の方向は統計的にランダムに分布しており，電気双極子場は相殺する．永久電気双極子を持つ物質を一様電場の中に持ち込むと，その際生じた電気的トルクが，電気双極子の一部を電気力線に平行に整列させる．このようにして**配向分極**が発生する．これは物質の表面電荷により認識できる．

物質の粘性は，外部電場をかけるのと配向分極の形成の間に遅延を引き起こす．分子の熱運動はその整列を妨害するので，物質の温度が低ければ低いほど，物質の配向分極は大きくなる．

電気導体

ある種の物質の電荷担体，特に負の電荷を持つ電子は外部の電場により容易に変位するので，その物質は**電気導体**（以下導体という）である．そうでない場合，**絶縁体**または**不導体**である．

絶縁体中では電子は電場の作用の下で原子直径程度の非常に短い距離だけ変位する．

金属は最も重要な導体である．導体の表面は等ポテンシャル面であり，φ はその上で至る所一定である．全電荷は導体表面に存在する．
導体の内部では $E = 0$ である．
導体内部では φ は至る所一様であり，そして $E = -\mathrm{grad}\,\varphi = 0$ が成り立つからである．

応用：**ファラデーカップ**はファラデー（Michael Faraday, 1791–1867）により発明された．これは下部の閉じた中空導体である．内壁との接触によって，物体を完全に放電できる（訳注：この電荷は直ちにカップ表面に分布する）．

ファラデーケージとは接地された導体（または目の詰んだ導体の網）で取り囲まれた空間である．それは静電場の遮蔽に有用である．ケージの内部には電場が存在しないからである．

206　電気と磁気

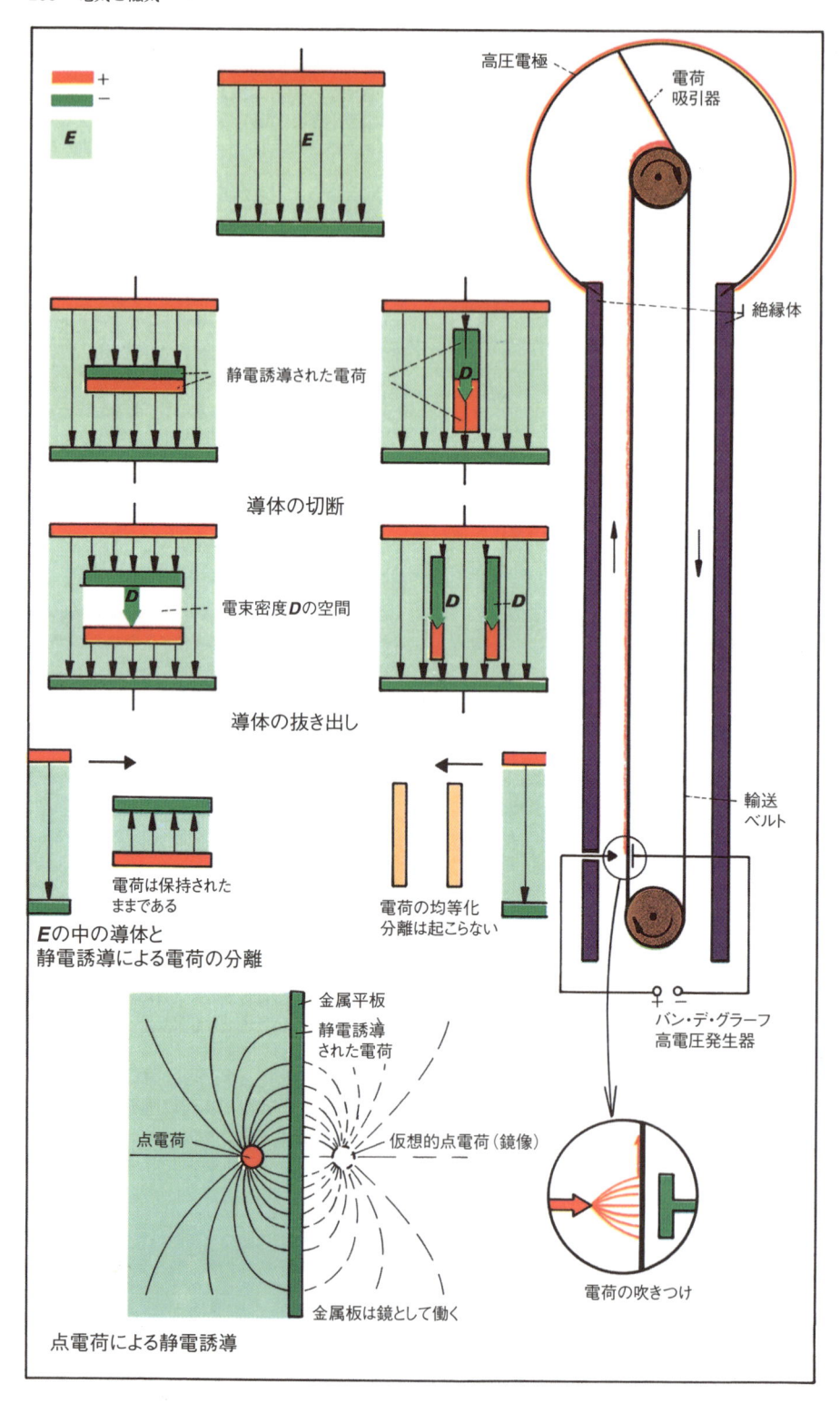

- ＋
- −
- E

静電誘導された電荷

導体の切断

電束密度 D の空間

導体の抜き出し

電荷は保持されたままである

E の中の導体と静電誘導による電荷の分離

電荷の均等化分離は起こらない

高圧電極
電荷吸引器
絶縁体
輸送ベルト
バン・デ・グラーフ高電圧発生器

金属平板
静電誘導された電荷
点電荷
仮想的点電荷（鏡像）
金属板は鏡として働く

電荷の吹きつけ

点電荷による静電誘導

導体の表面は**表面電荷密度**（記号 σ，単位 C/m^2）をもつ．

$$\sigma = Q/S \qquad \text{表面電荷密度}$$

ここで，Q：電荷；S：導体の表面積．
電場が加えられると，通常，電荷は変位する．
静電誘導とは表面電荷が正負に分離することを言う．負電荷は電場の正極に向かって集まり，正電荷は導体の反対側に現れる．全電荷は電荷保存則（199 頁参照）に従って当然一定である．

例：帯電した二枚の板の間の一様電場の中に導体（金属平板または金属球）を持ち込むと，場は導体上に電荷を**誘導する**．電荷は一符号に応じて一向かい合う側に集まる．電気力線に垂直に導体を切断すると，一つは正に，一つは負に帯電した導体が生じる．両方の導体を E から遠ざけることができると，それらは異なる符号の電荷を担っている．

これに反して，電気力線に平行に導体を割ると，導体が電場を離れると直ちに誘導された電荷は均等になり打ち消し合う．

電束密度あるいは**電気変位**（記号 D）は，誘導され空間的に分離した電荷の間の電場を記述する．次式が成り立つ：

$$D = \varepsilon_0 E \qquad \text{電気変位}$$

ここで，ε_0：真空の誘電率で，誘導常数（199 頁参照）とも言われる；E：誘導場の電場の強さ．
D は E と同じ方向を指す．

静電誘導を用いて電場を測ることができる：二つの互いに接している小さな金属平板を E の中に持ち込み，回転させてから互いに引き離し，電位計を用いて誘導電荷を測る．この操作を繰り返し，どの角度で誘導電荷が最大に達するかを決める．そのとき E の力線は金属面に垂直になり，E の大きさ E は $E = \sigma/\varepsilon_0$ で与えられる．
（訳注：206 頁左上の図参照）．

静電誘導の応用：

誘導起電機は可動導体上に電荷を発生させ，これを取り出す．二枚の（反対向きに）回転する絶縁円盤上に扇形導体があり，その滑り接触を介して回転によって，より高い静電誘導を示すように結線されている．静電誘導電圧は，二枚の板の間で放電が起こるまで上昇する．

バン・デ・グラーフ高電圧発生器は 1931 年にバン・デ・グラーフ（Van de Graaff, 1901–67）により建設された．これは改良静電誘導器である：継ぎ目の無い絶縁ベルト（例えばナイロン製）が二つのローラーの間を高速で循環する．一つは，絶縁された中空の金属球（直径約 1 m）内にある．もう一方のローラーの所で，静電誘導により正か負の電荷がベルト上に運ばれる（吹き付けられる）．これらの電荷はベルトに付着し球内に運ばれ，そこで滑り接触により取り去られる（訳注：205 頁ファラデーカップ参照）．中空球を数百万ボルトに帯電させることに成功している．発生した高圧は核物理学実験用の粒子加速に使われる．

電場のエネルギー

電場を発生させるには，例えば，導体に電荷を載せればよい．電荷が存在しているとき，さらに持ち込むにはエネルギーを必要とする．このエネルギーは生じた電場に蓄えられる．
電場の**エネルギー密度**（記号 w，単位 J/m^3）は，

$$w = \varepsilon E^2 / 2 \qquad \text{エネルギー密度}$$

ここで，E：電場の大きさ；ε：物質の誘電率．
例：二枚の平行な帯電平板（平板コンデンサー）間の w．$E = $ 電圧 (U)/板の間隔 (d) なので，

$$w = \varepsilon_0 U^2 / (2d^2).$$

$U = 1.5\,\text{V}$ で $d = 0.1\,\text{mm}$ のとき，$w = 9.96 \times 10^{-4}\,\text{J}/\text{m}^3$．帯電した（板間に詰め物がない）そのコンデンサーが $1\,\text{cm}^2$ の表面を持てば，平板間の電場は $9.96 \times 10^{-12}\,\text{J}$ のエネルギーを蓄える．

電子ボルト（エレクトロンボルト）

帯電した粒子は，「電場」E 内で電気力線に沿った電気的な力により，反対符号の方向に加速される．その為に必要なエネルギーは電場が供給する．粒子の運動エネルギー K（35 頁参照）は次の量だけ増加する．

$$\Delta K = QU$$

この事象はエネルギーないし仕事の単位の定義に有用で，SI 単位系と共通に使用される．それは特に原子物理学や原子核物理学で使われている．

1 **電子ボルト**（単位記号 eV）は電気素量が 1 ボルトの電位差の所を通過するとき獲得するエネルギーである．
換算：$1\,\text{eV} = 1.602 \times 10^{-19}\,\text{J}$.

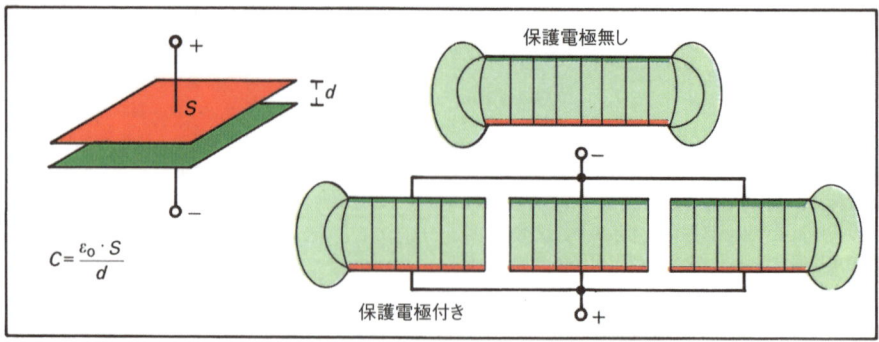

208　電気と磁気

$$C = \frac{\varepsilon_0 \cdot S}{d}$$

保護電極無し

保護電極付き

平板コンデンサー

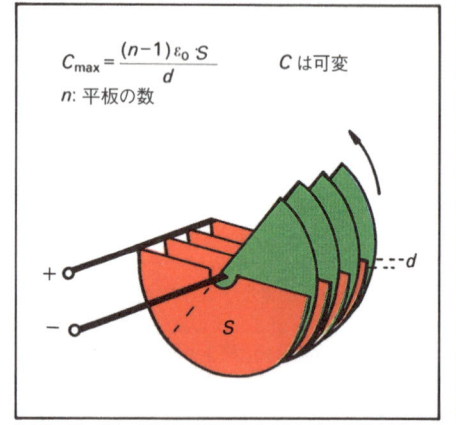

$$C_{max} = \frac{(n-1)\varepsilon_0 S}{d}$$
n: 平板の数
C は可変

可変コンデンサー（バリコン）

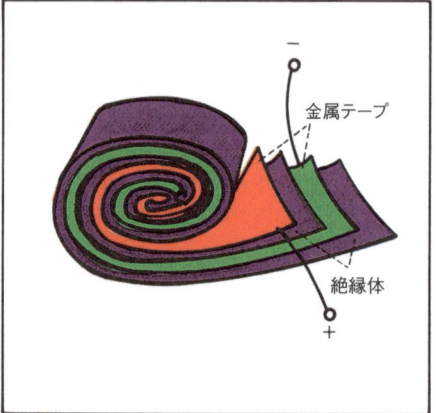

金属テープ
絶縁体

ブロックコンデンサー

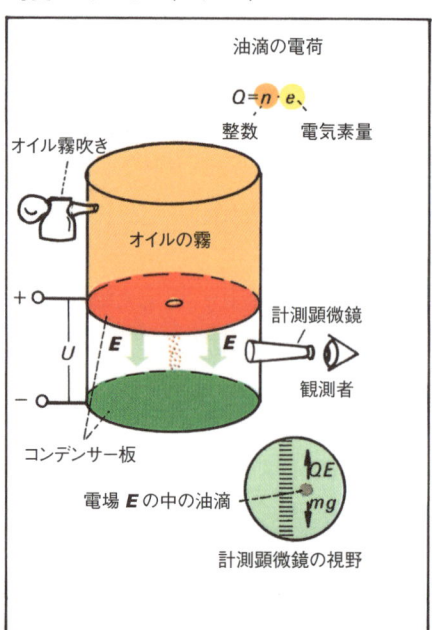

油滴の電荷
$Q = n \cdot e$
整数　電気素量

オイル霧吹き
オイルの霧
計測顕微鏡
観測者
コンデンサー板
電場 E の中の油滴
QE
mg
計測顕微鏡の視野

ミリカンの実験

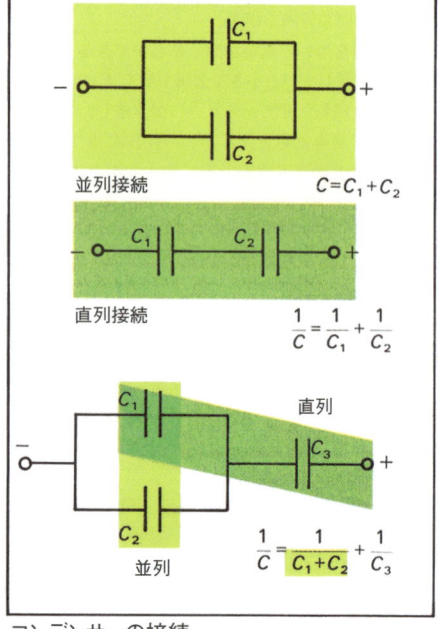

並列接続　　$C = C_1 + C_2$

直列接続　　$\dfrac{1}{C} = \dfrac{1}{C_1} + \dfrac{1}{C_2}$

直列
並列　　$\dfrac{1}{C} = \dfrac{1}{C_1 + C_2} + \dfrac{1}{C_3}$

コンデンサーの接続

電気容量

一つの導体が電荷 $+Q$ を，もう一つの導体が $-Q$ を持つと，その間には電圧 U が存在する．ここで，

$$U = Q/C$$

量 C をその配置の**電気容量**（記号 C）と言う．

導体の配置は非常に多様である．例えば，平行平板，点電荷と平板，同心円筒や同心球などである．電気容量は SI 組立単位ファラッド (Farad)（単位記号 F）で測られる．これはファラデー (Michael Faraday, 1791–1867) に因む：

1 ファラッド ＝ 1 クーロン/1 ボルト

1 クーロンの電荷が導体間に 1 ボルトの電圧を引き起こすとき，二つの導体の幾何学的配置は電気容量 1 ファラッドを持つ．

ファラッドは非常に大きな単位である．大抵の配置は μF と pF の間の容量を持つ．

コンデンサー

コンデンサーは一定の容量を持つ電気的，あるいは電子的な貯蔵器である．コンデンサーの C は導体の形状，空間配置と導体間の空間の物質（誘電体，211 頁参照）のみに依存する．

平板コンデンサーは，二枚の平行な，互いに絶縁された，同じ大きさと形をもつ導体の薄板で，それらは符号の異なる同量の電荷を持つ．真空中では，

$$C = \varepsilon_0 S/d$$

ここで，S：一枚のコンデンサー板の表面積；d：板間距離；ε_0：真空の誘電率．

注意：極板間距離が**減少する**と C は増加する．コンデンサー極板間の電圧を一定にして，その距離を増やすと板の上の電荷は減少する．

例：表面積 2 cm × 0.2 cm，極板間の距離 1 mm のコンデンサーは真空中で $C = 0.354\,\mathrm{pF}$ の容量を持つ．空気中でも C は事実上同じ値である（211 頁参照）．

極板の周囲で電気力線はコンデンサーから漏れ出す．平板コンデンサーの力線をいたる所平行にするために，**保護電極**で囲まれる．

ブロック・コンデンサーは体積を減らすために，巻いて封をした平板コンデンサーである．

球コンデンサー．電場は二つの同心の導体球殻の間にある．真空中では，

$$C = 4\pi\varepsilon_0 r_1 r_2/(r_2 - r_1)$$

r：球の半径，$r_2 > r_1$．

円筒コンデンサーは，細い方を太い方の中に差し込んだ同軸の二つの円筒殻よりなる．真空中では，

$$C = 2\pi\varepsilon_0 \ell / \ln(r_2/r_1)$$

ここで，ℓ：円筒の長さ；r：円筒の半径，$r_2 > r_1$．

コンデンサーは $E = CU^2/2$ のエネルギーを蓄える．

コンデンサーの接続

並列接続ではコンデンサーの同じ符号の電極が結線される．この配置での全容量 C は個々の容量 $C_1, C_2, \ldots, C_n$ の和である：

$$C = \sum_i^n C_i = C_1 + C_2 + C_3 + \cdots + C_n$$

直列接続では，各コンデンサーは異なる符号の極と直列に接続される．全容量の逆数は個々の容量の逆数の和である．

$$\frac{1}{C} = \sum_i^n \frac{1}{C_i} = \frac{1}{C_1} + \frac{1}{C_2} + \frac{1}{C_3} + \cdots + \frac{1}{C_n}$$

応用：

繊維電位計または**弦電位計**は電荷を測定する．導電性の石英繊維（直径数 μm）が平板コンデンサー（板間距離 d）の中に張られている．繊維の電荷が Q であると，これに $F = QU/d$ の大きさの力が働く，ここで U はコンデンサー平板間の電圧である．繊維はしたがって，Q に比例して曲がる．繊維を計測顕微鏡で観測すると，およそ 10^{-15} C 以上の電荷が測定できる．

コンデンサー・マイクロフォンでは，コンデンサーの一枚の極板は非常に薄く作られているので，音波が当たると共振する．このために生じる C の変動は電圧変化となり，増幅の後スピーカーに送られる．

電気素量の測定は，1909 年ミリカン (Robert Millikan, 1868–1953，ノーベル賞 1923 年) により初めて行われた：

水平な平板コンデンサー（電圧 U，板間距離 d）の電場の中に，微少な油滴が噴霧される．各油滴は表面電荷 Q を持つ．側面からの照明によって，個々の油滴を計測顕微鏡で観測できる．重力 mg（29 頁参照）は油滴を下方に引っ張り，（適切に加えられた）コンデンサー電場は QU/d の大きさの力を上方に働かせる．油滴が浮遊するまで，コンデンサー電圧を変化させる．両方の力は釣り合い，次式のようになる．

$$Q = mgd/U$$

粘性抵抗による終端速度から，油滴の質量 m を決定する（抵抗のある場合の落下 39 頁参照）．ミリカンは Q が常に非常に小さな電荷—電気素量—の整数倍であることを発見した．

210　電気と磁気

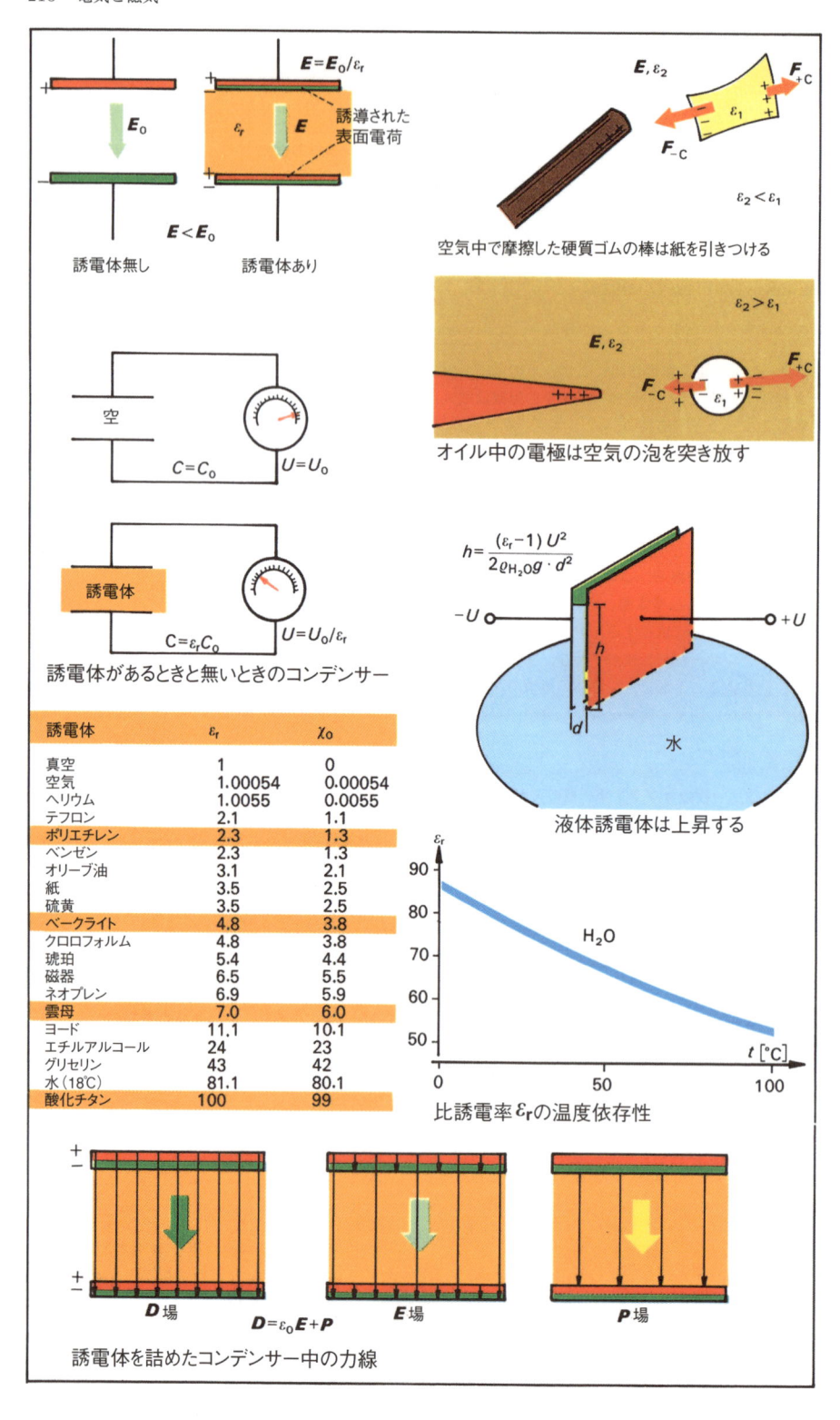

$E = E_0/\varepsilon_r$

誘導された表面電荷

E_0　ε_r　E

$E < E_0$

誘電体無し　誘電体あり

空気中で摩擦した硬質ゴムの棒は紙を引きつける

$\varepsilon_2 < \varepsilon_1$

空　$C = C_0$　$U = U_0$

誘電体　$C = \varepsilon_r C_0$　$U = U_0/\varepsilon_r$

誘電体があるときと無いときのコンデンサー

$\varepsilon_2 > \varepsilon_1$

オイル中の電極は空気の泡を突き放す

$$h = \frac{(\varepsilon_r - 1) U^2}{2 \varrho_{H_2O} g \cdot d^2}$$

水

液体誘電体は上昇する

誘電体	ε_r	χ_0
真空	1	0
空気	1.00054	0.00054
ヘリウム	1.0055	0.0055
テフロン	2.1	1.1
ポリエチレン	2.3	1.3
ベンゼン	2.3	1.3
オリーブ油	3.1	2.1
紙	3.5	2.5
硫黄	3.5	2.5
ベークライト	4.8	3.8
クロロフォルム	4.8	3.8
琥珀	5.4	4.4
磁器	6.5	5.5
ネオプレン	6.9	5.9
雲母	7.0	6.0
ヨード	11.1	10.1
エチルアルコール	24	23
グリセリン	43	42
水 (18℃)	81.1	80.1
酸化チタン	100	99

比誘電率 ε_r の温度依存性

D場　　E場　　P場
$D = \varepsilon_0 E + P$

誘電体を詰めたコンデンサー中の力線

コンデンサーの電場 E の中に絶縁体を持ち込むと，絶縁体に表面電荷が誘起される．コンデンサー表面の電荷によるクーロン力はその物質を電場の中に引き込む．逆に絶縁体を場から遠ざけるには力が必要である．

電場の中にある絶縁物質を**誘電体**とよぶ．
コンデンサーの容量 C は，

$$C = \varepsilon_r C_0$$

ここで，C_0：誘電体無しの容量；C：誘電体があるときの容量：ε_r：**比誘電率**，

$$\varepsilon_r = C/C_0 \qquad\qquad \text{比誘電率}$$

ε_r は無次元の量で，常に $\geqq 1$；これは物質と温度に依存する．真空では $\varepsilon_r = 1$，空気では，ε_r は小数点以下 4 桁目でやっと 1 と異なる．水は異常に高い値を持つ（$\varepsilon_r = 81.1$）．

ε_r と ε_0 の積を物質の**誘電率**（記号 ε）という．

$$\varepsilon = \varepsilon_r \varepsilon_0 \qquad\qquad \text{誘電率}$$

ε_r は真空の誘電率に相対的な物質の誘電率である．
極板の間に誘電体のある平板コンデンサーでは，

$$C = \varepsilon_r \varepsilon_0 S/d = \varepsilon S/d$$

例：209 頁のコンデンサーに雲母（$\varepsilon_r = 7$）を詰めると，C は 2.48 pF に増加する．

一般論：ある配置で誘電体を詰めた場合の容量は同じ配置で真空中にある場合の C より因子 ε_r だけ大きい．

帯電し，絶縁されたコンデンサー（電圧 U_0，電荷 Q_0，電場の強さ E_0）に誘電体を詰めると，次のことが観測される：
極板間の電圧 U は低下する．

$$U = U_0/\varepsilon_r$$

電場の強さ E は下がる．

$$E = E_0/\varepsilon_r$$

電気分極（記号 P）は，E の影響下で誘電体内に現れる電気双極子に対する尺度である．分極は，**永久双極子**（205 頁参照）が E により単に整列させられて生じた（配向分極）か，あるいは E が初めて電気双極子を生じさせた（変位分極）かである．通常，**配向分極**と**変位分極**（電子分極）（下記参照）が同時に現れる：

$$P = (\varepsilon_r - 1)\varepsilon_0 E \qquad\qquad \text{分極}$$

P は E と同じ方向を指す．P の力線は誘電体の負の表面電荷より始まり，正の表面電荷で終わる．

$\varepsilon_r - 1$ は**電気感受率**（記号 χ_e）と言う．
応用：非常に小さい可動物体を電場の中に入れると，それは分極され（誘導，249 頁も参照）双極子になる（例えば，空気中の油滴）．それは場の中に引き込まれる．誘電率が固有のものより小さいものは反発力を受ける（例えば，水中の気泡）．

誘電体がある電場では，

$$D = \varepsilon E \quad\text{そして}\quad D = \varepsilon_0 E + P$$

ここで，D は電束密度（電気変位，207 頁参照）である．

D の力線はコンデンサー表面の正電荷から始まり，誘電体を通過して，もう一方の極板の負電荷に終わる．

E の力線はコンデンサー極板の正電荷より出るが，そのうちの一部は誘電体の誘導表面電荷に終わる．

電子分極（**変位分極**）では，E は誘電体中の中性の原子または分子を分極させる．E が消えると，電子分極も消える．
次式が成り立つ．

$$P_v = n\alpha E$$

ここで，P_v：電子分極；n：誘電体中の原子または分子の数密度；α：原子または分子の**分極率**．
α は粒子の変形しやすさの尺度，すなわち，その電荷の空間的な変位の度合いである．$\alpha \approx 2\pi\varepsilon_0 r^3$（$r$：粒子半径）．

誘電体内部では誘起された電荷は相殺する．それらは境界表面にだけ**表面電荷**として現れる．

配向分極（205 頁参照）は，誘電体内での永久双極子が電場 E によって整列することによって生じる．E が消えると，各々の双極子は不規則な方向を向き，従って P には寄与しない．

誘電体を詰めたコンデンサーの電場の**エネルギー密度** w（エネルギー/体積）は，

$$w = \varepsilon_r \varepsilon_0 E^2/2$$

従って，真空中より因子 ε_r 倍だけ大きい．

212 電気と磁気

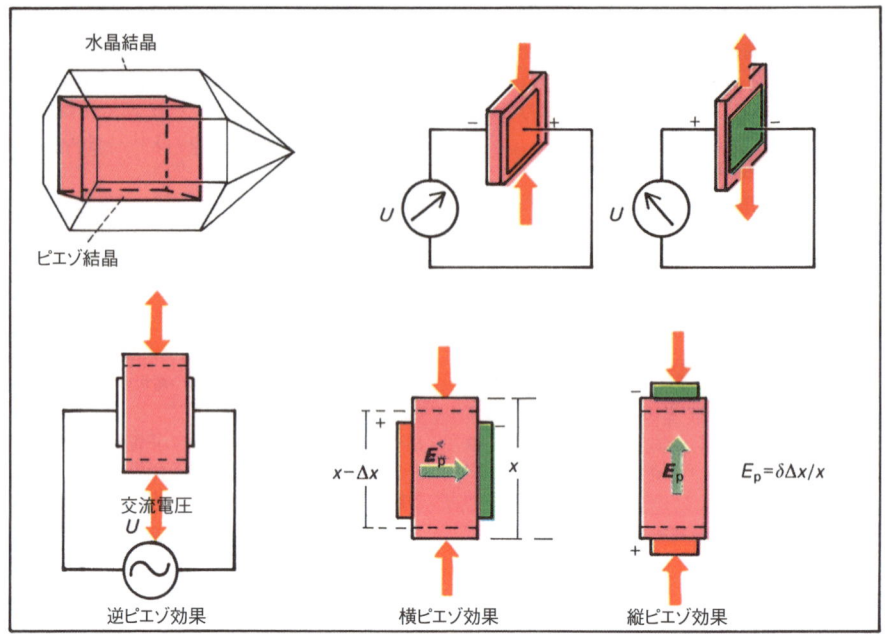

ピエゾ(圧電)効果

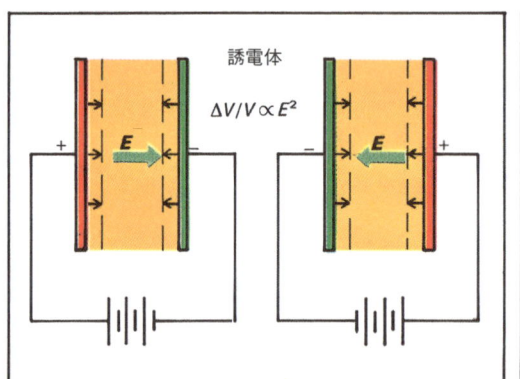

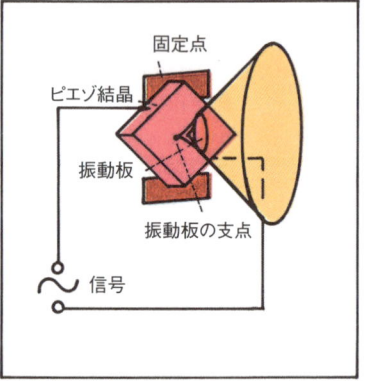

水晶結晶
ピエゾ結晶
交流電圧 U
逆ピエゾ効果
横ピエゾ効果
縦ピエゾ効果
$E_p = \delta \Delta x / x$

電歪

$\Delta V/V \propto E^2$

クリスタル スピーカー

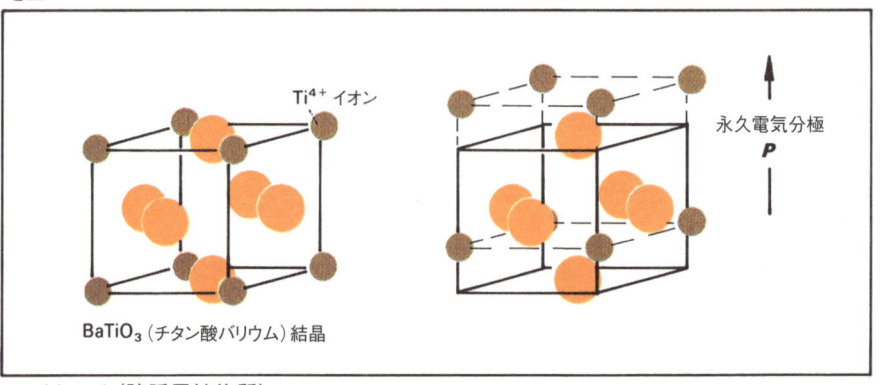

固定点
ピエゾ結晶
振動板
振動板の支点
信号

エレクトレット(強誘電性物質)

Ti^{4+} イオン
$BaTiO_3$(チタン酸バリウム)結晶
永久電気分極 P

いくつかの結晶，セラミックス（陶磁器），プラスチック等では特定の軸に沿って機械的に歪ませると，表面に電荷（**ピエゾ電気**）が現れる．
ジャック・キュリー（Jacques Curie, 1855–1941）とピエール・キュリー（Pierre Curie, 1859–1906）の兄弟は 1880 年この**ピエゾ効果**（圧電効果）（ギリシャ語「押す」に因む）を発見した．
結晶が次の特性を持てば圧電性である：電気的絶縁体であり，対称中心を持たず，分極軸を持つ．

　例：水晶，トルマリン（電気石），若干のセラミックス，チタン酸バリウム，蔗糖，ポリ弗化ビニリデン（PVDF）．

ピエゾダイオードは，機械信号を電気信号に変えるために，p–n 遷移領域（333 頁参照）の圧力依存性を利用する．

液体と気体はピエゾ効果を示さない．次式が成り立つ：

$$E_\mathrm{p} = \delta\, \Delta x/x$$

E_p：圧（ピエゾ）電場の強さ；Δx：歪み；$\Delta x/x$：相対圧縮または伸長度；δ：圧電係数．
δ の単位は V/m で，大きさは $10^7\,\mathrm{V/m}$ から $10^9\,\mathrm{V/m}$ の間である．

長さの変化が Δx のときのピエゾ電圧 U は，

$$U = \delta\, \Delta x$$

例えば，水晶で 10^{-9} cm ほどの歪みに対して $U = 10\,\mathrm{V}$ である．

ロッシェル塩（$\mathrm{KNaC_4H_4O_6}$）は非常に大きな圧電係数を持つが，実用には向かない．この塩は，この高い値を $-16\,°\mathrm{C}$ と $+24\,°\mathrm{C}$ の間だけ示し，機械的強度が小さく，湿度に敏感である．

ピエゾ電場はピエゾ物質の対向する面の間にある．圧縮と伸長は逆向きの電場を発生させる．次の区別がある：

　横ピエゾ効果：$\Delta x \perp E$
　縦ピエゾ効果：$\Delta x \parallel E$

ここで Δx は変位（25 頁参照）である．

応用：
圧力測定，クリスタルマイクロフォン，レコードプレーヤーのピックアップ（ピエゾ結晶が機械振動を電気振動に変換する），スピーカーの振動膜（PVDF），赤外線検出器．

リップマン（Gabriel Lippmann, 1845–1921）とキュリー（Pierre Curie）は，1881 年，**逆ピエゾ効果**を発見した：ピエゾ物質に電圧を加えると，電場の向きに従って収縮したり伸長したりする．
加えた電圧と観測された収縮あるいは伸長の関係はピエゾ効果のものと一致する．

応用：
ピエゾ結晶に交流電圧を加えると，その周波数で機械的に振動する．1922 年以来，この種の**水晶振動子**は，電気振動回路（285 頁参照）の安定装置，音波送信機，特に超音波発振器（93 頁参照）として利用されている．**時計用水晶振動子**：加える交流電圧の周波数と水晶振動子の固有周波数（振動数）（75 頁参照）を一致させると，時間的に極めて安定した共振が発生する．

　水晶の固有振動の時間的安定度は $1:10^{10}$ 程度である．すなわち，検定された水晶の振動数のずれは，1 年後に約 $1/1000\,\mathrm{s}$ である．

電歪（電気ひずみ）．電場内に誘電体を置くと収縮する．誘電体内部で双極子が電気力線に沿って整列し，それらは互いに引き合うからである．電歪は固体，液体，ガス状物質に現れる．次式が成り立つ：

$$\Delta V/V \propto \varepsilon E^2$$

ここで，$\Delta V/V$：体積収縮の割合；ε：物質の誘電率；E：与えられた電場の強さ．
この現象では常に収縮のみが現れる．

焦電効果は，温度が変わると結晶の対向面の間に電場が発生する現象である．これは内部でのイオンの変位によっており，トルマリン（電気石：アルカリ土類，アルカリの硼酸塩と珪酸塩の混晶）で顕著である．

電熱効果は焦電効果の逆過程である，すなわち，焦電物質に電圧を加えると，結晶が暖まったり，冷えたりする．

強誘電性：強誘電物質は永久的に電気分極している，すなわちこれは表面電荷を持つ．この効果は観測しづらい．この効果は小さく，周囲に常に存在する自由イオンが表面電荷を中和するからである．
ある種の強誘電性物質を（マグネットとの類似で）エレクトレットと言う．全てのエレクトレットはまた強誘電体である．

　例：水晶，ロッシェル塩，チタン酸バリウム（$\mathrm{BaTiO_3}$），若干のワックス．

214 電気と磁気

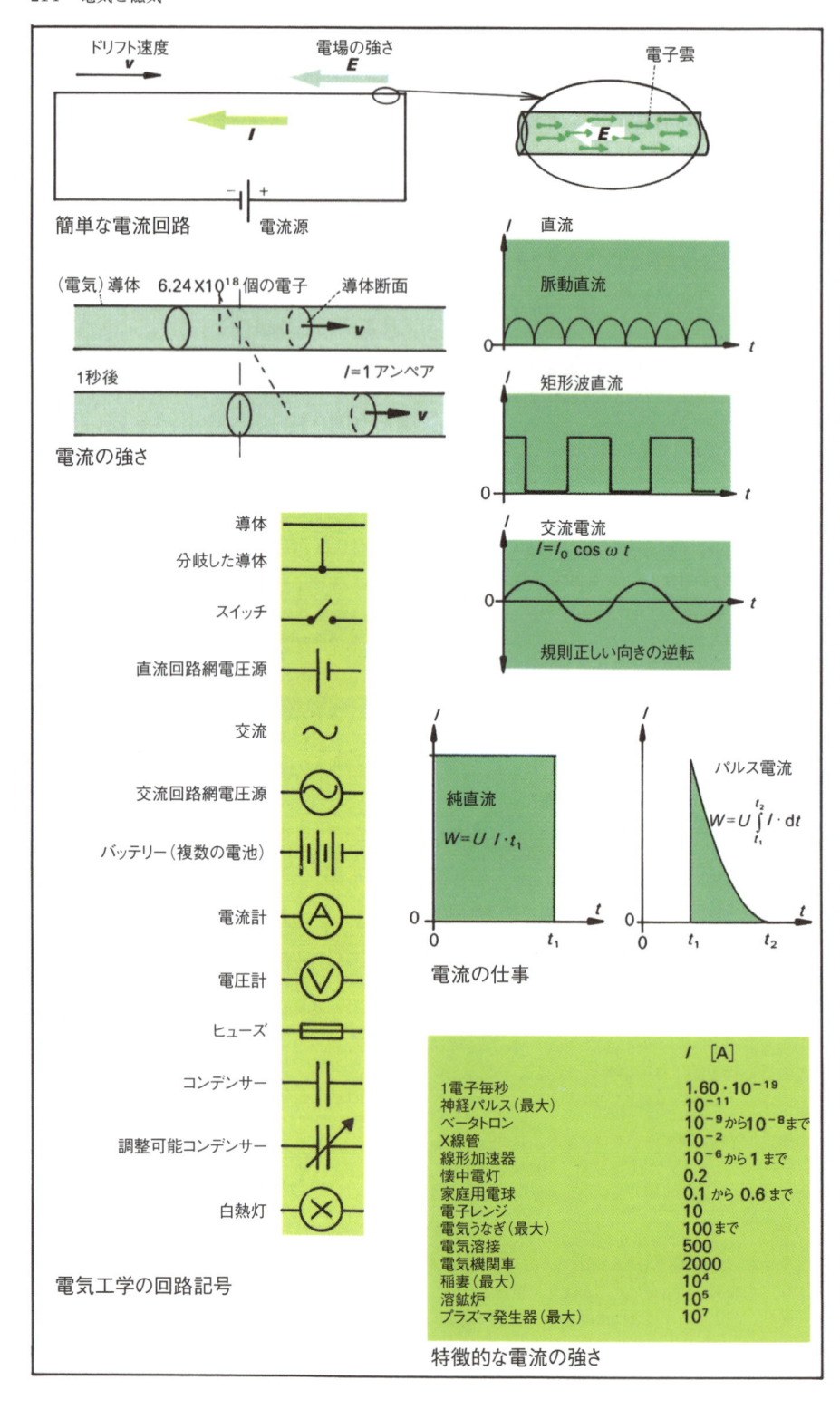

簡単な電流回路
- ドリフト速度 v
- 電場の強さ E
- 電子雲
- 電流源

電流の強さ
- (電気)導体
- 6.24×10^{18} 個の電子
- 導体断面
- 1秒後
- $I = 1$ アンペア

電気工学の回路記号
- 導体
- 分岐した導体
- スイッチ
- 直流回路網電圧源
- 交流
- 交流回路網電圧源
- バッテリー(複数の電池)
- 電流計
- 電圧計
- ヒューズ
- コンデンサー
- 調整可能コンデンサー
- 白熱灯

直流
- 脈動直流
- 矩形波直流

交流電流
$I = I_0 \cos \omega t$
規則正しい向きの逆転

電流の仕事
- 純直流: $W = U \, I \cdot t_1$
- パルス電流: $W = U \int_{t_1}^{t_2} I \cdot dt$

特徴的な電流の強さ

	I [A]
1電子毎秒	$1.60 \cdot 10^{-19}$
神経パルス(最大)	10^{-11}
ベータトロン	10^{-9} から 10^{-8} まで
X線管	10^{-2}
線形加速器	10^{-6} から 1 まで
懐中電灯	0.2
家庭用電球	0.1 から 0.6 まで
電子レンジ	10
電気うなぎ(最大)	100 まで
電気溶接	500
電気機関車	2000
稲妻(最大)	10^4
溶鉱炉	10^5
プラズマ発生器(最大)	10^7

電場の中で，電荷担体，例えば電子またはイオンが動くとき**電流**が流れる．

金属導体中の電流：金属の価電子は非常に弱く結合しているので，電子を自由に近い状態にするには原子の熱振動でも十分である．したがって，金属内部には自由に動き回る価電子が**電子気体**として存在するとみなしてよい．Cu 中の伝導電子（価電子）の数密度は約 10^{23} cm^{-3} である．電場 E はこれら電子を加速する．それにもかかわらず，結果として現れる**ドリフト速度 v** は一定である．電子は絶えず金属のイオンと衝突し，その際絶えずエネルギーを失うからである．電子気体においては v の方向は E の方向と逆である．v の大きさ v は数 mm/s である．すなわち熱運動（105 頁参照）の速度よりはるかに小さい．

電源のスイッチを入れると直ちに電流が流れる．E は光速度で伝わるからである．

取り決め：電気回路（221 頁参照）の中の**電流の方向**は電気力線に沿った方向，従って ＋ から － へ向かう．

この取り決めは，真の電荷担体がまだ分かっていなかった時期にまでさかのぼる．

導体の断面積を通って単位時間に流れる電荷量を**電流の強さ**（記号 I）と言う．一般的に，

$$I = dQ/dt \qquad 電流の強さ$$

ここで，Q：電荷量（単位 C）；t：時間（単位 s）．
直流：I が時間に依存しない（純直流）か，常時同じ方向に流れるもの（脈動直流や断続する直流）．
交流：I が時間の周期関数である．例：$I = I_0 \cos(\omega t)$．
パルス電流：I が非常に短い時間の間に流れる．
I は**アンペア**（単位記号 A）で測られる．これは SI 単位系の基本単位である．
アンペアの定義：真空中に 1 メートルの間隔で平行に配置された，無限に小さい円形断面積を有する，無限に長い二本の直線状導体のそれぞれを流れ，これらの導体の長さ 1 メートルにつき 2×10^{-7} ニュートンの力を及ぼし合う一定の電流．

アンペアの古い定義：1 A は，硝酸銀水溶液から 1.118 mg 毎秒の銀を析出させる．

電流の強さの単位はアンペール（André Ampère, 1775–1836）に因んで名付けられた．
換算：電流の強さ 1 A のとき毎秒 1 C が流れるので，

$$Q = It$$

例：2.5 A が 4 分間, 針金を通して流れた場合, 流れた電荷は 600 C である．この場合, $600/(1.60 \times 10^{-19}) = 3.75 \times 10^{21}$ 個の電子が針金の断面を通過する．

電流計（アンメーター）は電流の強さを測る．**検流計（ガルバノメーター）**は感度の高い電流計である．

電流密度（記号 j, 単位 A/m^2）は導体単位断面積当たりの電流である．

電流の仕事は，荷電担体，例えば電子気体（上記参照）を導体を通して動かすために電流源が放出しなくてはならないエネルギーである．
次のようになる：

$$W = UIt \qquad ジュールの法則$$

ここで，W：電流の仕事；U：導体の両端間の電圧；t：電流 I が流れている時間．
I が時間と共に変動する場合は，

$$W = \int UI\,dt \qquad 電流の仕事$$

電流の仕事は，ジュールないしワット・秒（W·s）で測る．

例：時間的に変化しない（すなわち，定常）電流 8 A が，電圧 24 V で 2 分間流れると，電流源（例えば電池）のなす仕事は $W = 24 \times 8 \times 2 \times 60$ V·A·s $= 2.30 \times 10^4$ W·s $= 6.4$ W·h である．
W は部分的，または全てが熱（ジュール熱 W_j）に変換される．$W_j \propto I^2$．
応用：電流の仕事の熱への変換は，例えば，暖房機器，白熱灯（タングステンフィラメントの高温加熱），ヒューズ（過大電流の際の針金の蒸発），熱線電流計（針金の I^2 に比例する熱膨張），自動安全装置（I がバイメタル片を加熱し，電流回路を切断する）で利用されている．

電力（単位記号 W）は単位時間に放出する，あるいは受け入れる電流の仕事である．
次式で与えられる：

$$P = UI \qquad 電力$$

U と I が時間に依存する場合は，時間平均値を用いる．

抵抗 R（217 頁参照）を持つオーム導体があると，$P = I^2 R = U^2/R$ である．
電力の単位はワットである．

216　電気と磁気

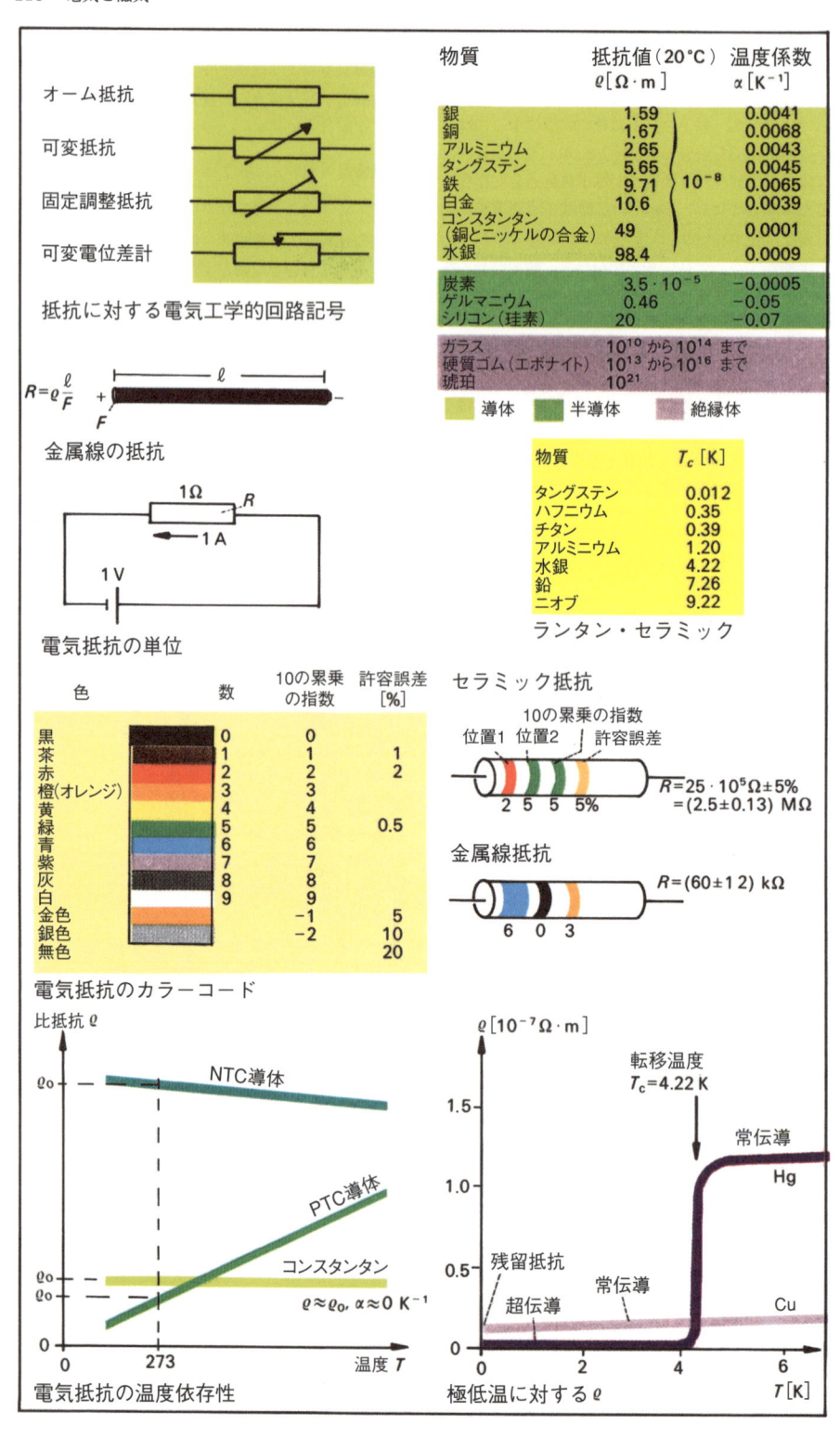

抵抗に対する電気工学的回路記号

- オーム抵抗
- 可変抵抗
- 固定調整抵抗
- 可変電位差計

金属線の抵抗

$$R = \varrho \frac{\ell}{F}$$

電気抵抗の単位

1Ω, 1A, 1V, R

物質	抵抗値(20℃) $\varrho\,[\Omega\cdot m]$	温度係数 $\alpha\,[K^{-1}]$
銀	1.59	0.0041
銅	1.67	0.0068
アルミニウム	2.65	0.0043
タングステン	5.65	0.0045
鉄	9.71 $\times 10^{-8}$	0.0065
白金	10.6	0.0039
コンスタンタン（銅とニッケルの合金）	49	0.0001
水銀	98.4	0.0009
炭素	$3.5\cdot 10^{-5}$	−0.0005
ゲルマニウム	0.46	−0.05
シリコン（珪素）	20	−0.07
ガラス	10^{10} から 10^{14} まで	
硬質ゴム（エボナイト）	10^{13} から 10^{16} まで	
琥珀	10^{21}	

導体　半導体　絶縁体

物質	$T_c\,[K]$
タングステン	0.012
ハフニウム	0.35
チタン	0.39
アルミニウム	1.20
水銀	4.22
鉛	7.26
ニオブ	9.22

ランタン・セラミック

電気抵抗のカラーコード

色	数	10の累乗の指数	許容誤差[%]
黒	0	0	
茶	1	1	1
赤	2	2	2
橙(オレンジ)	3	3	
黄	4	4	
緑	5	5	0.5
青	6	6	
紫	7	7	
灰	8	8	
白	9	9	
金色		−1	5
銀色		−2	10
無色			20

セラミック抵抗

位置1　位置2　10の累乗の指数　許容誤差
2　5　5　5%
$R = 25\cdot 10^5\,\Omega \pm 5\% = (2.5 \pm 0.13)\,M\Omega$

金属線抵抗

6　0　3
$R = (60 \pm 1.2)\,k\Omega$

電気抵抗の温度依存性

比抵抗 ϱ

NTC導体
PTC導体
コンスタンタン　$\varrho \approx \varrho_0,\ \alpha \approx 0\,K^{-1}$

温度 T　273

極低温に対する ϱ

$\varrho\,[10^{-7}\,\Omega\cdot m]$

転移温度 $T_c = 4.22\,K$

常伝導　Hg
残留抵抗
超伝導　常伝導　Cu

$T\,[K]$

物質を通して電流が流れると、物質は電流に対して電気抵抗（記号 R）を示す。
金属では、
$$R = \varrho l/S$$
ここで、ϱ：比抵抗または抵抗率；l, S：物質の長さと断面積。

抵抗 $R_1, R_2, \ldots, R_n$ をつないだときの全抵抗 R_g を表す式は下記の二つである。

直列接続：前後につなぐ：
$$R_g = R_1 + R_2 + \cdots + R_n = \sum_i^n R_i$$
抵抗は足し合わされる。

並列接続：隣り合わせに繋ぐ：
$$1/R_g = 1/R_1 + 1/R_2 + \cdots + 1/R_n = \sum_i^n 1/R_i$$

電気抵抗（記号 R）の単位はオーム（単位記号 Ω）である。これは SI 組立単位で、特別な名称である。
与えられた電圧が 1 ボルトのとき、1 アンペアの電流が流れると、この物質は 1 オームの電気抵抗を持つ。

1990 年 1 月 1 日からオームの精密測定の標準としてフォン・クリッツィング定数（量子ホール効果）$R_{K-90} = 25812.807\Omega$ が使われている。

オーム（Georg Ohm, 1789–1854）は 1826 年、電気抵抗を発見した。

回路の電気抵抗（器）は大抵、金属線が巻かれたもの、半導伝性炭素、または特殊なセラミックスからなる。R の値は印刷されるか、あるいは 10 の累乗表記法の**カラーコード**によって示される。カラーコードの色の輪 1 と 2 は、抵抗値の最初の 2 桁、輪 3 は累乗の指数、輪 4 は許容誤差を % で表す。

例：赤、緑、橙、銀という色の組み合わせは $R = 25 \times 10^3 \Omega$、相対誤差 10%。従って、$R = (25 \pm 2.5)\,\text{k}\Omega$ を意味する。

比抵抗（**電気抵抗率**）（記号 ϱ、単位 $\Omega\cdot\text{m}$）：ϱ は物質と温度に依存する。金属は非常に小さい ϱ 値を示し、良導体である。大きい ϱ を持つ物質は**絶縁体**と言う；半導体は良導体と絶縁体の中間領域にある。

コンダクタンス（記号 G）は電気抵抗の逆数である。従って、
$$G = 1/R$$
G の単位は、SI 組立単位ジーメンス（単位記号 S）である。これはジーメンス（Werner von Siemens, 1816–92）に因む。
$$\text{S} = 1/\Omega$$

電気伝導率（記号 σ または γ、単位 S/m）は比抵抗の逆数である。従って、
$$\sigma = 1/\varrho$$

電気伝導率 σ と熱伝導率 λ（113 頁参照）はしばしば比例関係にある。多くの金属では、$T > -50°\text{C}$ で 1853 年に定式化された**ヴィーデマン–フランツの法則**が成り立つ：
$$\lambda/\sigma = aT \approx (3k^2/e^2)T$$
ここで、k：ボルツマン定数；e：電気素量。
したがって、金属中の熱の伝導と電気の伝導は、すなわち内部の自由電子の寄与による。

R の温度依存性

金属に対しては近似的に、
$$R = R_0(1 + \alpha(T - T_0))$$
R_0：0 °C での R；α：金属の温度係数、単位 K^{-1}；T：熱力学温度；T_0：273 K.
若干の金属では、
$$\alpha \approx 1/273\,\text{K}^{-1}$$

若干の合金（例えば、コンスタンタン）は $\alpha \approx 0\,\text{K}^{-1}$ を示す。すなわち、R は広い範囲で温度に依存しない。この事実に基づいて精密抵抗や標準抵抗が作られる。

金属は **PTC 導体**（positive temperature coefficient：正温度係数）である。R は温度と共に増大する。導体の金属イオンの熱振動が内部の電子雲の動きを妨害するからである。

半導体は **NTC 導体**（negative temperature coefficient：負温度係数）である。熱エネルギーが電荷担体を動きやすくするから、半導体は温度が高いほど電気伝導率が高い。

応用：抵抗温度計。温度計物質として検定された白金線が利用される。R を測ると容易に T を算出できる。測定範囲：約 $-250°\text{C}$ から $+800°\text{C}$ まで。

超伝導

電気抵抗体を非常に低温まで冷やすと、0 K においてなお残留抵抗（約 $0.001 R_0$）が残る。多くの金属や合金ではしかし、ある**臨界転移温度** T_c 以下で $R = 0\,\Omega$ であり、それらは**超伝導状態**になっている。

カマリング・オネス（Heike Kamerlingh Onnes, 1853–1926、ノーベル賞 1913 年）は 1911 年超伝導を発見した。

1986 年ベドノルツとミュラー（J. G. Bednorz & K. A. Müller, ノーベル賞 1987 年）は La–Ba–Cu–O セラミックスをベースにした高温超伝導体を創り出した。2001 年には $T_c \approx 164$ K に到達した。

超伝導は大電流の送電や非常に強い磁場の発生に応用される。

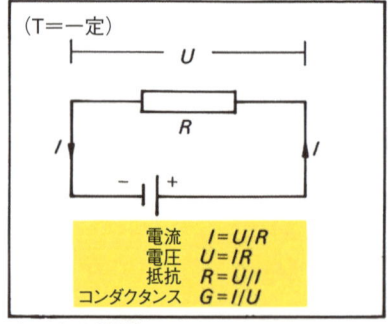

電気と磁気

オームの法則

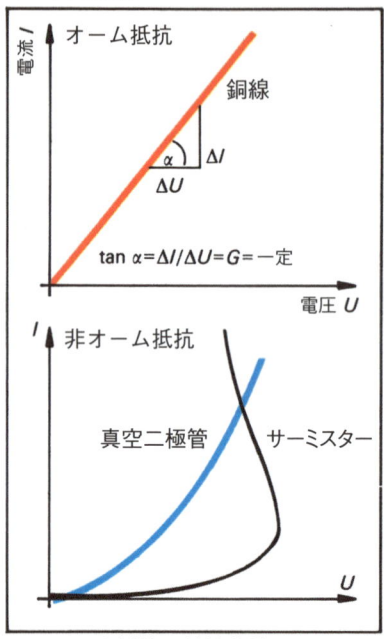

(T＝一定)

電流　$I = U/R$
電圧　$U = IR$
抵抗　$R = U/I$
コンダクタンス　$G = I/U$

いろいろな抵抗の特性曲線

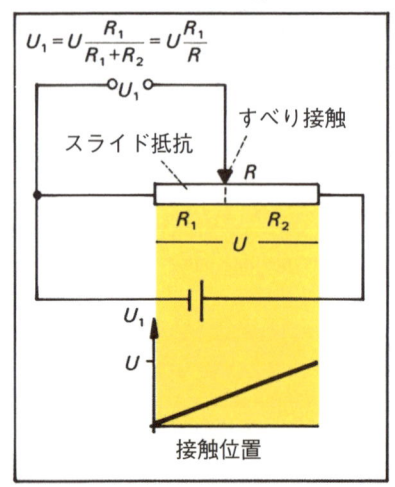

オーム抵抗：銅線
$\tan \alpha = \Delta I / \Delta U = G = $ 一定

非オーム抵抗：真空二極管、サーミスター

電位差計の配置

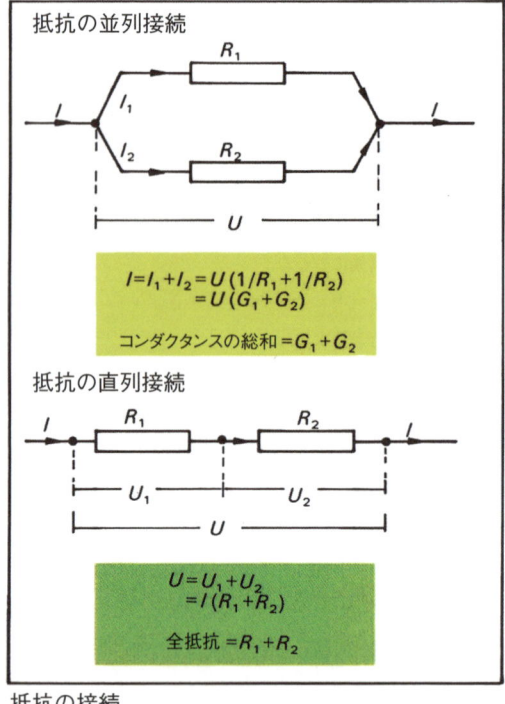

$$U_1 = U \frac{R_1}{R_1 + R_2} = U \frac{R_1}{R}$$

抵抗の接続

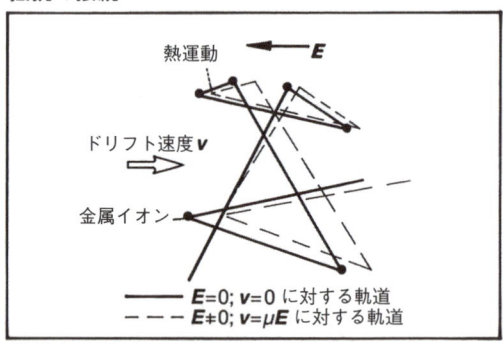

抵抗の並列接続

$$I = I_1 + I_2 = U(1/R_1 + 1/R_2) = U(G_1 + G_2)$$

コンダクタンスの総和 $= G_1 + G_2$

抵抗の直列接続

$$U = U_1 + U_2 = I(R_1 + R_2)$$

全抵抗 $= R_1 + R_2$

導体中の電子の衝突

熱運動
ドリフト速度 v
金属イオン

― $E = 0$; $v = 0$ に対する軌道
-- $E \neq 0$; $v = \mu E$ に対する軌道

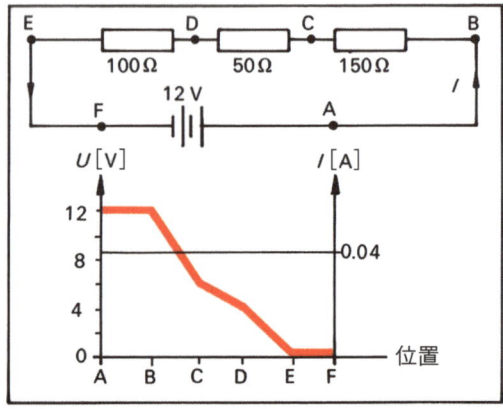

簡単な電流回路での電圧降下

E — 100Ω — D — 50Ω — C — 150Ω — B
F — 12 V — A

$I = 0.04$ [A]

抵抗 R にさまざまな直流電圧 U をかけ，流れる電流を測ると，しばしば一次の関係，すなわち**オームの法則**が観測される：

$$I = GU \text{ あるいは } I = U/R \qquad \text{オームの法則}$$

ここで，G はコンダクタンスである．
R を通過する電流と R の両端間の電圧降下は互いに比例する．オームの法則は電流の向きには依存しない．
オーム (Georg Ohm, 1789–1854) は 1826 年，この極めて重要な，頻繁に使われる線形の関係を発見した．

> 例：定格出力 90 W の停止したモーターに 12 V のバッテリーをつなぐと，$I = 90\,\text{W}/12\,\text{V} = 7.5\,\text{A}$ の電流が流れる．モーター巻き線の抵抗は $R = 12\,\text{V}/7.5\,\text{A} = 1.6\,\Omega$．運転中のモーターでは，コイルの抵抗は相互誘導（253 頁参照）のために約 1/5 に低下する．

一定温度での I 対 U のグラフ表示を抵抗の**特性曲線**という．$dI/dU = \text{constant}$，すなわち特性曲線の勾配が一定ならば，この抵抗を**オーム抵抗**と言う．
金属や電解液は，広い電流域でオーム抵抗ないしオーム導体である．

> **非オーム抵抗**は，例えば半導体，気体放電管，真空整流管（二極管），サーミスターなどである．I 対 U の関係は線形でなく，特性曲線は直線ではない．

物質の**熱伝導**（113 頁参照）ではオームの法則に類似の関係が成り立つ：

$$\phi = R_W \Delta T$$

ここで，ϕ：熱流；R_W：物質の熱抵抗；ΔT：高熱源と低熱源の温度差．

抵抗の組み合わせ

直列につないだ**抵抗**には同じ電流 I が流れる．全電圧は個々の電圧降下 $U_i = IR_i$ の和である．
従って，$U = \sum_i U_i = \sum_i IR_i$ であり，$R = \sum_i R_i$ である．
直列接続の全抵抗 R は個々の抵抗の和である．
並列に接続したすべての抵抗には同じ電圧 U が掛かる．個々の抵抗 R_i を通過する電流は $I_i = U/R_i$．
これから，全電流は $I = \sum_i I_i = \sum_i U/R_i$ であり，全抵抗の逆数は $1/R = \sum_i I_i/U = \sum_i 1/R_i$ となる．
並列接続のコンダクタンスは個々のコンダクタンスの和である．

応用：

ポテンシオメーター（電位差計）：電圧 U が使えるとき，より小さい電圧 U_1 が必要であれば，電流回路内で全抵抗 R を R_1 と R_2 に分割する．全電圧降下はオームの法則に従い，個々の抵抗に対応して分割される．$I = U/(R_1 + R_2)$ から，

$$U_1 = UR_1/(R_1 + R_2) = UR_1/R$$

実際には，**ポテンシオメーター**として，動かせる中間タップの付いた抵抗が使われ，タップの位置は 0 と R の間のある抵抗値に設定される．

オームの法則と電流密度

電流密度 j に対して，

$$j = \sigma E$$

ここで，σ：電気伝導度；E：導体ないし抵抗の内部の電場の強さ．
電流密度は抵抗の断面積を通って，単位時間に速度 v で電荷を運ぶ電子の密度である：

$$j = nve$$

ここで，n：物質中 m^3 当たりの電荷担体（例えば，電子）の数；v：電荷（電子）のドリフト速度；e：電気素量．
これよりオームの法則が成り立つには，v は E に比例しなければならない．従って，

$$v = \mu E \qquad \text{ドリフト速度}$$

μ は電荷担体の**移動度**と言い，単位は $\text{m}^2/(\text{V}\cdot\text{s})$ である．
比抵抗 $\varrho\ (= 1/\sigma)$ はこれにより，

$$\varrho = 1/(en\mu)$$

オームの法則は真空中での電流の導通（例えば，二極真空管）に対しては成り立たない．ここでは v は時間と共に増大し，これは一定の抵抗とは相容れない．オーム導体では電荷担体は粘性液体中であるかのように動く．これらに電場が働くにもかかわらず，v は一定のままである．

導体中の電子のドリフト速度は小さい．

> 例：銅では原子当たりただ 1 個の電子が電流に寄与する，従って，移動度 μ は，
>
> $$\mu = 1/(ne\varrho) = 4.40 \times 10^{-3}\,\text{m}^2/(\text{V}\cdot\text{s})$$
>
> 電流密度 $j = 5\,\text{A/mm}^2$ では $E = 0.0836\,\text{V/m}$ となり，これから電子のドリフト速度はほんの $v = 0.368\,\text{mm/s}$ に過ぎない！

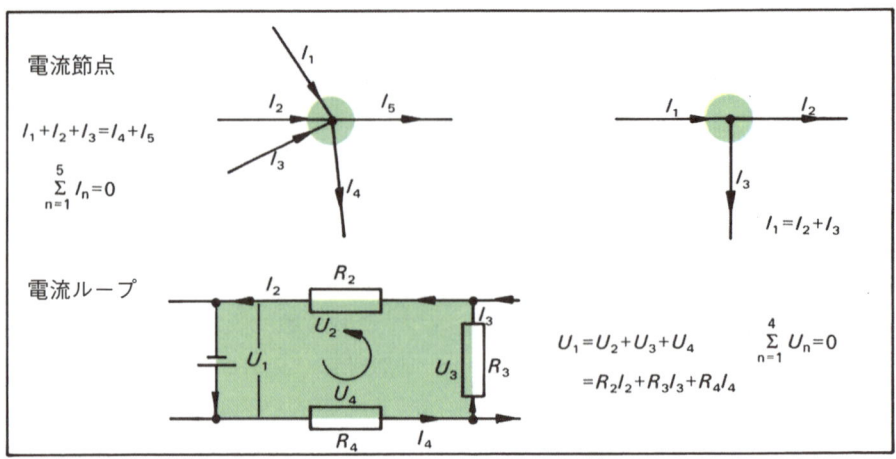

電気と磁気

電流節点

$I_1 + I_2 + I_3 = I_4 + I_5$

$\sum_{n=1}^{5} I_n = 0$

$I_1 = I_2 + I_3$

電流ループ

$U_1 = U_2 + U_3 + U_4$
$= R_2 I_2 + R_3 I_3 + R_4 I_4$

$\sum_{n=1}^{4} U_n = 0$

キルヒホッフの法則

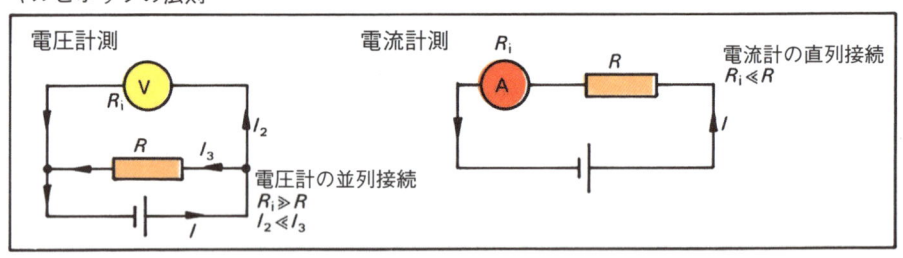

電圧計測

電圧計の並列接続
$R_i \gg R$
$I_2 \ll I_3$

電流計測

電流計の直列接続
$R_i \ll R$

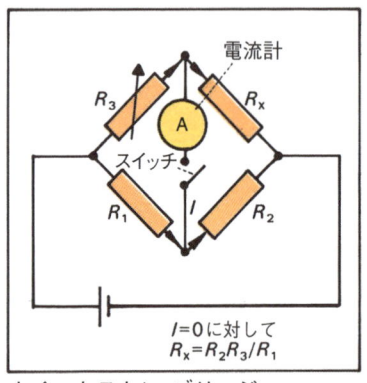

ホイートストン・ブリッジ

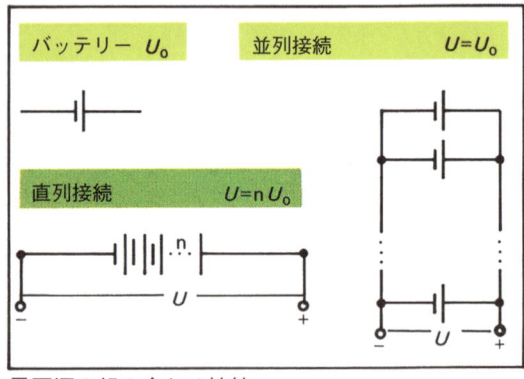

電流計 / スイッチ

$I = 0$ に対して
$R_x = R_2 R_3 / R_1$

電圧源の組み合わせ接続

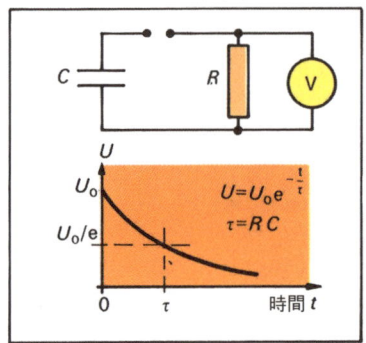

バッテリー U_0

並列接続　$U = U_0$

直列接続　$U = n U_0$

コンデンサーの放電

$U = U_0 e^{-\frac{t}{\tau}}$
$\tau = RC$

(訳注：Rより充分小さい抵抗rで分圧する)

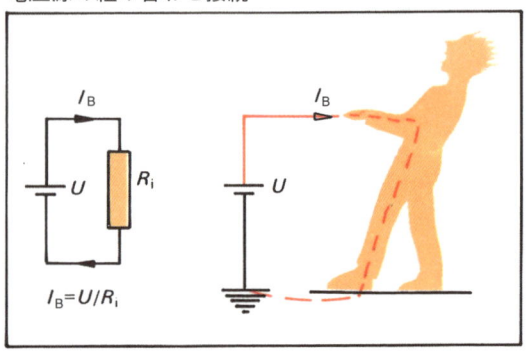

体を通る短絡電流 I_B

$I_B = U / R_i$

キルヒホッフの法則はキルヒホッフ（Gustav Robert Kirchhoff, 1824–87）に因んで名付けられ，電気回路解析の基礎である．この法則はオーム抵抗（219 頁参照）と直流を使用する回路に適用される．回路要素を結ぶ導体の抵抗は（通常）無視される．この法則はまた I を電流の瞬時値として考える限り，交流に対しても意味を持つ．

節点の法則（第一法則）：回路の各分岐点（節点）に流入する電流の和は，流出する電流の和に等しい．

流入電流と流出電流は逆符号を持つので，
$$\sum_n I_n = 0$$

ループ（閉回路）則（第二法則）：各電流閉回路（編み目）内で，個々のループ素子（電源を含む）でのすべての電圧降下の和は，ループ内で同じ方向に巡回する限り零である．従って，
$$\sum_n U_n = 0$$

電流測定には電流計（アンメーター）を直接電流回路に接続する（直結）．各電流計は固有抵抗（内部抵抗 R_i）を持つので，
$$I = I_0 R/(R_i + R)$$
ここで，I：測定電流；I_0：電流計無しの電流；R：電流計無しの回路の抵抗．この際，常に $R_i \ll R$ でなければならない．そうでないと計器は測定の質を落とす．電流計はこのため低抵抗である．

電流計の測定範囲は抵抗を並列につなぐことで変えられる（**分流抵抗，シャント**）．

電圧測定では，電圧計（ボルトメーター）を測定すべき電圧降下をもたらす回路要素と並列に接続する（並列接続）．

この際，計器にできるだけ電流を流さないために，$R_i \gg R$ でなくてはならない．このため電圧計は高抵抗である．

電圧計の測定範囲は抵抗をつなぐことで変えられる（**前置抵抗**）．

ポテンシオメーターの仕様では，電圧は電流を流さずに測定される．これは電流回路に影響を及ぼさず，従って測定は非常に正確である．被測定電圧 U_0 に対して既知の可変な対抗電圧 U_K を平行に接続する．U_K を両方の電圧が相殺するまで変える（調整）．そうすると U_0 の回路に電流が流れなくなる．これによって，$U_0 = U_K$ となる．

抵抗測定：I と U を測定し，$R = U/I$ から R が求まる．

非常に正確なのは，1843 年ホイートストン（Charles Wheatstone, 1802–75）の発明した**ホイートストン・ブリッジ**を使う測定である．

未知の抵抗 R_x は，R_1，R_2，R_3 を持つ抵抗測定ブリッジの一部として結線される．可変抵抗 R_3 は，ブリッジの両分岐の間の電流計に電流が流れなくなるまで値が調整される．そうすると，
$$R_x = R_2 R_3 / R_1$$

非常に大きな抵抗（$R >$ 約 $10^9\,\Omega$）はコンデンサーの放電を介して測定する．充電したコンデンサーの両極板を抵抗 R を介してつなぐと，コンデンサーの電圧は次の式にしたがって減衰する：
$$U = U_0 \exp(-t/RC)$$
ここで，U_0：初期電圧；t：時間；C：容量．時間 $\tau = RC$ の後に $U = U_0/e = 0.368 U_0$ となる．この τ より $R = \tau/C$ を得る．τ は回路の**時定数**という．

例：$C = 5$ nF のコンデンサーの電圧 U_0 が $10\,\text{s}$ で $0.368 U_0$ に下がると，$R = 10/(5 \times 10^{-9})\,\text{s/F} = 2 \times 10^9\,\Omega$．

（訳注：$R_i > 100\,\text{T}\Omega$ の測定器が市販されている．）

電圧源の組み合わせ接続

直列接続：電圧 U_0 の n 個のバッテリーを直列に接続すると，結果の電圧 $U = n U_0$ である．

並列接続：n 個のバッテリーを並列に接続すると，$U = U_0$．利点：内部抵抗は $1/n$ になるので，バッテリーはより多い電流を供給できる．

出力整合

各電圧源は固有抵抗（内部抵抗）R_i を持つ．それから電流 I を取り出すと，$U = U_0 - R_i I$ に低下する．ここで，U_0 は**無負荷電圧**，すなわち，電流の取り出しがないときの電圧である．この電源からは最大電流 $I_{\max} = U_0/R_i$ を取り出し得る．外部抵抗 R を通すと，電流 $I = U_0/(R_i + R)$ が流れる．その際，出力（パワー）$P = U_0^2 R/(R_i + R)^2$ が放出される．

電源は，$R = R_i$ の時最大出力 $P_{\max}$ を放出するので，$P_{\max} = U_0^2/(4 R_i)$ である．

それゆえ電圧源が $P_{\max}$ を出力するには，R と R_i は，例えば若干の電源の並列接続によって**整合**されなくてはならない．

短絡：$R \ll R_i$ であれば，**短絡電流** $I = U_0/R_i$ が回路に流れる．

電気ショック

一つの電極に触れ，同時にもう一方の電極にも接触すると，電流が体を通って流れる．湿った皮膚では，身体の内部抵抗が約 $1\,\text{k}\Omega$ になる．$10\,\text{mA}$ 以上の直流が体を横切って流れると，心臓や呼吸器の筋肉の致命的な収縮を引き起こす可能性がある．高い電流密度は皮膚の火傷を引き起こす．

電気分解

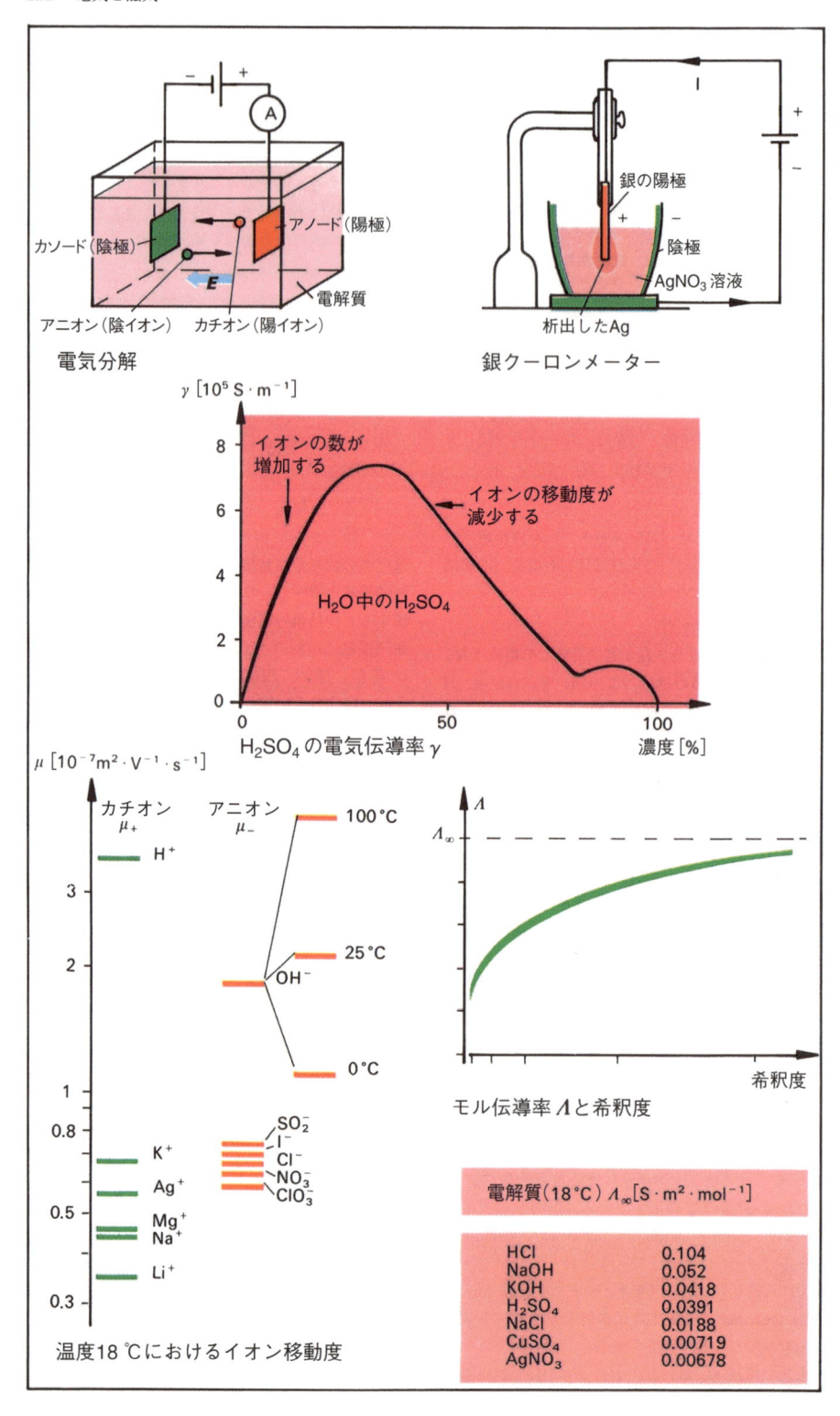

- カソード（陰極）
- アノード（陽極）
- アニオン（陰イオン）
- カチオン（陽イオン）
- 電解質

銀クーロンメーター

- 銀の陽極
- 陰極
- $AgNO_3$ 溶液
- 析出したAg

H_2SO_4 の電気伝導率 γ

$\gamma\ [10^5\ S \cdot m^{-1}]$

- イオンの数が増加する
- イオンの移動度が減少する
- H_2O 中の H_2SO_4

濃度 [%]

温度18℃におけるイオン移動度

$\mu\ [10^{-7}\ m^2 \cdot V^{-1} \cdot s^{-1}]$

カチオン μ_+：H^+, K^+, Ag^+, Mg^+, Na^+, Li^+

アニオン μ_-：OH^- (100℃, 25℃, 0℃), SO_2^-, I^-, Cl^-, NO_3^-, ClO_3^-

モル伝導率 Λ と希釈度

Λ_∞

希釈度

電解質（18℃）$\Lambda_\infty\ [S \cdot m^2 \cdot mol^{-1}]$

電解質	Λ_∞
HCl	0.104
NaOH	0.052
KOH	0.0418
H_2SO_4	0.0391
NaCl	0.0188
$CuSO_4$	0.00719
$AgNO_3$	0.00678

2枚の平板電極を電解質，例えば食塩水溶液の中に浸し，電圧をかけると電流が流れる．

電解質のイオンは空間的に分離し，対応する電極へ流れて行き，そこで放電する．

電気分解（電解）は電圧をかけたときの物質の分解である．

電解質の陽イオンを**カチオン**と言い，それらは負電極（カソード）の方向へドリフトする．金属や水素はカチオンを形成する．

負の**アニオン**（陰イオン）は正電極（アノード）に流れる．酸基と OH^- はアニオンである．

例：

HCl 水溶液の電気分解．H^+ イオンはカソードで電子を取り，引き続き互いに化合して H_2 になり，H_2 ガスとして電解質から去る．Cl^- イオンは電子をアノードに渡して Cl_2 分子になり，これは Cl_2 ガスとして去る．

炭素電極を持つ加熱槽中での Al_2O_3 融液の電解．酸素イオンは陽極物質と化合して CO と CO_2 になり，これらはガスとして去る．Al^{3+} イオンはカソードへ流れ，3個の電子を取って熔融 Al 金属として底に沈む．

ファラデー（Michael Faraday, 1791–1867）は 1837 年，電気分解の法則を発見した．これらの法則は初めて，電荷が最小単位の整数倍で現れることを証明した．

ファラデーの第一法則：電極に析出した物質量 n は電解質中を流れた電荷量 Q に比例する．従って，

$$n = Q/F$$

ここで，F：ファラデー定数 $= 9.648 \times 10^4$ C/mol．電解質を通して流れる電流 I が一定であれば，

$$n = It/F$$

ここで，t は電解の持続時間である．

応用：**クーロン・メーター（電荷量測定器）**．1 A の電流が 1 s の間，従って，電荷量 1 C が $AgNO_3$ 溶液中を流れると，カソードには $n = 1/(9.648 \times 10^4)$ mol $= 1.036 \times 10^{-5}$ mol の銀が析出する．1 mol の Ag は 107.9 g になるので，析出した銀は 1.118 mg である．1948 年までは，このようにして電荷の単位クーロンが定義されていた．

1 mol の $AgNO_3$ は $N_A = 6.022 \times 10^{23}$ 個の Ag^+ イオンを含み，その各々が電荷 $Q = 1/(1.036 \times 10^{-5} \times 6.022 \times 10^{23})$ C を持つ．これが電気素量 $e = 1.602 \times 10^{-19}$ C である．

イオン価数（記号 z）が 1 より大きければ，析出物質量は n/z である．

ファラデーの第二法則：同じ電気量で析出する異なる物質の量は物質のグラム当量に従って変化する．すなわち，

$$n_1/n_2 = グラム当量1/グラム当量2$$

ここで，グラム当量 $=$(相対原子量ないし相対分子量)$/z$ である．

例：Al^+ のグラム当量は 26.98 g，SO_4^{--} のそれは $96.06/2 = 48.03$ g である．

（訳注：今日ではグラム当量を使うことは稀で，通常モル数を使う）

電解質の電気伝導率

電極間の電場 E の中で，イオンは一定の速さ v で電極間を動く．電場の力は電解質中のイオンの摩擦力で相殺される：

$$v = \mu E \qquad ドリフト速度$$

ここで，v：イオンのドリフト速度；μ：イオンの**移動度**；E：電場の強さ．

各イオン種はそれぞれ異なる移動度を持つ．一般に，イオンの μ は，電子の μ に比べて約 10^{-4} 倍小さい．

正負のイオン種が電解質中の電流に寄与する．

ある電解質の**電気伝導率** σ（単位 S/m）は，

$$\sigma = z(\mu_+ n_+ + \mu_- n_-)e$$

ここで，μ_+, μ_-：両イオン種の移動度；e：電気素量；(n_+, n_-)：両イオン種の数密度．

σ の公式は十分に希釈した電解質でのみ成り立つ．電解の間はつぎの電流が流れる：

$$I = \sigma \frac{SU}{\ell} \qquad 電解電流$$

ここで，S：電極表面積；U：電圧；ℓ：電極間距離．

電解質の**モル伝導率**（記号 Λ）は，

$$\Lambda = \gamma/c$$

ここで，σ：電気伝導率；c：体積濃度（化学では**モル濃度**という），リットル当たりのモル数．

Λ は $S \cdot m^2 \cdot mol^{-1}$ で測られる．

Λ は希釈度と共に増加し，極限値 Λ_∞ に向かう．

224 電気と磁気

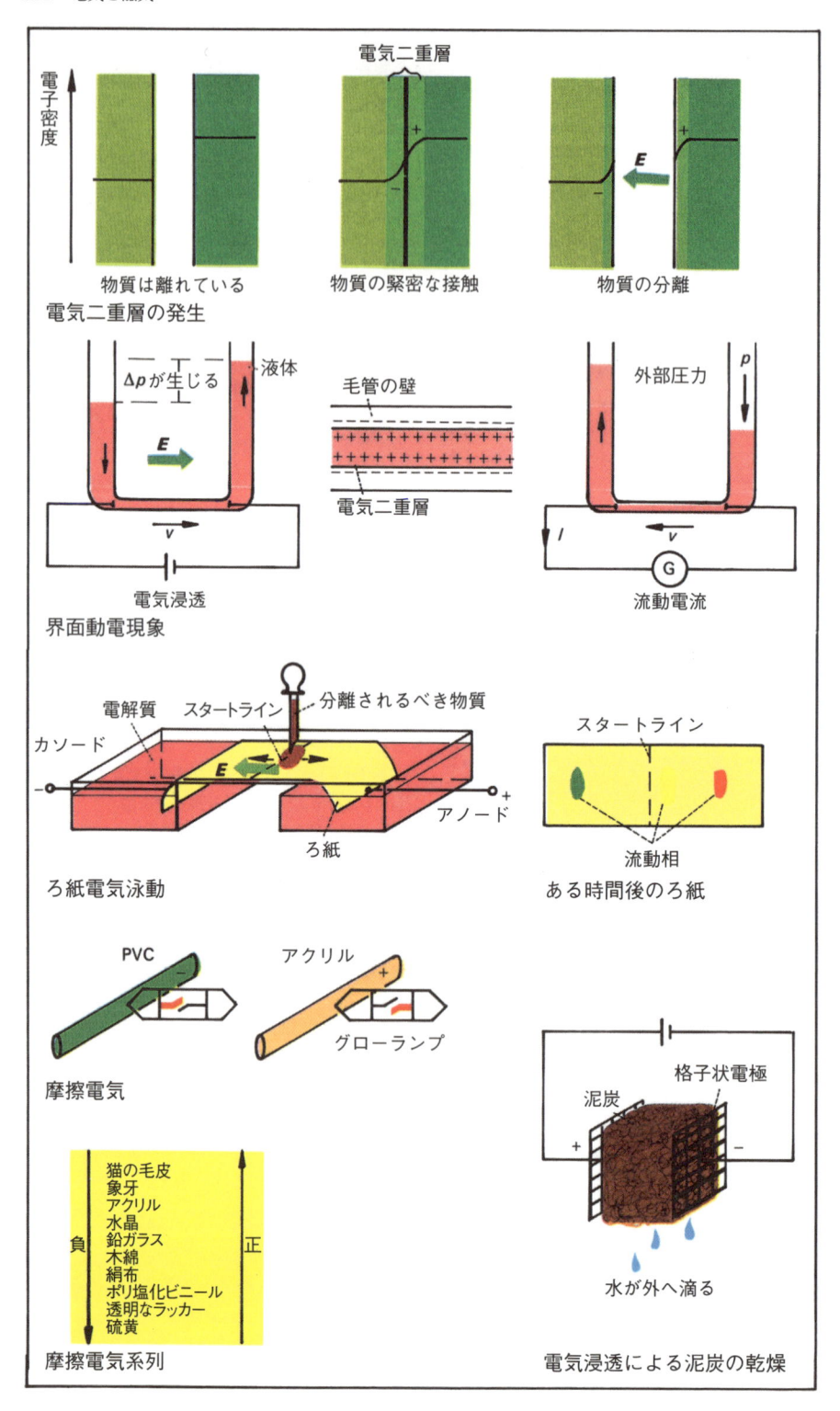

電気二重層の発生
- 物質は離れている
- 物質の緊密な接触（電気二重層）
- 物質の分離

界面動電現象
- 電気浸透（Δp が生じる、液体、E、v）
- 毛管の壁／電気二重層
- 流動電流（外部圧力 p、I、v、G）

ろ紙電気泳動
- カソード、電解質、スタートライン、分離されるべき物質、E、ろ紙、アノード
- ある時間後のろ紙：スタートライン、流動相

摩擦電気
- PVC、アクリル、グローランプ

摩擦電気系列
負 ← 猫の毛皮／象牙／アクリル／水晶／鉛ガラス／木綿／絹布／ポリ塩化ビニール／透明なラッカー／硫黄 → 正

電気浸透による泥炭の乾燥
泥炭、格子状電極、水が外へ滴る

液体中に懸濁された小さい粒子は大抵その表面に電荷を持つ．

例：$AgNO_3$ 溶液中の，正または負に帯電したコロイド状 AgI 粒子

イオン，または有極性分子（特に H_2O）は堆積して非常に薄い**電気二重層**と，粒子の周りに電荷雲を形成する．懸濁された粒子の有効電荷は正にも負にもなり得る．粒子は相互に反発し，従って大きな集団を形成できず，懸濁液内にとどまる．

電解液の添加により粒子電荷は中和される．そしてこの液体は**等電点**に達し沈殿する．この現象を**凝析**と言う．

電気泳動（1809 年発見）は，電場があるときの液相中での帯電固体の運動である．

例：有機高分子の懸濁液に電圧をかけると，電荷雲に囲まれた分子はそれぞれの符号に従って，あるいはアノードへ，あるいはカソードへと動いてゆく．

このようにして，他の方法では区別できない分子を定量的に分離することができる．次式が成り立つ：

$$v = 2\varepsilon\zeta E/(3\eta)$$

ここで，v：粒子の電気泳動速度；ζ：界面動電位，すなわち二重層の電位差；E：電場の大きさ；η：粘度（61 頁参照）；ε：液相の誘電率．

v は広い範囲で粒子半径によらない．

ろ紙電気泳動：ろ紙の両縁の間に直流電圧をかける（数千 V まで）．懸濁液が中央に塗られると，分子またはコロイド粒子はアノードかカソードへ移動する．懸濁液の異なる成分はまた異なる速度で移動するので，成分が分離する．このようにしてマイクログラム（μg）程度の量が分離される．v は分子の種類に関する追加情報を与える．

応用：分析化学，分離化学．

電気浸透は，電場が掛かっている固体中を電荷をもつ液体が移動する現象である

例：毛管部分を持つ U 字管や詰め綿をした水平な枝管内の液体を考える．これらの管に電場を掛けると液体が移動する．原因：液体中の分子は毛管の壁に電気二重層を形成し，一部は剥離する．有極性の水分子の水和物層が可動イオンを囲み，内部摩擦により全液体が動き始める．液体は，圧力差 Δp が電気浸透力（クーロン力）と相殺するまで U 字管の一方の分枝を登る．

電気泳動とは対照的に，電気浸透による移動は一方向にだけ起こる．次式が成り立つ：

$$\Delta p = 8\varepsilon\zeta lE/r^2$$

ここで，l：毛細管の長さ；r：毛細管の半径．

応用：電場内での多孔性物質（カオリン，泥炭）の脱水．

流動電位は，1859 年，クインケ（Georg Hermann Quincke, 1834–1924）により発見された．これは電気浸透の逆過程である：液体を多孔性の物質，あるいは毛細管を通して押すと，電気二重層が部分的に剥がれ，流動路に電流が流れる．

摩擦電気

動きやすい電荷担体（例えば電子）の密度は物質によりそれぞれ異なっている．二つの異なる物質を密に接触（例えば，相互の摩擦により）させると，電子は非常に薄い接触層内で移動し，電気二重層が現れる．両物質を引き離すと，それらは互いに逆符号の電荷を持つ．分離の際，増大した電圧によって両者の間で火花放電が生じることがある．

摩擦電気は絶縁体においてのみ観測できる．導体では表面電荷は直ちに全表面へ分布してしまうからである．

例：硬質ゴムの棒をウールの布で素早くこすると棒は（正に）帯電し，紙切れを引きつける（これらの紙切れは裂くときに現れた表面電荷を持っている）．

通常，より大きな誘電率を持つ物質が正に帯電する．誘電体では，**摩擦電気系列**（224 頁参照）が存在する．

応用：バン・デ・グラーフ高電圧発生機（207 頁参照），静電複写機．

雷は，雷雲の中の空気分子と水滴との摩擦によって起きる．通常，上部の雲は正に下部は負に帯電する．電場の強さは約 10^5 V/m で，10^9 V までの電圧が現れる．雷の平均的なエネルギーは約 10 kWh である．

避雷針は雷電流（約 10^5 A）を目立った発熱なしに大地に流す．

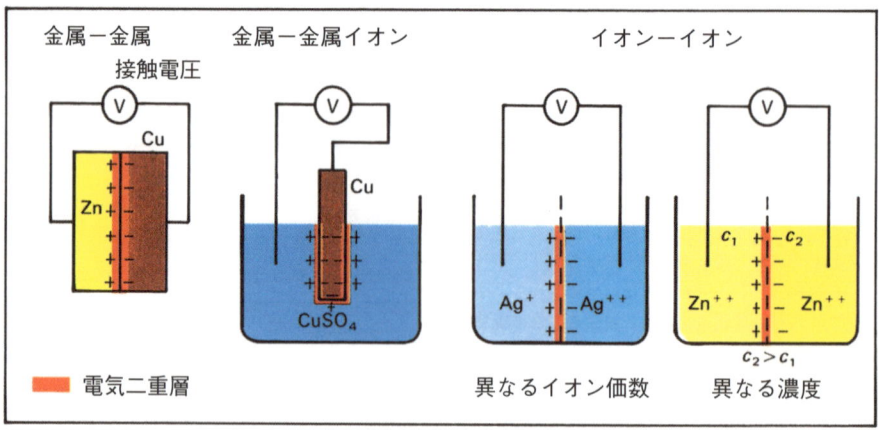

226 電気と磁気

金属－金属
接触電圧

金属－金属イオン

イオン－イオン
異なるイオン価数 ／ 異なる濃度（$c_2 > c_1$）

■ 電気二重層

境界面に電位差が生じる

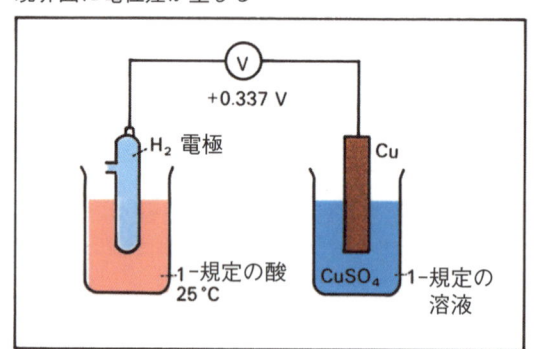

Cu の（電気化学的）標準電極電位の計測 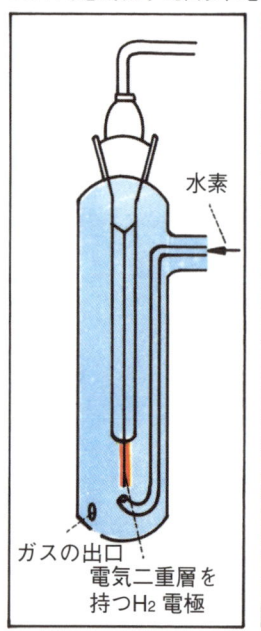
+0.337 V, H_2 電極, 1-規定の酸 25℃, CuSO$_4$ 1-規定の溶液

水素電極
水素、ガスの出口、電気二重層を持つH_2電極

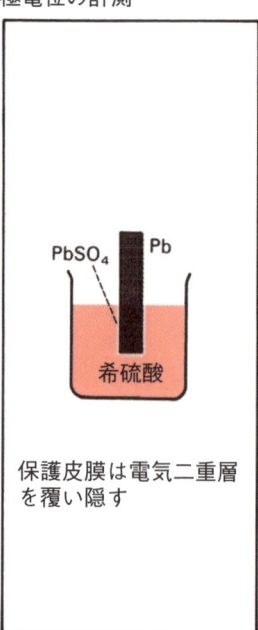

不動態化
PbSO$_4$, Pb, 希硫酸
保護皮膜は電気二重層を覆い隠す

電気化学系列

電極物質	標準電圧[ボルト]	
Li	−3.04	酸溶液中
Al	−2.92	
Ca	−2.87	
Na	−2.71	
Mg	−2.36	
Be	−1.85	
Al	−1.66	
Mn	−1.18	
Zn	−0.763	
Cr	−0.744	
Fe	−0.400	
Co	−0.277	
Ni	−0.250	
Sn	−0.136	
Pb	−0.126	
D	−0.0034	
H	0.0000 （定義）	
Cu	+0.337	
Ag	+0.799	
Hg	+0.854	
Pd	+0.987	
Pt	+1.2	
Au	+1.50	
Li	−3.04	アルカリ溶液中
Al	−2.33	
Zn	−1.22	
Sn	−0.909	
Ag	+0.345	
Au	+0.70	

$U^{3+} \longrightarrow U^{4+}$	−0.607	
$Cr^{2+} \longrightarrow Cr^{3+}$	−0.408	
$Au^+ \longrightarrow Au^{3+}$	+1.40	
$Cu^+ \longrightarrow Cu^{2+}$	+0.153	
$Sn^{2+} \longrightarrow Sn^{4+}$	+0.154	
$Ag^+ \longrightarrow Ag^{2+}$	+1.98	

酸溶液中のイオン電荷数の変化

二つの物質の境界表面には，荷電粒子（電子またはイオン）の拡散により非常に薄い電気二重層が形成され，物質の間に電位差 U が生じる．U は拡散に逆らうように働くので，電荷担体の平衡が生じる．

金属–金属の境界面：二つの異なる金属が接触すると，若干の伝導電子が境界面を通して一方の金属から他方の金属に拡散する．電気二重層は金属間に**接触電位差**を引き起こす．電子を失った金属は正になり，他方は負になる．これは摩擦電気（225 頁参照）と同様の過程である．

ボルタ (Alessandro Volta, 1745–1827) は 1794 年，接触電位差を発見した．このために**ボルタ効果**とも言う．

例：接触電圧は，2 枚の平面研磨した非常に清浄な銅と亜鉛板を合わせて加圧するか，対応する針金をはんだ付けすると測定できる．Cu は負に Zn は正になる．両金属は同じ温度でなくてはならない．そうでないと，余分な**熱起電力**（231 頁参照）が生じる．

接触電圧の電位差は約 10^{-5} cm 厚の電気二重層にわたって広がっている．境界面 $1\,\mathrm{cm}^2$ 当たり，およそ 10^{14} 個の電子が広がる．

接触電圧はほんの数 V であり，物質に依存する．より小さい**仕事関数**を持つ金属が正になる．

仕事関数（記号 φ）は，電子が金属のイオン格子を離れるのに要するエネルギーである．$\varphi \approx$ (1–5) eV．アルカリ金属は最も小さい φ の値を示し，貴金属は最も大きい値を示す．

イオン–イオン境界面：同イオン種で濃度の異なる二つの溶液を（イオンを透過する）膜で隔てると，境界面を通してのイオンの拡散が電気二重層を作り，これによって**電位差** U が生じる．

これに対して，ネルンスト (Walther Nernst, 1864–1941) によって定式化された**ネルンストの式**が成り立つ：

$$U = \pm(kT/e)\ln(c_1/c_2)$$

ここで，U：両液体間の電位差；k：ボルツマン定数；T：熱力学温度；e：電気素量；c_1, c_2：イオン濃度．

正の符号は陰イオンに対して，負は正イオンに対して成り立つ．

ネルンストの式は金属間の接触電圧に対しては成り立たない．

同じイオンで，異なるイオン荷電数の二つの溶液が膜によって互いに境を接している場合，同様に電位差が生じる．

例：（イオンを透過する）膜で Ag^+ と Ag^{2+} の酸溶液を隔てると，$+1.980$ V の電位差が発生する．U^{3+} と U^{4+} の間には -0.607 V が現れる（これらの値は 1 mol/l の濃度に対するものである）．

金属–金属イオン境界面：金属を電解質に浸すと電位差が現れる．金属格子の若干の金属イオンが電解質に移動すると，境界面に電気二重層が形成される．ネルンストの式が成り立つ．

例：銅の棒を電解質，例えば $CuSO_4$ 水溶液に浸すと，Cu^{2+} イオンが金属を離れ，それによって出現した電気二重層の電場がそれ以上の拡散を妨げるまでイオンの離脱が続く．

電位差 U は直接測ることができない．なぜなら電解質と金属を導体で結ばねばならず，そのためさらに二重層が現れるからである．

標準電圧は，金属と電解質溶液（濃度：同種金属の 1 mol イオン /l）の間の電圧 U を**水素電極**で測ったものである．

定義：系 $H \rightleftarrows H^+$ に対する U は 0 V である．

標準水素電極は標準気圧（49 頁参照）の水素に囲まれ，25°C 1-規定の水素イオン溶液中に白金メッキをした白金電極を浸したものである．

1-規定の H^+ イオン溶液は，リットル当たり 1 g の H^+ イオンを含む．例：1-規定の H_2SO_4 はリットル当たり $(98.1/2)$ g の H_2SO_4 を含む．

電気化学系列（酸性溶液中）は金属の標準電圧を順に並べたものである．系列中の金属が H の上にあると U は負であり，下側にあれば U は正である．上位に位置する金属は下位の金属に電子を渡す．上位ほど貴金属性が少ない．

応用：銀の採取．細かく粉砕された銀鉱石がシアン化物溶液で抽出される．洗浄後，銀は溶液中に Ag^+ イオンとして存在する．この溶液を攪拌しながら亜鉛粉末が入れられる．銀は系列内では亜鉛の下位に位置するので，電子は亜鉛から銀イオンに移行する ($2Ag^+ + Zn \rightarrow 2Ag + Zn^{2+}$)．銀は金属として沈殿し，亜鉛イオンは溶液中にとどまる．

電気化学系列は通常，酸性溶液について適用される．しかしそれは塩基性溶液に対しても測定でき，新たにまた H^+ 電極に関連づけられる．若干の金属の位置は変わり，調製化学で役立つ．

保護被膜：Mg，Al または Zn が水に浸かると，その金属によって当然水素が排出されるはずであるが，しかしそうはならない，金属水酸化物で非水溶性の保護被膜，例えば $Mg(OH)_2$ が直ちに金属表面にできるからである．

電気と磁気

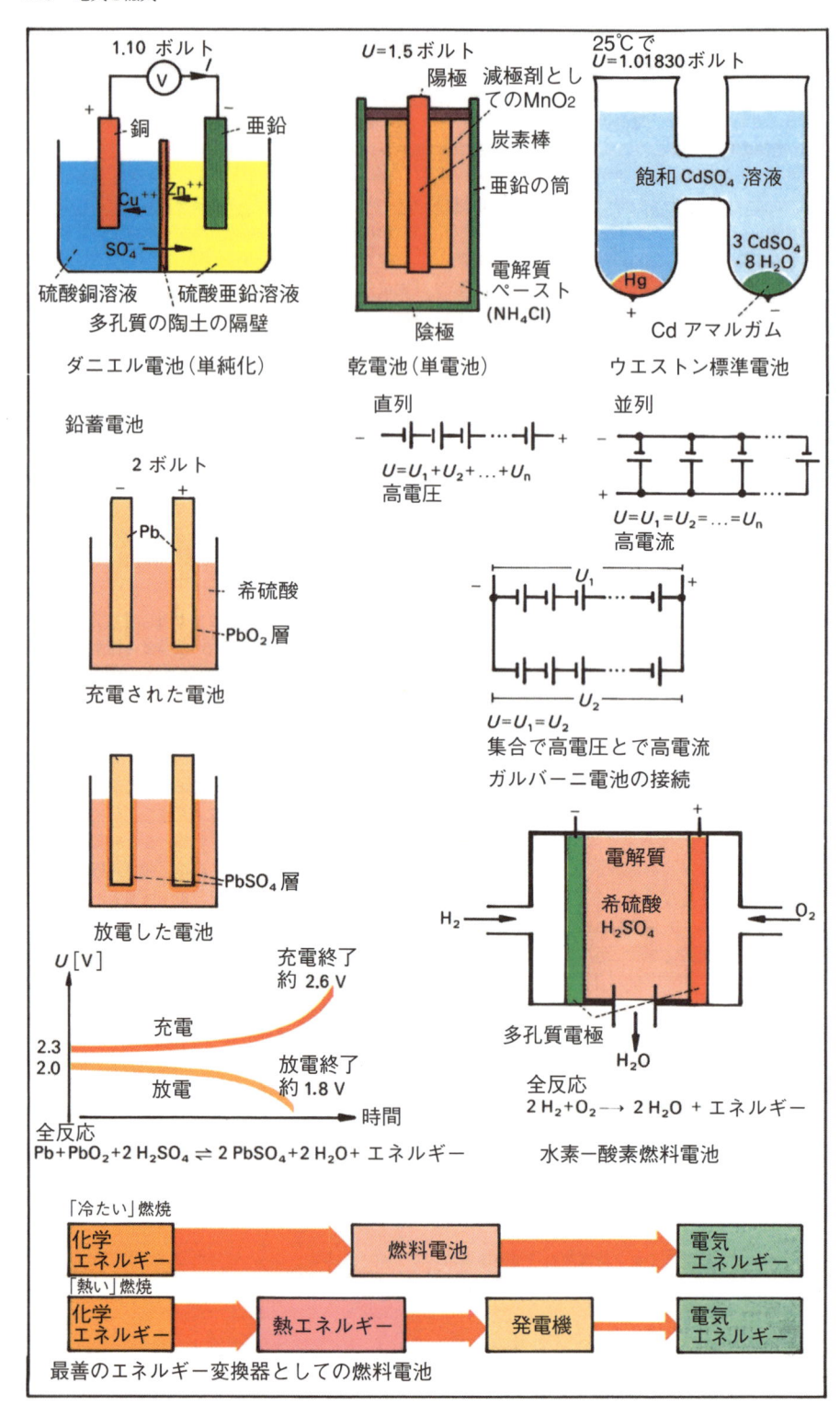

ダニエル電池（単純化）
1.10 ボルト
銅 / 亜鉛
Cu^{++} / Zn^{++}
SO_4^{--}
硫酸銅溶液 / 硫酸亜鉛溶液
多孔質の陶土の隔壁

乾電池（単電池）
$U=1.5$ ボルト
陽極
減極剤としての MnO_2
炭素棒
亜鉛の筒
電解質ペースト（NH_4Cl）
陰極

ウエストン標準電池
25℃ で $U=1.01830$ ボルト
飽和 $CdSO_4$ 溶液
$3\ CdSO_4 \cdot 8\ H_2O$
Hg
Cd アマルガム

鉛蓄電池

2 ボルト
Pb
希硫酸
PbO_2 層
充電された電池

$PbSO_4$ 層
放電した電池

ガルバーニ電池の接続
直列: $U=U_1+U_2+\ldots+U_n$ 高電圧
並列: $U=U_1=U_2=\ldots=U_n$ 高電流
集合で高電圧とで高電流: $U=U_1=U_2$

$U[V]$
充電終了 約 2.6 V
充電
2.3
2.0
放電
放電終了 約 1.8 V
時間

全反応
$Pb + PbO_2 + 2\ H_2SO_4 \rightleftharpoons 2\ PbSO_4 + 2\ H_2O + $ エネルギー

水素一酸素燃料電池
電解質 希硫酸 H_2SO_4
$H_2 \rightarrow$ / $\leftarrow O_2$
多孔質電極
H_2O

全反応
$2\ H_2 + O_2 \rightarrow 2\ H_2O + $ エネルギー

最善のエネルギー変換器としての燃料電池

「冷たい」燃焼: 化学エネルギー → 燃料電池 → 電気エネルギー

「熱い」燃焼: 化学エネルギー → 熱エネルギー → 発電機 → 電気エネルギー

二つの異なる金属を電解質に浸し，導体でつなぐと，金属（電極）間に電流が流れる．このような配置を**ガルバーニ電池**と言う．

これはガルバーニ (Luigi Galvani, 1737–98) に因んで名付けられた．彼は，二種の異なる金属をつないだ針金の両端で蛙の太股に触れると，その筋肉が痙攣することに気付いた．

電気化学系列（226頁参照）の中で比較的上位に位置する（従って貴金属性の劣る）電極物質はカソード（負極）になる．電極間の電圧はこれらの標準電圧（227頁参照）の差に等しい．

導体中の電子の流れは電解質中の正イオンの流れによって閉じられる．

例：ボルタの電堆は1799年，ボルタ (Alessandro Volta) により発明されたもので，希硫酸に浸したフェルト布で隔てられたCu円板とZn円板から成り立っている．Znは負でCuは正である．Cu–Znの組み合わせの標準電圧は $-0.763\,\mathrm{V} - (+0.337\,\mathrm{V}) = -1.10\,\mathrm{V}$ である．これは使用に耐える初めての電流源であった．

ダニエル (John Daniel, 1790–1845) は1836年**ダニエル電池**を考案した．Cu電極が $CuSO_4$ 溶液に，Zn電極は $ZnSO_4$ 溶液に浸かっており，多孔質膜が両溶液を隔てている．Zn^{2+} イオンが金属を離れて $ZnSO_4$ 溶液に移り，$CuSO_4$ 溶液中の Cu^{2+} イオンは銅電極に堆積する．両電極をつなぐと電流が流れる．Zn電極が使い果たされるまでZnは溶液へ出て行き，Cuは溶液から析出する．したがって，

$$Zn + CuSO_4 \rightarrow ZnSO_4 + Cu$$

放出された電気エネルギーは，ガルバーニ電池の温度が一定である限り，（理論的には）化学反応エネルギーに等しい．

燃料電池はガス電極を持つガルバーニ電池である．二つの電気的につながれた白金電極が希硫酸に浸されている．H_2 が一方の電極に送り込まれ，O_2 がもう一方に入る．電極表面にはガス層ができて，この分子が触媒作用により原子に解離する：

$$2H \rightarrow 2H^+ + 2e^-$$

電子は電気結線を通して流れ，H^+ イオンは電解質を通して移動し，もう一方のガス電極の酸素と化合する（**冷たい燃焼**）．

$$O_2 + 4H^+ + 4e^- \rightarrow 2H_2O$$

これは爆鳴気反応である．各molごとに H_2O は生成エンタルピー $286.2\,\mathrm{kJ}$ を解放する．これが電気エネルギーとして現れる．

燃料電池（燃料：H_2，酸化剤：O_2）の仕様は複雑であるが，未来の重要な電気エネルギー源と見なされている．化学エネルギーから電気エネルギーへの直接変換の効率は現在約60%である．

ガルバーニ電池の接続

個々のガルバーニ電池の**並列接続**でバッテリー（訳注：ここでは二組以上の単電池）にするには，カソード（負極）とカソード，アノード（正極）とアノードをつなぐ．バッテリーの電圧は個々の電池と同じである．

直列接続ではカソードとアノードを順に次の電池につなぐ．個別電圧 U_e の電池 n 個の全電圧 U は，

$$U = nU_e$$

電解分極

ガルバーニ電池では，電流通過の際の化学反応が電極を変化させ，電流を中断する．例えば，電解質水溶液中の Pt 電極は $Pt-O_2$ ないしは $Pt-H_2$ 二重層を形成し，それら自身がガルバーニ電池になる．この新たなガルバーニ電池は本来的に逆向きで，Pt 電極間の電圧を下げる．

電極における電解的な反応生成物は化学的に溶かすことができる．そうすることによって，一定電圧の**ガルバーニ電池**ができる．

例：乾電池は Zn 円筒（カソード）に囲まれた電解質ペースト中の炭素棒（アノード）からなる．炭素極で発生する H_2 は炭素極を急速に分解しそうであるが，実際は，二酸化マンガン（MnO_2）の層により H_2O へと酸化される．電池の電圧はすべての Zn が消費されるまで一定である．

蓄電池は再生可能なガルバーニ電池である．すなわち，充電過程は放電の際に進行する化学過程を逆転させる．最も広範囲に普及しているのは**鉛蓄電池**である．電極として，$PbSO_4$ に被覆された格子状の鉛板が利用される．充電の際には蓄電池は直流電圧電源につながれる．カソードには金属鉛，すなわち，海綿状の Pb が生じ，アノードには PbO_2 が生じる．

充電：

アノード：$PbSO_4 + SO_4 + 2H_2O$
$\rightarrow PbO_2 + 2H_2SO_4$

カソード：$PbSO_4 + 2H \rightarrow Pb + H_2SO_4$

放電：

アノード：$PbO_2 + 2H + H_2SO_4$
$\rightarrow PbSO_4 + 2H_2O$

カソード：$Pb + SO_4 \rightarrow PbSO_4$

熱電対

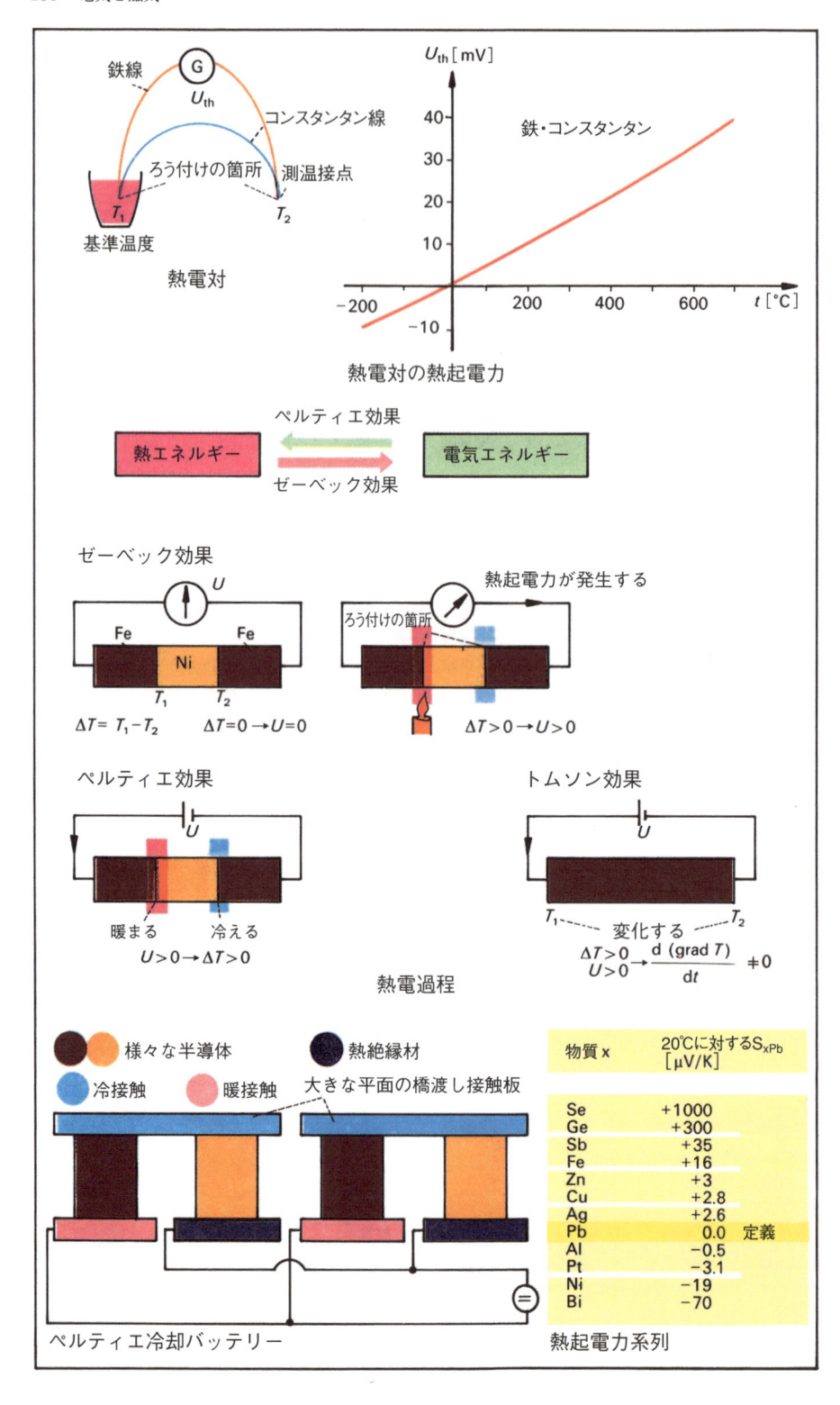

鉄線 / コンスタンタン線 / ろう付けの箇所 / 測温接点 T_2 / 基準温度 T_1

熱電対の熱起電力 U_{th} [mV] vs t [°C]（鉄・コンスタンタン）

	ペルティエ効果 →	
熱エネルギー	← ゼーベック効果	電気エネルギー

ゼーベック効果

Fe — Ni — Fe
$\Delta T = T_1 - T_2$
$\Delta T = 0 \rightarrow U = 0$

ろう付けの箇所 — 熱起電力が発生する
$\Delta T > 0 \rightarrow U > 0$

ペルティエ効果

暖まる / 冷える
$U > 0 \rightarrow \Delta T > 0$

トムソン効果

T_1 ―― 変化する ―― T_2
$\Delta T > 0$
$U > 0$ $\rightarrow \dfrac{d(\operatorname{grad} T)}{dt} \neq 0$

熱電過程

ペルティエ冷却バッテリー

様々な半導体 / 熱絶縁材 / 冷接触 / 暖接触 / 大きな平面の橋渡し接触板

熱起電力系列

物質 x	20°Cに対する S_{xPb} [μV/K]	
Se	+1000	
Ge	+300	
Sb	+35	
Fe	+16	
Zn	+3	
Cu	+2.8	
Ag	+2.6	
Pb	0.0	定義
Al	−0.5	
Pt	−3.1	
Ni	−19	
Bi	−70	

二本の（異種の）金属線の両端を一緒にろう付けすると，それぞれのろう付け箇所で**接触電位差**（227頁参照）が発生する．しかし，両端の電圧は逆向きであるから電流は流れない．

ゼーベック (Thomas Johann Seebeck, 1770–1831) は 1821 年ゼーベック効果を発見した．

ゼーベック効果：ろう付け箇所の間に温度差があると，その間に**熱起電力**が発生し，**熱電流**が流れる．この配置を**熱電対**と言う．次式が成り立つ：

$$U_{\text{th}} = a\Delta T + b\Delta T^2 + c\Delta T^3 + \cdots$$

ここで，U_{th}：熱起電力；ΔT：温度差；a, b, c：係数．

若干の物質の組み合わせと，特定の温度範囲に対して，U_{th} と ΔT の間には近似的に次の比例関係がある．すなわち，

$$U_{\text{th}} = S_{ab}\Delta T \qquad\qquad \text{熱起電力}$$

ここで，S_{ab} は組み合わせた物質 a と b に対するゼーベック係数である．

物質を S_{ab} の大きさに従って並べると，**熱起電力系列**ができ，大抵は Cu または Pb と関連づけられる．さらに，二つの物質がこの系列中で離れれば離れるほど熱起電力は大きくなる．

例：鉄線とニッケル線を一緒に接合すると，Fe–Ni 熱電対ができる．$S_{\text{FePb}} = 16\,\mu\text{V/K}$ で $S_{\text{NiPb}} = -19\,\mu\text{V/K}$，よって $S_{\text{FeNi}} = 35\,\mu\text{V/K}$ である．熱電対の一方の接合部を氷水に浸し，他方を 80°C に加熱すると，熱起電力 $U_{\text{th}} = 2.8\,\text{mV}$ になる．

最近の半導体材料は特に大きなゼーベック係数を持っている．

応用：

熱電対は温度計として利用される．長所：非常に小さくできる．したがって熱容量が小さいため，測定対象に影響を与えることなく，非常に素速く反応する．3300 K 迄の広い測定範囲を持つ．

熱電堆（サーモパイル）は直列につないだ熱電対で，各温接点を小面積に集中し，黒く塗ったのもある．放射測定に利用される．

熱発電機は大きな接触平面を持ち，そのうちの一つが加熱される（例えば，天然ガス）．これは熱→電気の直接エネルギー変換器である．Ge–Si 混晶または Bi–Te が使われる．効率は約 10%である．

熱検流計は非常に弱い高周波電流の測定に使われる．細いコンスタンタン線と鉄線が十字に重ねられ，接触点で接合される．こうしてできた二対の Fe–コンスタンタン熱電対の一方の入力部から電流 I を流すと，I は接合部を熱する．他方の出力部で熱起電力を測定すると，これは I^2 に比例する．

SNAP (Systems for Nuclear Auxiliary Power Program) 発電機，あるいは**同位体バッテリー**：放射能源（例えば，^{90}Sr, ^{242}Cm）の崩壊は熱エネルギーを出し，これが熱発電機で電気エネルギーに変換される（訳注：宇宙用電源）．

ペルティエ (Jean Peltier, 1785–1845) は 1834 年ペルティエ効果を発見した．これはゼーベック効果に近い使われ方をする．エネルギー変換だけに注目すると，これはゼーベック効果の逆過程である．一つの金属（または半導体）の両端に別の金属を接合し，直流電流を流すと，一つの接合部では冷え，もう一つの接合部では温度が上がる．電流の向きを変えると，暖点と冷点が交代する．

$$P = \Pi_{ab} I$$

ここで，P：接点での熱流；Π_{ab}：接合素材 a と b のペルティエ係数；I：電流の強さ．

両方の接点間に温度差があると，熱電流 I_{th}（上記参照）も流れる．I_{th} の方向は I の向きの逆である．

応用：ペルティエ素子（半導体製）として電気エネルギーから冷却用出力への直接変換．小容積，軽量，無騒音の冷蔵庫．電子回路部品の冷却．

トムソン効果：1856 年トムソン (William Thomson, 後にケルヴィン卿 Load Kelvin, 1824–1907) により発見された．温度勾配が存在する物質に電流が流れると，その温度勾配が変化する．例えば，電流が Cu（または Ag, W, Au）の温かい端から冷たい方へ流れると，電流はある熱量を作り出す．その反対に Fe（または Pt, Zn, Ni）を流れると，電流は熱量を消費する．

次式が成り立つ：

$$P = \pm \mu I (dT/dell)$$

ここで，P：温度勾配に沿って放出（または吸収）された熱出力；μ：トムソン係数；I：電流の強さ；dT/dl：長さ ell に沿った温度勾配．

μ の大きさと符号は物質に依存する．トムソン効果を連続的なペルティエ効果と見なすことができる．

発熱を，電流通過の際の熱の放出（215 頁参照）と混同してはならない．ジュール熱は $\propto I^2$ である．

232 電気と磁気

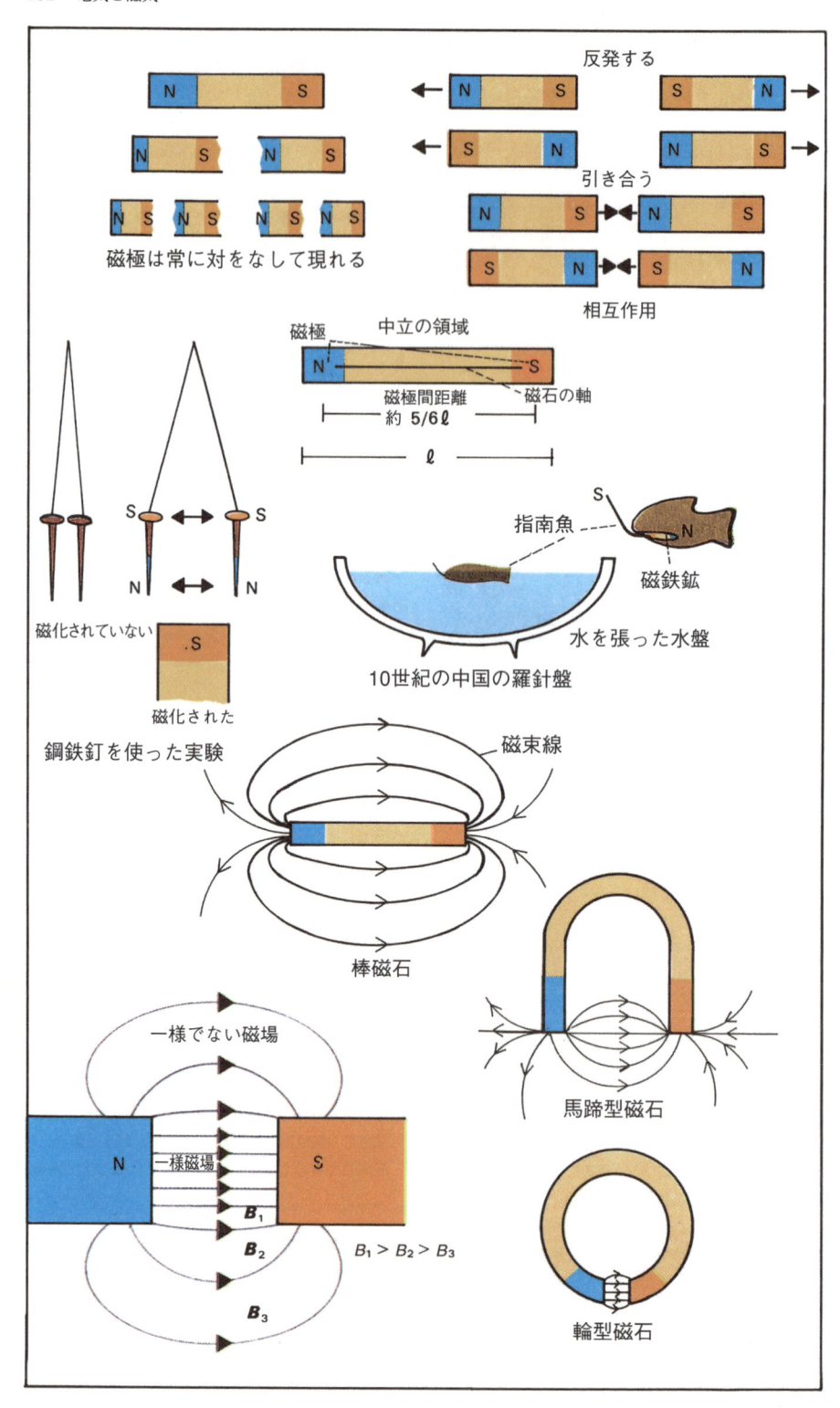

反発する

磁極は常に対をなして現れる

引き合う

相互作用

磁極　中立の領域

磁極間距離 約 5/6ℓ　磁石の軸

ℓ

磁化されていない

磁化された

鋼鉄釘を使った実験

指南魚

磁鉄鉱

水を張った水盤

10世紀の中国の羅針盤

磁束線

棒磁石

一様でない磁場

一様磁場

B_1

B_2

B_3

$B_1 > B_2 > B_3$

馬蹄型磁石

輪型磁石

静磁気学は時間に依存しない磁気現象を扱う.

ローマ人ルクレチウス (Lucretius) によると,「磁石」という名前は "Magnetit"（磁鉄鉱, Fe_3O_4）から来ている. この鉱物はテッサロニキ人の入植地マグネシアで初めて採掘されたようだ. この町の廃墟は今日の西アナトリア地方（トルコ）にある.

磁性物質が方向を指示するという性質は, 10 世紀頃にはすでに中国でよく使われていたようである. コンパス（羅針儀）が何時ヨーロッパに来たかは詳しくは分からない. その商業的および軍事的重要性のために秘密にされていたからである. 13 世紀になると「公開の」文献中にこれに関する記述が見出される. 最初の定量的な研究はクーロン (Charles–Augustin de Coulomb, 1736–1806) に始まる.

人は**磁気**をその作用によってのみ認識する；我々は磁気の存在することを確かめる器官を持っていない（しかし, 動物の中にはこれができるものもいる). すべての磁石は経験上, 反対の端に二つの磁極を持つ. 各磁石は**磁気双極子**であり, **双極子軸**が両方の極を結びつける.

磁極うちで地理上の北極を指す極を **N 極**（磁気的北極）と言い, 他方を **S 極**（磁気的南極）と言う. 二つの磁石を互いに近づけると, 同名の極は反発し, 異なる極は引き合う.

地球の両磁極の内の一つは, 地理上の北極付近にあるが, しかし奇妙なことに（訳注：磁気的には南極であるのに）磁気的北極と言う. 日本では**磁北極**と呼ばれている.

一つの磁石の両極は分離しない：

一つの磁石を切り離すと, 二つの新しい磁石が出現する.

このことはどんどん小さくしていった原子領域においても成り立つ. すなわち, 各原子は極と反対極を持つ微小な磁石である.

多年にわたって物理学者は**磁気単極子**（モノポール), すなわち独立に存在する磁極を探索してきたが, 発見されていない.

強い磁石や弱い磁石があるが, 一つの磁石の両極は常に同じ強さである. いくつかの物質は磁石のすぐ近くにいるとそれ自体が磁石になる. すなわち, これらは**磁化**される.

永久磁石は磁化の後, 非常にゆっくりと磁気を失う.

例：磁針.

外部の影響が磁石の磁気的性質を弱めたり, 全く消滅させることがある.

例：ハンマーによる打撃, またはキュリー温度以上への加熱（磁気誘導や磁場の強さの頁も参照).

以下の定量的な記述では, 静電気学（199 頁）との類似が多いことに気が付くであろう. しかしながら, 注意すべきことは静磁気学にも電磁気現象にも電荷 Q の類似物（磁荷）が存在しないことである.

いくつかの対応物理量：
磁束密度 B →電場の強さ E
磁気モーメント m →電気双極子モーメント p
磁場の強さ H →電束密度 D
磁化 M →電気分極 P

磁石はその周りに**磁場**を持つ. これは空間の特性であり, 媒質を必要とせず, 従って磁石の周りが真空であっても存在する. 磁場があるか無いかはもう一つの磁石を使って確かめられる：

磁場の中ではこの磁石に力が働く.

磁束密度（磁気誘導とも言う）（記号 B）は磁場中の各点を特徴づける. ベクトル B の方向は N 極から S 極に向かう. ベクトル B の大きさ B は SI 組立単位**テスラ (Tesla)**（単位記号 T）で測られる. これはテスラ (Nicola Tesla, 1856–1943) に因んで名付けられた.

地球物理学では特別な名称の単位が使われている：$1\gamma = 10^{-9}$ T

CGS 系ではガウス (Carl Friedrich Gauss, 1777–1855) に因んで名付けられた組立単位ガウス（単位記号 G）が使われる：

換算：$1\,T = 10\,kG$

磁力計は B を測る.

磁束密度の例：

星間空間：100 pT–10 nT
地球磁場, 北緯 50°：20 μT
地球磁場, 赤道：31 μT
大型馬蹄形磁石：1 mT
太陽黒点（表面）：10 T
中性子星：100 MT–1 GT

磁力線は空間における磁束密度の直観的な描像を示す. 磁束線の矢の先は S 極の方向を指し, その密度は B の大きさに比例する. 磁束線が密集しているところでは, B は相対的に高い値である.

磁束線が平行で同じ密度であれば, それは一様な磁場を記述し, そうでない場合, 磁場は一様でない.

234 電気と磁気

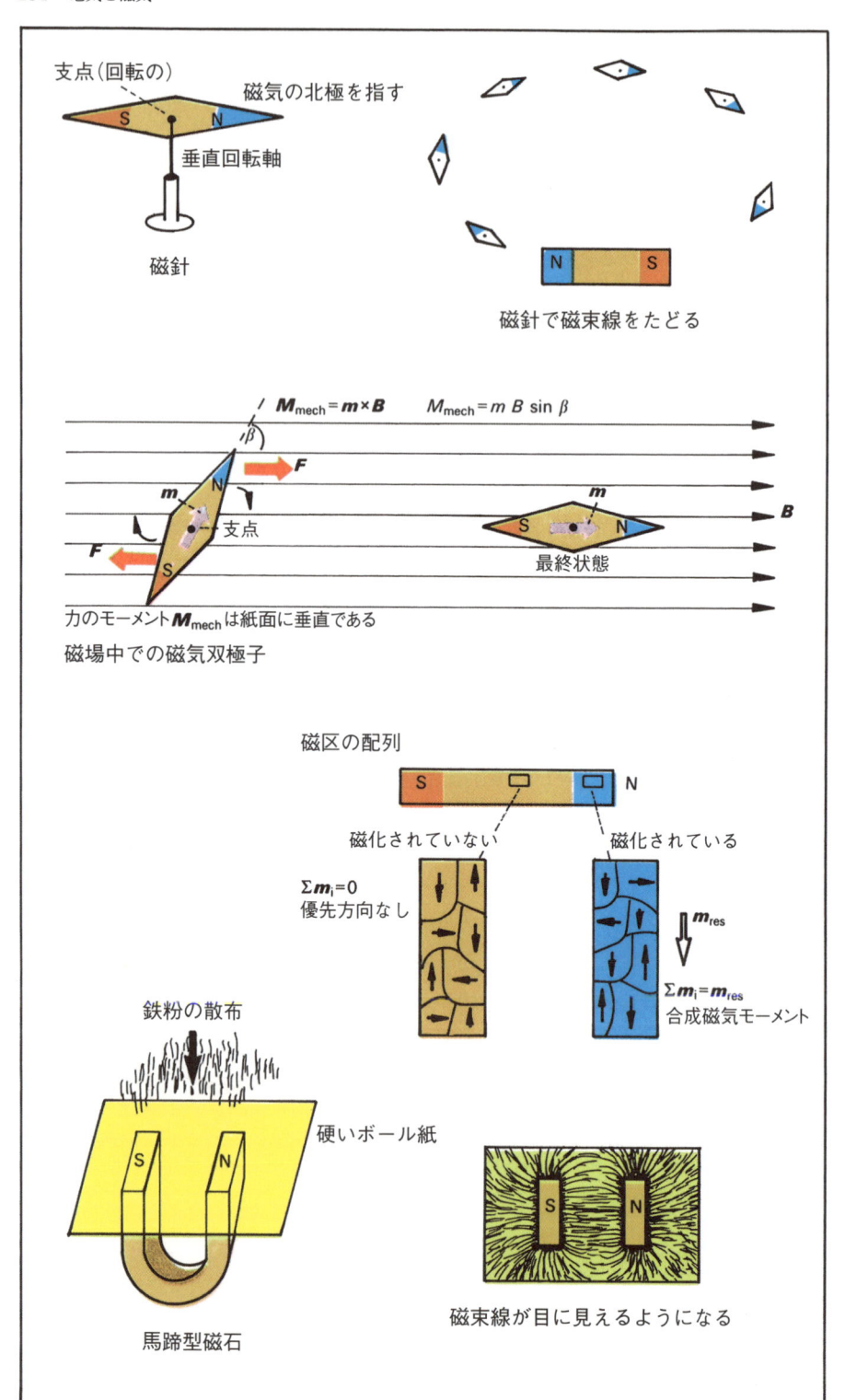

磁針
- 支点(回転の)
- 磁気の北極を指す
- 垂直回転軸

磁針で磁束線をたどる

磁場中での磁気双極子

$M_{mech} = m \times B$　　$M_{mech} = m B \sin \beta$

- 支点
- 最終状態
- 力のモーメント M_{mech} は紙面に垂直である

磁区の配列

- 磁化されていない　$\Sigma m_i = 0$　優先方向なし
- 磁化されている　$\Sigma m_i = m_{res}$　合成磁気モーメント

鉄粉の散布
- 硬いボール紙
- 馬蹄型磁石

磁束線が目に見えるようになる

磁束線は始点も終点も持たず，それ自身で閉じている．開いた磁束線は**存在しない**．

鉄のヤスリ屑は磁場中で磁化される．それらは個々に小さな磁気双極子であり，磁束線に沿って整列する．

大きい磁束密度の領域，従って磁極の周りでは明らかに双極子の分布がより密である．

一様磁場中の磁気双極子

例えば馬蹄形磁石のポールピース（訳注：磁石の磁極部に取り付け磁束線の分布を調整する軟鉄部品）の間の磁場の中に磁気双極子があると，双極子の両極に力が働く．

一様な磁場の中では両極に働く力は同じ大きさであるが，逆方向を向く．その結果磁束密度 B に比例する力学的な力のモーメント（トルク）M_mech（41頁参照）が現れる：

$$M_\mathrm{mech} = m \times B$$

ここで，M_mech：力のモーメント（磁化との混同を避けるため例外的に添え字を用いた）；m：磁気双極子（下記参照）の磁気モーメント．m の方向は双極子軸に沿って N 極を指す．M_mech は二つのベクトル m と B が張る平面に垂直である．M_mech の方向はベクトル積の法則に従う．

力のモーメント M_mech の大きさ M_mech は，

$$M_\mathrm{mech} = mB\sin\beta$$

ここで，m：磁気モーメントの大きさ；β：双極子軸と磁束線の間の角．

磁極の間の軸上に磁石を置くと，トルクが消えるまで（$\beta = 0$ まで）磁石は回転する．すなわち，双極子軸は磁束線に平行になる．

例：磁気コンパスの中には，垂直軸の周りに回転できる非常に軽い磁気双極子（磁針）が置かれている．地球の磁場は事実上一様であり，したがって磁針は地球磁場の磁束線に平行になるまで回転する．そして磁針は磁北極を指す．

B が不均一であれば，トルクの他に付加的な力が現れ，その力は磁気双極子全体を磁束密度の増加する方向へ加速する．

磁気モーメントを具体的に示すことができる．すなわち，m は S 極から N 極へ向かうベクトル ℓ に比例する．このベクトルの大きさ ℓ は磁極間の距離である．そうすると，

$$m = P\ell$$

比例因子 P は**磁極の強さ**と言う．

磁極に働く力 F に対しては，クーロンの法則（199頁参照）に形式的に対応する関係が成り立つ：

$$F \propto P_1 P_2 B / \ell^2$$

ここで，F：磁極の強さ P_1，P_2 を持つ磁極間の力；ℓ：磁極間距離．例えば棒磁石の場合，棒の長さの約 5/6 倍程度である．一様な磁場中の双極子に働く力のモーメントは，

$$M_\mathrm{mech} = P(\ell \times B)$$

磁石の微視的描像

磁化可能な物質は，いわゆるワイス領域と言う微細な領域（直径約 $1\,\mu\mathrm{m}$）（訳注：磁区）から構成されており，各領域は一つの微小磁気双極子で記述できる．優先方向はない．磁石の中ではこれらの微小磁気双極子の多くが一方向に整列していて，全磁気双極子モーメントができる．

磁石が消磁されると，これらの領域は収縮する．それと同時に，優先方向が消え，そのために全双極子モーメントがゼロになるように，各双極子は方向を変える．

外部磁場の影響下では，この領域は成長し，双極子モーメントは優先的に磁束線に沿った方向に向く．

236　電気と磁気

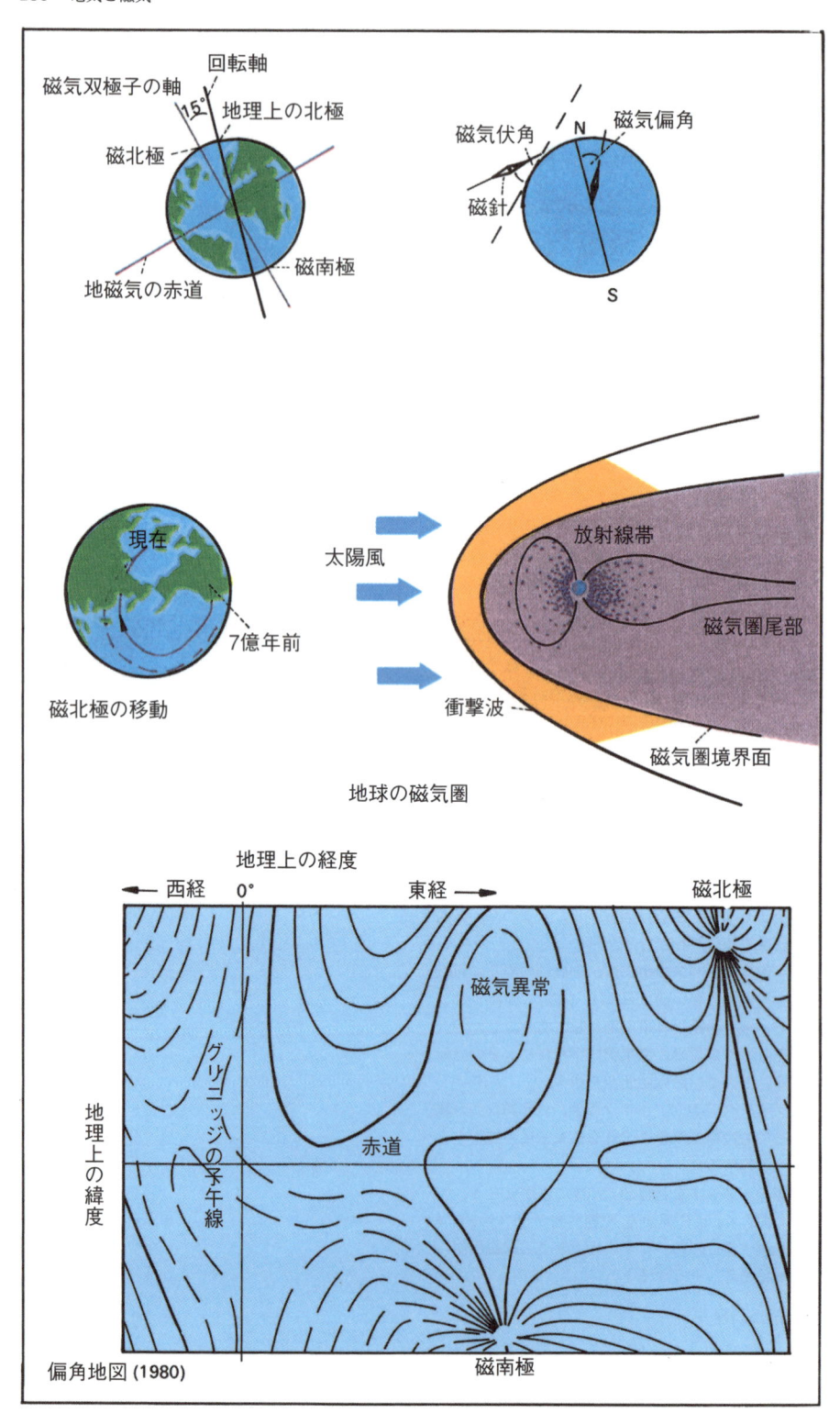

磁気双極子の軸　回転軸
　　　　　15°　地理上の北極
磁北極
　　　　　　　　　　　　　磁気伏角　　磁気偏角
　　　　　　　　　　　　　　　　N
　　　　　　　　　　　　　磁針
地磁気の赤道　　　磁南極
　　　　　　　　　　　　　　　　S

現在
　　　　　　　　　　　　　　放射線帯
　　　　　　太陽風
7億年前
　　　　　　　　　　　　　　　　　　磁気圏尾部
磁北極の移動
　　　　　　　　　　　衝撃波
　　　　　　　　　　　　　　　　磁気圏境界面

地球の磁気圏

　　　　　　　地理上の経度
　　←西経　0°　東経→　　　　　磁北極

　　　　　　　　　　磁気異常

グ
リ
ニ
ッ
ジ
の
子　　　　　赤道
午
線

地
理
上
の
緯
度

偏角地図(1980)　　　磁南極

磁場が我々の地球を取り囲んでいる．その領域を**磁気圏**と言う．それはあたかも，双極子軸と自転軸がほぼ一致している巨大な棒磁石を磁場が包み込んでいるように見える．磁束線が地球から湧き出したり，沈み込んでいるところには磁極がある．その位置は現在のところ地理的極からさほど離れていない．

（磁気的）**伏角**：赤道近辺だけは，磁束線は地表に対して水平に走る．他のすべての場所では傾き角ができ，**伏角**（記号 ϑ，単位は度）．それは特定の地理的位置における地球磁場の磁束線と地表面の間の角度である．

水平な回転軸に掛けられた磁針を持つ**伏角計**を用いて ϑ が測られる．磁針の双極子軸は磁束線に平行になり，ϑ は分度器で読みとられる．

等伏角線は地図上で同じ伏角の場所を結んだ線である．これらの線は緯度のように地球を囲むが，しかし緯度と線が重なることはなく，円でもない．$\vartheta = 0°$ の等伏角線は**磁気赤道**である．この線は部分的に地理的赤道の北，また部分的には南を走る．

磁極においては $\vartheta = 90°$，すなわちそこでは磁針は垂直に立つ．ついでながら，地磁気の双極子軸が地表を貫くのはその地点ではない．双極子軸が地球中心に対して離心して（約 $350\,\mathrm{km}$）走っていることと磁気異常のために，貫通点は磁極から約 $1000\,\mathrm{km}$ 離れたところにある．

ある場所の磁気的伏角は，磁極移動（下記参照）のために永年変化を示す．

磁気偏角（または磁針の**偏差**）は地球の磁束線と経線（子午線）の間の角である．磁針の北方向が経線より東あるいは西に偏っているに従って東偏角あるいは西偏角と区別する．

磁気偏角は，**偏角計**で測定される．その中では，垂直に回転できる磁針が磁束線と平行になるように配置されている．角度はあらかじめ南北に向けられた目盛りから読みとられる．

等偏角線は地図の上で同じ偏角を結ぶ線である．

偏角地図は航海に用いる羅針盤の補正にとって特に重要である．ハレー（Edmond Halley, 1656–1742）は 1701 年大西洋とインド洋の最初の偏角地図を作成した．

磁気偏角は場所ごとに異なる．ドイツでは 3° 西に偏る．局地的磁気異常は磁針を 180° も偏らせることがある．（訳注：東京付近では，6° から 7° 西に偏る．）

無偏線とは偏角 = 0，すなわち磁針が正しく北を指す点を連ねたものを言う．

磁極移動（下記参照）のため，偏角は時間と共に変化する；例えば，ドイツでは 1 年に約 0.1° だけ小さくなる．

地球磁場の磁束密度は磁気赤道で $31.2\,\mu\mathrm{T}$，極では 2 倍になる．**等磁力線**は地図上で同じ磁束密度の場所をつないだものである．火山岩石や長く伸びた鉱床は**磁気異常**を引き起こす．すなわち B は強い局所的な変化を示す．潜行した潜水艦は同様に測定可能な磁気異常の原因である．

地球磁場の変化

ある場所の**地磁気の要素**（伏角，偏角，磁束密度）は時間と共に変化する．

永年変化は地球磁極の**極移動**に由来する．

　例として，磁北極は，19 世紀末以来（カナダの）ブーシア半島から プリンス-オブ-ウエールズ島まで約 $600\,\mathrm{km}$ 移動した．

極移動は，鉄分を含んだ火山岩の局地的磁場の方向を測定することによって突き止められる．凝固する岩石のワイス領域（235 頁参照）は当時存在した磁束線に平行に整列している．岩石の年齢（放射性崩壊から測定可能）が分かれば，移動経路を再構成できる．磁北極および磁南極は約百万年ごとにその位置を交換している．

測定された極移動によって，1912 年ウェーゲナー（Alfred Wegener, 1880–1930）によって提唱された大陸移動が立証された．

短時間変化（日変化：秒から日まで）は，太陽風と地球の電離圏との相互作用（磁気嵐）に起因する．

地球の磁気圏は宇宙空間まで広がっている．磁束線の走り方は磁気双極子のとは異なっている．荷電粒子の流れである**太陽風**は，双極子場を歪ませる．相互作用によって非常に多様な磁束密度を持つ領域が出現する．所々に粒子が捕捉されて，**放射線帯**が現れる．

地球磁場の発生は未だに解明されていない．おそらく，地球内部深くで互いに移動している物質の非常に緩慢な循環流が重要な役割を果たしている（**ダイナモ理論**）と思われる．この磁場は地球の自転に強く依存している．

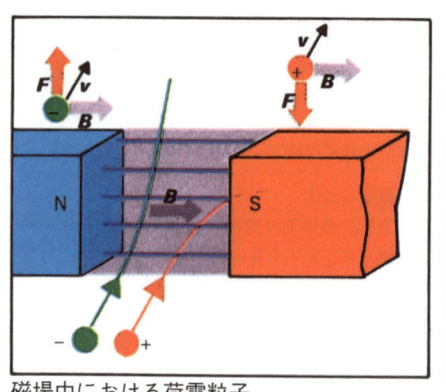

磁場中における荷電粒子

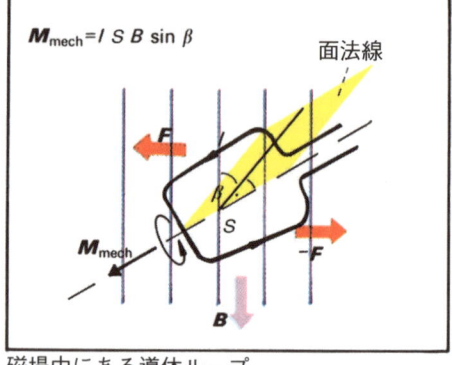

磁場中にある導体ループ
$M_{mech} = I\,S\,B\,\sin\beta$

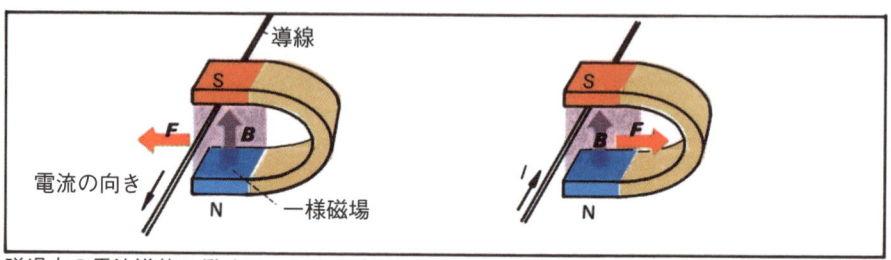

磁場中の電流導体に働くローレンツ力 F

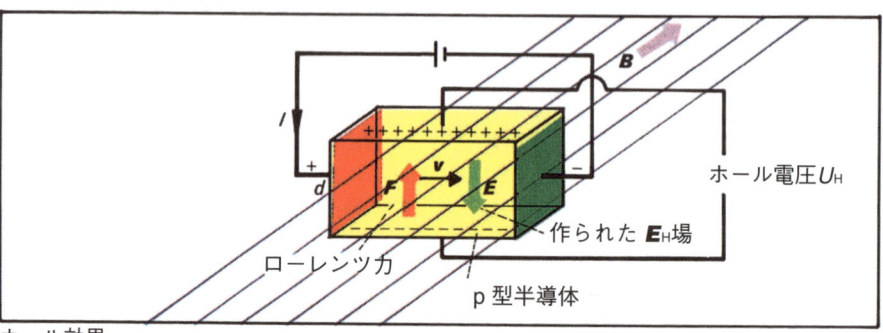

ホール効果
ホール電圧 U_H
作られた E_H 場
ローレンツ力
p型半導体

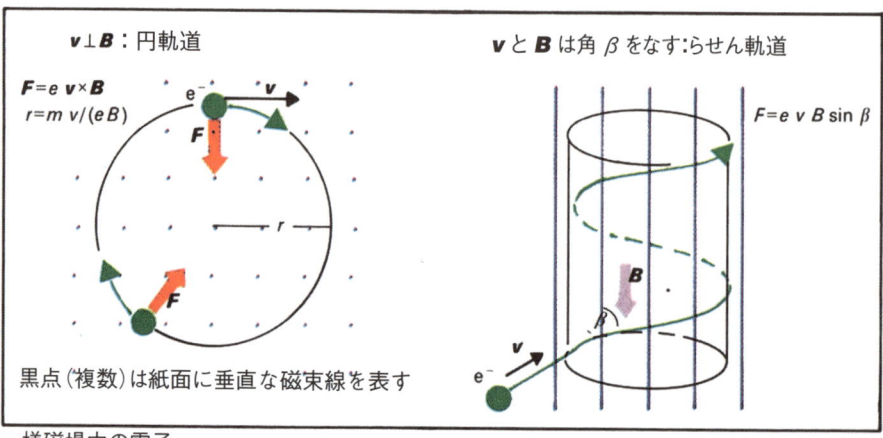

一様磁場中の電子

$v \perp B$：円軌道
$F = e\,v \times B$
$r = m\,v/(eB)$
黒点(複数)は紙面に垂直な磁束線を表す

v と B は角 β をなす：らせん軌道
$F = e\,v\,B\,\sin\beta$

ローレンツ (Hendrik Antoon Lorentz, 1853–1928, ノーベル賞 1902 年) に因んで名付けられた**ローレンツ力**は, 電荷担体 (荷電粒子) が磁場中を**運動する**ときに現れる:

$$F = Qv \times B \qquad \text{ローレンツ力}$$

ここで, F: ローレンツ力; Q: 粒子の電荷; v: 粒子速度; B: 場の磁束密度.
F の大きさ F は,

$$F = QvB\sin\beta$$

ここで, β: 磁束線と v のなす角.
F の向きはベクトル積の規則に従う.

負電荷粒子には**左手の法則**が成り立つ. すなわち, 左手の伸ばした人指し指は v 方向を指し, 曲がった指が B の方向を指すなら, 横に広げた親指は F の方向を指す.

ローレンツ力を使って, 磁束密度 B の SI 組立単位を SI 基本単位から導出する:

$$B = F/(Qv\sin\beta)$$

したがって,

$$1\,\text{N}/(1\,\text{C}\cdot\text{m}\cdot\text{s}^{-1}) = 1\,\text{N}/(\text{A}\cdot\text{m}) = 1\,\text{T}$$

1 m の長さの針金に 1 A の電流が流れると, この針金が磁束密度 1 テスラ (単位記号 T) の磁場の中にあれば, これに 1 N の力が働く.

ローレンツ力から導かれる結論:

$F \perp v$. すなわち, 荷電粒子はその運動方向に垂直に力を受ける.

$v = 0$ ならば, $F = 0$. すなわち, 静止した電荷にはローレンツ力は働かない.

$v \parallel B$ ならば $F = 0$. すなわち, 磁束線に沿って運動する電荷にはローレンツ力は働かない.

負電荷と正電荷は互いに逆の方向へ曲げられる.

応用: 磁場中の電子. 電子が一様磁場中で B に垂直に走ると, 円軌道を描く. 軌道面は磁束線に垂直である. この場合, ローレンツ力の大きさは遠心力の大きさに等しい.

$$mv^2/r = evB$$

従って, 軌道半径は,

$$r = mv/(eB)$$

ここで, m: 電子質量; e: 電気素量.

v と B が分かっていれば, この配置を用いて**比電荷** e/m を決定することができる.

磁場中の電流も同様にローレンツ力の影響を受ける. 次式が成り立つ:

$$F = -en\ell Sv \times B$$

ここで, n: 電荷担体 (電子) の数密度; ℓ: 磁場中にある導体の長さ; S: 導体の断面積.
ローレンツ力の方向は手の法則 (上記参照) に従うが, 伝統的な電流の方向は正電荷粒子の方向に対応している.
電流の強さは $I = -envS$ であるから,

$$F = I\ell B\sin\beta$$

ここで, β は導体と磁束線のなす角である.

例:
弾力性のある針金が, 12 cm, 長さの一様な 0.8 T の磁場と角度 $\beta = 60°$ で横切り, 14 A の電流を流すと次の大きさのローレンツ力が針金に働く:

$$\begin{aligned}F &= 14\,\text{A} \times 0.12\,\text{m} \times 0.8\,\text{T} \times 0.866 \\ &= 1.16\,\text{N}\end{aligned}$$

F は針金を磁束線に垂直に変位させる.
磁場中の**導線**ループはローレンツ偶力を受け, 次の大きさの力のモーメント M_{mech} が発生する:

$$M_{\text{mech}} = ISB\sin\beta$$

ここで, S: ループの面積; β: 表面法線と場の間の角.
M_{mech} はループの面法線が B と平行になるように働く.
これが電動機 (モーター) の原理である.

ホール効果は, 1879 年ホール (Edwin Hall, 1855–1938) によって発見された:
固定された金属ブロックに電流が流され, それが磁場の中に置かれると, ローレンツ力によって荷電分離が起こって横電場が現れる. この電場がローレンツ力と相殺し定常状態となって再び電流が流れるようになる. 次式が成り立つ:

$$U_{\text{H}} = IBd/(Qn) \qquad \text{ホール電圧}$$

または,

$$U_{\text{H}} = R_{\text{H}}(IBd)$$

ここで, U_{H}: 横電場の電位差; Q: 電流担体の電荷; n: 電流担体の数密度; d: ホール導体の I と B に垂直な方向の厚み.
R_{H} を**ホール係数**と言う. これは荷電担体の符号に依存し, 金属導体では非常に小さく, 半導体では大きい.

応用: 非常に小型の磁力計の検出器やアナログ計算機の回路素子.

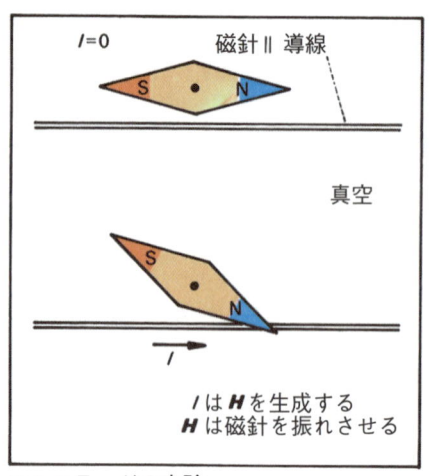

エルステッドの実験

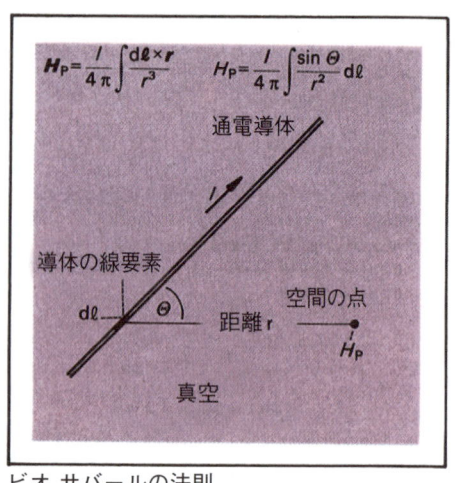

$I=0$
磁針 ∥ 導線
真空

I は H を生成する
H は磁針を振れさせる

ビオ-サバールの法則

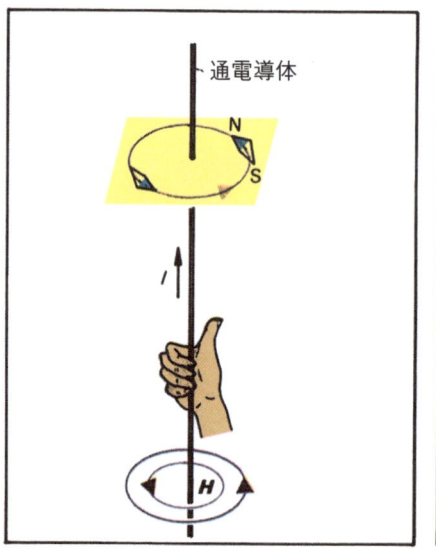

$$H_P = \frac{I}{4\pi}\int \frac{d\ell \times r}{r^3} \qquad H_P = \frac{I}{4\pi}\int \frac{\sin\Theta}{r^2}d\ell$$

通電導体
導体の線要素
$d\ell$
Θ
距離 r
空間の点
H_P
真空

電流 I と磁力線

通電導体
H

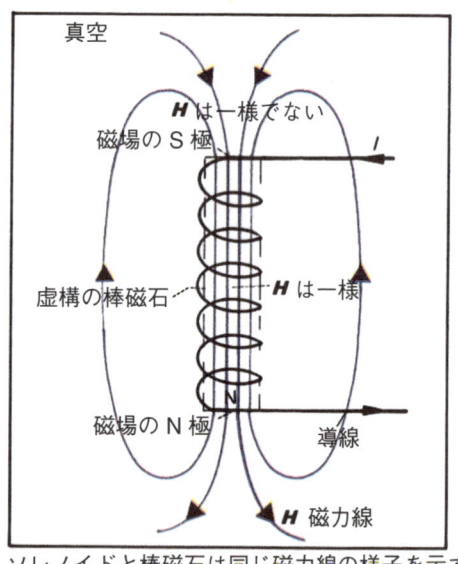

ソレノイドと棒磁石は同じ磁力線の様子を示す

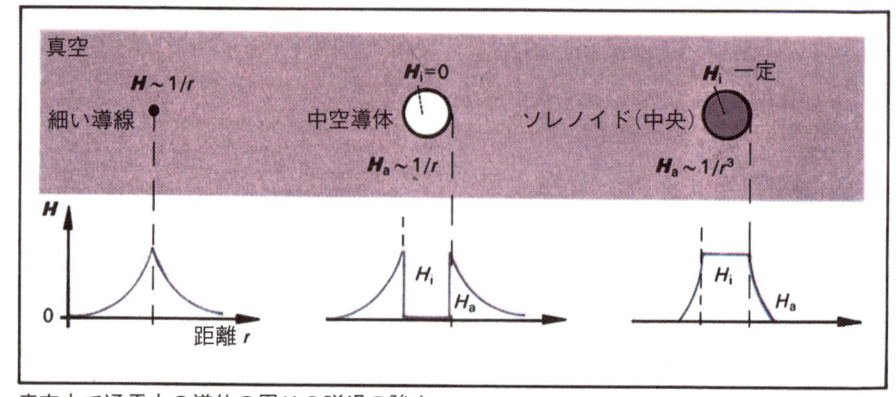

真空
H は一様でない
磁場のS極
I
虚構の棒磁石
H は一様
磁場のN極
導線
H 磁力線

真空中で通電中の導体の周りの磁場の強さ

真空
細い導線　$H \sim 1/r$
中空導体　$H_i = 0$　$H_a \sim 1/r$
ソレノイド（中央）　H_i 一定　$H_a \sim 1/r^3$

距離 r

エルステッド (Hans Christian Ørsted, 1777–1851) は 1820 年，電流の流れている針金が磁針を振れさせることを観測した．
電流 I が流れると，真空中ではその周りに**磁場 H**が生じる．

物質中（例えば，空気中）では I の周りに磁束密度 B が観測される．B と H は $B = \mu H$ の関係を介して結びつけられる，ただし μ：透磁率（243 頁参照）．

磁場の強さ（記号 H）は真空中の磁場（H 場）の各点を特徴づける．ベクトル H の大きさ H は A/m（アンペア毎メートル）で測られ，そのため特別な単位名はない．

古い単位：エルステッド（単位記号 Oe）．
換算：1 A/m $= 4\pi/10^3$ Oe $= 0.0126$ Oe；
1 Oe $= 10^3/4\pi$ A/m $= 79.6$ A/m

H の方向は右ねじにより決定される．すなわち，電流がねじの進む方向を指すと，H は各点でねじの回転方向を指す．

磁力線は，磁場の強さ H の力線で，磁場の直観的な描像を表す．真空中では磁力線は閉じていて始めも終わりもない．開いた（途中で切れる）磁力線はなく，磁場を作る電流が流れている導体の周りで閉じている．

磁力線の矢印は右ねじの回る方向を指す．磁力線の密度は磁場の強さの大きさ H に比例する．磁力線の密度が高いところでは，H は大きい値を持つ．

平行で同じ密度の磁力線は**一様な磁場**を記述し，そうでないときは**一様でない磁場**である．

鉄のヤスリ屑は H 中で磁化される．鉄屑はそれぞれが小さな磁気双極子であり，磁力線に沿って整列する．磁場の強さが大きい領域では双極子の分布は密である．

1820 年に導出された**ビオ–サバールの法則**(Jean Baptiste Biot, 1774–1862; Felix Savart, 1791–1841) は，電流の流れる導体が磁場中の点 P で作る H を与える：

$$H = I/4\pi \int (\sin\Theta/r^2) \mathrm{d}\ell$$

ここで，H：点 P における磁場の大きさ；$\mathrm{d}\ell$：電流の流れる導体の線素；r：点 P と $\mathrm{d}\ell$ の間の距離；Θ：$\mathrm{d}\ell$ の方向と点 P–$\mathrm{d}\ell$ を結ぶ直線のなす角．

例：
導体のさまざまな形状に対し，ビオ–サバールの法則にしたがって計算した磁場：

直線の長くて細い導体：

$$H = I/(2\pi r) \qquad\qquad 針金$$

ここで，I：電流の強さ；r：導体からの距離．

長い，中空導体：

内部磁場： $H = 0$ 　　　　　中空導体

中空導体の内部空間の磁場の強さはゼロである．

外部磁場： 針金の場合と同じ

直線の長く太い導体：

内部磁場： $H = Ir/(2\pi R^2)$ 　　　太い導体

ここで，H：磁場 H の大きさ；r：内部空間の軸からの距離；R：導体の半径．

磁場は導体中で内部から外部に向かって増加するが，表面から先は距離 r に反比例して減少する．

円形の，細い導体（電流ループ）：

$$H = IS/(2\pi r^3) \qquad\qquad 環状導体$$

ここで，H：中心軸上の磁場の大きさ；r：円平面からの距離，仮定 $r \gg$ 円の半径；S：電流で囲まれた面積．

この公式は任意の形をした電流ループで成り立つ，（仮定したような）遠距離では，囲んだ面積の形状は重要ではない．

円筒形の細長いコイル（ソレノイド）：

内部磁場： $H = NI/\ell = nI$ 　　ソレノイド

ここで，N：コイルの巻数；ℓ：コイルの長さ（仮定 $\ell \gg$ コイルの半径）；n：単位長さあたりの巻数．

この公式は任意の形のコイル断面で成り立つ．

内部の磁場は積 nI，いわゆるアンペアターンに等しい．

コイル内部では H は何処でも一様である．

外部磁場：H はほとんどゼロである．

短いコイルの外部磁場は棒磁石の磁場とよく似ており，棒磁石の極はソレノイドの端とよく似ている．磁力線がコイルから湧き出るところは磁石の N 極に等しい．

応用：

検流計（ガルバノメーター）は，固定コイルの軸に垂直に可動磁針が設置してある．測定される電流が磁場を作ると，磁針は I に比例して振れる．

電磁石は，高い透磁率の物質とそれに巻き付けられたコイル（ソレノイド）からできている．

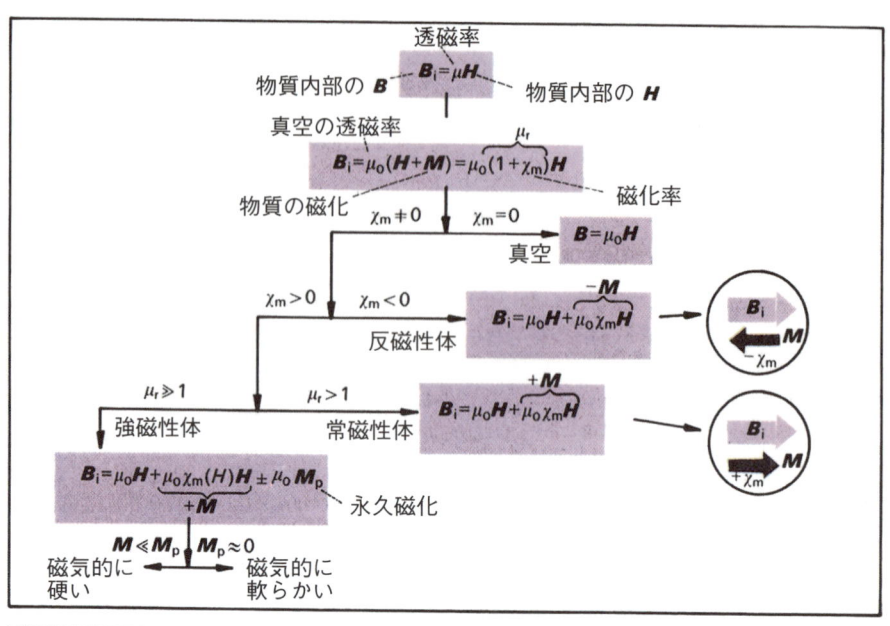

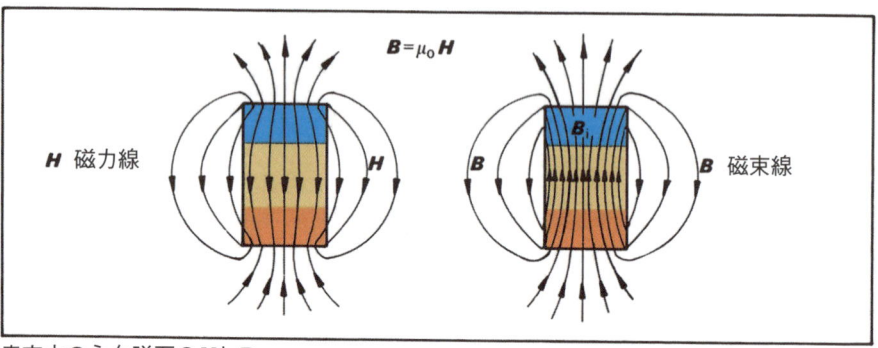

真空中の永久磁石の H と B

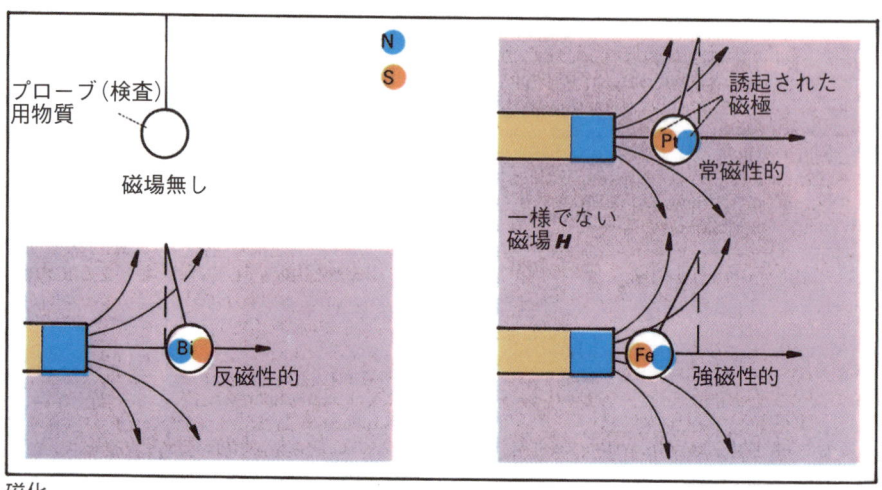

磁化

二つの物理量**磁束密度** B と**磁場の強さ** H は注意深く区別しなければならない.
真空中では,

$$B = \mu_0 H$$

ここで,

$$\mu_0 = 1.257 \times 10^{-6} \text{ H/m} \qquad \text{真空の透磁率}$$

透磁率の単位記号は H/m（ヘンリー/メートル）（263 頁参照）が多いが, N/A^2 が使われることもある.

真空の透磁率 μ_0 と真空の誘電率 ε_0 は次の関係を介して結ばれる:

$$\mu_0 = 1/(\varepsilon_0 c^2)$$

真空中では磁束線の走り方と磁力線の走り方は一致し, 方向も同じである. 気体中の H と B は, 真空中の H と B とほとんど変わらない. 物質中ではその物質の**透磁率**（記号 μ, 単位 H/m）が B と H を結びつける:

$$B = \mu H$$

比透磁率（記号 μ_r）は物質の磁性的な性質を比較するのに役立つ:

$$\mu_r = \mu/\mu_0 \qquad \text{比透磁率}$$

μ_r は無次元量で強磁性体（下記参照）を除いて物質定数である. したがって,

$$B = \mu_r \mu_0 H$$

> 例：空気中に置かれた**永久磁石**.
> 磁石の**外側**では磁束線と磁力線の形態は事実上一致する. 両者は N から S の方向を指す.
> 磁束線は, 磁石の**内部**では S から N の方向を指し, そのために自身で閉じている. 磁束線には湧き出しも吸い込みもない.
> 磁力線は, 磁石の**内部**では N 極から S 極へと向く. 磁力線は閉じていないで, 磁極に始まり, 磁極に終わる.
> この場合 H と B の向きは互いに**逆向き**である.

磁化
ある物質は磁場 H の中で磁化される:

$$M = \chi_m H \qquad \text{磁化}$$

ここで, M：磁化（単位 $\text{A} \cdot \text{m}^{-1}$）；$\chi_m$：物質の**磁化率**.

磁化率は無次元量で次の関係がある:

$$\chi_m = \mu_r - 1$$

強磁性体（下記参照）を除き, χ_m は物質常数である.

物質内部の磁束密度 B_i は次のようにも書ける:

$$B_i = \mu_0(H + M)$$

χ_m の符号に応じて次のような区別がある:

反磁性体は負の χ_m を示し, $\mu_r < 1$ である. M と H は互いに逆向きである. 反磁性体（例えば, Bi, H_2O, N_2）の内部では磁束線の密度は外部より少ない.

> 例：磁石の円錐形のポールピース（訳注：磁石の磁束を目的に合わせて調整する軟磁性の磁極部品, 円錐形なら磁束集中）の前の Bi 球は磁化される. Bi は反磁性だから M の向きは外場 H と逆である. 球は押し出される.

反磁性は, H が原子内電子, すなわち原子核を周回する電子に磁気モーメントを誘導することに起因する. この軌道磁気モーメントは B_i を弱める.

大部分の物質は反磁性である. しかし, スピンなどによる常磁性ないし強磁性があると反磁性よりはるかに強いため覆い隠されてしまう.

常磁性体は正の χ_m を示し, $\mu_r > 1$ ($\mu_r \approx 1$) である. M と H は同じ方向を指す. 常磁性体（例えば, Pt, W, O_2）の内部では磁束線の密度は外部より大きい.

> 例：磁石の円錐形のポールピースの前の Pt 球は磁化される. Pt は常磁性だから M は外場 H の方向を指す. 球は引きつけられる.

常磁性は原子内の電子のスピン磁気モーメントに起因する. H はこれら微小な永久磁石を部分的に整列させ, B_i を強める.

強磁性体は正の χ_m を示し, $\mu_r \gg 1$ である. 強磁性体（例えば, Fe, Co, Ni, 磁性合金）は常磁性物質に類似の性質を持つが, 以下のような違いがある.

μ_r(強磁性体) $\gg \mu_r$(常磁性体),
μ_r(強磁性体) は H と履歴に依存する.

強磁性は常磁性原子の多くの電子スピンが同時に H の方向に整列することにより出現する（245 頁参照）.

永久磁石では次式が成り立つ:

$$B_i = \mu_0(H + M + M_p)$$

ここで, M_p は永久磁化である.

$M_p \approx 0$ であれば, **軟磁性**材料である. B_i は増大する H と共に急速に飽和値まで増大する.

磁化 $M \approx 0$ であれば, **硬磁性**材料である. M_p と H は平行になることはない.

244　電気と磁気

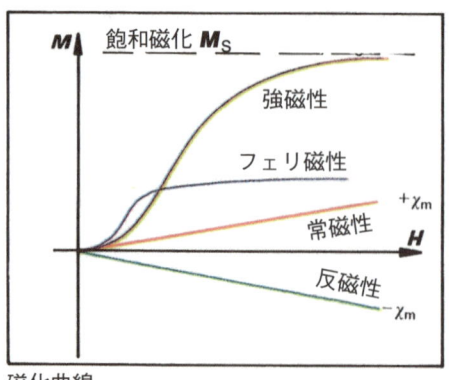

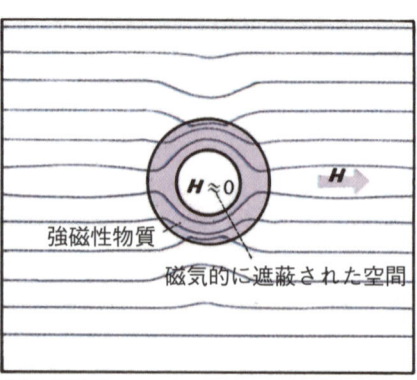

磁化曲線

磁場の遮蔽

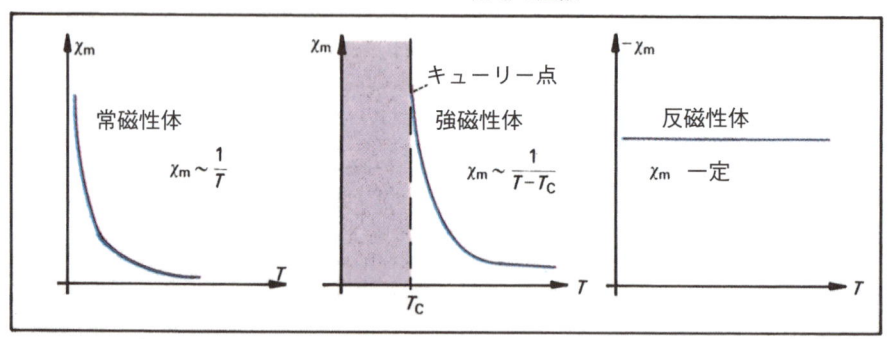

χ_mの温度依存性

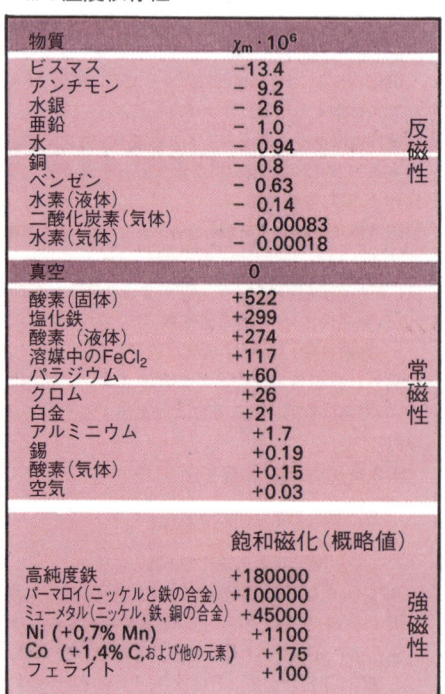

常磁性体　$\chi_m \sim \dfrac{1}{T}$

強磁性体　$\chi_m \sim \dfrac{1}{T-T_C}$　キューリー点

反磁性体　χ_m　一定

物質	$\chi_m \cdot 10^6$	
ビスマス	−13.4	
アンチモン	−9.2	
水銀	−2.6	
亜鉛	−1.0	反磁性
水	−0.94	
銅	−0.8	
ベンゼン	−0.63	
水素(液体)	−0.14	
二酸化炭素(気体)	−0.00083	
水素(気体)	−0.00018	
真空	0	
酸素(固体)	+522	
塩化鉄	+299	
酸素(液体)	+274	
溶媒中の$FeCl_2$	+117	
パラジウム	+60	常磁性
クロム	+26	
白金	+21	
アルミニウム	+1.7	
錫	+0.19	
酸素(気体)	+0.15	
空気	+0.03	
飽和磁化(概略値)		
高純度鉄	+180000	
パーマロイ(ニッケルと鉄の合金)	+100000	
ミューメタル(ニッケル,鉄,銅の合金)	+45000	強磁性
Ni (+0.7% Mn)	+1100	
Co (+1.4% C,および他の元素)	+175	
フェライト	+100	

磁化率 χ_m

ヒステリシスループ(履歴曲線)(鋼)

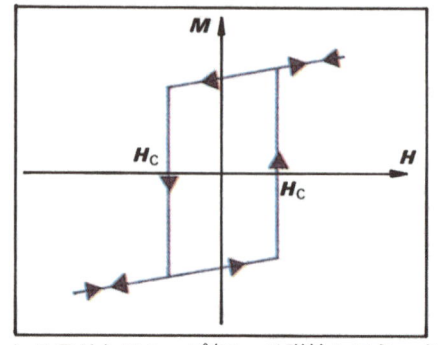

ヒステリシスループ(フェリ磁性セラミック)

磁化の温度依存性

反磁性は温度に依存しない．すなわち，

$$\chi_\mathrm{m}(反磁性) は温度非依存.$$

常磁性は存在する磁気モーメントの整列に起因する．熱運動による無秩序指向は整列とは逆向きに働く．すなわち，

$$\chi_\mathrm{m}(常磁性) は温度依存.$$

キュリー (Pierre Curie, 1859–1906) は 1894/95 年に次の関係を発見した：

$$\chi_\mathrm{m} = C/T \qquad \text{キュリーの法則}$$

ここで，χ_m：常磁性磁化率；T：温度 (K)；C：キュリー定数，物質依存量．

強磁性はキュリー温度 T_C 以上で消失する．温度範囲 $T > T_\mathrm{C}$ で強磁性体は常磁性となり，

$$\chi_\mathrm{m} = C/(T - T_\mathrm{C})$$

キュリー温度の例：

	T_C [K]
Co	1404
Fe	1043
Ni	631
Gd	289

多くのステンレス鉄合金（例えば，V2A 鋼）では，T_C は室温以下である．

磁気遮蔽（防磁）

磁束線は異なる透磁率の物質に入ると屈折する．常磁性と反磁性物質の間ではこの屈折の役割は小さい，χ_m 値が大変よく似ているからである．強磁性物質では状況が異なり，小さな入射角でも屈折角は $> 70°$ になる．

結論：強磁性の空洞物体では磁束線は物質内に集中する．ほんの僅かしか空洞空間には入り込まないこの空間は磁場に対して**遮蔽されている**．

応用：高感度の検流計には，地球磁場が測定コイルに及ぼす邪魔な影響を遮蔽するために，鉄のカバーが付いている．

強磁性体

強磁性体は正の磁化率 $\chi_\mathrm{m} \gg 1$（1000 超に及ぶ）を示す．χ_m は H とその物質の履歴，すなわち，その物質が以前既に磁化されていたかどうかに依存する．

固体の物資のみが強磁性である．例えば，Fe の蒸気や溶液中の Fe-イオンは単なる常磁性である．

磁化曲線：未だ磁化されたことのない強磁性物質を可変磁場に持ち込むと，以下のことが起きる：

H をゼロから増加させると，磁化 M は初期磁化曲線に沿って飽和値 M_s まで増加する．ここで H を減らすと，M も減少するが，初期磁化曲線より高い値の曲線に沿って変動する．$H = 0$ ではいわゆる**残留磁化**を示す．

外部磁場はゼロであるので，この物質は**永久磁石**になっている．

さらに H を減らすと，ある磁場 $H = -H_\mathrm{c}$ において $M = 0$ になる．この磁場を物質の**保磁力**（抗磁力）という．さらに H を負の方向に増やすと新たな M の飽和に達する．H を逆転させそれに引き続いて増大させると，磁化曲線は閉じて，**ヒステリシスループ**（履歴曲線）が現れる．

ヒステリシスループの下の面積，すなわち $\int M\,dH$ は全磁化曲線で費やされたエネルギーに対応する；これは熱として外部へ放出される．

ヒステリシスループの形は合金や物質の処理の仕方に依存する．電動機や変圧器の鉄は磁性的に柔らかく，ヒステリシスループは非常に狭い．すなわちエネルギー損失は小さい．コンピューターの磁気コアメモリーは，高い保磁力を持つ急峻で広いヒステリシスループを要する．

強磁性体の**消磁**は物質を交流磁場に入れ，最大磁場を連続的に減少させて行う．ヒステリシスループの面積はゼロに収縮する．

フェリ磁性物質（例えば，Fe_3O_4，$BaO \cdot 6Fe_2O_3$，セラミックス材料）は非常に小さい飽和磁化を持つ強磁性体のように振る舞う．普通，急峻な磁化曲線と大きい保磁力を持つ不導体である．コンピュータのコアメモリーに利用する．

強磁性体の構造

強磁性体では 10^6–10^9 原子の体積領域が平行に自発整列した電子スピンを含んでいる．この**ワイス領域**—ワイス (Christian Weiss, 1780–1856) に因んで名付けられた—は通常相互に相殺している．しかしながら，その物質が磁場中に入り込むと，H と平行に整列していたワイス領域は，平行でない部分を浸食して増加する．さらに H の大きな値においては残りの領域が場の方向に回転し，**バルクハウゼン効果**として（増幅器とスピーカーを介して）聞くことができる．続いて H をゼロまで減らすと，いくらかのワイス領域は場の方向に整列したまま残る．永久磁石が生じたのである．

246 電気と磁気

磁歪

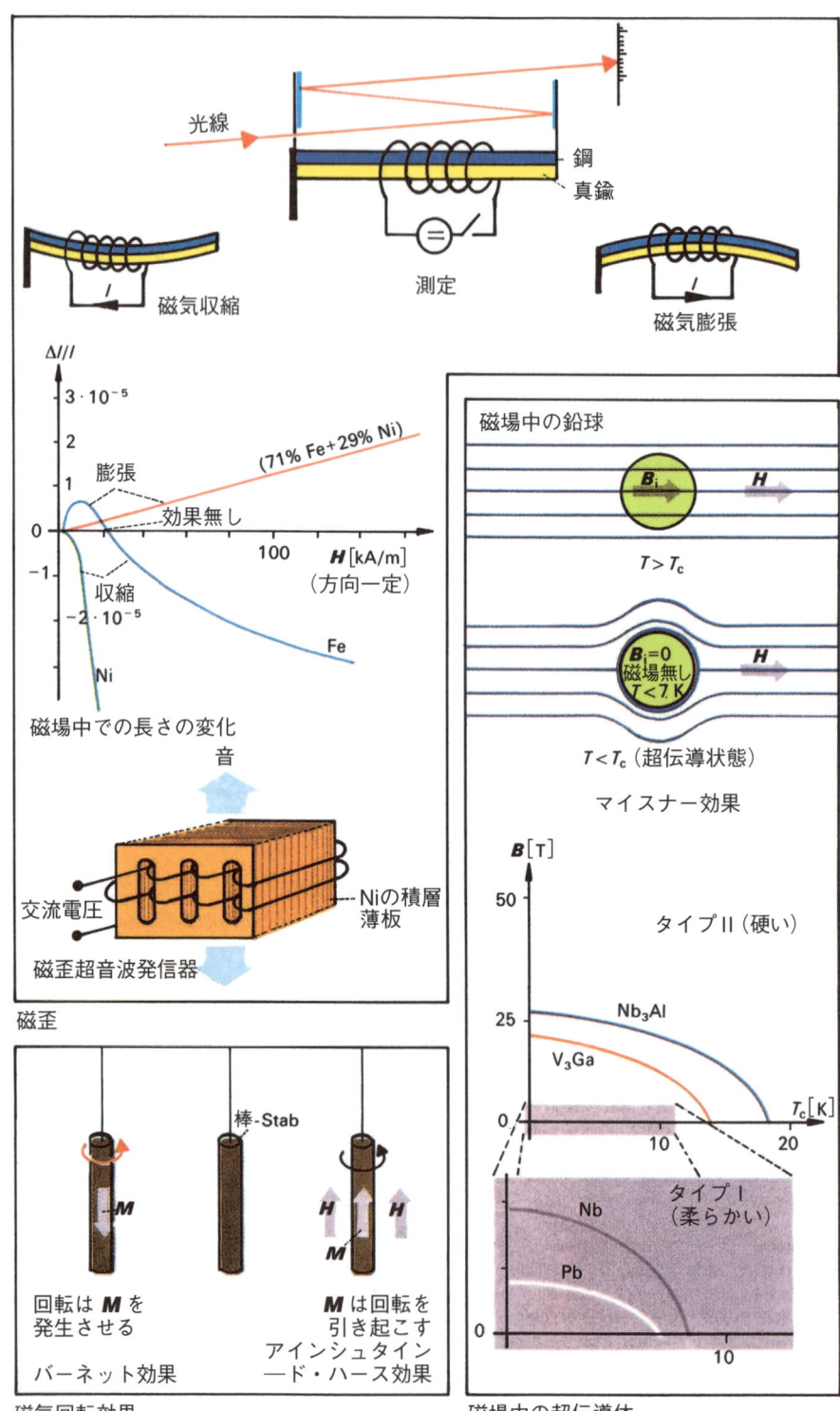

- 光線
- 鋼
- 真鍮
- 測定
- 磁気収縮
- 磁気膨張

グラフ: 磁場中での長さの変化
- $\Delta l / l$
- $3 \cdot 10^{-5}$
- 膨張
- 効果無し
- (71% Fe + 29% Ni)
- 収縮
- Fe
- Ni
- H [kA/m] (方向一定)

磁歪超音波発信器
- 音
- 交流電圧
- Niの積層薄板

磁気回転効果

- 棒 - Stab
- 回転は M を発生させる
- バーネット効果
- M は回転を引き起こす
- アインシュタイン―ド・ハース効果

磁場中の超伝導体

磁場中の鉛球
- B_i, H
- $T > T_c$
- $B_i = 0$ 磁場無し $T < 7\,K$
- $T < T_c$(超伝導状態)
- マイスナー効果

グラフ:
- B [T]
- 50
- 25
- タイプII(硬い)
- Nb$_3$Al
- V$_3$Ga
- T_c [K]
- 10, 20
- タイプI(柔らかい)
- Nb
- Pb
- 10

磁歪

強磁性体を磁場中に入れると，外形寸法が変化する．理由：ワイス領域（245 頁参照）の壁の移動と回転．ジュール (James Joule, 1818–89) が 1847 年にこの効果を発見した．

> 例：2 枚の鉄と真鍮の細板が縦に背中合わせにバイメタル片として接合され，長いコイルの中に置かれている．コイルに電流パルスを通すと磁場ができて，これが鉄の細板を磁化すると，それによって磁場方向に縮むか延びるかする．真鍮は影響されないので，バイメタル細板は曲がる．

長さの相対変化 $\Delta l/l$ の大きさは 10^{-5} のオーダーであり，たいてい H と共に変化する．磁場の増加にともなう—伸びの逆の—収縮もときに（たとえば Fe で）観測される．**応用**：磁歪式超音波送信機．交流コイル内部の Ni 棒が，磁歪のために印加交流電圧の周波数で機械的に振動し，棒の両端が超音波を放出する．交流周波数と棒の固有振動数が共振するとき（75 頁参照），音響出力は最大に達する．

> ライス (Philipp Reis, 1834–74) は 1861 年，最初の電話器において，弱く磁化した針の磁歪を音響の再生に利用した．

逆磁歪は磁歪の逆である．強磁性物質の機械的振動は交流磁場を誘起し，次いでそれはコイルに交流を誘導する．

利用：例えば，超音波受信機．

磁場中の磁歪は電場中の電歪に対応する．

磁場中の超伝導体

超伝導体を磁場中に置くと，磁束密度は臨界転移温度 T_c を下げる．すなわち，磁場のない空間よりもより低い温度で超伝導状態になる．

> 例：鉛は $T_c = 7.26\,\text{K}$ で超伝導状態になる．$50\,\text{mT}$ の磁束密度で T_c は $5\,\text{K}$ に下がり，$B > 80\,\text{mT}$ では鉛はもはや超伝導状態にならない．

臨界磁場（**磁束密度**）（記号 B_c）以上では物質はもはや超伝導状態にはならない．B_c は物質定数である．磁場中の振舞によって次のように区別される：

タイプ I 超伝導体（軟らかい超伝導体）：$B_c >$ 約 $0.2\,\text{T}$．

例：Nb, Pb, Ta, Hg, Sn.

タイプ II 超伝導体（硬い超伝導体）：$B_c >$ 約 $20\,\text{T}$．
例：希土類合金，Nb_3Sn, Nb_3Al, V_3Si.

タイプ II はしたがって，非常に高い B 値を許容し，例えば，粒子加速器用超電導磁石，電動機，発電機の建設を可能にする．

マイスナー効果：1933 年マイスナー (Fritz Walther Meissner, 1882–1974) により発見された．常伝導の球を磁場中に持ち込むと，磁束線は事実上変化せずに物質を貫通する．ここでこの球を T_c 以下の温度に冷却して超伝導体にすると，磁束線は脇へ押しやられる．磁束線は液体の流線のように球を迂回して流れる．

球の内部では $B = 0$. すなわち，超伝導体の内部は**磁場無し**である．

アインシュタイン–ド・ハース効果

常磁性，または強磁性物質を磁場中に置くと，電子の磁気モーメントの一部は磁束線の方向に整列する．電子は固有角運動量（スピン角運動量，353 頁参照）を持っているので，合成角運動量 L が現れる．全角運動量は保存するので，従って，物質は磁化に際して角運動量 $-L$ を磁化軸周りに示すはずである．

アインシュタイン (Albert Einstein, 1879–1955) とド・ハース (W. J. de Haas, 1878–1960) は 1915 年にこの効果を観測した．

> 鉄棒がコイルの中に糸でつるされている．コイルにパルス電流を通すと内部に磁場を作る．電子のスピンは部分的にコイル軸に沿って整列するが，その際鉄棒に逆方向向きの角運動量を渡す．これが棒を静止位置から回転させる．回転角は光学的に測定される．

この実験は強磁性が電子スピンに起因することを立証している．

バーネット効果は 1914 年バーネット (S. J. Barnett, 1873–1956) によって測定された．これは今記述した磁気回転効果の逆過程である：

> 非常に速く回転する鉄棒では電子スピンが，ここでも角運動量保存のために，部分的に回転軸に沿って整列する．鉄棒は磁化される．

交流磁場中では**核スピン共鳴**と**電子スピン共鳴**が観測される．

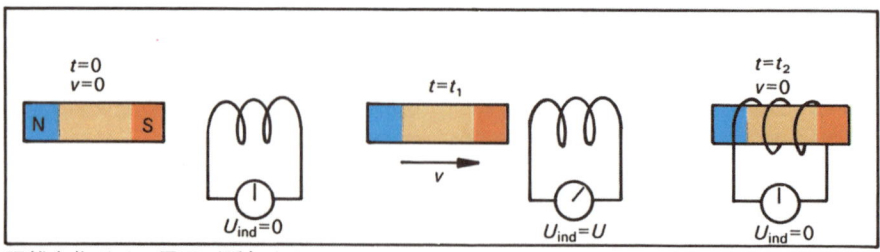

距離変化だけで電圧が誘起される

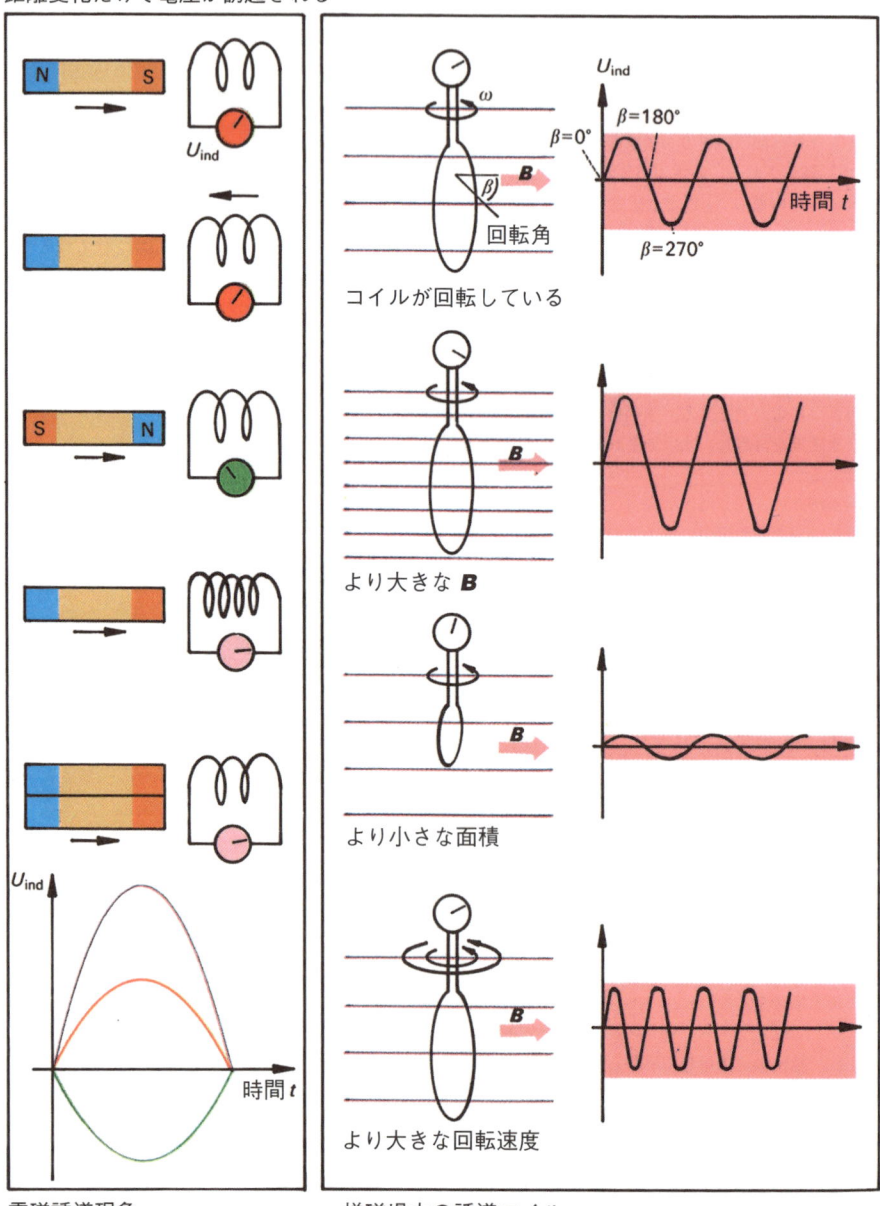

電磁誘導現象

一様磁場中の誘導コイル

コイルが回転している

より大きな B

より小さな面積

より大きな回転速度

電磁誘導はしばしば単に誘導と呼ばれる．ファラデー (Michael Faraday, 1791–1867) はそれまでに知られていた大量の誘導現象を系統的に研究し，広範な実験の結果として，1831 年に電磁誘導の法則を定式化した（下記参照）．彼はこれにより近代電気工学の基礎を築いた．

基礎的現象

実験配置：電気導体で多数回巻きのコイルを作る．電圧計でコイルの両端の電圧を計測する．適当な抵抗を用いれば電流 I も測定できる．

1) コイルと永久磁石

a) 棒磁石の N 極をコイルに向かって軸方向に動かすと，コイルには**誘導起電力** U_ind が観測される．U_ind は接近速度に比例する．磁石が動かなければ，$U_\text{ind} = 0$ である．当然の事ながら，コイルあるいは磁石が相対的に変位しなければ何事も起こらない．コイルと磁石両者間の相対運動が電磁誘導を引き起こす．

電圧パルス $\int U_\text{ind}\, dt$ はどんな接近速度に対しても一定のままである．すなわち，積分は変わらず，磁石の始めと終わりの位置のみに依存する．

　もちろん永久磁石の代わりに，電流の流れているコイルを利用することもできる，コイルは磁場に取り囲まれているからである．

b) 永久磁石の S 極をコイルに向かって動かすと，同様の現象が起こるが，ただ U_ind の符号は逆になる．

c) 棒磁石の磁束密度 $\boldsymbol{B}$ を m 倍だけ変化させると，m 倍の誘導起電力が観測される．すなわち U_ind は $\boldsymbol{B}$ に比例して変化する．

d) コイルの巻き数を n 倍に変化させると，n 倍の誘導起電力が観測される．すなわち，U_ind は電流のループ数に比例して変化する．

　例：5 回巻いたコイルの誘導起電力が $U_\text{ind} = 2$ V であると，25 回巻きのコイルでは U_ind は 10 V に増加する．

2) 永久磁石磁場中のコイル．

a) 磁場の磁束線がコイルの巻き線によって張られた平面に平行であるとき，このコイルを（訳注：面内の軸の周りに）180° だけ回転させると，誘導起電力 U_ind の出現と消滅が観測される．U_ind は回転速度に比例する．この場合も**電圧パルス** $\int U_\text{ind}\, dt$ はすべての回転速度に対して一定である．

b) このコイルをさらに 180° だけ回転させると，同じ現象が観測されるが，ただ U_ind は逆の符号を持つ．

c) $\boldsymbol{B}$ を m 倍だけ変化させると，このループには誘導起電力 mU_ind が観測される．

d) コイルの巻き数を n 倍だけ変化させると，誘導起電力 nU_ind が観測される．

3) 一定磁場中で可変断面積を持つコイル．

コイルの断面積 S を変化させると，誘導起電力 U_ind が同様に観測される．$dS/dt = 0$ なら $U_\text{ind} = 0$ である．

a) S を増大させると，U_ind は S に比例して増大する．

b) S を減少させると，U_ind は S に比例して減少する．

電磁誘導の法則

「ある面積を通る磁束線の数が変化すると，この面積の周縁に沿って起電力 U_ind が誘起される．」

電磁誘導の法則の数学的表現には，物理量**磁束**(記号 ϕ) が有用である．

次式が成り立つ：

$$\phi = \int B \cos\beta \, dS \qquad \text{磁束}$$

ここで，B：磁束密度 $\boldsymbol{B}$ の大きさ；β：$\boldsymbol{B}$ と面積 S の間の角．

ϕ はその面積を通る磁束線の数の尺度である．

ϕ は SI 組立単位ウェーバー（単位記号 Wb）で測られる．これはウェーバー (Wilhelm Weber, 1804–91) に因んで名付けられた．

関係：$1\,\text{Wb} = 1\,\text{T} \cdot \text{m}^2$．

$$U_\text{ind} = -d\phi/dt \qquad \text{電磁誘導の法則}$$

「ある面積を貫く磁束が時間と共に変動すると，この面積の周縁に沿って起電力が誘起される．」

電圧パルス $\int U_\text{ind}\, dt$ は磁束の全変化のみに依存し，ϕ が時間と共にどのように変化するかには無関係である．n 巻きのコイルを貫く磁束の変化は，次式のようになる．

$$U_\text{ind} = -n\, d\phi/dt$$

250　電気と磁気

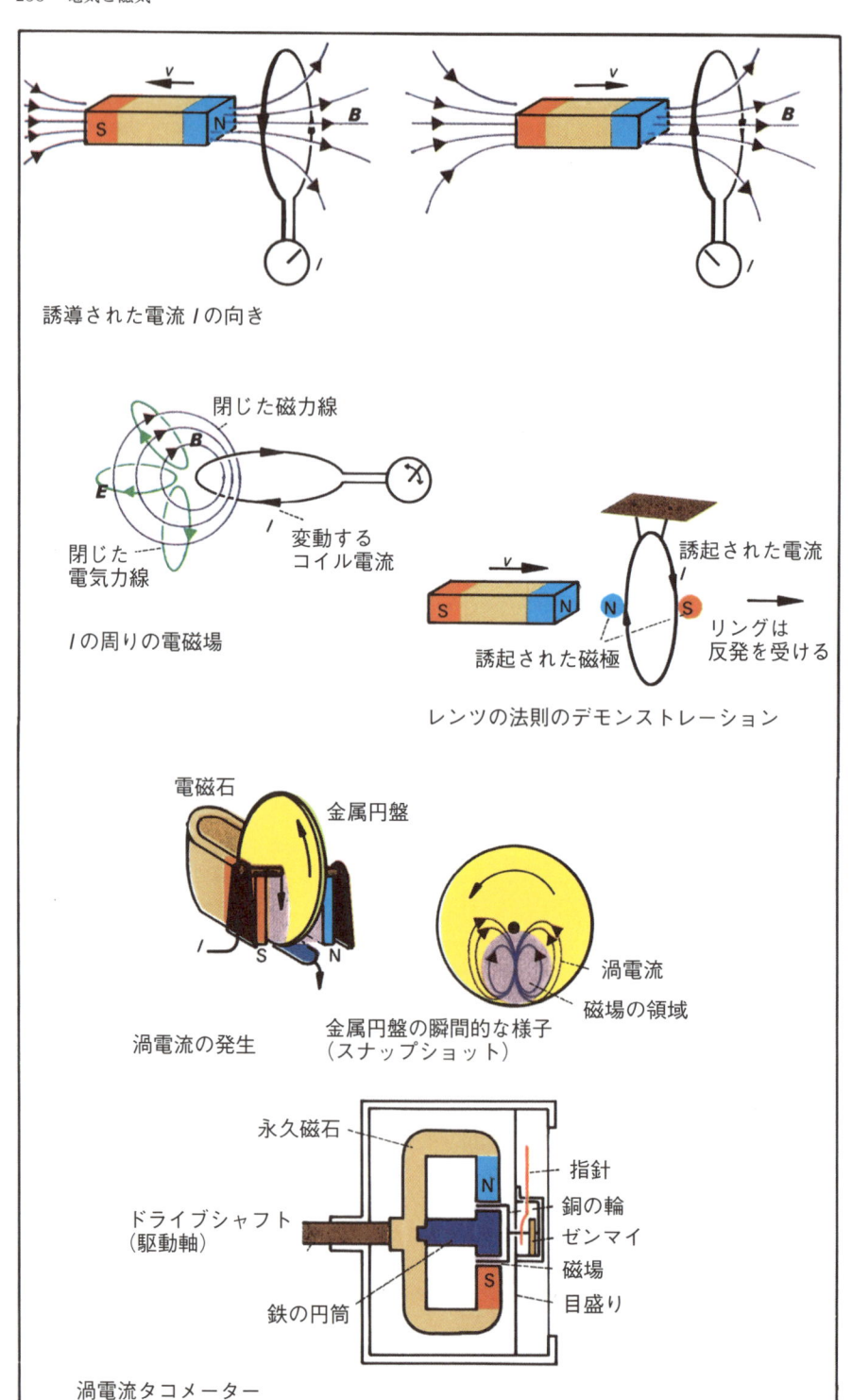

誘導された電流 I の向き

I の周りの電磁場

閉じた磁力線
閉じた電気力線
変動するコイル電流

誘起された電流
誘起された磁極
リングは反発を受ける

レンツの法則のデモンストレーション

渦電流の発生

電磁石
金属円盤

金属円盤の瞬間的な様子
（スナップショット）

渦電流
磁場の領域

渦電流タコメーター

永久磁石
指針
銅の輪
ゼンマイ
磁場
目盛り
ドライブシャフト
（駆動軸）
鉄の円筒

電磁誘導の実験（249頁参照）において磁石のN極をコイルに向けて動かすと，この動きに対する力学的な抵抗が認められる．また磁石を引くと誘導コイルはその動きにブレーキをかける．

説明：N極をコイル方向に動かしたときは，誘導電流 I の方向は，反時計回りである．I によって生じたコイルの磁束線（241頁参照）のN極は近づいて来る磁石のN極を向いている．両方の極は反発し合い，この抵抗に打ち勝たねば近づけない．

誘導する磁石を遠ざけると，I は逆方向に向き，生じた磁場のS極は磁石を引き留めようとする．

レンツの法則：誘導された電流の方向は磁束の変化を妨げる方向である．これはレンツ (Heinrich Lenz, 1804–65) に因んで名付けられた．

1834年に提唱されたこの法則はエネルギー保存の法則の結果である．I とそれによる磁場を作り出すにはエネルギーが必要である．従って，磁石とコイルが接近するには仕事が必要である．

レンツの法則はまた**右手の法則**としても定式化される：

右手の親指，人差し指，中指は直角空間座標系の三つの正の軸を構成する．親指が磁石とコイルの間の運動の方向を指し，人差し指が磁束線の方向を指すと，中指は誘導電流の方向を与える．

閉じた磁束線は電気力線を円形に取り巻く（241頁参照）．閉じた電気力線はまた磁束線を円形に取り巻き，さらに次々とこれが続く．すなわち，電磁誘導の際には**電磁場**が現れ，それらは光速で広がる．マクスウェル (James Maxwell, 1831–79) は1861年にこの現象を予言し，ヘルツ (Heinrich Hertz, 1857–94) は，1887年この電磁波を発見した．これにより無線工学の基礎が置かれた．

渦電流は，広い導体が磁場中で運動するときに現れる．誘導された渦電流はレンツの法則にしたがい，導体の運動にブレーキをかける．

例：
銅の円板が磁石の磁極の隙間で回転すると，電磁誘導は運動を止めようとする渦電流を円板内に作り出す．円板をそのまま回転させるには，その駆動エネルギーが注入されねばならない．その際消費される仕事は渦電流のオーム損失（電流の仕事，215頁参照）を経て熱に変換される．

ワルテンホーフェン振り子：重い銅の振り子が電磁石のポールピースの間で振れている．磁石に電流を流さないと振り子は抵抗無く振れる．電流のスイッチを入れると，振り子は磁極の間に入るやいなや停止する．

逆に**静止**している導体が時間的に変動する磁場中にあると，導体に渦電流が発生する．

渦電流は電気設備に望ましくないエネルギー損失をもたらす．この損失は，渦電流を空間的に局限することで減らすことができる．

例：変圧器の鉄心（277頁参照）は，交流磁場中に置かれた展伸され固定された導体である．変圧器の鉄心を多数の絶縁された薄板（積層した）を使って組み立てると渦電流損失が減少する．

応用：

渦電流ブレーキ：車軸に金属円板が組み込まれている．この円板は電磁石の極の間の隙間を動く．車輪にブレーキをかけねばならぬときは，電磁石に電流を流す．磁極間に磁場が現れ，これが円盤内に渦電流を作り回転にブレーキをかける．最近の電気機関車では，発生した渦電流は一部電力網に流される．

タコメーター：車輪のドライブシャフト（駆動軸）が永久磁石を回転させ，その磁極の間を同軸の鉄の円筒が一緒に回転する．磁極と円筒の間の円環状の隙間には永久磁石の磁場がある．隙間には銅の輪があり，その軸にタコメーター指針が取り付けられている．駆動軸が回転すると，銅の輪には渦電流が発生し，輪を一緒に回転させようとする．この回転は同軸のゼンマイによって抑えられる．渦電流が強いほど，現れるトルクは，ばねの引き止める力に逆らい，より強く指針を傾ける．タコメーターの目盛りは既知の回転数で検定される．

その他の応用：たとえば，測定器の振動抑制（タコメーターでのような現象），工業的誘導炉（誘導された渦電流で炉内物質の加熱），渦電流モーター（内部に作られた渦電流による回転子の駆動）．

252 電気と磁気

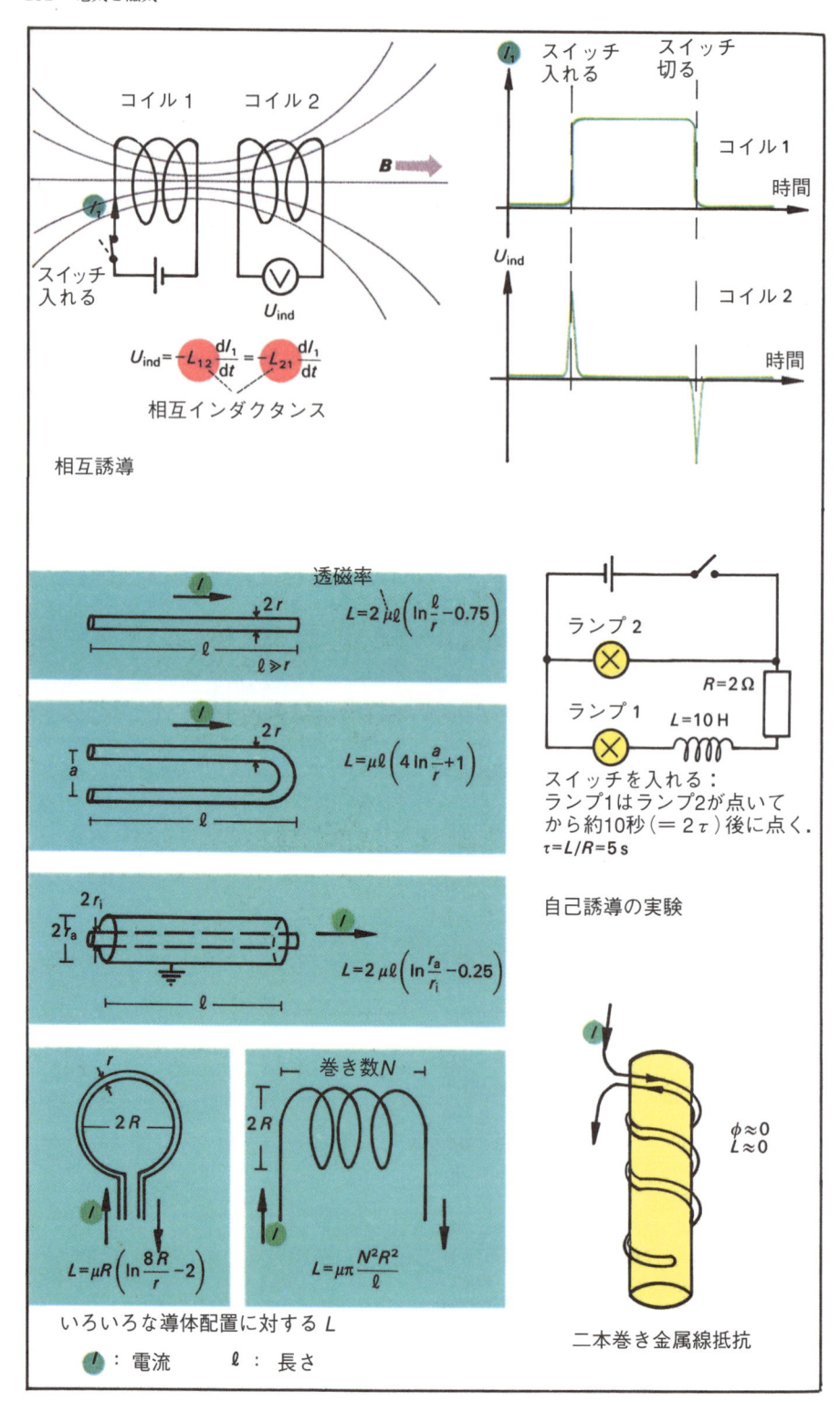

スイッチ入れる / スイッチ切る

コイル1 / コイル2 / 時間

$$U_{\text{ind}} = -L_{12}\frac{dI_1}{dt} = -L_{21}\frac{dI_1}{dt}$$

相互インダクタンス

相互誘導

透磁率

$$L = 2\mu\ell\left(\ln\frac{\ell}{r} - 0.75\right) \quad \ell \gg r$$

$$L = \mu\ell\left(4\ln\frac{a}{r} + 1\right)$$

$$L = 2\mu\ell\left(\ln\frac{r_a}{r_i} - 0.25\right)$$

$R = 2\,\Omega$
$L = 10\,\text{H}$
ランプ2 / ランプ1

スイッチを入れる：
ランプ1はランプ2が点いてから約10秒（$= 2\tau$）後に点く．
$\tau = L/R = 5\,\text{s}$

自己誘導の実験

$$L = \mu R\left(\ln\frac{8R}{r} - 2\right)$$

巻き数 N

$$L = \mu\pi\frac{N^2 R^2}{\ell}$$

いろいろな導体配置に対する L

I：電流　　ℓ：長さ

$\phi \approx 0$
$L \approx 0$

二本巻き金属線抵抗

相互誘導

249 頁の電磁誘導実験ではコイル中の変動磁束は誘導起電力 U_{ind} を作り出した．磁束はまた電流の流れるコイル 1 によっても作られる．この電流が時間的に変動すると，隣接するコイル 2 に起電力を誘起する．この現象を**相互誘導**という．次式が成り立つ：

$$U_{\text{ind}} = -L_{12}(dI_1/dt) \qquad \text{相互誘導起電力}$$

ここで，U_{ind}：コイル 2 に誘導される起電力；dI_1/dt：コイル 1 の電流の時間変化；L_{12}：比例定数，いわゆる**相互インダクタンス**（記号 L_{12}，または M）．

当然，両方の導体は任意の形を取りうる，例えば，平行な針金，同心導体．

両導体の相互インダクタンスは，ヘンリー (Joseph Henry, 1797–1878) に因む SI 組立単位ヘンリー（単位記号 H）で測られる．

定義：二つの導体があり，一方の導体で 1 A/s の電流変化があるとき，他方に 1 V の起電力を誘起する場合に，相互インダクタンスは 1 H である．

換算：$1\,\text{H} = 1\,\text{V}\cdot\text{s}\cdot\text{A}^{-1} = 1\,\text{Wb}\cdot\text{A}^{-1}$.

L_{12} は位置と，導体の寸法，およびその間にある物質にのみ依存する．

k 個の隣接する電流回路があると，すべてが誘導的に結合する．i 番目の電流回路に誘導される起電力 U_i は，k 個すべての電流回路の相互誘導の和であり，従って，

$$U_i = -\sum_k L_{ik}(dI_k/dt)$$

ここで，L_{ik}：電流回路 i と k の相互インダクタンス．

i と k を入れ替えても結果は変わらない．従って $L_{ik} = L_{ki}$．

例：同じ長さのコイル 1 と 2 が直接重なり合っている（すなわち，コイル 1 から出た磁束線はすべて，またコイル 2 を貫く）が，しかし巻き数は異なっているとする．このとき，

$$L_{12} = \mu N_1 N_2 S/\ell$$

ここで，μ：コイル内に詰められた物質（例えば，空気または鉄）の透磁率；N_1, N_2：コイルの巻き数；S：内側コイルの断面積；ℓ：コイルの長さ．

自己誘導

孤立したコイルに流れる電流が変化すると，その断面積を貫いている磁束も変化する．この磁場は，そのコイル自身に誘導起電力を誘起し，その起電力は電流が増えるときは減らす向きに，減るときは増やす向きに働く．この現象を**自己誘導**という．

次式が成り立つ：

$$U_{\text{ind}} = -L(dI/dt) \qquad \text{自己誘導起電力}$$

ここで，L：コイルの自己インダクタンス，単位はヘンリー；dI/dt：コイルの電流の時間変化．

L はコイルの形と大きさのみに依存する．レンツの法則（251 頁参照）に対応して，自己誘導された電流の向きは，それを作り出している電流の向きと逆向きである．

回路への影響：電流回路を閉じると，電流は有限時間経って最終値に達する，自己誘導された逆電流が増加を阻むからである．逆に電流回路を切っても電流が零になるには有限の時間がかかる，これは自己誘導された逆電流が減少を阻むからである（定量的計算は 255 頁参照）．

例：

コイル：

$$L = \mu N^2 S/\ell$$

ここで，μ：コイル内部の物質の透磁率；N：巻き数；S：コイル断面積；ℓ：コイル長．

真空（または空気）中の長さ 1 cm，断面積 5 cm^2，巻き数 $N = 15$ のコイルに対し，

$$L = (1.26 \times 10^{-6} \times 225 \times 0.0005)/0.01\,\text{H}$$
$$= 1.41 \times 10^{-5}\,\text{H}$$

コイルが比透磁率 μ_r の鉄心を持つと，自己インダクタンスは $\mu_r \times 1.41 \times 10^{-5}\,\text{H}$ に増大する．

直線導体：

$$L = 2\mu\ell(\ln(2\ell/r) - 0.75)$$

ここで，r：導体の半径；ℓ：導体の長さ $(\ell \gg r)$．

同軸ケーブル：

$$L = 2\mu\ell(\ln(r_o/r_i) - 0.25)$$

ここで，r_o：同軸外側導体の半径；r_i：内側導体の半径．

コイルの自己誘導は**二本巻き**によって除去できる．すなわち，絶縁導線が中央で折り曲げられ撚られる．導線のそれぞれ半分は同じ大きさで，異なる方向の磁束を作り相殺する．

応用：例えば，交流測定ブリッジ用の抵抗コイル．

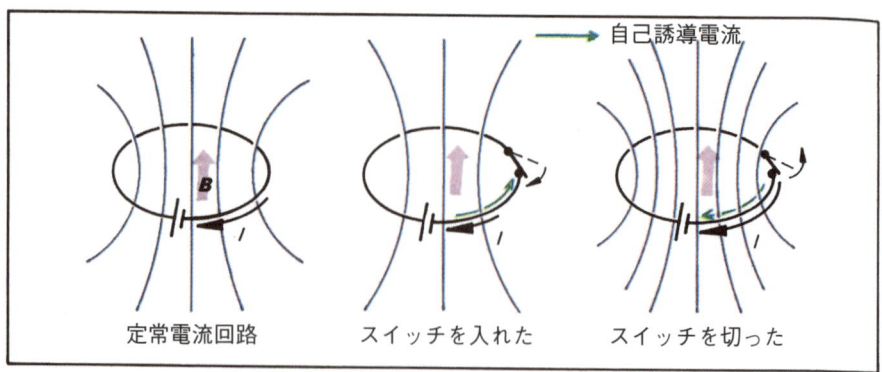

254　電気と磁気

定常電流回路　　　スイッチを入れた　　　スイッチを切った

自己誘導電流

簡単な電流回路の自己誘導

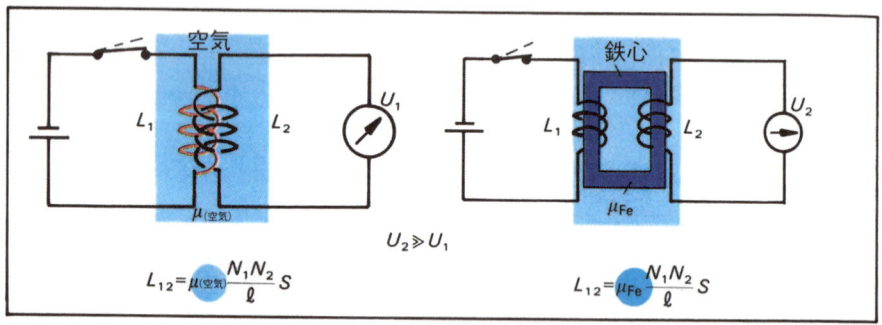

$$L_{12} = \mu_{(空気)} \frac{N_1 N_2}{\ell} S \qquad L_{12} = \mu_{Fe} \frac{N_1 N_2}{\ell} S$$

$$U_2 \gg U_1$$

誘導的に結合された電流回路

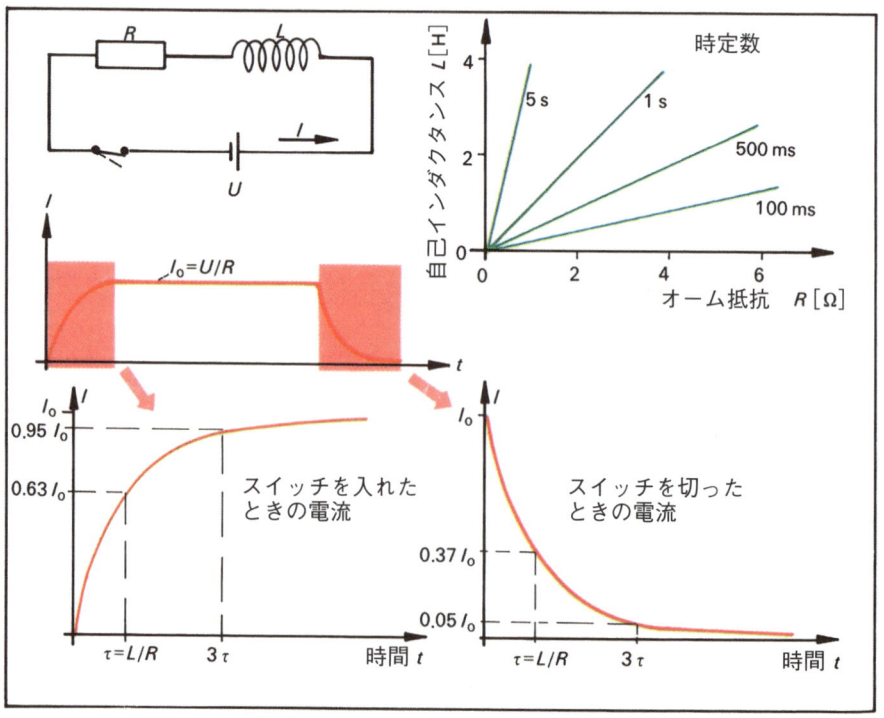

時定数：5 s, 1 s, 500 ms, 100 ms

自己インダクタンス L [H] 対 オーム抵抗 R [Ω]

$I_0 = U/R$

スイッチを入れたときの電流：$0.63 I_0$, $0.95 I_0$、$\tau = L/R$, 3τ

スイッチを切ったときの電流：$0.37 I_0$, $0.05 I_0$、$\tau = L/R$, 3τ

自己誘導を持つ電流回路の接続と切断

結合係数

隣接した, 電気的に互いに絶縁された導体は電磁誘導を介して互いに**誘導的に結合**する (前頁参照). **結合係数** (記号 k) はこの誘導的結合の密接さの尺度である:

$$k = L_{12}/\sqrt{L_1 L_2} \qquad 結合係数$$

ここで, L_{12}:コイルの相互インダクタンス; L_1, L_2:コイル1と2の自己インダクタンス.

回路の開・閉における直流電流

閉じた電流回路はそれ自体特定のコイルの役を果たし, したがって常にある自己インダクタンス L を持っている. このため回路を閉じたり開いたりすると, その瞬間 $dI/dt \neq 0$ であるから, そのたびに誘導起電力が生じる.

回路を閉じる:開いた電流回路が電圧 U_0 の電源と抵抗 R を持っているとする. これを閉じると, 回路は自己インダクタンス L を持つ誘導コイルになる. スイッチを入れたとき, 回路の電圧 U に対し次式が成り立つ:

$$U = U_0 + U_{\text{ind}}$$
$$= U_0 - L(dI/dt)$$

ここで, $U_{\text{ind}} = -L(dI/dt)$ は誘導起電力である. この1階微分方程式の解は U あるいは I の時間に依存する増加を表す:

$$U = U_0(1 - e^{-t/\tau})$$

そして,

$$I = I_0(1 - e^{-t/\tau})$$

ここで, U_0, $I_0 = U_0/R$:電圧および電流の最終的な定常値; t:時間; $\tau = L/R$:電流回路の**時定数**. τ は s で測られる.

U とその定常値 U_0 との差は指数関数的に減少する. τ は減少速度を決める.

1τ のうちに I と U は最終値の63%まで増加する. 3τ の後には定常値の95%に達する.

時定数は著しい値になりうる.

例:$L = 8$H で $R = 2\Omega$ の典型的な電磁石では $\tau = 4$s である. すなわち, 電源電圧 U_0 の95%まで到達するには, 12s ($t = 3\tau$) の時間がかかる.

回路を開く:閉じた回路を開くと, I と U は直ちにゼロに減少しない. 切断に際して自己誘導は ($dI/dt \neq 0$ のために) 誘導逆起電力を発生させ, これが電流の減少を妨げる. 回路の電流 I と電圧 U に対して,

$$I = I_0 e^{-t/\tau}$$
$$U = U_0 e^{-t/\tau}$$

ここで, t:時間; I_0, U_0:時刻 $t = 0$ における電流と電圧; $\tau = L/R$:オーム抵抗 R と自己インダクタンス L をもつ回路の**時定数**.

したがって, 回路切断の際, 電流と電圧は有限の速さでゼロに低下する. 時定数 (それゆえ, L/R) は減少速度を決定する. 時間幅 1τ の間に I と U は初期値の37%に減少する. 3τ 後には初期値の5%だけになる.

電気工学においては直流切断時に現れる自己誘導電圧は決しておろそかにできない. 切断時間が短いと, 切断アーク, あるいは**切断火花**を発生させる. このアークはスイッチを破壊する事もある. 制御抵抗を介してのゆっくりした切断やコンデンサーの並列スイッチなどの対策がとられる. 非常に大きい電流が流れるパワースイッチでは, 切断アークは補助電場や補助磁場によって除く.

オットーサイクルエンジン (自動車のガソリンエンジン) では, 断続器が点火コイルの1次巻き線回路を切る. 自己誘導起電力は2次コイルに点火プラグ用の電圧パルスを作り出す.

磁場内でコイルが蓄えるエネルギー

自己インダクタンス L を持つ回路のスイッチを入れると, 電流 I は最終値 I_0 まで, ある時定数で増加する. I は誘導電圧 U_{ind} に対抗して仕事 W をしなくてはならないからである. W は I によって作られた磁場のエネルギーとして現れる:

$$W = -\int_0^\infty I U_{\text{ind}} \, dt$$
$$= \int_0^\infty I L(dI/dt) dt$$
$$= L I_0^2 / 2 \qquad 磁場エネルギー$$

L が大きくなるほど, 磁場を作るためにより多くのエネルギーが必要とされ, 従って, I_0 に達するまでにはより長く時間がかかる.

回路切断の際には磁場が消滅するので, 同じ大きさの W が失われねばならない. すなわち, このエネルギーが切断アークを維持する.

コイルの磁場の**エネルギー密度** w (単位 J/m^3) は,

$$w = \mu B^2 / 2 \qquad 磁場エネルギー密度$$

B はコイルの磁束密度の大きさである.

この公式は任意の磁場に適用できる. これは電場のエネルギー密度 (207頁参照) に類似している.

永久磁石

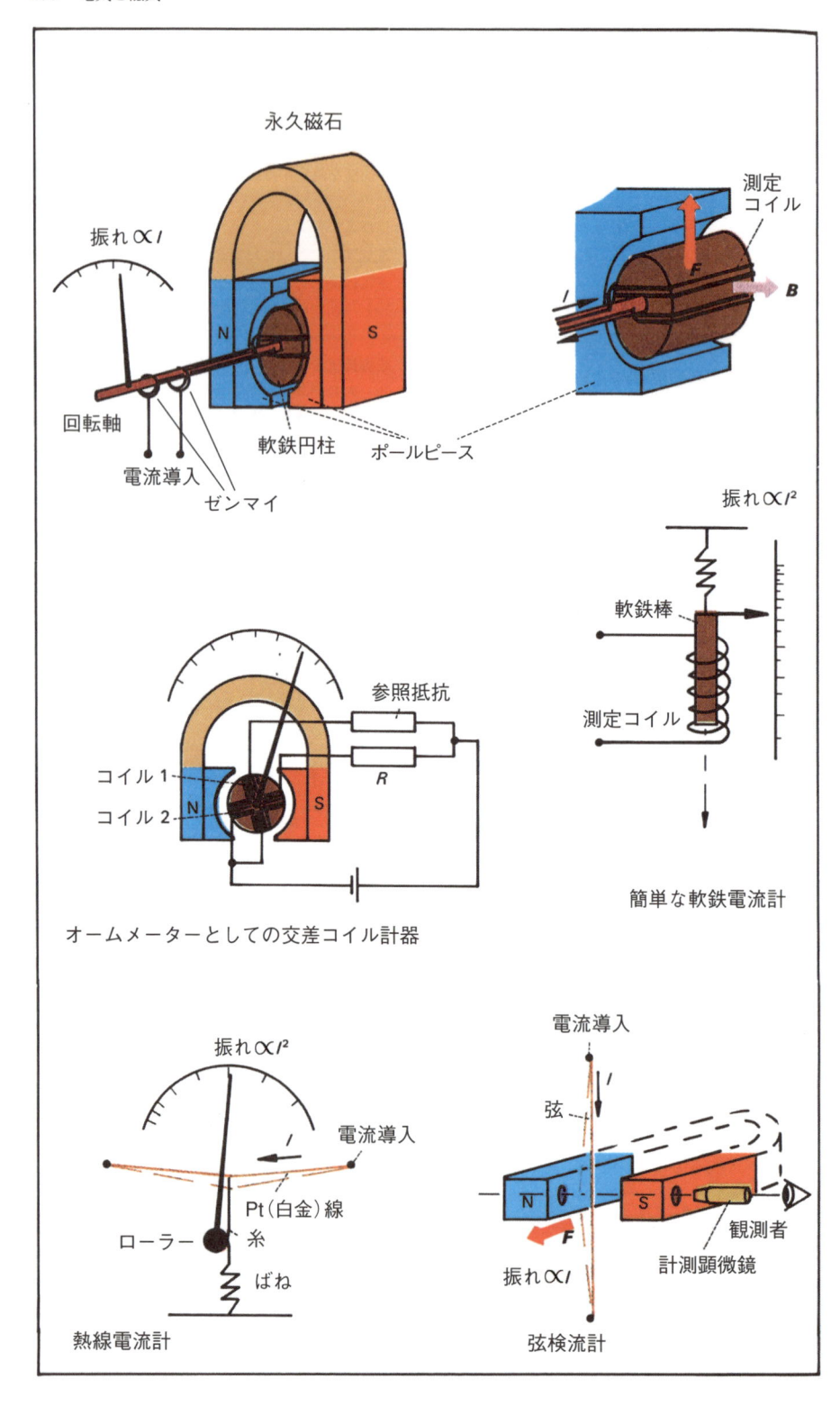

振れ∝I

回転軸
電流導入
ゼンマイ
軟鉄円柱
ポールピース

測定コイル

オームメーターとしての交差コイル計器

参照抵抗
コイル1
コイル2
R

振れ∝I^2
軟鉄棒
測定コイル

簡単な軟鉄電流計

振れ∝I^2
電流導入
Pt(白金)線
ローラー
糸
ばね

熱線電流計

電流導入
弦
F
振れ∝I
観測者
計測顕微鏡

弦検流計

可動コイル型計器（メーター）では，電流の流れるコイルが磁場中でローレンツ力（239 頁参照）によって回転する．この計器については 1867 年，ケルヴィン卿トムソン（William Thomson, Lord Kelvin, 1824–1907）が初めて述べている．半円形に隙間をあけた永久磁石の磁極（ポールピース）の間に，円筒形の軟鉄心がある．磁石と軟鉄の間の狭い空隙の磁束密度はどこでも同じであり，磁束線は円柱鉄心の半径方向に走る．空気間隙の中では平面状に巻かれたコイルが鉄心と同軸に回転する．コイルの各場所ではコイル平面内に磁束線が走っている．電流は，コイル軸に絶縁されて取り付けられた二つの螺旋ばね（ゼンマイ）を経由して流される．

計測コイルを通して直流が流れると，ローレンツ力が働き，コイルにトルク（力のモーメント）を与える．コイルは静止位置から回転し，指針が回転角を指示する．この回転は二つのゼンマイを引っ張り，電流の作るトルクとゼンマイの逆向きに働くトルクの間に平衡が成立する．次式が成り立つ：

$$M = NISB$$

ここで，
M：コイルのトルク M の大きさ；N：コイルの巻き線数；I：電流；B：磁束密度 B の大きさ；S：コイルの断面積．

指針の振れは I に比例する，したがって，目盛りは等分に区切られる．振れの方向は電流の方向に依存する．**可動コイル型計器**は直流電流あるいは直流電圧のみを測る．

　計器の感度：指針の振れの大きさは対応する測定電流で割られ，mm/A あるいは mm/V の目盛が刻まれる．高感度計器では 10^{12} mm/A，あるいは 10^8 mm/V まで測定可能である．ブラウン運動（105 頁参照）が測定電流の下限を決める．

高感度の可動コイル型計器を**可動コイル検流計**という．指示はその際しばしば光線を介して行われる．コイル軸に取り付けられた鏡が光線を反射し，その反射角から電流の大きさを読み取る．

　可動コイル型計器の振動周期は，可動コイルの慣性モーメントをばね定数で割ったものの平方根に比例する．検流計のコイルは特に小さい慣性モーメントを持ち，したがって，小さな振動周期を持つ．

弾動（衝撃）検流計（ガルバノメーター）は，非常に短い時間 τ 内にコイルを通過する**電流パルスの電荷** $\int I\,dt$，を測る．使われる可動コイル検流計は振動周期 $T \gg \tau$ で，大きな慣性モーメントを持つ．

交差コイル型計器は，電気的に絶縁され，機械的に結合された二つの同軸測定コイルを持つ可動コイル計器である．二つのコイルは約 $30°$ の角度を成し，復元用ゼンマイはない．測定コイルに二つの電流 I_1 と I_2 を通すことができる．

二つの場合がある：

a) $I_1 = I_2$ で，I_1 が I_2 に逆向きであるとき，コイルの構造から決まる平衡位置が決まる．

b) $I_1 \neq I_2$ で，I_1 が I_2 に逆向きであるとき，計器は I_1/I_2 に比例する場所に止まる．

コイル 1 で回路の電流を，コイル 2 で電圧を測定する場合，測定器（メーター）の指示は回路の抵抗に反比例する．

　交差コイル形計器は多重可動コイル器に利用される．なぜならば，抵抗測定の際の指示は組み込み電池の充電状態に左右されないからである．

軟鉄計器は最初にコールラウシュ（Friedlich Kohlrausch, 1840–1910）が開発した．ばねで吊り下げられた軟鉄棒が部分的に測定コイルの中に入っている．電流 I がコイルを流れると，I によって作られた磁場が棒を磁化し，引きつける．沈み込み深さは I に比例し，電流の方向によらない．不均一磁場中で磁化した棒は磁束密度の大きい方向に動くからである．

2 枚の鉄片を測定コイル内に入れ，一方はコイルに固定，他方はコイル軸と同軸に回転指針上に取り付けると，磁化に際して二つは反発し合う．電流の向きによらぬ角度指示が得られる．

この計器は丈夫であるが，可動コイル計器ほど感度はよくない．

アイントホーフェン（Willem Einthofen, 1860–1927，ノーベル生理学・医学賞 1924 年）は，1903 年，**弦検流計**を発明した：非常に細い（直径数 μm）電線（弦）が磁石のポールピースの間に張られる．電流 I が弦を流れると，ローレンツ力は弦を磁束線に垂直に曲げる．この振れは I に比例し，方向は電流の方向に依存する．弦検流計は速く変化する電流の測定に供せられる．

熱線電流計は，電流の通過する導体は内部に発生する熱により熱膨張（95 頁参照）することを利用する．指示は I^2 に比例し，したがって目盛は線形に切られていない．これは電流の向きによらず，交流でも使用できる．

マルチメーターは電流，電圧，抵抗測定を組み合わせて一つの計器で測る．指示は大抵デジタルである．

258 電気と磁気

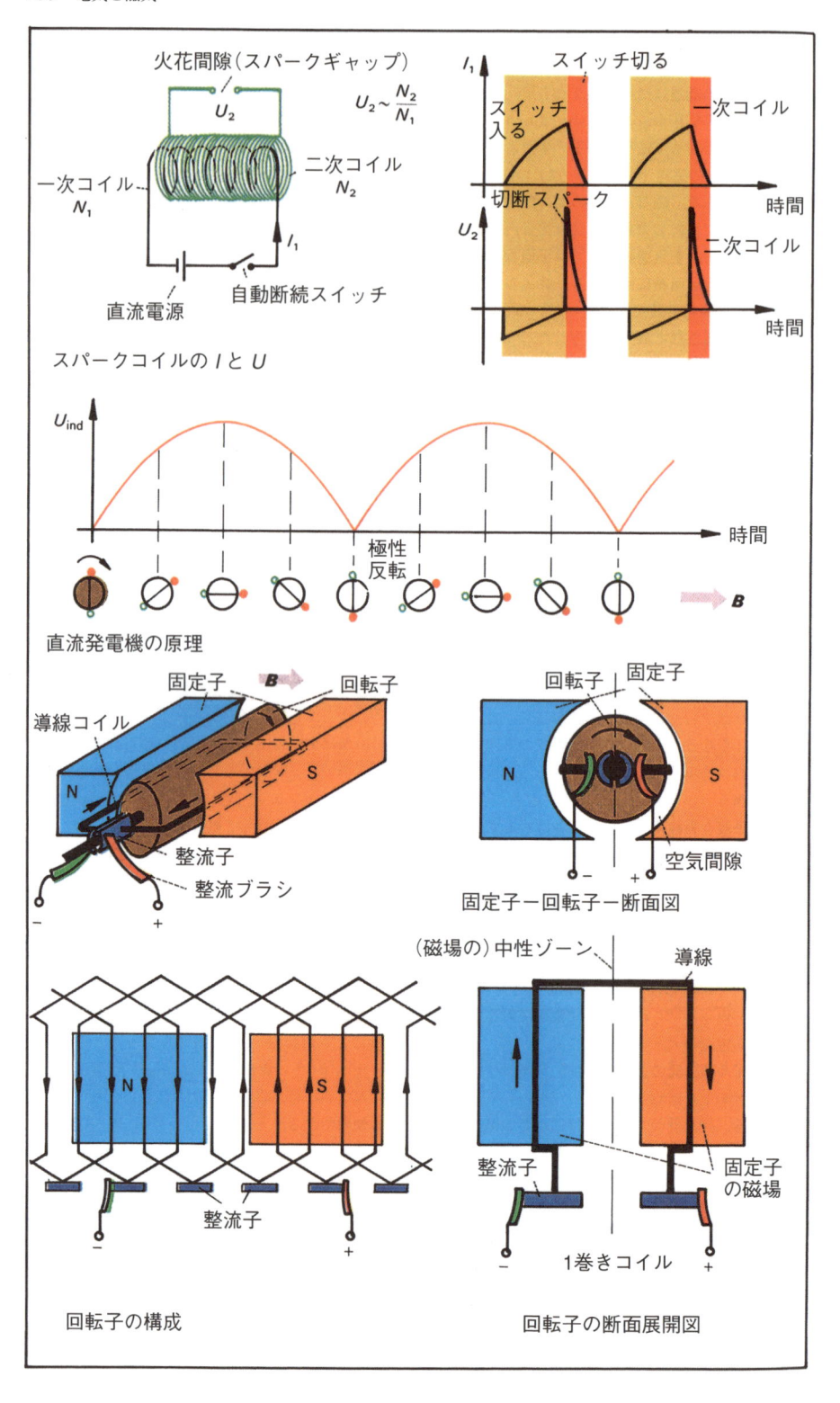

火花間隙（スパークギャップ）
U_2
$U_2 \sim \dfrac{N_2}{N_1}$
一次コイル N_1
二次コイル N_2
直流電源
自動断続スイッチ
I_1

スイッチ切る
スイッチ入る
一次コイル
切断スパーク
時間
U_2
二次コイル
時間

スパークコイルの I と U

U_{ind}
時間
極性反転
B

直流発電機の原理

固定子
B
回転子
導線コイル
N
S
整流子
整流ブラシ
− +

回転子
固定子
N
S
空気間隙
− +
固定子−回転子−断面図

（磁場の）中性ゾーン
導線
N
S
整流子
整流子
固定子の磁場
− +
1巻きコイル

回転子の構成

回転子の断面展開図

誘導装置（スパークコイル） は相互誘導（253 頁参照）の応用である．これは火花間隙（スパークギャップ）にかかる高圧パルスの簡単な生成に役立つ．少数回（N_1）巻いた導体の**一次コイル**はスイッチを通して直流電源につながれている．二次コイルは非常に多数回（N_2）の巻線で一次コイルを覆うか，その隣に配置する．二つのコイルは誘導的に結合されている．一次コイルのスイッチを閉じるか，または開くと，電流が変化する．その結果，相互誘導によって二次コイルに巻数の比 N_2/N_1 と電流の強さの時間変化（dI/dt）に比例する電圧 U_ind が誘起される．

10^5 V までの短い電圧パルスが生成できる．一次コイルを開いた時の電圧最高値は特に高い．自己誘導が一次電流を強めるからである．逆に，一次回路を閉じるとき自己誘導は電圧最高値を小さくする．一次コイルの自動電流断続器によって，二次コイルの出力に非正弦波の交流電圧が発生する．オットー・エンジン（255 頁参照）の点火コイルに応用されている．

電解電流断続器：I が導電性液体を通して二つの鉛電極間を流れている．一つの電極は白金尖端になっているので，電流密度が高いと強い局部的な加熱をもたらす．気泡が発生して電極を覆い，電流を遮断する．蒸気は直ちに凝集し，電流回路は閉じる．断続周波数：数百 Hz．

直流発電機

ファラデー（Michael Faraday）は 1831 年に電磁誘導の法則を定式化した．その一年後には早くもピクシイ（Hippolyte Pixii）が（手動ではあったが，）最初の直流発電機を作った．一方，ジーメンス（Werner von Siemens, 1816–92）は，1866 年事実上，発電機を完成した．最初の発電所は，1882 年エジソン（Thomas Edison, 1847–1931）が建設した．

太陽電池や風力発電は現代の発明であるが，商用発電量のほんの小部分を賄うに過ぎない．

磁石発電機

磁場の磁束線を横切って導体のループを回転させると，ループには電磁誘導により誘導起電力 U_ind が発生する．回転軸上の互いに絶縁された半分のリング電極に導体の両端を接着し，二つの電極を通して U_ind を取り出すと，**脈動する直流電圧**が得られる．一様な回転に対しては，

$$|U_\text{ind}| = \omega NSB \sin\omega t$$

ここで，$|U_\text{ind}|$：誘導電圧の大きさ；$\omega = 2\pi\nu$：ループの角速度；N：ループの巻数；ν：ループの回転数；S：導体ループの断面積；B：その中をループが回転する磁束密度 B の大きさ；t：時間．

$|U_\text{ind}|$ は 1 回転当たり 2 度最大値に達する，すなわち，**最大値** $\hat{U} = \omega NSB$．

例：巻数 60，断面積 $200\,\text{cm}^2$ のコイルが磁極の間で回転するものとする．$B = 32\,\text{mT}$ の磁場で，1 s 当たり 50 回転するとき最大電圧は，

$$\hat{U} = 60 \times 0.02 \times 0.032 \times 6.24 \times 50 \text{ V}$$
$$= 12 \text{ V}$$

この最大値に毎秒 100 回到達する．

$\hat{U}$ を大きくするには

1) コイルの巻数を増やす，
2) 鉄心上のコイルの断面を通る B を強くする．

実際の発電機では，空気間隙が非常に小さく（すなわち，磁束が非常に大きく）なるように，導体（ループ）はスロット（切り込み溝）の中にある．

発電機の主要構成要素：

電機子，または**回転子（ローター）**：回転する鉄円筒で，スロット中に一回または多数回巻かれたコイルを持つ．

界磁石または**固定子（ステーター）**：鉄の薄板を（渦電流軽減のため）積層した磁石であり，そのポールピースの間で電機子が回転する．

集電子または**整流子**：回転軸上に取り付けられた，電気的に絶縁され切れ目を入れられた円筒電極．ループ接点（ブラシ）から U_ind が取り出される．

実際には多くの構成がある：例えば，磁石が軸上で回転し，コイルが静止する．また多くの場合，6 個またはそれ以上の磁石を，磁極を交互に向けて固定子リングに取り付け，その中心を回転子が回る．各磁極対からの U_ind は別々の整流子を持ち，個々の U_ind は最終的には並列につながれる．

一つの回転子に相互に角度のずれた多くのコイルを設置すると，脈動する直流電圧の代わりに**平滑化された直流電圧**を得る．すなわち，U_ind はもはやゼロ電圧になることはなく，確かに $\bar{U}$ から外れた値をとる．電気的回路素子は直流電圧に残るリップル（脈動成分）をさらに除去できる．このとき**平滑化直流電圧**が生じる．

ドラム回転子は 1842 年に考案されたもので，軸に平行なスロット内に多くのコイルを持つ．異種磁極の下の二つのスロットにあるケーブルはその都度逆向きに直列に接続される．接続ケーブルは回転子の前面にある．各コイルの U_ind は時間的に他からずれる．例えば 4 個のコイルの場合，四分の一周期ずれる．各コイルの U_ind は並列に接続される．回転子上のコイルの数が多いほど，直流電圧は平らになる．

利用：古い構造の点灯用発電機，電話の手回し発電機．

脈動直流

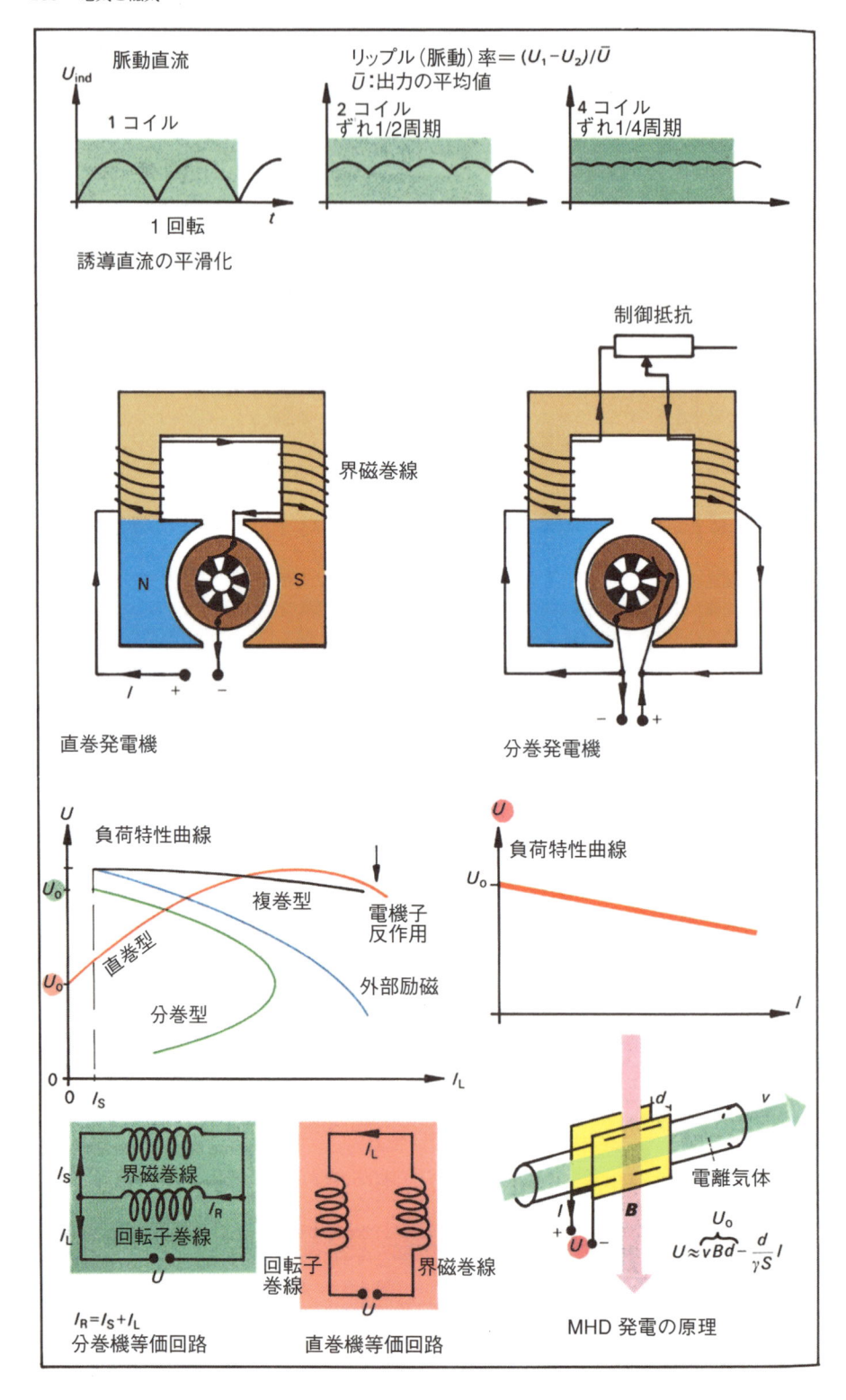

リップル（脈動）率＝$(U_1-U_2)/\bar{U}$
$\bar{U}$：出力の平均値

- 1 コイル
- 2 コイル ずれ1/2周期
- 4 コイル ずれ1/4周期

誘導直流の平滑化

制御抵抗

界磁巻線

直巻発電機

分巻発電機

負荷特性曲線

- 複巻型
- 電機子反作用
- 直巻型
- 外部励磁
- 分巻型

負荷特性曲線

界磁巻線
回転子巻線
$I_R = I_S + I_L$
分巻機等価回路

回転子巻線
界磁巻線
直巻機等価回路

電離気体

$$U \approx vBd - \frac{d}{\gamma S}I$$

MHD 発電の原理

電機子反作用：電機子（回転子）コイルに流れる誘導電流は固定子磁場と逆向きの磁場を作り出す．電流の取り出しに際して，これは U_{ind} を弱め，B を歪ませる．この効果は付加的な磁石（補極）によって補正する．

ダイナモ発電機

発電機が永久磁石を利用している限り，到達出力は小さい．それに対して電磁石は，本質的により強い磁場を作り得るが，それ自身が電力を必要とする．ジーメンス (Werner von Siemens) は 1866 年，界磁石を発電機の電流自身で励磁するという天才的な着想をした．この種の**ダイナモ発電機**，あるいは**ダイナモ**は自身の界磁石を励磁するために，作り出した電流の一部を利用する．

この種の自励式発電機の界磁石は残留磁化を持ち，これはローターの初期回転で起電力を誘導するのに十分である．これによる電流が界磁石の巻線に供給され，高い磁束密度を生み出す．その新しくできた磁束密度 B によって U_{ind} が増加し，さらにこれを繰り返す，これがローターの鉄が磁気的に飽和するまでつづく．

ダイナモは今日，事実上，全電力を生産している（特に交流発電機として，269 頁参照）．

電機子と界磁石の巻線の配線にしたがって，発電機は直巻機，分巻機，複巻機に区分される．

直巻機：固定子と電機子の巻線が直列に接続される．すなわち，電機子に誘導された電流はまず界磁石の巻線を通り，次いで負荷への導線に流れ込む．負荷回路への接続が開いていると自励のみが起きる．

> **負荷特性曲線**：一定の回転数の下で，U_{ind} は電流の強さ I に比例し，残留磁化によって与えられる初期値（無負荷運転）を越えて増加する．磁石の鉄が飽和し始めると，U_{ind} の増大はゆっくりとなり，飽和状態では変化しなくなる．さらに I を増やしても，もはや界磁石をより強く励磁することはできず，**電機子反作用**（上記参照）が U_{ind} を低下させる．

直巻発電機から供給される電圧は負荷に依存する．発電機の電気抵抗 ≪ 負荷抵抗のとき，最も効率的に発電する．

分巻機：固定子とローターの巻線が並列に接続される．すなわち，電機子に誘導された電流は界磁石の巻線と**同時に**負荷回路中を流れる．自励は**無負荷運転**，すなわち負荷回路解放時にも起こる．

> **負荷特性曲線**：一定の回転数に対して，無負荷運転時には，全発電電流 I は界磁石の励磁に使われるから，U_{ind} は最高になる．負荷を接続すると，I の一部のみ界磁コイルを流れ，U_{ind} は低下する．負荷電流が増加すると，U_{ind} は急激に減少し，特性曲線は湾曲（反転）する．

分巻発電機から供給される電圧は確かに負荷に依存する．しかし，界磁巻線の回路に制御抵抗を組み込むことで電圧を安定化することができる．効率が最高になるのは，負荷抵抗 ≫ 界磁巻線の電気抵抗 ≫ 電機子巻線の抵抗のときである．

複巻機，あるいは**複合発電機**は，直巻機と分巻機の組み合わせを意味する．界磁石は重なり合って二つの巻線をもつ．すなわち，一つは電機子巻線と直巻に，もう一つは電機子巻線と分巻になっている．

> **負荷特性曲線**：上記の二つの組み合わせ．分巻回路中に制御抵抗を用いることで，特性曲線は水平になる．

複巻機から供給される電圧は，広い範囲にわたって負荷に無関係である．

電磁流体発電機，または **MHD 発電機**は，電磁誘導を利用することなく，電流を作り出す．したがって，回転部分を必要としない．

この装置では，電離気体が磁場中の平行導体板の間を流れる．B は流れの方向に垂直である．ローレンツ力は，電離気体のイオン化された成分を符号に従って導体板の方へ偏らせ，そのために電圧が発生する．

電流を取り出さない限り，次式が成り立つ．

$$U_0 = vBd \qquad \text{無負荷電圧}$$

ここで，U_0：電圧；v：電離気体の速さ；d：電極板の距離；B：B の大きさ．

電流 I が取り出されると，集められた電荷担体の一部が流れ去るので，次式が成り立つ．

$$U \approx U_0 - Id/(\gamma S) \qquad \text{運転電圧}$$

ここで，γ：電離気体の電気伝導度；S：電極の面積．
（訳注：電磁流体発電機は次世代の発電機として研究が進んでいる．）

262 電気と磁気

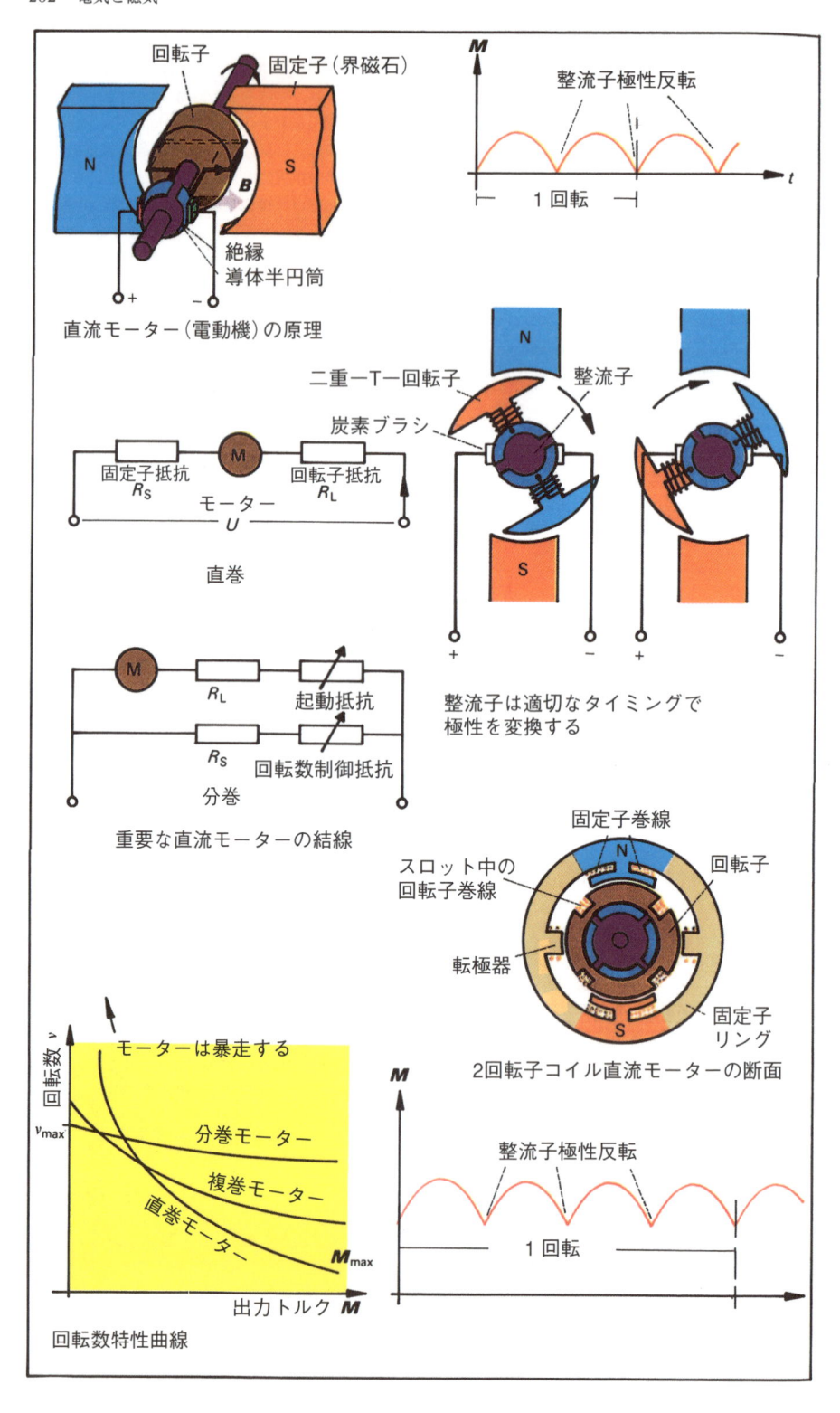

回転子 固定子（界磁石）

N　S
B

絶縁
導体半円筒

＋　−

直流モーター（電動機）の原理

整流子極性反転

1回転

二重－T－回転子　整流子
炭素ブラシ

固定子抵抗 R_S　回転子抵抗 R_L
モーター
U

直巻

M　R_L　起動抵抗
　　R_S　回転数制御抵抗

分巻

重要な直流モーターの結線

整流子は適切なタイミングで極性を変換する

固定子巻線
スロット中の回転子巻線
回転子
転極器
固定子リング

2回転子コイル直流モーターの断面

モーターは暴走する
v_{max}
分巻モーター
複巻モーター
直巻モーター
M_{max}
出力トルク M

回転数特性曲線

整流子極性反転

1回転

直流モーター

電動機（モーター）は発電機の機能を逆にしたものである．
1834年ヤコービ（Moritz von Jacobi, 1801–74）は最初の電動機を組み立てた．今日では，一つの電動機で最大 10^9 W まで出力することができる．

磁場中で回転できる電線のループは磁束線に垂直にローレンツ偶力（239頁参照）を受ける．トルク M が現れるが，その大きさは，

$$M = NISB \sin\beta \qquad 瞬間トルク$$

ここで，N：ループ巻き線の数；I：電流の強さ；S：ループの断面積；B：磁束密度 $\boldsymbol{B}$ の大きさ；β：面法線と $\boldsymbol{B}$ のなす角．
コイル巻き線を通る最大磁束は $\phi = NSB$．よって，

$$M = \phi I \sin\beta$$

モーターの主要構成要素

回転子，ローターまたは電機子：スロットに入れられたコイルを備えた回転する鉄円柱．力学的エネルギーを生み出す．

固定子またはステーター：電磁石であって，その両極の間で回転子が回転する．回転子と電気的に接続されているものを**自励式**（ダイナモの場合と同様，261頁参照），固定子と回転子の電流回路が互いに絶縁されているとき**他励式**という．

非常に小さい電動機関が永久磁石を利用する．

整流子：電流 I を供給するための滑り接触子（ブラシ）．

モーターに I が流れると直ちにローレンツ力がローターを回転させる．ローター巻き線が $\beta = 0$ に到達すると，$M = 0$ になる．さらに回転するには，M が再び，しかも逆方向へ増大する必要がある．整流子は $\beta = 0$ になると電流の方向を自動的に逆転させ，その結果 M の方向も逆転し，大きさが増大して回転が継続する．互いに角度をずらせた多くのコイルをローター上に設置し，それらのトルクが加算されると，M の正弦波形状は平滑化される．モーターの回転方向は固定子の磁場によってローターに誘導された電流が元の電流を弱める方向である（レンツの法則，251頁参照）．
直流モーターの**効率** η は，

$$\eta = 機械（力学）的出力 / 電気的入力$$
$$= 1 - (RI/U_0) \qquad 効率$$

ここで，R：モーターのオーム抵抗；U_0：出力なしのときの印加電圧（**無負荷電圧**）．

R は非常に小さい．モーターが静止状態から始動させられると，初期大電流が巻き線を損なうであろう．このため前置抵抗（**始動抵抗**）を挿入し，逆誘導で I が十分減少すると直ちに，抵抗値をさげる．

モーター特性曲線は回転数 ν の M への依存関係を記述する．

下降型特性曲線：負荷状態で ν は安定．
上昇型特性曲線：負荷状態で ν は安定でない．

直巻モーター：固定子と回転子の巻き線が直列につながれている．すなわち，I が固定子とローターの巻き線を直列に流れる．次式が成り立つ：

$$M = LU^2/(\omega L_{\text{SL}} + R)^2$$

ここで，L：固定子の自己インダクタンス；L_{SL}：固定子とローターとの相互インダクタンス；$\omega = 2\pi\nu$；ν：回転数；R：モーターのオーム抵抗．
M は次のとき最大値に到達，

$$M = LU^2/R^2 \qquad 最大トルク$$

負荷が零に近づけば，M は非常に大きな値になり，モーターは暴走する．
利用：少ない回転数でトルクが大きくなくてはならないところ，例えば，路面電車，送風機，エレベーター．

直巻きモーターは出力約 500 W までは交流でも駆動できる（ユニバーサルモーター：交直両用）．
分巻モーター：固定子とローターの巻き線が並列につながれている．次式が成り立つ：

$$M = M_{\max}(1 - \omega L_{\text{SL}}/R_{\text{S}})$$

そして，

$$M_{\max} = LU^2/(R_{\text{S}} R_{\text{L}}) \qquad 最大トルク$$

ここで，$R_{\text{S}}, R_{\text{L}}$ は固定子とローターのオーム抵抗である．
回転数は固定子電流で決められ，つぎの最大回転数に達する：

$$\nu_{\max} = R_{\text{S}}/(2\pi L_{\text{SL}}) \qquad 最大回転数$$

$\nu_{\max}$ は負荷にほとんど依存しない．
利用：負荷に依存しない回転数を必要とする場所，例えば，工作機械．
複合ないし複巻モーター：固定子巻線の一部がローターの巻線と直列に，残りは並列に接続される．
利用：弾み車の駆動．

リニアモーターは直線運動を生み出す．すなわち，移動磁場が導体に作用してその導体を駆動する．
利用：例えば，軌道車両の原動力として．

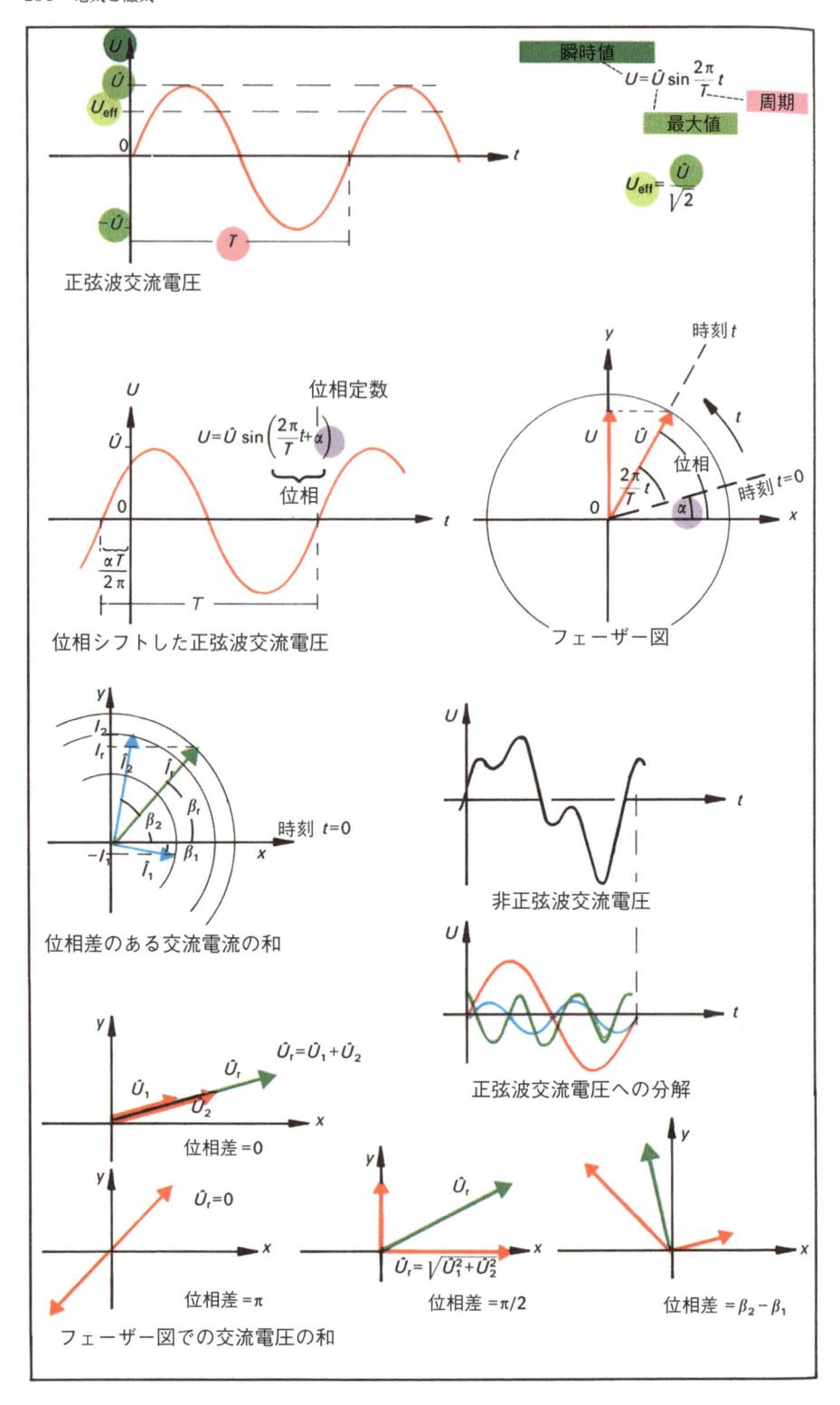

正弦波交流電圧

U_{eff}、$\hat{U}$、$-\hat{U}$、T

瞬時値 $U = \hat{U} \sin \dfrac{2\pi}{T} t$
最大値、周期

$U_{eff} = \dfrac{\hat{U}}{\sqrt{2}}$

位相シフトした正弦波交流電圧

$U = \hat{U} \sin\left(\dfrac{2\pi}{T} t + \alpha\right)$

位相定数、位相、$\dfrac{\alpha T}{2\pi}$、T

フェーザー図

時刻 t、時刻 $t=0$、位相、$\dfrac{2\pi}{T}$、α

位相差のある交流電流の和

I_2, I_r, $\hat{I}_2$, $\hat{I}_r$, β_r, β_2, β_1, $-I_1$, $\hat{I}_1$, 時刻 $t=0$

非正弦波交流電圧

正弦波交流電圧への分解

フェーザー図での交流電圧の和

$\hat{U}_r = \hat{U}_1 + \hat{U}_2$ — 位相差 $= 0$

$\hat{U}_r = 0$ — 位相差 $= \pi$

$\hat{U}_r = \sqrt{\hat{U}_1^2 + \hat{U}_2^2}$ — 位相差 $= \pi/2$

位相差 $= \beta_2 - \beta_1$

電圧の符号と大きさを時間と共に周期的に変えると交流電圧になる．それは特に正弦波形の時間依存性を意味する．

フーリエ解析を用いると，各周期的変化は正弦および余弦関数の和に分解できる（73頁参照）．
交流電圧を次のように記述する：

$$U = \widehat{U} \sin \omega t \qquad \text{交流電圧}$$

ここで，U：交流電圧の**瞬時値**，単位ボルト；$\widehat{U}$：**振幅**，または**最高値**；$\omega = 2\pi\nu$；ν：振動数，単位はヘルツ；$1/\nu = \text{T}$：周期，単位は秒；t：時間．
正弦波交流電圧では，

$$U_{\text{eff}} = \widehat{U}/\sqrt{2} \qquad \text{実効値}$$

ここで，U_{eff}は交流電圧の実効値である．

例：一般電力網の交流では，$U_{\text{eff}} = 100$ V（電圧）（$\widehat{U} = 141$ V），$\nu = 50$（又は60）Hz（周波数），$T = 20$（又は17）msである．コンセントでの電圧は毎秒50（又は60）回，両最高値 $+141$ V と -141 V の間で変動し，毎秒100（又は120）回零になる．

一つだけオーム抵抗を含む閉じた電流回路に正弦波交流電圧を加えると，正弦波交流電流が流れる．次式が成り立つ：

$$I = \widehat{I} \sin \omega t \qquad \text{交流電流}$$

ここで，I：瞬時値；$\widehat{I}$：振幅．
オームの法則（219頁参照）にしたがって次が成り立つ．

$$I = U/R = (\widehat{U}/R) \sin \omega t$$

および

$$\widehat{I} = \widehat{U}/R$$

U と I は同じ位相を持つ（下記）．すなわち同時刻に $\widehat{U}$ と $\widehat{I}$ に到達する．U_{eff} に対応して，交流電流の実効値 I_{eff} がある：

$$I_{\text{eff}} = \widehat{I}/\sqrt{2} \qquad \text{実効値}$$

ここでも I_{eff} は正弦波交流電流に対しての**み**成立する．

位相定数
一般に交流電圧と電流の瞬時値は，

$$U = \widehat{U} \sin(\omega t + \alpha)$$

および

$$I = \widehat{I} \sin(\omega t + \beta)$$

ここで，α, β は交流電圧あるいは電流の**位相定数**である．

位相定数は U または I の時刻零点からのずれを与える．

例：$t = 0$ で $U \neq U_0$ であれば，$t = -\alpha/2\pi\nu$ で $U = 0$ になる．

ある電流回路で $\alpha = \beta$ であれば，I と U は**同位相**であると言い，同相で（同期して）振動する．

交流電圧および電流の加法
同じ振動数を持つ二つの電流を共通の導体に流すと，

$$I_1 = \widehat{I}_1 \sin(\omega t + \beta_1)$$

と

$$I_2 = \widehat{I}_2 \sin(\omega t + \beta_2)$$

から，合成された交流電流が生じる：

$$I_r = \widehat{I}_r \sin(\omega t + \beta_r)$$

ここで，瞬時値の2乗は以下のようになり，

$$\widehat{I}_r^2 = \widehat{I}_1^2 + \widehat{I}_2^2 + 2\widehat{I}_1 \widehat{I}_2 \cos(\beta_1 - \beta_2)$$

位相ずれの正接は，

$$\tan \delta_r = \frac{(\widehat{I}_1 \sin \beta_1 + \widehat{I}_2 \sin \beta_2)}{(\widehat{I}_1 \cos \beta_1 + \widehat{I}_2 \cos \beta_2)}$$

I_1 と I_2 が同位相（$\beta_1 = \beta_2 = \beta$）であれば，

$$I_r = (\widehat{I}_1 + \widehat{I}_2) \sin(\omega t + \beta)$$

フェーザー図（位相ベクトル図）
交流回路の解析を容易にするために，I あるいは U を**フェーザー図**における**フェーザー**として幾何学的に表現する．
フェーザーは直角座標系で原点の周りを回る．その長さは I，あるいは U の最高値（振幅 $\widehat{I}$, $\widehat{U}$）であり，y軸への射影は瞬時値に等しい．フェーザーが完全に1回転するには次の時間を要する．

$$T = 1/\nu = 2\pi/\omega$$

位相はフェーザーと x 軸の間の角である．
例：二つの交流電流の和．$\widehat{I}_1 = \widehat{I}_2$ で，位相定数 $\alpha_1 = 0$，$\alpha_2 = \pi/2$，すなわち位相差は $\pi/2 = 90°$ である場合．
二つのフェーザーは互いに垂直で，$\widehat{I}_r = \widehat{I}_1 \sqrt{2}$，$\tan \alpha = 1$ であることが容易に分かる．
これから $\alpha = \pi/4$ であり，次式が成り立つ：

$$I_r = (\sqrt{2} \widehat{I}_1) \sin(\omega t + \pi/4)$$

合成された電流は I_1 より 45° 進み，I_2 より 45° 遅れて流れる．
インピーダンスやアドミッタンスに対してもフェーザー図は同様に利用できる．

266 電気と磁気

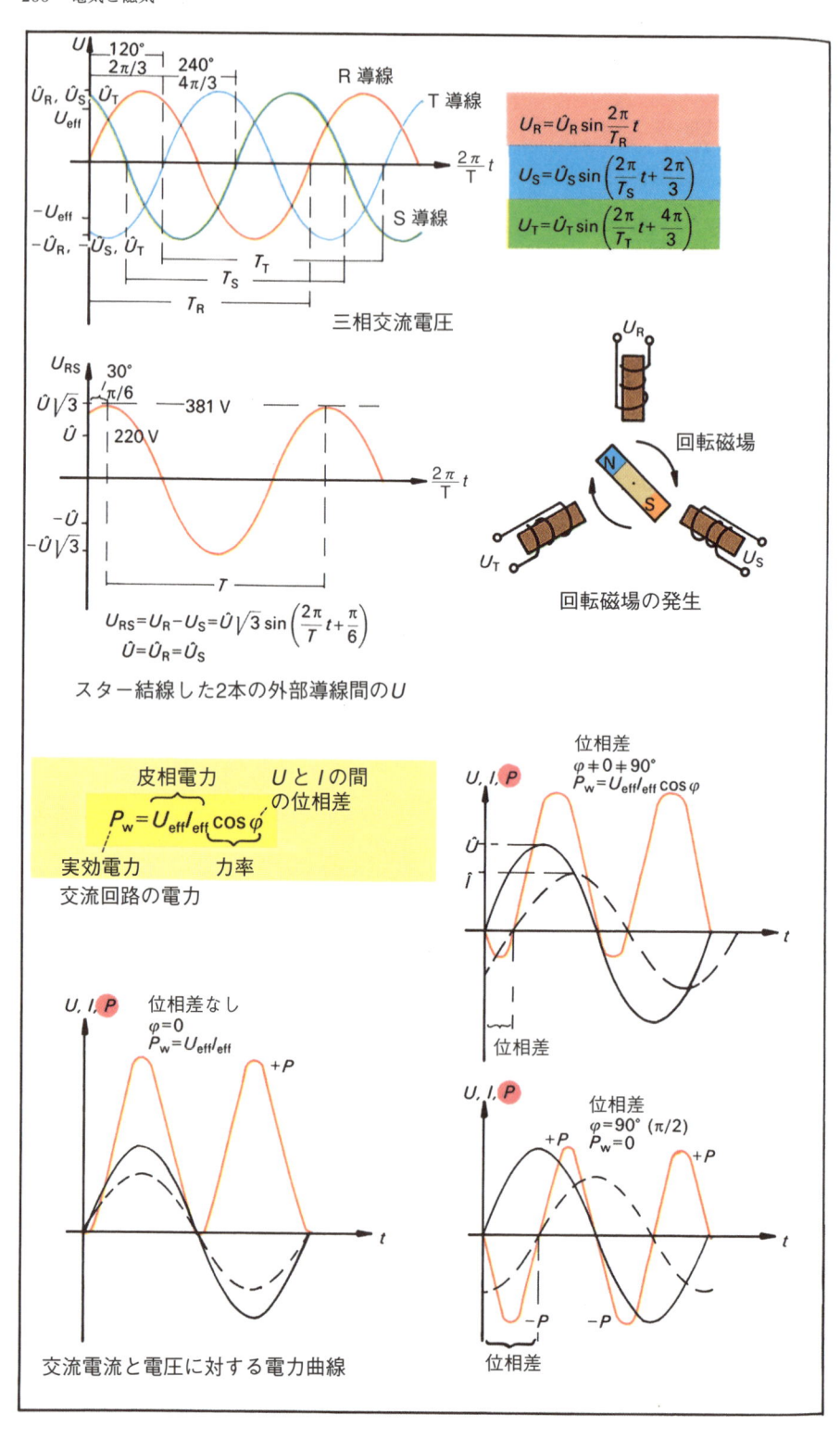

$U_R = \hat{U}_R \sin \dfrac{2\pi}{T_R} t$

$U_S = \hat{U}_S \sin \left(\dfrac{2\pi}{T_S} t + \dfrac{2\pi}{3}\right)$

$U_T = \hat{U}_T \sin \left(\dfrac{2\pi}{T_T} t + \dfrac{4\pi}{3}\right)$

三相交流電圧

$U_{RS} = U_R - U_S = \hat{U}\sqrt{3} \sin \left(\dfrac{2\pi}{T} t + \dfrac{\pi}{6}\right)$

$\hat{U} = \hat{U}_R = \hat{U}_S$

スター結線した2本の外部導線間のU

回転磁場の発生

皮相電力　　　UとIの間の位相差

$P_w = \underbrace{U_{eff} I_{eff}}_{\text{実効電力}} \underbrace{\cos \varphi}_{\text{力率}}$

交流回路の電力

位相差なし
$\varphi = 0$
$P_w = U_{eff} I_{eff}$

位相差
$\varphi \neq 0 \neq 90°$
$P_w = U_{eff} I_{eff} \cos \varphi$

位相差
$\varphi = 90° (\pi/2)$
$P_w = 0$

交流電流と電圧に対する電力曲線

三相交流電流，あるいは**三相交流電圧**は，互いに $120°$ だけ位相のずれた同じ振動数の三つの交流電圧または電流である．

$$U_R = \hat{U}_R \sin\omega t$$
$$U_S = \hat{U}_S \sin(\omega t + 2\pi/3) \quad \text{三相交流電圧}$$
$$U_T = \hat{U}_T \sin(\omega t + 4\pi/3)$$

純オーム抵抗の電流回路では対応する電流は同相であり次のようになる：

$$I_R = \hat{I}_R \sin\omega t$$
$$I_S = \hat{I}_S \sin(\omega t + 2\pi/3) \quad \text{三相交流電流}$$
$$I_T = \hat{I}_T \sin(\omega t + 4\pi/3)$$

ここで，R, S, T：個々の電圧あるいは電流を区別するための通常の添え字；$\hat{U}, \hat{I}$：振幅；$\omega = 2\pi\nu$；ν：周波数；t：時間．
$2\pi/3$ は U_R と U_S との位相のずれ，$4\pi/3$ は U_R と U_T とのずれである．

 三つのコイルを同心に配列し，さらにその断面が互いに $120°$ づつ回転しているように配置する．I_R を 1 番目のコイルに，I_S を 2 番目，I_T を三番目のコイルにつなぐと，内部に**回転磁場**が生じる．この磁場は振動数 ν で回転する．コイル内部に回転できる磁石を置くと，この磁石は場に追随して回転数 ν で回る．

結線されていない三相交流電流は，二本ずつ組になった絶縁された 3 セットの導線を流れる．

結線された三相交流電流はより少ない導線を持つ．**スター（星形）**結線では 4 本，**三角**結線では 3 本（269 頁参照）である．

 スター（星形，Y）結線は**外部導線** R, S, T, 並びに**中性線** O を持っている（266 頁参照）．次の式が成り立つ：

$$U_{RS} = \hat{U}_R \sin\omega t - \hat{U}_S \sin(\omega t + 2\pi/3)$$
$$= \sqrt{3}\hat{U}_R \sin(\omega t + \pi/6)$$

ここで，U_{RS}：外部導線 R と S の間の電圧；U_R, U_S：R あるいは S と中性線の間の電圧．
$U_S = U_R$ であることに注意．
 対応した式が U_{ST} と U_{TR} に対して成立つ．
U_{RS} は U_R に対して $30°(\pi/6)$ だけ，また U_S に対して $90°(\pi/2)$ だけ位相がずれている．
2 本の外部導線間の最高電圧は，外部導線と中性線の間の最高電圧より因子 $\sqrt{3} = 1.73$ だけ高い．
 例：ドイツでは $(U_\text{eff})_R = 220\,\text{V}$，したがって $(U_\text{eff})_{RS} = 381\,\text{V}$．
中性線と外部導線の間の電気抵抗が同じ大きさであれば，共通導線内を一緒に流れる電流は互いに $2\pi/3$ だけ位相がずれている．したがって $\sum_n I_n = 0$ であり，中性線には電流は流れない．抵抗が異なっていると，電流の和は零とならず，中性線は電流を運ぶ．したがって，中性線は接地してはならない．

デルタ（Δ，三角）結線は導線 R, S と T のみを持つ．各 2 本の導線間の電圧は一致する．各導線に流れる相間電流は二つの成分を持つ．電圧に対してスター結線の場合と同様な考察が成り立つ．対称的負荷に対して成立し，相間最高電流は部分電流の最高値の $\sqrt{3}$ 倍である．

三相電流の利点：
三相交流発電機や電動機は単純で信頼性が高い．
スター結線では同時に二つの電圧が自由に使える．たとえば，220 V と 381 V である．同じ商用電力（下記参照）を伝送するのに，結線無しでは 6 本の導線を必要とするが，スターでは 4 本だけでよい．（より少ない消費電力では 3 本だけで足りる）．
商用電力 P を容易に 3 倍に増やすことができる：220 V から $\sqrt{3} \times 220\,\text{V} = 381\,\text{V}$ に切り換えると，I を $\sqrt{3}$ 倍高くすることができる．P は U と I の積であるから，P は 3 倍になる．

交流の電力
電気機器は電力を受け取るか供給する．

$$P = U \cdot I$$

P はワット，U は V，I は A で測られる．
交流では U と I の時間依存性と共に，通常 U と I の間の位相のずれが考慮されねばならない．次の式が成り立つ．

$$P_W = U_\text{eff} I_\text{eff} \cos\varphi \quad \text{有効電力}$$

ここで，P_W：**有効電力**，すなわち実際に放出または使用された物理的パワー；$U_\text{eff}, I_\text{eff}$：電圧と電流の実効値；$\varphi$：$U$ と I の間の位相のずれ（差）．
$\varphi = 0$ なら U と I は同相，次が成り立つ．

$$P_W = U_\text{eff} I_\text{eff}$$

$\varphi = \pi/2$ なら，

$$P_W = 0$$

$\varphi \neq 0$ で $\neq 90°$ なら，

$$P_W < U_\text{eff} I_\text{eff}$$

電気機器には，ある時間に電力を取り込み，ある時間内に，電力網に電力を返すものもある．

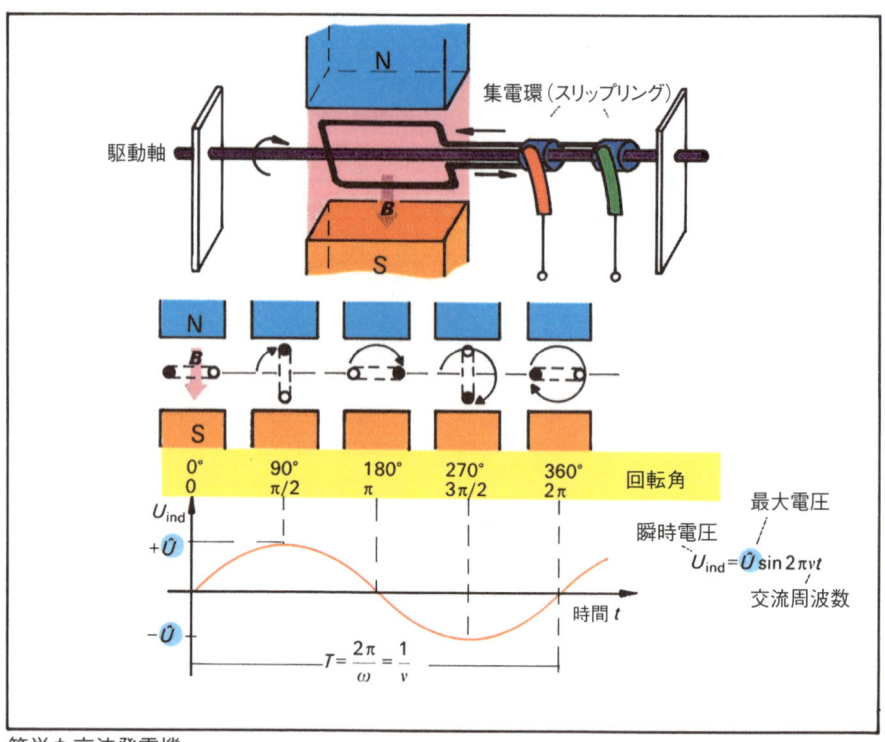

268 電気と磁気

簡単な交流発電機

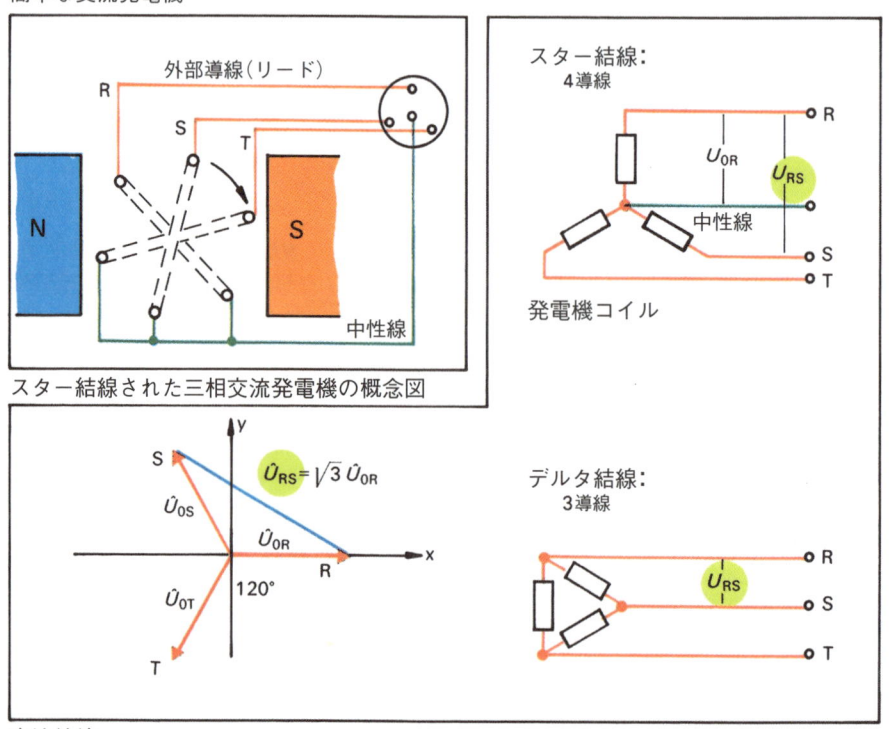

$U_{ind} = \hat{U}\sin 2\pi\nu t$

$T = \dfrac{2\pi}{\omega} = \dfrac{1}{\nu}$

スター結線された三相交流発電機の概念図

スター結線: 4導線

デルタ結線: 3導線

$\hat{U}_{RS} = \sqrt{3}\,\hat{U}_{0R}$

交流結線

磁場の磁束線を横切って，導体のループを回転させるとループ中に誘導起電力 U_ind（259 頁参照）が発生する．ループの端は回転軸上の絶縁されたリングに結びつけられ，現れた交流電圧を接点（カーボンブラシ）を通して取り出す．次式が成り立つ：

$$U_\text{ind} = \omega NSB \sin \omega t$$

ここで，$\omega = 2\pi\nu$；ν：ループの回転周波数，単位 Hz；S：ループの面積；B：磁束密度 B の大きさ，この中で S が回転する；t：時間．
U_ind は 1 回転当たり 2 回極値，いわゆる**最大値** $\hat{U}$ に達する．

日本の電力網の周波数は，50 Hz と 60 Hz．ヨーロッパ連合配電網の周波数は 50 Hz，アメリカでは 60 Hz，ドイツ鉄道は $\nu = 16\frac{2}{3}$ Hz を利用している．

交流発電機の主要部品：
回転子，ローター，あるいは**回転界磁子**：大抵，磁極を備えている，電流ループと磁場の間の相対運動が重要だからである．そのような**回転界磁形**発電機の磁場は直流で励磁される．付属発電機が主駆動軸上に設置されている．滑り接点は比較的低い励磁電流を供給する．
固定子または**電機子**：U_ind が発生するコイルはスロットに納められている．発電された電圧を取り出す整流子はなくなる．それらによって初めて，最近の電圧 20 kV，電流およそ 1000 A の大出力発電機が可能になった．
単相交流は，発電機内の各コイルが一対の磁極と向き合っているときに生じる．一つの二極固定子の間を相互に角度をずらせた多数のコイルが回転するとき，**多相交流**が生じる．特に重要なのは，三相のものである．前頁三相交流参照．

発電機のタイプ
小型発電機は回転電機子型あるいは回転界磁型機として製造される．界磁発生にはしばしば永久磁石が用いられる．
例：自動車点火器，自転車ダイナモ．
タービン発電機は，10 個ほどの電磁石対を回転子上に備えた回転界磁型機で，駆動は高速回転する蒸気タービンあるいは水力タービンによる．交流電圧の周波数は $\nu = $ 磁極対の数 × 回転界磁子の回転数である．
例：回転子上に二つの電磁石を持つタービン発電機．固定子内部に 4 個の電機子コイルが巻いてあり，隣り合うものに対して逆の巻線方向を示す．互いに $90°(=\pi/2)$ の位置に設置された固定コイルは直列につながれ，回転界磁子の完全 1 回転に際して 2 交流周期を作る．毎分 1500 回転すると，$\nu = 50$ Hz の交流電圧を作り出す．

ピストン発電機はゆっくり回転する機械によって駆動される．大抵の場合，必要とされる 50 Hz を達成するために，電機子コイルの数は比較的多い．
高周波発電機は回転界磁型機で，回転子として巻線のない歯車を備えている．固定子内の一つのコイルが回転子を，直流で軸方向に励磁する．固定子と歯車の歯あるいは谷と空気間隙の間の異なる磁束密度 B により，誘導を実現する．高周波発電機は 30 kHz にまで到達するが，発電出力は小さい．

三相交流発電機
磁場中で n 個の互いに角度をずらした導体ループを回転させると，n 個の互いに位相のずれた交流電圧 $U_1, U_2, \ldots, U_n$ が発生する．技術的に重要なものは**三相交流発電機**である．

三相交流の名前はこれで駆動される三相交流電動機（267 頁参照）に由来する．

三相交流（回転位相）電圧あるいは電流は，互いに $120°$ だけずれた 3 個の導体ループに電圧が誘起されたときに現れる．U_ind は互いに 1/3 周期ずれた交流電圧である．
実際には，U_ind を取り出すのに 3 セットの導体ペアが必要であるが，そのうち何本かは回路の結線によってつながれる．

スター（星形，Y）結線．各コイルの一本の導線を**中性線**，または**中点導線**と一緒につなぐ．残りのものは**外部導線** R, S と T である．各外部導線と中性線の間の負荷抵抗が等しければ中性線には電流は流れない．
中性線と外部導線の間の電圧に対して，フェーザー図は次式を与える：

$$U_\text{0R} = U_\text{0S} = U_\text{0T} = U$$

外部導線と外部導線の間では，

$$U_\text{RS} = U_\text{RT} = U_\text{ST} = \sqrt{3}U$$

ここで，U は一つのコイルに誘導された瞬時電圧である．
二つの実効電圧が消費者の自由使用に任されている．ドイツでは 220 V（単相）と 381 V（三相）である．

デルタ（Δ，三角）結線．コイルを直列につなぐ．三つの結合点から導線 R, S と T を分岐させる．フェーザー図は，

$$U_\text{RS} = U_\text{RT} = U_\text{ST} = U$$

を与える．
今日，三相交流発電機はスター結線で事実上全ての電気エネルギーを生産している．

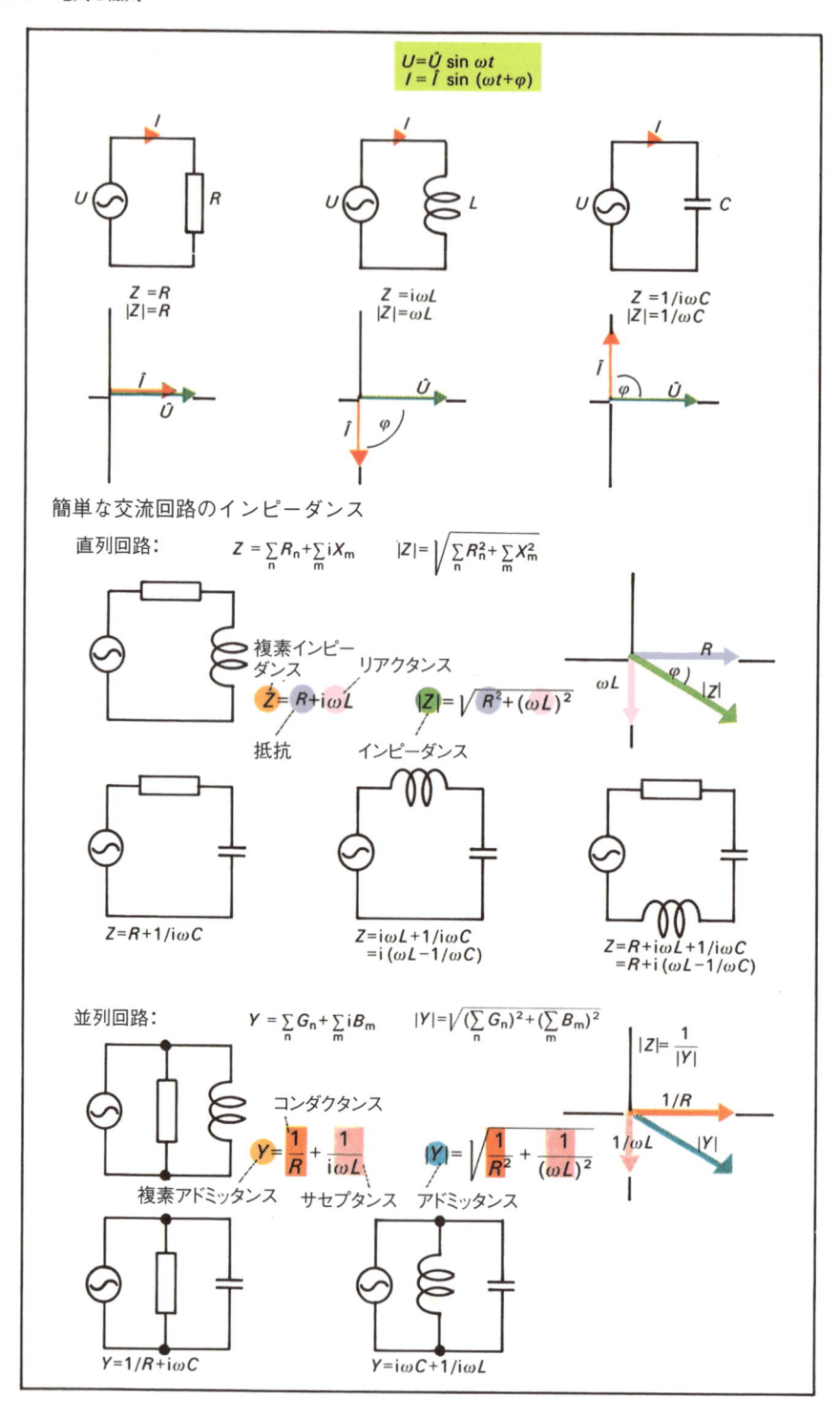

$U = \hat{U} \sin \omega t$
$I = \hat{I} \sin (\omega t + \varphi)$

$Z = R$
$|Z| = R$

$Z = i\omega L$
$|Z| = \omega L$

$Z = 1/i\omega C$
$|Z| = 1/\omega C$

簡単な交流回路のインピーダンス

直列回路： $Z = \sum_n R_n + \sum_m iX_m$ $\quad |Z| = \sqrt{\sum_n R_n^2 + \sum_m X_m^2}$

複素インピーダンス: $\hat{Z} = R + i\omega L$
リアクタンス
抵抗
インピーダンス: $|Z| = \sqrt{R^2 + (\omega L)^2}$

$Z = R + 1/i\omega C$

$Z = i\omega L + 1/i\omega C$
$\quad = i(\omega L - 1/\omega C)$

$Z = R + i\omega L + 1/i\omega C$
$\quad = R + i(\omega L - 1/\omega C)$

並列回路： $Y = \sum_n G_n + \sum_m iB_m$ $\quad |Y| = \sqrt{(\sum_n G_n)^2 + (\sum_m B_m)^2}$

$|Z| = \dfrac{1}{|Y|}$

コンダクタンス
複素アドミッタンス: $Y = \dfrac{1}{R} + \dfrac{1}{i\omega L}$
サセプタンス
アドミッタンス: $|Y| = \sqrt{\dfrac{1}{R^2} + \dfrac{1}{(\omega L)^2}}$

$Y = 1/R + i\omega C$

$Y = i\omega C + 1/i\omega L$

電気抵抗の他に，コイル（インダクタンス）とコンデンサー（キャパシタンス）を含む電流回路に交流電圧をかけると，直流回路のときとは異なることが起こると予想される．誘導現象は交流電流に影響を与え，コンデンサーには時間依存の現象が現れる．オームの法則（219 頁参照）とキルヒホッフの法則（221 頁参照）は，交流周波数が一定である限り，引き続き，瞬時値や最高値に対して成り立つ．フェーザー表示（265 頁参照）を利用すると計算は容易になる．

術語集

交流回路では，電気抵抗を（複素）インピーダンス（記号 Z，単位はオーム）で置き換える：

$$Z = R + iX$$

ここで，R：電気抵抗（オーム抵抗とも言う）（217 頁参照）；X：**リアクタンス**，単位はオーム；$i = \sqrt{-1}$：虚数単位．

フェーザー図で，ベクトル $\boldsymbol{R}$ を $180°$ 回転すると，これは $-1 = \sqrt{-1} \cdot \sqrt{-1}$ という積に相当する．$90°$ 反時計回りに回転した量は $\sqrt{-1}\,\boldsymbol{R}$ すなわち $i\boldsymbol{R}$ である．すなわち，ある量の前の因子 i はその量がもとの量に対して $90°$ だけ回転していることを示す．

コンダクタンスの代わりに，交流回路では（**複素**）**アドミッタンス**（記号 Y，単位はジーメンス）が現れる．次式が成り立つ：

$$Y = 1/Z = G + iB$$

ここで，G：**コンダクタンス**（217 頁参照）；B：**サセプタンス**，単位はジーメンス．
Y の大きさ $|Y|$ は**アドミッタンス**という．
物理量である電流，電圧，電力は交流回路においても同様に固有の名前を持つ．それらは皮相 (apparent)，有効 (effective)，無効 (reactive) をつけて作られる．固有の記号はなく，添え字 s, eff, r を付けて利用されることがある．

例：

全電流 $I_s = I_{\text{eff}} + iI_r$
皮相電流 $|I_s| = \sqrt{I_{\text{eff}}^2 + I_r^2}$
皮相電力 $|P_s| = \sqrt{P^2 + Q^2}$

ここで，$P = U_{\text{eff}} I_{\text{eff}} \cos\varphi$；$Q = U_{\text{eff}} I_{\text{eff}} \sin\varphi$．
正弦波電圧 $U = \hat{U}\sin\omega t$ が加えられた交流回路の皮相電流 $|I_s|$ は，

$$|I_s| = (\hat{U}/|Z|)\sin(\omega t + \varphi)$$

ここで，$\tan\varphi = -X/R$；φ：電流と電圧間の位相差．

直列回路

R と L を持つ電流回路：電気抵抗とコイルが交流電源に直列に接続されているとしよう．正弦電圧 $U = \hat{U}\sin\omega t$ がかかると，位相のずれた電流が流れる：

$$I = \hat{I}\sin(\omega t + \varphi)$$

ここで，$\hat{I}$：I の最高値；φ：位相差．
コイルには電圧が誘起される（249 頁参照）：

$$U_{\text{ind}} = -L\,dI/dt = -\omega L \hat{I} \cos(\omega t + \varphi)$$

ここで，L はコイルの自己インダクタンスである．したがって，電流回路に流れる最高値は，

$$\hat{I} = \hat{U}/\sqrt{R^2 + \omega^2 L^2}$$
$$\tan\varphi = -\omega L/R$$

電流は電圧に遅れる．
商 $\hat{U}/\hat{I}$ は次式に等しい：

$$|Z| = \sqrt{R^2 + \omega^2 L^2}$$

ここで，R：抵抗（R は常に I と同相）；$\omega L = X$：コイルの**リアクタンス**．
したがってオームの法則に類似の次式を得る：

$$\hat{I} = \hat{U}/|Z|$$

電流回路のインピーダンスに対しては次式を得る：

$$Z = R + i\omega L \qquad \text{インピーダンス}$$

フェーザー図：抵抗 (R) とリアクタンス (X) は長方形を作る．$|Z|$ は対角線の長さに相当する．U は I と角 φ を成す．位相差は負なので，I は第 4 象限にある．これは負の位相差は時計回りという作図規則に対応している．

インピーダンス

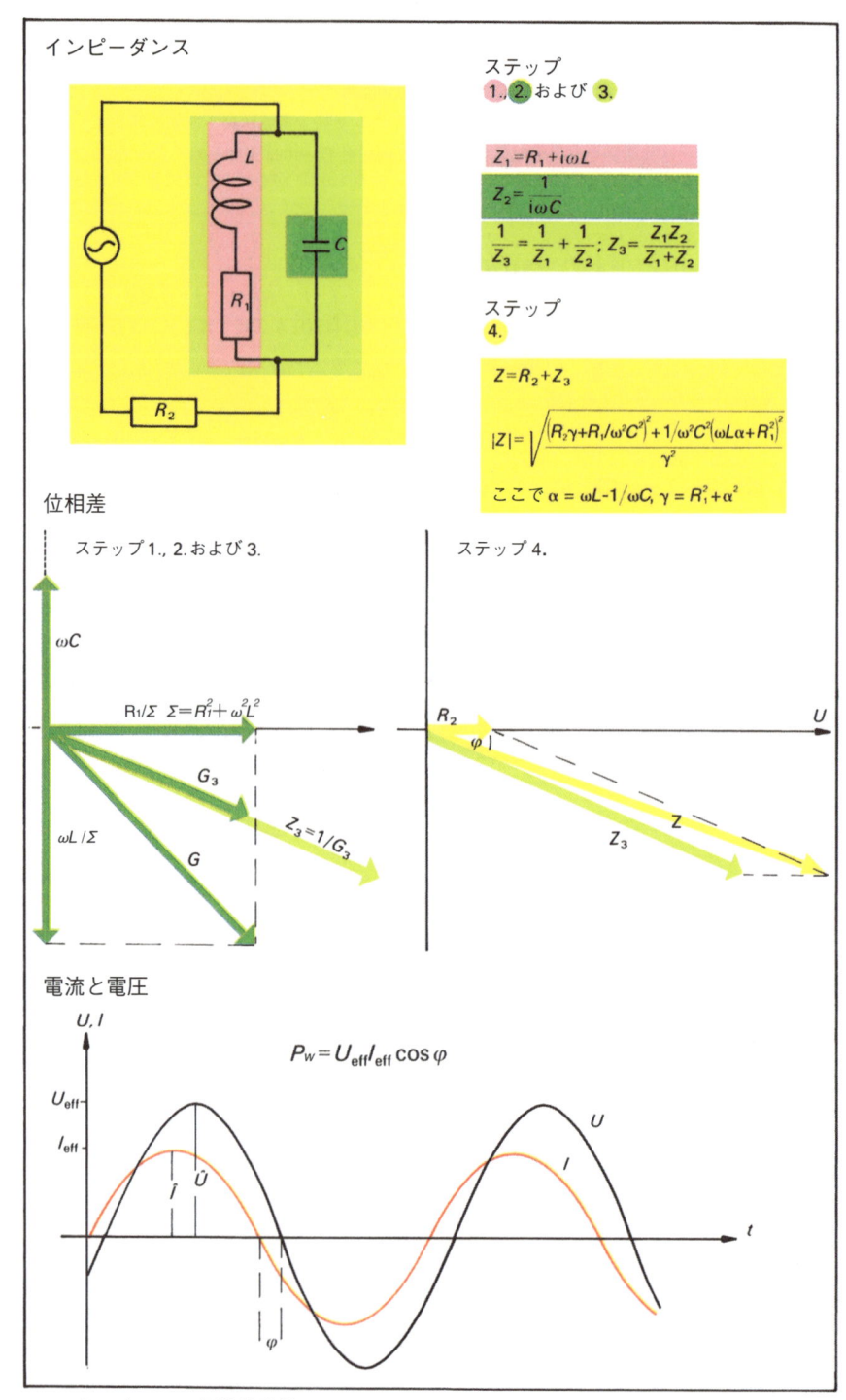

ステップ 1., 2. および 3.

$$Z_1 = R_1 + i\omega L$$

$$Z_2 = \frac{1}{i\omega C}$$

$$\frac{1}{Z_3} = \frac{1}{Z_1} + \frac{1}{Z_2}; \quad Z_3 = \frac{Z_1 Z_2}{Z_1 + Z_2}$$

ステップ 4.

$$Z = R_2 + Z_3$$

$$|Z| = \sqrt{\frac{(R_2 \gamma + R_1/\omega^2 C^2)^2 + 1/\omega^2 C^2 (\omega L \alpha + R_1^2)^2}{\gamma^2}}$$

ここで $\alpha = \omega L - 1/\omega C, \ \gamma = R_1^2 + \alpha^2$

位相差

ステップ 1., 2. および 3.

ωC, R_1/Σ, $\Sigma = R_1^2 + \omega^2 L^2$, $\omega L/\Sigma$, G_3, $Z_3 = 1/G_3$, G

ステップ 4.

R_2, φ, Z_3, Z, U

電流と電圧

$$P_w = U_{eff} I_{eff} \cos \varphi$$

インピーダンスの段階的計算

特殊な場合：
$R \ll \omega L$.
これは，例えば高周波電流の場合や低抵抗のリード線の場合である：

$$\varphi = -\pi/2$$

すなわち，I と U は互いに垂直で，

$$I = (\hat{U}/\omega L)\sin(\omega t - \pi/2)$$

有効電力はゼロで，電流は実際に何も仕事をしない．ωt が $\pi/4$ 以内に I はコイルに磁場を作る．そのために電源から取り去られたエネルギーは次の $\pi/4$ の時間間隔で戻される．
$R \gg \omega L$.
このとき，

$$\varphi = 0$$

すなわち，I と U は同相で，オームの法則が成り立つ：

$$I = U/R$$

有効電力は $P = U_\text{eff} I_\text{eff}$．

応用：**チョークコイル**は大きな自己インダクタンスを持つ．これが電流回路に接続されると，交流電流に対しては非常に大きい抵抗をもたらすが，一方同じ回路の直流成分は影響を受けない．したがってチョークコイルは交流成分を減らす．
コイルの交流抵抗は ν に比例する．したがって，さまざまな周波数をもつ交流回路の**フィルター**として，チョークコイルは低周波成分を優先的に通す．

R と C をもつ**電流回路**：電気抵抗とコンデンサーが直列に交流電源に接続されているとする．正弦波電圧 $U = \hat{U}\sin\omega t$ が加えられると，位相のずれた電流が流れる：

$$I = \hat{I}\sin(\omega t + \varphi)$$

この I はコンデンサーの放電電流と等しい：

$$I = -dQ/dt$$

ここで，Q はコンデンサーに供給された電荷である．コンデンサーでの瞬時電圧低下 U_c は，

$$U_\text{c} = Q/C$$

ここで，C は電気容量である．
したがって，回路を流れる最高値は，

$$\hat{I} = \hat{U}/\sqrt{R^2 + (1/\omega^2 C^2)}$$

そして位相差は，

$$\tan\varphi = 1/(\omega CR)$$

電流は電圧に先立って流れる．
新たに次の量を導入する．

$$|Z| = \sqrt{R^2 + (1/\omega^2 C^2)}$$

ここで，R：**抵抗，電気抵抗**；$1/(\omega C) = X_\text{c}$：コンデンサーの**リアクタンス**（容量性抵抗）．
するとオームの法則に類似した次の式を得る：

$$\hat{I} = \hat{U}/|Z|$$

この電流回路のインピーダンスは，

$$Z = R + 1/(\mathrm{i}\omega C) = R - \mathrm{i}/(\omega C)$$
インピーダンス

フェーザー図：R と X_c は長方形を作る．Z は対角線の長さに対応する．U は x 軸に沿い，I と角 φ を成す．位相のずれは正であるから I は第 1 象限にある．これは，正の位相変位は反時計回りという作図規則に対応している．

特殊な場合：
a) $R = 0$.
純粋無効電流があり，位相差は，

$$\varphi = +\pi/2$$

すなわち，I と U は互いに垂直で，

$$\hat{I} = \hat{U}\omega C$$

有効電力はゼロ．ωt が $\pi/4$ の内に I はコンデンサーに電場を作る．このため電源より取り去られたエネルギーは，次の $\pi/4$ の時間に元に戻される．
b) $C = 0$.
回路は遮断され，$I = 0$.
c) $C = \infty$.
U と I は同相で，次式の純有効電流が流れる．

$$I = U/R$$

応用：容量結合を使って，交流回路から直流を取り除ける．結合コンデンサーは（位相差を伴いながら）交流電流を通すが，直流に対しては無限に大きな抵抗を意味している．

R, L と C を持つ**電流回路**：電気抵抗とコイル，そしてコンデンサーが交流電源に直列に接続されているとする．正弦波電圧を加えて，（上記のように）R，L，C の影響を解析することができ，電流の最高値 $\hat{I}$ として次式を得る：

$$\hat{I} = \hat{U}/\sqrt{R^2 + (\omega L - 1/(\omega C))^2}$$

また位相差は，

$$\tan\varphi = (\omega L - 1/(\omega C))/R$$

274　電気と磁気

R
電球

220 V

鉄心入りコイル
$\omega L \gg R$

ブロックコンデンサー

チョークコイル
D

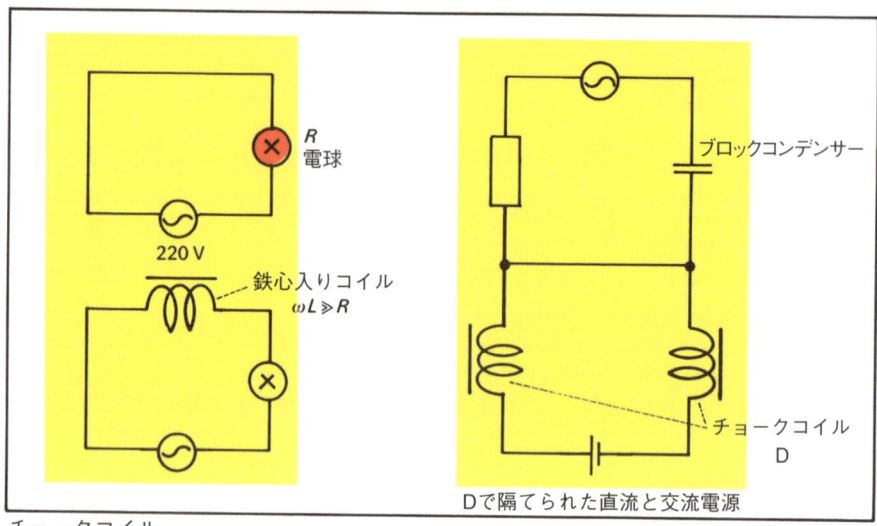

Dで隔てられた直流と交流電源

チョークコイル

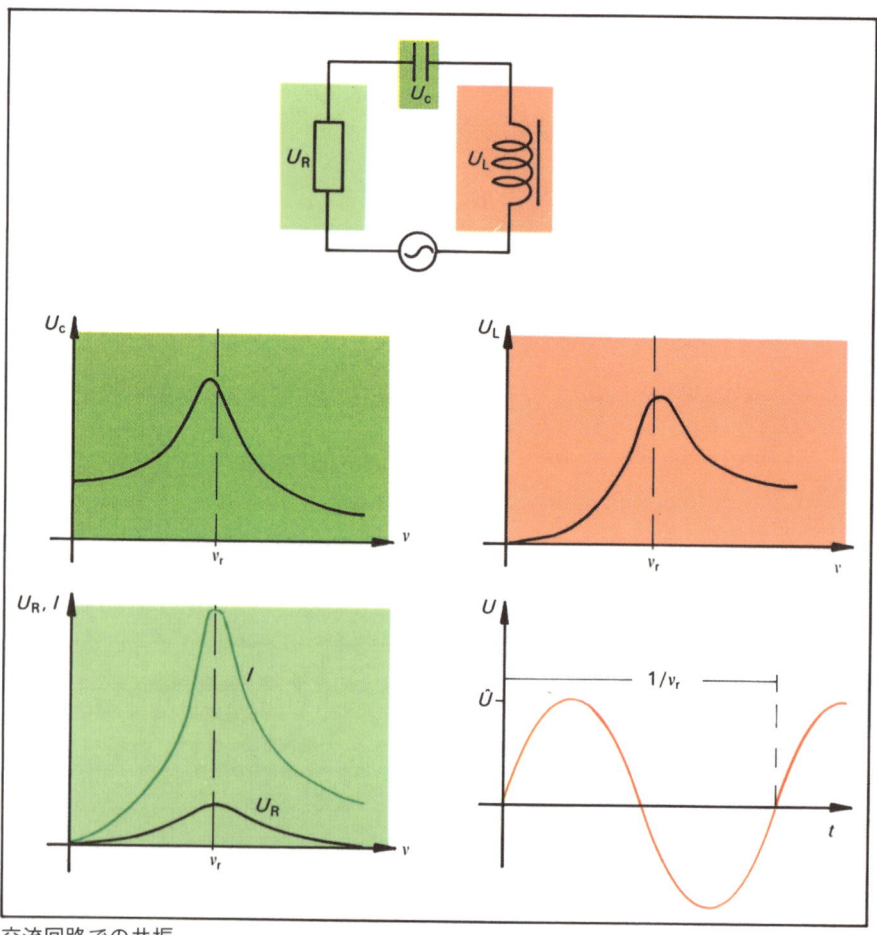

U_C
U_R
U_L

U_C / v_r / v

U_L / v_r / v

U_R, I / I / U_R / v_r / v

U / $\hat{U}$ / $1/v_r$ / t

交流回路での共振

L と C の値に応じて，I は電圧より先に進むか，遅れる（または U と同相になる，下記の特殊な場合を見よ）．
電流回路のインピーダンスの大きさは，

$$|Z| = \sqrt{R^2 + (\omega L - 1/(\omega C)^2}$$

ここで，$\omega L - 1/(\omega C) = X$ は電流回路のリアクタンスである．
したがって，

$$\hat{I} = \hat{U}/|Z|$$

回路のインピーダンスは次式のようになる．

$$Z = R + \mathrm{i}(\omega L - 1/(\omega C)) \qquad \text{インピーダンス}$$

要約

電流回路の個々の回路素子の交流抵抗は，

　オーム抵抗　　　R
　コイル　　　　　$\mathrm{i}\omega L$
　コンデンサー　　$-\mathrm{i}/(\omega C) = 1/(\mathrm{i}\omega C)$

直列交流回路のインピーダンスは，直流回路の全抵抗と同様に，次のように計算される：

　インピーダンス ＝ 抵抗 ＋ リアクタンス

そしてインピーダンスの大きさ $|Z|$ は，

$$|Z| = \sqrt{(\sum R_\mathrm{n})^2 + (\sum X_\mathrm{m})^2}$$

位相差は，

　$\tan\varphi = $ リアクタンス/抵抗

並列接続

直流回路では，抵抗を並列に接続したときの合成抵抗は，コンダクタンスの和を作り，そのあと和の逆数を取ることによって得られる．以下では対応する方法にならい，アドミッタンス Y が加えられ，これからインピーダンスが計算される．また I と U の間の位相差は次のように計算される：

　$\tan\varphi = $ サセプタンス/コンダクタンス

電流回路の個々の回路素子の交流アドミッタンスは，その交流抵抗の逆数である．

　オーム抵抗　　　$1/R$
　コイル　　　　　$1/(\mathrm{i}\omega L)$
　コンデンサー　　$\mathrm{i}\omega C$

R と L を持つ回路：

$$Y = G + \mathrm{i}B = 1/R - \mathrm{i}/(\omega L)$$
$$|Y| = \sqrt{G^2 + B^2} = \sqrt{1/R^2 + 1/(\omega^2 L^2)}$$

これから，

$$|Z| = \frac{R}{\sqrt{1 + R^2/(\omega^2 L^2)}}$$

そして，

$$\tan\varphi = -R/(\omega L)$$

R と C を持つ回路：

$$Y = G + \mathrm{i}B = 1/R + \mathrm{i}\omega C$$
$$|Y| = \sqrt{G^2 + B^2} = \sqrt{1/R^2 + \omega^2 C^2}$$

これから，

$$|Z| = R/\sqrt{1 + R^2\omega^2 C^2}$$

また，

$$\tan\varphi = R\omega C$$

R, L と C を持つ回路：

$$Y = G + \mathrm{i}(B_1 + B_2)$$
$$= 1/R + \mathrm{i}(\omega C - 1/(\omega L))$$
$$|Y| = \sqrt{1/R^2 + (\omega C - 1/(\omega L))^2}$$

これから，

$$|Z| = 1/|Y|$$

また，

$$\tan\varphi = R(\omega C - 1/(\omega L))$$

複雑な結線

次々と直列に，あるいは並列に素子をつないだ交流回路があるとき，回路の解析は部分，部分に分けて行われる．電流はキルヒホッフの法則（221 頁参照）にしたがって，加算され，全回路の皮相電流は次式のようになる．

$$|I_\mathrm{s}| = (\hat{U}/|Z|)\sin(\omega t + \varphi)$$

ここで

$$\tan\varphi = -X/R$$

損失角

コンデンサーは理想的な容量素子ではなく，エネルギーを消費する．**損失角**（記号 δ，単位は弧度）がエネルギー消費の程度を表す．
非常に小さい損失のとき（たいていの場合がそうである），

$$\delta = P_\mathrm{V}/(U_\mathrm{eff} I_\mathrm{eff})$$

ここで，P_V はコンデンサーでの電力損失である．典型的な値は $\delta = 5 \times 10^{-4}$．この場合，回路は 0.05％の電力をコンデンサー内部での（主に誘電的）事象によって失う．

276 電気と磁気

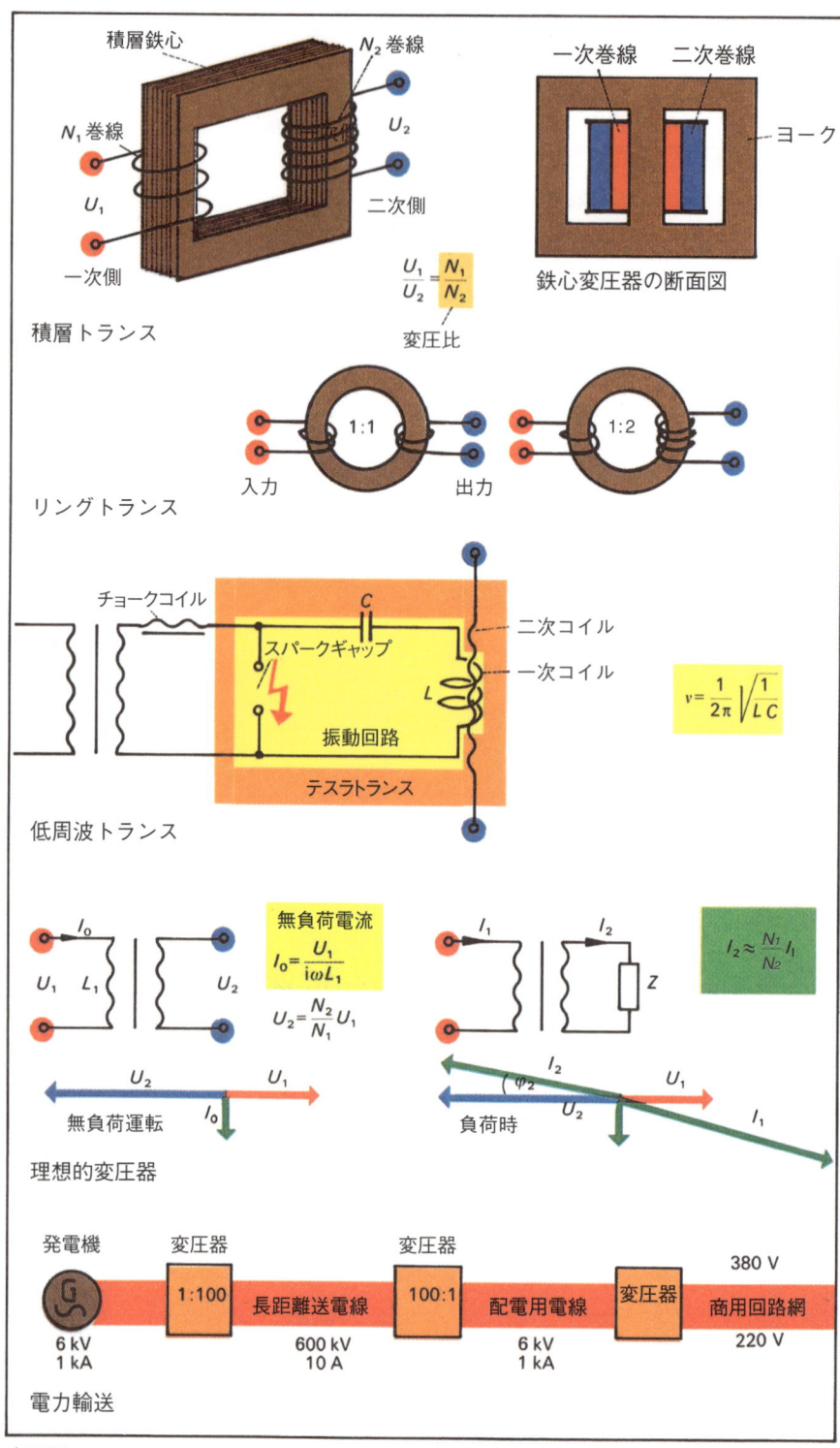

積層トランス

- 積層鉄心
- N_1 巻線
- N_2 巻線
- U_1
- U_2
- 一次側
- 二次側

$$\frac{U_1}{U_2} = \frac{N_1}{N_2}$$

変圧比

鉄心変圧器の断面図
- 一次巻線
- 二次巻線
- ヨーク

リングトランス

1:1　1:2
入力　出力

低周波トランス

- チョークコイル
- スパークギャップ
- C
- L
- 二次コイル
- 一次コイル
- 振動回路
- テスラトランス

$$v = \frac{1}{2\pi}\sqrt{\frac{1}{LC}}$$

理想的変圧器

無負荷電流
$$I_0 = \frac{U_1}{i\omega L_1}$$

$$U_2 = \frac{N_2}{N_1} U_1$$

$$I_2 \approx \frac{N_1}{N_2} I_1$$

無負荷運転　　負荷時

電力輸送

発電機　変圧器　1:100　長距離送電線　変圧器　100:1　配電用電線　変圧器　商用回路網

- 6 kV / 1 kA
- 600 kV / 10 A
- 6 kV / 1 kA
- 380 V / 220 V

変圧器

変圧器（変成器，トランス）は交流電圧の最高値を変える．その際周波数の変化はない．小形の**計器用変圧器**から強電流技術での**強力変圧器**まで，実にさまざまな動作形態がある．何よりもまず**変圧器**は電気を多面的に利用可能にする．

変圧器が鉄心を持つ誘導装置（259 頁参照）であり，電磁誘導の法則（249 頁参照）にしたがって作動する．この装置は巻数の異なる二つのコイルより成り，共通の磁束を取り囲む．そのためにコイルは鉄心に巻かれている．渦電流を避けるために，鉄心は互いに絶縁された 0.35 mm 厚の薄板（**積層鉄心**）よりなる．入力側は**一次コイル**に導かれ，二次コイルの端が出力側になる．

理想変圧器のコイルのオーム抵抗は無視できるほど小さく，さらに，すべての磁束線が鉄心の中を走る．このトランスは無損失で電圧を変換する．次式が成立する．

$$U_2/U_1 = N_2/N_1 \qquad \text{変圧比}$$

ここで，U_1：入力端に加えられる一次電圧；U_2：出力端に現れる二次電圧；N_2/N_1：**変圧比**；N_1, N_2：一次コイルおよび二次コイルの巻線数．U_1 と U_2 は位相差 π を示す．同じことがコイル電流 I_1 と I_2 についても成り立つ．入力電圧が，

$$U_1 = \widehat{U}_1 \sin \omega t$$

であれば，出力電圧は，

$$\begin{aligned} U_2 &= \widehat{U}_2 \sin(\omega t + \pi) = -\widehat{U}_2 \sin \omega t \\ &= -\widehat{U}_1 (N_2/N_1) \sin \omega t \end{aligned}$$

変圧器方程式：トランスの二次側で取り出される電力は一次側に加えられる電力に等しい．

$$U_{2\,\text{eff}} I_{2\,\text{eff}} \cos \varphi_2 = U_{1\,\text{eff}} I_{1\,\text{eff}} \cos \varphi_1$$
変圧器方程式

ここで，$U_{\text{eff}}, I_{\text{eff}}$：$U$ と I の実効値；φ_1, φ_2：U_1 と I_1，または U_2 と I_2 の位相差．
両方の位相差がほとんど変わらなければ次が成り立つ．

$$I_1/I_2 \approx N_2/N_1$$

二次側に負荷が接続されていなければ，**無負荷**である．このとき $I_2 = 0$ であるが，一次巻き線には**無負荷電流**，あるいは**無効電流**が流れている．

$$I_0 = U_1/Z_1 = U_1/(\mathrm{i}\omega L_1) \qquad \text{無負荷電流}$$

ここで，Z_1：一次コイルのインピーダンス；$\omega = 2\pi\nu$；ν：交流の周波数；L_1：一次コイルの自己インダクタンス．
$R_1 \ll |\mathrm{i}\omega L_1|$ である．U_1 と I_0 の間の位相差は $\pi/2$ になる．I_0 は U_1 より遅れる．

実在のトランスは電力を消費する：

銅損は給電線とコイルのオーム抵抗による損失である．

鉄損は鉄心の磁化でのエネルギー損失であり，渦電流や漂遊（ストレー）損（すべての磁束線が二つのコイルを通り抜けるわけではない）による．

> 小形のトランスでは損失は導入電力の 10% にも及ぶが，大型では 0.5% 程度である．発生したジュール熱は，空気またはトランスオイルで外部へ放出する．

実在のトランスの電気的データは**等価回路図**から得られる．

> 鉄損，銅損，漂遊損，負荷のインピーダンスやコイルのインダクタンスから一次および二次回路のインピーダンスを計算する．

等価回路図では両回路は接続されていて，両方の電流は逆方向を向く．

テスラ・コイルは，1892 年テスラ (Nikola Tesla, 1856–1943) によって製作された．一次コイルは電気的高周波振動（285 頁参照）の部分でコンデンサーとスパークギャップ（火花間隙）を持つ．二次コイルは非常に多くの巻き数を持つ，すなわち，$N_2 \gg N_1$．その固有振動数は振動回路の固有振動数と一致する．

二次コイルはその周辺に高周波振動場を作る．その証拠に，結線されていない近くのネオン管が光る．

> 二次側にほんの少ししか巻き線がないと，強い高周波電流（$\nu > 10^5$ Hz, $I > 10$ A）が現れる．このジアテルミー（透熱療法）電流は人体に危険でない．これは人体深部でジュール熱を発生させる．

電気エネルギーの輸送

電気エネルギーは長距離に輸送されねばならないので，送電線での損失が $P = RI^2$ であることを考慮すべきである．R は特に送電線の長さによって決まる，と言うのも送電線の断面積には技術的な限界が決まっているから．したがって I を出来るだけ小さくしなければならない；それは高い送電電圧によってなされる．長距離送電線では 1 MV にも及ぶ．

> 長距離送電線での損失は，高い直流電圧を利用すれば，なお小さくなる．なぜなら，リアクタンスを無くして $|Z|$ をオーム抵抗 R のみにすることができるからである．しかしその際は割安で確実に作動する整流器が必要である．

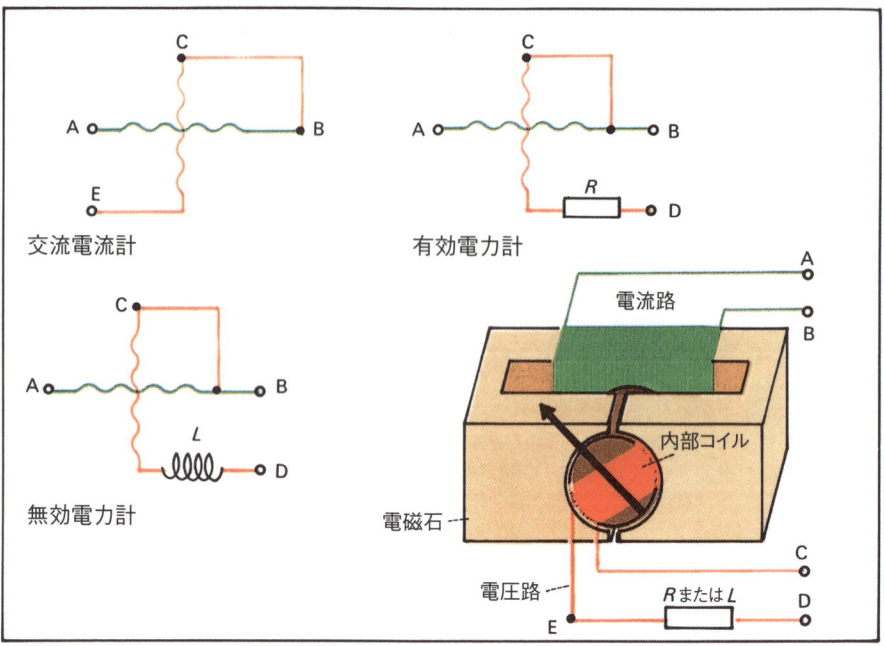

交流電流計
有効電力計
無効電力計

電流力計型計器

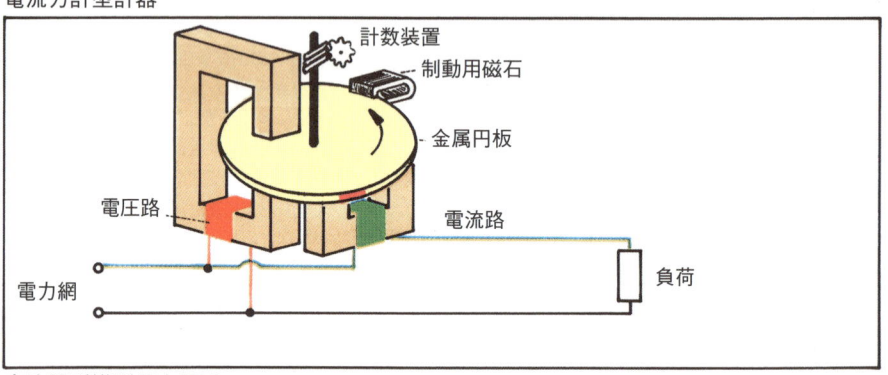

電流路・内部コイル・電磁石・電圧路・R または L

交流用誘導型電力量計

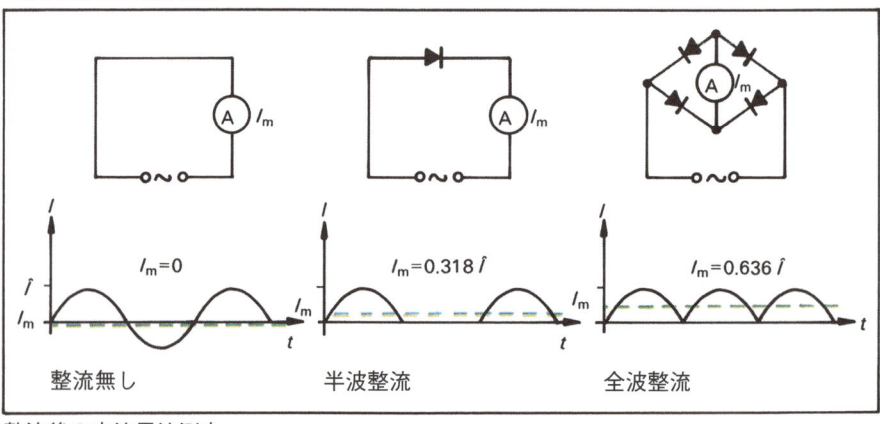

計数装置・制動用磁石・金属円板・電圧路・電流路・電力網・負荷

整流後の交流電流測定

整流無し　　　　　　　半波整流　　　　　　　全波整流
$I_m = 0$　　　　　　$I_m = 0.318\hat{I}$　　　　$I_m = 0.636\hat{I}$

交流電圧および交流電流の測定

電圧測定はたいてい電流測定に帰せられ，オームの法則に従って換算される．指示計測器は検定された目盛の上に測定値を**アナログ**表示する．デジタル表示は正しい小数点位置を持つ十進記法で行われる．

デジタル計測器はたいてい自動調整つきの補償回路を利用している．アナログ値は電気的にデジタル値に変換される（アナログ–デジタル変換器）．交流計器の指示は電流の方向に無関係でなければならない．そうでないと（たとえば，可動コイル検流計のように）指針がゼロ点のまわりで振動するだけになる．

可動コイル型計器（257 頁参照）は，交流があらかじめ整流（283 頁参照）されているときに使用できる．

半波整流での指示は

平均値 $= 0.318\times$ 最高値，

ブリッジ方式の全波整流では

平均値 $= 0.637\times$ 最高値．

最近の計器は自動的に測定値を換算する．

測定器の**感度**は指針の振れの大きさを，対応する測定量で割ったもので，mm/A 又は mm/V である．ブラウン運動（105 頁参照）が微少信号への感度を制限している．

測定器の**確度**は電流の真値と測定値との偏差，あるいは電圧の真値と測定値との偏差である．

電流力型計器，1846 年ウェーバー（Wilhelm Weber, 1804–91）により発明された．固定外部コイルがあり，その中で指針付きの内部コイルが回転する．しばしば電磁石が外部コイルに代わって用いられる．二つのコイルを順に接続すると，各々のコイルが別々の磁束密度を作る．可動内部コイルはローレンツ力によって回転する．このトルクは回転軸につないだゼンマイを引っ張り，指針は平衡位置に達する．ゼロ位置からの距離が示度である．

正弦波交流に対して示度は $\propto I_{\text{eff}}^2$，したがって目盛は等間隔には区切られていない．

交流検流計は特に敏感な電気力メーターである．指示はしばしば光線を介して行われる．内部コイルの動きを，回転軸に取り付けた鏡を使って表示する．

軟鉄計器（257 頁参照）は電流の向きに依存しないので，交流電流計に適している．

正弦波交流に対して示度は $\propto I_{\text{eff}}^2$，したがって目盛は等間隔には区切られていない．

熱線計器は，電流の通過で発生するジュール熱による導線の熱膨張を利用する．この計器は時代遅れだが，熱電対との組み合わせでまだ使われている．電流の通過する導線の温度は，正弦波交流に対して $\propto I_{\text{eff}}^2$ である．熱電対で生じる熱電流を直流検流計で測定する．これは高周波交流に対する信頼できる測定法である．

交流電力の測定

電力計は電流力計（上記参照）を利用する．外部コイル（**電流路**）に負荷電流を流し，大きい直列の抵抗を持つ内部コイル（**電圧路**）を負荷に並列に接続すると，示度は負荷の有効電力に比例する．

電圧路の抵抗の代わりにコイルを入れると 90° の位相変位が起こり，示度は負荷によって取り去られた**無効電力**に比例する．

誘導型計器は公共電力網の消費者に広く使われている．二つの電磁石が回転する Al 円盤に作用する．一つには負荷電流を，もう一つには負荷電圧を供給する．両方の電磁石は互いに 90° ずれている．それらは回転磁場を作り，金属円盤を回す．円盤のトルクと回転周波数は $U_{\text{eff}} I_{\text{eff}} \cos\varphi$ に比例する．回転の数は消費した電気エネルギーの尺度で，自動的に kWh に換算される．

一個の永久磁石が，回転する円盤内にブレーキとなる渦電流を作り出す．渦電流は円盤の動きを緩め，負荷電流が消えると直ちに円盤の動きを止める．

三相電流の電力測定はその負荷の種類に依存する．電力消費が対称的であれば，一つの電力計で十分である．示度は 3 倍される．非対称な消費の場合，3 本導線の回路では，$L_3 = L_1 + L_2$ なので，二つの電力計が必要で，4 本導線の回路では 3 個必要となる．

280　電気と磁気

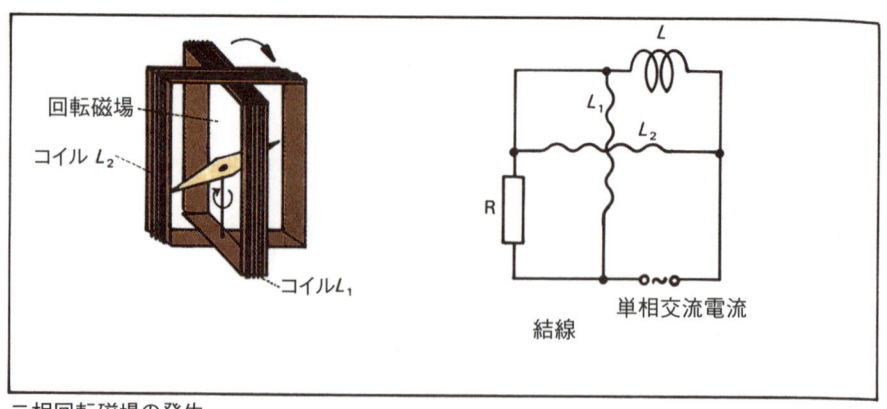

二相回転磁場の発生

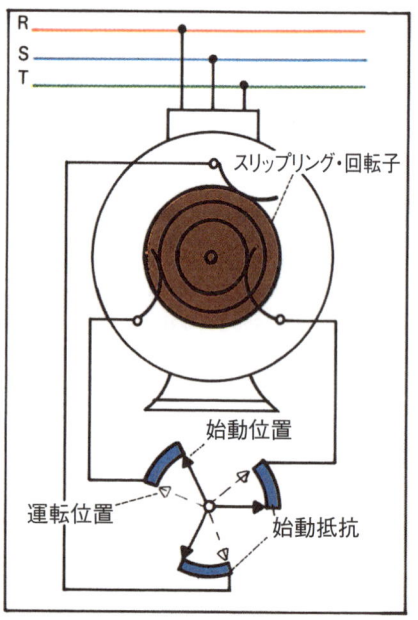

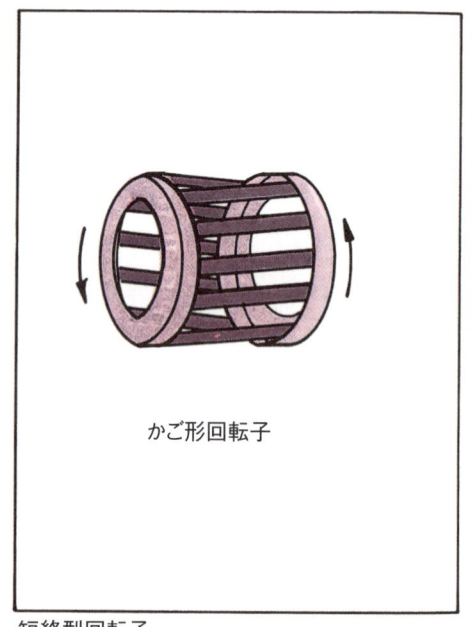

- 回転磁場
- コイル L_2
- コイル L_1
- 結線
- 単相交流電流

始動抵抗付き三相モーター

- スリップリング・回転子
- 始動位置
- 運転位置
- 始動抵抗

短絡型回転子

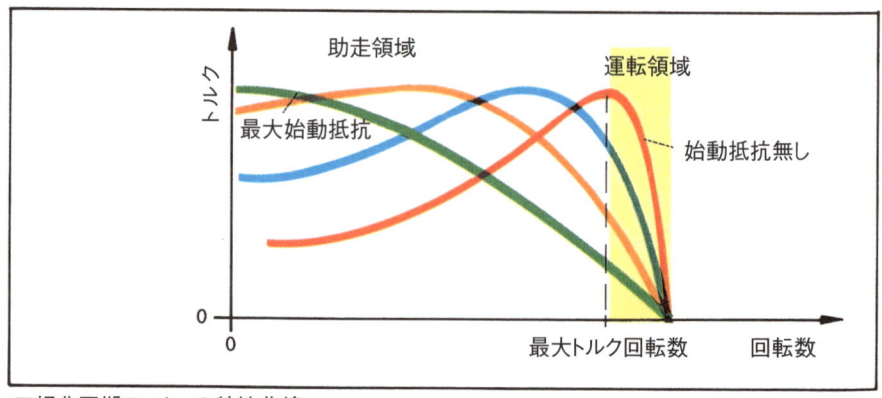

かご形回転子

三相非同期モーターの特性曲線

- トルク
- 助走領域
- 運転領域
- 最大始動抵抗
- 始動抵抗無し
- 最大トルク回転数
- 回転数

交流モーター（電動機）は交流発電機や三相交流発電機の逆である．すなわち，磁場中にある一つまたは数個の導線ループに電流が流れると，ローレンツ力が発生しコイルを回す．回転磁場中の回転子（ローター）はとりわけ簡単な構造で，堅牢である．この理由で，三相交流モーター，いわゆる**相回転電流モーター**は広く使用されている．三相交流（267頁参照）はこの簡単なモーターに適しているために広く工業用に普及している．

回転磁場：互いに垂直に配置した二つのコイルに交流を通すと，直角に交差し $90°(=\pi/2)$ の位相差を持つ二つの磁場が発生する．この**回転磁場**は角速度 $\omega = 2\pi\nu$ で回転する．ここで，ν は正弦波交流（265頁参照）の周波数である．回転できる磁針を回転磁場の内部に置くと ω で回転する．コイル導線の内の一対の極性を変えると磁針は回転方向を変える．

フェラリス（Galileo Ferraris, 1847–97）は1888年最初にこの種の回転磁場に言及している．

交流モーターの構造は直流モーター（263頁参照）の構造に似ている．また名称も同様のものが使われる．直巻モーターでは，**回転子**または**ローター**が，**固定子**あるいは**ステーター**の交流磁場の中で回転し，機械的エネルギーを生み出す．

交流モーター，または**誘導モーター**は三相交流の回転磁場を利用する．個々の位相は互いに $120°(=2\pi/3)$ づつずれている．通常，固定子は3個の励磁コイルを持ち，その交流磁場は回転子に誘導電流を引き起こす．この結果，ローレンツ力が現れ，回転磁場が回転子を連れて回転する．すなわち，回転子は回転磁場と同位相で回転する．したがって，電流導入のための壊れやすいスリップリングは必要ない（しかしながら，下記の「始動」参照）．

非同期モーターは特に高いトルクを**短絡型回転子**に伝える．これは銅の棒で作られているが，これらは回転子円筒のスロットにはめ込まれ，正面の銅環によって互いに短絡されている（**かご形回転子**）．渦電流の抑制のため，回転子は薄い鉄の板で作られる．非同期モーターの回転数は負荷に依存し，交流の周波数より数パーセント少ない．

交流モーターの**滑り**（記号 S，単位は%）は，回転子の遅れの程度を表す．

$$S = (n_0 - n)/n \qquad \text{滑り}$$

ここで，$(n_0 - n)$：滑り回転数；n_0：回転磁場の回転，回転数/s（工学では，回転数/min が用いられることが多い）；n：回転子の回転数．

負荷のないとき（無負荷運転）S は大変小さいが，モーターが電力を消費するとき S は数%に達する．

有負荷，一定電圧の下で，滑りは回転子の電気抵抗に比例する．回転子回路に可変抵抗を入れることにより，交流モーターにブレーキをかけたり，回転数を変えたりすることができる．

交流モーターの始動時には，回転子の巻線に非常に大きな電流が流れるが，それにもかかわらず，トルク M は小さい．と言うのも通常 $R \ll \omega L$ であり，その大きさ M は，

$$M \propto \cos\varphi$$

そして，

$$\cos\varphi = R/\sqrt{R^2 + \omega^2 L^2}$$

ここで，

φ：回転子電流と電圧の間の位相角；R, L：回転子の抵抗あるいは自己インダクタンス；ω：回転磁場の回転周波数．

回転子回路のスリップリングに**始動抵抗器**をつなぎ，規定回転数に到達すると切る．

単相交流モーターは単相交流発電機（269頁参照）の逆である．回転子の界磁石を直流で励磁し，固定子のコイルを通して交流を送る．

$$n = 2\nu/p \qquad \text{回転数}$$

ここで，n：回転子の回転数，回転/s；ν：交流周波数；p：固定子の磁極数．

単相交流モーターはしたがって**同期モーター**である，すなわち，電圧を発生する発電機に同期する．n は負荷時にも一定に保たれる．

単相交流モーターは，固定子が回転磁場を発生できないので，単独では始動しない．

始動は付属の補助コイルによる．

同期モーターは比較的小出力を得る．

利用：例えば，レコードプレーヤー，時計，記録装置の駆動に使用される．

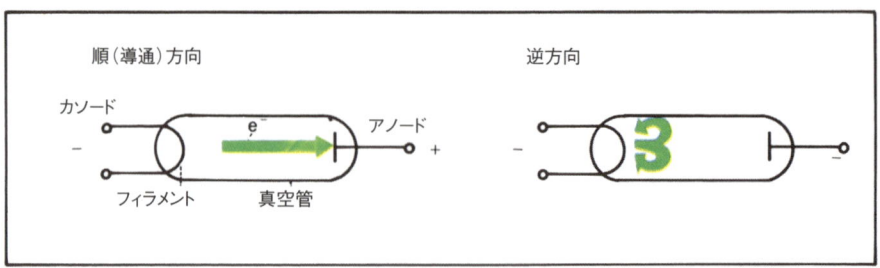

電子二極管

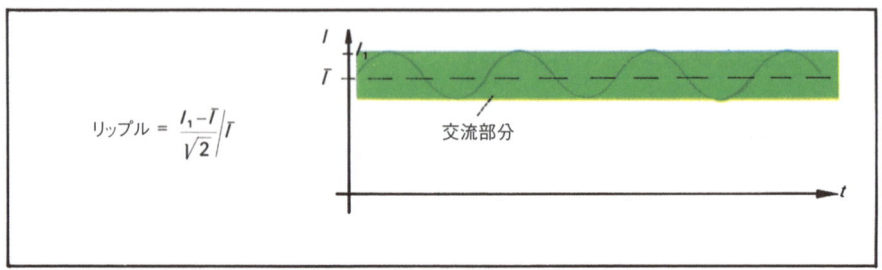

$$リップル = \frac{I_1 - I}{\sqrt{2}} \Big/ I$$

直流のリップル（脈動成分）

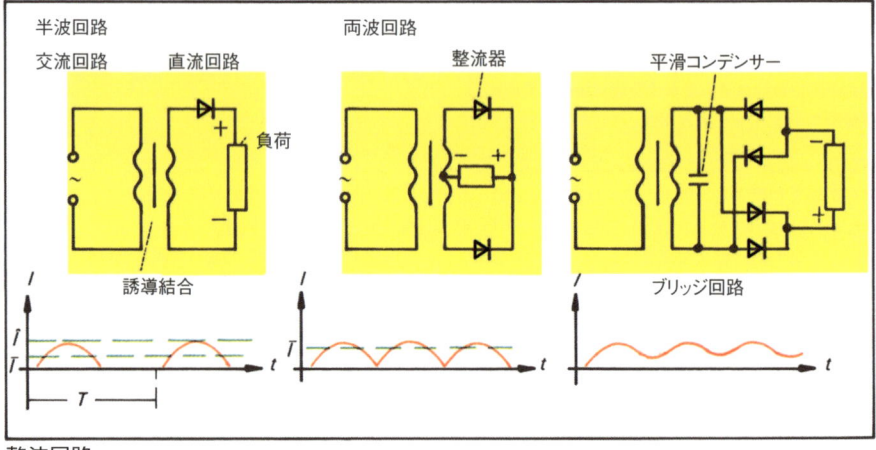

整流回路

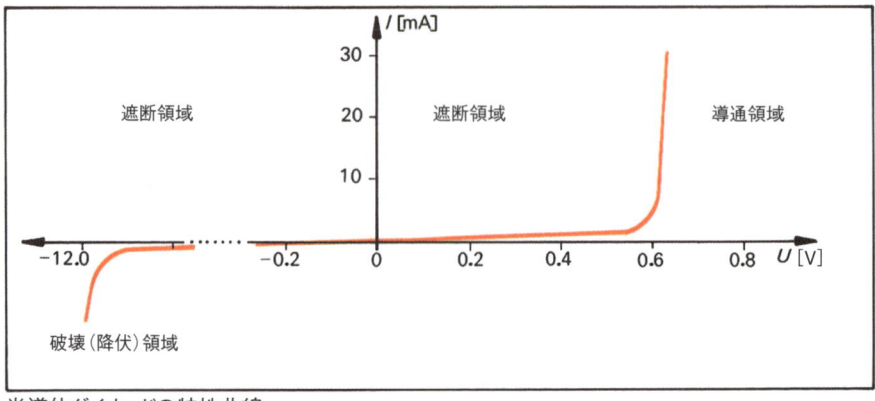

半導体ダイオードの特性曲線

整流器，整流管は電流を一方向（導通方向）に通し，同時に，他の方向（遮断方向）へは遮断する装置である．これは交流を直流に変換する．整流器は交流回路と直流回路の間に組み込まれる．

　直流のリップル（脈動成分）：直流に含まれている，交流成分/直流の強さ．

リップル（単位%）は採用する整流回路に依存する（下記参照）．

　例：半波整流回路：112%，全波回路：48%，三相星形接続回路：18%，三相全波（ブリッジ）回路：4.2%．

リップルは負荷回路のチョークコイルやフィルターによって任意に減らすことができる．

接触整流器では，交流を通電された磁石が接触ばねを前後に動かし，半波の間だけ直流回路を交流回路と接続する．

　例：直流発電機の集電子（259 頁参照）．

電解整流器は，イオン輸送が一方向だけであることを利用している．

　例：アルカリ溶液中で，アルミ極板の間で電流は陰極方向にのみ流れる．

乾式整流器では，**半導体ダイオード**が特に重要である．**半導体結晶**（309 頁参照）では，電気伝導度が適当なドーピングによって調整できる．n 領域と p 領域の間に**空乏層**ができて，電流を一方向にだけ通過させる．特性曲線によって半導体ダイオードの通電の仕方が表される．その断面積が透過電流の最大強度を決める．その標準値は 50 A/cm^2 である．2000 V で 500 A までの電流を整流できるダイオードもある．

　サイリスターは pnpn ドーピングを持つ制御可能な Si 半導体ダイオードである．それは数 kV，数 kA までの電流を整流できる．

整流管（熱電子管）は高真空電子管である．直熱または傍熱形の陰極からの電子が，管を通して唯一の電流路を形成する．逆方向は遮断される．

　応用：比較的小電流，高電圧のとき用いられる．例えば，X 線管の駆動．

水銀蒸気整流管：ガラスまたは鉄製容器が Hg 蒸気で満たされている．陰極と陽極の間に電位差があると，ほんの少量の電子電流が流れる．陽極電圧を管の**放電開始電圧**より高くすると，電子の運動エネルギーは増大して，衝突によって Hg 原子をイオン化し，電子雪崩を引き起こすのに十分なものになる．アーク放電が起こり，非常に大きな電流が，しかも一方向だけに流れる．

数 MW までの電力制御に利用する．

　サイラトロンは制御可能な，kA までの電流用のガス入り電子管である．今日では半導体サイリスター（上記参照）に置き換えられている．

整流回路

半波整流：電圧源，整流器，負荷が直列に接続される．交流の半波だけが通過できるが，そのたびに脈動直流が生じる．

次式が成り立つ：

$$\bar{I} = (1/T)\int_0^T I(t)\mathrm{d}t$$
$$= 0.318\hat{I} \qquad \text{直流-平均値}$$

ここで，$\bar{I}$：直流電流の平均値；T：脈動直流の周期；t：時間；$I(t)$：脈動直流の強度；$\hat{I}$：脈動直流の最高値．

全波整流：2 整流器，又は 4 整流器ブリッジ（グレーツ式接続，Leo Graetz, 1856–1941）による．交流の両半波は共に利用され，脈動直流が現れる．

電流は次のようになる．

$$\bar{I} = 0.637\hat{I} \qquad \text{直流-平均値}$$

インバーターは直流を交流に変換する．原理は簡単である．直流回路と交流回路の間で装置が直流を断続（チョップ）して，その度に極性を変える．正弦波交流を得るために，チョップされた直流は整形される．原則的に，制御可能な整流器はインバーターとして機能する．

自己発振型インバーターは，断続器（チョッパー）に装着された固有の発振器を利用する．

外部回路駆動形インバーターは交流回路そのものによってチョッパーを制御する．チョッパーのタイプは要求される交流電力に依存する．最も簡単な断続器はカム制御の機械的スイッチである．サイリスター（上記参照）の制御電極に望ましい交流周波数を加えると，電気的チョッパーとして働く．

　利用：ユニバーサル測定器，回路網故障用補助発電機，直流電圧変換器，直流-長距離送電（消費側）．

284　電気と磁気

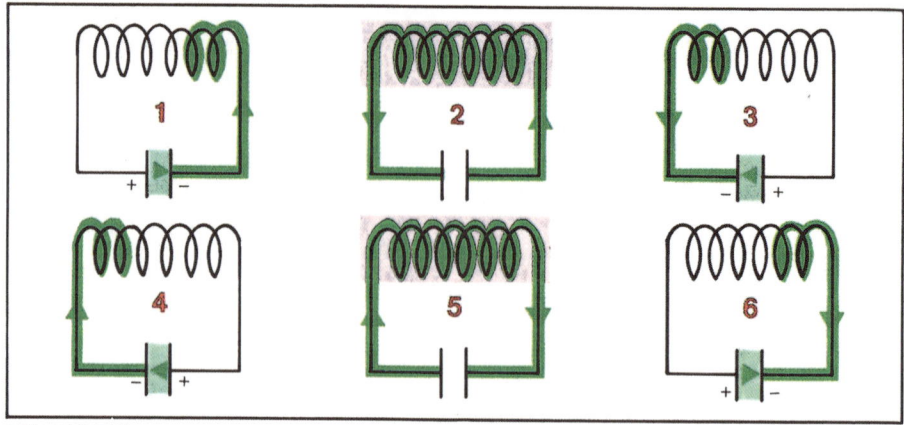

電気振動回路

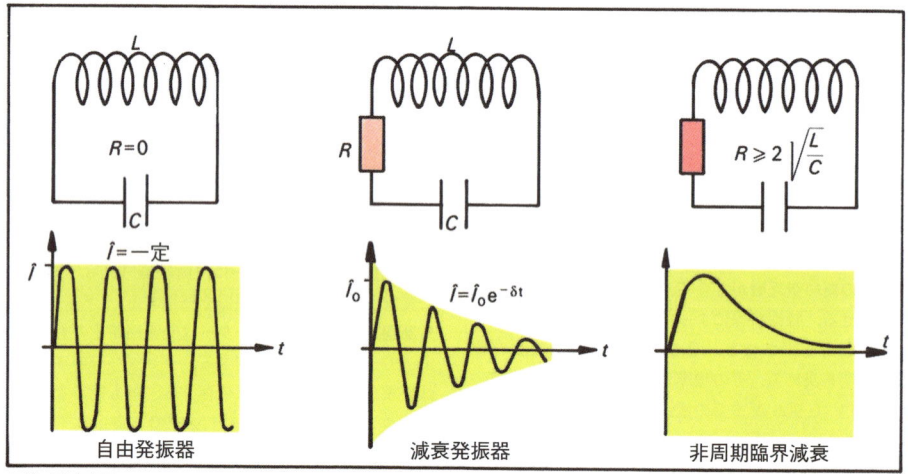

自由発振器　　　　　減衰発振器　　　　　非周期臨界減衰

$R=0$　　　　　R　　　　　$R \geq 2\sqrt{\dfrac{L}{C}}$

$\hat{I}=$一定　　　　$\hat{I}=\hat{I}_0 e^{-\delta t}$

電気発振器

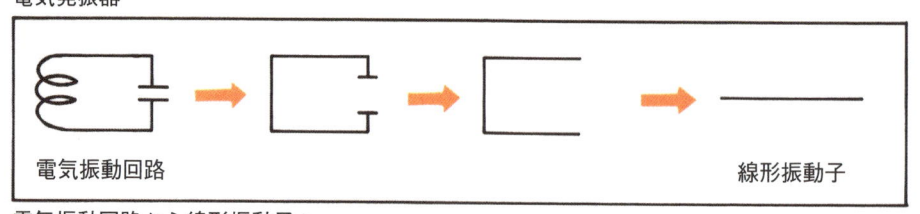

電気振動回路　　　　　　　　　　　　　　　　線形振動子

電気振動回路から線形振動子へ

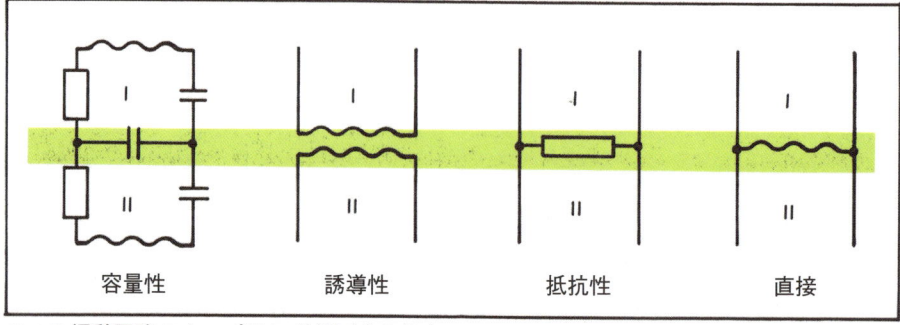

容量性　　　　　誘導性　　　　　抵抗性　　　　　直接

二つの振動回路のカップリング（結合）の仕方

電気振動回路，または**電気発振器**は直列に接続された容量 C，インダクタンス L および抵抗 R よりなる．コンデンサーが充電されていると，それは直ちに R と L を通して放電する．すなわち電流 I が流れ，コイルに磁場を作る．C の電場に蓄えられていたエネルギーは磁場のエネルギーに移る．自己インダクタンス L による誘導起電力のために，ふたたび電流が流れて C を充電する．ただし事象は逆方向に起こる．L の磁場に蓄えられていたエネルギーはこのようにして C へ逆流する．電気エネルギー E は C と L の間を往復する．

E の一部は R において非可逆的にジュール熱に変換されるから，エネルギーの量は各振動ごとに減衰する．

このようなエネルギーの増減は力学的な振動（71頁参照）でも観測される．力学的振動と電気振動の間には類似があり，関係する物理量の間に次のような対応がある．

バネ定数 $k \to 1/C$
摩擦定数 $\gamma \to R$
質量 $m \to L$

電気発振器は，三つの場合に分けられる：

1) 無視できるほどの電気抵抗，すなわち $R \to 0$ のとき：
非減衰電気振動となり，周波数（振動数）は，

$$\nu' = 1/(2\pi\sqrt{LC}) \qquad \text{固有周波数}$$

これは理想的な場合である．実際には，電気的エネルギーを補充して，生じた損失を補償しなくてはならない．

2) 有限の電気抵抗 R のとき：
減衰電気振動が発生し，その周波数は，

$$\nu' = 1/(2\pi)\sqrt{(1/(LC)) - (R^2/4L^2)}$$

電流の振幅（最高値）に対しては，

$$\hat{I} = \hat{I}_0 \exp(-\delta t)$$

ここで，$\hat{I}_0$：時刻 $t=0$ における $\hat{I}$；$\delta = R/(2L)$：減衰係数；t：時間．
δ が大きくなればなるほど，電気振動は急激に減衰する，すなわち $\hat{I}$ はより早く低下する．

3) 非常に大きい電気抵抗，すなわち $R \geq 2\sqrt{L/C}$ のとき：
非周期臨界減衰であり，電気振動は**現れない**．

線型発振器

電気発振器の平面コンデンサーの極板間隔を広げ，同時にコイルを引き伸ばすと，振動回路はなお保持されるが，C と L はどんどん小さくなる．十分伸ばすと**線型発振器**となる（284頁の図「電気振動回路から線形振動子へ」参照）．

ヘルツ (Heinrich Hertz, 1857–94) は1887年初めてこの実験を行った．これにより最初の電磁波の送信機に対して**ヘルツの発振器**という名前が付けられた．

電気振動は棒の横振動（75頁参照）と力学的類似がある．

　電気振動の実証のため，線形発振器の中央に白熱電球を置くと，励起されて急に光る．

ヘルツの発振器で U と I とは互いに $\pi/2$ だけ位相がずれる．

無損失の線形発振器の基本振動は，

$$\nu' = c/(2\ell) \qquad \text{基本周波数}$$

ここで，ν'：周波数（振動数）；c：光速度；ℓ：長さ．
線形発振器は，また倍振動（75頁参照）を伴う．
この振動は，棒の R がエネルギーを消費するだけでなく，電磁波による放射損失（291頁参照）が現れるので減衰する．

強制振動

電気振動に現れる損失を外部電源によって補う．例えば，交流電源を直列に接続した場合，次のようになる：

$$\hat{I} = \hat{U}/\sqrt{R^2 + (\omega L - 1/(\omega C))^2}$$

ここで，ω は加えられた交流電圧の角周波数である．
この式を書き換えると，

$$\hat{I} = (\hat{U}\omega/L)/\sqrt{((\omega^2 - \omega'^2)^2 + 4\delta^2\omega^2)}$$

ここで，$\omega' = 2\pi\nu'$；ν'：電気振動回路の固有周波数；$\delta = R/(2L)$：減衰係数．
$\omega = \omega'$ のとき，すなわち，電源周波数と回路の固有周波数とを一致させると共振が起きる．
共振曲線は，δ が小さいほど狭く，共振の鋭さが大きい．

連成振動回路

複数個の電気振動回路は結合され連成系となる．その結合には容量性カップリング（結合），誘導性カップリング，抵抗カップリング，直接（伝導性）カップリングの区別がある．**結合係数**（記号 k）は二つの回路の結合の強さの尺度である：

$$k = X_k/\sqrt{X_1 X_2}$$

ここで X_k：電気的結合素子のインピーダンス；X_1, X_2：回路1あるいは2のインピーダンス．
疎結合：両方の固有周波数が非常に近い．
密結合：両方の固有周波数は非常に異なり，振動エネルギーは一つの回路から他の回路へ結合係数に依存した早さで移動する．

286 電気と磁気

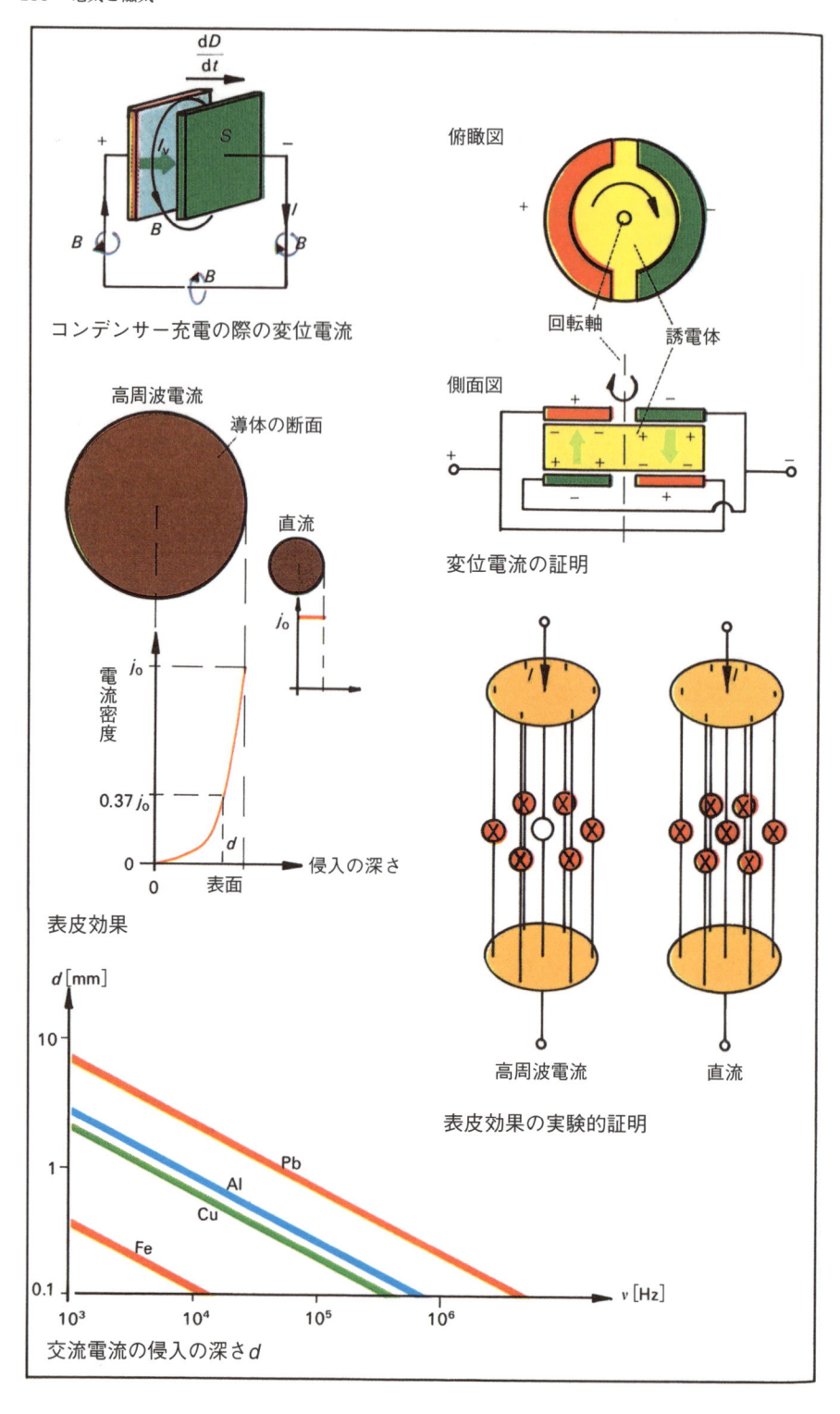

$\dfrac{dD}{dt}$

コンデンサー充電の際の変位電流

俯瞰図

回転軸　誘電体

側面図

変位電流の証明

高周波電流　導体の断面

直流

電流密度　j_0

$0.37 j_0$

侵入の深さ

表面

表皮効果

高周波電流　直流

表皮効果の実験的証明

d [mm]

Pb
Al
Cu
Fe

v [Hz]

交流電流の侵入の深さ d

コンデンサーが充電されたり，放電したりすると，極板間に変位電流（電束電流）と呼ばれる電流が流れる．この電流は変化する電場の作用の下にある誘電体分子の分極に起因する．このような変位電流は，内部で電場が変化する限り全ての誘電体内で流れる．

変位電流は，コンデンサー極板間の空間が真空であっても流れると定義される．
マクスウェル (James Maxwell, 1831–79) が発展させた理論によって，次式が成り立つ：

$$I_\mathrm{D} = S(\mathrm{d}D/\mathrm{d}t)$$
$$= \varepsilon S(\mathrm{d}E/\mathrm{d}t) \qquad \text{変位電流}$$

ここで
I_D：変位電流；S：誘電体の断面積；D：電束密度の大きさ（207頁参照）；t：時間；ε：誘電体の誘電率；E：電場の大きさ．

「電場の時間的変化は電流を表している．」
電流回路で伝導電流はコンデンサー極板で終わる．そこから先は変位電流がさらにもう一方の極板まで続く．電流回路はこれで閉じる．I_D は通常の伝導電流と同様にそのまわりに磁束線を作る．伝導電流が定常電流であれば，$D =$ 一定，したがって $I_\mathrm{D} = 0$．
良導体では変位電流は伝導電流 I に比べて無視できるほど小さい．
I_D は直接には観測できないが，あらゆる点で I と比較できる．

レントゲン (Wilhelm Conrad Röntgen, 1845–1923) による変位電流の**証明**（1888年）：
電束密度（電気変位）$\boldsymbol{D}$ と電気分極 $\boldsymbol{P}$ は，$\boldsymbol{D} = \varepsilon_0 \boldsymbol{E} + \boldsymbol{P}$ のように関係づけられる（211頁参照）．$\boldsymbol{P}$ の時間的変化もまた一つの変位電流になる．$\mathrm{d}\boldsymbol{P}/\mathrm{d}t$ によって作られる磁場が次のようにして確かめられる：円形の充電された平板コンデンサーは誘電体で満たされている．各極板は二分され，対角に向かい合う半極板は互いに結ばれる．極板間の誘電体を回転させると，絶えず分極方向が回り，分極電流が流れて近くに置いた磁針が振れる．

表皮効果

1873年マクスウェル (James Maxwell) は誘導法則から，高周波電流は主として導体表面近くの層を流れることを導いた．ヒューズ (David Hughes, 1831–1900) は1885年，この**表皮効果**を証明した．
直流では電流密度（電流の強さ/導体断面積）は，導体のどの部分断面をとっても一定である．交流電流はその回りに磁場を作るが，これはまた導体の内部に侵入し，そこで逆電場を誘発する．この電場は外部から加えられる電場を弱める．この**自己誘導**（253頁参照）は，導体の内部の電場が軸方向にさらに弱められることにつながる．電流は外向きに押しやられる．高周波電流では，電流は事実上表面のみを流れ，導体の中央には電流は流れない．
電流と電圧とは互いに位相がずれている．

侵入の深さ（表皮効果の深さ）は電流が外に向かって押しやられる尺度である．次のようになる：

$$d = \sqrt{\varrho/(2\pi\mu\nu)} \qquad \text{侵入の深さ}$$

ここで，d：電流の侵入の深さ，すなわち電流が表面の値の $1/e$，したがって37%まで低下する層の厚さ；ϱ：比抵抗（抵抗率）；μ：導体物質の透磁率；ν：交流周波数．

例：50 Hz 交流下，Cu で $d = 9.4$ mm．1 MHz 下，Cu で $d = 0.066$ mm．したがって，高周波電流は事実上表面，すなわち銅の**表皮**を流れる．

表皮効果の**結果**：
物質の抵抗率 ϱ は電流周波数の平方根に比例して大きくなる．
例：直線の銅線では直流の代わりに 1 MHz の交流を加えると，ϱ は7.6倍に上昇する．

d が導体の直径より十分小さいと，導波管やリッツ線（非常に多くの細い線を縒り合わせて，一本の太い導線にしたもの）を利用し，高周波技術における導体物質を節約する．

表皮効果の直接的**証明**：
一つの導体を多数に割り，個々の導体を同心円に配置する．各導線にそれぞれ一つの電球を取り付ける．高周波電圧をこの配置につなぐと，周辺の電球のみが光る．これに対して直流電圧を加えると，全ての電球が光る．

マクスウェル方程式

1. $\operatorname{div} \boldsymbol{D} = \varrho$ $\oint \boldsymbol{D}\, d\boldsymbol{S} = Q$
2. $\operatorname{div} \boldsymbol{B} = 0$ $\oint \boldsymbol{B}\, d\boldsymbol{S} = 0$
3. $\operatorname{rot} \boldsymbol{E} = -\dfrac{\partial \boldsymbol{B}}{\partial t}$ $\oint \boldsymbol{E}\, d\boldsymbol{s} = -\displaystyle\int \dfrac{\partial \boldsymbol{B}}{\partial t}\, d\boldsymbol{S}$
4. $\operatorname{rot} \boldsymbol{H} = \dfrac{\partial \boldsymbol{D}}{\partial t} + \boldsymbol{j}$ $\oint \boldsymbol{H}\, d\boldsymbol{s} = \displaystyle\int \dfrac{\partial \boldsymbol{D}}{\partial t}\, d\boldsymbol{S} + I$

次の関係がある：

$$\boldsymbol{D} = \varepsilon \boldsymbol{E}$$
$$\boldsymbol{B} = \mu \boldsymbol{H}$$
$$c = \dfrac{1}{\sqrt{\varepsilon_0 \mu_0}}$$

ここで

- $\boldsymbol{D}$: 電束密度, 電気変位
- $\boldsymbol{B}$: 磁束密度, 磁気誘導
- $\boldsymbol{E}$: 電場
- $\boldsymbol{H}$: 磁場
- Q: 電気量, 電荷
- $d\boldsymbol{S}$: 面積要素（ベクトル）
- $d\boldsymbol{s}$: 線分要素（ベクトル）
- t: 時間
- ϱ: 空間電荷密度, 電荷密度
- $\boldsymbol{j}$: 電流密度（ベクトル）
- I: 電流の強さ
- ε: 誘電率
- ε_0: 真空の誘電率 $= 8.85 \times 10^{-12}$ F/m
- μ: 透磁率
- μ_0: 真空の透磁率 $= 1.26 \times 10^{-6}$ H/m
- c: 真空中の光速 $= 3.00 \times 10^{8}$ m/s

微分型と積分型のマクスウェル方程式

マクスウェル方程式

マクスウェル (James Maxwell, 1831–79) は 1864 年，マクスウェル方程式を定式化した．それは静止媒体に対する電磁気学の基本方程式である．この方程式は理論物理学の最も重要な業績の一つと見なされている．それは，実験的経験を包括し，同時にそれをはるかに超えるものである．

これらの方程式に基づいて，マクスウェルは電磁波を予言し，その性質を導き出した．彼は，電気的波動と磁気的波動の結合したものが，有限の速度，すなわち光速度で進むことを示した．これは，そのような現象は無限に速いという当時の見解に対立するものであった．

マクスウェルは初めて，電気的な現象と光学的現象の関係を明らかにした．

ヘルツ (Heinrich Hertz) は 1887 年，予言された電磁波を発見した．

ミンコフスキー (Hermann Minkowski, 1864–1909) は，マクスウェル方程式を運動する物体に拡張し，これによって，この方程式を普遍的に成り立つものにした．

マクスウェル方程式は非常に小さな領域，つまり原子の領域には適用できない．そこでは，**量子電磁気学**の法則が成り立つ．

将来，ある統一場の理論を使ってマクスウェル方程式を導出できるようになるかもしれない．さしあたっては，マクスウェル方程式は公理と見なされる．マクスウェル方程式から出る最も重要な結論は，電場と磁場が互いに誘導できることである．

時間的に変動する電場は，渦磁場を生成する．

時間的に変動する磁場は，渦電場を生成する．

マクスウェルの第 1 方程式は電荷と電場を扱う：電荷はそのまわりに電場を作る．電気力線は電荷から始まるか，または電荷に終わる．

帰結：クーロンの法則．同符号の電荷は反発し合い，異符号の電荷は引き合う．孤立した導体では電荷は表面に存在する．

マクスウェルの第 2 方程式は磁場をとりあげる．

帰結：磁荷と磁流は存在しない，特に，磁気単極子（モノポール）は存在しない．

磁気的現象と電気的現象は，したがって対称的ではない．

マクスウェルの第 3 方程式は時間的に変動する磁場がひき起こす電気的現象を記述する．

帰結：磁場が時間的に変動すると，電気導体の中に電流を誘導し（ファラデーの法則），誘電体の中では変位電流が生じる．時間的に変動する磁場は，自分の回りに電場を作る．

マクスウェルの第 4 方程式は時間的に変動する電場がひき起こす磁気的現象を記述する．

帰結：電場が時間的に変動すると，その回りに磁場が生じる．電流は磁場に取り巻かれている．

マクスウェルの第 3 方程式を一緒に使うと，光速度は物質定数から計算できる．

マクスウェルの第 1 方程式を一緒に使うと，**電気力学の連続の方程式**，電荷の保存則が出て来る．

$$\partial \varrho / \partial t + \mathrm{div}\, \boldsymbol{j} = 0$$

ここで，ϱ：電荷密度；$\boldsymbol{j}$ は電流密度ベクトル，すなわち電流を導体の断面積で割ったもので電流の方向を向いている．

290 電気と磁気

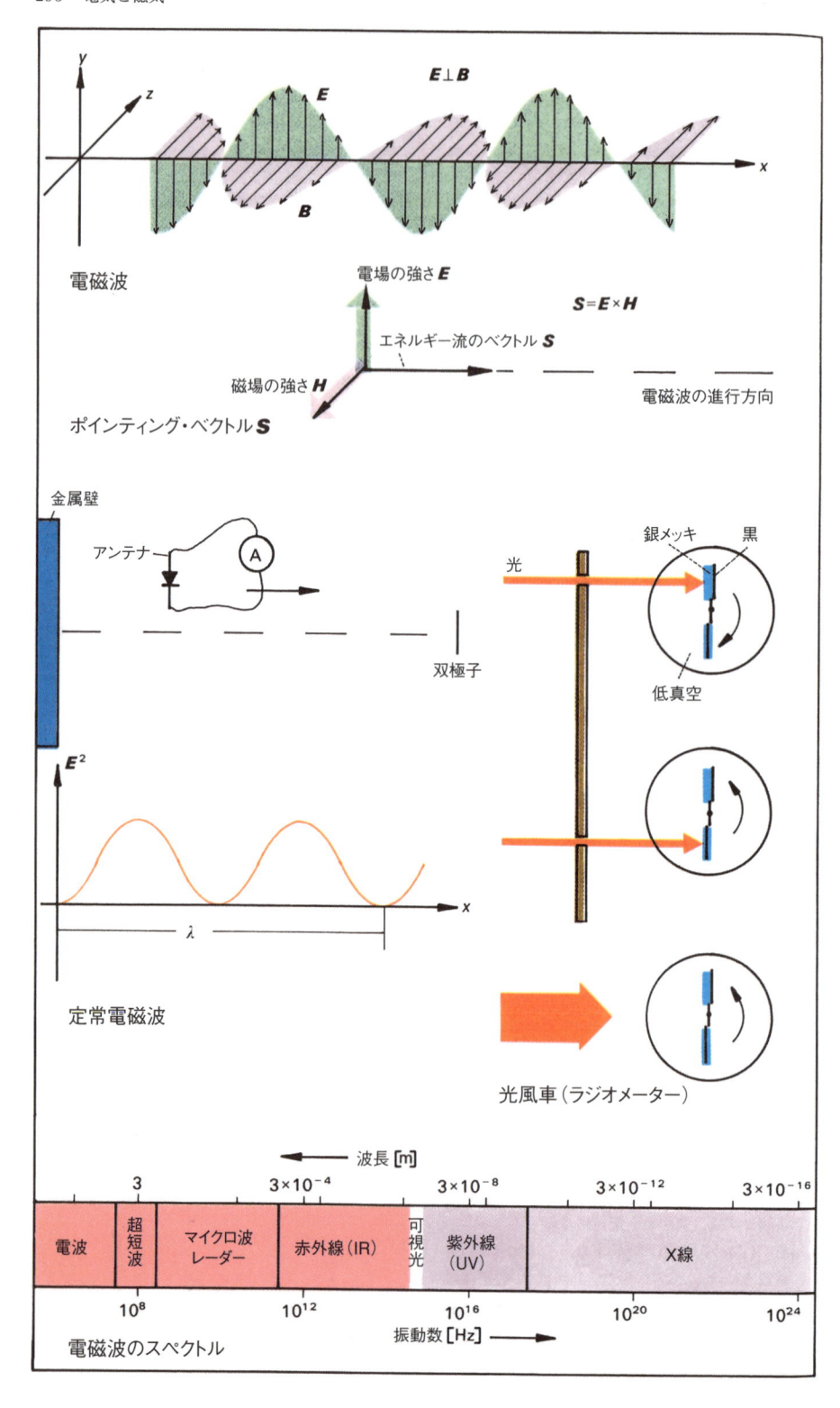

電磁波

$E \perp B$

ポインティング・ベクトル S

電場の強さ E
磁場の強さ H
エネルギー流のベクトル S
$S = E \times H$
電磁波の進行方向

金属壁
アンテナ
双極子

定常電磁波

光
銀メッキ
黒
低真空

光風車（ラジオメーター）

電磁波のスペクトル

波長 [m]

| 電波 | 超短波 | マイクロ波 レーダー | 赤外線（IR） | 可視光 | 紫外線（UV） | X線 |

振動数 [Hz]

互いに結びついた電場と磁場が空間を進行する，それが**電磁波**である．
マクスウェルは 1865 年，その存在を彼の方程式（289 頁参照）から導き出した．ヘルツ (Heinrich Hertz, 1857–94) は 1887 年それを発見し，それによって，マクスウェルが作りあげた電磁気学の理論が正しいことを立証した．
x 方向へ進む平面電磁波の電場成分は，次のように表される．

$$\boldsymbol{E} = \hat{\boldsymbol{E}} \sin \omega(t - x/v)$$

磁束密度成分は

$$\boldsymbol{B} = \hat{\boldsymbol{B}} \sin \omega(t - x/v)$$

ここで，$\boldsymbol{E}$：電場；$\hat{\boldsymbol{E}}$：$\boldsymbol{E}$ の最大値；$\omega = 2\pi\nu$：電磁波の角振動数；x：x 座標；v：電磁波の進行速度；$\boldsymbol{B}$：磁束密度；$\hat{\boldsymbol{B}}$：$\boldsymbol{B}$ の最大値．
E と H の大きさの比 E/H は，電磁波の**電波インピーダンス**（記号 Z，単位 Ω）と呼ばれる：

$$Z = \sqrt{\mu/\varepsilon}$$

ここで，μ, ε は電磁波が通過する物質の透磁率と誘電率であり，磁場の強さは $H = B/\mu$ である．

電磁波の性質
1) 電磁波は横波である．すなわち，$\boldsymbol{E}$ と $\boldsymbol{B}$ は進行方向に垂直である．
2) $\boldsymbol{E}$ と $\boldsymbol{B}$ は互いに垂直である．
  $\boldsymbol{E}$ と $\boldsymbol{B}$ の関係は次のように定式化できる：

$$B_z = \sqrt{\varepsilon/\mu}\, E_y$$
$$E_y = \hat{E} \sin \omega(t - x/v)$$

添字は対応する方向の成分を表す．
3) $\boldsymbol{E}$ と $\boldsymbol{B}$ は同位相で振動する．すなわち両方の振動の節と腹は，それぞれ同じ場所にある．
4) 電磁波の進行速度 v は，

$$v = 1/\sqrt{\varepsilon\mu}$$

真空中では，したがって，

$$v = 1/\sqrt{\varepsilon_0 \mu_0}$$

ここで，ε_0, μ_0 は真空の誘電率と真空の透磁率である．
数値を代入すると，次のようになる：

$$v = 3.00 \times 10^8 \text{ m/s}$$

これは，ちょうど光の進行速度 c である．マクスウェルは，このことから光は電磁波であると推論した．これによって，彼は光学を電磁気学に組み入れたのである．
物質中では，したがって，

$$v = c/\sqrt{\varepsilon_r \mu_r}$$

ここで，ε_r, μ_r は比誘電率と比透磁率である．

$\mu_r \approx 1$ であるから次のようになる：

$$v \approx c/\sqrt{\varepsilon_r}$$

物質中での電磁波は真空中より遅く進む．
  例：水中での電磁波の伝播速度．
  水の比誘電率は $\varepsilon_r = 81$ なので，

$$v = 3.00 \times 10^8/\sqrt{81} \text{ m/s}$$
$$= 3.33 \times 10^7 \text{ m/s}$$

空気中から別の物質へ入射する場合，屈折率 n は $n = c/v = \sqrt{\varepsilon_r}$ (135 頁参照) となる．
したがって，電磁波のためのレンズは比誘電率が 1 より大きい物質を使って容易に作ることができる．例えば，ベンゼンあるいは水を満たした容器を用いればよい．

侵入の深さ（表皮効果の深さ）：電磁波は誘電体の中には入るが，金属導体には入らない．電磁波は侵入すると弱められ，内部ではもはや調和振動でなくなる．すなわち，その最大値は侵入の深さとともに指数関数的に減少する．次式が成り立つ：

$$\hat{E} = \hat{E}_0 \exp(-\delta d)$$

ここで，$\hat{E}$：電磁波の電場成分の最大値；$\hat{E}_0$：表面での $\hat{E}$；δ：減衰係数；d：表面からの距離．
δ は電磁波の振動数に依存する．二つの極端な場合を次に示す：
  a) **高い振動数**，すなわち，$\nu \gg \mu_0 \sigma c^2$．ここで，σ は導体の電気伝導度である．このとき，マクスウェル理論から次のことが帰結する：
  δ は振動数に依存せず，電磁波はほんの数波長侵入する．このことは，ミリメートル領域，およびそれより短波長領域の電磁波に対して成り立つ．
  b) **低い振動数**，すなわち，$\nu \ll \mu_0 \sigma c^2$．この場合は次のようになる：
  $\delta \propto \sqrt{\nu}$，電磁波は波長の一部分のみが侵入する．これは，メートル領域とそれより長い波長の電磁波に対して成り立つ．

ポインティング・ベクトル（記号 $\boldsymbol{S}$）は，ポインティング (John Poynting, 1852–1914) にちなんだ名称で，電磁波のエネルギー流の密度を表す．その定義は，

$$\boldsymbol{S} = \boldsymbol{E} \times \boldsymbol{H}$$

ここで，$\boldsymbol{H}$ は磁場の強さである．
$\boldsymbol{S}$ は $\boldsymbol{E}$ と $\boldsymbol{H}$ に垂直で，放射源から外に向かう．$\boldsymbol{S}$ の大きさは W/m^2 で測られる．
地球大気圏の表面における太陽放射のポインティング・ベクトルの大きさは太陽定数と呼ばれ，その値は 1.37 kW/m^2 である．

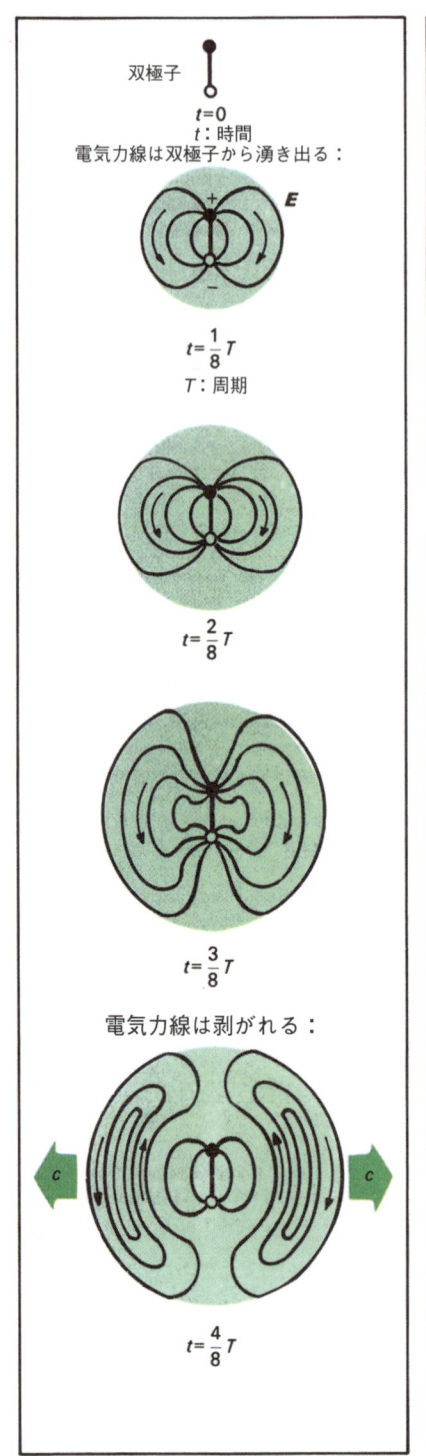

双極子
$t=0$
t:時間
電気力線は双極子から湧き出る:

$t=\frac{1}{8}T$
T:周期

$t=\frac{2}{8}T$

$t=\frac{3}{8}T$

電気力線は剥がれる:

$t=\frac{4}{8}T$

電磁波の発生

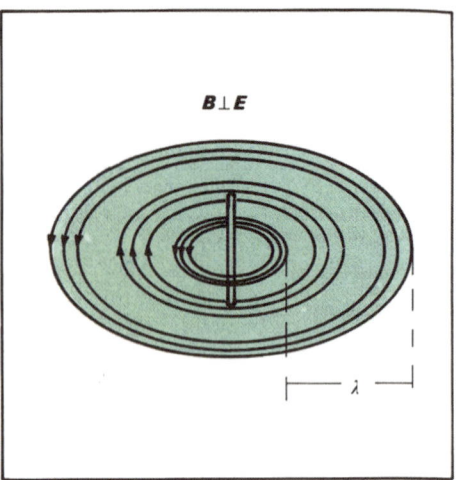

$B\perp E$

双極子の周りの磁束線

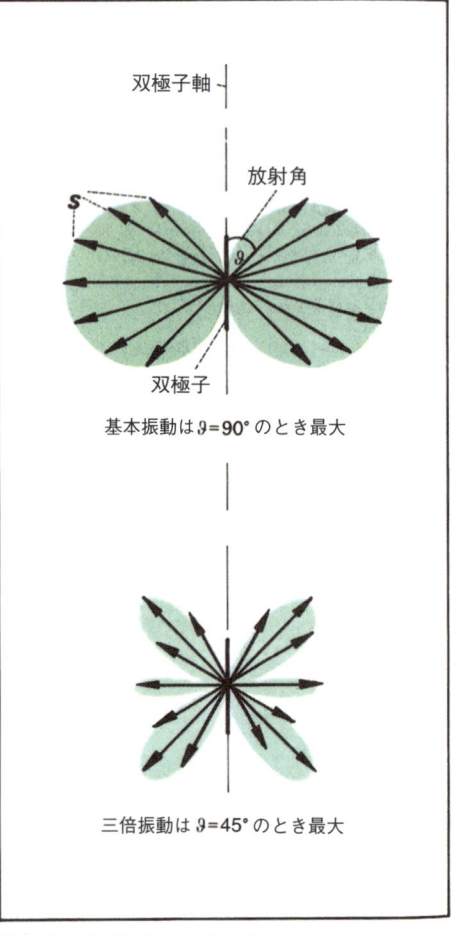

双極子軸
放射角
双極子
基本振動は $\vartheta=90°$ のとき最大

三倍振動は $\vartheta=45°$ のとき最大

双極子の放射ダイアグラム

線形振動子（電気双極子，285 頁参照）から放出される基本振動の放射束密度 S は，

$$S = \frac{p^2 \omega^4 \sin^2 \vartheta}{32\pi^2 \varepsilon_0 c^3 r^2}$$

ここで，p：線型振動子の双極子モーメントの大きさ；ϑ：双極子軸と放射方向のなす角；r：双極子からの距離．
S はしたがって距離の二乗とともに減少する．これは次式を意味する：

$$E \propto H \propto 1/r$$

線形振動子は双極子軸に垂直な方向へ最大のエネルギーを放射をし，軸の方向へは放射しない．
倍振動では，別の放射特性を示す．
上記の式を全方向について積分すると，線形振動子の全放射出力 P が得られる．

$$P = (p^2 \omega^4)/(12\pi\varepsilon_0 c^3)$$

放射圧：電磁波はその進行方向に垂直な平面に圧力を及ぼす．光の場合は**光圧**である．1900 年，初めてレベデフ（Pjotr Lebedew, 1866–1912）によって立証された．
垂直方向の完全な反射の場合，

$$放射圧 = 2S/c$$

ここで，S：ポインティング・ベクトルの大きさの時間平均；c：光速度．
例：太陽光の放射圧は地表面で $9.4\,\mu\text{Pa}$ である．

関連した現象：

彗星の尾：太陽の近くでは，彗星は熱くなって，微小粒子が核から離れ，太陽の放射圧が粒子を放射の方向に押し出す．したがって，彗星の尾は常に太陽から遠ざかる方向を指している．

超新星：爆発の時，放射圧は物体のもとの表面を高速度で外側へ吹き飛ばすので，膨張するガス殻として観測される．

光風車（290 頁参照）は光圧によって動くのではない．（より強く温められた）黒い側の前面にある気体の圧力が，銀メッキした側の前面の圧力より大きいので，黒い側がより強い反動を受けるのである．

電磁波の立証

ヘルツ（Heinrich Hertz）は，マクスウェル（James Maxwell）が理論的に導出してから 23 年後に，電磁波を発見した．
送信器として，ヘルツは波長 $\lambda = 60\,\text{cm}$ の線形発振器を使った．
電磁波が金属の壁に垂直に当たると，完全に反射する．表面で $\boldsymbol{E}$ は節になる．壁の前に，定常電磁波が形成される．
$\boldsymbol{E}$ はアンテナで検出する．例えば，それは直線の導線で，途中に整流ダイオードを挿入し，電流計を繋ぐ．アンテナを壁に平行に置くとアンテナ電流 I が流れる．I は $\boldsymbol{E}^2$ に比例するので，アンテナを壁に垂直に動かすと電磁波を観測できて，その波長を決定できる．

同時に，電磁波が直線偏波（77 頁参照）である（光のときは偏光）こと，つまり一つの平面の中だけで振動している事が証明される．すなわち，壁に平行な平面の中でアンテナを回転すると，ある方向でのみ I が観測される．

電磁波の発生

線形振動子上を振動電流が流れると，振動子の両端に振動電荷が現れ，それによる電場 $\boldsymbol{E}$ が発生する．$\boldsymbol{E}$ は最大値に達して減少し，ゼロを通ったあと逆符号で再び現れる．$\boldsymbol{E}$ の力線は**有限の速度** c で進行するので，$\boldsymbol{E}$ は，1 周期後に，まわりの空間の中を 1 波長だけ，すなわち c/ν だけ進んでいる（ν：電磁波の振動数）．時間とともに続いて起こる線形振動子の状態が，空間の中に続いて生じる電場に反映される．二つの隣り合う電気力線束の間隔は $\lambda/2$ である．

同様のことが磁力線に対しても起こる：磁力線は双極子軸に対して同心円状の輪として発生し，磁力線束として速度 c で広がってゆく．

電気力線と磁束線は空間の至る所で，互いに垂直で，双極子から遠く離れたところ（すなわち，距離 ≫ 双極子の長さ）では，同じ位相になる．二つの場は相互に結合し，互いに誘導し合う．ポインティング・ベクトルは，至る所で振動子から放射状に外へ向かう．

電磁波のスペクトル

電磁波はある連続的な波長領域，すなわち電磁波スペクトルを含む．波長領域の長波長側の端が**電波**，短波長側の端が**ガンマ線**である．実際は，波長あるいは振動数について下限も上限もない．電波，レーダー，光などのような種々の領域に分類するのは，かなり恣意的である．人間は，$400\,\text{nm}$ から $760\,\text{nm}$ の間の非常に狭い波長帯（**光学スペクトル**）のみを知覚することができる．

信号　搬送波　変調された搬送波

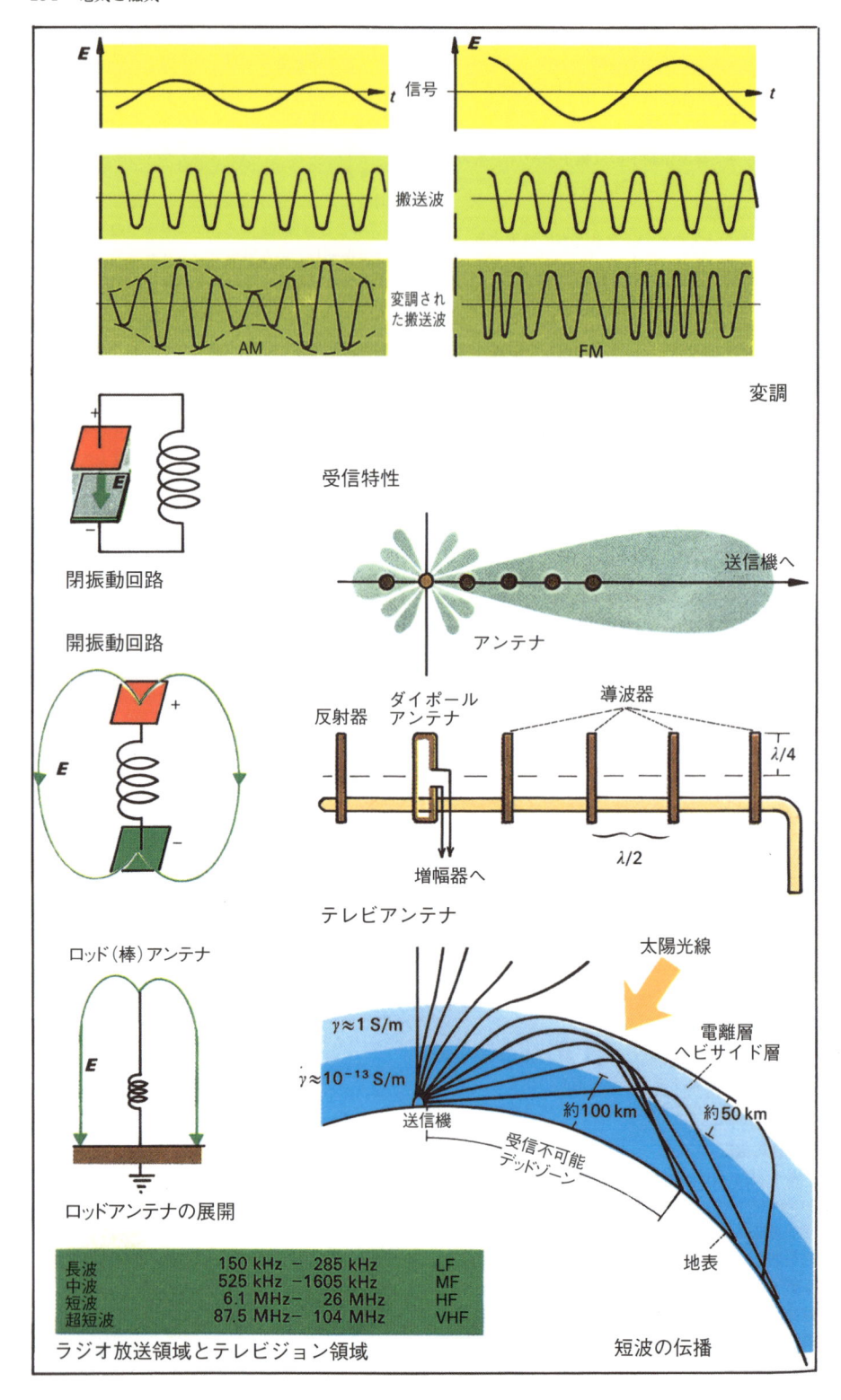

AM　FM

変調

閉振動回路

開振動回路

ロッド(棒)アンテナ

ロッドアンテナの展開

受信特性

送信機へ

アンテナ

反射器　ダイポールアンテナ　導波器

$\lambda/4$

$\lambda/2$

増幅器へ

テレビアンテナ

太陽光線

$\gamma \approx 1\ S/m$

$\gamma \approx 10^{-13}\ S/m$

電離層ヘビサイド層

約 100 km

約 50 km

送信機

受信不可能デッドゾーン

地表

短波の伝播

長波	150 kHz – 285 kHz	LF
中波	525 kHz –1605 kHz	MF
短波	6.1 MHz– 26 MHz	HF
超短波	87.5 MHz– 104 MHz	VHF

ラジオ放送領域とテレビジョン領域

電磁波は情報をはるか遠方へ送ることができる．光の信号を別にすると，それに初めて成功したのは，1897 年，マルコーニ（Guglielmo Marconi, 1874-1937, ノーベル賞 1909 年）である．彼の**無線電信**は初期は通信をモールス信号で伝達し，のちに，ラジオ波を使って平文を送信した．1916 年の電子管の発明によって，雑音の少ない電磁波の増幅と受信が可能になり，それによって，ラジオが出現した．

テレビジョンの開発は遅々としたものであった．1897 年，ブラウン (Karl Ferdinand Braun, 1850–1918, ノーベル賞 1909 年) による初めてのブラウン管の製作は，電磁信号を光学信号に変換することを可能にした．実際のテレビジョン放送は 1925 年ドイツと米国とイギリスで始まった．

電磁波は**アンテナ**を使って送信され，そして受信される．次の相違がある：

ロッド・アンテナは片方を接地した振動回路である（285 頁，294 頁「ロッド・アンテナの展開」参照）．アンテナは地表面（または接地した平面）に垂直に置かれ，電磁場の**電場**成分を受取ると，それをアンテナ電流に変換する．このアンテナには優先的な方向はない．

枠形アンテナ，又は**ループアンテナ**は，平面コイルで，電磁場の**磁場**成分を受取る振動回路の働きをする．ループ面は地表面に垂直に設置され，垂直軸の回りに回転できるようになっている．受信特性は二つの優先方向を示すが，ループの面が送信機の方を向くときが最大である．

変調（モジュレーション）：可聴振動数（16 Hz から 15 kHz まで）は，直接その振動数の電磁波に変換して送信されることはない．達成できる効率があまりにも小さいからである．

1 kHz の場合，アンテナ公式によると，最適のアンテナの高さは，3×10^5 m となる！
オーディオ信号やビデオ信号は，搬送波の**変調**を使って送られる．搬送波の振動数は，ラジオの場合，30 kHz と 300 MHz の間にあり，テレビの場合は，50 MHz と 1 GHz の間にある．

次の相違がある：

振幅変調（AM）：搬送波の E と B の最大値は，搬送する信号に対応して変化する．アンテナ電流 I は次のようになる：

$$I = (\hat{I}_0 + \hat{I}_s \sin\omega_s t)\sin\omega_0 t$$

ここで，$\hat{I}$：I の最大値；$\omega = 2\pi\nu$；ν：振動数；t：時間．

添字 0 は搬送波のものであり，添字 s は信号のものである．中波と長波領域の送信は振幅変調である．

周波数変調（FM）：搬送波の E と B の振動数が搬送する信号に対応して変わる．次式となる：

$$I = \hat{I}_0 \sin(\omega_0 t + (\omega_0/\omega_s)\sin\omega_s t)$$

短波，超短波，それにテレビ領域も，送信は周波数変調である．信号は実質的に雑音なく搬送される．ステレオ放送の場合，搬送波は二つの信号を変調する．テレビの場合，搬送波はオーディオ信号も映像信号も含む．

送信側には多くのステップを含む：

情報を電気信号に変える．
変換器：マイクロホン，ビデオカメラ．
信号を増幅する．
搬送波上で信号を変調する．
電磁波を増幅する．
アンテナを経由して発信する．

受信側にも同様に多くのステップを要する：

電磁信号をアンテナ経由で受信し，搬送波に同調する振動回路を用いて送信側を選択する．
アンテナ電流 I を増幅する．
搬送波から信号をフィルターにかけて，I を復調する．
増幅する．
電磁信号を（スピーカーで）音響信号に，または（受像機で）光学信号に変える．

電磁波の**伝播**（**進行**）は，伝導性のある地表面に沿うものと，大気圏を通るものがある．
地上近くから送信する $\lambda > 100$ m の電磁波はほとんど，**地表波**として伝播する．同じ送信出力の場合，E は距離と波長に逆比例する．
10^{-1} m $< \lambda < 10^2$ m の送信の場合，地表波は急速に吸収される．それに対して，**空間波**は，すべての方向へ直線的に広がり，約 100 km の高度で，イオン化された空気分子でできている電離層（ケネリー–ヘビサイド層，E 層）で反射され地表へ戻る．$\lambda < 10^{-1}$ m の波は，反射を受けずに大気圏を通り抜ける．これの受信は視界範囲（約 80 km）に限られる．

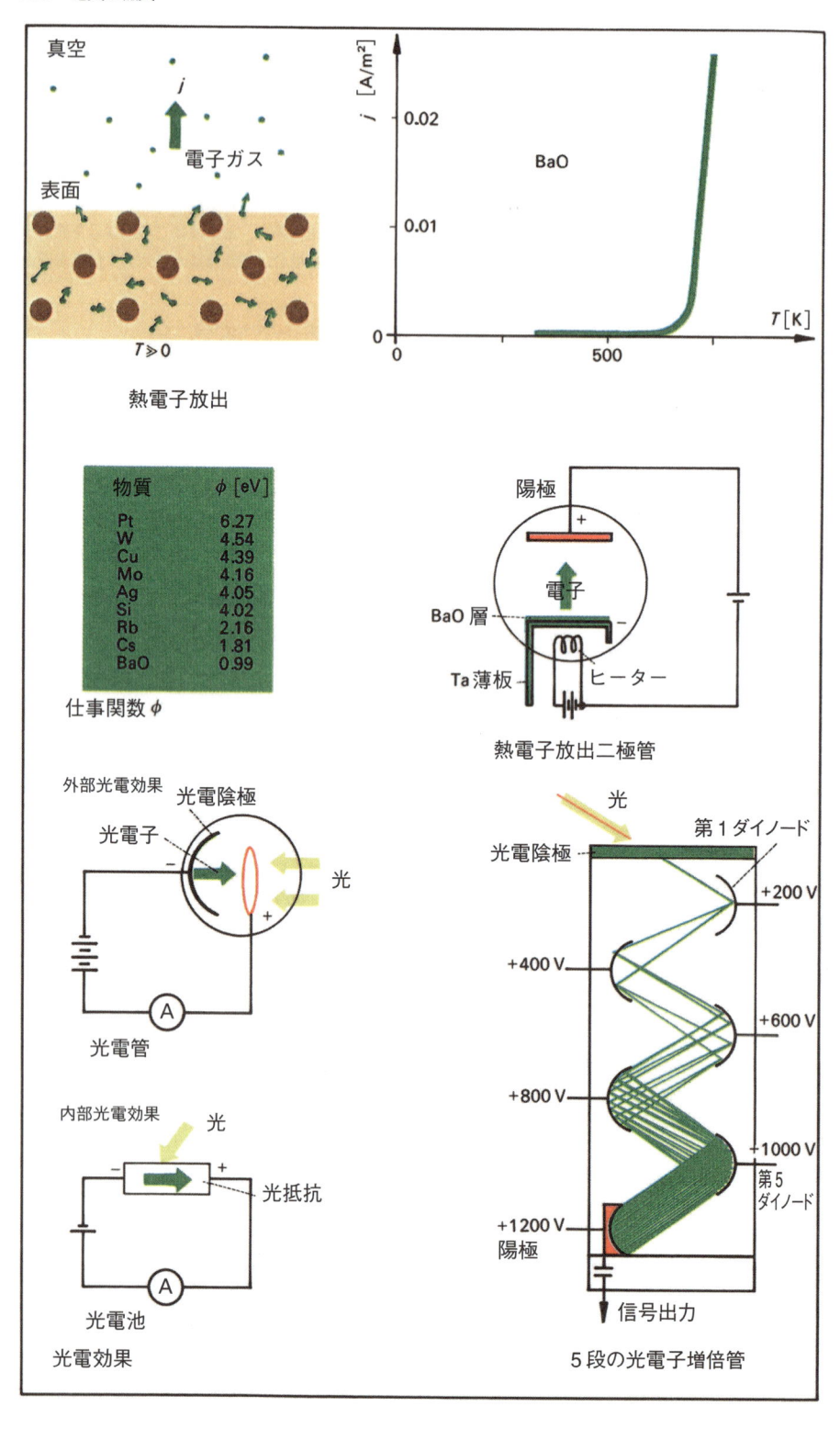

熱電子放出

真空
電子ガス
表面
$T \gg 0$

BaO

物質	ϕ [eV]
Pt	6.27
W	4.54
Cu	4.39
Mo	4.16
Ag	4.05
Si	4.02
Rb	2.16
Cs	1.81
BaO	0.99

仕事関数 ϕ

熱電子放出二極管

陽極
電子
BaO 層
Ta 薄板
ヒーター

光電効果

外部光電効果
光電陰極
光電子
光

光電管

内部光電効果
光
光抵抗
光電池

5段の光電子増倍管

光
第1ダイノード
光電陰極
+200 V
+400 V
+600 V
+800 V
+1000 V
第5ダイノード
+1200 V
陽極
信号出力

電子は負の電荷を持ち，安定な素粒子である．この名前はギリシャ語の琥珀からきている．トムソン (Joseph Thomson, 1856–1940) が発見者とされる (1897 年)．電子の記号は e$^-$，静止質量は，9.1095×10^{-31} kg，電荷は**電気素量** (199 頁参照) に等しく，-1.602×10^{-19} C である．電子は電流の担い手（電荷担体）である．電子のエネルギーは電子ボルト（記号 eV；35 頁参照）で測られることが多い．換算：$1\,\mathrm{eV} = 1.602 \times 10^{-19}$ J.

電子が原子の影響範囲から離れたとき，**自由電子**と言う．電場と磁場の中での振舞から，その性質が明らかにされる．

重力の影響は無視してよい．なぜなら電磁相互作用は重力より何十桁も強い．

十分なエネルギーを与えると電子は原子から離脱する．

熱電子放出：リチャードソン (Owen Richardson, 1879–1959, ノーベル賞 1928 年) は 1908 年，高温に熱した金属が電子を放出することを発見した．放出された電流密度について，リチャードソンの式が成り立つ：

$$j = AT^2 \exp(-\phi/kT)$$

ここで，j：電流密度，単位は A/m^2；A：リチャードソン定数（約 $0.006\,\mathrm{A\cdot m^{-2}\cdot K^{-2}}$）；$\phi$：仕事関数；$k = 1.38 \times 10^{-23}\,\mathrm{J\cdot K^{-1}}$：ボルツマン定数；$T$：熱力学温度．

仕事関数 ϕ は，内部で自由に運動している伝導電子（自由電子）を表面から真空の中へ持ち出すために必要なエネルギーである．ϕ は元素に依存し，アルカリ金属では特に小さい．ϕ の値は通常数 eV である．

すでに室温でも，ごくわずかな伝導電子の熱エネルギーは ϕ より大きい（ボルツマン分布，107 頁参照）．しかし，その平均エネルギーは ϕ の約 1% である．

熱陰極は，間接加熱される保持金属の上に BaO とアルカリ混合物を塗布したものである．よく使われる**ウェーネルト陰極**は，900°C のときに約 200 mA/cm^2 を放出する．これは約 1.2×10^{18} 電子/(cm$^2 \cdot$s) に相当する．

応用：**熱陰極管**では，陽極電圧が真空容器の中で電子を引き付け，電流が流れる．極性を逆にしたときは陽極が電子を放出しないので，熱陰極管は整流器として働く．

電界放出：10^9 V/m 以上の電場を金属に掛けると電子が引き出される．これは，量子理論によって初めて説明できる現象で**トンネル効果**と言われ，実質的に ϕ を引き下げる．電界放出に必要な電界強度は，帯電した細い針の先端部に生じる．

応用：電界電子顕微鏡 (161 頁参照).

衝突電離：高速の荷電粒子が物体表面，あるいは気体中で他の粒子に衝突すると，衝突相手をイオン化して自由電子を遊離させる．また，電子は電場によってもイオンから切り離され自由電子となる．自由電子が新たな電子を自由にして電子雪崩れが生じることがある．

二次電子増倍管 (SEV)，または**光電子増倍管 (PMT)** は非常に弱い電流を増幅する．一次電子が真空中でアルカリ金属を塗った表面に衝突し，衝突電離により，さらに多くの電子を解放する．電場はこれらの二次電子を加速し，次の表面（ダイノードという）に導くと，ここでも電子数の増幅が起こる．SEV は 12 段までのダイノードを持ち，増幅率 $> 10^5$ に達する．すなわち初段のダイノードに衝突した 1 つの電子は，12 段目で 10^5 個の電子を解放する．

利用：特に微弱光強度の測定．ここでは，1 個の入射光量子が，ダイノードの前段に接続されている光電陰極から最初の電子を解放する．

光電効果 (179 頁参照)．1 個の十分なエネルギーを持った光子が原子に衝突すると，1 個の電子を解放することができる．次の式が成り立つ：

$$E_\mathrm{c} = h\nu - W \qquad \text{アインシュタインの方程式}$$

ここで，E_c：解放された電子の運動エネルギー；$h = 6.63 \times 10^{-34}$ J$\cdot$s：プランク定数；ν：光子の振動数；W：原子が電子を束縛しているエネルギー．

外部光電効果：照射された物質の表面から電子が現れる．

応用：光電管には二つの電極が向き合っている．入射光は光電電極から自由電子を解放し，二つの電極の間には照射強度に比例する電流が流れる．

内部光電効果：光が物質（特に半導体）の内部に侵入し，そこにある電子を伝導帯へ遷移させる．電気伝導度が変化する（335 頁参照）．

応用：フォトセル．

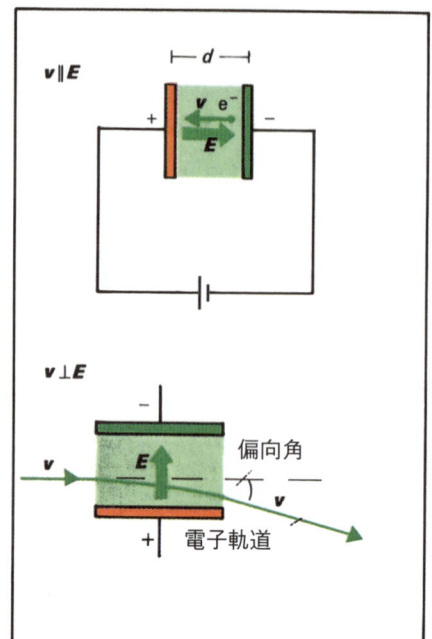

一様な電場の中の電子

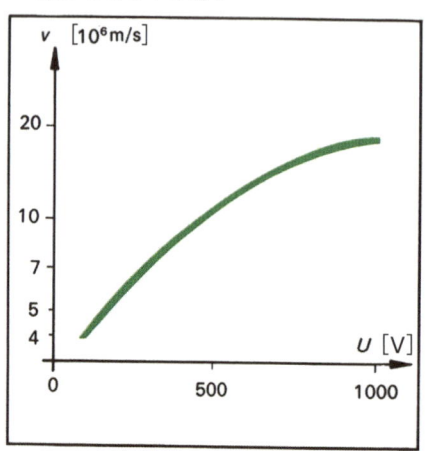

電子速度 v と加速電圧 U

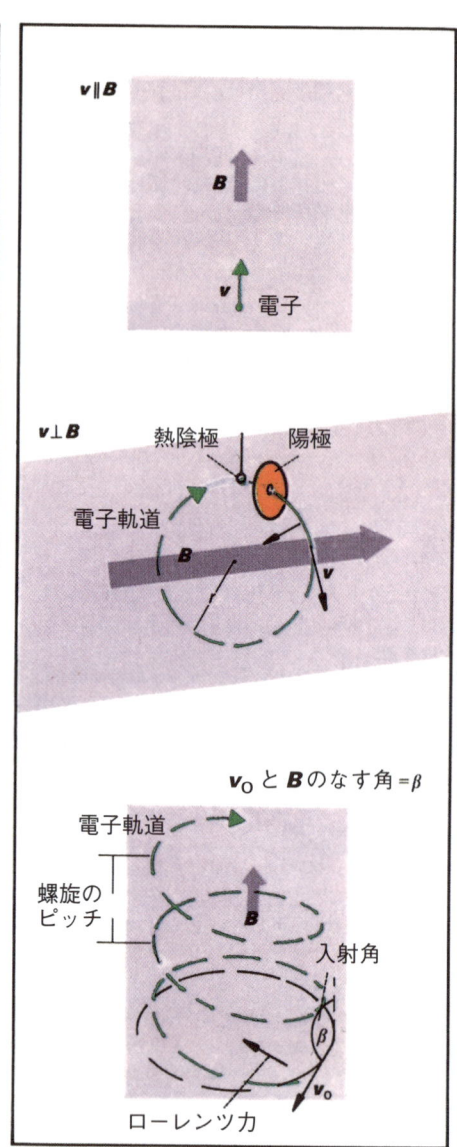

一様な磁場の中の電子

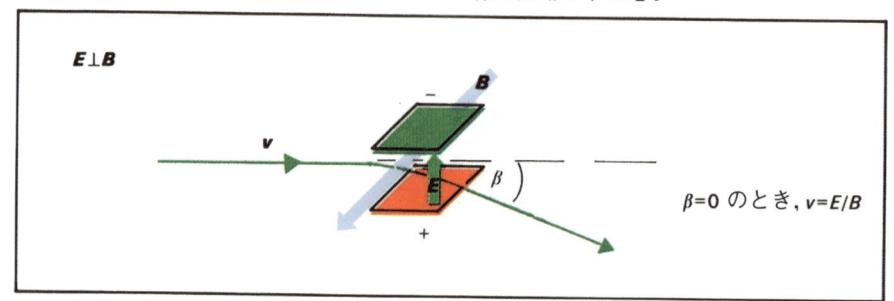

電子速度 v の測定

$\beta=0$ のとき，$v=E/B$

以下では，電場および磁場中における電子の運動を扱う．

電場中の電子

2枚の帯電した平行平板の間には一様な電場 E が存在する：

$$E = U/d$$

ここで，$E = |\boldsymbol{E}|$；U：電圧；d：平板間距離．
$\boldsymbol{E}$ 中の電子にはクーロン力 $\boldsymbol{F}_c$ が働く：

$$ma = F_c = eE = eU/d \qquad \text{クーロン力}$$

（訳注：電気力ともいう）
ここで，$F_c = |\boldsymbol{F}_c|$；$e = 1.602 \times 10^{-19}$ C：電気素量；m_e：電子の質量；$a = |\boldsymbol{a}|$：$\boldsymbol{F}_c$ の影響下での電子の加速度．
電子は陽極方向に「落下」する．電圧 U を通過した後の速度 $\boldsymbol{v}$ の大きさ v は，

$$v = \sqrt{2eU/m}$$

$U < 1$ kV である限り電子の相対論的効果は無視できる．e と m_e の数値を用いると，

$$v = 5.93 \times 10^5 \sqrt{U} \text{ m/s}$$

例：2枚の極板間に $U = 500$ V がかかると，それまで静止していた電子の速さは $v = 1.33 \times 10^7$ m/s に達する．

e/m は基本物理定数で，**比電荷**という：

$$e/m = 1.759 \times 10^{11} \text{ C/kg}$$

カウフマン（W. Kaufmann）は1901年，e/m_e を決定し，数値が U と共に減少することを確かめた．彼は，これを電子の質量増加であり，質量の速度依存性を表しているのではないかと考えた．
縦方向の電場，すなわち電子の初速 $\boldsymbol{v}_0$ が電場に平行な場合は，$\boldsymbol{v}_0$ に $\boldsymbol{v}$ が加わる．
横方向の電場，すなわち電子の初速が $\boldsymbol{v}_0 \perp \boldsymbol{E}$ では，電子の軌道は $\boldsymbol{v}_0$ と $\boldsymbol{E}$ で張られる平面上で放物線を描く．軌道速度 $\boldsymbol{v}$ は，$\boldsymbol{v}_0$ に平行な成分 $\boldsymbol{v}_\parallel$ と $\boldsymbol{v}_0$ に垂直な成分 $\boldsymbol{v}_\perp$ に分解される．すなわち，

$$\boldsymbol{v}_\parallel = \boldsymbol{v}_0$$

そして

$$\boldsymbol{v}_\perp = (e/m) E \ell / v_0$$

ここで，ℓ は電子の v_0 方向の軌道の長さである．
振れの角 β は，

$$\tan \beta = (e/m) E \ell / v_0^2$$

磁場中の電子

磁場中の電子にはローレンツ力 $\boldsymbol{F}_L$（訳注：磁気力と言うこともある）が作用する（239頁参照）：

$$\boldsymbol{F}_L = e\boldsymbol{v} \times \boldsymbol{B}$$

ここで，B は磁束密度である．
電子は $\boldsymbol{v}$ に垂直で，かつ $\boldsymbol{B}$ にも垂直な方向に力を受ける．
次のように区別する：
$\boldsymbol{v} \perp \boldsymbol{B}$ の場合．このとき F_L は最大値を取る．電子は円軌道に乗り，軌道面は磁束密度 $\boldsymbol{B}$ に垂直になる．軌道曲線の曲率半径 r は，

$$r = m v_0 / (eB)$$

ここで，$B = |\boldsymbol{B}|$；v_0：電子の初速度．
粒子はただ方向のみを変え，速さは変わらない．
応用：e/m の測定．細い電子線を電位差 U で加速し，一様な既知の磁場中に送り込むと，電子は円軌道を描く（239頁参照）：

$$e/m = 2U/(r^2 B^2)$$

内部気圧約0.1 Paの容器内で電子が運動すると，残留ガス分子は衝突によって光る．電子軌道は見えるようになり，唯一の未知量，r が測定される．
$\boldsymbol{v}$ が $\perp \boldsymbol{B}$ でない場合．電子は $\boldsymbol{B}$ に平行な旋回軸の回りに螺旋軌道（ねじ型）を描く（239頁参照）．
ねじのピッチ（山間距離）h は，

$$h = (2\pi m v/(eB)) \cos \beta$$

ここで，β：打ち込み角，すなわち $\boldsymbol{v}_0$ と $\boldsymbol{B}$ の間の角．
電子が $\boldsymbol{B}$ の中で完全周回する時間 τ は，

$$\tau = 2\pi m/(Be)$$

となり，軌道半径に依存しない．
オーロラ（極光）．太陽からの電子が地球の磁場の中に入ってくる．磁場は電子を螺旋軌道にはめ込む．その半径は磁極方向では，$\boldsymbol{B}$ の増加のためにより小さくなる．薄い空気層では衝突の際に気体が光る．

電場と磁場の中の電子

クーロン力とローレンツ（磁気）力が一緒に作用する：

$$\boldsymbol{F} = e(\boldsymbol{E} + \boldsymbol{v} \times \boldsymbol{B})$$

（訳注：一般にこの合力をローレンツ力と言う．）
二つの力を，$\boldsymbol{E} = -\boldsymbol{v} \times \boldsymbol{B}$ となるように働かせると電子速度 v を容易に測れる（トムソン（Joseph Thomson）の実験，1897）：

$$v = E/B$$

300 電気と磁気

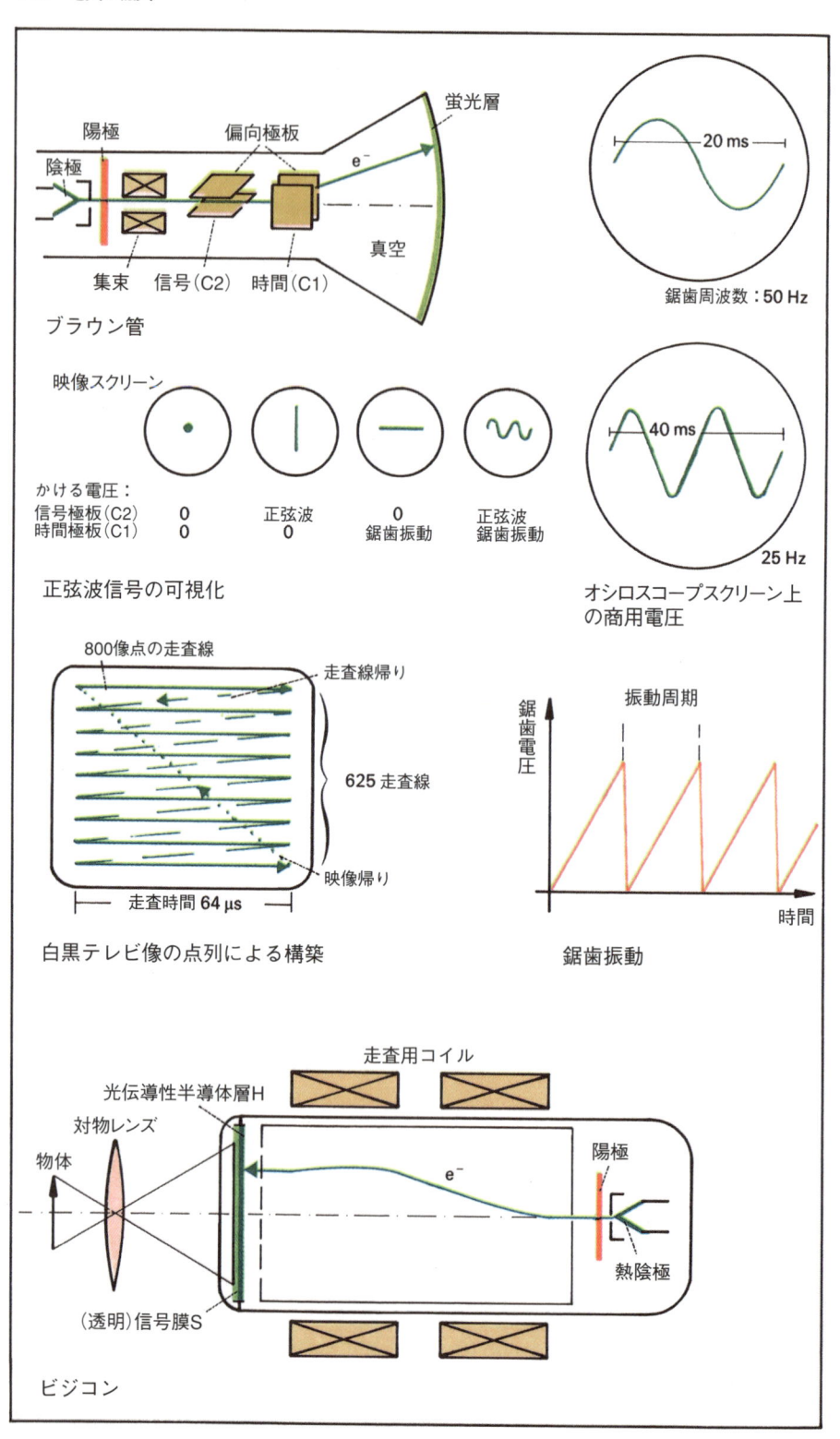

ブラウン管

- 陰極
- 陽極
- 偏向極板
- 蛍光層
- 集束
- 信号(C2)
- 時間(C1)
- 真空
- e⁻

鋸歯周波数：50 Hz
20 ms

正弦波信号の可視化

映像スクリーン

かける電圧：				
信号極板(C2)	0	正弦波	0	正弦波
時間極板(C1)	0	0	鋸歯振動	鋸歯振動

オシロスコープスクリーン上の商用電圧

40 ms
25 Hz

白黒テレビ像の点列による構築

- 800像点の走査線
- 走査線帰り
- 625 走査線
- 映像帰り
- 走査時間 64 μs

鋸歯振動

- 鋸歯電圧
- 振動周期
- 時間

ビジコン

- 物体
- 対物レンズ
- 光伝導性半導体層H
- （透明）信号膜S
- 走査用コイル
- 陽極
- 熱陰極
- e⁻

ブラウン (Karl Ferdinand Braun, 1850–1918) は1897年，速く変化する電圧を可視化する装置を発明した．これは，**電子線オシロスコープ**，**陰極線管**，または**ブラウン管**と呼ばれる．

動作様式：熱陰極が電子を穴を開けた陽極の方向に放出する．電子光学技術（159頁参照）で1kVに加速された電子を細い線に集束する．この電子は引き続き二つの互いに垂直に設置された極板対，すなわち，**偏向コンデンサー**（集束器）C1とC2を通過し，次いで**蛍光スクリーン**に衝突する．衝突点では淡黄ないし淡青の輝点が光る．

蛍光スクリーンの内側の薄層は硫化亜鉛または硫化カドミウムで作られている．残光時間は微量混合物で決められる．衝突点で薄層は電子の運動エネルギーの一部（< 10%）を光に変換する．光度は $\propto IV^2$ である．ここで，I：衝突電流；V：電子の加速電圧．

全構成物は真空の瓶形ガラス管の中にある．C1に一定の電場がかかれば，電子線は水平方向に偏向し，交流電場は点を線に引き伸ばす．交流電圧をC2に加えると，垂直な線ができる．

解析さるべき変動電圧，すなわち**信号**（シグナル）は，C2に加えられ，一方で，C1には同時に時間軸信号の**鋸歯状振動**が加えられる．

鋸歯状振動は時間と共に直線で立ち上がり，次いで急勾配で0に落ち，新たに増大し……を繰り返す．

信号と鋸歯状振動が同相であれば，信号は映像面に映し出される．描像は時間を横軸に，信号強度を縦軸にした，デカルト座標に似ている．信号が短ければ短いほど，鋸歯状信号はより急峻に立ち上がらねばならない．

例：信号が公共回路網の50 Hz正弦電圧で，鋸歯状振動の立ち上がり時間を20 msに選べば，スクリーン上に完全な正弦波を映し出すことができる．振動時間が100 ms，すなわち鋸歯状周波数が10 Hzであれば，正弦波で5カ所の最大値が現れる．

最近の装置では，ナノ秒（10^{-9} s）だけ続く信号の解析が可能である．鋸歯状電圧の周波数はしたがってギガヘルツ（GHz）領域にある．

テレビ用映像管も同じくブラウン管である．しかし電子線の偏向はローレンツ力磁場による．ガラスは磁場の影響を受けないから対応するコイルは映像管の外部に取り付けることができる．すると同じ信号強度に対して偏向はより大きく，映像管はより平らになる．陽極電圧は10 kVから30 kVである．輝度調整は自動である．非常に薄い反射膜が蛍光膜の上にある．陽極から来る電子はこの膜を通り抜けるが，後方に放出された光は反射され，テレビ画面の輝度を強める．

鋸歯周波数はテレビ送信機の走査周波数に等しく，例えば625 Hzである．電子線は約0.5 MHzのパルスであり，各映像走査線は点で構成されている．

カラーテレビ映像管は，青，赤，緑，3走査層からなる発光層を利用する．個々の点（大体ょう 1.5×10^6 個）の各々は電子線で別々に衝突され，1/25 s内の光信号の重なりが，カラーテレビ映像を与える．蛍光膜上の色点と同じ数の穴を開けた一枚のシャドーマスクが，電子線が目指す色層に応じたさまざまな角度で映像スクリーンに入射する役目を果たす．

レーダー映像管は2層蛍光面を利用する．電子線が最初に衝突する層は大きい光収量と短い減衰時間を持つ．第2層では第1層の光を弱め，より遅く減衰させるので，残像が見える．

テレビ撮像管は光学像から電気信号のシリーズを作るビデオ信号管である．このビデオ信号がテレビ映像管を制御する．いくつかのカメラタイプがあるが，中でもビジコン，スーパーオルシコン，イオノスコープがよく知られている．

ビジコンは内部光電効果（297頁参照）を利用する．カメラの対物レンズは対象の像を光伝導性半導体薄膜H上に作る．Hは同様に非常に薄い信号板S上にある．H上の各位置はSの向き合う位置とコンデンサーを作る．細い電子線がHの裏側を逐一走査する，HとSの間にこの場所の照射強度に対応するパルス電流が流れ，映像信号が現れる．

スーパーオルシコンは類似の動作をする．これは外部光電効果（297頁参照）を利用する．映像信号は，結像しているターゲットを照射した電子ビームの戻り電流より生じる．

電気と磁気

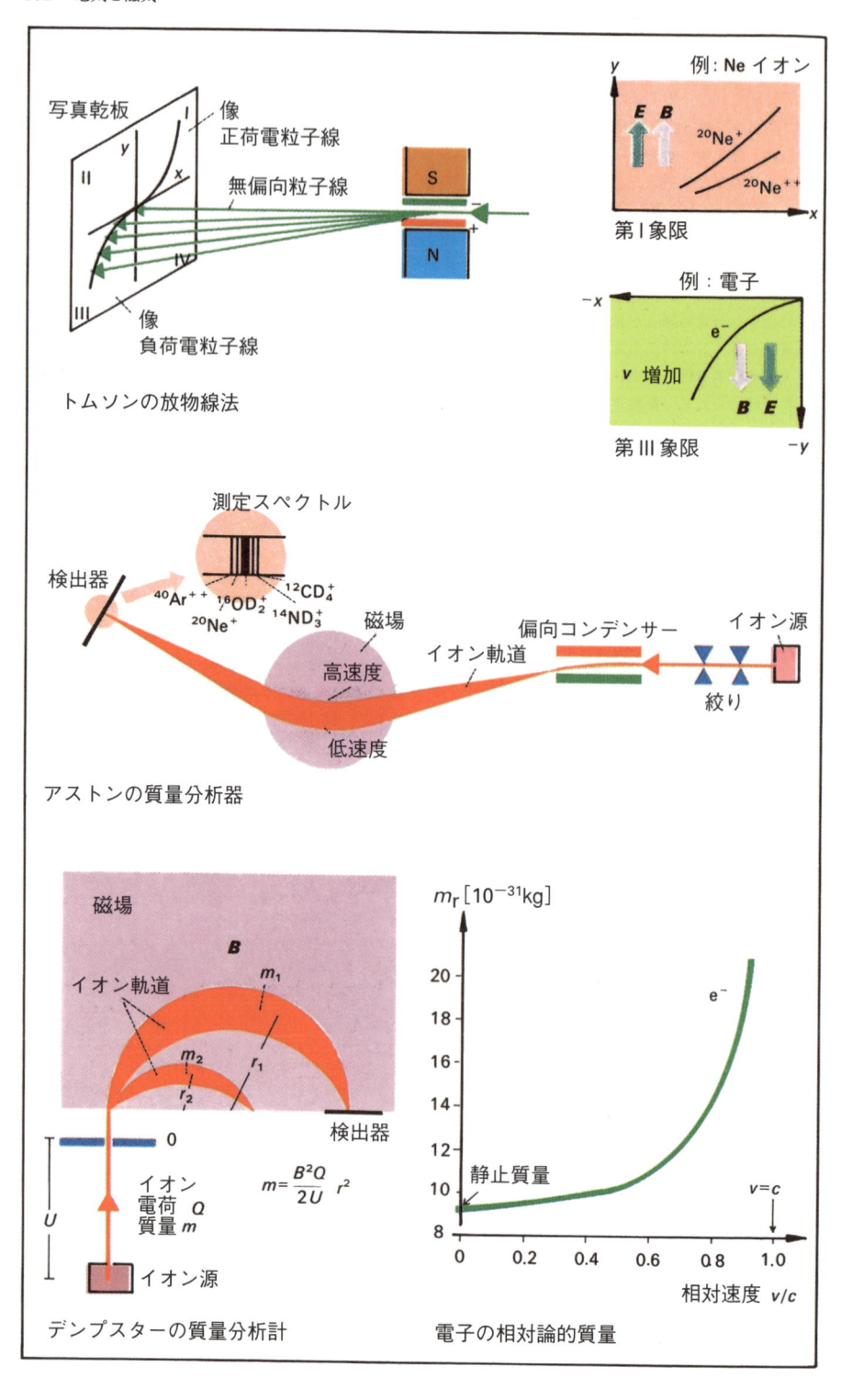

トムソンの放物線法

写真乾板／像／正荷電粒子線／無偏向粒子線／像／負荷電粒子線

例：Neイオン 第Ⅰ象限 $^{20}Ne^+$ $^{20}Ne^{++}$ E B

例：電子 第Ⅲ象限 e^- v 増加 B E

アストンの質量分析器

測定スペクトル $^{40}Ar^{++}$ $^{16}OD_2^+$ $^{12}CD_4^+$ $^{20}Ne^+$ $^{14}ND_3^+$

検出器／磁場／高速度／低速度／イオン軌道／偏向コンデンサー／絞り／イオン源

デンプスターの質量分析計

磁場 B イオン軌道 m_1 m_2 r_1 r_2 検出器 イオン／電荷 Q／質量 m イオン源 U

$$m = \frac{B^2 Q}{2U} r^2$$

電子の相対論的質量

$m_r\,[10^{-31}\mathrm{kg}]$

静止質量 e^- $v=c$ 相対速度 v/c

電場と磁場の中での荷電粒子の運動の様子は粒子速度に依存する.

磁場中では粒子軌道の曲率半径は粒子の運動量に比例する. 電場中では軌道の曲率半径は粒子の運動エネルギーに比例する. 別の言い方をすると:

E 中での曲がりやすさ $\propto 1/v^2$

B 中での曲がりやすさ $\propto 1/v$

このことは, 磁場と電場を適切に組み合わせた場を作れば, 粒子の**比電荷** Q/m やその質量 m が測定できることを意味している.

歴史的に Q/m の測定は非常に重要と見なされていた. ヴィーヘルト (Emil Johann Wiechert, 1861–1928) は 1899 年電子の比電荷を決定し, これから, 水素と比べて非常に小さい電子質量を決定した (1/1836).

2 年後カウフマンは e/m の v 依存性 (299 頁参照) を見いだし, これから質量の速度依存性を推定した.

放物線法:1913 年トムソン (Joseph Thomson, 1856–1940) が開発した. 電磁石のポールピースの間に偏向コンデンサーがあり, 電場と B が平行になるように配置されている. 磁場, 電場が掛かっていない状態で, 細くしぼった電子線, イオン線, すなわち, 荷電粒子線を, 偏向装置を通して打ち込むと粒子は直線的に走る.

この衝突点を x, y 座標の原点と見なす.

電場が粒子線を垂直 (y 方向) に曲げると, 次式が成り立つ:

$y \propto EQ/(mv^2)$

ここで, E:電場の強さ; Q:粒子の電荷; m, v:粒子の質量と速さ.

磁場は粒子線を水平 (x 方向) に曲げ, 次式となる:

$x \propto BQ/(mv)$

等しい比電荷を持つ粒子では, $Q/m =$ 一定, 同時に加えられた電場と磁場の下で,

$y \propto (mE/(QB^2))x^2$

この比例関係は, 頂点が座標原点にあり, 上方あるいは下方に開いた放物線を示している. すなわち, 偏向電場および磁場が**同時**に作用するとき, 同じ比電荷を持つ, 全ての衝突する粒子は, 検出器上で, 一つの放物線の分枝を形成する. どの象限にこの放物線分枝があるかは, 粒子の符号と B の方向に依存する. v が大きければ大きいほど, 衝突点は原点に近くなる.

異なる Q/m を持つ粒子はより広いか, あるいはより狭い放物線を乾板上に描く.

応用:e/m の測定に加えて, 特に同位体分離や化学分析に使用される.

質量分析計 (マス・スペクトロメーター)

アストン (Francis Aston, 1877–1945) は 1919 年以降, 放物線法を発展させて高感度質量分析計を開発した. これを用いて, 放射性崩壊に由来するものではない同位元素を発見した. この功績で 1922 年ノーベル化学賞を受けた.

アストンの質量分析計では偏向電場と偏向磁場とが空間的に分離されている. E 中での偏向は B 中でのそれの半分で, 逆向きである. 検査される粒子はイオン化され, 細い粒子線として分析器に導入される. 分析器は同じ Q/m を持つ粒子を同じ場所に集束させる. Q/m の異なる粒子はそれぞれ異なった直線の上に載る. このようにして,「光度」とそれによる感度は放物線法の場合より本質的に高い. この方法により, 電子質量より小さな質量差の決定に成功している.

応用:同位体分離, 化学分析.

質量と速度

非常に速い粒子を放物線法で測ると, (遅いときとの) 偏差が認められる. 放物線の頂点部付近は衝突曲線が期待されるより狭くなる. 全ての測定法は一致して, 比電荷が v に依存する (299 頁参照) ことを示す. 説明:粒子の質量はその速度と共に増大する. ローレンツ (Hendrick Antoon Lorentz, 1853–1928) は 1904 年, 次の式を算出した:

$$m_r = m/\sqrt{1-(v/c)^2} = E/c^2$$

ここで, m:$v = 0$ のときの粒子の質量, 静止質量; m_r:$v \neq 0$ 時の相対論的質量; $c = 2.9979 \times 10^8$ m/s:真空中の光速; E:粒子のエネルギー.

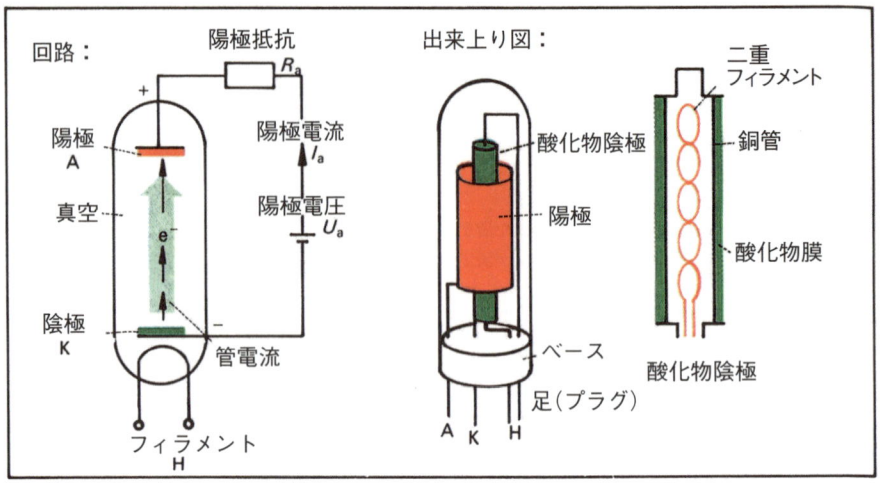

真空二極管

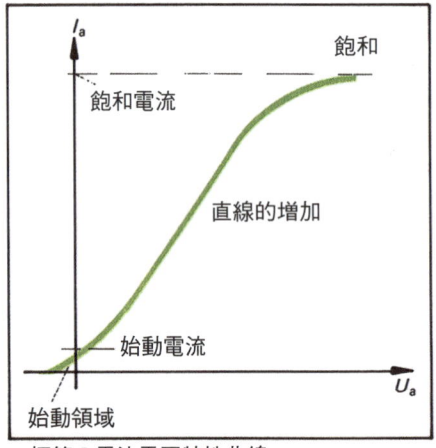

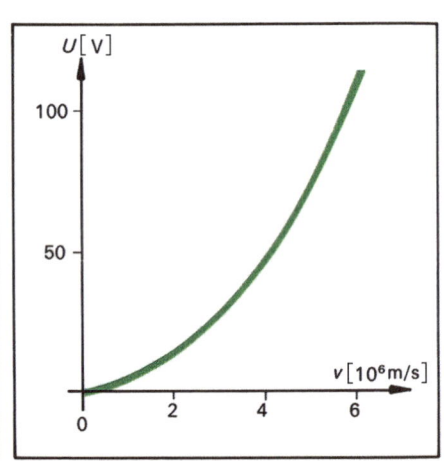

回路：
- 陽極抵抗 R_a
- 陽極 A
- 真空
- 陰極 K
- 陽極電流 I_a
- 陽極電圧 U_a
- 管電流
- フィラメント H

出来上り図：
- 酸化物陰極
- 陽極
- ベース
- 足（プラグ）
- A K H

二重フィラメント
銅管
酸化物膜
酸化物陰極

二極管の電流電圧特性曲線

- I_a
- 飽和
- 飽和電流
- 直線的増加
- 始動電流
- 始動領域
- U_a

電子速度と加速電圧

U [V] vs v [10^6 m/s]

真空管回路

- I_a
- A
- K
- H
- U_a
- 傍熱陰極

真空管の回路記号

- 二極管
- 三極管
- 五極管

電子管は封入した電極を持つ真空ガラス管球で，電極間には電位差が加えられるようになっている．

陰極（カソード） は，大抵は**熱陰極**であり，電子を放出する．その電子は陰極と他の電極，ここでは**陽極**との間の電場で加速される．

負の陰極は重金属線で作られ，加熱により**直接**荷電粒子を放出するか，あるいはその前に取り付けられ，電気的には絶縁された薄板を**間接的**に加熱する（傍熱形）．熱電子放出（297 頁参照）により，熱い表面から電子が飛び出す．大抵，酸化物陰極である，すなわち，カソードは電子収量を高めるためアルカリ土類酸化物の層で被覆される．

電子管内部は真空にしているので，
a) 放出された電子は滅多にガス分子と衝突しない，
b) 熱いカソード表面が酸化しない．

陽極（アノード） は電気的に正で陰極に向き合う．陰極と陽極の間の電位差を**陽極電圧** U_a という．これは，大抵，100 V 以下であるが，例えば X 線管では，数百 kV に達することがある．電極間の電場で加速された電子は**管電流** I_R を形成する．陽極回路には**陽極電流** I_a が流れる．衝突する電子の運動エネルギーは陽極を加熱し，**陽極損失** $I_a U_a$ になる．電子管内の電子では，

$$E_c = eU$$

ここで，E_c：陰極と陽極の間にある電子の運動エネルギー；e：電子の電荷；U：電子が「通り抜ける」電位差．
電子が陽極に到達すると $U = U_a$ となる．
電子の初速は無視できる．
これから次式が得られる（299 頁参照）：

$$v = \sqrt{2eU/m} \qquad \text{電子速度}$$

ここで，v：電子管内で U を通過した後の電子速度；m：電子質量．
この式は地球の重力場において，落下距離 h に依存する物体の落下速度の式（27 頁参照）と相似である．

$$v = \sqrt{2gh}$$

電子管内部で電場が一様であれば，陰極，陽極間の電流密度 j は次のように表される：

$$j = env$$

ここで，n：両電極間の電子密度，電子数/m^3．
したがって管電流 I_R は，

$$I_R = jS \qquad \text{管電流}$$

ここで，S：陰極と陽極の間の電場の断面積．
オームの法則（219 頁参照）が成り立てば，電子管の内部の抵抗に対して，**管抵抗** R_i は，

$$R_i = U_a / I_R$$

注意すべきことは，n は，現実には場所に依存し，S は陰極と陽極の間で変化する；その上，電場は非一様で R_i も動作条件に依存する．
したがって，上で展開した式は単なる近似である．

特性曲線は電子管の動作特性を表す．
例：最も簡単な電子管，すなわち二極管（ダイオード）（下記参照）の**電流–電圧特性曲線**：I_a は増加する U_a と共に上昇する．小さい I_a に対して理論的に $I_a \propto \sqrt{U_a^3}$ が成り立つ．陽極電圧を増加させると，飽和が始まる．すなわち，陽極電流が一定値に留まる．実際熱陰極から放出された電子は，今や全て陽極に到達する．
$U_a = 0$ のとき $I_a \neq 0$（もちろん非常に小さい）であるのは，ごくわずかの熱電子が陽極に到達するのに十分なエネルギーを持つからである．それらは，さらに小さい逆電場にも打ち勝つ．したがって特性曲線はまた非常に小さい負の U_a に対し，ある（非常に小さい）陽極電流を示す．
非一様な管内電場のために特性曲線の広い領域にわたって $I_a \propto \sqrt{U^3}$ の関係が成り立つ．

管雑音：陽極電流は極くわずかな自発的揺動の影響を受ける．例えば，ラジオでは高い増幅の際の**雑音**として現れる．雑音は増幅率（下記参照）を制限するが，それには二つの原因がある：

散弾効果（ショット効果） は 1918 年，ショットキー（Walter Schottky, 1886–1976）によって発見された．単位時間当たりに熱陰極から放出される電子の数は統計的揺らぎの影響を受け，I_a はそれに対応して変化する．増幅器はこの変化を増幅してスピーカーに伝え，スピーカーはそれをパラパラというノイズとして外部に出す．

フリッカー雑音は，場所に依存する酸化物カソードの不規則な電子放出による．この雑音の周波数は 100 kHz 以下の領域にある．

原理：

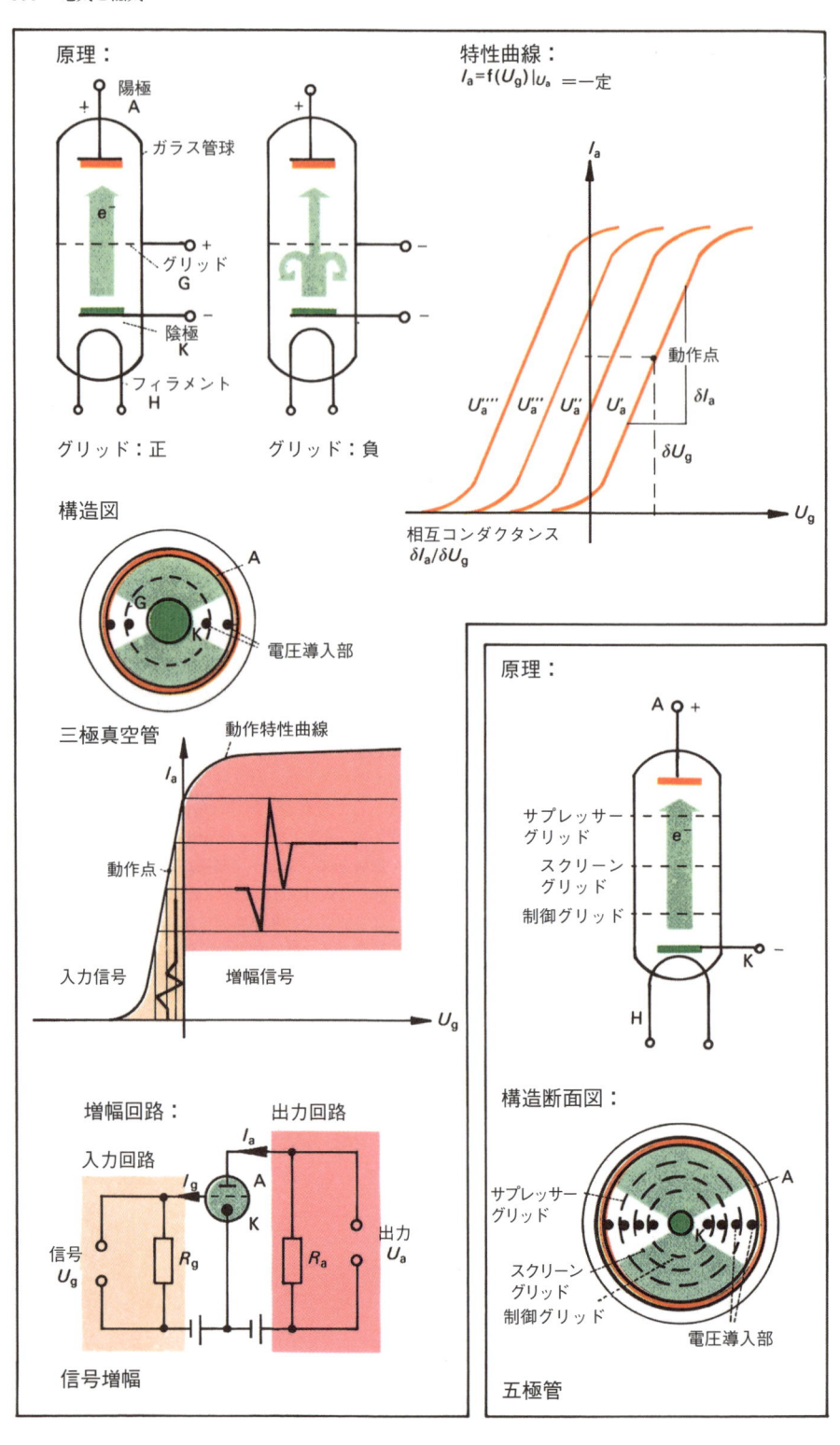

陽極 A
ガラス管球
グリッド G
陰極 K
フィラメント H

グリッド：正　　グリッド：負

特性曲線：
$I_a = f(U_g)|_{U_a} = $ 一定

動作点
U_a''''　U_a'''　U_a''　U_a'
δI_a
δU_g

相互コンダクタンス
$\delta I_a / \delta U_g$

構造図

A
G
K
電圧導入部

三極真空管

動作特性曲線
I_a
動作点
入力信号　増幅信号
U_g

増幅回路：

入力回路　　出力回路
I_a
I_g
A
K
信号 U_g　R_g　R_a　出力 U_a

信号増幅

原理：

A +
サプレッサーグリッド
スクリーングリッド
制御グリッド
K −
H

構造断面図：

サプレッサーグリッド
スクリーングリッド
制御グリッド
A
電圧導入部

五極管

電子管の重要性は50年代以降急激に低下し，半導体製品がそれに取って代わった．しかし，電子管は特殊管（例えば，X線管やテレビ映像管）として，非常に大きい電流や強い機械的負荷の場所で，なお，役割を果たしている．

二極真空管：最も簡単な電子管で，1904年，フレミング(John Fleming, 1849–1945)によって開発された．これは陰極と陽極のみからなる．両方の電極は向き合うか，円筒軸沿いに伸びた陰極を陽極が円筒形に囲む（特性曲線，上記参照）．

利用：事実上専ら**整流管**，または**熱電子管**，として(283頁参照)．熱い電極は単に電子を放出するのみであるから，灼熱した電極に正の電極が向き合っているときにのみ管電流が流れる．したがって，この二極管に交流電圧を加えると，I_a は陽極が正のときのみゼロでない．この**半波整流**は交流電圧の下（負）半分を遮断する．

両波整流器は二つの並列に接続された二極管を持つ．これらの陽極は，例えばセンタ・タップ付きのトランスの二次巻き線の両端から給電される．ある半周期は一方の真空管が電流を通し，次の周期はもう一方の真空管が通し，さらに……と繰り返す．整流された電流は常に同じ方向に流れるがその瞬時値は周期的に変動する．この**脈動する直流**は引き続き平滑化される．

三極真空管，または**三極管**は1906年フォレスト(Lee de Forest, 1873–1961)によって発明された．陰極と陽極の間の空間に，第三の，網状の電極，**グリッド**（格子）がある．グリッドの電圧は陽極電流 I_a を制御する．例えばグリッドと陰極の間の負の電位差は電子を減速し，よって j と I_a は減少する．**グリッド電圧特性曲線**は，一定の陽極電圧 U_a の下で，陽極電流 I_a のグリッド電圧 U_g への依存性を表す．異なった U_g に対して，対応する曲線が示され，これらの曲線は増大する平行な曲線群を形成している．電子管の通常の**動作点**は上昇曲線の直線部の中央である．

以下の多くは，主に三極管の動作を記している（多重グリッド管については下記参照）：

相互コンダクタンス（記号 g_m）：$U_a = $ 一定の下での特性曲線は，
$$g_m = \partial I_a / \partial U_g$$

管球の**逆増幅率**（記号 D）：$I_a = $ 一定の下で，U_a の U_g に及ぼす逆作用を表す：
$$D = -\partial U_g / \partial U_a$$

管球の**内部抵抗**（記号 R_i）：$U_g = $ 一定の下で，
$$R_i = \partial U_a / \partial I_a$$

ここで，I_a：陽極電流；I_g：グリッド電流；U_g：グリッド電圧；U_a：陽極電圧．
グリッドの**制御電圧**（記号 U_s）．
$$U_s = U_g + D U_a$$

バルクハウゼンの関係式(Heinrich Barkhausen, 1881–1956 に因む)は三つの量をつなぐ：
$$g_m D R_i = 1$$

さらに次式が成り立つ：
$$I_a = g_m(U_g + D U_a)$$

三極管はまず**増幅器**として**利用**される．グリッドに交流電圧（信号，シグナル）を加えると，同じ周期で陽極電流が変化するが，位相は逆転している．動作特性曲線が十分急峻であれば，陽極抵抗には増幅された交流電圧（増幅された信号）が現れる．**増幅率**（記号 μ）は，
$$\mu = |U_a / U_g|$$

次式が成り立つ：
$$\mu = -g_m(R_a R_g)/(R_a + R_g)$$

ここで，R_a は陽極回路の電気抵抗である．
負記号はグリッド電圧の位相が π だけずれることを示す．

高い増幅のためには，特性曲線ができるだけ急峻でなくてはならない．最大増幅率 μ_{max} は，
$$\mu_{max} = 1/D \qquad \text{最大増幅率}$$

これは滅多に到達できない．

μ は，グリッド電圧が特性曲線の直線部に留まっている限り，歪みがない．

μ はグリッド電流が流れなければ**無損失**である．陽極電圧源は陽極回路から取り去られる出力を補充する．

一つの管の増幅が十分でなければ，その陽極電圧（出力）で第二の三極管のグリッドを制御し増幅することができる．管雑音（上記参照）が増幅の限界を決める．

四極管：スクリーングリッド管にはさらに1個のグリッドが陽極と制御グリッドの間にある．これは逆増幅率を減らす．**空間電荷グリッド管**では，第二のグリッドがカソードと制御グリッドの間にある．これは相互コンダクタンスを増加させる．

五極管，**六極管**等は，対応する多くのグリッドを持つ．

308　電気と磁気

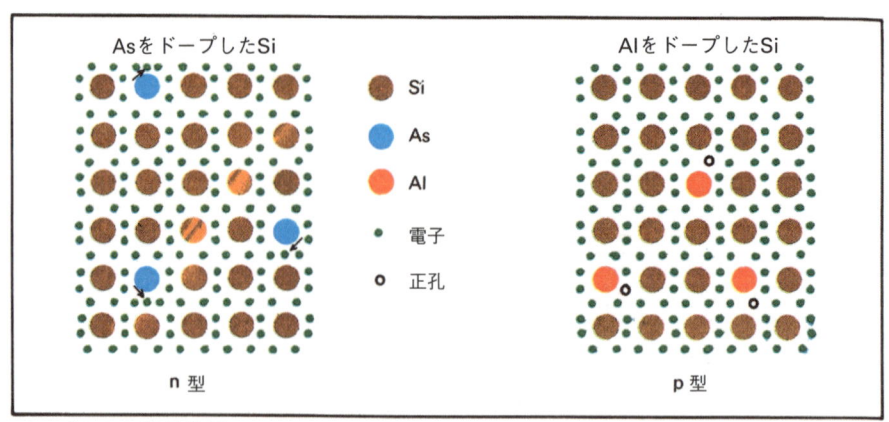

AsをドープしたSi　　　　　　　　　　　　**AlをドープしたSi**

- Si
- As
- Al
- ・ 電子
- ○ 正孔

n型　　　　　　　　　　　　　　　　　　　　p型

ドープされた結晶格子

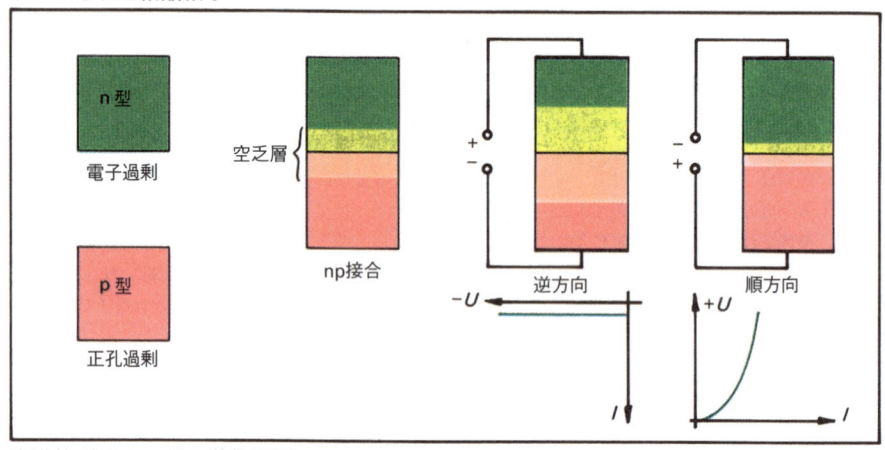

n型　電子過剰

p型　正孔過剰

np接合　　空乏層

逆方向　　　順方向

$-U$　　　$+U$

I

半導体ダイオードの動作原理

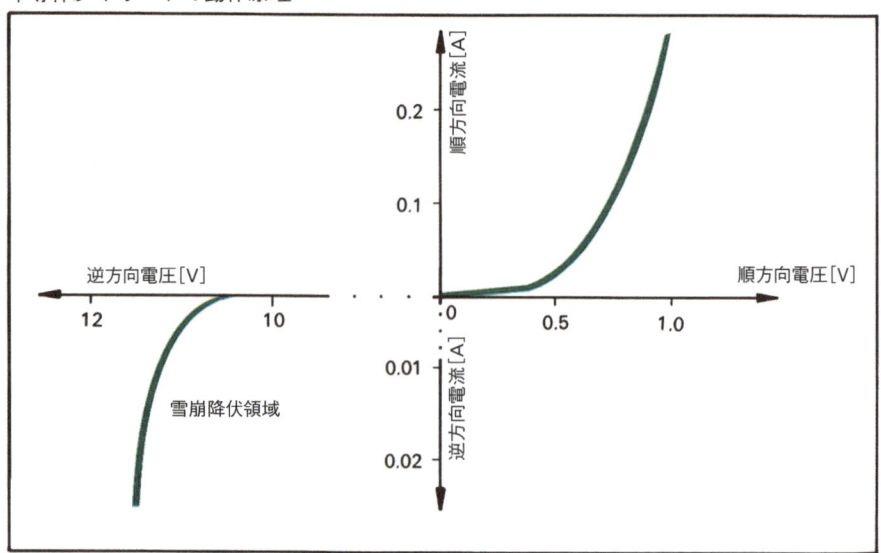

順方向電流 [A]

0.2

0.1

逆方向電圧 [V]　　　　　　　　　　順方向電圧 [V]

12　　10　　　　0　　0.5　　1.0

0.01

雪崩降伏領域

逆方向電流 [A]

0.02

シリコン・ツェナー・ダイオードの特性曲線

電子回路素子用の半導体は主として高純度の Ge 結晶か Si 結晶であり，**ドープされている**．すなわち，周期表の III 族と V 族の元素が意図的に混入される．主として利用されるものは，Al, Ga, In, As, それに Sb（331 頁参照）である．

n 型半導体：As や Sb 原子は 5 個の電子を外殻に持つ．これらが Si や Ge の結晶格子に組み込まれると，1 原子当たり 4 個の電子と結合するが，一つは余る．このため結晶中で電子が過剰になり，過剰電子は準自由電子として振る舞う（335 頁参照）．これによって電流が形成される．

p 型半導体：Al, Ga または In 原子は外殻に 3 個の電子を持つ．これらが Si や Ge 格子に組み込まれると，不純物原子一つごとに，不対で，しかも束縛された電子が 1 個残される（電子欠損）．この不対の電子は外にある自由電子一つと容易に結びつく．すなわち，（自由）伝導電子に対して「穴」（捕獲器）となりうる．自由電子がこの「穴に落ち込む」と，その電子の代わりに新たに正孔が生じる．この**正孔**（ホール）は，また欠陥電子ともよばれ，電子とは逆方向に移動する．これは正の電荷を持つ電流に対応する（335 頁参照）．
電位差が加わると，電子は正極の方へ，正孔は負極の方へ移動する．

半導体素子の長所は，電子管（305 頁以降参照）とは比べようがないほど際だっている．1960 年代以降，半導体はエレクトロニクス界を支配している．

小さい．これはスペースの節約だけではなく，本質的にエネルギー消費が少なくなる事を意味する．さらに超高速スイッチング（GHz から THz）が可能になる．なぜならば，

最小のスイッチ時間＝素子の動作長/光速．

安価であり，**信頼性が高く**，**長寿命**である．これらは電池駆動と携帯機器への使用をうながす．

さらに**フィラメント電力が不要**である．電荷担体（キャリヤー）を作り出す操作をしなくても，既に存在しているからである．

電圧をかけると，キャリヤー（電子と正孔）は電極間の電場の中を移動する．結晶格子の中のこのような移動では，粘性流体中の小物体の運動（粘性抵抗，39 頁参照）に類似して抵抗が発生する．
半導体中のキャリヤーの速度，すなわち，**ドリフト速度** v_{dr} は，

$$v_{\mathrm{dr}} = \mu E \qquad \text{ドリフト速度}$$

ここで，μ：キャリヤーの移動度（219 頁参照），単位は $\mathrm{m^2/(V \cdot s)}$；E：電場の大きさ．

電子管と対照的に半導体結晶中のキャリヤーの速度は一定で，非常に小さく，$v_{\mathrm{dr}} < 1\,\mathrm{mm/s}$ である．

半導体内部の電場が一様であるとき，一定温度の半導体では，電極間の電流密度 j は次のように表される：

$$j = en\mu U/d$$

ここで，e：キャリヤーの電荷；n：電極間のキャリヤーの数密度，単位はキャリヤー数/$\mathrm{m^3}$；U：電位差；d：電極間距離．
これから半導体を流れる電流は，

$$I = jS \qquad \text{半導体電流}$$

これはオームの法則（219 頁参照）である．
ここで，S は半導体の断面積である．

この関係は小電流だけに成り立つ．一般的には，

$$j \approx \varepsilon_0 \varepsilon_{\mathrm{r}} \mu U^2 / d^3$$

ここで，$\varepsilon_0 = 8.854 \times 10^{-12}\,\mathrm{F/m}$：真空の誘電率；$\varepsilon_{\mathrm{r}}$：半導体材料の比誘電率．

特性曲線は半導体の動作特性を表す．電気的諸量の相互依存性は通常直交座標で表示される．

例：最も簡単な半導体，ダイオード（311 頁参照）の**電流–電圧特性**．これは互いに接している n 型と p 型半導体の端を電気的に接合したものである．負側が n 端に，正側が p 端（順方向）になるように直流電圧を加えると，電子は p 領域を，正孔は n 領域を移動し電流が流れる：

$$I = I_0(\exp(e|U|/kT) - 1)$$

ここで，I_0 は**逆方向電流**，または**漏れ電流**であり，温度に依存する量である．Ge ダイオードでは断面積 $1\,\mathrm{cm^2}$ 当たり $1\,\mathrm{mA}$ のオーダー，Si ダイオードでは大体 $1\,\mu\mathrm{A/cm^2}$ である．$k = 1.381 \times 10^{-23}\,\mathrm{J/K}$：ボルツマン定数；$T$：熱力学温度．

特性曲線は原点より始まり，急激に増加する．（しかしながら，非常に多様な半導体ダイオードがあり，それに対応してさまざまな特性曲線がある）．
電気的接続の極性を逆（**逆方向**）にすると，極く僅かな電流が流れる．すなわち，$I \approx I_0$．
したがって，真空管（307 頁参照）とは対照的に，逆方向でも常に非常に小さい電流が流れている．
逆方向に高い電圧を加えると，雪崩（アバランシェ）**降伏**に到る．逆方向電流は指数関数的に増加し，特性曲線は急勾配で降下する．

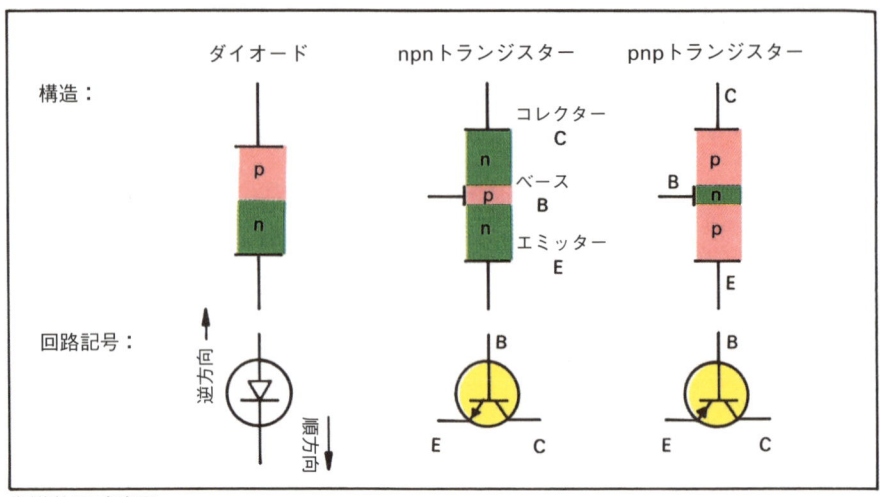

310　電気と磁気

半導体回路素子

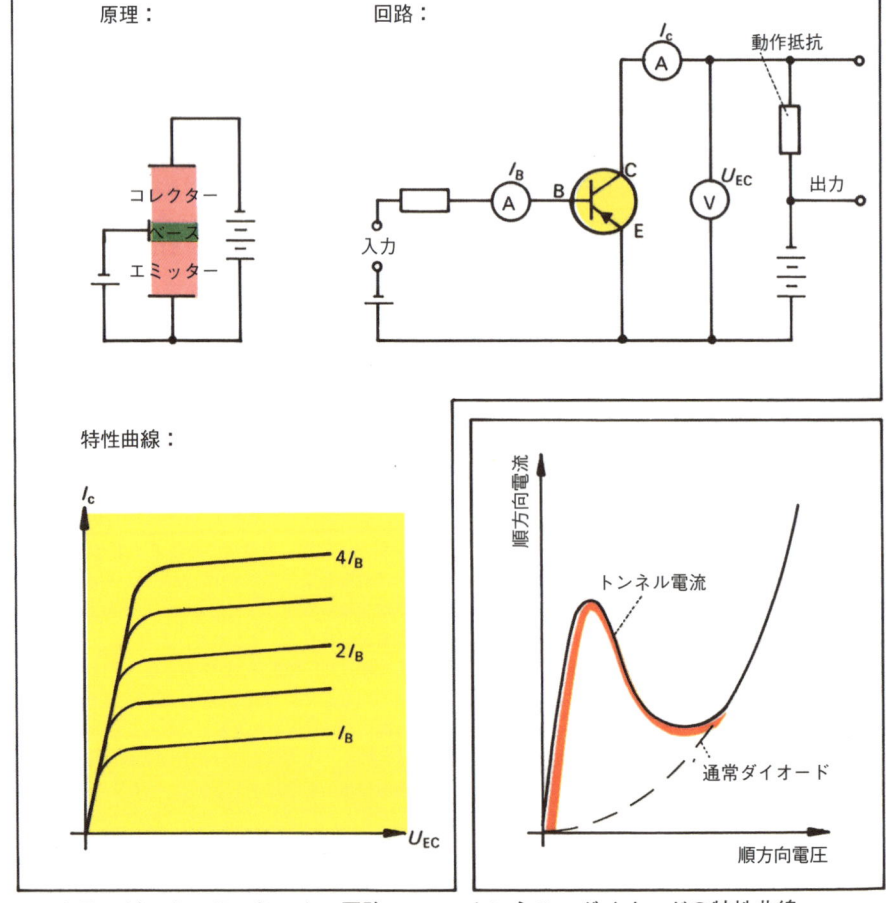

構造：
- ダイオード
- npnトランジスター（コレクター C、ベース B、エミッター E）
- pnpトランジスター（C、B、E）

回路記号：
- ダイオード（逆方向／順方向）
- npnトランジスター（B、E、C）
- pnpトランジスター（B、E、C）

原理：コレクター／ベース／エミッター

回路：入力、I_B、I_C、U_{EC}、動作抵抗、出力

特性曲線：I_C 対 U_{EC}（I_B, $2I_B$, $4I_B$）

pnpトランジスターのエミッター回路

トンネル・ダイオードの特性曲線（順方向電流 対 順方向電圧、トンネル電流、通常ダイオード）

半導体雑音（真空管雑音，305頁も参照）は，特に高いコレクター電圧のときに現れる．本質的原因：ベースを通るキャリヤーの数が統計的に揺らぎ，高い電場では衝突によって，余分な電子正孔対が現れる．

半導体ダイオード：最も簡単な半導体素子であり，n型とp型が互いに接している．

これは，すでに1875年，ブラウン（Karl Ferdinand Braun, 1850–1918）が発見した，半導体結晶に金属針を接触させる**鉱石検波器**をさらに発展させたものである．

半導体のnp接合部には電子と正孔の間に濃度勾配がある．したがって，電子はnからp領域へ，正孔は逆方向へ境界を越えて拡散し，部分的に再結合する．ある狭い領域で電気的中性が消え，電気二重層よりなる遷移領域，すなわち**空乏層**が現れる．電子と正孔の再結合のために，ここでは動けるキャリヤーが欠乏する．空乏層に現れる電位差は**拡散電圧（内蔵電圧）**U_D と呼ばれ，キャリヤーの拡散電流を停止させ，空乏層が安定化される．これは通常，約 10^{-5} cm の厚さである．この層は比較的少数のキャリヤーしか含んでいないので，電気抵抗はダイオードの他の部分より著しく大きい．外部から加えられた電圧は事実上この層で下がる．

二つの場合に分類される：

1) ダイオードの逆方向に電圧を加えると，電子と正孔は離れる方向に移動し，空乏層は厚くなる．したがってダイオードの電気抵抗は（MΩまで）増大し，ダイオードは非常に小さい逆方向電流のみを通す．

2) 順方向向きの電圧をダイオードに加えると，空乏層はより薄くなり，ダイオードの電気抵抗は（数Ωまで）低下する．電流の強さは電圧の増加と共に増大する．

結晶ダイオードの利用：まず第一に，真空管ダイオード（307頁参照）と同様，整流器として利用される．半導体ダイオードは $j > 10$ A/cm^2 のとき，逆方向電圧 > 1 kV を示す．直列接続で，半導体ダイオードは 100 kV 領域までの電圧を整流できる．

トンネル・ダイオードは異常に薄い空乏層（数原子間隔）を持つ．順方向に僅かな電圧 U を掛けても，非常に高い順方向電流（**トンネル電流**）が流れる，すなわち，特性曲線は急勾配で立ち上がる．さらに U を高くすると曲線は急降下し，次いで通常のダイオードのように増加する．

利用：増幅器，超高周波振動（$> 10^{11}$ Hz）の発生．

ツェナー・ダイオードは薄い空乏層を持つ．比較的低い逆方向電圧で高い降伏電流が現れる．

利用：整流電圧の安定化．

フォト・ダイオードは表面近傍の空乏層を利用し，逆方向で駆動される．内部光電効果（179頁参照）により露光すると，空乏層中に付加的なキャリヤーが現れる：照射強度に比例する**光電流**が流れる．

利用：フォトセル

トランジスター：1948年，バーディーン（John Bardeen），ブラッテン（Walter Brattain），およびショックレー（William Shockley）によって発明された（1956年ノーベル賞共同受賞）．

トランジスターは，n形半導体結晶の中の薄い（< 0.1 mm）p層（npnトランジスター）か，あるいはp形結晶中の薄いn層（pnpトランジスター）より作られている．これら三つの層は全て電気的に接合されている．トランジスターの二つの外側の領域は**エミッター**（記号：E），あるいは**コレクター**（記号：C），中間の層は**ベース**（記号：B）と呼ばれる．トランジスターは，したがって，内部に二つの空乏層を持つ．

利用：まず第一に増幅器として：

EとBの間に小さい電圧 U_{EB} が順方向に，EとCの間に高い電圧 U_{EC} が加えられる（ここではnpn型）．これによってBがEに対してわずかに正電位となり，CはEに対して大きく正電位となる．U_{EB} をわずかに高くすると，エミッター電流は急勾配で増加し，それによってコレクター電流も増える．

トランジスターの動作は三極真空管の動作と比較できる．後者においてはグリッドと陰極の間の電圧変化が陽極電流を制御するが，トランジスターではベース電流がコレクター電流を制御する．

重要な差：真空管の制御は電力損失を伴うが，トランジスターの場合に損失はない．トランジスターはフィラメント電力を必要としない．キャリヤーが常時存在しているからである．

増幅率（記号 μ）は，

$$\mu = \text{コレクター電流}/\text{ベース電流}$$

ここでもまた高い増幅率を得るには，特性曲線ができるだけ急勾配でなければならない．$\mu > 100$ が可能である．より高い値を達成するには，いくつかのトランジスターを順次接続する．μ の上限は半導体雑音によって決まる．これは真空管増幅器より高い所にある．

利用目的にしたがって，いくつかのトランジスターのタイプがある．例えば，接合型，点接触型，メサ型，ドリフト型，繊維状トランジスター．

四層トランジスター（例えば，pnpnトランジスター）は高速スイッチとして組み込まれる．

312 電気と磁気

異なる位相差:
陽極信号
負帰還／正帰還
グリッド信号／グリッド信号

入力 — 増幅器 — 出力
U_E ／ U_A
KU_A
帰還回路

帰還
負帰還 (−K) ／ 正帰還 (+K)

誘導帰還／容量帰還／LC
帰還発振器 LC ／ 三点接続

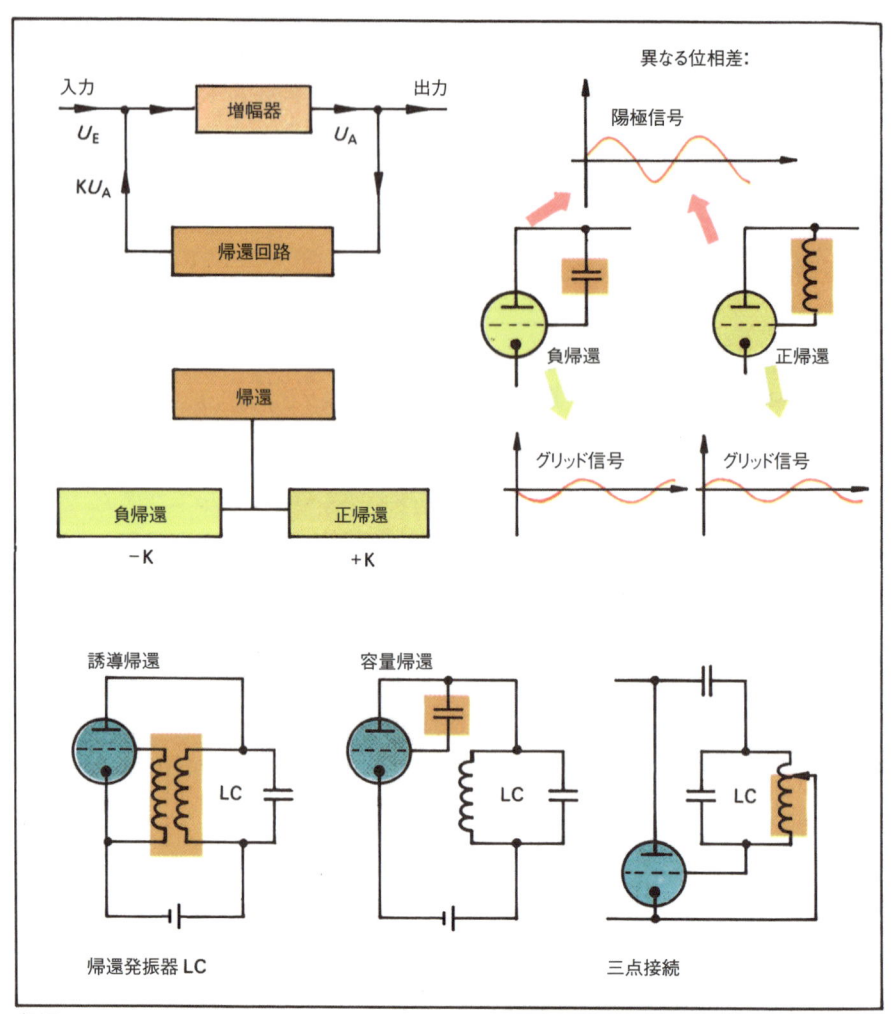

帰還

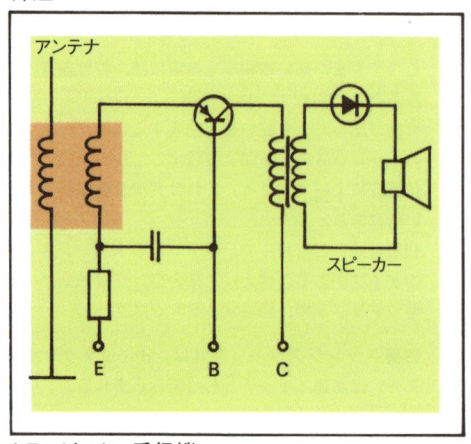

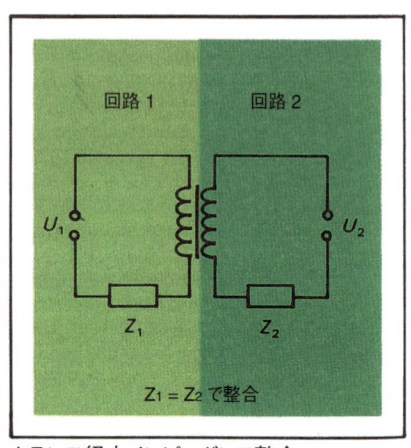

トランジスター受信機
アンテナ／スピーカー／E／B／C

トランス経由インピーダンス整合
回路1／回路2
U_1 ／ U_2 ／ Z_1 ／ Z_2
$Z_1 = Z_2$ で整合

ある装置の出口からのエネルギーの一部を入り口へ戻す，この過程を**帰還（フィードバック）**と言う；例えば，電気技術では，ある電流回路の出力側から交流電流エネルギーをその回路の入り口へ供給する．1913年，マイスナー（Alexander Meissner, 1883–1958）は電気的帰還を導入した．

自然界の事象はしばしば帰還現象を示す．

　例：眼では入射光量が瞳の直径を制御する．帰還は，網膜内で照射強度によって駆動された神経パルスを介して起こる．

力学において帰還は重要な役割を果たす．

　例：振り子時計でアンクルは振り子と組み合わされる．各往復過程でアンクルは一歯だけガンギ車を進行させる．振り子は毎回時計の機械装置を通して小さいエネルギーの補給を受け，摩擦損失を補償する．

入力と出力を持つ電気装置では，

$$U_A = \mu U_E$$

ここで，U_A：出力側電圧；μ：装置の増幅率；U_E：入力側電圧．

帰還が存在すると，U_A の一部分（比率 K）が入力側に返送され，次のようになる：

$$U'_E = U_E + K U_A$$

ここで，U'_E：帰還があるときの U_E；K：**帰還率**．出力電圧は，

$$U_A = \mu U_E / (1 - K\mu)$$

そして帰還があるときの装置の増幅率は，

$$\mu' = \mu / (1 - K\mu) \qquad \text{正味増幅率}$$

K は無次元数で，通常，10^{-3} から 10^{-4} のオーダーである．

次のように類別される：

　正帰還．$K > 0$，したがって $\mu' > \mu$．
　負帰還．$K < 0$，したがって $\mu' < \mu$．
　無帰還．$K = 0$，したがって $\mu' = \mu$．

帰還ユニットは帰還の仲介をする：

誘導形帰還はカソードと真空管グリッドの間あるいはコレクターとベース間の帰還コイルを経由して起こる．**容量形帰還**はコンデンサーを利用し，**マイスナー帰還**は3点スイッチを利用する．

　帰還は非電気ユニット経由でも可能である．

　例：インターフォンのスピーカーとマイクロフォンの間の音響結合は笛のような雑音を招く．

負帰還，すなわち，$K < 0$である帰還は最もよく利用される．帰還シグナルは増幅器の出力側から取られ，180°位相を変えて入力側に導かれる，例えば，増幅用真空管のグリッドへの容量形帰還によって出力信号は安定化される．

　例：ある増幅器の μ が $\mu = 3 \times 10^4$ であり，$K = -1 \times 10^{-3}$ とする．帰還付きの増幅では，

$$\mu' = 3 \times 10^4 / (1 + 30) = 968$$

μ が10%変化して $\mu = 3.3 \times 10^4$ になるとする（例えば，温度シフトや電流供給の揺れなどによる）．すると，

$$\mu' = 3.3 \times 10^4 / (1 + 33) = 971$$

すなわち，μ が10%変化したにもかかわらず，装置の正味の増幅率は0.3%しか変化しない．

負帰還は変化の影響を最小化し，安定化する．その利点があるので，増幅率の低下（ここでは30000から968へ）を受け入れるのである．

応用：非減衰電磁的振動の維持，電気装置の安定化．

正帰還，すなわち，$K > 0$，は比較的稀である．帰還信号は同位相で入力側に導かれる．これは出力信号の不安定化につながる．μ が変化すると正帰還はこの変化をさらに増大させる．

　$K \geq +1$ であれば，帰還は不安定であり，上記の方程式はもはや成り立たない．この過程の数学的記述には複素解析を必要とする．

応用：雪崩的に増大する振動の生成，受信機での分離度の改善 ($K \ll 1$)．

インピーダンスマッチング（整合）

回路が組立られる，例えば，アンテナがラジオの入力に，増幅器の出力がスピーカーにつながれるとき，しばしば一つの回路から他の回路へ最大出力の伝達が要請される．これはインピーダンスマッチング，すなわち，回路1の出力インピーダンスをできる限り回路2の入力インピーダンスに等しくすることで達成できる．

　例：トランスによるインピーダンスマッチング．巻き線 p が回路1に，巻き線 s が回路2にある．すると，電圧 U，電流 I，インピーダンス Z（277頁参照）に対して次式が成り立つ：

$$Z_1/Z_2 = (U_1 I_2)/(U_2 I_1) = (N_p/N_s)^2$$

変圧比 N_p/N_s の選択により，インピーダンスマッチングに到達できる．

気体中の電流輸送

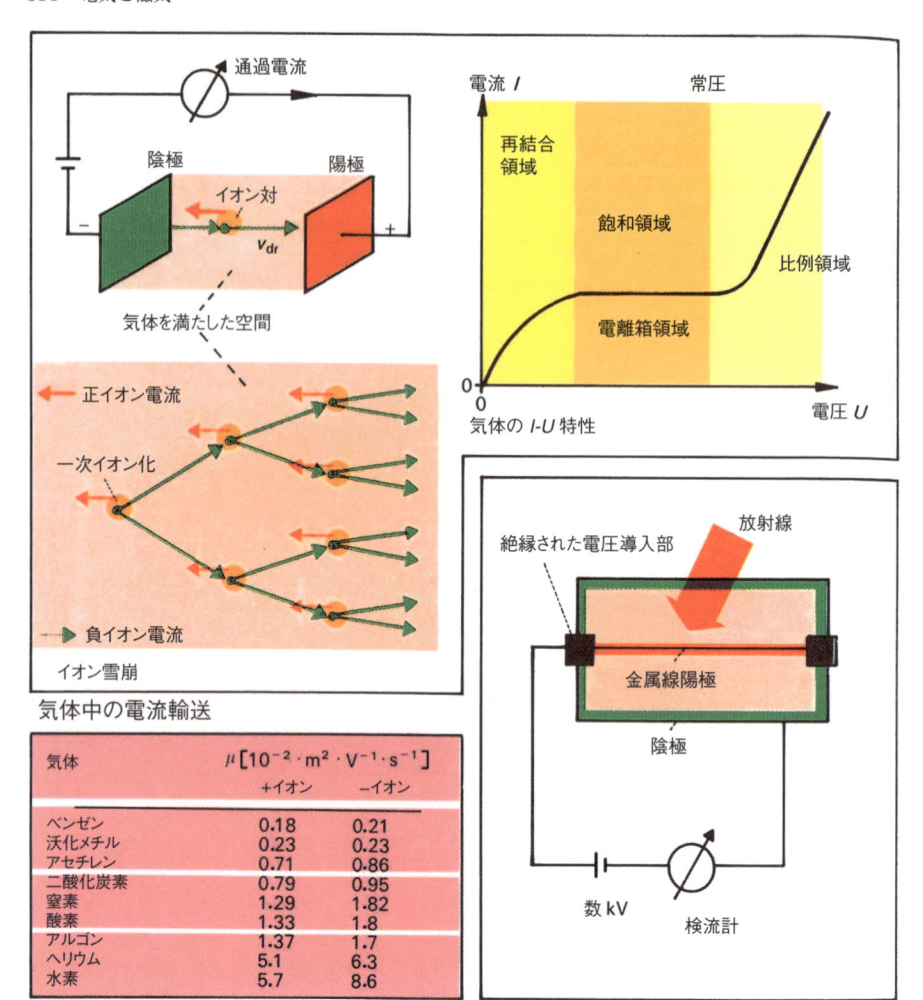

通過電流、陰極、陽極、イオン対、v_{dr}、気体を満たした空間

正イオン電流、一次イオン化、負イオン電流

イオン雪崩

気体の I-U 特性

電流 I、電圧 U、常圧
再結合領域、飽和領域、電離箱領域、比例領域

空気中のイオン移動度 μ（常圧, 18℃）

気体	$\mu\,[10^{-2}\cdot\mathrm{m^2\cdot V^{-1}\cdot s^{-1}}]$	
	＋イオン	－イオン
ベンゼン	0.18	0.21
沃化メチル	0.23	0.23
アセチレン	0.71	0.86
二酸化炭素	0.79	0.95
窒素	1.29	1.82
酸素	1.33	1.8
アルゴン	1.37	1.7
ヘリウム	5.1	6.3
水素	5.7	8.6

円筒形電離箱

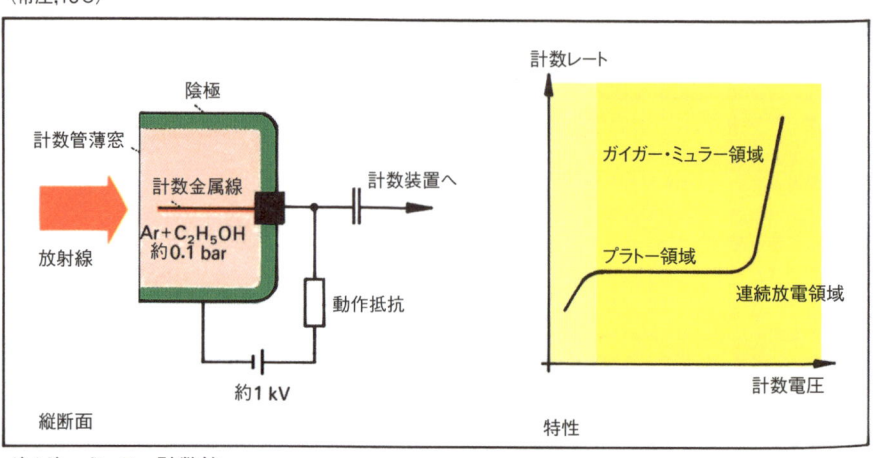

絶縁された電圧導入部、放射線、金属線陽極、陰極、数 kV、検流計

ガイガー・ミュラー計数管

縦断面：陰極、計数管薄窓、計数金属線、Ar+C_2H_5OH 約0.1 bar、計数装置へ、動作抵抗、約1 kV、放射線

特性：計数レート、ガイガー・ミュラー領域、プラトー領域、連続放電領域、計数電圧

普通の状態の気体は絶縁体である．しかし，動き得る荷電粒子（イオン，電子）を含んでいれば電流を通す．

宇宙線や自然放射能によって常時若干のイオンが大気中に存在する．地表付近で自然に存在する空気中のイオンの数密度は約 $10^9\,\mathrm{m}^{-3}$ である．

電離放射線の線量測定は，封入された気体中で電離されたイオン数の測定に基づく（181 頁参照）．電離したイオン同士の**再結合**，またはイオンと電子との再結合は，気体の電離に重要な役割を果たす．再結合は熱衝突に基づくもので，静電引力の役割は無視できる：

$$\tau = 1/(\alpha_\mathrm{i} n_0) \qquad \text{イオンの寿命}$$

ここで，τ：イオンの平均寿命，すなわち，イオンの 50% は τ 内で再結合する；α_i：再結合係数，単位は m^3/s；n_0：時刻 $t=0$ でのイオンの数密度，単位は m^{-3}．

α_i は主として，圧力，温度，イオン種に依存する．

例：標準状態での空気に対して，$\alpha_\mathrm{i} \approx 1.6 \times 10^{-12}\,\mathrm{m}^3/\mathrm{s}$，したがって，$\tau \approx 630\,\mathrm{s}$．これはイオン化された空気分子の平均寿命である．

気体の電気伝導率

電場 E の中でイオンは一様な速度で移動する：個々の衝突までのエネルギー増加は，気体分子との衝突の際のエネルギー損失で相殺される．

$$v_\mathrm{dr} = \mu E \qquad \text{ドリフト速度}$$

ここで，v_dr：イオンのドリフト速度；μ：イオンの**移動度**（219 頁参照），単位は $\mathrm{m}^2\cdot\mathrm{V}^{-1}\cdot\mathrm{s}^{-1}$；$E$：電場の大きさ．

μ はイオン種と環境に依存する．常圧の気体で μ は電解質中での移動度をほぼ 4 桁上回る．

例：電場 $E = 1000\,\mathrm{V/m}$ の中で，O_2^+ イオンは $13\,\mathrm{m/s}$ で陰極方向に移動する．これは O_2^+ の熱運動速度よりもはるかに小さい．

両イオン種とも気体を通しての電流に寄与するが，それらの移動度は幾分異なる．

気体の電気伝導率（記号 γ または σ，単位 S/m）は（217 頁も参照）：

$$\sigma = e(z n_+ \mu_+ + n_- \mu_-)$$

ここで，z：イオンの電荷数（例えば，O^{2+} では $z=2$）；e：電気素量；μ_+, μ_-：両イオン種の移動度，n_+, n_-：両イオン種の数密度．

例：地表付近の空気に対し $\sigma \approx 1 \times 10^{-14}\,\mathrm{S/m}$，$5\,\mathrm{km}$ の高さでは約 $1.5 \times 10^{-13}\,\mathrm{S/m}$．

気体中の電極に電圧 U を加えると電流 I が観測される．I–U 特性図は三つの領域に分けられる：

再結合領域：電極で中性化するイオン数 ≪ 気体中での再結合損失．

オームの法則が成り立つ：

$$I = (\sigma S/\ell) U$$

ここで，S，ℓ：電極の断面積と電極間距離．

飽和領域：非常に少ない再結合損失．事実上全てのイオンは電極に到達する．I は U に依存しない．

比例領域：荷電粒子のエネルギーが，衝突の際に中性原子をイオン化するのに十分であり，それにより，イオン雪崩を引き起こす．U が増加すると，I は急激に増大する．

応用：

電離箱：イオン化放射，例えば X 線の強度測定に利用される（175 頁参照）．それは空気を満たした円筒形容器で，内部に二つの絶縁された電極がある．通常は，外壁が一方の電極になり，中心軸にある導体がもう一方の電極になる．これは常圧，かつ飽和領域で作動する（上記参照）．飽和電流 × 測定時間が，放射によって電離箱体積内に作られるイオンの数に等しい．したがってイオン化線量の尺度になる（181 頁参照）．

計数管：1928 年，ガイガー（Hans Geiger）とミュラー（Walther Mueller）によって発明された検出器であり，個々の粒子を識別できる．これは一つの接地された円筒と中心軸上の導線の陽極から成る．計数管の内部は減圧されている．高い陽極電圧（約 $1\,\mathrm{kV}$）では，荷電粒子が計数管内に入射すると，計数管気体（例えば，アルゴンにアルコール蒸気を混ぜたもの）中にイオン雪崩が発生して放電パルスとなり，これが計数される．

計数管を**比例領域**で動作させると，放電パルスの大きさは，計数管内での粒子のエネルギー損失に比例する．

計数管内の電圧が高い（約 $1\,\mathrm{kV}$）と，計数管は**ガイガー・ミュラー領域**（すなわちプラトー領域）で機能する．一つひとつのイオン化粒子がイオン雪崩を引き起こすことができるので，これによって粒子数が計数される．

316　電気と磁気

放電の型

（左図）電流密度 / 気体圧力、アーク放電、グロー放電、暗放電
（右図）気体放電の特性、U / I、暗放電、グロー放電、アーク放電、蛍光管の領域、放電開始電圧

グロー放電

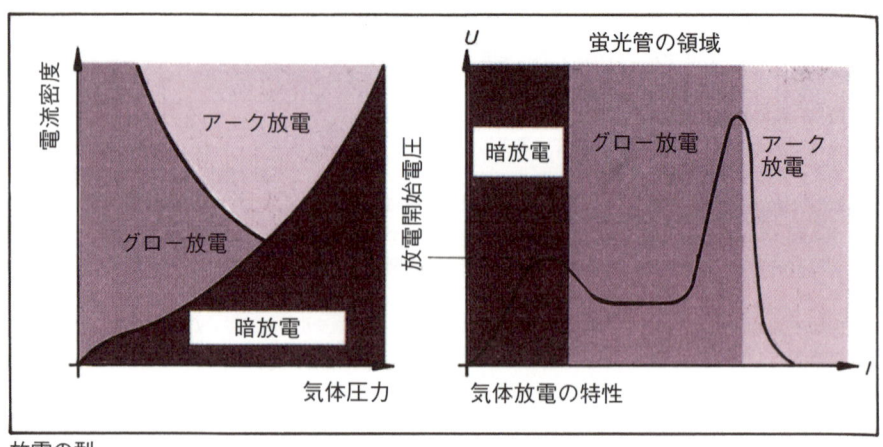

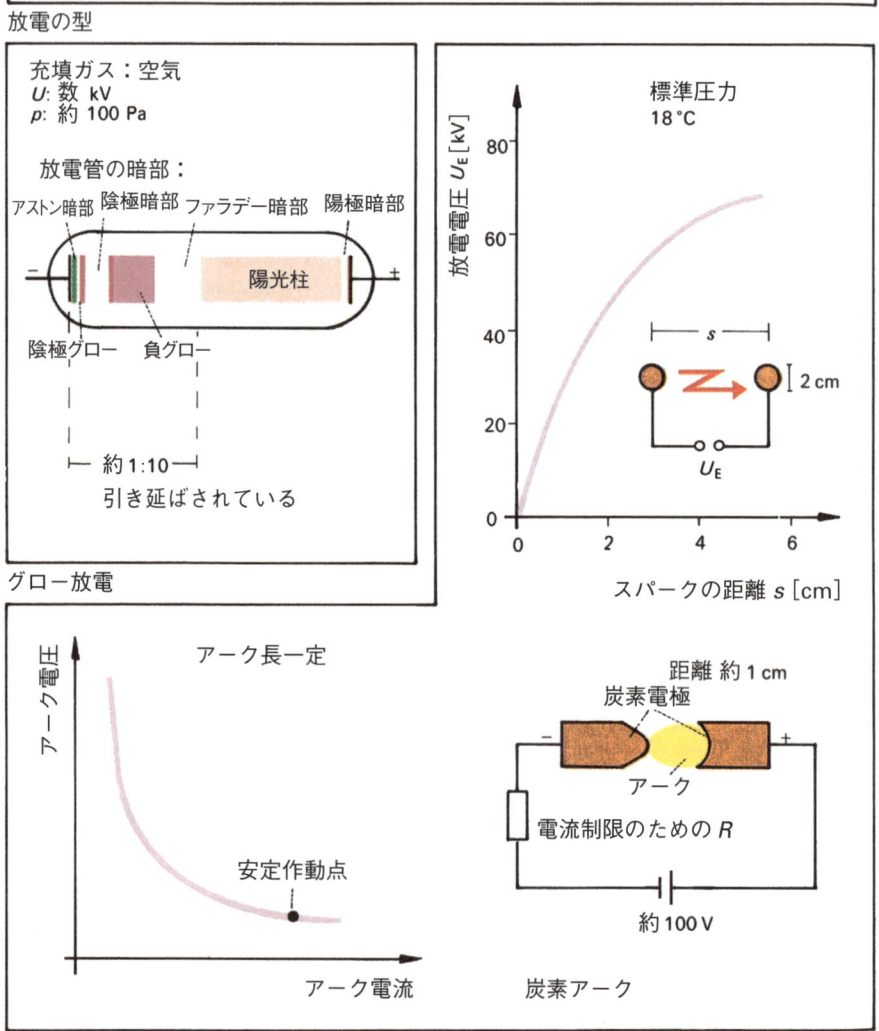

充填ガス：空気
U: 数 kV
p: 約 100 Pa

放電管の暗部：
アストン暗部、陰極暗部、ファラデー暗部、陽極暗部
陰極グロー、負グロー、陽光柱
約 1:10
引き延ばされている

（右図）標準圧力 18 ℃
放電電圧 U_E [kV]
スパークの距離 s [cm]
s、2 cm、U_E

アーク放電

アーク長一定
アーク電圧 / アーク電流
安定作動点

炭素アーク
距離 約 1 cm
炭素電極
アーク
電流制限のための R
約 100 V

低圧の気体を通して電流が流れることを**気体放電**と呼ぶ．これは早くから自然科学者の関心を引きつけていたが，1901 年になってタウンゼント（John Townsend, 1868–1957）が初めて，現象のいくつかを定量的に明らかにした．

非持続（気体）放電は外部からの作用で，自由に動ける荷電粒子（電子，イオン）が生成された場合に起こる．例えば，常に存在する高エネルギー宇宙線（これによって空気 m^3 当たり約 10^9 のイオン対が存在する），あるいはイオン化放射線（181 頁参照）による．

持続（気体）放電は，電極の間に掛けられている電圧によって荷電粒子が生成される場合に発生する．

気体放電の電流–電圧特性：密閉したガラス管に希薄な気体を詰め，両端に電極を溶封し，これらを電源に繋ぐと次のことが観測される：

低い U のとき，I は非常に小さい．U を上げると I は最初ゆっくり上昇し，その後で急速に上昇する．気体はすぐに弱く光り出す（**暗放電**）．U が**放電開始電圧**に達すると，明るい**グロー放電**が起こる．もっと高電圧にすると**アーク放電**が起こる．発光現象は電子が気体原子を衝突励起することによって起こる．

暗放電の場合電流密度は非常に小さい（< 10^{-10} A/m^2）．

グロー放電は 1706 年に初めてハンクスビー（F. Hanksbee）が観測した．この放電は 10^{-9} A/m^2 から始まる．カソードに衝突するイオンが電子を解放し，電子のアノードへの流れによって電流が生じる．気体中での正と負の荷電粒子の移動度は異なる．このために放電管の内部に異なった空間電荷密度を持つ領域ができて，明るい帯域と暗い帯域が生じる．すなわち，カソードとアノードの間にいくつかの明暗領域が観測される：

アストン暗部：カソードのすぐ前の非常に薄い領域．カソードを出て行く電子のエネルギーは，気体原子を発光させるには不十分である．

陰極グロー：光っている薄い領域で非常に大きい電圧勾配を持つ．電子が気体原子を励起して光らせる．

陰極暗部：電子は，衝突の際，気体原子がおおむねイオン化するに十分なエネルギーを持つ．多くの正イオンが発生し，それによって強い局所的な正の空間電荷が生じる．

負グロー：再度，衝突励起の領域．

ファラデー暗部：電場は弱く，電子のエネルギーは低すぎて気体原子を励起することはできない．

陽光柱：最も大きな空間である．ここでは，電場は一定，気体は一定の衝突励起を受ける．さらに，電子とイオンは同数である（**冷たいプラズマ**）．蛍光管（下記参照）の動作領域．

陽極暗部：アノードのすぐ前の暗部．

アーク放電は電流密度が 10^{-4} A/m^2 より大きいときに発生する．それは強力な光度を示す．

カソードは衝突する正イオンの流れで熱せられ，熱電子放出と電界放出（297 頁参照）による大きな電子の流れをもたらす．

この現象は 1812 年デイビー（Humphry Davy, 1778–1829）が最初に研究した．

応用：

水銀蒸気ランプ：水銀蒸気中の二つの水銀電極間にアークが点く．

空気中の炭素アーク燈：二本の炭素棒が電極になる．最初に電極同士接触し，ショートした後それらが引き離される．6000 度に到る温度のアークが炭素電極の間に点く．正の電極には電子の衝突のために穴ができる．そこはカソードよりもはるかに熱い．その穴は非常に明るい光源であり，その光束は 10^5 ルーメンを越えることがある．

利用：サーチライト，カーバイド・アーク炉，ガス点火器，溶接技術，そして極端に硬い材料を加工するためのアーク溶融切除．

火花放電は，速く，かつ，断続的に続くアーク放電である．点弧（放電開始）電圧は気体圧力と電極の形に依存する．

火花ギャップ：たとえば，U を二つの離れた金属球の間に掛ける．その距離を火花が飛ぶまで縮める．一定の気体圧力では火花電圧は電極間隔だけに依存するので，この方法で高電圧が計測される．

気体放電ランプ

低圧ランプは個々の線スペクトルを放射し，これは単色光源として用いられる．

高圧ランプは線スペクトル以外に連続スペクトルを放射する．

蛍光管は気体放電の陽光柱（上記参照）の領域を使う．色は封入ガスに依存する．管の内側の蛍光層と添加気体によって昼光に似た光が得られる．電気から光への転換効率は本質的に白熱電球よりも高い．

318 電気と磁気

放電管内の粒子線

$p < 100$ Pa

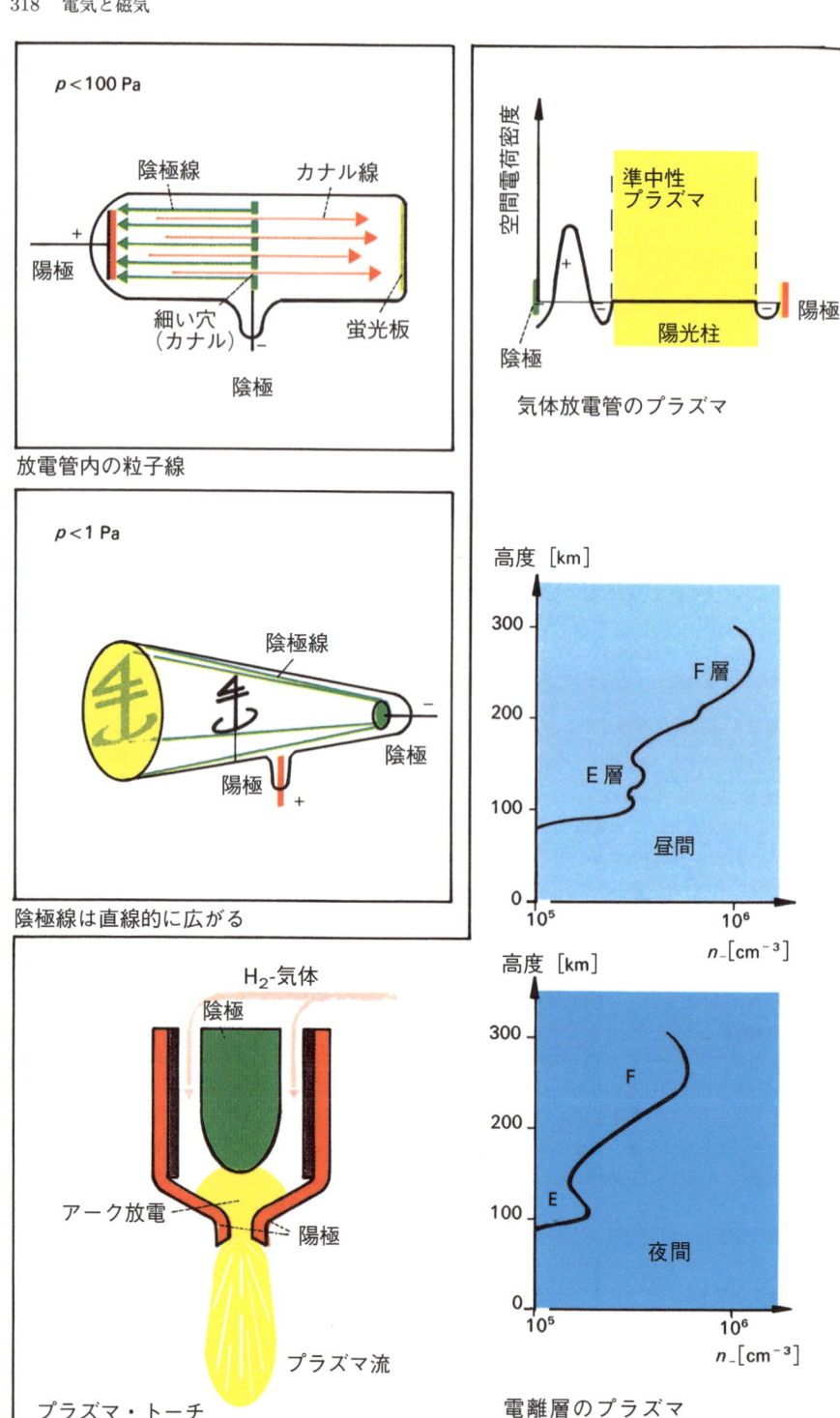

陰極線　カナル線
陽極　＋
細い穴（カナル）
陰極
蛍光板

陰極線は直線的に広がる

$p < 1$ Pa

陰極線
陽極　＋
陰極　−

プラズマ

プラズマ・トーチ

H_2-気体
陰極
アーク放電
陽極
プラズマ流

気体放電管のプラズマ

空間電荷密度
準中性プラズマ
陰極　陽光柱　陽極

電離層のプラズマ

高度 [km]

F層
E層
昼間

n_- [cm^{-3}]

高度 [km]

F
E
夜間

n_- [cm^{-3}]

気体放電現象（317 頁参照）は気体圧力 p に依存する．p が約 100 Pa 以下になると，暗部が放電管の中にどんどん伸びていく．$p > 100$ Pa に対しては陽光柱が主となり，**プラズマ**（下記参照）が放電管を満たす．

陰極線は 1858 年最初にプリュッカー（Julius Plücker, 1801–68）が観測し，ストーニー（George Stoney, 1826–1911）がそれを**電子**と名付けた．それらは，p が約 100 Pa を下回ると，陰極（カソード）からの刷毛状の光るものとして目に見える（陰極線の名の由来）．それが陰極からの電子である．

証拠：磁石による方向の曲がり（297 頁参照）．陰極から放出された電子は cm の程度の平均自由行程（105 頁参照）に達し，残留気体原子を衝突励起によって発光させる．気体圧力を低下させるにつれて，光はゆっくりと消える．ただ陰極に向かい合っているガラス壁が衝突する電子によって緑色の蛍光を発する．電子は陽極に向かって真っ直ぐに飛び，陰極線束を遮った障害物はその影を映す．

陰極線の**速度** v は
$$v = \sqrt{2eU/m}$$

ここで，e：電気素量（素電荷）；U：陰極と陽極の間の電圧；m：電子質量．

例：$U = 100$ V に対して $v = 5.92 \times 10^6$ m/s となる．これは光速の約 2% の速さである．

カナル線は，細い穴を開けられた（よってこの名前がある）陰極の後の空間で黄色い光（空気を充填している場合）として観測される．カナル線は正の気体イオンであり，それを電場が陰極の方向に加速し，その慣性のために穴を開けられたカソードを通過する．1886 年ゴールドシュタイン（Eugen Goldstein, 1850–1930）によって発見され，1898 年ウイーン（Wilhelm Wien, 1864–1928）によってイオンであることが確認され研究された．

カナル線の**速度** v は
$$v = \sqrt{2zeU/m}$$

ここで，z：イオンの電荷数，e の単位で測られる；m：イオン質量．

例：N_2^+ イオンに対して，$U = 100$ V で $v = 2.61 \times 10^4$ m/s となる．イオンの比較的大きな質量のために，v は陰極線 (電子) ビームの速度よりも著しく小さい．

プラズマは，等量のイオンと電子から成る中性の気体である．完全電離プラズマとも呼ぶ．物質の第 4 の状態（45 頁参照）と見なされている．電離が不完全で中性分子が多数存在する気体は不完全電離プラズマと呼ばれる．気体放電の際の陽光柱はこれに対応する．

術語：

電離度 $\chi = n_+/(n_+ + n)$

ここで，n_+：+ イオンの数密度；n_-：自由電子の数密度；n：原子，あるいは気体分子の数密度.
希薄プラズマ：$n_- < 10^{10}$ m^{-3}.
高密度プラズマ：$n_- > 10^{20}$ m^{-3}.
準中性プラズマ：$n_+ \approx n_-$.
完全電離プラズマ：$\chi \approx 1$.
冷たいプラズマ：$T < 10^5$ K.
高温プラズマ：$T > 10^6$ K.

プラズマの密度は小さいことが多いので，直観的な温度の概念は通じにくい．

高圧プラズマ：プラズマの圧力 > 大気圧
低圧プラズマ：プラズマの圧力 < 大気圧

存在（**場所**）：プラズマは宇宙における物質の主たる状態である；星，星間物質，地球の放射帯，オーロラ，電離層，稲妻，炎，アーク，放電の陽光柱，$T >$ 数千度の気体.

「電子の移動度 $\gg$ イオンの移動度」なので，プラズマは**縦振動**を行うことができる．ラングミュア（Irving Langmuir, 1881–1957, ノーベル化学賞 1932 年）は 1925 年プラズマの振動数を求めた：

$$\nu_{\text{Pl}} = 8.98\sqrt{n_-} \qquad \text{プラズマ振動数}$$

ここで，ν_{Pl} は Hz で測られ，n_- は m^{-3} で与えられる．

外部磁場があると，また**横波**プラズマ振動が現れる（電磁流体波，アルヴェーン波）．

地球の**電離層**は冷たいプラズマである．これは太陽光の短波長成分が超高層の空気分子を電離することによって生成される．電気伝導率は数 S/m の程度である．O_2, N_2, O, NO などのうちの優勢な成分の電離に従って，さまざまな ν_{Pl} を持つ層が形成される．

例：200 km の高度で，日中は $n_- \approx 10^6$ cm^{-3} であり，夜間は $n_- \approx 5 \times 10^5$ cm^{-3} である．

電離層では $\nu_{\text{Pl}} <$ 数 MHz である．

ラジオ波は電離層のプラズマに共鳴振動を引き起こして反射されて地球表面に戻ってくる．遮断はラジオ波の振動数が電離層のプラズマ振動数に等しくなる場所で起こる．

超短波とテレビジョン波の振動数はプラズマ振動数より大きく，共鳴は起こらない．よってこれらの波は屈折なしに地球の大気圏，電離層を通り抜ける．したがって，これらの波の到達距離は視界半径に限定される．

320　固体物理学

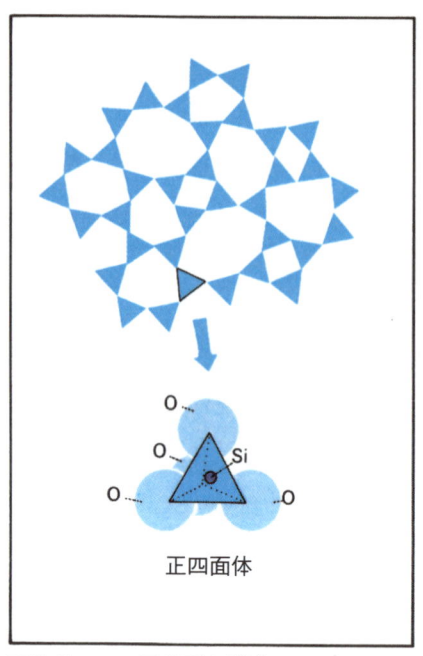

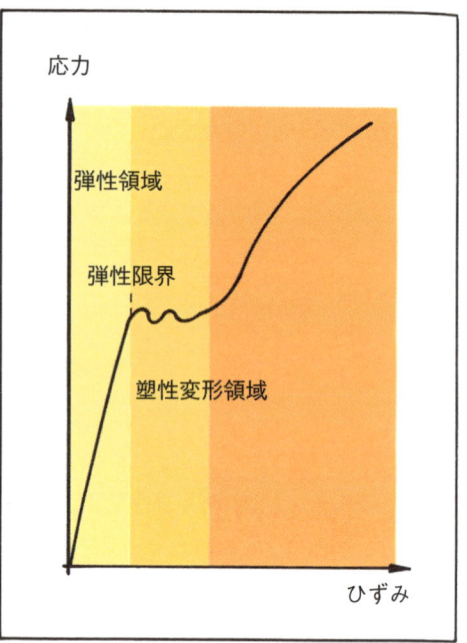

石英ガラスの不規則な構造

O　O　Si　O　O
正四面体

実際の固体

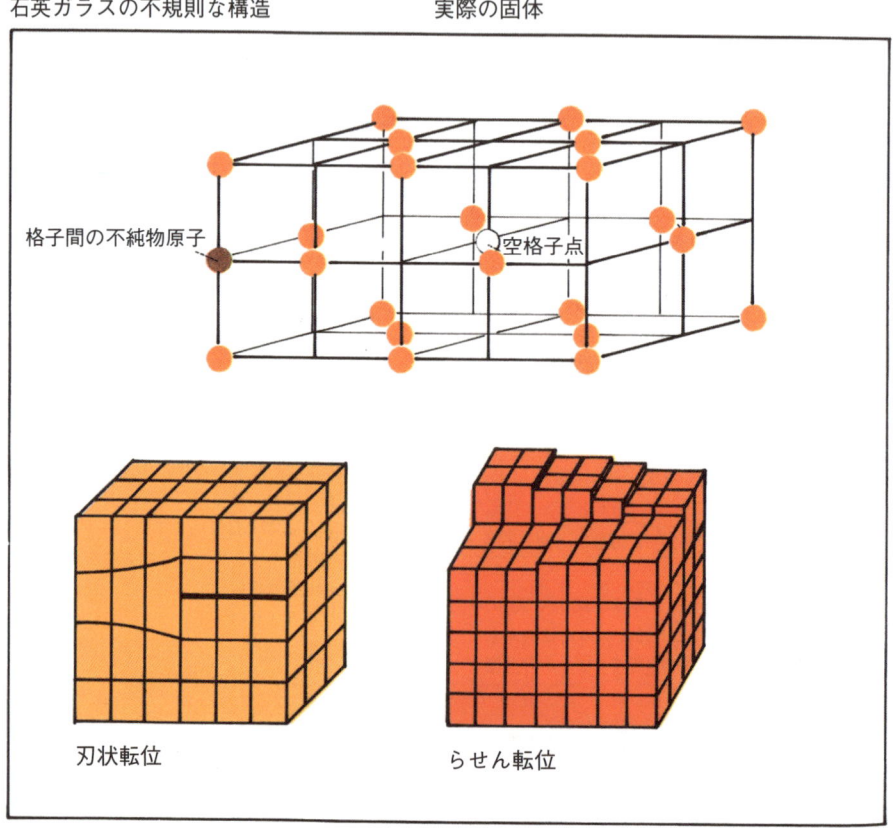

応力
弾性領域
弾性限界
塑性変形領域
ひずみ

格子間の不純物原子　　空格子点

刃状転位　　らせん転位

固体と格子欠陥

1948年のトランジスターの発明は，物理学者の関心を固体物性へ引きつけた．そして**固体物理学**は電子時代を牽引することになる．固体は現象論的に調べることはできるが，実際には，量子論的方法によってのみ理解が可能である．また量子論は予想もしなかった効果を予言することがある．

このことの例は，1980年フォン・クリッツィング（Klaus von Klitzing, 1943–，ノーベル賞1985年）が示した量子ホール効果である．

固い物体はすべて固体というわけではない．結晶構造を持つ固体は，空間的に周期的な基本構造からできている．それらは，点，あるいは線状の欠陥（下記参照）を持っている場合も多い．ほとんどの応用でこの欠陥配列がまさに決定的役割を演ずる．固体には非晶物体もある．

ガラスは高粘性の溶融物（10^{12} Pa·s に到る力学的粘度を持つ）であり，非常にゆっくりと固化状態に移行する（**失透**）．ガラスは液体状態から急速冷却で生成する．その物理的特性は方向に依存せず，或る温度範囲で融解し，従って融点は持たない．最も古いガラスはシリカ・ガラスで，SiO_4 正四面体の角が不揃いに結びついてできている．

アモルファス体にはミクロな結晶の細片からできているものもある．それは結晶状態への移行に対して不安定である．アモルファス体は固体から作られるか（粉砕），あるいは蒸気から作られる（例えば，冷却した面上に析出）．この場合，それは非常に大きな表面積を持っていて，そのために大きな吸着性能を持っている．

例：煤煙，活性炭素，アルミナ Al_2O_3，多くの触媒．

理想固体では，構成物質（原子，分子，イオン）が厳密に規則的に配列している．

単結晶は平行に整列した基礎構造を示すが，また，格子欠陥も持っている．外形は重要ではない．例えばそれはしばしば棒状に成長する．単結晶は純度の高い物質，合金あるいは（意図的に）不純物を添加した物質から生成される．物理的な性質はほとんど格子配列方向に依存する．

応用：半導体工業

ひげ結晶は，純度の高い，非常に細い結晶の繊維である．機械的に非常に安定である．

現実の固体は，理想固体からずれている．それは結晶格子に欠陥，例えば，空格子点，格子間粒子，置換（結晶物質欠陥）などがある．

欠陥：**空格子点**は，結晶格子の占有されていない格子点である．**格子間**には余分の粒子が入ることができる．この二種類の欠陥は結晶の中を動くことができて，その上ある緩和時間内に消滅することができる（例：空格子点の再結合）．急速冷却の際にこの二種類の欠陥はたいてい，そのまま残る（凍結）．

例：NaCl 結晶では Cl 欠陥がよく生じる（**F 中心**）．その結果，結晶は黄色っぽく見える．**異種粒子**が正常格子点を占めたり，あるいは格子間に割り込むことができる．

例：**鋼**では C 原子が多くの Fe 格子点で入れ替わる．そのためにその周囲の形がゆがむが，これは弾性を高める．

結晶構造の**刃状転位**，あるいは**らせん転位**は結晶の弾性的特性を変える．この場合，結晶の各層はもはや互いに支障なく滑ることはできない．このとき，応力–ひずみ図（68頁参照）は弾性限界線の右側で急激な塑性変形を示す．置換で異種原子が容易に入り込む．

応用：鋼の硬化．

高分子固体は高分子からできており（分子質量は数百から数百万原子質量単位），高分子それ自身多数の同じ構成要素（**単量体**）を持っている．分子の配列の様子はアモルファスと結晶の中間である（部分結晶）．

例：

結晶：グラファイト（黒鉛），ダイヤモンド，鉛．
部分結晶：有機ガラス，ポリエチレン．
アモルファス：アクリル．

これらの高分子では体積変化に対して温度依存の逆駆動力 F が発生する：

$$F \propto T\Delta V/V$$

ここで，F：逆駆動力の大きさ；T：熱力学的温度；$\Delta V/V$：相対的な体積変化．

例：**生ゴム**，すなわち，S 原子によって網の目状に結合されたゴムの鎖状分子．次が成り立つ：

$$F = 3NkTl^2 \Delta \ell/\ell$$

ここで

N：架橋結合度；k：ボルツマン定数；ℓ：長さ；$\Delta \ell/\ell$：相対的な長さの変化．

ある境界温度以下ではこの関係は成り立たない．単量体は自由に方向を変えることができなくなるのでゴムはもろくなる．

元素の周期表

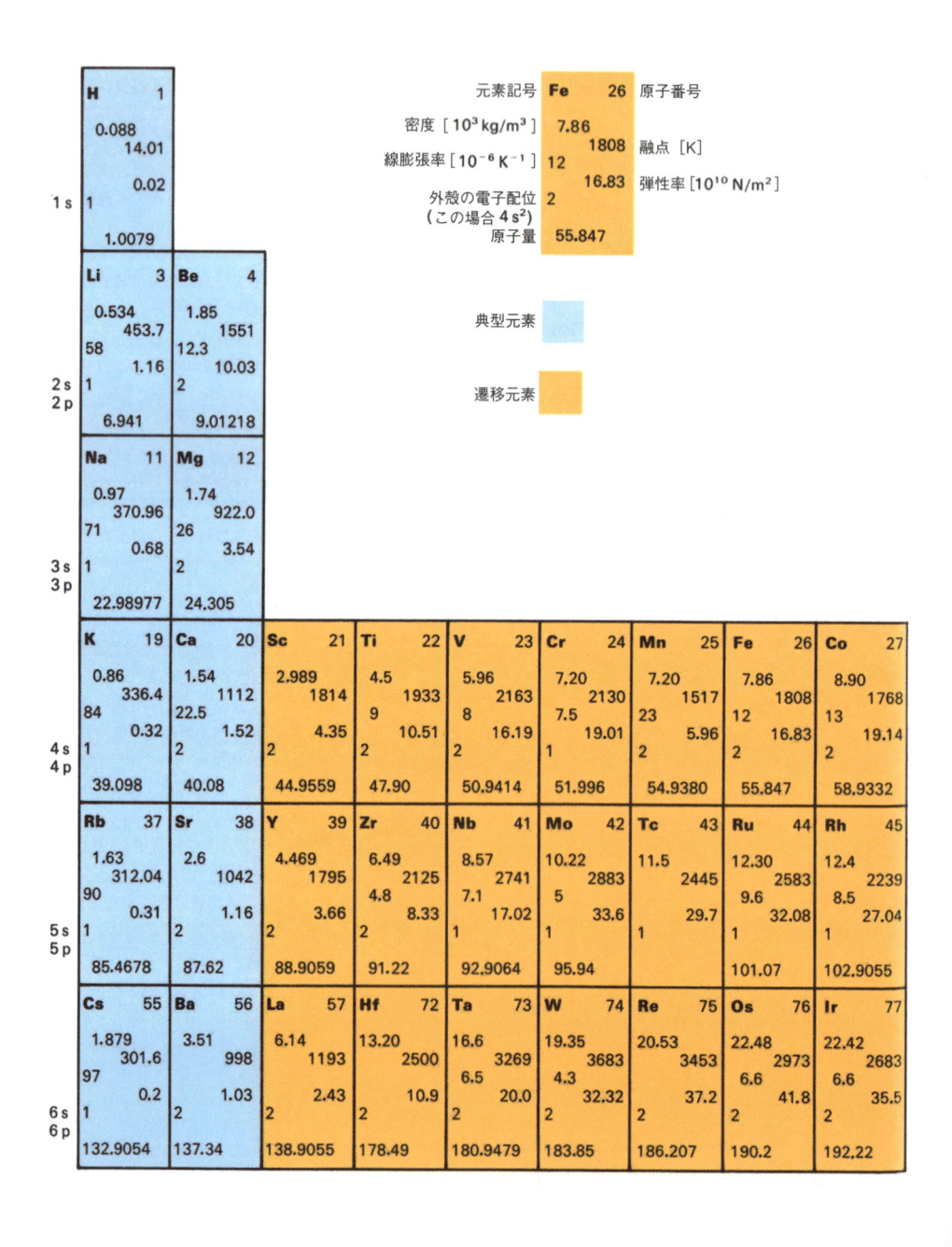

凡例:
- 元素記号: Fe, 原子番号: 26
- 密度 [10^3 kg/m³]: 7.86
- 融点 [K]: 1808
- 線膨張率 [10^{-6} K^{-1}]: 12
- 弾性率 [10^{10} N/m²]: 16.83
- 外殻の電子配位（この場合 4s²）: 2
- 原子量: 55.847

典型元素（水色）／遷移元素（橙色）

	1	2	3	4	5	6	7	8	9
1s	H 1 / 0.088 / 14.01 / 0.02 / 1 / 1.0079								
2s 2p	Li 3 / 0.534 / 453.7 / 58 / 1.16 / 1 / 6.941	Be 4 / 1.85 / 1551 / 12.3 / 10.03 / 2 / 9.01218							
3s 3p	Na 11 / 0.97 / 370.96 / 71 / 0.68 / 1 / 22.98977	Mg 12 / 1.74 / 922.0 / 26 / 3.54 / 2 / 24.305							
4s 4p	K 19 / 0.86 / 336.4 / 84 / 0.32 / 1 / 39.098	Ca 20 / 1.54 / 1112 / 22.5 / 1.52 / 2 / 40.08	Sc 21 / 2.989 / 1814 / 9 / 4.35 / 2 / 44.9559	Ti 22 / 4.5 / 1933 / 10.51 / 2 / 47.90	V 23 / 5.96 / 2163 / 8 / 16.19 / 2 / 50.9414	Cr 24 / 7.20 / 2130 / 7.5 / 19.01 / 1 / 51.996	Mn 25 / 7.20 / 1517 / 23 / 5.96 / 2 / 54.9380	Fe 26 / 7.86 / 1808 / 12 / 16.83 / 2 / 55.847	Co 27 / 8.90 / 1768 / 13 / 19.14 / 2 / 58.9332
5s 5p	Rb 37 / 1.63 / 312.04 / 90 / 0.31 / 1 / 85.4678	Sr 38 / 2.6 / 1042 / 1.16 / 2 / 87.62	Y 39 / 4.469 / 1795 / 3.66 / 2 / 88.9059	Zr 40 / 6.49 / 2125 / 4.8 / 8.33 / 2 / 91.22	Nb 41 / 8.57 / 2741 / 7.1 / 17.02 / 1 / 92.9064	Mo 42 / 10.22 / 2883 / 5 / 33.6 / 1 / 95.94	Tc 43 / 11.5 / 2445 / 29.7 / 1 / —	Ru 44 / 12.30 / 2583 / 9.6 / 32.08 / 1 / 101.07	Rh 45 / 12.4 / 2239 / 8.5 / 27.04 / 1 / 102.9055
6s 6p	Cs 55 / 1.879 / 301.6 / 97 / 0.2 / 1 / 132.9054	Ba 56 / 3.51 / 998 / 1.03 / 2 / 137.34	La 57 / 6.14 / 1193 / 2.43 / 2 / 138.9055	Hf 72 / 13.20 / 2500 / 10.9 / 2 / 178.49	Ta 73 / 16.6 / 3269 / 6.5 / 20.0 / 2 / 180.9479	W 74 / 19.35 / 3683 / 4.3 / 32.32 / 2 / 183.85	Re 75 / 20.53 / 3453 / 37.2 / 2 / 186.207	Os 76 / 22.48 / 2973 / 6.6 / 41.8 / 2 / 190.2	Ir 77 / 22.42 / 2683 / 6.6 / 35.5 / 2 / 192.22

元素周期表

								He 2 0.147 0.95 2 4.00260	1 s
			B 5 2.35 2570 1.2 17.8 2 1 10.81	C 6 3.51 3820 54.5 2 2 12.011	N 7 1.026 63.29 0.12 2 3 14.0067	O 8 1.426 54.8 2 4 15.9994	F 9 1.51 53.53 2 5 18.99840	Ne 10 1.51 24.48 0.10 2 6 20.179	2 s 2 p
			Al 13 2.70 933.5 23.8 7.22 2 1 26.98154	Si 14 2.33 1683 7.6 9.88 2 2 28.086	P 15 1.82(黄) 317.25 124 3.04 2 3 30.97376	S 16 2.07(α) 385.9 64.1 1.78 2 4 32.06	Cl 17 2.03 172.2 2 5 35.453	Ar 18 1.77 83.95 0.16 2 6 39.948	3 s 3 p
Ni 28 8.90 1728 12.8 18.6 2 58.70	Cu 29 8.92 1537 16.8 13.7 1 63.546	Zn 30 7.14 692.73 26.3 5.98 2 65.38	Ga 31 5.90 302.9 18 5.69 2 1 69.72	Ge 32 5.35 1210.6 6 7.72 2 2 72.59	As 33 5.73 1090 37 3.94 2 3 74.9216	Se 34 4.81(灰色) 490 37 0.91 2 4 78.96	Br 35 4.05 266.0 2 5 79.904	Kr 36 3.09 116.6 0.18 2 6 83.80	4 s 4 p
Pd 46 12.02 1827 11 18.08 106.4	Ag 47 10.5 1235.08 19.7 10.07 1 107.868	Cd 48 8.64 594 29.4 4.67 2 112.40	In 49 7.30 429.8 56 4.11 2 1 114.82	Sn 50 5.76(灰色) 505.12 27 5.5 2 2 118.69	Sb 51 6.68 903.6 10.9 3.83 2 3 121.75	Te 52 6.00 722.7 17.2 2.30 2 4 127.60	I 53 4.93 386.7 83 2 5 126.9045	Xe 54 2.7 161.3 2 6 131.30	5 s 5 p
Pt 78 21.45 2045 9.0 27.83 1 195.09	Au 79 19.31 1337.58 14.3 17.32 1 196.9665	Hg 80 13.59 234.28 3.82 2 200.59	Tl 81 11.85 576.7 29 3.59 2 1 204.37	Pb 82 11.34 600.65 29.4 4.30 2 2 207.2	Bi 83 9.80 544.5 13.5 3.15 2 3 208.9804	Po 84 9.31 527 2.6 2 4	At 85 575 2 5	Rn 86 4.0 202.1 2 6	6 s 6 p

一次元格子

格子定数

二次元格子

≠ 90°, 60°

単位格子

斜方格子

長方格子

六方格子

正方格子

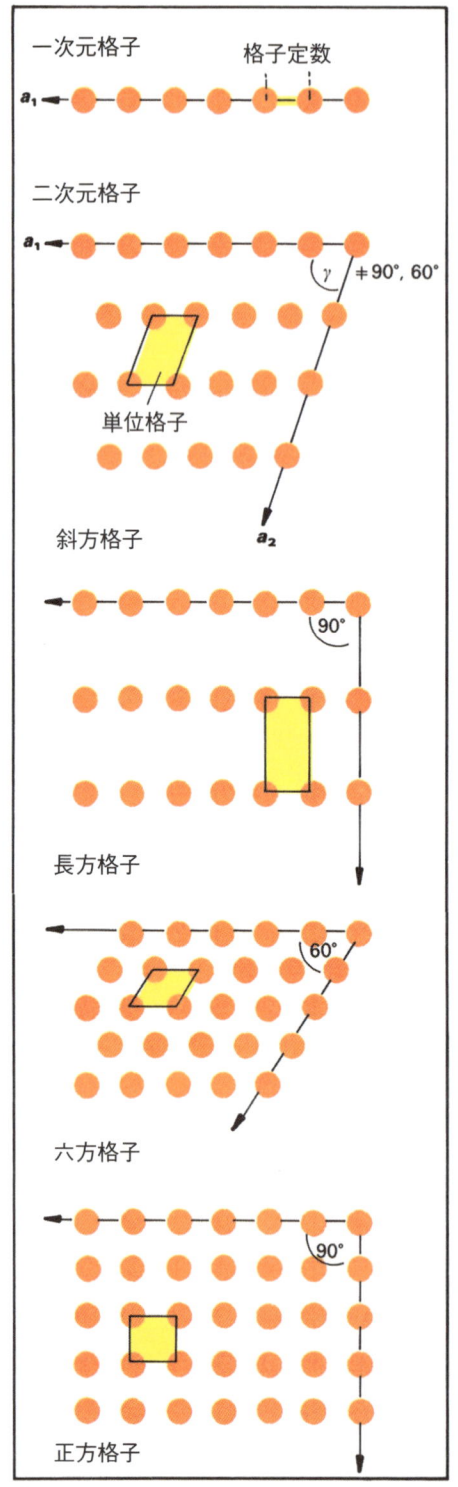

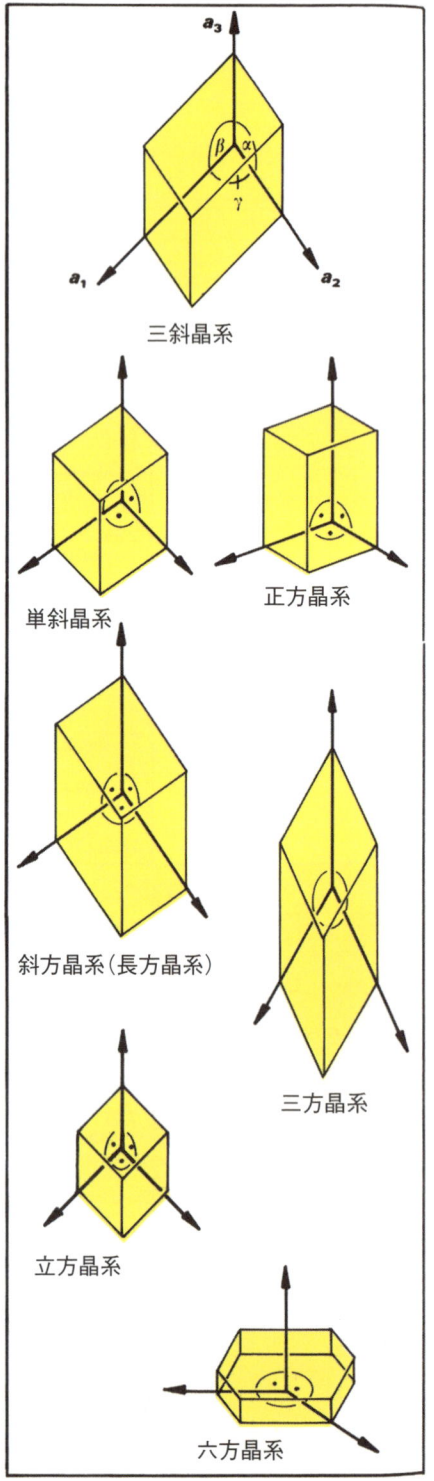

格子

七つの空間格子系

三斜晶系

単斜晶系

正方晶系

斜方晶系（長方晶系）

三方晶系

立方晶系

六方晶系

結晶は固体であり，その構成要素である原子，イオン，分子は**格子**の点を占めている（下記参照）．その性質の多くは**異方性**である．すなわち，それは方向によって異なった性質を示す．

例：熱膨張係数，硬さ，劈開性，弾性，電気伝導度，光の屈折．

これらの異方性は構成要素の長距離秩序，すなわち規則的な配列に基づく．気体と液体はほとんどいつも等方的である．

格子は結晶の幾何学的な構造を示す．結晶構成要素の位置は空間的な点で表される．

多くの結晶（まず第一に塩）は二つの組み合わされた部分格子として表される．

例：NaCl は Na^+ 部分格子と Cl^- 部分格子からできている．

格子は対称に，かつ，周期的に**格子点**を配置したものである．一次元格子，二次元格子，空間格子の区別がある．**格子ベクトル**（記号：R）は，一つの格子点の最近接の格子点の位置を定める．それは，

$$R = n_1 a_1 + n_2 a_2 + n_3 a_3$$

ここで，a_1, a_2, a_3：線形独立な，同一平面にない，格子の**並進ベクトル**；n_1, n_2, n_3：整数値．

隣接した格子点の最小の距離は**格子定数**である．$n_1 = n_2 = n_3 = 1$ に対して並進ベクトルは空間格子の**単位格子**を構成する．並進によって単位格子は異なった格子点に移り，その空間を隙間なくみたす．空間格子は格子定数と並進ベクトル間の角度 α, β, γ で決定される．

面角一定の法則：1669 年ステノ（Nicolaus Steno, 1638–86）によって法則化された．同一の化学成分を持つ同種の結晶において，対応する面同士のなす角の大きさはつねに一定である．

結論：外的様相（外的特徴）が異なっているときでも，同じ結晶である場合がある．

格子の用語：

対称軸：対称軸周りの回転によって格子は等価の格子に移行する．全360°回転で格子はそれ自身と一致するが，その間に何回か一致する場合，その回数を**対称回数**と呼ぶ．1, 2, 3, 4, 6 回対称の格子がある．それぞれは，360°，180°，120°，90°，そして 60°の角度回転対称に対応する．

例：正八面体は 1, 2, 3, 4 回対称軸を持っている．

対称面：対称面は結晶を二つに分ける．それらは互いに鏡像の関係である．全ての可能な対称面，対称軸と対称点を組み合わせると，32 の**晶族**に分類できる．

例：1 回対称軸だけの格子（結晶：$CaS_2O_3 \cdot 6H_2O$）から多回数対称の立方格子（結晶：NaCl）まで．

全ての晶族は 7 つの晶系に分類される：

三斜晶系：並進ベクトル a_1, a_2 と a_3 はすべて異なる．同様に，傾斜角 α, β と γ もすべて異なり，どれも 90° ではない．すなわち，全ての結晶軸は長さが異なり，互いに斜めになっている．

単斜晶系：a_1, a_2, a_3 はすべて異なり，$\alpha = \gamma = 90° \neq \beta$．

斜方晶系：a_1, a_2, a_3 はすべて異なり，$\alpha = \beta = \gamma = 90°$．

正方晶系：$a_1 = a_2 \neq a_3$ で $\alpha = \beta = \gamma = 90°$．

立方晶系：$a_1 = a_2 = a_3$ で $\alpha = \beta = \gamma = 90°$．

六方晶系：$a_1 = a_2 \neq a_3$ で $\alpha = \beta = 90°$，$\gamma = 120°$．

三方晶系：$a_1 = a_2 = a_3$ で $\alpha = \beta = \gamma \neq 90°$．

ブラベ格子は，1850 年ブラベ（Auguste Bravais, 1811–63）によってまとめられた格子配位である．これは角の点だけでなく，もっと多くの格子点が占められる格子系から成る．これらの格子点に対して四つの可能な配位がある．すなわち，体心，面心，そして立方格子でない場合は底面か，他の面の中心．14 のブラベ格子がある．

磁気的構造を考慮する場合には，さらに分類することができる．

32 の晶族と可能な並進を組み合わせると，230 の**空間群**が生じる．

結晶構造解析

結晶構造解析は結晶構造を知るための実験方法である．すなわち，格子定数や空間群を調べる方法である．基本は空間格子（177 頁参照）での短波長**電磁波**（$\lambda \approx 10^{-10}$ m）の回折である．回折は，格子点を占める構成要素の電子で起こる．これらが空間的に広く格子点を覆うにもかかわらず，電子全体は点状の回折中心と見なすことができる．

回折パターンを調べると空間群と格子定数が判るだけでなく，また結晶内の電子密度が分かる．この密度が原子間で非常に小さければ，それは**イオン結晶**である．

結晶の単位格子の原子の位置を決定するためには，単結晶を調べる．

結晶構造解析はまた熱中性子（平均エネルギー：0.039 eV）によっても行われる．この場合，原子核が回折中心である．

長所：重い原子と軽い原子とでできている結晶が解析できる．また，同位元素の区別，結晶の表面の様子だけを調べること．

Cl⁻部分格子

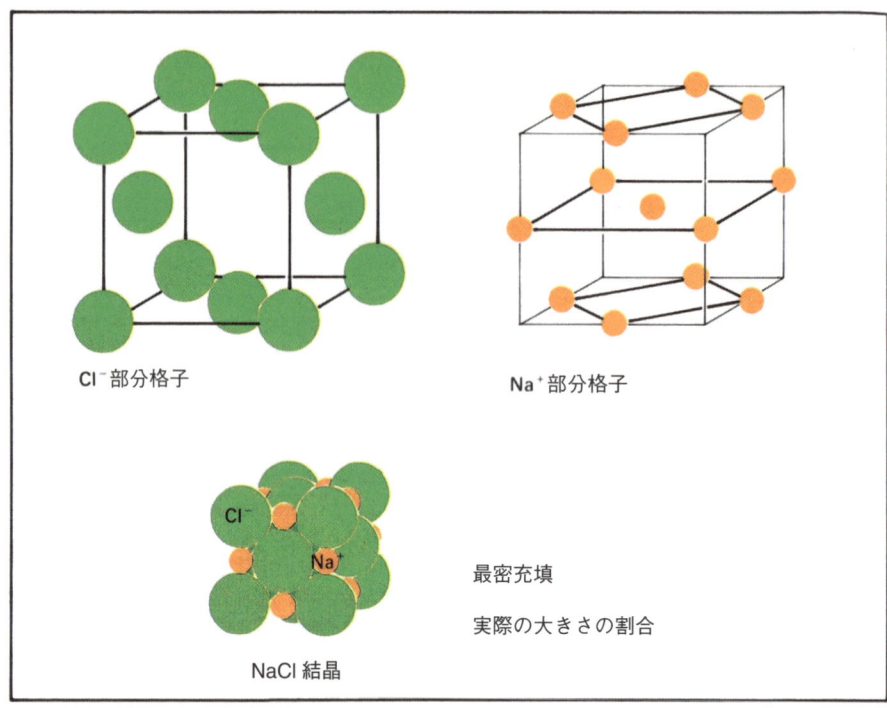

Na⁺部分格子

NaCl 結晶

最密充填

実際の大きさの割合

立方最密充填

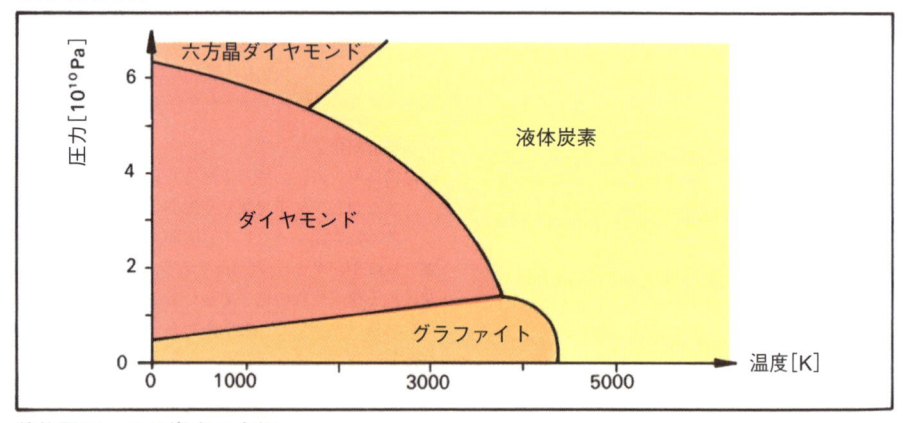

状態図における炭素の変態

イオン	半径[10⁻¹⁰ m]	イオン	半径[10⁻¹⁰ m]
F^-	1.36	Be^{++}	0.31
O^{--}	1.40	Mn^{7+}	0.46
Cl^-	1.81	Mn^{4+}	0.50
S^{--}	1.84	Fe^{3+}	0.67
Br^-	1.95	Mn^{--}	0.80
Se^{--}	1.98	Fe^{++}	0.82
I^-	2.16	Ca^{++}	0.99
Te^{--}	2.21	Sr^{++}	1.13
		B^{++}	1.35
		Cs^+	1.69

イオン結晶におけるイオンの半径

原子，イオンあるいは分子が格子点を占めると結晶ができる．結晶中で，ある構成要素を囲む最近接構成要素の数は**配位数**と呼ばれる．

配位数は 4, 6, 8, そして 12 が多い．
重要な概念：

同形：同じ形，構造のイオン結晶（下記参照）で僅かに異なったイオン半径（下記参照）を持つものを同形と呼ぶ．それは，統計的に分配された正イオンと負イオンの格子点をもつ混合結晶である．
例：$NaCl + AgCl$, $MgSO_4 + FeSO_4$.

同タイプ：同じ形，構造の結晶であるが，非常に異なったイオン半径を持っているものを同タイプと呼ぶ．
同タイプの結晶は例えば：$NaCl$, PbS, $TiCl$ と MgO.

同素体：同じ元素からできたいろいろな結晶．ある決まった温度で，一つの結晶形から他の結晶形へ移行し，同時に多くの性質を変える（色，密度，結晶型 など）．
例：C（炭素）同素体はダイヤモンドと黒鉛である．

多形：同一の化学組成を持ちながら，異なる結晶形を示すこと．
例：辰砂（しんしゃ）（赤）と黒辰砂（黒）は HgS の多形である．

多くの空間群による制限付きであるが，非常に沢山の異なった結晶構造が存在する．そのうちで次の二つは最も重要である：

立方最密充填：または岩塩型とも呼ばれる．この構成要素の充填密度に特別な方向はない．充填率は 74%，単位格子は面心立方格子である．元素のうち 24 だけがこの構造を示す．例えば Cu.
例：$NaCl$．二つのイオンそれぞれの面心立方格子が互いに組み合わさって岩塩構造を形成する．陰イオンの最密構造の隙間を陽イオンが埋める形である．

六方最密構造：充填率は 74%．単位格子は基本六方格子である．たとえば，Mg.
例：ZnS．ウルツ鉱型と呼ばれる．両イオンのどちらも六方最密充填の部分格子を形成する．S の格子点と Zn の格子点が同じ粒子で占められると氷型格子が生じる．

結晶結合

構成要素間の静電気力と量子力学効果によって結合し，静磁気的な寄与はほとんどない．下記のように分類される：

イオン結晶：構成要素は交互に正と負になる．それらは**イオン結合**で結びついている．（元素の周期表で）一つの周期内のイオンが互いに離れているほど，結合は安定である．イオン結晶は，塑性変形を別にすると，自由に変形できることはほとんどない．というのは結晶内で格子面が互いにいずれる際に同じ符号を持つイオンが近づくからである．空間を満たしているイオンの詰まり方から**イオン半径**が計算される．
例：$NaCl$, $CsCl$, ZnS.

共有結合結晶：構成要素が共有結合，すなわち，隣り合った原子が二つの電子（電子対）を共有して強く結ばれている結晶である．同じ原子，あるいは周期表で隣り合っている原子は共有結合結晶をつくる．これは非常に硬い．
例：C（ダイヤモンド），Si，Ge，SiC.

分子結晶：結合は，非常に弱いファン・デル・ワールス力を介して起こり，ときには水素結合で補う．これらは低い硬度と低い融点を持つ．
例：H_2, S_2, 有機分子（例えば，DNA 二重らせん）．

金属結晶：原子は非常に密に詰め込まれている．価電子は全て共有されていて，動き回っている**電子気体**を形成する．配位数は高く，12 にまでなる．格子面は互いに容易にずれ，従ってこの結晶は変形しやすい．
例：金属と遷移金属．

格子面に不純物原子を導入すると滑りを阻害する．このような不純物添加金属結晶は非常に硬い．

結晶成長は，格子面内のエネルギー的に適した場所で，原子の鎖に沿って格子面内で始まる．また，格子面の芽がある場所に新しい格子面が形成される．結晶成長は溶解物，蒸気，溶液から起こる．

技術的な方法は多種多様である．例えば，冷却した種の結晶を溶解物に浸しゆっくり引き上げる．あるいはゾーン溶融法で多結晶物質から作る．

結晶水は結晶格子に取り込まれている H_2O 分子である．この H_2O は数百度に熱すると抜け出し，結晶は崩壊する．
例：石膏 $CaSO_4 \cdot 2H_2O$ は $190°C$ 以上で崩壊し，無水 $CaSO_4$ になる．

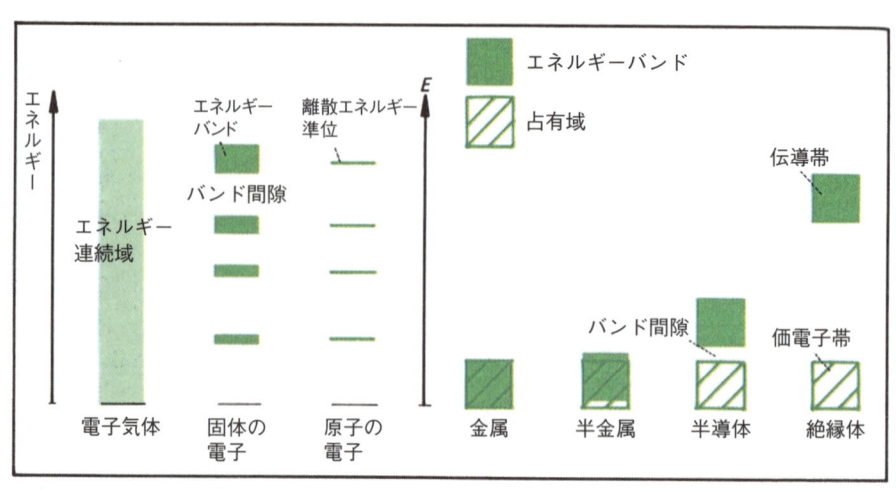

エネルギーバンド(帯)とその占有の様子

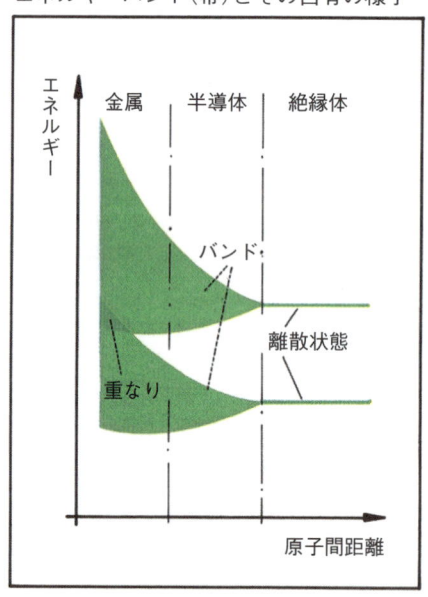

凡例:
- エネルギーバンド
- 占有域

区分: 電子気体（エネルギー連続域） / 固体の電子（エネルギーバンド、バンド間隙） / 原子の電子（離散エネルギー準位） / 金属 / 半金属 / 半導体（バンド間隙、伝導帯、価電子帯） / 絶縁体

エネルギーバンドの広がり

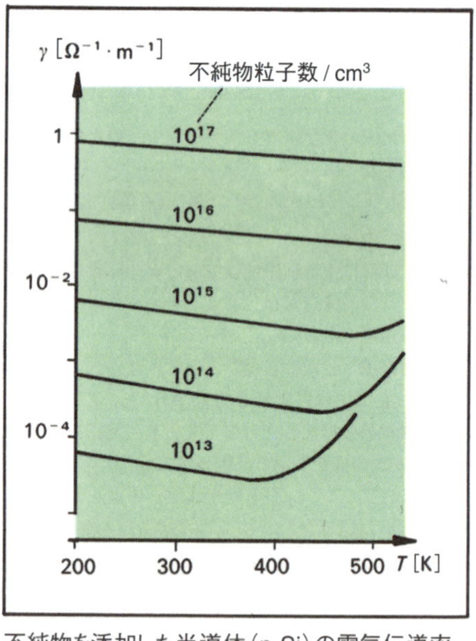

縦軸: エネルギー　横軸: 原子間距離

区分: 金属 / 半導体 / 絶縁体
ラベル: バンド、離散状態、重なり

不純物を添加した半導体(n-Si)の電気伝導率 γ

縦軸: $\gamma\ [\Omega^{-1}\cdot m^{-1}]$　横軸: $T\ [K]$

不純物粒子数 / cm³: 10^{17}, 10^{16}, 10^{15}, 10^{14}, 10^{13}

幾つかの半導体のバンドギャップ ΔW

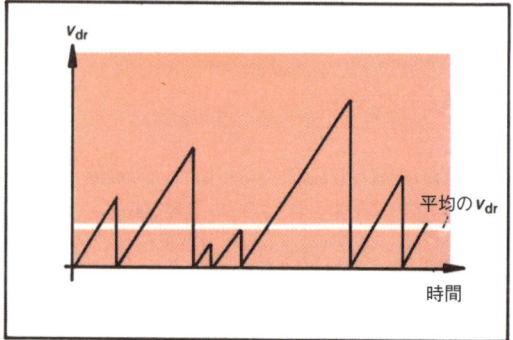

物質	ΔW [eV]
ダイヤモンド	5.4
ZnO	3.44
AgCl	3.2
SiC	3.0
CdS	2.58
GaAs	1.52
Si	1.17
ZnS	0.91
GaSb	0.81
Ge	0.74
InAs	0.36
PbS	0.29
InSb	0.23

固体の電子のドリフト速度 v_{dr}

縦軸: v_{dr}　横軸: 時間
ラベル: 平均の v_{dr}

固体中の電流は電子によって生じ，その電子は内部で多かれ少なかれ自由に動くことができる．主として固体の結晶構造が電気伝導率を決める．

電子気体：原子の中のいくつかの電子は原子と非常に弱く結びついているので，ごくわずかなエネルギー（例えば，熱エネルギー）でそれらは原子から離れる．これら全ての電子の集合が**電子気体**を形成し，固定している格子構成粒子に相対的に動くことができる．

理想的な電子気体は，$T > 10^5$ K あるいは $p > 10^{13}$ Pa，またはその両方を備えた物質で，例えば恒星に存在する．

電子は熱速度で格子の間を不規則に動く．格子間を動く電子は，衝突と次の衝突の間に平均自由行程 ℓ（105 頁参照）を動く．

例：室温で Cu では $\ell \approx 10^{-8}$ m である．10 K では ℓ は数センチに増える．

電場は電子に電場の方向の速度を加える．これは熱速度に比べると非常に小さい．両速度が合わさってドリフト速度 v_{dr} となる．次が成り立つ：

$$v_{\mathrm{dr}} = eE\ell/(2\bar{v}m_e) \qquad \text{ドリフト速度}$$

ここで，e：電気素量；E：電場の大きさ；$\bar{v}$：平均熱速度；m_e：電子の質量．

v_{dr} は mm/s の程度の大きさである．

固体の電気伝導率 σ（217 頁参照）に対して次が成り立つ：

$$\sigma = en\mu \qquad \text{電気伝導率}$$

ここで，μ：電子の移動度（219 頁参照）；n：m^3 当たりの電子の数．

電子気体はフェルミ気体として量子力学的に考察され，フェルミ統計に従う．電子は非弾性的に以下のものと相互作用する：固体内の不純物原子，格子境界，結晶構成要素の熱振動．

エネルギー帯（バンド）と禁止帯（バンドギャップ）
一つの原子では，電子は離散的なエネルギー状態にだけ存在する．そして取りうるエネルギーの幅はゼロである．一方，固体の中では原子間で相互作用があり，そのためにエネルギー準位の異なる多くの（あるいは，いくつかの）状態ができる．

これらのエネルギー準位が密に集っていると**エネルギー帯（バンド）**が形成される．原子間の距離によって，エネルギー帯の間に空白のところができる．このエネルギー範囲は**禁止帯（バンドギャップ）**と呼ばれ，エネルギー帯を隔てる．それは電子に対する禁止帯である．一つのエネルギー帯の中では準位が連続して一体となっているとみなせる．最も上にあるエネルギー帯は伝導帯，次が価電子帯である．

電子に対して周期的井戸型ポテンシャルを考えるモデルでは，シュレーディンガー方程式の解として，帯状に等間隔のエネルギー準位を持つ広がったエネルギー帯と，それらを分ける禁止帯が得られる．

バンドの幅
固体のエネルギー・バンド（帯）の広がり W は次のように表される：

$$W = \pi^2 \hbar^2/(2m_e d^2)$$

ここで，$\hbar = h/2\pi$；h：プランク定数；d：格子間隔．

例：$d \approx 3 \times 10^{-10}$ m に対して $W \approx 4$ eV となる．

固体の禁制帯の幅 E_g は次式で与えられる：

$$E_\mathrm{g} \approx e^2/(4\pi\varepsilon_0 d)$$

ここで，ε_0 は真空の誘電率である．

例：典型的な固体では E_g は数 eV である．

エネルギー帯（バンド）の占有
パウリ原理により，それぞれのエネルギー帯（バンド）は決まった数の電子だけを受け入れることができる．各エネルギー帯がどのように占められるかはフェルミ分布に従う．$T = 0$ のときは**フェルミ・エネルギー** E_F より低い全てのエネルギー状態が占められる．完全に占められたエネルギー帯は電流を通すことができない．以下のように分類する：

価電子帯：電子で完全に占められたエネルギー帯のなかで，最もエネルギーの高いエネルギー帯である．

伝導帯：エネルギー的に価電子帯の上にあって，空の準位があり電子を受け入れることができる．従って電流を維持することができる．

禁止帯は価電子帯と伝導帯を分離する．

金属導体：E_F は伝導帯の中にある．

半導体：E_F は禁止帯の中にある．$T = 0$ では電子の流れはない．禁止帯の幅が狭いので，温度が高くなると，いくつかの電子が狭い禁止帯を越えて伝導帯に遷移する．

不純物半導体では，局所的な不純物が禁止帯内にエネルギー帯を発生させ，したがって相対的に低い温度で著しい電気伝導（不純物伝導）を引き起こす．不純物原子の割合が 10^{-10} より大きければ十分である．

絶縁体：この場合は禁止帯が広いので，室温では電子の持つ熱エネルギーは伝導帯への遷移に対して不十分である．

横振動

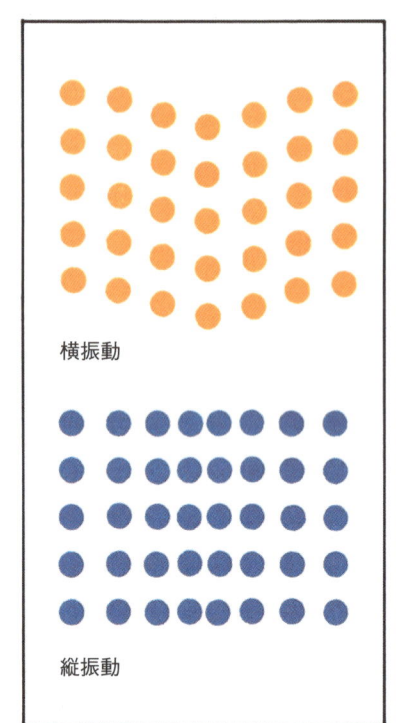

縦振動

結晶格子の振動

固体	θ_D [K]
Pb	88
Cu	309
Al	396
Fe	420
Si	625
FeS$_2$	645
Be	1000
B	1250
ダイヤモンド	1860

デバイ温度 θ_D

c_{mol} [J・mol^{-1}・K^{-1}]

≈ 3R

Pb, Cu, ダイヤモンド

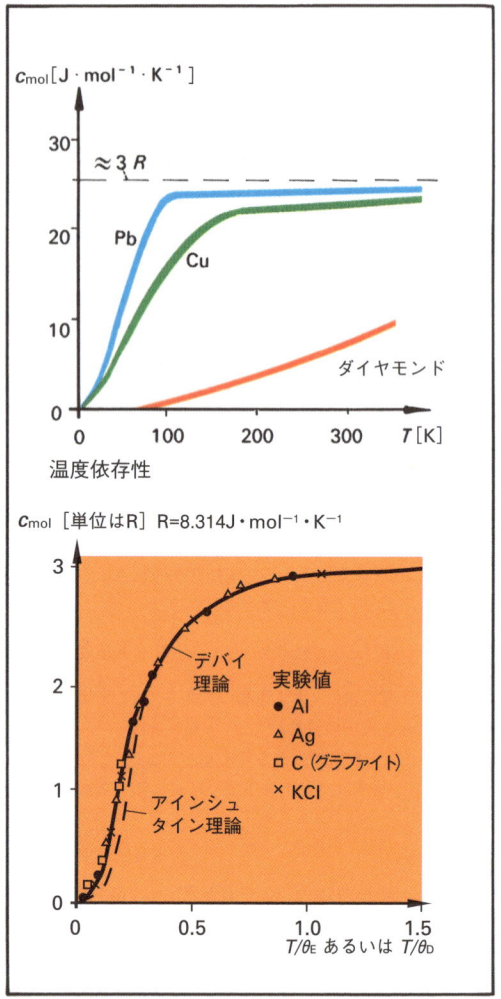

温度依存性

c_{mol} [単位はR] R=8.314 J・mol^{-1}・K^{-1}

デバイ理論

アインシュタイン理論

実験値
- ● Al
- △ Ag
- □ C(グラファイト)
- × KCl

T/θ_E あるいは T/θ_D

モル熱容量 c_{mol}

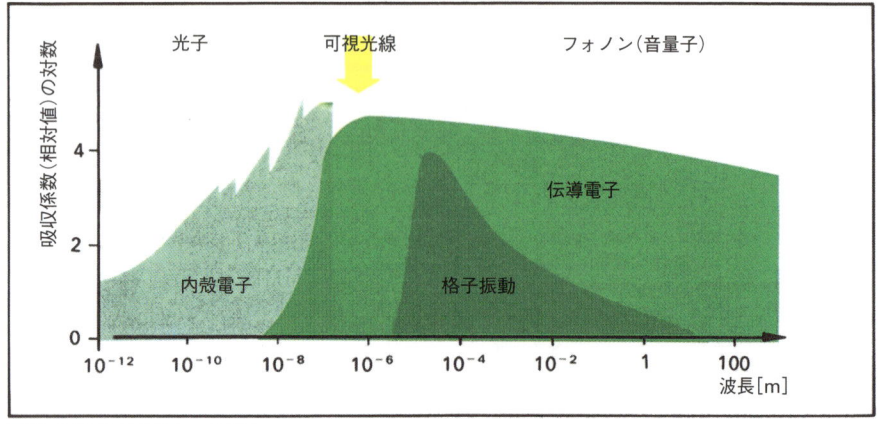

光子 / 可視光線 / フォノン(音量子)

吸収係数(相対値)の対数

内殻電子 / 格子振動 / 伝導電子

波長 [m]

固体の光学的吸収への寄与

フォノンは**音量子**とも呼ばれ，格子振動の量子である．一つの振動子のエネルギー W は，

$$W = nh\nu_s$$

ここで，n：正の整数；h：プランク定数；ν_s：格子振動の振動数．

個々のフォノンはエネルギー W_s と運動量 $\boldsymbol{p}_s$ を持つ：

$$W_s = h\nu_s \qquad \text{フォノンのエネルギー}$$

フォノンの運動量 $\boldsymbol{p}_s$ の大きさ p_s は次式で与えられる：

$$p_s = h/\lambda_s \qquad \text{フォノンの運動量}$$

ここで，λ_s は格子振動の波長である．
$\boldsymbol{p}_s$ の方向は格子内の波の伝播方向と一致する．
フォノンのエネルギーと運動量の関係式は，

$$W_s = p_s c_s$$

ここで，c_s は格子内のフォノンの平均位相速度 = 音速である．

λ_s の下限は $2d$ とみなされるので，W_s と p_s には上限がある：

$$W_s \leqq hc_s/2d \quad \text{そして} \quad p_s \leqq h/2d$$

d は格子定数（格子点の間隔）である．

フォノンと光子は類似の手法で扱われる．空洞放射を光子を使って正確に記述できるのと同様に，フォノンで満たされた空洞として格子を解析できる．

光で格子振動が励起される．これは光子–フォノン衝突によって起こる．光源としてレーザーを利用する際には，通常，p_s は光子の運動量に比べて約 5 桁小さいので，衝突の際にはごくわずかなエネルギーだけが移り，対応するレーザーの振動数のずれが計測される（**ブリユアン散乱**）．

固体のモル熱容量

$T > 0$ のとき，固体の構成要素は結晶格子の平均の位置の周りを振動する．全て互いに独立に振動すると考えると，各格子構成要素の振動エネルギー E_s の古典的な値（95 頁参照）は，

$$E_s = fkT/2$$

ここで，f：自由度の数；k：ボルツマン定数；T：温度．

したがって**モル熱容量** c_{mol}（97 頁参照）に対して次が成り立つ：

$$c_{\text{mol}} = N_A fk/2 = fR/2$$

ここで，$N_A = 6.022 \times 10^{23} \, \text{mol}^{-1}$：アボガドロ定数；$R = 8.314 \, \text{J} \cdot \text{mol}^{-1} \cdot \text{K}^{-1}$：気体定数．
$f = 6$ に対して，

$$c_{\text{mol}} = 3R = 24.9 \, \text{J} \cdot \text{mol}^{-1} \cdot \text{K}^{-1}$$

となる（**デュロン・プティの法則**，97 頁参照）．この値（$\approx 3R$）は近似的に多くの硬い物体に対して正しいが，結晶の場合と低い温度の場合は著しいずれが生じる．

例：ダイヤモンドに対しては常温で，$c_{\text{mol}} = 5.9 \, \text{J} \cdot \text{mol}^{-1} \cdot \text{K}^{-1}$，すなわち，理論値の 25% より小さい．$T \to 0$ のとき，実験値は $c_{\text{mol}} \to 0$ である．

アインシュタイン (Albert Einstein, 1879–1955) は 1907 年，格子振動に量子論を適用してこの矛盾を解決しようとした．彼は個々の格子原子は独立に振動すると仮定した．T 依存性はボルツマン因子を通じて現れ，その結果は，

$$c_{\text{mol}} = 3R(\theta_E/T)^2 \exp(\theta_E/T)/(\exp(\theta_E/T)-1)^2$$

ここで，$\theta_E = h\nu_s/k$：**アインシュタイン温度**．
この式は高温，$T \gg \theta_E$ に対して，$c_{\text{mol}} \approx 3R = 24.9 \, \text{J} \cdot \text{mol}^{-1} \cdot \text{K}^{-1}$ となる．一方，低温，$T \ll \theta_E$ に対しては，実験値が $\sim T^3$ で $c_{\text{mol}} \to 0$ となるにもかかわらず，それよりずっと急激に 0 になる．

デバイは格子全体の集団運動を考え，その振動の量子論に黒体放射と類似の方法を用いた．結果はデバイの内挿公式と呼ばれる：

$$c_{\text{mol}} = 9R(\theta_D/T)^3 \int_0^{\theta_D/T} x^4 e^x (e^x - 1)^{-2} dx$$

ここで，$\theta_D \sim hc_s/2kd$：**デバイ温度**（単位は K）．
この式は高温，$T \gg \theta_D$ に対して，$c_{\text{mol}} \approx 3R$ であり，低温，$T \ll \theta_D$ に対して，$\sim T^3$ で $c_{\text{mol}} \to 0$ となり，T のすべての領域で実験とよく合う．

固体の熱伝導（113 頁も参照）は二つの機構，電子あるいはフォノンによる熱輸送によって起こる．

金属では熱伝導は電子気体による．それゆえ，電気伝導率と熱伝導率の間に緊密な関係がある（ヴィーデマン–フランツの法則，115 頁参照）．金属格子内でのフォノンによる熱伝導は無視できる．

絶縁体では自由電子は関係せず，熱輸送はフォノンの流れとして起こる．フォノンは格子で散乱され，**熱的格子波動**として全ての方向へ広がる．熱伝導率 λ は，格子配列，構成要素の種類，相互の結合の強さに依存する．

これらを考慮すると，$\lambda \propto 1/T$ と $\lambda \propto 1/$（格子欠陥の程度）

例：多結晶性結晶は対応する単結晶より何桁も熱伝導が悪い．

半導体には両方の輸送機構が存在する．

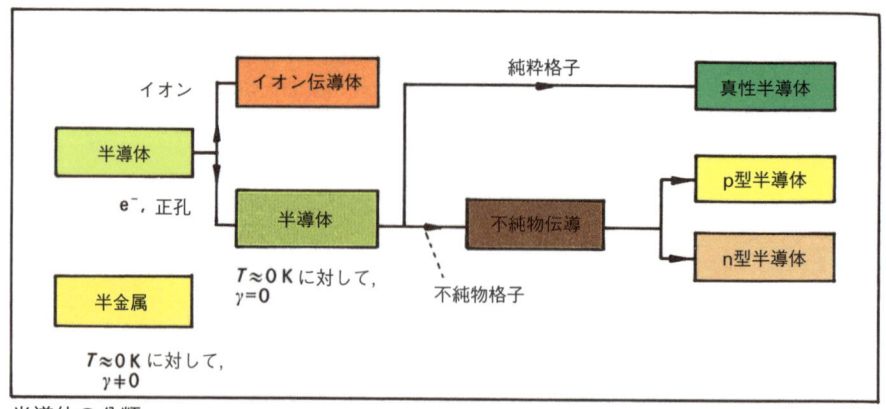

半導体の分類

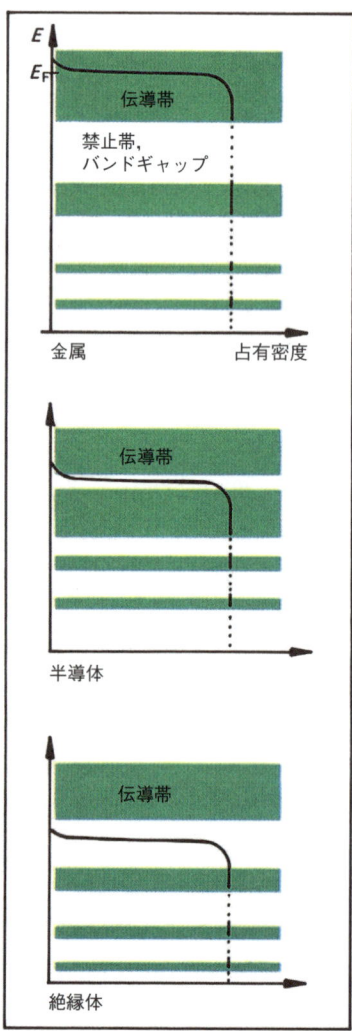

- 半導体
  - イオン → イオン伝導体
  - e⁻, 正孔 → 半導体
    - 純粋格子 → 真性半導体
    - 不純物格子 → 不純物伝導 → p型半導体 / n型半導体
- 半金属

$T \approx 0\,\text{K}$ に対して, $\gamma = 0$

$T \approx 0\,\text{K}$ に対して, $\gamma \neq 0$

フェルミエネルギー E_F とエネルギー帯, バンド

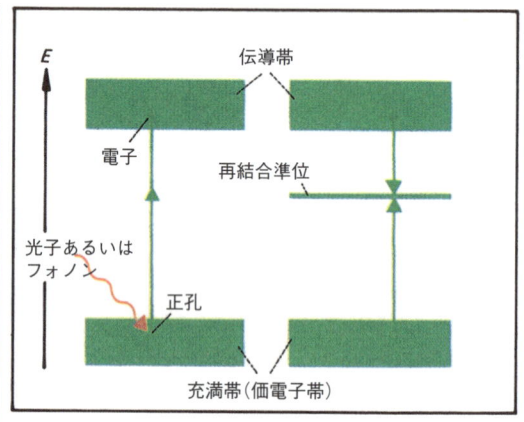

金属 / 半導体 / 絶縁体

（E, E_F, 伝導帯, 禁止帯・バンドギャップ, 占有密度）

電子‐正孔対の発生と再結合

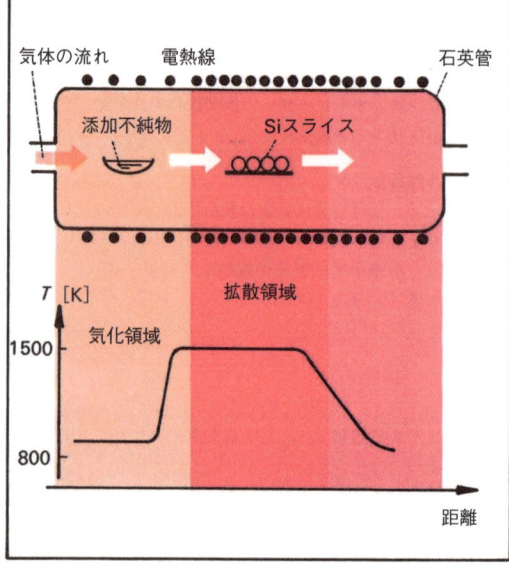

伝導帯, 充満帯（価電子帯）, 電子, 正孔, 再結合準位, 光子あるいはフォノン

拡散による大表面Siスライスへの不純物添加

気体の流れ, 電熱線, 石英管, 添加不純物, Siスライス

$T\,[\text{K}]$: 気化領域 / 拡散領域, 1500, 800, 距離

電気伝導率 σ が導体と絶縁体の間にあるような元素や化合物は**半導体**と呼ばれる．導体と半導体，半導体と絶縁体の境界ははっきりしたものではない．

二成分の半導体（**化合物半導体**）の分類は，周期表における成分の族に基づいて行う．

例：Zn は II 族であり，S は VI 族なので，ZnS は II-VI 族半導体である．

SiC は IV-IV 族半導体である．

いわゆる電子的**半導体**の概念はもっと狭い：
1) 半導体は電子伝導あるいは正孔伝導のみを示す（下記参照）．
2) 半導体の電気伝導率は $T = 0\,\text{K}$ でゼロになる．

イオン伝導体も確かに半導体の範疇に入るが，半導体とは言わない．

半金属，例えば Sb, Ga, Bi は，温度依存性から半導体との違いが明らかである．というのは半金属は $T \approx 0\,\text{K}$ のとき $\sigma \gg 0$，すなわち，極低温で特に電気伝導がよい（超伝導，217 頁参照）．

半導体と絶縁体との境目ははっきりしていないが，一般に $\varrho = 1/\sigma = 10^{12}\,\Omega\cdot\text{m}$ を境界にしている．半導体は，純粋な元素，化合物，あるいは不純物をドープした元素あるいは化合物である．周期表の III 族，IV 族，V 族の元素が関与している．

半導体の場合は価電子帯と伝導帯の間の禁止帯の幅が狭いので，電子を伝導帯に遷移させるには相対的に小さい励起エネルギー（例えば，熱，光）で十分である（309 頁参照）．

次のように分類される：

縮退半導体：フェルミエネルギー E_F は伝導帯にあり，バンドの占有はフェルミ分布にしたがう．特に，金属に似た性質を持つ高濃度にドープした固体は重要である．

非縮退半導体：E_F は禁制帯にあり，バンドの占有はボルツマン分布に従う．それらはほとんど純粋結晶かあるいは僅かにドープした固体である．

不純物添加（ドーピング）は，固体の格子に不純物原子を組み込むことを言う．それは電気伝導率を劇的に変える．少なくとも 10^{-12} までの不純物混入が行われるが，これは当然非常に高純度の物質を前提としている．均等に不純物が入った半導体は帯溶融法（ゾーンメルト法）で作られる．局所的な不純物領域は不純物原子の空間的な浸透拡散や不純物原子の混ぜ合わせによって生じる．

正孔は，電子が高いエネルギー準位へ上がったときに，後に残された状態である．電子がほとんど詰まったバンドの中の非占有状態も，また正孔として扱われる．正孔は正の電荷のように振る舞う．電荷の正負を別にすると，正孔と電子は電場内で同じ運動状態に置かれる．

正孔数密度（記号 n_+，または p）と**電子数密度**（記号 n_-，または n）は不純物添加と温度に依存する．それらは何桁も異なることがある．

p 型半導体：$p > n$
n 型半導体：$n > p$

非縮退半導体に対して積 pn は固体の種類とその温度にのみ依存する．

例：室温の Ge 結晶に対して $pn = 3 \times 10^{26}\,\text{cm}^{-6}$ である．

再結合

電子は価電子帯の正孔と**再結合**する事がある．すなわち自由電荷キャリヤーは消失する．電子または正孔の寿命（記号 τ）は，それらが自由に動くことのできるエネルギー帯に電荷キャリヤーとして存在している（それゆえ電流として利用できる）時間である．「電子と正孔がエネルギー的にごく近い状態（すなわち同じバンドの中の状態）にある場合，τ は $10^{-13}\,\text{s}$ の程度である．このとき再結合は極めて素早く起こる．」伝導帯と価電子帯の間の遷移による寿命は，種類や半導体の不純物の密度に応じて 10^{-9} から $10^{-2}\,\text{s}$ である．

純粋な半導体

不純物が混入していない純粋な結晶では，0 K のとき E_F 以下の全てのエネルギー帯は電子で完全に占められている．E_F 以上の全てのエネルギー帯は空である．E_F は禁制帯の中にある．電場は電子を伝導帯に上げることはできず，温度を上げることによってやっと電子が伝導帯に遷移する．そして結晶は半導体になる，これを**真性半導体**という．

真性伝導（真性半導体状態）は通常，温度が室温よりはるかに大きいときに起こる．

例：純粋 Ge に対して禁止帯の幅は $0.79\,\text{eV}$ である．しかし，室温は $0.02\,\text{eV}$ のエネルギーに対応する．$1000\,\text{K}$ 以上になってやっと顕著な真性伝導が起こる．

光伝導体は純粋な半導体である（例えば，CdS）．これに対しては価電子帯の電子を伝導帯に上げるには可視光のエネルギーで十分である（光子-電子衝突）．光伝導体の真性伝導はこの伝導電子と価電子帯に生じた正孔で起こる．「電荷キャリヤーである電子，正孔が結晶格子のフォノンと衝突して，それによるエネルギー損失が大きい場合，電子と正孔は再結合する．すなわち，電流は消滅する．」一定の光束の場合，電荷キャリヤーの生成率＝再結合率である．

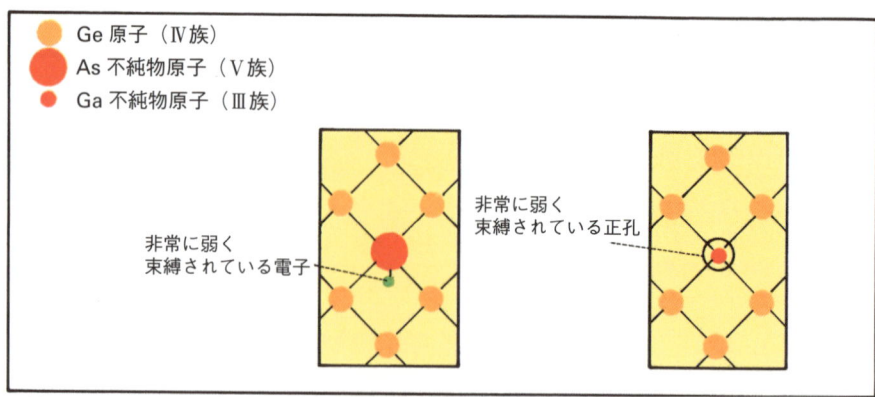

- Ge 原子（IV族）
- As 不純物原子（V族）
- Ga 不純物原子（III族）

非常に弱く束縛されている電子

非常に弱く束縛されている正孔

不純物を添加したGe格子（不純物半導体）

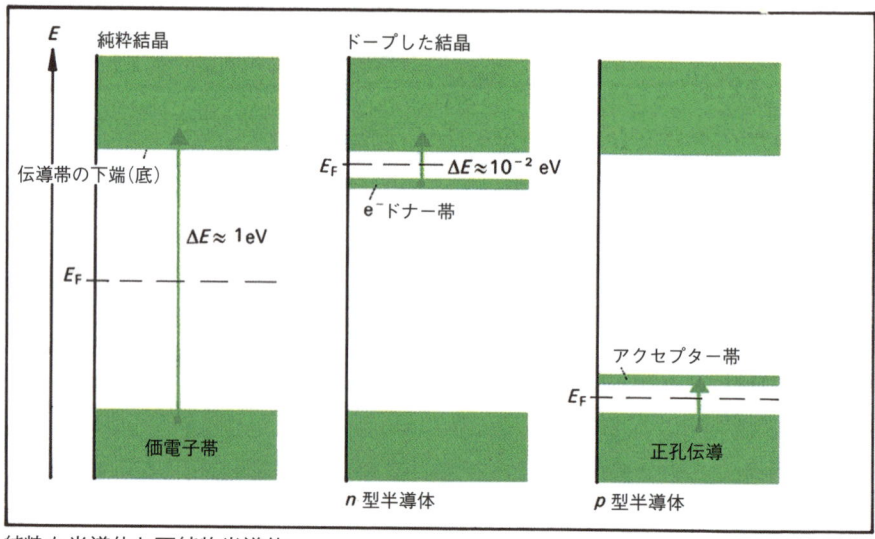

純粋結晶

伝導帯の下端(底)

$\Delta E \approx 1$ eV

E_F

価電子帯

ドープした結晶

E_F ── $\Delta E \approx 10^{-2}$ eV

e^-ドナー帯

n 型半導体

アクセプター帯

E_F

正孔伝導

p 型半導体

純粋な半導体と不純物半導体

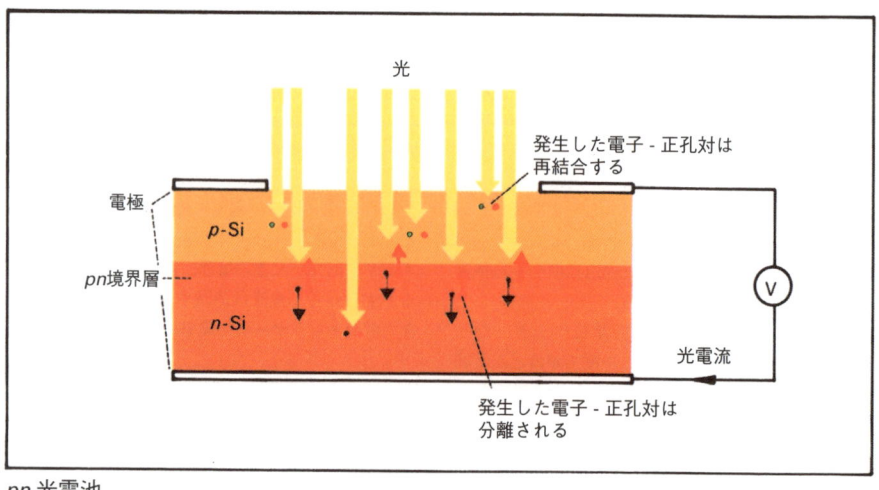

光

電極

p-Si

pn境界層

n-Si

発生した電子-正孔対は再結合する

発生した電子-正孔対は分離される

光電流

V

***pn* 光電池**

不純物を添加した半導体

半導体結晶の格子に不純物があると，付加的な準位がバンド構造中，特にバンドギャップの中に発生する．そのため，半導体の真性伝導に加えて，典型的な構造依存性をもつ**不純物伝導**が現れる．

結晶格子の欠陥には，主として不純物原子の添加，空格子点，格子間原子，置換，結晶境界などがある．

ドナーとアクセプター

付加的な不純物伝導は，**ドナーとアクセプター**で説明される．

ドナーは，IV族の元素半導体（例，Ge, Si）に，V族の不純物原子（例，P, As, Sb）が入っている（ドーピング，上記参照）ときに発生する．このとき，不純物には非常に弱く束縛された電子が存在し，それは熱エネルギーだけで自由になることができる．

このような電子の束縛エネルギーは 10^{-2} eV の程度である．比較のために；通常の結晶電子の最小束縛エネルギーは数 eV であり，室温での電子の熱エネルギーは約 2×10^{-2} eV である．

これが n 型半導体である．ドナーの電子が伝導帯へ励起されて，電気伝導はそれらの電子が担う．

アクセプターは IV 族の元素半導体（例，Ge, Si）に，III 族の不純物原子（例，B, Al, Ga, In）を入れる（ドーピング，上記参照）ときに発生する．不純物の電子欠損が電子トラップ（捕獲器）として働く．正孔はほんのわずかなエネルギーで発生し，電流を担う．

これが p 型半導体である．アクセプターが電子を捕獲し，その電子がいた状態が空いて，正孔となる．

トラップ（電荷キャリヤーを捕まえる場所）は，ドープされた半導体に新しい欠陥を導入することで発生する．これらは電子あるいは正孔を捕獲し，その結果，半導体の電気伝導率を変える．

pn 接合層は，p 型半導体と n 型半導体が互いに境界を接するときに生じる．異なったキャリヤー密度のために**電位差**が現れ，**拡散電流**が境界層を通して流れる．両側に固定された負あるいは正の点電荷が格子内に取り残される．これによって電位差が作り出され，それが最終的に拡散電流を止める．この結果，自由に動くキャリヤーがない領域が生じ，n 領域と p 領域の間に**空乏層**ができる．

接合層を電場内に置く，例えば外部電圧を掛けると，空乏層の厚さが変わる．

例：n 型領域に負の電極をつなぐと，電場は電子を p 型領域に押しやり空乏層は薄くなる．

pn 接合層は整流器として働く．それが結晶ダイオード（半導体回路要素，309 頁参照）である．負極が n 側に，正極が p 側にあるときのみ，電流は結晶ダイオードを流れる（順方向）．逆の極の置き方の場合は空乏層が厚くなり，電流は流れない（逆方向）．これは境界層の理想的な機能である．実際は僅かな逆方向電流がいつも逆方向に流れる．また電場の強さが大き過ぎる場合，空乏層は壊れる（降伏）．

半導体結晶の色

禁止帯の幅 E_g は，半導体が光子を吸収する性能を決める（光伝導，上記参照）．可視光線スペクトルの光子エネルギー $h\nu$ は，

$$3.1 \, \text{eV} > h\nu > 1.5 \, \text{eV}$$

であるから，$E_g > 3.1$ eV の半導体に対しては光吸収は起こらず，半導体結晶は透明である．

$3.1 \, \text{eV} > E_g > 1.5 \, \text{eV}$ の半導体の場合は，半導体結晶はある固有のエネルギーの光子を吸収し，電子が伝導帯に上る．反射光は吸収された波長の色となり，透過光は補色となる．

$E_g < 1.5$ eV の結晶は可視光の全スペクトルを吸収し，不透明である．

多くの結晶は純粋ではなく，その色は主として不純物による．

336 現代物理学

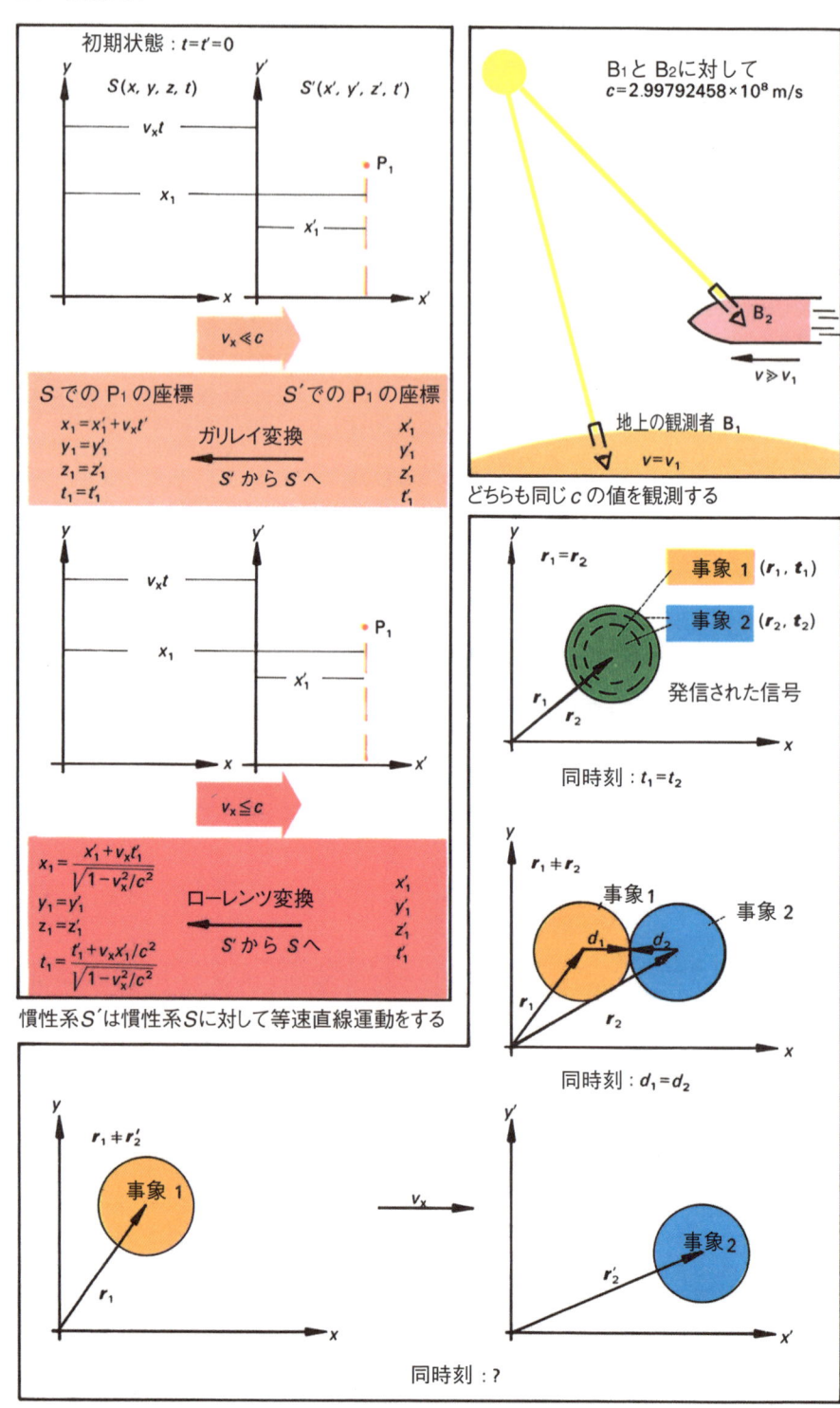

初期状態：$t=t'=0$

$S(x, y, z, t)$ $S'(x', y', z', t')$

$v_x \ll c$

S での P_1 の座標　　　**S' での P_1 の座標**

$x_1 = x'_1 + v_x t'$ 　　　　　　　　　　x'_1
$y_1 = y'_1$ 　　　ガリレイ変換　　　 y'_1
$z_1 = z'_1$ 　　　S' から S へ　　　z'_1
$t_1 = t'_1$ 　　　　　　　　　　　　t'_1

$v_x \lesssim c$

$x_1 = \dfrac{x'_1 + v_x t'_1}{\sqrt{1 - v_x^2/c^2}}$ 　　　　　　　　　x'_1
$y_1 = y'_1$ 　　　ローレンツ変換　　 y'_1
$z_1 = z'_1$ 　　　S' から S へ　　　z'_1
$t_1 = \dfrac{t'_1 + v_x x'_1/c^2}{\sqrt{1 - v_x^2/c^2}}$ 　　　　　　　　t'_1

慣性系 S' は慣性系 S に対して等速直線運動をする

B_1 と B_2 に対して
$c = 2.99792458 \times 10^8$ m/s

地上の観測者 B_1
$v = v_1$

どちらも同じ c の値を観測する

$r_1 = r_2$
事象1 (r_1, t_1)
事象2 (r_2, t_2)
発信された信号
同時刻：$t_1 = t_2$

$r_1 \neq r_2$
事象1　　事象2
d_1 　d_2
r_1
r_2
同時刻：$d_1 = d_2$

$r_1 \neq r'_2$
事象1　　　v_x　　　事象2
r_1 　　　　　　　　　r'_2
同時刻：？

二つの事象（出来事）の同時刻性

日常の経験から明らかなように：1) すべての物体はある広がりと相互の距離を持つ．これらの量は適当な物差しで測ることができる．2) 出来事の起こった時間は時計で計ることができる．

物理的な出来事（以後，事象と言う）は（物体も），三つの空間座標と一つの時間座標によって完全に記述される．これら四つの物理量が相互に独立に存在することは日常の経験と一致する．

19世紀の後半，物理学者達はこれらの単純な観察が一般的には必ずしも成り立たないという兆候を次々と発見していた．そしてアインシュタイン (Albert Einstein, 1879–1955) は，20世紀の初め，**相対性理論**を用いて広範囲に矛盾のない物理学を創り出した．この理論は多くの点で単純な経験と矛盾するように見えたが，実験によって正しいことが証明された．

1905年に発表された**特殊相対性理論**は，空間と時間が互いに独立に存在するのではないことを示す．これらは一つの時間空間–連続体をつくる．

1915年に，アインシュタインは**一般相対性理論**を発表した．彼は時間空間–連続体が，その中にある質量の分布に依存することを示した．

慣性系

すべての事象は空間と時間の中で起こる．位置ベクトル r と時間 t が，一つの**基準系** $S(r, t)$ をつくり，事象の場所を表す．

一般に，三つの**直交座標** x, y, z によって空間の点を表す．一つの動径 r と二つの空間角度 θ と ϕ は**極座標**として，同じく空間点を表す．どの座標系を選んで使うかは，どちらで問題が数学的に見通しよく定式化されるかによる．

ある基準系は，その系でガリレイ的慣性の法則が成り立つ時，**慣性系**という．慣性の法則：「自由な物体は，他からいかなる影響力も受けない場合，等速直線運動をする．」

これはけっして自明ではない．例えば，回転する基準系では自由な物体の軌道は直線ではない．

一つの慣性系から別の慣性系への移行は，**ガリレイ変換**によっておこなわれる．$S'(r', t')$ から $S(r, t)$ への移行の場合，次式となる：

$$r = r' + vt' \quad \text{かつ} \quad t = t'$$

ここで，v は S と S' の間の一定の相対速度である．v は上限を持たない．直交座標におけるガリレイ変換は，x 軸に沿って v の相対速度を持つ場合，次のようになる：

$$x = x' + vt'$$
$$y = y'$$
$$z = z'$$

ニュートンの法則は S と S' で同じ形を持つ．これは無限に多くの慣性系が存在することを意味する．これらは互いに同等であり，力学的実験によって相互に区別することはできない．それらは一つの絶対時間を持ち，同様に一つの空間を持つ．すなわち，絶対静止基準系が存在する．

19世紀には，科学者達は静止基準系の存在を宇宙エーテル仮説で理解しようとした：エーテルは静止していて宇宙を一様に満たし，それを媒体として電磁波である光は振動し伝播する．この仮説をとると，地球はエーテルに対して相対的に運動することになるので，光の速度 c を測定すると，地球の運動に沿って測る時と横向きに測る時とでは，異なる値が得られるはずである．マイケルソン (Albert Michelson, 1852–1931) とモーレイ (Edward Morley, 1838–1923) は，それについての有名な実験を行った（189頁参照）．その後のさらに精密な全ての測定も，c はすべての方向で等しいことを示した．宇宙エーテルを援護しようとする仮定（例えば，エーテルは地球と一緒に動く）も，宇宙エーテル仮説を救うことができなかった．

相対性原理

絶対静止基準系の存在を立証しようとするすべての実験が失敗した時期に，アインシュタインは相対性原理を定式化した．

その内容は：

1) 物理法則はすべての慣性系に対して同じ形で表される．2) c は光源の運動によらない，すなわち，c はすべての慣性系において等しい．

これは革命的な提言であった！この仮説は時間が経つと共に，自然科学者達に受け入れられていった．現在までのいかなる実験も相対性原理と矛盾する結果を示したものはない．1983年以来，光速度はメートル条約の基礎量でさえある．その数値は $c = 2.99792458 \times 10^8$ m/s に固定されている．

c が一定で有限であるために，ある慣性系 S から他の慣性系 S' へ移行する場合には，ローレンツ変換を用いなければならない：

$$r^2 - c^2 t^2 = r'^2 - c^2 t'^2$$

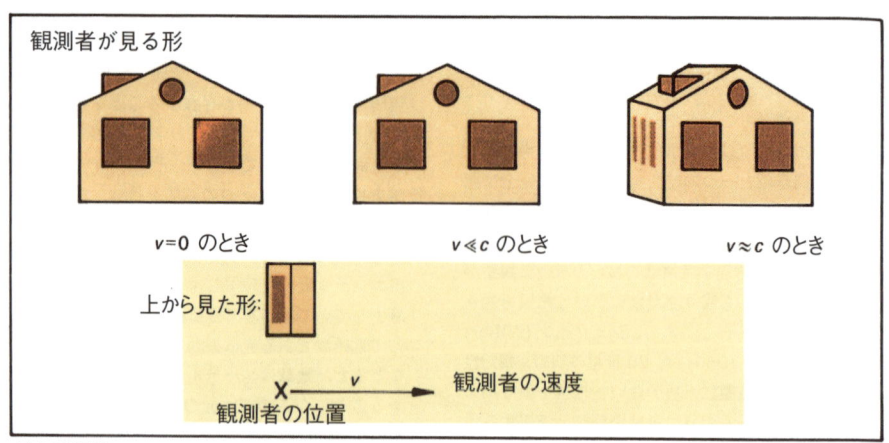

長さの収縮

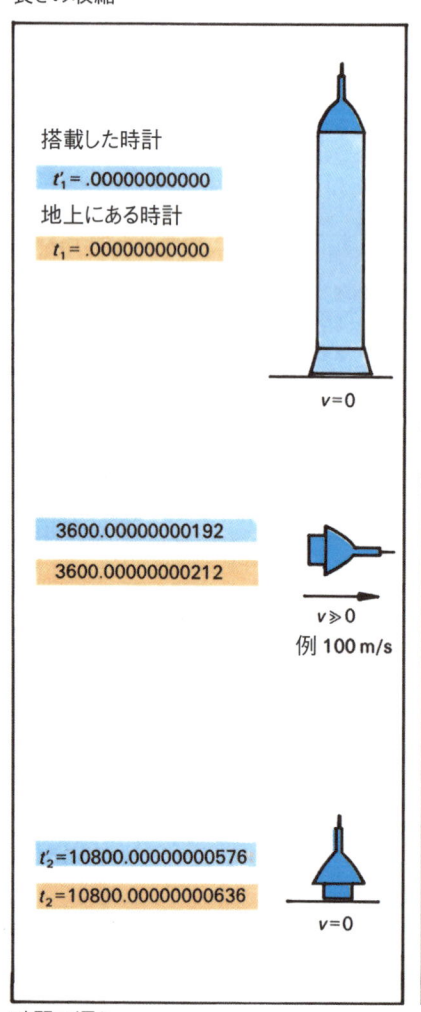

観測者が見る形

$v=0$ のとき　　$v \ll c$ のとき　　$v \approx c$ のとき

上から見た形

×　観測者の位置　→ v 観測者の速度

時間の遅れ

搭載した時計
$t'_1 = .00000000000$

地上にある時計
$t_1 = .00000000000$

$v=0$

3600.00000000192
3600.00000000212

$v \gg 0$
例 100 m/s

$t'_2 = 10800.00000000576$
$t_2 = 10800.00000000636$

$v=0$

二つの速度の加算

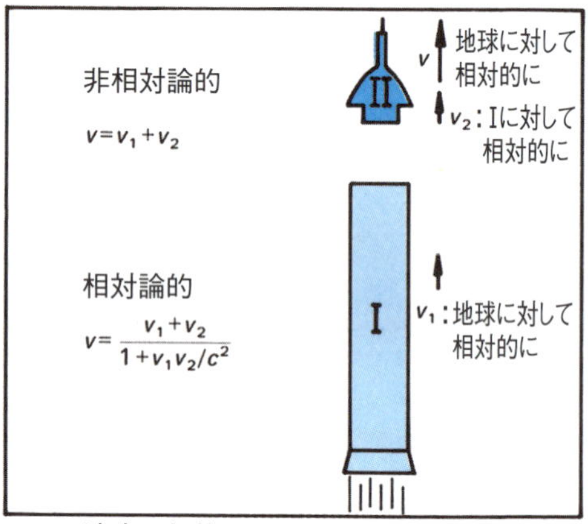

非相対論的
$v = v_1 + v_2$

v: 地球に対して相対的に
v_2: Iに対して相対的に

相対論的
$v = \dfrac{v_1 + v_2}{1 + v_1 v_2 / c^2}$

v_1: 地球に対して相対的に

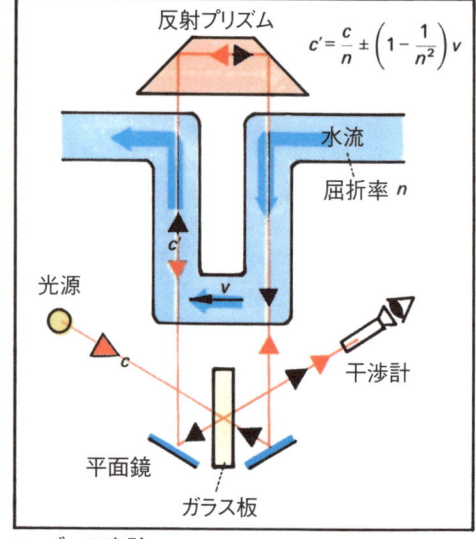

フィゾーの実験

反射プリズム

$c' = \dfrac{c}{n} \pm \left(1 - \dfrac{1}{n^2}\right) v$

水流
屈折率 n

光源
干渉計
平面鏡
ガラス板

2つの基準系，S と S' があり，S' が一定の速度 v を持って x 軸に沿って進んでいる場合，次式となる．

$$x' = (x - vt)/\sqrt{1 - \beta^2}$$
$$y' = y$$
$$z' = z$$
$$ct' = (ct - \beta x)/\sqrt{1 - \beta^2}$$

ここで，$\beta = v/c$.

$v \to 0$ の時，$\beta \to 0$ であり，上記のローレンツ変換はガリレイ変換に移行する．また，常に $v < c$ である．

ローレンツ変換を用いると，奇妙な結果，すなわち長さの収縮と時間の遅れが生じる（下記参照）．

ミンコフスキー (Hermann Minkowski, 1864–1909) は ct を四つ目の座標とみなし，それを用いてローレンツ変換を四次元空間で記述した：

$$x^2 + y^2 + z^2 - (ct)^2 = x'^2 + y'^2 + z'^2 - (ct')^2$$

虚数時間座標 $\ell = \mathrm{i} ct$ を導入すると，

$$x^2 + y^2 + z^2 + \ell^2 = x'^2 + y'^2 + z'^2 + \ell'^2$$

同時刻性

二つの点での事象の同時刻性，つまり，それぞれが狭い空間時間領域で起こった二つの事象の同時刻性は，相対性原理に基づいて新しく考察し直さねばならない．以下のような区別がある：

同一慣性系での同じ空間点：ここでの同時刻性は，単純で明白である．

同一慣性系での異なる二つの空間点，P_1 と P_2：ここでの事象の同時刻性とは，P_1 での事象によって出た光信号と P_2 での事象によって出た光信号が，P_1 と P_2 の距離を二等分する点，P_3 で同時に観測された時である．

異なる二つの慣性系での異なる二つの空間点，P_1 と P_2：この二つの慣性系は互いに相対的に運動している．この場合は，単純に同時刻性を定義することはできない．どちらの慣性系の観測者が事象を観測するかによって，P_1 での事象が最初であったり，逆に P_2 での事象が最初であったりする．

この奇妙さは，それぞれの慣性系で，その系だけに属する**時間**を考える時にのみ解決する．

次の関係式は，二つの慣性系 S と S' における時間 t と t' を結びつける：

$$t' = (ct - \beta x)/(c\sqrt{1 - \beta^2})$$

ここで，x：事象の起こった点の S での位置座標．

時間的に相互に結びついた事象が続いて起こると，その時刻間隔はどちらの慣性系においても同じ符号を持つ．すなわち，原因と結果は矛盾なく保持される．**因果律**は保存される．結果は常に原因の後に続く．

時計の比較，時間の遅れ

v で動いている S' 系で，ある事象の時刻間隔が $\Delta t'$ であるとする．その事象を静止している S 系の時計で測ると，ローレンツ変換に対応して，その事象の時刻間隔は $\Delta t = \Delta t'/\sqrt{1 - \beta^2}$ となる．これは時間の伸長，**時間の遅れ**である．すなわち，静止系から観測すると，**運動する時計は静止している時計よりゆっくり進む**．

この式は，もちろん，時計の機械的な性質に関するものではない．単に，動く系の固有時間が静止系から観測するとゆっくり進んでいる，ということを言い表しているに過ぎない．固有時間がその系のすべての過程の速度を決定する．つまり，例えば，生物学的事象の速度もその系の固有時間に依る．

例：

双子のパラドックス：双子の一人 A がロケットで地球を離れ，非常な高速 ($v \approx c$) で旅をする．ロケット機内時で一年経って彼は地球へ帰る．そこで，彼の双子の兄弟 B が彼よりも年をとっているのを知る．地上の時計（固有時間），つまり B の生活時間は本質的に早く経過していた．この（見かけの）パラドックスは，年をとることの非対称性にある．すなわち，その間に加速度運動をしている双子 A にとってのみ，時間がゆっくり経過したのである．

ミューオン崩壊：高エネルギー宇宙線によって大気圏の上層（地上〜20 km）で，例えば，ミューオンが生成される．ミューオンの平均寿命は $\tau = 2.2 \times 10^{-6}$ s である．この粒子はほぼ光速度で運動する．非相対論的物理学にしたがえば，平均して距離 $d \approx c\tau \approx 6.6 \times 10^2$ m 進み，その後で崩壊して電子とニュートリノ，反ニュートリノになる．しかし，地上で観測するので，その大きな速度のためにその寿命は少なくとも 20 倍伸びるので，地上で観測することができる．

直接的な時計の比較：1971 年，非常に精密な Cs 原子時計を搭載した航空機が約 1200 km/h，つまり，$v = 333$ m/s（ほぼ光速の 0.0001％）で飛行した．15 時間の飛行後，搭載した時計は，地上に置かれた比較用の時計に対して，2.3×10^{-8} s マイナスの時刻のずれを示した．これはちょうど期待された時間の遅れである．

時間軸

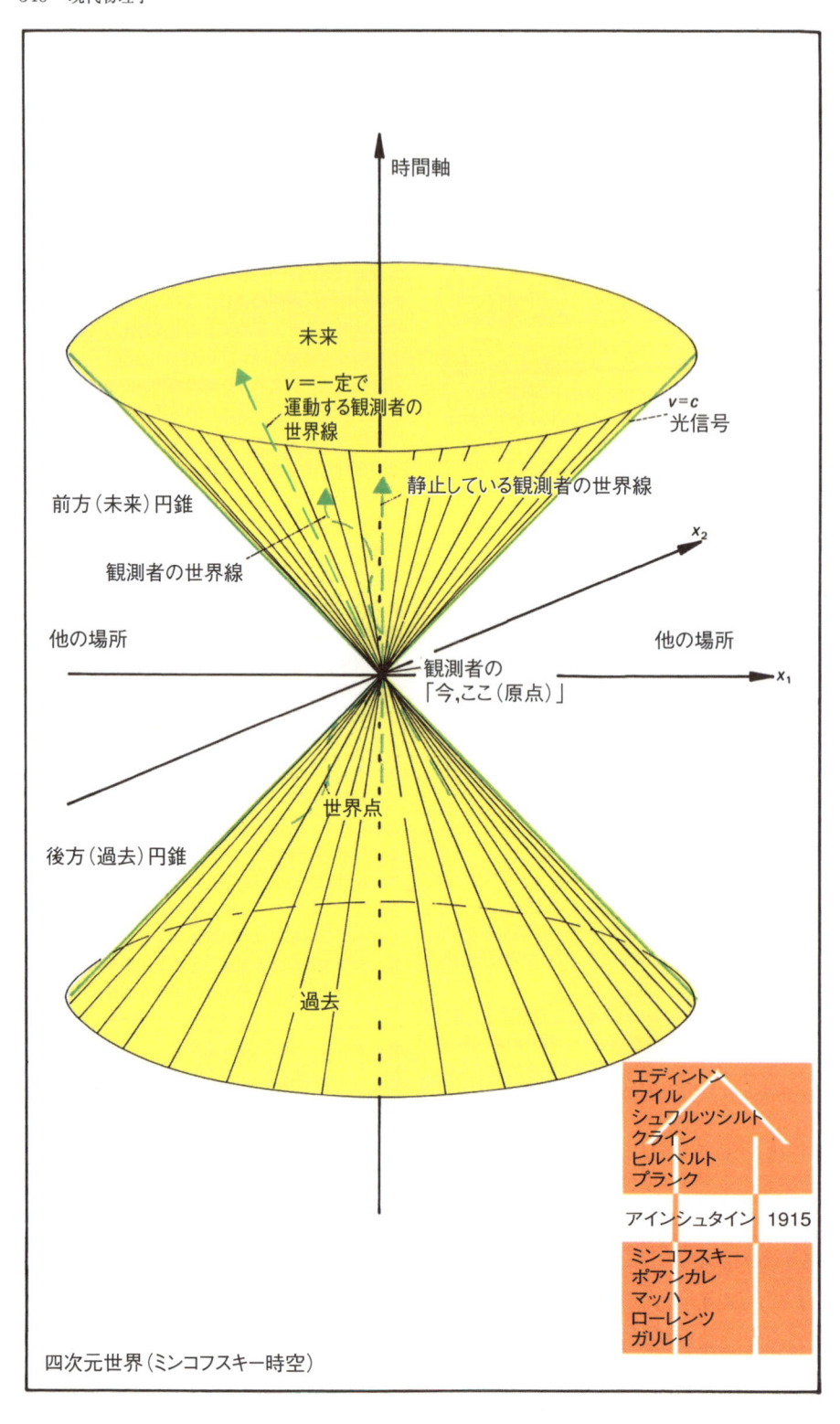

未来

$v =$ 一定で
運動する観測者の
世界線

$v = c$
光信号

前方（未来）円錐

静止している観測者の世界線

観測者の世界線

x_2

他の場所

他の場所

x_1

観測者の
「今, ここ（原点）」

世界点

後方（過去）円錐

過去

| エディントン |
| ワイル |
| シュワルツシルト |
| クライン |
| ヒルベルト |
| プランク |

アインシュタイン　1915

| ミンコフスキー |
| ポアンカレ |
| マッハ |
| ローレンツ |
| ガリレイ |

四次元世界（ミンコフスキー時空）

物差しの比較，長さの収縮

棒（あるいは物体）が長さの方向に，静止系に対して速度 v で運動している場合，長さの収縮が観測される．それは次式で与えられる：

$$d = d'\sqrt{1-\beta^2}$$

ここで，d'：固有の長さ，すなわち，v で動いている系 S' の上で棒を測った長さ；d：静止系 S で観測者が測った長さ．

結果：**運動している物体は運動方向に縮む**，体積も同様に減少する．進行方向に対して横の方向には収縮はない．

日常生活では，すべての速度が c よりはるかに小さいから，時間の遅れにも長さの収縮にも気づくことはない．

速度の合成則

古典（非相対論的）物理では，一次元的な二つの速度 v_1 と v_2 を加えるとその速度 v は

$$v = v_1 + v_2$$

である．これに対して，**アインシュタインの合成則**では，次のようになる：

$$v = (v_1 + v_2)/(1 + v_1 \cdot v_2/c^2)$$

$v \ll c$ の場合は，非相対論的合成則もアインシュタインの合成則も同等である．

非常に高速な速度を合成しても，c に達することはない．

例：$v_1 = v_2 = 0.75c$ の場合，結果は $v = 0.96c$ となる．

フィゾーの干渉実験

屈折率 n（135 頁参照）の物質の中で，光は速度 $c' = c/n$ で走る．この物質自身が速度 v で光の方向と平行に動くと，光も速度が変わる．アインシュタインの合成則から次式となる：

$$c' = c/n + (1 - 1/n^2)v$$

物質の固有の速度は，部分的にのみ光速度に加わる．フィゾー（Armand Fizeau, 1819–1896）は，すでに 1851 年に，この関係を実験的に見いだしていた．

一本の光線を分割した二本のコヒーレントな光線が流れる水の中を通る．一つは流れと反対方向に，もう一つは流れに沿って通るように，鏡を配列した．観測望遠鏡の中で二つが干渉する．静止した水と，動いている水の場合との干渉パターンの位置から，フィゾーは c' の v 依存性を決定した．

この実験はアインシュタインの予測以前に，彼の速度合成則を立証した．

時間・空間の構造

すべての事象と，すべての物体は，時間と空間の中に存在する．ある事象が時間・空間のある一点で起こったとき，その点をその事象の世界点と呼ぶ．その相対論的な座標は，x_1, x_2, x_3 および，$x_0 = ct$（又は $x_4 = ict$）である．世界点は時間・空間座標 x_k を持つ，ここで，$k = 0, 1, 2, 3$．一つの 4 元ベクトルは成分 x_k を持ち，世界点と座標の原点を結ぶ．

二つの世界点，$X(x_1, x_2, x_3, ct_X)$ と $Y(y_1, y_2, y_3, ct_Y)$ の距離は，

$$|s| = \sqrt{s^2}$$
$$s^2 = (x_1 - y_1)^2 + (x_2 - y_2)^2 + (x_3 - y_3)^2 - c^2(t_X - t_Y)^2$$

光円錐は時間空間を目に見えるように表現したものである：

二つの円錐は頂点を互いにくっつけて，砂時計の形になっている．円錐の軸は時間（$x_0 = ct$ または $x_4 = ict$）であり，これと垂直に空間軸がある．

もちろん，目に見えるように表現できるのは三つの軸だけで，四つ目は人が頭の中で描かねばならない．

円錐の基点（座標の原点）は，観測者にとって，**今–ここ**（出発点）である．各観測者はそれぞれ自分の固有の光円錐を持つ．上部の円錐の表面は現在と未来を分け下部の円錐は現在と過去を分ける．

二つの光円錐の**外側**には，「今–ここ」から光が届かない．したがって，いかなる情報も交換できない．そこでのすべての出来事は，「今–ここ」と空間的な関係にあると言う．

光円錐の**内側**は，そこでの全ての事象が，「今–ここ」と時間的に結びついている．下部の円錐では，事象は過去に発生し，上部の円錐では，未来に生じる．

上部の光円錐は未来を囲む ($t > 0$)．

下部の光円錐は過去を囲む ($t < 0$)．

光円錐の表面では $v = c$ である．

世界線は事象と物体を表す．c は作用を及ぼすために可能な最大の速度なので，世界線は光円錐の内側にある．観測者の世界線は「今–ここ」を通っている．

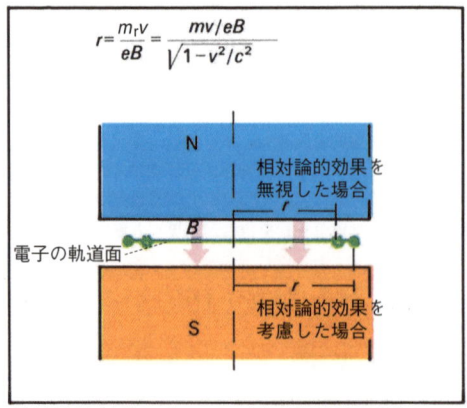

$$r = \frac{m_r v}{eB} = \frac{mv/eB}{\sqrt{1-v^2/c^2}}$$

相対論的効果によって，円形加速度運動の軌道半径は大きくなる．

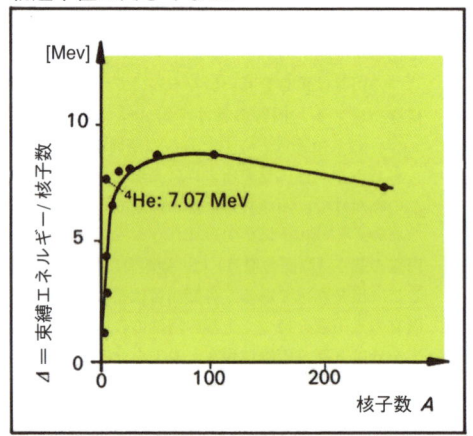

$$\frac{m_r}{m} = \frac{1}{\sqrt{1-v^2/c^2}}$$

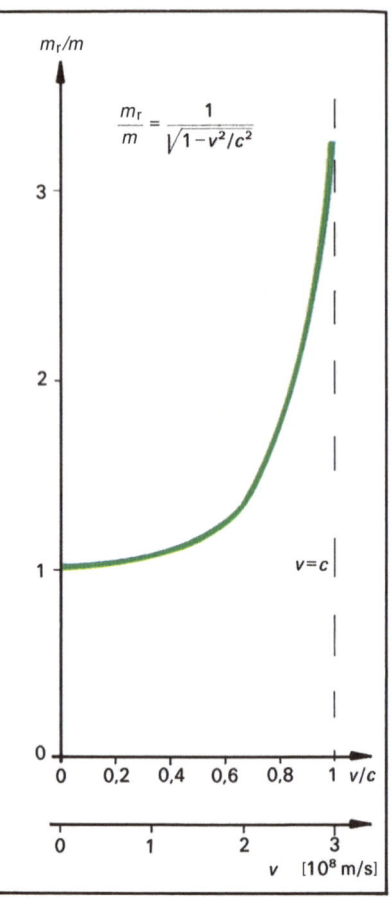

相対論的質量 m_r は速度と共に増加

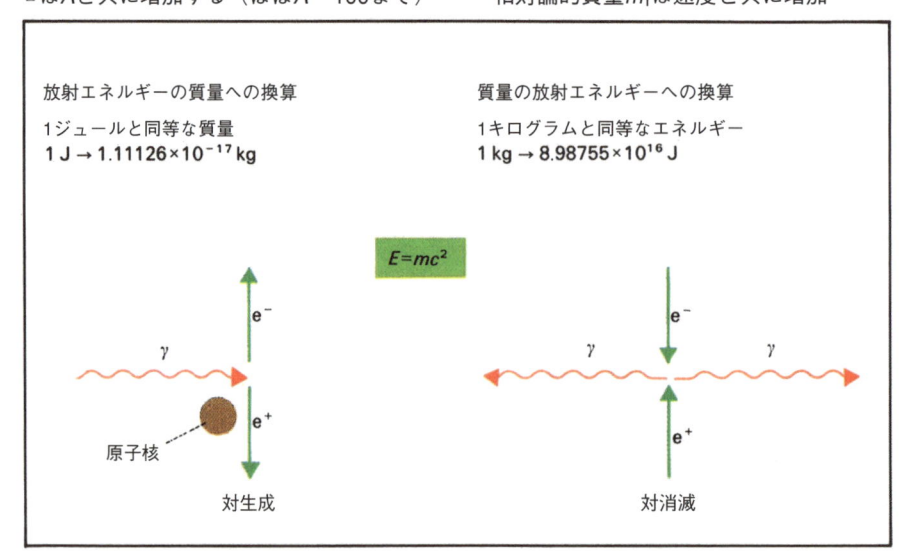

⁴He: 7.07 MeV

Δ は A と共に増加する（ほぼ $A=100$ まで）

質量とエネルギーの同等性

放射エネルギーの質量への換算
1ジュールと同等な質量
$1\,\text{J} \rightarrow 1.11126 \times 10^{-17}\,\text{kg}$

質量の放射エネルギーへの換算
1キログラムと同等なエネルギー
$1\,\text{kg} \rightarrow 8.98755 \times 10^{16}\,\text{J}$

$E = mc^2$

対生成

対消滅

力学の法則は，一般に，ミンコフスキー時空の中で新しく定式化される．よく知られた3次元的な量に代わって，ここでは相対論的な座標 x_i ($i = 1, 2, 3, 0$)（341頁参照）をもつ4元座標ベクトルをもとにした4次元的な量が現れる．速度が光速度に対して非常に小さい時には，4次元的な量は古典的な量に一致する．現在の原子核物理と素粒子物理では相対論的な力学が重要な役割を果たす．出発点は相対論的な座標を持つ**世界点**である：

$$x_1 = x$$
$$x_2 = y$$
$$x_3 = z$$
$$x_0 = ct$$

ここで，x, y, z：空間座標；c：光速度；t：時間．**4元座標ベクトル**は各世界点と空間時間の原点を結ぶ．**4元速度ベクトル** u は座標を固有時間で微分して得られる．u の成分 u_i の値は，

$$u_i = dx_i/d\tau \qquad \text{相対論的速度}$$

ここで，$\tau = t\sqrt{1 - v^2/c^2} = t\sqrt{1 - \beta^2}$：物体，或は事象の固有時間；$v$：3次元速度，すなわち，3次元空間の座標 x, y, z での速度 ($v_i = dx_i/dt$)．**4元運動量** p は，古典力学と同様 u に比例する：

$$\boldsymbol{p} = m\boldsymbol{u} \qquad \text{相対論的運動量}$$

ここで，m は比例定数，あるいは物体の質量である．p は三つの空間成分 ($i = 1, 2, 3$)，

$$p_i = mv_i/\sqrt{1 - v^2/c^2}$$

と，一つの時間成分 ($i = 0$) を持つ：

$$p_0 = mc/\sqrt{1 - \beta^2}$$

$m_r = m/\sqrt{1 - \beta^2}$ を相対論的質量と呼び，m を静止質量と言うことがある．$v \to 0$ のとき，$m_r \to m$，すなわち，小さい速度 ($v \ll c$) の場合，相対論的質量は静止質量と実質的に一致する．相対論的質量は，たとえば円運動をする高速粒子の軌道半径を求める場合に便利である．

タキオン：光速度を超える粒子を考えることはできる．その速度が常に $> c$ であり，かつ，その相対論的質量が $v \to c$ の時にゼロになれば，物理の法則に矛盾しないように理論を構築できる．しかし今までタキオンは見つかっていない．

相対論的運動方程式は，古典（ニュートン）力学の拡張として，次のように表される：

$$dp_i/d\tau = F_i \qquad \text{相対論的運動方程式}$$

ここで，F_i は相対論的力である．

相対論的エネルギー（全エネルギー） E は（物体の質量 $m \neq 0$ である限り）次式となる：

$$E = mc^2/\sqrt{1 - v^2/c^2} \qquad \text{相対論的エネルギー}$$

v が大きくなって光速度に近づくと E は無限大に近づく．これからも，物体の速度 v が c を越えないことがわかる．

$v \ll c$ の時，

$$E \approx mc^2 + mv^2/2$$

ここで，mc^2：静止エネルギー；$mv^2/2$：$v \ll c$ の時の運動エネルギー．E は日常的にみる物体に関しては非常に大きな値になる．

例：1 kg の質量の静止エネルギーは，8.988×10^{16} J $= 5.609 \times 10^{35}$ eV である．

いくつかの粒子からなる系が束縛エネルギーによって複合体になっていても，その静止エネルギーは，質量 $\times c^2$ である．

質量欠損：複合体である原子核の質量はその構成成分の質量の総和より小さい．その差は，陽子と中性子の束縛エネルギーに逆らって，原子核を構成成分にばらばらにするために必要なエネルギーである．この差を質量欠損と言う（記号 Δ）：

$$\Delta = Am_u - m_a$$

ここで，m_a：原子質量；A：核子数；$m_u = 1.66053873(13) \times 10^{-27}$ kg：原子質量単位．例：^{4}He に対応する値を代入すると，$\Delta = 2.827 \times 10^7$ eV $= 28.27$ MeV であり，核子一個あたり，7.07 MeV となる．4個の核子が集まって ^{4}He 核になると，これだけのエネルギーが余って放出される．水素を融合してヘリウムを生成する核融合では，1 kg の水素の融合エネルギーは約 25 000 トンの石炭の燃焼エネルギーに相当する！

物体の相対論的運動エネルギー E_k は

$$E_k = E - mc^2$$
$$= mc^2(1/\sqrt{1 - \beta^2} - 1)$$

4元運動量の保存：
孤立した系の4元運動量の総和は一定である．すなわち，

$$\sum p_i = \text{一定} \qquad i = 0, 1, 2, 3$$

相対論的なエネルギーと運動量の関係式：

$$p_0^2 - (p_1^2 + p_2^2 + p_3^2) = m^2c^2$$
$$E = \sqrt{m^2c^4 + \boldsymbol{p}^2c^2}$$

ここで，$\boldsymbol{p}^2 = p_1^2 + p_2^2 + p_3^2$．

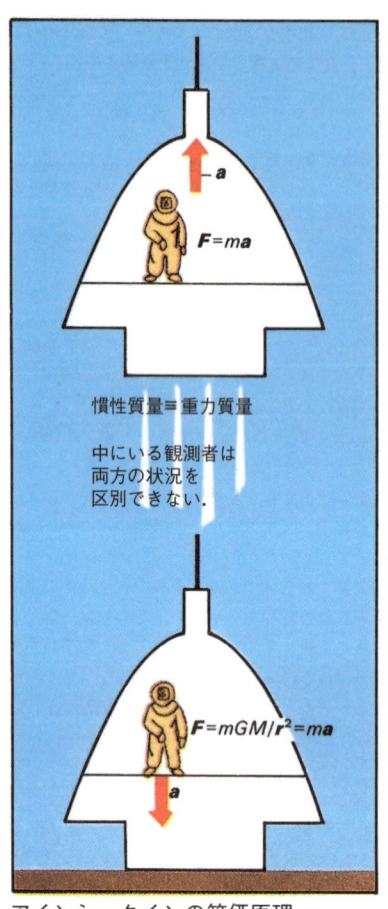

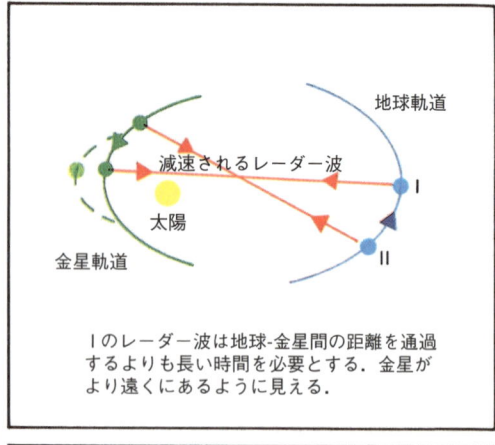

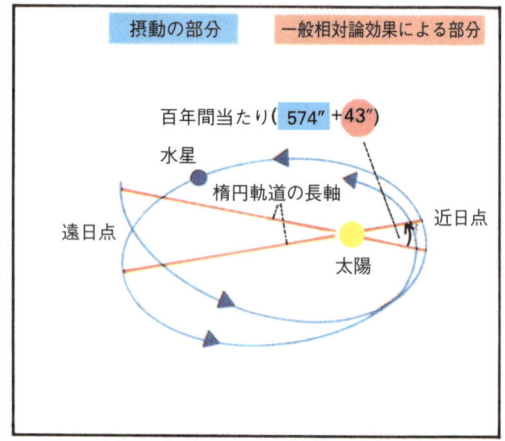

アインシュタインの等価原理

慣性質量 ≡ 重力質量

中にいる観測者は
両方の状況を
区別できない．

$F=ma$

$F=mGM/r^2=ma$

水星の近日点移動

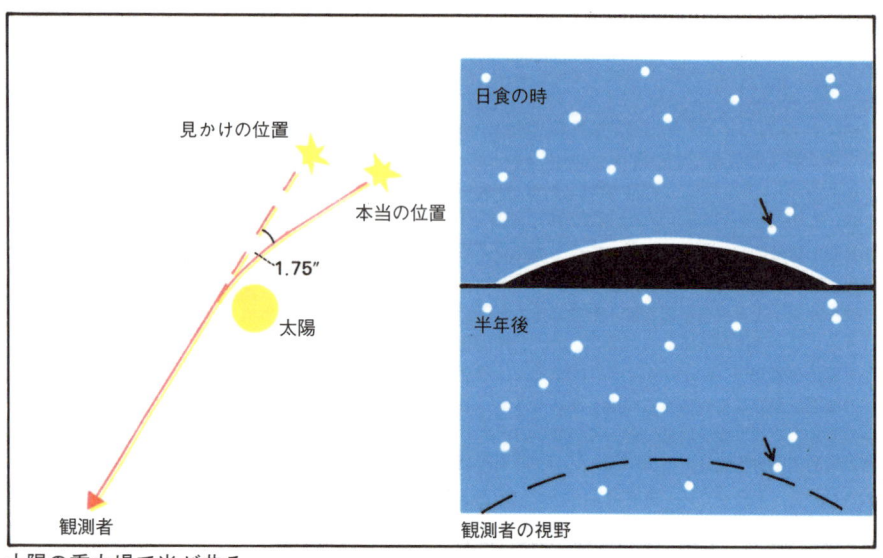

Iのレーダー波は地球-金星間の距離を通過するよりも長い時間を必要とする．金星がより遠くにあるように見える．

地球軌道／減速されるレーダー波／太陽／金星軌道／I／II

摂動の部分　　一般相対論効果による部分

百年間当たり（ 574″ ＋43″ ）

水星／楕円軌道の長軸／遠日点／太陽／近日点

太陽の重力場で光が曲る

見かけの位置／本当の位置／1.75″／太陽／観測者

日食の時／半年後／観測者の視野

特殊相対性理論によれば，定速度の二つの状態を区別することは原理的に不可能である．このことは，定速度の状態と静止状態に対しても成り立つ．速度が一定でない場合，つまり，加速度運動の場合は違って，この場合には観測可能な慣性力が現れる．質量に作用するこの慣性力は，重力場中の質量に作用する重力と区別できない．慣性力と重力はどちらも物体の質量に依存する．これら二つの力を用いて，慣性質量と重力質量を定義することができる．

ニュートンの運動の法則（29 頁参照）によって，$ma = F$ が成り立つ．**慣性質量 m** は，力 F と加速度 a との比例定数として導入された．

一方，ニュートンの重力の法則（37 頁参照）から $F = Gm_1m_2/r^2$ が成り立つ．**重力質量 m_1** と m_2 によって大きさが F の相互間引力 F が生じる．

重さが非常に違う物体の落下実験が，1890 年，エトヴェッシュ (Roland von Eötvös, 1848–1919) によって行われ，重力質量と慣性質量の一致が立証された．すべての物体は同じ速さで落下する．現在，この結論は 10^{-12} の測定精度で確かめられている．重力質量と慣性質量の一致は，一般的に成り立つ**アインシュタインの等価原理**につながる：

加速度運動をする基準系は，重力加速度の中にある基準系と同等である．

これが，1915 年にアインシュタインによって定式化された**一般相対性理論**の出発点である．

すなわち，加速度を持つ事と一様な重力場の作用は区別できない．

例：人が回転する円盤の上に立っていると，その人は縁の方向へ働く力を感じる．目を閉じると，それが遠心力（慣性力）に依るものなのか，あるいは重力場（重力）の中にいるせいなのか区別できない．力は回転軸からの距離に比例して増大する．

人がロケットの中にいて実験をするとしよう．ロケットが加速度 g で上方に加速度運動している場合と，下向きに $-g$ の重力場の中で静止している場合とで，すべての力学的実験が同じ結果になる．

一般相対性理論によると，質量による重力場は宇宙の計量構造を決定する．重力は，質量分布によって決まる空間の曲率，つまり時空の局所的な曲りに帰着する．質量を持つ物体の運動の軌道は二つの時空点の間の最短経路である．

質量分布は一様でないので，宇宙の計量構造も一様ではない．ユークリッド幾何学はもはや成り立たない．しかしながら，我々の 4 次元世界の曲率は非常に小さいので，地上の出来事の場合にその曲率が目に見えて出てくることはない．宇宙的な尺度において初めて知覚される．

一般相対性理論の**観測可能な結論**（一般相対性理論の検証）：

重力場での**光の屈折，重力収差**：光線は，例えば太陽のような重い物質の重力場の中で曲る．屈折は太陽の近辺が非ユークリッド空間であることによる．皆既日食の時，太陽の光背に星がたくさんあると，それらの星から，まず最初に，太陽によって曲げられた光がくる．その光はちょうど，太陽の縁に沿ってやってくる．

最初の観測は 1919 年に行われ，予言を定量的に立証した．

惑星の楕円軌道の**近日点移動**：観測によると，惑星軌道の長軸は黄道のまわりにゆっくり回転する，つまり，ロゼット形の軌道になる．水星の近日点移動はアインシュタインよりずっと以前から観測されていた．その大部分はたしかに他の惑星からの摂動に基づくものであったが，まだ，判らない部分が 100 年当り 43 角度秒だけ残ったままであった．一般相対性理論によってこの余剰部分の説明が成功した．

重力赤方偏移：時計は強い重力場の近くではゆっくり動く．そのために非常に重い物体によってスペクトル線はエネルギーの小さい方向へずれる．これは，実際に白色矮星（非常に高密度の星）で観測される．直接の測定は，1960 年，実験室でメスバウアー効果を利用して行われた．

重力波は質量が加速度運動をする時に生じるはずである．しかしながら，その波のエネルギーは極端に小さい．相対的に強い重力波源として，相互に回転している中性子連星が候補の一つである．1968 年，金属円柱を利用する重力波の共鳴受信機が製作された．しかし，重力波の検出には到っていない．

346　現代物理学

重力波受信機
- ピエゾ結晶
- Al円柱
- 1 m
- 1.8 m

同期化した二つの受信機の信号
- 受信機1
- 無関係な信号
- 同時刻信号
- 雑音
- ピエゾ結晶の電圧
- 時間
- 受信機2

指向性アンテナ
- Al円盤
- 厚さ 10 cm
- 2 m
- 重力波
- 振動軸
- 無振動
- 動径方向と軸方向の振動

鷲座の連星パルサー
- パルサー PSR 1913+16
- アルタイル

連結されている重力波受信機

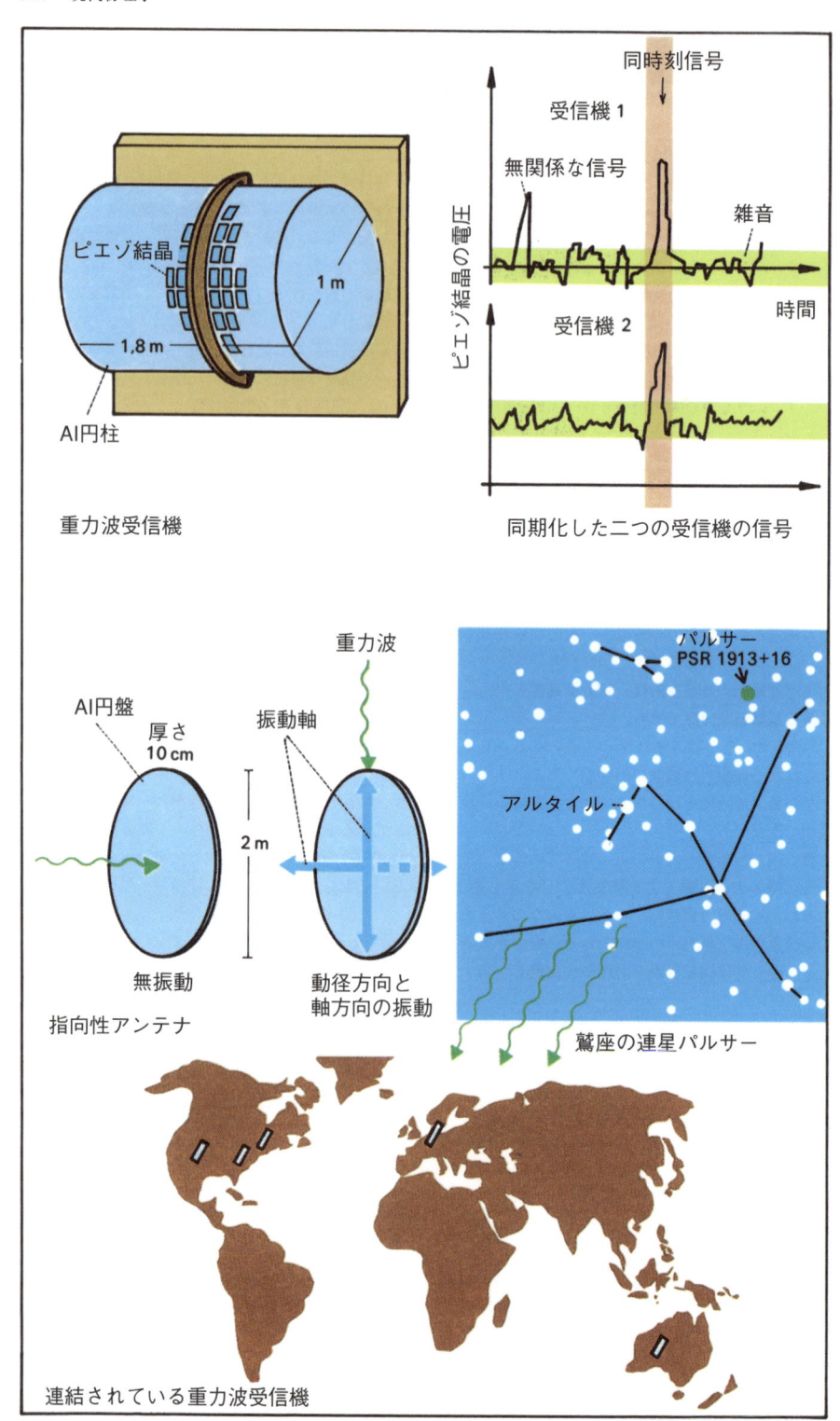

重力波

一般相対性理論は，加速度運動をする質量から**重力波**が生じることを予言している．重力波は光速度で伝播し，それは（量子化されると）**重力子**の流れである．

電磁現象において同様のことはよく知られている．電荷が加速度運動をすると，電磁波を放射する．これは光子から成り，光速度ですべての方向へ伝播する．

重力波は質量やエネルギーと相互作用するが，その相互作用は極端に弱い．それを検証するには，強力な重力波源を非常に高感度の装置で観測しなければならない．強い重力波源の例は，超新星爆発，二つのブラックホールの融合，重力崩壊をしている星，回転銀河などである．1950年代の末から，重力波を検出する実験がおこなわれている．成功したかどうかは測定結果の解釈に依る．

直接的検証

重力波受信機のアンテナとして，可能な限り質量の大きい固体を使わなければならない．重力波は内部で共鳴振動を起こし，それが観測される．その振動の振動数は数 kHz 程度のはずである．生じる振動の振幅は非常に小さいと予想されるので，アンテナは他の振動源からの振動に対して十分に良く遮蔽されていなければならない．

この理由から，最も大きなアンテナである地球は問題にならない．地震活動と気象変動が強い振動を生むので，重力波によって生じる振動は確実に覆い隠されるだろう．

1958年，ウェーバー（Joseph Weber，Maryland大学，USA）は最初の重力波受信機を製作した：アルミニウム円柱（直径 1 m，長さ 1.8 m，重さ 3.3 t）がワイヤで吊るされ，静止状態にしてある．主要な障害が空気分子の衝突なので，この装置は真空中に置かれた．熱振動を最小にするために円柱は冷却された．振動検出器の役割をするピエゾ結晶（213頁参照）が円柱の回りに輪状に配置された．この装置の感度は，$1:10^{16}$，つまり，振動による Al 円柱の長さ方向の変位は，原子核の半径の 1% まで検出可能であった！

装置の周囲から来る撹乱，例えば，雷光の電磁波や，宇宙線のシャワーによるものを消去するために，研究者達は，二つの同じアンテナをほぼ 1000 km の間隔をおいて設置した．同時に両方のアンテナに起こった振動のみを測定するように，同時回路が設定された．

60年代末にウェーバーは重力波の可能性がある波動を観測した．その波動が来た方向は銀河の中心であった．

最近の発展：検出器はニオブでできている．これは，バナジウム系列の重い金属である．円柱は数ケルビンまで冷却される．装置の感度は，$1:10^{19}$ になっている．ジュネーブ，スタンフォード，メリーランド，西オーストラリアに，それぞれ，このアンテナが設置されていて，同時回路でつながっている．

今まで（1993年初頭まで）（訳注：2009年中頃まで）明白な重力波は検出されていない．

本来，これは不思議なことではない．なぜなら，強力な宇宙の重力波源はごく希にしか出現せず，短時間しか存在しないのである．

間接的検証

1974年，ハルス（Russell Hulse）とテイラー（Joseph Tayler）は，パルサー PSR 1913+16 を発見した．これは連星で，パルスを放射している星と目に見えない星から構成されている．パルスを放射している星の直径は20〜30 km で，質量は太陽の1.4倍，自転数は17回転/s である．非常に短距離（ほぼ，太陽の直径の数倍）にある連星系の一方が他方の回りを廻っている．そのためにパルサーは非常に強い求心加速度があり，それによって強力な重力波の源になる．パルサーはこのようにして絶えず質量を失っている．その結果，回転軌道は収縮し，その長半径 $a \approx 3.1 \times 10^9$ m は一年に 3.5 m 減少するはずである．

パルサーから放射される電磁波は非常に安定した振動数を示す．そのため，軌道上の多くの点でドップラー偏移（83頁参照）を測ることによって，軌道構造を非常に正確に計算することができる．

今まで6年間の測定では，回転周期は 7.6×10^{-5} 秒/年減少していることがわかった．

この正確な値は，パルサーが重力波を放射するときにも期待できる．それは，もちろん重力波の存在の間接的な証拠である．

一般相対性理論によると，パルサー軌道は 4.2度/年の近日点移動（あるいは，近星点移動；345頁参照）を示すはずである．もちろん，これは観測で証明された．

ボーアの対応原理

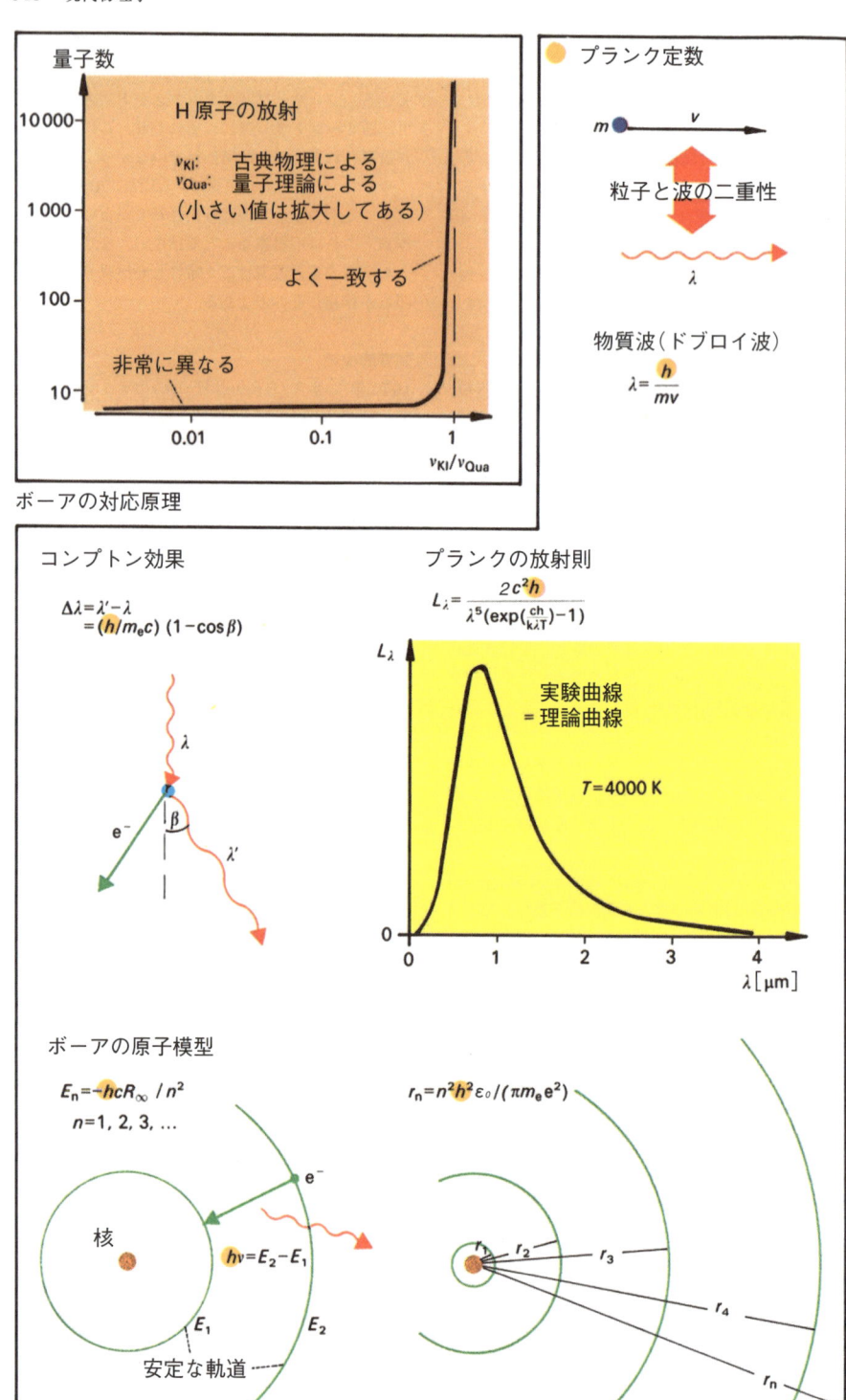

量子数 — H原子の放射
- ν_{Kl}: 古典物理による
- ν_{Qua}: 量子理論による
（小さい値は拡大してある）

よく一致する / 非常に異なる

ν_{Kl}/ν_{Qua}

プランク定数

粒子と波の二重性

物質波（ドブロイ波）
$$\lambda = \frac{h}{mv}$$

コンプトン効果

$$\Delta\lambda = \lambda' - \lambda = (h/m_e c)(1 - \cos\beta)$$

プランクの放射則

$$L_\lambda = \frac{2c^2 h}{\lambda^5 (\exp(\frac{ch}{k\lambda T}) - 1)}$$

実験曲線 = 理論曲線, $T = 4000\,K$

物理現象の量子化

ボーアの原子模型

$E_n = -hcR_\infty / n^2$
$n = 1, 2, 3, \ldots$

$h\nu = E_2 - E_1$

核、安定な軌道

$r_n = n^2 h^2 \varepsilon_0 / (\pi m_e e^2)$

古典物理学では，物理量と状態の間の関係をさほど厳密に定義しなくてもよい．極微の世界に入るともはやそうではない．観測の結果を記述するために仮定を追加する必要がある．**量子論**のもとになる法則は，初期の段階（前期古典量子論）で，以下の量子条件として定式化された：

作用積分 $\int p\,dq$ は最小単位，すなわちプランク定数（記号 h）の整数倍をとる：

$$h = 6.62606876 \times 10^{-34}\,\text{J·s}$$

ここで，p：運動量；q：座標．積分は運動の一周期についておこなう．

プランクは，1900年，量子論（173頁参照）の基礎を提言した．アインシュタインは，1905年，これを光電効果に応用し，量子論の成功への突破口を開いた．ボーア（Niels Bohr）は，1913年，量子論を用いて最初の定量的な原子模型を創造した．シュレーディンガー（Erwin Schrödinger）とハイゼンベルク（Werner Heisenberg）は1920年代に**量子力学**へと発展させた（351頁参照）．

物理量が最小単位を持つという考え方自体は新しいものではない．デモクリトス（Demokritos）はBC4世紀にすでに質量の最小単位として原子を仮定した．電荷も1900年よりはるか以前から最小電荷，すなわち電気素量の整数倍として現れることが知られていた．

量子論の基本的現象
光量子

ニュートンは，17世紀，光の波動理論が世間に認められていたにもかかわらず，光を粒子の流れとして考察した．プランクは光（放射）にたいして再び最小粒子（**量子**）を導入し，黒体放射のスペクトルを定量的に記述した（173頁参照）：

$$L_\nu = (2h\nu^3/c^2)(1/(\exp(h\nu/kT)-1))$$

ここで，振動数 ν の放射可能な最小エネルギー $E_{\min}$ は，量子一つのエネルギーである：

$$E_{\min} = h\nu$$

物理系から放射される振動数 ν のどんなエネルギー E も次のように書ける：

$$E = nh\nu \quad (n = 1, 2, 3, ...)$$

アインシュタインはこの量子仮説を用いて光電子（179頁参照）の運動エネルギー E_k を以下のように表した：

$$E_k = h\nu - W$$

W は物質によって決まる定数である．E_k は入射する光の強度に依らず，その振動数に依存する．

コンプトンは1922年に彼が発見した高エネルギー放射線の非弾性散乱を運動量の量子化を用いて説明した（181頁参照）．入射光線と散乱光線の間の波長の差 $\Delta\lambda$ は，

$$\Delta\lambda = h(1 - \cos\beta)/(m_e c)$$

ここで，β：散乱角；m_e：電子の質量．

ボーアの仮説

ラザフォード（Ernest Rutherford）は1911年，彼の α 粒子の散乱実験を基に，最初の現代的原子模型を提唱した：

負電荷の電子が正電荷の原子核の回りを 10^{-10} m ほどの距離をもって円運動している．原子核の直径は 10^{-14} m の大きさの程度である．

しかしながら，古典電気力学にしたがって回転している電荷，つまり加速度運動している電荷がエネルギーを放出するならば，電子は約 10^{-8} s 経つと核に落ちてしまうはずである．

ボーアは，この矛盾を解決するために安定な回転軌道の量子化を仮定した．この考えに基づいて水素原子のスペクトルを求めた：

仮定1）：電子はエネルギー的に安定な，決まった軌道の上だけを回る．

仮定2）：エネルギー E_1 をもつ電子軌道からエネルギー E_2 をもつ軌道へ遷移する場合，エネルギーが電磁波の形で放出，或は，吸収される．その二つの軌道のエネルギー差は次のように表される：

$$\Delta E = |E_1 - E_2| = h\nu$$

物質波

ド・ブロイは，質量が m で速度が v の粒子は次の波長を持つと仮定した（197頁参照）：

$$\lambda = h/(mv)$$

ガーマー，デビッソン，トムソンは1927年，Ni単結晶の回折によって電子の物質波を実験的に立証した（197頁参照）．

ハイゼンベルグの不確定性関係

観測過程の本質を熟慮してハイゼンベルグは不確定性関係を導き出した（197頁参照）：

$$\Delta x \Delta p_x \geq \hbar$$
$$\Delta y \Delta p_y \geq \hbar$$
$$\Delta z \Delta p_z \geq \hbar$$
$$\Delta t \Delta E \geq \hbar$$

ここで，$\hbar = h/(2\pi)$

ボーアの対応原理はマクロな世界への橋渡しをする：

量子の数が非常に大きくなると量子物理学の法則は対応する古典物理学の法則に移行する．

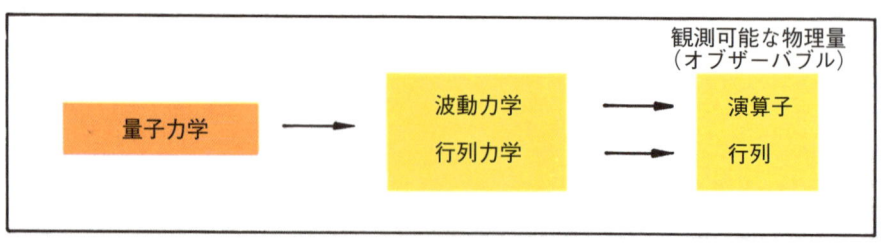

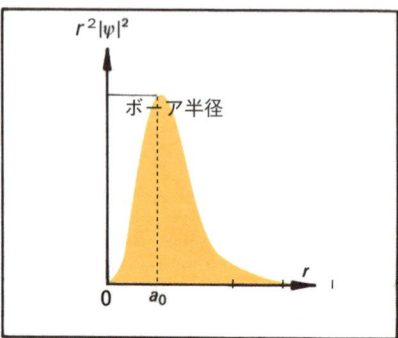

```
量子力学 → 波動力学    → 演算子
         行列力学    → 行列
                   観測可能な物理量
                   (オブザーバブル)
```

水素原子中の電子の存在確率
(縮尺は概念的なもの)

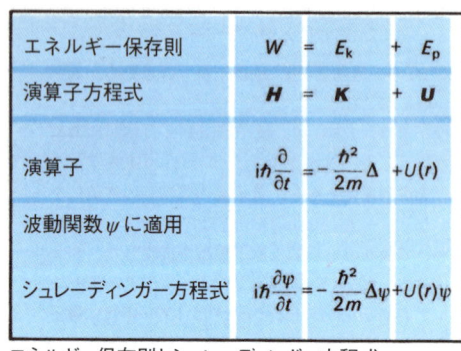

エネルギー保存則	$W = E_k + E_p$
演算子方程式	$H = K + U$
演算子	$i\hbar \dfrac{\partial}{\partial t} = -\dfrac{\hbar^2}{2m}\Delta + U(r)$
波動関数 ψ に適用	
シュレーディンガー方程式	$i\hbar \dfrac{\partial \psi}{\partial t} = -\dfrac{\hbar^2}{2m}\Delta\psi + U(r)\psi$

エネルギー保存則とシュレーディンガー方程式

箱型ポテンシャル

放物線型ポテンシャル

x 座標

$$\bar{x} = \int_{-\infty}^{+\infty} x|\psi|^2 dxdydz$$

波動関数の絶対値
空間座標 x の演算子

運動量成分の平均値

$$\bar{p}_x = \int_{-\infty}^{+\infty} \psi^* \frac{\hbar}{i}\frac{\partial}{\partial x}\psi\, dxdydz$$

運動量演算子

規格化

$$\int_{-\infty}^{+\infty} |\psi|^2 dxdydz = 1$$

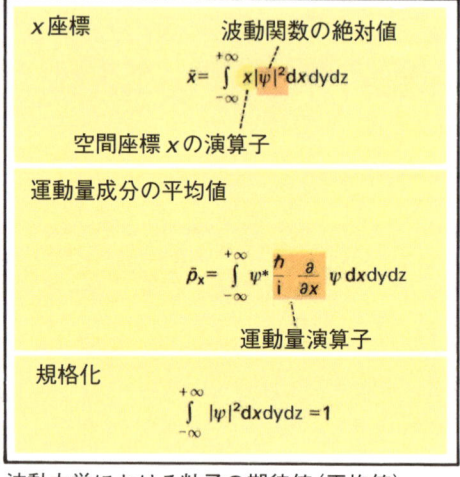

波動力学における粒子の期待値(平均値)

有限の厚さの壁を持つ
箱型ポテンシャル

ポテンシャル壁

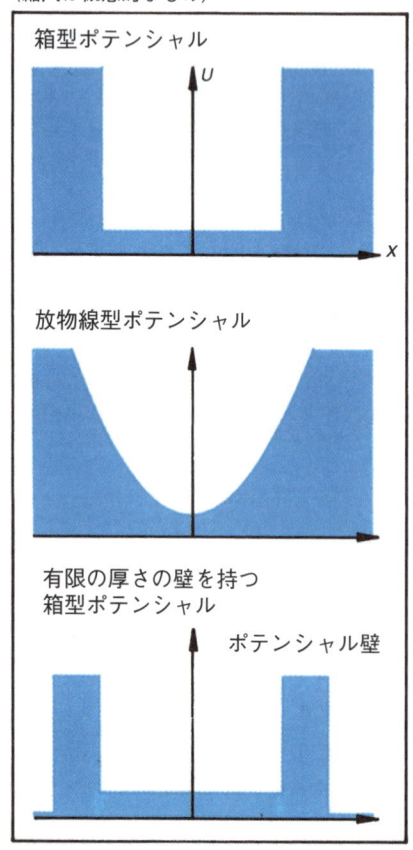

位置に依存するポテンシャル $U(r)$

$$A = \begin{pmatrix} a_{11} & a_{12} & a_{13} & \cdots & a_{1m} \\ a_{21} & a_{22} & a_{23} & \cdots & a_{2m} \\ a_{31} & a_{32} & a_{33} & \cdots & a_{3m} \\ \vdots & & & & \\ a_{n1} & a_{n2} & a_{n3} & \cdots & a_{nm} \end{pmatrix}$$

3列目　2行目

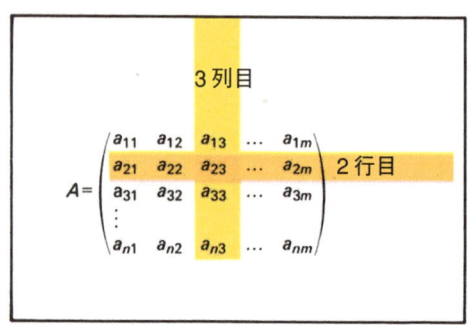

n 行 m 列の行列 A

ミクロの世界を実験的に研究するとき，その粒子的性質が現れるのか，波動的性質が現れるのかは，どのような実験をするか，つまり問題の設定によって異なる．

例：電子は粒子的に見える．しかし，電子の流れが結晶格子の中を通過すると，波動のみがひき起こすことができる干渉パターン（196 頁参照）が観測されるのである．

波は空間的に広がっているが，粒子は局在している．したがって，ミクロ世界の二つのイメージは互いに相反する．

我々は日常生活の経験から取り出す概念とイメージを用いてミクロの世界の粒子と現象を記述しようとするが，それは矛盾に至る．光と粒子は波動でもあり，かつ，粒子でもある，これは**波と粒子の二重性**（197 頁参照）で，日常生活では知覚されないものである．

ミクロ世界の完結した理論はどれも，この二重性を矛盾なく包括しなければならない．この理論は，1926 年，ハイゼンベルグ（Werner Heisenberg）と，シュレーディンガー（Erwin Schrödinger）によってほぼ同時に構築された．二人は，**量子力学**の異なった理論を展開したにも関わらず，それらの結果は一致する．シュレーディンガーの**波動力学**は，波動の描像で始まり，後で，光と物質の粒子的側面を導き出す．ハイゼンベルグの**マトリックス力学**は逆に，粒子描像から始まる．

波動力学：波動関数（記号 ψ）と呼ばれる一つの抽象的な関数が，粒子，または物理的な系の状態を記述する．ψ は位置と時間に依存し，それ自身，具体的な意味を持たないが，記述している粒子または系の位置とその他の物理量に関する確率振幅を表す．ψ に対してシュレーディンガー方程式があり，その解は，物理的な系の時間的振舞を記述する．物理量の量子化は解が自動的に組み込んでいる．一つの粒子が力を受けている場合のシュレーディンガー方程式は次式である：

$$i\hbar \partial \psi / \partial t = -(\hbar^2/(2m))\Delta \psi + U(r)\psi$$

ここで，$i = \sqrt{-1}$；$\hbar = h/(2\pi) = 1.055 \times 10^{-34}$ J·s；m：粒子の質量；$\Delta = \partial^2/\partial x^2 + \partial^2/\partial y^2 + \partial^2/\partial z^2$：ラプラス演算子；$\psi$：波動関数．$U(r)$ は位置に依存するポテンシャルで，粒子に作用する力を表す．

すでに述べたように，ψ 自身は直接に実験で測定できるものではない．しかし，ψ の絶対値の二乗，$|\psi|^2$ は具体的なものである．それは，粒子又は粒子系がある指定した空間点にある存在確率を表す．粒子は空間のどこかに必ず存在しているのだから，次式が成り立つ：

$$\int_{-\infty}^{\infty} |\psi|^2 \mathrm{d}x\mathrm{d}y\mathrm{d}z = 1 \qquad \text{規格化条件}$$

個々の粒子の性質に関して，例えば，その位置に関して確率表現が得られる．したがって，指定された性質の平均値（期待値と言われる）が正確に計算できる．この期待値は実際に測定可能である．

応用：

水素原子（一つの電子がクーロン力を受けて一つの陽子の回りを廻っている系）．この束縛系のシュレーディンガー方程式の解は，無限に多くの離散的エネルギーの値 E_n を持つ：

$$\begin{aligned}E_n &= -[e^4 m_e/(2(4\pi\varepsilon_0)^2 \hbar^2)] \times (1/n^2) \\ &= -hcR_\infty/n^2\end{aligned}$$

ここで，e：電気素量；m_e：電子の質量；ε_0：真空の誘電率；$n = 1, 2, 3, \ldots$：主量子数；R_∞：リュードベリ定数．

$n = 1$ のとき，水素原子は基底状態にある．

量子力学的考察では，水素原子中の電子の軌道について古典的な理解はできない．なぜなら，電子の波動関数は広がりをもち，電子は局在していないからである．$n = 1$ の場合，電子の存在確率は半径 a_0 の球殻上にその最大値があり，その内側と外側，a_0 の数倍の距離まで裾を引く分布をしている．a_0 と波動関数は計算することができて，

$$a_0 = 5.292 \times 10^{-11} \text{ m} \qquad \text{ボーア半径}$$

マトリックス（行列）力学：粒子または粒子系の位置，時間，運動量，エネルギーのような観測可能な物理量は行列で表現される．

行列（表記：A）は $m \times n$ 個の量からなる系で，n 行 m 列を直角に配列したものである．

粒子又は粒子系の状態は，状態空間のベクトルで表される．**ハイゼンベルグの運動方程式**は物理量の時間的変化を表す．次式で与えられる：

$$i\hbar \mathrm{d}A/\mathrm{d}t = [A, H] + i\hbar \partial A/\partial t$$

ここで，A：物理量の行列；H：ハミルトニアン行列，系のエネルギーであり，これが他の物理量によってどのように表されるかを示す；$[A, H] = AH - HA$：A と H の交換関係；AH：二つの行列 A と H の積．

352 現代物理学

角運動量の方向

$j = \ell + 1/2$

$j = \ell - 1/2$

量子化

電子のスピン角運動量 S

電場または磁場
スピン成分
スピンの方向
$S_z = +\hbar/2$
$S_z = -\hbar/2$
スピンの2乗の値 $= s(s+1)$

電子の軌道角運動量 L

$L = r \times mv$

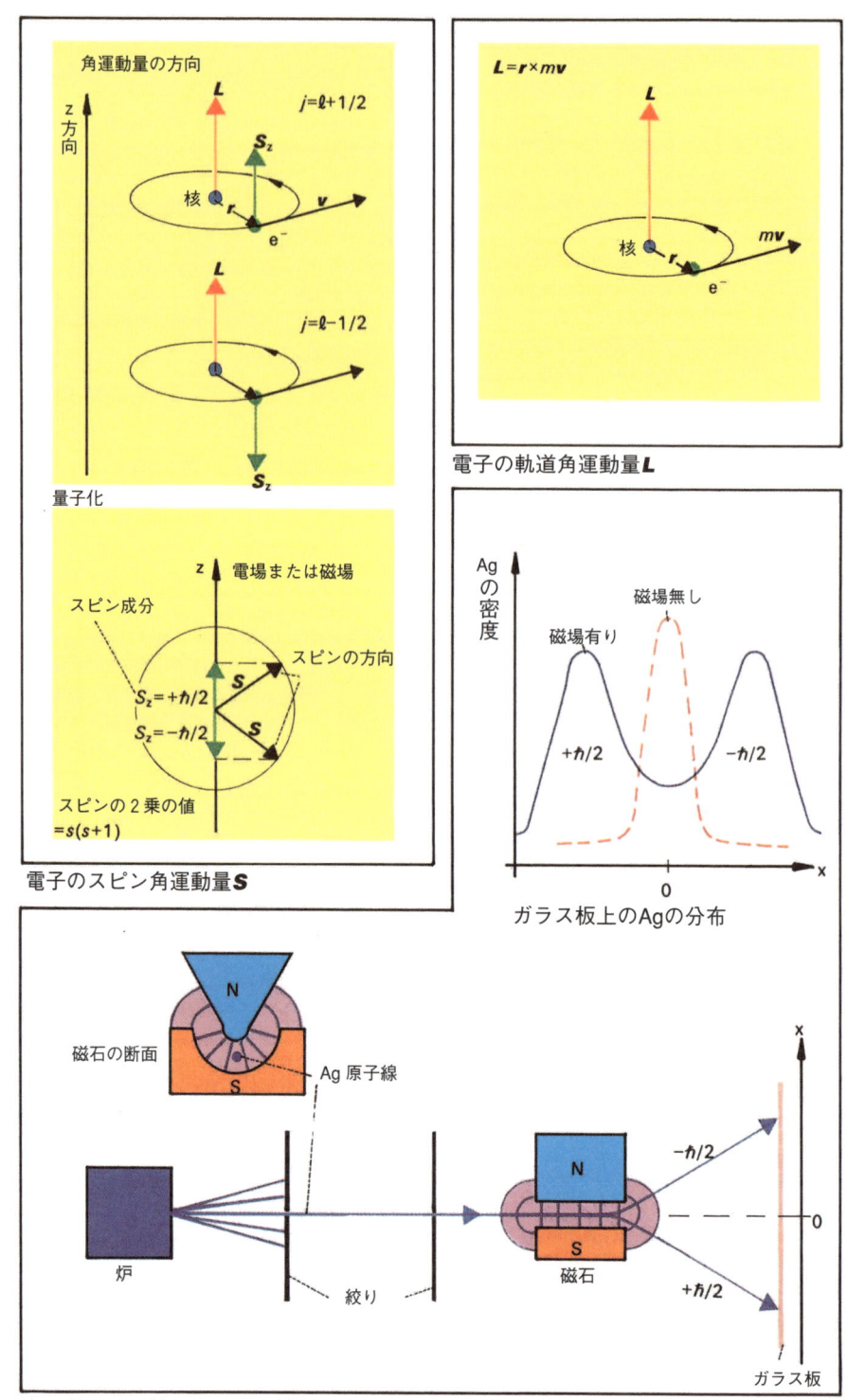

ガラス板上のAgの分布

Agの密度
磁場有り
磁場無し
$+\hbar/2$
$-\hbar/2$

シュテルン-ゲルラッハの実験

磁石の断面
Ag原子線
炉
絞り
磁石
$-\hbar/2$
$+\hbar/2$
ガラス板

原子と分子のミクロの世界では，エネルギーが量子化されている．ある系が吸収したり放出したりするエネルギーは，常に，$h\nu$ の整数倍である．これらの系の記述には，他に角運動量の量子化が必要である．ある一つの方向を基準にとると，その方向への角運動量の射影は $\hbar = (h/2\pi)$ の整数倍又は半奇数倍になり，同時に角運動量の2乗の値が決まる．

例：電子は原子核の回りを廻っているので，その軌道面に垂直な軌道角運動量 L を持つ．さらにまた，固有の角運動量であるスピン S を持つ．L の方向をこの系の基準の方向にとると，S はこの方向に対して平行かまたは反平行にとることができる．二つの異なる配位のために（ごくわずか）異なるエネルギー準位が現れる．その結果，例えばスペクトルに微細構造があらわれる．すなわち，この場合は，各スペクトル線が二つに分裂するのが観測される．

外から電場や磁場が作用すると，系の角運動量のためにエネルギー準位が影響を受ける．電場の中で（シュタルク (Stark) 効果）が生じ，また磁場の中で（ゼーマン (Zeeman) 効果）が生じて，それぞれ，スペクトル線はさらに分裂する（355頁参照）．

ボーアの原子模型では負の電子が正の原子核の回りを回っている．量子力学で表現すると，電子が核の周辺のある決まった領域内に存在する確率は，他の場所にいる確率よりはるかに大きい．原子の直径は，10^{-10} m の大きさの程度で，原子核の直径は，10^{-14} m 程度である．原子のほとんどすべての質量は核に集中している．

次に，核の回りを廻る電子の角運動量の量子化を概括する．核自身の影響は無視される．

軌道角運動量

電子の**軌道角運動量**（記号 L）は（33頁参照），

$$L = r \times p \qquad \text{軌道角運動量}$$

ここで，r：電子の位置ベクトル；p：電子の運動量．L は，r と p が張る平面に垂直なベクトルである．

量子力学では，運動量は演算子 $p = -i\hbar\nabla$，軌道角運動量は演算子 L によって表現される．L の x 成分は，

$$L_x = -i\hbar(y\partial/\partial z - z\partial/\partial y)$$

L の大きさ L の2乗の量子化された値（固有値）は，

$$L^2 = \ell(\ell+1)\hbar^2 \qquad \ell = 0, 1, 2, \ldots$$

ここで，ℓ は軌道角運動量量子数（他の呼び方：軌道量子数，方位量子数）である．原子の中の電子はある決まった ℓ の値を持つ．

L を指定する時，$\hbar$ は省略されることが多い．L のある特定な方向への射影，例えば，L_z は，$-\ell\hbar$ と $+\ell\hbar$ の間のすべての整数値 m（の $\hbar$ 倍）を取る，つまり，合計 $(2\ell+1)$ 個の値を取る．m を磁気量子数という．H 原子の中の電子の場合は，$\ell \leq n-1$ である，ここで，n は主量子数（351頁参照）である．H 原子では，L の量子化によって，エネルギー準位 E_n を持つ状態が n^2 個存在する（他に，電子のスピンを考慮すると，状態の数は $2n^2$ になる）．このように同じエネルギー準位を持つ状態がいくつか存在することをエネルギー準位の縮退という．外部磁場と電場の中では，この縮退した状態が分離し，それらのエネルギー準位は測定することができる．

ボーア磁子：原子核の回りを回る電子は円電流を作り，これが磁気モーメント（記号 μ）を生み出す．H 原子の電子が磁気量子数 m を持つ場合，μ の z 方向の成分 μ_z は次式となる：

$$\mu_z = me\hbar/(2m_e)$$

ここで，e：電気素量；m_e：電子の質量．$m=1$ のとき，μ はボーア磁子（記号 μ_B）という．その値は，

$$\mu_B = e\hbar/(2m_e) = 9.274 \times 10^{-24} \text{ J/T}$$

μ_B は，電子の回転運動によって生じる磁気モーメントの単位である．

電子の μ と L は互いに平行で比例する．次式が成り立つ：

$$\mu = \gamma L$$

ここで，$\gamma = e/(2m_e)$：ジャイロ・マグネティック係数（磁気角運動量比）．

スピン角運動量

軌道角運動量の他に，電子はもう一つの角運動量であるスピン角運動量（記号 S）を持つ．これはスピン，又はまれに，固有角運動量とも呼ばれる．

S は電子の固有の性質である．量子力学ではスピン角運動量をパウリのスピン行列 σ で表す．たとえば，その z 成分は次式で表される：

$$\sigma_z = \begin{pmatrix} 1 & 0 \\ 0 & -1 \end{pmatrix}$$

スピンは $S = \hbar\sigma/2$ と表される．

量子化された S の二乗 S^2 の値は次式となる：

$$S^2 = s(s+1)\hbar^2$$

ここで，s はスピン角運動量量子数である．

スピン角運動量		
電子	$\hbar/2$	
陽電子	$\hbar/2$	
陽子	$\hbar/2$	
中性子	$\hbar/2$	フェルミ粒子
Ag 原子	$\hbar/2$	
^{7}Li 原子核	$3\hbar/2$	
光子	$1\hbar$	
重陽子	$1\hbar$	
α 粒子	0	ボーズ粒子
O_2 分子	$1\hbar$	
重力子	$2\hbar$	

いくつかの粒子のスピン角運動量

シュタルク効果における重水素の D_β 線の分裂 ($E=0$、$E=40$ MV/m、約 10^{-6} cm)

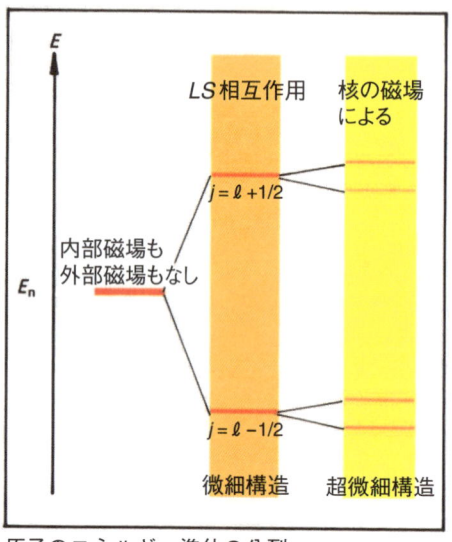

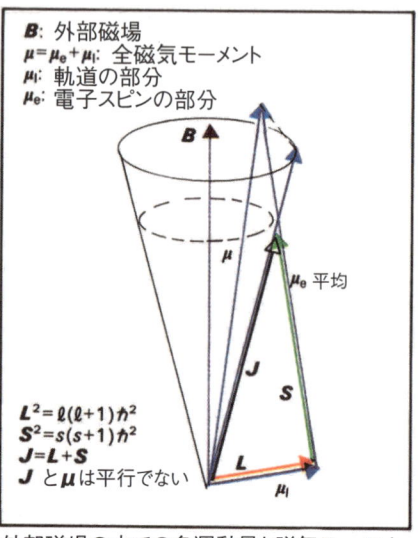

原子のエネルギー準位の分裂（LS相互作用による微細構造、核の磁場による超微細構造、$j=\ell+1/2$、$j=\ell-1/2$、内部磁場も外部磁場もなし）

外部磁場の中での角運動量と磁気モーメント

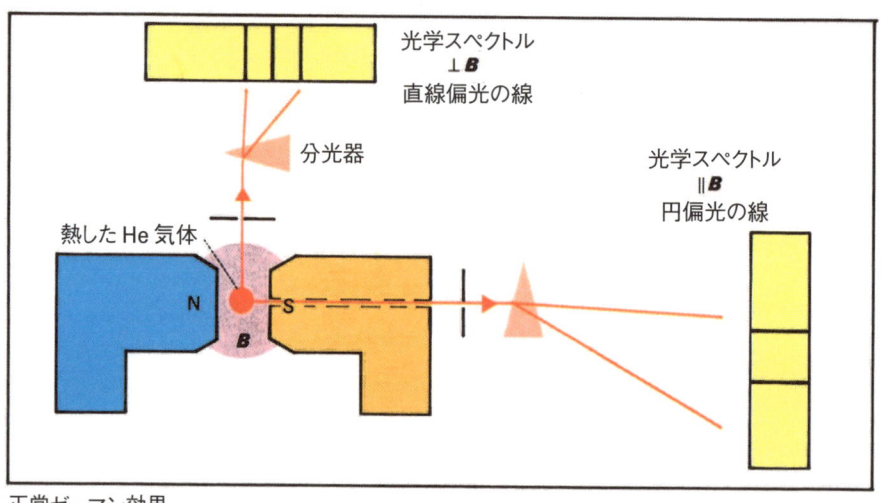

B: 外部磁場
$\mu = \mu_e + \mu_l$: 全磁気モーメント
μ_l: 軌道の部分
μ_e: 電子スピンの部分

$L^2 = \ell(\ell+1)\hbar^2$
$S^2 = s(s+1)\hbar^2$
$J = L + S$
J と μ は平行でない

正常ゼーマン効果（熱した He 気体、分光器、光学スペクトル $\perp B$ 直線偏光の線、光学スペクトル $\parallel B$ 円偏光の線）

習慣的に s を**スピン**と言うことが多い（$\hbar$ をつけて $s\hbar$ をスピンと言うこともある．354 頁参照）．
電子のスピンは $s = 1/2$ である．したがって，

$$S = (\sqrt{3}/2)\hbar \qquad \text{スピン角運動量}$$

電子の S の方向を z 軸にとると，z 成分は，

$$S_z = +\hbar/2 \quad \text{または} \quad S_z = -\hbar/2$$

二つの差は量子力学に特徴的な $\hbar$ である．
　すべての素粒子は固有のスピン角運動量，原子核，原子，分子は全スピン角運動量を持つ．スピン量子数が半奇数，すなわち $s = 1/2, 3/2, \ldots$ を持つ粒子は，フェルミオンと言う（例：電子，陽子，中性子，トリトン）．整数，すなわち $s = 0, 1, 2, \ldots$ を持つ粒子はボソンである（例：光子，π 中間子，重力子，重陽子，α 粒子）．$s > 2$ を持つ素粒子は未だ知られていない．一つの粒子系で互いに反平行なスピンは打ち消し合う．

電子のスピンは**磁気モーメント**（記号 μ_e）のもとであり，強磁性（243 頁参照）の源である．その値は，

$$\mu_e = 9.285 \times 10^{-24}\,\text{J/T}$$

電子のスピン角運動量に比例する磁気モーメントの数値と電子の（磁気量子数 $m = 1$ の場合の）軌道角運動量による磁気モーメント μ_B の数値は非常に近い．
$\mu_e/\mu_B = 1.0011597$ が測定値である．この二倍を電子の **g 因子**と呼ぶ．

　シュテルン–ゲルラッハの実験：シュテルン (Otto Stern, 1888–1969) とゲルラッハ (Walther Gerlach, 1889–1979) は，1927 年，電子のスピンの存在を実証した：彼らは，銀原子の細いビームを非一様な強い磁場の磁力線を横切って通過させた．ビームはその後でガラス板の上に付着し，二つのはっきり別れた縞を作った．Ag 原子の価電子はスピン量子数 1/2 を持ち，その内側は閉殻でスピンを持たない．個々の Ag 原子のスピン角運動量は磁力線に平行か反平行の方向をとり，ビームは分かれる．一度イオン化した Ag 原子は価電子がなく，閉殻を作り，電子によるスピンがないので，そのビームは分かれない．
S はアインシュタイン–ド・ハース (de-Haas) 効果（247 頁参照）によって直接，測定された．

全角運動量
原子中にある電子の軌道角運動量とスピン角運動量の間に相互作用があるので**全角運動量**（記号 J）が重要になる：

$$\boldsymbol{J} = \boldsymbol{L} + \boldsymbol{S} \qquad \text{全角運動量}$$

軌道角運動量量子数 ℓ とスピン量子数 $s = 1/2$ から**全角運動量量子数**（記号 j）ができる．$\ell \geq 1$ の場合，

$$j = \ell \pm 1/2$$

$\ell = 0$ の場合は，$j = 1/2$ である．
$\boldsymbol{J}$ の大きさ J がとる値は，$J^2 = \boldsymbol{J}^2 = j(j+1)\hbar^2$ で与えられる．
多粒子系の軌道角運動量とスピン角運動量を全角運動量に合成するのは複雑な規則による．
多粒子系では個々の磁気モーメントが合成されて一つの全磁気モーメントになる．全角運動量と全磁気モーメントは，一般に平行ではない．

応用

ゼーマン (Zeeman) 効果：放射源が強い磁場の中にあると，すべてのスペクトル線が何重にも分かれて観測される．ゼーマン (Pieter Zeeman, 1865–1943) は，1896 年に，この現象を発見した（1902 年，彼はこれによってノーベル賞を受賞）．
説明：放射源の原子の全角運動量は磁場の中で $(2j+1)$ 通りの値（方向）を取る．磁場によって，原子の一つのエネルギー状態が $(2j+1)$ 個の異なるエネルギー状態に分かれる．スペクトル線を観測すると，分裂するのが観測される．
ゼーマン効果には以下のような相違がある：
正常ゼーマン効果：放射する原子は軌道角運動量のみをもつ．つまり $S = 0, L \neq 0$．分かれたスペクトル線の間隔はエネルギー差 $\Delta W = \mu_B B$ をもつ．ここで，B：磁束密度 $\boldsymbol{B}$ の大きさ；μ_B：ボーア磁子．線の間の振動数差 $\Delta\nu$ は，

$$\Delta\nu = \Delta W/h \qquad \text{ラーモア振動数}$$
$$\approx 14\,\text{GHz/T}$$

例：水素原子の線は，1 テスラの磁場の中にあると，間隔 $\Delta\nu = 14\,\text{GHz}$，すなわち，$0.0047\,\text{m}^{-1}$ だけ分裂する．これは非常に小さく，Na の二本の D 線の間隔の約 3% である．光学分光器の分解能（191 頁参照）は 10^6 以上でなければならない．

異常ゼーマン効果：放射する原子が $L \neq 0, S \neq 0$ をもつ．対応して，正常ゼーマン効果の場合より多くの線に分裂する．

シュタルク効果：シュタルク (Johannes Stark, 1874–1957, ノーベル賞 1919 年) は，放射源が強い電場の中にあると，ゼーマン効果と似てスペクトル線が分裂することを実証した．分裂幅は一般に電場の 2 乗に比例する．

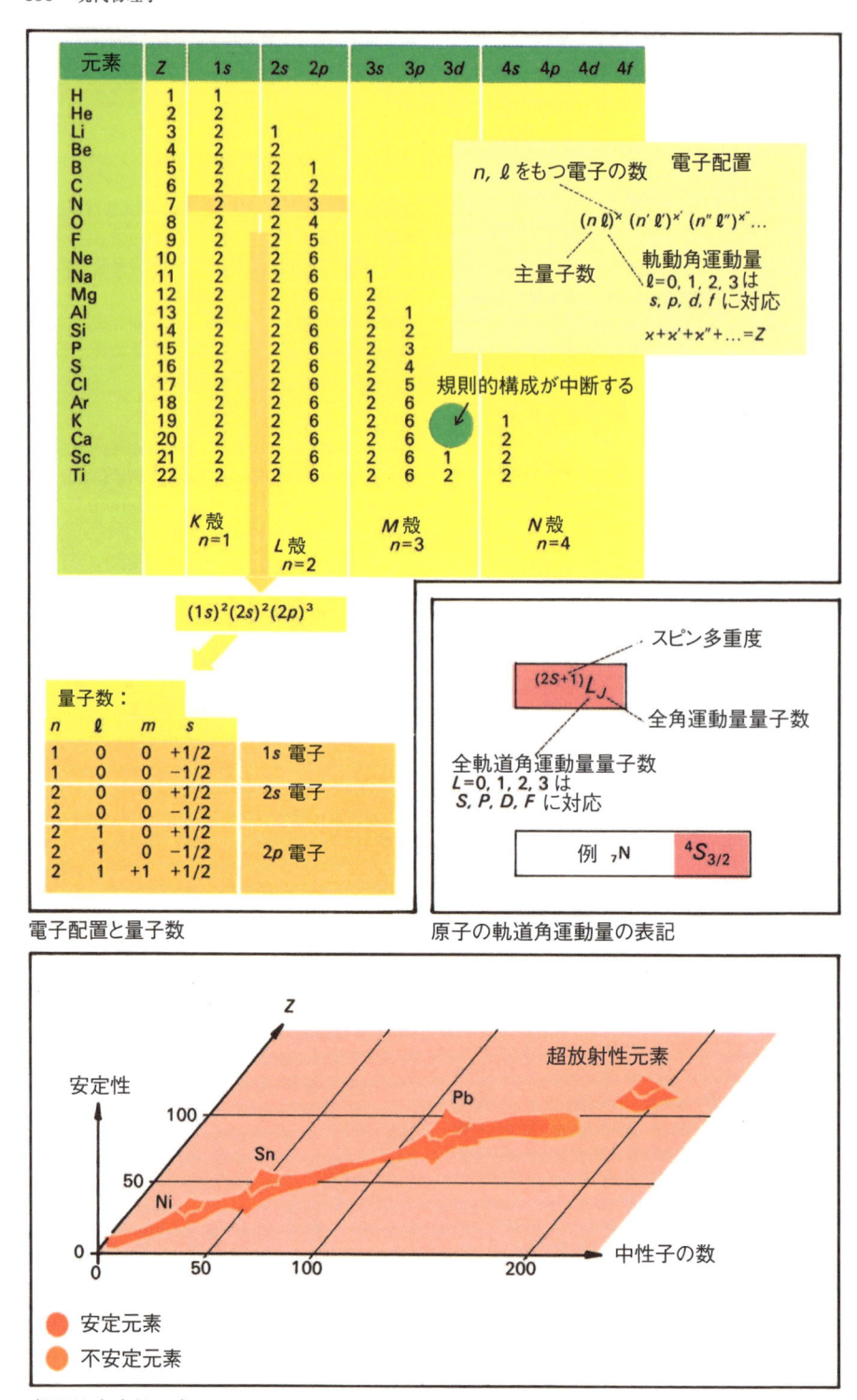

元素	Z	1s	2s	2p	3s	3p	3d	4s	4p	4d	4f
H	1	1									
He	2	2									
Li	3	2	1								
Be	4	2	2								
B	5	2	2	1							
C	6	2	2	2							
N	7	2	2	3							
O	8	2	2	4							
F	9	2	2	5							
Ne	10	2	2	6							
Na	11	2	2	6	1						
Mg	12	2	2	6	2						
Al	13	2	2	6	2	1					
Si	14	2	2	6	2	2					
P	15	2	2	6	2	3					
S	16	2	2	6	2	4					
Cl	17	2	2	6	2	5					
Ar	18	2	2	6	2	6					
K	19	2	2	6	2	6		1			
Ca	20	2	2	6	2	6		2			
Sc	21	2	2	6	2	6	1	2			
Ti	22	2	2	6	2	6	2	2			

K殻 $n=1$ L殻 $n=2$ M殻 $n=3$ N殻 $n=4$

電子配置

n, ℓ をもつ電子の数

$(n\ell)^x (n'\ell')^{x'} (n''\ell'')^{x''}\ldots$

主量子数

軌道角運動量
$\ell = 0, 1, 2, 3$ は s, p, d, f に対応

$x + x' + x'' + \ldots = Z$

規則的構成が中断する

$(1s)^2(2s)^2(2p)^3$

量子数:

n	ℓ	m	s	
1	0	0	+1/2	1s 電子
1	0	0	−1/2	
2	0	0	+1/2	2s 電子
2	0	0	−1/2	
2	1	0	+1/2	2p 電子
2	1	0	−1/2	
2	1	+1	+1/2	

電子配置と量子数

原子の軌道角運動量の表記

スピン多重度 — $^{(2S+1)}L_J$ — 全角運動量量子数

全軌道角運動量量子数
$L = 0, 1, 2, 3$ は S, P, D, F に対応

例 $_7\text{N}$ $^4S_{3/2}$

仮想的安定性の島

安定性 / Z / 中性子の数
Ni, Sn, Pb, 超放射性元素

● 安定元素
● 不安定元素

四つの量子数 n, ℓ, m, m_s が原子中の一つの電子の状態,すなわち,電子配置を決定する.

量子数

主量子数(記号 n)によって電子軌道の半径 r が決まる. r はほぼ n^2 に比例して増大する.同じ n を持つ電子は同一の電子殻に属する.

$n = 1, 2, 3, 4, 5, 6, 7$ を持つ電子は,それぞれ,K 殻,L 殻,M 殻,N 殻,O 殻,P 殻,Q 殻の電子と言うのが習慣である.

角運動量量子数(記号 ℓ)は方位量子数とも言うが,電子の軌道角運動量(353 頁も参照)を決める.ℓ は,$0, 1, 2, \ldots, n-1$ の値を取ることができる.

$\ell = 0, 1, 2, 3$ を持つ電子はそれぞれ s 電子,p 電子,d 電子,f 電子と言うのが習慣である.

磁気量子数(記号 m)は電子軌道の方向を表す.ある方向に対して電子の回転運動に依る(軌道)磁気モーメント(355 頁参照)は $2\ell + 1$ 個の可能な値をとる,すなわち,m は,$-\ell, -\ell+1, -\ell+2, \ldots, -1, 0, +1, \ldots, \ell-1, \ell$ の値をもつことができる.

スピン角運動量量子数(記号 s)は電子の固有角運動量,スピンで,$s = 1/2$(353 頁も参照)である.

スピン磁気量子数(記号 m_s)はスピンの向きを表す.m_s は $+1/2$ と $-1/2$ の値をとる.スピンによる電子の磁気モーメントは二つの値のみをとる.

パウリ原理:1925 年,パウリ(Wolfgang Pauli, 1900–58,ノーベル賞 1945 年)によって定式化された.この経験法則の内容は,

「原子の中では,四つの量子数で指定される一つの状態に電子は二つ以上入れない.」

この四つの量子数は原子の中の各電子の状態を指定する.したがって電子の配置を一意的に記述する.

原子構造

原子番号 Z の原子では,電荷 $+Ze$ の核の回りを Z 個の電子が運動している.クーロン力(199 頁参照)が電子を原子核に束縛している.この系のエネルギーは四つの成分の総和として表せる:

$$E = E_1 + E_2 + E_3 + E_4$$

ここで,$E_1 = \sum p_i^2/(2m_e)$:電子の運動エネルギー;$E_2 = -Ze^2 \sum 1/r_i$:電子のポテンシャルエネルギー;$E_3 = e^2 \sum 1/r_{ik}$:電子相互の反発エネルギー;E_4:スピンに関するエネルギー;p_i, m_e:i 番目の電子の運動量,質量;r_i:核と i 番目の電子との距離;r_{ik}:i 番目と k 番目の電子の距離;i, k:$1, 2, \ldots, Z$;e:電気素量.

$Z = 1, 2$ の場合は E は正確に計算できるが,$Z = 3$ 以上に対しては近似解となる.実験的には,E はスペクトル線によって僅かな誤差で決定できる.

パウリ原理を使って,原子の構造は次のようにして決定する:原子番号 Z の原子の電子配置は,$(Z-1)$ の原子の配置から,まだ自由に使える最も小さい主量子数 n を持つ電子をもう一つ付け加えて作られる.同じ n の場合には,まだ自由に使える最も小さい軌道角運動量 ℓ を持つ電子を付け加える.

他の量子数についても同様であり,どの構成も,エネルギー的に最も有利な(低い)ものを優先する.

例:H 原子の電子は K 殻にある.つまり,$n = 1$ である.$\ell \leq n - 1$ なので,この場合は,$\ell = 0$ で $m = 0$ でなければならない.$m_s = 1/2$ がエネルギー的に有利なので,H 原子の電子は量子数 $(1, 0, 0, 1/2)$ を持つ.

パウリ原理によって,次の電子は量子数 $(1, 0, 0, -1/2)$ を持つほかない.このように,量子数 $(1, 0, 0, \pm 1/2)$ の二つの電子を持つのがヘリウムである.

これで,K 殻がいっぱいになったので,次に Z の高い原子では,付け加わる電子は L 殻に入らねばならない.この殻には全部で 8 個の入れる状態がある:$(2, 0, 0, \pm 1/2)$,$(2, 1, 0, \pm 1/2)$,$(2, 1, \pm 1, \pm 1/2)$.これが Li から Ne までの元素である.

Ar までは上記の規則に従った配置である.しかし,それに続く原子では,N 殻の s 状態がまず初めに詰まり,その後で,M 殻の d 状態が詰まる.このような不規則性は他の周期のところにも現れる.

最も外側の電子殻にある電子は価電子と言われる.これが元素の化学的性質を決定する.つまり,外殻の電子配置の周期性が化学的性質の周期性を決定する.

例:アルカリ金属は一つの s 価電子を持ち,各ハロゲンは閉殻に対して一つの p 価電子が欠けている.希ガスは閉殻を持つ.

超放射性元素:$Z = 118$ までの元素が($Z = 116$ を除いて)発見されている.しかし,放射性崩壊に対するこれらの安定性は,Z の増大とともに急速に低下する.$Z > 94$ の元素(プルトニウムより陽子数の多い原子核)は自然界には存在せず,粒子加速器を使って生成される.この合成反応が起こる確率は非常に小さく,例えば,原子番号 113 の元素は一週間照射してやっと二,三個見つかるだけである.核物理のモデルによると,$Z > 110$ の元素の寿命は再び増大する,すなわち,安定性の島が作られると予想されている.実際に,測定された $Z > 110$ の各元素の半減期は増大している.外側の Q 殻に p 電子が配置されているはずなので,それらの化学的性質は予言することができる.

種類	粒子名	記号 粒子, 反粒子		質量 (MeV)	寿命 (s)	電荷 (e)		主な崩壊
ゲージ ボソン	光子	γ		0	安定	0		
	弱いボソン	W^-	W^+	8.0425×10^4	3.1×10^{-25}	-1	$+1$	$e^- \bar{\nu}_e$
		Z^0		9.1188×10^4	2.6×10^{-25}	0		$e^- e^+, \mu^- \mu^+$
	グルーオン	g		0		0		
レプトン	電子ニュートリノ	ν_e	$\bar{\nu}_e$	$< 3 \times 10^{-6}$	安定	0	0	
	μ ニュートリノ	ν_μ	$\bar{\nu}_\mu$	< 0.19	安定	0	0	
	τ ニュートリノ	ν_τ	$\bar{\nu}_\tau$	< 18.2	安定	0	0	
	電子	e^-	e^+	0.5110	安定	-1	$+1$	
	ミュー粒子	μ^-	μ^+	105.66	2.2×10^{-6}	-1	$+1$	$e^- \bar{\nu}_e \nu_\mu$
	タウ粒子	τ^-	τ^+	1777.0	2.9×10^{-13}	-1	$+1$	$e^- \bar{\nu}_e \nu_\tau$
メソン	パイメソン	π^-	π^+	139.6	2.6×10^{-8}	-1	$+1$	$\mu^- \bar{\nu}_\mu$
		π^0		135.0	8×10^{-17}	0		$\gamma\gamma$
	ケイメソン	K^-	K^+	439.8	1.2×10^{-8}	-1	$+1$	$\mu^- \bar{\nu}_\mu$
		K^0	$\overline{K^0}$	497.7	9×10^{-11}	0	0	$\pi^+ \pi^-$
	イータメソン	η		547.8	5.1×10^{-19}	0		$\gamma\gamma$
核子	陽子	p	$\bar{p}$	938.27	安定	$+1$	-1	
	中性子	n	$\bar{n}$	939.57	886	0	0	$p\, e^- \bar{\nu}_e$
ハイペロン	ラムダ	Λ	$\bar{\Lambda}$	1115.7	2.6×10^{-10}	0	0	$p\, \pi^-$
	シグマ	Σ^+	$\overline{\Sigma^+}$	1189.4	8.0×10^{-11}	$+1$	-1	$p\, \pi^0$
		Σ^0	$\overline{\Sigma^0}$	1192.6	7.4×10^{-20}	0	0	$\Lambda\, \gamma$
		Σ^-	$\overline{\Sigma^-}$	1197.4	1.5×10^{-10}	-1	$+1$	$n\, \pi^-$
	グサイ	Ξ^0	$\overline{\Xi^0}$	1314.8	2.0×10^{-10}	0	0	$\Lambda\, \pi^0$
		Ξ^-	$\overline{\Xi^-}$	1321.3	1.6×10^{-10}	-1	$+1$	$\Lambda\, \pi^-$
	オメガ	Ω^-	$\overline{\Omega^-}$	1672.5	8.2×10^{-11}	-1	$+1$	$\Xi^0\, \pi^-, \Lambda\, K^-$
メソン 共鳴	ローメソン	ρ^-	ρ^+	775.8	4.4×10^{-24}	-1	$+1$	$\pi^-\, \pi^0$
		ρ^0		同上	同上	0		$\pi^+ \pi^-, \pi^0 \pi^0$
	オメガメソン	ω		782.6	7.7×10^{-23}	0		$\pi^+\, \pi^0\, \pi^-$
	ケイスター	K^{*-}	K^{*+}	891.7	1.3×10^{-23}	-1	$+1$	$K^-\, \pi^0$
		K^{*0}	$\overline{K^{*0}}$	896.1	1.3×10^{-23}	0	0	$K^0\, \pi^0$
	ジェイプサイ	J/Ψ		3096.9	7.2×10^{-21}	0		$e^- e^+, \mu^- \mu^+$
	ウプシロン	Υ		9460.3	1.2×10^{-20}	0		$e^- e^+, \mu^- \mu^+$
バリオン 共鳴	デルタ	Δ^{++}	$\overline{\Delta^{++}}$	$1230 \sim 1234$	5.5×10^{-24}	$+2$	-2	$p\, \pi^+$
		Δ^+	$\overline{\Delta^+}$	同上	同上	$+1$	-1	$p\pi^0, n\pi^+$
		Δ^0	$\overline{\Delta^0}$	同上	同上	0	0	$p\pi^-, n\pi^0$
		Δ^-	$\overline{\Delta^-}$	同上	同上	-1	$+1$	$n\, \pi^-$
	シグマスター	Σ^{*+}	$\overline{\Sigma^{*+}}$	1382.8	1.8×10^{-23}	$+1$	-1	$\Lambda\, \pi^+$
		Σ^{*0}	$\overline{\Sigma^{*0}}$	1383.7	1.8×10^{-23}	0	0	$\Lambda\, \pi^0$
		Σ^{*-}	$\overline{\Sigma^{*-}}$	1387.2	1.6×10^{-23}	-1	$+1$	$\Lambda\, \pi^-$

素粒子はたしかに万物の構成要素であるが，その多くは他の素粒子に崩壊する．素粒子は安定なものから，10^{-23} s の寿命のものまである．素粒子は種々の量子数と物理量によって区別される．また，保存則と選択則によってどのように崩壊するかが決まる．

電荷，エネルギー，運動量，角運動量などの古典的保存則に加えて，バリオン数とレプトン数という新しい量の保存則が成り立つ．

1930 年代の半ばまでは 5 個の素粒子，電子，陽子，中性子，ニュートリノと光子だけが知られていた．1935 年，湯川秀樹（ノーベル賞 1949 年）は新しい素粒子，**中間子**を予言し，その時から素粒子の大がかりな探索が始まった．今日では共鳴粒子までいれると数百個の素粒子が知られている．

湯川が予言した中間子は 1947 年に宇宙線で発見された．その質量は予言されたものに近かった（訳注：後にそれは μ 中間子であることがわかり，湯川が予言した π 中間子は少し後に発見された）．今日，素粒子は高エネルギー物理実験室で生成される．生成過程は線形加速器とストレージリング加速器から出る高エネルギー陽子或いは電子の衝突に依る．素粒子は相互作用の違いによって実験的に分類される．

量子力学をさらに発展させた**量子場の理論**では，すべての力，相互作用はゲージ粒子の交換によって生じる．

四つの異なる相互作用がある：

相互作用	ゲージ粒子	相対的な強さ
強い	グルオン	1
電磁	光子	10^{-2}
弱い	弱いボソン	10^{-13}
重力	重力子	10^{-40}

反粒子

ディラック (Paul Dirac, 1902–84，ノーベル賞 1933 年) は，1928 年，陽電子の存在を予言した．これは電荷が正で，磁気能率が逆の点だけが電子と違う素粒子である．1932 年，アンダーソン (Carl Anderson, 1905–1991，ノーベル賞 1936 年) は期待されていた陽電子を発見した．

まもなく，ほぼすべての素粒子に対する**反粒子**が見つかった．反粒子の記号はほとんどの場合，もとの素粒子の記号の上に横棒を引く．例外：陽電子（反電子）e^+．$\bar{e}$ も使われる．

例：反陽子 $\bar{p}$，反中性子 $\bar{n}$

素粒子とその反粒子が衝突すると消滅して，全エネルギーを光子あるいは他の粒子として放射する．

例：消滅放射線は電子と陽電子が衝突した時に発生する．

反物質は反粒子のみから成る．最初の反水素（$\bar{p}$ の周りに e^+）は 1970 年にノボシビルスクの物理学者達が造った．反物質からできた巨大銀河が存在するかもしれない．

素粒子の分類

相互作用のタイプによって素粒子は三つの種類に分けられる：

光子は電磁相互作用を担う粒子である．光子と同じゲージボソンで，弱い相互作用を担う弱いボソンと強い相互作用を担うグルオンがある．

レプトンは弱い相互作用と電磁相互作用のみをする粒子である．電子とミューオンなど 6 個の粒子を含む（$e, \mu, \tau, \nu_e, \nu_\mu, \nu_\tau$）．

ハドロンは強い相互作用をする複合粒子である．数百の素粒子を含む．三種類に区分され，そのうち二つはさらに二つに分かれる．

  バリオンは相対的に重い素粒子である．バリオン数 $+1$ を持ち，その反粒子は -1 を持つ．これらは他のバリオンへと崩壊し，最後には陽子，または中性子になる．

  さらに**核子**と**ハイペロン**とに分類される．

  共鳴，あるいは**共鳴粒子**は極端に短い寿命をもつ素粒子である．これらの存在はすべてハドロンの生成断面積に現れる共鳴から間接的に推定される．

  さらにメソン共鳴とバリオン共鳴に分類される．

メソン（中間子）は相対的に軽い素粒子で，バリオン数は 0 である．平均寿命は 10^{-5} s から 10^{-10} s の間にある．

クォーク (quark) は，1963 年，ゲルマン (Murry Gell-Mann) とツヴァイク (Zweig) によって提唱されたハドロンを構成する基本粒子である．クォークは点粒子としてふるまう．その電荷は電気素量 e の整数倍ではなく，$(1/3)e$ や $(2/3)e$ である．現在，6 個の異なるクォークがあり，名前と（記号，電荷）は：

アップ (u, $(2/3)e$)，ダウン (d, $-(1/3)e$)，ストレンジ (s, $-(1/3)e$)，チャーム (c, $(2/3)e$)，ボトム (b, $-(1/3)e$)，トップ (t, $(2/3)e$)．

各々のクォークに三種の色があり，それぞれに反クォークがある．

バリオンは三つのクォークから成り，メソンはクォークと反クォークから成る．

例：中性子は ddu クォークである．三つの電荷はそれぞれ，$-(1/3)e, -(1/3)e, +(2/3)e$ であり，よって電荷ゼロとなる．陽子は uud クォークである．三つの電荷はそれぞれ，$+(2/3)e, +(2/3)e, -(1/3)e$ であり，よって電荷 $+1e$ となる．π^+ はクォーク対，$u\bar{d}$ である．

精力的な実験研究にもかかわらず，自由なクォーク，単体のクォークはいまだ発見されていない．

付録

| 1500 | 1600 | 1700 | 1800 |

- デモクリトス（Demokrit von Abdera, BC 460頃）
- ユークリッド（Euklid, BC 350頃）
- アリストテレス（Aristoteles, BC 384-322）
- アルキメデス（Archimedes, BC 285-212）
- ルクレチウス（Lukrez, BC 97-55）
- プトレマイオス（Claudius Ptolemäus, AD 150頃）
- アル‐ハイサム（Ibn al-Haitham, 965-1039）
- ネイピア（John Napier, 1550-1617）
- ガリレイ（Galileo Galilei, 1564-1642）
- ケプラー（Johannes Keppler, 1571-1630）
- スネル（Snel van Rojen, 1580-1626）
- デカルト（René Descartes, 1596-1650）
- フェルマー（Pierre de Fermat, 1601-1665）
- ゲーリケ（Otto von Guerucke, 1602-1686）
- ボイル（Robert Boyle, 1627-1691）
- ホイヘンス（Christiaan Huygens, 1629-1695）
- フック（Robert Hooke, 1635-1703）
- ニュートン（Isaac Newton, 1643-1727）
- ファーレンハイト（Daniel Gabriel Fahrenheit, 1686-1736）
- セルシウス（Anders Celsius, 1701-1744）
- オイラー（Leonhard Euler, 1707-1783）
- ランベルト（Johann Lambert, 1728-1777）
- キャベンディッシュ（Henry Cavendish, 1731-1810）
- ワット（James Watt, 1736-1819）
- クーロン（Charles Augustin Coulomb, 1736-1806）
- ガルバーニ（Luigi Galvani, 1737-1798）
- ボルタ（Alessandro Volta, 1745-1827）
- ラプラス（Pierre Laplace, 1749-1827）
- クラドニ（Ernst Chladni, 1756-1827）
- ドルトン（John Dalton, 1766-1844）
- フーリエ（Jean Fourier, 1768-1830）
- ニコル（William Nicol, 1768-1851）
- ゼーベック（Thomas Seebeck, 1770-1831）

凡例：
- スイス
- ドイツ
- フランス
- イギリス
- イタリア
- オランダ
- スウェーデン
- オーストリア
- デンマーク
- ハンガリー
- アメリカ
- ロシア

物理学の重要人物

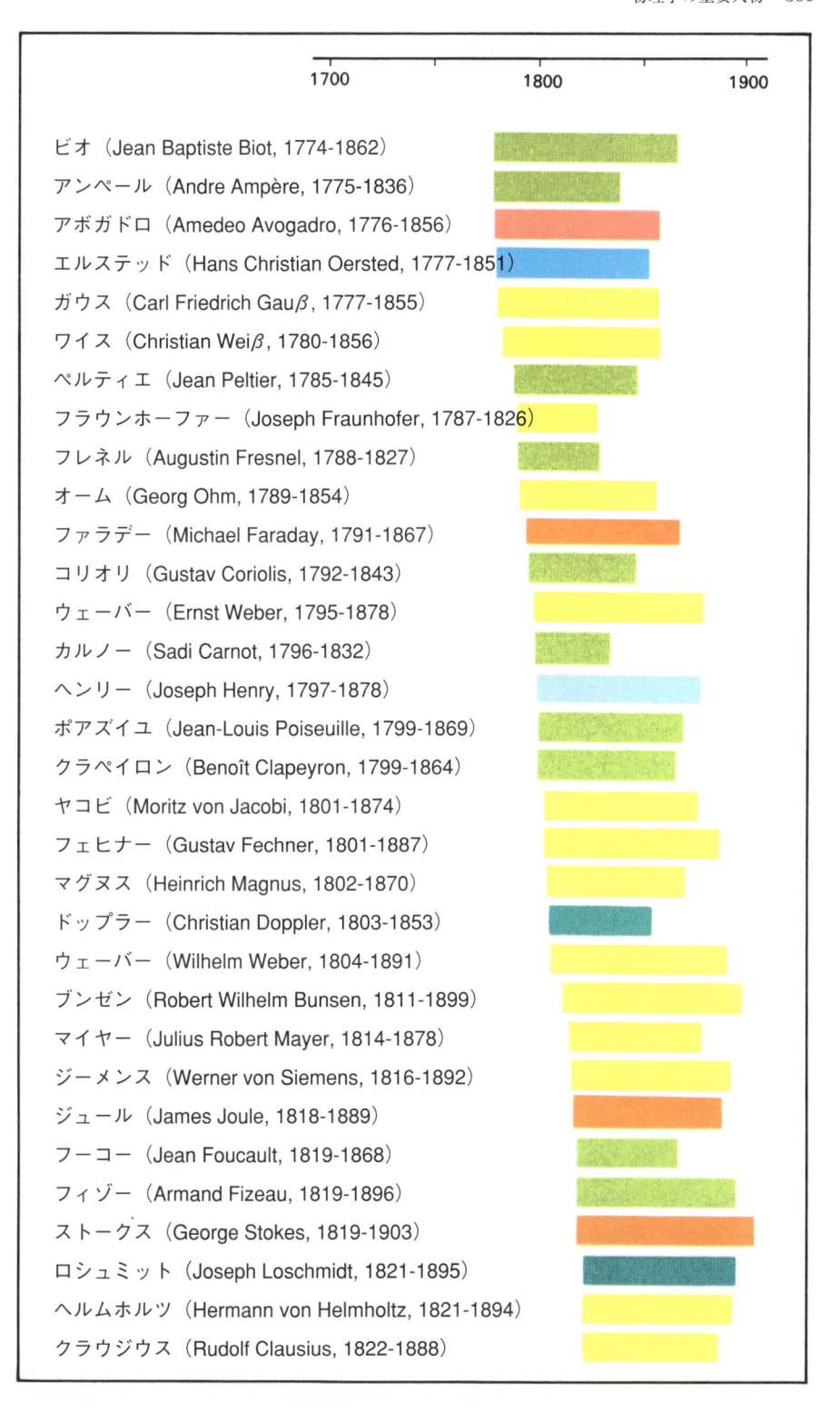

| | 1700 | 1800 | 1900 |

- ビオ（Jean Baptiste Biot, 1774-1862）
- アンペール（Andre Ampère, 1775-1836）
- アボガドロ（Amedeo Avogadro, 1776-1856）
- エルステッド（Hans Christian Oersted, 1777-1851）
- ガウス（Carl Friedrich Gauβ, 1777-1855）
- ワイス（Christian Weiβ, 1780-1856）
- ペルティエ（Jean Peltier, 1785-1845）
- フラウンホーファー（Joseph Fraunhofer, 1787-1826）
- フレネル（Augustin Fresnel, 1788-1827）
- オーム（Georg Ohm, 1789-1854）
- ファラデー（Michael Faraday, 1791-1867）
- コリオリ（Gustav Coriolis, 1792-1843）
- ウェーバー（Ernst Weber, 1795-1878）
- カルノー（Sadi Carnot, 1796-1832）
- ヘンリー（Joseph Henry, 1797-1878）
- ポアズイユ（Jean-Louis Poiseuille, 1799-1869）
- クラペイロン（Benoît Clapeyron, 1799-1864）
- ヤコビ（Moritz von Jacobi, 1801-1874）
- フェヒナー（Gustav Fechner, 1801-1887）
- マグヌス（Heinrich Magnus, 1802-1870）
- ドップラー（Christian Doppler, 1803-1853）
- ウェーバー（Wilhelm Weber, 1804-1891）
- ブンゼン（Robert Wilhelm Bunsen, 1811-1899）
- マイヤー（Julius Robert Mayer, 1814-1878）
- ジーメンス（Werner von Siemens, 1816-1892）
- ジュール（James Joule, 1818-1889）
- フーコー（Jean Foucault, 1819-1868）
- フィゾー（Armand Fizeau, 1819-1896）
- ストークス（George Stokes, 1819-1903）
- ロシュミット（Joseph Loschmidt, 1821-1895）
- ヘルムホルツ（Hermann von Helmholtz, 1821-1894）
- クラウジウス（Rudolf Clausius, 1822-1888）

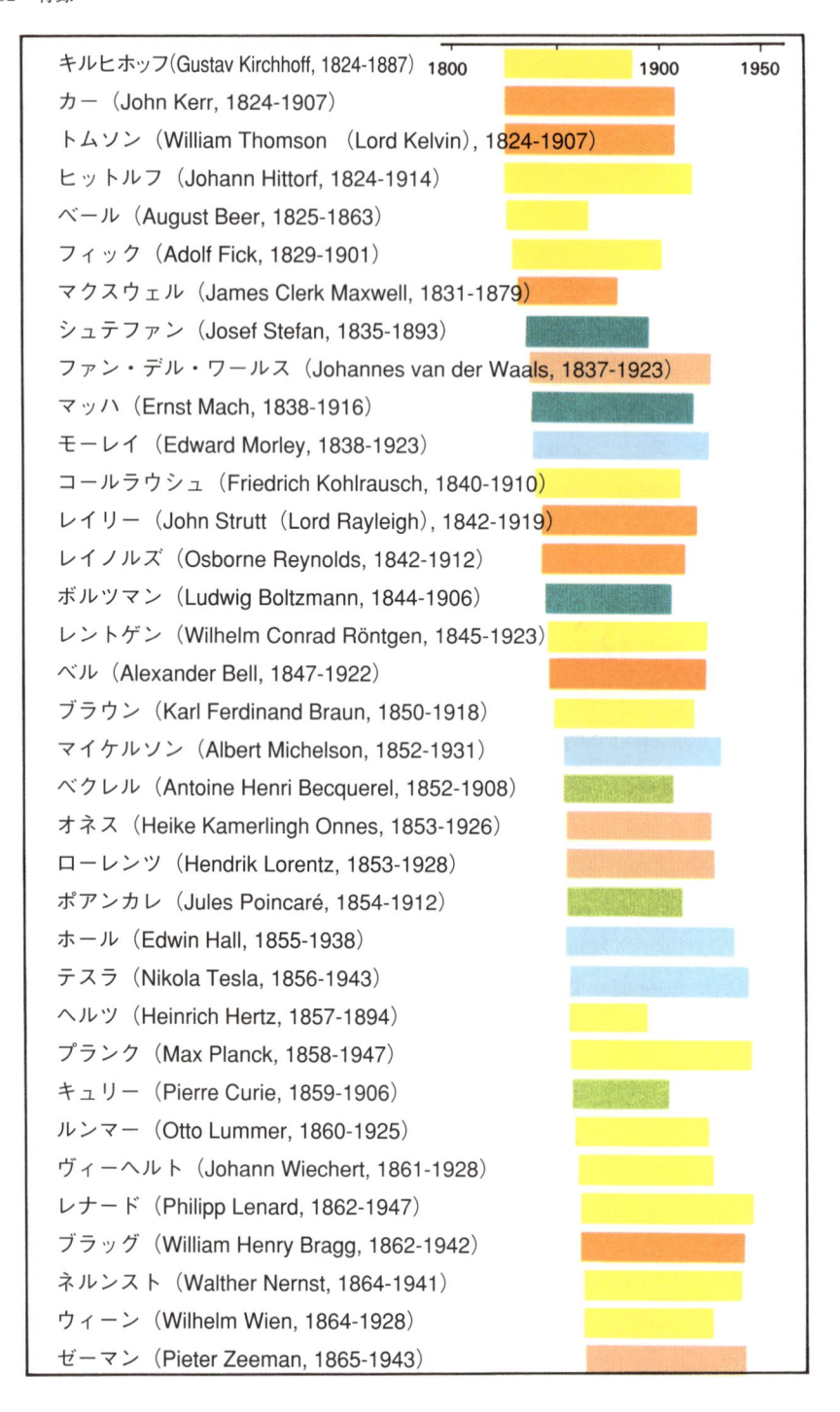

人物	生没年
キルヒホッフ（Gustav Kirchhoff, 1824-1887）	
カー（John Kerr, 1824-1907）	
トムソン（William Thomson（Lord Kelvin）, 1824-1907）	
ヒットルフ（Johann Hittorf, 1824-1914）	
ベール（August Beer, 1825-1863）	
フィック（Adolf Fick, 1829-1901）	
マクスウェル（James Clerk Maxwell, 1831-1879）	
シュテファン（Josef Stefan, 1835-1893）	
ファン・デル・ワールス（Johannes van der Waals, 1837-1923）	
マッハ（Ernst Mach, 1838-1916）	
モーレイ（Edward Morley, 1838-1923）	
コールラウシュ（Friedrich Kohlrausch, 1840-1910）	
レイリー（John Strutt（Lord Rayleigh）, 1842-1919）	
レイノルズ（Osborne Reynolds, 1842-1912）	
ボルツマン（Ludwig Boltzmann, 1844-1906）	
レントゲン（Wilhelm Conrad Röntgen, 1845-1923）	
ベル（Alexander Bell, 1847-1922）	
ブラウン（Karl Ferdinand Braun, 1850-1918）	
マイケルソン（Albert Michelson, 1852-1931）	
ベクレル（Antoine Henri Becquerel, 1852-1908）	
オネス（Heike Kamerlingh Onnes, 1853-1926）	
ローレンツ（Hendrik Lorentz, 1853-1928）	
ポアンカレ（Jules Poincaré, 1854-1912）	
ホール（Edwin Hall, 1855-1938）	
テスラ（Nikola Tesla, 1856-1943）	
ヘルツ（Heinrich Hertz, 1857-1894）	
プランク（Max Planck, 1858-1947）	
キュリー（Pierre Curie, 1859-1906）	
ルンマー（Otto Lummer, 1860-1925）	
ヴィーヘルト（Johann Wiechert, 1861-1928）	
レナード（Philipp Lenard, 1862-1947）	
ブラッグ（William Henry Bragg, 1862-1942）	
ネルンスト（Walther Nernst, 1864-1941）	
ウィーン（Wilhelm Wien, 1864-1928）	
ゼーマン（Pieter Zeeman, 1865-1943）	

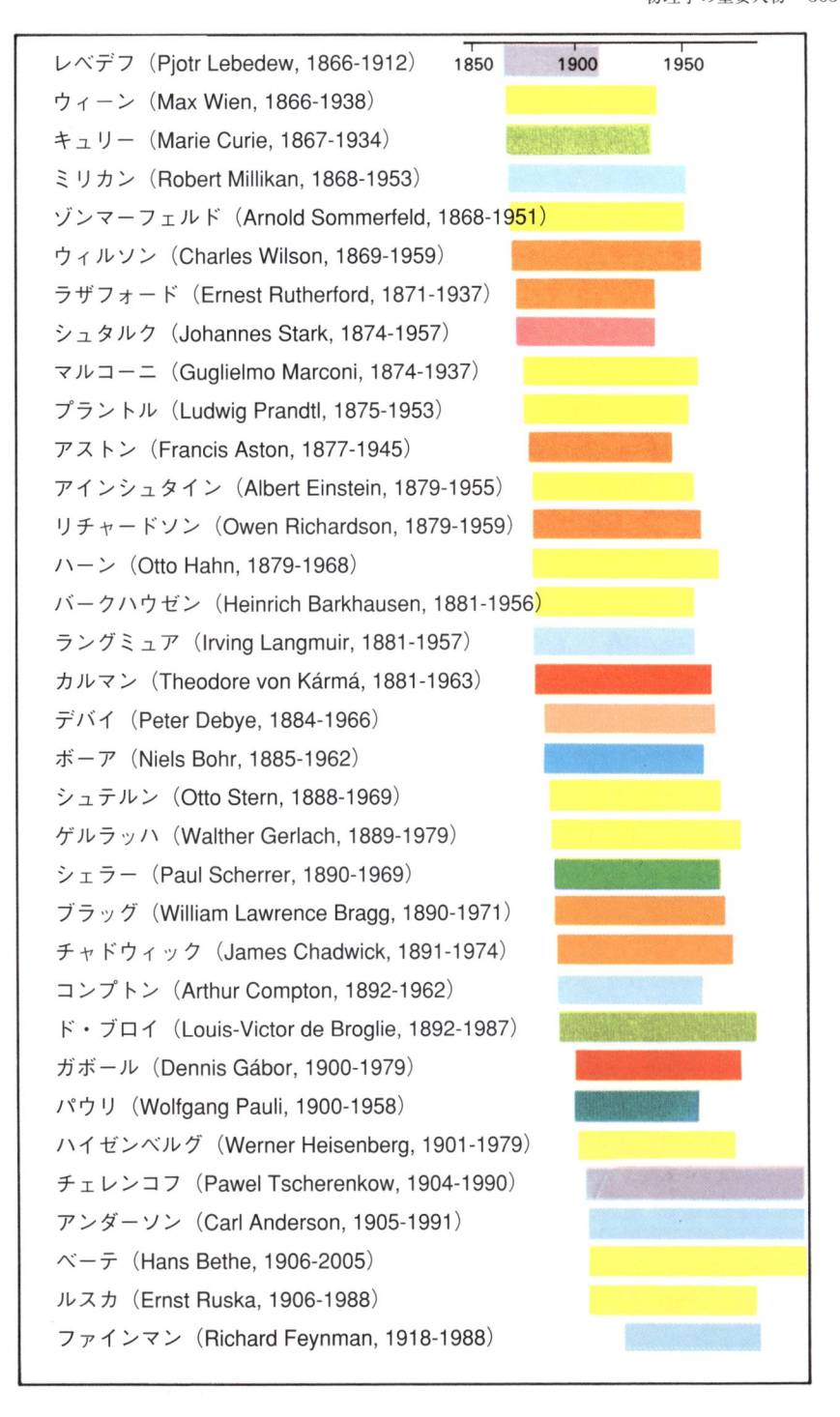

人物	生没年
レベデフ	(Pjotr Lebedew, 1866-1912)
ウィーン	(Max Wien, 1866-1938)
キュリー	(Marie Curie, 1867-1934)
ミリカン	(Robert Millikan, 1868-1953)
ゾンマーフェルド	(Arnold Sommerfeld, 1868-1951)
ウィルソン	(Charles Wilson, 1869-1959)
ラザフォード	(Ernest Rutherford, 1871-1937)
シュタルク	(Johannes Stark, 1874-1957)
マルコーニ	(Guglielmo Marconi, 1874-1937)
プラントル	(Ludwig Prandtl, 1875-1953)
アストン	(Francis Aston, 1877-1945)
アインシュタイン	(Albert Einstein, 1879-1955)
リチャードソン	(Owen Richardson, 1879-1959)
ハーン	(Otto Hahn, 1879-1968)
バークハウゼン	(Heinrich Barkhausen, 1881-1956)
ラングミュア	(Irving Langmuir, 1881-1957)
カルマン	(Theodore von Kármá, 1881-1963)
デバイ	(Peter Debye, 1884-1966)
ボーア	(Niels Bohr, 1885-1962)
シュテルン	(Otto Stern, 1888-1969)
ゲルラッハ	(Walther Gerlach, 1889-1979)
シェラー	(Paul Scherrer, 1890-1969)
ブラッグ	(William Lawrence Bragg, 1890-1971)
チャドウィック	(James Chadwick, 1891-1974)
コンプトン	(Arthur Compton, 1892-1962)
ド・ブロイ	(Louis-Victor de Broglie, 1892-1987)
ガボール	(Dennis Gábor, 1900-1979)
パウリ	(Wolfgang Pauli, 1900-1958)
ハイゼンベルグ	(Werner Heisenberg, 1901-1979)
チェレンコフ	(Pawel Tscherenkow, 1904-1990)
アンダーソン	(Carl Anderson, 1905-1991)
ベーテ	(Hans Bethe, 1906-2005)
ルスカ	(Ernst Ruska, 1906-1988)
ファインマン	(Richard Feynman, 1918-1988)

物理学の画期的出来事

年代　　　　　　　　　　　　事項

BC 600 頃　磁石が知られる．
BC 460 頃　デモクリトス 原子を仮定
BC 250 頃　てこの法則．浮力．重心

1000 頃　針穴カメラ．羅針盤は中国で知られていた．落下の法則．
　　　　　イブン・アル–ハイサム「光学の書」，振り子の法則
1190　磁石針
1514　地動説の提唱（コペルニクス）
1581　地磁気についての著作

1604　落体の法則（ガリレイ）
1608　望遠鏡．顕微鏡
1618　ケプラーの法則
1620　屈折の法則
1643　水銀温度計
1650　空気ポンプ

1657　振り子時計
1661　フェルマーの原理
1667　万有引力の法則
1671　反射望遠鏡
1676　光速の測定
1687　ニュートンの"プリンキピア"

1738　ベルヌーイの"流体力学"
1743　静電発電機
1784　クーロンの法則
1789　ガルバーニ電気．万有引力定数測定

1800　赤外線の発見
1808　光の偏光
1816　フラウンホーファー線
1820　アンペールの法則．電磁石（アラゴー）
1820　磁場の測定．電流の磁気作用
1821　ゼーベック効果

1824　カルノー・サイクル
1826　電気抵抗．オームの法則
1827　ブラウンの分子運動
1831　電磁誘導の法則
1834　ペルティエ効果．冷凍機
1836　電動機

1837　ファラデーの法則（電気分解）
1839　写真
1842　全エネルギー保存の法則
1843　ホイートストン・ブリッジ．熱の仕事当量
1852　紫外線の発見

年代	事項
1854	ジュール-トムソン効果．エントロピーの概念．熱力学第二法則．
1858	陰極線
1859	スペクトル解析
1864	マクスウェルの方程式
1865	エントロピー増大の原理
1866	発電機
1867	可動コイル計器
1869	元素の周期律
1879	ホール効果
1880	ピエゾ効果
1887	電磁波．ヘルツ振動．マイケルソン-モーレイの実験．光電効果
1892	テスラ変圧器
1895	X線．キュリーの法則（磁性）
1896	ゼーマン効果
1897	無線電信．ブラウン管．電子の発見
1898	放射性崩壊
1899	電子の電荷
1900	プランクの放射法則．光の圧力立証
1905	特殊相対性理論．光電効果の理論
1908	ヘリウム液化．熱電子対放出
1909	電荷素量の測定
1911	ラザフォードの原子模型．超伝導
1912	ウィルソン霧箱．レントゲン線の干渉
1913	ボーアの原子模型．電子回路のフィードバック．シュタルク効果
1915	一般相対性理論
1919	アストンの質量分析器．元素変換．重力場での光の屈折
1923	ド・ブロイの物質波仮説
1924	ボース・アインシュタイン統計
1925	排他原理．ハイゼンベルクの量子行列力学
1926	シュレーディンガーの量子波動力学．フェルミ・ディラック統計
1927	不確定性関係．電子スピンの立証．電子線の回折
1928	計数管
1928	相対論的電子方程式（ディラック）
1929	膨張宇宙（ハッブル）
1932	陽電子と中性子の発見
1933	電子顕微鏡
1934	チェレンコフ放射
1938	ウランの核分裂
1946	核磁気共鳴．ビッグバン理論．^{14}C年代測定法
1948	原子核の殻構造．トランジスター．ホログラフィー
1950	電界放射顕微鏡
1957	メスバウアー効果．超伝導の理論．パリティの非保存
1960	ルビー・レーザー
1964	クォーク理論
1965	宇宙背景放射の発見
1967	電弱統一理論．パルサーの発見
1987	高温超電導

ノーベル物理学賞受賞者

1901	W. C. レントゲン	X線の発見
1902	P. ゼーマン	磁場中でのスペクトル線の分裂
	H. A. ローレンツ	
1903	A. H. ベクレル	放射能の発見
	P. キュリー	ラジウムおよびポロニウムの発見
	M. キュリー	
1904	レイリー卿 (J. W. ストラット)	アルゴンの発見
1905	P. レーナルト	陰極線の解明
1906	J. J. トムソン	気体の電気伝導
1907	A. A. マイケルソン	分光器および測定法の開発
1908	G. リップマン	カラー写真
1909	G. マルコーニ	無線電信
	K. F. ブラウン	
1910	J. ファン・デル・ワールス	気体の状態方程式
1911	W. ウィーン	熱放射の法則
1912	N. G. ダレン	自動調整点灯機の発明
1913	H. カマリング・オネス	ヘリウムの液化
1914	M. v. ラウエ	結晶中でのX線回折
1915	W. H. ブラッグ	X線による結晶構造解析
	W. L. ブラッグ	
1917	C. G. バークラ	元素の特性X線の発見
1918	M. プランク	量子論の展開
1919	J. シュタルク	電場中でのスペクトル線の分裂
1920	C. E. ギョーム	アンバー合金の開発
1921	A. アインシュタイン	光電効果の解明
1922	N. ボーア	原子の構造
1923	R. A. ミリカン	電気素量の測定
1924	K. M. シーグバーン	X線分光学
1925	J. フランク	電子衝突の法則
	G. ヘルツ	
1926	J. B. ペラン	分子のブラウン運動の測定
1927	A. H. コンプトン	コンプトン効果の発見
	C. T. ウィルソン	霧箱の開発
1928	O. W. リチャードソン	熱電子放出の法則
1929	C. V. ド・ブロイ	電子の波動性
1930	C. ラマン	光のラマン散乱
1932	W. ハイゼンベルグ	量子力学の確立
1933	P. ディラック	電子の波動力学
	E. シュレーディンガー	
1935	J. チャドウィック	中性子の発見
1936	V. F. ヘス	宇宙線の発見
	C. D. アンダーソン	陽電子の発見
1937	C. J. デビッソン	電子の波動性の証明
	G. P. トムソン	
1938	E. フェルミ	遅い中性子による原子核反応
1939	E. O. ローレンス	サイクロトロンの発明

1943	O. シュテルン	陽子の磁気モーメントの発見
1944	I. I. ラビ	原子線磁気共鳴法
1945	W. パウリ	パウリの排他原理
1946	P. W. ブリッジマン	高圧物理学の展開
1947	E. V. アップルトン	高層大気の物理学
1948	P. M. ブラケット	霧箱の改良
1949	湯川秀樹	中間子の予言
1950	C. F. パウエル	中間子の発見
1951	J. D. コッククロフト	加速粒子による原子核反応
	E. T. ウォルトン	
1952	F. ブロッホ	核磁気共鳴吸収法の開発
	E. M. パーセル	
1953	F. ゼルニケ	位相差顕微鏡の発明
1954	M. ボルン	量子力学の確率的解釈
	W. ボーテ	コインシデンス法の開発
1955	W. E. ラム	ラムシフトの発見
	P. クッシュ	電子の磁気モーメントの測定
1956	W. B. ショックレー	トランジスターの発明
	J. バーディーン	
	W. H. ブラッタン	
1957	C. N. ヤン	弱い相互作用のパリティ非保存
	T. D. リー	
1958	P. A. チェレンコフ	チェレンコフ効果の発見
	I. M. フランク	
	I. E. タム	
1959	O. チェンバレン	陽電子の発見
	E. G. セグレ	
1960	D. A. グレーザー	泡箱の発明
1961	R. ホフスタッター	高エネルギー電子散乱の実験研究
	R. L. メスバウアー	メスバウアー効果の発見
1962	L. D. ランダウ	液体ヘリウムの理論
1963	E. P. ウイグナー	原子核の理論
	M. ゲッパート・メイヤー	原子核の殻模型
	J. H. D. イェンゼン	
1964	C. H. タウンズ	メーザーの開発
	N. バソフ	
	A. プロホロフ	
1965	R. P. ファインマン	量子電磁力学の理論
	J. シュウィンガー	
	朝永振一郎	
1966	A. カスレ	原子の高周波分光
1967	H. A. ベーテ	星のエネルギー生成
1968	L. W. アルバレス	水素泡箱の開発
1969	M. ゲル・マン	素粒子の構造と相互作用の理論
1970	H. O. G. アルヴェーン	プラズマ物理学の展開
	L. E. F. ネール	固体物理学の磁性に関する発見
1971	D. ガボール	ホログラフィー法の発明

年	受賞者	受賞理由
1972	J. バーディーン L. N. クーパー J. R. シュリーファー	超伝導の理論
1973	江崎玲於奈	半導体のトンネル効果
	I. ギェーヴァー	超伝導体のトンネル効果
	B. D. ジョセフソン	ジョセフソン効果の予言
1974	A. ヒューイッシュ	パルサーの発見
	M. ライル	開口合成技術の発明
1975	A. ボーア B. R. モッテルソン L. J. レインウォーター	原子核構造の理論
1976	S. C. C. ティン B. リヒター	J/ψ粒子の発見
1977	P. W. アンダーソン J. H. ヴァン・ヴレック N. F. モット	無秩序系の電子構造
1978	P. L. カピッツア	ヘリウムの低温物理
	A. A. ペンジアス R. W. ウィルソン	宇宙背景放射の発見
1979	S. L. グラショウ S. ワインバーク A. サラム	電・弱相互作用の統一理論
1980	J. W. クローニン V. L. フィッチ	素粒子物理学のCP対称性の破れの発見
1981	K. M. シーグバーン	高分解能光電子分光法の開発
	N. ブレンベルゲン A. シャーロウ	レーザー分光学
1982	K. G. ウイルソン	相転移の理論
1983	S. チャンドラセカール W. ファウラー	星の構造と進化の理論
1984	C. ルビア S. ファン・デル・メール	W, Z粒子の発見
1985	K. フォン・クリッツィング	量子ホール効果の理論
1986	E. ルスカ	電子顕微鏡の発明
	G. ビニッヒ H. ローラー	走査型トンネル電子顕微鏡
1987	G. ベドノルツ A. ミュラー	高温超伝導体の開発
1988	L. M. レーダーマン M. シュワルツ J. シュタインバーガー	ミューニュートリノの発見
1989	N. F. ラムゼー	超高精度時間測定
	H. G. デーメルト W. パウル	イオントラッピング
1990	J. I. フリードマン H. W. ケンドール R. E. テイラー	核子の内部構造

1991	P.-G. ド・ジャンヌ	液晶の研究
1992	G. シャルパク	高エネルギー粒子の検出器
1993	R. A. ハルス J. H. テイラー	連星パルサーの発見
1994	B. N. ブロックハウス C. G. シャル	中性子散乱による凝縮物質の研究
1995	M. L. パール F. ライネス	タウ粒子の発見 ニュートリノの検出
1996	D. M. リー R. C. リチャードソン D. D. オシェロフ	ヘリウム3の超流動の発見
1997	S. チュー C. コーエン・タヌジ W. D. フィリップス	レーザー冷却による極低温到達
1998	H. L. シュテルマー D. C. ツイ R. B. ラフリン	分数量子ホール効果の発見
1999	G. ト・フーフト M. ベルトマン	ゲージ場の量子論
2000	J. S. キルビー H. クレーマー Z. I. アルフェロフ	集積回路（IC）の発明と開発 高速エレクトロニクスおよび光エレクトロニクス のための半導体ヘテロ構造の開発
2001	E. A. コーネル W. ケターレ C. E. ワイマン	実験室でのボース・アインシュタイン凝縮の実現
2002	R. デイビス 小柴昌俊 R. ジャコーニ	宇宙からのニュートリノの実証 宇宙X線源の発見
2003	A. A. アブリコソフ W. L. ギンツブルク A. L. レゲット	超伝導と超流動の理論
2004	D. J. グロス H. D. ポリツァー F. ウィルチェック	量子色力学の展開
2005	R. J. グラウバー J. L. ホール T. W. ヘンシュ	光学コヒーレンスの量子論への貢献 レーザーを基にした精密な分光法の開発
2006	G. F. スムート J. C. マザー	宇宙背景放射の黒体放射との一致と 非等方性の発見
2007	A. フェール P. グリュンベルク	巨大磁気抵抗効果の発見
2008	南部陽一郎 小林 誠 益川敏英	素粒子物理学での対称性の自発的破れ クォークの六種類の予言と対称性の破れ

人名索引

ア
アインシュタイン (Einstein, Albert), 105, 173, 179, 247, 331, 337, 341, 345, 349
アイントホーフェン (Einthofen, Willem), 257
アストン (Aston, Francis), 303
アッベ (Abbe, Ernst), 149
アボガドロ (Avogadro, Amedeo), 51, 99
アマガ (Amagat, Emile-Hilaire), 53
アリストテレス (Aristoteles), 3
アルキメデス (Archimedes), 29, 50, 131
アルデンヌ (Ardenne, Manfred von), 161
アル・ハイサム (Al-Haitham), 151
アンダーソン (Anderson, Carl), 181, 359
アンペール (Ampere, Andre), 215

ウ
ヴィーデマン (Wiedemann, Gustav), 115
ヴィーヘルト (Wiechert, Emil, Johann), 303
ウィーン (Wien, Wilhelm), 173, 319
ウイルソン (Wilson, Charles), 53
ウェーゲナー (Wegener, Alfred), 237
ウェーバー (Weber, Joseph), 347
ウェーバー (Weber, Wilhelm), 249, 279
ウェーバー (Weber, Ernst), 91

エ
エジソン (Edison, Thomas), 259
エトヴェシュ (Eötvös, Roland von), 345
エルステッド (Ørsted, Hans Christian), 241

オ
オーム (Ohm, Georg), 217, 219

カ
カー (Kerr, John), 193
ガーマー (Germer, Lester), 197, 349
ガイガー (Geiger, Hans), 315
ガウス (Gauss, Carl Friedrich), 17, 141, 233
カウフマン (Kaufmann, W.), 299, 303
ガボール (Gabor, Dennes), 189
カマリング・オネス (Kamerlingh Onnes, Heike), 129, 217
ガリレイ (Galilei, Galileo), 3, 153, 157
カルノー (Carnot, Sadi), 109
ガルバーニ (Galvani, Luigi), 229
カルマン (Karman, Theodore von), 67

キ
キャベンディッシュ (Cavendish, Henry), 37
キュリー (Curie, Jacques), 213
キュリー (Curie, Pierre), 213, 245
キルヒホッフ (Kirchhoff, Gustav), 81, 171, 191, 221

ク
クインケ (Quincke, Georg Hermann), 225
グールド (Gould, Gordon), 183
クーロン (Coulomb, Charles-Augustin de), 199, 233
クッタ (Kutta, M. W.), 67
クニッピング (Knipping, Paul), 177
クノール (Knoll, Max), 161
クラウジウス (Clausius, Rudolf), 121, 125
クラドニ (Chladni, Ernst), 75
クラペイロン (Clapeyron, Benoit), 125
クルシウス (Clusius, Klaus), 117
グレイ (Gray, Louis), 181
グレーザー (Glaser, Donald), 53
グレーツ (Graetz, Leo), 283
クント (Kundt, August), 87

ケ
ゲーリケ (Guericke, Otto von), 47
ケプラー (Kepler, Johannes), 37, 153
ケルビン (Kelvin, Lord (William Thom-

son)), 9, 94, 129, 231, 257,
ゲルマン (Gell-Mann, Murray), 359
ゲルラッハ (Gerlach, Walther), 355

コ
ゴールドシュタイン (Goldstein, Eugen), 319
コールラウシュ (Kohlrausch, Friedrich), 257
コリオリ (Coriolis, Gustav de), 31
コンプトン (Compton, Arther), 177, 181, 349

サ
サバール (Savart, Felix), 241

シ
ジーメンス (Siemens, Werner von), 217, 259, 261
ジーンズ (Jeans, James), 173
シェラー (Scherrer, Paul), 177
シャルル (Charles, Jacques), 99
ジューコフスキー (Joukowski, Nikolai), 67
ジュール (Joule, James), 33, 101, 129, 247
シュタルク (Stark, Johannes), 355
シュテファン (Stefan, Josef), 173
シュテルン (Stern, Otto), 107, 355
シュレーディンガー (Schrodinger, Erwin), 349, 351
ショックレー (Shockley, William), 311
ショットキー (Schottky, Walter), 305

ス
ステノ (Steno, Nicolaus), 325
ストークス (Stokes, George), 61
ストーニー (Stoney, George), 319
スネル (Snel van Rojen (Snellius)), 81, 135
スモルコフスキー (Smoluchowski, Marian von), 105

セ
ゼーベック (Seebeck, Thomas Johann), 231
ゼーマン (Zeeman, Pieter), 355
セルシウス (Celsius, Anders), 94

タ
タウンゼント (Townsend, John), 317
ダニエル (Daniell, John), 229
タム (Tamm, Igor), 85

チ
チェレンコフ (Cherenkov, Pavel), 85

ツ
ツヴァイク (Zweig, George), 359

テ
デイビー (Davy, Humphry), 169, 317
テイラー (Taylor, Joseph), 347
ディラック (Dirac, Paul), 359
デカルト (Descartes, Rene), 15
テスラ (Tesla, Nikola), 9, 233, 277
デバイ (Debye, Peter), 177, 205, 331
デビッソン (Davisson, Clinton), 197, 349
デモクリトス (Demokritos), 349
デュエヌ (Duane, William), 177
デンプスター (Dempster, Arther Jeffrey), 302

ト
ドップラー (Doppler, Christian), 83
ド・ハース (de Haas, W. J.), 247
ド・ブロイ (de Bloglie, Louis-Victor), 197, 349
トムソン (Thomson, George), 197
トムソン (Thomson, Joseph), 297, 299, 303, 349
トムソン (Thomson, William (Kelvin)), 9, 94, 129, 231, 257
トリチェリ (Torricelli, Evangelista), 47
ドルトン (Dalton, John), 51, 99

ニ
ニコル (Nicol, William), 195
ニュートン (Newton, Isaac), 3, 29, 37, 143, 153, 185, 349

ヌ
ヌープ (Knoop, Franz), 69

ネ
ネイピア (Napier, John), 89
ネルンスト (Nernst, Walther), 227

ハ
パーキンス (Perkins, Jacob), 111
ハーゲン (Hagen, Gotthilf), 63
ハーシェル (Herschel, William), 169

パーセル (Purcell, Edward), 183
バーディーン (Bardeen, John), 311
バーネット (Barnett, S. J.), 247
ハイゼンベルク (Heisenberg, Werner), 197, 349, 351
パウリ (Pauli, Wolfgang), 357
パスカル (Pascal, Blaise), 47
バルクハウゼン (Barkhausen, Heinrich), 307
ハルス (Hulse, Russell), 347
バルバロ (Barbaro, Daniele), 151
ハレー (Halley, Edmond), 237
ハンクスビー (Hanksbee, F.), 317
バン・デ・グラーフ (van de Graaf(f), Robert Jemison), 207
ハント (Hunt, Franklin), 177

ヒ
ビオ (Biot, Jean Baptiste), 195, 241
ピクシイ (Pixii, Hippolyte), 259
ピトー (Pitot, Henri), 49
ヒューズ (Hughes, David), 287

フ
ファーレンハイト (Fahrenheit, Daniel Gabriel), 94
ファラデー (Faraday, Michael), 201, 205, 209, 223, 249, 259
ファン・デル・ワールス (van der Waals, Johannes), 53
ファント・ホッフ (van't Hoff, Jacobus), 119
フィゾー (Fizeau, Armand), 157, 341
フィック (Fick, Adolf), 117
ブーゲ (Bouguer, Pierre), 167
フーコー (Foucault, Leon), 30, 157
フーリエ (Fourier, Jean), 73, 113
フェヒナー (Fechner, Gustav), 91
フェラリス (Ferraris, Galileo), 281
フェルマー (Fermat, Pierre de), 135
フォレスト (Forest, Lee de), 307
フォン・クリッツィング (von Klitzing, Klaus), 321
フック (Hooke, Robert), 69
ブッシュ (Busch, Hans), 159
プトレマイオス (Ptolemaios), 131
フラウンホーファー (Fraunhofer, Joseph), 135, 187
ブラウン (Braun, Karl Ferdinad), 295, 301, 311
ブラウン (Brown, Robert), 105
ブラッグ (Bragg, William Henry), 177
ブラッグ (Bragg, William Lawrence), 177
ブラッタン (Brattain, Walter), 311
ブラベ (Bravais, Auguste), 325
フランク (Frank, Ilja), 85
プランク (Planck, Max), 3, 173, 349
フランツ (Franz, R.), 115
プラントル (Prandtl, Ludwig), 49, 63
フリードリッヒ (Friedrich, Walter), 177
ブリッジマン (Bridgman, Percy), 55
ブリネル (Brinell, Johan), 69
プリュッカー (Plucker, Julius), 319
ブルースター (Brewster, David), 193
フレットナー (Flettner, Anton), 67
フレネル (Fresnel, Augustin), 81, 185
フレミング (Fleming, John), 307
ブロードゥン (Brodhun, Eugen), 167
ブンゼン (Bunsen, Robert), 65, 167, 191

ヘ
ベーテ (Bethe, Hans), 159
ベール (Beer, August), 139
ペッファー (Pfeffer, Wilhelm), 119
ベドノルツ (Bednorz, J. G.), 217
ヘフナー (Hefner-Alteneck, Friedrich von), 165
ベル (Bell, Alexander), 89
ペルティエ (Peltier, Jean), 231
ヘルツ (Herz, Heinrich), 31, 179, 251, 285, 289, 291, 293
ベルヌーイ (Bernoulli, Daniel), 51, 65
ヘンリー (Henry, Joseph), 253

ホ
ポアズイユ (Poiseuille, Jean-Louis), 61, 63
ポアソン (Poisson, Denis), 69, 103
ホイートストン (Wheatston, Charles), 221
ホイヘンス (Huygens, Christiaan), 19, 81, 149, 157, 185
ボイル (Boyle, Robert), 99
ポインティング (Poynting, John), 291
ボーア (Bohr, Niels), 349
ホール (Hall, Edwin), 239

ボルタ (Volta, Alessandro), 203, 227, 229
ボルツマン (Boltzmann, Ludwig), 94, 173

マ
マール (Mahl, Hans), 161
マイケルソン (Michelson, Albert), 189, 337
マイスナー (Meissner, Alexander), 313
マイスナー (Meissner, Fritz Walther), 247
マイヤー (Mayer, Julius Robert), 35, 101
マクスウェル (Maxwell, James), 107, 201, 251, 287, 289, 291, 293
マグヌス (Magnus, Heinrich), 67
マッハ (Mach, Ernst), 85
マリュス (Malus, Etienne), 193
マルコーニ (Marconi, Guglielmo), 295

ミ
ミュラー (Müller, Erwin), 161
ミュラー (Müller, K. A.), 217
ミュラー (Müller, Walther), 315
ミリカン (Millikan, Robert), 209
ミンコフスキー (Minkowski, Hermann), 289, 339

モ
モース (Mohs, Friedrich), 69
モーズリー (Morseley, Henry), 177
モーレイ (Morley, Edward), 189, 337

ヤ
ヤコービ (Jacobi, Moritz von), 263

ユ
ユークリッド (Euklid), 131
湯川秀樹, 359

ラ
ライス (Reis, Philipp), 247
ライデンフロスト (Leidenfrost, Johann), 115
ラウエ (Laue, Max von), 175, 177
ラザフォード (Rutherford, Ernest), 349
ラプラス (Laplace, Pierre), 89
ラングミュア (Langmuir, Irving), 319
ランベルト (Lambert, Johann), 139, 163

リ
リッター (Ritter, Johann), 169
リチャードソン (Richardson, Owen), 297
リップマン (Lippmann, Gabriel), 213
リッペルスハイ (Lippershey, Jan), 153
リヒテンベルグ (Lichtenberg, Georg Christoph), 199
リンデ (Linde, Carl von), 129

ル
ルクレチウス (Lucretius), 233
ル・シャトリエ (Le Chatelier, Henri), 127
ルスカ (Ruska, Ernst), 161
ルンマー (Lummer, Otto), 167

レ
レイノルズ (Reynolds, Osborne), 63
レイリー (Rayleigh, Lord), 147, 173
レーマー (Roemer, Olaf), 157
レベデフ (Lebedew, Pjotr), 293
レンツ (Lenz, Heinrich), 251
レントゲン (Rontgen, Wilhelm), 175, 287

ロ
ローランド (Rowland, Henry), 187
ローレンツ (Lorentz, Hendrik Antoon), 239, 303
ロシュミット (Loschmidt, Joseph), 99

ワ
ワイス (Weiss, Christian), 245
ワット (Watt, James), 33

事項索引

あ
アーク放電, 317
アインシュタイン温度, 331
アインシュタイン－ド・ハース効果, 247
アインシュタインの合成則, 341
アインシュタインの光電方程式, 297
アインシュタインの等価原理, 345
アクセプター, 335
アストン暗部, 317
圧搾機, 55
圧縮, 69
　　　断熱—, 103
圧縮圧力計, 49
圧縮率, 50
　　　断熱—, 69
　　　等温—, 69
圧縮冷凍機, 111
圧電音源, 87
圧電効果，ピエゾ効果, 213
圧力, 47, 49, 50
　　　浸透圧, 119
　　　静圧, 65
　　　静水圧, 50
　　　臨界—, 53
圧力計, 47
圧力測定, 47
アドミッタンス, 271
アニオン，陰イオン, 223
アネロイド気圧計, 47
あぶみ法, 57
脂しみ測光器, 167
アボガドロ定数, 51, 99
アポスチルブ, 165
アマガ図, 53
アメンボ, 57
アモルファス体（非晶質）, 321
アルヴェーン波, 319
アルキメデスの原理, 29, 50
泡箱, 53

暗視野コンデンサー（集光レンズ）, 149
アンテナ, 293, 295
アンペア, 11, 215
アンペアターン, 241
暗放電, 317
アンモニア (NH_3) 時計, 183

い
E層, 295
イオン結晶, 325, 327
イオン線量, 181
イオンの寿命, 315
異常光線, 193
位相, 77
　　　フェーザー図の—, 265
位相速度, 77
位相定数, 265
位相変調, 79
板, 87
位置と運動量の不確定性, 197
位置ベクトル, 25
一般相対性理論, 337, 345
移動度, 219
　　　電荷担体の—, 219
異方性, 325
　　　光学的—, 193
色消しレンズ, 145, 151
陰イオン，アニオン, 223
因果律, 339
陰極暗部, 317
陰極泳動, 225
陰極グロー, 317
陰極線, 319
陰極線管, 301
インチ, 21
インバーター, 283
インピーダンス, 271, 273, 275
　　　—整合, —マッチング, 313

う

ウィーデマン – フランツの法則, 115, 217
ウィーンの変位則, 173
ウィーンの放射則, 173
ウィルソン霧箱, 53
ウェーネルト陰極, 297
ウエストンの標準電池, 203
ウェーバー – フェヒナーの法則, 91
渦電流, 251
渦電流ブレーキ, 251
渦電流モーター, 251
渦場, 59
右旋性, 195
宇宙エーテル, 189, 337
ウラン時計, 19
運動エネルギー, 相対論的, 343
運動方程式
　　ニュートンの—, 29
　　ハイゼンベルクの—, 351
運動量, 33
運動量保存則, 33

え

永久機関, 35, 101, 123
永久磁石, 233, 243
エーカー, 23
エーテル, 宇宙エーテル, 189, 337
液晶, 45
液浸系, 149
液体, 45
　　過熱—, 53
　　濡れない—, 45
　　濡れる—, 45
液体圧力の測定, 49
SI 単位系, 9, 11
X 線単位, 21
X 線, 175
　　—吸収則, 179
　　—吸収係数, 179
　　—の効率, 175
　　—の減弱, 179
　　—散乱, 181
　　—質量吸収係数, 179
　　—スペクトル, 175
　　特性—, 175, 179
　　—の立証, 175
X 線管, 175

X 線構造解析, 177
X 線–線量測定, 181
X 線の干渉, 177
n 型半導体, 309
NTC 導体, 217
npn トランジスター, 311
エネルギー, 35
　　運動—, 35, 71
　　相対論的—, 343
　　相対論的運動—, 343
　　ポテンシャル—, 35, 71
　　自由—, 123
エネルギーと時間の不確定性, 197
エネルギーバンド, 329
エネルギー保存則, 35
　　相対論的—, 343
エネルギー密度, 211
　　磁場の—, 255
　　電場の—, 207
F 数（絞り値）, 151
エミッター, 311
MHD 発電機, 261
LS 結合, 355
エルグ, 35
エルステッド, 241
円運動, 31
遠近調整幅, 155
遠視, 155
遠心力, 31
円錐曲線, 6
エンタルピー, 123
　　自由—, 123
遠点, 155
円筒コンデンサー, 209
エントロピー, 121, 123
エントロピー差, 121
円の方程式, 6

お

応答時間，立ち上り時間, 75
凹面鏡, 133
凹レンズ, 143
オージェ電子, 179
大潮, 37
オーム, 217
オーム抵抗, 219
オームの法則, 219

オーロラ，極光, 299
オゾン層, 169
音, 87
音の大きさ，ラウドネス, 91
音の壁, 85
音の吸収, 93
音のスペクトル, 93
音の強さ, 89
音量子, 331
オランダ望遠鏡, 153
音響, 92
音響解析, 87
音響出力, 89
音響測探器（ソナー）, 23
音響抵抗, 89
オングストローム, 21
音源, 87
　　　圧電—, 87
音色, 93
音速, 89
温度, 11, 94
　　　アインシュタイン—, 331
　　　デバイ—, 331
　　　熱力学—, 11, 94
　　　臨界—, 53
温度拡散率, 113
温度計, 95
温度勾配, 113
温度差, 94
温度の間隔, 94
温度場, 113
温度変化率, 113
温度放射, 171
温度放射体, 173
温度目盛, 94
音波, 85, 87
音波の波長, 87

か
カー・セル, 195
ガイガー－ミュラー領域, 315
開口, 149, 191
開口絞り, 151
開口収差, 145
開口数, 149
界磁石, 259
回折, 187

　　　二重スリットでの—, 187
回折格子, 187
回折現象, 187
回折縞, 187
回折格子分光器, 191
回折条件, 187
解像力, 147, 153
外挿, 15
回転, 41
　　　安定な—, 43
回転エネルギー, 41
回転鏡法, 157
回転結晶法, 177
回転界磁型発電機, 269
回転界磁子, 269
回転角, 41, 195
回転子, 259, 263
回転磁場, 281
回転電機子, 269
回転（旋回）方向の約束, 195
回転ポンプ, 55
回路記号, 214
回路を開く, 255
回路を開いたときの直流電流, 255
ガウス, 233
ガウスの主平面, 141
ガウス分布, 17
加加速度, 25
鏡，平面鏡, 131
鏡軸, 133
鏡望遠鏡, 153
可逆循環過程, 123
角運動量, 33, 41
角運動量保存則, 33
角運動量量子化, 353, 355
角運動量量子数, 357
楽音, 93
核光電効果, 179
拡散, 105, 117
拡散係数, 117
拡散公式，一般的な, 117
拡散電圧（内蔵電圧）, 311
拡散電流, 335
拡散方程式, 117
拡散ポンプ, 55
拡散流, 117
核子, 359

378　事項索引

角振動数, 31, 71
角速度, 31, 41
拡大鏡，読書用, 149
角度, 23
　　　平面—, 23
隔膜圧力計, 47
隔膜ポンプ, 55
かご形回転子, 281
重ね合わせ
　　　振動の—, 73
　　　波の—, 79
重ね合わせの原理, 73
カセグレン鏡, 153
加速度, 25
カチオン，陽イオン, 223
可聴音, 93
価電子帯, 329
価電子, 357
可動コイル
　　　—型計器, 257, 279
　　　　　　—の振動周期, 257
　　　—検流計, 257
カナル線, 319
鐘, 87
雷, 225
可変対物レンズ, 151
カメラ, 151
カメラ・オブスクラ（暗い部屋），針穴カメ
　　　　　ラ, 151
カラーテレビ映像管, 301
ガラス, 45, 321
ガリレイ変換, 337
ガリレイ望遠鏡, 153
ガルヴァーニ電池, 229
ガルトン笛, 93
カルノー機関, 109, 123
カルノー・サイクル, 109
ガルバノメーター，検流計, 215, 241
カロリー, 33
カロリメーター, 97
ガロン, 23
管楽器, 87
管雑音, 305
乾式整流器, 283
干渉, 79
　　　電子の—, 197
　　　光の—, 185

干渉計, 21, 189
干渉実験
　　　フィゾーの—, 341
環状導体, 241
関数
　　　線形—, 5
　　　二次—, 6
慣性系, 337
慣性主軸, 43
慣性の法則, 29
慣性モーメント, 41
乾燥系, 149
乾燥摩擦, 39
管抵抗, 305
カンデラ, 11, 165
乾電池, 229
管電流, 305
ガンマ線, 175
簡略化した眼, 155
緩和時間，熱—, 113

き

気圧, 49
気圧計（バロメータ）, 47
気圧公式, 49
気化, 125
幾何光学, 131
気化平衡, 125
気化熱, 125
機関, 109
　　　現実の—, 109
　　　理想—, 109
帰還,
　　　電気的—, 313
　　　—率, 313
気体
　　　混合—, 51
　　　実在—, 45
　　　—の圧力, 47, 49, 51, 53
　　　—の状態量, 99
　　　—の体積, 51, 53
　　　理想—, 45, 51, 99, 101
気体，ガス,
　　　—の電気伝導率, 315
気体圧力の測定, 47
気体温度計, 99
期待値, 351

気体の液化, 129
気体の法則, 99
気体放電, 317
気体放電ランプ, 169, 317
輝度, 165
軌道角運動量, 353
　　　—演算子, 353
　　　—量子数, 353
軌道加速度, 31
軌道速度, 31
ギブスの自由エネルギー, 123
基本振動, 87
基本量, 9
逆増幅率, 307
逆転温度, 129
逆熱機関, 109, 111
逆ピエゾ効果, 213
逆方向電流, 309
キャビテーション（空洞現象）, 65, 93
キャリヤー, 333, 335
吸光係数, 139
球コンデンサー, 209
吸収
　　音の—, 93
　　光電子の—, 179
　　波の—, 81
　　光の—, 139
吸収スペクトル, 139, 191
吸収係数, 139
吸収線量, 181
吸収端, 179
吸収の法則, 81, 139
　　X線の—, 179
　　波の—, 81
吸収率, 139, 171
吸収冷凍機, 111
Q値（性能指数），振動系の, 71
吸着ポンプ, 55
球の周りの流れ, 67
球面凹面鏡, 133
球面凸面鏡, 133
キュリー温度, 245
キュリーの法則, 245
境界層, 57
境界層の安定化, 67
凝固, 127
凝固熱, 127

凝固点, 127
凝固点の低下, 127
強磁性, 243, 245
強磁性体, 245
凝集力による圧力, 53
凝縮, 125
凝縮熱, 125
共振, 75
共振カタストロフィー, 75
共振振動数, 75
共振の鋭さ, 285
共鳴粒子, 359
共有結合結晶, 327
強誘電性, 213
極移動, 237
極座標, 15
鋸歯状振動, 301
距離の法則, 167
距離の二乗の法則, 163
霧箱（ウィルソン霧箱）, 53, 103
キルヒホッフの放射の法則, 171
キルヒホッフの法則, 221
キログラム, 11, 29
近視, 155
禁止帯（バンドギャップ）, 329
近日点移動, 345
金属結晶, 327
近点, 155

く

空間群, 325
空間時間
　　—構造, 341
空間，四次元の
空間格子, 187
空間電荷グリッド管, 307
空間波, 295
空洞共振器, 157
空洞放射体, 171
空洞現象（キャビテーション）, 65
空乏層, 335
クーロン, 199
クーロンの法則, 199
クーロン摩擦, 39
クーロン・メーター, 199, 223
クーロン力, 199, 223
クォーク, 199, 359

380　事項索引

クォーツ時計, 19
クォート, 23
楔（くさび）光度計, 167
管の中の流れ, 67
屈折, 135
　　球表面での—, 141
屈折の法則, 81, 135
　　電子光学の—, 159
屈折望遠鏡, 153
屈折率, 135
屈折力, 141, 159
クッター－ジューコフスキーの公式, 67
クライオ・ポンプ（吸着ポンプ）, 55
クラウジウス－クラペイロンの方程式, 125, 127
クラウジウスの積分, 121
グラジエント, 6
クラドニ振動パターン, 75
グレイ (Gray, Gy), 181
グレー（灰色）放射体, 171
黒い放射体，黒体, 169, 171
グロー放電, 317
群速度, 77, 79
クント管, 87

け

通過時間測定, 21, 23
蛍光管, 317
蛍光スクリーン, 301
計数管, 315
計測顕微鏡, 21
系列,
　　電気化学—, 227
　　熱起電力—, 231
　　摩擦電気—, 225
血圧計, 49
欠陥, 格子の—, 321
結合係数, 255
　　誘導的—, 255
結晶, 325
　　液状—，液晶, 45
　　—の熱伝導, 331
結晶結合, 327
結晶格子, 325
結晶構造解析, 325
結晶水, 327
結晶成長, 327

結晶ダイオード, 309
結像，像形成, 133
　　厚いレンズでの—, 143
　　薄いレンズでの—, 143
　　凹レンズの—, 143
　　鏡の—, 133
結像公式
　　鏡の—, 133
　　ニュートンの—, 143
　　レンズの—, 143
結像倍率, 147, 151
　　プロジェクターの—, 151
ゲッターポンプ, 55
結露曲線, 129
ケネリー－ヘビサイド層, 295
ケプラーの法則, 37
ケプラー望遠鏡, 153
ケルビン, 11, 94
弦, 87
限界波長, 177
弦検流計, 257
減光, 167
減光くさび, 167
検光子, 193, 195
原子, 13
原子質量単位, 29
原子時計, 19, 183
原子模型，ボーアの, 353
減衰の法則, 167
減衰率
　　対数—, 71
顕微鏡, 149
顕微鏡倍率, 149
検流計, 215, 241, 257
　　弾動—, 257

こ

光圧, 293
高圧水銀灯, 169
高圧ランプ, 317
光円錐, 341
高温超伝導体, 217
光学，幾何, 131
光学系, 145
光学的活性, 195
光学密度, 139
口径, 151

口径比, 151, 153
虹彩, 155
交差コイル型計器, 257
格子, 325
　　　—点, 325
光子, 173, 331, 359
光子のエネルギー, 173
光軸, 141
　　　鏡の—, 133
格子系, 325
格子定数, 187, 325
格子ベクトル, 325
高周波発電機, 269
向心力, 31
向心加速度, 31
合成則，アインシュタインの, 341
剛性率, 69
鉱石検波器, 311
光線
　　　異常—, 193
　　　常—, 193
光線光学, 131
構造解析
　　　X 線による—, 177
光線束, 131
光束, 165
光束発散度, 165
剛体, 41, 43
光弾性効果, 193
光電効果, 179, 297
　　　外部—, 297
　　　内部—, 179, 297
光電子, 179
光電子増倍管, 297
光伝導体, 333
光電流, 311
光度, 23, 165, 167
硬度, 69
光導管, 137
光年, 21
勾配, 6
効率，
　　　直流モーターの—, 263
交流回路，
　　　—のフェーザー図, 265, 271
交流検流計, 279
交流電圧，
　　　—の加法, 265
　　　—の最高値, 265
　　　—の測定, 279
交流電流, 225, 265
　　　—の加法, 265
　　　—の測定, 279
　　　—の有効電力, 267
交流発電機, 269
交流モーター, 281
光量, 165
行路差, 79
光路偏向プリズム, 137
コーティング，ガラス表面の, 185
コールド・トラップ, 55
五極管, 307
黒体，黒い放射体, 169, 171, 173
黒体放射, 173
極超音波, 93
誤差, 17
　　　偶然—, 17
　　　系統—, 17
　　　絶対—, 17
　　　相対—, 17
誤差の伝播, 17
誤差分布関数, 17
小潮, 37
固体, 45
　　　現実の—, 321
　　　高分子—, 321
　　　—の電気伝導, 329
　　　—の熱伝導, 331
　　　—のモル熱容量, 331
　　　理想—, 321
固体物理, 320–335
固定子, 263
コヒーレント, 185
コヒーレント長, 185
こま, 43
　　　—の歳差運動, 43
固有角運動量, 353
固有時間, 339
固有振動, 75
　　　縦—, 75
　　　横—, 75
固有振動数, 75
固有体積, 53
コリオリ力, 31

孤立系, 121
コレクター, 311
転がり摩擦, 39
コンダクタンス, 217, 271
コンデンサー, 209
　　　―の接続, 209
　　　―・マイクロフォン, 209
コンプトン吸収, 181
コンプトン吸収係数, 線形, 181
コンプトン効果, 181
コンプトン電子, 181

さ

サーモパイル, 169, 231
サイクル, 109
再結合, 333
　　　イオンの―, 315
　　　―領域, 315
最高値, 265
　　　交流電圧の―, 265
歳差運動, こまの―, 43
最小面積, 57
サイラトロン, 283
サイレン, 87, 93
作業物質, 109, 111
サセプタンス, 271
左旋性, 195
雑音, 93
　　　真空管の―, 305
　　　半導体の―, 309
　　　電気的―, 105
　　　熱的―, 105
座標
　　　片対数―, 15
　　　極―, 15
　　　三次元―, 15
　　　直交―, 15
　　　両対数―, 15
座標系, 15
差分, 6
差分商, 6
作用, 35
三角測量法, 21
三角結線（デルタ結線）, 267, 269
酸化物陰極, 305
三極真空管, 307
三重点, 127

水の―, 94
三相交流, 267
　　　―電圧, 267
　　　―電流, 267
　　　―発電機, 269
　　　―モーター, 281
三相発電機, 269
散弾効果（ショット効果）, 305
散乱, 17
　　　X線の―, 181
　　　光の―, 139
散乱法則
　　　X線の―, 181
残留磁化, 245
残留線, 169
残留抵抗, 217

し

CGS単位系, 9
ジーメンス, 217
ジオプトリー, 141
磁化, 243
　　　―の温度依存性, 245
紫外, 169
磁化曲線, 245
視角, 147
磁化率, 243
時間, 19
時間測定, 19
時間の遅れ, 339
磁気異常, 237
磁気圏, 237
磁気コイル
　　　長い―, 159
　　　短い―, 159
磁気コンパス, 235
磁気赤道, 237
磁気遮蔽（防磁）, 245
磁気双極子, 233
磁気単極子（モノポール）, 233
磁気的伏角, 237
磁気的北極と南極, 233
磁気時計, 19
磁気偏角, 237
磁気モーメント
　　　電子の―, 355
磁極, 233

磁極の強さ, 235
磁気量子数, 357
次元, 13
仕事, 35
  気体の—, 103
  力学的—, 33
仕事関数, 227
仕事率, 出力, 33
自己誘導, 253
  —起電力, 253
磁石, 233
磁石発電機, 259
指数関数, 6
磁束, 249
磁束線, 233, 235
磁束密度, 233, 241
  地球磁場の—, 237
  臨界—, 247
実効値, 265
  交流電流の—, 265
湿度
  最大—, 125
  絶対—, 125
  相対—, 125
湿度計, 125
湿度測定, 125
質量, 29, 303
  慣性—, 27, 29, 345
  体積あたりの—, 29
  —保存則, 29
質量過剰, 343
質量吸収係数
  X線の—, 179
質量欠損, 343
質量減弱係数
  X線の—, 179
質量散乱係数, 線形弾性, 181
質量単位, 原子の—, 29
質量分析計, 303
時定数,
  電流回路の—, 255
始動抵抗, 263
磁場, 241
磁場エネルギー, 255
絞り値, 151
ジャイロ・コンパス, 43
遮蔽, 245

磁気—, 245
シャルルの法則, 99
シャント, 分流抵抗, 221
自由エネルギー, 123
自由エンタルピー, 123
周縁電場, 201
周期, 31, 71, 77
周期律, 元素の—, 322, 323
集光鏡, 凹面鏡, 133
収差
  球面—, 133, 145
  色—, 145
重心, 43
収束レンズ, 凸レンズ, 141
集電子, 整流子, 259, 263
自由度, 41
周波数変調, 79, 295
周辺光線, 131
自由落下, 27
重量, 重さ, 29
重力, 37
重力子, 347
重力赤方偏移, 345
重力定数, 37
重力の法則, 37
重力波, 345, 347
重力レンズ効果, 37, 345
ジュール, 33
ジュール－トムソン係数, 129
ジュール－トムソン効果, 129
受信機, 受信者, 83, 295
シュタルク効果, 355
受動的な輸送, 119
出版物, 3
出力, 仕事率, 33
出力整合, 221
出力密度, 33
シュテファン－ボルツマンの法則, 173
シュテルン－ゲルラッハの実験, 355
主平面, 141
  光学系の—, 145
シュミット鏡, 153
シュリーレン現象, 135
主量子数, 357
シュレーディンガー方程式, 351
純音, 93
循環, 67

循環過程（サイクル）, 109
瞬間速度, 25
瞬時値, 265
　　　交流電圧の—, 265
純粋吸収率, 139
昇華圧曲線, 127
蒸気, 45, 51, 125
　　　過飽和—, 53
　　　非飽和—, 51
　　　飽和—, 51
蒸気圧, 125
蒸気圧曲線, 125
衝撃音, 93
衝撃波, 55, 85
衝撃波管, 85
常光線, 193
消磁, 245
常磁性, 243, 245
上昇値（毛管の—）, 57
晶族, 325
状態,
　　　アモルファス—, 45
　　　プラスティック—, 45
状態図, 109, 127
状態方程式
　　　実在気体の—, 53
　　　理想気体の—, 51
状態量，熱力学的—, 123
焦点
　　　鏡の—, 133
　　　虚—, 133, 143
　　　レンズの—, 141
焦点距離, 133
　　　鏡の—, 133
　　　虚—, 143
　　　レンズの—, 141
焦電効果, 213
焦点光線, 133
　　　鏡の—, 133
照度, 165
章動, 43
衝突, 33
衝突数，平均—, 105
衝突断面積, 105
衝突電離, 297
蒸発, 125
蒸発熱, 125

比—, 125
モル—, 125
蒸発冷却, 125
情報, 121
情報記録装置, 189
照明装置
　　　顕微鏡の—, 149
　　　電子顕微鏡の—, 161
正面衝突, 33
視力, 155
磁力計, 233
磁力線, 241
磁歪, 93, 247
　　　逆—, 247
蜃気楼, 135
真空紫外（遠紫外）, 169
真空の誘電率, 199, 211
真空の透磁率, 243
真空計, 47
真空ポンプ, 55
真性伝導, 333
真性半導体, 333
シンチレーション検出器, 175
浸透圧, 119
浸透圧計, 119
浸透圧方程式, 119
振動, 71
　　　円—, 73
　　　強制—, 75, 285
　　　減衰—, 71
　　　合成—, 73
　　　楕円—, 73
　　　調和—, 23, 31, 69
　　　直線—, 73
　　　電気—, 285
　　　—の重ね合わせ, 73
　　　—の分解, 73
　　　非減衰—, 71
　　　非直線形—, 73
振動回路,
　　　電気—, 285
　　　連成—, 285
振動子，水晶—, 19, 213
振動数，周波数, 31, 71, 73
振動の周期, 31, 77
侵入の深さ, 287
　　　電磁波の—, 291

電流の—, 287
振幅, 31
振幅変調, 79, 295

す
水圧, 50
水圧機, 50
水銀気圧計, 47
水銀柱, 47
水銀蒸気整流器, 283
吸い込み, 7, 59
水晶体, 155
水晶振動子, 213
彗星の尾, 293
水素原子, 351
水素電極, 227
水波, 85
水流ポンプ（アスピレーター）, 55
数学的基礎, 5–7
スーパーオルシコン, 301
ズームレンズ, 151
スカラー, 5
スカラー積, 5
スキンデプス（侵入の深さ）, 291
スクリーングリッド管, 307
スチルブ, 165
ステラジアン, 23
ストークス抵抗, 39
SNAP 発電機, 231
スピーカー, 87
スピン, 353
スピン角運動量, 353
スピン角運動量量子数, 357
スピン行列, 353
スピン磁気量子数, 357
スペクトル, 137, 191
　　　黒体の—, 171
　　　固有—, 177
　　　電磁波の—, 293
　　　—系列, 177
　　　連続—, 191
スペクトル解析, 191
スペクトル色, 137
スペクトル線, 137
　　　微細構造の—, 353
滑り, 281
滑り摩擦, 39

スライド投影機, 151

せ
正帰還, 313
正規倍率, 147
正規分布, 17
制御電圧, 307
正孔, 333
正孔数密度, 333
静止エネルギー, 343
静磁気学, 233
静止質量, 343
静止摩擦, 39
静止摩擦係数, 39
静水圧, 50
成績係数, 111
静電気学, 199
静電単位, 199
静電（電界）レンズ, 159
静電場, 201
静電誘導, 207
制動スペクトル, 175
制動放射, 175
性能指数，振動系の—, 71
生物時計, 19
整流管, 283
整流器, 283
　　　全波—, 283
　　　半波—, 283
整流子，集電子, 259, 263
ゼーベック効果, 231
ゼーマン効果, 355
世界線, 341
世界点, 341, 343
赤外, 169
積分
　　　定—, 7
　　　不定—, 7
赤方偏移, 23, 83
　　　重力—, 345
セシウム時計, 19
絶縁体, 205, 329, 331
接眼レンズ, 149, 153
　　　顕微鏡の—, 149
接触角, 57
接触整流器, 283
接触電位差, 227

接線応力, 69
接続,
　　ガルバーニ電池の—, 229
　　抵抗の—, 219
切断火花, 255
節点の法則, 221
セルシウス温度, 11, 94
セルシウス目盛, 94
繊維電位計, 199, 209
全エネルギー, 35, 343
全角運動量, 355
全角運動量量子数, 355
線形加速器, 175
線型発振器, 285
旋光分散, 195
洗剤, 57
全周角, 23
潜水艦, 50
線スペクトル, 191
　　X線の—, 175
剪断力, 69
全波整流, 283
全反射, 137
全反射屈折計, 137
線膨張, 95
ゼンマイ時計, 19
線量測定
　　X線の—, 181

そ

像
　　虚像, 131
総圧, 65
双極子, 205
　　磁気—, 233
　　—軸, 233
　　電気—, 205
　　—場, 205
　　—ポテンシャル, 205
　　—モーメント, 205
相互インダクタンス, 253
相互コンダクタンス, 307
相互作用, 359
相互誘導, 253
　　—起電力, 253
走査型透過電子顕微鏡, 161
走査型電子顕微鏡, 161

走査トンネル顕微鏡, 161
送信機, 送信者, 83, 295
相対性理論, 相対論, 337
　　一般—, 337, 345
　　特殊—, 337
相対論的力学, 343
像点
　　虚—, 131
　　実—, 131
増幅器, 307, 311
増幅率, 307, 311
相補的な量, 197
測光器, 167
測高沸点温度計, 125
測光法, 167
測光立方体, 167
測光量, 165
測定, 17
測定精度, 17
測定誤差, 17
速度, 25
　　—の合成, 341
　　平均—, 25
素電荷（電気素量）, 199
ソナー, 23
ソニック・ブーム（超音速轟音）, 85
素粒子, 359
ソレノイド, 241
損失角, 275

た

タービン, 63
タービン発電機, 269
ターボ分子ポンプ, 55
ダイアグラム, 15
対陰極, 175
対応原理, 349
大気圧, 49
大気湿度, 125
対称回数, 325
対称軸, 325
対称面, 325
体積, 23
　　モル—, 51, 99
体積弾性率, 51, 69
体積変化, 相対—, 69
ダイナモ, 261

事項索引　387

―発電機, 261
対物レンズ, 151, 153
　　　顕微鏡の―, 149
体膨張, 95
太陽, 37
太陽光オーブン, 133
太陽灯, 169
太陽風, 237
太陽定数, 291
ダイラタンシー, 61
対流, 115
ダイン, 29
楕円の方程式, 6
多形, 327
タコメーター, 251
縦波, 77
ダニエル電池, 229
単位, 8–13
　　　組立―, 11
単位記号, 9
単位系, 9
単位の接頭語, 13
単結晶, 321
弾性限界, 69
弾性定数, 69
炭素アーク燈, 317
単色計, 107, 191
弾道（衝撃）検流計, 257
弾道理論, 27
断熱, 103
断熱圧縮, 103
断熱膨張, 103
断熱方程式, 103
単振り子, 71
単振り子の公式, 71
短絡, 221
短絡形回転子, 281
短絡電流の強さ, 221

ち
チェレンコフ放射, 85
力, 29
　　　遠心―, 31
　　　向心―, 31
　　　―の合成, 29
　　　―の分解, 29
　　　復元―, 31

力の多角形, 43
力のモーメント，トルク, 41
チキソトロピー, 61
地球磁場
　　　―の磁束密度, 237
蓄電池, 229
地表波, 295
聴覚, 91
中空導体, 241
中心光線, 131
中性子回折, 197
中性子の波長, 197
超音速轟音, 85
超音波, 87, 93
超新星, 293
潮汐, 37
潮汐力, 37
超伝導, 217
超伝導体,
　　　磁場中の―, 247
　　　タイプI―, 247
　　　タイプII―, 247
超放射性元素, 357
超流動, 61
張力, 47
調和振動, 31
チョークコイル, 273
直巻き
　　　―機, 261
　　　―モーター, 263
直流発電機, 259
直列接続,
　　　交流回路の―, 271
　　　抵抗の―, 219
　　　電圧源の―, 221

つ
対生成吸収, 181
対生成効果, 181
ツェナー・ダイオード, 311
翼の形状, 67
釣り合い，力学的な, 43

て
低圧ランプ, 317
抵抗, 39
　　　オーム―, 219
　　　ストークス―, 39

388　事項索引

　　　　電気—, 217, 273
　　　　　　　—の温度依存性, 217
　　　　　　　—率, 217
　　　　内部—, 307
　　　　　　　—の直列接続, 219
　　　　　　　—の特性曲線, 219
　　　　　　　非オーム—, 219
抵抗圧力計, 49
抵抗温度計, 217
抵抗係数, 39
抵抗測定, 221
定点
　　　温度目盛の—, 94
てこ, 41
てこの原理, 41
デシベル, 89, 91
テスラ, 233
テスラ・コイル, 277
デバイ, 205
デバイ温度, 331
デバイ振動数, 93
デバイ - シェラーの方法, 177
デバイ理論, 205
デュアー, 129
デュエヌ - ハントの法則, 177
デュロン - プティの法則, 97
テレビ撮像管, 301
テレビ用映像管, 301
電圧, 203
電圧計, 203
電圧源,
　　　—の組み合わせ接続, 221
　　　—の直列接続, 221
電圧測定, 221
電圧変成, 277
電位計, 199
電荷, 199, 239
　　　比—, 239, 299
電解質, 223
　　　—の電気伝導率, 223
電解整流器, 283
電解電流, 223
電解電流断続器, 259
電解分極, 229
電界放射顕微鏡, 161
電界放出, 297
電荷保存, 199

電気泳動, 225
電気化学系列, 227
電気感受率, 211
電気光学効果, 193
電機子, 259, 263
電機子反作用, 261
電気ショック, 221
電気浸透, 225
電気素量（素電荷）, 199
　　　—の測定, 209
電気抵抗, 217
　　　—の温度依存性, 217
電気導体，導体, 205
電気二重層, 225, 227
電気分解, 223
電気分極, 211
電気変位，電束密度, 207
電気容量, 209
電気力学, 199
電気力線, 201
電子, 199
　　　自由—, 297
　　　—速度, 305
　　　—散乱, 23
　　　—数密度, 333
　　　—の干渉, 197
　　　—の波長, 197
電子加速器, 175
電子鏡, 159
電子管, 305, 307
電子管の動作点, 307
電子気体, 215, 329
電子顕微鏡, 161
電子欠損, 335
電子光学, 159
　　　線形—, 159
電磁石, 241
電子線オシロスコープ, 301
電磁場, 251
電磁波, 85, 291, 295
　　　—のスペクトル, 293
　　　—の伝播, 295
　　　—の発生, 293
　　　—の立証, 293
電子分極，変位分極, 211
電子ボルト，エレクトロン・ボルト, 35, 207
電磁誘導, 249

電磁誘導の法則, 249
電磁流体発電機 (MHD 発電機), 261
電磁流体波, 319
電束電流, 変位電流, 287
電束密度, 207
点電荷, 201
伝導
　　固体の電気—, 329
電動機, 263
伝導帯, 329
伝導率,
　　電気—, 217
　　　　気体の—, 315
　　　　電解質の—, 223
電熱効果, 213
電場, 201
電場の強さ, 201
電波干渉計, 189
電波望遠鏡, 153
天文単位, 21
電離真空計, 49
電離層, 295, 319
電離箱, 181, 315
電流, 215
電流密度, 215
電流測定, 221
電流の仕事, 215
電流の強さ, 215
電流力計型計器, 279
電力, 215
電力計, ワット・メーター, 279
電歪, 電気ひずみ, 213

と

動圧, 65
等圧線, 49, 99
同位体バッテリー, 231
同位体分離, 117
投影レンズ, 161
投影機, プロジェクター, 151
投影対物レンズ, 151
等温線, 99
透過型回折格子, 187
等価原理, アインシュタインの, 345
透過反射両用投影機 (プロジェクター), 151
透過率, 139

導関数, 6
同期モーター, 281
同形, 327
瞳孔, 155
同時刻性, 339
投射, 27
　　摩擦のある—, 27, 39
投射軌道, 27
投射距離, 27
投射高度, 27
投射放物線, 27
透磁率, 243
等磁力線, 237
等積線, 99
同素体, 327
導体,
　　金属—, 329
　　電気—, 205
同タイプ, 327
到達距離, 平均の, 139
等電点, 225
動粘度, 61
等伏角線, 237
頭部波, 85
等分配則, 95
等偏角線, 237
等ポテンシャル面, 203
動摩擦, 滑り摩擦, 38
ドーピング, 333
トール, 47
特殊相対性理論, 337
読書用眼鏡, 147
特性 X 線, 175, 179
特性曲線,
　　真空管の—, 305
　　抵抗の—, 219
　　電流-電圧—, 305
　　半導体の—, 309
時計, 19
時計の比較, 339
時計用水晶振動子, 213
ドップラー・レーダー, 83
ドップラー効果, 23, 83
　　相対論的—, 83
凸面鏡, 球面の, 133
ドナー, 335
ド・ブロイの関係式, 197

ド・ブロイ波, 197, 349
トムソン効果, 231
トラップ（捕える場所）, 335
ドラム回転子, 259
トランジスター, 311
　　　四層―, 311
ドリフト速度
　　　電子の―, 219, 225, 309, 315
ドルトンの法則, 51, 99
トン, 93
トンネル効果, 297
トンネル・ダイオード, 311

な

内部抵抗, 221
長さ, 21
長さの収差
　　　色による―, 145
長さの収縮, 341
長さの測定, 21
長さの測定方法, 21
長さの変化
　　　相対的な―, 69
流れ, 59
　　　管の中の―, 67
　　　層流, 63
　　　定常流, 59
　　　平面―, 63
　　　―の相似性, 63
　　　乱流, 63
　　　理想　, 65, 67
　　　立体的な―, 63
流れのタイプ, 59
流れの抵抗, 67
流れの場, 59
　　　―のポテンシャル, 59
流れの密度, 59
鉛蓄電池, 229
波, 77, 85
　　　調和―, 77
　　　定常―, 79
　　　電磁―, 85, 291
　　　電磁流体―, 319
　　　―と粒子, 197
　　　―の吸収, 81
波と粒子の二重性, 351
軟鉄計器, 257, 279

に

二極真空管, 307
ニコル・プリズム, 195
二次電子増倍管（光電子増倍管）, 297
二次波, 81
二重性, 197
　　　波動と粒子の―, 197
　　　光の―, 185
二重巻きモーター, 263
二色性, 193
二本巻き, 253
入射瞳, 151
ニュートン, 29
ニュートンの運動方程式, 29
ニュートンの結像方程式, 143
ニュートン鏡, 153
ニュートン流体, 61
ニュートン・リング, 185

ぬ

ヌープ硬度, 69

ね

音色, 93
ネーパー (Neper, Np), 89
ネオジム（ヤグ）レーザー, 169
ねじプレス, 55
熱, 95
　　　比―, 97, 101
熱汚染, 111
熱陰極, 297
熱拡散, 117
熱機関, 109, 111
熱起電力, 231
　　　―系列, 231
熱検流計, 231
熱サイフォン効果, 111
熱線計器, 279
熱線電流計, 257
熱抵抗, 115
熱電子放出, 297
熱電堆, 231
熱伝達, 115
　　　―率, 115
熱電対, 231
熱伝導, 113
　　　気体の―, 115
　　　固体の―, 331

熱伝導方程式, 115
熱伝導率, 113
熱電流, 231
熱の仕事当量, 101
熱の対流, 113
熱発電機, 231
熱平衡, 105
熱放射, 113, 115
熱輸送, 113, 115
　　　結晶の—, 331
熱容量, 97
　　　固体の—, 331
　　　モル—, 331
熱流, 113
熱力学,
　　　—第一法則, 101, 123
　　　—第二法則, 123
熱流密度，線形—, 113
熱量, 101
ネルンストグロアー, 169
ネルンストの式, 227
粘性, 61
　　　液体の—, 61
　　　気体の—, 61
粘度, 61
　　　動—, 61
　　　比—, 61
粘度計, 61
燃料電池, 229

の
濃度, 119
ノギス, 21

は
ハーゲン－ポアズイユの法則, 63
パーセック, 21
バーネット効果, 247
ハーポールホード錐（物体錐）, 43
バール, 47
バーン, 23, 105
配位数, 327
灰色ガラス, 167
倍振動, 75, 87
ハイゼンベルクの運動方程式, 351
ハイゼンベルクの不確定性関係, 197, 349
廃熱, 111
ハイペロン, 359

バイメタル温度計, 95
倍率, 147, 149
　　　意味のある—, 149
　　　電子顕微鏡の—, 161
パイロメータ, 171
パウリ行列, 353
パウリ原理, 357
破壊点, 69
秤, 29
箔検電器, 199
白色雑音（ホワイト・ノイズ）, 93
薄層の色, 185
薄暮係数, 153
刃状転位, 321
波数，波の数, 77
パスカル, 47
波束, 77, 79
破断限界, 69
波長, 77
バックミラー, 133
発光効率, 165
発光スペクトル, 191
発散, 7
発散鏡, 133
パッシェン－バック効果, 355
発振器,
　　　線形—, 285
　　　電気—, 285
　　　ヘルツの—, 285
発電機,
　　　交流—, 269
　　　三相交流—, 269
　　　磁石—, 259
　　　ダイナモ—, 261
　　　電磁流体—, 261
ハッブル効果, 83
波頭, 77, 85
波動, 77, 85
波動光学, 131
波動抵抗, 291
波動方程式, 77
波動力学, 351
ハドロン, 359
ばねの力, 31, 35
波面, 77
腹, 79
パラドックス

流体静力学の—, 50
　　　流体力学の—, 65
針穴写真機, 131
バリオン, 359
バリオン共鳴, 359
馬力, 33
バルクハウゼン効果, 245
バルクハウゼンの関係, 307
パルサー, 23
パルス電流, 215
半価層, 139, 179
反磁性, 243
反射, 131
　　　拡散—, 131
反射型回折格子, 187
反射の法則, 81, 131
反射投影機（プロジェクター）, 151
反射条件，ブラッグの, 177
反射望遠鏡, 153
反射率, 131
バン・デ・グラーフ高電圧発生器, 207
バンド（エネルギー帯）, 329
　　　—の幅, 329
半透性, 119
半導体, 309, 329, 331
　　　—回路部品, 309, 311
　　　電子—, 333, 335
　　　—の雑音, 311
　　　—の逆方向電流, 309
　　　—の空乏層, 311
　　　—の特性曲線, 309
　　　—の漏れ電流, 309
半導体結晶, 335
　　　—の色, 335
半導体ダイオード, 311
バンド・ギャップ（禁止帯）, 329
バンド・スペクトル, 191
半波整流, 283
反発係数, 33
反物質, 359
万有引力, 37
万有引力定数, 37
反粒子, 359

ひ

pn 接合層, 335
pnp トランジスター, 311
p 型半導体, 309
PTC 導体, 217
ヒートポンプ, 111
ピエゾ圧力計, 49
ピエゾ効果，圧電効果, 213
ピエゾ電気, 213
ビオ – サバールの法則, 241
光, 131, 165, 185
　　　インコヒーレントな—, 185
　　　コヒーレントな—, 185
　　　白色—, 137
光の屈折, 135
　　　重力場での—, 345
光の速度, 157
光の強め合い, 185
光の伝播, 131
光の平均到達距離, 139
光の弱め合い, 185
光ファイバー, 137
光風車, 290, 293
光ベクトル, 193
光ポンピング, 183
ひげ結晶, 321
ひげ剃り用鏡, 133, 149
飛行時間, 27
比仕事率，比出力, 33
ビジコン, 301
非周期運動の解析, 73
ヒステリシス曲線（ループ）, 69, 245
ピストン・ポンプ, 55
ピストン発電機, 269
ひずみ, 69
皮相，
　　　—電流 271
　　　—電力 271
左旋回, 195
左手の法則, 239
比抵抗, 217
比電荷, 239, 299
非点収差, 145, 155
非同期モーター, 281
比透磁率, 243
ピトー管, 49
比熱比, 101
比粘度, 61
火花放電, 317
微分, 6

事項索引　393

微分演算子, 6
微分商, 6
微分方程式, 7
比誘電率, 211
秒, 11, 19
標準重力加速度, 27
標準水素電極, 227
標準大気圧, 49
標準電圧, 227
標準偏差, 17
氷点, 94
表皮効果, 287
秒振り子, 71
表面張力（界面張力）, 57
表面電荷密度, 207
避雷針, 225
ピラニ真空計, 49
比例領域, 315
ピンホール・カメラ, 131
ピンホール・レンズ, 159

ふ
ファーレンハイト温度（華氏温度）, 94
ファラッド, 209
ファラデー暗部, 317
ファラデー・カップ, 205
ファラデー・ケージ, 205
ファラデーの法則, 223
ファン・デル・ワールスの状態方程式, 53
ファント・ホッフの法則, 119
フィート, 21
フィゾーの回転歯車法, 157
フィゾーの干渉実験, 341
フィックの法則, 117
フィルター, 273
フーコー振り子, 30
フーリエ解析, 73
フーリエ級数, 73
フーリエ・スペクトル, 73
フーリエ積分, 73
フーリエの法則, 113
笛, 87
フェーザー図, 265
フェリ磁性物質, 245
フェルマの原理, 135
フェルミオン, 355
フォト, 165

フォト・ダイオード, 311
フォノン, 331
フォノンの運動量, 331
フォノンのエネルギー, 331
フォン, 91
不確定性, 197
不確定性関係, ハイゼンベルクの, 197, 349
負荷特性曲線, 261
　　発電機の—, 261
負帰還, 313
伏角, 237
伏角計, 237
複屈折, 81, 193, 195
復元力, 31
複合発電機（モーター）, 261, 263
複巻機, 261
複巻モーター, 263
負グロー, 317
節, 79
不純物伝導, 335
浮上, 50
双子のパラドックス, 339
付着張力, 57
　　正の—, 57
　　負の—, 57
フックの法則, 69
物質の状態, 45
物質波, 197, 349
物質量, 99
物質量濃度, 119
物体, 43
沸点, 水の—, 94
沸騰, 125
沸騰気圧計, 47
沸騰曲線, 129
物理学
　　現代—, 3
　　古典—, 3
物理量, 8–13
物理量相互の関係, 15
不導体（絶縁体）, 205
ブラウン運動, 105
ブラウン管, 301
フラウンホーファー回折, 187
フラウンホーファー線, 137, 191
フラウンホーファーの公式, 135
プラズマ, 319

プラズマ状態, 45
プラズマ振動, 319
ブラッグの反射条件, 177
ブラベ格子, 325
プランク定数, 349
プランクの放射法則, 173
プラントル管, 49
プラントル境界層, 63
振り子, 31
　　単—, 71
振り子時計, 19
プリズム, 135
　　色消し—, 137
プリズム，ニコル・, 195
プリズム双眼鏡, 153
プリズム分光器, 191
ブリネル硬度, 69
フリッカー雑音, 307
ブリユアン散乱, 331
浮力, 29, 50, 67
ブルースターの法則, 193
フレットナー・ローター, 67
フレネルの鏡の実験, 185
プロジェクター，投影機, 151
ブロックゲージ, 21
ブロック・コンデンサー, 209
分解能，解像力, 147, 153
　　顕微鏡の—, 149
　　写真の—, 147
　　電子顕微鏡の—, 161
　　プリズムの—, 137
　　分光器の—, 191
分極,
　　電解—, 229
　　電気—, 211
分極率, 211
分光写真機, 191
分光器, 137, 191
分光装置, 191
分散, 137
分散曲線, 137
分子, 13, 105
分子結晶, 327
分子線–モノクロメーター, 107
分子速度, 107
ブンゼン・ガス流出比重計, 65
ブンゼン・バーナー, 65

分巻き
　　—機, 261
　　—モーター, 263
分離管, 117
分流抵抗，シャント, 221

ヘ

平均自由行程, 105
平均衝突数, 105
平均値, 17
平均到達距離, 139
平均の速さ, 105
平衡, 43
　　安定な—, 43
　　準安定な—, 43
　　中立の—, 43
　　熱—, 171
　　熱力学的—, 123
　　不安定な—, 43
　　力学的な—, 43
平衡移動の法則, 127
平行光線
　　鏡の—, 133
平行軸の定理, 41
並進, 25, 41
並進速度, 41
平板コンデンサー, 209
平方インチ, 23
平方フィート, 23
平面鏡, 131
並列接続,
　　交流回路での—, 275
　　抵抗の—, 219
ベース, 311
ベータトロン, 175
ヘクタール, 23
ベクトル, 5
ベクトル積, 5
ヘッドライト，車の, 133
ペッファー瓶, 119
ペニング真空計, 49
ヘフナー燭, 165
ヘリウム，液体, 129
ヘリウム–ネオン・レーザー, 183
ベル, 89
ヘルツ, 31
ヘルツの発振器, 285

事項索引　395

ペルティエ効果, 231
ペルティエ素子, 231
ベルヌーイの法則, 65
ベルヌーイの方程式, 51
ヘルムホルツの共鳴箱, 87
ヘルムホルツの自由エネルギー, 123
変圧器, 277
変圧器方程式, 277
変圧比, 277
変位, 25, 41, 71, 105
変位則，ウィーンの, 173
変位電流，電束電流, 287
変位の 2 乗平均, 105
変位分極，電子分極, 211
偏角
　　プリズムの—, 191
偏角計, 237
変換機の効率, 109
偏極, 77, 167
　　光の—, 193
変形, 69
偏光フィルター, 193, 195
偏光ホイル, 193
偏光角, 193, 195
偏光顕微鏡, 195
偏光子, 195
偏光装置, 195
偏光測光器, 167
偏光度, 193
偏差，磁針の, 237
変調, 295
ヘンリー, 253

ほ

ホイートストン・ブリッジ, 221
ホイヘンスの原理, 81
ボイルの法則, 99
ボイル - シャルルの法則, 51, 53, 99
ボイル点, 53
ポインティング・ベクトル, 291
棒, 87
望遠鏡, 153
　　オランダ—, 153
　　ガリレイ—, 153
　　ケプラー—, 153
　　地上—, 153
　　天体—, 153

棒温度計, 95
棒グラフ, 15
放射圧, 293
放射エネルギー, 163
放射輝度, 163
放射強度, 163
放射源
　　等方的—, 163
　　非等方的—, 163
放射照射量, 163
放射照度, 163
放射性炭素時計, 19
放射線帯, 237
放射線年代測定, 19
放射束, 163
放射場, 163
放射発散度, 163, 171
放射法則
　　ウィーンの—, 173
　　キルヒホッフの—, 171
　　プランクの—, 173
　　レイリー - ジーンズの—, 173
放射率, 163
放射量, 163
放出，誘導—, 183
法線応力, 69
膨張
　　熱—, 95
　　レールの—, 95
　　断熱—, 103
　　等圧—, 103
　　等温—, 103
膨張による仕事, 33
膨張率, 95
放物面鏡, 133
放物線の方程式, 6
放物線法, 303
飽和蒸気圧, 127
飽和領域, 315
ボーア磁子, 353
ボーアの仮説, 349
ボーアの原子模型, 353
ボーアの対応原理, 349
ボーア半径, 351
ホール係数, 239
ホール効果, 239
ホール電圧, 239

ポールホード錘（空間錘）, 43
保護皮膜, 227
星形結線, 267, 269
保磁力, 245
ボソン, 355
ポテンシオ・メーター, 219
　　　—の仕様, 221
ポテンシャルエネルギー, 35
ポテンシャル流れ, 59
ポテンシャル面, 203
ボルタ効果, 227
ボルタの電堆, 229
ボルツマン定数, 94
ボルツマン分布, 107
ボルト, 203
ホログラフィー, 189
ホログラム, 189
ホワイトノイズ, 93
ポンプ, 55

ま

マイクロトロン, 175
マイクロメーター, 21
マイケルソン干渉計, 189
マイケルソン－モーレイの実験, 189
マイスナー効果, 247
マイル, 21
膜, 87
マクスウェル分布, 107
マクスウェル方程式, 289
マクスウェル－ボルツマン分布, 107
マグヌス効果, 67
マクラウド真空計, 47
摩擦, 39
　　　乾燥—, 39
　　　内部—, 61
摩擦電気, 225
　　　—系列, 225
摩擦力, 39, 61, 67
マッハ円錐, 85
マッハ数, 85
マトリックス力学, 351
マルチメーター, 257
満潮, 37

み

水の沸点, 94
右旋回, 195

右手の法則, 251
密度, 29
　　　光学—, 139
耳, 91
耳の雑音, 105
ミューオン崩壊, 339
ミリメートル, 47

む

無帰還, 313
無負荷運転,
　　　変圧器の—, 277
無偏線, 237

め

眼, 155
メーザー, 183
メートル, 11, 21
メートル条約, 21
メカニカル・ブースターポンプ, 55
眼鏡, 155
メスバウアー効果, 345
メソン, 359
メソン共鳴, 359
メニスカス, 57
眼の欠陥, 155
面積, 23

も

毛管現象, 57
毛管現象の法則, 57
毛管粘度計, 61
モース硬度, 69
モーズリーの法則, 177
モーター, 263
物差しの比較, 341
モル, 11, 99
モル体積, 51
モル伝導率, 223
モル分率, 99
漏れ電流, 309
　　　半導体の—, 309

や

ヤード, 21
焼きばめ, 55

ゆ

油圧プレス, 50

融液, 127
融解, 127
融解圧曲線, 127
融解曲線, 129
融解熱, 127
　　比—, 127
　　モル—, 127
有効数字, 9, 17
有効電力,
　　交流電流の—, 267
融点, 127
誘電体, 211
誘電率, 211
　　真空の—, 209, 211
　　比—, 211
誘導, 249
　　磁気—, 233, 241, 243
　　電磁—, 249
誘導型計器, 279
誘導起電機, 207
誘導装置, スパーク・コイル, 259
誘導放出, 183
誘導モーター, 281
誘導炉, 251
輸送, 受動—, 117, 119
ユニバーサル・モーター, 263

よ
陽イオン, カチオン, 223
溶液, 119
　　飽和—, 119
　　理想—, 119
陽極（対陰極）, 175
陽極損失, 305
陽極電圧, 305
陽極電流, 305
陽光柱, 317
溶断フューズ, 215
溶媒, 119
揚力, 65, 67
横波, 77
四元運動量, 343
　　—の保存, 343
四極管, 307
四元速度, 343
四元ベクトル, 343
四元力, 343

ら
ラーモア振動数, 355
ライデンフロスト現象, 115
ラウエ・パターン, 177
ラジアン, 23
らせん転位, 321
落下, 27
　　自由—, 27
　　—, 抵抗あり, 39
落下終端速度, 27
落下則, 27
落下速度, 27
ラド (rad, rd), 181
ラプラスの式, 89
ランドルト環, 155
ランベルトの法則, 163
ランベルト－ベールの法則, 139
ランベルト放射体, 163

り
リアクタンス, 271, 273
リーベルキューン鏡, 149
力学, 18
力学, 相対論的, 343
力学的エネルギー保存則, 35
力量計, 29
理想気体の定義, 99
理想的な効率, 109
立体角, 23
リップル,
　　直流電圧の—, 259
　　直流電流の—, 283
リニア・モーター, 263
粒子, 13
流出の速さ, 65
粒子流密度, 117
流束, 59
流体
　　実在—, 67
　　理想—, 67
流体静力学のパラドックス, 50
流体力学のパラドックス, 65
流動電位, 225
流量, 63
量
　　測光—, 167
量子, 173, 349

量子数
　　磁気—, 357
　　電子軌道—, 357
量子場の理論, 359
量子力学, 349, 351
量子論, 173, 349
両波整流器, 307
臨界角, 137
臨界磁場, 臨界磁束密度, 247
臨界点, 53
臨界転移温度, 217
臨界等温線, 53
リンデ法, 129

る

累進レンズ眼鏡, 155
ルーツポンプ, 55
ループアンテナ, 295
ループ則, 閉回路則, 221
ルーペ, 147, 149
ルーペの倍率, 147, 149
ルーメン, 165
ルーメン秒, 165
ルクス, 165
ル・シャトリエの原理, 127
ルビー・レーザー, 183
ルンマー－ブロードゥン立方体, 167

れ

冷却器, 熱電—, 111
冷却塔, 125
冷凍機, 111
レイノルズ数, 63
レイリー－ジーンズの放射法則, 173
レイリーの基準, 147, 187
レーザー, 183
　　ネオジム（ヤグ）—, 169
レーダー, 83

レーダー映像管, 301
レスリー立方体, 171
レプトン, 359
レベル, 音の強さの—, 91
連通管, 50
レンズ, 141
　　磁気—, 159
　　電界—, 159
　　—の結像, 141
レンズ収差, 145, 159
レンズ望遠鏡, 153
レンズメーカーの公式, 141
連成振動回路, 285
連続の方程式, 59
レンツの法則, 251
レントゲン, 175, 181
レントゲン線, X線, 175

ろ

ロータリーポンプ, 55
ローランド円, 187
ローレンツ変換, 337
ローレンツ力, 239, 299
露光量, 165
ろ紙電気泳動, 225
ロシュミット定数, 51, 99
六極管, 307
ロッド・アンテナ, 295
露点, 125

わ

歪曲収差, 145
ワイス領域, 235, 245, 247
湧き出し, 7, 59
枠形アンテナ, 295
ワット, 33
輪秤, 47
ワルテンホーフェン振り子, 251

Memorandum

Memorandum

Memorandum

Memorandum

著者紹介

　著者 Hans Breuer (1933–) 氏は，ベルリンとフランクフルトで物理学を学び，その後，インスブルックとチュービンゲンで医学を履修した．学問的な研究は，フランクフルトのマックス・プランク生物学研究所，ダルムシュタット，サスカチュワン大学（カナダ）で行った．氏はカナダと米国のいろいろな大学で教鞭をとり，今は南アフリカのステレンボッシュ大学でレーザー医療器具改良のコンサルタントとして働いている．氏は数多くの本や解説の著者である．これまでに氏は，物理学，化学，情報学の図解事典を執筆し，それらは Deutscher Taschenbuch Verlag から出版されている．

　図解の作者 Rosemarie Breuer (1943–) 氏はロマンス語を学んだ；氏は図案家やウェブ・デザイナーとして夫と一緒に南アフリカで暮らしている．氏は Deutschen Taschenbuch Verlag でこれまでに，物理学，化学，情報学の図解事典の図を描いた．

訳者紹介

杉原　亮（すぎはら りょう）
1964年　東京大学大学院数物系研究科物理学専門課程博士課程
　　　　名古屋大学名誉教授，理学博士
専　攻　プラズマ物理学，核融合理工学
著　書　『超小型加速器〈プラズマ・レーザー加速器〉』（共著，アイピーシー，1998）
　　　　『一般相対性理論』（共訳，共立出版，2005）

青野　修（あおの おさむ）
1964年　東京大学大学院数物系研究科物理学専門課程博士課程
　　　　自治医科大学名誉教授，理学博士
　　　　学術研究ネット　理事長
専　攻　プラズマ物理学，生物物理学
著　書　『電場・磁場』（共立出版，1979）
　　　　『次元と次元解析』（共立出版，1982）
　　　　『力学演習』（サイエンス社，1985）
　　　　『いまさら電磁気学？』（丸善，1993）
　　　　『ベクトルの積はなぜ必要か』（共立出版，1995）他

今西文龍（いまにし ぶんりゅう）
1964年　東京大学大学院数物系研究科物理学専門課程博士課程
　　　　元東京大学助教授，理学博士
専　攻　原子核理論

中村快三（なかむら かいぞう）
1964年　京都大学大学院理学研究科物理学第一専攻
　　　　元岡山大学教授，理学博士
専　攻　光物性物理学

浜　満（はま みつる）
1964年　京都大学大学院理学研究科物理学第二専攻
　　　　立教大学名誉教授，理学博士
専　攻　素粒子物理学

カラー図解 物理学事典	訳　者　杉原　　亮・青野　　修 　　　　今西文龍・中村快三　©2009 　　　　浜　　　満
原題：*dtv-Atlas Physik*	
2009年8月15日　初版1刷発行 2011年9月20日　初版3刷発行	発行者　南條光章
	発行所　共立出版株式会社
	郵便番号 112-8700 　　　　東京都文京区小日向4丁目6番19号 　　　　電話 (03)3947-2511（代表） 　　　　振替口座 00110-2-57035番 　　　　URL http://www.kyoritsu-pub.co.jp/
	印　刷　加藤文明社
	製　本　ブロケード
検印廃止 NDC 420	社団法人 自然科学書協会 会員
ISBN 978-4-320-03459-4	Printed in Japan

JCOPY ＜(社)出版者著作権管理機構委託出版物＞

本書の無断複写は著作権法上での例外を除き禁じられています．複写される場合は，そのつど事前に，(社)出版者著作権管理機構（電話 03-3513-6969，FAX 03-3513-6979，e-mail: info@jcopy.or.jp）の許諾を得てください．

実力養成の決定版！ 学力向上への近道！！

▼"やさしく学べる"▼シリーズ

やさしく学べる基礎数学 ─線形代数・微分積分─
石村園子著 ･･････A5判・246頁・定価2100円(税込)

やさしく学べる線形代数
石村園子著 ･･････A5判・224頁・定価2100円(税込)

やさしく学べる微分積分
石村園子著 ･･････A5判・230頁・定価2100円(税込)

やさしく学べるラプラス変換・フーリエ解析 増補版
石村園子著 ･･････A5判・268頁・定価2205円(税込)

やさしく学べる微分方程式
石村園子著 ･･････A5判・228頁・定価2100円(税込)

やさしく学べる統計学
石村園子著 ･･････A5判・230頁・定価2100円(税込)

やさしく学べる離散数学
石村園子著 ･･････A5判・230頁・定価2100円(税込)

★レポート作成から学会発表まで！

100ページの文章術
わかりやすい文章の書き方のすべてがここに
酒井聡樹著 A5判・本文100頁・定価1050円(税込)

これからレポート・卒論を書く若者のために
酒井聡樹著
A5判・242頁・定価1890円(税込)

これから論文を書く若者のために【大改訂増補版】
酒井聡樹著
A5判・326頁・定価2730円(税込)

これから学会発表する若者のために
ポスターと口頭のプレゼン技術
酒井聡樹著
B5判・182頁・定価2835円(税込)

詳解演習シリーズ

詳解 線形代数演習
鈴木七緒・安岡善則他編････定価2625円

詳解 微積分演習Ⅰ
福田安蔵・安岡善則他編････定価2310円

詳解 微積分演習Ⅱ
鈴木七緒・黒崎千代子他編････定価2100円

詳解 微分方程式演習
福田安蔵・安岡善則他編････定価2520円

詳解 物理学演習 上
後藤憲一・山本邦夫他編････定価2520円

詳解 物理学演習 下
後藤憲一・西山敏之他編････定価2520円

詳解 物理/応用数学演習
後藤憲一・山本邦夫他編････定価3570円

詳解 力学演習
後藤憲一・神吉 健他編････定価2625円

詳解 電磁気学演習
後藤憲一・山崎修一郎編････定価2835円

詳解 理論/応用量子力学演習
後藤憲一・西山敏之他編････定価4410円

詳解 構造力学演習
彦坂 熙・崎山 毅他著････定価3675円

詳解 測量演習
佐藤俊朗編････定価2625円

詳解 建築構造力学演習
蜂巣 進・林 貞夫著････定価3570円

詳解 機械工学演習
酒井俊道編････定価3045円

詳解 材料力学演習 上
斉藤 渥・平井憲雄著････定価3570円

詳解 材料力学演習 下
斉藤 渥・平井憲雄著････定価3570円

詳解 制御工学演習
明石 一・今井弘之著････定価4200円

詳解 流体工学演習
吉野章男・菊山功嗣他著････定価2940円

詳解 電気回路演習 上
大下眞二郎著････定価3675円

詳解 電気回路演習 下
大下眞二郎著････定価3675円

■各冊：A5判・176〜454頁 (価格税込)

http://www.kyoritsu-pub.co.jp/　共立出版　※価格は変更される場合がございます。